民航电子信息工程专业系列教材

飞机导航系统

孙淑光　主编

科学出版社

北京

内 容 简 介

本书以机载导航系统的发展为主线，系统介绍了仪表导航、无线电导航系统、惯性导航系统、卫星导航系统和飞行管理计算机系统的工作原理、系统组成及工作过程，分析了各种不同导航系统的误差及设备性能，剖析了民机导航从相对定位到区域导航，从所需导航性能到基于性能的导航过程中导航理念的变化。

本书可作为高等院校航空电子及相关专业的本科生、研究生的教材或参考书，也可供从事航空维修、空中交通管制、航空导航设备研发等相关工作的科研、工程技术人员阅读及参考。

图书在版编目(CIP)数据

飞机导航系统 / 孙淑光主编. — 北京：科学出版社，2023. 2

ISBN 978-7-03-072839-5

Ⅰ. ①飞… Ⅱ. ①孙… Ⅲ. ①航空导航—导航系统 Ⅳ. ①V249. 32

中国版本图书馆 CIP 数据核字(2022)第 145085 号

责任编辑：徐杨峰 / 责任校对：谭宏宇
责任印制：黄晓鸣 / 封面设计：殷 靓

科学出版社 出版
北京东黄城根北街 16 号
邮政编码：100717
http：//www. sciencep. com
南京展望文化发展有限公司排版
广东虎彩云印刷有限公司印刷
科学出版社发行 各地新华书店经销

*

2023 年 2 月第 一 版 开本：787×1092 1/16
2025 年 7 月第八次印刷 印张：31
字数：716 000

定价：110. 00 元

(如有印装质量问题，我社负责调换)

前　言

航空运输业对世界经济活动的发展起着重要的推动作用。据国际民航组织统计,全球的空中交通量大约每十五年就翻一番。快速发展的空中航行系统的运行能力在很大程度上得益于机载导航技术的不断改进。

机载导航系统为飞机的控制和制导提供姿态、航向、速度、位置等必需信息,从 20 世纪 20 年代的仪表导航发展到现代基于性能的导航,机载导航系统的发展极大地提高了航空运输的安全与效率。2007 年,国际民航组织发布的基于性能的导航手册整合了区域导航和所需导航性能的运行实践及技术标准,提出了基于性能的导航运行概念,更加关注机载导航系统的功能及性能,从飞机起飞到进近着陆,全飞行阶段实施区域导航或所需导航性能运行。利用惯性导航、全球导航卫星系统以及无线电导航等多导航传感器在飞行管理计算机中实现多源融合的四维导航技术,大大改善了机载导航系统的精度、完好性、连续性和有效性,使新的航路设计更加灵活,可极大地提高空域的使用效率。

“导航原理与系统”课程是中国民航大学为满足民航对航空电子人才系统化逻辑思维能力及工程技术能力的需求,于 2009 年尝试工程设计类人才培养模式改革的基础上设置的一门课程。本书是针对该课程编写的教材,涵盖了仪表导航、无线电导航、大气数据系统、惯性导航、卫星导航及飞行管理计算机等机载导航系统。本书是中国民航大学“十四五”规划教材。

国内外关于导航方面的书较多,但大多是针对单一导航技术或同类导航系统的,鲜见从运行的角度来系统阐述整个机载导航系统,而运行需求是机载导航系统设计的关键,基于此,我们编写了本书。

本书打破传统导航系统基于学科基础划分内容的方式,尝试从机载导航系统的运行需求出发,逐步介绍各种导航系统的设计理念及工程实现,意图使学生高屋建瓴,解决“不识庐山真面目,只缘身在此山中”的学习困局。从这个角度出发,本教材的编写过程中注重下列几个方面。

(1) 从机载航电系统的角度,利用飞机控制制导系统对导航系统的功能和性能需求分析勾画机载导航系统的全架构体系及相关拓扑关系。

(2) 以机载导航技术的发展及性能需求为主线统领全篇。按照传统导航、区域导航、基于性能的导航的顺序,层层递进,打破不同导航系统间的隔阂,将系统的运行需求、工作原理、铰链关系、性能及误差分析融为一体，确保知识的系统化。

(3) 不同导航系统的介绍以功能和性能需求为统领，工作原理为基准，设计实现为核心，误差分析及不同机型的装备为补充，确保内容的广泛适用性，并实现点面结合。

(4) 教材结合国际民航组织、美国航空无线电技术委员会关于导航技术的未来发展建议和运行标准要求，国际知名航电公司、飞机制造公司的新技术和新型装机设备，确保内容的先进性，并尝试勾勒出导航技术发展的脉络。

本书由孙淑光主编并统稿，张鹏、刘瑞华、王颖参编。其中张鹏编写了 2.1 节及第 4 章，刘瑞华编写了 5.1 节~5.4 节，王颖编写了第 3.1 节和 3.2.1 小节，其余部分由孙淑光编写。另外，匡杉、程鹏、李如伟、李超、李文建、党杉、陈建达、孙涛、王霄等同学在本书的成书过程中也提供了支持，在此一并感谢。

本书的编写借鉴参考了大量的资料，对这些资料的作者深表谢意。

虽然出版之前经过多轮修改完善，但囿于资料限制和编者的学识水平，书中难免有错漏之处，恳请读者批评指正，以便再版修订。来信请寄：sgsun@ cauc. edu. cn。

孙淑光

2022 年 6 月于中国民航大学

目　录

第1章 绪 论

航空的发展起源于19世纪,从最初的无动力滑翔器到后来的莱特兄弟第一次人工操纵动力飞行器实现飞机的起飞、飞行、着陆,人类航空的历史逐步走向绚丽。

1.1 仪表飞行的历史

20世纪20年代初,飞机导航主要靠目视导航。飞行严重受制于天气,需要起飞机场、航路及着陆机场全程都必须有晴好天气,才能飞行。但对于远距离飞行而言,要一直具备晴好适飞的天气显然是一件很困难的事情,远距离飞行由此受到了极大的限制。苦于这种局限,美国军方于1925年开始研究盲飞(blind flight,又称仪表飞行)。

要实现"盲飞",至少需要满足三个条件:首先,需要有足够精度的高度表以防止飞行员在能见度低时撞地或撞山;其次,需要为飞行员提供人工水平面,以帮助他们确定飞机姿态并能够区分天地;最后,需要为飞行员提供在没有地标和星体指引的情况下仍旧能够确定自己的位置并驾驶飞机飞行的导航手段。同时,在着陆阶段,需要飞行员能够在看不到跑道的情况下着陆。1925年,无线电波被应用到飞机的着陆引导中。

1929年9月24日,从纽约长岛的米切尔机场机库推出了一架沃特海盗海军战斗机,两个年轻的海军上尉利用这架前后双座飞机进行了"盲飞"试验。前座飞行员(Benjamin Kelsey)可以透过驾驶舱看到外部情况,作为飞机飞行的安全保障驾驶员,后座驾驶员(Jimmy Doolittle)坐在用帆布遮挡的驾驶舱中操纵飞机。这架配备了地平仪、航向陀螺及无线电接收机的飞机,在人们关注的目光中起飞,飞行了15英里后安全着陆,整个飞行完全由后座驾驶员操纵完成,实现了人类航空史上第一次仪表飞行测试,开创了导航技术在飞机上的应用。

1.2 导航及导航分类

现代航空电子系统日益复杂,要深入了解导航技术及导航系统,首先必须明确与航空电子系统设计密切相关的两个基本概念:功能与系统。所谓功能,指的是需要完成的相关功能性要求,它通常利用动词来进行定义,与动作密切相关,如:控制飞机按计划飞行,确定飞机所在位置等。而系统则是指利用一定的技术手段(机械的、电子的、电气的、液压的等)来实现相应功能的部件的组合。不同的飞机,其功能要求通常是相同或相近的,但实现技术、系统组成却可能千差万别。导航作为一种功能,实时确定飞机的位置或速度等信息,从而实现对飞机飞行的引导,而导航系统则是指利用各种不同的技术来实现导航功能的不同部件的组合。

对于民用飞机来说,它的主要功能就是按照飞行计划,在空管人员的指挥及协助下,将乘客或货物安全送达目的地。为实现该功能,现代大型商用飞机通常利用通信和监视系统实现飞机与空管之间的通信协调功能,飞机对危险环境(气象、其他飞机、地形等)的躲避功能,以确保飞行的安全;利用导航、仪表、飞行管理和飞行控制系统实现飞行计划的制定、导航参数的确定及制导功能,完成飞机的可控飞行。如图 1-1 所示,图中可以看出,导航系统是飞机飞行控制的关键组成部分,缺少了导航系统,飞机就失去了双眼。

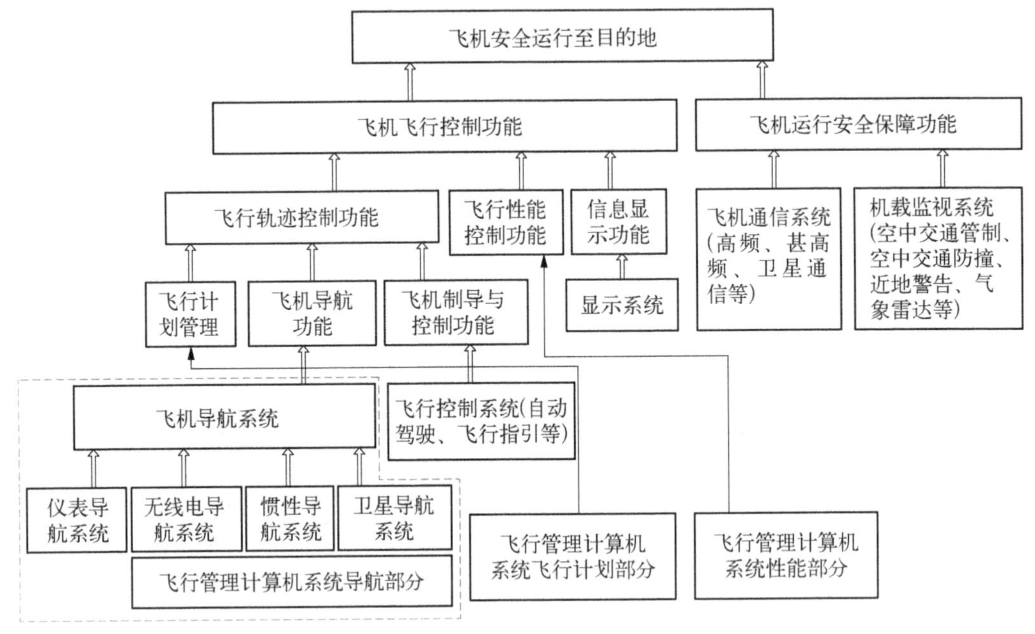

图 1-1　机载电子系统架构

机载电子系统的架构通常是由飞机制造商(如波音公司、空客公司)决定,制造商可将功能划分为若干子功能,各子功能用不同的系统、组件来实现。为保证信息的准确、可靠,机载电子系统通常利用冗余的方法,通过热备份、互通信、判决器等手段来确保功能的正常实现。因此,飞机上的导航系统通常会多组件、多系统并存。图 1-2 为电子设备舱内航空电子设备的布局图,其中导航设备主要位于设备航架最上边的两排。

实现不同功能的机载电子系统通常来自各个部件制造商(如霍尼韦尔、罗克韦尔柯林斯公司等),飞机制造商通常只规定部件的功能与技术指标。因此,不同部件制造商生产的相同或相似功能的部件会采用不同的实现技术。

飞行中,机载导航系统和飞行控制系统配合来实现飞机的轨迹控制(制导,guidance)和姿态控制(操纵,piloting),该控制的闭环回路如图 1-3 所示。

制导是一个长周期过程,需要将飞机从起飞机场引导到目的地机场。在这个过程中,飞行控制系统需要获取的基本信息包括:飞行计划、飞机的实时位置、航向、高度及高度变化率、地速等,只有获取了上述信息,才能实现对飞机轨迹的有效控制。而操纵则是一

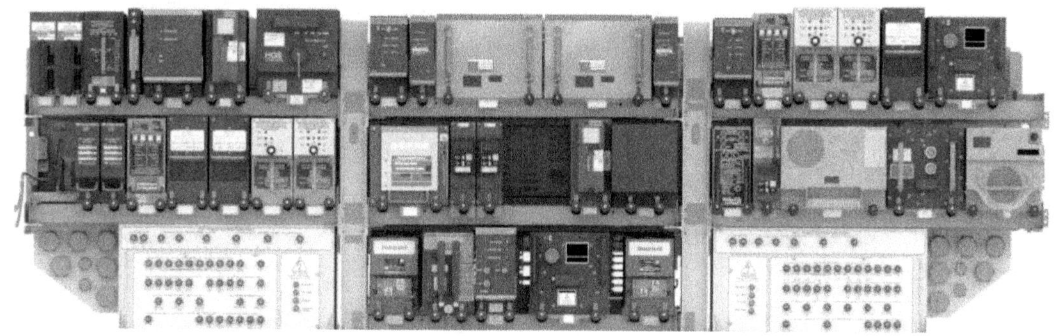

图 1-2 电子设备舱

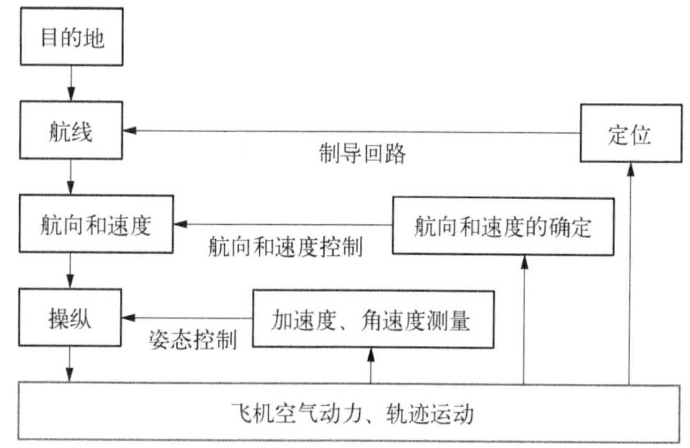

图 1-3 飞机导航与控制环路

个短周期过程,它要实现对飞机姿态的控制。在这个过程中,飞行控制系统需要获得的基本参数包括飞机的姿态、航向、空速、马赫数、高度及高度变化率等。所有上述参数都需要导航系统提供,它是飞机姿态及轨迹控制所必需的一个复杂、庞大的传感器系统。

作为飞行控制的传感器系统,导航系统所需要完成的功能包括但不限于:提供飞机的姿态、航向、速度、高度、相对位置、绝对位置及相关信息的可靠程度。而要实现这些功能,人们采取了各种不同的导航手段,发明了各种导航系统。这包括可提供飞机高度、空速、姿态、航向、相对方位的传统导航手段(典型的传统导航系统包括大气数据仪表、陀螺仪表、各种无线电导航系统);可提供绝对位置信息的区域导航系统(如卫星导航系统、惯性导航系统、基于多无线电导航信号的区域导航 DME/DME、DME/VOR)等;可提供绝对位置及导航精度、完好性监视的基于性能的导航(如全球卫星导航系统、组合导航等)。其中,基于性能的导航不仅提供飞机的导航参数,还同时监控导航性能的变化,并在必要时向飞行员发送提醒信息。

由此可见,导航功能是利用一定的工具(无线电波或传感器),通过特定的手段或计算方法,来确定载体的位置、速度、航向及姿态等参数。完成导航功能的导航系统复杂多样,提供的导航参数各不相同,实现手段也迥然不同。根据实现原理的不同,导航系统通常有以下几类。

(1) 仪表导航。飞机上最简单的导航设备就是导航仪表,如地平仪、罗盘、高度表、空速表等。它们通常利用特定的手段独立测量飞机的一些导航参数,如姿态角、航向角、空速、高度等,供飞行员操纵飞机使用。

(2) 无线电导航。无线电导航系统利用无线电技术来测量飞机的导航参数,这类系统较多,它们的基本功能包括测高、测向、测速、测距和定位等。

(3) 天文导航。天文导航最早是由航海导航需求发展而来,其基本原理是利用光学仪器(如六分仪)人工观测星体的高度角或自动跟踪星体,进而确定航行体的位置,一般不用于航空导航。

(4) 卫星导航。卫星导航属于可实现载体绝对定位的无线电导航技术。它利用人造地球卫星(简称导航卫星)来实现导航定位。导航卫星被严格控制在预定轨道上,利用接收设备测量载体与卫星之间的距离,并利用卫星的位置计算载体的位置、速度等导航参数。

(5) 惯性导航。惯性导航利用惯性敏感元件测量载体相对惯性空间的线运动和角运动参数,根据运动初始条件,由计算机推算出载体的姿态、方位、速度和位置等参数。

(6) 组合导航。上述几种导航方法各有优缺点。为了提高定位精度和性能,往往将上述两种或两种以上的导航系统结合在一起形成组合导航系统,以取得更佳导航性能。

按照是否需要借助外部信号来实现导航功能,导航系统又可以分为自主式导航和非自主式导航。自主式导航不需要借助外部导航台的信号,只需要自身的传感器及设备就可以实现导航功能,如惯性导航系统、无线电高度表;而非自主式导航系统则需要借助外部导航台的信号才能实现导航参数的确定,如大部分的无线电导航系统、卫星导航等。

根据作用距离的远近,导航系统还可以分为远程导航系统和近程导航系统。

1.3 导航技术的发展

早期飞机的导航主要靠目视导航,但由于大部分地区(尤其是平原、山区)夜间没有明显的地标,因此,早期的飞机通过地面点起的篝火来引导飞机夜航,后来利用灯塔来实现夜间导航。20 世纪 20 年代,很多需要设置导航台的地方没有电,只能用柴油发电机为灯塔导航台供电。为了尽可能扩大导航范围,最早的地面灯塔导航台通常设置在山顶上,需要用骡子将发电机及灯塔等设备驮上山。这就出现了当时戏剧性的一幕:飞机这种最先进的交通工具却需要人扛畜驮这种最原始的交通手段来为它提供导航信息。

最早的无线电导航是利用地面无方向信标(non-directional beacon, NDB)台实现的,这是一种归航信标,犹如夜晚的灯塔,为飞机提供航向引导。

第二次世界大战期间,飞机着陆引导的需求推动了甚高频全向信标(VHF omnidirectional range, VOR)的发展。1946 年,VOR 系统成为美国的标准导航设备,1949 年,国际民航组织(International Civil Aviation Organization, ICAO)将其采纳为标准近程无线电导航设备,由此在国际上得到广泛认同。直至今天,VOR 依旧是一种非常重要的无线电导航手段。

测距机(distance measurement equipment, DME)是非自主的脉冲式测距系统,其起源要追溯到第二次世界大战期间英国研制的 Rebecca-Eureka 系统。1959 年,DME 获得

ICAO 批准,成为标准测距系统。近年来,DME 的使用在世界范围内呈上升趋势。

为更精确地引导飞机着陆,出现了由甚高频频段的航向信标(localizer LOC)、指点信标(marker beacon, MB)及位于 UHF 频段的下滑信标(G/S)共同构成的仪表着陆系统(instrument landing system, ILS)。1947 年,ICAO 确认将 VOR 和 ILS 作为航路、进近及着陆辅助系统。

1852 年,法国科学家傅科用高速旋转的刚体制成了第一个陀螺仪,发现了陀螺效应,并在实验室中演示了地球的自转现象。20 世纪初出现了用作航向基准的陀螺罗经,利用舒勒调谐原理,人们研制了用于航海的对加速度不敏感的定向仪。20 世纪 20 年代产生了用于飞机的转弯仪、地平仪和方向陀螺。

20 世纪上半叶,人们发现利用加速度计和陀螺可以构成一个完整的惯性导航系统(inertial navigation system, INS),但当时的陀螺和加速度计的精度还无法满足 INS 的要求。20 世纪 50 年代初,出现了平台式惯导系统,1949 年的出版物首次出现了捷联惯导的概念。随着惯性传感器技术的迅猛发展,其精度与稳定性不断提高,惯性导航系统在军事和民用方面得到了广泛应用。高精度惯性传感器的出现和计算机技术的发展,促进了捷联惯导系统的发展,并大量用于飞机和导弹的导航。

引起航空界导航革命性变革的是 20 世纪 90 年代的全球卫星导航系统(Global Positioning System, GPS),它利用卫星提供的信息来确定用户的位置及速度,实现了全天候、全球范围内的精确导航,改变了飞机从起飞到进近着陆整个过程的导航方式,提供了全飞行时段的精确导航。

惯性导航和卫星导航的使用改变了传统的导航仪表、单一无线电导航相对定位的方式,将导航方法转变为直接给出飞机地理位置的绝对导航方式。这些导航方式的改变,以及航空公司节省燃油、缩短航线等方面的需求促使了“区域导航”概念的出现。20 世纪 80 年代,ICAO 提出新航行系统(future air navigation system, FANS)的概念,其中一项重要的技术就是区域导航。ICAO 在国际民航公约附件 10 中对区域导航的定义是:区域导航(area navigation, RNAV)是一种导航方法,它允许飞机在台基导航设备的信号覆盖范围内或在自主导航设备能力限度内或两者的配合下按任何希望的飞行路径运行。其中,台基导航设备包括传统的以地面导航台为基础的陆基导航设备和以卫星为基础的星基导航设备;区域导航不仅是一种导航方法,同时也涉及航路结构和空域环境,区域导航将飞行计划管理、导航功能及部分制导功能结合到一起,可以实现飞机航路以及空域使用的优化。满足上述功能的区域导航计算机与性能管理计算机融合,就形成今天功能强大的飞行管理计算机。

所需导航性能(required navigational performance, RNP)概念的提出,从精度、完好性、连续性和有效性四个方面对导航系统的性能进行了阐述,使得航空器的运行管理规定从规定飞机必须装备的设备的规定转化为对装机设备的性能的规定,灵活性大大增加。

2007 年,ICAO 发表了《基于性能的导航(performance based navigation, PBN)手册》。该手册明确提出了导航规范的概念,定义了 RNAV 规范和 RNP 规范,通过定义相关功能及性能来对飞机航路运行所使用的导航设施和机载导航设备进行要求。由此改善了由于导航方法各异、导航设施众多而导致的机载导航设备配备数量多且要求高的问题。图 1-4 为飞机导航技术的发展历程。

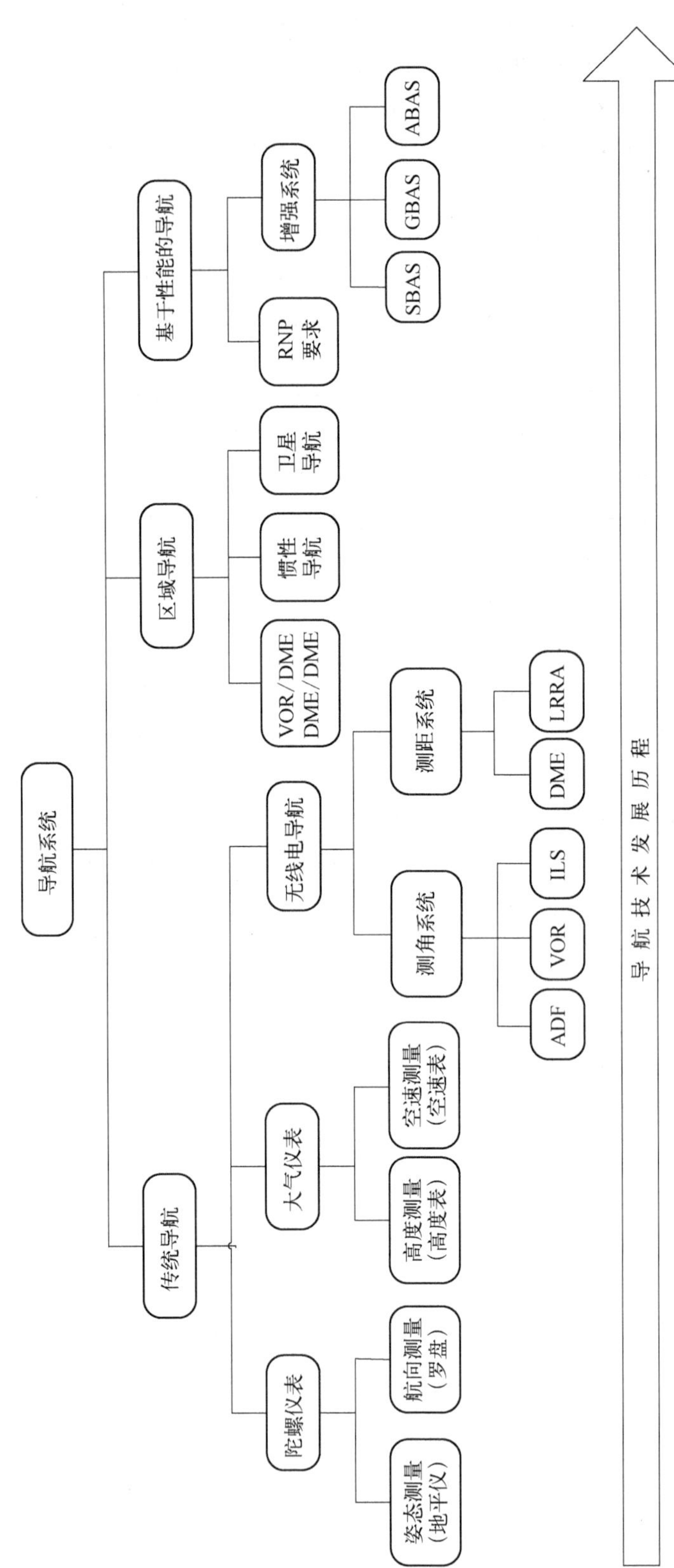

图 1－4 飞机导航技术的发展

1.4 导航基础知识

1.4.1 地球的形状

导航系统要确定载体相对地球的姿态、航向、速度及位置，必须对地球的形状作一些假设。地球形状的假设越接近真实情况，则导航系统提供的导航参数精度越高。地球的表面形状很不规则，通常用不同的方法对其进行建模。大地测量学模型所采用的地球模型是假设地球表面充满水，则所有点的当地重力矢量都垂直于该表面，该模型称为大地水准体。

由于地心和地球表面物质的变化导致当地重力的变化，重力的变化导致大地水准体的表面（重力表面）不规则，不能用作确定空间坐标的表面，在导航中，使用椭球体来拟合大地水准体。在测量各地大地水准面的基础上，采用差异平方和最小准则，将大地水准体用一个旋转椭球体来近似代替，称为参考椭球体，如图 1－5 所示。参考椭球体是一个绕椭圆短轴旋转而成的空间几何体，其横切面为圆，纵切面为椭圆。

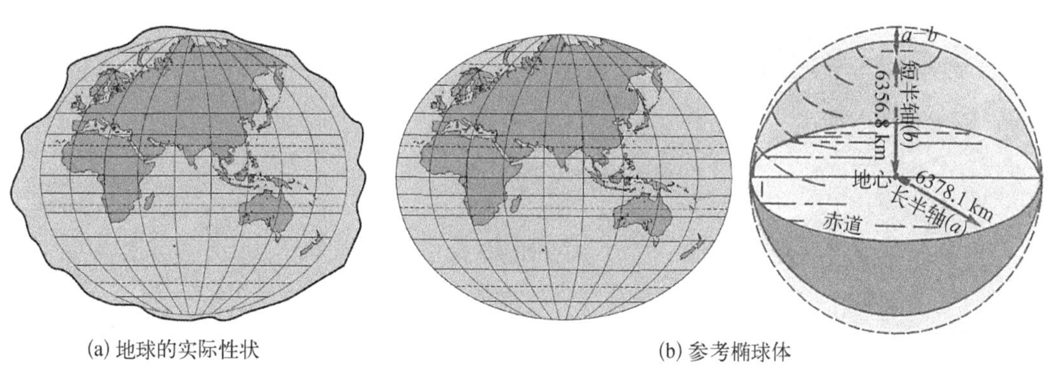

(a) 地球的实际性状　　(b) 参考椭球体

图 1－5　地球的形状

1.4.1.1 地球纬度

由于地球实际形状复杂，无法提供用于测量的物理参考点。所以，地球表面某点的垂线和纬度通常有地心垂线和地心纬度及测地垂线和测地纬度两种。

参考椭球上的点到地球中心的连线称为地心垂线，该垂线与赤道平面的夹角为地心纬度。参考椭球上的点的法线为测地垂线，该垂线与赤道平面的夹角为测地纬度。测地纬度是大地测量工作中所需测量的参数。图 1－6 为测地纬度和地心纬度。

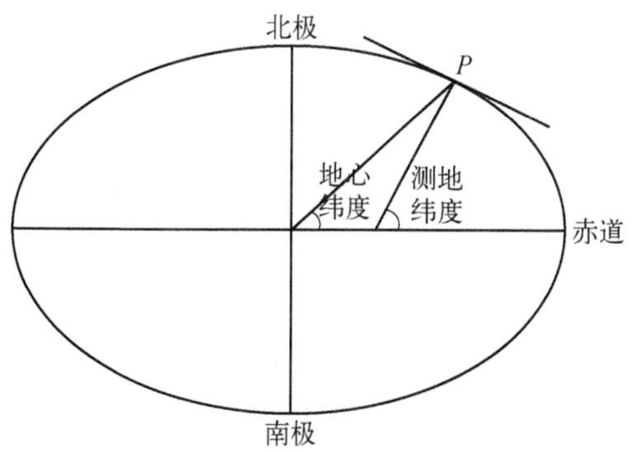

图 1－6　测地纬度及地心纬度

1.4.1.2 参考椭球体

参考椭球体用赤道平面半径（长半轴 R_e）和极轴半轴（短半轴 R_p）来描述，或用长半

轴和偏心率 e 来描述，有时候用扁率（椭圆度）f 来描述。

$$e=\sqrt{R_e^2-R_p^2}/R_e\ ;\ f=(R_e-R_p)/R_e$$

由于各国测量大地水准面基本都是局部测量，导致所采用的参考椭球体有多种，但基本差别不大。如中国采用克拉索夫斯基椭球，美国采用美国国防部地图局于 1984 年定义的 WGS－84 椭球模型，该模型的参数为

长半轴：$R_e = 6\ 378\ 137.0$ m

短半轴：$R_p = 6\ 356\ 752.314\ 2$ m

偏心率：$e = 0.081\ 819\ 190\ 842\ 6$

地球自转角速度：$\omega_{ie} = 7.292\ 115 \times 10^{-5}$ rad/s

导航计算中经常需要利用载体相对地球的运动速度来求取载体所在的经纬度或相对于地球的角速度，因此，必须研究参考椭球体表面不同方向的曲率半径。这里给出参考椭球体子午圈上各点的主曲率半径和卯酉圈（其所在平面垂直于子午面）的曲率半径。

对应上述参考椭球体模型，地球上纬度为 φ 的点的子午面的主曲率半径（R_N）和卯酉面的主曲率半径（R_E）分别为

$$R_N=\frac{R_e(1-e^2)}{(1-e^2\sin^2\varphi)^{3/2}}\approx R_e(1-2f+3f\sin^2\varphi)$$

$$R_E=\frac{R_e}{(1-e^2\sin^2\varphi)^{1/2}}\approx R_e(1+f\sin^2\varphi)$$

其中，φ 为测地纬度。

1.4.1.3 地球万有引力

地球周围空间的物体都受到地球重力的作用，地球重力在地球周围形成重力场。地球表面任一点的重力加速度 g 是引力加速度 G 和地球转动惯性离心加速度的矢量和，如图 1－7 所示。

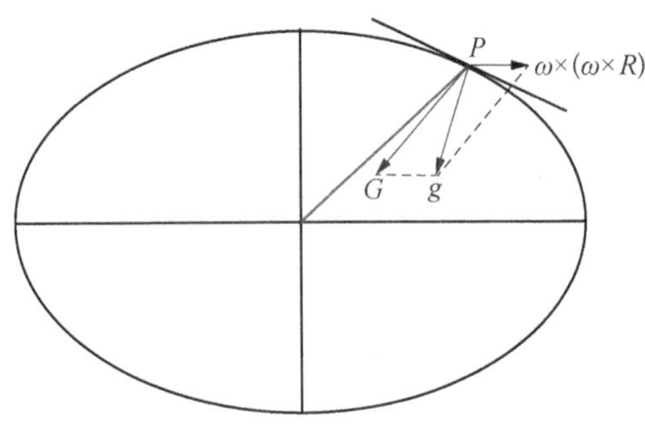

图 1－7 重力矢量图

$$\boldsymbol{g}=\boldsymbol{G}+\boldsymbol{\omega}\times(\boldsymbol{\omega}\times\boldsymbol{R})$$

其中，$\boldsymbol{g}$ 为重力加速度；$\boldsymbol{G}$ 为万有引力加速度；$\boldsymbol{\omega}$ 为地球自转角速度。

按照参考椭球参数，可计算出不同纬度处参考椭球体表面的重力加速度（以 WGS－84 参考椭球体为准）为

$$g_n = 9.780\ 318\times(1+5.302\ 4\times10^{-3}\sin^2\varphi-5.9\times10^{-6}\sin^2 2\varphi)\ \mathrm{m/s^2}$$

重力加速度随高度的变化关系为

$$g_h = g_n/(1+h/R_0)^2$$

其中，$R_0 = \sqrt{R_N R_E}$。

由于地球形状不规则，质量分布不均匀，所以地球上某点的实测重力通常与理论值有差异，大地测量把这种差异称为重力异常。实测的重力方向（大地水准面的法线方向）与该点参考椭球体的法线方向也不一致，这种偏差称为垂线偏斜。垂线偏斜数量级一般为角秒，最大可达30角秒。

1.4.2 导航坐标系及导航基础

导航系统通过测量载体的运动规律来确定载体的位置、速度、姿态等导航参数。首先必须要确定所参照的坐标系，这是导航的根本，只有确定了坐标系，才能给出相对于该参考坐标系的各种导航参数。不同的导航方法所选定的参照物不同，对应的参考坐标系也就各不相同。另外，要获取不同导航系统所确定的导航参数之间的相互关系，需要了解各种坐标系之间的转换关系。

导航用坐标系可以是直角坐标系，也可以是极坐标系。直角坐标系主要用于描述飞机的姿态、航向角和绝对位置（经纬高），惯性导航和卫星导航中所用的坐标系基本都为直角坐标系。极坐标系主要用来描述飞机的方位角或径向距离，主要用于无线电导航中。本小节主要介绍直角坐标系，包括惯性坐标系、地球坐标系、地理坐标系、机体坐标系和平台坐标系等，以及各坐标系之间的关系。

1.4.2.1 导航坐标系

1. 惯性坐标系

地球围绕太阳公转所在的平面称为黄道平面，黄道平面与地球赤道平面之间有一个23.5°左右的夹角。以地球质心为中心，假想一个半径为任意长度的球体，称为天球，天球赤道面与地球赤道面重合。从地球上看，当太阳在黄道平面上从天球南半球向北半球运行时，黄道与天球赤道的交点为春分点。在天文学和卫星大地测量学中，春分点和天球赤道面是建立参考系的重要基准点和基准面。图1-8为黄道平面与赤道平面。

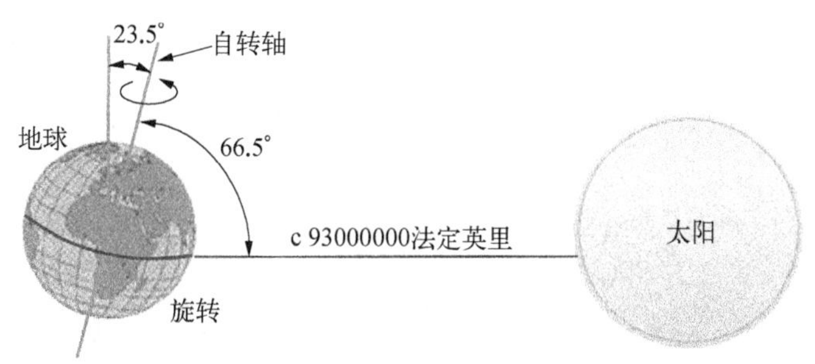

图1-8 黄道平面与赤道平面

飞机导航所用惯性坐标系通常为地心惯性坐标系（$OX_iY_iZ_i$），即以地球中心为坐标原点，OX_iY_i 平面在赤道平面内，其中 OX_i 轴指向惯性空间的某一点，一般为春分点，OZ_i 轴沿地球自转轴方向，惯性坐标系不随地球的转动而转动，如图1-9所示。

需要指出的是：上述坐标系统的定义，是假设地球为均质的球体，且没有其他天体摄

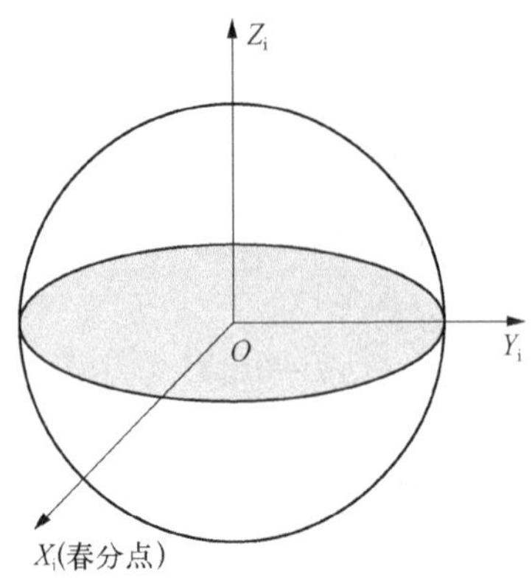

图 1-9　地心惯性坐标系

动力的影响,即假定地球的自转轴在空间的方向是固定的,因而春分点在天球的位置保持不变。但实际上,由于地球接近于一个赤道隆起的椭球体,且在日月和其他天体引力的作用下,地球自转轴的方向并不是保持不变的,而是在空间有缓慢的漂移,这使得春分点在黄道上缓慢西移。

另外,由于地球是自转的,类似陀螺转子,在日月引力的作用下,会使地轴北极沿顺时针方向缓慢漂移(进动),构成一个圆锥面。即天球北极的轨迹以黄道北极为中心做圆锥移动,每年西移大约 50.7′。

将观测时的真实天球赤道和春分点称为瞬时天球赤道和瞬时春分点,此时的惯性坐标系称为瞬时天球坐标系(瞬时惯性坐标系)。通常选择某一时刻作为标准历元,并将此刻地球的瞬时自转轴和地心至瞬时春分点的方向修正后分别作为 OZ_i 轴和 OX_i 轴的指向,由此所构成的空间固定坐标系,称为协议天球坐标系,也称协议惯性坐标系。天体的星历通常都在惯性坐标系中表示。

2. 地球坐标系

地球坐标系 $OX_eY_eZ_e$,原点取在地心,OX_e 为赤道平面与本初子午面的交线,OZ_e 与地球自转轴重合,OY_e 与其构成右手坐标系,如图 1-10 所示。显然,这个坐标系与地球固联,并随地球的转动而一起转动。

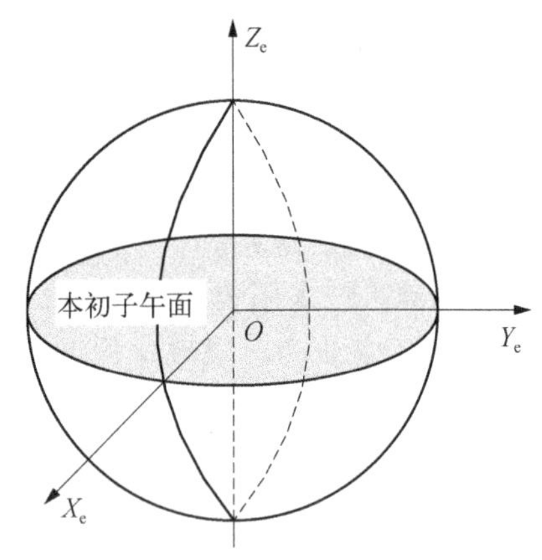

图 1-10　地球坐标系

由于地球自转轴不仅受日月引力作用而使其在空间变化,而且还受到地球内部质量不均匀的影响而在地球体内部运动,导致地球自转轴相对地球的位置并不是固定的,而是随时间而变化的,这种现象称为极移。极移使地球坐标系坐标轴的指向发生变化。

观测瞬间地球自转轴所处的位置称为瞬时地球自转轴,相应的极点称为瞬时极,与瞬时极对应的地球坐标系为瞬时地球坐标系。

图 1-11　地理坐标系

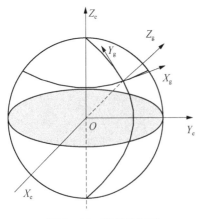

早在 1967 年,国际天文联合会和国际大地测量学协会便建议采用国际上 5 个纬度服务站,以 1900 年~1905 年的平均纬度所确定的平均地极位置作为地极基准点,与之相应的地球赤道面称为平赤道面或协议赤道面。以协议地极为基准点的地球坐标系,称为协议地球坐标系。

3. 地理坐标系

地理坐标系 $OX_gY_gZ_g$,原点取在飞机重心或地球表面某一点,OX_gY_g 平面位于水平面内。通常,OX_g 轴指向东方,OY_g 指向北方,OZ_g 沿当地地垂线方向指向天,此时的坐标系也称为东北天坐标系,如图 1-11 所示。根据习惯，有的地理坐标系的三个轴向分别定义到北西天或者北东地方向。

4. 机体坐标系

如图1-12所示，机体坐标系 $OX_bY_bZ_b$，原点取在飞机的重心，OX_b 沿飞机纵轴向前，OY_b 沿飞机横轴向左，OZ_b 沿飞机立轴向上。有的机体坐标系定义的三个轴的指向与此有一定的差异，但都是沿着飞机的三个轴向。机体坐标系与飞机相固联。

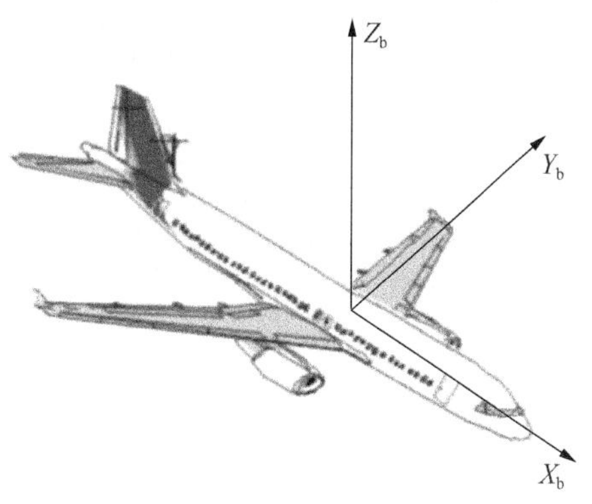

图1-12 机体坐标系

1.4.2.2 导航基础

载体的运动通常指的是载体相对于参照系的位置(线运动)或姿态(角运动)的改变。因此，要研究飞机的运动，首先必须选定一个参照系(坐标系)，然后分析飞机相对于该参照系的运动规律。

1. 线运动

对于线运动来说，假定参考坐标系为 $OXYZ$(图1-13)，沿其坐标轴方向的单位矢量分别为 $\boldsymbol{i}$、$\boldsymbol{j}$、$\boldsymbol{k}$，运动物体用矢量 $\boldsymbol{R}$ 来表示，矢径为 R，则物体相对于该坐标系的线运动可分别用沿坐标系三个轴方向的分量来表示。

载体的位置可以表示为：$\boldsymbol{R} = x\boldsymbol{i} + y\boldsymbol{j} + z\boldsymbol{k}$。

用矢径和角度来表示 x、y、z 分别为：$x = R\cos(R\widehat{,}X)$、$y = R\cos(R\widehat{,}Y)$、$z = R\cos(R\widehat{,}Z)$，其中 $\cos(R\widehat{,}X)$，$\cos(R\widehat{,}Y)$，$\cos(R\widehat{,}Z)$ 是矢量 $\boldsymbol{R}$ 与 $\boldsymbol{X}$、$\boldsymbol{Y}$、$\boldsymbol{Z}$ 轴正向之间夹角的余弦，称为方向余弦，知道了它们的数值就可以确定该矢量在坐标系中的位置和方向。由此，载体的速度可以表示为：$\boldsymbol{V} = \dfrac{\mathrm{d}\boldsymbol{R}}{\mathrm{d}t} = V_x\boldsymbol{i} + V_y\boldsymbol{j} + V_z\boldsymbol{k}$；载体的加速度可以表示为：$\boldsymbol{a} = \dfrac{\mathrm{d}\boldsymbol{V}}{\mathrm{d}t} = a_x\boldsymbol{i} + a_y\boldsymbol{j} + a_z\boldsymbol{k}$。

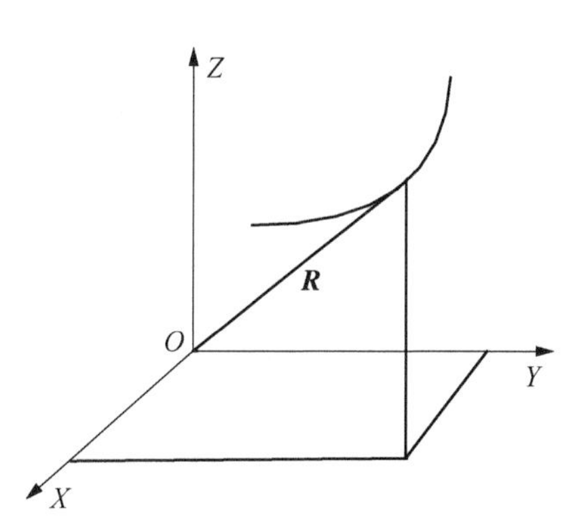

图1-13 物体线运动

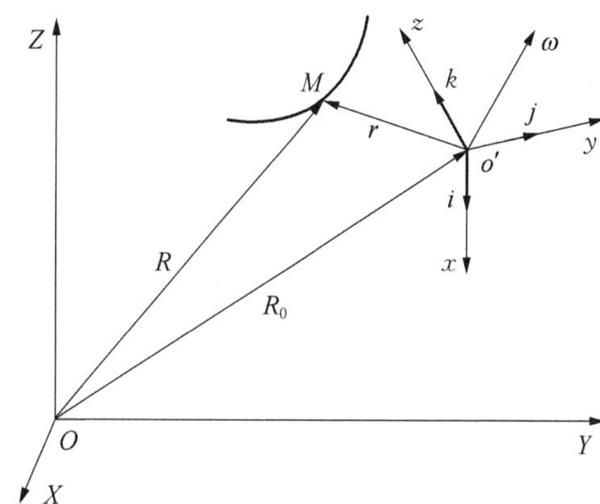

图1-14 载体的复合运动

对于任意一个物体，如果其运动是由两个或两个以上的运动复合而成，则称该运动为复合运动。如人在运动的车厢中行走，则人相对于地面的运动即为复合运动，是由人相对于车厢的运动和车厢相对于地面的运动复合而成。其中人作为动点，车作为动坐标系，地球为固定坐标系。

如图 1－14 所示，复合运动中，任意载体(b)的运动速度都可以用载体相对于动坐标系(e)的运动速度和动坐标系相对于定坐标系(i)的运动速度的矢量合成来表示。

$$\begin{aligned}\boldsymbol{V}_{\mathrm{ib}} &= \left.\frac{\mathrm{d}\boldsymbol{R}}{\mathrm{d}t}\right|_{\mathrm{ib}} \\ &= \frac{\mathrm{d}x}{\mathrm{d}t}\boldsymbol{i} + \frac{\mathrm{d}y}{\mathrm{d}t}\boldsymbol{j} + \frac{\mathrm{d}z}{\mathrm{d}t}\boldsymbol{k} + x\frac{\mathrm{d}\boldsymbol{i}}{\mathrm{d}t} + y\frac{\mathrm{d}\boldsymbol{j}}{\mathrm{d}t} + z\frac{\mathrm{d}\boldsymbol{k}}{\mathrm{d}t} \\ &= \left.\frac{\mathrm{d}\boldsymbol{R}}{\mathrm{d}t}\right|_{\mathrm{ie}} + \boldsymbol{\omega}_{\mathrm{eb}} \times \boldsymbol{R} \\ &= \boldsymbol{V}_{\mathrm{ie}} + \boldsymbol{V}_{\mathrm{eb}}\end{aligned} \tag{1-1}$$

由此，可以计算载体的加速度为

$$\begin{aligned}\boldsymbol{a}_{\mathrm{ib}} &= \left.\frac{\mathrm{d}\boldsymbol{V}}{\mathrm{d}t}\right|_{\mathrm{ib}} = \left.\frac{\mathrm{d}\boldsymbol{V}}{\mathrm{d}t}\right|_{\mathrm{ie}} + \boldsymbol{\omega}_{\mathrm{eb}} \times \boldsymbol{V}_{\mathrm{ib}} \\ &= \frac{\mathrm{d}}{\mathrm{d}t}\left(\left.\frac{\mathrm{d}\boldsymbol{R}}{\mathrm{d}t}\right|_{\mathrm{ie}} + \boldsymbol{\omega}_{\mathrm{eb}} \times \boldsymbol{R}\right) + \boldsymbol{\omega}_{\mathrm{eb}} \times \left(\left.\frac{\mathrm{d}\boldsymbol{R}}{\mathrm{d}t}\right|_{\mathrm{ie}} + \boldsymbol{\omega}_{\mathrm{eb}} \times \boldsymbol{R}\right) \\ &= \left.\frac{\mathrm{d}^2\boldsymbol{R}}{\mathrm{d}t^2}\right|_{\mathrm{ie}} + \frac{\mathrm{d}\boldsymbol{\omega}_{\mathrm{eb}}}{\mathrm{d}t} \times \boldsymbol{R} + \boldsymbol{\omega}_{\mathrm{eb}} \times (\boldsymbol{\omega}_{\mathrm{eb}} \times \boldsymbol{R}) + 2\boldsymbol{\omega}_{\mathrm{eb}} \times \left.\frac{\mathrm{d}\boldsymbol{R}}{\mathrm{d}t}\right|_{\mathrm{ie}} \\ &= \boldsymbol{a}_{\mathrm{r}} + \boldsymbol{a}_{\tau\mathrm{e}} + \boldsymbol{a}_{n\mathrm{e}} + \boldsymbol{a}_{\mathrm{k}}\end{aligned} \tag{1-2}$$

其中，$\boldsymbol{a}_{\mathrm{r}}$ 为相对加速度；$\boldsymbol{a}_{\tau\mathrm{e}}$ 为牵连切向加速度；$\boldsymbol{a}_{n\mathrm{e}}$ 为牵连法向加速度；$\boldsymbol{a}_{\mathrm{k}}$ 为科里奥利加速度，简称科氏加速度。科氏加速度是质点相对动坐标系的运动和动坐标系相对于静坐标系的牵连运动二者相互影响引起的。

2. 角运动

要确定绕定点转动的载体在空间的角位置，需要引入两个坐标系，即载体坐标系和参考坐标系。角运动可以看作是一个坐标系相对于另一个坐标系的转动。要确定载体在参考坐标系中的角位置，只需求取载体坐标系和参考坐标系轴间的方向余弦即可，因此，它们之间的转换矩阵也称为方向余弦矩阵。

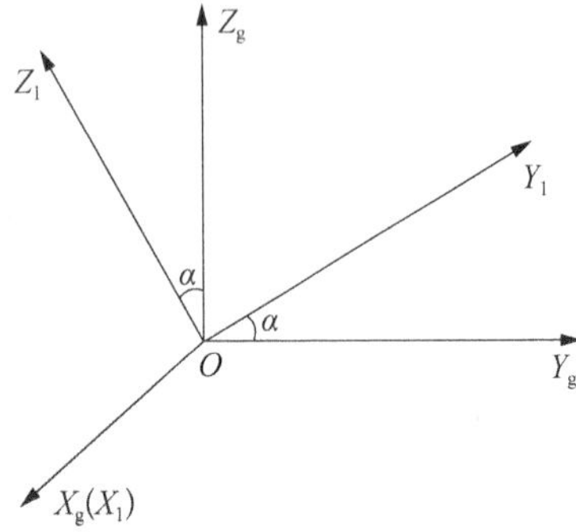

图 1－15 绕 *OX* 轴的转动

假设载体坐标系 $OX_{\mathrm{b}}Y_{\mathrm{b}}Z_{\mathrm{b}}$ 和参考坐标系 $OX_{\mathrm{g}}Y_{\mathrm{g}}Z_{\mathrm{g}}$ 轴间方位夹角分别为 α、β、γ，则利用下述步骤可以获得二者之间的转换关系。其中 α、β、γ 被称为欧拉角。

(1) 将 $OX_{\mathrm{g}}Y_{\mathrm{g}}Z_{\mathrm{g}}$ 按右手定则首先绕 OX_{g} 轴正方向转过 α 角，得 $OX_1Y_1Z_1$（图 1－15），则转换关系为

$$\begin{bmatrix} x_1 \\ y_1 \\ z_1 \end{bmatrix} = \begin{bmatrix} 1 & 0 & 0 \\ 0 & \cos\alpha & \sin\alpha \\ 0 & -\sin\alpha & \cos\alpha \end{bmatrix} \begin{bmatrix} x_{\mathrm{g}} \\ y_{\mathrm{g}} \\ z_{\mathrm{g}} \end{bmatrix} = \boldsymbol{R}_1(\alpha) \begin{bmatrix} x_{\mathrm{g}} \\ y_{\mathrm{g}} \\ z_{\mathrm{g}} \end{bmatrix} \tag{1-3}$$

其中，$\boldsymbol{R}_1(\alpha)$ 定义为绕 OX 轴正方向转过 α 角（α 为正值）的转换矩阵，当绕 OX 负方向转过 α 角时，α 为负值。

（2）同理，将 $OX_1Y_1Z_1$ 按右手定则，绕 OY_1 轴正方向转过 β 角，得到 $OX_2Y_2Z_2$，则转换关系为

$$\begin{bmatrix} x_2 \\ y_2 \\ z_2 \end{bmatrix} = \begin{bmatrix} \cos\beta & 0 & -\sin\beta \\ 0 & 1 & 0 \\ \sin\beta & 0 & \cos\beta \end{bmatrix} \begin{bmatrix} x_1 \\ y_1 \\ z_1 \end{bmatrix} = \boldsymbol{R}_2(\beta) \begin{bmatrix} x_1 \\ y_1 \\ z_1 \end{bmatrix} \tag{1-4}$$

其中，$\boldsymbol{R}_2(\beta)$ 定义为绕 OY 轴正方向转过 β 角（β 为正值）的转换矩阵，当绕 OY 负方向转过 β 角时，β 为负值。

（3）$OX_2Y_2Z_2$ 按右手定则，绕 OZ_2 轴正方向转过 γ 角，得 $OX_bY_bZ_b$，则转换关系为

$$\begin{bmatrix} x_b \\ y_b \\ z_b \end{bmatrix} = \begin{bmatrix} \cos\gamma & \sin\gamma & 0 \\ -\sin\gamma & \cos\gamma & 0 \\ 0 & 0 & 1 \end{bmatrix} \begin{bmatrix} x_2 \\ y_2 \\ z_2 \end{bmatrix} = \boldsymbol{R}_3(\gamma) \begin{bmatrix} x_2 \\ y_2 \\ z_2 \end{bmatrix} \tag{1-5}$$

其中，$\boldsymbol{R}_3(\gamma)$ 定义为绕 OY 轴正方向转过 γ 角（γ 为正值）的转换矩阵，当绕 OZ 负方向转过 γ 角时，γ 为负值。

（4）由此可得二者之间的转换关系为

$$\begin{aligned}
\begin{bmatrix} x_b \\ y_b \\ z_b \end{bmatrix} &= \boldsymbol{R}_3(\gamma)\boldsymbol{R}_2(\beta)\boldsymbol{R}_1(\alpha) \begin{bmatrix} x_g \\ y_g \\ z_g \end{bmatrix} \\
&= \begin{bmatrix} \cos\gamma & \sin\gamma & 0 \\ -\sin\gamma & \cos\gamma & 0 \\ 0 & 0 & 1 \end{bmatrix} \begin{bmatrix} \cos\beta & 0 & -\sin\beta \\ 0 & 1 & 0 \\ \sin\beta & 0 & \cos\beta \end{bmatrix} \begin{bmatrix} 1 & 0 & 0 \\ 0 & \cos\alpha & \sin\alpha \\ 0 & -\sin\alpha & \cos\alpha \end{bmatrix} \begin{bmatrix} x_g \\ y_g \\ z_g \end{bmatrix} \\
&= \begin{bmatrix} \cos\beta\cos\gamma & \sin\alpha\sin\beta\cos\gamma + \cos\alpha\sin\gamma & \sin\alpha\sin\gamma - \cos\alpha\sin\beta\cos\gamma \\ -\cos\beta\sin\gamma & \cos\alpha\cos\gamma - \sin\alpha\sin\beta\sin\gamma & \cos\alpha\sin\beta\sin\gamma + \cos\gamma\sin\alpha \\ \sin\beta & -\sin\alpha\cos\beta & \cos\alpha\cos\beta \end{bmatrix} \begin{bmatrix} x_g \\ y_g \\ z_g \end{bmatrix} \\
&= \begin{bmatrix} C_{11} & C_{12} & C_{13} \\ C_{21} & C_{22} & C_{23} \\ C_{31} & C_{32} & C_{33} \end{bmatrix} \begin{bmatrix} x_g \\ y_g \\ z_g \end{bmatrix} = \boldsymbol{C}_g^b \begin{bmatrix} x_g \\ y_g \\ z_g \end{bmatrix}
\end{aligned} \tag{1-6}$$

$\boldsymbol{C}_g^b$ 为坐标系（g）到坐标系（b）的转换矩阵，也称方向余弦矩阵。同理，定义 $\boldsymbol{C}_b^g$ 为坐标系（b）到坐标系（g）的转换矩阵。根据坐标变换特点，这两个矩阵互为转置，且互逆，也即 $\boldsymbol{C}_b^g = (\boldsymbol{C}_g^b)^{-1} = (\boldsymbol{C}_g^b)^{\mathrm{T}}$，称为方向余弦的正交性。

当 α、β、γ 很小时，可得如下关系（小量角关系）：

$$\begin{bmatrix} x_b \\ y_b \\ z_b \end{bmatrix} = \begin{bmatrix} 1 & \gamma & -\beta \\ -\gamma & 1 & \alpha \\ \beta & -\alpha & 1 \end{bmatrix} \begin{bmatrix} x \\ y \\ z \end{bmatrix} \tag{1-7}$$

当两个坐标系之间差别很小时,可以直接用小量角转换矩阵进行坐标转换。

1.4.3 导航参数

不同的导航系统可以提供不同的导航参数。导航系统所提供的导航参数主要有位置、速度、姿态、航向、相对距离、相对方位等几大类,不同的导航系统提供的信息各不相同,但所有这些信息都是为控制飞机的飞行提供依据,相关概念将在后续的内容中逐步展开。此处仅介绍与飞机轨迹有关的几个基本导航参数。

如图 1-16 所示,飞机纵轴与北方向在水平面内之间的夹角为飞机航向角;飞机重心的移动轨迹,称为航迹线或航迹,水平面内北方向与飞机航迹的切线方向(地速方向)之间的夹角为飞机航迹角;北方向可以为地理北,也可以为地磁北,选择不同的北方向对应不同的航向角和航迹角。航向角与航迹角之间的偏差角为偏流角,偏流角主要是由风引起的。

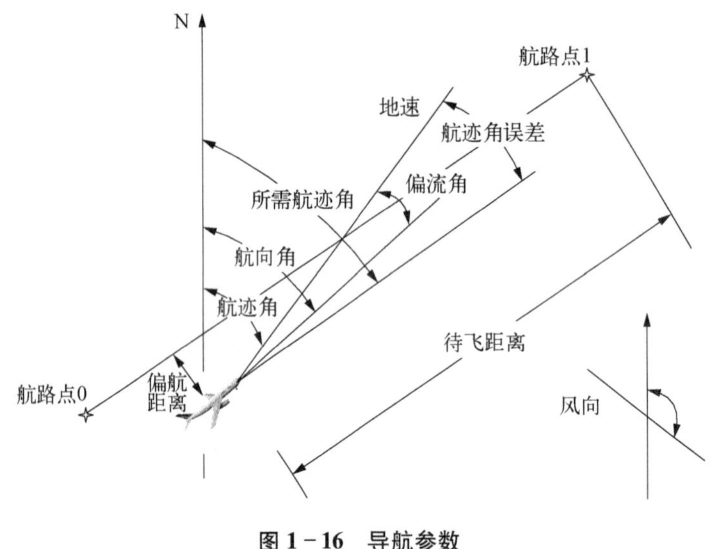

图 1-16 导航参数

飞机的起飞机场、目的地、航路上可用于飞机改变航向、高度、速度等或向空中交通管制中心报告的位置点称为航路点。航路点用于制定飞行计划。

所需航迹(角)是飞行员所希望的飞机的运动方向,在图 1-16 中就是北方向顺时针到航路点(waypoint, WPT)0 和航路点 1 连线之间的夹角,有时也把所需航迹称为待飞航迹。所需航迹和实际航迹之间的夹角称为航迹角误差,即所需航迹与地速向量之间的夹角。

从飞机当前位置至目的地或前方航路点之间的距离为待飞距离。通常,航路是由几个航路点连成的折线航路,在不加声明时,距离是指飞机沿指定航路飞往目的地的沿航迹距离。两个航路点之间的距离为连接两个航路点的大圆距离。偏航距离是指从飞机实际位置到飞行航段两个航路点连线之间的垂直距离,包括水平偏离和垂直偏离。

飞机在地面的投影点移动速度为地速,地速是飞机相对于地球表面的水平运动速度。飞机相对于周围空气的运动速度称为空速。风速与风向指飞机当前位置处大气的运动速度与方向,风向和风速是相对于地面而言的。由此可得空速、风速和地速三者的关系为:地速为空速和风速的矢量和。当风速等于零时,飞机的地速等于空速。

从飞机当前位置到飞行目的地(或前方航路点)之间的估计飞行时间为待飞时间。飞行中,待飞时间是自飞机当前位置起,按当前地速计算的飞机沿航线飞达目的地的空中飞行时间。

思 考 题

(1) 简单描述导航的基本定义,说明导航与制导的区别。

(2) 导航的方式有哪些?各有什么样的优缺点?

(3) 导航所用的坐标系有哪些?分别是如何定义的?

(4) 为什么要定义参考椭球体?参考椭球体的主要参数有哪些?

(5) 什么情况下需要坐标系之间的变换?

(6) 请尝试推导地理坐标系与地球坐标系之间的变换矩阵。

(7) 什么情况下会产生科氏加速度?其大小与什么有关?

(8) 机载导航系统大概有哪些?不同导航系统提供的导航信息有什么不同?

第 2 章
仪表导航

导航系统(设备)作为一类为飞机提供位置、姿态、航向、速度等参数的系统,其发展经历了漫长的阶段,随着电子技术及飞机性能的发展而不断改进。传统的导航手段是通过测量大气参数确定飞机的高度及空速,利用地平仪确定飞机的姿态,利用罗盘测定飞机的航向,并利用无线电波来确定飞机和地面台之间的相对位置关系,由此给出方位角和距离。早期的飞机导航主要是仪表导航,本章主要介绍各种导航仪表的工作原理和基本特点。

2.1 大气数据仪表

飞机在大气中飞行,其飞行高度和飞行速度可以利用大气的特点,通过测量大气的相关参数如气压、温度等来确定。

大气的物理属性(如大气温度、压力、密度等)不仅随高度变化,而且也随所在地的经纬度、季节、气象条件及日夜时间等的不同而变化。在大气中飞行的飞机,其空气动力特性和发动机特性受大气物理属性的影响。为便于对飞行数据建模处理,人为规定大气物理属性随高度变化的规律,即为标准大气。目前较为通用的是 ICAO 依据北半球中纬度地区大气物理属性的平均值规定的国际标准大气。

标准大气认定空气为干燥清洁的理想气体,满足理想气体状态方程,以平均海平面作为零高度,气压为 1 个标准大气压(760 mm 汞柱),气温为 15℃,密度为 0. 125 kg · s^2/m^4。

根据其物理特性,空间大气可分为对流层(变温层)、平流层(同温层)、中间层、电离层(暖层)和散逸层。其中,对流层从地球表面开始到距地球表面一定高度处(中纬度 11 km,赤道 17 km,两极 8 km),包含了 3/4 的大气质量;平流层从对流层顶部到离地约 30 km 处,温度常年几乎不变,平均值为-56. 5℃,平流层包含了约 1/4 的大气质量,该层中没有雷雨现象,空气只有水平流动,没有垂直流动,当前大部分飞机的飞行都集中在对流层和平流层;中间层从距离地面 30 km 到 80~100 km 处,含有大量的臭氧;电离层从中间层到离地 500 km 处,该层空气稀薄,含有大量游离的离子,能反射无线电波;散逸层在离地 500~1 600 km 处,是大气的最外一层,也称为外层大气。

利用大气参数测定飞机导航参数的仪表称为大气数据仪表,它们主要通过测量大气的压力和温度来计算飞机高度和空速。

飞机周围静止空气的压力称为大气静压(P_s),它是空气分子无规则运动的反映,不同高度的大气静压不同，随着高度的增加，大气静压逐渐降低。空气相对物体运动时所具有的动能转化而来的压力为动压。当空气相对物体运动时，空气相对于该物体具有动能，如果该流动的气流被阻挡，到达驻点（速度变为0），则该动能转化为压力能和热能，阻挡面所受压力升高，温度升高。单位面积上升高的压力即为动压。如在高速行驶的汽车中，如果打开车窗，车窗旁的人可以明显感受到该压力的存在，面部感受与平时不同，处于承压状态，这就是动压所引起的。如果将气体认为是理想的不可压缩的，则称该压力为动压（q_c）；而如果考虑空气的压缩性，则称该压力为冲压（Q_c）。流动空气全受阻时的大气压力称为全压（P_t），它是静压和动压之和。

飞机周围静止空气的温度称为大气静温（SAT），它是空气分子无规则运动产生的温度，该温度在对流层内以一定的梯度变化，高度每升高1 000 m，温度下降6.5℃。流动的气流到达驻点时的大气温度为大气总温（TAT），等于大气静温加上由于动能转化为热能而上升的温度，也称全受阻温度。

2.1.1 气压测高系统

航空运行中，飞机的高度用于体现飞机与地面及飞机与飞机之间在垂直方向的间隔，直接影响飞机的飞行安全。飞行高度作为一个重要导航参数，表示飞机到某一基准面的铅垂距离，通常以英尺或米为单位。测量飞机高度的方法主要有以下几种。

（1）利用大气的物理特性测量高度。由于大气压力、密度随高度的增加而减小，虽然变化规律不同，但却都有规律可循，也即大气压力、密度与高度之间有一定的对应关系。因此，可以通过测量大气压力或大气密度来间接测量飞机的飞行高度。通过测量大气压力来测量飞行高度的仪表称为气压式高度表，它是航空领域广泛应用的高度表。

放射性电离压力计（或密度计）通过测量大气密度来确定飞机高度，它利用空气密度不同，空气被游离所产生的离子流大小不同来间接测量高度。

（2）利用无线电波的反射特性测量高度。此类仪表称为无线电高度表，它能测量飞机的真实高度，该仪表将在无线电导航部分中介绍。

（3）通过测量飞机的垂直加速度，再二次积分测量高度。利用加速度计测量飞机在垂直方向的运动加速度，在初始高度的基础上加上垂直加速度的两次积分就可以获得实时高度，这种测高方法要求垂直加速度传感器保持在地垂线方向上，以正确地感受飞机的垂直加速度。惯性导航系统利用此方法测量飞机的高度。

本节主要介绍通过测量大气压力间接测量飞机飞行高度的气压式高度表。

2.1.1.1 气压高度的测量原理

为便于探讨大气压力与高度之间的关系，国际标准大气引用了重力势高度的概念。重力势表示地球大气层内某一给定点上空气微粒的势能。重力势高度以海平面作为重力势高度的基准，又称为标准气压高度。

取大气中单位质量的空气微粒，当空气微粒沿地球法线移动时，所做的功为：$d\phi = g_n dH = g_h dh$。其中g_n为地球表面的重力加速度，g_h为高度H处的重力加速度，重力势高度定义为$H = \phi/g_n$。

根据国际标准大气的规定，大气层中，大气温度呈梯度变化，高度层、大气温度及温度垂直梯度之间的关系为：$T_h = T_b + \beta(H - H_b)$。其中，$T_b$ 和 T_h 分别为基准面和高度 H 处的大气温度，H_b 为基准面的高度，β 为温度梯度。

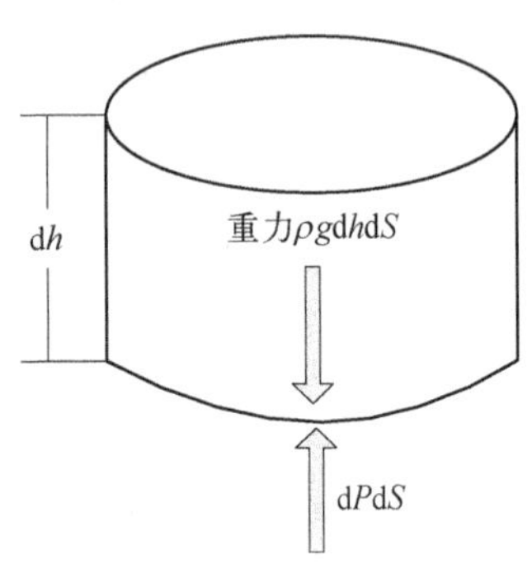

图 2-1 大气气柱受力分析

如图 2-1 所示，选取大气中一个微小气柱，截面积为 dS，高度为 dh，上下压强差为 dP，由于气柱悬停在空中，因此其上下压力差产生的支撑力等于其重力，即

$$dPdS = -\rho g_h dhdS \tag{2-1}$$

根据理想气体状态方程 $P_h = \rho RT_h$，可得

$$dP = -\frac{P_h}{RT_h} g_h dh = -\frac{P_h}{RT_h} g_n dH \tag{2-2}$$

假设基准面处的温度、气压、高度分别为 T_b、P_b 和 H_b，飞机所在处的温度、气压、高度分别为 T_h、P_h 和 H，则由于 $T_h = T_b + \beta(H - H_b)$，将其代入式(2-2)可得

$$\frac{dP}{P_h} = -\frac{g_n dH}{R[T_b + \beta(H - H_b)]} \tag{2-3}$$

对上述微分方程求解(分别在 $T_b \sim T_h$ 和 $H_b \sim H$ 之间进行积分)，即可得高度 H 与气压 P_h 之间的关系如下。

$\beta \neq 0$ 时：

$$H = \frac{T_b}{\beta}\left[\left(\frac{P_h}{P_b}\right)^{-\beta R/g_n} - 1\right] + H_b \quad 或 \quad \ln P_h = \ln P_b - \frac{g_n}{\beta R}\ln\frac{T_b + \beta(H - H_b)}{T_b} \tag{2-4}$$

$\beta = 0$ 时：

$$H = H_b + \frac{RT_b}{g_n}\ln\frac{P_b}{P_h} \quad 或 \quad \ln P_h = \ln P_b - \frac{g_n}{RT_b}(H - H_b) \tag{2-5}$$

式(2-4)和式(2-5)表明了重力势高度与大气压力之间的关系，选定基准面后，对应特定的大气静压值就是一个特定的高度。气压式高度表就是利用上述静压与高度之间的关系来确定飞机高度的。

2.1.1.2 各种气压高度

飞机上的气压高度表通过测量飞机周围的大气静压来计算飞机的高度，这种方式获得的高度称为气压高度。飞机在不同的飞行阶段时，考虑安全的因素，所关注的高度信息也会不同。例如，在起飞、着陆阶段，即飞机在机场附近区域时，需要知道飞机相对起降机场跑道或下方障碍物的高度；巡航飞行时，此时飞机与地面之间的垂直距离通常具有足够的避撞安全裕度，但为有效避免同一空域或同一航线上的飞机发生两机相撞的情况，需要所有飞机的高度都基于同一气压基准面；飞机起飞、进近、着陆及航测、空投、越障时，则需要知道飞机相对于正下方地面的真实高度。

根据不同的安全需要，气压式高度表通常用来指示几种不同的气压高度，如图2－2所示。

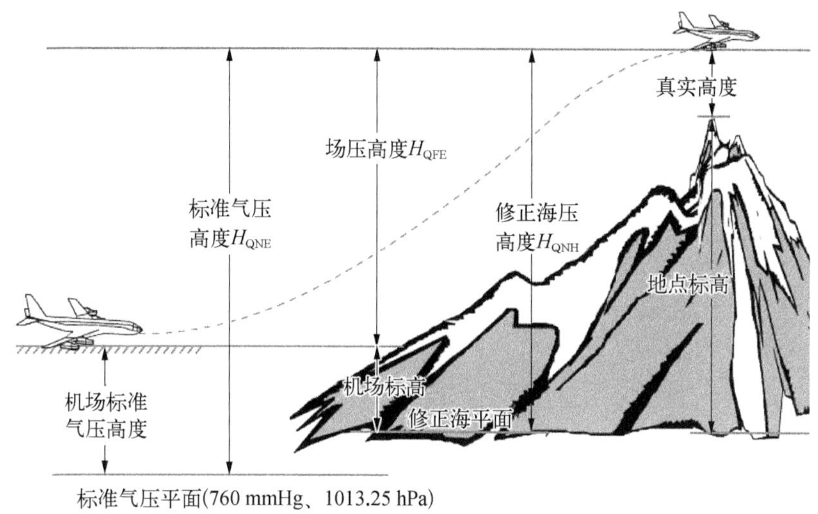

图2－2 各种不同的气压高度

(1) 修正海压高度(QNH)：飞机重心到修正海平面的垂直距离。

(2) 场压高度(QFE,也称相对高度)：飞机重心到某一指定参考平面(例如机场标高或跑道入口标高所在平面)的垂直距离。

(3) 标准气压高度(QNE)：以标准海平面(1 013.25 hPa)为基准面，飞机重心到该基准面的高度。

(4) 真实高度：飞机重心到其所在位置正下方地面的垂直距离，真实高度通常用无线电高度表测量。

根据气压高度的定义及安全需求，飞机飞行过程中必然需要在特定的时候对气压基准面进行转换，以适应航路和机场区域飞行的不同安全需要，确保在航空器之间足够的垂直间隔和在机场区域提供足够的超障的裕度，这就是高度表的拨正。

高度表的拨正在过渡高度和过渡高度层之间(过渡夹层)进行。过渡高度以上，航空器的垂直位置用飞行高度层(flight level, FL)表示，飞行高度层基于标准气压高度，过渡高度层是在过渡高度以上的最低可用飞行高度层；过渡高度(或过渡高)及以下，航空器的垂直位置用高度(或高)表示，这个高度(或高)选用修正海压高度或场压高(QFE)，不同的机场有所不同。飞机起飞爬升时，在过渡高度，高度表拨正为标准气压，使用飞行高度层，下降着陆时，在过渡高度层，拨正为修正海压，使用高度。

基于性能的导航运行模式下，为了和WGS84坐标相匹配，导航数据库内的高度基准使用修正海压高度作为基准。中国民航现在主要选择修正海压作为高度基准。

2.1.1.3 机械式气压高度表

由式(2－4)和式(2－5)可见，在标准大气的情况下，飞机所在处相对于标准海平面的重力势高度(H)是该处大气压力(P_h)的函数。测出飞机所在处的大气压力(P_h)(即静压,P_s),就可计算出飞机的标准气压高度 H。

气压高度表实质上是一种特殊的大气压力测量仪表,它将大气静压按照标准气压高度公式转换为刻度盘上的高度信息。气压高度表用各种测量压力的弹性敏感元件来测量大气静压,使用较多的是真空膜盒、膜盒串或波纹管。机械式气压高度表的基本工作原理如图 2-3 所示。

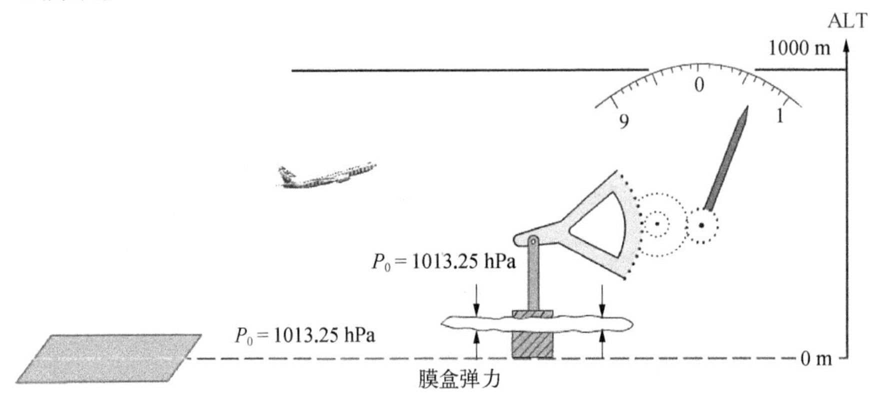

图 2-3　机械式气压高度表原理

飞机所在处的大气由全静压管(也称皮托管)或静压孔经导管传送到密封表壳内,气压使仪表壳内的真空膜盒产生形变。不同的大气压力使真空膜盒产生不同的压缩形变,经曲柄、连杆、齿轮等组成的传动解算机构带动指针指示不同的气压高度。高度表采用非线性膜盒和非线性传动机构来完成标准气压高度公式的解算,以达到仪表指示刻度均匀的目的。其构造如图 2-4 所示。

由于制造工艺等原因,膜盒和传动机构的特性很难确保与理论曲线完全一致,因此,通常在传动机构中设置调整环节,膜盒下的调整盘也可以调节膜盒初始曲线的弯曲程度,以确保指针转角与高度的关系在误差允许范围之内。

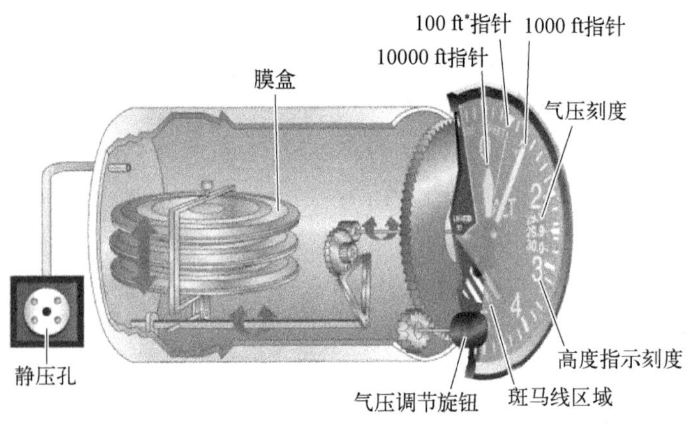

* 1 ft = 0.304 8 m

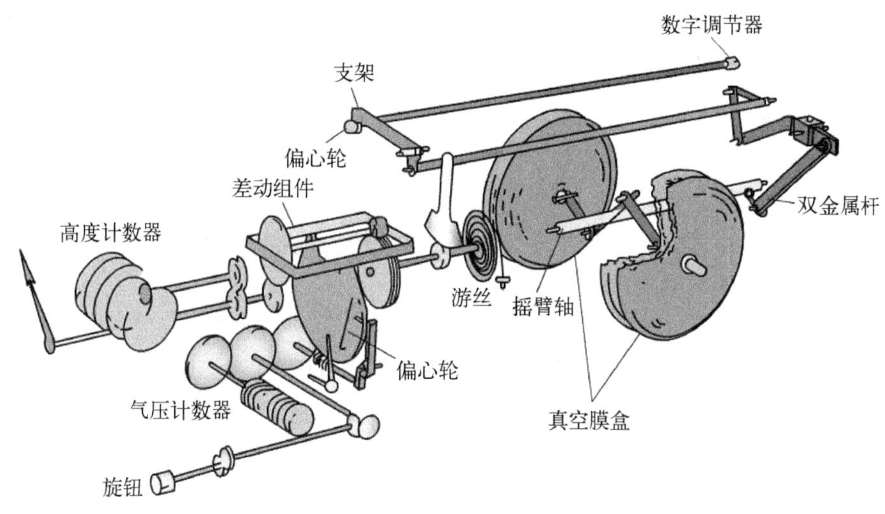

图 2-4 机械式气压高度表

高度表的指示有两种,一种是三指针指示,如图 2-5(a)所示。仪表上有斑马线区域(黑白相间的条纹窗)。当高度高于 10 000 ft 时,该区域开始被斑马线覆盖,高于 15 000 ft 时,所有都被斑马线覆盖。另一种指示为鼓轮指针显示,如图 2-5(b)所示。该仪表只有一根指针,每 1 000 ft 转一圈。刻度盘上每个数字代表 100 ft,每一小格代表 20 ft。鼓轮显示 1 000 ft 以上的千英尺高度。鼓轮窗显示的千英尺读数加上指针读数(千英尺以下)就是飞机的气压高度。

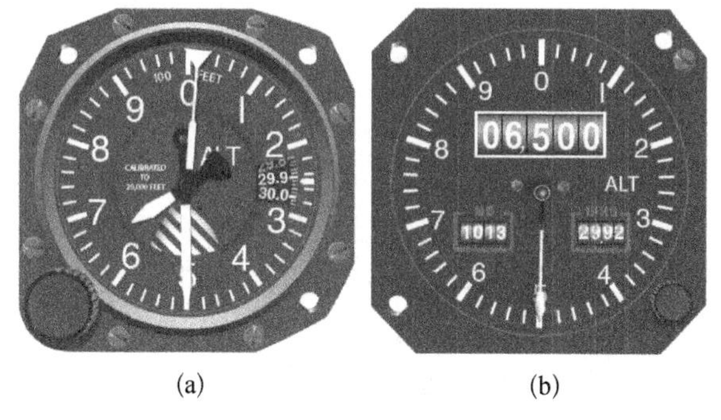

(a) (b)

图 2-5 机械式气压高度表的指示

气压高度表都配有气压调节旋钮,飞行员转动旋钮来改变气压刻度及高度表指针,该旋钮允许飞行员调定不同的基准气压以获得不同的气压高度,这有利于飞行员在飞行过程中根据不同的需要获取不同的气压高度值,从而保障飞行安全。气压刻度显示在气压调定窗内(图 2-5),大部分高度表的气压刻度范围为 28.00~31.00 英寸*汞柱(inHg)或 948~1 050 hPa,空客新型飞机配备的气压高度表的气压基准刻度范围为 745~1 050 hPa。5 000 ft 以下,标准的气压递减率为:气压基准每改变 1 inHg,指针指示改变 1 000 ft。当气压基准调节到 29.92 inHg 或者 1 013.25 hPa 时,指针指示标准气压高度。将气压基准调整到修正海平面气压值,则高度表指示修正海压高度。

机械式气压高度表的优点是结构简单,自主能力强,但它在使用上有一定局限

* 1 in = 2.54 cm。

性。例如，随着高度的升高，大气压力随高度变化的垂直气压梯度变小，高度表的灵敏度降低。另外，气压式高度表的误差较大，飞机起飞和着陆时，只能提供一个参考值。

气压式高度表是根据标准状况下气压的变化规律来设计的，在推导气压高度与大气压力之间关系的公式时，对标准大气作了一些假设，而实际大气并不完全符合这些假设，不同的外界温度和不同的气压会造成高度表的指示不准确，这是高度表的原理误差。另外，压力敏感元件受温度影响会产生温度误差，机械解算机构之间的相对运动存在摩擦误差，这些都会导致气压高度表出现误差。

图 2-6 显示了非标准温度对高度表指示的影响。当飞机周围温度高于标准大气时（如图中 30℃时），空气密度相对较小，每个气压面之间的垂直距离变大，高度表指示值较飞机实际高度偏低；当飞机周围温度低于标准大气时（如图中 0℃时），空气密度相对较大，不同气压面之间的垂直距离变小，高度表指示值较飞机实际高度偏高。

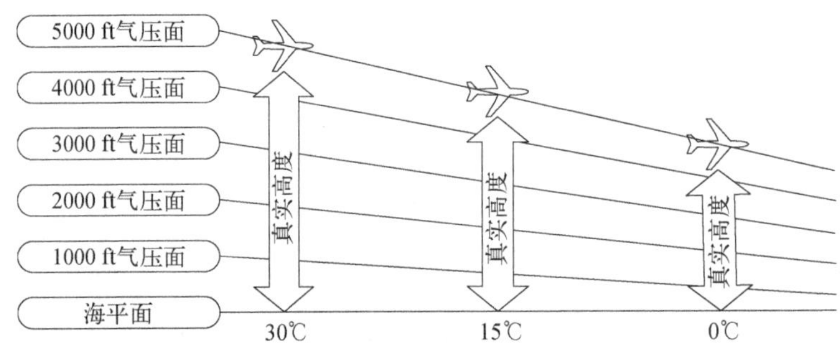

图 2-6　气压高度表的温度误差

由于低温引起的高度表误差可能会影响飞机的越障高度，因此当温度比标准温度（15℃）低很多时，飞行员必须考虑高度表误差，需要抬高最低安全高度，并且在正常最低标准的基础上相应地增加云高，才能保证安全。现代飞机使用大气数据计算机（air data computer, ADC）提供气压高度，大部分 ADC 会对低温误差进行补偿。

2.1.1.4　升降速度表

高度变化率是单位时间内飞机高度的变化量，称为升降速度、垂直速度或升降率。升降速度的测量可以有多种方法，如先测量飞机垂直方向的加速度，然后进行积分得到升降速度；或利用多普勒效应来测量；也可以通过测量气压变化来测量，通过测量气压变化来反映高度变化率的仪表称为升降速度表。

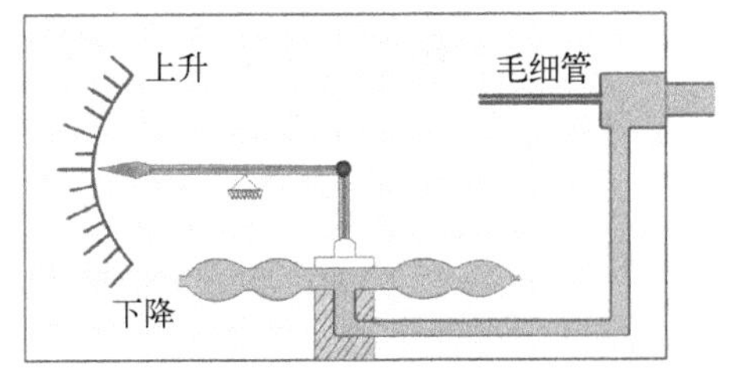

图 2-7　升降速度表基本原理

如图 2-7 所示，升降速度表仪表壳体密封，内有一个开口膜盒。由于飞机高度变化时，飞机所在处的气压也随之变化；气压变化的快慢，反映了高度变化的快慢，也即升降速度的大小。因此，升降速度表的开口膜盒通过一根内径较大的导管与外界大气连通，使膜盒内部的气压随外部大气静压的变化同步变化；而膜盒外部（表壳内部)则通过一根内径较细的毛细管与外界大气连通,它有阻碍气流快速流动的特性,气压值变化缓慢,滞后于外部气压的变化。这样,当飞机高度变化时,膜盒内的气压值通过导管很快与外部气压值一致,而膜盒外部的气压值由于毛细管的迟滞效应还保持变化前的气压值,膜盒内外的压力差就是飞机高度变化前后的气压差,反映了飞机升降速度的大小及方向。

当飞机平飞时,膜盒内外的压力相等,膜盒不产生形变,指针指零(表示飞机平飞)。当飞机由平飞转而开始上升时,随着飞行高度的升高,飞机外部气压不断减小,表内的气压高于表外的气压,膜盒和表壳中的空气开始向外流动。由于膜盒跟外部连通的导管内径较大,对空气流动的阻碍作用小,可以近似认为膜盒内的气压与外部气压同步变化,二者始终相等。而表壳内部与外部连通的毛细管由于内径小,对空气的流动有阻碍作用,故表壳内部气压变化缓慢,近似保持飞机上升前的气压,从而使得膜盒内外出现负压差,膜盒收缩,通过传动机构,使升降速度表的指针向上指,表示飞机上升。当飞机下降时,飞机外部气压不断增大,外部空气在压差的作用下向膜盒和表壳内流动。但由于毛细管的迟滞效应,在膜盒内外产生正压差,膜盒膨胀,通过传送机构使指针向下指,表示飞机下降。图 2-8 所示为升降速度表结构。

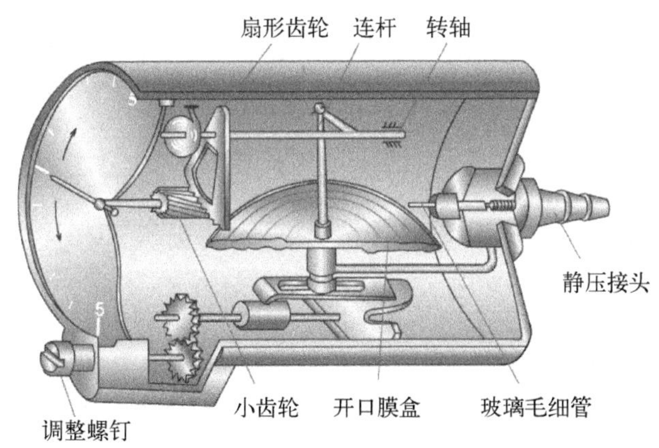

图 2-8 升降速度表结构

升降速度表以英尺每分钟(feet per minute, FPM)来指示飞机的升降速率(图 2-9)。由于气压变化的滞后性,升降速度表的指示可能会比实际的升降变化慢几秒钟,但通常比高度表要敏感,升降速度表主要用于提醒飞行员飞机向上或向下运动的趋势,可以帮助飞行员保持恒定高度飞行。部分升降速度表配备了两个使用空气泵驱动的加速度计来感应飞机向上或者向下的运动并瞬时产生一个压差,减小迟滞效应,称为瞬时升降速度表(instantaneous vertical speed indicator, IVSI)

图 2-9 升降速度表指示

空气的动力黏度与气温有关。温度升高时,空气分子的运动速度增大,空气流动过各流层之间的内摩擦增大,动力黏度增大。当飞机外部气温、表壳内部气温及毛细管平均气温三者相等时,升降速度表气温误差为零;但当三者不等时,升降速度表会产生气温误差。毛细管平均气温的平方值大于飞机内部气温与表壳内部气温的乘积时，仪表指示值大于飞机升降速度实际值，反之则小于飞机升降速度实际值。升降速度越大，误差的绝对值也越大。

由升降速度表的原理可知，飞机升降速度变化时，升降速度表需要经过一段时间才能指示相应的数值，这段时间内仪表指示值与飞机实际升降速度值之间的差值为延迟误差。延迟误差随时间的增长而逐步减小，经过一段时间后，延迟误差消失。因此，飞机上升或下降改平飞后，升降速度表的指针不会立即回零，而是需要一段时间才能回零。升降速度越大，延迟时间越长。此外，延迟时间还与高度有关，高空飞行时，延迟时间稍长，低空飞行时，延迟时间略短。为减小延迟误差，可以增大毛细管的直径或缩短其长度，或减小表壳的容积，但这样做会影响仪表的灵敏度。

2.1.2　气压测速系统

飞机沿其重心运动轨迹切线方向的速度称为飞行速度。不同情况下，需要不同的飞行速度。例如，为了对飞机进行轨迹控制，需要知道飞机相对地球的运动速度（地速）；为了保持飞机升力，需要知道飞机相对空气的运动速度（空速）。本部分主要介绍飞机相对空气的运动速度，飞机相对于地球的运动速度将在惯性导航系统一章中介绍。

飞机相对空气运动的速度包括空速和侧滑速度。空速是指飞机在纵轴对称面（纵轴和竖轴组成的平面）内相对气流的运动速度；侧滑速度是指飞机在横轴对称面（横轴和竖轴组成的平面）内飞机相对气流的运动速度。

2.1.2.1　空速的测量方法

根据运动的相对性，当飞机在空中飞行时，如果选定大气为参照物，可以看作飞机相对于大气运动；而如果选定飞机为参照物，则可以认为是空气以大小相等方向相反的速度相对飞机运动。因此，如果能够测量出大气相对于飞机的运动速度，就可以得到飞机相对于大气的速度。空速的测量通常都是通过测量空气相对于飞机的运动速度来确定的。当飞机空速大于声速时，大气会产生激波，此时大气特性与空速小于声速时的大气特性有明显的不同。考虑民航飞机大多为亚声速飞机，本文主要介绍亚声速飞行时空速的测量方法。

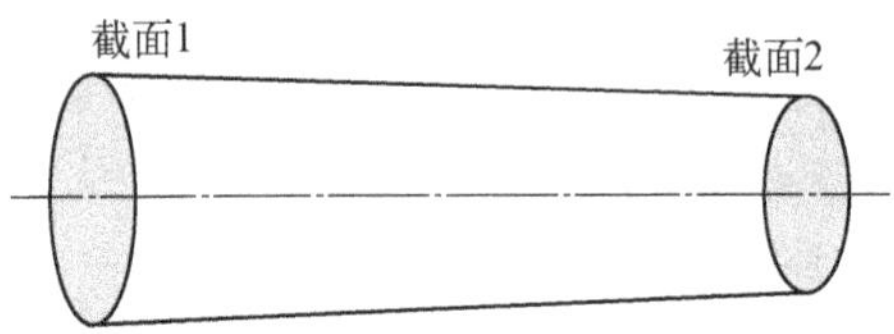

图 2－10　气压与空速的关系

选取一段空气为研究对象，假设空气在绝热的流管中流动，并假设空气流动时空间任何一点所具有的状态参数不随时间改变。在流管上取垂直流管中心线的两个截面，分析截面处的大气能量，该能量包括动能和势能（图 2－10）。

假设截面 1 单位时间空气的流量为 Q_1，流速为 V_1，截面积为 S_1，密度为 ρ_1，高度为 H_1，压强为 P_1。则截面 1 处的大气能量有

（1）动能。根据假设，Δt 时间内流过的空气的动能为：$E_{v1} = \dfrac{1}{2}Q_1 V_1^2 \Delta t$。

（2）势能。势能包括压力势能、重力势能和内能，Δt 时间内所对应的势能分别为

压力势能 $$E_{p1}=P_1S_1V_1\Delta t=\frac{P_1}{\rho_1}\rho_1S_1V_1\Delta t=\frac{P_1}{\rho_1}Q_1\Delta t$$

重力势能 $$E_{g1}=Q_1\Delta tgH_1$$

由于 1 kg 空气的热量为 $U_1=c_VT_1$(J/kg),则 Δt 时间内流过的空气的热量为

$$U_1=\frac{c_VP_1}{\rho_1R}Q_1\cdot\Delta t$$

根据 $AR=c_p-c_V$,其中,A 为热功当量,c_p 为比定压热容,c_V 为比定容热容。相应的内能为

$$E_{T1}=\frac{1}{A}U_1=\frac{1}{A}\cdot\frac{c_VP_1}{\rho_1R}Q_1\cdot\Delta t=\frac{c_V}{c_p-c_V}\cdot\frac{P_1}{\rho_1}Q_1\cdot\Delta t=\frac{1}{K-1}\cdot\frac{P_1}{\rho_1}Q_1\cdot\Delta t \tag{2-6}$$

其中,K 为空气的绝热指数。

(3) Δt 时间内流过截面 1 的能量总和。

$$E_1=\frac{Q_1V_1^2\Delta t}{2}+\frac{P_1}{\rho_1}Q_1\Delta t+Q_1gH_1\Delta t+\frac{1}{K-1}\cdot\frac{P_1}{\rho_1}Q_1\Delta t \tag{2-7}$$

(4) 流过截面 2 的能量总和。

同样,假设截面 2 单位时间空气的流量为 Q_2,流速为 V_2,截面积为 S_2,密度为 ρ_2,高度为 H_2,压强为 P_2,则在时间间隔 $\Delta t'$ 内,流出该截面的空气的能量为

$$E_2=\frac{Q_2V_2^2\Delta t'}{2}+\frac{P_2}{\rho_2}Q_2\Delta t'+Q_2gH_2\Delta t'+\frac{1}{K-1}\cdot\frac{P_2}{\rho_2}Q_2\Delta t' \tag{2-8}$$

根据假设,空气流管为密闭流管,所以满足质量守恒和能量守恒定律,也即 $Q_1\Delta t=Q_2\Delta t'$, $E_1=E_2$,如果截面 1、2 在同一高度,即 $H_1=H_2$,则由此得到速度和气压之间的关系如下。

如果考虑空气的压缩性,即两截面的温度、大气密度不同,可得

$$\frac{V_1^2}{2}+\frac{K}{K-1}\cdot\frac{P_1}{\rho_1}=\frac{V_2^2}{2}+\frac{K}{K-1}\cdot\frac{P_2}{\rho_2} \tag{2-9}$$

如果不考虑空气的压缩性,即认为两截面的大气温度、密度相同,内能相等,可得

$$P_1+\frac{1}{2}\rho V_1^2=P_2+\frac{1}{2}\rho V_2^2 \tag{2-10}$$

当气流相对于飞机运动时,在正对气流运动方向的飞机表面上,气流完全受阻,速度降低到零,此时,气流分子的规律运动全部转化为分子的热运动,动能全部转化为压力势能和内能,因而空气的温度升高,压力增大,这时大气的压力即为全压。相当于空气流在截面 2 处全阻滞,则式(2-9)和式(2-10)分别变为

$$\frac{V^2}{2}+\frac{K}{K-1}\cdot\frac{P_s}{\rho_s}=\frac{K}{K-1}\cdot\frac{P_t}{\rho_t}\text{（考虑空气压缩性）} \tag{2-11}$$

$$P_s+\frac{1}{2}\rho V^2=P_t\text{（不考虑空气压缩性）} \tag{2-12}$$

由于绝热过程中，压力与密度的关系为：$\frac{\rho_t}{\rho_s}=\left(\frac{P_t}{P_s}\right)^{\frac{1}{K}}$，由此可得

$$P_t=P_s\left(1+\frac{K-1}{K}\cdot\frac{\frac{1}{2}\rho_s V^2}{P_s}\right)^{\frac{K}{K-1}} \tag{2-13}$$

由于声速 a 与气压和温度之间的关系满足 $a=\sqrt{KRT_s}=\sqrt{KP_s/\rho_s}$，因此可得可压缩空气流的冲压为

$$\begin{aligned}Q_c=P_t-P_s&=P_s\left[\left(1+\frac{K-1}{K}\cdot\frac{\frac{1}{2}\rho_s V^2}{P_s}\right)^{\frac{K}{K-1}}-1\right]\\&=P_s\left[1+\frac{K}{2}\left(\frac{V}{a}\right)^2+\frac{K}{8}\left(\frac{V}{a}\right)^4+\frac{K(2-K)}{48}\left(\frac{V}{a}\right)^6+\cdots-1\right]\\&=\frac{KP_s}{2a^2}V^2\left[1+\frac{1}{4}\left(\frac{V}{a}\right)^2+\frac{2-K}{24}\left(\frac{V}{a}\right)^4+\cdots\right]\\&=\frac{1}{2}\rho_s V^2\left[1+\frac{1}{4}\left(\frac{V}{a}\right)^2+\frac{2-K}{24}\left(\frac{V}{a}\right)^4+\cdots\right]\\&=\frac{1}{2}\rho_s V^2(1+\varepsilon)\end{aligned} \tag{2-14}$$

此处，ε 为空气的压缩修正系数。由于声速 a 随高度的升高而减小，所以在同一飞行速度下空气的压缩修正系数随高度的增高而增大，而在同一高度下，空气压缩性修正系数 ε 随速度的增大而增大。

因此，考虑空气压缩性时，空速与气压之间的关系如下：

$$V=\sqrt{\frac{2K}{K-1}\frac{P_s}{\rho_s}\left[\left(1+\frac{Q_c}{P_s}\right)^{\frac{K-1}{K}}-1\right]}=\sqrt{\frac{2Q_c}{\rho_s(1+\varepsilon)}} \tag{2-15}$$

不考虑空气压缩性时，空速与气压之间的关系如下：

$$V=\sqrt{\frac{2(P_t-P_s)}{\rho_s}}=\sqrt{\frac{2q_c}{\rho_s}} \tag{2-16}$$

可见，相同动压下，考虑空气压缩性所得空速比不考虑空气压缩性所得的空速偏小。

马赫数(真空速与本地声速之比)为0.6~0.7时,如果不考虑空气的压缩性来计算空速,会造成9%~13%的误差(图2-11)。

事实上,由于空气分子之间的间隙,空气被压缩时,空气的密度和温度都要升高。在高速飞行时,考虑空气的压缩性尤为必要。超声速飞行时,全静压管前方出现激波,气流流过激波后,压力突然升高,速度突然降低,温度急剧上升。气流流至全压口时所产生的全压和不考虑激波时大不相同。所以在超声速飞行时,除了考虑空气的压缩性外,还必须考虑到激波的影响。当空速大于声速时,空速计算公式如下:

$$V=\sqrt{\frac{2Q_c}{\rho_s(1+\varepsilon')}} \tag{2-17}$$

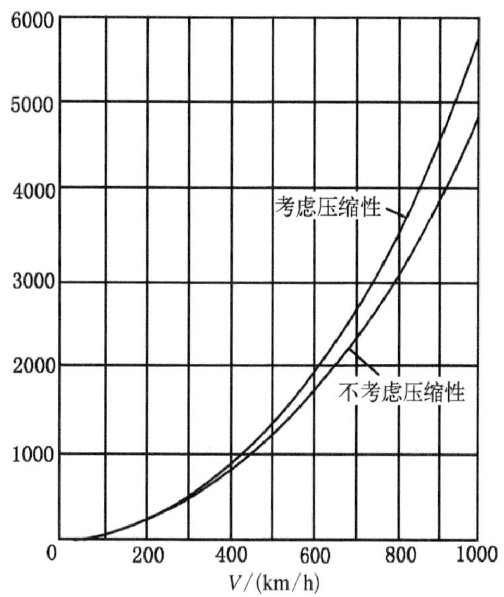

图2-11 考虑和不考虑空气压缩性时的空速

式中,ε'是考虑激波时的空气压缩性修正量。

2.1.2.2 各种空速

根据空速的计算原理可以看出,对影响空速的参数的变化及误差情况考虑得越周全,则计算出的空速越接近飞机的真实空速(真空速)。根据飞行需要及计算空速时所考虑的因素,飞机上利用大气数据计算的空速通常有真空速、指示空速、计算空速等。

如果将大气密度看作常数,等于国际标准大气中规定的标准海平面上的大气密度,则空速只与动压有关,这种空速称为指示空速(indicated air speed, IAS)或表速。考虑空气压缩性和不考虑空气压缩性的指示空速分别如式(2-18)和式(2-19)所示:

$$\text{IAS}=\sqrt{\frac{2Q_c}{\rho_0(1+\varepsilon_0)}} \tag{2-18}$$

$$\text{IAS}=\sqrt{\frac{2q_c}{\rho_0}} \tag{2-19}$$

可见,当飞机在标准海平面时,真空速(true air speed, TAS)与指示空速相等,随着高度的增加,IAS与TAS之间的差别急剧增大,在10 km的高度上,TAS约为IAS的1.72倍,在20 km高度,TAS是IAS的3.73倍,而在30 km时,TAS是IAS的8.25倍。

IAS反映了动压的大小,而飞机的升力与动压之间的关系如式(2-20)所示。因此,IAS是操纵飞机及保障飞行安全的重要参数。

$$Y=C_YSQ_c \tag{2-20}$$

式中,S为翼展面积;C_Y为升力系数,取决于飞机结构参数及迎角的大小。当S、C_Y一定时,飞行员只要保持动压大于特定值(即指示空速大于一定值),就可以保证飞机的升力大于重力而不致失速。

对 IAS 进行静压源误差和仪表误差修正后即可得到计算空速(computed air speed, CAS,也称校正空速)。尽管空速表制造厂家会尽力消除这些误差,但无法完全消除整个运行速度范围内、重量和襟翼设定范围内的误差。在飞行员操纵手册上一般列有计算空速的修正值。标准海平面上,CAS 等于 TAS。

当量空速(equivalent air speed, EAS)是对特定高度上的校正空速修正空气压缩性误差后得到的,在海平面标准大气下,EAS 与 CAS 相等。高亚声速和超声速飞行时,飞机前方空气被压缩,产生空气压缩性误差,随着空速及气压高度的增加,CAS 比 EAS 要高,因此必须从 CAS 中减去相应的修正值。低亚声速飞行时(如指示空速低于 200 节,高度低于 20 000 ft),该误差可忽略不计。

TAS 是飞机相对于空气的真实速度。对当量空速进行密度和温度误差补偿后就可以得到 TAS。TAS 及 CAS 在海平面标准大气下是相等的。在非标准条件下,高度增加或空气温度增高,空气密度降低,相同指示空速的情况下,TAS 会随着高度的增加而增大。部分仪表使用具有温度补偿功能的膜盒来进行误差修正,获得飞机的 TAS。

飞机在高速飞行中,空气动力特性影响飞机的安定性、操纵性等,例如:飞机可能自动倾斜;高空飞行时,飞机可能有明显的俯仰摆动现象;增大飞机的载荷因数,驾驶杆的操纵力要求急剧增加等等。此时,飞行员根据指示空速表不能判断飞机所受空气动力的情况。必须用马赫数表来显示飞机马赫数的大小,使飞行员在高速飞行时能正确地操纵飞机,保证飞行安全。

马赫数(Ma)是飞机 TAS 与飞机所在处大气条件下声速的比值。飞机以声速飞行时,马赫数为 1.0。当飞机接近声速时,飞机表面部分区域的气流速度会增加到声速,形成激波。此时,IAS 随温度发生变化,仅使用空速不足以警告飞行员可能会出现的问题。因此马赫数就显得尤为重要。

对于亚声速飞机,在飞机速度没有达到临界马赫数之前,飞机具有速度稳定性,油门杆与驾驶杆的配合操纵称为正常操纵。当马赫数临近或超过临界马赫数时,飞机的空气动力特性会发生显著变化,焦点急剧后移,出现速度不稳定情况,油门杆与驾驶杆的操作动作必须与正常操纵相反,即速度反操纵。这对飞行员来说很难掌握,极易发生飞行事故。

将声速 $a=\sqrt{KRT_s}=\sqrt{KP_s/\rho_s}$,代入式(2-13)可得

$$P_t=P_s\left(1+\frac{K-1}{K}\cdot\frac{\frac{1}{2}\rho_s V^2}{P_s}\right)^{\frac{K}{K-1}}=P_s\left(1+\frac{K-1}{2}\cdot\frac{V^2}{a^2}\right)^{\frac{K}{K-1}}=P_s\left(1+\frac{K-1}{2}\cdot Ma^2\right)^{\frac{K}{K-1}}$$

由此可得

$$\frac{Q_c}{P_s}=\left(1+\frac{K-1}{2}\cdot Ma^2\right)^{\frac{K}{K-1}}-1 \tag{2-21}$$

将 $K=1.4$ 代入上式,得

$$\frac{Q_c}{P_s}=(1+0.2\cdot Ma^2)^{3.5}-1 \tag{2-22}$$

由此可见，*Ma* 仪与动压（或全压）和静压有关，与大气密度（或温度）无关，利用全压和静压即可计算出飞机的马赫数。马赫数表也没有温度误差。

在计算各种不同的空速时，应该根据飞机构型和飞行状态对传感器探头感受的压力数据进行补偿。各种空速之间的关系如图 2－12 所示。其中静压源误差修正（static source error correction, SSEC）指的是修正因气流流过飞机所引起的静压误差；空气压缩性补偿是修正速度和高度变化引起的皮托管内空气压缩性函数的变化；空气密度变化补偿是修正温度和高度变化时引起的空气密度的变化。

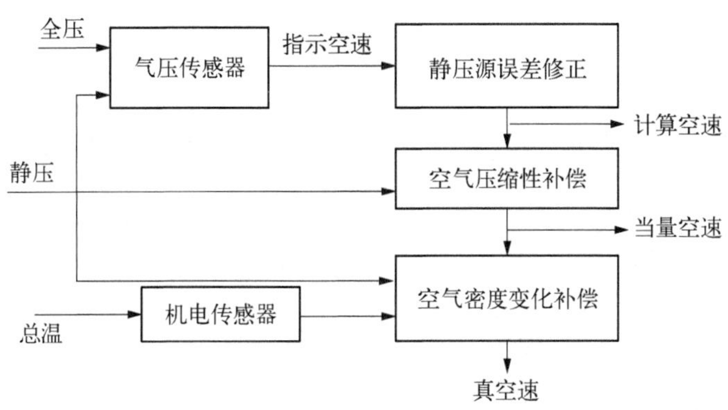

图 2－12　各种空速之间的关系

2.1.2.3　空速表

空速表是用来测量空速的。飞行员根据空速表的指示，操纵飞机按照各种速度飞行，以便充分发挥飞机的性能。

根据空速测量原理，只要测得大气全压和静压，并由此得到二者的差值，就可以计算出飞机的飞行速度。空速表包括测量动压的开口膜盒，膜盒内部与皮托管（全压探头）相连，膜盒外部（表壳内部）与静压孔联通，膜盒内外压差就是动压。在动压的作用下，膜盒产生位移，经过传送解算机构，带动指针偏转，指示空速大小。

空速表的结构如图 2－13 所示。其机械装置包括一个波状磷铜薄膜盒或者膜片，可

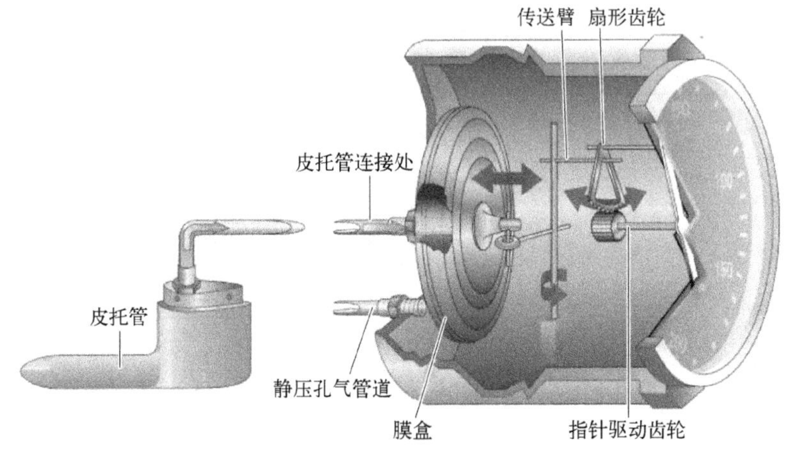

图 2－13　空速表结构

以接收皮托管的全压信号。仪表壳体密封并与静压孔相连接。当空速发生变化时，开口膜盒产生形变，摇轴感受膜片的形变，通过连杆、传送臂驱动转轴转动。转轴转动时，带动拨杆、扇形齿轮、小齿轮转动使指针指示。大多数空速表的刻度单位为节或海里每小时，有些使用英里每小时，而某些仪表两者兼有。

有的空速仪表有两个指针，粗指针指示指示空速，细指针指示 TAS，如图 2－14(a)所示。部分仪表在常规刻度盘表面另外配备了辅助刻度盘，仪表上的旋钮允许飞行员转动辅助刻度盘并根据当时的气压高度进行温度补偿，校正后仪表指针在辅助刻度盘上指示 TAS，如图 2－14(b)所示。

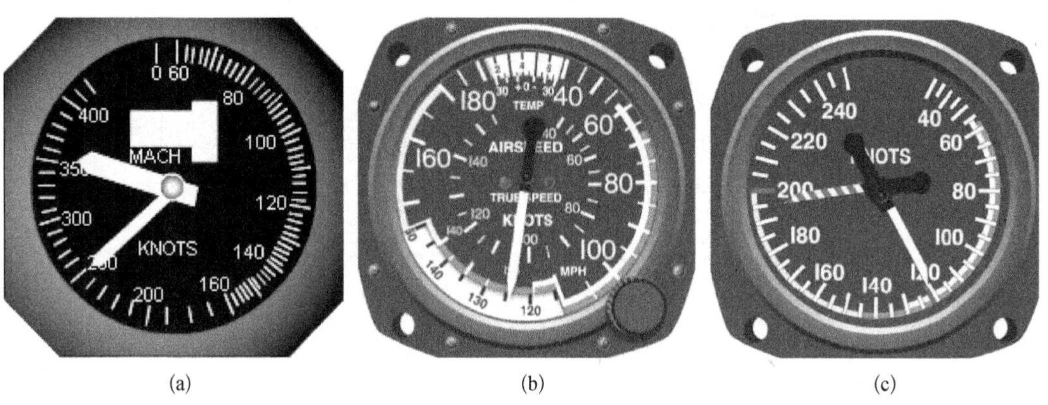

(a) (b) (c)

图 2－14　空速仪表

部分空速表配备了最大允许空速指示，如图 2－14(c)所示。与标准空速表相比，该仪表多了一个红或者红白相间的最大允许空速指针。最大允许空速指针由膜盒或者高度表机械装置来驱动，当空气密度下降时，该指针会指向较低的空速值。保持空速指针的指数低于最大允许空速的指针，以避免产生激波。

有的空速表的刻度盘会使用色码来提醒飞行员飞机当时的速度，如图 2－14(b)和(c)所示。这些色码以及相对应的空速含义分别如表 2－1 所示。

表 2－1　空速表色码含义

色　码	含　　义
80	白弧：襟翼操作速度范围
	白弧最小值：襟翼放下时的失速速度
	白弧最大值：襟翼放下时的最大允许速度
100	绿弧：正常操作速度范围
	绿弧最小值：襟翼收上时的失速速度
	绿弧最大值：不稳定气流中的最大空速

续 表

色 码	含 义
	蓝线：海平面和全重条件下单发最佳爬升率速度
	黄弧：飞机结构警戒速度范围
	黄弧最小值：不稳定气流中的最大空速
	黄弧最大值：极限速度
	红线：极限速度

空速表感受动压和静压，根据标准大气条件下它们与真空速之间的关系来计算TAS。当飞机周围的大气不符合标准大气的条件时，仪表将产生误差。另外，TAS表通常并不直接测量大气温度和密度，而是通过测量大气静压进行转化，这使得仪表产生原理误差。

另外，由于机械式仪表空速的解算是利用机械装置来进行的，由于机械摩擦及制造工艺等原因，不可避免地存在机械误差。

2.1.2.4 马赫数表

马赫数表用一个开口膜盒测量动压，而用一个真空膜盒测量静压，经传动解算机构来驱动指针指示飞机的马赫数。图2－15所示为马赫数表结构。图2－16为马赫数表表盘。

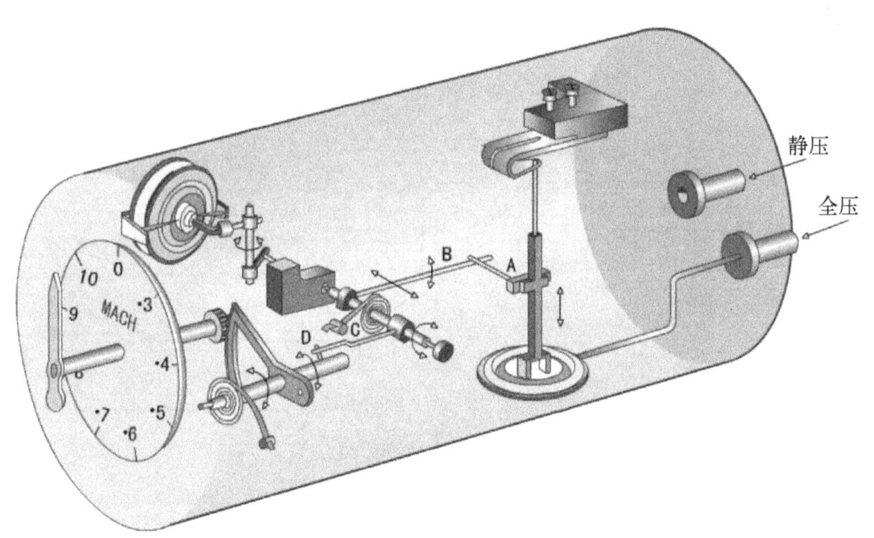

图2－15 马赫数表结构

图 2-16 马赫数表表盘

大部分高速飞行的飞机都有一个最大允许马赫数，该马赫数可以使飞机在不同的高度允许保持不同的最大空速。例如，如果最大允许马赫为 0.83，则当飞机在 30 000 ft 上飞行时，对应的最大允许空速为 489.3 节；而当飞机在 10 000 ft 飞行时，对应的最大允许空速变为 530 节。

由于马赫数仅与动压(或全压)和静压有关，与大气密度(或温度)无关，因此，马赫数表仅有气压测量误差及机械误差。

2.1.3 大气数据系统

随着技术的发展，利用分离式传感器和仪表来测量和指示飞机高度和空速的大气数据系统逐步被综合式系统所代替，利用集中传感器测量大气压力、温度等参数，利用计算机计算飞机高度和空速，并通过电动仪表显示出来，或利用 ARINC429 总线发送给其他飞机系统。这就是大气数据计算机(air data computer, ADC)系统。

ADC 系统由传感器、大气数据计算机、大气数据指示仪表组成。传感器有两类：压力传感器和温度传感器，其中压力传感器组成专门测量气压的全静压系统；ADC 经历了模拟式大气数据计算机、混合式大气数据计算机、数字式大气数据计算机三个发展阶段；大气数据指示仪表主要有电动马赫空速表和电动高度表。ADC 利用传感器感受到的全压、静压和总温等信号进行相应的计算，即可得到相应的气压高度和空速，然后将这些导航数据信息发送到相应的指示仪表及其他需要大气数据参数的系统。

2.1.3.1 压力及温度测量

1. 压力测量(全静压系统)

全静压系统用于向大气数据计算机提供全压(皮托管压力)、静压信号，包括全静压采集部件、气压传输连接系统和组件，大气数据计算机利用这些压力信号计算相应的高度和空速信号。该系统同时为备用高度空速仪表提供全压和静压信息，如图 2-17 所示。

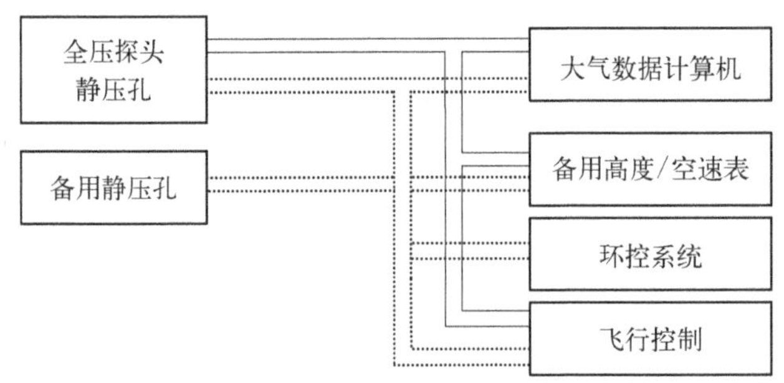

图 2-17 全静压测量及仪表

全静压系统上实质是一个管道系统，它由全静压探头、探孔、活门、软管、管道支管和排水装置组成。部分新型飞机的全压探头和静压孔探测的气压信号首先送给大气数据组件(air data modules, ADM)，将气压信号转换为电信号，然后送给大气数据计算机。

全静压探头又称为皮托管或空速管，它用来感受全压和静压信号，并将其通过导管传送给大气数据组件(ADM)或ADC。全静压探头如图2-18所示。

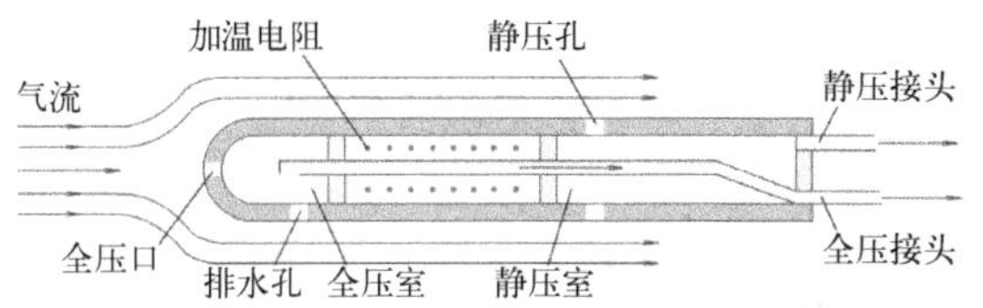

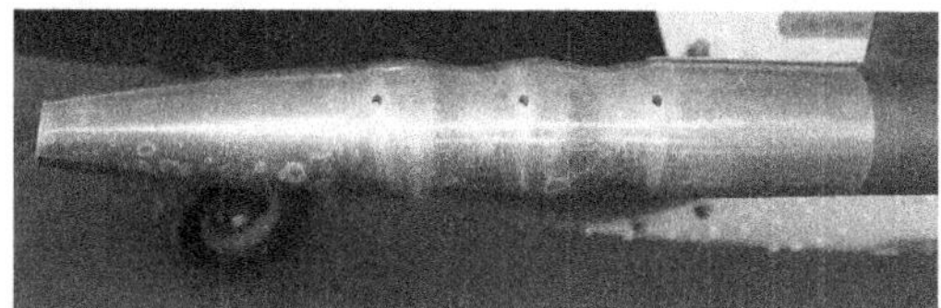

图2-18 全静压探头

全静压探头上有两组孔：一个大孔朝前感受全压，侧面的小孔感受静压。亚声速飞机的全静压探头的头部通常为半球形，静压孔位于距离探头前端大约管路直径三倍的距离，主要是因为飞机飞行过程中，全静压探头周围的气流会受到扰动，使得测量气压与大气静压有一定的偏差，而此处的气流扰动影响最小，静压测量误差最小。

全静压探头的支架使探头离开机身蒙皮几英寸，用来减小飞机附面层气流对全压测量的干扰。底座内部有电气和气压接头。底座上的双定位销帮助探头安装时定位。安装在探头内的防冻加温器用来防止探头结冰，加温器连接到底座的两个绝缘插钉上。

为了提高静压测量的准确性，现代大型飞机通常不再使用全静压探头，而是将全压和静压测量传感器分开，分别使用全压探头和静压孔，皮托管探头侧面不再有静压孔，静压的测量由位于机身的静压孔承担，如图2-19所示。

静压孔与飞机蒙皮平齐安装，位于机身气流扰动最小的部位，通常为镜面非喷漆圆形区域，以最大限度地降低飞机附面层气流对静压测量的影响。孔的周围通常喷有一圈漆，下方标明注意事项，如：保持圈内的清洁和平整，静压孔不能被堵塞或变形等。

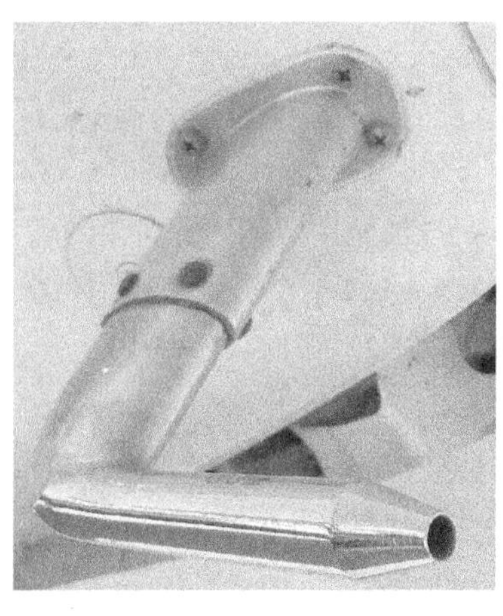

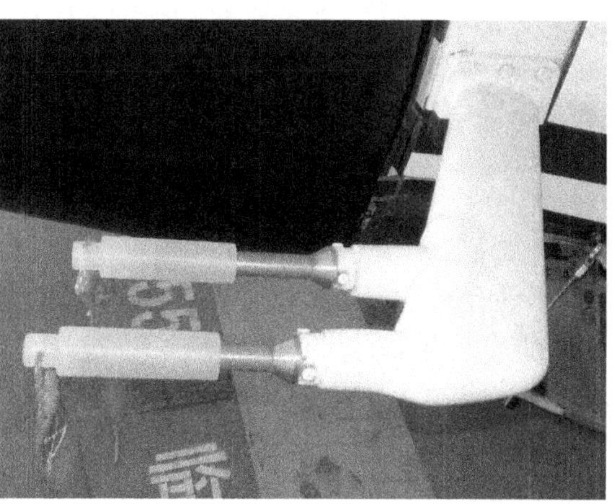

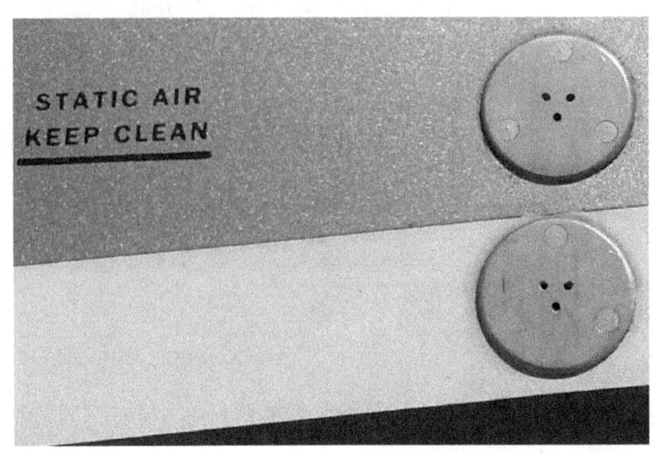

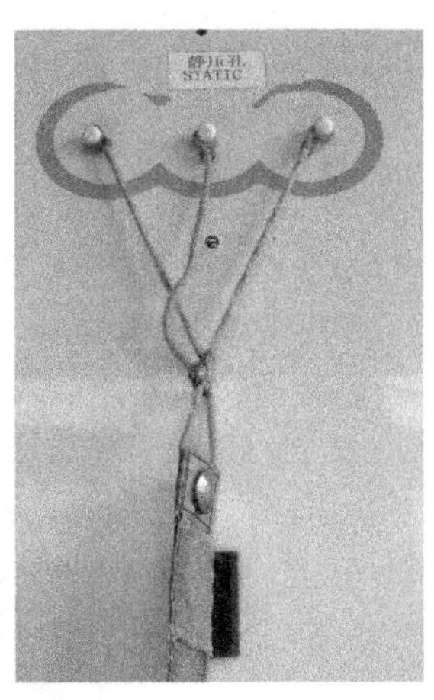

图 2-19　全压探头、静压孔及保护套

由于全静压气孔较小,为防止异物进入堵塞气孔,飞机在地面上时通常需要给探头盖上保护套。加温时,探头可很快达到很高的温度,因此,地面通电测试时,需要卸下保护套,并严禁触摸探头以防止烫伤,同时,加温时间不能超过 5 min。另外,若探头损坏或加温器故障,必须更换整个探头。

全静压传输管路中如果存有水分,会对气压的测量形成干扰,尤其是飞机颠簸时。为保证全压、静压测量的准确性,气压管路中安装有排水接头,定期排出管路中积聚的水分。全静压排水接头呈圆柱形,如图 2-20 所示,安装在全压或静压管路的最低处,是管路的蓄水端。

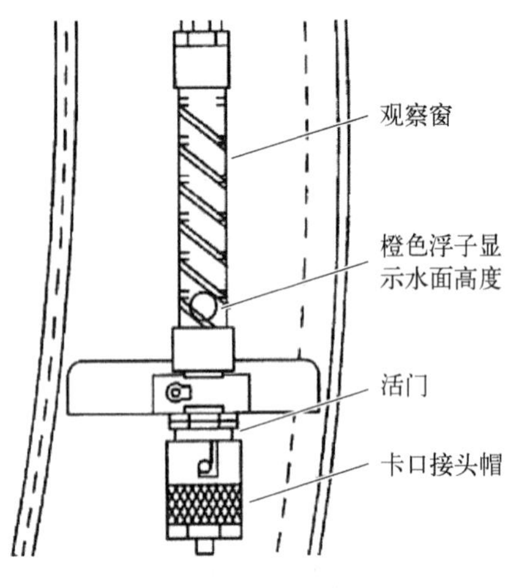

图 2-20　排水接头

排水接头由上、下两部分组成,相当于一个聚水槽,上部分包括一个弹簧加载密封垫,与上部结构紧贴在一起,形成集水槽,下部分是一个卡口接头帽,在其外部末端有一凸缘,当卡口接头帽拆下,凸缘插入上部分将一密封垫推进,水槽被打开,使凝聚的水分流出,在放水接头附近,装有识别标牌,用来识别管路。排水接头处有观察窗口,当管路水分积聚到一定程度时,管路中有小球浮出到观察窗处,提醒排水。

全静压探头的加温由加温组件控制,如图 2-21 所示,加温组件提供并监控全压探头、总温(TAT)探头、迎角探头加温器的电源。

加温组件上的开关 A、B 分别控制左上和左下全压探头。左升降舵全压探头、左迎角探头、左 TAT 探头及右上和右下全压探头、右升降舵全压探头的加温器等。当加温器工作正常时,加温组件上的提醒灯是熄灭的。如果加温电路电流太低或故障,则相应的灯点亮,提醒飞行员加温器工作异常,同时,驾驶舱内两个主警告灯的防冰警告灯也会亮。

小型飞机的主要传感器通常只需一个全静压探头,而大型飞机上通常有两个或四个探

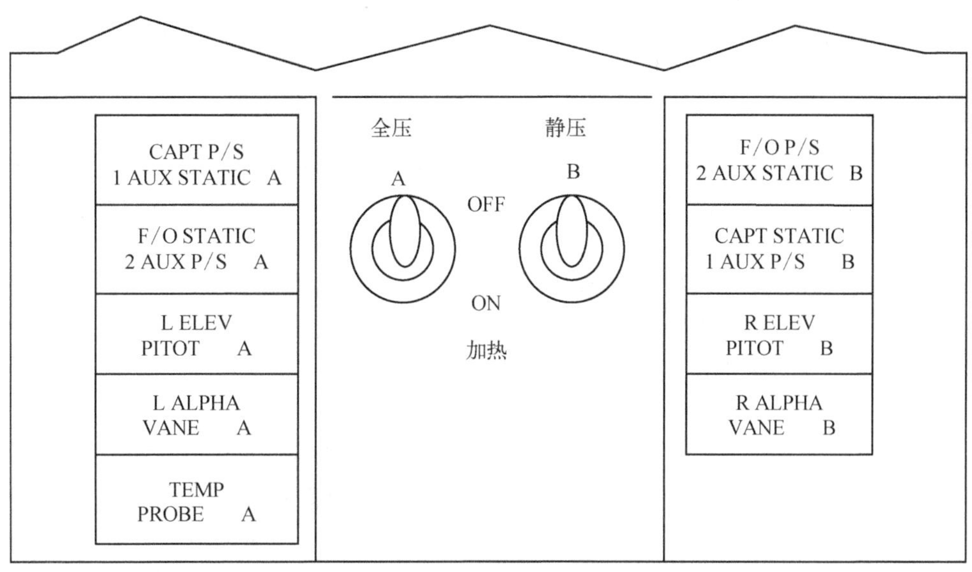

图 2－21 全静压加温组件

头，分布在机身的两侧，探头之间通过软管和管路相连。全静压系统通过压力探头的双侧分布以及管路之间的交叉连接来减小压力测量误差，提高 ADC 提供的气压高度及空速的精度。

静压和全压通常从飞机机身上的三个空速管和六个静压孔获得。机长(左)、副驾驶(右)全压探头分别为机长、副驾驶侧的大气数据计算机提供全压信号，备用全压探头(中)为备用空速表提供全压信号。六个静压孔左右各三个，飞机一侧上部的静压孔与另一侧下部的静压孔通过管路相连，然后通过管路为左右 ADC 提供静压信号(图 2－22)。

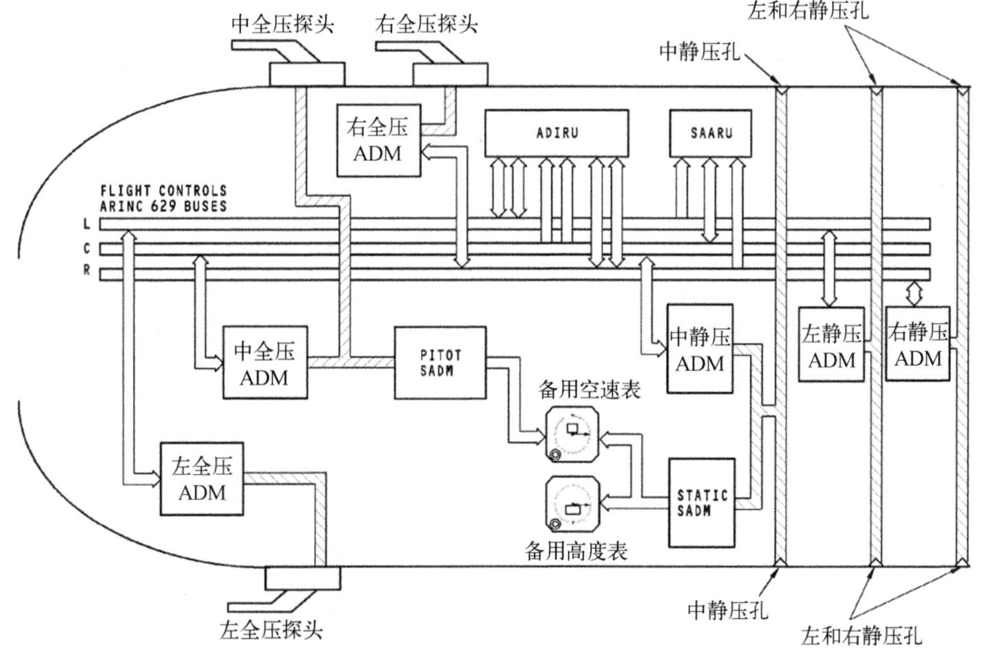

图 2－22 全静压测量系统

这种连接方式可以使飞机在转弯或有侧滑、扰流时，通过静压管路得到两侧的静压平均值，从而避免造成正副驾驶仪表指示的差异。左右两个备用静压孔相互连接，提供静压平均值给备用高度空速表。

全静压传感器收集的全压和静压大气需要通过管路传输给 ADC 的气压传感器，管路的长度导致气压检测的延迟，会使仪表产生延迟误差。同时，气压管路越长，管路在飞机内的安装越复杂，管路出现泄漏时进行检测的工作也越复杂、耗时，因此，现代大型飞机的大气数据系统通常增加 ADM，ADM 将气压信号转换为电信号，再发送给 ADC，这样可以大大缩短管路长度，降低仪表延迟误差，同时可以大大降低维修工作的复杂程度和工时。图 2－23 所示为大气数据模块。

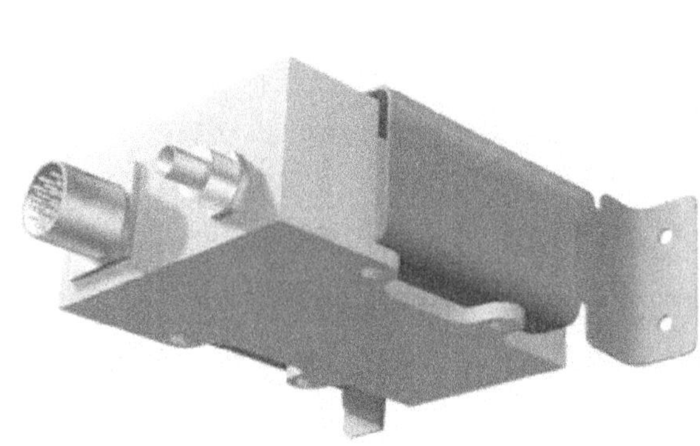

图 2－23　大气数据模块

为尽量缩短气压管路长度，ADM 通常安装在气压传感器附近的机舱内。

2. 温度测量

温度传感器又称总温探头，用来探测大气总温。它装在机身外部没有气流扰动的地方，其对称轴与飞机纵轴平行，开口向机头方向，是大气数据计算机重要的信号源，用于进行外部大气温度（静温）的计算及高度和空速计算的补偿。如图 2－24 所示，总温传感器

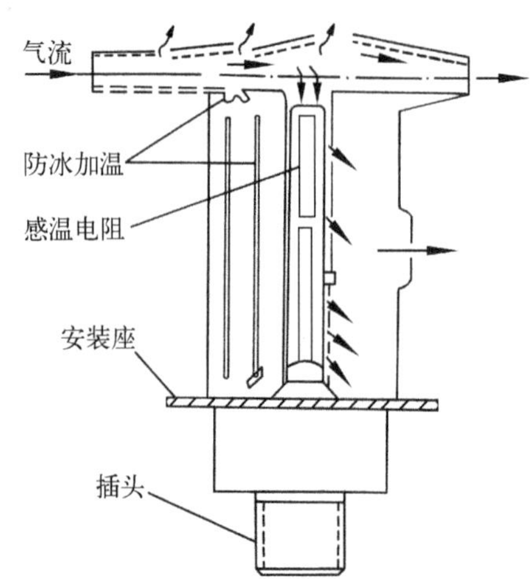

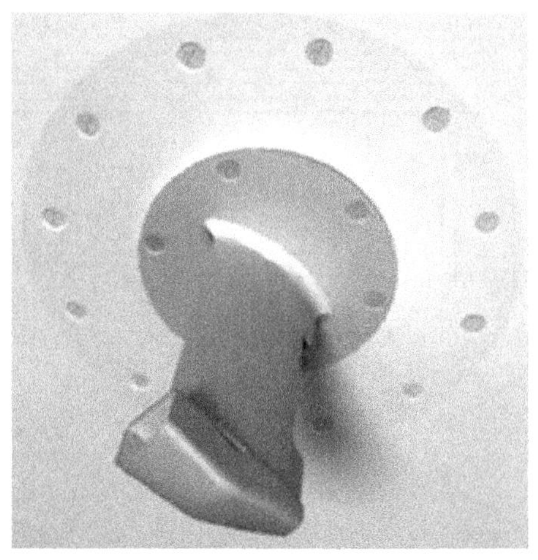

图 2－24　总温传感器

是一个金属管腔，空气从前口进入，从后口及周围几个出口流出，流动的气流在探测元件(感温电阻)附近处于全受阻状态，传感器所感受的温度是大气静温和运动空气受阻时动能所转化的温度之和，即大气总温。探测元件被封装在两个同心管内，感温电阻的电阻值与总温相对应，该电阻值经电路转换，输出与总温相对应的电压值。

在马赫数低于0.2时，总温非常接近于静温，随着马赫数的增加，静温与总温的关系为

$$T_t = T_s(1 + 0.2Ma^2) \tag{2-23}$$

式中，T_t 和 T_s 分别为总温和静温的绝对值；Ma 是马赫数。

为防止空气中的水分结冰堵塞探头的进气口或排气孔，总温探头中设置了防冰加温系统，如图2-24所示，总温探头的结构使气流首先通过感温电阻周围，然后再通过加温电阻元件，将加温元件的热量带出，从而避免加温元件的热量影响感温电阻的测量。

3. 气流角测量

飞机的迎角(也称攻角)是飞机纵轴与飞行速度在飞机纵轴对称面内(飞机纵轴与竖轴组成的平面)的夹角，侧滑角是飞机纵轴与飞行速度在飞机横轴对称面内(飞机纵轴与横轴组成的平面)的夹角。它们的存在会影响气压测量的准确性，是产生静压源误差的因素之一。在现代高速飞机上已越来越受到人们的重视，大气数据计算机对气流角产生的静压源误差必须加以校正。

飞机迎角和侧滑角探测常用的传感器有两种：翼形传感器和锥形传感器，如图2-25所示。传感器通常安装在无扰动气流的飞机蒙皮处。

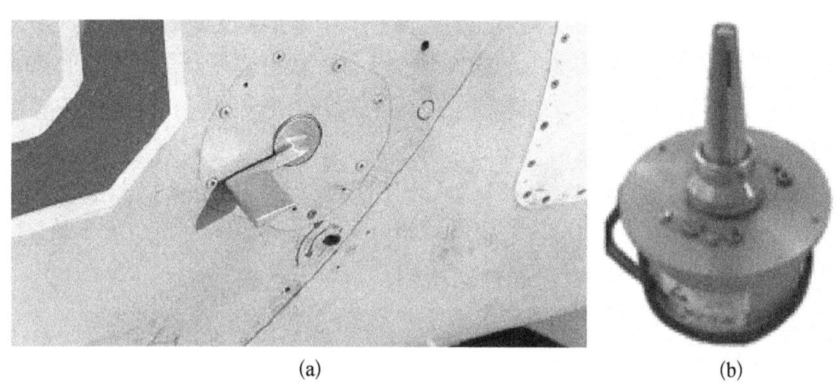

(a) (b)

图2-25 气流角度传感器

翼形传感器[图2-25(a)]即旋转风标式传感器，它由经过静力平衡的风标(叶片)、传动机构、信号变换器(自整角机或电位计)及固定联结部分等组成。

由于风标预先经过静力平衡，具有对称的剖面形状，飞行中始终使其本身的对称面停留在与气流速度相平行的方向上。当传感器相对飞机的纵轴安装时，风标旋转的角度就是飞机的迎角。

锥形传感器[图2-25(b)]是差动式传感器，其探测部分主要是一个圆锥形管，在管子对称面(中性面)上开有一条缝隙，以接收迎面来的气流。当气流不在缝隙(气缝)所在的对称面上时，传感器便输出一个角度信号。

当圆锥形管的中性面在飞机横轴和纵轴平面内，且圆锥的轴线与飞机的横轴平行时，传感器可测飞机的迎角。当锥形管的中性面在飞机的横轴和纵轴平面内，且圆锥的轴线与飞机的纵轴平行时，传感器测量的是飞机的侧滑角。

翼形和锥形传感器都有电气变换器，它们按照机型的迎角和侧滑角与传感器检测部件之间的函数关系进行变换，将电信号发送给 ADC。一般情况下，飞机上装有两个迎角或侧滑角传感器，对称地分布于机身两侧。大气数据计算机使用两个传感器信号的平均值，这样可把传感器局部气流扰动的影响减到最小。

需要注意的是，迎角传感器只能测量出传感器所在处的局部迎角，它与飞机真实迎角之间有一迎角位置误差。有的飞机（A380）的气压、温度、迎角传感器都集中到一个外场可更换件（line replaceable unit，LRU）上。

当飞机迎角发生改变时，空速气流与全静压管中心线的夹角发生改变，此时全静压探头所收集的全压、静压发生改变。根据全压探头的安装特点，飞机亚声速飞行时，全压口收集的全压值减小，且迎角（即气流与探头中心线之间的夹角）越大，全压测量误差越大。侧面的静压孔因气流加速和涡流，收集的静压减小。但由于动压是全压和静压之差，在二者同时减小的情况下，其误差表现并不明显，基本保持不变。因此，根据高度、空速与气压之间的关系，可以得出：迎角增大时，高度表、真空速表和马赫数表的指示会由于静压的减小而指示偏大，指示空速表误差不明显。因此，ADC 需要气流角传感器的信号来对全静压测量值进行误差补偿。

2.1.3.2 大气数据计算机

ADC 利用少量的传感器获取气压基本信息，通过微处理机可以计算出十几个其他系统所需要的参数。ADC 的使用，大大减少了重复传感器，使机载设备的重量大大减轻，且提供的数据量得到极大提高。ADC 是典型的实时测量系统，数字运算及传送速度极快，能达到微秒甚至毫微秒级，它能及时采集、运算和输出信息，以满足机载系统的快速动态响应要求。

现代高性能飞机上，越来越多的机载系统需要利用大气数据信息，如飞行控制系统、油门系统、机载防撞系统、近地警告系统、综合电子显示系统、失速警告系统、空中交通管制系统应答机、飞行管理计算机系统、自动相关监视系统等，它们利用大气数据计算机的输出信息迅速而准确地完成其自身的任务功能。

现代数字式大气数据计算机采用了中规模或大规模的集成电路及与之相适应的固态压力传感器（或准固态压力传感器），没有机电模拟系统中容易出故障的机械运动部件，减少了电气连线，大大提高了工作可靠性和使用寿命。计算误差小，可以方便地对传感器误差进行非线性校正、温度误差修正及迎角误差修正等，降低了对传感器特性的要求，简化了传感器的结构。

典型的数字式 ADC 通常包括三个部分：第一部分为传感器输入及检测部分，不同的大气数据系统稍有区别，具有 ADM 的大气数据系统直接接收 ADM 的 ARINC429 信号，温度的电压信号及迎角的三相信号需经过 A/D 转换，无 ADM 的大气数据系统需要有压力传感器以及温度和迎角的 A/D 转换；第二部分是大气数据的补偿及导航参数解算部分；第三部分为数据输出部分，主要用于信息的显示及输出，根据不同的需求，输出 ARINC429 信号和模拟信号。

ADC 的原理如图 2－26 所示。它由原始参数传感器、输入接口、输出接口、中央处理器及电源五个基本部分组成。压力传感器、总温传感器及迎角传感器提供原始信息，所有这些原始信息的模拟量经输入多路转换器后，依次在模/数（A/D）转换器中变换为数字

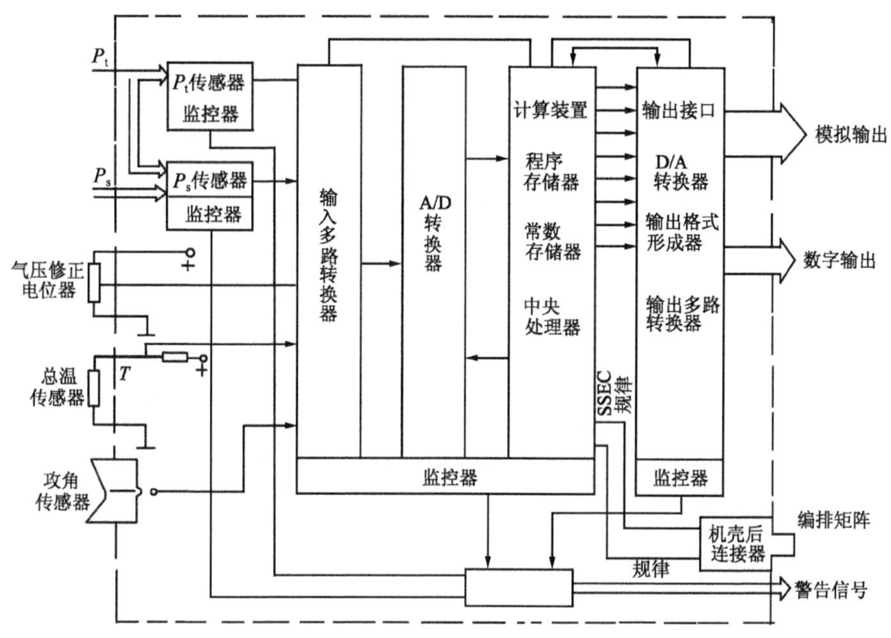

图 2-26 数字式 ADC 基本原理方框图

量，送给微处理器进行运算处理。

1. ADC 传感器测量及信号处理

老式的 ADC 设备前端有气压接口[图 2-27(a)]，连接到全静压系统的静压管路和全压管路，利用计算机内部的压力传感器将压力信号转换为电信号。新式 ADC 系统利用 ADM(图 2-23)先将气压信号转换为电信号，然后将电信号利用 ARINC429 总线发送给 ADC，ADC 前端不再有气压接口，这种大气数据计算机多与惯性基准系统组合到一起，形成大气数据惯性基准组件(air data inertial reference unit, ADIRU)[图 2-27(b)]。

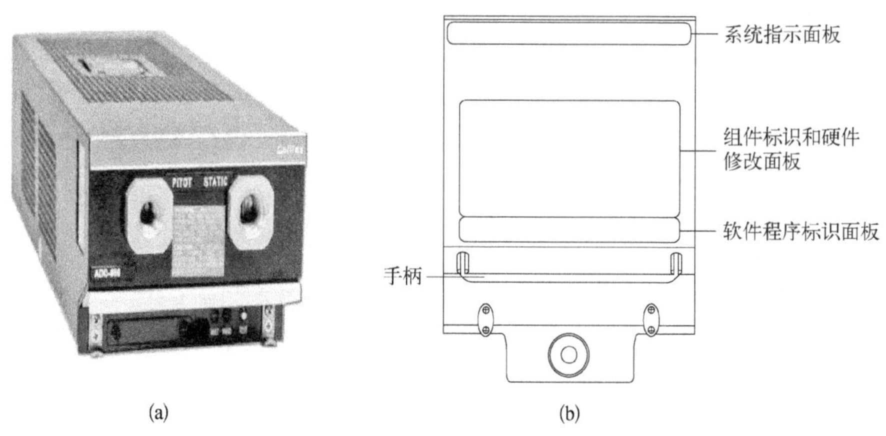

图 2-27 大气数据计算机

压力传感器有电容式、压阻式、振膜式，测量原理有所不同，用于各种不同的机型。

电容式压力传感器分为差动电容式压力传感器和电容量式压力传感器(图 2-28)，

差动电容式压力传感器[2－28(a)]根据电容值随电容器极板间的间距变化测量压力。受压膜片电极位于两个固定电极之间,构成两个电容器。电容固定极片和感受压差的膜片(形变极片)均由石英玻璃镀金属层构成,当膜片两侧的气压不同时,膜片发生形变,左右两侧电容器的电容值发生变化,一个增大而另一个减小,利用电桥检测两侧电容压差的大小关系,从而获取气压值。电桥输出电压的幅值取决于压差的大小,相位取决于压差的正负。

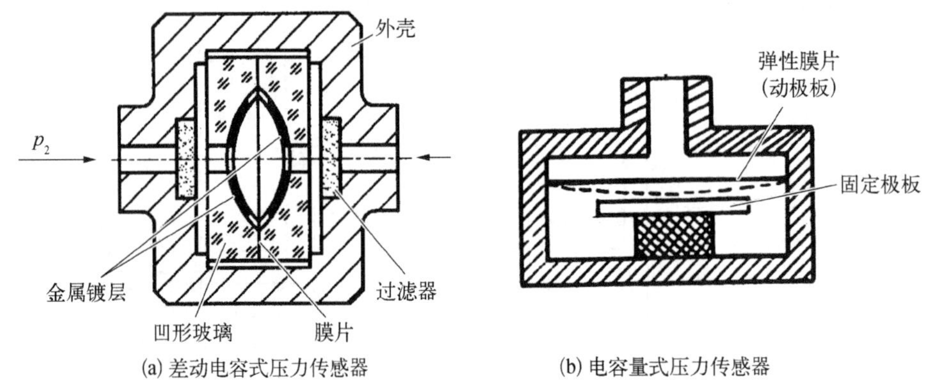

(a) 差动电容式压力传感器　　(b) 电容量式压力传感器

图 2－28　电容式压力传感器

电容量式压力传感器[2－28(b)]由圆形薄膜与固定电极构成。薄膜在压力的作用下变形,改变电容器的容量,其灵敏度大致与薄膜的面积和压力呈正比而与薄膜的张力和薄膜到固定电极的距离呈反比。

差动电容式压力传感器比电容量式的灵敏度高、线性度好,但加工较困难(特别是难以保证对称性)。电容量式传感器具有高阻抗、小功率、灵敏度高、温度稳定性好、结构简单、动态响应好等优点。

压阻式压力传感器利用单晶硅制成整体膜片,再在平膜片上扩散形成应变电阻条,从而构成硅压阻芯片。膜片感受到压力时产生应变,应变片的电阻发生变化,该变化通过惠斯登电桥检测出,电桥输出电压与被测气压呈对应关系。该传感器灵敏度高、精度高、体积小,但受温度影响较大。

振膜式压力传感器如图 2－29 所示,振膜为一个平膜片,与壳体做成整体结构,和基

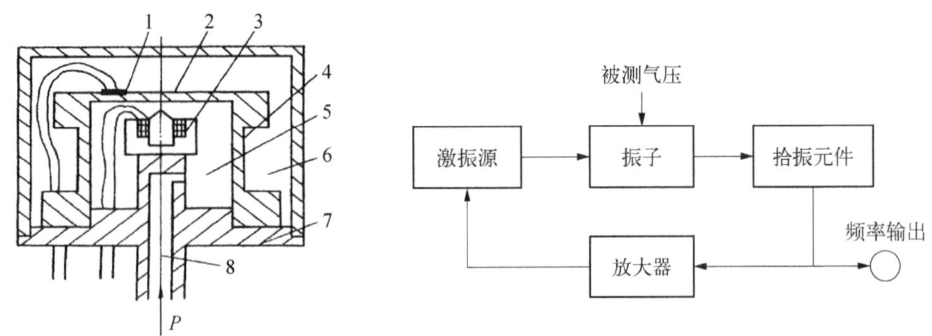

图 2－29　振膜式压力传感器

1－微型应变片;2－平膜片;3－激振线圈;4－环状壳体;5－压力测量室;6－参考压力室;7－基座;8－导管

座构成密封的压力测量室,被测压力经导压管进入压力测量室。参考压力室可以通入大气,传感器用来测量动压;也可以抽成真空,传感器用来测量全压或静压。基座顶部的激振线圈作为激振源给膜片提供激振力,当激振频率与膜片固有频率一致时,膜片产生谐振。没有压力时,膜片是平的,其谐振频率为 f_0;当有压力作用时,膜片受力变形,张力增加,相应的谐振频率也随之变化,频率是压力变化的单值函数。膜片上粘贴的应变片输出与谐振频率相同的信号,经放大器放大后,反馈给激振线圈以维持膜片的连续振动,构成闭环正反馈自激振荡系统。

1) 压力传感器信号处理

电容式和压阻式压力传感器输出的电压信号经过交/直流转换后,再进行 A/D 变换,就可以转化为计算机所需要的数字信号。振膜式压力传感器输出的频率信号可以通过频率测量或周期测量来实现频率信号到数字信号的转换。

频率/数字(F/D)转换的频率测量原理如图 2-30(a)所示。计数器和分频器同时复位后开始计数,参考晶体振荡器的输出频率经过 M 分频后,输出关闭脉冲关闭计数器,假设计数器对被测频率的计数为 N。由于 $Nf_R = Mf$, 由此可得

$$N = \frac{M}{f_R} f \tag{2-24}$$

N 即为频率信号 f 的数字量,这种频数转换存在测量实时性与测量精度之间的矛盾,尤其是对于频率较低的被测信号。一般谐振式压力传感器的频率在几千到几十千赫兹之间,为满足实时性要求,通常采样周期为几十毫秒。

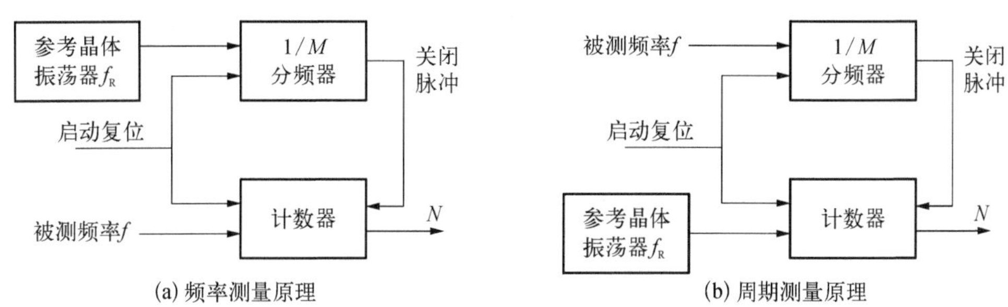

图 2-30 频率/数字(F/D)转换原理

周期测量原理如图 2-30(b)所示,将被测信号和参考晶体振荡器交换位置。由此可得

$$N = \frac{M}{f} f_R = Mf_R T \tag{2-25}$$

N 与被测信号的频率呈反比,与其周期呈正比。选取适当的 M,既可满足实时性要求,又可兼顾精度。但当被测信号频率很小时,采样率 M/f 很大,而被测信号频率很大时,采样率 M/f 很小,信号频率相差较大时,数字化的精度差异较大。

ADM 首先利用压力传感器将压力信号变为电信号,再进行模数变换,将数字化后的压力信号发送给大气数据计算机,具体气压信息的处理流程如图 2-31 所示。

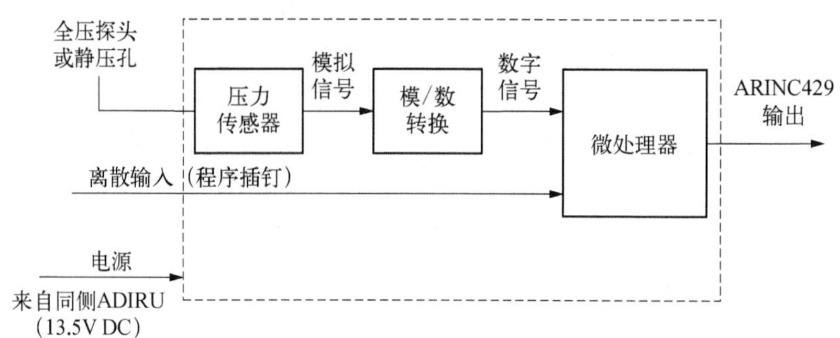

图 2-31　ADM 数据处理

2）温度传感器信号处理

总温探头（图 2-28）使用热敏电阻来感受大气总温。设计时保证了各温度条件下感温电阻的标准电阻值，该电阻值经电路转换，输出与总温对应的电压值。该电压值经 A/D 转换后，输出总温的数字信号（图 2-32）。

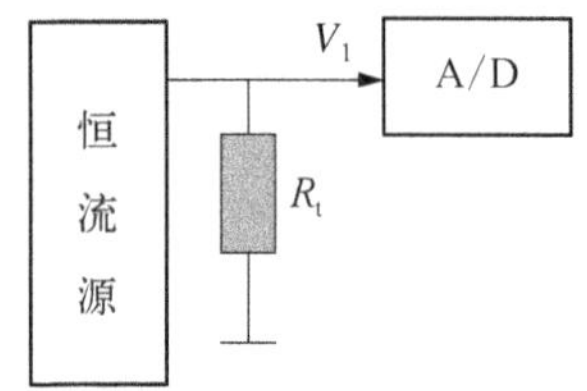

图 2-32　总温信号变换

3）角度传感器信号处理

迎角传感器和侧滑角传感器测量的角度信号为包含所测角度的三相同步信号，该三相同步信号需要先变换成交流信号，再经交直流变换，最后通过 A/D 转换成相应的数字信号（图 2-33）。

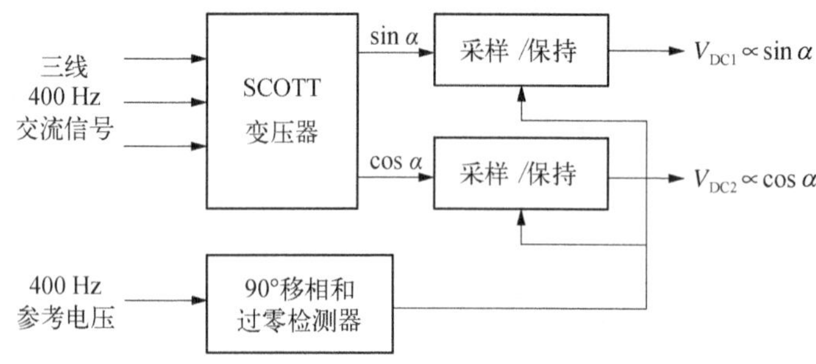

图 2-33　三相信号变换

SCOTT 变压器是实现该变换的关键，它由两个变压器组成：一个 M 变压器，匝数为 W_1，其原边绕线组在 C 点带有中间抽头；一个 T 变压器，其原边绕组匝数为 $\sqrt{3}/2W_1$，一端接 M 变压器的中间抽头，两个变压器副边绕组匝数相同，都为 W_2，工作原理如图 2-34 所示。

变压器原边的三相电压信号分别为

$$\begin{aligned}\bar{U}_{21} &= u\sin\alpha \\ \bar{U}_{32} &= u\sin(\alpha + 120°) \\ \bar{U}_{13} &= u\sin(\alpha + 240°)\end{aligned} \tag{2-26}$$

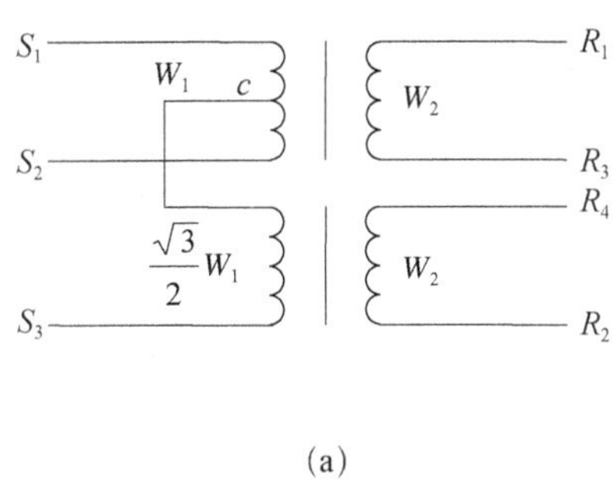

(a)

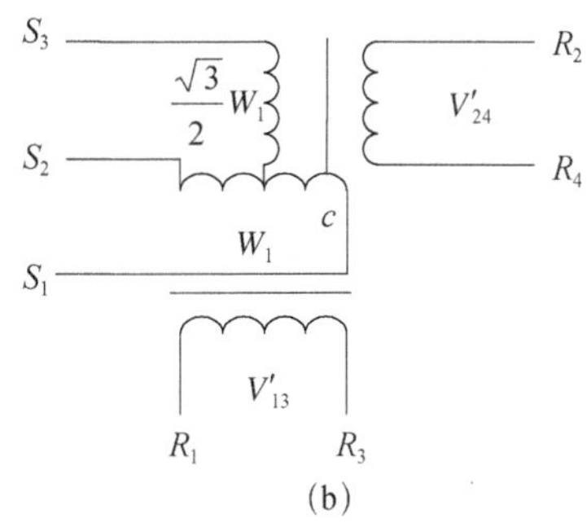

(b)

图 2-34 SCOTT 变压器

原边电压矢量关系如图 2-35 所示。

根据图 2-35 中的电压矢量关系可知，由于 $\bar{V}_{3c}=-\bar{V}_{c3}$，可推算得 $\bar{V}_{21}\perp\bar{V}_{3c}$。当 $\bar{V}_{21}=\bar{u}\sin\alpha$ 时，$\bar{V}_{3c}=\bar{u}\sin60°\sin(\alpha+90°)=\sqrt{3}/2\times\bar{u}\cos\alpha$。

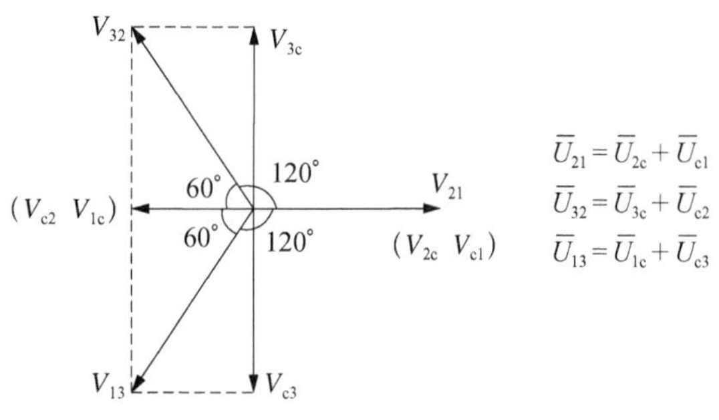

图 2-35 SCOTT 变压器矢量关系

根据变压器的原副边变换关系，可以得到变压器副边输出为

$$
\begin{aligned}
\bar{V}'_{13}&=\frac{\bar{V}_{21}}{\dfrac{W_1}{W_2}}=\frac{W_2}{W_1}\bar{u}\sin\alpha\\
\bar{V}'_{24}&=\frac{\bar{V}_{3c}}{\dfrac{\sqrt{3}}{2}\dfrac{W_1}{W_2}}=\frac{W_2}{W_1}\bar{u}\cos\alpha
\end{aligned}
\qquad (2-27)
$$

由此，变压器的副边输出角度信号的正余弦信号，根据图 2-33，再利用交直流变换、A/D 转换，计算机可以根据该正余弦信号或二者相除的正切信号得到与该角度信号对应的数字量。

2. ADC 计算原理

传感器测量信息转换为数字信号后送给大气数据计算机的计算部分，运算装置由中央处理器和存储器组成。中央处理器用于控制和执行机器的基本指令。存储器则包括程序存储器(用于存放 ADC 的程序)、表格或常数存储器(用于存放操作过程中所需要的一些常数，如不同机型的气压误差补偿参数等)，以及随机存取存储器(用于存放操作过程中的中间结果)。数字式大气数据计算机的输入、输出如图 2-36 所示。

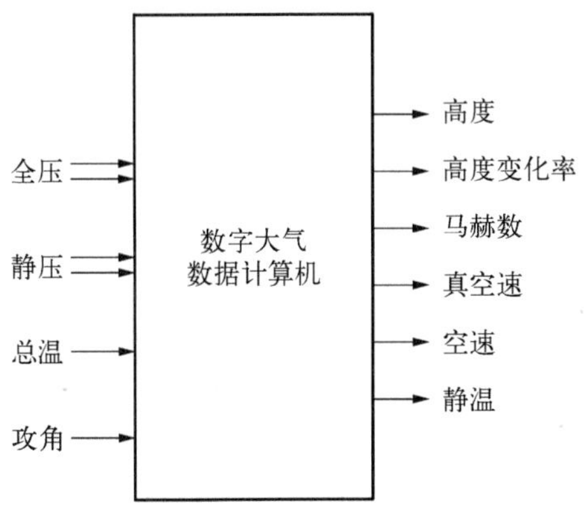

图 2-36 数字式大气数据计算机的输入与输出

由于不同的机型具有不同的空气动力学模

型及控制极限和特性规律。因此，不同的机型对应不同的最大允许速度 V_{MO}、最大允许马赫数 Ma_{MO} 及不同的静压源误差修正值，因此，当 ADC 用在不同的机型上时，需要利用 ADC 机壳后的程序插钉告知其所装载的机型，从而选取不同的极限值及误差补偿数据库。程序插钉有 6 根连接线，可编排 32 种不同的连接矩阵，与各种飞机的 V_{MO}、Ma_{MO}、SSEC 规律相对应。在 ARINC706 数字式大气数据计算机中，中央处理器计算输出的信息经数字信息变换后，由总线送到飞机显示部分或其他系统，同时有少量模拟和离散信息输出。

大气数据计算机的参数计算主要利用软件完成，其软件部分通常分为管理程序、实时计算程序及自检和故障检测程序三个组成部分。

管理程序管理和调度整个 ADC 的工作，它包括初始化程序、中断服务程序、自检和监控程序，根据计算机的不同状态调用不同功能的子程序，实现 ADC 的控制管理。实时计算程序主要为各种计算子程序，包括高度计算、空速计算、误差补偿计算等，通常通过中断调用。自检和故障检测程序通常为非实时的，包括系统初始上电的上电自检以及系统使用过程中的定期的内部故障检测（built-in-test equipment，BITE）功能。

1）管理程序

计算机接通电源，CPU 开始工作，系统首先进行初始化，完成包括初始数据、子程序调用周期等初始参数和条件的设定。初始化后的管理程序就可以开中断，查看是否需要自检。自检是在飞机起飞前对 ADC 进行的功能和性能的简单检查，只有飞机在地面上时才会允许 ADC 进入自检程序，如果飞机在空中，则不执行自检程序，直接进入正常主程序，以避免空中执行自检程序而将错误的输出发送给 ADC 的用户系统。判定飞机是否在空中的最简便的方法是判定动压值大于还是小于规定的最小值 P_{dmin}，如果动压小于该值，则说明飞机是在地面。

管理程序的基本流程如图 2－37 所示。

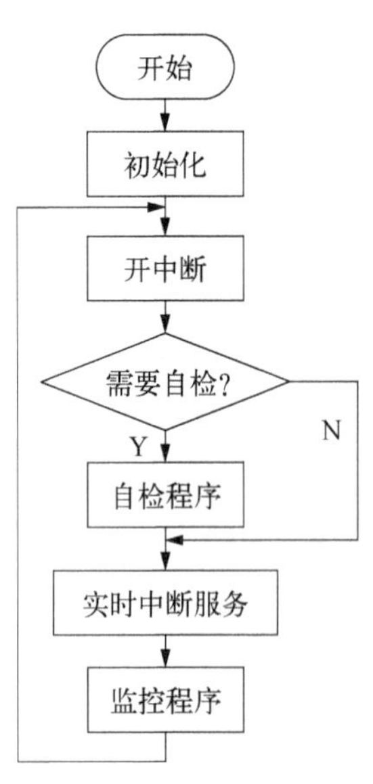

图 2－37　ADC 管理程序

2）计算程序

初始化、自检后的 ADC 程序转入实时的计算程序和非实时的 BITE 程序。实时的计算程序包括传感器测量数据的输入、误差补偿、气压高度、空速、马赫数等的计算等。ADC 的计算程序工作流程如图 2－38 所示。

首先读入测量的全压和静压信号，进行全压补偿，计算指示动压及指示马赫数，利用迎角传感器测得的迎角信息及襟翼位置进行静压源误差补偿得到修正静压。利用修正静压计算最大允许空速和最大允许马赫数；利用修正静压和气压基准计算气压高度；补偿后的全静压差得到计算修正动压，利用修正动压得到修正后的马赫数和计算空速，利用修正马赫数计算大气静温，对计算空速进行补偿得到真空速。

根据数据输出实时性要求的不同，工作程序循环一次，各参数计算程序子模块的调用频度不同，有的一个循环调用多次，有的调用一次，有的（如维护字、离散字等）几个循环调用一次。

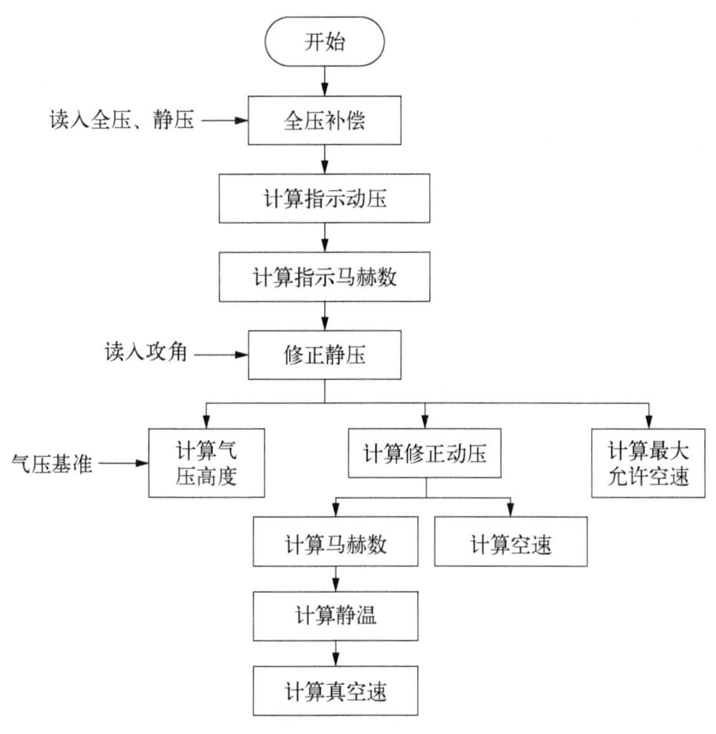

图 2-38　ADC 计算程序

3）自检及故障检测程序

为防止系统部件故障导致输出数据错误，ADC 对其输入、A/D 转换、F/D 转换、ARINC 收发器、CPU 等进行实时的故障检测，该项工作贯穿于工作程序中。下面简单介绍几种检测功能。

（1）机型程序检查。检查 ADC 所使用的机型程序与所在机型是否一致以确保使用正确的机型程序进行输入数据的误差补偿。

（2）数据合理性检查。这些检查主要是检查传感器的输出是否在其合理性范围内，由此确定传感器的好坏，如总温传感器、静压传感器周期计数、静压传感器温度、迎角、全静压的大小关系的检查。

静压周期计数应在 280 640~1 066 112 范围内，静压传感器温度电压比率应在 0.2~0.9 范围内，如果超出了相应范围（ACW 规范），则为故障状态；迎角比较检查通过对左右迎角传感器的输出进行比较，如果二者的差大于一定的值，则认为迎角传感器故障；当飞机在地面时，静压传感器和全压传感器的输出信号差值应小于 80 毫 inHg，大于该值时，则认为压力传感器故障；总温传感器输出的总温值应该在规定的范围内，超出该值则认为传感器故障。

（3）F/D 转换完善性检查。F/D 转换期间，F/D 转换器应为“忙（1）”状态，转换结束后，应处于“闲（0）”状态，如果不是，则为故障情况。

（4）ARINC 输出末端环绕检查。将 ADC 输出的交、直流模拟量或数字量返回到输入接口，转换成数字量发送给 CPU，与原输出量相比较，如果相等，则系统工作正常，否则，认为 ARINC 发送器故障。

(5) RAM、ROM、EPROM、指令、CPU 计算功能的检查。对随机存储器 RAM 的检查通过依次向 RAM 各单元写入固定的检查字然后按顺序读出,比较写入和读出的数据的一致性确定 RAM 的好坏。由于只读存储器 ROM 存储的是固定的信息(程序、数据等),因此只要将 ROM 中所有数据相加求和,然后与事先算出的总和相比较,确定是否一致即可判定是否有故障。将 EPROM 每次写入数据与读出的数据相比较,如果不一致则说明 EPROM 故障。指令的检查通常通过编写"指令样本"检查程序,运行该程序,将运行结果与预知的答案相比较即可。

CPU 的计算功能的检查通常通过计算 $\sin^2\theta + \cos^2\theta$ 来确定,如果结果不为 1,则认定计算功能故障。

(6) 对 CPU 的检查。对 CPU 的检查通常用单稳态触发电路或看门狗电路来实现,CPU 运行过程中定期向该电路发送激励信号,使其保持在一定的状态。如果当 CPU 无法向其发送激励信号超过一定的时间,该电路会给出 CPU 故障的信号。图 2-39 为 CPU 监控电路。

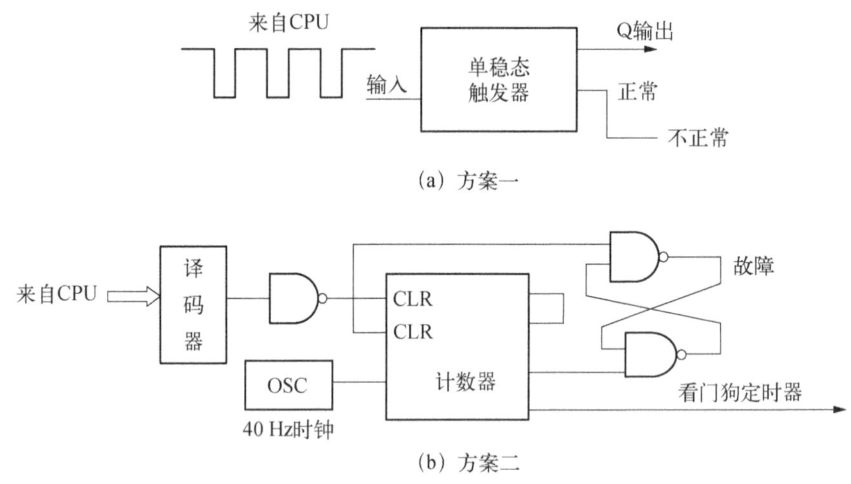

图 2-39　CPU 监控电路

(7) 动态响应能力检查。动态响应能力的检查通过向 ADC 模拟输入一定速率的高度或马赫数信号,检查 ADC 的动态响应是否满足要求。

3. ADC 信号输出

大气数据计算机将计算得到的信息输出到各显示部件、警告部件、飞行控制系统、飞行管理计算机及惯导系统等。这些数据有的是数字量输出,有的则是三相自整角机信号、电压等模拟量输出。模拟信息的输出需要通过 D/A 转换为模拟量,对于三相自整角机信号,则需要将数字信号首先转换为模拟量,然后利用 SCOTT 变压器进行反变换(即将正余弦的模拟信号接入 SCOTT 变压器的副边,从原边获得该三相信号,图 2-40)。

ADC 向许多系统和部件提供大气数据(图 2-41)。ADC 向 A/T 计算机发送计算空速、真空速、最大允许空速、马赫数、最大允许马赫数、未修正的气压高度、修正的气压高度、大气静温、大气总温、静压、迎角数据用于计算油门指令。ADC 向显示电子组件

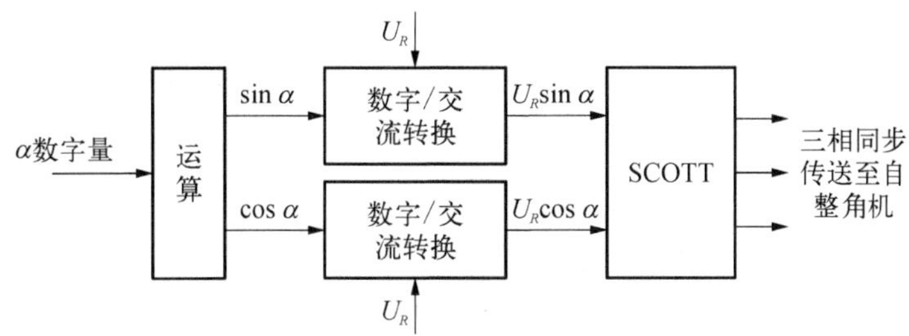

图 2-40 数字信号变三相交流信号

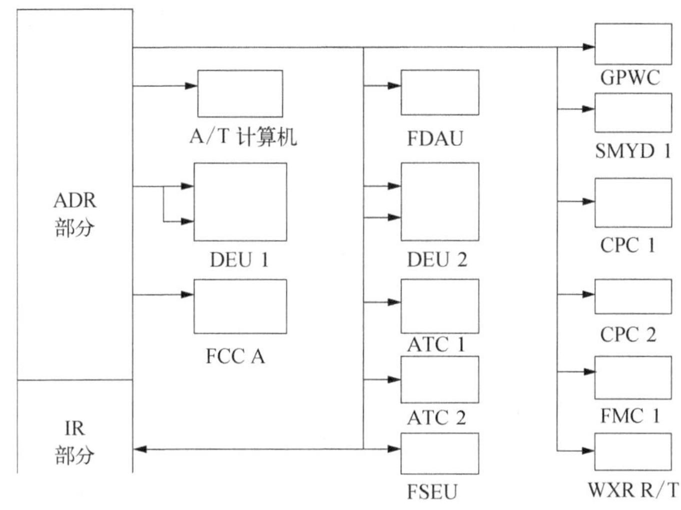

图 2-41 大气数据系统输出数据

(display electronic unit, DEU)发送计算空速、马赫数、真空速、全压、修正的气压高度、未修正的气压高度、大气总温、大气数据离散信号用于信息显示。ADC 向飞行控制计算机(flight control computer, FCC)发送计算空速、真空速、修正的气压高度、未修正的气压高度、高度变化率、静压、马赫数用于自动飞行控制系统不同工作模式下的控制指令的计算。空中交通管制应答机(air traffic control, ATC)应答机接收 ADC 的气压高度用于高度报告。近地警告计算机(ground proximity warning computer, GPWC)利用计算空速、高度变化率、修正的气压高度、未修正的气压高度、真空速数据来探测不安全的飞行条件。失速管理偏航阻尼计算机(stall managment & yaw damper, SMYD)利用马赫数、真空速、计算空速、动压数据进行失速管理和偏航阻尼计算。座舱压力控制器(cabin pressure control, CPC)利用修正的气压高度、未修正的气压高度、静压数据来计算增压数值。气象雷达(weather radar, WXR)利用未修正的气压高度、修正的气压高度、真空速、计算空速进行气象条件决策。飞行管理计算机系统(flight management computer system, FMCS)利用计算空速、真空速、马赫数、修正的气压高度、未修正的气压高度、大气总温、大气静温数据进行性能优化计算。

2.1.3.3 大气数据显示仪表

大气数据计算机计算的高度、空速信息分别送给综合显示仪表和分离式显示仪表进行显示,分离式仪表主要包括电动高度表和电动马赫空速表。

1. 电动高度表

电动高度表(图2-42)用来指示飞机的气压高度,有数字(显示窗)和模拟(指针)两种显示形式。表上有设置气压基准的调节旋钮,以及目标高度设置旋钮和目标高度游标。

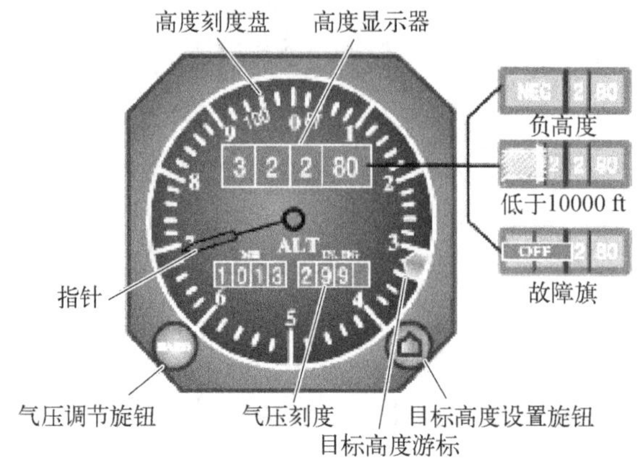

图2-42 电动高度表

高度表接收从ADC来的高度信号。高度信号经机械式的气压修正后,通过伺服放大器驱动数字式高度显示和模拟式高度指针指示。

显示窗显示的高度范围是-1 000 ft到+50 000 ft。当气压高度低于海平面时,“NEG”旗将出现在显示窗的前两位。当ADC或高度表故障,或ADC系统电源断开时,数字显示最前端的两位显示“OFF”旗。高度指针绕刻度盘旋转一圈为1 000 ft。每一小刻度表示20 ft。

气压显示窗分别以inHg(英寸汞柱)和mb(毫巴)为单位显示气压基准。气压调节旋钮用于设置气压基准,可将气压基准设置为标准海平面或当地地平面气压以获取标准气压高度或相对高度。

目标高度设置旋钮可以用来设置目标高度,并通过目标高度游标指示。

2. 电动马赫空速表

电动马赫空速表(图2-43)指示飞机的空速、空速极限、马赫数和目标空速。在表上可以人工选择目标空速,并提供马赫空速音响警告的控制电路。

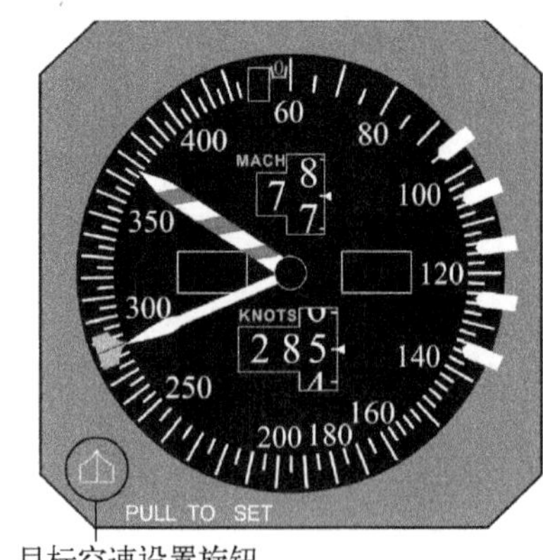

图2-43 电动马赫空速表

电动马赫空速表包括数字式空速显示窗,模拟式空速指针,红白相间的最大允许空速指针,目标空速游标和数字式马赫数显示窗。表上的目标空速设置旋钮用于人工设置目标空速游标。

空速显示窗显示CAS的范围是60~450节(kn),马赫数(Ma)显示窗显示的范围是0.400~0.999。

当CAS、Ma、目标空速和最大允许空速(V_{mo})失效时,相应的故障旗会出现。当目标空速处于人工方式时,表上会出现“MAN”(人工)旗,沿空速刻度盘外圈还装有几个可手动的游标。

电动马赫空速表从 ADC 接收空速和高度数据，从飞行管理计算机(flight management computer, FMC)接收目标空速数据，表内的计算机计算马赫数和最大允许空速，并控制最大空速警告。

从 ADC 接收的空速信号，经伺服放大器放大后，驱动马达，带动数字式空速显示和模拟式指针指示飞机的 CAS。

仪表内部计算机计算的马赫数和最大允许空速信号送到各自的伺服机构，以驱动马赫数显示和最大允许空速指针指示。

目标空速设置旋钮可以拉出和推进。当旋钮被推进时，从 FMC 来的目标空速信号通过伺服机构驱动目标空速游标的指示。当旋钮被拉出时，伺服机构不起作用，这时，可人工转动目标空速设置旋钮来设置目标空速。

当空速大于或等于计算的最大允许空速时，马赫空速表内部的计算机将送出一个逻辑信号，马赫空速警告器开始工作。

3. 综合仪表显示

现代飞机 ADC 计算的高度和空速信息主要显示在综合电子显示设备——主飞行显示器(primary flight display, PFD)上。无论是传统的分立式仪表还是综合式电子显示仪表，驾驶舱内关键导航参数的显示布局基本为“T”字形结构，即飞行员视线正前方中间显示为姿态参数，左侧为速度参数，右侧为高度参数，下方为飞机航向。PFD 主要显示飞机的姿态、航向、高度、速度信息及飞行方式通告，如图 2-44 所示。

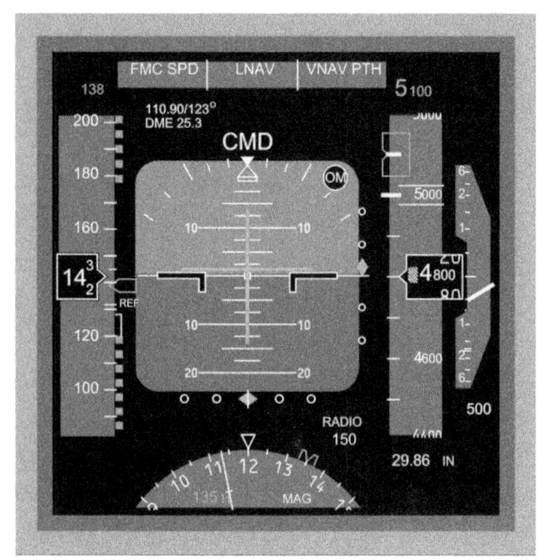

图 2-44 PFD 上的高度、空速显示

左侧速度带指示飞机的空速信号及其限制值，右侧高度带显示高度信息及其限制值，最右侧为升降速度显示。电子飞行仪表系统(electronic flight instrument system, EFIS)控制面板(图 2-45)上的气压基准设置旋钮可以用来选择气压修正基准，并设定气压基准数值。气压基准的单位可以选择英寸汞柱(inHg)或百帕(hPa)(HPA)。标准气压(STD)电门可以将气压基准设定在 29.92 英寸汞柱或 1 013 hPa。气压基准值显示在 PFD 中高度带的下方。

当飞机的气压高度等于或低于 FMC 转换高度加 300 ft 时，显示的标准气压基准值会被带黄色框的 STD 所取代。

当在 STD 激活状态下设定一个新的气压基准时，这一新值将显示在 STD 值的下方。按压 STD 电门可去除 STD 值并激活新值(图 2-46)。

ADC 利用大气总温和马赫数计算出飞机外部大气温度(静温)。总温(total air temperature, TAT)和静温(static air temperature, SAT)通常显示在飞机电子中央监控(electronic centralized aircraft monitor, ECAM)系统的上显示器或下显示器上(图 2-47)。

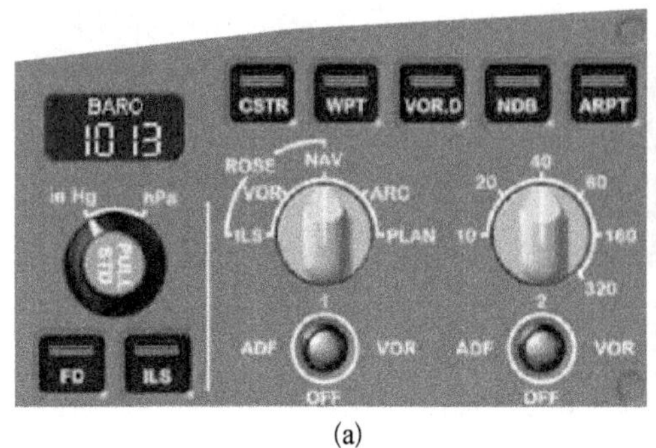

(a)

(b)

图 2－45　**EFIS 控制面板**

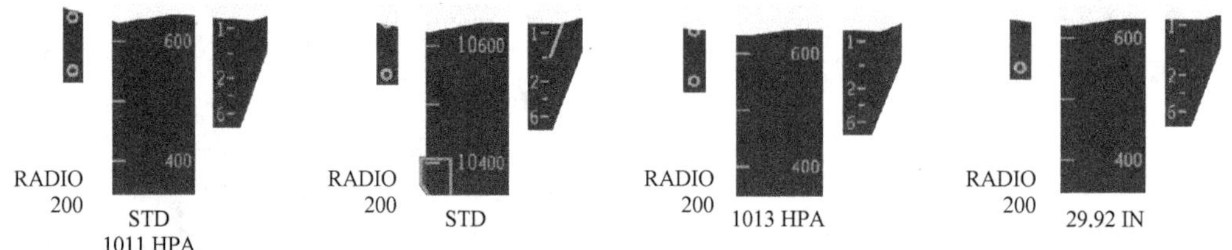

图 2－46　气压基准指示

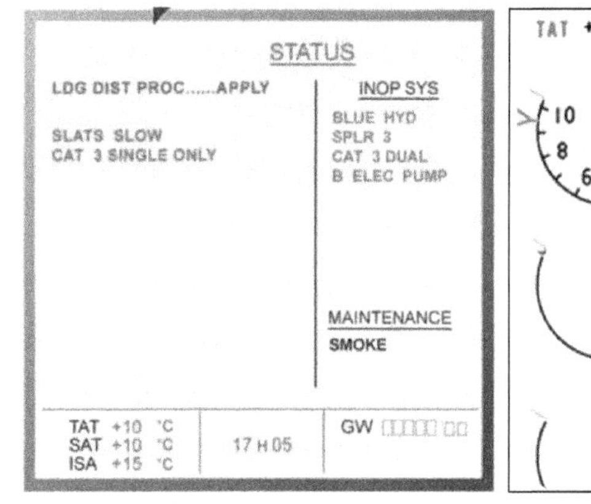

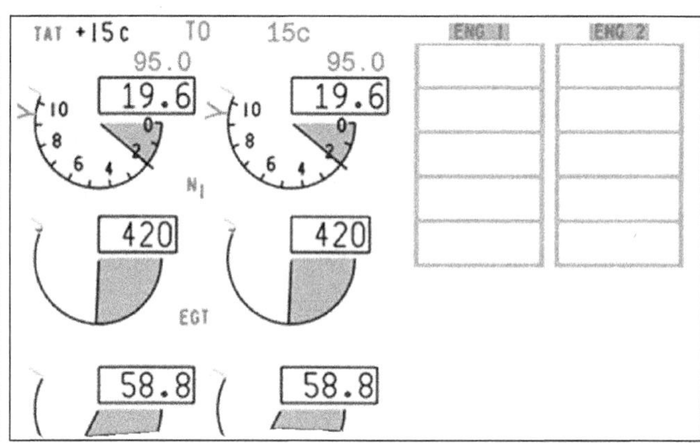

图 2－47　温度显示

当大气数据无效时,TAT 从显示屏上消失。

4. 备用高度/空速表

传统的备用高度/空速表(图 2－48)在装有 ADC 的飞机上为飞行员提供备用的高度和空速信息,它将两种仪表结合在一起,显示指示空速和气压高度。备用高度/空速表直接从备用全静压传感器接收全压和静压信号,不经过 ADC,直接计算高度和空速信息并显示。

指示器空速部分的指示范围为60~450 kn,仪表内有一开口膜盒,膜盒的伸缩随全静压系统来的压力差而变化,膜盒的伸缩通过机械连杆驱动指针显示指示空速。高度部分有一真空膜盒,通过传动机构带动指针显示气压高度,其中有一仪表振动器,用来减小因机械连杆摩擦引起的误差。气压调节旋钮用于设置气压基准。

现代飞机的备用高度、空速信息从第三套大气数据惯性基准组件(ADIRU3)获取,高度和空速信息显示在集成备用飞行显示器(integrated standby flight display, ISFD)上(图2-49)。

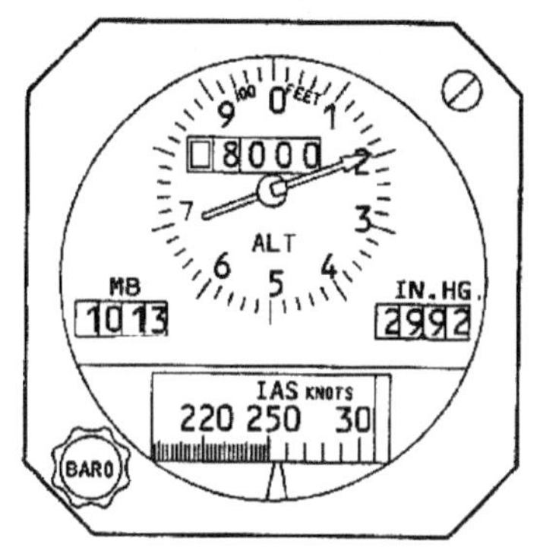

图2-48 备用高度/空速表

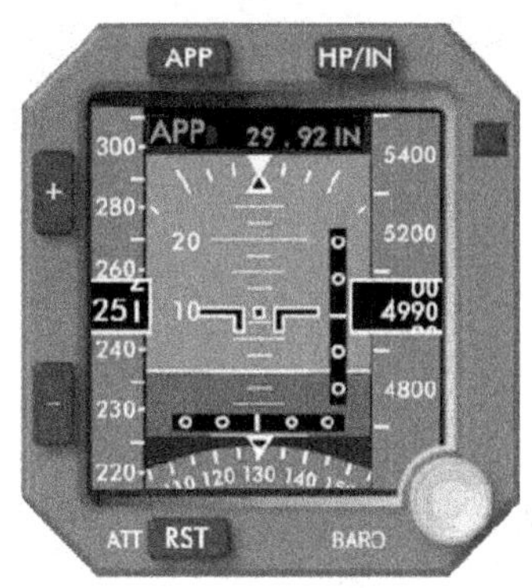

图2-49 集成备用飞行显示

2.2 陀螺仪表

飞机飞行的过程中,飞行员需要时刻了解飞机的姿态和航向等信息以便操纵飞机。早期,飞机的姿态、航向仪表主要利用陀螺的特性,配合相关的电气控制,来测量并提供这些参数。利用陀螺特性来测量飞机导航参数的仪表称为陀螺仪表。陀螺仪表主要有转弯仪、地平仪、陀螺罗盘等。

刘侗和于奕正《帝京景物略》中关于"春场"有这样一段描述,"陀螺者,木制如小空钟,中实而无柄,绕以鞭之绳而无竹尺,卓于地,急掣其鞭。一掣,陀螺则转,无声也。视其缓而鞭之,转转无复往。转之疾,正如卓立地上,顶光旋旋,影不动也。"

陀螺高速旋转起来之后,具有轴向稳定(定轴性)的特点,由此可以"影不动也"。

陀螺在导航仪表中的应用得益于法国科学家佛科于1904年开创的内外环支承方式,这种支承方式使得陀螺转子的自转轴可以在任意方向自由转动,由此打开了陀螺的导航应用之门。这种加了支承框架的陀螺被称为陀螺仪。一百多年来,内外环装置已成为陀螺仪的经典支承方式。分段陀螺仪一般由转子和框架组成(图2-50)。陀螺转子是可以高速旋转的对称飞轮,它的转动可以通过电或空气驱动,转速可达几万转/分钟,其旋转轴称为自转轴,旋转角速度称为自转角速度(Ω)。陀螺转子通过轴承和框架安装到相应的载体部件上,可以被控制绕特定的框架轴转动。陀螺仪绕内、外框轴转动的角速度称为牵连角速度。

根据空间转动自由度的不同,陀螺仪通常分为三自由度陀螺和二自由度陀螺。三自由度陀螺[图2－50(a)]由陀螺转子、内框和外框组成,能够绕自转轴、内框轴和外框轴三个轴旋转,有三个空间转动自由度;二自由度陀螺[图2－50(b)]只有陀螺转子和内框,只能绕自转轴和内框轴旋转,有两个空间转动自由度。

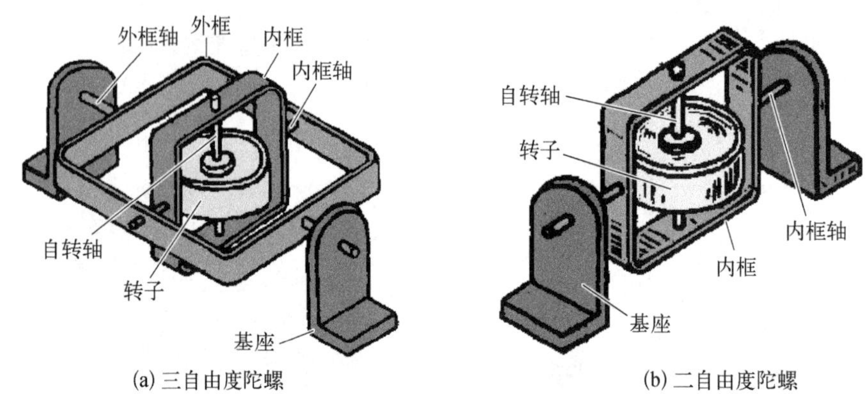

(a) 三自由度陀螺　　(b) 二自由度陀螺

图2－50　陀螺仪

当陀螺绕框轴转动时,由于轴承间的摩擦,会产生摩擦力矩,影响陀螺的转动。同时,由于轴承间隙的存在,陀螺的重心在转动过程中会出现轻微偏移,产生重力力矩,这些都会影响到陀螺的特性。为减小摩擦力矩,人们尝试很多方法来改进陀螺转轴与框架之间的支承方式,如液浮、气浮、磁悬浮、挠性接头、静电支承等,由此出现了各种不同的陀螺仪,如液浮陀螺、挠性陀螺、静电陀螺等。

还有一些陀螺的实现原理和结构与传统的机电陀螺仪相比已经有了很大的差别,但由于其仍具备陀螺仪的测量转动的特征,因此,依然称其为陀螺仪,如激光陀螺、光纤陀螺、谐振陀螺等,这些陀螺将在后续章节中介绍。

2.2.1　陀螺力学基础

对于三自由度陀螺来说,其自转轴、内框轴和外框轴的轴线相交点称为陀螺的支点,整个陀螺可以绕支点相对惯性空间做任意的转动。如果陀螺的重心与支点重合,且轴承之间没有摩擦力矩,我们通常称之为理性陀螺或自由陀螺,陀螺特性主要指的是理性陀螺的特性。工程应用中的陀螺会有摩擦力矩和不平衡力矩的存在,本书会在具体的工程应用中分析其影响。

研究陀螺仪的运动,实质是研究陀螺转子轴的变化规律,由于陀螺转子通过内框、外框的框架安装到载体上,即陀螺转子轴的变化规律受陀螺内框架、外框架转动的影响,因此研究陀螺转子轴的运动规律实质上是研究整个陀螺仪绕着三个轴的转动规律。

三自由度陀螺实质上是一个由陀螺转子、内框和外框组成的一个刚体系,其运动规律符合刚体转动的相关规律。所谓刚体,指的是物体在外力作用下,其内两点之间的距离始终保持不变,即不变形。陀螺仪可以看作是一个刚体。定点转动刚体的运动通常从运动学和动力学两个方面分析。运动学主要包括定点转动刚体的角位置、角速度,质点的速度、加速度和科氏定理,动力学主要包括转动惯量、角动量及角动量定理和欧拉动力学方程等内容。

2.2.1.1 动量矩定理

如图 2-51 所示，对于转动刚体来说，如果绕定点 O 转动的刚体内质点 M 的质量为 m，位置为 $\boldsymbol{R}$，速度为 $\boldsymbol{V}$，则该质点的动量为 $m\boldsymbol{V}$，质点的动量矩为 $\boldsymbol{h}=\boldsymbol{R}\times m\boldsymbol{V}$，则刚体的总动量矩 $\boldsymbol{H}=\sum\boldsymbol{h}=\sum(\boldsymbol{R}\times m\boldsymbol{V})$，由于 $\boldsymbol{V}=\boldsymbol{\omega}\times\boldsymbol{R}$，将上述公式用坐标分量的形式展开。

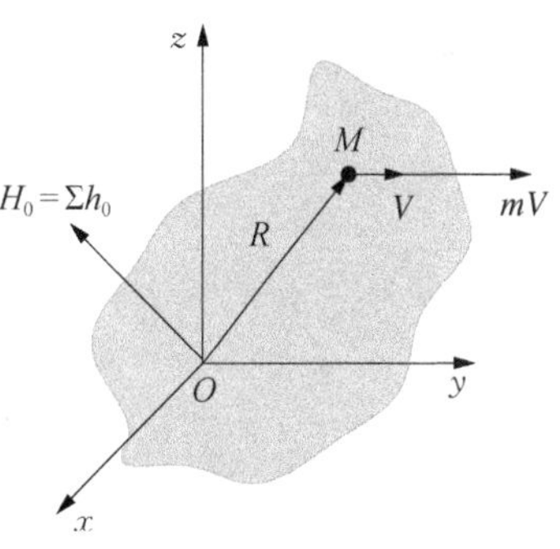

图 2-51 刚体力学原理

沿坐标系三轴的速度标量为

$$\boldsymbol{V}=\boldsymbol{\omega}\times\boldsymbol{R}=\begin{bmatrix}\boldsymbol{i} & \boldsymbol{j} & \boldsymbol{k}\\ \omega_x & \omega_y & \omega_z\\ x & y & z\end{bmatrix}=\begin{bmatrix}\omega_y z-\omega_z y\\ \omega_z x-\omega_x z\\ \omega_x y-\omega_y x\end{bmatrix} \tag{2-28}$$

由此可得沿三轴的动量矩为

$$\begin{aligned}\boldsymbol{h}=\boldsymbol{R}\times m\boldsymbol{V}&=m\begin{bmatrix}\boldsymbol{i} & \boldsymbol{j} & \boldsymbol{k}\\ x & y & z\\ \omega_y z-\omega_z y & \omega_z x-\omega_x z & \omega_x y-\omega_y x\end{bmatrix}\\ &=m\begin{bmatrix}(\omega_x y-\omega_y x)y-(\omega_z x-\omega_x z)z\\ (\omega_y z-\omega_z y)z-(\omega_x y-\omega_y x)x\\ (\omega_z x-\omega_x z)x-(\omega_y z-\omega_z y)y\end{bmatrix}=m\begin{bmatrix}\omega_x(y^2+z^2)-\omega_y xy-\omega_z xz\\ -\omega_x yz+\omega_y(x^2+z^2)-\omega_z xy\\ -\omega_x xz-\omega_y yz+\omega_z(x^2+y^2)\end{bmatrix}\\ &=m\begin{bmatrix}(y^2+z^2) & -xy & -xz\\ -yz & (x^2+z^2) & -xy\\ -xz & -yz & (x^2+y^2)\end{bmatrix}\begin{bmatrix}\omega_x\\ \omega_y\\ \omega_z\end{bmatrix}\end{aligned} \tag{2-29}$$

则刚体的动量矩为

$$\begin{aligned}\boldsymbol{H}=\sum\boldsymbol{h}&=\sum m\begin{bmatrix}(y^2+z^2) & -xy & -xz\\ -yz & (x^2+z^2) & -xy\\ -xz & -yz & (x^2+y^2)\end{bmatrix}\begin{bmatrix}\omega_x\\ \omega_y\\ \omega_z\end{bmatrix}\\ &=\begin{bmatrix}\sum m(y^2+z^2) & -\sum mxy & -\sum mxz\\ -\sum myz & \sum m(x^2+z^2) & -\sum mxy\\ -\sum mxz & -\sum myz & \sum m(x^2+y^2)\end{bmatrix}\begin{bmatrix}\omega_x\\ \omega_y\\ \omega_z\end{bmatrix}\end{aligned} \tag{2-30}$$

该矩阵称为刚体的转动惯量矩阵，矩阵元素包括主转动惯量和离心转动惯量。式中可以看出，如果刚体对于坐标系的三个坐标平面都是对称的，那么对应每个轴的离心转动惯量都等于零，即可得

$$\boldsymbol{H}=J_x\omega_x\boldsymbol{i}+J_y\omega_y\boldsymbol{j}+J_z\omega_z\boldsymbol{k} \tag{2-31}$$

当给刚体施加外加力矩时，刚体的动量矩会发生变化，动量矩的变化率为

$$\begin{aligned}\frac{\mathrm{d}\boldsymbol{H}}{\mathrm{d}t} &= \frac{\mathrm{d}}{\mathrm{d}t}\sum(\boldsymbol{R}\times m\boldsymbol{V}) \\ &= \sum\left(\frac{\mathrm{d}\boldsymbol{R}}{\mathrm{d}t}\times m\boldsymbol{V}+\boldsymbol{R}\times m\frac{\mathrm{d}\boldsymbol{V}}{\mathrm{d}t}\right) \\ &= \sum[(\boldsymbol{V}\times m\boldsymbol{V})+(\boldsymbol{R}\times m\boldsymbol{a})]\end{aligned} \tag{2-32}$$

由于 $\boldsymbol{F}=m\boldsymbol{a}$ 且 $\boldsymbol{V}\times\boldsymbol{V}=0$，则

$$\frac{\mathrm{d}\boldsymbol{H}}{\mathrm{d}t}=\sum(\boldsymbol{R}\times\boldsymbol{F})=\boldsymbol{M}$$

其中，M 为作用在刚体上的全部外力对于固定点 O 的总力矩。由此可得动量矩定理：刚体对于任意一个固定点的动量矩变化率等于刚体所受外力对该固定点的力矩矢量和。当外加力矩 $\boldsymbol{M}=0$ 时，根据动量矩守恒定理，可得 $\frac{\mathrm{d}\boldsymbol{H}}{\mathrm{d}t}=0$。

三自由度陀螺的运动特性是刚体运动规律的具体体现，分析不同外部条件下的刚体运动规律即可获得三自由度陀螺的运动特点，并将其应用到导航仪表的研制中。

2.2.1.2 陀螺力学

有些刚体转动为复合运动。所谓复合运动，是指该运动由两个或两个以上的运动复合而成。复合运动通常用动点相对于动坐标系的运动和动坐标系相对于固定坐标系的运动的矢量合成来分析，主要原因是动点的运动在动坐标系中更便于描述。对于三自由度陀螺来说，当陀螺转子绕自转轴旋转后，如果同时又出现绕其内框轴或外框轴的转动现象，则该陀螺的运动相对于惯性空间即为复合运动。

根据科氏转动坐标定理：任何一个随时间变化的运动矢量 $\boldsymbol{B}$，对于固定坐标系(i)的绝对变化率等于 $\boldsymbol{B}$ 相对于动坐标系(d)的相对变化率和动坐标系相对固定坐标系的转动引起的牵连变化率的矢量和，即

$$\left.\frac{\mathrm{d}\boldsymbol{B}}{\mathrm{d}t}\right|_{\mathrm{i}}=\left.\frac{\mathrm{d}\boldsymbol{B}}{\mathrm{d}t}\right|_{\mathrm{d}}+\omega_{\mathrm{id}}\times\boldsymbol{B} \tag{2-33}$$

对三自由度陀螺而言，如果将动坐标系和绕定点转动的刚体(陀螺转子)相固连，且动坐标系的三个轴是刚体的惯性主轴，则三自由度陀螺的动量矩公式满足式(2-31)。

动量矩定理中，动量矩的变化率是相对固定坐标系的。因此，需要将刚体的运动从动坐标系转换到固定坐标系，这需要借助科氏坐标转动定理。

$$\left.\frac{\mathrm{d}\boldsymbol{H}}{\mathrm{d}t}\right|_{\mathrm{i}}=\left.\frac{\mathrm{d}\boldsymbol{H}}{\mathrm{d}t}\right|_{\mathrm{d}}+\omega_{\mathrm{id}}\times\boldsymbol{H} \tag{2-34}$$

根据式(2-31)可得

$$\left.\frac{\mathrm{d}\boldsymbol{H}}{\mathrm{d}t}\right|_{\mathrm{d}}=J_x\frac{\mathrm{d}\omega_x}{\mathrm{d}t}\boldsymbol{i}+J_y\frac{\mathrm{d}\omega_y}{\mathrm{d}t}\boldsymbol{j}+J_z\frac{\mathrm{d}\omega_z}{\mathrm{d}t}\boldsymbol{k} \tag{2-35}$$

$$\omega_{id} \times \boldsymbol{H} = \begin{vmatrix} \boldsymbol{i} & \boldsymbol{j} & \boldsymbol{k} \\ \omega_x & \omega_y & \omega_z \\ J_x\omega_x & J_y\omega_y & J_z\omega_z \end{vmatrix} = \begin{bmatrix} -(J_y - J_z)\omega_y\omega_z \\ -(J_z - J_x)\omega_z\omega_x \\ -(J_x - J_y)\omega_x\omega_y \end{bmatrix} \tag{2-36}$$

将式(2-35)和式(2-36)代入式(2-34),得

$$\left.\frac{\mathrm{d}\boldsymbol{H}}{\mathrm{d}t}\right|_{i} = \left.\frac{\mathrm{d}\boldsymbol{H}}{\mathrm{d}t}\right|_{d} + \omega_{id} \times \boldsymbol{H} = \begin{bmatrix} J_x \dfrac{\mathrm{d}\omega_x}{\mathrm{d}t} - (J_y - J_z)\omega_y\omega_z \\ J_y \dfrac{\mathrm{d}\omega_y}{\mathrm{d}t} - (J_z - J_x)\omega_z\omega_x \\ J_z \dfrac{\mathrm{d}\omega_z}{\mathrm{d}t} - (J_x - J_y)\omega_x\omega_y \end{bmatrix} = \begin{bmatrix} M_x \\ M_y \\ M_z \end{bmatrix} \tag{2-37}$$

此即欧拉动力学方程。该方程中,由于采用了动坐标系,因此,所有转动惯量项都是常量。如果 $\boldsymbol{H}$ 在动坐标系各个轴上的分量不变,则 $\boldsymbol{\omega} \times \boldsymbol{H} = \boldsymbol{M}$。

如果选定陀螺坐标系为动坐标系,惯性坐标系为固定坐标系,则动坐标系相对固定坐标系的运动关系即为陀螺相对于惯性空间的运动情况。

当陀螺转子转动起来后,陀螺有绕自转轴(OZ 轴)的自转角速度 Ω,也即 OZ 轴方向的转动角速度应该为外加转动角速度和自转角速度二者的和,即需要用 $\omega_z + \Omega$ 代替式(2-31)中的 ω_z。

$$\boldsymbol{H} = J_x\omega_x\boldsymbol{i} + J_y\omega_y\boldsymbol{j} + J_z(\omega_z + \Omega)\boldsymbol{k}$$

此时,式(2-36)变为

$$\omega_{id} \times \boldsymbol{H} = \begin{vmatrix} \boldsymbol{i} & \boldsymbol{j} & \boldsymbol{k} \\ \omega_x & \omega_y & \omega_z \\ J_x\omega_x & J_y\omega_y & J_z(\omega_z + \Omega) \end{vmatrix} = \begin{bmatrix} -(J_y - J_z)\omega_y\omega_z + J_z\Omega\omega_y \\ -(J_z - J_x)\omega_z\omega_x - J_z\Omega\omega_x \\ -(J_x - J_y)\omega_x\omega_y \end{bmatrix} \tag{2-38}$$

定义陀螺自转对应的动量矩 $H = J_z\Omega$, 可得转子转动时的陀螺运动方程为

$$\begin{bmatrix} M_x \\ M_y \\ M_z \end{bmatrix} = \begin{bmatrix} J_x \dfrac{\mathrm{d}\omega_x}{\mathrm{d}t} - (J_y - J_z)\omega_y\omega_z + H\omega_y \\ J_y \dfrac{\mathrm{d}\omega_y}{\mathrm{d}t} - (J_z - J_x)\omega_z\omega_x - H\omega_x \\ J_z \dfrac{\mathrm{d}(\omega_z + \Omega)}{\mathrm{d}t} - (J_x - J_y)\omega_x\omega_y \end{bmatrix} \tag{2-39}$$

式(2-39)为陀螺仪运动的微分方程,包含了所有可能的因素,因此也称为陀螺仪运动的完整方程。工程实际中,通常将该方程进行简化,即可获得我们通常所说的进动方程。

由于陀螺自转角速度 Ω(通常大于 20 000 r/min)通常远远大于动坐标系相对于固定坐标系的转动角速度 ω(主要由地球自转、飞机相对地球飞行所引起),因此,可将公式(2-39)中的第二项忽略掉,得到陀螺运动的简化方程:

$$M_x = J_x\dot{\omega}_x + H\omega_y$$
$$M_y = J_y\dot{\omega}_y - H\omega_x \tag{2-40}$$

式中，第一项描述了陀螺的章动，第二项描述了陀螺的进动，由于章动是一种小振幅高频率的振动，很容易衰减，衰减后就只剩下进动了。因此，陀螺的进动方程简化为

$$M_x = H\omega_y$$
$$M_y = -H\omega_x \tag{2-41}$$

这就是陀螺仪相对于惯性坐标系的运动基本规律。

2.2.2 三自由度陀螺特性

根据陀螺运动方程可知，当三自由度陀螺的转子高速旋转起来之后，在不同的条件下，陀螺仪在惯性空间具有稳定性和进动性的特点。

三自由度陀螺保持其自转轴（或动量矩矢量）在惯性空间中的方向基本不发生变化的特性，称为陀螺的稳定性。三自由度陀螺的稳定性有定轴性和章动两种表现形式。

由式（2-41）可以看出，当三自由度陀螺的内框轴和外框轴轴向没有外加力矩时，也即各轴的 $M=0$，则三自由度陀螺绕各轴的转动角速度 $\omega=0$，也即陀螺在内框轴和外框轴向没有转动，三自由度陀螺自转轴的指向保持原来的方向不变，这是三自由度陀螺的定轴性。

三自由度陀螺转子高速旋转（自转角速度 Ω）后，在内、外框轴不受外力矩作用的情况下，不管装载三自由度陀螺仪的基座如何转动，陀螺仪自转轴指向惯性空间的方位始终不变，这种特性称为三自由度陀螺的定轴性（图 2-52）。

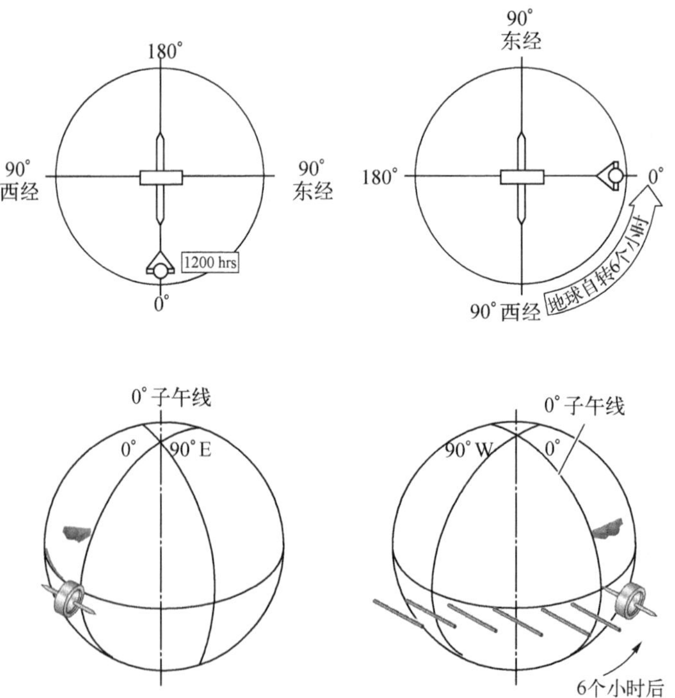

图 2-52 陀螺的定轴性

需要注意的是,这里所描述的三自由度陀螺的定轴性是相对于惯性空间的。因此,在对陀螺内、外框轴不施加任何外加力矩的情况下,如果长时间观察三自由度陀螺自转轴的指向,可能会发现:随着时间的推移,三自由度陀螺自转轴的轴向似乎并非固定不变,而是有规律地发生变化,是否说明定轴性的结论有问题呢?其实这恰恰是陀螺自转轴相对惯性空间定轴性的体现。出现这种现象的原因是地球相对于惯性空间有转动,观察者随着地球转动,从而导致其相对陀螺自转轴有转动所造成的,而并非陀螺自转轴的轴向发生了变化。这种运动现象也称为陀螺的假视运动或视在运动(图2-53)。

三自由度陀螺的稳定性还表现在当陀螺仪受到瞬时冲击力矩(力矩作用时间很短)后,其自转轴会在原位附近做微小的衰减振荡(圆锥运动)。此时,三自由度陀螺的自转轴会偏离原来的位置做微小的圆锥运动,形成以支点为圆锥顶点的运动轨迹线,圆锥角逐渐减小,最后衰减为零,陀螺自转轴稳定到原来的轴向。在这个衰减过程中,其自转轴的轴向基本保持不变,这种现象称为三自由度陀螺仪的章动(图2-54)。这种圆锥运动的频率比较高,振幅很小,圆锥角的大小与外加力矩和陀螺动量矩的大小有关。

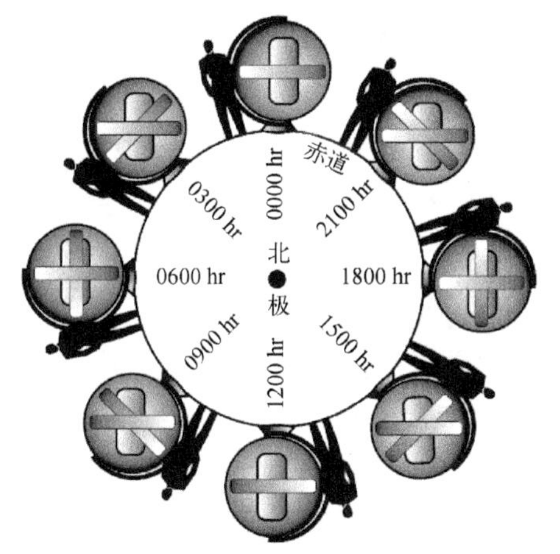

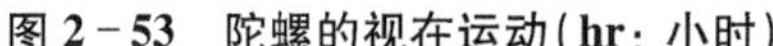
图2-53 陀螺的视在运动(hr:小时)

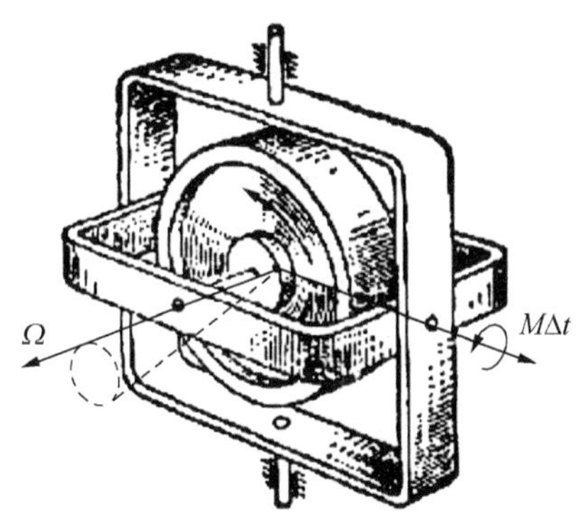

图2-54 陀螺章动

由式(2-40)可见,只要陀螺仪具有较大的动量矩,其自转轴轴向在惯性空间中的方位改变就可以是极其微小的,且很容易衰减。当章动圆锥角衰减为零时,即为陀螺的定轴性。因此,也可以认为陀螺的定轴性是章动为零时的特殊情况。

三自由度陀螺仪的转子高速旋转时,如果陀螺仪的内框轴或外框轴长时间受到外加力矩的作用,则陀螺仪会绕着与外加力矩矢量相垂直的方向转动,这是三自由度陀螺的进动性,该转动角速度称为进动角速度,如图2-55所示。

由式(2-41)可知,三自由度陀螺的进动方向与陀螺转子的自转方向和外加力矩的方向有关,三个矢量互相垂直,符合右手定则。伸出右手,使右手的四个手指从陀螺自转角速度矢量沿最小夹角握向外加力矩的矢量方向,则大拇指所指的方向即为进动角速度矢量的方向。也可以用下述方法判断:将外加力矩矢量沿陀螺转子转动方向转过90°,此时的指向即为进动角速度矢量方向。可以看出,当外加力矩施加到陀螺的内框轴上时,进动发生在外框轴上,反之,当外加力矩施加到陀螺的外框轴上时,进动发生在内框轴上。三

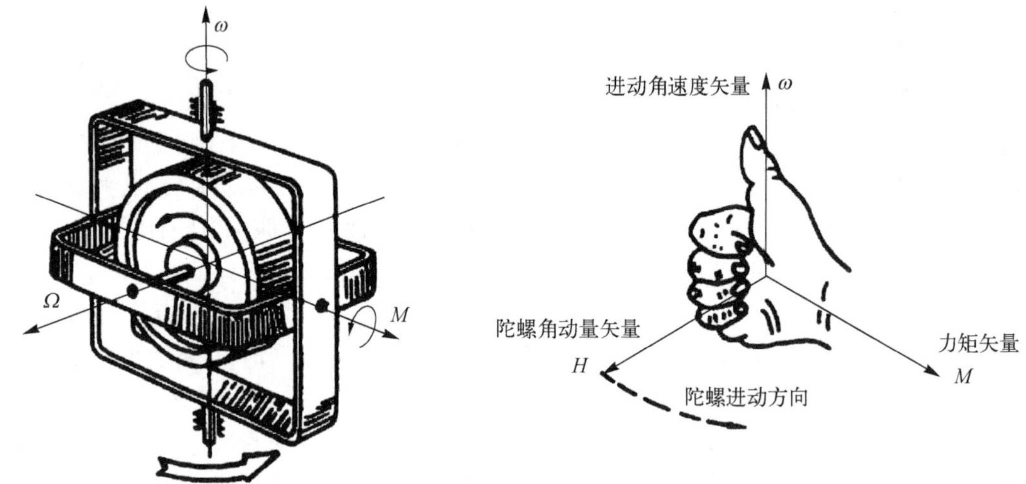

图 2-55　外力矩作用下陀螺仪的进动

自由度陀螺进动角速度的大小取决于陀螺仪动量矩以及施加的外力矩的大小,并与二者之间的垂直度有关系。

$$\omega = \frac{M}{H\sin\alpha} = \frac{M}{J\Omega\sin\alpha} \tag{2-42}$$

其中,α 为 Ω 与 M 之间的夹角。

陀螺的进动有三个特点:进动不是发生在外加力矩作用的方向,而是发生在和它垂直的方向;角动量一定的情况下,进动角速度与外加力矩呈正比;外加力矩停止作用时,陀螺的进动停止。

日常生活中也存在大量的陀螺现象。例如,骑自行车时,车轮高速向前滚动,就形成了陀螺转子,具有了陀螺的稳定性,所以当两轮甚至独轮自行车的轮子转动起来之后,由于轮子的定轴性,自行车就可以保持稳定而不会倒下,且转速越高,稳定性越好。在骑车的过程中,如果骑车人的身体左倾或右倾,重心的偏移相当于给自行车施加了一个向后或向前的外加力矩,根据陀螺特性,自行车会出现一个矢量向上或向下的进动,也即自行车自动左转弯或右转弯。其他的还有枪炮内镗用来复线使出镗后的弹丸绕自身的轴线旋转来稳定子弹的运动方向,直升机利用螺旋桨来改变其航向等,都是利用陀螺特性来实现的。

陀螺的进动性与稳定性是陀螺运动矛盾着的两方面,二者互相制约,互相转化。稳定性越好的陀螺,进动性越不明显;而进动越明显的陀螺,稳定性就越差。

根据三自由度陀螺特性,当陀螺的重心与支点不重合或框架支承轴承间存在摩擦力矩时,相当于在陀螺的内框轴或外框轴上施加了一个外加力矩,陀螺会在该力矩的作用下持续进动,通常称这种情况为陀螺的漂移。为尽量减小陀螺漂移,通常用相关的技术来避免这种不平衡力矩和摩擦力矩,例如,图 2-56 所示的三轴液浮陀螺。

液浮陀螺的陀螺房(陀螺的内框,由于通常做成密封的形状,陀螺转子在其内部高速旋转,将其称为陀螺房)被做成球形,将陀螺转子密封在里面,球内充上惰性气体以减小阻力,并可帮助散热,防止机件氧化。在陀螺房与外框之间充满比重较大的液体以产生浮力把陀螺房全浮起来,使其所受浮力接近重力以减小轴承间的摩擦力矩,另外,浮液还对浮球的转动产生阻尼力矩。为了消除摩擦力矩影响并减小重心偏移,提高稳定性,浮球还使用磁力定心。陀螺转子用动压气体轴承悬浮,陀螺房用液体悬浮,再加上磁力定心,这三种措施常称为“三浮”技术。三浮技术使陀螺性能得到极大提高。但该技术结构复杂,成本高昂,不利于应用推广。

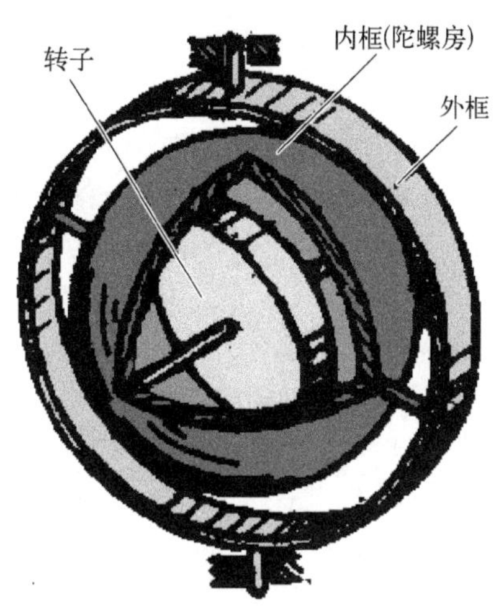

图 2-56 三轴液浮陀螺

三自由度陀螺仪的这些特性使得其在航空领域得到广泛应用,例如指示飞机俯仰角和倾斜角的航空地平仪,指示飞机航向角的陀螺罗盘等。也可以将陀螺仪与其他自动控制部件组成各种陀螺装置,如陀螺稳定平台。

当三自由度陀螺仪受到外加力矩时,在产生绕外框轴或内框轴进动的同时,根据牛顿第三定律,陀螺会对施力物体产生反作用力矩,后者所感受到的力矩就称为陀螺力矩。陀螺力矩可视为陀螺进动性的一种表现形式。陀螺力矩的大小与外加力矩大小相等,方向与外加力矩方向相反,作用到对陀螺施力的物体上。

图 2-57 是陀螺力矩的演示实验,当物体同时绕两个互不平行的轴旋转时(相当于陀螺进动时的情况),会产生陀螺力矩。陀螺力矩矢量垂直于两个转轴(转动角速度矢量)所组成的平面。

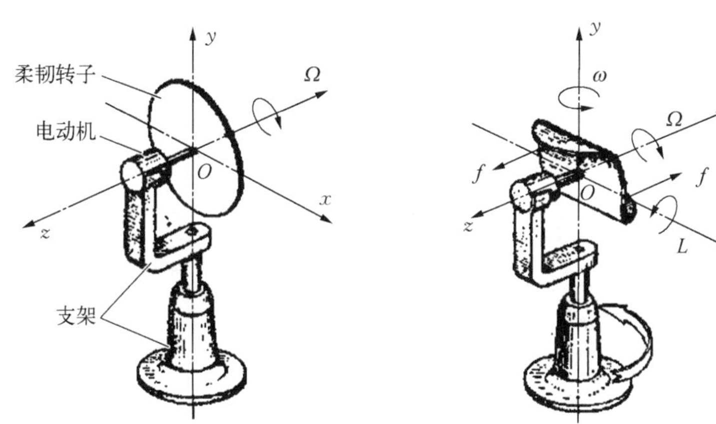

图 2-57 陀螺力矩

三自由度陀螺进动时,陀螺转子相对惯性空间的运动是绕自转轴的转动(Ω)和绕进动轴的进动(ω)的矢量合成,是两个圆周运动组成的复合运动。选择陀螺坐标系(原点在陀螺支点,其中两轴分别与陀螺的自转轴和内框轴重合)为动坐标系,则陀螺转子相对于动坐标系以角速度 Ω 转动,动坐标系相对于固定坐标系以角速度 ω 转动。因此,陀螺转子上任意质点的运动速度是该质点相对于动坐标系的运动速度和动坐标系相对于定坐标系运动速度的矢量和。

根据1.4.2.2小节中的分析，当陀螺转子绕不平行于自转轴的其他轴进动时，陀螺转子的各个质点都有科氏加速度，相对支点中心陀螺转子上各点惯性力矩的矢量和就是陀螺力矩(图2-58)。

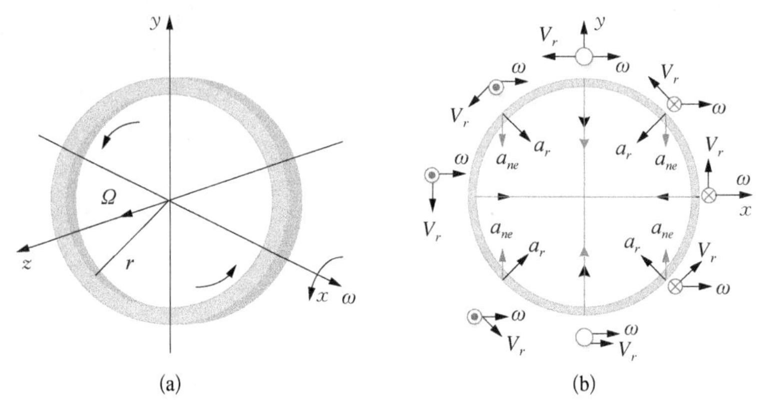

图2-58　复合转动及陀螺力矩

如图2-58所示，圆环位于动坐标系的 *oxy* 平面内，圆环绕中心轴(*oz* 轴)相对动坐标系以角速度 Ω 匀速旋转，圆环同时随动坐标系绕 *ox* 轴相对固定坐标系以角速度 ω 匀速旋转。可以认为陀螺转子绕自转轴相对动坐标系(陀螺坐标系)*oxyz* 转动，同时绕 *ox* 轴有牵连运动，则陀螺转子上各点的受力情况如图5-28(b)中所示。其中，a_r 为相对加速度，$a_{\tau e}$ 为牵连切向加速度，a_{ne} 为牵连法向加速度，a_k 为科氏加速度。科氏加速度是质点相对动坐标系的运动和动坐标系相对于静坐标系的牵连运动二者相互影响引起的。

由此可以看出，与相对加速度对应的力指向圆心，合力为零，力矩为零。对应牵连加速度的力指向 *ox* 轴，合力为零，合力矩为零。科氏力以 *oy* 轴为对称轴，左侧科氏力垂直纸面向外，右侧垂直纸面向里，合力矩沿 *oy* 轴正方向，此即为陀螺力矩。陀螺力矩的大小为

$$L = H\omega\sin\alpha = J\Omega\ \omega\sin\alpha$$

根据力学分析，陀螺力矩的方向与陀螺自转方向和牵连角速度方向有关，是进动角速度矢量沿陀螺转子自转方向转动90°(图2-59)。

可见，如果外加力矩作用在陀螺内框轴上，则陀螺转子绕外框轴进动，陀螺转子各质点惯性力矩的矢量和(陀螺力矩)通过内框轴反向施加给施力物体。而如果外加力矩作用到外框轴上，则陀螺转子各质点惯性力矩的矢量和(陀螺力矩)通过内框传递到外框轴，再通过外框轴反向施加给施力物体(图2-60)。

如果将三自由度陀螺抓在手里并试图在与其自转轴相垂直的方向转动，就会感觉到陀螺转子对该转动的强大反抗力矩，这就是陀螺力矩。日常生活中也常会见到陀螺力矩的表现：如北半球南北走向的河流，其两岸被冲刷的程度不均衡，其中流向为北向的河

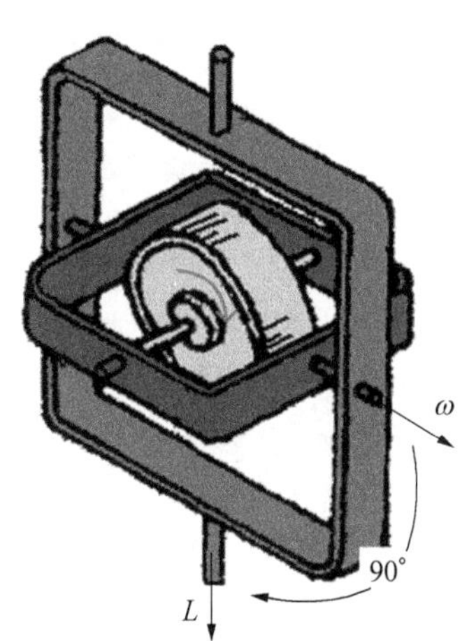

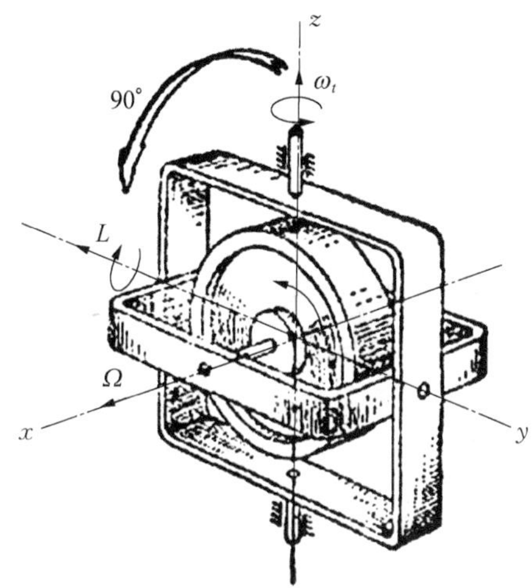

图 2-59 陀螺力矩方向

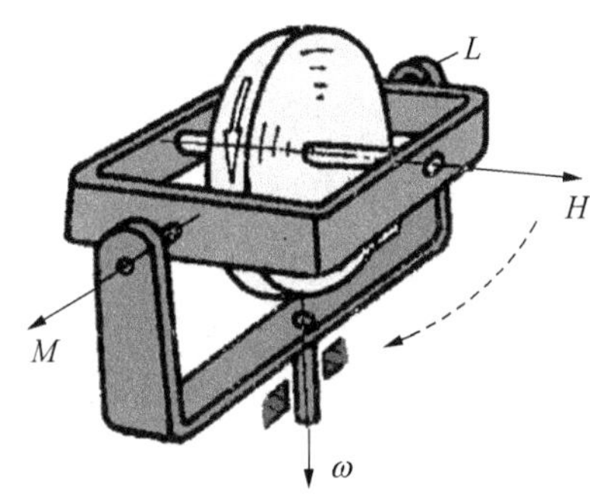

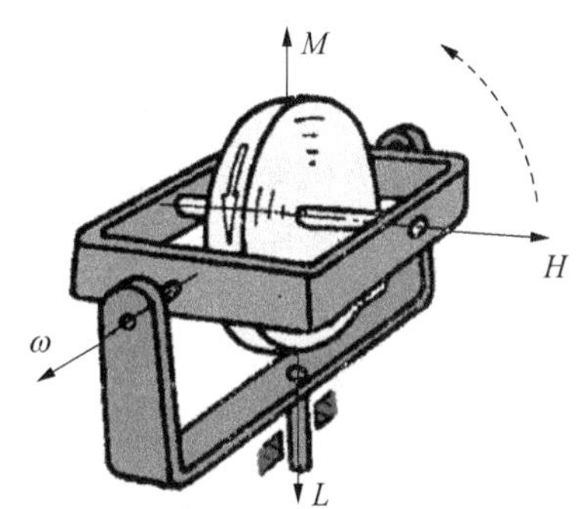

图 2-60 陀螺力矩

流,其东岸被冲刷程度会比西岸的严重,而流向为南向的河流恰好相反,其西岸被冲刷程度比东岸严重,原因就是地球相当于一个巨大的陀螺转子,其绕地轴的自转相当于陀螺转子的转动,南北方向流动的河流在随地球自转的同时,还有绕地环南北向的转动,这两个转动所产生的陀螺力矩施加到河岸上,影响了河两岸的被冲刷程度;又如单螺旋桨直升机改变航向时,螺旋桨的陀螺力矩会迫使出现飞机抬头或低头现象,而双螺旋桨飞机的设计通常令两个螺旋桨转动方向相反,这样可使飞机在转弯时陀螺力矩相互抵消,避免或减轻飞机的附加动载荷。

2.2.3 姿态测量仪表

飞机的姿态通常用俯仰角和倾斜角表示。飞机的俯仰角指飞机的纵轴与水平面之间的夹角,倾斜角指飞机的横轴与水平面之间的夹角。要测量飞机的姿态,需要在飞机上建立一个不受飞机位置、状态等影响的人工水平面,利用飞机纵、横轴与该基准面之间的关系来测量飞机的姿态角。飞机姿态通常利用地平仪来指示,地平仪利用陀螺特性来实现对飞机姿态的测量。

利用三自由度陀螺测量飞机姿态角的原理如图 2－61 所示，如果控制三自由度陀螺的转子平面保持水平，则当飞机带动三自由度陀螺的外框或内框相对于其转子平面有一定的转动时，该转角就是飞机的姿态角。

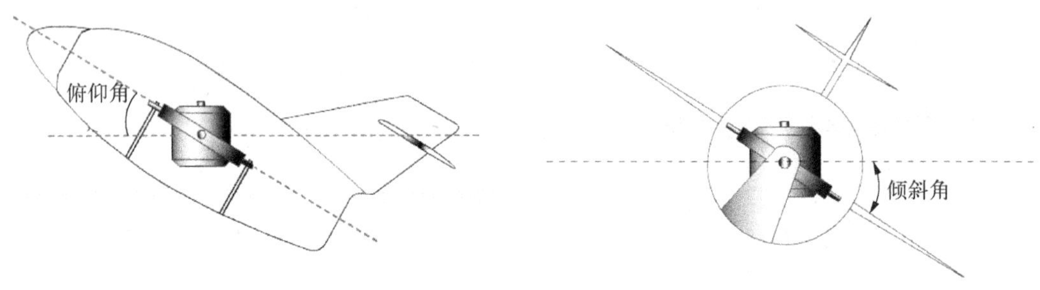

图 2－61　飞机姿态角

地平仪中，由于三自由度陀螺仪的安装不同，所测的姿态角会有一定的差异。如果将三自由度陀螺的外框轴沿飞机纵轴方向安装，也称为纵向安装，如图 2－62(a)所示，则姿态测量以飞机的纵轴为基准。飞机纵轴与水平面之间的夹角为飞机俯仰角（也称真实俯仰角）；飞机绕纵轴转过的角度为飞机倾斜角（也称真实倾斜角）；而如果将三自由度陀螺的外框轴沿飞机横轴方向安装，也称为横向安装，如图 2－62(b)所示，则姿态测量以飞机的横轴为基准。飞机绕横轴转过的角度为飞机俯仰角（也称非真实俯仰角）；飞机横轴与水平面之间的夹角为飞机倾斜角（也称非真实倾斜角）。真实俯仰角、倾斜角与非真实俯仰角、倾斜角只是由于测量传感器的安装方式不同所造成的，并没有性能上的优劣或不同。

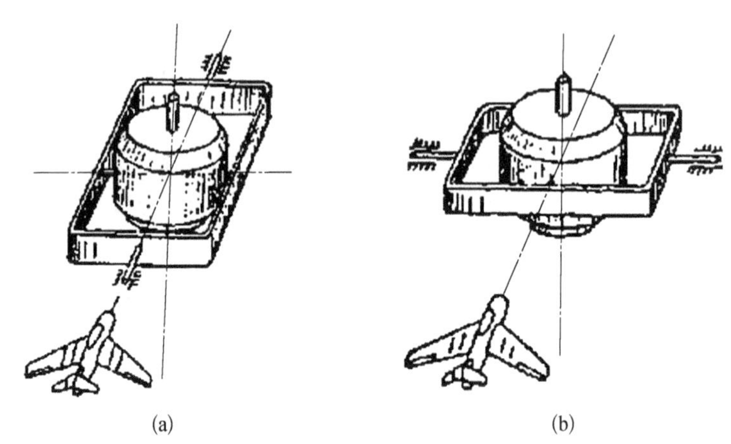

(a)　　(b)

图 2－62　真实姿态角与非真实姿态角

2.2.3.1　地平仪工作原理

测量飞机姿态的关键是水平面的建立。用于测量飞机姿态角的陀螺通常也称垂直陀螺，因为其自转轴始终被修正在地垂线方向。

根据三自由度陀螺的特性，当陀螺仪不受外加力矩的作用时，具有定轴性，自转轴指向惯性空间的方向不变（图 2－48）。如果此时陀螺自转轴在地垂线方向，则陀螺转子平面即为水平面,可以在飞机上实现一个的稳定的水平基准面。但由于地球有自转运动,当地地垂线随着地球的自转相对惯性空间转动;同时,随着飞机的飞行,飞机的位置点在不断变化,其所在处的地垂线方向也就不断变化,即飞机所在处的地垂线随着飞机的飞行及地球的自转而不断变化。而陀螺在不受外加力矩的作用下,自转轴相对于惯性空间稳定,因此,即使开始的时候陀螺自转轴在地垂线方向,但随着时间的推移及飞机的飞行,陀螺自转轴也会偏离地垂线,如图2-63所示。另外,由于陀螺仪轴承之间的摩擦力矩及重心偏离不平衡力矩的存在,陀螺自转轴会缓慢漂移,偏离地垂线。

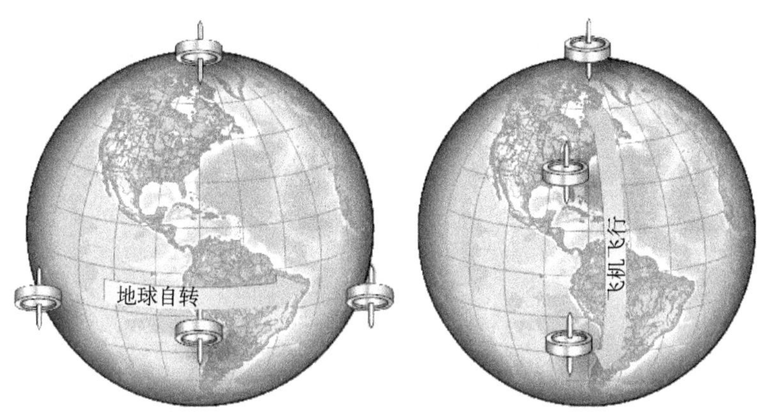

图2-63 陀螺自转轴相对于地球的变化

液体摆对地垂线具有良好的敏感性,但其稳定性较差,受飞机加减速或盘旋转弯的影响时,会偏离地垂线。因此,为了使地平仪既能寻找到地垂线,又能较好地稳定在地垂线位置,航空地平仪利用液体摆和三自由度陀螺组成一个闭环伺服系统,用液体摆感受地垂线方向,并根据陀螺自转轴偏离地垂线的状况去控制三自由度陀螺自转轴,使其保持在地垂线方向,从而实现用陀螺仪转子平面来模拟当地水平面。

地平仪的种类较多,组成也各不相同,但其基本组成主要包括四个部分:三自由度陀螺、摆式地垂修正器、指示部分和控制机构,如图2-64所示。这些组成部分共同完成地平仪的水平修正、姿态指示及误差消除功能。

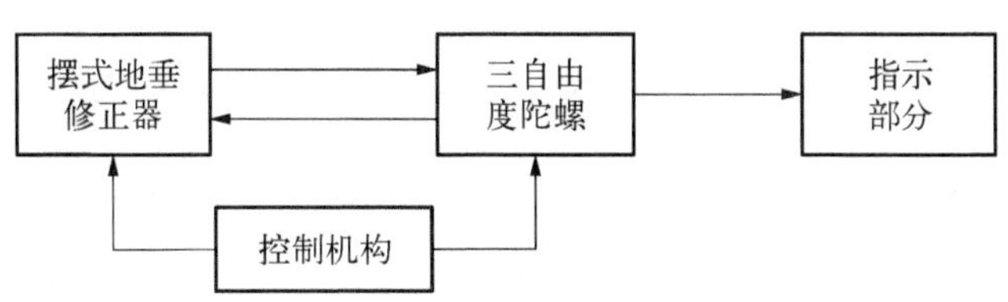

图2-64 地平仪的基本组成

航空地平仪的修正机构利用摆式地垂修正器来跟踪地垂线,通过修正电机控制三自由度陀螺自转轴的位置,形成地平仪姿态测量基准面;控制机构分为摆的控制机构和陀螺的控制机构,摆的控制机构在飞机有加减速或盘旋转弯时自动断开修正电路,停止摆对陀螺的修正,以避免摆的误差影响姿态测量,陀螺的控制机构用于在地面及空中机动飞行结束后将陀螺上锁,使陀螺迅速达到地垂线位置并消除积累误差;指示部分将飞机俯仰角、倾斜角以目视信号形式反映给飞行人员,它由小飞机、俯仰刻度盘、倾斜刻度盘和人工地平线等组成。

1. 水平修正

地平仪修正机构主要包括敏感元件和执行元件两部分。敏感元件感受陀螺自转轴偏离地垂线的大小和方向,并发送给执行元件,执行元件据此给陀螺施加修正力矩信号,使三自由度陀螺进动到地垂线的位置。

根据敏感元件感受及输出信号的特征不同,修正机构有三种类型:常值式、比例式和复合式(图 2-65)。常值式敏感元件根据陀螺自转轴的偏离方向给出固定大小的修正信号,相同偏离方向的修正力矩大小相同,与偏离大小无关;比例式敏感元件输出与陀螺自转轴偏离地垂线程度呈正比的修正信号;复合式敏感元件输出的信号在陀螺自转轴偏离地垂线较大时是常值信号,随着偏差角减小到一定值后,输出与偏差值呈比例的修正信号。

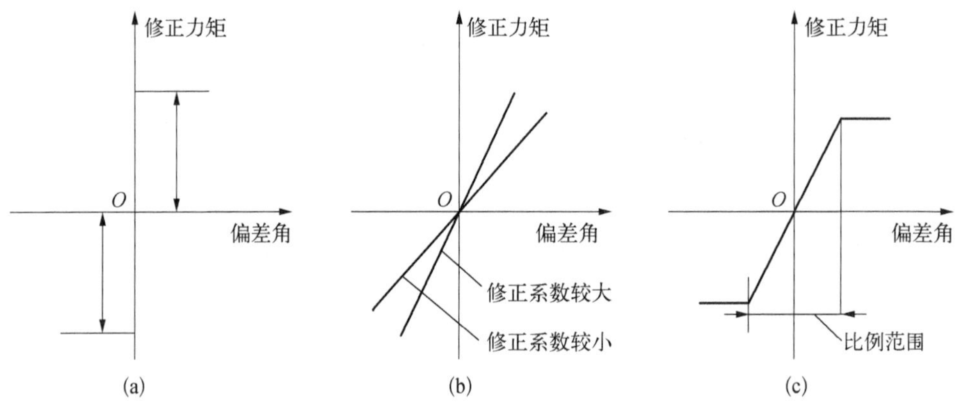

图 2-65　修正机构类型

以图 2-66 所示的复合式修正机构为例。该修正机构由五极点液体摆、修正电机及修正切断部件组成。五极点液体摆安装在陀螺房(陀螺内框)的下方。一对极点沿飞机

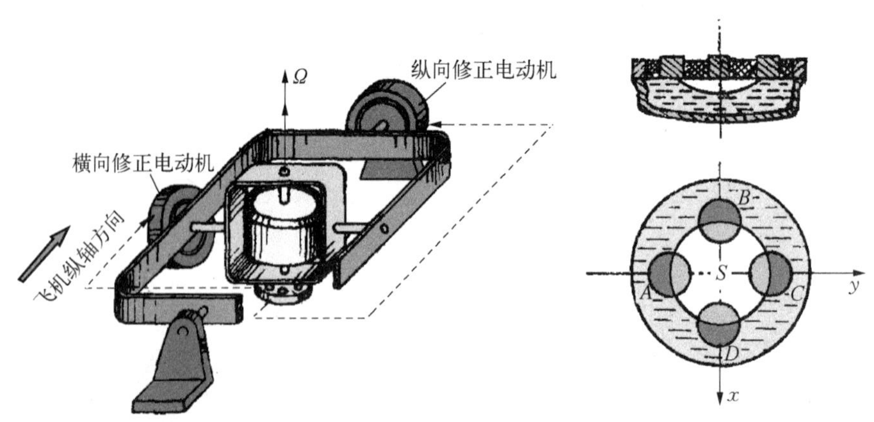

图 2-66　修正系统

纵轴安装,用来检测三自由度陀螺自转轴沿飞机纵向的地垂线偏离,送给纵向修正电机来修正该偏离。另一对极点沿飞机横轴安装,用来检测三自由度陀螺自转轴沿飞机横轴的地垂线偏离,送给横向修正电机来修正该偏离。五极点液体摆利用五个电极与摆盒内导电液的接触面积来改变修正电路中的电阻值,改变修正电机控制绕组中电流的大小,从而控制修正电机输出力矩的方向及大小。

纵向修正电机可以给三自由度陀螺的外框轴施加力矩使其绕内框轴进动,从而修正陀螺自转轴在纵轴方向相对地垂线的偏离;横向修正电机用于给三自由度陀螺的内框轴施加力矩使其绕外框轴进动,从而修正陀螺自转轴在横轴方向相对地垂线的偏离。

当陀螺转子向左偏离(或向后)地垂线时,五极点液体摆内的气泡向右(或向前)移动(图2-67),左电极(或后电极)与导电液的接触面积增大,电阻减小,右电极(或前电极)与导电液的接触面积减小,电阻增大,横向(或纵向)修正电机控制绕组Ⅰ中电流 i_A(或 i_D)增大,控制绕组Ⅱ中电流 i_C(或 i_B)减小,在陀螺内框轴(或外框轴)产生横向向右(或纵向向前)的修正力矩,在此力矩作用下,陀螺转子向右(或向前)进动,直到自转轴回到地垂线方向为止。

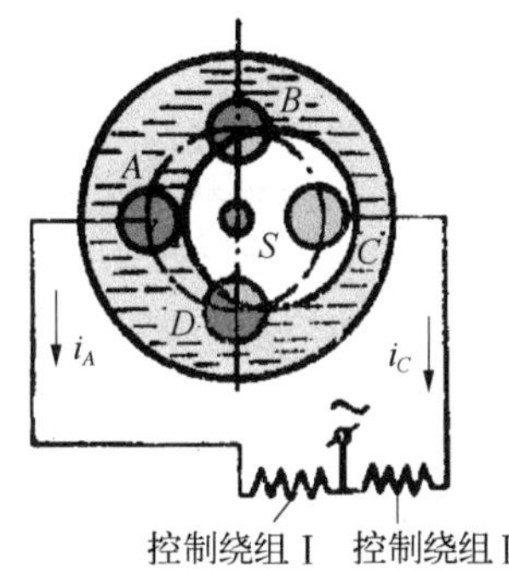

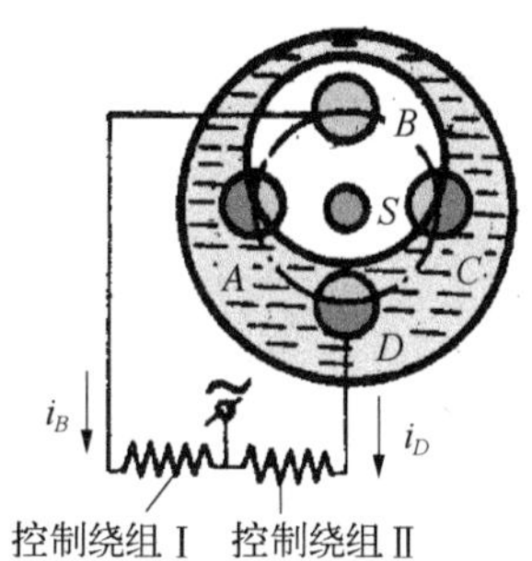

图2-67　修正原理

修正过程的初始阶段,如果三自由度陀螺自转轴偏离地垂线较大,则五极点液体摆气泡偏到最右边(或最前边),则右侧(或前侧)电极完全暴露在气泡中,左侧(或后侧)电极完全与导电液接触,修正电机控制绕组Ⅰ中电流最大,控制绕组Ⅱ中电流为0,修正电机输出恒定修正力矩,三自由度陀螺自转轴以最大进动角速度向地垂线方向进动。随着自转轴向地垂线方向的逐渐回归,气泡逐渐向液体摆的中心回移,导电液与电极之间的接触面积逐渐变化,修正电机控制绕组Ⅰ、Ⅱ中的电流差逐渐减小,输出的修正力矩逐渐减小,进动角速度变慢,直至自转轴回归地垂线,两侧电极与导电液之间的接触面积相等,修正电机两控制绕组中电流大小相等,输出力矩为零,陀螺自转轴停止进动。

由于三自由度陀螺自转轴偏离地垂线的主要原因是受地球自转和飞机飞行的影响,因此,修正机构对三自由度陀螺自转轴的修正角速度一般选择稍大于这二者所引起的地垂线变化角速度即可,这样选择的目的也是为了避免在液体摆有误差的情况下不会很快地导致自转轴的指向误差。

飞机突然机动飞行时,虽然此时陀螺自转轴在地垂线方向,但液体摆中的气泡会受到飞机加减速及盘旋转弯的影响而偏离中心位置,如果继续用液体摆的信号来修正陀螺自转轴，会造成仪表的测量误差。通常情况下，飞机机动飞行的时间不会太长，地垂线的变化实际上不大。为减小这种机动误差，地平仪修正机构中通常有横向修正切断和纵向修正切断部件，以便在飞机机动飞行时切断液体摆对陀螺自转轴的修正，如图 2－68 所示。修正系统在飞机结束机动飞行后会自动恢复工作，且由于飞机机动飞行的时间通常不太长，因此，修正的切断不会引起地平仪测量太大的误差。

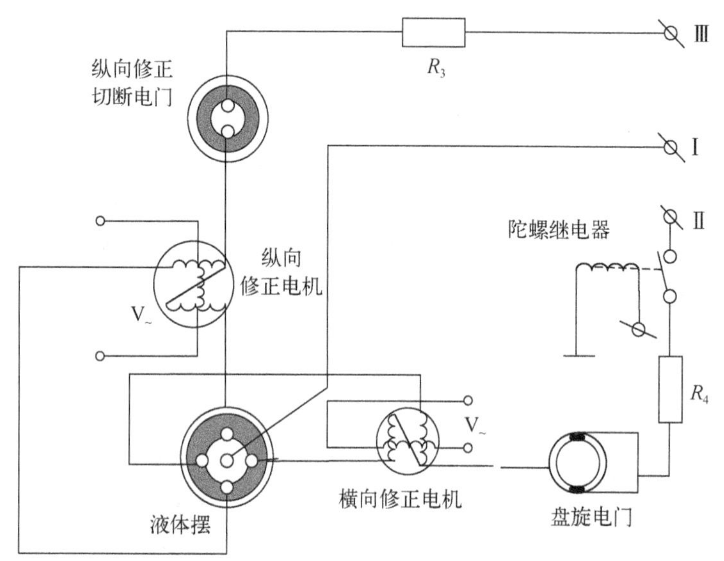

图 2－68　修正切断原理

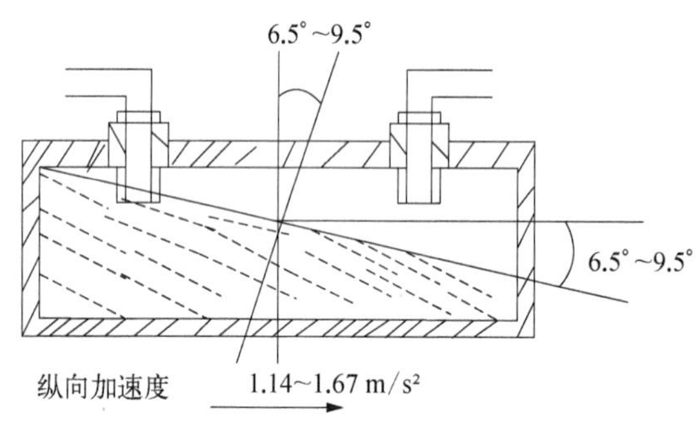

图 2－69　纵向修正切断电门

横向修正电路中采用陀螺继电器和盘旋切断电门双重措施来确保在飞机盘旋转弯时切断横向修正。当飞机盘旋角速度大于 0.1°/s~0.3°/s 时，由陀螺继电器控制的触点断开地平仪横向修正电路。盘旋切断电门在飞机倾斜角大于 10°±2° 时断开横向修正电路。纵向修正电路中的纵向修正切断电门（图 2－69）采用液体开关，在飞机纵向加速度大于 1.14~1.67 m/s^2 时，断开纵向修正电路，减小由于纵向加速度引起的误差。

2. 起动系统

地平仪开始启动工作时，为将三自由度陀螺自转轴快速直立到地垂线方向，地平仪通常采用快速起动系统（有的地平仪中称为上锁机构）来实现。快速起动系统通常由机械装置或机械装置配合电气装置来共同完成。它的主要作用是通过上锁装置将三自由度陀螺自转轴快速地直立于飞机平面（飞机纵横轴所在平面）的垂直方向，并且使陀螺转子的转速达到额定转速。由于飞机起飞前停在地面时，飞机平面基本接近水平，这样，垂直于飞机平面的陀螺自转轴也就直立到接近地垂线的位置,上锁完成后的三自由度陀螺再利用修正机构进一步修正其自转轴的位置,可大大缩短起动时间。

图2-70为BDP-4型地平仪的起动系统,陀螺上电结束(陀螺转子转速达到额定转速)之前,起动系统利用上锁电动机带动上锁杠杆沿导槽向前旋转运动,推动上锁杠杆卡入陀螺内外框轴上的心形凸轮,使陀螺内、外框卡在飞机平面位置,然后利用回复弹簧,将上锁杆退回原位,三自由度陀螺的自转轴就基本直立于地垂线位置。

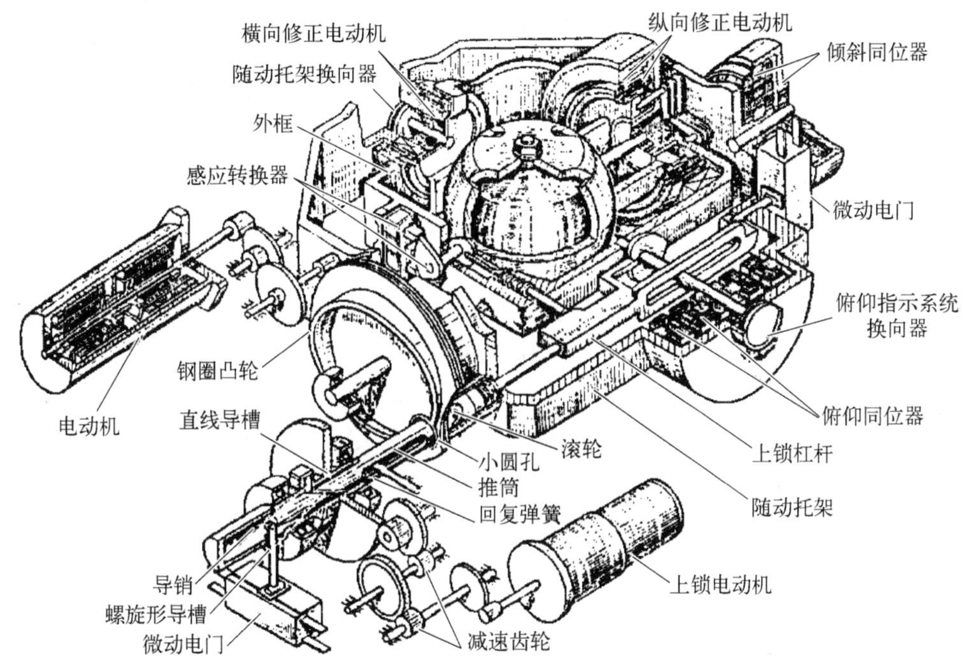

图2-70 BDP-4型地平仪的起动系统

起动系统(上锁装置)除可以使三自由度陀螺在地平仪启动时快速直立于地垂线位置外,还可用来消除飞机机动飞行过程中的积累误差。飞机机动飞行中,由于修正系统被切断,三自由度陀螺的自转轴保持在切断前的指向不变,当飞机停止机动飞行后,自转轴会偏离飞机所在位置的地垂线,而由于修正速度通常较慢,利用修正系统将陀螺自转轴修正到当前地垂线会需要较长的时间。这种情况下,飞行员可以人工控制飞机转入水平等速飞行,然后利用起动系统(上锁机构)迅速地消除机动飞行过程中的积累误差。

3. 姿态指示

利用液态摆修正系统建立的水平基准(陀螺转子平面),地平仪测量飞机纵轴、横轴与水平基准之间的夹角或飞机绕纵、横轴转过的角度就可以获得飞机的姿态角。通常将姿态测量同位器(图2-70中的倾斜同位器和俯仰同位器)的静子和转子分别安装在三自由度陀螺的内框轴和外框之间以及外框轴和机体之间,就可以分别测量飞机绕其横轴或纵轴转过的角度,即飞机的俯仰角、倾斜角。测得的姿态角同步信号发送给姿态仪表的同步接收器,由同步接收器驱动地平仪的俯仰刻度和小飞机的状态,显示飞机的姿态角。

飞机姿态的指示通过仪表刻度和小飞机之间的相对位置关系指示,如图2-71所示。

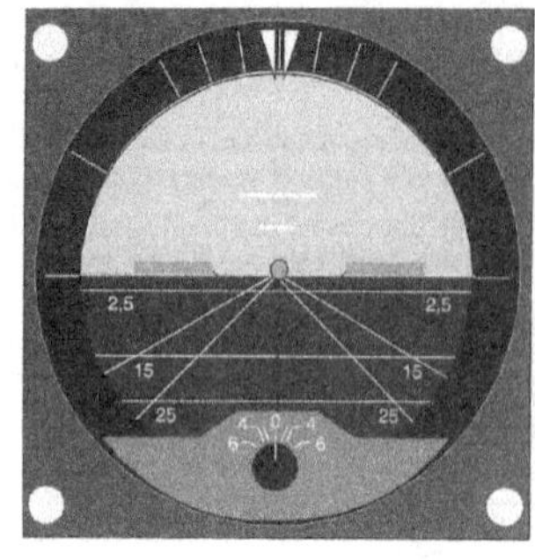

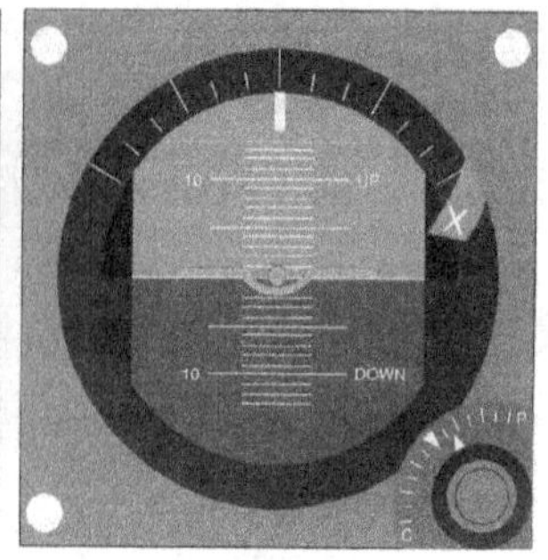

图 2-71　姿态角指示

仪表中间是一个由陀螺稳定的姿态球,姿态球上有俯仰刻度环,用来表示飞机的俯仰角,俯仰角每 5°有一根刻度线,每 10°有一个读数。飞机俯仰角发生变化时,俯仰刻度环上下转动,小飞机所在处对应的刻度即为飞机的俯仰角。俯仰刻度环分蓝色和棕色两个区域,小飞机位于蓝色区域时表示飞机上仰,位于棕色区域时,表示飞机下俯。指示器顶部有一个倾斜刻度,上面刻有 0°、10°、20°、30°和 60°刻度。通过指针指示飞机的倾斜角,飞机有倾斜时,仪表盘上的小飞机会同步显示倾斜。

2.2.3.2　不同类型的地平仪

地平仪系统有多种不同的型号,有三自由度陀螺和显示仪表集成在一起的直读地平仪,三自由度陀螺和显示仪表分离成不同部件的远读地平仪等。随着机载电子设备的发展,现代飞机大多具有惯性基准系统,也可以利用惯性基准系统计算的姿态角,在综合显示仪表上显示飞机的姿态。具有惯性基准系统的现代飞机上,地平仪通常作为备用仪表,在飞机惯导系统全部失效的情况下,为飞机提供备用姿态信息。

1. 直读地平仪

直读地平仪的指示部分与三自由度陀螺一起装在仪表壳体里,如图 2-72 所示。修正执行机构通常利用安装在陀螺房上方的修正线圈筒来实现,液体摆感受到陀螺自转轴偏离地垂线后,给修正线圈筒的电磁绕组供电,线圈筒内的铁芯重心偏移,产生修正力矩使陀螺自转轴进动到地垂线位置。直读地平仪通过齿轮、连杆等机械结构直接驱动俯仰刻度环和小飞机的转动,从而指示飞机姿态角。

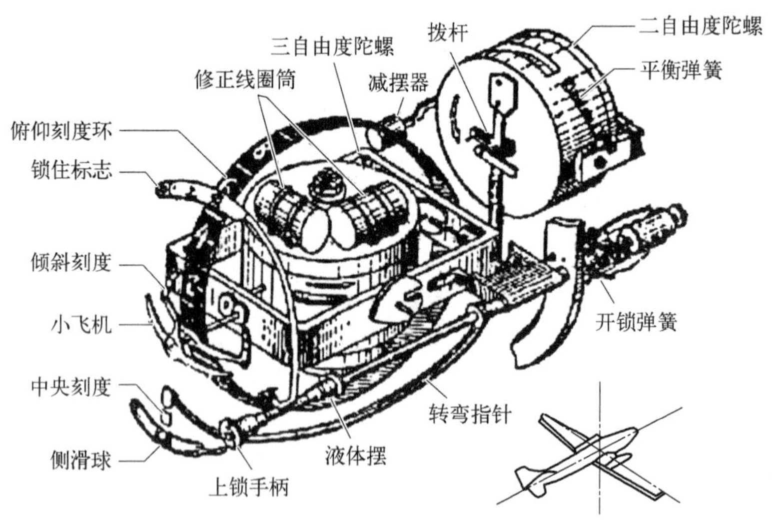

图 2-72　直读式地平仪

对于纵向安装的直读地平仪来说，当飞机的俯仰角接近 90°时，三自由度陀螺的外框轴与陀螺自转轴接近重合，三自由度陀螺的机械结构会使得陀螺转子通过内框带动整个陀螺绕其外框轴高速旋转，这是陀螺的飞转，这种情况下，三自由度陀螺变为二自由度陀螺，地平仪将无法测量飞机的姿态角。因此，纵向安装的直读地平仪的俯仰角的测量范围小于 90°。同理，横向安装的直读地平仪的倾斜角的测量范围小于 90°。这是直读地平仪的局限性。

2. 远读地平仪

远读地平仪的指示仪表和三自由度陀螺分为不同的部分，三自由度陀螺和修正机构部分安装在距离飞机中心较近的位置，指示仪表安装在驾驶舱内。指示仪表通过同步随动系统接收陀螺仪部分测量的飞机姿态角，并在驾驶舱的仪表面板上指示飞机的姿态角。同步随动系统包括感应同步器（俯仰同位器和倾斜同位器）、放大器和俯仰和倾斜指示系统电动机等。由电动机带动俯仰刻度盘和小飞机偏转（图 2－73）。

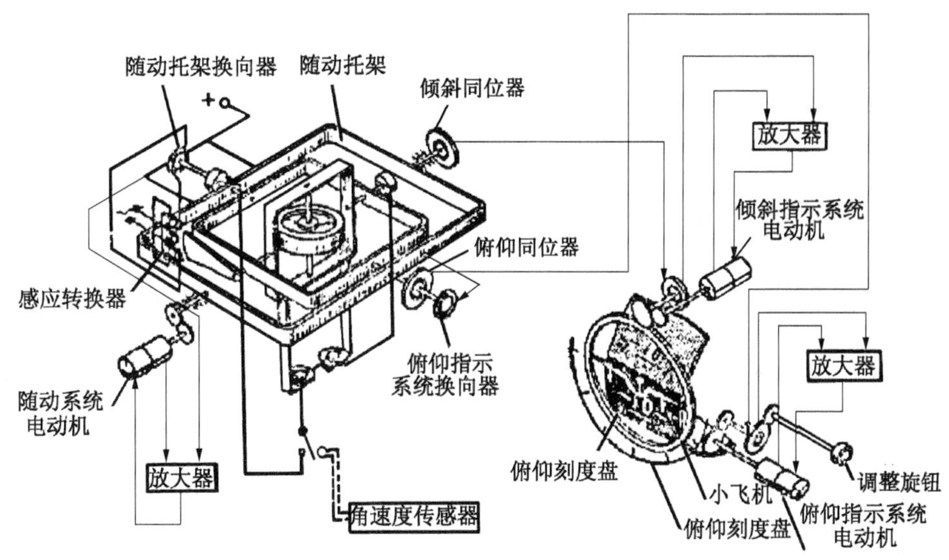

图 2－73 远读地平仪系统

远读地平仪中，三自由度陀螺通过一个随动托架系统安装到飞机上，随动托架系统利用感应转换器检测三自由度陀螺外框轴与自转轴之间的不垂直度，通过随动托架换向器、随动系统电动机带动随动托架转动，确保三自由度陀螺自转轴和外框轴二者始终垂直，避免出现陀螺飞转现象。因此，远读地平仪的姿态角测量没有限制，可以测量 0°～360°范围内的任意姿态角。

3. 波音姿态系统

波音姿态系统是早期的姿态测量系统，用在 B707、B737－200 及 MD82 飞机上，它实质上是一个远读地平仪系统。该系统感受飞机的俯仰角、倾斜角，通过同步器输出与姿态角成正比的电信号，该姿态信号被发送给姿态指引仪来显示飞机的俯仰、倾斜角，同时被发送给自动驾驶、飞行指引和雷达稳定系统，用于飞机姿态的控制和雷达扫描天线的控制。

4. 备用姿态基准系统

现代飞机使用大气数据惯性基准组件(air data inertial reference unit, ADIRU)确定飞机的姿态及航向信息,ADIRU 的基本原理将在第五章中介绍。备用姿态仪表使用备用姿态基准系统,在全部 ADIRU 故障时为飞行员提供飞机的俯仰和倾斜角。备用姿态基准系统(图 2-74)同时还指示仪表着陆系统(ILS)的航道偏离和下滑道偏离,ILS 的数据来自多模式接收机(multi-mode receiver, MMR)。

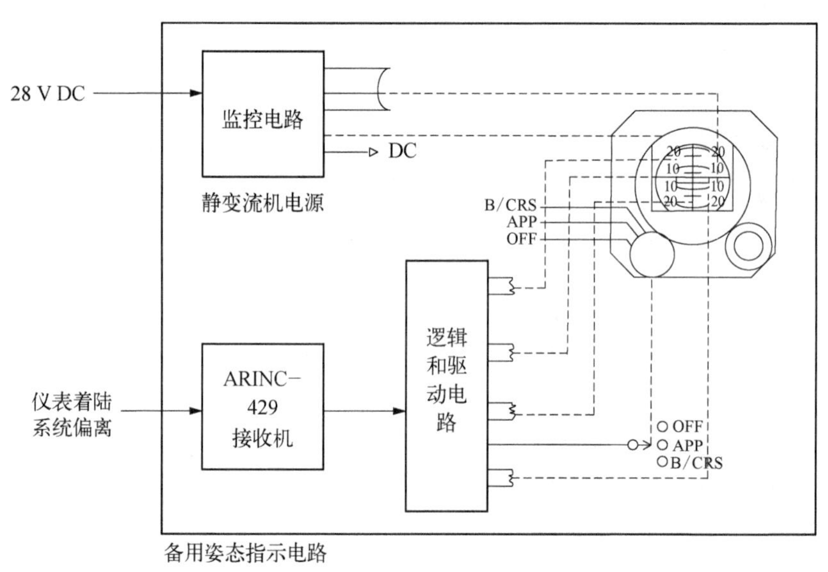

图 2-74 备用姿态基准系统

备用姿态基准系统的三自由度陀螺在起动时有两种快速直立到地垂线的方法:自动方式和人工方式。自动方式利用电源使陀螺自转轴以 3°/min 的速率快速修正到地垂线方向;人工方式在陀螺旋转 30 s 后,拉出上锁手柄,使陀螺自转轴快速直立到地垂线方向,并使姿态球稳定在俯仰、倾斜角均为零度的位置。

图 2-75 航姿组件

静变流机/电源为陀螺电动机提供 115 V 交流电,接通电源后,陀螺开始工作。当陀螺电源未接通或不正确时,陀螺电流监控电路控制陀螺警告旗出现。ARINC429 接收器接收 ILS 的航道偏离和下滑偏离数据(详情参见 ILS 部分介绍),通过逻辑和驱动电路控制航道偏离及下滑偏离的指针。

5. B787 航姿系统

图 2-75 为 B787 飞机的航姿组件,该组件已完全突破了传统备用姿态系统的概念。其内

部具有三个激光陀螺、三个加速度计，软硬件结构与大气数据惯性基准组件(ADIRU)(参见第5章)相同，唯一的差别在于陀螺的性能稍逊于ADIRU的陀螺，因此，其作为ADIRU的备用组件，具有ADIRU的所有功能，只是性能稍差。

航姿组件所测量计算的大气数据信息和姿态航向等信息，通过ARINC429总线传送给备用显示仪表进行显示。备用航姿显示器为液晶显示，其内部有数据控制处理器及图形处理器，可以实现更复杂的信息监控和图形显示处理(图2-76)。

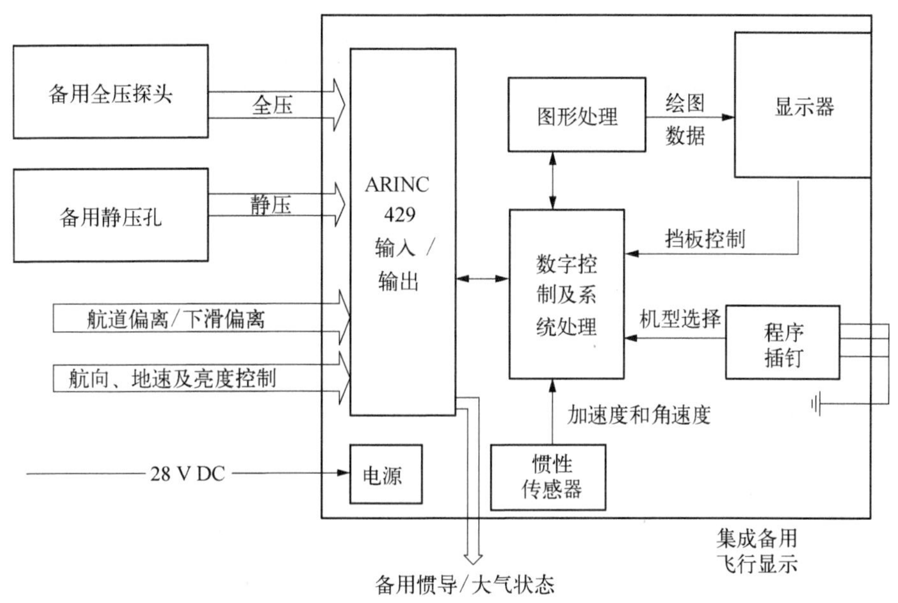

图2-76 航姿组件的输出显示

2.2.4 航向测量仪表

飞机的航向用来表明飞机机头的方向，航向角的大小用飞机纵轴的水平投影线与地平面上某一基准线之间的夹角来度量，同时规定从基准线的正方向顺时针至飞机纵轴投影线的角度为正航向角。

如图2-77所示，由于地球本身是一个大磁场。地磁北极位于北纬73°、西经100°附近，地磁南极在南纬68°、东经144°附近。南北磁极并不稳定，以缓慢的速度非线性运动变化。地球表面的小磁针会受到地磁的影响而指向一定的方向。如果将一根磁针悬挂起来，悬挂点通过磁针重心，则发现磁针不能保持水平，在北半球小磁针N极下倾，南半球小磁针S极下倾，磁针倾斜的原因是地磁强度的方向不与水平面平行，地磁强度(HT)与水平面之间的夹角叫作磁倾角θ(图2-78)，越靠近地磁两极，磁倾角越大。

地磁强度在水平面内的分量称为地磁水平分量(HN)，它所在的线称为磁子午线，磁子午线与该点的地理子午线通常不重合，二者之间有一个夹角，称为磁差，不同地点的磁差不同。磁差有正负之分，磁子午线北端(磁北)落在地理子午线北端(真北)的东边时，定义该点的磁差为正；磁子午线北端落在地理子午线北端的西边时，定义该点的磁差为

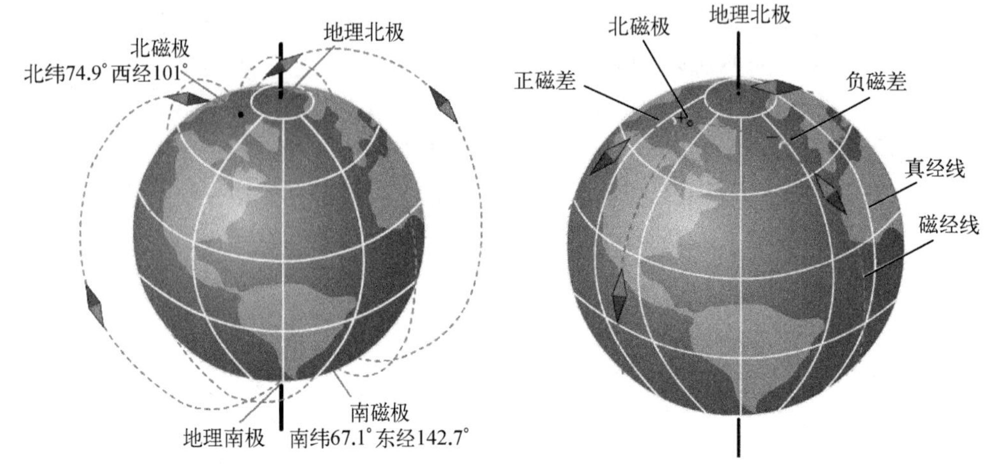

图 2－77　地球磁场及经线

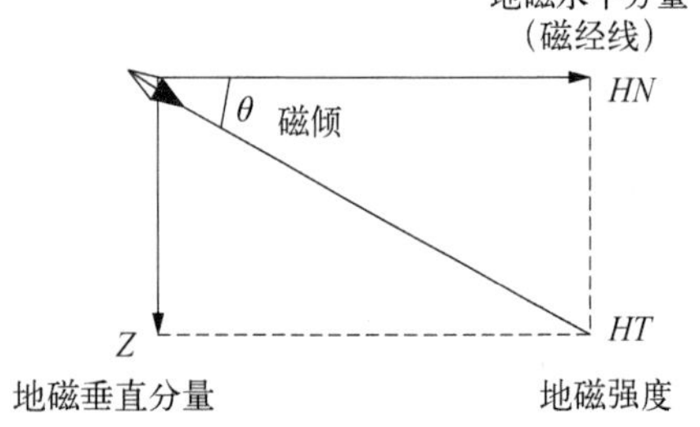

图 2－78　磁倾

负。磁差最小为 0，最大可接近 180°（两极附近）。图 2－79 所示为地球等磁差线。

磁差并不是绝对不变的，通常会有两种变化。一种是缓慢变化，每年的变化平均值称为磁差年变率；另一种变化是剧烈变化，发生磁暴时，地球磁场的变化会引起磁差的剧烈变化。磁暴的发生与太阳黑子的活动有关，每隔大约 11 年，太阳黑子的活动会到达一个高峰，发生剧烈的磁暴现象。

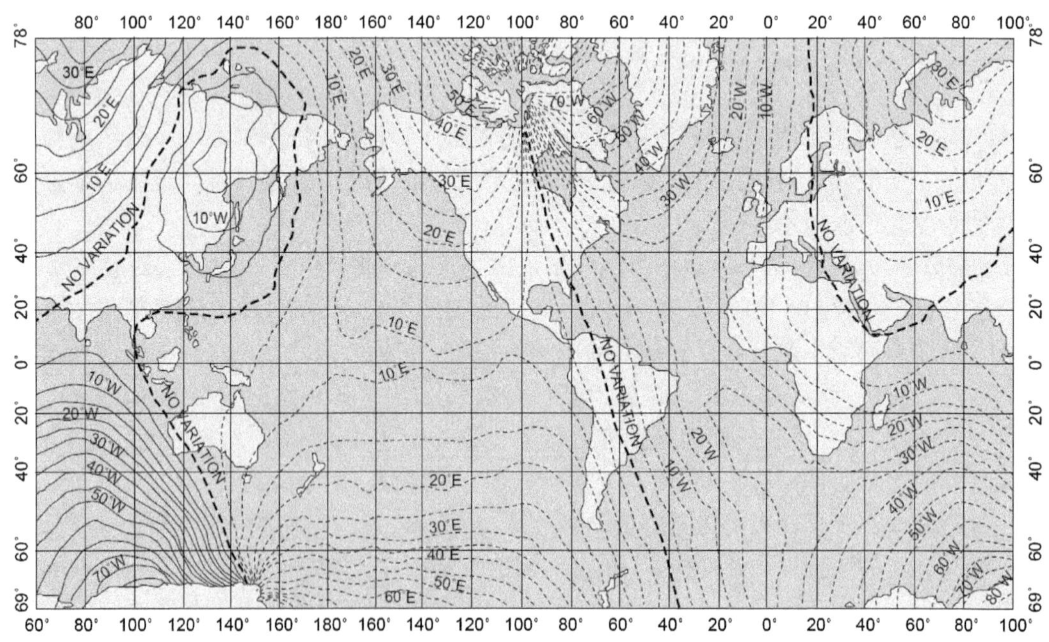

图 2－79　地球上的等磁差线

磁倾、磁差和地磁水平分量三个参数表征了地球磁场的特性,被称为地磁三要素。

飞机的航向指的是飞机纵轴与某一基准线在水平面内的夹角。根据参考的基准线的不同,飞机航向有真航向、磁航向、大圆航向和罗航向等。所有的航向都有正负,以基准线北端为起点,顺时针方向到飞机纵轴方向为正。

(1) 真航向。真子午线(地理经线)北方向顺时针转到飞机纵轴在水平面上的投影,二者之间的夹角即为飞机的真航向角,如图 2-80(a)所示。

(2) 磁航向。磁子午线(地球磁经线)北方向顺时针转到飞机纵轴在水平面上的投影,二者之间的夹角即为磁航向角。

由于磁子午线与真子午线之间有磁差。可以看出,真航向与磁航向之间的关系为:真航向=磁航向+磁差。其中,磁差包含正负号。当磁差为负值时,磁航向与真航向之间的关系如图 2-80(b)所示。

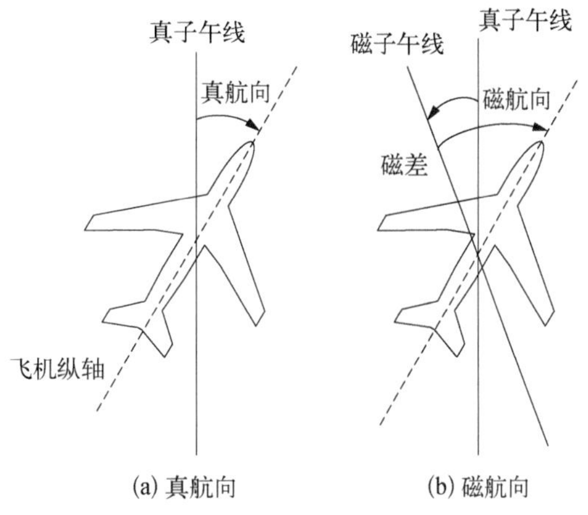

图 2-80　真航向与磁航向

(3) 大圆航向。飞机在空中飞行时所用的飞行路线称为航线。航线通常有两种:一种为大圆航线,一种为等角航线。

由于地球是一个球体,它的任意截面与球面的交线都是一个圆圈。其中以通过地心的截面与地球表面相交的圆圈为最大,称为大圆圈。大圆圈与其他圆圈相比,半径最大,曲率最小,所以地球表面任意两点之间的距离,以通过这两点的大圆圈线为最短,如图 2-81 所示。飞机沿大圆圈线飞行的航线称为大圆航线。

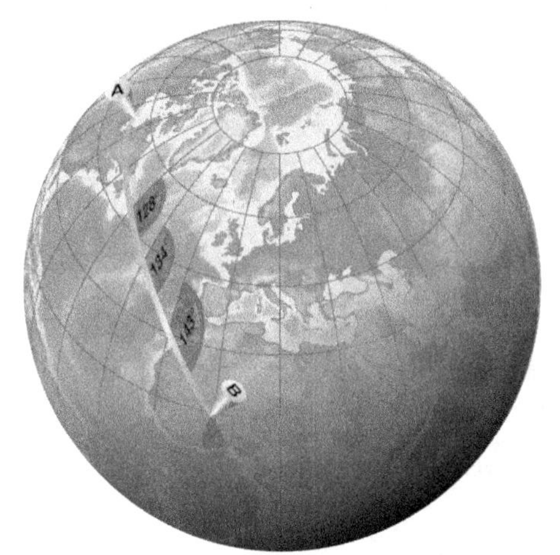

图 2-81　大圆航线

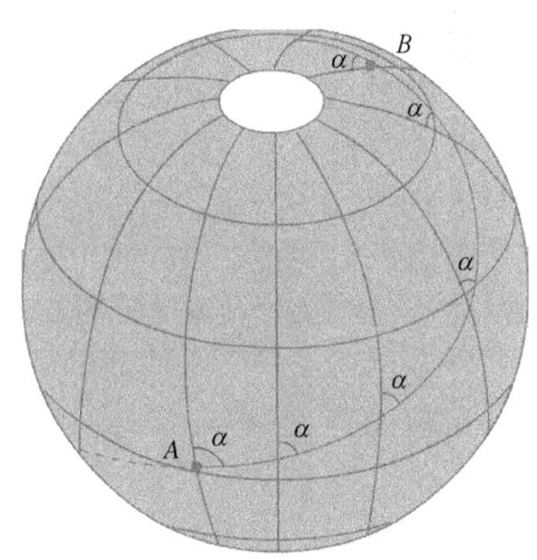

图 2-82　等角航线

地球表面上与各子午线相交的角度都相等的曲线称为等角线。飞机在无风条件下飞行,如果保持真航向始终不变,则该飞机的飞行路线是一条等角航线(图 2-82)。当飞机沿赤道或子午线飞行时,大圆航线与等角航线是重合的。其他情况下,大圆航线的长度始

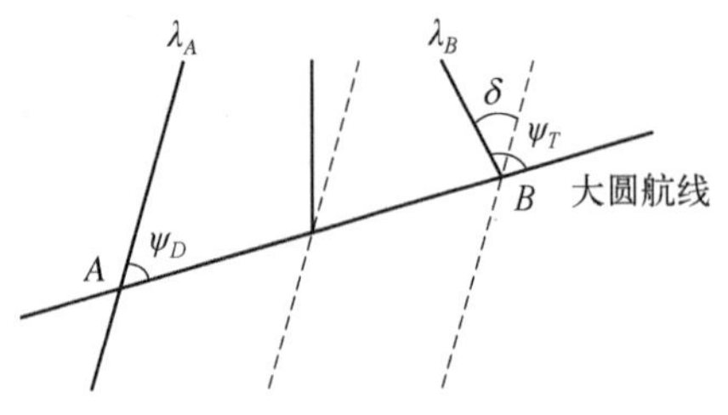

图 2-83 大圆航向与真航向的关系

终小于等角航线，纬度越高，飞行距离越长，二者的差别越大。因此，按照大圆航线飞行可以大大缩短飞行距离，节省燃油和时间。

飞机纵轴所在的大圆圈平面与航线起始点真子午线之间的夹角为大圆航向。飞机的大圆航向与真航向之间差一个经线收敛角，在北半球，大圆航向等于真航向减去经线收敛角（图 2-83）。经线收敛角的大小为 $\delta = (\lambda_B - \lambda_A) \cdot \sin\varphi$，其中 φ 为飞机所在纬度。

2.2.4.1 磁罗盘

罗盘是用来测量飞机航向的仪表，根据其工作原理的不同，可分为磁罗盘、陀螺罗盘和罗盘系统。磁罗盘利用地磁场来确定飞机的航向，可分为磁条式磁罗盘和感应式磁罗盘。陀螺罗盘利用陀螺特性来测量飞机的航向。罗盘系统是将两种或两种以上不同工作原理的罗盘结合起来使用，以充分发挥其各自的优点，实现航向测量的自主性及稳定性。

1. 磁条式磁罗盘

磁条式磁罗盘安装在驾驶舱前风挡中央上方，在现代商用飞机中作为备用仪表为飞行员提供飞机的磁航向（图 2-84）。

图 2-84 磁条式磁罗盘

如图 2-85 所示，磁条式磁罗盘的内部装有可以自由转动的磁条和固定在磁条上的 0°~360°刻度盘，刻度盘的 0°（N）~180°（S）线与磁条方向一致，磁条的北极（N 极）与 0°刻度重合，南极（S 极）与 180°刻度重合，刻度盘的 0°~180°线随小磁条稳定在磁子午线的方向。磁罗盘的表壳玻璃上刻有固定的航向标线，它代表飞机的纵轴线，随飞机纵轴位置的改变而变化。当飞机航向改变时，小磁条和刻度环受地磁场的影响稳定在地磁南北的方向保持不变，而表壳上的航向标线则随飞机纵轴一起转动，相对刻度盘转过一定的角度。这样，航向标线对应的刻度盘上的读数就是飞机纵轴与磁子午线在水平面内的夹角，即飞机的磁航向。

磁条式磁罗盘由罗牌、罗盘油、表壳、航向标线、罗差修正器和照明灯组成，如图 2-86 所示。罗牌是磁罗盘的敏感部分，由磁条、轴尖、浮子和刻度环等组成。浮子是密封的，内部有空气，下面平行地固定着两根磁极强度相等的小磁条。两根磁条重心低于支撑轴，以增加磁条的稳定性。固定有刻度盘的罗牌由带减震装置的轴碗支撑着，能自由转动。罗牌中央有一个轴尖，插入宝石制成的轴碗中，再用特殊的卡圈卡住，以避免罗牌从轴碗中脱出。

仪表中充满具有一定黏性和密度的罗盘油，罗盘油对罗牌产生的浮力等于或接近其重力，减小轴尖对轴碗的压力，从而减小轴承间的摩擦力。罗盘油的浮力可以使小磁条保持在水平面内，以便感受地磁水平分量。同时，罗盘油具有一定的黏性，当罗牌受到飞机振荡影响而摆动时，罗盘油可以起到阻尼的作用，使罗牌很快地稳定下来。

磁罗盘的外壳用非磁性材料制成。外壳前面窗口的正中央固定有一根航向标线，用

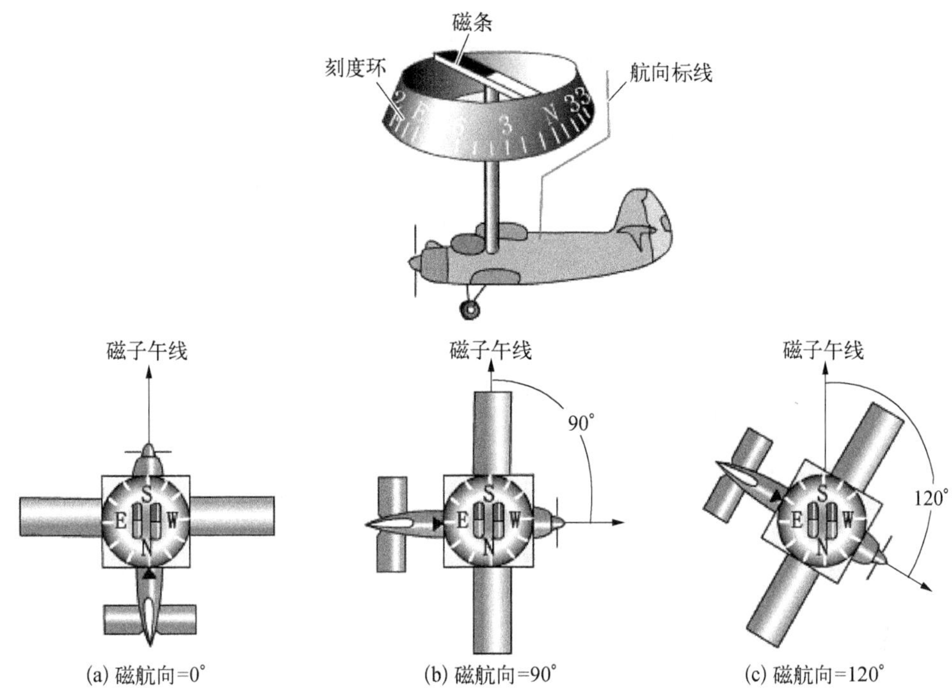

图 2-85 磁条式磁罗盘工作原理

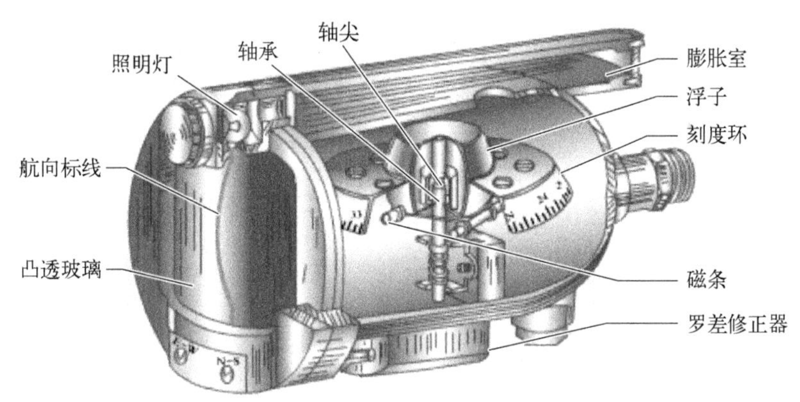

图 2-86 磁条式磁罗盘组成

来代表飞机纵轴。窗口玻璃为凸透形,用来放大刻度。

在磁罗盘的正下方(有的在罗盘正上方)的表壳上安装有罗差修正器,用来产生硬铁磁场去抵消飞机硬铁磁场对罗盘的影响,以消除(或减小)罗差。

罗盘的照明灯是为了保证飞行员在自然光不足或夜间飞行时能看清罗盘读数。磁罗盘照明用的电源是直流电源,照明灯的引出线是双线并行引出,以防止电磁场对罗盘的航向测量产生影响。

磁罗盘上方的膨胀室与下方的仪表腔通过小孔联通,当温度升高罗盘油膨胀时,可以通过小孔进入到膨胀室中,温度降低时再回流到仪表腔中。

2. 感应式磁罗盘

感应式磁罗盘(图 2－87)借助电磁感应原理,在铁芯上绕上测量线圈,利用测量线圈在地磁场中产生的感应电势来测量飞机的磁航向。测量线圈中产生感应电势的前提条件是通过铁芯的磁通量发生变化。但是,当飞机在某地的某一航向时,该位置方向的地磁场强度是固定不变的,也即通过铁芯的地磁磁通是不变的,所以测量线圈中不会产生感应电势,也就无法测量飞机航向。

图 2－87 感应式磁罗盘

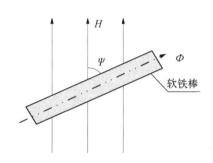

图 2－88 感应铁芯

如图 2－88 所示,要使测量线圈中产生感应电势,就必须使通过测量线圈的地磁磁通发生变化。地磁磁通的大小与下式中各因素有关:

$$\Phi_{地} = H_{地} \cdot S \cdot \mu \tag{2-43}$$

其中,$\Phi_{地}$为通过铁芯的地磁磁通量;$H_{地}$为地磁强度的水平分量;S 为铁芯的截面积;μ 为铁芯的磁导率。由于地磁水平分量及铁芯的截面积都是无法改变的,要想使通过铁芯的磁通量发生变化,只能改变铁芯的磁导率。

感应式磁罗盘在铁芯外部绕上激磁线圈,并通以交流电,激磁线圈就会产生周期性交变磁场,从而使铁芯的磁导率发生周期性变化,如图 2－89 所示。通过铁芯的地磁磁通量 $\Phi_{地}$ 也随之发生周期性变化,测量线圈由此产生感应电势。

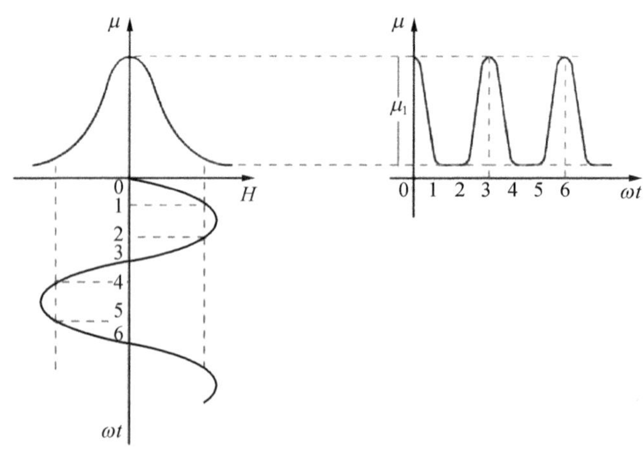

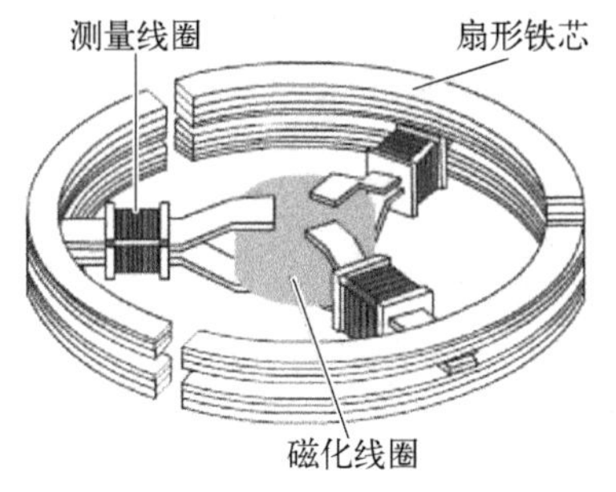

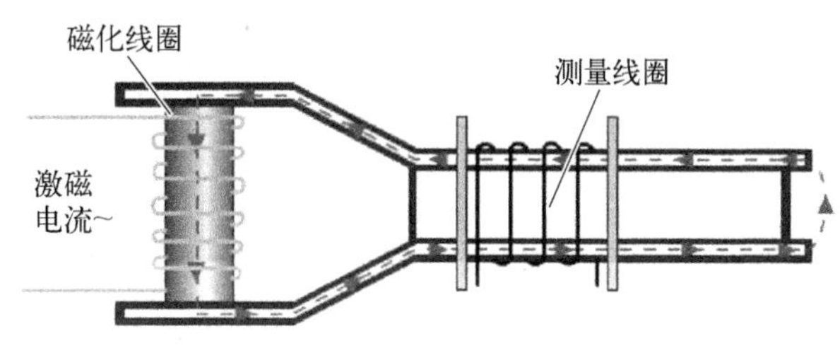

图 2-89 磁导率的改变

为避免激磁线圈产生的交变磁场对测量线圈中的感应电势产生影响，地磁感应元件（绕有激磁线圈和测量线圈的铁芯）使用两根平行的铁芯，分别绕有激磁线圈，两组线圈匝数相同，绕向相反。激磁线圈通电后，根据磁导率的变化规律，两根铁芯的磁导率同步变化。

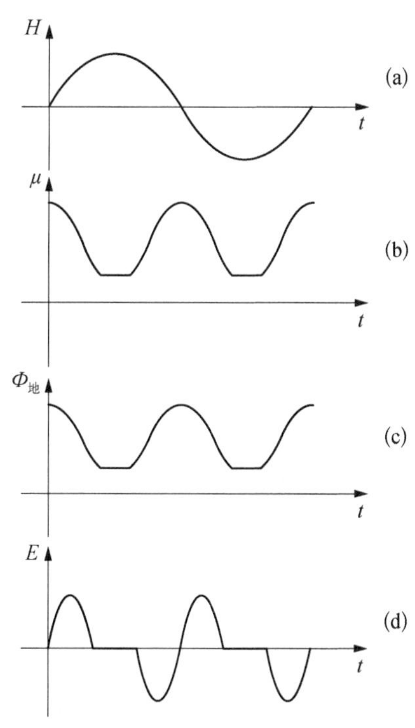

图 2-90 测量线圈的感应电势

测量线圈绕在两根平行铁芯的外部，由于两组激磁线圈匝数相同，绕向相反，因此，它们在测量线圈中产生的互感电势大小相同，方向相反，相互抵消，从而使测量线圈中只存在地磁感应电势。

地磁感应元件中铁芯磁导率的变化如图 2-90 中的(b)所示。根据式(2-43)，由于地磁水平分量以及铁芯截面积不变，通过铁芯的地磁通量 $\Phi_{地}$ 的变化规律如图 2-90 中的(c)所示。由楞次定律可知，当磁通量发生变化时，将产生与变化规律相反的感应电势。即测量线圈中产生的地磁感应电势为

$$e = -W\frac{d\Phi_{地}}{dt} \qquad (2-44)$$

感应电势的变化规律如图 2-90 中的(d)所示。可以看出，感应电势的频率与磁通量变化的次数相同，也即感应电势的频率是激磁电流频率的 2 倍。

1）单相地磁感应元件测航向

感应电势的大小可以用有效值来表示，它与地磁感应元件所处的地理位置及地磁感应元件与该处地磁水平分量之间的夹角有关。在同一地点，当地磁感应元件线圈轴线与地磁水平分量平行时，感应电势最大，如图 2-91(a)中所示，当地磁感应元件线圈轴线与地磁水平分量垂直时，感应电势最小（为 0），如图 2-91(c)中所示，当地磁感应元件线圈轴线与地磁水平分量之间有一定夹角时，感应电势介于 0 与最大值之间，与二者夹角的余弦呈正比，如图 2-91(b)中所示。

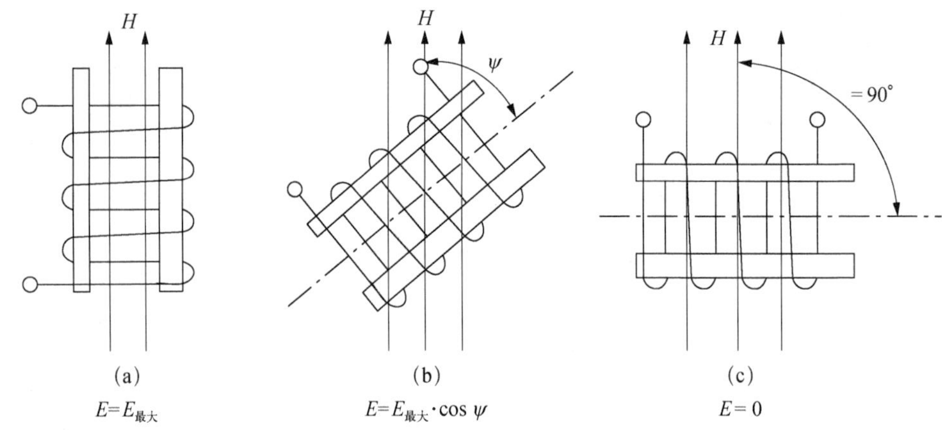

图 2-91　测量线圈与地磁水平分量相对位置关系对感应电势的影响

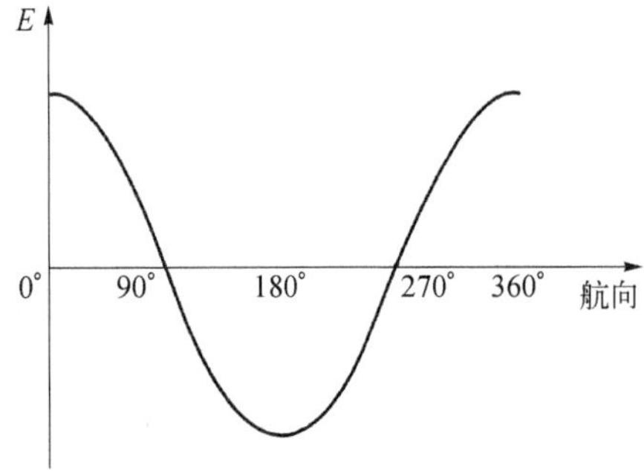

图 2-92　测量线圈感应电势变化

可见,如果单相地磁感应元件与地磁水平分量之间的夹角(即飞机航向)从0°变化到360°,则其产生的感应电势有效值的变化规律如图 2-92 所示,其大小与航向角 ψ 的余弦函数呈正比。

根据测量线圈中感应电势的变化规律,当单相地磁感应元件处在相对磁子午线对称的两个位置时(如航向 45°和 315°),测量线圈中产生的感应电势有效值的大小相等,无法区分。即如果用单相地磁感应元件测量航向,将无法区分对称航向。图 2-93 为对称航向线圈感应电势。

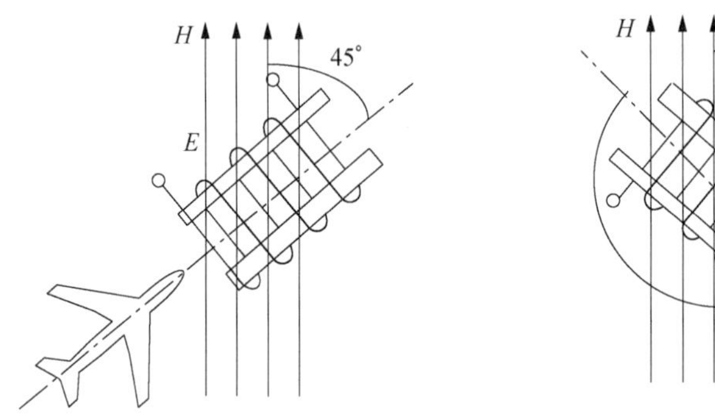

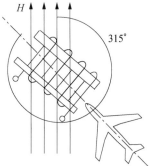

图 2-93　对称航向线圈感应电势

另外,当飞机处于不同纬度时,即使飞机的航向不变,但因为不同纬度的地磁水平分量的大小不同(随纬度的升高,地磁水平分量逐渐减小),测量线圈中产生的感应电势有效值的大小也将随之变化,也就是说,相同航向时,不同纬度上测量线圈产生的感应电势有效值的大小不同。

上述两种情况可以看出,仅用单相地磁感应元件的感应电势大小无法确定飞机航向。

2）三相地磁感应元件测航向

针对单相地磁感应元件感应电势的有效值无法确定航向的问题,感应式磁罗盘采取的解决办法是利用三相地磁感应元件、同步器和放大器等组成随动系统来测量航向;或利用两个单相地磁感应元件矢量合成法来测航向。

利用三相地磁感应元件测航向时,将三个单相地磁感应元件在空间上按照相差 120°的间隔放置在飞机上,组成一个等边三角形,如图 2－94 所示。这样,三个测量线圈中产生的感应电势之间互差 120°相位。三个感应元件的激磁线圈串联,测量线圈可以星型(Y)连接也可以三角型(△)连接。

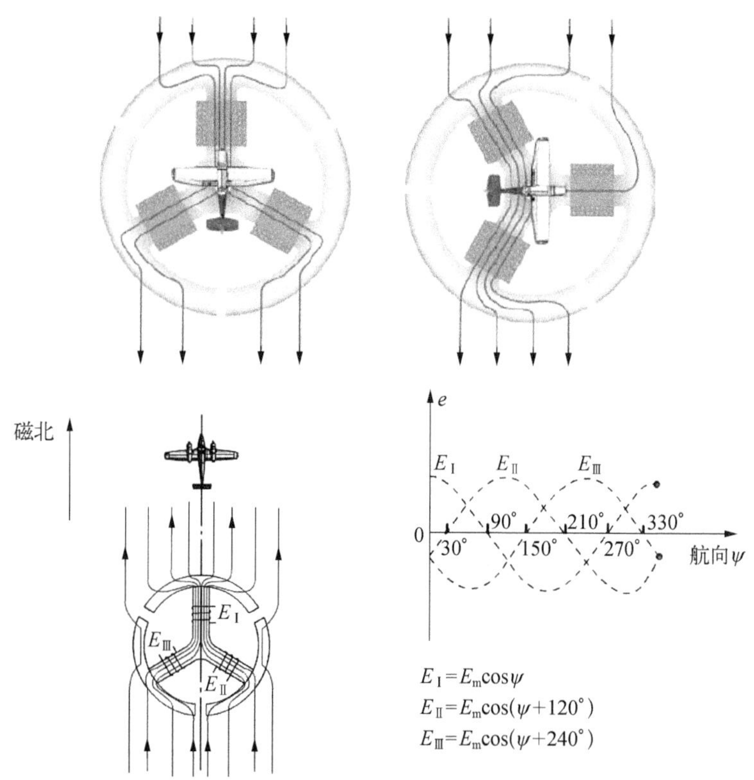

图 2－94 三相地磁感应元件

将三相地磁感应元件的测量线圈沿飞机的纵轴对称安装(图 2－94),并与一个同步器的三相定子线圈相连接。当飞机的航向为 0°时,如图 2－95(a)所示,三相地磁感应元件受地磁场影响产生相差 120°的感应电势,对应的感应电流在同步器端产生相应的合成磁场,根据同步器的工作原理,该合成磁场方向与同步器转子线圈垂直,转子线圈不产生感应电流,也不会驱动电机转动,航向显示为 0°。

当飞机航向为 30°时,如图 2－95(b)所示,安装在飞机上的三相地磁感应元件相对地磁水平分量的夹角发生变化,三个测量线圈中的感应电势发生变化,同步器三相定子线圈产生的合成磁场方向随之发生相应的变化(相对转子线圈垂直方向转过 30°)。该合成磁场使同步器转子线圈中产生感应电势，经放大器放大，驱动电机带动刻度盘和同步器转子线圈转动，直至转子线圈中的感应电势为 0（转过 30°），转子转过的角度（刻度盘转过的角度）即为飞机的航向角。

当飞机航向为 330°时，如图 2－95（c）所示，三相地磁感应元件与地磁水平分量呈 -30°（330°）夹角，同步器三相定子线圈产生的合成磁场方向随之变化，该合成磁场使同

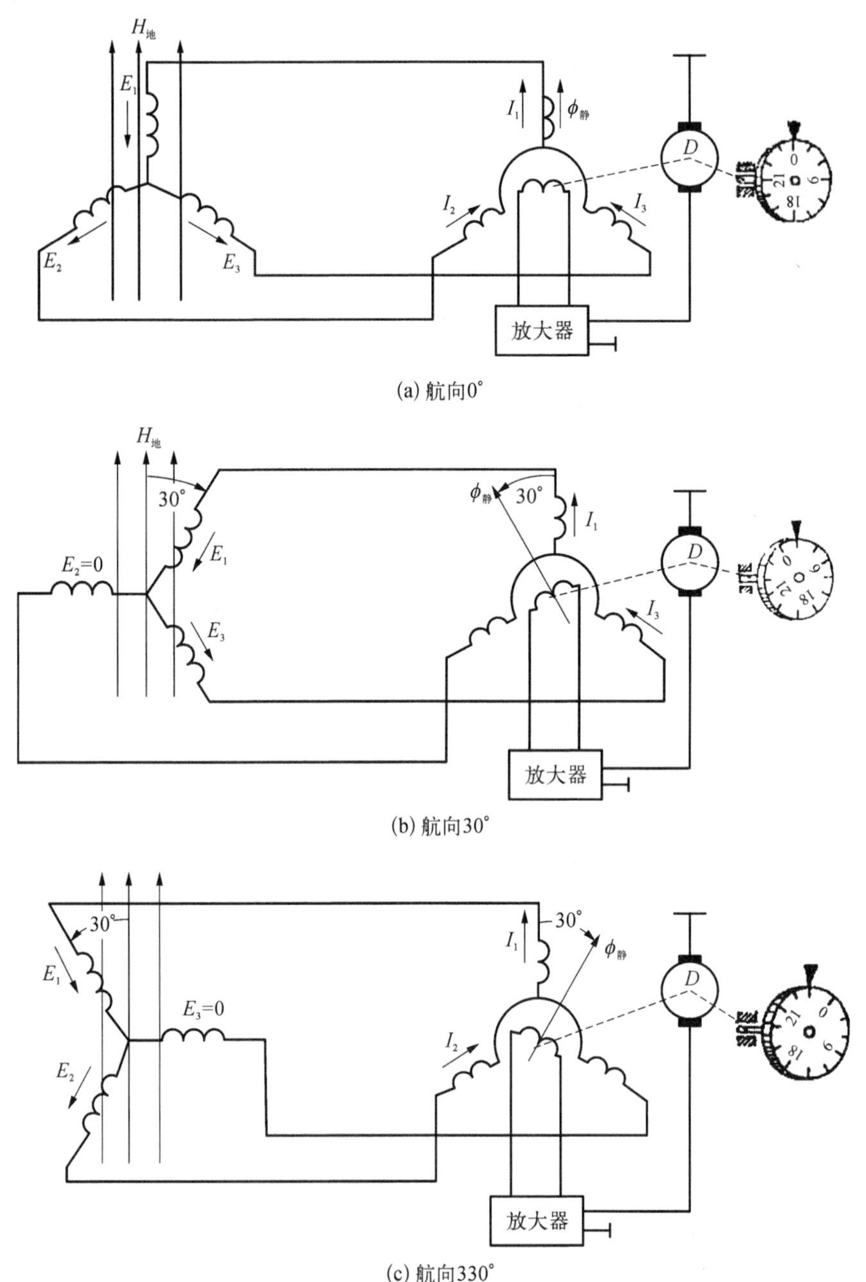

图 2－95　三相地磁感应元件测航向

步器转子线圈产生感应电势,通过放大器、电动机带动刻度盘和同步器转子线圈反向转过30°,刻度盘指示330°航向。

可见,利用三相地磁感应元件可以有效区分对称航向,且由于航向角的测量仅与三相地磁感应元件的感应电势的相位有关,与其大小无关,所以,当飞机在不同纬度上时,也可以准确测定航向,只是不同纬度上,放大器的放大倍数需求不同,高纬度通常需要更大的放大倍数。

使用三相地磁感应元件的磁传感器通常安装在万向支架上,万向支架可以使三相地磁感应元件始终保持水平,以感受地磁水平分量(图2-96)。磁传感器密封,内腔充满罗盘油,地磁感应元件上端装有浮子,浮子可以增加传感器所受到的浮力,减少万向支架轴承间的摩擦力矩。罗盘油和底部的配重可以增加地磁感应元件的稳定性。这些措施是为了确保传感器即使在飞机有俯仰、倾斜等姿态角或振荡时仍能保持水平、稳定,以便准确感受地磁水平分量。

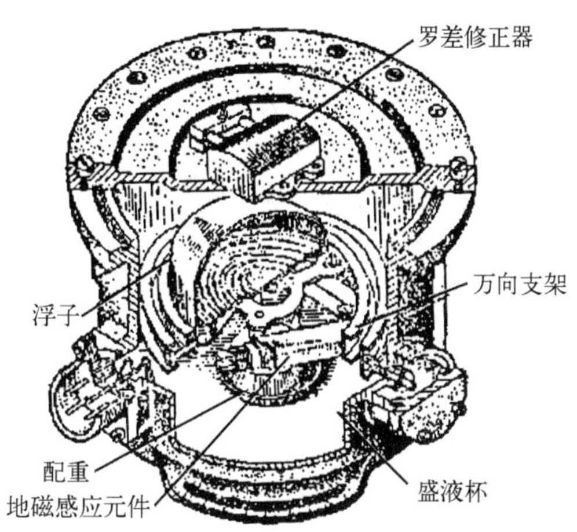

图 2-96 使用三相地磁感应元件的磁传感器

磁传感器上部的罗差修正器可减少飞机磁场对航向测量的影响。

3) 两相地磁感应元件测航向

除了用三相地磁感应元件和同步器配合来测量飞机的航向,也可以用两个单相地磁感应元件垂直放置来测量飞机的航向,如图2-97所示。

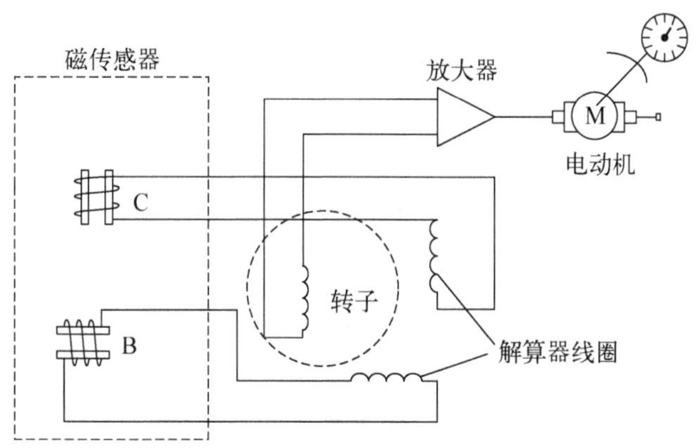

图 2-97 两相地磁感应元件测航向

利用两个单相地磁感应元件来测量飞机航向时,将两个单相地磁感应元件(B、C)垂直放置。由此,两个线圈受地磁场影响产生的感应电势的相位差90°。

$$
\begin{aligned}
E_C &= E_m \cdot \cos \psi \\
E_B &= E_m \cdot \sin \psi
\end{aligned}
\tag{2-45}
$$

两个感应电势与解算器线圈相连，产生合成磁场，在解算器的转子线圈中产生相应的感应电势，该感应电势受合成磁场的影响，经放大器放大后驱动电机，电机转动带动航向指针和解算器转子转动，直至转子线圈与合成磁场方向垂直，感应电势为0，电机停止转动，转过的角度即为飞机航向角。

3. *磁罗盘的误差*

磁罗盘的误差主要有由飞机磁场引起的罗差，各种飞行状态引起的飞行误差及仪表本身的构造误差。

1）罗差

由于飞机上存在钢铁磁场和电磁场，它们形成飞机的磁场。磁罗盘感应地磁水平分量的同时，也会受到飞机磁场的影响。磁传感器感受的是地球磁场和飞机磁场合成磁场的方向。这种情况下，磁传感器测得的飞机航向实际上是飞机纵轴与地球磁场和飞机磁场合成磁场水平分量之间的夹角，如图2－98所示。地球磁场和飞机磁场合成磁场水平分量方向，称为罗子午线，或称罗经线，罗子午线与飞机纵轴在水平面内的夹角称为罗航向。所以，没有经过误差修正的磁罗盘测得的飞机航向实际上是罗航向，而非磁航向。

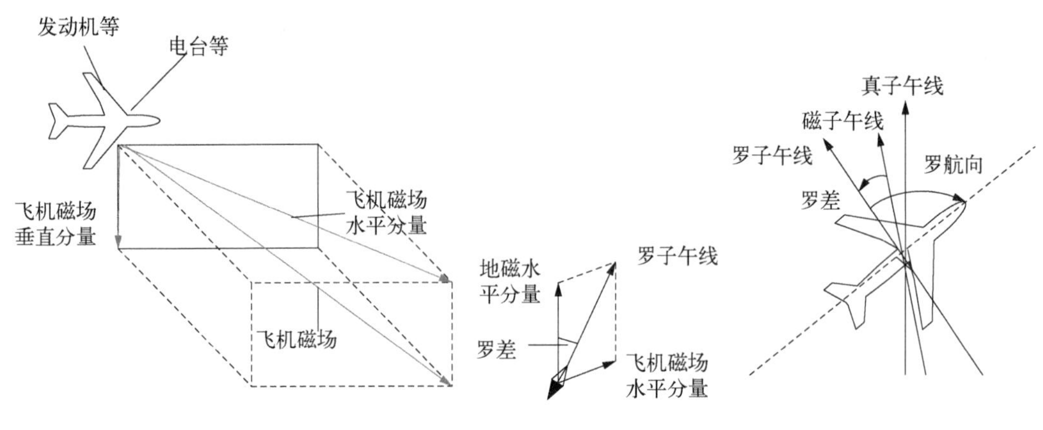

图2－98　罗航向及罗差

罗子午线与磁子午线之间的夹角称为罗差。规定罗子午线北端在磁子午线北端的东侧时的罗差为正；西侧时罗差为负。磁罗盘测量的航向中包含有罗差。

飞机上的磁场有的是磁化后的物质或磁铁产生的固定磁场，有的是电气设备工作产生的变化磁场，情况比较复杂。飞机航向变化时，飞机磁场水平分量相对地磁水平分量的位置可能会发生变化，罗差的符号和数值也随之改变。根据飞机磁场产生的原因及罗差随航向的变化情况，罗差可以分为半圆罗差、圆周罗差和象限罗差三种。

半圆罗差主要是由飞机硬铁磁场的水平分量引起的，硬铁磁场是飞机上受磁化后磁性比较永久的钢铁物质及电气设备产生的。它的特点是大小和方向相对飞机一般是不变的，飞机转动一周，罗差有两次为零，两次为最大值，罗差的符号每半周改变一次。因此，这种罗差称1/2罗差或半圆罗差（图2－99）。

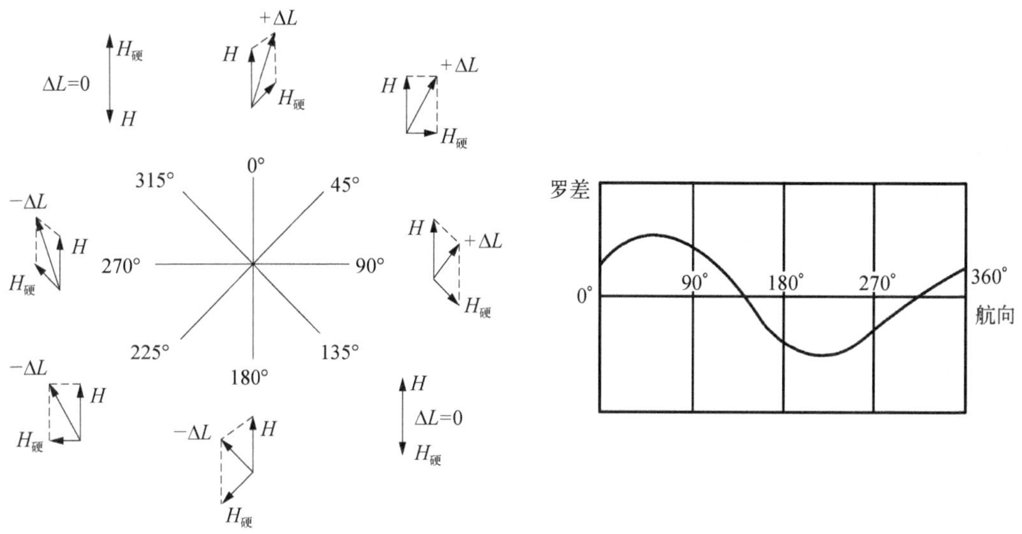

图 2-99 半圆罗差

由于引起半圆罗差的磁场相对于飞机大小和方向都不变,因此,可利用罗差修正器来消除。罗差修正器中有两对永久小磁铁,插在可以转动的蜗杆小孔中。蜗杆由非磁性材料制成。其中,上层的两个蜗杆中的两个小磁铁为一对,处在飞机的纵向平面内,在蜗杆的带动下,可以在纵向平面内转动,产生沿飞机纵轴方向大小可调的磁场,用来产生抵消飞机硬铁磁场的纵向水平分量。下层的两个小磁铁结构与上层的相同,但小磁铁处于飞机的横向平面内,可产生沿飞机横轴方向大小可调的磁场,用来产生抵消飞机硬铁磁场的横向水平分量。上层蜗杆转动受 E-W 旋柄控制,下层蜗杆转动受 N-S 旋柄控制。两对小磁铁的位置关系如图 2-100 所示。

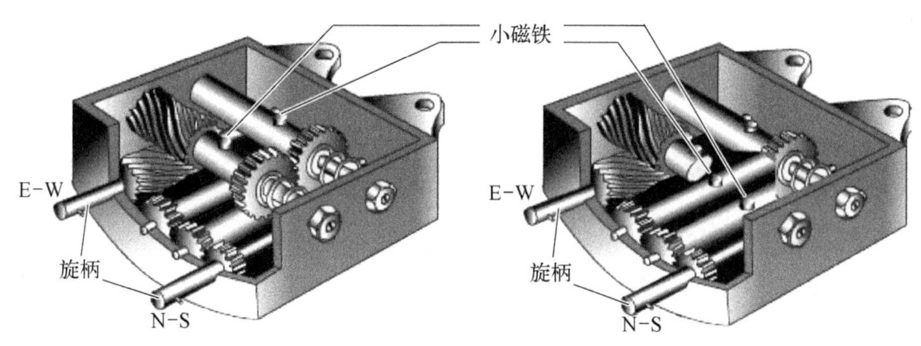

图 2-100 罗差修正器

当两个小磁铁处于垂直位置时,产生的磁场对罗盘影响最小。当小磁铁处于水平位置时,产生的磁场对罗盘影响最大,消除罗差的能力最强。转动罗差修正器的旋柄,调整两个小磁铁之间的位置关系,即可以改变它们输出磁场的大小,如图 2-101 所示。

可见,要消除磁罗盘的半圆罗差,只要适当地转动旋柄,改变各对小磁铁的方向,就可以在飞机横、纵轴方向产生与飞机硬铁磁场大小相等,方向相反的磁场,从而抵消半圆罗差。

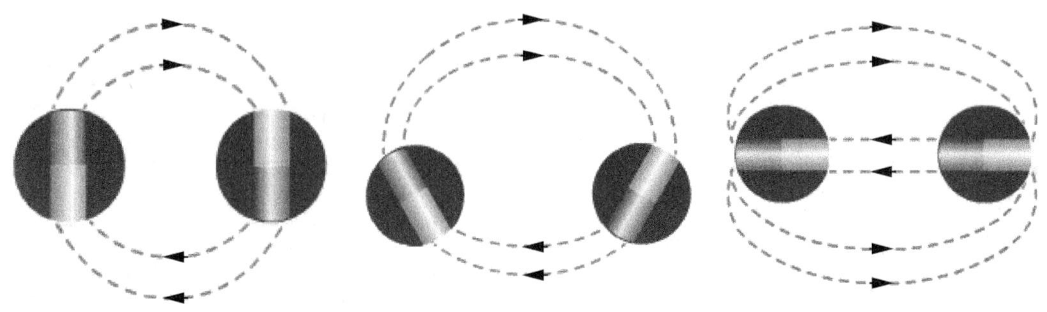

图 2－101　罗差修正器的磁场

圆周罗差和象限罗差是由飞机上的软铁磁场的水平分量引起的，软铁磁场是飞机上钢铁物质受地磁场磁化形成的，其大小和方向受飞机航向的影响，相对飞机的位置以及大小都是变化的（图 2－102）。

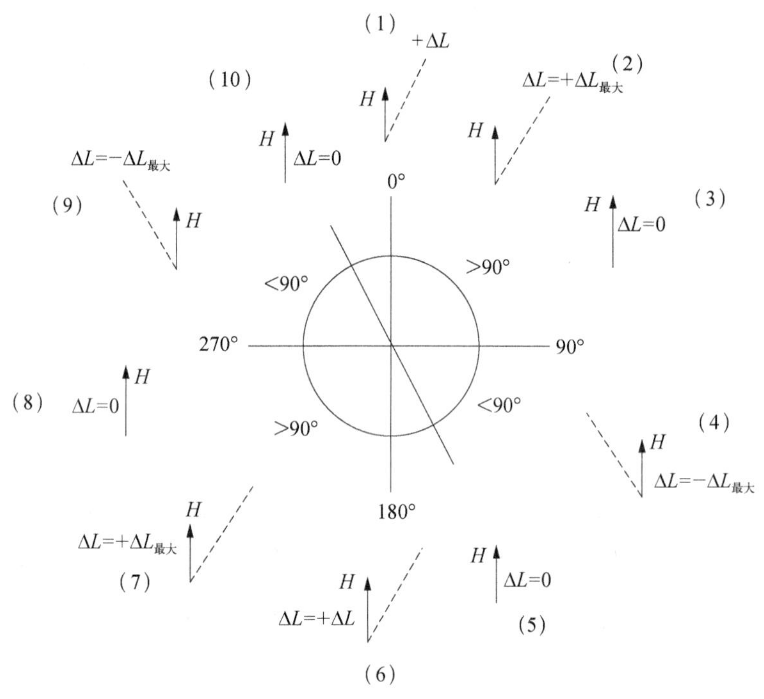

图 2－102　软铁磁场引起的罗差

软铁磁场引起的罗差可分解为两部分：一部分是飞机航向改变一周的过程中，大小和符号都保持不变的圆周罗差；另一部分是飞机航向改变一周的过程中，罗差四次为零，四次为最大的象限罗差，如图 2－103 所示。

由于圆周罗差与航向无关，大小和方向始终不变，因此可以通过调整磁传感器的安装位置来消除。地面校罗盘时，记录飞机 0°～360°航向内的罗差，计算出其恒值偏差即为圆周罗差，将磁传感器的安装位置往回调相同的数值即可。

虽然根据罗差产生的原因和特性可以区分半圆罗差和象限罗差，但在罗盘的使用过

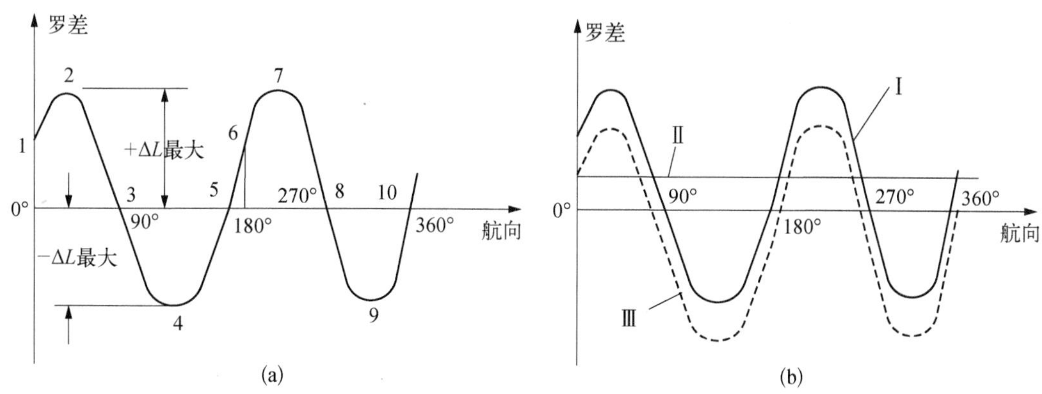

图 2-103 圆周罗差和象限罗差

程中,是无法明确区分二者的。因此,在罗盘的维护过程中,需要采用全量修正和半量修正相结合的方法来区分半圆罗差和象限罗差,以便通过相应的误差补偿手段来消除这些罗差。

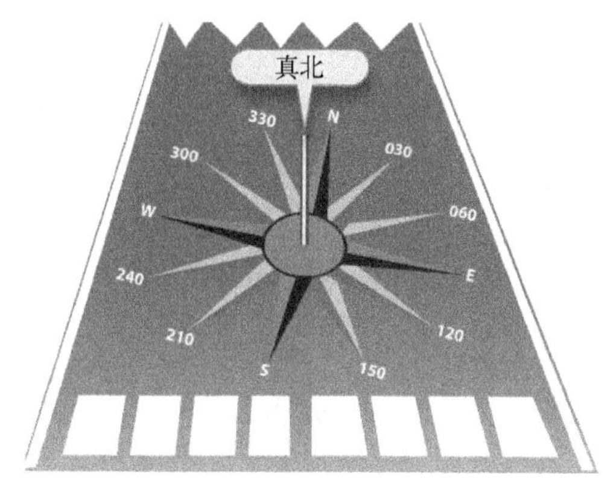

图 2-104 地面校罗盘标识

地面校罗盘时,需要利用地面的校罗盘标识(图 2-104)来实现,通过全量修正和半量修正首先消除半圆罗差,保留象限罗差,然后利用波面修正机构来消除象限罗差。全量修正在正北和正东方向上进行,半量修正在正南和正西方向上进行,修正过程如图 2-105 所示。

以南北方向的修正为例,首先让飞机机头冲向正北方向,假设飞机磁场(硬铁磁场 Y_1 和软铁磁场 Y_2)在右机翼上,转动罗差修正器的 N-S 旋钮,观察磁罗盘指示,直至指示器指示 0°航向,此时,罗差修正器的小磁铁产生沿机翼方向向左的大小等于 Y_1+Y_2 的永久磁场 $Y_{修}$来抵消飞机磁场,如图 2-105(b)所示,这是正北方向的全量修正。

将飞机机头转到正南方向,如图 2-105(c)所示,此时,罗差修正器的永久磁场 $Y_{修}$ 仍位于左机翼,飞机硬铁磁场 Y_1 仍位于右机翼,但飞机软铁磁场 Y_2 由于飞机航向变了 180°而转到左机翼,左右机翼上的磁场抵消的结果是在左机翼剩下 2 倍的软铁磁场(磁罗盘指示值减去 180°即为 $2Y_2$)。再次调整罗差修正器的 N-S 旋钮,使其抵消磁罗盘所显示的全部罗差的一半(Y_2),如图 2-105(d)所示。这样一来,软铁罗差在正南和正北方向上就以相同的数值保留下来了,罗差修正器 N-S 旋钮控制的小磁铁磁场与飞机横轴方向的硬铁磁场大小相同,方向相反,抵消该半圆罗差,这就是正南方向的半量修正。

用类似的方法在正东方向上进行全量修正,转动罗差修正器的 E-W 旋钮,观察磁罗盘指示,直至指示器指示 90°航向,完成正东方向的全量修正。然后在正西方向调整 E-W 旋钮进行正西方向的半量修正。

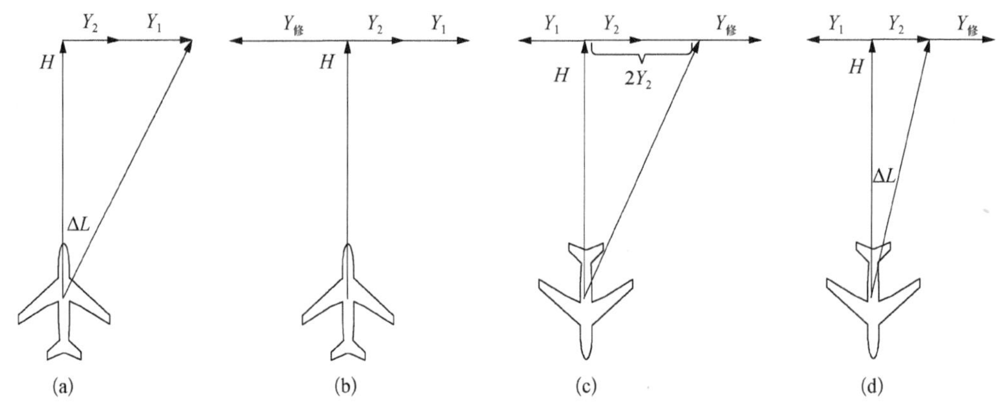

图 2－105　全量修正和半量修正

通过全量修正和半量修正，罗差修正器的两对小磁铁就消除了半圆罗差。

象限罗差可以用波面修正机构来消除。波面修正机构利用波面带、支架、杠杆、金属带和弹簧进行象限罗差的消除。波面带固定在波面修正机构的壳体上，波面修正机构前面板上有 24 颗调整螺钉(每隔 15°一个)，用螺丝刀顺时针或逆时针拧动螺钉，可以调整其深度，从而改变紧邻的波面带的凹凸状况，如图 2－106 所示。

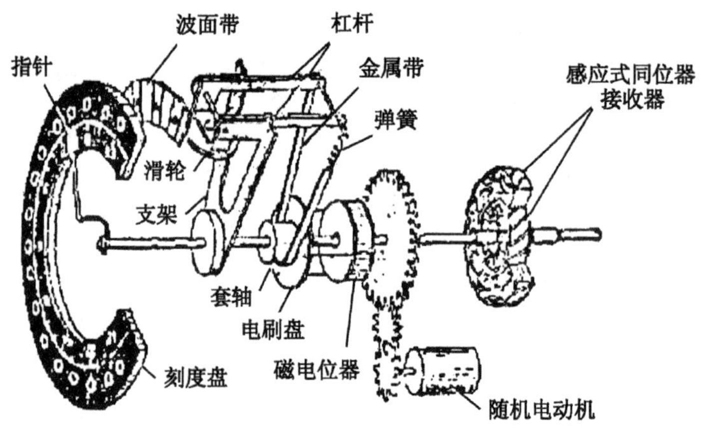

图 2－106　波面修正机构

当所有螺钉拧入的深度一致时，波面带呈平面状态，滑轮在波面带上滚过时，弹簧不发生形变，电刷盘转动的角度与同步器转过的角度相等。

如果调整螺钉拧入的深度不同，则波面带凹凸不平。当滑轮滚过凹向滑轮侧的波面带面时，杠杆的另一端翘起，弹簧被拉伸，由于金属带不能被拉伸，因此，金属带带动电刷盘绕同步器转子轴顺时针(从波面修正机构的刻度盘方向看去)转过一个角度，由此就可以纠正航向指示器的多指误差。当滑轮滚过凸向滑轮侧的波面带面时，情况正好相反，可以纠正航向指示器的少指误差。

利用 24 颗螺钉可以在 360°航向范围内对不同航向进行不同的多指或少指修正，从而消除象限罗差。

有的磁罗盘没有波面修正机构，只在磁罗盘旁边配备罗差修正卡，由飞行员根据当前航向对磁罗盘的指示加减罗差修正卡上的数据进行修正。

2）飞行误差

当飞机俯仰、倾斜、盘旋、加速或减速时，飞机磁场或地磁场的垂直分量会对磁罗盘产生影响，使磁罗盘产生误差，这些误差统称为飞行误差（图 2－107）。

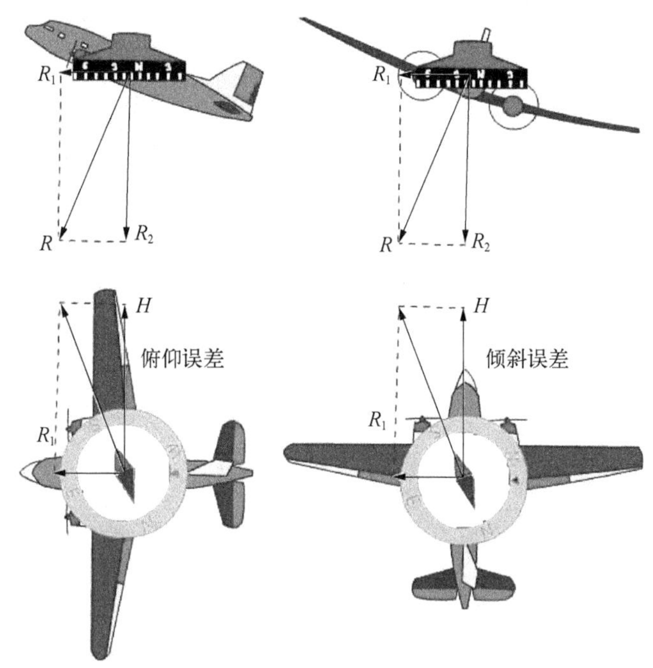

图 2－107　俯仰、倾斜引起的误差

飞机俯仰或倾斜时，由于磁罗盘的敏感元件通过支承框架仍保持水平，导致飞机磁场的垂直分量会在敏感元件平面上产生一个分量。若该分量方向与地磁水平分量之间有夹角，则磁罗盘敏感元件受二者合成磁场的作用，引起航向测量误差。

飞机盘旋转弯时，由于惯性作用，磁罗盘的敏感元件与飞机一起沿飞机横轴方向偏离水平面，则地球磁场垂直分量的一部分被敏感元件感受到，若该分量方向与地磁水平分量之间有夹角，则会引起航向误差（图 2－108）。

当飞机有加减速时，由于惯性作用，磁罗盘敏感元件沿飞机纵轴方向偏离水平面，地球磁场垂直分量的一部分被敏感元件感受到，若该分量方向与地磁水平分量之间有夹角，则会引起航向误差（图 2－109）。

3）仪表构造误差

磁罗盘的敏感元件在水平面内受到各种力矩的作用，当这些力矩达到平衡时，敏感元件停在该位置不动。这些力矩包括敏感元件偏离磁子午线时在磁力的作用下回到磁力线位置的定位力矩，该力矩的大小取决于磁条与磁子午线之间的夹角；罗盘油的阻尼力矩，该力矩与表壳和罗牌的相对运动角速度呈正比；罗牌支承轴与罗牌之间的摩擦力矩，它与连接轴承的接触压力和接触面积有关。

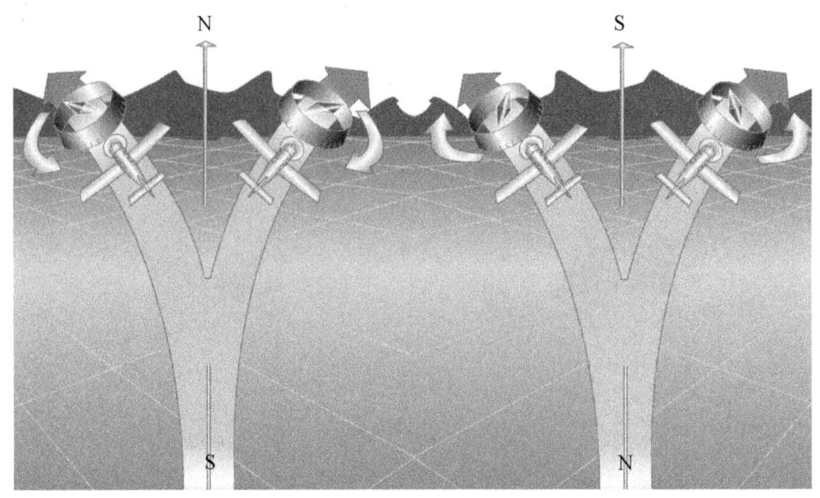

图 2-108　转弯引起的误差

图 2-109　加减速引起的误差

敏感元件在定位力矩作用下向磁子午线方向运动的过程中，当定位力矩等于摩擦力矩时，即停止转动，无法到达磁子午线方向，摩擦力矩越大，偏差越大。

飞机转弯时，磁罗盘外壳以一定角速度转动带动罗盘油涡动，磁传感器受涡动力矩的作用而偏离磁子午线，导致航向测量误差。

2.2.4.2　陀螺半罗盘

陀螺仪由于其良好的稳定性和进动性在飞机姿态测量中发挥了很大的作用。在早期的航向测量中，陀螺仪同样也发挥着很重要的作用。将三自由度陀螺自转轴稳定在相应的基准线上，飞机纵轴与陀螺自转轴之间的夹角就是飞机的航向角。

1. 陀螺半罗盘工作原理

将三自由度陀螺仪的自转轴控制在水平面内当作航向基准线，就可以制成测量飞机航向变化的陀螺半罗盘（图 2-110）。陀螺半罗盘主要由三自由度陀螺、水平修正器和方位修正器、刻度盘及航向指标等部分组成。

图 2－110 陀螺半罗盘

如图 2－111 所示，将三自由度陀螺的外框轴与飞机的立轴平行，陀螺的自转轴在水平修正器的作用下保持水平或与飞机的立轴垂直，陀螺的内框轴与外框轴垂直。刻度盘与陀螺外框轴相固连，航向指标固定在表壳上，代表飞机的纵轴。当飞机航向改变时，航向指标随飞机纵轴的转动而转动，而由于三自由度陀螺的定轴性，三自由度陀螺以及与其外框轴相固连的刻度盘保持不动，由此可以测量飞机转过的角度。因此，陀螺半罗盘通常用于测量飞机的转弯角度。如果利用方位修正器将三自由度陀螺自转轴稳定在磁北或真北的方向，则该仪表就可以测量飞机的磁航向或真航向；如果稳定在飞机起飞前的子午线上，则可以测量飞机的大圆航向。

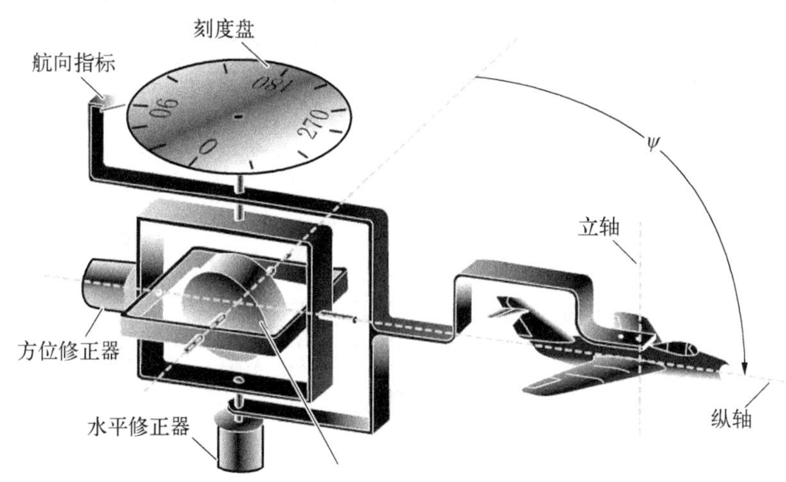

图 2－111 陀螺半罗盘原理

可见，要用三自由度陀螺来测量飞机航向，需要对三自由度陀螺进行水平修正和方位修正。水平修正是为了让陀螺自转轴保持在水平面内，方位修正是为了让自转轴保持在相应的基准线上。

如果在使用陀螺半罗盘前让三自由度陀螺的自转轴与飞机起始点子午线方向一致，且在飞行过程中通过水平修正和方位修正控制三自由度陀螺自转轴随起始点子午线在惯性空间的运动规律一起运动，则该仪表测量的就是飞机的大圆航向。

如果在使用前让三自由度陀螺自转轴与飞机起始点子午线方向一致，且在飞行过程中通过水平修正和方位修正控制三自由度陀螺自转轴随飞机所在点的子午线在惯性空间内一起转动，则可以测量飞机的真航向。

三自由度陀螺自转轴的水平修正（对陀螺内框的修正）可以利用液体摆和水平修正电机配合实现。但方位修正（对陀螺外框的修正）是一个复杂的过程，飞机所在点的子午线处于不停的变化过程中，与地球自转和飞机的飞行速度有关（图2－112）。陀螺自转轴的方位修正需要根据地球自转（起始点子午线相对惯性空间运动）和飞机飞行（飞机所在点子午线相对于起始点子午线运动）所引起的子午线方位的变化规律来实时修正。该变化规律复杂，需要利用计算机计算或其他辅助手段获得，仅靠陀螺仪自身无法实现，因此，陀螺罗盘通常被称为陀螺半罗盘。

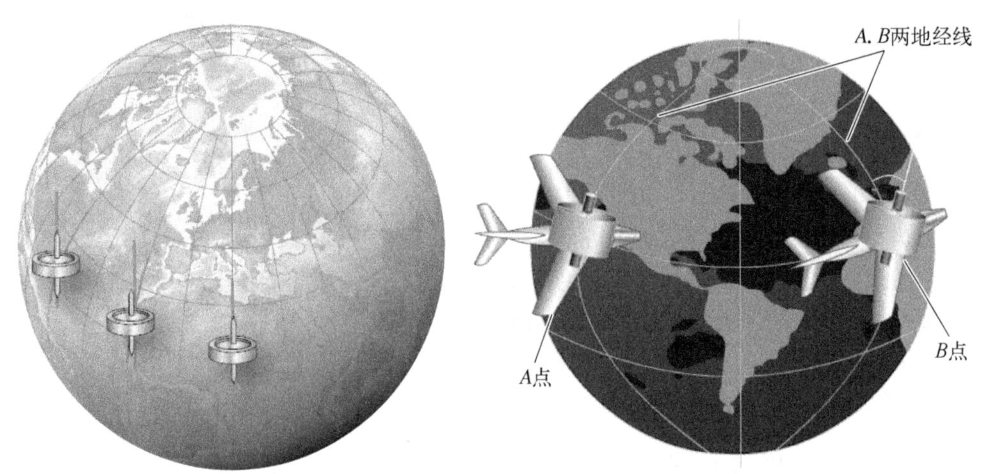

图2－112　地球自转、飞机飞行对航向测量的影响

根据三自由度陀螺定轴性的特点，当没有外加修正力矩时，由图2－112可以看出，即使起始时陀螺自转轴对准到真北方向，随着地球的自转及飞机的飞行，三自由度陀螺的自转轴也会逐渐偏离真北方向，时间越长，偏离越大。当飞机所处的纬度不同时，陀螺自转轴偏离真北方向的偏离速度不同，通常所在的纬度越高，偏离速度越大。引起陀螺自转轴偏离真北方向的飞行速度为飞机东西方向的速度，飞机东西方向速度越大，三自由度陀螺自转轴偏离真北方向的速度越快。

陀螺半罗盘中对内框的修正（即水平修正）通常有两种方法：按垂直度修正（将陀螺自转轴修正到与外框轴垂直的位置）和水平修正（利用液体摆将陀螺自转轴修正到水平位置）。

如图2－113所示，水平修正由液体摆和水平修正电机组成。液体摆装在陀螺房底部，沿陀螺自转轴方向有一对通过导电液连通的电极。当陀螺自转轴偏离水平面时，两电极与导电液之间的接触电阻发生变化，修正电机的两个控制绕组中的电流大小发生变化，产生沿外框轴方向的修正力矩，使三自由度陀螺绕内框轴进动，直到陀螺自转轴恢复到水平位置。

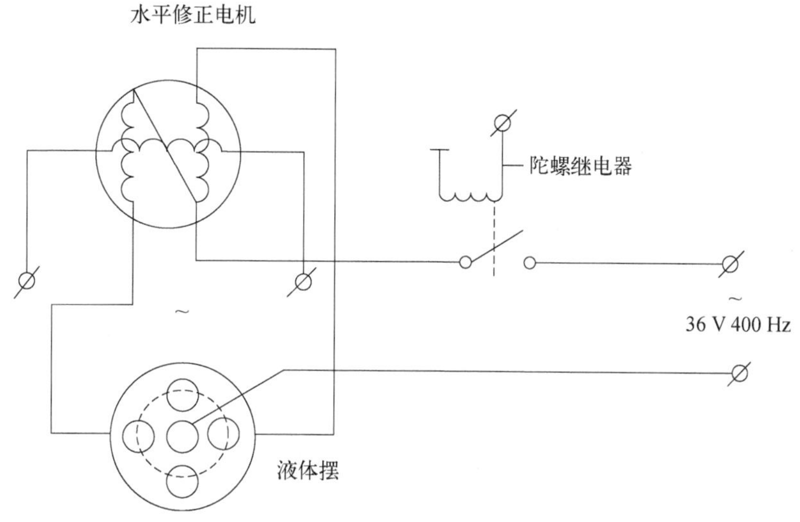

图 2-113 水平修正

为避免飞机盘旋转弯时液体摆受惯性离心力影响而导致对陀螺自转轴的错误修正，陀螺半罗盘的水平修正电路中串入由陀螺继电器控制的继电开关，在飞机盘旋转弯时断开水平修正电路。

由于方位修正涉及复杂的计算，传统的陀螺半罗盘主要被用来测量飞机的转弯角度。如果作为航向仪表来使用，通常利用配重或修正机构进行简化的方位修正，或者利用其他罗盘对设备进行不定时校正，或者将陀螺半罗盘与其他罗盘相结合形成罗盘系统来使用。

常见的方位修正办法是利用配重来补偿与仪表制造厂所在纬度附近的地球自转误差，如图 2-114 所示。通过在三自由度陀螺内框相应位置施加适当重量的配重，使其产生沿内框轴的重力力矩，由此控制陀螺绕其外框轴以一定的角速度持续进动，大致跟踪由于地球自转所引起的真北方向的变化。必须说明的是，由于使用固定的配重，三自由度陀螺进动角速度的大小和方向是固定的，只适用于在仪表制造厂所在纬度附近使用，离开该纬度越远，误差越大，如果在与仪表制造厂相对的地球另一半球使用（如北半球的设备用到南半球，或反之），则配重法不仅不能修正方位，反而会引入较大的误差。

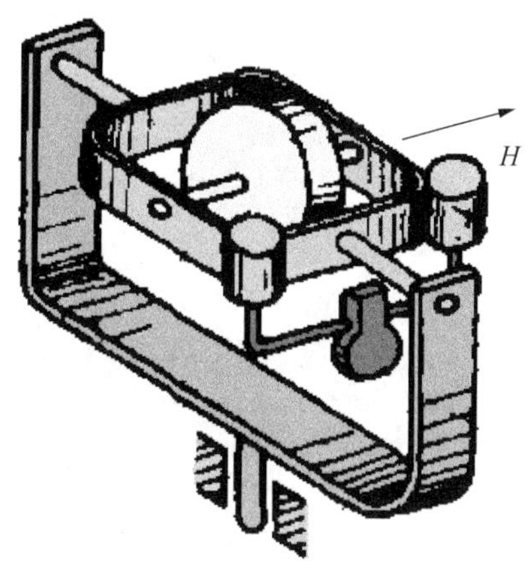

图 2-114 用配重进行方位修正

部分陀螺半罗盘利用修正电机来补偿内框轴干扰力矩和地球自转引起的误差，如图 2-115 所示。在陀螺半罗盘的控制面板上设置一个方位修正旋钮，转动方位修正旋钮和机械调节螺钉可以控制纬度修正电位器和机械误差修正电位器的输出，电位器的输出信号发送给方位修正电机，方位修正电机由此产生沿内框轴方向的修正力矩来调整三自由度陀螺自转轴的方向，从而减小航向误差。方位修正角速度的大小和方向受两个修正电位器的输出控制。

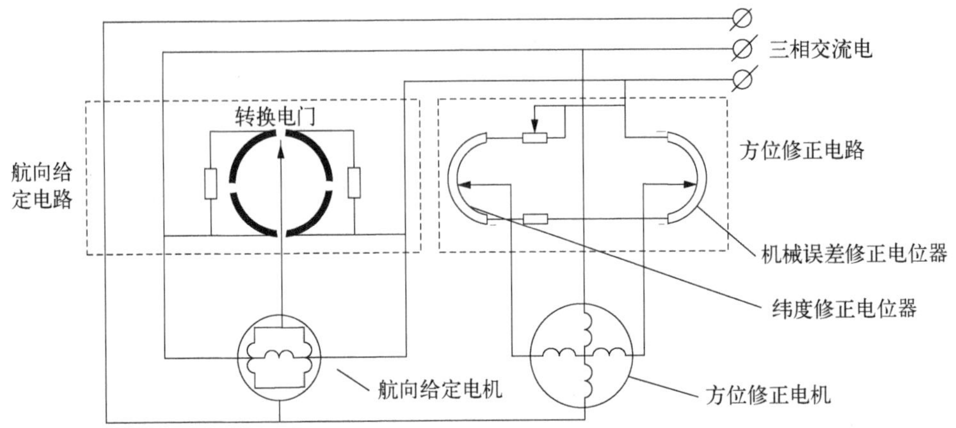

图 2-115　修正力矩器进行方位修正

机械误差修正电位器主要消除陀螺内框摩擦力矩和不平衡力矩引起的误差，一般由地面维护人员定期调好后就基本保持不变。纬度修正电位器由飞行员控制，飞机所在的纬度发生变化时，飞行员转动旋钮调节到新的纬度，纬度修正电位器输出对应当前纬度的修正控制信号，通过方位修正电机使陀螺自转轴跟踪飞机当前所在纬度的地理子午线随地球自转变化的角速度。

图 2-116 为陀螺半罗盘结构。部分陀螺半罗盘根据其他航向测量设备测得的航向信息，定期利用钟表机构或电机带动罗盘刻度盘相对陀螺外框轴转动，直至转动到其他航向测量设备提供的航向。这种情况下，方位的给定和调整方法通常有两种：一种是利用锁紧装置将陀螺锁紧后转到相应的方位，此时，陀螺自转轴被强制带动到航向基准线的方向；另一种是利用电机直接转动罗盘刻度盘，这种情况下，陀螺自转轴的指向没有发生任何变化，还是稳定在原来位置，只是刻度盘相对航向指标转过一个角度，指示出调校后的航向。

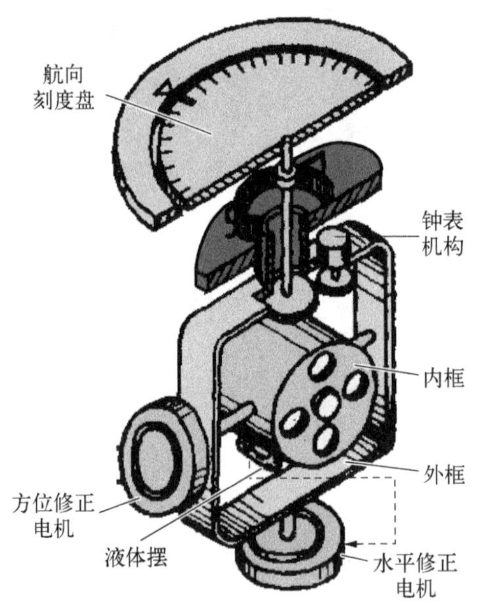

图 2-116　陀螺半罗盘结构

2. *陀螺半罗盘的误差*

根据陀螺半罗盘的原理，利用三自由度陀螺测量真航向时，三自由度陀螺自转轴无法完全跟踪飞机所在地的真北方向，这就导致用陀螺半罗盘测量飞机真航向时产生误差，这种误差被称为自走误差。另外，当飞机有姿态角时，在飞机的带动下，三自由度陀螺的自转轴和外框轴之间会有一定程度的不垂直，这会导致陀螺半罗盘产生支架倾斜误差。

1）自走误差

陀螺半罗盘的自走误差指的是陀螺的方位修正无法确保三自由度陀螺自转轴实时跟踪飞机所在点的真子午线,导致陀螺自转轴逐渐偏离真子午线。自走误差包括由于地球自转所引起的纬度误差,由于飞机飞行所引起的速度误差,以及陀螺重心偏离和轴承摩擦所引起的机械误差。

随着地球的自转,飞机所在点子午线的真北方向会逐渐偏离原来的指向,如果陀螺半罗盘的方位修正不能按飞机所在纬度真北方向的变化而自动调节陀螺自转轴的指向,就会引起误差,这种误差称为纬度误差(图 2-112)。即使利用配重对该误差进行了部分补偿,还是会有残差的存在。飞机所在纬度离仪表制造厂纬度越远,误差越大。

当飞机从一个经度飞到另一个经度时,飞机所在点子午线北方向的指向会发生改变。用陀螺半罗盘测量真航向时,如果陀螺半罗盘没有及时修正飞机运动所引起的自转轴相对飞机所在处子午线的方位偏离,则产生速度误差。飞机东西方向飞行速度越大,该误差越大。

机械误差包括内框轴承上摩擦力矩所引起的误差和陀螺重心偏置所引起的误差。为了减小机械误差,通常采用精度很高的轴承或旋转轴承以尽量降低内框轴上的摩擦力矩,有的设备利用机械误差电位器来减小这部分误差。

2）支架倾斜误差

当飞机俯仰、倾斜时,由于陀螺自转轴由水平修正系统控制其保持在水平面内,而罗盘刻度盘则会随飞机姿态的改变而偏离水平面,这种由于自转轴、外框轴垂直度偏离而导致的陀螺半罗盘误差称为支架倾斜误差。这种误差是由刻度盘与航向指标之间的几何关系变化而产生的,是纯几何误差。

为了消除支架倾斜误差,最根本的方法是确保三自由度陀螺外框轴不随飞机的俯仰、倾斜而偏离地垂线,可以加一套倾斜托架系统以保证航向陀螺外框轴不随飞机的倾斜而倾斜。

2.2.4.3 罗盘系统

由两个或两个以上不同原理的罗盘所组成的工作系统称作罗盘系统,又称航向系统。磁罗盘和陀螺半罗盘测航向的原理不同,各有优缺点。磁罗盘可以感受地磁水平分量的方向从而自主测量飞机的磁航向,但由于结构原因,稳定性较差。陀螺半罗盘利用陀螺特性来测量飞机航向,具有良好的稳定性,但无法实时准确测量飞机航向。罗盘系统将磁罗盘和陀螺半罗盘结合在一起,实现优势互补。利用磁传感器测量飞机的磁航向,通过磁电位器输出给陀螺半罗盘(陀螺机构),由陀螺机构来稳定航向输出信号,并通过指示器显示飞机磁航向。陀螺机构承接磁传感器和航向指示器,既是磁传感器的指示器,又是指示器的传感器。这种由磁罗盘和陀螺半罗盘组成的罗盘系统称为陀螺磁罗盘(图 2-117)。

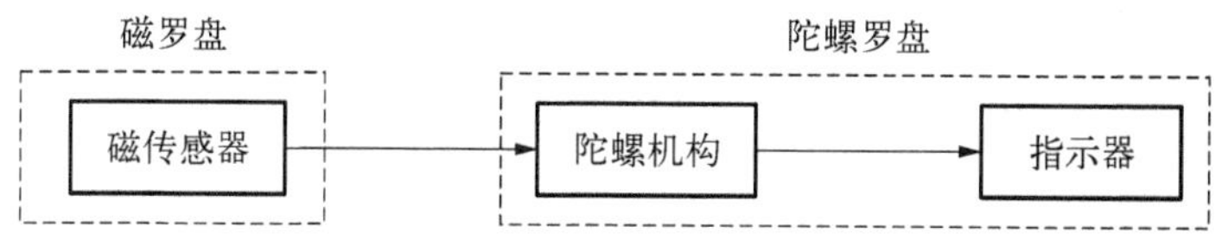

图 2-117 陀螺磁罗盘结构

如图 2－118 所示，陀螺磁罗盘通过协调机构对两个罗盘进行协调（或校正），利用协调切断装置来控制协调的开通和断开。飞机正常飞行时，协调机构接通，磁传感器感受飞机磁航向并通过陀螺机构稳定输出磁航向信号。飞机盘旋转弯时，由于磁罗盘受罗盘油涡动力矩的影响，会偏离磁子午线的位置而造成误差，此时，协调机构断开，切断磁罗盘给陀螺机构的信号，陀螺机构的航向输出保持飞机转弯前的基准，避免了磁传感器涡动误差的影响。由于飞机转弯时间通常不长，航向基准线指向变化不会太大，而且当飞机停止转弯后，协调机构会自动恢复工作，消除飞机转弯时的积累误差。一般在飞机转弯角速度大于 0.1~0.3°/s 时，罗盘系统会利用陀螺继电器切断协调通道。

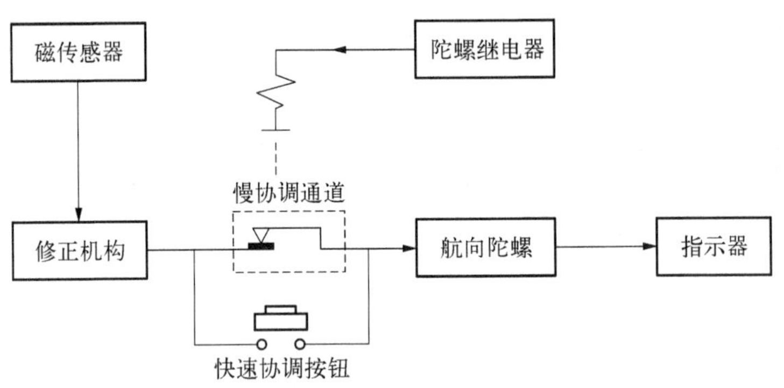

图 2－118　快慢协调通道

协调机构有慢、快两种协调速度。慢协调是主用协调速度，为确保磁传感器感受到的磁航向信号能够及时传递到陀螺机构以消除陀螺机构的纬度误差和飞行速度误差，慢协调速度要大于由于地球自转、飞行速度所引起的陀螺自走误差。但为了避免由于协调速度过快而将磁传感器由于飞机颠簸等原因产生的不稳定误差快速传递给陀螺机构，协调速度又不能过快，只要稍大于由于地球自转、飞机飞行所引起的航向基准线变化角速度即可。快协调用于快速消除两个罗盘之间的失调角，主要用在罗盘系统刚通电时或飞机由转弯改直飞的情况下，此时，快协调结构由切断转为接通状态，快速消除积累误差。

陀螺磁罗盘系统包含四个组成部分：感应式磁传感器、修正机构、陀螺机构及指示器各部件之间的连接通过三个随动系统来实现，如图 2－119 所示。

第一随动系统将磁传感器（图 2－96）测得的磁航向信号传送给修正机构，由感应式磁罗盘和修正机构的同位器组成。磁传感器是星型或三角型连接的三相地磁感应元件，测量的飞机磁航向信号通过第一随动系统传递给修正机构中的同步接收器（感应式同位器）。

第二随动系统将修正机构（图 2－106）修正象限罗差和其他罗差残差后的磁航向信号发送给陀螺机构，由修正机构的磁电位器、陀螺电位器、放大器和协调电机组成。第二随动系统协调第一、三随动系统，将第一随动系统测得的航向信号送给第三随动系统（陀螺机构）。

第三随动系统将经陀螺机构稳定的航向信号发送给指示器，由陀螺电位器和指示器随动电位器组成。陀螺机构实质是一个接收磁传感器航向信号的陀螺半罗盘。

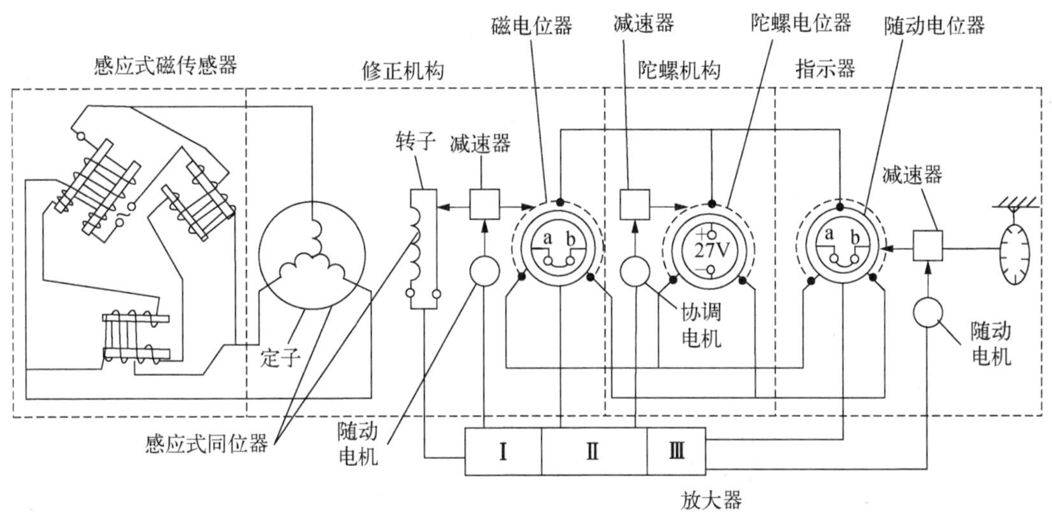

图 2-119 陀螺磁罗盘工作原理

另外,陀螺磁罗盘通常会有一个副表系统,也是一个随动系统,为驾驶舱内的副表输送航向信号。典型的陀螺磁罗盘如图 2-120 所示。

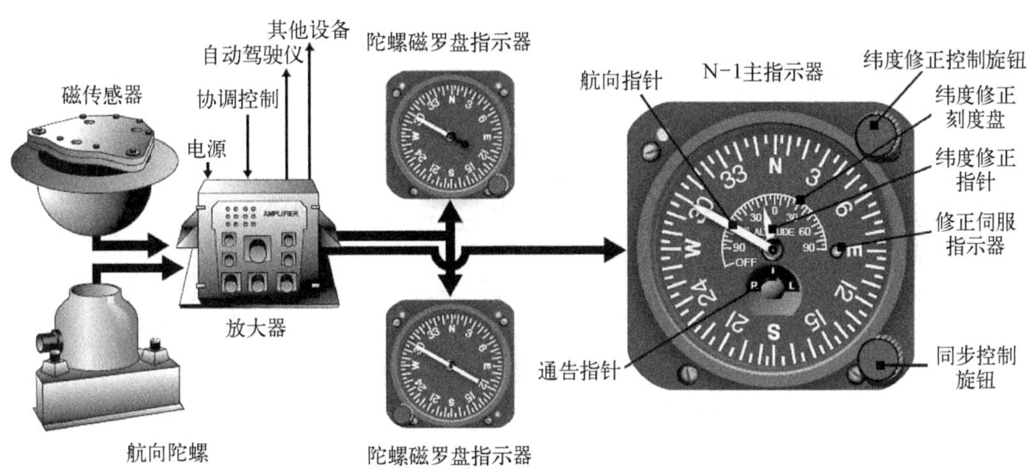

图 2-120 陀螺磁罗盘

2.2.5 二自由度陀螺

二自由度陀螺由陀螺转子和内框组成[图 2-50(b)],相比三自由度陀螺少了一个框架,即少了一个空间转动自由度,其运动特性与三自由度陀螺运动特性就有了较大的不同。二自由度陀螺主要用来测量飞机的角速度,如速度陀螺仪、转弯仪、陀螺继电器等。二自由度陀螺的特性主要包括进动性和受迫运动。

(1) 进动性。在受到牵连角速度的情况下,二自由度陀螺会产生进动,如图

2－121(a)所示。假设二自由度陀螺转子以角速度 Ω 自转，自转角速度的矢量朝左。同时，陀螺内框带着陀螺转子绕垂直于自转轴和内框轴平面的 Z 轴以牵连角速度 ω 转动，牵连角速度矢量朝上。在自转角速度和牵连角速度的共同作用下，二自由度陀螺绕内框轴转动，这称为二自由度陀螺的进动。进动角速度的矢量方向满足右手定则，即用右手四个手指头从自转角速度矢量沿最短方向角到牵连角速度矢量方向握过去，大拇指所指的方向即为进动角速度矢量方向。

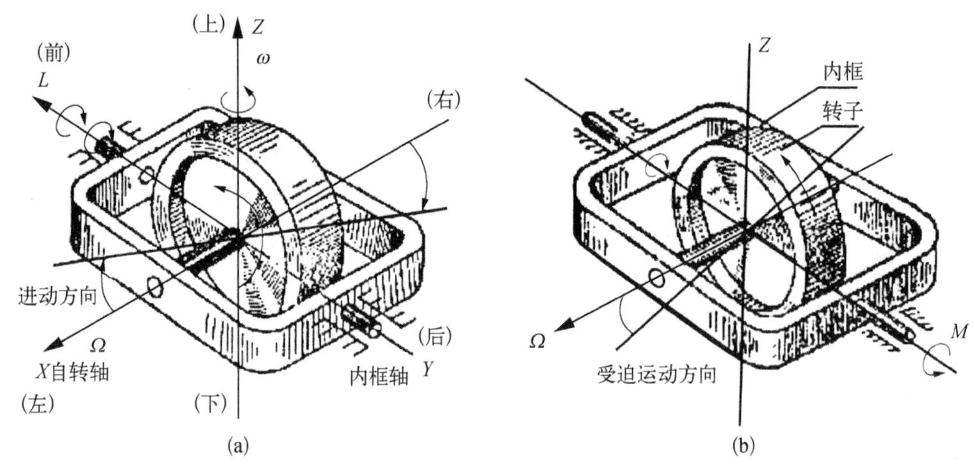

图 2－121　二自由度陀螺运动特性

二自由度陀螺的进动与三自由度陀螺的进动有明显的不同。首先，三自由度陀螺的进动是在外加力矩的作用下产生的，而二自由度陀螺的进动是在牵连角速度的作用下出现的。其次，三自由度陀螺在常值外力矩的作用下等速进动，二自由度陀螺在牵连角速度作用下加速进动。最后，三自由度陀螺在外力矩消失后进动立即停止，而二自由度陀螺在牵连角速度消失后自转轴维持等速进动。

(2) 受迫运动。当沿二自由度陀螺内框轴有外力矩作用时，由于二自由度陀螺缺少外框轴，也即缺乏绕自转轴和内框轴平面垂直轴向的转动自由度，因此，在外力矩的作用下，二自由度陀螺只能在外力矩的作用下绕内框轴加速转动，转动角速度矢量方向与外力矩方向一致。外力矩消失后，陀螺的转动并不停止，而是维持原方向的等速转动。二自由度陀螺的这种运动特性称为受迫运动，如图 2－121(b)所示。

2.2.6　角速度测量仪表

利用二自由度陀螺的进动性可以测量飞机绕机体轴转动的角速度，通常简称为速度陀螺仪，也称角速度传感器。速度陀螺仪是飞机上的重要仪表之一，它不仅可以用来指示飞机转弯角速度的大小和方向，而且还可以用来感受飞机绕其他轴的转动角速度，并把角速度信号提供给自动驾驶仪来控制飞机。

2.2.6.1　速度陀螺仪

速度陀螺仪由二自由度陀螺、平衡弹簧和阻尼器组成，如图 2－122 所示。其测量轴垂直于内框轴和自转轴所组成的平面，用来测量飞机绕该轴的转动角速度。

图 2－122 中,二自由度陀螺以角速度 Ω 自转,自转角速度矢量方向向左。当飞机绕测量轴有矢量方向朝上的转动角速度 ω 时,根据二自由度陀螺的特性,陀螺转子及内框一起绕其内框轴进动,方向如图中 L 方向所示。二自由度陀螺绕内框轴的进动使得平衡弹簧被拉伸,产生弹性力矩 M 抑制陀螺的进动,随着陀螺绕内框轴转过的角度逐渐增大,弹性力矩 M 也逐渐增大,二自由度陀螺的进动角速度逐渐变慢,最后停止转动,此时陀螺绕内框轴转过角度的大小及方向与飞机绕测量轴的转动角速度大小及方向有对应关系。

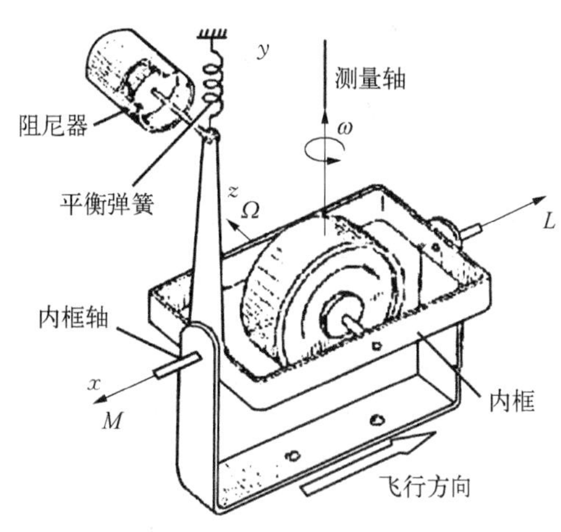

图 2－122　速度陀螺仪工作原理

阻尼器产生的阻尼力矩大小与二自由度陀螺绕内框轴进动的角速度呈正比,方向与弹簧弹性力矩方向相同。二自由度陀螺进动的过程中,阻尼力矩与弹性力矩一起抑制陀螺的进动,随着进动角速度的减小,阻尼力矩也逐渐减小,直至陀螺停止进动,阻尼力矩变为零。阻尼力矩主要用来提高速度陀螺仪工作的稳定性。

速度陀螺仪主要用来测量飞机绕机体各轴的转动角速度,包括俯仰角速度、倾斜角速度和偏航角速度(图 2－123)。这些速度陀螺仪是相同的,只要调整其安装位置,使陀螺自转轴和内框轴平面垂直于测量轴,就可以用来测量飞机不同轴向的转动角速度。这些角速度信号主要用于向自动驾驶仪、偏航阻尼器及机载雷达系统提供稳定和偏航阻尼信息。

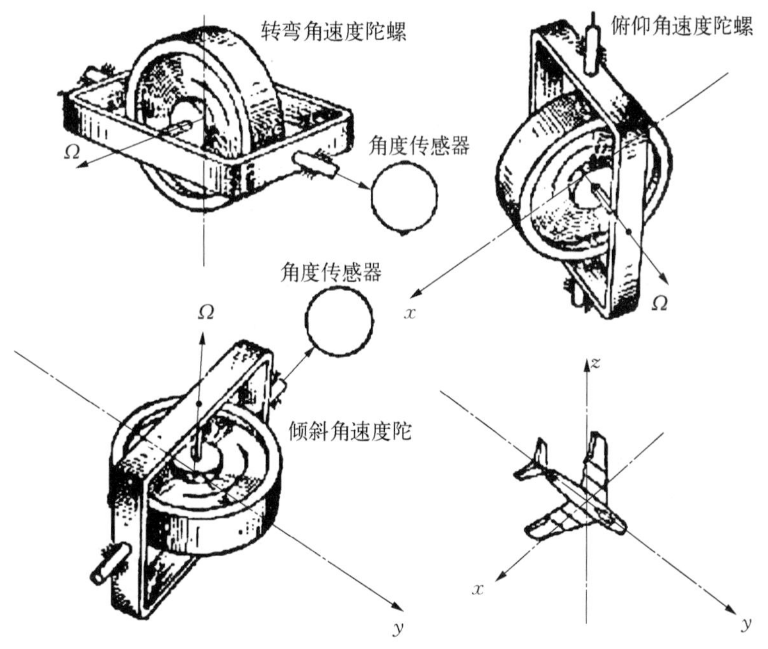

图 2－123　角速度传感器

有的角速度传感器用来控制继电信号，在飞机绕某些轴有角速度时控制特定电路的通断。例如，前文所介绍的地平仪、陀螺半罗盘、罗盘系统中的陀螺继电器就是这种角速度传感器，用来在检测到飞机有盘旋转弯时控制修正电路或协调电路的通断。

飞机的空中飞行经常会受到外界气流的干扰而产生摆动和颠簸，二自由度陀螺会感受到这种角运动，并输出测量信号。如果因此接通或断开其控制的电路，就会产生错误的控制指令，影响修正电路的正常工作。为避免这种情况的发生，要求速度陀螺仪必须在飞机正常转弯而非颠簸时才输出控制信号。由于飞机的颠簸通常比正常转弯持续的时间短，因此，陀螺继电器利用延时机构将速度陀螺仪的输出信号延迟 5~15 s 后再输出到控制电门，这样可以有效防止飞机的瞬时摇摆和颠簸触发继电器的误动作。

陀螺继电器通常包括角速度测量部分、延时机构和控制电路三个部分，如图 2－124 所示。

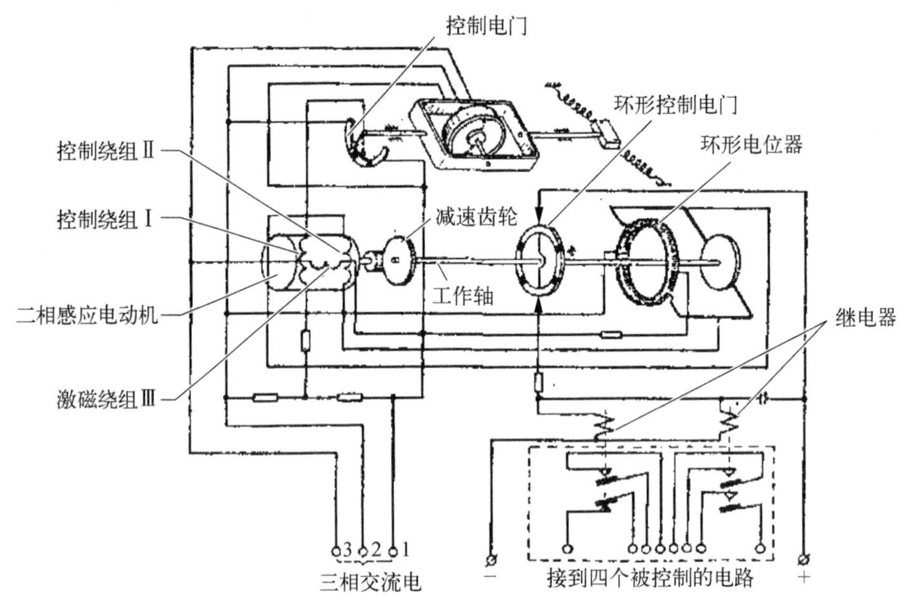

图 2－124　陀螺继电器原理

角速度测量部分包括二自由度陀螺、平衡弹簧和控制电门。控制电门电刷环中间部分绝缘。飞机直飞时，二自由度陀螺不进动，控制电门电刷与电刷环的绝缘部分相连，没有信号送出。当飞机有转弯且转弯角速度大于一定值时，二自由度陀螺绕内框轴进动，带动内框上的电刷持续转动，直到电刷接触到电刷环的导电部分，电机的控制绕组接通电源，电机开始转动，带动环形电位器电刷转动。

信号延迟通过环形控制电门来实现，环形控制电门的电刷环上下部分为绝缘体，电机转动带动环形控制电门的电刷环转动。最开始，电刷与电刷环的绝缘部分接触，继电器线圈不接通，开关保持常态。电机持续转动 5~15 s 后，电刷与电刷环的导电部分连接，给继电器线圈供电，控制开关的断开或闭合。

当飞机停止转弯时，速度陀螺仪在弹簧弹性力矩的作用下向回转，控制电机两控制绕组中的电流受环形电位器电压的控制，电机带动环形控制电门电刷环及环形电位器的电刷反转，速度逐渐减小，直至环形控制电门的电刷与电刷环绝缘部分接触，继电器线圈断电，被控开关被释放，回到常态。

2.2.6.2 积分陀螺仪

与速度陀螺仪相比，积分陀螺仪只有阻尼器，没有平衡弹簧，如图 2-125 所示。积分陀螺仪利用阻尼器的阻尼力矩 M_D 来平衡陀螺力矩 L，当阻尼力矩等于陀螺力矩时，二自由度陀螺绕内框轴等速转动。内框转动角速度与飞机转动角速度相对应，即内框转角与被测角速度的积分（角位移）呈正比，因此被称为积分陀螺仪。积分陀螺仪主要用于测量飞机转动的角位移。

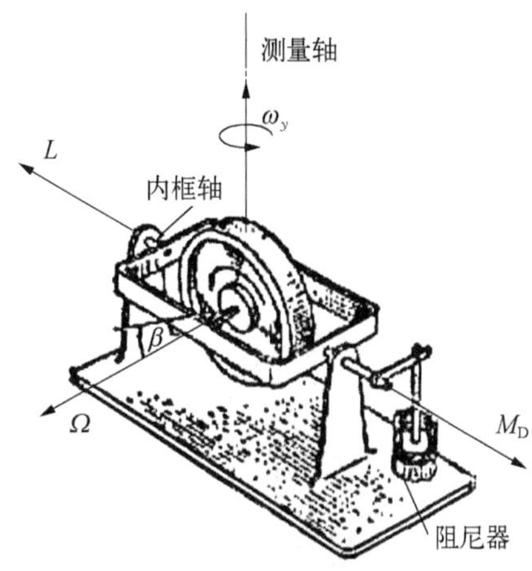

图 2-125 积分陀螺仪原理

根据二自由度陀螺进动特点，当陀螺力矩与阻尼力矩平衡时：

$$K_D \cdot \dot{\beta} = H \cdot \omega_y \qquad (2-46)$$

其中，K_D 为阻尼器阻尼力矩；β 为内框转角；H 为二自由度陀螺动量矩；ω_y 为飞机转动角速度。

由此可得积分陀螺仪的内框转角为

$$\beta = \int_0^t \dot{\beta} \mathrm{d}t = \int_0^t K \cdot \omega_y \mathrm{d}t \qquad (2-47)$$

式中，$K = H/K_D$。

浮子式积分陀螺仪是积分陀螺仪的一种，在它的内框轴上装有一个等效的阻尼器、一个敏感内框转角并将其转化为电信号的角度传感器和一个产生与外加电流信号呈正比的力矩器（图 2-126）。

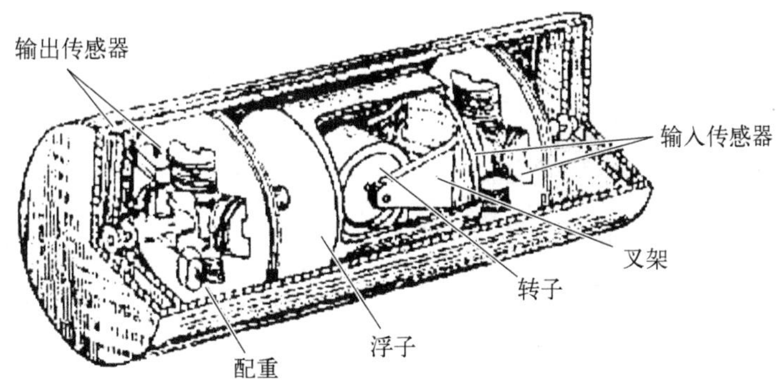

图 2-126 浮子式积分陀螺仪结构

浮子式积分陀螺仪通常用在高精度测量环境中，如惯导平台。为了保证积分陀螺仪的测量精度，要求陀螺仪工作过程中内框转角要很小，即在角分、角秒的范围内。为满足该要求,可以减小积分陀螺仪的动量矩 H 或增大阻尼器的阻尼系数。浮子式积分陀螺仪将转子和叉架密封装在圆柱形浮筒内,使浮筒处于全浮状态,减小支承轴承的摩擦,提高积分陀螺的精度和灵敏度。为保持浮力的稳定,浮子式积分陀螺仪一般都有温控系统,使其可以保持 72℃的恒温。为检测微小的角度信号,积分陀螺仪一般采用高精度的微动同步器来检测内框转角,利用随动系统来控制陀螺仪的转角,使其工作在较小的转角范围。

2.2.6.3 转弯侧滑仪

1. 转弯仪

转弯侧滑仪是转弯仪和侧滑仪的组合。转弯仪是一种速度陀螺仪,用来指示飞机转弯的方向和快慢程度。协调转弯的情况下,转弯仪可以指示特定飞行速度条件下飞机无侧滑转弯时的倾斜角(图 2-127)。

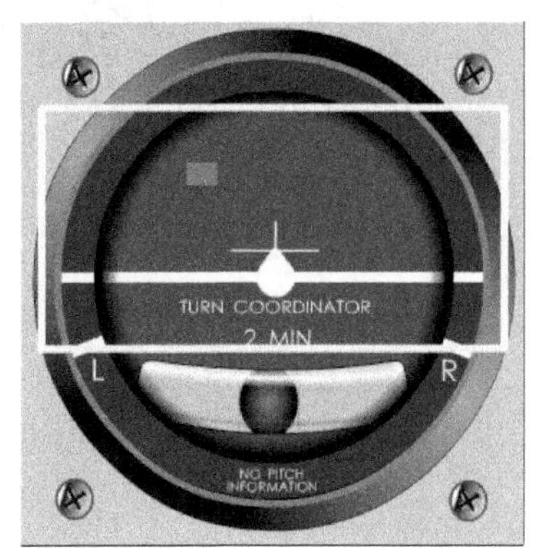

图 2-127 转弯侧滑仪

转弯仪由二自由度陀螺、平衡弹簧、空气阻尼器及指示部分组成。当飞机直线飞行时,指针停在刻度盘的中央,表示飞机没有转弯;当飞机左转弯时,指针偏向左方,表示飞机左转弯;转弯停止后,指针回到刻度盘的中央。

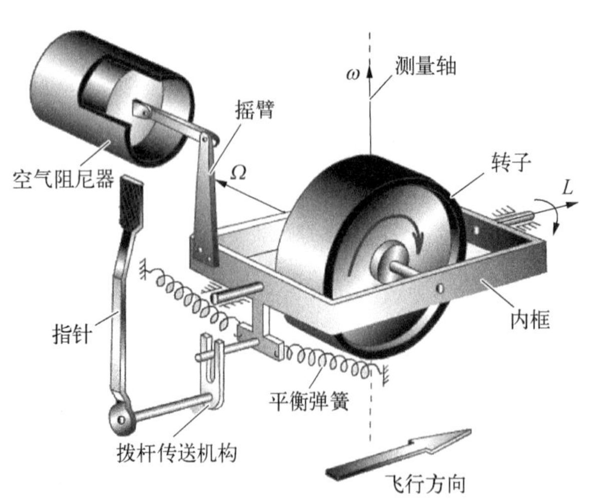

图 2-128 转弯仪原理

转弯仪的工作原理与速度陀螺仪(2.2.6.1 小节)工作原理相同。如图 2-128 所示,以飞机左转弯为例:当飞机左转弯时,转弯角速度矢量向上,根据二自由度陀螺的进动性,陀螺绕内框轴向右进动,进动过程中,内框转动施力拨杆传送机构,使指针左偏,表示飞机左转弯。转弯停止后,二自由度陀螺在弹簧力矩的作用下带动指针回转到中间位置。

由于飞机转弯时,机体会同时倾

斜,如图 2-129 所示,如果飞机左转弯,转弯过程中飞机的倾斜角为 γ, 则在转弯角速度 ω_B 的作用下,二自由度陀螺绕内框轴进动转过的角度为 β, 该转角与飞机倾斜角方向相反,则内框平面的垂线(测量轴)偏离地垂线的角度为 $\gamma-\beta$, 也即二自由度陀螺的测量轴与转弯角速度方向并不一致,二者之间存在一个夹角,故 ω_B 在测量轴上的分量 $\omega_B\cos(\gamma-\beta)$ 使转弯仪产生的陀螺力矩可表示为

$$L = J\Omega\omega_B\cos(\gamma-\beta) \tag{2-48}$$

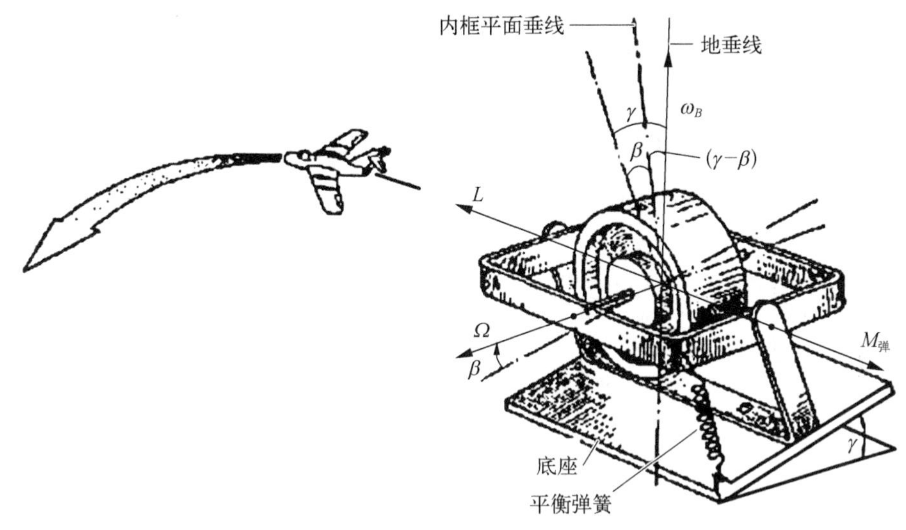

图 2-129　转弯仪内框转角

随着二自由度陀螺的进动,陀螺力矩与弹簧的弹性力矩 $M_弹$ 逐渐达到平衡,此时的内框转角公式为

$$K\beta = J\Omega\omega_B\cos(\gamma-\beta) \tag{2-49}$$

根据三角函数公式,

$$\cos(\gamma-\beta) = \cos\gamma\cos\beta + \sin\gamma\sin\beta \tag{2-50}$$

当 β 较小时, $\sin\beta \approx \beta, \cos\beta \approx 1$,

$$K\beta = J\Omega\omega_B(\cos\gamma + \beta\sin\gamma) \tag{2-51}$$

由此可得二自由度陀螺内框转角与转弯角速度之间的关系为

$$\beta = \frac{H\omega_B\cos\gamma}{K - H\omega_B\sin\gamma} \tag{2-52}$$

其中, $H = J\Omega$。

可见,二自由度陀螺内框转角不仅与飞行速度有关,还与飞机的倾斜角 γ 有关。因此,转弯仪只能粗略地反映飞机转弯的快慢。

飞机在飞行中,空速矢量偏离飞机纵向对称面而引起的侧向运动称为侧滑。空速矢

量偏向对称面的左侧，为左侧滑，偏向右侧为右侧滑。如按转弯方向来分，则航向变化落后于航迹角的变化为内侧滑，反之为外侧滑。内侧滑使飞机的转弯半径变小，外侧滑则使飞机的转弯半径变大。飞机产生侧滑的原因主要是飞机横轴方向上合外力不为零，即飞机在横轴方向的合外力的作用下滑向或偏离转弯圆心。如果飞机转弯时没有侧滑，则称飞机为无侧滑转弯或协调转弯。

飞机转弯时，为了使飞机不发生侧滑，在飞行速度一定的条件下，飞机的转弯角速度越大，倾斜角也必须越大。可见，在飞行速度一定的条件下，飞机进行无侧滑转弯时的倾斜角取决于转弯角速度，故测量飞机转弯角速度的同时，可以确定飞机的倾斜角。有些转弯仪，除了可以指示飞机的转弯方向和粗略地反映飞机转弯的快慢外，还能在一定的条件下指示飞机的倾斜角。这样，根据转弯仪的指示，可以判断地平仪的指示是否正常，在一定程度上代替地平仪的使用。

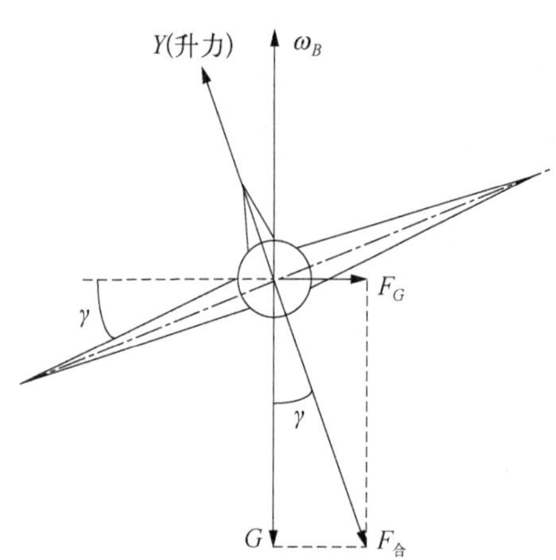

图 2－130　飞机协调转弯受力分析

如图 2－130 所示，飞机协调转弯时，根据受力平衡规律，重力 G 与惯性离心力 F_G 的合力与飞机升力 Y 大小相等，方向相反。假设飞机的倾斜角为 γ，则 $\text{tg}\,\gamma=\dfrac{F_G}{G}$，将 $F_G=mV\omega_B$ 和 $G=mg$ 代入，即可得飞机转弯角速度和飞机倾斜角之间的关系

$$\omega_B=\frac{g}{V}\text{tg}\,\gamma \tag{2-53}$$

将式(2－53)代入，在内框转角 β 很小时，式(2－49)可近似写成

$$\beta=\frac{H}{K}\cdot\frac{g}{V}\cdot\sin\gamma \tag{2-54}$$

其中，$H=J\cdot\Omega$。

可见，如果飞机的飞行速度一定，则陀螺内框转角便只取决于飞机无侧滑转弯时的倾斜角。在转弯仪中，当飞机以仪表面板规定的速度无侧滑转弯时，内框转角与飞机倾斜角一一对应，转弯仪指针指示的数值是此时飞机的倾斜角，如图 2－127 所示。

2. 侧滑仪

侧滑仪用来给飞行员提供飞机转弯时的侧滑情况。侧滑仪利用单摆原理制成，其敏感部分是一个小球，可在弯曲的玻璃管中自由滚动。玻璃管内装有透明的阻尼液(如甲苯)，对小球的运动起阻尼作用(图 2－131)。

飞机转弯时，沿飞机横轴方向的作用力有惯性离心力(F)在横轴方向的分量($F_x=mV\omega_B\cos\gamma$)和重力(G)在横轴方向的分量($G_x=mg\sin\gamma$)，这两个分力方向相反。如果 $G_x=F_x$，则飞机横轴方向的合力为零，不会发生沿横轴方向的运动，即飞机无侧滑。如果 $G_x\neq F_x$，则飞机横轴方向合力不为零，飞机出现沿横轴方向的运动，即飞机有侧滑。$G_x<F_x$ 时，飞机外侧滑，$G_x>F_x$ 时，飞机内侧滑。图 2－132 为侧滑仪测量原理。

位于玻璃弯管内的小球类似于飞机上的一个单摆，其沿飞机横轴方向的受力情况与

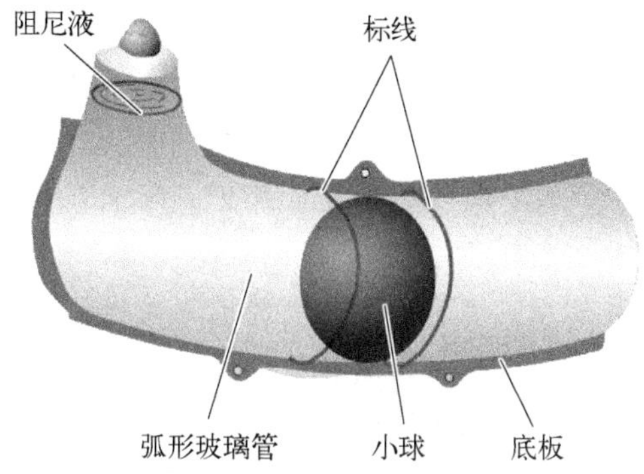

图 2-131 侧滑仪

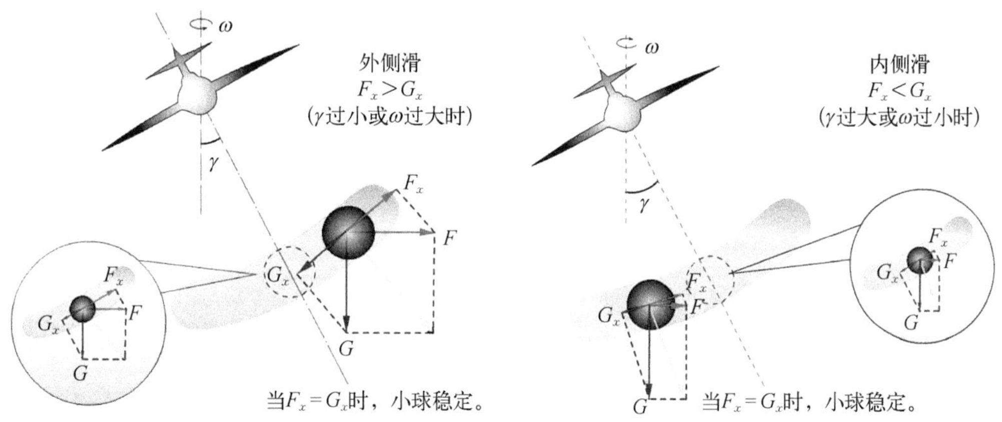

图 2-132 侧滑仪测量原理

飞机横轴受力的情况完全相似，只是小球的各分力的大小相对于飞机各分力等比例缩小，但是两组分力的大小关系完全一致。因此，如果小球出现侧滑（偏离玻璃弯管的中心位置），则表示飞机出现相同方向及程度的侧滑。

思 考 题

(1) 气压高度有哪些？所选用的基准面有什么不同？为什么需要不同的气压高度？

(2) 简要介绍气压式高度表的基本工作原理。

(3) 空速与地速的关系是什么？

(4) 空速有哪些？影响空速精度的因素有哪些？

(5) 全静压系统在测量全压和静压时，采取了哪些措施来保障测量的准确性？

(6) 典型的大气数据计算机系统包括哪些部分？各部分的作用是什么？

(7) 简单介绍三自由度陀螺的基本特性。

(8) 地平仪修正系统的工作原理是什么？简要介绍地平仪修正速度的选择原则。

(9) 根据地平仪修正原理分析，在没有修正切断的情况下，当飞机加速飞行时，地平仪测量误差的影响。

(10) 陀螺磁罗盘由哪几个系统组成？各实现什么功能？磁罗盘与陀螺半罗盘的协调速度如何选择？

(11) 罗差有哪些？产生的原因是什么？如何消除罗差？

(12) 从实现原理上来看，陀螺半罗盘有哪些误差？请尝试分析各误差的大小。

(13) 请分析二自由度陀螺的基本特性。

(14) 试分析转弯仪测转弯的原理，并分析为什么转弯仪只能粗略地反映转弯的快慢。

(15) 简单介绍侧滑仪的基本工作原理。

第 3 章
无线电导航系统

无线电导航系统将飞机看作是一个质点，研究描述飞机空间位置的方法，为飞行员操纵飞机前往目的地提供重要的引导信号，是现代飞机导航不可或缺的一部分。无线电导航系统主要利用无线电波的传播特性来实现飞机的导航。通过无线电波的发射和接收，确定飞机相对于导航台的方位、距离等导航参量，从而给飞行员提供飞机的对台位置信息，引导飞机按航路飞行。大部分的无线电导航系统属于它备式（非自主式）导航系统，即系统包含发射电波信号的地面台和接收电波信号的机载设备，机载设备需要利用地面导航台的信号才能实现导航功能。但也有部分无线电导航系统是自备式（自主式）导航系统，即机载设备自发自收电波信号来实现导航功能，如无线电高度表。

电波在理想均匀媒质中按直线（或最短路径）传播，且传播速度为常数。无线电波经电离层反射后，入射波和反射波在同一铅垂面内。电波传播过程中遇到不连续媒质时会产生反射。无线电波的这些特性是其得以导航应用的主要原因。例如，自动定向机（automatic direction finder, ADF）通过测定无线电波的来波方向确定飞机相对于地面导航台的方位。测距机通过测定无线电波在导航台和飞机之间的传播时间确定飞机到导航台的距离。甚高频全向信标（VOR）通过测定电波的相位差确定飞机的方位角，等等。它们都是基于电波的直线传播，恒定速度传播等特性。

无线电导航系统主要包括 ADF、DME、VOR、低高度无线电高度表（low range radio altimeter, LRRA）和仪表着陆系统（ILS）等。这些系统主要用于飞机的测距、测向以及着陆引导。DME、VOR 还是飞行管理计算机系统区域导航计算所需的重要传感器。各类无线电导航系统的工作频率和主要功能见表 3－1。

表 3－1　飞机上的无线电导航系统

系统名称	缩写	工作频率	主要功能
仪表着陆系统	ILS	MB：75 MHz LOC：108～112 MHz G/S：329～335 MHz	指示飞机通过信标台上空，引导飞机沿航向下滑线进近
甚高频全向信标	VOR	108～118 MHz	引导飞机沿选择的 VOR 航道飞行
自动定向机	ADF	190～1 750 kHz	引导飞机沿台飞行，指示相对方位角
测距机	DME	960～1 215 MHz	指示飞机到测距台的斜距
无线电高度表	RA	4 250～4 350 MHz	指示飞机到地面的真实高度

虽然无线电导航的方法繁多,系统各异,但大致可以分为两大类系统:一类是测角系统,通过测量电波信号来确定各种不同的角度,从而描述飞机的对台方位;另一类是测距系统,通过测量电波的传播时间来确定飞机的对台(或对地)距离。本章主要介绍民航飞机所用的几种典型的无线电导航系统,其他的无线电导航系统如塔康、罗兰-C、微波着陆等不在本书的介绍范围内。

3.1 无线电测角系统

测定飞机空间方位角是无线电导航的重要工作之一。通过无线电波确定飞机空间方位角的方法主要有两种:一种是利用机上定向设备接收地面信标台发射的无线电波,通过解调、比相等手段直接获得飞机相对地面信标台的方位角,这是民航飞机常用的一类测角导航系统,如 ADF、VOR 和 ILS 的 LOC、G/S 都属于这种方法。虽然它们的具体工作原理各不相同,所测得的方位角含义也各不相同,但都是在机上直接确定这些角度。另一种是利用地面定向设备(或雷达)测定飞机电台发射的(或反射的)无线电波的来波方向,得到飞机相对地面定向设备(或雷达)的方位角,再由地面对空通信设备把测得的方位角数据转发给飞机驾驶员。这种无线电导航手段在现代大型民用运输机中很少使用,本书不做介绍。

一般而言,无线电定向系统通常包括辐射与方位角有关的电波信号的地面信标台和利用接收到的电波信号来确定飞机方位角的机载无线电测向器。不同的测角系统使用不同的测角原理,可以得到不同的方位角信号。常见的方位角主要有电台方位角、飞机方位角和相对方位角。

电台方位角是从飞机的角度来观察电台,以飞机所处的磁北方向为基准来描述地面导航台的地理方位。从飞机所在位置的磁北方向开始,顺时针方向到飞机与电台连线之间的夹角,即为电台方位角。这种方法主要用于 VOR 系统。地面导航台为 VOR 台,因此,电台方位角也称 VOR 磁方位,如图 3-1 所示。

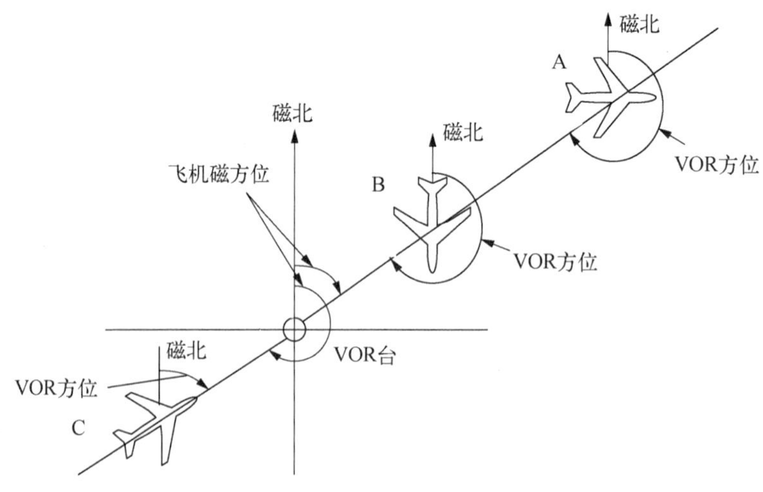

图 3-1 电台磁方位、飞机磁方位

反过来，也可以从VOR台的角度来观察飞机，也即以VOR地面台所在位置的磁北方向为基准来描述飞机的方位，这就是飞机方位角。飞机方位角是从VOR台的磁北方向开始顺时针到VOR台与飞机连线之间的夹角，也称飞机磁方位(图3－1)。

电台方位角、飞机方位角都是利用VOR系统获得的方位角，二者之间互差180°，VOR磁方位=飞机磁方位+180°。

相对方位角，又称电台航向(图3－2)，是飞机纵轴方向和飞机到地面导航台连线之间沿顺时针方向的夹角。相对方位角可利用ADF测得。

由方位角的定义可以得到各方位角之间的关系。其中，电台方位角与飞机的磁航向无关，只与飞机相对导航台的地理位置有关，电台方位角等于飞机磁航向加相对方位角。图3－1中A、B、C三架飞机的方位角及航向角分别如表3－2所示。

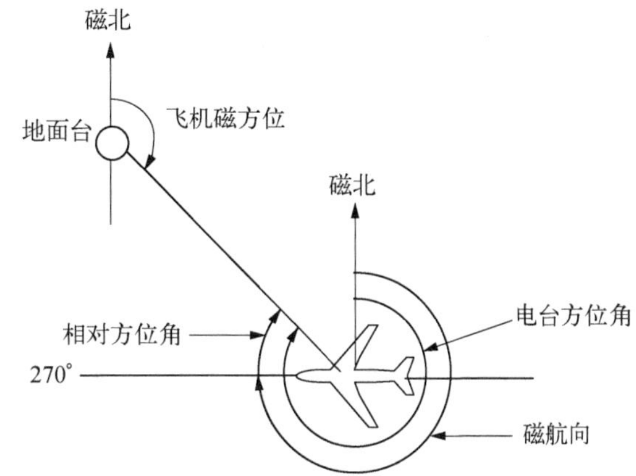

图3－2　电台方位、磁航向和相对方位

表3－2　示例飞机的航向及方位角

飞　机	飞机磁方位	飞机磁航向	相对方位角	电台方位角
A	45°	90°	135°	225°
B	45°	180°	45°	225°
C	225°	45°	0°	45°

测角系统主要是通过测量振幅或相位参量来确定相关的导航参数。振幅测角系统可使用最大值测角法、最小值测角法和等强信号测角法三种方法。最大值测角法中地面台天线辐射单波瓣方向性图，转动方向性图使接收设备输出的信号具有幅度变化，以最大输出信号强度作为角度位置。机场监视雷达对目标方位的测定就采用这种方法。这种方法的信噪比较高，并可兼用于通信信息的传输，但测角灵敏度较低，对最大值的判别不敏锐。最小值测角法是旋转用户接收设备的环形天线至收到信号为最微弱处，或发射端辐射两个彼此相切的波瓣，转动波瓣使接收设备输出最小。自动定向机使用旋转接收设备天线至信号最弱的最小值测角法，灵敏度高，信噪比低。等强信号测角法中，地面台天线辐射两个互相交叠的波瓣，转动方向性图，或方向性图固定不动，运动载体接收机通过比较所接收电波信号中两个波瓣信号的强度来确定目标角位置。这种方法兼有前两种方法的优点，ILS用的就是这种方法。

相位测角系统通过测量信号的相位来获得载体的角位置。这类系统的地面设备方向性图的旋转速度比振幅系统快得多，一般可达每秒几十转。旋转频率成为载频的振幅调制频率，调制信号的相位决定运动载体所在的空间方位。借助某一同频率的相干振荡进行比相,利用相位差求得载体所在的空间位置。VOR 属于相位测角系统。

3.1.1 自动定向机系统

自动定向机(ADF)又称无线电罗盘,是最早(20 世纪 30 年代)被用于航空的无线电导航系统,其地面导航台通常称为无方向信标(NDB),机载接收机称为 ADF。

ADF 是一种中低频近程测向设备,使用中低频频段范围内的民用调幅广播电台和航空专用 NDB 导航台的信号。其功用是测量飞机相对地面导航台的相对方位角(图 3-3),以引导飞机进行向台(TO)或背台(FROM)飞行。飞机可以测定电台的相对方位角;利用 NDB 导航台进行穿云下降;利用导航台抄收气象报告;利用民用广播电台(在无 NDB 导航台的地区)进行定向或收听新闻和音乐。

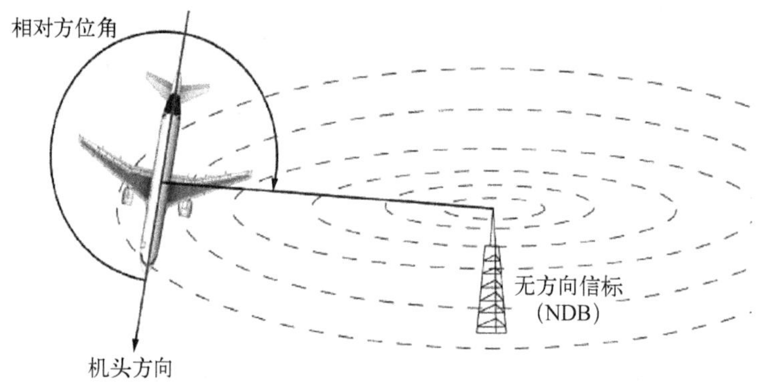

图 3-3 ADF 功能

ADF 依靠机上天线的方向特性来测定电台方位。ADF 接收机接收地面台的调幅(AM)信号,计算 ADF 地面台相对于飞机纵轴的角度,即相对方位角。自动定向机地面电台的频率范围为 190~1 750 kHz,在这个频段中,有民用广播电台(550~1 660 kHz)和 NDB 导航台(190~535 kHz),NDB 的频道间隔为 1 kHz,共有 345 个频道。

由于 ADF 工作于中、长波段,其工作很容易受到天波的干扰,测角精度较差,测角误差大约为 2°~5°,故现代民用飞机上通常只用作辅助导航系统。尽管如此,飞机上依然装备有该系统,主要是因为 ADF 除可接收 NDB 信号外,还可接收调幅广播、海岸信标的信号,信号覆盖面广,使用极为方便,也可方便地用于某些紧急情况下的导航。

3.1.1.1 ADF 系统工作原理

听收音机时,会出现信号不太好,声音较小的情况,如果转动收音机的方向,可能在某个方向上,收音机的信号就会变好,这是天线方向性的体现。ADF 利用天线接收电波信号的方向性来工作。

自动定向系统中,地面 NDB 导航台发射无方向高频信号,机载 ADF 天线接收该信号,利用天线感应的方向信号,就可以确定飞机纵轴与飞机和地面台连线之间的夹角,即相对方位角。图 3-4 为 ADF 的基本原理。

1. NDB 信号

NDB 导航台为机载 ADF 提供电波信号,包括航路 NDB 和终端区 NDB。航路 NDB 主

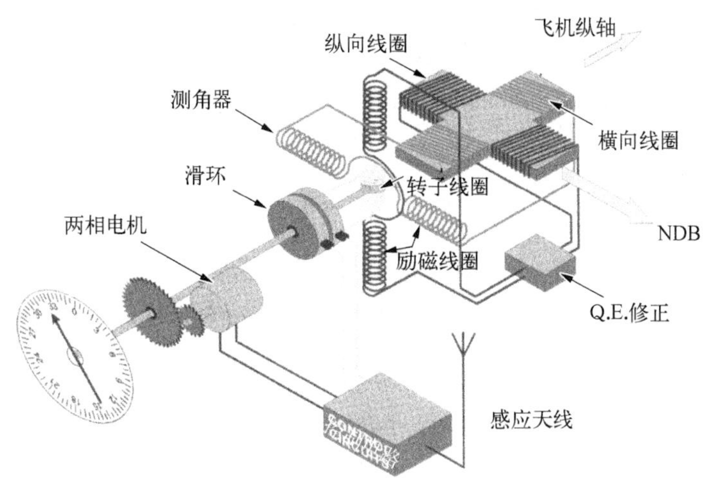

图 3－4　ADF 基本原理

要为飞机提供航路导航信号，终端区 NDB 主要为飞机进场及非精密进近提供导航信号。航路 NDB 和终端区 NDB 的主要差别在于信号辐射功率的大小，以及由此产生的信号覆盖范围的不同。图 3－5 为 NDB 地面台的原理框图。

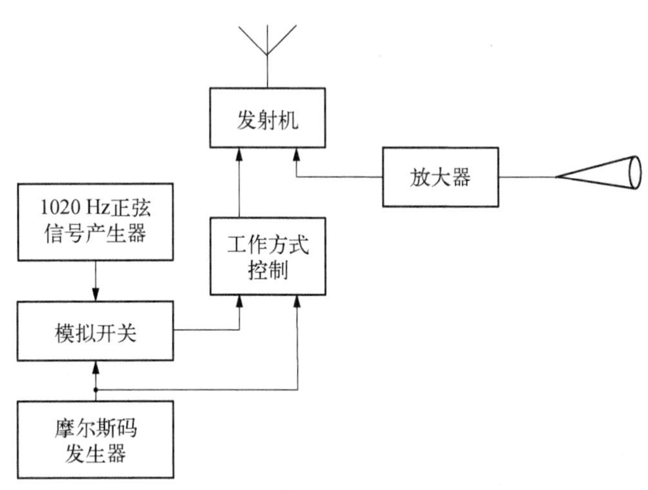

图 3－5　NDB 台原理框图

NDB 导航台除发射 ADF 测向用的幅度相同的连续信号外，还发送地面导航台的识别码。导航台的识别码一般为地名的三个英文字母的缩写，也可以是两个字母。地面台利用摩尔斯码发生器产生台识别码所对应的摩尔斯码。飞机接收到地面台识别码信号后，通过解码就可以确定信号的来源台站。

NDB 有三种基本工作状态：等幅报方式；调幅报方式；作为备用地空通话的语音方式。

NDB 台工作在等幅报方式时，在发射台站识别码时，摩尔斯码发生器产生的摩尔斯码控制发射机的调制放大器，使发射机在传号持续期间辐射等幅射频信号，在空号期间不辐射。不发射台站识别码时发射等幅载波。由于空号持续期间不辐射信号，机载 ADF 接收不到信号，方位指针会出现随机摆动的不稳定现象。因此，ICAO 规定等幅报通常只在 NDB 高密度区或 NDB 受干扰达不到其额定覆盖等特殊情况下使用。

NDB 台工作在调幅报方式时，摩尔斯码和 1 020 Hz 正弦波均被送到模拟开关，摩尔斯码控制模拟开关的通断。摩尔斯码传号持续期间，1 020 Hz 正弦波通过模拟开关，空号以及不发射识别码期间，模拟开关截止。这样，模拟开关输出的是受摩尔斯码控制的 1 020 Hz 识别音频，称为键控的 1 020 Hz 识别音频。该信号及摩尔斯码送到调制信号发生器，使发射机在传号期间发射被 1 020 Hz 调制的调幅波，其他时间则发射等幅的射频载波。调幅报方式时，NDB 始终辐射信号，ADF 一直能够输出方位信号，确保飞机测向不会中断。

2. 机载 ADF 工作原理

机载 ADF 利用天线接收地面台的信号，经过信号处理电路，确定相对方位角，驱动驾驶舱内的仪表显示。ADF 同时还解调摩尔斯识别码信号和地面音频信号，通过音频系统为飞行员提供导航台的识别信号，并可作为备用的话音通信手段。

机载 ADF 系统包括接收天线、控制面板、ADF 接收机及驾驶舱显示仪表。其中，接收天线包括垂直天线和环形天线，垂直天线是无方向性天线，也称为判读天线，用来调谐接收机和辅助辨认方向（定向的单值性）；环形天线是有方向性天线，根据其接收信号的强弱，确定天线与地面 NDB 台的相对方位。垂直天线和环形天线共同配合完成相对方位角的确定。

早期 ADF 使用的环形天线是一个装在机身外部的圆环，人工转动飞机上的环形天线寻找到一个最小信号点（哑点），哑点所对应的方向就是电台的方向。稍后的 ADF 环形天线安装在密闭的椭圆流线形壳体中，固定于飞机外部，由电动机驱动环形天线转动来寻找哑点，确定相对方位角。

现代飞机由于飞行速度增大，突出于机身外部的环形天线不适应飞机性能的要求，所以制成紧贴飞机蒙皮的扁平型固定天线，同时省掉了活动部件。这种天线用导磁率很高的铁氧体作环形天线的机芯，上面装有两个呈 90°夹角的固定线圈（正、余弦环形天线）和一个感受方位信息的转子线圈（测角器）。

（1）环形天线。环形天线多为矩形天线，垂直于飞机纵轴安装，其结构如图 3－6 所

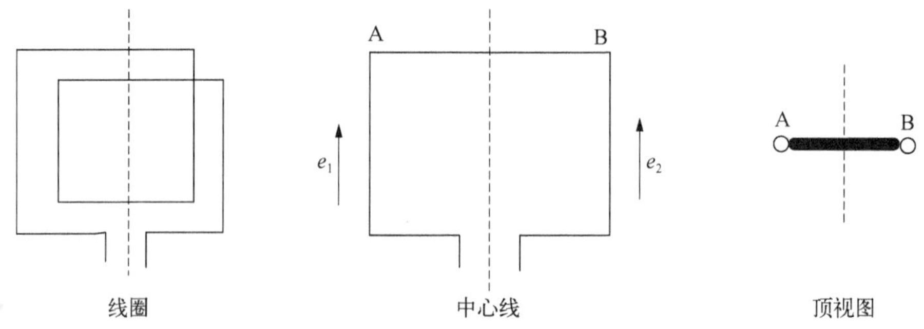

图 3－6　环形天线原理示意图

示。天线的两条水平边与电波电场强度矢量垂直，所以感应电势为0。两个垂直边A和B中产生的感应电势分别为 e_1 和 e_2，合成电势 e_L 为两条垂直边感应电势的矢量和。

当飞机与电台之间的相对方位角不同时，环形线圈输出的感应电势也不同，如图3－7所示。

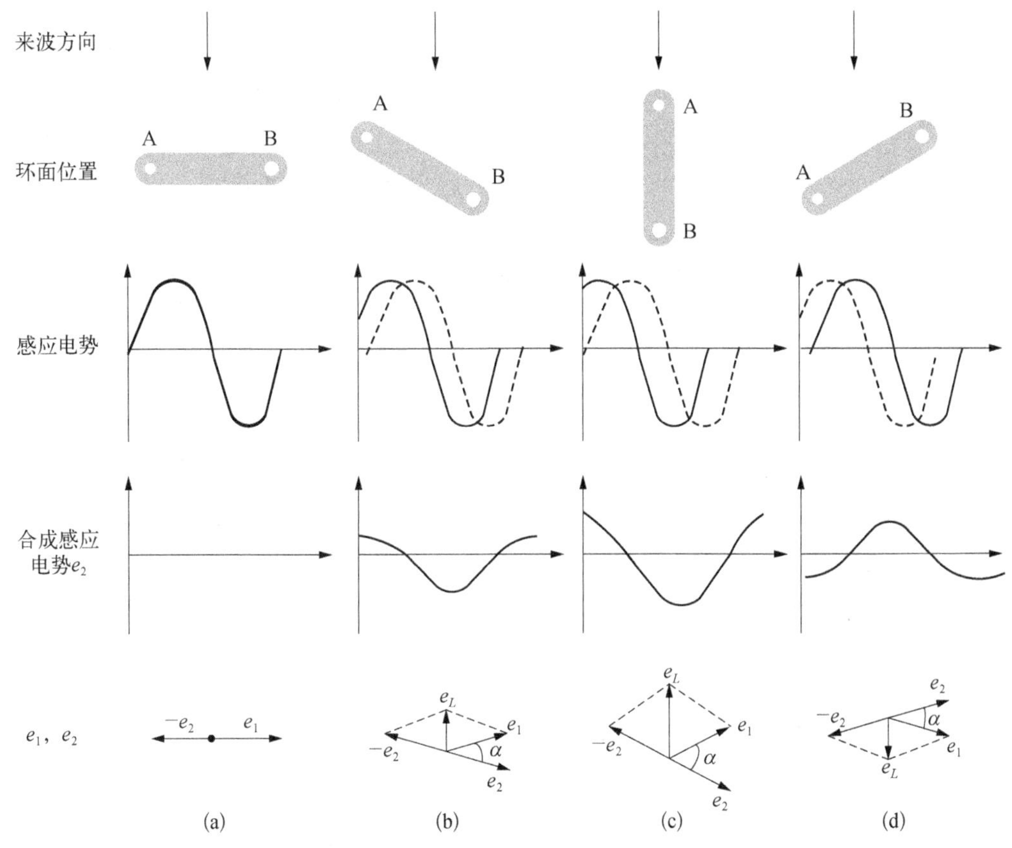

图3－7　不同来波时环形天线的感应电势

当天线环面垂直于电台来波方向时[图3－7(a)]，由于A、B两边距离来波的距离相等，感应电势 e_1 跟 e_2 同相等幅，合成电势 e_L 等于零，也就是接收天线输出信号等于零。

当飞机机头顺时针转动，带动天线偏离NDB方向，则天线环面与来波方向出现一夹角[图3－7(b)]，且A边距离NDB台比B边近，电波波面将先通过A边，再通过B边，感应电势 e_1 超前 e_2 一个相角 α，合成电势 e_L 不等于零。随着天线环平面与来波方向之间的夹角逐渐减小，A、B边距离NDB台的距离逐渐变大，相位差 α 逐渐增大，合成电势也逐渐增大。

当天线环面与来波方向平行时[图3－7(c)]，合成电势 e_L 达到最大值，接收天线输出信号最大。

继续按原来的方向转动，当环形天线转过的角度大于90°[图3－7(d)]时，电波波面将先通过B边，再通过A边，感应电势 e_1 滞后 e_2 一个相角。在与3－7(b)中关于来波方向对称角度的位置，合成电势 e_L 的相位相对图3－7(b)中的相位改变180°。

可见，合成电势 e_L 随来波方向的变化而变化，其大小为

$$e_L = h_p E_0 \cos\theta \cos(\omega t) = E_{L\max} F(\theta) \cos(\omega t) \tag{3-1}$$

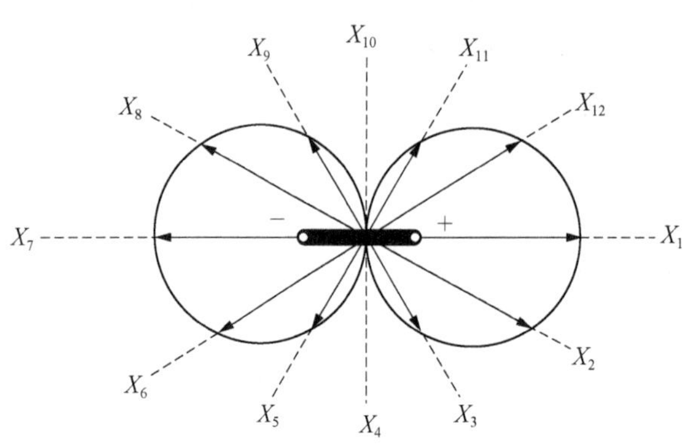

图 3-8 环形天线 8 字形方向性图

其中，$h_p = \dfrac{2\pi\sigma h}{\lambda}$ 为环形天线有效高度；$F(\theta)$ 为方向性函数。合成电势的大小与环形天线面与电台来波方向之间的夹角 θ 有关。以 θ 为极角，e_L 为矢量绘制环形天线在水平面内的极坐标图，即可得到图 3-8 所示的 8 字形方向性图。可以看出，$\theta=90°$ 和 270° 时，$e_L=0$；$\theta=0°$ 和 180° 时，e_L 为最大值；$\theta=90°$ 的方向为导航台的方向。

天线接收信号的最小值比最大值灵敏，更适于方位角的确定。但 ADF 天线接收信号为最小值的位置有两个（90°和 270°），两者相差 180°，最小值的双值性使得环形天线测得的相对方位角有模糊性。

（2）感应天线。为消除环形天线的模糊性，ADF 增加方向性图为圆的感应天线（也称垂直天线）来辅助辨向。垂直天线位于环形天线中心对称的位置，距离两条垂直边 A、B 的距离相等。由式(3-1)可知，这种情况下，垂直天线感应电势 e_V 的相位滞后 e_1 而超前 e_2，且超前、滞后的角度相等，感应电势之间的关系如图 3-9 所示。环形天线感应电势信号与垂直天线感应信号相差 90°相移。

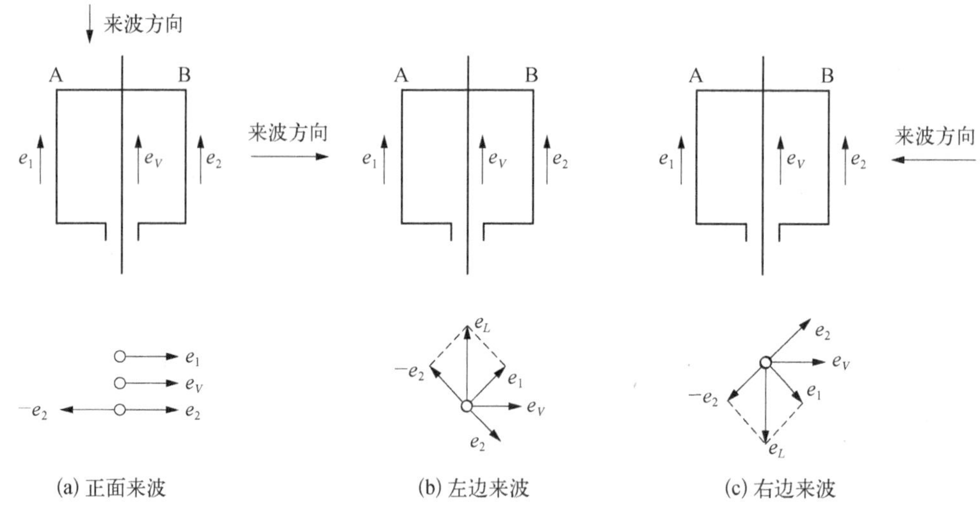

图 3-9 e_L 和 e_V 的向量图

当电波从左侧方向过来[图 3-9(b)]时，环形天线的感应电势 e_L 比垂直天线 e_V 的超前 90°，当电波从右侧方向过来[图 3-9(c)]时，由于环形天线的感应电势与从左侧方向过来时相位差 180°，而垂直天线感应电势的相位不变，环形天线的感应电势 e_L 比垂直天

线 e_V 的滞后 90°。

(3) M 型测向信号的形成及测向。由于导航台发射等幅波信号,因此,垂直天线中接收的信号仍为等幅波,即

$$e_V = E_{V\max}\cos(\omega t) \tag{3-2}$$

而环形天线中的信号与垂直天线信号相差 90°相移,即

$$e_L = E_{L\max}F(\theta)\cos(\omega t + 90°) \tag{3-3}$$

如果将环形天线的信号移相 90°后放大,再经低频信号控制的平衡调制器的平衡调制,可得信号为

$$e'_L = E_{L\max}F(\theta)\cos(\Omega t)\cos(\omega t) \tag{3-4}$$

平衡调制后的信号与垂直天线的信号相叠加,就可以得到一个调制度是电波来向函数的调幅波信号。

$$e_V + e'_L = E_{V\max}[1 + m(\theta)\cos(\Omega t)]\cos(\omega t) \tag{3-5}$$

其中,$m(\theta)=\dfrac{E_{L\max}}{E_{V\max}}F(\theta)$ 为信号调制系数,随来波方向(电台方位)的变化而改变。通过测定调制系数即可确定来波方向,这种方式也称振幅式 M 型定向。图 3-10 为 M 型 ADF 定向(转动天线)原理方框图。

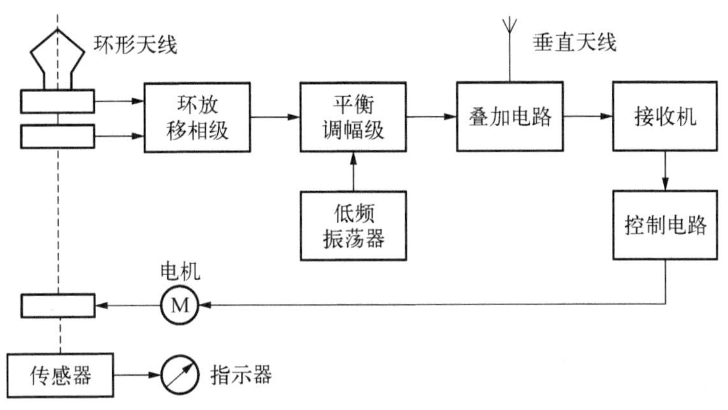

图 3-10　M 型 ADF 定向(转动天线)原理方框图

只要调制系数 $m \neq 0$,接收机控制电路就会输出信号,通过放大器放大,驱动同步电机带动环形天线向感应电势减小的方向转动,直至感应电势为 0,相当于 8 字形方向性图的零值点对准了地面导航台,电机带动环形天线转过的角度就是相对方位角。

1) 固定天线(带旋转测角器)M 型 ADF

现代机载 ADF 多采用伺服式环形天线,用导磁率很高的铁氧体作机芯,上面绕有两个相互垂直的固定线圈和一个感受方位信息的转子线圈(图 3-4)。固定式环形天线的一个线圈(余弦天线 XX')沿飞机纵轴中心线安装,另一个线圈(正弦天线 YY')沿飞机横

轴中心线安装。接收信号通过馈线连接到测角器。测角器有两个励磁线圈(xx'和yy')和一个转子线圈。两个励磁线圈连接到两个固定式环形天线的线圈上,转子线圈则用来感受两个励磁线圈中产生的合成感应电势,这就是环形天线接收到的信号。图 3-11 为环形天线与测角器励磁线圈的连接图以及两个固定天线的 8 字形方向性图。

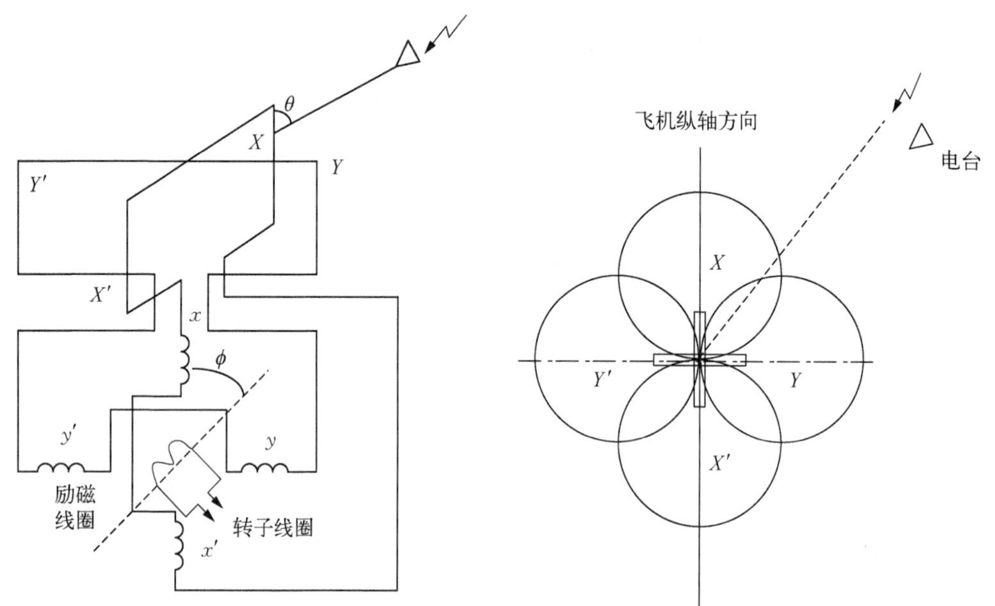

图 3-11　正余弦环形天线及天线方向性图

两个固定的环形天线接收到电波后,产生的感应电势互相垂直,振幅分别与 $\cos\theta$ 和 $\sin\theta$ 呈正比:

$$V_1 = E_{1m}\cos(\omega t)\cos\theta \tag{3-6}$$

$$V_2 = E_{2m}\cos(\omega t)\sin\theta \tag{3-7}$$

式中,θ 对应地面导航台的来波方向。它们使测角器的两个定子线圈(励磁线圈)产生互相垂直的磁场:

$$X_1 = H_1\sin(\omega t)\cos\theta$$

$$X_2 = H_2\sin(\omega t)\sin\theta$$

当两个固定天线线圈和两个励磁线圈一致性很好时,可以认为 $E_{1m} = E_{2m}$,则 $H_1 = H_2$。

$$X_1 = H\sin(\omega t)\cos\theta$$

$$X_2 = H\sin(\omega t)\sin\theta$$

这将在测角器中形成一个合成磁场:

$$X = \sqrt{X_1^2 + X_2^2} = \sqrt{H^2\cos^2\theta + H^2\sin^2\theta}\sin(\omega t) = H\sin(\omega t)$$

在该合成场的作用下,测角器的转子线圈中所产生的感生电势为

$$e = E_{0m}\sin \varphi_L \cos(\omega t)$$

式中,φ_L 为转子线圈平面与合成磁场方向的夹角。如果转子线圈平面法向与飞机纵轴方向一致,则 $\varphi_L = \theta$。

转子线圈感应电势通过放大器驱动同步器电机带动测角器转子线圈向感应电势减小的方向转动,直至感应电势为0,相当于8字形方向性图的零值点对准地面导航台,此时,转子线圈转过的角度就是相对方位角。这样就可以利用测角器转子线圈的转动代替环形天线的转动。转子线圈旋转的过程也可以称为导航台来波的搜索过程。

旋转测角器式ADF垂直天线是安装在机身外部的隐蔽式天线,可减小静电干扰,也不影响飞机的空气动力性能。

使用固定天线(测角器)的M型ADF原理框图如图3-12所示。环形天线接收的信号经放大器放大后,移相90°,以便在环形天线与来波方向垂直时,同垂直天线接收信号同相或反相相加,然后进入平衡调制器。平衡调制器也称换相器,受低频振荡器或方波发生器振荡电压的控制。环形天线信号随低频振荡器每半周换相一次(即转换180°)。换相后的环形天线信号输入接收机的叠加环路(加法器),与垂直天线的接收信号相叠加,叠加后的信号即为调幅波信号[式(3-5)]。

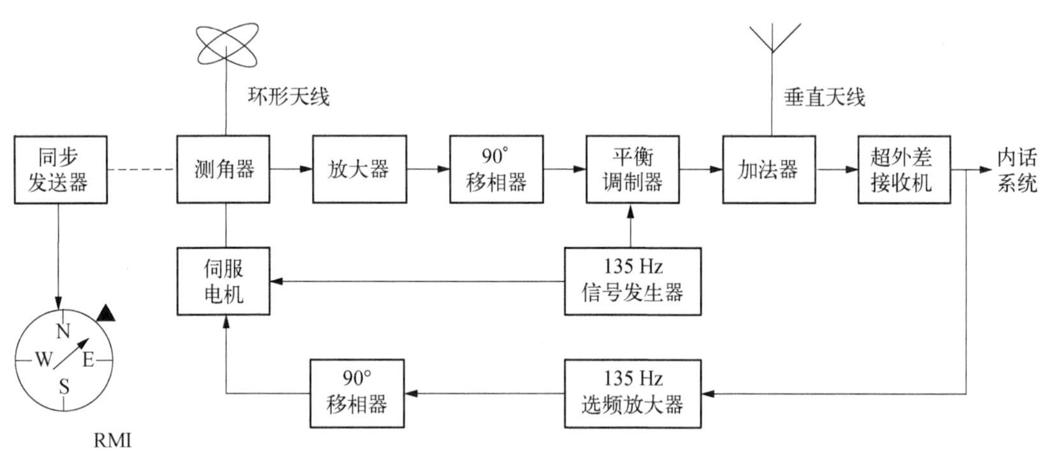

图3-12 正余弦天线M型ADF原理框图

利用超外差接收机对调幅波信号进行处理,经过混频、中放、检波等环节,就可以得到音频信号和低频定向信号。音频信号经音频放大后发送给内话系统,供飞行员用耳机收听,监听导航台摩尔斯码信号或地面台预录的音频信号。利用选频放大电路将低频定向信号分离出来,移相90°后驱动伺服电机带动测角器的转子线圈转动,直至转子线圈输出为零,转过的角度即为相对方位角,该信号同时通过同步发送器驱动无线电磁指示器(radio magnetic indicator, RMI)上的ADF指针转动,显示相对方位角。

2) 固定天线(无测角器)ADF

随着信号处理技术的发展以及计算机的应用,带有测角器的环形天线逐步被无测角

器正余弦天线所取代,这种无测角器的固定天线利用正余弦天线的感应信号通过信号处理技术,计算获取飞机的相对方位角,如图 3-13 所示。

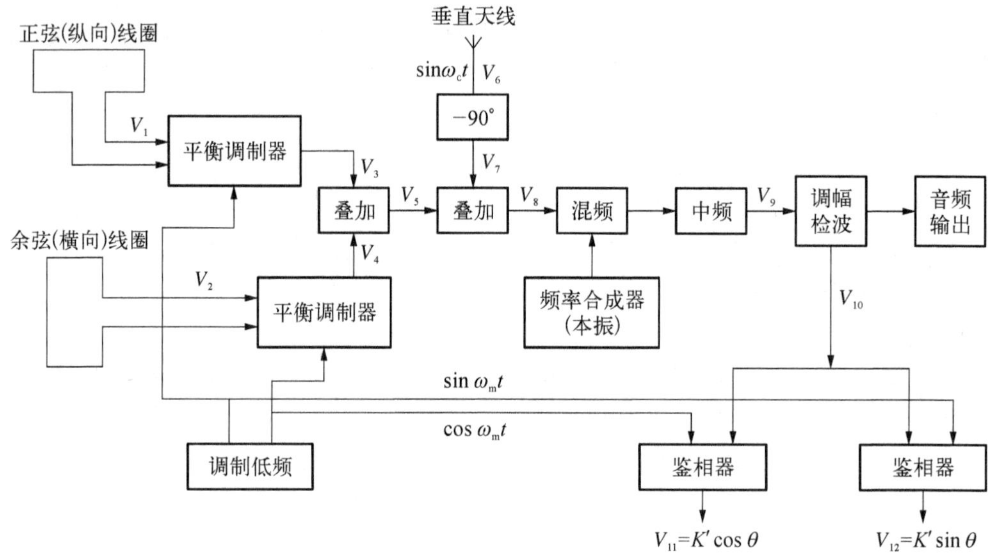

图 3-13　无测角器 ADF 信号处理流程图

根据前述固定环形天线的正余弦天线的分析,NDB 台发射高频等幅波时,正余弦天线产生的感应电势信号 V_1、V_2 分别如式(3-6)和式(3-7)所示。利用两路正交的低频调制信号在平衡调制器中分别完成对 V_1、V_2 的调制,输出调制信号 V_3、V_4。

$$V_3 = E_{3m}\cos\theta\cos(\omega t)\cos(\Omega t) \tag{3-8}$$

$$V_4 = E_{3m}\sin\theta\cos(\omega t)\sin(\Omega t) \tag{3-9}$$

调制后的信号在叠加电路中叠加后输出 V_5,V_5 中包含相对方位角的函数:

$$V_5 = E_{5m}\cos(\omega t)\cos(\Omega t - \theta) \tag{3-10}$$

垂直天线信号 V_6 经 90°移相后得到 V_7,与 V_5 相加,得到和信号 V_8:

$$V_8 = V_5 + V_7 = E_{8m}\left[1 + \frac{E_{5m}}{E_{8m}}\cos(\Omega t - \theta)\right]\cos(\omega t) \tag{3-11}$$

可见,V_8 信号可视为以低频信号调制的调幅波信号,调制系数为 E_{5m}/E_{8m},方位信息蕴含在调制信号的相位中,属于相位测角系统。

V_8 信号经超外差接收机混频、放大后,得到中频信号,将该信号检波后输出摩尔斯码信号发送给机载音频系统用于飞行员的监听。包含方位角的信息加到两个鉴相器,调制器的两个低频正余弦信号也分别加到两个鉴相器,鉴相后的信号经过低通滤波器即可获得与相对方位角的正余弦成正比的两个输出信号 V_{11} 和 V_{12},由此获得相对方位角 θ:

$$\theta = \arctan\frac{V_{12}}{V_{11}} \tag{3-12}$$

ADF－700 型无测角器固定天线式 ADF 的方框图如图 3－14 所示。

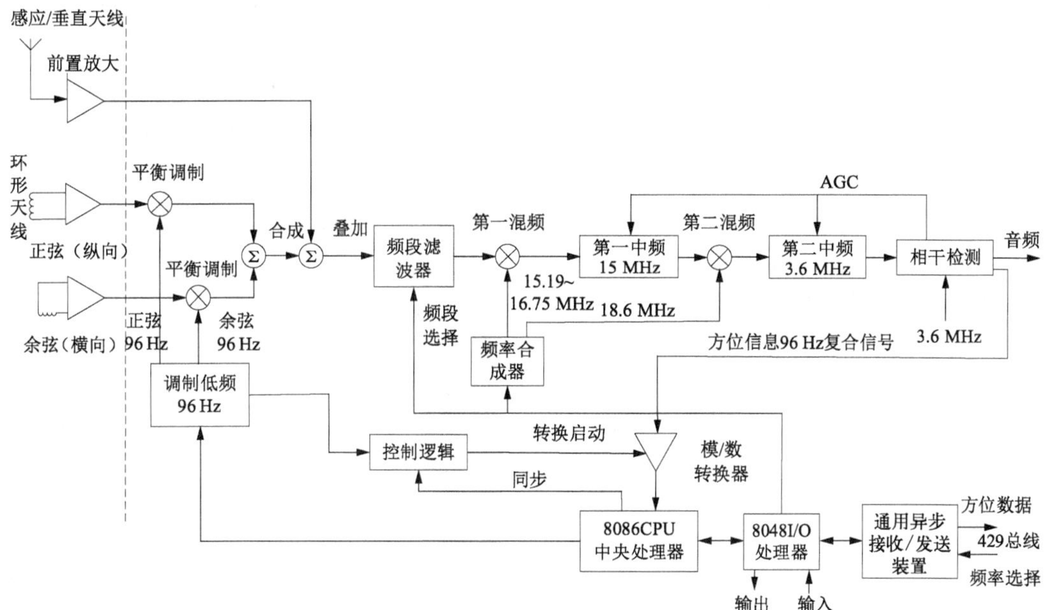

图 3－14　ADF 接收机原理框图

环形天线与垂直天线信号叠加后，经滤波器输出与频率合成器产生的第一本振(15.19～16.75 MHz)和第二本振(18.6 MHz)信号进行混频、放大滤波，得到 3.6 MHz 的中频信号，该信号是信号处理器可处理的中频信号。

3.6 MHz 的中频信号经相干检波后输出音频信号和含有方位信息的低频复合信号，经 A/D 变换成数字信号发送给微处理器，微处理器通过相位比较确定信号相位关系，并经象限误差修正输出相对方位角数据。象限误差修正值根据 ADF 接收机的程序插钉设置来确定，它与飞机构型有关。

ADF 输入/输出接口由 ARINC429 接收器、ARINC429 发送器、主随机存取存储器和 I/O 微处理器等组成，用于提供 ADF 接收机与其他系统的接口，包括接收 ADF 控制面板的调谐频率，发送相对方位角信号等。

3. ADF 误差

电波在传播过程中，由于电离层、大气条件(温度、湿度等)、地表性质、地理环境和人为干扰等原因，会导致自动定向机出现误差。同时，ADF 设备本身和天线安装等问题也会引起误差。ADF 误差主要包括以下几种。

1) 静电干扰

大气放电时，会辐射多种频率的电波，其中影响最大的是中波和长波。ADF 接收到大气电的杂波时会使 ADF 指针摆动或缓慢旋转，难以辨别准确的电台方位。飞机在雷暴云附近飞行时，由于雷暴云大量放电会使 ADF 方位指针突然偏向雷暴云方向。

空中的雨、雪、冰晶和较浓的浮尘微粒也都可能带有电荷，飞机经过时，会接收这些电荷，聚积到一定程度，飞机与空气之间会发生放电(高速飞行时，可以在机翼、安定面和螺旋桨的尖端上出现电晕放电)，这种放电会影响自动定向机的定向，严重干扰时会使方位指针摆动误差在20°~40°范围内。遇到这种干扰时，飞行员应仔细辨识信号，读取方位角的平均值，或选择距离近、功率大的导航台作为引导台。

2）夜间效应

ADF工作在中波段，采用地波传播。由于电离层对电波的吸收白天比夜间强，白天200海里范围内接收机只能收到地波信号，但到了夜间，天波分量大大增强，定向极有可能同时接收到来自导航台的地波和天波。由于天波被电离层反射，使NDB的垂直极化波变为椭圆极化波，导致环形天线的水平部分产生感应电势，不仅使接收信号减弱，还使环形天线的最小值接收方向模糊(极化误差)。环形天线在正对NDB电台时合成电势不等于零，所测方位角出现误差。

夜间效应引起的误差通常为10°~15°。在日出前和日落后1~2小时内，因电离层变化最大，天波反射最为混乱，所以误差也最大。减小夜间效应的根本方法是避免接收天波。长波的波长比较长，反射较弱，所以应选择频率低、距离近的导航台，并在测定方位时注意读取平均值。

3）山区效应

电波在传播过程中，遇到山峰、丘陵和大建筑物时会发生绕射和反射。飞机在山区低空飞行时，ADF方位指针会出现偏离准确位置或摆动的现象，这种现象称为山区效应。

图3－15所示为电波的山区绕射引起的方位误差。图中，O点是导航台所在位置，飞机在A点接收到电波信号，ADF根据电波直线传播的特点推定O'是导航台的位置，由此产生方位角误差。电波的波长越长，绕射能力越强，用于定向时影响越大。

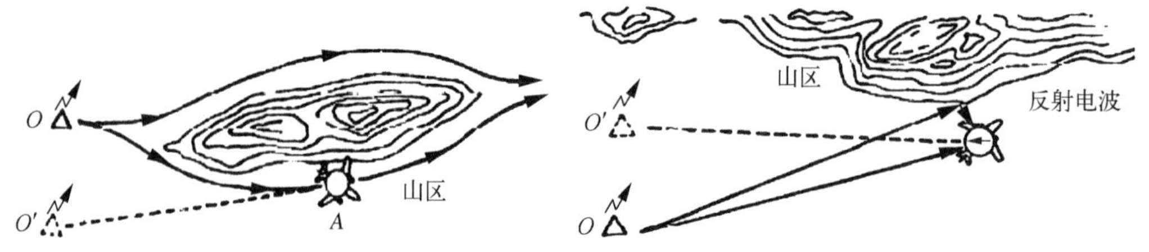

图3－15　电波绕射引起的方位误差　　**图3－16　电波反射引起的方位误差**

图3－16显示了山区电波反射所引起的误差。由于山体对电波的反射，使得飞机除接收电台O直接传来的电波外，还接收到山体反射电波，由此，ADF所测得的来波方位是直达信号和反射信号的矢量合成方向。电波的波长越短，反射能力越强。

山区效应只存在于靠近山区30~40 km的范围内，在这个范围内，山区效应的影响取决于飞机飞行高度和飞行员的重视程度，如果不注意山区效应，轻率地根据测得的方位确定飞行方向，就有撞山的危险。

为避免和减小山区效应的影响，应尽可能在目视条件下飞行，熟悉地形或在上述干扰范围以外测定方位，适当提高飞行高度，并选择合适的导航台。

4）海岸效应

电波从陆地进入海面，或从海面进入陆地时，由于陆地的导电系数比海洋小，波面在

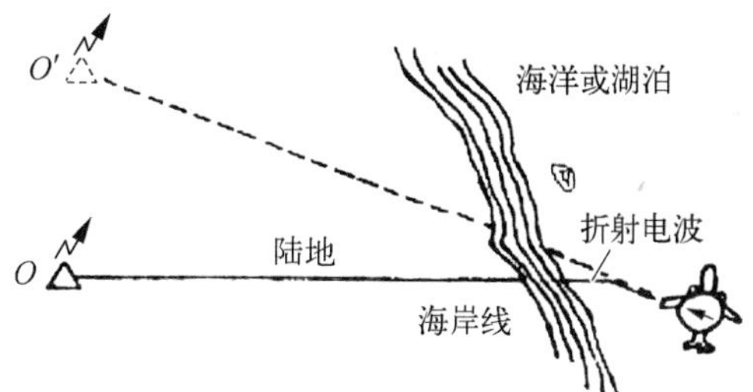

图 3-17 海岸效应误差

陆地的倾斜程度比海洋大，电波从陆地进入海洋，波面倾斜程度将逐渐减小，传播速度增大，波面方向发生偏转。由此导致 ADF 方位指针偏离电台的方位，这种现象称为海岸效应。海岸效应误差如图 3-17 所示，电台在 O 点，而 ADF 的方位指针却指向 O'的方向。

电波传播的方向同海岸线的夹角越小，波面偏转越大，引起的误差也越大；如果电波传播方向同海岸线垂直，则波面偏转程度最小，不产生误差。

海岸效应只在飞机接近地面或海面时发生，随着高度的升高，误差逐渐减小，当飞行高度在 3 000 m 以上时，海岸效应可以忽略不计。

5）天线效应

如果 ADF 环形天线不对称（天线构造或水平边两端对地分布电容不同等），则 NDB 台电波在环形天线两个铅垂边上产生的感应电势将不相等，由此导致环形天线的感应电势与垂直天线的感应电势之间的相位差不等于 90°，二者移相叠加后的信号产生附加相移，由此产生的误差称为天线异相效应，如图 3-18(a) 所示。

环形天线水平边两端除存在分布电容外，如果一边存在漏电阻，则漏电阻使其感应电势移相，相当于在环形天线上产生一个附加的移相的垂直天线信号，导致环形天线信号输出不对称的“8”字形方向性图，使零点方位发生偏移。这称为天线的同相效应，如图 3-18(b) 所示。

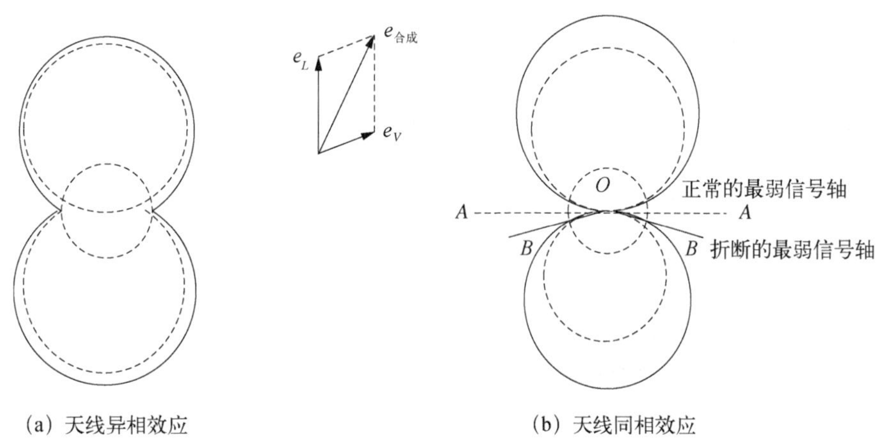

(a) 天线异相效应　　(b) 天线同相效应

图 3-18 天线效应误差

6）象限误差

地面电台的电波遇到飞机的金属部件时，会使金属部件产生感应电势，并向空间辐射微弱电波，这种现象称为二次辐射。二次辐射电波也能使环形天线产生感应电势。在这种情况下，环形天线平面不是在正对电台来波方向的位置时产生的感应电势等于零，而是在垂直电台来波与二次辐射电波的合成来波方向时产生的感应电势等于零。即环形天线平面正对的不是电台方向,而是导航台磁场与二次辐射磁场的合成磁场方向。由此而引起的误差叫二次辐射误差,或者无线电罗差。

由于二次辐射与飞机构型和来波方向有关,因此,飞机在不同的相对方位角时的无线电罗差是不同的。在0°~360°的范围内,误差周期性变化,出现两次正的最大值,两次负的最大值(图3-19)。无线电罗差可以用象限误差修正器消除,现代ADF一般在内部设置有象限误差修正表,通过程序插钉的设置来选择合适的修正参数。

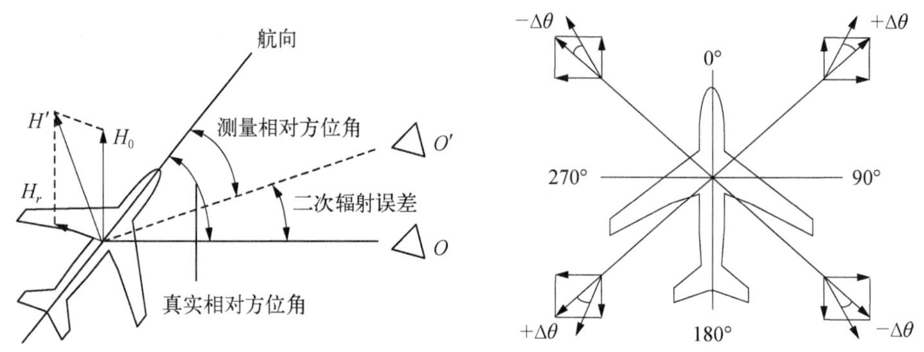

图3-19 象限二次辐射误差

7)安装误差

ADF相对方位角测定的准确度与环形天线的安装密切相关,余弦天线必须与飞机纵轴严格平行。由于安装不精确而产生的误差称为安装误差。安装误差是在任何方位角上都一致的等值误差。只要调整天线安装位置就可以消除安装误差。

3.1.1.2 NDB导航台

NDB导航台的天线有T型天线、伞式升降型天线两种。T型天线由三根水平的顶线电容器和一根中心下垂引线组成,下垂线的下端通过一个管状绝缘子拉住。天线由两端的铁塔支撑。

伞形升降式天线架设方便,采用手摇升降方式。展开高度18 m,中间安装3层拉绳。地网采用3根约18 m长的导线,按120°均匀分布。

航路中,NDB导航台信号能够引导飞机自动地对准地面导航台,沿给定的航路飞行;终端区,NDB台可以作为ILS的引导系统,将飞机引至能接收到ILS下滑信号的位置。终端区NDB导航台为低功率NDB,通常与扇形波束信标台(75 MHz指点标台)安装在一起,以便协助飞行员转入机场和在进近程序中提供定位信息。低功率NDB导航台的有效距离为15~20英里。图3-20所示为地面NDB导航台实物图。

3.1.1.3 机载ADF系统

ADF系统机载设备包括天线、ADF接收机、控制面板及方位指示器(图3-21)。控制面板用来设定地面NDB导航台的频率,为ADF接收机提供人工调谐输入信号;天线组件包括环形天线和垂直天线,二者配合来实现无模糊的相对方位角测量;ADF接收机进行信号处理并计算飞机相对于地面NDB台的方位角,将其发送到电子显示组件(display electronics unit, DEU),用于在导航显示器(navigation display, ND)上显示;相对方位角通

图 3-20　地面 NDB 导航台

常同时送给无线电磁指示器(RMI)显示;ADF 接收机处理的导航台音频信号被送到遥控电子组件(remote electronics unit, REU)用来输出音频信号,便于飞行员监听确认导航台,或收听话音信息。

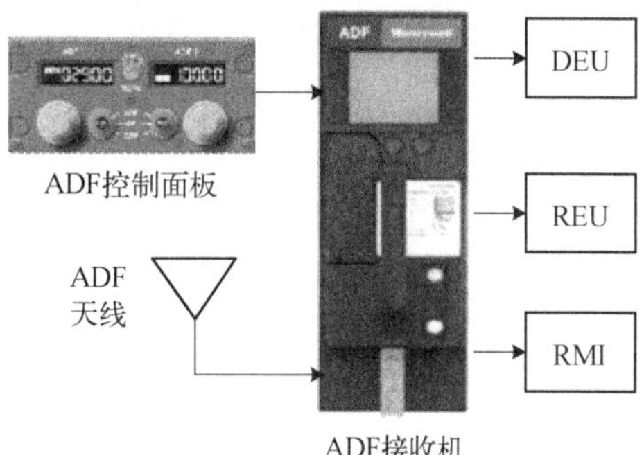

图 3-21　机载 ADF 系统

1. 天线

ADF 天线接收来自地面 NDB 台的电磁信号。现代飞机 ADF 系统一般采用固定式天线(图 3-22),实现天线的电旋转,即天线固定不动,通过测角器或信号处理实现信号的旋转。

图 3-22　机载 ADF 天线

天线用螺栓固定到飞机上,天线组件包含环形天线组件、垂直天线及电子组件,电子组件包含天线组件的放大器,放大器接收来自 ADF 接收机的直流电源。天线组件通过电气接头连接到 ADF 接收机。

环形天线含有两个相同的天线环(正弦和余弦),共享一个铁氧体磁芯。垂直天线和环形天线的正弦和余弦输出通过 L 波段滤波和静保护电路耦合在一起,然后送给两个相同的低噪声、宽动态范围的输入放大器。天线输出信号给 ADF 接收机内的天线调制器。

2. 自动定向接收机

现代机载自动定向机(图 3－23)大多采用超外差电路、频率合成器和 BCD(二~十进制)或五中取二调谐方式。

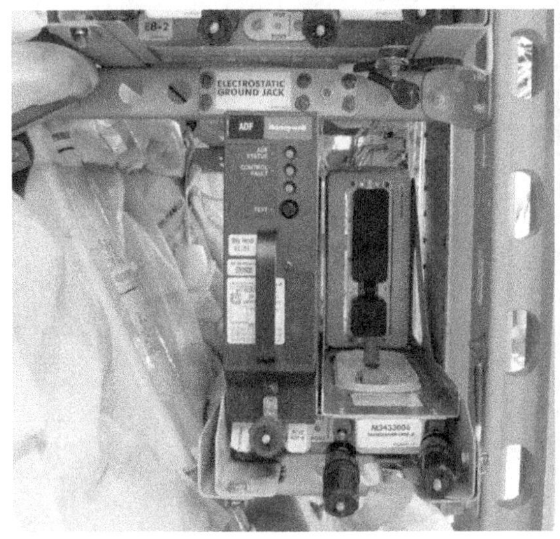

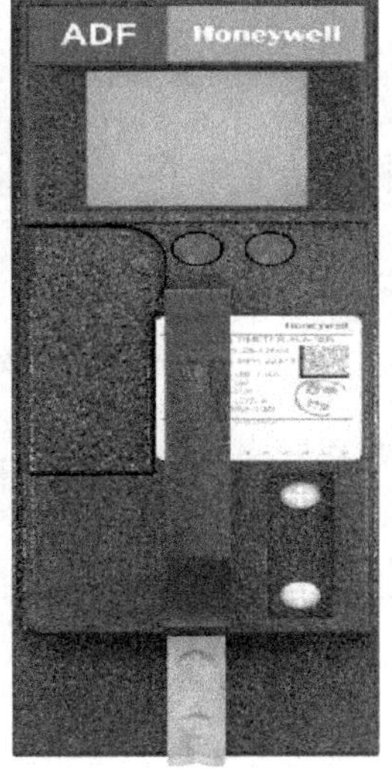

图 3－23　ADF 接收机

ADF 接收机主要包含两部分：RF 组件和主处理器。RF 组件含有环形调制与求和电路，接收部分和频率合成器部分。环形调制与求和部分接收来自天线的输入信号。环形天线输入信号调制后与垂直天线输入信号叠加，发送给 RF 带通滤波器。RF 滤波器是一个覆盖 ADF RF 频率范围的 7 波段滤波器，由来自信号处理器的调谐数据选择相应频段的滤波器。

RF 波段滤波器的信号与来自频率合成器的本振信号混频，通过中频滤波以获取信号处理器可处理的中频信号。

RF 组件将 RF 信号送给模/数(A/D)转换电路，信号处理器利用该信号计算相对方位角数据。

ADF 接收机内部通常还包括监控电路，用来监视接收信号的有效性及接收机本身的工作状态。

3. 控制面板

ADF 控制面板(图 3－24)用来设置导航台调谐频率并选择 ADF 工作方式。

话音选择器(TONE)用来打开 ADF 接收机内的差拍振荡器(beat frequency oscillator, BFO)。因为有些 NDB 导航台用等幅报发射其台站的摩尔斯码标识符，要处理这类信号，接收机必须在 BFO 模式。该电门有三个位置，分别用于选择接收机 1、接收机 2 或关断。

控制面板上有两个频率设置旋钮，用于设定导航台的频率，设定的频率显示在旋钮上方的频率显示窗内。每个频率设置旋钮包含同轴安装的三个控制钮，分别为内控制钮、中控制钮和外控制钮。内控制钮用于设定频率的十分位和个位数字，中间控制钮用于设定频率的十位数字，外控制钮用于设定百位数字。

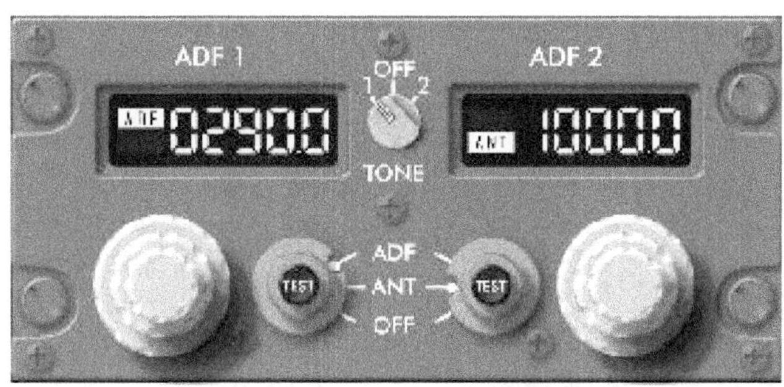

图 3-24 ADF 控制面板(B737MAX)

控制面板上的两个频率显示窗用于显示频率选择器选择的频率。显示窗上还有系统模式指示器,用于显示 ADF 接收机是处于 ADF 模式还是天线(ANT)模式。

方式选择器用来选择 ADF 的工作模式。当选定 ADF 模式时,接收机作为定向机使用,为其他设备提供相对方位数据和台站音频信息;选择 ANT 模式时,接收机作为收音机使用,接收地面电台的信号,发送台站的音频信息;OFF 模式关断接收机。测试按钮在 ADF 模式选择器上。快速按压该按钮可启动 ADF 系统自检。

不同机型的 ADF 控制面板略有不同。有的机型 ADF 系统有单独的控制面板,有的机型是与其他无线电系统共用控制面板。新型飞机的无线电导航系统的控制面板都集成到一个控制面板上,图 3-25 为空客飞机的无线电管理面板(radio management panel, RMP),可用于多个系统的调谐频率设置。

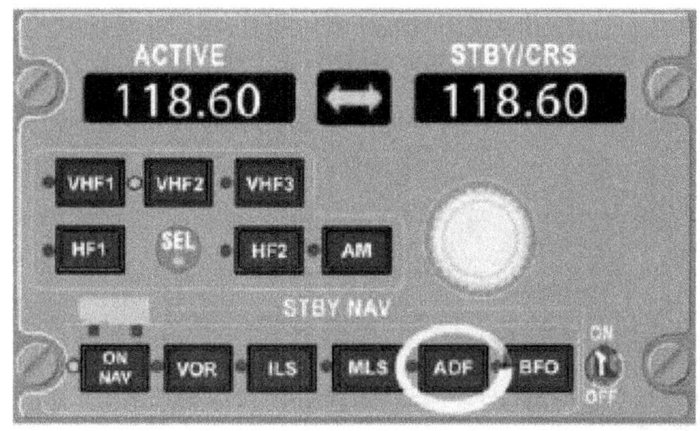

图 3-25 无线电管理面板(A320)

部分机型上的 ADF 接收机可以自动调谐,由飞行管理计算机根据飞机当前的位置在 FMC 导航数据库中自动搜索并选择适用的 NDB 台,同时将频率数据发送给 ADF 接收机。

4. ADF 方位指示

ADF 相对方位角可以显示在无线电磁指示器(RMI)、无线电距离磁指示器(radio dual distance magnetic indicator, RDDMI,空客飞机称 DDRMI)、电子水平状态指示器(electronic horizontal situation indicator, EHSI)或导航显示器(ND)上。

传统的 ADF 指示器通常以飞机纵轴为基准。指示器顶部标线顺时针方向与指针头之间的夹角即为相对方位角。RMI 和 RDDMI 指示器(图 3－26)将罗盘(磁航向)、VOR 方位和 ADF 方位的显示综合在一起。由两个指针分别指示 VOR－1/ADF－1 和 VOR－2/ADF－2 接收机输出的方位信息;两个 VOR/ADF 切换开关,用来切换指针的输入信号源。

(a) 无线电磁指示器 (RMI)

(b) RDDMI

图 3－26　多种类型的方位指示器

RMI 和 RDDMI 指示器的刻度盘是活动的,称为罗牌,由磁罗盘系统驱动。仪表能够指示 4 个角度: 顶部的固定标线(相当于机头方向)对应的刻度是飞机的磁航向: 指针由 ADF 相对方位(或 VOR 方位)和磁航向的差角信号驱动,固定标线和指针头之间的顺时针夹角为相对方位角;指针头对应的刻度是电台方位角,等于磁航向加相对方位角;而指针尾部对应的刻度为飞机磁方位,与电台方位角相差 180°。

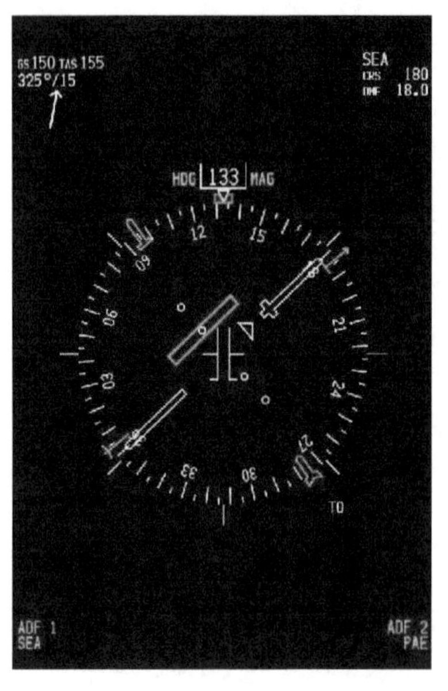

图 3－27　ND 上的相对方位指示

RDDMI 可以同时指示两部自动定向机的相对方位角或两个 VOR 台方位角,飞机磁航向和两部测距机所测斜距(DME 斜距显示在表盘上方的两个显示窗里)。

现代具有集成显示系统的大型民航飞机的相对方位角通常显示在 ND 上,如图 3－27 所示。

转动 EFIS 控制面板(图 2－45)上的显示选择旋钮,选择 ND 的显示模式(VOR、APP 或 MAP),ADF 相对方位角在这些模式下可以显示在 ND 上。当 EFIS 控制面板上的 ADF/VOR 选择开关位于 ADF 位时,ND 上相应的指针用于指示相对方位角;当 ADF 无计算数据(NCD)或 ADF/VOR 选择开关位于 OFF 位时,ND 上的相对方位角指针消失;当 ADF/VOR 选择开关位于 VOR 位时,ND 上相应的指针指示电台磁方位和飞机磁方位。

5. 音频收听

地面 DNB 台发送的台识别码被接收后通过接收机

发送给 REU，由 REU 发送到机组人员的耳机，便于机组人员监听地面台的摩尔斯码，从而判定 ADF 所调谐的地面台。音频控制面板（audio control panel，ACP）（图 3－28）可以帮助飞行员收听这些音频信号。

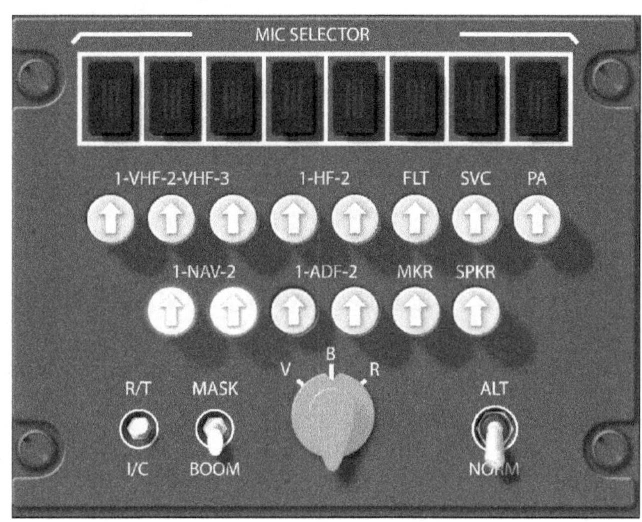

图 3－28　音频控制面板

ACP 上的语音/范围选择开关有三个不同的功能位置，当开关处于“V”位时，机组人员只能收听语音音频；位于“R”位时，机组人员可以通过耳机收听台站的摩尔斯码；当开关位于“B”位时，机组可收听音频信息和台站的摩尔斯码。

NDB 导航台通常在 1 020 Hz 信号上发射它们的摩尔斯码。某些 ADF 台站在 400 Hz 信号上发射摩尔斯码，语音/范围开关对这些台站没有影响，机组人员会始终听到台站的摩尔斯码。

3.1.2　甚高频全向信标系统

甚高频全向信标（VOR）系统是一种近程高精度相位测角导航系统，为飞机提供电台磁方位和飞机磁方位（图 3－1）。VOR 系统属于他备式导航系统，由地面导航台和机载设备组成。地面导航台通过天线发射包含相对地面导航台磁北方向方位角信息的电波信号，机载设备接收和处理地面台发射的电波信号，并通过有关的指示器指示出电台方位角或飞机方位角。

VOR 可用于定位及沿选定的航路导航（图 3－29）。VOR 导航台按照特定规律辐射方位线或称径向线，每条径向线代表一个磁方位角（磁北为基准零度）。飞行员通过机上全向方位选择器（omni-bearing selector，OBS）选择一条要飞的方位线（预选航道），控制飞机沿着预选航道飞向（To）或飞离（From）VOR 导航台，并通过航道偏离指示器指出飞机偏离预选航道的方向（左边或右边）和角度，以引导飞机沿预选航道飞往目的地。

航路下方沿途地面可以设置多个 VOR 导航台。航路上的 VOR 导航台通常被作为航

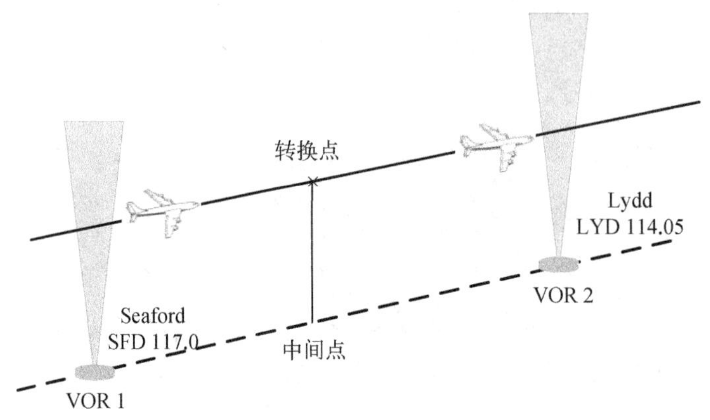

图 3－29　VOR 系统

路点，飞机按选定的航道从一个航路点飞到下一个航路点，直至到达目的地机场。图 3－30 中标示了一架飞机利用 VOR 导航台的引导从 A 点飞到 C 点的情况。飞机从起飞机场 A 点起飞，选定 VOR 导航台-1 的 225°方位线（航道）飞向 VOR 导航台-1，在飞越 VOR 导航台-1 上空后，选定其 90°方位线飞离 VOR 导航台-1；在航道（频率）转换点 B，切换成 VOR 导航台-2 的 270°方位线继续飞向 VOR 导航台-2，过台后按 45°方位线飞离 VOR 导航台-2……这样，通过选择不同的 VOR 方位线，一段接一段地飞行，直至到达目的地机场 C。

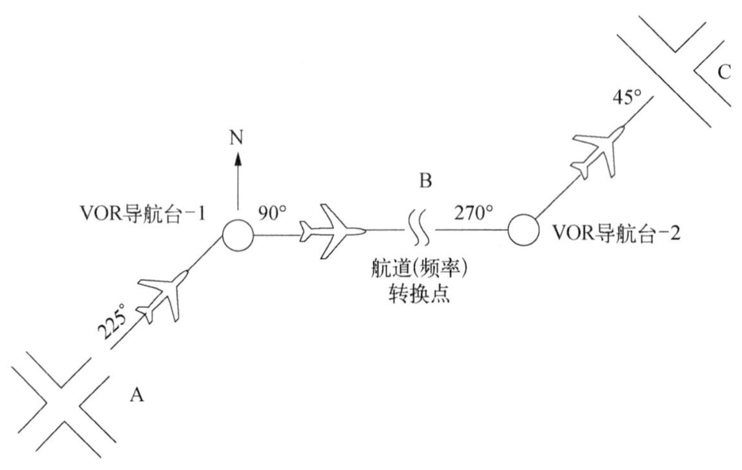

图 3－30　VOR 引导飞机沿选定航道飞行

在航道（频率）转换点，机载 VOR 接收机需要从上一个 VOR 导航台的频率转换到下一个 VOR 导航台的频率，来实现引导信号的切换，通过 OBS 设置新的预选航道。

VOR 系统还可以用于地-空通信，地面台可以发送话音信号。VOR 导航台在发射导航信号的同时还发射台识别码，以便飞行员对所选用的 VOR 导航台进行监视。

VOR 工作于 108.00～117.95 MHz 的甚高频（VHF）频段，频率间隔为 50 kHz，共有

200 个波道。其中，在 108.10～111.90 MHz，VOR 和 LOC 分享该频段的不同波道：小数点后第一位为奇数的 40 个波道分配给 LOC；小数点后第一位为偶数的 40 个波道分配给 VOR。

3.1.2.1　甚高频全向信标系统工作原理

VOR 系统利用 VOR 地面台发射电波信号，该信号包含相应的导航信息，机载接收机收到地面台发射的信号后，确定飞机的方位角参数(图 3－31)。

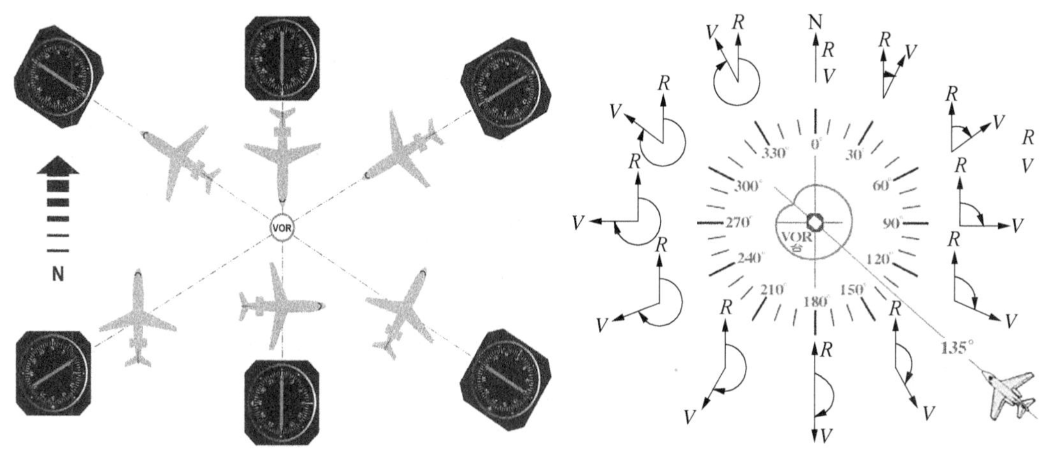

图 3－31　VOR 工作原理

VOR 地面台发射两个低频信号调制的射频信号。这两个低频信号一个是基准相位信号，另一个是可变相位信号。基准相位信号的相位在 VOR 导航台周围的所有方位上都一样，可变相位信号的相位随相对 VOR 导航台磁北方向的径向方位角的不同而变化。机载设备接收 VOR 导航台发射的两个信号，并测量出这两个信号的相位差，就可得到飞机磁方位角，根据电台方位角与飞机方位角之间的关系，飞机磁方位再加上 180°，就得到电台方位角。

1. VOR 地面台信号

VOR 地面台发射电波信号的方法有两种：旋转方向性图法和旋转无方向性天线法。采用前一种形式发射信号的地面台称为普通型 VOR 台(CVOR)，采用后一种形式发射信号的地面台称为多普勒 VOR 台(DVOR)。

1) CVOR 地面台信号

地面台发射的基准和可变低频信号都是 30 Hz 信号，为了在接收机中能够区分两个信号，VOR 台采用两种不同的调制方式。可变相位信号用 30 Hz 对载波调幅，相位随 VOR 导航台径向方位角的变化而变化。基准相位信号先用 30 Hz 对 9 960 Hz 副载波调频，然后调频副载波再对载波调幅，30 Hz 调频信号的相位在 VOR 台周围 360°方位上是相同的。这样，接收机可以用包络检波检出调幅 30 Hz(可变相位)信号；用频率检波器检出调频 30 Hz(基准相位)信号，然后对二者进行相位比较，测出 VOR 方位。图 3－32 为 CVOR 地面台信号产生的示意图。

基准相位信号由 VOR 天线系统中的基准天线发射，在空间形成全向水平极化辐射

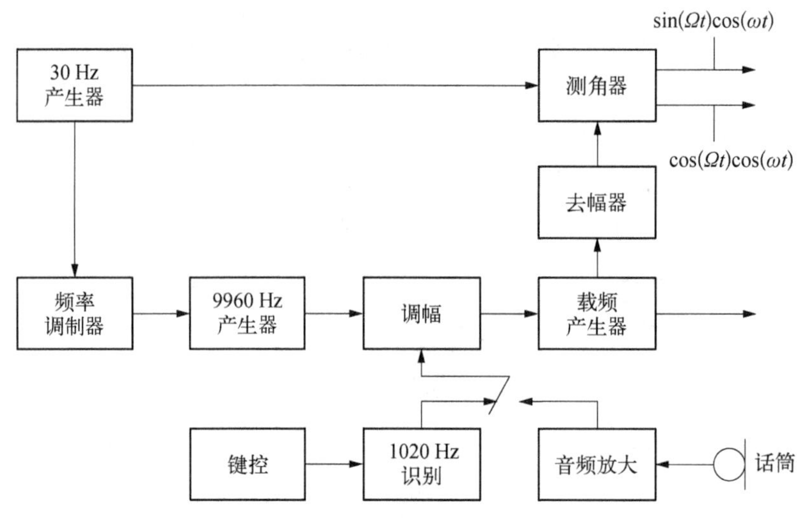

图 3-32　CVOR 地面台信号产生

场。由于调制过程是在发射机内完成的，所以在 VOR 台周围的 360°方位上，基准 30 Hz 调制信号的相位相同。

VOR 导航台可用作备用地空通信手段。在进行地-空通信时，经音频放大器放大的话音，同副载波一起对载波调幅。人的话音频率主要集中在 300～3 000 Hz 范围内，不会干扰基本的导航功能；在 VOR 接收机电路中可通过带通滤波器将话音信号与导航信号分开。在发射导航台识别码时，键控的 1 020 Hz 音频对载波调幅。导航台识别码是由 2～3 个字母组成的摩尔斯码，每 30 s 重复一次。

可变相位信号在空间形成一个 8 字形旋转辐射场。有两种方法可以产生旋转的 8 字形方向图。一种是旋转具有 8 字形方向的天线（如半波振子、裂缝天线等）；另一种是天线不动，用电气的方法使 8 字形方向图旋转。由于旋转天线比较困难，导航台大多采用后一种方法。可变相位信号的 8 字形辐射场两个波瓣的相位相反，并按 30r/s 的角频率旋转，合成的 8 字形方向性图，最大值出现的时刻取决于方位角 θ。

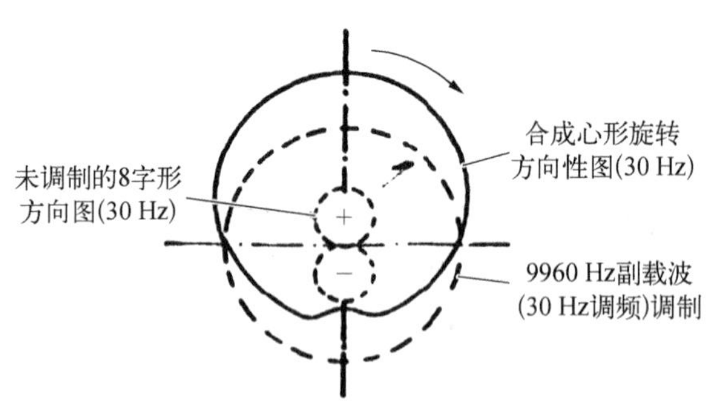

图 3-33　合成辐射场为旋转的心形方向性图

可变相位信号和基准相位信号虽然是分开发射的，但导航台周围的空间辐射场等于两者的叠加，合成辐射场是一个心形方向性图，如图 3-33 所示，并以 30 Hz 的角频率旋转，最大值时刻随方位角 θ 的改变而改变。

2）DVOR 地面台信号

DVOR 地面台天线系统由一个全方向辐射天线（中央天线）和以它为中心的圆周上均匀排列的多个（48 个或 50 个）天线圆阵组成。所有天线单元都是无方向性的。图 3-34 为 DVOR 地面台信号产生机制。

基准相位信号由 VOR 天线系统中的中央天线（基准）发射，在空间形成全向水平极化

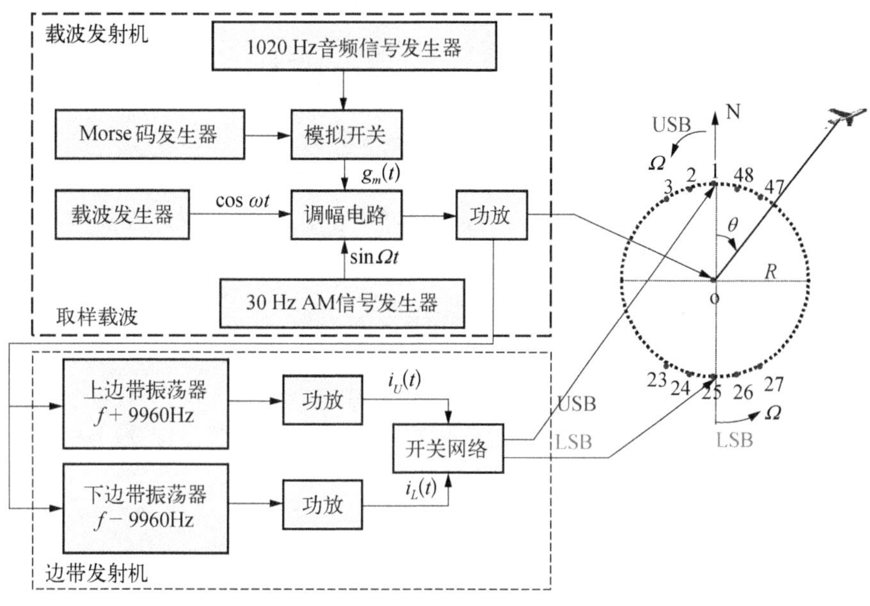

图 3-34 DVOR 地面台信号产生机制

辐射场。由于调制过程是在发射机内完成的,所以在 VOR 台周围 360°方位上,30 Hz 调制信号的相位相同,这与 CVOR 地面台相同。

可变相位信号是通过旋转无方向性天线(多普勒效应)在空间形成射频信号受天线转速调制(调频)的辐射场产生的。其中,调制信号(转速)的相位与 VOR 台的径向方位对应。

为提高测角精度,削弱场地误差(多径干扰)的影响,经常需要加大测角天线的孔径。由于天线孔径加大,用机械方法旋转天线会带来诸多不便,因此通常采用电气的方法。DVOR 通过电子开关,按逆时针顺序,依次将射频信号(上边带和下边带)馈给圆周上的各个天线对单元(圆阵相对的两个点)来发射,从而模拟天线对逆时针旋转。

圆天线阵的直径是严格选定的。直径为 13.4 m 的圆天线阵以 30 Hz 的转速转动,就可以产生大约 1 264 m/s 的圆周速度。这个圆周速度,大约相当于 VOR 无线电频率(中心频率)的 480 个波长/秒,即正好产生 VOR 指标中所要求的±480 Hz 的最大多普勒频移。这样,中央天线和天线阵信号之间的差频 9 960 Hz,由于天线阵的多普勒效应,将以 30 Hz 的速率按谐波规律变化±480 Hz,即发生频率调制,而且这种频率调制的 30 Hz 的相位又取决于 VOR 的径向方位。这就是 DVOR 产生 30 Hz 可变相位信号的原理。

DVOR 的可变相位信号和基准相位信号在空间某一点的叠加辐射信号的特征与 CVOR 的是相同的。不同的是,在 DVOR 信号中方位角 θ 隐含在 30 Hz 调频的 9 960 Hz 副载波之中。由于 DVOR 采用了宽孔径天线和双边频发射,增强了抗干扰能力,其精度大为提高。CVOR 的系统误差一般在 2°~4°,而 DVOR 通常不超过 1°。

2. 机载 VOR 工作原理

由于 CVOR 和 DVOR 空间合成信号具有相同的辐射特性,因此机载接收设备能够兼容 CVOR 和 DVOR 这两种地面台发射的信号。机载 VOR 接收机利用地面台信号用来确定飞机方位角、航道偏离和向背台信息。

1）方位测量

由于基准 CVOR 30 Hz 调频信号的相位与方位角 θ 无关，即在 VOR 台的 360°方位上相位相同。接收机首先通过幅度检波器检出 9 960 Hz 调频副载波的包络信号，并通过一个双向限幅器变成等幅调频信号。再由频率检波器检出 30 Hz 调频信号，即为基准相位 30 Hz。

由于可变相位 30 Hz 信号以 30 r/s 的速度旋转辐射，接收机所接收的信号幅度也以 30 Hz 的速率变化，相当于用 30 Hz 信号对载波调幅。经接收机包络检波器检出 30 Hz 信号。CVOR 可变相位 30 Hz 和基准相位 30 Hz 信号间的相位关系，可用图 3－35 加以说明。

在心形方向图最大值对准磁北时，使调频副载波的频率为最大值 10 440 Hz。以磁北方向作为相位测量的起始方位。若有四架飞机分别位于 VOR 台的北（磁北）、东、南、西四个方位上，同时接收 VOR 台的发射信号，四架飞机接收的基准相位 30 Hz 和可变相位 30 Hz 的相位关系如图 3－35 中所示。

在磁北方位上，两个 30 Hz 信号幅度最大值同时出现（同相），如图 3－35（a）所示。在正东方位的飞机，当心形方向图最大值旋转 90°指向正东时，30 Hz 调幅信号的峰值最大，而调频副载波的频率变成 9 960 Hz，30 Hz 调频信号的幅度变到零点。因此，在 VOR 台的 90°方位线上，接收的调幅 30 Hz 落后于调频 30 Hz 的相角为 90°，如图 3－35（b）所示。在正南方位上的飞机，当调幅 30 Hz 为最大值时，副载波频率变成 9 480 Hz，而基准 30 Hz 变成负最大值，这时调幅 30 Hz 落后于调频 30 Hz 的相角为 180°，如图 3－35（c）所示。同样，在正西方位上的飞机接收的调幅 30 Hz 落后于调频 30 Hz 信号的相角为 270°，如图 3－35（d）所示。

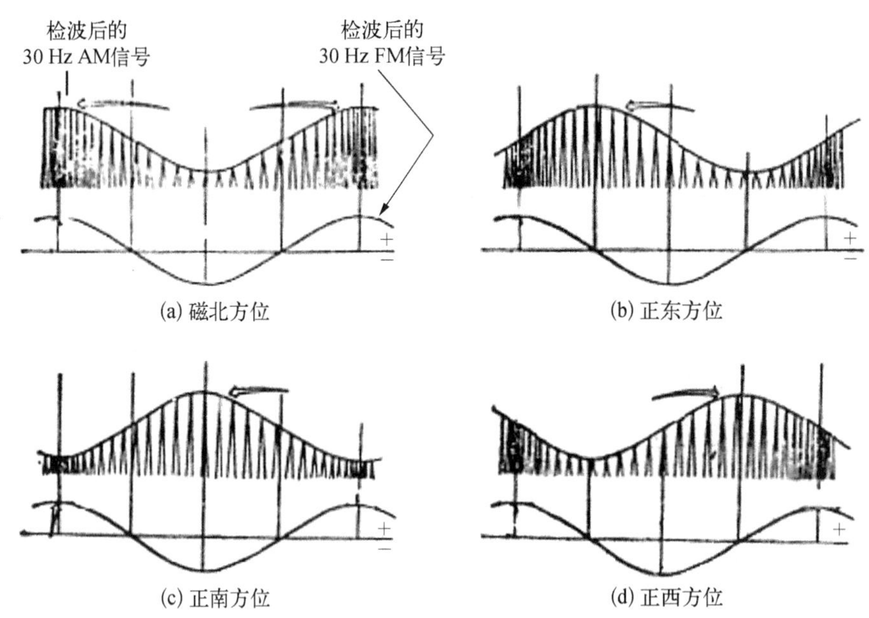

图 3－35　CVOR 基准相位和可变相位 30 Hz 信号的相位关系

可见，由于调频 30 Hz 和调幅 30 Hz 信号是同步变化的，也就是说，当心形方向图旋转一周时，9 960 Hz 副载波的频率变化一个周期。因此，在磁北方位上，调频 30 Hz 和调幅 30 Hz 总是同相的，在其他方位上，调幅 30 Hz 信号落后于调频 30 Hz 信号的相角总是等于飞机磁方位角（VOR 台径向方位）。机载 VOR 接收机接收 VOR 台的发射信号后，通过带通滤波器、鉴频器、鉴相器，测量出这两个低频调制信号的相位差，就可以得到飞机磁方位角。再加上 180°即可得到 VOR 电台方位角。

图 3－36 所示为 CVOR 基准 30 Hz 和可变 30 Hz 信号的相位关系。

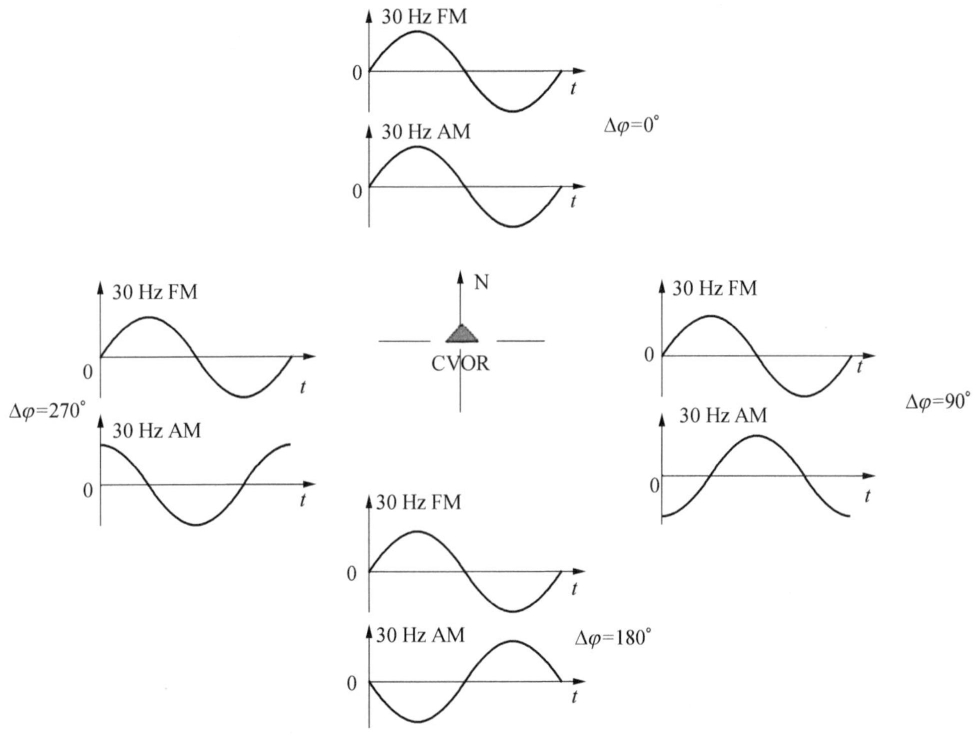

图 3－36　CVOR 基准 30 Hz 和可变 30 Hz 信号的相位关系

需要指出的是，由于实现方法的不同，DVOR 导航台发射的信号中，基准相位 30 Hz 信号使用调幅信号，可变相位 30 Hz 信号调频 9 960 Hz 副载波，调频相位信号超前调幅相位信号，即可变相位 30 Hz 信号超前基准 30 Hz 信号，但二者之间的相位差依然等于 VOR 径向方位，即飞机方位角。VOR 信号的解调和相位比较是在机载 VOR 接收机中实现的。相位检波器的输出驱动显示仪表的指针偏转。

如图 3－37 所示，超外差接收机对接收到的“全 VOR 信号”经过混频、滤波，包络检波器检波，输出 9 960±480 Hz 的调频副载波信号、识别信号及话音音频信号。对于 DVOR 接收机，经 30 Hz 低通滤波器得到基准相位 30 Hz 信号，调频副载波信号经鉴频器鉴频后得到可变相位 30 Hz 信号，可变相位 30 Hz 信号经过移相器 B 移相 180°，与检波器输出的基准相位 30 Hz 信号送到鉴相器进行比相，即可得到电台磁方位。由于 RMI 指示器的刻度盘被磁罗盘输出的磁航向驱动，会转过相应的磁航向角度，因此，需要经过差同步器的解算才能在指示器上正确指示电台磁方位和飞机磁方位（指针的两端）。

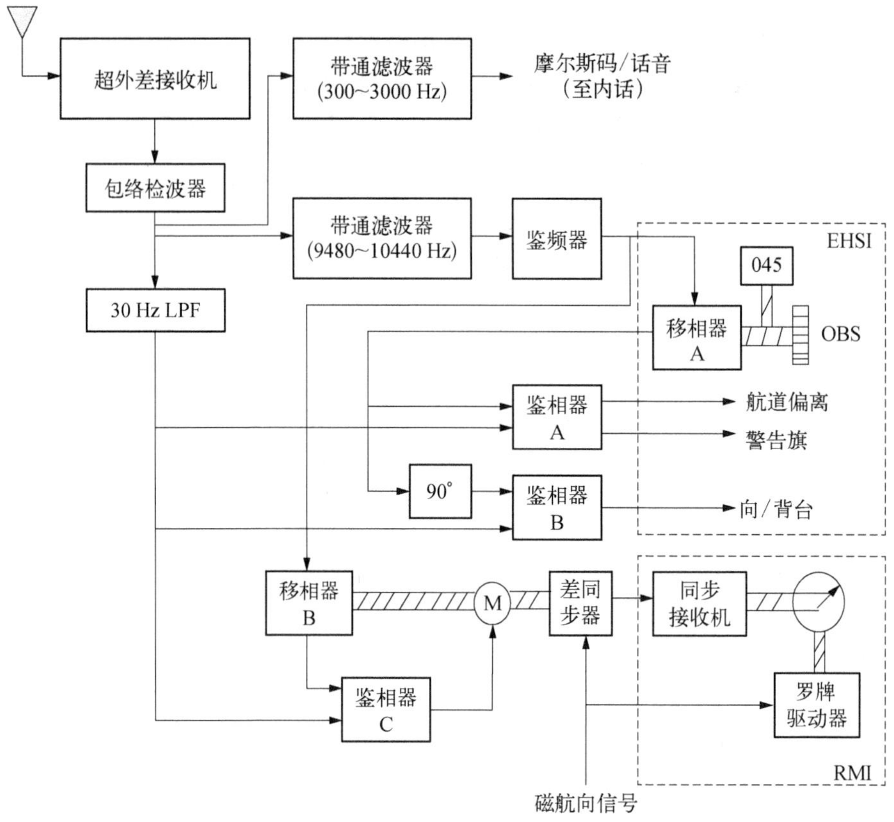

图 3－37　DVOR 机载接收机原理框图

新型 VOR 接收机方位角的测量多采用数字计数方法，将基准相位 30 Hz 信号和可变相位 30 Hz 信号的相位差转换为相应的时钟脉冲数，用脉冲个数反映方位角的大小。

如图 3－38 所示，基准相位 30 Hz 信号和可变相位 30 Hz 信号分别经放大限幅后得到方波，经微分电路后，基准相位 30 Hz 信号方波前沿产生起始计数脉冲，加到 R－S 触发器 S 端，可变相位 30 Hz 信号方波前沿产生停止计数脉冲，加到 R－S 触发器 R 端，则触发器 Q 端输出方位计数脉冲，该脉冲的宽度与基准 30 Hz 信号和可变 30 Hz 信号的相位差相对应。

方位计数脉冲期间计数器进行计数，所计脉冲个数与相位差之间的关系为

$$N = \frac{T}{360}\theta \cdot \frac{1}{t} \qquad (3-13)$$

其中，N 为计数脉冲个数；T 为 30 Hz 对应的周期；t 为时钟脉冲周期；θ 为飞机方位角。

2）航道偏离指示

航道偏离工作方式，也称人工 VOR。它要求飞行员选择一条相对某 VOR 台要飞的航道（预选航道），如图 3－39 所示，预选航道为 45°，飞机可以沿着选择的 45°方位线飞离 VOR 台（FROM）或沿所选择方位线的相反方向 225°飞向 VOR 台（TO）。机载 VOR 接收机将飞机所在的方位线与预选航道相比较，如果二者有差别，则在显示器上通过航道偏离杆给飞行员提供飞右或飞左的指示，引导飞机到达预选航道。两者是相位比较，与飞机航

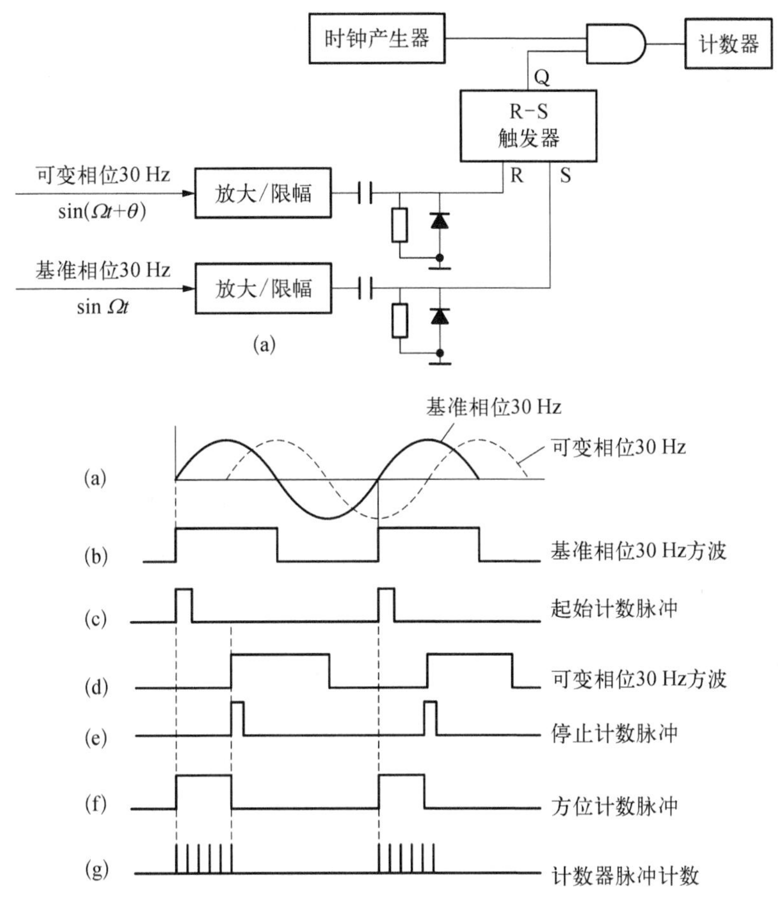

图 3－38　VOR 接收机数字方位测量原理

向无关,如果飞机在预选航道左侧,就提供飞右指示;如果飞机在预选航道的右侧,则提供飞左指示。

VOR 接收机中(图 3－37),利用 OBS 设定预选航道,通过移相器 A 将可变相位 30 Hz 信号的相位移动一个等于预选航道的角度,移相后的可变相位 30 Hz 信号和基准相位 30 Hz 信号的相位差即为航道偏离角度,通过鉴相器 A 计算该角度偏差,并驱动指示器指针指示航道偏离,引导飞行员控制飞机飞左或飞右。

3）向/背台指示

由于相位检波器有两个相差 180°的点输出都为零。因此,当飞机在 OBS 所选定的航道上或在其相反航道(相差 180°的航道)上时,相位检波器输出都为零。这意味着此时飞机可能在选定的航道上飞行,也可能在逆方向航道上飞行,

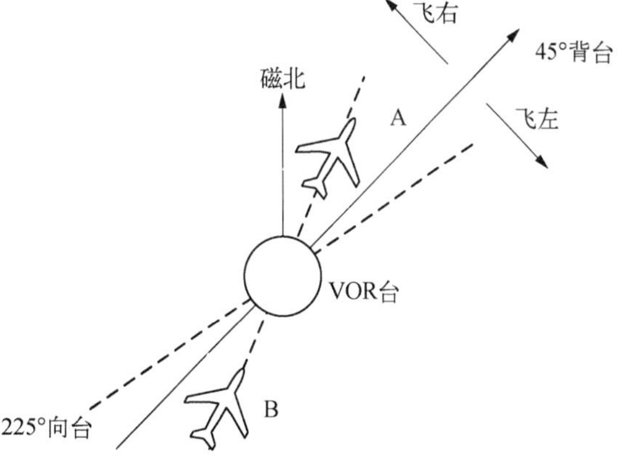

图 3－39　预选航道和航道偏离

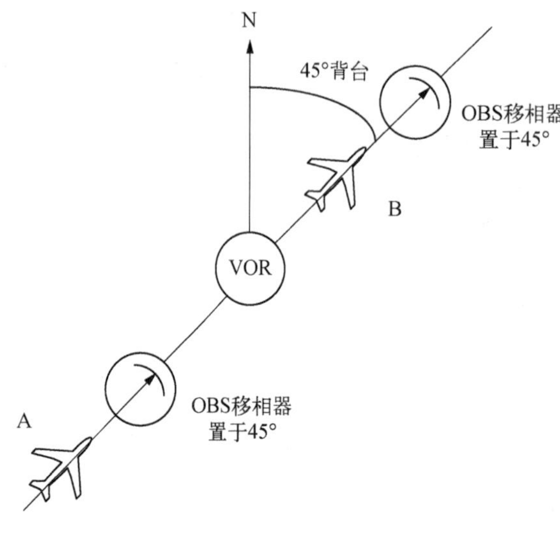

图 3－40　相位检波器零位航道

如图 3－40 所示。即，当预选航道选定后，飞机可以沿着选定航道背台(FROM)或向台(TO)飞行。在这两种情况下，航道偏离指示器向飞行员提供的飞左或飞右指示是相同的，这就产生双值性。向/背台(TO/FROM)指示的功能就是用来消除这种模糊性，指出飞机是在预选航道侧飞行还是在预选航道对侧飞行。

为解决飞机是向台飞还是背台飞的模糊性问题，在可变相位信号上加一个 90°的固定相移，将移相后的可变相位信号与基准相位信号进行比较，由此确定飞机是向台飞还是背台飞。

向/背台指示与飞机的航向无关，只取决于预选航道和飞机所在径向方位(飞机方位角)之间的差角。以图 3－41 给出的信息为例进行向/背台指示的分析。飞机向背台区域的划分是通过 VOR 台作一条与预选航道(图中为 30°/210°)正交的线(图中为 AB)，该线为向/背台指示的分界线。以 30°预选航道为例，如图中所示，如果飞机所在的径向线与预

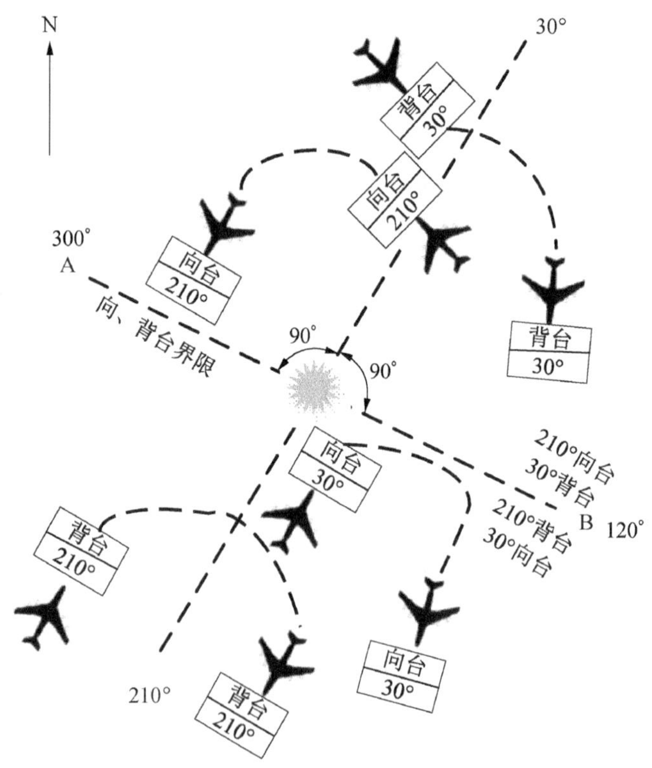

图 3－41　向/背台(TO/FROM)指示

选航道之间的夹角小于 90°（图中为 AB 线的右上侧，300°～120°径向线范围），则不论飞机的航向如何，均显示飞机为背台飞行。相反，如果飞机所在径向线与预选航道之间的夹角大于 90°（图中 AB 线的左下侧，120°～300°径向线范围），则显示飞机向台飞行。如果预选航道为 210°，则正好相反，飞机位于 AB 线的右上侧时指示飞机向台飞行；位于 AB 线的左下侧时指示飞机背台飞行。

因此，向/背台指示电路仍然是测量基准 30 Hz 和可变 30 Hz 信号的相位差，如图 3－37 所示。可变相位 30 Hz 信号经移相器 A 移相 OBS 所选的角度（相移角度等于预选航道方位）后，再经移相器 B 移相 90°，然后与基准相位 30 Hz 信号在鉴相器 B 中进行相位比较，偏差电压大于 0 时为向台飞行，小于 0 时为背台飞行，驱动向/背台指示器指示向背信息。

以图 3－41 中所示情况为例，如果飞行员通过 OBS 设置飞机预选航道为 30°，则当飞机在 30°径向线上飞行时，鉴相器 A 输出为零，航道偏离指针处于中间位置，而鉴相器 B 则有一个负信号输出，向/背台指示“FROM”。而如果飞机在 210°径向线上飞行时，鉴相器 A 输出仍为零，航道偏离指针处于中间位置；但鉴相器 B 则有一个正信号输出，向/背台指示“TO”。只有当飞机在通过 VOR 台，且在与 OBS 所选方位线相垂直的线上飞行时，向/背台指针才指向中间零位置。

4）识别信号处理

地面导航台的摩尔斯码和音频信号在超外差接收机混频、滤波、包络检波后，利用 300～3 000 Hz 带通滤波器滤波，通过 REU 送给机载音频系统。

3. VOR 系统误差

VOR 系统误差主要包括地面导航台设备误差、传播误差及机载设备误差。地面导航台设备误差和传播误差最终导致 VOR 台空间测量点的标称磁方位与机载接收机所接收的 VOR 信号磁方位之间的偏差，统称为 VOR 径向信号误差，主要包括发射机误差、天线阵误差、极化误差和场地/地形误差。

VOR 台发射机误差主要与 30 Hz 信号产生电路的稳定性及发射机通道的噪声干扰有关。30 Hz AM 信号产生电路的不稳定及噪声干扰会造成信号相位的抖动，从而影响方位角测量的精度。

天线阵误差主要包括天线阵的安装误差及天线阵对辐射场的影响。理论上，天线阵的安装应与磁北及相关磁方位严格对应，但在磁北的测量及设备的安装过程中都不可避免地会有一定的误差，这是天线阵误差。地面台天线很难保证所有方位上所辐射的载波及上下边带之间满足所要求的相位关系，这会影响 30 Hz FM 信号的相位，从而导致测角误差。VOR 台辐射水平极化波，但信号在辐射及传播过程中会出现垂直极化分量，从而对接收机形成干扰。

场地/地形对 VOR 的影响误差主要是由 VOR 台周围的地物及远离 VOR 台的山丘、森林等地貌所引起的，是 VOR 台最大的误差来源。地物、地貌对电波所造成的多径反射波对直达波形成干扰，影响空间辐射场的形成，导致 VOR 地面台的 8 字形方向性图出现分裂、畸变，使 VOR 信标在某些仰角方位内辐射信号很弱。为减小场地误差，VOR 地面台天线都安装在地网上，并对选址有严格要求。

VOR 机载接收机误差主要是 30 Hz FM 和 AM 信号相位差的测量误差及多径信号的

干扰所造成的，另外还有信号处理通道的噪声误差。相位测量误差与数字化相位测量中的计数脉冲频率密切相关[参见公式(3－13)]。

3.1.2.2 VOR 地面台

VOR 地面台通常分为三类：常规 VOR(CVOR)、多普勒 VOR(DVOR)和精密 VOR(PVOR)。CVOR 于 20 世纪 50 年代开始生产装备，为航空导航作出了巨大的贡献。但是 CVOR 对周围场地的要求很严格，当 CVOR 周围环境较差时，由于山脉和周围建筑物的反射，会造成不能接受的误差，因此 CVOR 比较适合在开阔的地势使用。DVOR 利用多普勒效应工作，采用了宽孔径天线，能够大大减弱传播误差的影响，对周围场地的要求远低于 CVOR，并且机载 VOR 系统兼容，无需更换机载设备，因此 DVOR 顺利取代了 CVOR。PVOR 虽然技术上比较成熟，且测角精度优于 DVOR，但其地面系统复杂，造价较高，且必须更换机载系统，因此 PVOR 短期内还不可能获得应用。

安装在机场附近的 VOR 台称为终端 VOR 台(TVOR)。使用 108.00~111.95 MHz 频段内的 40 个波道，发射功率约为 50 W，工作距离为 25 n mile。TVOR 台采用低功率发射，主要是为了不干扰在相同频率上工作的其他 VOR 台，且由于 TVOR 台位于建筑物密集的机场附近，多路径干扰会严重影响 VOR 的精度，因此，只能用于短距离导航。

TVOR 台通常和 DME 台或 LOC 台装在一起，DME/VOR 共址安装台可以组成极坐标定位($\rho-\theta$ 定位)系统，VOR/LOC 装在一起时，利用与跑道中心延长线一致的 TVOR 方位线，可以代替 LOC 引导飞机进行着陆。

安装在航路上的 VOR 台称为航路 VOR(enroute VOR)，台址通常选在无障碍物的地点，如山顶。这样，因地形效应引起的地形误差和多路径干扰可以大大减小。航路 VOR 使用 112.00~117.95 MHz 频段内的 120 个波道，发射功率 200 W，工作距离为 200 n mile。

VOR 系统的工作范围取决于接收机的灵敏度、地面台的功率、飞机的高度及 VOR 台周围的地形。VOR 工作范围受视距限制，而视距又受地球曲率的限制，因此，只有当飞机的飞行高度达到 30 000 ft 时，VOR 的工作距离才能达到 200 n mile。

DVOR 天线常与测距机(DME)信标台装在同一台站。图 3－42 中，圆周及圆心上布

图 3－42　VOR 地面台

置的天线为 DVOR 天线,旁边直立的是 DME 信标天线。

3.1.2.3 机载 VOR 系统

机载 VOR 系统包括控制面板、天线、VOR 接收机和指示仪表。尽管有多种型号的机载设备,处理方位信息的方法各有不同,但它们的基本功能是相似的。图 3-43 为机载 VOR 系统各部件之间的信号连接图。

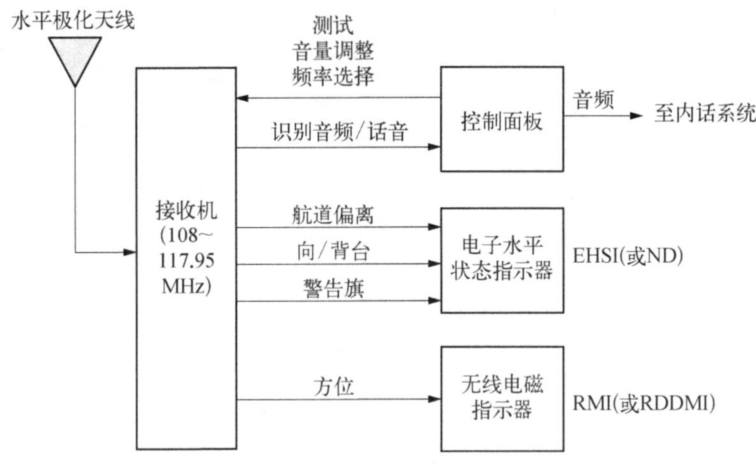

图 3-43 机载 VOR 系统各部件之间的信号连接

控制面板为 VOR 接收机提供人工选定的调谐频率或测试信号。来自 VOR/LOC 天线的 RF 信号送给 VOR 接收机,接收机计算方位角并解码导航台的摩尔斯码识别信号和台站的音频信号。台站音频和摩尔斯码台识别信号发送给内话系统,便于飞行员监听。

VOR 接收机为无线电距离磁指示器(radio dual distance magnetic indicator, RDDMI)或 RMI 提供电台方位角,以驱动方位角指针;为导航显示器(ND)或电子水平状态指示器(EHSI)提供航道偏离信号和向/背台信号,并在设备有故障时通过旗警告信号来驱动 ND(或 EHSI)上的警告旗。

此外,VOR 方位数据还发送给飞行控制计算机(flight control computer, FCC)用于数字式飞行控制系统(digital flight control system, DFCS)的 VOR/LOC 工作模式;发送给飞行管理计算机系统(FMCS)作为无线电导航辅助手段,进行飞机当前位置计算,对惯导位置进行更新。

1. 天线

VOR 天线(图 3-44)安装在飞机垂直安定面上或机身的上部,主要是避免机身对电波的阻挡,以提高接收信号的稳定性。

2. VOR 接收机

VOR 接收机(图 3-45)接收和处理 VOR 台发射的方位信息,并将相关信号发送给显示器显示或通过音频输出提供给飞行员。部分机型的 VOR 接收机与指点标(market beacon, MB)接收机集成为 VOR/MB 接收机。

VOR/MB 接收机是一个标准的 ARINC 3MCU 组件,使用 115 V,400 Hz 交流电工作。

图 3-44　VOR 天线

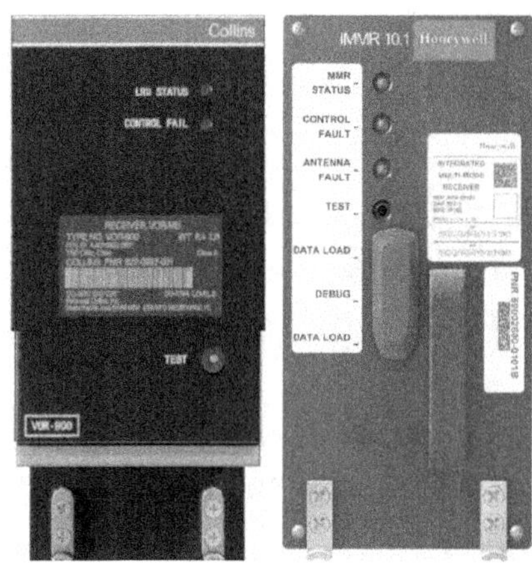

图 3-45　VOR 接收机

VOR/MB 接收机前面板上有测试按钮及状态指示灯或 LCD 显示屏。按压测试按钮可对接收机进行测试，测试结果通过状态灯指示或显示在 LCD 显示屏上。测试时，同时对接收机内部的 VOR 功能和 MB 功能测试。HONEYWELL 公司生产的接收机前面板有一内存卡插槽。可以利用这一插槽给接收机装载软件，也可在设备工作过程中存储接收机向外发送的数据。

VOR 接收机的调谐方式有自动调谐和人工调谐两种方式。人工调谐是通过飞行员人工设定地面导航台的频率来接收地面台的信号，自动调谐是飞行管理计算机利用飞机位置和导航数据库内存储的 VOR 台信息自动选择地面导航台，并将频率信号发送给 VOR 接收机，使其接收选定的地面台的信号。

人工调谐时，VOR 频率设置可以通过控制面板进行，也可以通过 FMC 多功能控制显示组件(multipurpose control and display unit, MCDU)的无线电导航页面来实现。

图 3-46 为 MCDU 的无线电导航页面。人工调谐时，选择 MCDU 的 NAV RAD 功能键就可以显示无线电导航页面，利用 MCDU 键盘在便笺行输入 VOR 台的频率或台识别码，然后按压 1L(或 1R)行选键，就可以为左 VOR(或右 VOR)选定地面台，人工调谐的频率后边会显示字母 M。如果是自动调谐，则频率后显示字母 A。利用 MCDU 键盘在便笺行输入 VOR 航道，然后按压 2L(或 2R)行选键，就可以为左 VOR(或右 VOR)接收机设置预选航道。

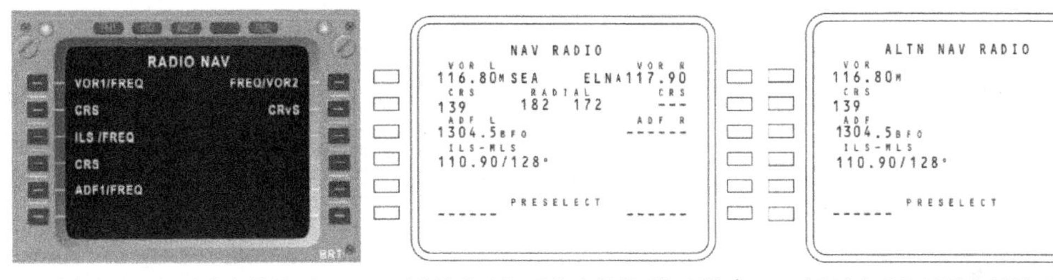

(a) 空客飞机无线电导航页　　(b) 波音飞机无线电导航页(正常)　　(c) 波音飞机无线电导航页(备用)

图 3－46　无线电导航页面

MCDU 备用模式下，只能进行本侧 VOR 的频率设置及航道选择，即左 MCDU 为左 VOR 接收机设置参数，右 MCDU 设置右 VOR 接收机的频率和航道参数。

3. 控制面板

现代飞机上，VOR 系统通常与 ILS、DME、GPS 着陆系统（GPS landing system，GLS）共用控制面板（图 3－25、图 3－47）。控制面板的主要功能是进行工作频率的设置与显示，并可利用控制面板上的测试开关对设备进行测试。

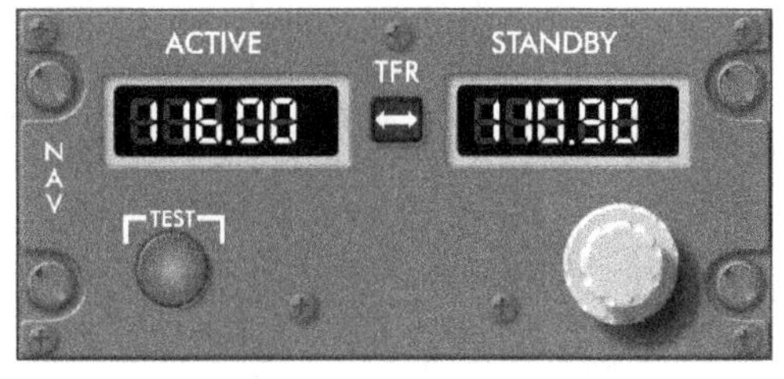

图 3－47　导航控制面板

以为 VOR、测距机（DME）、仪表着陆系统（ILS）提供频率选择控制和测试信号的导航控制面板（图 3－46）为例，导航控制面板上有频率显示窗口、频率切换开关、频率设置旋钮及测试按钮。

频率显示窗口有两个：激活频率显示窗（ACTIVE）内显示正在使用的频率，备用频率显示窗（STANDBY）内显示新设定的将要使用还未使用的频率。频率切换开关（TFR）是一个瞬时激活电门，按压该电门，就可以使备用频率显示窗内的频率转换到激活频率显示窗内，使备用频率成为新的工作频率。对于仪表着陆系统来说，该显示窗口只显示选择的 LOC 频率，与 LOC 配对的 G/S 信号频率是自动选配的。

频率设置旋钮是连续旋转旋钮，用于设置导航台的频率。该旋钮是一个双层旋钮，有内选择器和外选择器。外选择器用来设定频率的整数数字，内选择器用来设定频率的十分位和百分位数字。频率设置旋钮只改变备用频率显示窗内的数字，按压频率切换开关可以将备用频率转换为激活频率。

导航控制面板具有故障自检功能，其内部的 BITE 功能监控控制面板的工作。当控制面板故障时，激活和备用频率显示窗内显示 FAIL（故障）。

按压导航控制面板上的测试按钮（TEST）可以通过数据总线向 VOR 接收机发送测试指令，对 VOR 设备进行测试。

如果地面 VOR 台和 DME 台是共址安装的，在选择 VOR 调谐频率的同时，可以自动选择配对的 DME 的频率，也即 DME 询问器调谐到配对 DME 频率。108.00 MHz 的频率没有分配给导航设备，留作测试用。如果 VOR/LOC 接收电路共用，测试频率使用 117.95 MHz。机载接收机能够接收 108.00~117.95 MHz 所有波道，包括留作测试的频率。

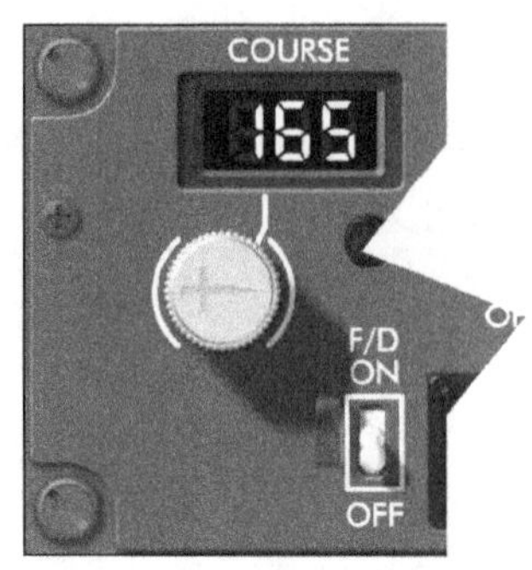

图 3-48 MCP 航道选择

4. 航道选择旋钮

飞行员预选 VOR 航道可以通过 MCDU 的无线电导航页面设置，也可以通过驾驶舱内方式控制面板（mode control panel, MCP）上的航道选择旋钮设置。转动航道选择旋钮即可设置不同的 VOR 航道，并在显示窗中显示设置的值（图 3-48）。

5. 指示器

VOR 指示器将接收机提供的导航信息显示给飞行员，飞行员根据显示信息控制飞机的飞行。VOR 的常用指示器有两种：无线电距离磁指示器（RDDMI）（图 3-26）或无线电磁指示器（RMI）、导航显示（ND）或电子水平姿态指示器（EHSI）。

在 EFIS 控制面板上选择 VOR 模式时，ND 上显示 VOR 信息（图 3-49）。具体包括：由飞机相对于预选航道的偏离信号驱动的航道偏离杆，用来指示飞机偏离预选航道的方向和角度，刻度用点来表示，每个点代表偏离 5°；由向/背台信号驱动的向背台指示器（Δ 和字母），飞机在向台区飞行时，三角形的尖头指向机头方向，在背台区飞行时，三角形的尖头指向机尾方向；利用 OBS 方位选择器或航道选择旋钮设定的预选航道驱动航道指针，指示预选航道的角度；在显示器的右上角及右下角显示所使用的 VOR 台的信息，包括台识别码以及预选航道信息；在 VOR 接收机故障或信号无效时显示 VOR 警告旗。

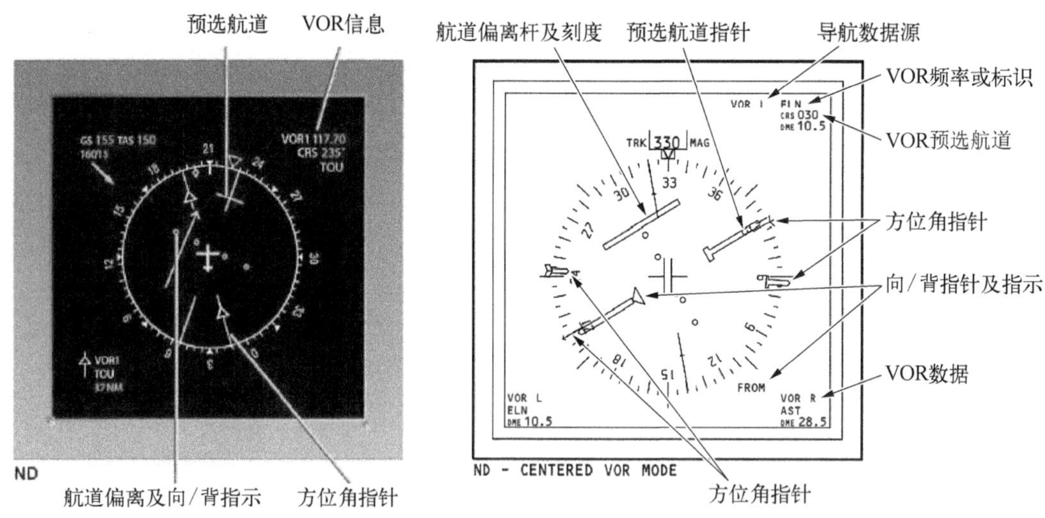

图 3-49 ND 上显示的 VOR 信息

3.1.3 仪表着陆系统

作为一种能够在气象条件恶劣和能见度差的条件下给飞行员提供引导信息，保证飞机安全进近和着陆的导航系统，ILS 在 1949 年被 ICAO 选定为飞机标准进近着陆设备。

为了保障着陆飞机的安全，目视着陆飞行条例（VFR）中规定：目视着陆的水平能见度必须大于 4.8 km，云底高不小于 300 m。但大部分机场的气象条件经常会不满足这一要求，这时就需要依靠 ILS 引导飞机着陆。

ILS 在驾驶舱内通过指示仪表为飞行员提供引导信号，飞行员根据仪表的指示操纵飞机或使用自动驾驶仪跟踪仪表的指示，使飞机沿着跑道中心线以及规定的下滑坡度，从 450 m 的高空引导到跑道入口水平面以上的某一高度上（图 3－50）。

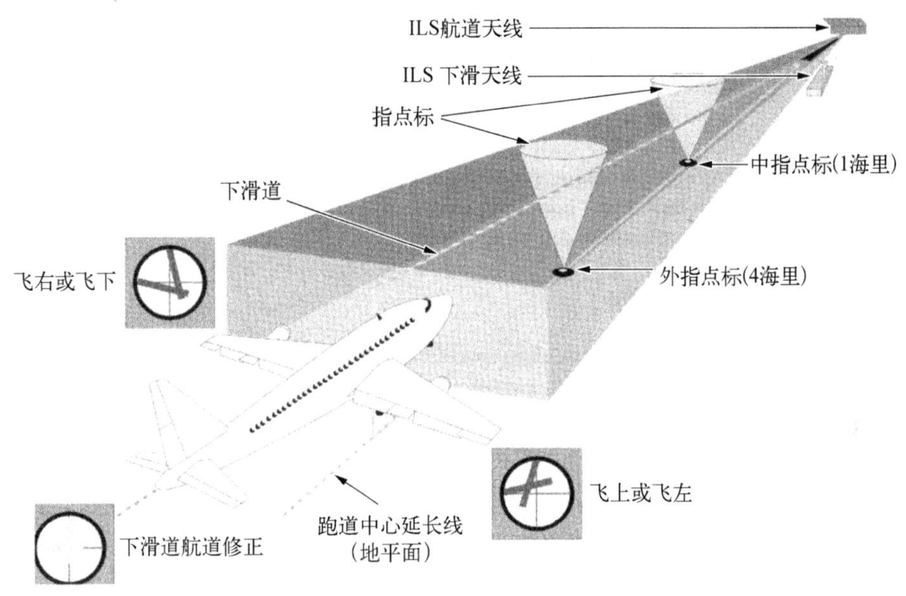

图 3－50　仪表着陆系统

根据不同气象条件下的着陆能力，ICAO 规定了三类着陆标准：CAT Ⅰ、CAT Ⅱ、CAT Ⅲ精密进近着陆标准。这三类标准主要根据跑道视距（runway visual range，RVR）和决断高度（decision height，DH）来划分，如表 3－3 所示。

表 3－3　三类着陆标准的基本参数

类　别	RVR	DH
CAT Ⅰ	≥550 m	≥60 m（≈200 ft）
CAT Ⅱ	≥350 m	30 m（≈100 ft）≤DH<60 m
CAT ⅢA	≥200 m	<30 m 或无
CAT ⅢB	50≤RVR<200 m	<30 m 或无
CAT ⅢC		

DH 是飞机着陆期间飞行员对飞机继续着陆或复飞作出决断的最低高度。在决断高度上，飞行员必须能够看见跑道才能着陆，否则应放弃着陆，进行复飞。决断高度在中指点信标（CAT Ⅰ类着陆）或内指点信标（CAT Ⅱ类着陆）上空，飞机高度由低高度无线电高度表测量。

RVR 是指当飞机位于跑道中心线，飞行员能看清跑道道面标志或跑道边灯或中线灯的最大距离。跑道视距是经大气透射仪测量后考虑大气消光系数、视觉阈值和跑道灯强度而计算的数值。RVR数值的大小与跑道灯光的强度有关。当RVR小于飞机起飞、着陆要求的数值时，应考虑将跑道灯光强度调大，直至最强（5级灯光），以确保飞机正常运行。

根据仪表着陆标准，仪表着陆系统设施也相应地分成三类，分别与ICAO规定的着陆标准相对应，并且使用相同的表示形式（CATⅠ、CATⅡ、CATⅢ）。各类别的ILS设施的性能满足相应的使用要求。

CATⅠ类ILS设施能够在跑道视距不小于800 m的情况下，以高的成功进场概率，将飞机引导至60 m的决断高度。CATⅡ类ILS设施能够在跑道视距不小于400 m的情况下，以高的成功进场概率，将飞机引导至30 m的决断高度。CATⅢA类ILS设施没有决断高度限制，能够在跑道视距不小于200 m的条件下，在着陆的最后阶段凭外界目视参考，引导飞机至跑道表面。这个过程也称为“看着着陆”（see to land）。CATⅢB类ILS设施没有决断高度限制且不依赖外界目视参考，可以引导飞机直到跑道表面，接着在跑道视距50 m的条件下，凭借外界目视参考滑行，这个过程也称为“看着滑行”（see taxi）。CATⅢC设施无决断高度限制，不依靠外界目视参考，可以引导飞机进近着陆直至沿着跑道表面着陆和滑行。

三类ILS着陆通常配合机载设备来完成。例如借助飞行指引仪或自动驾驶仪的辅助来完成Ⅱ类着陆标准的自动着陆。Ⅲ类着陆要求通常需要有更复杂的辅助设备来配合完成，不仅进近和着陆必须使用自动控制设备，而且滑跑和滑行也必须在其他电子设备的控制下来完成。

3.1.3.1 仪表着陆系统的组成

ILS实质包含了三个子系统，分别是下滑信标、航向信标和指点信标及它们所对应的机载系统。下滑信标（glideslope, G/S）提供一个与跑道平面成3°左右夹角的下滑面，航向信标（localizer, LOC）提供一个位于跑道中心线且垂直于跑道的航向面。下滑面与航向面的交线就是飞机的下滑线。在跑道中心延长线上，通常布置远、中、近3个指点信标（MB），用于提示飞行员在该点上飞机应该截获下滑道、到达Ⅰ类和Ⅱ类决断高度等。

航向信标的工作频率范围为108.10～111.95 MHz，频道间隔为50 kHz，航向信标使用小数点后第一位为奇数位的频率，共有40个波道，另外40个波道VOR使用。下滑信标工作频率为329.15～335 MHz的UHF波段，频率间隔150 kHz，共有40个波道。指点信标台发射的电波频率均为75 MHz。

航向信标和下滑信标的工作频率是配对使用的。机载LOC接收机和G/S接收机是统调的，控制面板上只能选择和显示LOC道频率，G/S频率自动配对调谐。航向信标和下滑信标的频率配对关系见表3－4。

表3－4　LOC和G/S频率配对表（单位：MHz）

LOC	G/S	LOC	G/S	LOC	G/S
108.10	334.70	108.35	333.95	108.70	330.50
108.15	334.55	108.50	329.90	108.75	330.75
108.30	334.10	108.55	329.75	108.90	329.30

续　表

LOC	G/S	LOC	G/S	LOC	G/S
108.95	329.15	110.10	334.40	111.15	331.55
109.10	331.40	110.15	334.25	111.30	332.30
109.15	331.25	110.30	336.00	111.35	332.15
109.30	332.00	110.35	334.85	111.50	332.90
109.35	331.85	110.50	329.60	111.55	332.75
109.50	332.60	110.55	329.45	111.70	333.50
109.55	332.45	110.70	330.20	111.75	333.35
109.70	333.20	110.75	330.05	111.90	331.10
109.75	333.05	110.90	330.80	111.95	330.95
109.90	333.80	110.95	330.65		
109.95	333.65	111.10	331.70		

3.1.3.2　仪表着陆系统工作原理

ILS 系统的三个子系统分别为飞机提供横向、垂直和距离引导信号。对应的机载接收机接收地面台的信号，并将其转换成直观的偏离显示和灯光提醒，帮助飞行员或自动驾驶仪实现飞机的安全着陆。航向信标和下滑信标的引导信息主要显示在 ND（或 EHSI）上，指点信标信息利用不同颜色的指示灯指示。ILS 地面台在机场的配置情况如图 3－51 所示，不同机场地面台距离跑道的距离会有一定的差别，但都在标准要求的范围内。内指点信标仅在具备 CATIII 类着陆标准的机场安装。

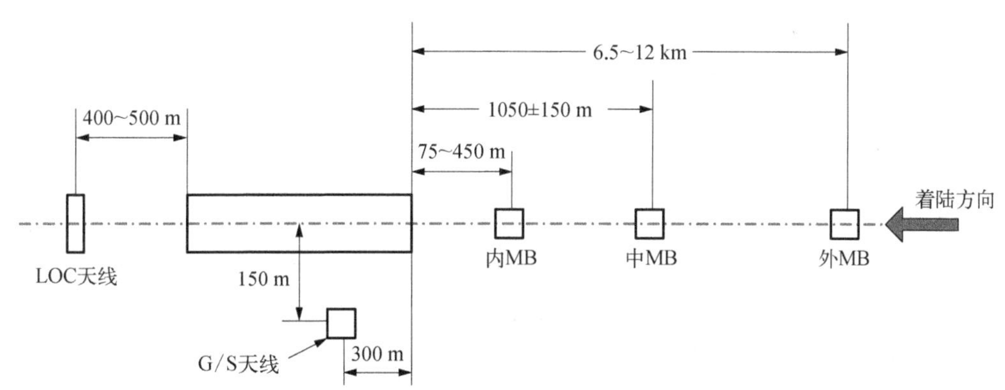

图 3－51　ILS 系统的机场配置图

航向信标（LOC）为飞机提供跑道中心线的位置。LOC 地面台天线产生相对跑道中心线对称的 90 Hz 和 150 Hz 调制信号的辐射场，该辐射场在通过跑道中心延长线的垂直平面内，机载接收机接收到航向信标发射的信号后，比较 90 Hz 和 150 Hz 信号的调制度差，得到飞机偏离跑道中心线的偏差值，利用机载显示系统在驾驶舱仪表板的导航显示（ND）或电子水平姿态指示器（EHSI）上显示航道偏离的大小和方向，引导飞行员控制飞机保持在跑道中心线上。如图 3－52 所示，如果飞机在航向道上（图中飞机 C），即飞机对准跑道中心线，则驾驶舱内 LOC 的偏离指示为零；如果飞机偏离在航向道的右侧（图中飞机 A）或左侧（图中飞机 B），则驾驶舱内 LOC 偏离指针就向左或向右偏离，为飞行员提供“飞左”或“飞右”的引导指令。在反航道上（图中飞机 D），LOC 同样可以为飞行员提供正确的飞行引导，使偏离跑道中心线的飞机飞回中心线位置。

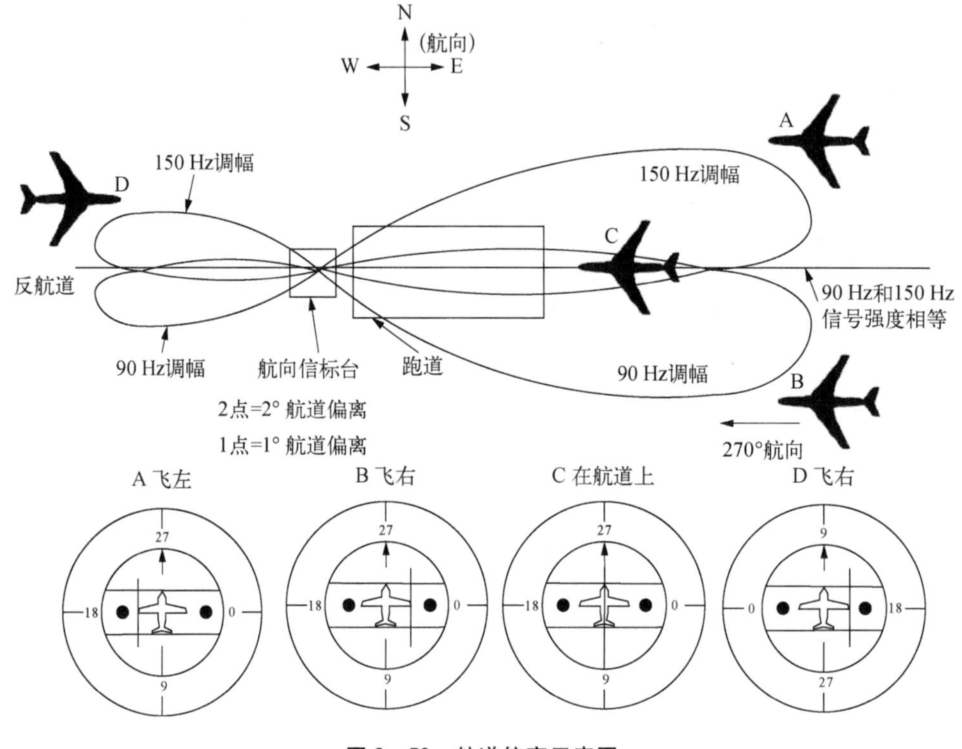

图 3-52　航道偏离示意图

下滑信标台（G/S）用来产生飞机下滑面的垂直引导信号。下滑信标台天线产生的辐射场形成飞机的下滑引导面，根据机场的净空条件，下滑引导面和跑道水平面之间的夹角一般选择 2°~4°。G/S 天线产生沿下滑引导面对称的 90 Hz 和 150 Hz 调制信号的辐射场，机载下滑接收机接收到 G/S 信号后，比较 90 Hz 和 150 Hz 信号的调制度差，输出飞机相对于下滑面的偏离信号，显示在 ND 或 EHSI 上。如图 3-53 所示，若飞机在下滑面上（图中飞机 C），则 G/S 偏离指针显示在中心零位上，表明飞机在下滑面上；若飞机在下滑面的上方（图中飞机 A）或下方（图中飞机 B），则偏离指针偏下或偏上指，给飞行员提供“飞下”或“飞上”的引导指令，使飞机飞回下滑面。

航向面与下滑面的交线即为下滑道。飞机沿着下滑道着陆，就对准了跑道的中心线并按规定的下滑角下降，在离跑道入口约 300 m 处接地。

LOC 和 G/S 信号配合，在空间形成一个矩形延长的锥形进场航道（图 3-50）。其中，航向道宽度为 4°，下滑道宽度为 1.4°（指示器满刻度偏转的角度），飞机在这个角锥内进场。角锥形之内，飞机偏离航向面和下滑面的角度与指示器指示的角度值呈正比；角锥形之外，LOC 和 G/S 偏离指示器显示满刻度偏转，此时，根据指示器的指示，只能判断飞机

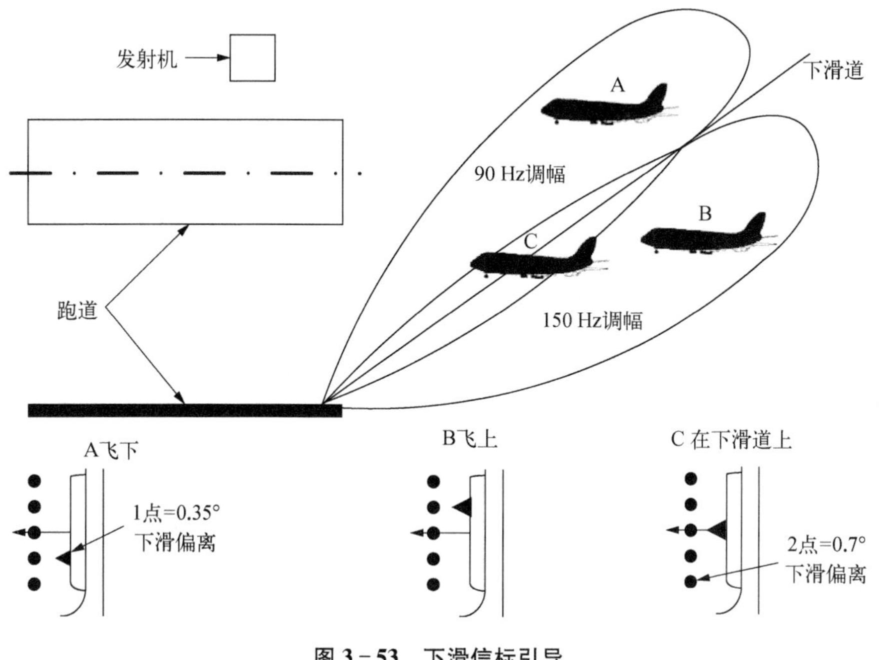

图 3-53　下滑信标引导

偏离航道的方向,无法确定偏离的具体度数。

为使飞行员能够监控 ILS 地面台的工作并确认接收到的 ILS 信号是选定的 ILS 设备发射的信号,在 LOC 载频上还发射对应特定跑道和进场方向的摩尔斯码识别信号。识别信号使用 1 020 Hz 调制频率,调制度在 5%～15%,由 2～3 个字母组成。如果需要,可在摩尔斯码最前面放国际摩尔斯码信号"I",其后加一短暂的间隙,以便飞行员从附近地区的其他导航设备中分辨出 ILS 设备。

CATI 类和 CATII 类设备的航向信标还能提供地/空话音通信,它与导航信号和导航台识别信号工作在同一波道上。话音频率为 300～3 000 Hz,话音信号的调制度不超过 50%,地面发射机调整话音调制度与识别信号调制度之比为 9 ∶ 1,且话音信号、导航信号和导航台识别信号的调制度总和不超过 95%。

在航路上的任何地方,如果需要用指点信标来标定一个地理位置,就在该位置安装一个指点信标。地面信标台天线垂直向上发射的扇形波束或倒锥形波束,以便飞机飞越信标台上空时被机载接收机接收。指点信标(MB)按用途可分为航路信标和航道信标。航路信标安装在航路上,可以提醒飞行员飞机正在通过航路上某些特定的地理位置。航道信标用于飞机进场着陆的引导,提醒飞行员飞机离跑道头的距离。指点信标系统工作如图 3-54 所示。

航路指点信标键控发射摩尔斯码来表示该指点信标的名称或地理位置。发送识别信号的间隙,载波不间断。

航道 MB 天线辐射水平极化波,外、中、内指点信标的调制频率不相同,不同导航台的识别码也不同。指点信标台的发射功率从几 W 到 100 W 不等。高功率信标台用于外指点信标和航路指点信标,这些地方飞机的高度比较高。不管是航道指点信标还是航路指

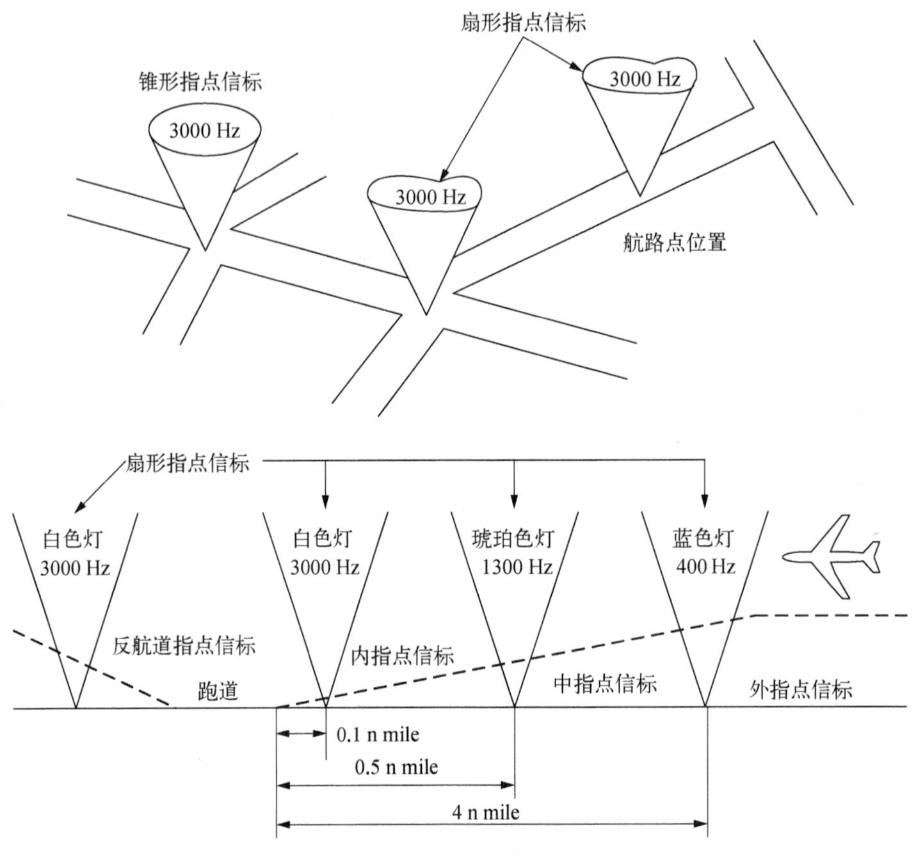

图 3－54　指点信标系统

点信标,机载信标接收机是相同的。

航道信标台沿着陆方向安装在跑道中心线的延长线上。根据跑道精密进近的等级,通常包括 2~3 个信标台:外指点信标、中指点信标和内指点信标(CAT Ⅰ 和 CAT Ⅱ 类 ILS 系统不安装内指点标,只有 CAT Ⅲ 类 ILS 安装外、中、内三个指点信标)。在一些机场还装有反航道指点信标,用于飞机从反航道进场。

当飞机飞越指点信标台上空的信号覆盖范围时,机载接收机接收到地面台的信号,根据信标台发射信号的调制频率和识别码,机载接收机点亮驾驶舱内不同颜色的识别灯,飞行员由此获知飞机距离跑道入口的距离。同时,飞行员的耳机中也可以听到不同音调的频率和识别码。

1. LOC 工作原理

LOC 利用等信号法来确定跑道中心线。等强信号型航向信标中,VHF 振荡器产生的航向信标频率分别加到两个调制器上,一个用 90 Hz 调幅,另一个用 150 Hz 调幅,两个通道的调幅度相同。调制后的信号通过两个水平极化的天线阵发射,在空间产生两个朝向着陆方向、一边相重叠的、形状相同的定向波束,左波束对应 90 Hz 正弦波调幅,右波束对应 150 Hz 正弦波调幅。在两个波束相重叠的跑道中心线位置,90 Hz 和 150 Hz 调制信号的幅度相等。

零基准信标利用直线天线阵(直线的中垂线对准跑道中心线)辐射“和-差”型信号，其中“和”信号是由天线阵辐射的，用 90 Hz 和 150 Hz 调制的调幅信号(carrier sidebonds, CSB)；“差”信号也是由天线阵辐射的，用 90 Hz 和 150 Hz 调制的纯边带信号(sidebands only, SBO)，在天线的中心线(跑道的中心线)上，SBO 为零辐射，所以这种信标又称为零基准信标。这是等信号法的改进，相对于基本的等信号法提高了信标辐射区输出参数的准确度和稳定度。

1) 航向信标地面台信号

航向信标天线安装在沿飞机着陆方向跑道远端以外 300~400 m 的跑道中心线的延长线上。图 3-55 为零基准航向信标发射机的工作原理示意图。

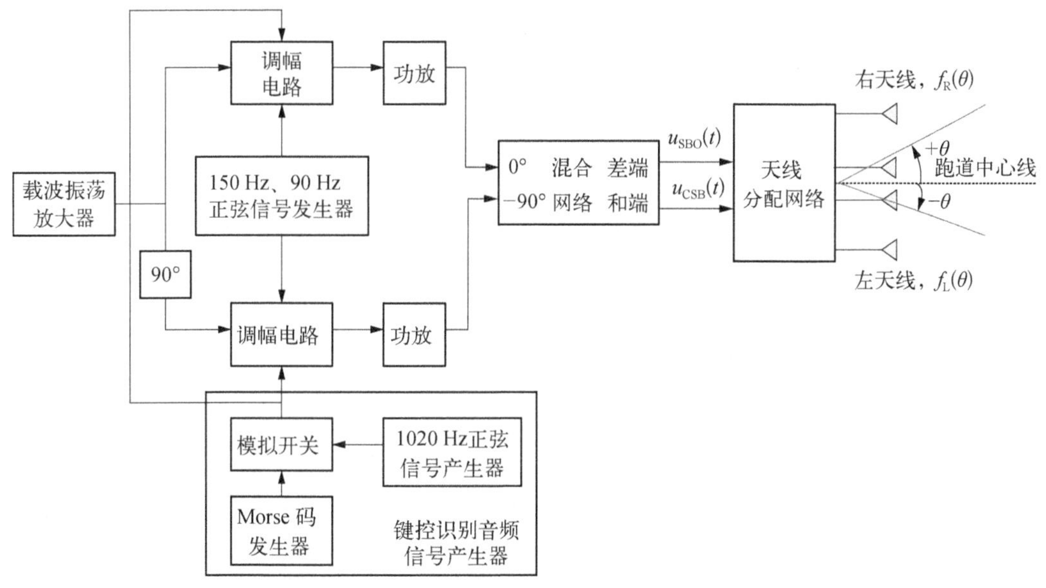

图 3-55　航向信标发射机工作原理

ILS 辐射场是一个由 90 Hz 和 150 Hz 调制的载波形成的。调制途径有两种：发射机调制和空间调制。发射机调制是在发射机内形成的；对航向信标来说，两个频率的调幅度各为 20%(±10%)。空间调制是由 CSB 和 SBO 信号在空间合成的。对等强信号型航向信标来说，空间调制度取决于天线辐射的方向性图。

零基准航向信标台的等信号通过两个交迭的方向性图产生：一个是辐射 90 Hz/150 Hz 调制的“和”信号(CSB)方向性图；另一个是辐射 90 Hz/150 Hz 调制的“差”信号(SBO)方向性图。

空间中任意一点的 90 Hz 和 150 Hz 信号的调制度等于发射机调制度和空间调制度的合成。空间任一点中两个信号调制度百分数的差值定义为调制度差 DDM，DDM 反映了该点偏离跑道中心线的程度。机载设备根据 DDM 值来驱动航道偏离指示器的指针偏移量。下面简要分析 LOC 中 DDM 值与航道偏离之间的关系。

LOC 天线阵 CSB 信号产生的方向性图特性用 $f_{CSB}(\theta)$ 表示，SBO 信号产生的方向性图特性用 $f_{SBO}(\theta)$ 表示。它们是所在点与航道中心线之间夹角的函数。LOC 辐射出去的

CSB 信号和 SBO 信号分别为

$$u_{\mathrm{CSB}}(\theta)=U_m f_{\mathrm{CSB}}(\theta)(1+m_{90}\sin\Omega_1 t+m_{150}\sin\Omega_2 t)\cos\omega t \tag{3-14}$$

$$u_{\mathrm{SBO}}(\theta)=kU_m f_{\mathrm{SBO}}(\theta)(\sin\Omega_2 t-\sin\Omega_1 t)\cos\omega t \tag{3-15}$$

式中，m_{90} 和 m_{150} 分别为 90 Hz 调制信号和 150 Hz 调制信号的调幅度，它们的标称调幅度相等，$m_{90}=m_{150}=0.2$；Ω_1 为 90 Hz 调制信号的角频率；Ω_2 为 150 Hz 调制信号的角频率；ω 为载波角频率；k 是 SBO 信号相对于 CSB 信号的幅度。SBO 信号无载波，由两个边带信号组成。

CSB 和 SBO 两个波束的辐射场在空间相叠加，由此合成的空间辐射场为

$$\begin{aligned}u_T&=u_{\mathrm{CSB}}(\theta)+u_{\mathrm{SBO}}(\theta)\\&=U_m f_{\mathrm{CSB}}(\theta)\left[1+\frac{m_{90}f_{\mathrm{CSB}}(\theta)-kf_{\mathrm{SBO}}(\theta)}{f_{\mathrm{CSB}}(\theta)}\sin\Omega_1 t+\frac{m_{150}f_{\mathrm{CSB}}(\theta)+kf_{\mathrm{SBO}}(\theta)}{f_{\mathrm{CSB}}(\theta)}\sin\Omega_2 t\right]\cos\omega t\end{aligned} \tag{3-16}$$

式中可以看出，航道偏离角度信号蕴含在调幅度中。令

$$M_{90}=\frac{m_{90}f_{\mathrm{CSB}}(\theta)-kf_{\mathrm{SBO}}(\theta)}{f_{\mathrm{CSB}}(\theta)},\quad M_{150}=\frac{m_{150}f_{\mathrm{CSB}}(\theta)+kf_{\mathrm{SBO}}(\theta)}{f_{\mathrm{CSB}}(\theta)}$$

则在任一接收方向上，90 Hz 和 150 Hz 调制信号的调制度差 DDM 为

$$\mathrm{DDM}=M_{150}-M_{90}=2k\frac{f_{\mathrm{SBO}}(\theta)}{f_{\mathrm{CSB}}(\theta)} \tag{3-17}$$

可见 DDM 是航道偏离角 θ 的函数。DDM=0 的点满足 $M_{150}=M_{90}$，即等强信号方向。准确调整 LOC 天线的安装，使 DDM=0 的点轨迹方向位于跑道中心线延长线的垂直面内，即飞机水平着陆的航道中心线。在航道左侧，CSB 信号的 150 Hz 边频分量与 SBO 信号的 150 Hz 边频分量反相合成，CSB 信号的 90 Hz 边频分量与 SBO 信号的 90 Hz 边频分量同相合成，因此 150 Hz 调制信号的合成调幅度小于 90 Hz 调制信号的合成调幅度；而在航道右侧，90 Hz 调制信号的合成调幅度小于 150 Hz 调制信号的合成调幅度。

当飞机位于航道中心线时，机载接收机接收到信号的 DDM=0。当飞机偏离航道中心线时，如果飞机偏在航道左侧，则 $M_{90}>M_{150}$(DDM<0)，LOC 指示器提示飞机向右飞；如果飞机偏在航道右侧，则 $M_{90}<M_{150}$(DDM>0)，LOC 指示器提示飞机向左飞。

图 3－56 所示为航向信标天线的水平方向性图及 DDM 分布。根据 ICAO 附件 10 中 LOC 地面设备标准要求，航向信标天线发射信号的波束形状必须满足调制差 DDM 和位移灵敏度的要求。DDM 等于 0.155 的射线所包含的角度范围称航道扇区。标准的航道偏离指示器满刻度偏转对应于 0.155 DDM，即飞机偏离航道中心线 2°～3°的范围。在航道中心线左、右两侧各 10°的扇区内，DDM 从零线性增加至 0.18，在此扇区内，角位移和 DDM 之间是线性关系。航道中心线两侧 10°～35°的范围内，要求 DDM 值不小于 0.155。如果需要提供左右两侧 35°之外的信号覆盖，则在该覆盖区内，DDM 不应小于 0.155。航向信标系统通过调整 90 Hz 和 150 Hz 调制信号的天线方向性图的形状来满足 DDM 和角位移的关系。

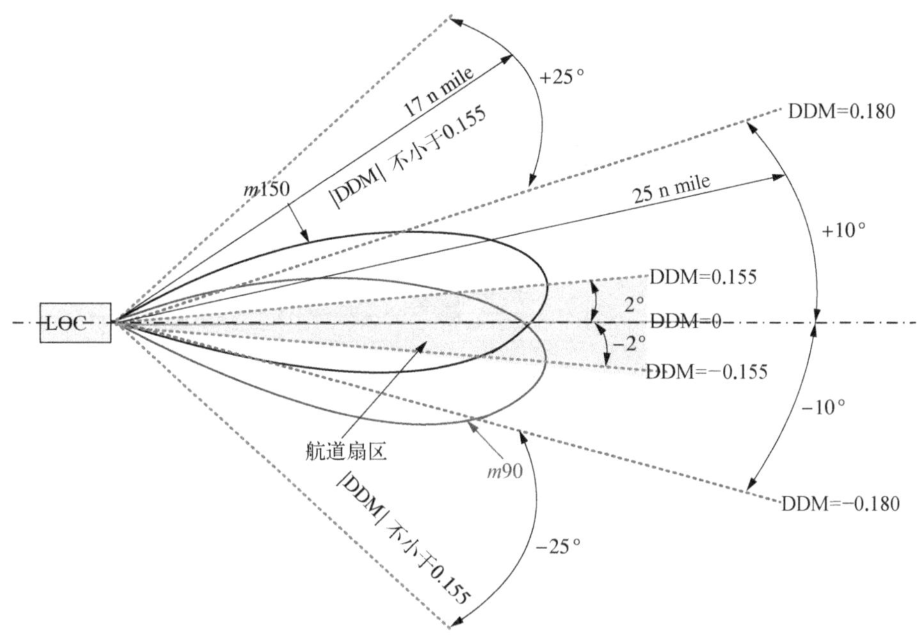

图 3－56 LOC 信号覆盖示意图

航向信标发射的信号应满足典型的机载设备在覆盖扇区内的信号电平需求。以天线系统中心航道为基准的航向信标覆盖区内：航道左右 10°的覆盖区内，引导距离不小于 25 n mile；航道左右 10°～35°的覆盖区内，引导距离不小于 17 n mile；如果要求提供航道左右 35°以外的覆盖区，则引导距离不小于 10 n mile，在规定范围内，机载接收机能接收到的场强应不低于 40 μV/m。如果由于地形限制，或有其他导航设备能够在中间进场区提供满意的覆盖，则左右两侧 10°扇区内的引导距离可减小至 18 n mile，覆盖区的其余部分可减小至 10 n mile。

在垂直面内，信号覆盖范围最低应高于跑道入口处标高 600 m，或在中间和最后进场区内，高于最高点标高 300 m（以两者中的高者为准）；从天线向外延伸并与跑道水平面成 7°平角的平面内，能够接收到符合要求的发射信号。

有的航向信标天线发射双向方向性图，不仅在跑道方向（进近航道）有正常的辐射信号，在跑道的逆向也提供一定的辐射信号。在跑道逆向，两个天线方向性图的主要区别是 90 Hz 和 150 Hz 调制信号位置是相反的，即 90 Hz 调制信号在反进近航道右侧占优势，而 150 Hz 调制信号在左侧占优势。

2）机载 LOC 设备工作原理

机载 LOC 接收机接收和处理航向信标台的发射信号，经过放大、检波，比较两个信号调制度，显示飞机偏离航向道的方向（左侧或右侧）和大小（度）。航向信标系统的机载设备包括天线、控制面板、LOC 接收机和航道偏离指示器。在大多数飞机上，航向信标接收机及航道偏离指示器是与 VOR 合用的，只是在接收机检波器之后的导航音频处理电路（幅度比较电路）是分开的。图 3－57 为航道信号接收处理。

当控制面板选定 LOC 频率时，机载天线接收地面台发射的信号，送到机载接收机，接

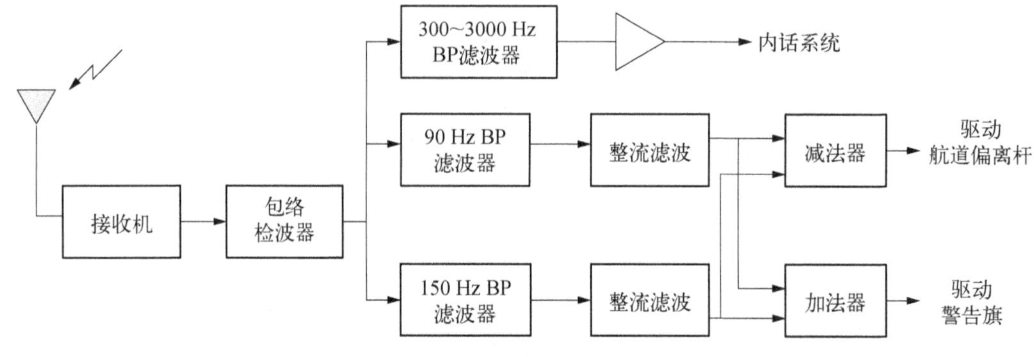

图 3－57　航道信号接收处理

收机处理接收到的 LOC 信号。接收机有常规的单变频或双变频超外差式接收机，通过高频、中频和检波电路，输出 90 Hz 和 150 Hz 信号，1 020 Hz 的台识别码及地/空通信话音信号。

识别码和通信话音信号通过 300~3 000 Hz 带通滤波器和音频放大器，加到飞机音频系统，给飞行员提供听觉信号，用来监视所选用的 LOC 地面台。

90 Hz 和 150 Hz 带通滤波器分别滤取 90 Hz 和 150 Hz 信号，通过各自的整流滤波电路加到航道偏离电路进行幅度比较。两个整流滤波电路的"差"信号（DDM）驱动航道偏离指示器，而"和"信号则驱动警告旗。当飞机对准航向道中心线时，$M_{90} = M_{150}$（DDM 等于零），90 Hz 和 150 Hz 信号幅度相等，流过偏离指示器的差电流等于零，偏离指示器指在中间零位处；如果飞机偏在航道左侧，则 90 Hz 信号调幅度大于 150 Hz 信号调幅度，$M_{90} > M_{150}$（DDM < 0），整流后输出的信号电流 $I_{90} > I_{150}$，差电流驱动指示器的指针引导飞机向右飞；反之，如果飞机偏在航道右边，则 90 Hz 信号调幅度小于 150 Hz 信号调幅度，$M_{90} < M_{150}$（DDM>0），整流后输出的信号电流 $I_{90} < I_{150}$，差电流使指示器的指针引导飞机向左飞。

机载接收机里，利用自动增益控制（automatic gain control，AGC）或人工电平控制的电路，射频信号的幅度保持在一个固定的电平上，检波后的 90 Hz 和 150 Hz 信号分量将与各自的调制度成正比，指针的偏移量正比于 90 Hz 和 150 Hz 信号的幅度差，即指针的偏移量正比于 DDM。

目前飞机上使用的接收机的输出和偏离指示器之间是标准接口，流过指示器的"差电流"与 DDM 之间的关系等于 970×DDM（μA）。标准负载（100 Ω）指示器的满刻度偏转与 0. 155 DDM 相对应，满刻度偏转电流为 150 μA（970×0. 155），等于飞机偏离航向道 2°。指示器的角偏转灵敏度为 75 μA/1°。

两个整流滤波电路输出的"和电流"用来监视地面台和机载设备的工作状态。警告旗利用 90 Hz 和 150 Hz 两种调制信号的和信号驱动。如果机载接收机没有接收到射频信号或接收到的 90 Hz 和 150 Hz 信号的幅度不够大，导致无法提供航道偏离信号或提供的航道偏离信号不可靠，就会出现警告旗。例如，当接收机接收到的信号中缺少 90 Hz 或 150 Hz 调制信号中的任何一个时；或者 90 Hz 或 150 Hz 信号的幅度低于额定值的 10%而另一个保持在额定值的 20%时；这些情况下，LOC 警告旗就会出现。警告旗出现表示 LOC

接收机故障或 LOC 偏离指示器的指示不可靠。尽管不同的设备生产厂商生产的具体设备所监控的信号有所不同，但出现上述任一情况时，都会利用 LOC 指示器或其他机载设备发出警告。

2. 下滑偏离(G/S)工作原理

下滑信标的工作原理与航向信标的工作原理相似，无论是地面设备还是机载设备。两者的不同之处在于下滑信标工作在 UHF 波段，为飞机提供垂直引导。下滑信标台的引导距离为 10 n mile，因此其发射功率较小。此外，由于下滑信标是和航向信标配对工作的，因此，下滑信标台不发射台识别码和地/空话音通信信号，这些信号的发射依赖航道信标台完成。

下滑信标天线安装在跑道入口的一侧，通常安装在一个垂直杆上。根据下滑信标的不同型号，由两个(零基准下滑信标)或三个(边带基准型和 M 型下滑信标)处于不同高度上的水平振子天线组成，天线发射水平极化波。

1）下滑信标地面台信号

下滑信标台沿飞机着陆方向发射两个与跑道平面成一定仰角(飞机下滑角)的下滑引导电波波束，两个波束形状相同，有一边相互重叠。两个波束中心的最大值关于飞机下滑道对称，即分别向上或向下偏离下滑道相同的量。两个波束信号载波频率相同，但上波束用 90 Hz 信号调幅，下波束用 150 Hz 信号调幅，调幅度均为 40%。图 3－58 为下滑信标 DDM。

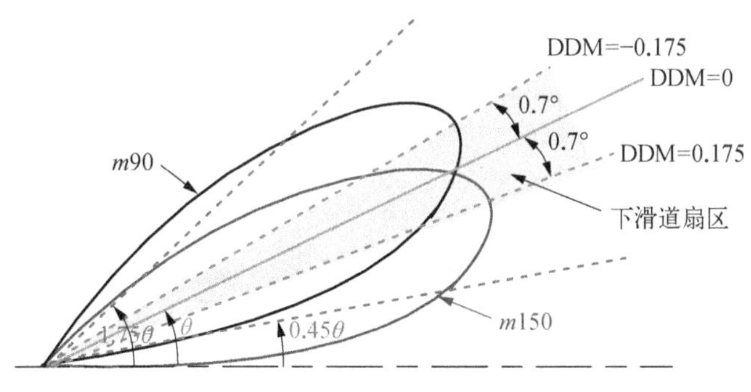

图 3－58　下滑信标 DDM

零基准下滑信标天线分为上下两组天线，上天线馈入“差”信号(SBO)，下天线馈入“和”信号(CSB)，上天线的高度是下天线高度的两倍。

CSB 信号的方向性图最大值辐射方向与下滑面重合，SBO 信号的方向性图在下滑面方向有零限。空间某一点接收到的 G/S 信号是直达 CSB/SBO 信号和地面反射 CSB/SBO 信号的合成。在下滑面上，90 Hz 和 150 Hz 调制信号的幅度相等；在下滑面之上，150 Hz 调制信号的合成调幅度小于 90 Hz 调制信号的合成调幅度；在下滑面之下，90 Hz 调制信号的合成调幅度小于 150 Hz 调制信号的合成调幅度。离下滑面越远，两个调制信号的差值就越大。

如果用 90 Hz 和 150 Hz 的 DDM 来表示，则当飞机在下滑面上时，DDM 等于零。当飞机偏离下滑面时，DDM≠0。如果飞机偏在下滑面之上，则 $M_{90} > M_{150}$(DDM<0)，G/S 指示器提示飞机向下飞；如果飞机偏在下滑面之下，则 $M_{90} < M_{150}$(DDM>0)，G/S 指示器提示飞机向上飞。

根据ICAO附件10的要求，在下滑面上下各8°的方位内，下滑信标发射信号提供引导的距离不小于10 n mile，地平面之上的0.45θ～1.75θ扇区内，信号场强应大于400 μV/m。其中，θ为ILS下滑角，为2°～4°，最佳下滑角应在2.5°～3°选择。

在上仰角覆盖范围内，由最靠近下滑面的两条DDM＝0.175的轨迹线所限定的扇区为下滑道扇区，约为1.4°（下滑面上下各0.7°）。在下滑道扇区内，下滑指针的偏离指示和飞机偏离下滑道的角度呈正比。飞机向上或向下偏离下滑道0.35°，指针向下或向上偏移一个点；飞机向上或向下偏离0.7°，指针向下或向上偏移两个点（满刻度偏转）。在下滑道扇区以外，G/S偏离指示只能给出飞机的偏离方向（偏上或偏下），不能指出飞机偏离下滑道的角度值。

2）机载G/S设备工作原理

机载G/S接收机的任务是区分90 Hz和150 Hz调制信号并比较它们的幅度，或者说测定飞机相对下滑面的偏移量（度）。若飞机对准下滑道，则接收机接收的90 Hz信号幅度等于150 Hz信号幅度，G/S偏离指示器指针位于中心零位。若飞机在下滑道的上面，则90 Hz信号幅度大于150 Hz信号幅度，偏离指针下偏，表示下滑道在飞机的下面，引导飞机向下飞。反之，如果飞机在下滑道的下面，则接收到的150 Hz信号幅度大于90 Hz信号幅度，指针向上偏，表示下滑道在飞机的上面，引导飞机向上飞。图3－59为下滑道信号接收处理。

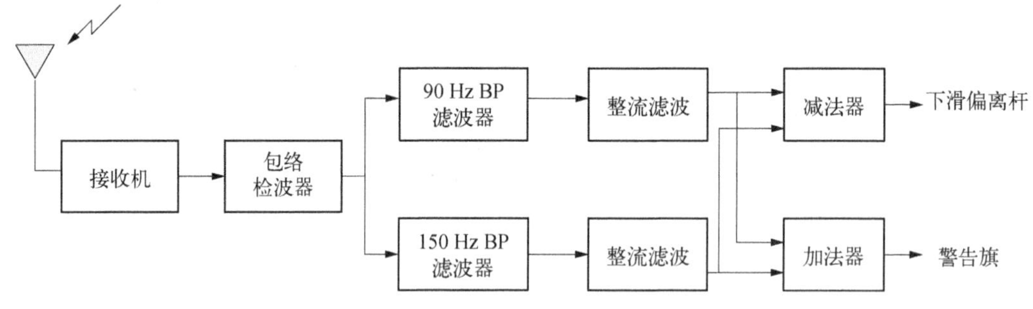

图3－59　下滑道信号接收处理

3. 指点信标（MB）工作原理

航道指点信标通常位于跑道延长线上，用来给飞行员提供飞机距离跑道入口的距离信息。引导飞行员控制飞机逐步下降到相应的高度，并根据飞机高度和跑道可见度决定飞机继续着陆还是复飞。考虑到跑道延长线地形的原因，允许指点信标相对跑道中心线有一定的偏离，但内指点信标偏离跑道中心线延长线的距离不应超过30 m，中指点信标和外指点信标不应超过75 m。根据机场的地理条件，机场附近的3个指点信标地面台的具体位置可以在允许的距离范围内设置。

外指点信标对应ILS的下滑道截获点，中指点信标用来测定CATI类着陆标准的决断高度点，即下滑道在中指点信标台上空的高度应约等于60 m。内指点信标用来测定CATII类着陆标准的决断高度点，即下滑道在内指点信标台上空的高度应约为30 m。

1）指点信标地面台信号

考虑到内指点信标和中指点信标之间的干扰和机上目视指示灯点亮的时间间隔，内指点信标和下滑道之间所标示的最大高度限制在高于跑道入口 37 m。通常来说，在飞机速度为 140 kn(250 km/h)时，指点信标接收机驱动的中指点信标和内指点信标目视指示灯点亮的最小时间间隔应为 3 s，应据此来选择内指点信标台的台址。各指点信标台均发射 75 MHz 扇形波束以覆盖整个航道宽度。

MB 信号在覆盖区边缘的场强应不小于 1.5 mV/m，在覆盖区内场强应不低于 3 mV/m。标准机载接收机在 1.5 mV/m 的场强时，应能正常工作。

飞机飞越指点信标台上空时，指示灯亮的时间取决于飞机的速度、发射波束的纵向宽度及接收机的灵敏度。若飞机的速度为 96 kn，则飞过外指点信标台上空时，外指点信标灯亮的时间为 12±4 s，飞过中指点信标台上空时，中指点信标灯亮的时间应为 6±2 s。

地面信标台通过发射不同组合的“点”“划”信号来为飞机提供信息。各指点信标台的发射频率采用表 3－5 所示的不同的音频编码进行键控调制，相应频率的信号被调制到 75 MHz 的载波上向外发射。

表 3－5　指点信标的识别信息

指点信标	调制频率	识别码	指示灯
外指点信标	400 Hz±2.5%	连续拍发，每秒 2 划	蓝色(或紫色)
中指点信标	1 300 Hz±2.5%	连续交替拍发点和划	琥珀色(或黄色)
内指点信标	3 000 Hz±2.5%	连续拍发，每秒 6 点	白色
反航道信标	3 000 Hz±2.5%	连续拍发，每秒 6 个对点	白色

图 3－60 为地面信标台发射信号形成的框图。MB 发射“点”“划”码期间，“点”或“划”码发生器产生的“点”或“划”及音频信号发生器产生的连续音频信号送到模拟开关，“点”或“划”控制模拟开关的导通和截止，模拟开关输出“点”或“划”控制的音频信号，通过调幅电路对载波进行调幅，经功率放大器放大，通过天线辐射出去，形成垂直向上的波束。不发射“点”“划”码期间，指点标辐射等幅的载波。飞机飞越指点信标台的上空时即可接收到该信号。

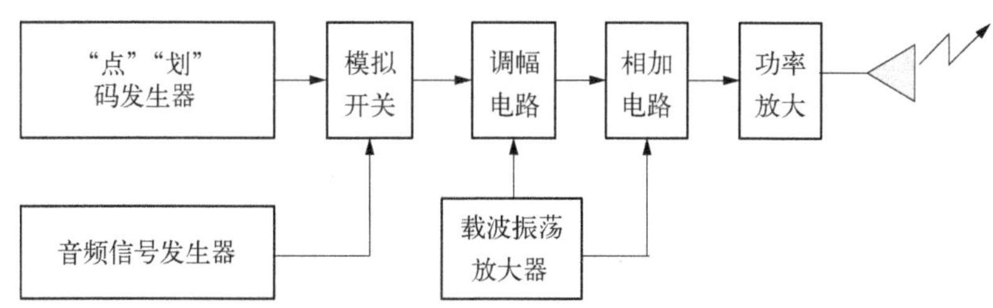

图 3－60　MB 地面信号

2) 机载 MB 设备工作原理

机载 MB 接收机的工作原理如图 3－61 所示。飞机飞越信标台上空时，接收机接收到 75 MHz 的高频信号，通过滤波器滤波，放大，与本振混频，转变为中频信号，再通过包络检波器检波，输出的信号发送给带通滤波器滤波，400 Hz、1 300 Hz 和 3 000 Hz 的三个带通滤波器分别用来滤取不同指点信标的信号，滤波后的信号经整流变成直流激励信号，接通晶体管灯开关，通过激励器驱动指点信标灯发光。同时，音频信号通过音频放大器加至飞机的内话系统，供飞行员监听。

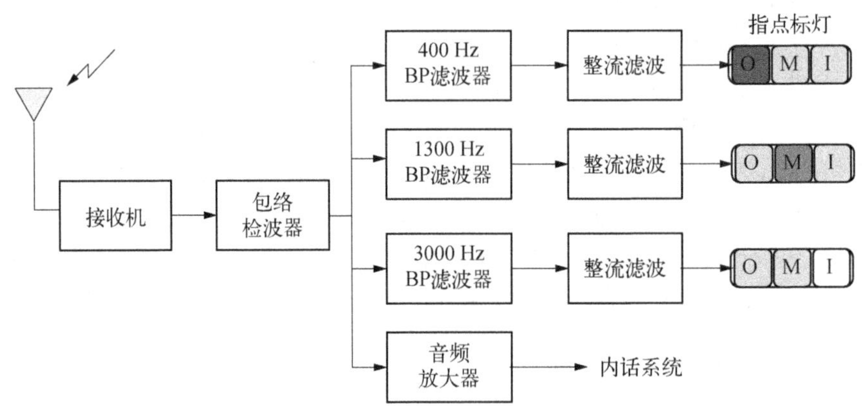

图 3-61　机载指点信标接收机信号处理

当飞机飞越不同指点信标台的上空时，接收机信号点亮不同颜色的指示灯，使指示灯闪烁。同时，音频系统给出不同的摩尔斯码信号，提醒飞行员飞机正飞越的信标台，需要做好继续下滑或复飞的决断。外、中、内信标台对应的指示灯的颜色分别为蓝、黄、白。

4. ILS 误差

由于跑道附近建筑物（航站楼、塔台）、飞机、车辆等障碍物的存在，航向信标台和下滑信标台的信号可能会被单次或多次反射，从而产生多径信号。机载接收机接收到的信号中如果混杂了多径信号，就会对进近飞机的航道偏离及下滑偏离 DDM 值的计算产生干扰，从而造成误差，引起航道弯曲现象。

为降低多径信号的影响，ILS 通常采用多个天线单元，以获得较窄的波瓣宽度，使能量集中在跑道中心线前方较窄的范围内。但波瓣宽度窄会导致信号覆盖的航道宽度过窄，加大飞机捕获引导信号的难度。且在飞机离跑道过近或极低能见度的情况下，可能会由于接收到旁瓣信号而出现虚假航道信息，为避免这种情况的出现，有的信标台利用余隙信号来覆盖旁瓣信号，这种辐射两类信号的信标台被称为双频航向系统。

前述工作原理都是基于远场假设，远场情况下，可以认为 LOC 天线辐射信号的传播路径是平面波。但当飞机离 LOC 天线比较近时，远场假设将不适用，会有近场效应的产生。

另外，地面 LOC 及 G/S 信标台的安装选址误差、跑道长度和跑道设备配置问题，以及设备的精度等，都会造成一定的引导误差。

3.1.3.3　ILS 地面台

ILS 地面航向信标台（图 3-62）通常对称安装在跑道中心线的延长线上，而下滑信标台（图 3-63）则安装在距跑道头有一定距离的跑道的侧面。天线单元一般采用对数周期天线。

航向信标天线系统负责将 LOC 地面台发射机生成的航道信号和 1 020 Hz 的识别码

图3-62 航向信标台

图3-63 下滑信标台

信号辐射到空中。根据机场地势不同可选用不同的天线单元。LOC天线要求频带宽、波束窄、能量集中,并具有良好的辐射比,互干扰小。一般每个天线都有一个监控回路用于采集信号的振幅和相位,以便进行设备的监控。

航向信标台系统一般包括发射机、人机接口界面及遥控和监控系统。发射机产生构建航道面的90 Hz和150 Hz调制信号,1 020 Hz摩尔斯识别码信号,并将信号发送给天线系统。人机接口界面及遥控和监控系统用于对设备进行远程监控及设置。

下滑信标天线系统负责将 G/S 地面台发射机生成的下滑引导信号辐射到空中。下滑天线阵位于距离跑道头 300 m 左右,距跑道中心线 150 m 左右的跑道侧面。

下滑信标台系统一般包括发射机、人机接口界面及遥控和监控系统。发射机产生构建下滑面的 90 Hz 和 150 Hz 调制信号,并将其发送给天线系统。人机接口界面及遥控和监控系统用于对设备进行远程监控及设置。

指点信标台系统配置在下滑道的正下方,主要由发射机和监控器组成。指点信标天线由四根水平半波振子构成,从地面向正上方辐射电波信号。

3.1.3.4 机载 ILS 系统

ILS 的机载设备包括接收天线、机载接收机、控制面板及驾驶舱内的显示器。大多数波音飞机(B737NG、B777 等)选用将 ILS 接收机(主要是 LOC 和 G/S 接收机)与 GPS 接收机集成到一起的多模接收机(MMR)。而空客飞机多选用集成了 ILS、微波着陆系统(microwave landing system, MLS)和 GPS 接收机的多模接收机。图 3-64 为机载 ILS 系统。

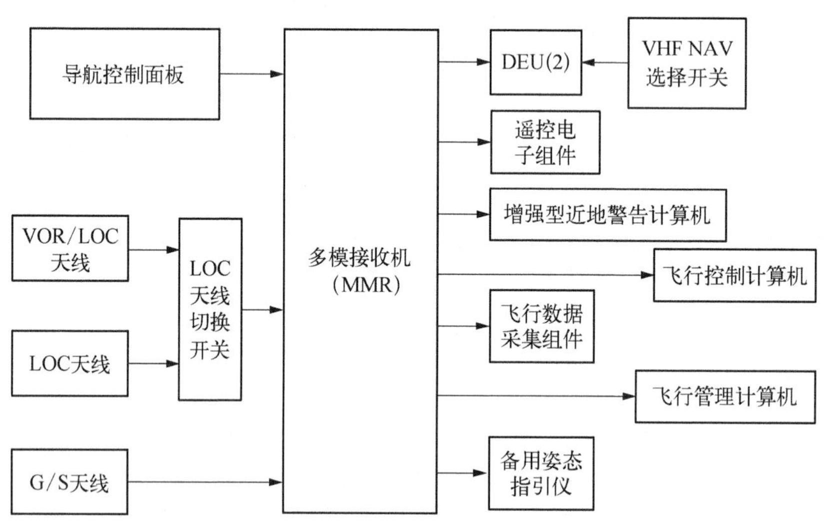

图 3-64 机载 ILS 系统

VOR/LOC 天线、LOC 天线及 G/S 天线接收地面台的电波信号。VOR/LOC 天线和 LOC 天线都可以作为 ILS 的航道信号接收天线。正常情况下,MMR 使用 LOC 天线作为接收天线,在 LOC 天线出现故障时,可以通过 LOC 天线切换开关将 VOR/LOC 天线切换为 MMR 的 RF 输入源,向 MMR 发送航向道信号。G/S 天线接收下滑道信号发送给多模接收机。

地面台的选择可以通过驾驶舱内的导航控制面板(NAV)人工调谐或自动调谐,通过导航控制面板选定的导航台频率信号通过 ARINC429 总线发送给多模接收机;接收机即可接收相应的地面台的信号并进行信号处理,计算航道偏离和下滑偏离信号;MMR 将 ILS 偏离信号发送给显示电子组件(DEU)、飞行数据采集组件(flight data acquisition unit, FDAU)、备用姿态指引仪、增强型近地警告计算机(enhanced ground proximity warning computer, EGPWC)、飞行管理计算机(FMC)及飞行控制计算机(FCC)等,进行数据的存储、显示或自动飞行控制,同时提醒飞行员飞机的航道偏离情况，使其控制飞机保持在所需航路上。

DEU 接收 MMR 的信号在电子综合显示器(PFD 和 ND)上显示飞机的航道偏离和下滑偏离。FDAU 接收 ILS 的偏离数据及 MMR 接收机的状态信息，并发送给飞行数据记录器(flight data recorder, FDR)进行数据存储。备用姿态指引仪用于显示飞机的航道偏离和下滑偏离信息，以便在综合显示器故障时作为备用显示仪表，只有左 MMR 向备用姿态指引仪发送 ILS 数据。EGPWC 接收 ILS 的下滑道数据作为其模式 5(低于下滑道)警告的判断依据。FMC 接收 ILS 的数据和接收机状态，将 ILS 数据用于位置更新计算。FCC 利用 ILS 数据为数字式飞行控制系统(digital flight control system, DFCS)的自动驾驶和飞行指引模式计算飞机的偏转控制或指引指令。

1. 天线

图 3－65 中，(a)、(b)、(c)分别为 G/S 天线、LOC 天线和 MB 天线。G/S 天线和 LOC 天线位于飞机的前雷达罩内。G/S 天线位于气象雷达天线的上方，LOC 天线在气象雷达天线的下方。MB 天线位于飞机腹部。

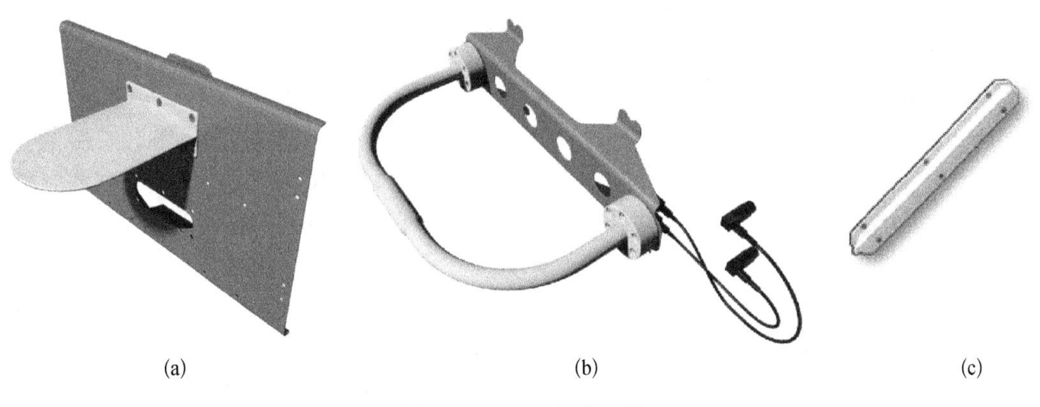

(a) (b) (c)

图 3－65 ILS 机载天线

LOC 天线有两个单元，分别为两个 MMR 提供航道射频输入。G/S 天线也有两个单元，分别为两个 MMR 提供下滑射频信号。

2. ILS 接收机

不同公司的多模接收机内部集成的功能模块有所不同，设备名称也有所不同。如仅霍尼韦尔公司就有集成多模接收机(IMMR)、多模接收机(MMR)、集成导航接收机(INR)等多种名称和型号，这些不同型号的接收机内部集成的导航接收模块各不相同。如 B787 飞机的 INR 内部集成了全球导航卫星系统(GNSS)、LOC、G/S、VOR、MB 的接收处理功能模块；B737MAX 飞机上的 IMMR 集成了 GPS、LOC、GLS 的接收处理模块；B737NG 飞机的 MMR 内部集成了 GPS、LOC、G/S 接收模块。即使同一型号的设备，如果件号不同，设备的功能也会有所不同。如柯林斯公司的全球导航卫星着陆组件(GLU)，有的件号不包含陆基增强系统(ground based augmentation system, GBAS)着陆功能，有的件号则包含 GBAS 着陆功能。虽然各种多模接收机的集成模式不同，但接收机内部 LOC 和 G/S 处理模块并无太大差异，具体参见 3.1.3.2 小节。为避免引起混乱，后边将这些接收机统称为多模接收机(MMR)。图 3－66 中列出了几款多模接收机。

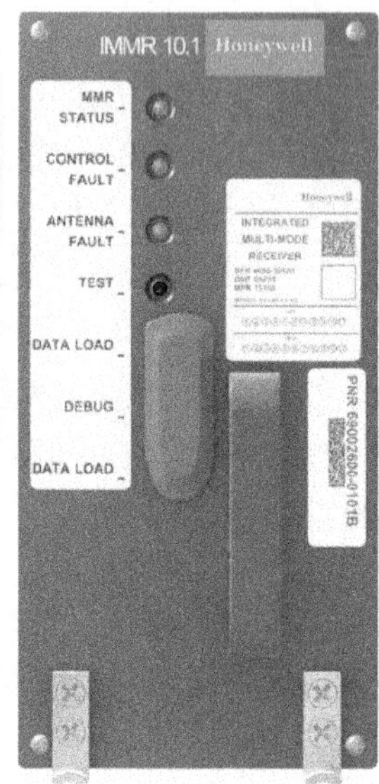

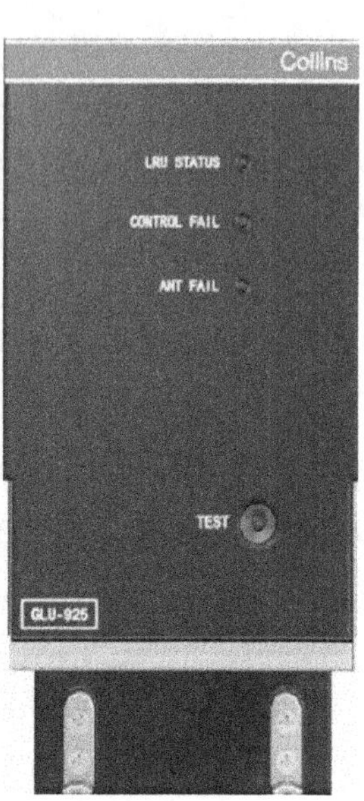

图 3－66 霍尼韦尔的 INR、IMMR 和柯林斯的 GLU－925

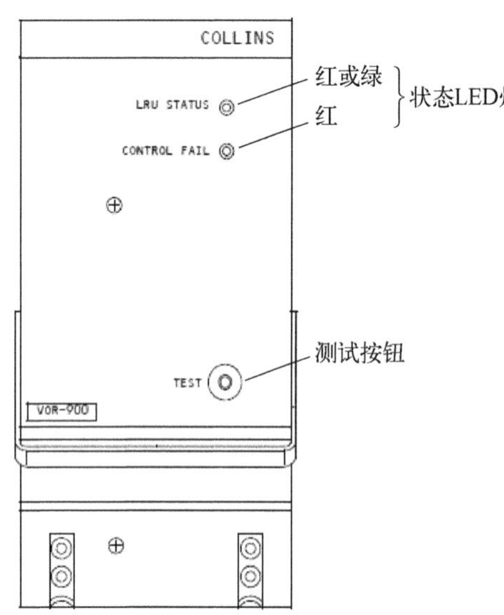

图 3－67 VOR/MB 接收机

大多数 MMR 前面板上有测试按钮和状态指示灯，以便于对设备进行测试并显示测试结果。部分 MMR 的前面板有两个测试电门和一个 LCD 显示屏。使用任一电门都可对 MMR 进行自测试，LCD 显示屏用于显示测试过程和测试结果。MMR 前面板通常有一个卡插槽。车间维修人员使用这一插槽插入闪存卡，可以为 MMR 装载软件。也可以通过插槽插入存储卡，储存 MMR 工作过程中发送的状态数据。

有的飞机上的指点信标接收机是单独的 MB 接收机。有的是与 VOR 集成到一起的 VOR/MB 接收机，但接收机内部两个功能的处理模块相对独立（图 3－67）。

3. 导航控制面板

ILS 的控制面板（图 3－46）与 VOR 共用，具体参见 3.1.2.3 小节。

4. 导航/显示源选择面板

导航/显示源选择面板（图 3－68）用来选择驾驶舱综合显示器的信号源设备。VHF 导航选择开关是一个三位置电门，分别是 BOTH ON 1、NORMAL 和 BOTH ON 2，该电门用于选择 DEU 显示数据的来源。

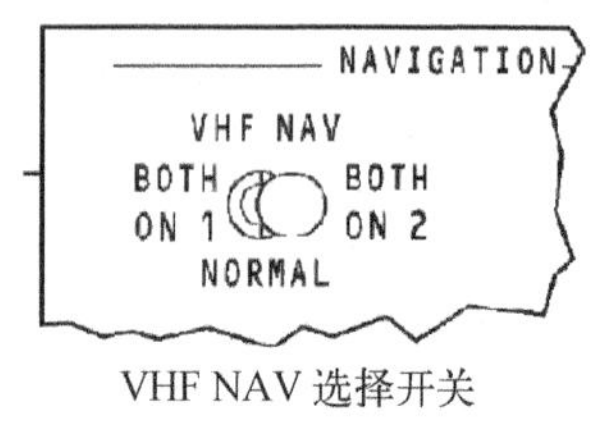

VHF NAV 选择开关

图 3－68 导航选择开关

正常情况下，电门处于 NORMAL 位置，此时，MMR1 为机长提供显示数据，MMR2 为副驾驶提供显示数据；如果 MMR2 故障，可以将电门转换到 BOTH ON 1 位置，此时，MMR 1 为机长和副驾驶的显示提供数据；如果 MMR1 故障，可以将电门转换到 BOTH ON 2 位置，由 MMR2 为机长和副驾驶的显示提供数据。

5. ILS 信息显示

ILS 的航道偏离和下滑偏离在 PFD、ND 及备用姿态指引仪上都有显示。

当 EFIS 控制面板的模式选择旋钮设置到 APP（进近）位置，且导航控制面板上调谐到有效的 ILS 频率时，PFD、ND 上将显示航道偏离和下滑偏离信息。

下滑偏离指针显示飞机与下滑道之间的偏离。下滑偏离指针和刻度显示在显示器的右侧（图 3－69），下滑偏离指针为洋红色，刻度为白色，刻度是标准的四点刻度，每点等于 0.35°的偏差。

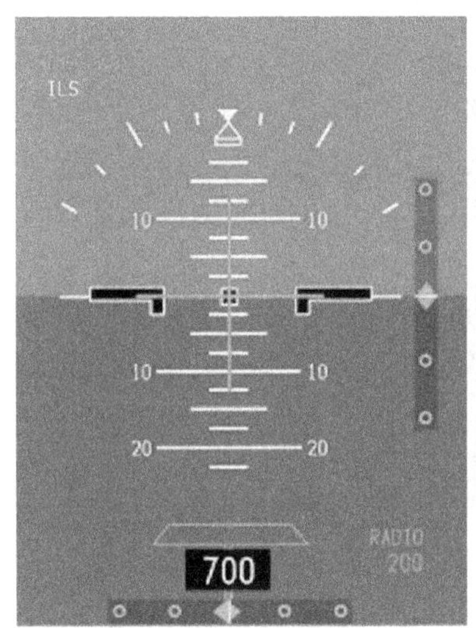

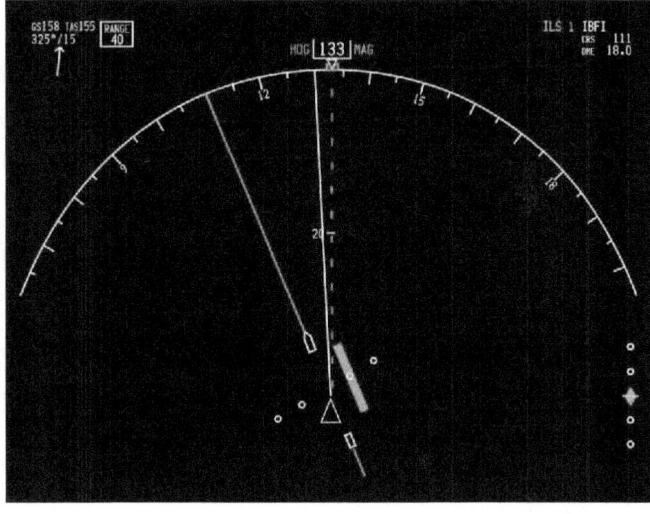

图 3－69　PFD、ND 的 ILS 信息显示

航道偏离指针显示飞机偏离跑道中心线的程度。航道偏离指针和刻度显示在 ND 的下部或中部（图 3－69）。刻度为白色，航道偏离指针为洋红色。航道刻度可显示标准偏离刻度或扩展偏离刻度。标准偏离刻度是四点刻度，每点相当于 1°偏差；扩展偏离刻度每点相当于 0.5°偏差。

当飞机捕获到 LOC 信号且无线电高度低于 2 500 ft 时，有的机型的 PFD 底端会出现一个跑道符号，该符号在飞机高于 2 500 ft 时不可见。跑道符号是有洋红色支杆的绿色梯形框，它与航道偏离指针一起来显示航道偏离。飞机无线电高度大于 200 ft 时，跑道符号静止在显示器的底部不动。当飞机的无线电高度到达 200 ft 时，跑道符号开始从显示器底部缓慢升起，并逐渐接近显示器中央的飞机符号，当无线电高度为 0 或飞机接地时，该符号与显示器中的飞机符号重合，表示飞机落到跑道上。

ND 显示器右上角标注了所显示的 ILS 信息的导航数据来自哪一套 ILS 系统，以及该系统所用的 ILS 的频率。如果 ILS 地面站发射导航台的摩尔斯码，则当接收机捕获到地面台信号时，将用字母标识符替换数字频率。

当 LOC 接收机故障时，琥珀色的 LOC 故障旗出现在航道偏离指示的位置，显示器不再显示 LOC 偏离。当 G/S 接收机故障时，琥珀色 G/S 故障旗代替下滑偏离刻度和指针的显示。

图 3－70 所示备用姿态指引仪为机组提供备用姿态指示，同时可显示 ILS 偏离数据。飞行员可以使用指引仪前面板上的进近选择旋钮来选择显示 ILS 数据。进近选择旋钮有三个位置：断开（OFF）位、进近（APP）位和背航道（B/CRS）位。当旋钮位于 OFF 位时，显示器上不显示 ILS 数据；当旋钮位于 APP 位时，显示器上显示 LOC 偏离和 G/S 偏离；当旋钮位于 B/CRS 位时，显示器上显示背航道的航道偏离，下滑偏离指针消失。如果 ILS 数据不正确，则下滑（G/S）警告旗、航道（LOC）警告旗会分别或同时出现。

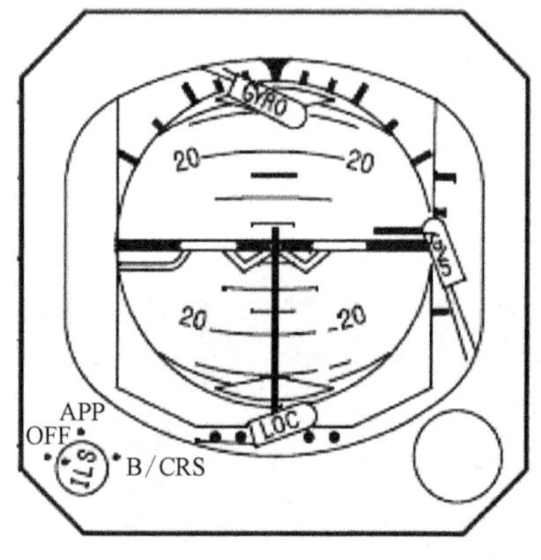

图 3－70　备用姿态指引仪

部分飞机的备用姿态仪表是集成备用飞行显示器（ISFD），ISFD 上有进近（APP）按钮，按压 APP 按钮就可以显示 ILS 偏离信息，按压 APP 按钮两次就可以显示背航道偏离。

指点信标的指示灯位于机长和副驾驶的仪表板上。部分机型的指点信标指示灯不是单独的显示灯，而是在综合显示仪表上用相应的字符及颜色表示，如图 3－71 中 B787 飞机的 MB 指示。

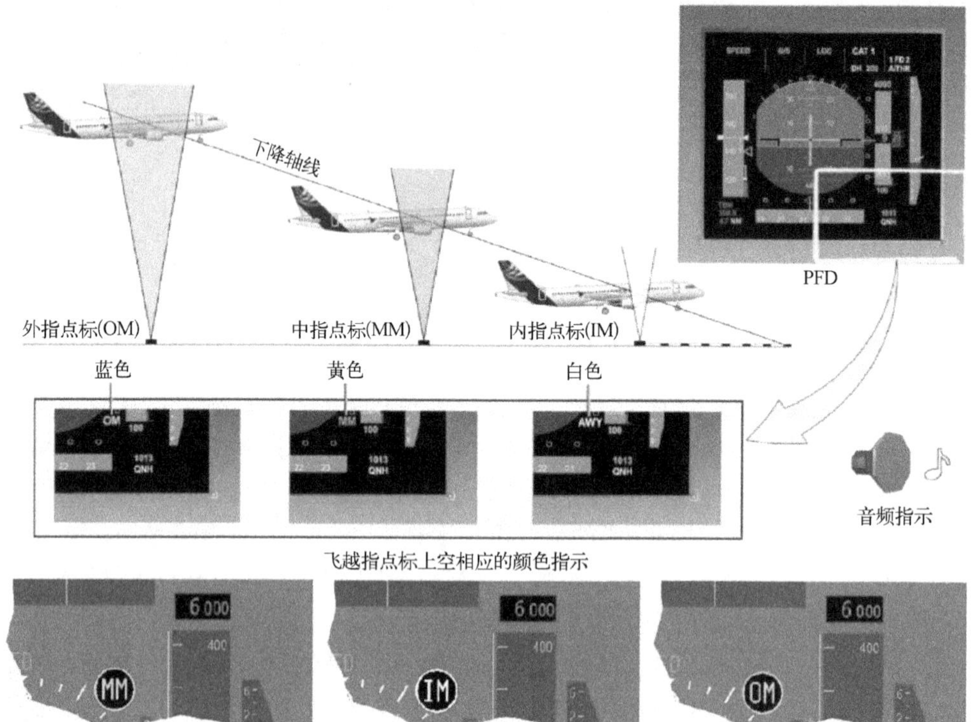

图 3－71　B787 飞机的 MB 显示

3.2 无线电测距系统

无线电导航的另一类主要应用是利用无线电波测量飞机到某一导航台或地面的距离。与无线电测角导航系统一样,无线电测距系统也有多种不同的形式。无线电测距系统的基本思想是通过测量无线电波在飞机和测距基准(导航台、地面等)之间的传播时间,与电波的传播速度相乘,即可得到飞机与电台或飞机与地面之间的距离。无线电测距主要利用电波匀速传播的特性。

无线电测距系统包括测距机、无线电高度表、罗兰 C、雷达、奥米伽导航系统等。此外,卫星导航系统也利用无线电波来测量接收机与卫星之间的距离。

根据应用环境的不同,无线电测距方法有主动测距和被动测距两种。主动测距是指机载测距系统主动发送测距用电波信号,并根据接收到的回波信号(或地面台的应答信号)时间与发射信号时间之间的时间差确定电波传播时间,由此计算两者之间的距离。传统的无线电测距系统都是使用这种方式,如 DME、LRRA、WXR 等。被动测距是指接收机不发送信号,只是根据接收到的无线电信号来确定电波的传播时间,由此计算二者之间的距离,如卫星导航系统的测距。

按照工作原理分,无线电测距系统有脉冲测距、相位测距和频率测距几种方法。脉冲测距通过测量发射脉冲与接收脉冲之间的时间间隔来测量距离,因为测量的电参量是时间,所以又称时间测距导航系统。这种导航系统主要采用无源反射和询问应答两种测量方式,如一次雷达、二次雷达、DME 等。相位测距导航系统通过测量发射信号与接收信号之间的相位差来获得距离信息,如罗兰 C 和奥米伽导航系统。频率测距导航系统通过测量发射信号和接收信号之间的频率差来获得距离信息,如调频低高度无线电高度表(LRRA),LRRA 同时也属于无源反射测距方式。

3.2.1 测距机系统

DME 是一种非自主的脉冲式(时间式)测距系统。1959 年,ICAO 批准 DME 成为标准的测距系统。目前,DME 广泛应用于民航无线电导航中,是实施区域导航的重要支持系统,也是机载导航系统在卫星导航失效后首选的位置更新使用系统。DME 地面设备及机载设备的数量在世界范围内呈逐年上升趋势,获得广泛的应用。

DME 在飞行中有很多应用。例如,利用 DME 绕过禁飞区或高山(图 3-72)。飞行员根据禁飞区或高山的位置,利用 DME 台信号以特定的半径作圆周飞行(保持 DME 读数不变),避开这些区域,直至切入新的方位径线,再继续下一航段的飞行。机场终端区可以利用机场附近的 DME 台和 VOR 台,对飞机进行进近引导。例如,要求飞行员保持机载 DME 的输出距离读数为特定常数,即可使飞机绕测距台作圆周飞行以等待着陆。有的机场利用 DME 使飞机进入最后进场着陆航道。

军用塔康(TACAN)导航系统是可以同时向飞机提供距离信息和方位信息的 L 波段近程导航系统,其功能相当于民用 DME 和 VOR 的组合。其测距部分与民用机载测距机兼容,可供测距机测量飞机到塔康台的距离。有的国家把塔康台和民用伏尔台安

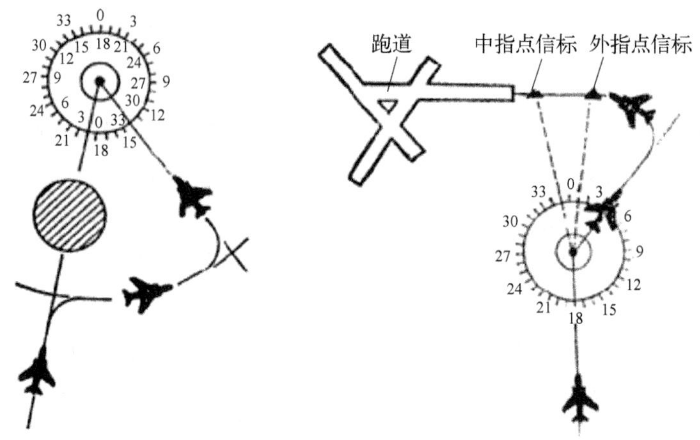

图 3－72　DME 引导飞机避开禁区、进场着陆

装在一起，形成伏塔克（VORTAC）系统，可以同时供军用和民用飞机测量距离与方位信息。

DME 系统的机载设备和地面信标台配合工作，连续地为飞行员和飞行管理计算机及其他机载电子系统提供飞机到测距台的实时距离信息。DME 系统所发射的是脉冲射频信号，工作频率在 L 波段。机载 DME 系统测量射频脉冲信号在飞机和地面台之间的往返时间来计算二者之间的视线距离，该距离也称为斜距（图 3－73），与飞机的高度有关。可以利用式（3－18）计算飞机与地面信标台之间的水平距离。其中，高度 H 是飞机标准气压高度与导航台标高的差值。

$$R_0 = \sqrt{R_1^2 - H^2} \tag{3-18}$$

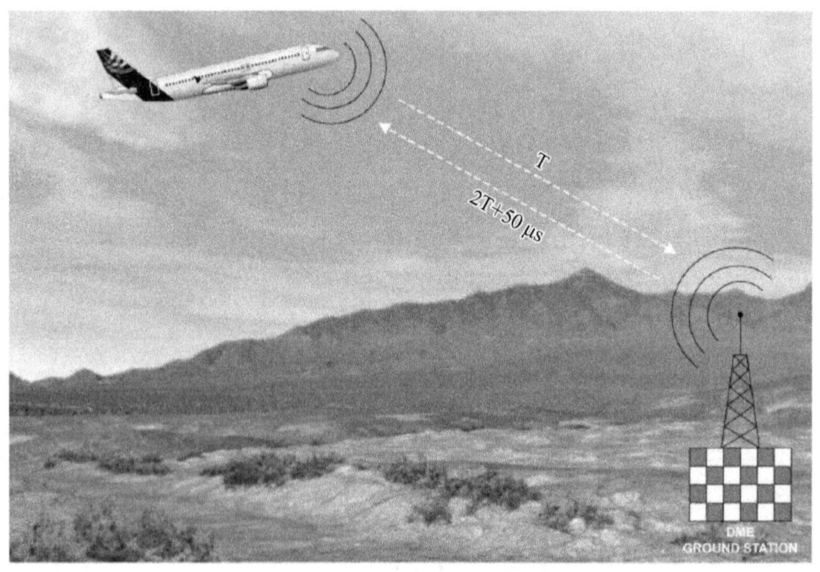

图 3－73　斜距的测量

通常，大型飞机的巡航高度在 35 000 ft 左右，当飞机与测距信标台的距离在 35 n mile 以上时，所测得的斜距与二者间水平距离的差异小于 1%。飞机进近着陆时，飞机与测距台之间的距离通常小于 30 n mile，但此时飞机的飞行高度也已降低（例如距离为 6 n mile 时高度为 5 000 ft），因而所测得的斜距与水平距离之间的差异仍然为 1%左右。在精度要求不高的情况下，将斜距看作水平距离是可以接受的。只有当飞机保持较高的高度平飞接近测距信标台时，斜距与水平距离之间才会出现较大的偏差。

DME 信标台有窄频谱特性 DME（DME/N）、宽频谱特性 DME（DME/W）及精密 DME（DME/P）三种。民航使用 DME/N 和 DME/P 两种，DME/N 既可布置在航路上，也可布置在终端区；DME/P 是微波着陆系统（MLS）的测距设备，只用于终端区，在机场引导飞机进近着陆。

ICAO 对 DME/P 系统的精度要求是优于±0.5 n mile，但一般认为，只要机载设备误差小于 0.17 n mile，那么整个系统的精度在 95%的时间内能够达到±0.2 n mile。

DME 系统通过询问-应答的方式工作。询问-应答信号以脉冲对的形式出现，对信号进行编码和译码来提高 DME 的作用距离、准确度、抗干扰性和可靠性。

根据 DME 脉冲对中两个脉冲之间的时间间隔不同，DME 询问-应答脉冲的组合形式分为 X 模式和 Y 模式两种，这样可以实现频率的复用。

X 波道的询问、应答脉冲对的信号格式相同，脉冲对中两个脉冲信号的间隔时间均为 12 μs。Y 波道的询问、应答脉冲对的信号格式不同，询问脉冲对中两个脉冲信号的间隔时间为 36 μs，而应答脉冲对中两个脉冲信号的间隔时间为 30 μs。X 波道与 Y 波道信号的脉冲宽度均为 3.5 μs，如图 3－74 所示。

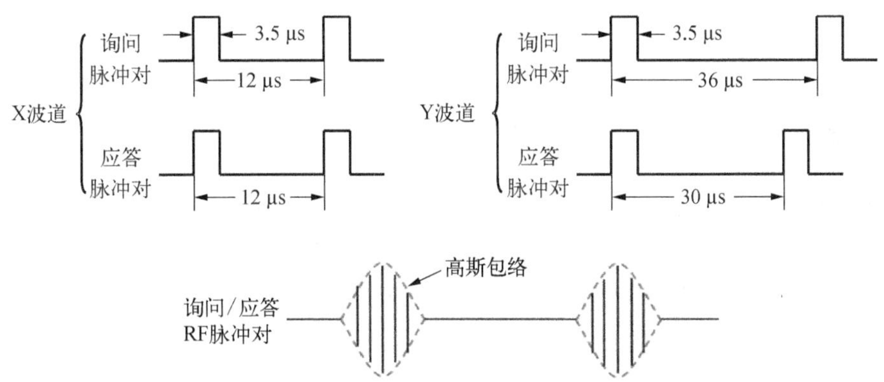

图 3－74　DME 的 X 波道与 Y 波道脉冲对

DME 工作频率范围为 962～1 213 MHz。询问器安装在飞机上，应答机（或称转发器）在地面台。一台应答机可同时应答多架飞机的询问。为避免发射机辐射信号、反射信号和其他询问器信号之间的相互干扰，机载 DME 询问器的询问频率和地面信标台的应答频率不同，二者相差 63 MHz（即测距机的发射频率与接收频率相差 63 MHz）。

机载询问器的询问频率范围为 1 025～1 150 MHz；地面应答机的应答频率范围为 962～1 213 MHz。根据其工作模式，DME 的询问-应答频率形成相应的 X 波道和 Y 波道。其中，X 波道 126 个，分别为 1X，2X，…，126X；Y 波道 126 个，分别为 1Y，2Y，…，126Y；共计 252 个波道,但其中有 52 个波道(1X～16X、1Y～16Y、60X～69X、60Y～69Y)通常不用。DME 波道的匹配规律如图 3－75 所示。

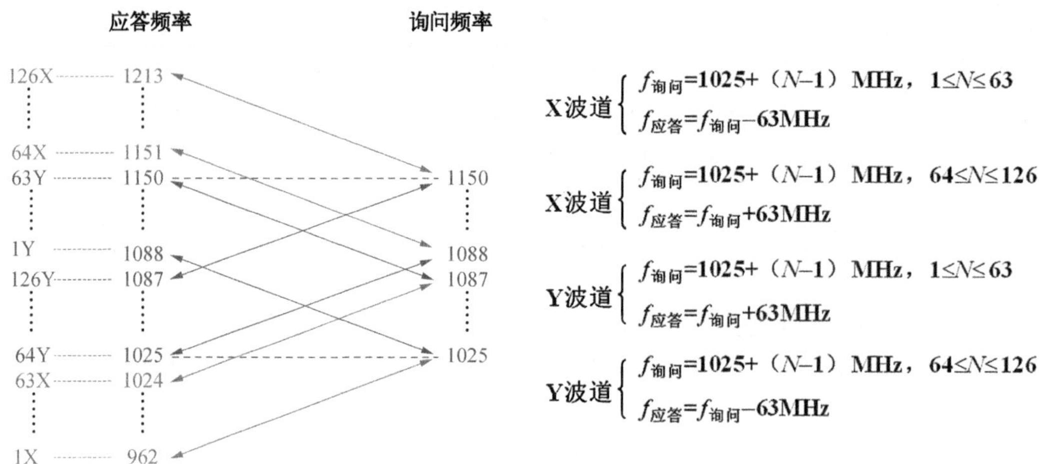

图 3－75　DME 波道匹配规律

DME 发射和接收信号的频率与波道号数对应。地面 DME 台和 VOR 台通常合址安装,这种 DME/VOR 合装台中 DME 和 VOR 的波道频率是成对分配的。选定了 VOR 频率,DME 的频率也就自动确定了。这与 ILS 下滑信标频率与航向信标频率成对分配的方式一样。

3.2.1.1　测距机系统工作原理

DME 系统通过询问-应答的方式实现飞机与导航台之间距离的测量。如图 3－76 所示,机载 DME 询问器中的发射电路产生射频脉冲对信号,通过无方向性天线辐射出去(t_1),这就是 DME 的“询问”信号。地面信标台接收机收到这一询问信号后,通过其发射机发射相应的“应答”信号;机载 DME 接收到地面应答信号(t_2)后,即可根据询问脉冲与应答脉冲之间的时间差 $t(t_2-t_1)$ 计算出飞机到地面信标台的距离。

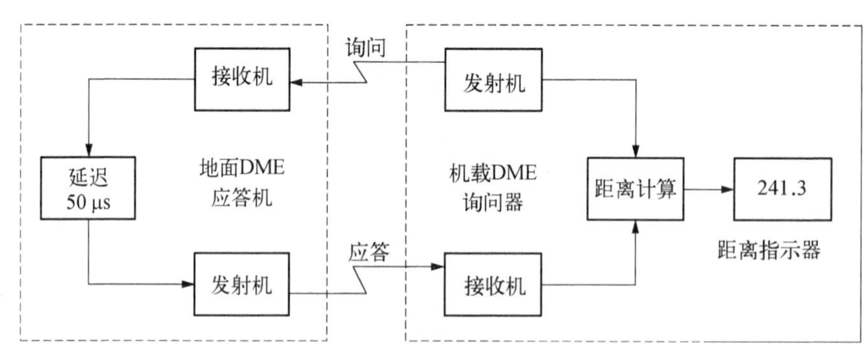

图 3－76　DME 工作原理

通常将机载 DME 称为询问器,地面 DME 信标台称为应答机。

由于应答机接收到询问器的信号后,需要进行信号的解调、检波处理,并生成相应的应答脉冲对，调制到载波上发射出去，整个过程需要一定的时间，会影响 DME 询问器对电波传播时间的测量精度，造成测距误差。为避免该误差，同时考虑到不同地面台应答机的信号处理速度的不同，DME 应答机利用一个时延电路，将应答机信号处理的时间统一调整为 50 μs。这样，机载询问器在接收到应答信号后，从信号传输的总延迟时间 t 中减去 50 μs，即为真正的电波传播时间，由此保证距离测量的准确性。

假设机载 DME 询问器询问信号与地面信标台应答信号所经历的往返距离为 $2R$。由于地面信标台有 50 μs 固定延迟时间，则电波空间双向传播所经历的时间延迟为 $t = \frac{2R}{c} + 50\ \mu s$，其中 c 为电波在空气中的传播速度 1.618×10^5 n mile/s。若时间以微秒计，距离以海里计，则飞机与地面信标台之间的距离为

$$R = \frac{t - 50}{12.359} \tag{3-19}$$

其中，12.359 是射频信号往返 1 n mile 距离所经历的时间，单位为 μs，R 为斜距，单位为 n mile。

由于飞机的高机动及高速度等特性，要求机载测距系统的作用范围要大，跟踪精度要高，反应速度要快，需要高性能 DME 询问器。随着大规模集成电路及微处理器的飞速发展，新型 DME 大多采用数字式自动测距方式。

数字式测距系统跟踪精度高，且精度与跟踪距离无关。反应速度快，适合快速跟踪目标。输出数据为数字量，可方便地与其他系统通过数据总线进行数据传输。数字式测距系统中采用计数脉冲振荡器驱动高速计数器来测量延迟时间 t，用数字寄存器（距离计数器）进行积分，通过距离计数器的延迟时间，产生相应的跟踪脉冲。

地面应答机和机载询问器都包含有相应的发射电路和接收电路，测距信号的产生及传播如图 3－77 所示。

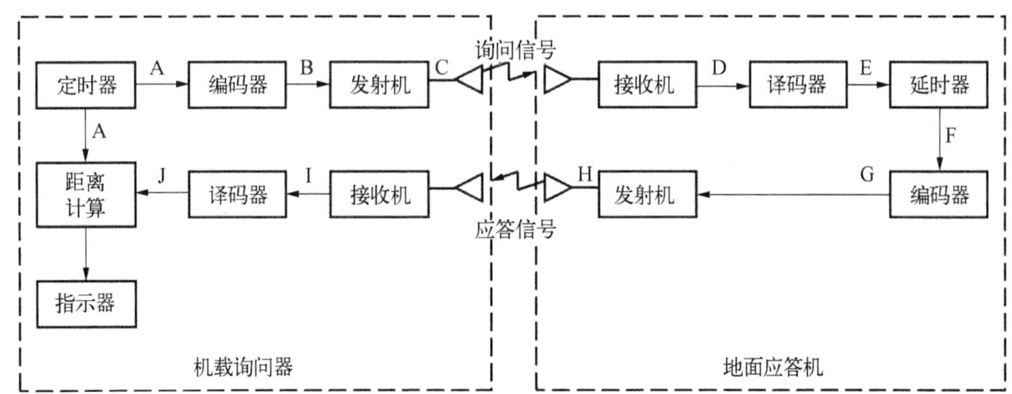

图 3－77　DME 系统询问器、应答机基本结构

对应图 3－77 的机载询问器和地面应答机之间的脉冲信号传递关系及其基本波形图如图 3－78 所示。

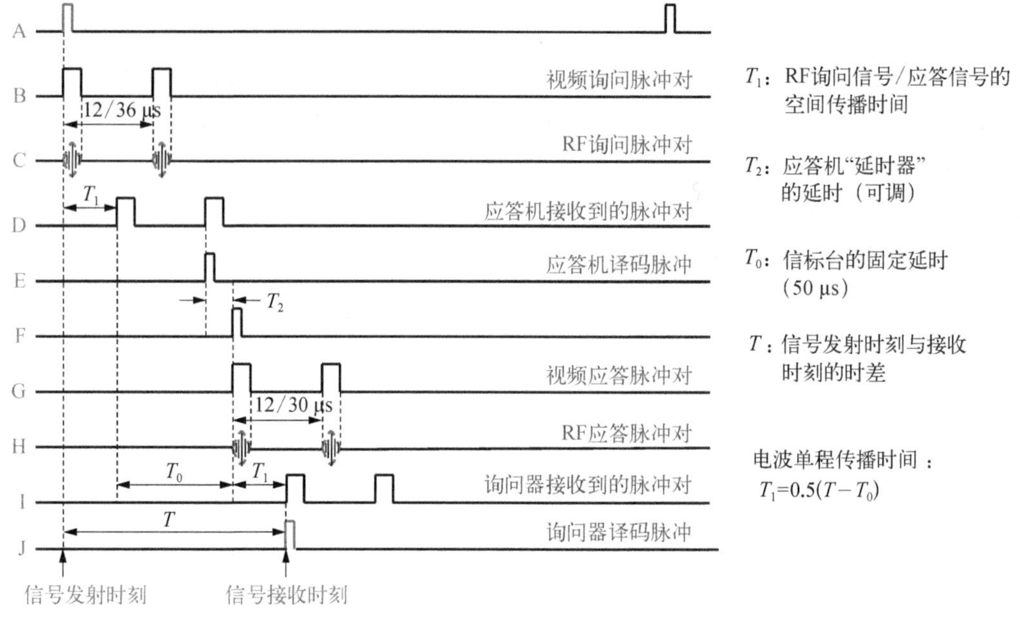

图 3-78　DME 测距脉冲对的时间关系

对同一个 DME 信标台来说，所有使用该信标台测距的 DME 询问器都发射相同频率的询问信号，射频载波上都调制有相同时间间隔的脉冲对。而地面应答机对所有询问信号的应答也都使用相同的频率，射频载波都用相同时间间隔的脉冲对调制，都是 X 波道或 Y 波道脉冲信号。因此，为获得距离信息，机载 DME 询问器必须要解决一个问题：如何从信标台的应答信号中识别出针对本机询问信号的应答信号。需要有一个无线电参量（如重复频率、脉冲数目、脉冲间隔等）对应答信号进行区分，以确保机载询问器能够从众多的应答信号中找到专门针对本机询问信号的应答信号，这就是机载询问器应答信号的识别，利用频闪原理实现。

所谓频闪，指的是机载询问器的编码电路在产生 X/Y 波道脉冲对时，利用随机分频技术使脉冲发生器产生间隔随机变化的询问脉冲对，即各询问脉冲对之间的间隔不固定，脉冲对的重复频率围绕一个平均值（如 22.5 对/s 或 90 对/s）随机变化，该平均值与询问器所处的工作阶段有关。询问器处于搜索状态时，脉冲对平均重复频率为 90 对/s，跟踪阶段重复频率为 22.5 对/s，如图 3-79 所示。

由于频率抖动是随机的，空中多架飞机的询问器发出的询问脉冲对的时间间隔各不相同。地面信标台只负责接收询问信号并产生应答，因此，对一架特定飞机的机载询问器来说，地面信标台针对它的应答信号的重复频率是与询问信号的重复频率对应的。机载询问器可以根据本机询问信号的重复频率从众多的应答信号中寻找出针对本机询问的应答脉冲对，这称为频闪效应。频闪效应中控制询问脉冲对产生的控制脉冲也称作颤抖脉冲。

由于采用询问-应答的工作模式，机载 DME 询问器在选定一个信标波道后需要经历对地面信标台信号的搜索、捕获和跟踪过程，才能测量出斜距。在跟踪过程中，地面信标

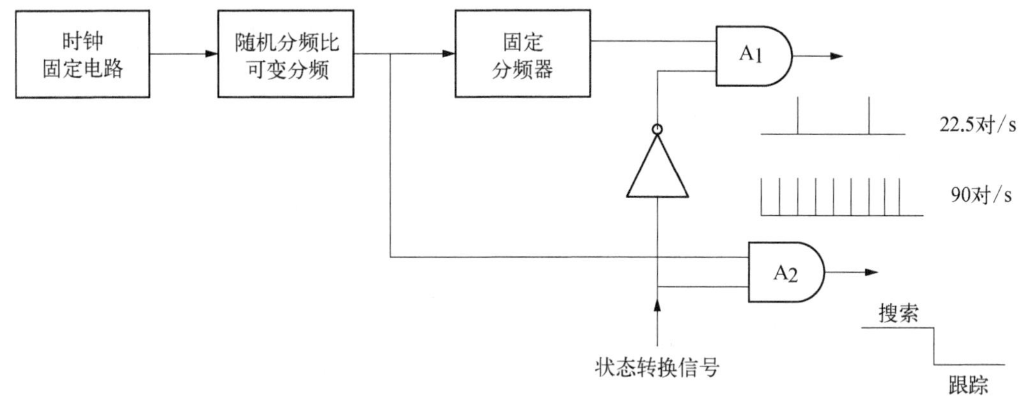

图3－79　颤抖脉冲的产生

台的应答信号可能会暂时丢失。例如,当信标台发射台识别码信号或处于抑制状态时,或者飞机机动飞行时,都可能收不到地面信标台的应答信号。因此,并非所有的机载询问器的询问信号都能得到有效应答。一般一段时间内半数以上的询问信号得到应答即可认为飞机与地面信标台之间建立起有效的测距联系。

机载 DME 在进入正常的距离测量状态,能够跟踪飞机距离的变化,提供距离读数之前,需要经历自动等待、搜索、预跟踪等过程。在距离测量过程中,会因信号状态的变化进入记忆状态或者回到搜索状态。所以,机载询问器的实际工作状态可能是自动等待、搜索、预跟踪、跟踪或者记忆状态中的任一种。有些 DME 询问器没有预跟踪状态。不同型号的 DME 询问器的各种工作状态及其转换准则大致是相同的,只是启动转换准则的参数值会有所差别。DME 询问器的工作过程大致如下。

1）自动等待

在空中,DME 询问器接通电源、选定波道后,即处于自动等待状态。自动等待状态也称为信号控制搜索状态。

在信号控制搜索状态,机载询问器的接收电路正常工作,但发射功能被抑制,即询问器只接收信号,不发射信号。接收处理电路接收来自测距信标台的脉冲信号,并计算所接收到的脉冲对的数量。在飞机接近测距信标台的过程中,DME 询问器所接收到的射频脉冲信号的电平逐渐增高,接收到的有效脉冲对数量也随之增加。当接收到的脉冲对的数量超过 450 对/s 时,表示飞机已进入了有效测距范围,DME 询问器的自动等待控制电路就触发编码发射电路,开始发射询问信号,DME 询问器由自动等待状态转为搜索状态。

2）搜索

搜索过程中,机载询问器在不断发射询问信号,搜寻测距信标台对本机的应答信号,并初步确定应答信号相对于询问信号发射时刻的时间间隔。

在搜索状态,DME 询问器产生的询问信号的平均重复频率较高,一般为 90 对/s。在这些询问脉冲对中,有的会得到应答,有的则得不到应答。在众多机载询问器同时向同一个地面测距台询问的情况下,某一机载询问器所接收到的信号中除了对本机询问的应答信号外，还包括测距台对其他飞机询问信号的应答。接收处理和距离计算电路需要对所接收到的信号进行鉴别，以识别出测距信标台对本机询问的应答信号。这一识别过程，就是搜索。

一旦识别出针对本机询问信号的应答脉冲，距离计算电路便可以计算出应答脉冲与询问脉冲之间的时间间隔，并在第二次询问后在同一时间间隔处产生一个距离波门，以等待第二次应答脉冲的到来。如果第二次的应答脉冲进入该距离波门，则表明测距机在发射脉冲后识别出对本机的应答脉冲。这样，根据距离波门在时间轴上的位置即可初步确定电波传播时间。

如果机载询问器在连续的 15 次询问中识别出 7 次或 7 次以上的对本机的应答信号，DME 询问器即结束搜索状态，进入预跟踪状态。

3）预跟踪

进入预跟踪状态后，DME 询问器继续进行上述询问-应答的识别过程。询问脉冲对仍然维持较高的重复率(90 对/s)。在 4 s 的预跟踪过程中，距离计算电路根据飞机的运动速度和运动方向(向台还是背台)，不断微调距离波门的位置，以使所接收的后续应答信号处于距离波门的中心，并根据时间差测定有效的距离信息。

4）跟踪

如果在 4 s 的预跟踪状态中，询问器的询问应答脉冲可以保持每 15 对询问脉冲对至少得到 7 次有效应答，则询问器进入正常的跟踪状态，询问脉冲对的重复率降低，变为 22.5 对/s。在跟踪状态，随着飞机与测距信标台之间距离的变化，距离跟踪测量电路控制应答脉冲对接收时刻与询问脉冲对发射时刻之间的间隔，距离波门精确锁定应答脉冲对的到达时间，距离计算电路计算距离信息并输往显示器显示。显示器距离读数跟踪飞机与地面台之间距离的变化，并随之不断更新。

5）记忆

机载询问器在跟踪状态中，倘若由于某种原因使上述“7/15”准则得不到满足，则询问器将转入到记忆状态。进入记忆状态后，距离计算电路按照进入记忆状态时飞机的速度和方向继续更新距离信息。距离显示器显示的距离读数继续更新。一旦信号重新满足“7/15”准则，询问器即由记忆状态返回跟踪状态，按照所接收到的应答信号计算飞机与信标台之间的实际距离。如果记忆状态持续 4～12 s(典型时间为 11.4 s)仍不能满足“7/15”准则，则询问器将转为搜索状态，脉冲对询问频率重新增加到 90 对/s。

图 3－80 显示了典型 DME 询问器的各种工作状态及其转换准则。图中的 RX 代表接收电路，TX 代表发射电路，PRF(pulse repetition frequency)为脉冲对重复频率，箭头表示工作状态的转换，箭头旁的说明为状态转换的条件或准则。

新型 DME 询问器通常有 4 种工作方式：准备、单波道、直接扫描、自由扫描。单波道工作方式执行前述的 DME 工作过程。

直接扫描和自由扫描为频率扫描方式。直接扫描方式下，DME 询问器可按照一定的优先顺序与所选择的 5 个地面 DME 台配合工作，测出飞机到 5 个地面 DME 台的斜距。自由扫描方式对地面 DME 台选择的优先顺序由机载 DME 询问器的微处理器控制，其选择的依据是飞机距地面 DME 台的远近和信号的接收情况。

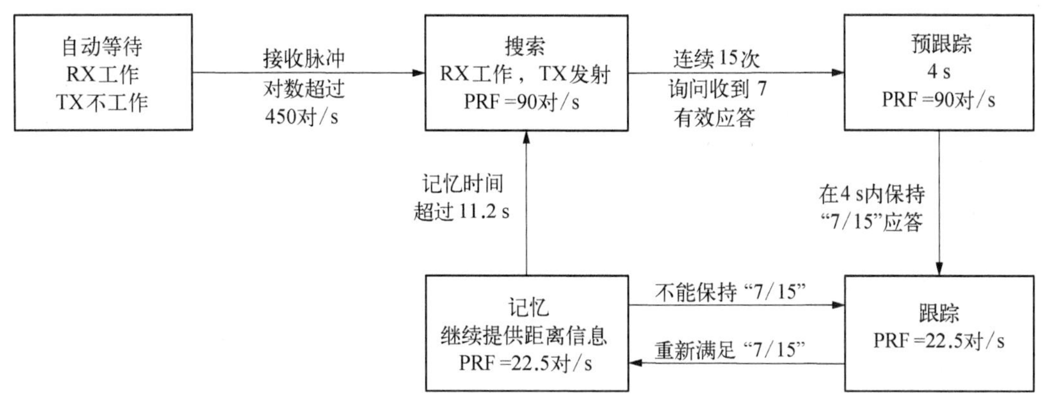

图 3-80　DME 询问器的工作状态及转换关系

频率扫描方式主要用于飞行管理计算机的 $\rho-\rho$ 定位计算，该方法利用飞机与多个地面 DME 导航台之间的距离计算飞机的位置。

1. DME 地面台信号

地面测距信标台在其有效作用范围内为若干架飞机提供应答信号。但随着时间的不同，测距范围内飞机的数量是变化的，有时多有时少，有时甚至无飞机询问。如果地面台只在有飞机询问时才产生应答信号，则地面信标台的应答信号将是随时变化的，有时需要产生密集的应答脉冲，有时只需产生很少的应答脉冲，甚至不需要产生应答脉冲，这种情况会导致信标台发射机过载或间歇工作，设备工作状态不稳定，设备的灵敏度也将随情况的不同而发生变化。为避免这种情况的出现，保持地面信标台始终处于最佳工作状态，通常使用脉冲填充技术使地面应答机发射应答信号的重复频率保持基本不变。

DME 地面应答机发射的信号中包含三类信号：一类是对询问信号的应答脉冲对（转发脉冲），应答脉冲对的数量取决于询问脉冲对的数量；第二类是测距机信标台接收机噪声所触发的噪声填充脉冲对，噪声填充脉冲对的数量与应答脉冲对的数量有关；第三类是识别脉冲对，用来发送地面信标台的识别码。第一、二类信号为随机间隔的脉冲对，识别信号是等间隔的脉冲对。

单位时间内应答机发射的脉冲对的平均数量，称为发射的脉冲对重复频率（PRF）。以满负荷为标准，规定地面信标台发射机的应答脉冲对的重复频率为 1 000～2 700 对/s。地面应答机对收到的有效询问成功应答的总量与接收到的有效询问总量之间的比值为应答机的应答效率。

DME 信标台利用其接收机的噪声信号来触发发射机产生附加的脉冲对信号，即断续发射的脉冲对，也称噪声填充脉冲对。这样，当没有询问信号或询问信号较少时，可以通过噪声填充脉冲来保证发射机发射的应答脉冲数量，使得不管询问飞机的数量如何，信标台都能以相对固定的重复频率来发射脉冲信号。

噪声填充脉冲对的数量受询问脉冲对数量的控制。询问脉冲对的数量关系着信标台接收机的灵敏度。当无飞机询问时，DME 信标台接收机的灵敏度最高，此时超过某一门限的接收机输出噪声信号最多，由此触发发射机产生的脉冲对全部为噪声填充脉冲对；随着询问飞机数量的增加，询问脉冲对逐渐增多，接收机的灵敏度下降，噪声填充脉冲对减少;当达到满负荷询问时,DME 信标台接收机的灵敏度最低,不产生噪声填充脉冲对,信标发射机只发射针对飞机询问的应答脉冲对,以此来保证地面信标台发射机发射的脉冲对重复频率保持基本不变。当询问的飞机超出信标台的容限时,信标接收机的灵敏度会进一步降低,询问信号较弱的飞机的询问可能得不到应答。此时,地面信标发射机只能维持规定容量(满负荷)的应答重复频率,部分离信标台较远的机载询问器由于接收不到应答信号而不能输出测距信号。

以容量为 100 架飞机的 DME 信标台来计算,当 95 架飞机处于跟踪状态,5 架飞机处于搜索状态时,假设跟踪状态下询问器的询问频率约为 24 Hz,而搜索状态下询问器的询问频率约为 150 Hz,则可以计算出这 100 架飞机 1 s 内发射的询问脉冲对的数量大约为 $95 \times 24 + 150 \times 5 = 3\,030$ 个。一般信标台的最大应答率为 2 700±90 Hz。

ICAO 规定:信标台的最小应答率应尽可能接近 700 Hz。但实际 DME 信标台大多采用 1 000 Hz 左右的最小应答率。填充脉冲数为最少应答脉冲数(1 000 Hz)减去 1 s 内的实际应答脉冲的数量,一旦 1 s 内的实际应答脉冲数达到或超过最少应答脉冲数,填充脉冲便不复存在。

DME 应答机的工作原理如图 3-81 所示。一旦检测到信标发射机的应答率大于 2 700 Hz(过响应),则图中的 AGC 电路将被启动,接收机中放增益降低,接收机灵敏度降低。出现过响应时,应答器的服务范围将变小,距离较远的询问器因地面信标台接收机灵敏度的降低而得不到应答。

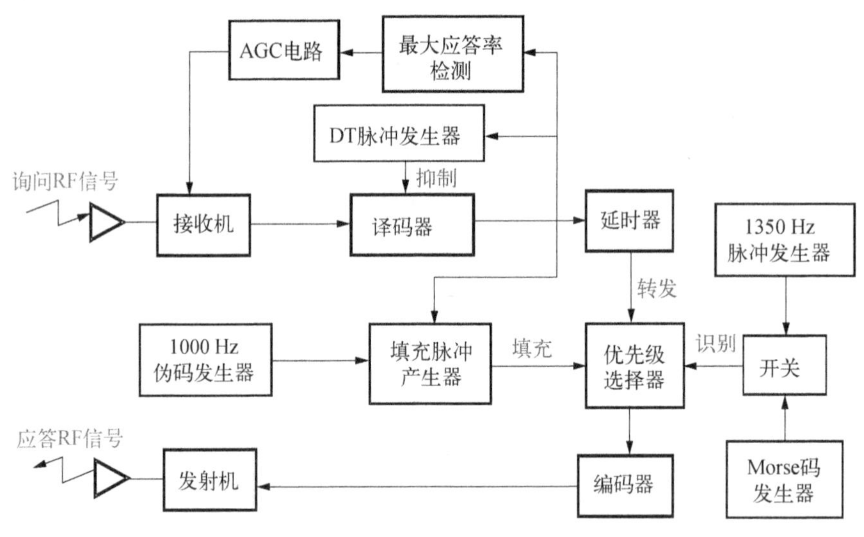

图 3-81 应答机信号组成

机载询问器在正常工作方式时,进入地面信标台的有效作用范围后,只有接收到一定数量的地面信标台发射的脉冲对信号,才会发射询问脉冲对信号,并接收地面台的应答信号,进行正常测距。利用噪声填充脉冲对可以保证地面信标台无论有无飞机询问都可以不断地向外发射应答信号,由此确保机载询问器只要进入地面信标台的作用范围,即使不发射询问信号,也可以接收到应答信号。

信标台所发射的信号中调制有导航台的识别码，以便机载询问器知道用于询问-应答测距的信标台是哪一个信标台。与其他无线电导航系统相似，DME 地面信标台的识别码为摩尔斯码，通过点划的形式发送给空中的飞机，便于飞行员识别并确认正在使用的导航台是否是选定的地面台。

机载询问器发射询问信号时，由于地面或建筑物反射的原因，会使得地面信标台在接收到机载询问器直达信号的同时，也接收到其他物体反射的多径信号。如果对多径信号不加抑制，则多径信号也可能触发地面信标台的应答脉冲，从而导致测距误差，还有可能导致信标台过载。因此，必须避免地面信标台对多径信号的接收。

由于反射信号总是在直达信号之后到达地面信标台，如果信标台接收机在接收到询问信号后抑制一段时间，不接收信号，便可以避免多径信号触发应答信号现象的出现。根据多径信号反射的距离长度，一般测距信标台在接收到一次询问脉冲对后就抑制其自身再次接收信号，抑制时间长度一般为 60 μs，特殊情况下可达 150 μs。这段时间也称为 DME 信标台的寂静时间，在寂静时间内信标台不能对飞机的询问进行应答。另外，DME 信标台发射识别码时也不能对飞机询问器的询问进行应答，因此，地面信标台的工作效率不可能达到 100%，为了保证询问器可靠工作，ICAO 规定 DME 地面台的应答效率不能低于 70%。

2. 机载询问器工作原理

机载询问器的工作包括询问信号的编码产生及发射、应答信号的接收处理及解码、距离的计算及指示（图 3－82）。

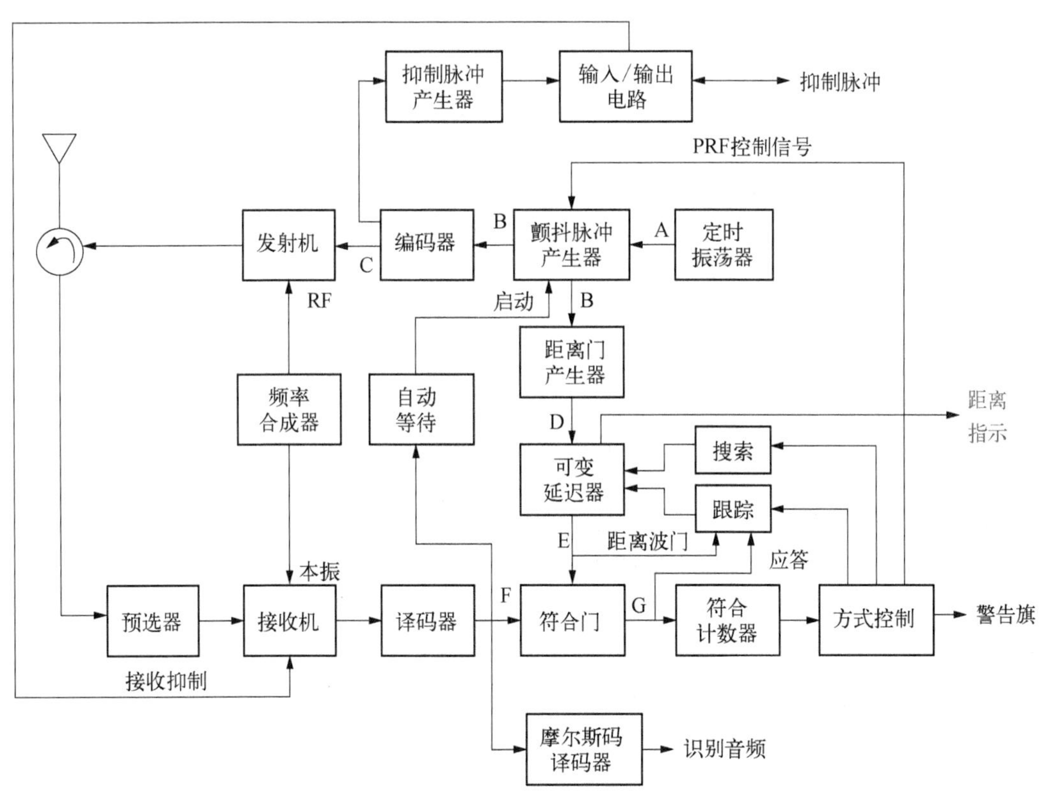

图 3－82　DME 询问器原理框图

1）接收抑制

由于 DME、空中交通管制（ATC）应答机及机载防撞系统（traffic collision on avoidance system，TCAS）都工作于频率相近的 L 频段，且询问应答信号都是以脉冲的形式发送接收的，为避免辐射信号的相互干扰，当一台机载 DME 询问器发射询问信号时，会同时通过抑制脉冲产生器产生一个抑制脉冲，通过输入/输出电路发送给两台 ATC 应答机、TCAS 计算机和另一台 DME 询问器，以抑制其接收，反之亦然。抑制时限为 30 μs。

2）询问信号的发射

定时振荡器产生的脉冲信号送给颤抖脉冲产生器，由此产生具有随机抖动的颤抖脉冲来触发编码器产生与颤抖脉冲同步的询问脉冲对信号，利用发射机调制后发送出去。图 3－83 为编码器电路原理方框图。

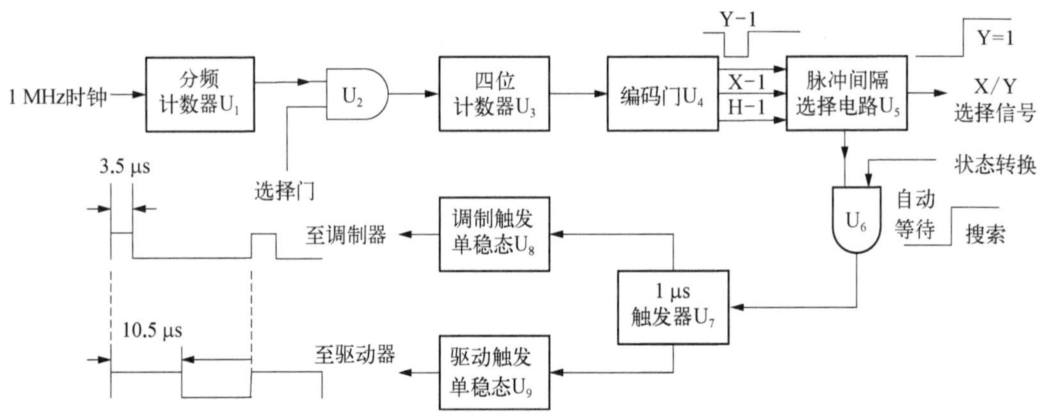

图 3－83　编码器电路原理方框图

DME 询问器接收 DME 控制面板或飞行管理计算机（FMC）发送的频率信号（波道号），通过频率合成器的可变分频器确定分频比，控制压控振荡器产生 256.25～287.5 MHz 信号作为发射询问信号的载频信号，该信号同时作为接收应答信号的本振信号。

频率合成器还为编码器和译码器分别提供 X/Y 波道选择信号和识别选择信号，并为编码器提供 1 MHz 的标准时钟脉冲。

询问脉冲对信号的编码由编码器完成。编码器电路在 X/Y 波道选择信号的控制下，产生间隔 12 μs 的 X 波道或 36 μs 的 Y 波道编码脉冲对。

频率合成器输出的 1 MHz 标准时钟脉冲信号经 3 分频得到周期为 3 μs 的编码脉冲信号。由触发脉冲产生电路提供编码选择门，控制 U_2 选通其中 16 个脉冲，经计数器 U_3 和编码门 U_4，输出三个编码门脉冲 Y-1、X-1 和 H-1，如图 3－84 所示。

编码门脉冲经脉冲间隔选择电路输出脉冲宽度为 6 μs，间隔为 12 μs 或 36 μs 的脉冲对。当 DME 进入搜索状态时，脉冲对经 1 μs 触发器控制调制触发器输出脉冲宽度为 3.5 μs 的矩形脉冲对，再经调制器输出脉冲宽度为 3.5 μs 的调制脉冲对；另一路控制驱动触发器输出脉冲宽度为 10.5 μs 的脉冲对，供预调使用。

3）频闪控制

询问脉冲的重复频率由颤抖脉冲发生器控制（图 3－82）。定时振荡器产生的脉冲

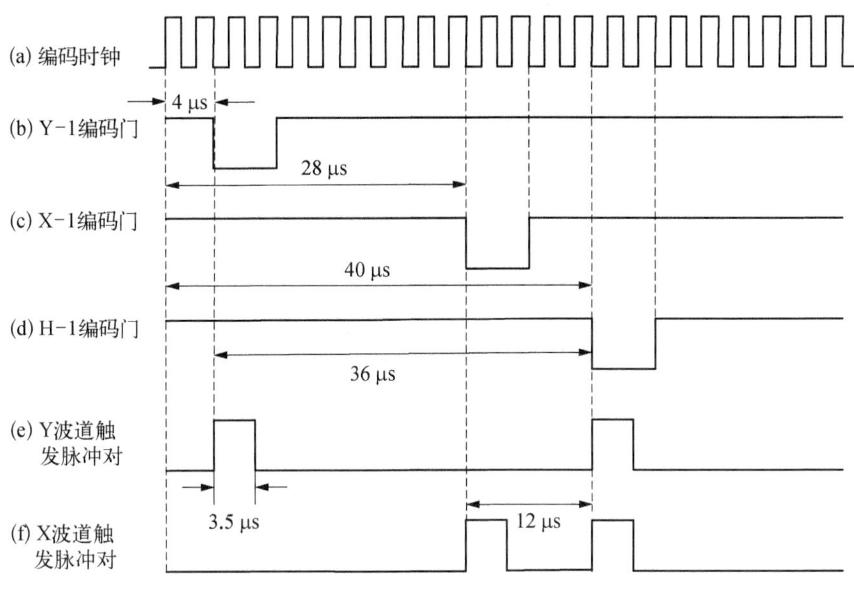

图 3-84 编码电路波形

信号经随机分频比可变分频器得到具有随机抖动的颤抖脉冲,利用间隔不等的颤抖脉冲来触发发射编码器产生与其同步的询问脉冲对信号,并利用发射机经过调制后发送出去。

颤抖脉冲发生器输出的颤抖脉冲在送给编码器的同时还发送给距离门产生器,距离门产生器产生距离门信号,经可变延迟器进行一定的时延之后产生距离波门。另一方面,DME 机载询问器接收到的地面信标台的应答信号,经过解调、译码处理后获得视频译码脉冲信号,该信号中包含针对本机和对其他飞机的应答信号及填充脉冲信号,在符合门中利用距离波门信号筛选出针对本机的应答信号。

DME 询问器工作时,只有当可变延迟器产生的时延 T 与电波传播的时间相等时,距离波门才能恰好与视频译码脉冲符合(重叠)。可变延迟器的时延 T 必须经过调整之后才能恰好等于电波传播的时间。DME 询问器通过搜索阶段来调整可变延迟器的时延 T。

如果可变延迟器时延不等于电波传播时间,则距离波门与机载询问器的视频译码脉冲符合的概率通常很低,假如询问脉冲重复频率为 PRF = 100 Hz,则该概率只有 0.3%。即使应答脉冲的频率为 PRF = 2 700 Hz,1 s 内通常也只有 8.1 个脉冲送到符合计数器。可变延迟器控制时延 T 由小到大逐步增加,询问器搜索比较,这是询问器的搜索阶段。

可变延迟器控制时延 T 持续变化,直到距离波门与视频译码脉冲符合的概率为 100%。这时,即使地面信标台对询问器询问信号的应答效率只有 50%,1 s 内也将会有 50 个脉冲送到符合计数器。一旦符合计数器检测到计数脉冲的这种突变,就表明 DME 询问器已经捕捉到针对自己询问脉冲的应答信号,询问器的工作状态转为跟踪状态。由此获得从发送询问信号时刻到接收到相应应答信号时刻的时间间隔,可以进行斜距的计算。频闪过程中颤抖脉冲与距离波门等信号之间的关系如图 3－85 所示。

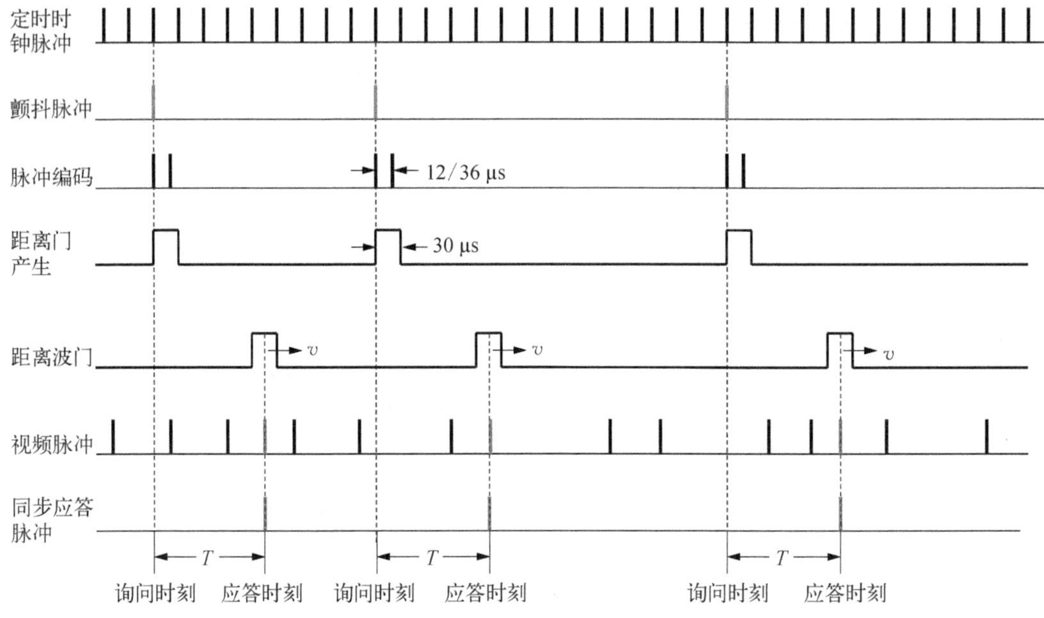

图 3－85　频闪原理

4）视频译码电路

机载询问器接收到地面应答机的应答信号，经混频、中放，输入到视频处理及译码电路，检测视频脉冲对信号的幅度，确定信号的有效性（通常大于 0.7 V）。译码电路识别接收到的信号是否为选定的 X 波道或 Y 波道信号，如图 3－86 所示。

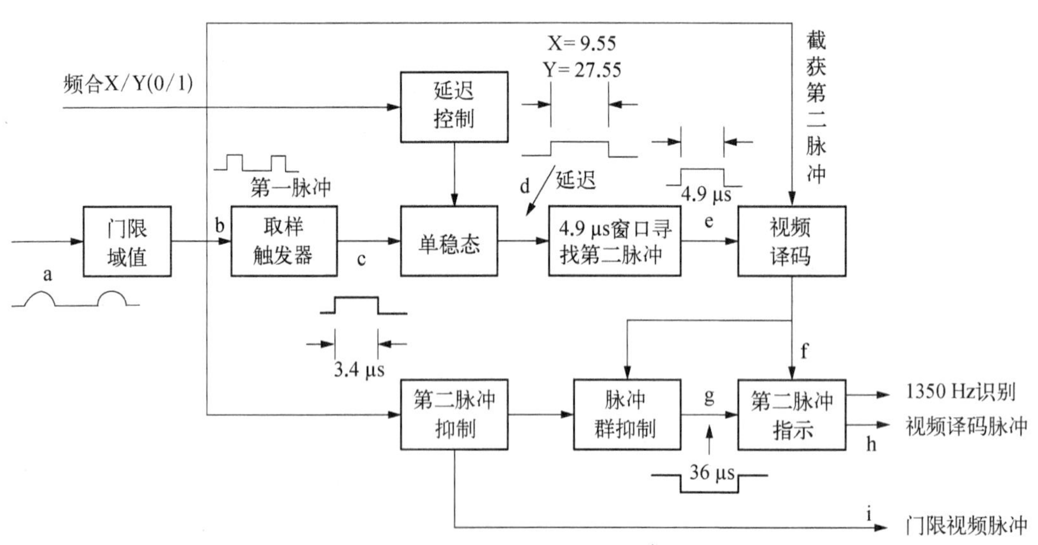

图 3－86　视频译码电路

视频脉冲对信号经门限检测，大于 0.7V 时输出至译码电路，经波形变换处理输出的第二脉冲，即视频译码脉冲，与接收脉冲对第二脉冲同步。输入视频脉冲对经抑制电路输出脉冲对的第一脉冲，即门限视频脉冲，与接收脉冲对的第一脉冲同步。利用门限视频脉冲与视频译码脉冲的间隔（12 μs 或 30 μs）来鉴别 X 波道或 Y 波道，并输至计算电路。

图 3－87 是视频译码电路中的波形关系。结点 g 输出的 36 μs 负脉冲作为对其他干扰脉冲群的抑制。

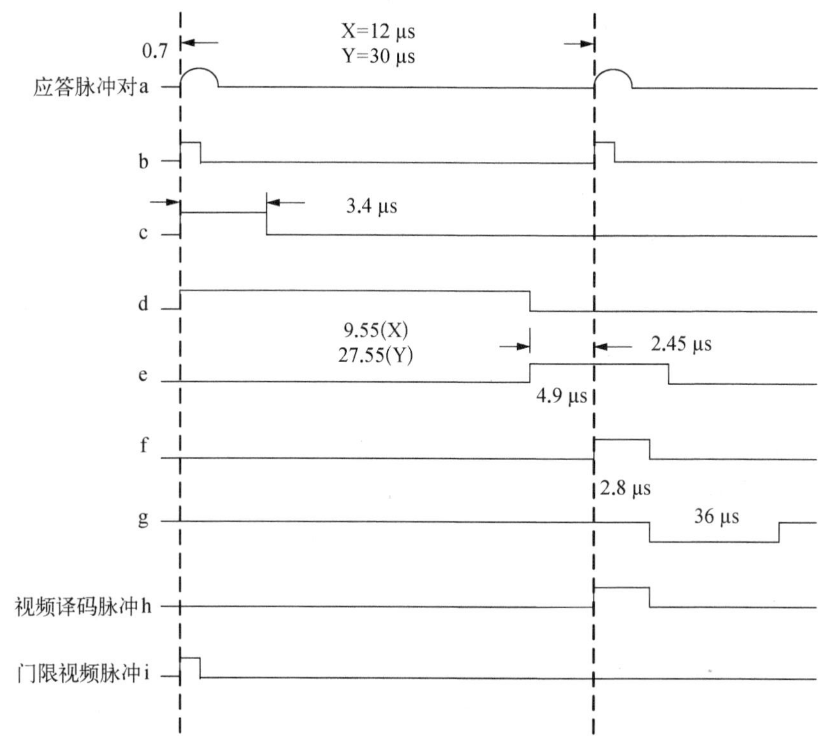

图 3－87　视频译码波形

译码电路还输出 1 350 Hz 音频识别信号至飞机音频系统。

5）距离计算

视频处理译码电路输出的门限视频脉冲和视频译码脉冲加到距离计算电路以计算飞机到地面应答机的斜距。因为门限视频脉冲和视频译码脉冲分别对应应答脉冲对的第一和第二脉冲，所以门限视频脉冲相对于询问脉冲对第一脉冲的时间延迟 T 与距离呈正比，测量时间 T 即可测得距离。

距离计算电路可以是模拟式也可以是数字式。数字式距离计算电路采用数字计数器等产生延迟时间 T 匀速变化的距离波门，最后输出数字距离信息，如图 3－88 所示。

t_0 时刻，触发脉冲触发调制发射电路产生射频询问信号，同时启动计数控制电路，使标准时钟信号输至距离计数器开始计数。通常距离计数器电路由 5 个计数器组成，即 0.01、0.1、1、10 和 100 n miles 计数器。DME 测距增量为 0.1 n miles，电波传播对应该距离的往返时间为 1.23 μs，即标准时钟脉冲的频率（计数脉冲频率）应为 809 kHz。由于

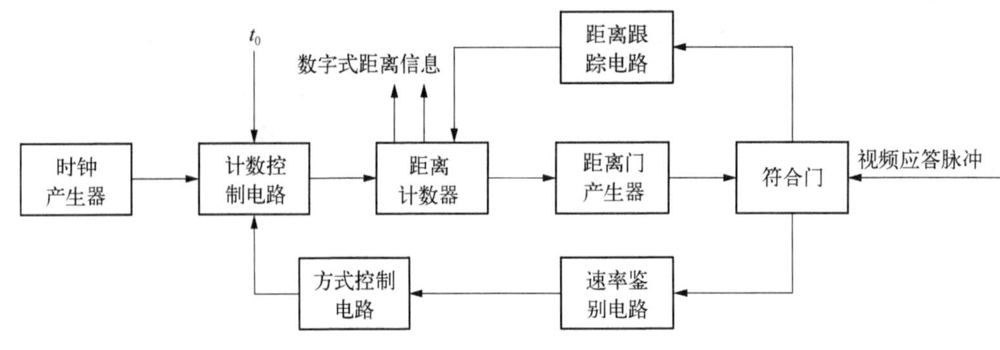

图 3-88　数字式测距原理

DME 最大测距范围为 400 n miles，所以需要 100 n miles 计数器，0.01 n miles 计数器可实现对应答脉冲信号的精确跟踪。

距离门产生器产生一个宽度一定的距离波门，该距离波门与视频处理译码电路输出的视频应答脉冲一起加到符合门电路以鉴别应答脉冲是否是对本机的应答信号。如果应答脉冲正确，由于其在连续的询问周期中与询问信号的脉冲对间隔是同步的，所以可使速率鉴别电路有较高的速率输出，而地面 DME 应答机对其他飞机的应答脉冲及噪声填充脉冲由于不与本机询问信号同步，速率鉴别电路不能高速率输出。

可变延迟器的输出信号（也称距离波门信号）在每次询问之后的 T μs 打开符合门。如果当符合门被打开时接收到了译码输出的应答脉冲或噪声填充脉冲，那么这个脉冲就通过符合门加到符合计数器。假设 DME 询问器按照询问脉冲速率为 100 进行搜索，且假设距离波门信号打开门的时间为 30 μs，则平均来说，0.01 s（即 10 000 μs）的时间内，符合门只打开 30 μs，是 10 000 μs 的 0.3%。由于噪声填充脉冲和其他飞机的应答脉冲是随机出现的，因此它们的每一个译码输出脉冲与距离波门信号在符合门上相符合（重叠）的机会大约只有 0.3%，在接收机每秒接收 2 700 对上述脉冲的情况下，距离波门的输出平均每秒 8~9 个脉冲。由此可见，此时的符合计数器检测出来的符合门的输出速率是很低的。在搜索期间，可变延迟连续增加，增加的速率相应于 20~400 n mile/s，不同的设备该设计数据不同。当延迟时间 T 增加到等于电波从飞机到信标台的往返时间再加上 50 μs 时，符合门的输出速率大大增加。同样重复频率为 100 的搜索，如果地面台对询问信号的应答百分比为 50%，则符合门的输出将从每秒 8~9 个脉冲变为每秒 50 个脉冲左右。

一旦符合计数器检测出距离波门输出速率的这种突增，方式控制电路就关闭搜索电路，启动跟踪电路。同时发送重复频率改变信号给颤抖脉冲发生器，使询问脉冲的重复频率由 40~150 Hz 降低到 10~30 Hz。同时在距离指示器上显示距离读数。

距离跟踪电路可对飞机与地面台之间斜距的缓慢变化进行跟踪，以实时显示距离。在跟踪期间，可变延迟器由跟踪电路控制，以便将本机的应答脉冲锁定在相应的距离波门信号内。如果飞机向着信标台飞，则跟踪电路控制可变延迟电路相应地减少延迟；反之，如果飞机背着信标台飞，跟踪电路将控制可变延迟电路相应地增加延迟，始终保持距离波门信号的中间对准本机的应答译码脉冲。由此，确保可变延迟与飞机到信标台的斜距对应。

如果本机应答脉冲丢失,则符合计数器的计数速率将下降为零或先前的8~9个计数。方式控制电路控制机载询问器由跟踪状态转到记忆状态。记忆电路有静态记忆和速度记忆两种:静态记忆是固定记忆,速度记忆则根据信号丢失前的速率继续改变可变延迟。记忆状态下,如果5 s后依然收不到本机的应答信号,则方式控制电路将工作方式转换到搜索状态。

6)地面信标台的识别

信标台识别码是三个字母的摩尔斯码,识别码由点、划组成。点持续时间为0.1~0.125 s,划持续时间为0.3~0.375 s。在点、划持续期间,信标台发射机发射的是1 350对/s的等间隔脉冲对,形成1 350 Hz的音频识别码。在点、划的空隙,信标台发射机发射的是应答脉冲对。识别信号每隔30 s发射一次,每次所占时间不超过4 s。

机载询问器的输出信号经1 350 Hz带通滤波器滤波后,将音频信号发送给机载音频系统。

3. DME误差

与其他无线电导航系统类似,DME系统误差主要包括设备误差、地面台位置误差和电波传播误差。

设备误差包括地面应答机误差和机载询问器误差。地面应答机误差主要与应答机的“延时器”、应答延迟测量电路、接收处理电路噪声误差及多径干扰有关。机载询问器误差主要是传播时间的测量误差,由于测量分辨率、接收机噪声干扰及随机脉冲干扰等,机载询问器的电波传播时间测量会引起一定的误差。这些误差都会导致测距误差。

由于大气介质并非理想的均匀介质,电波在大气中的传播速度并不稳定,受温度、湿度的影响,电波传播速度会有微小的变化。另外,由于地势及周围建筑物等的影响,还会造成电波传播信号的折射或衍射,也会造成测距误差。

3.2.1.2 DME地面台

地面信标台是DME系统正常工作的地面支持部分。通常有多种存在形式:独立安装的DME地面台,与VOR共址安装的地面台(图3-42),以及与仪表着陆系统共址安装的地面台(图3-89)。

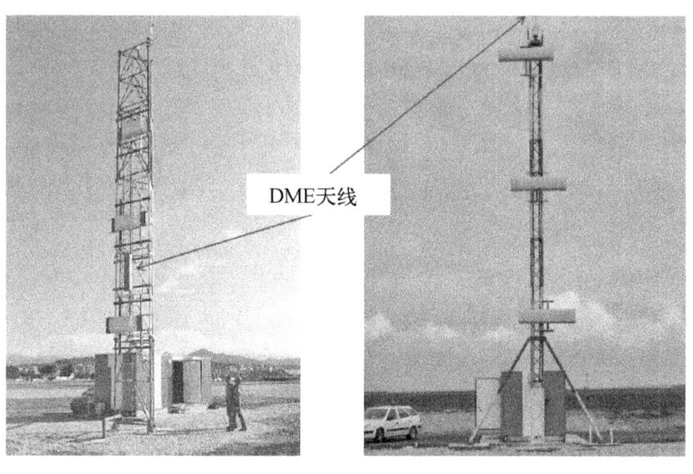

图3-89 DME地面台

DME 地面台主要包括天线、接收机、发射机及维修维护监控设备和电源。

天线系统通常由 1~11 个沿垂直轴直线排列的双锥振子组成，是直立共线阵。双锥振子的数量决定了垂直面的方向性图及天线增益。天线如果与 DVOR 信标共址安装，则一定要高过 DVOR 天线。

接收机主要接收飞机的询问信号，并对询问信号进行处理。经过混频、信号解调、视频处理，完成对询问信号的接收与处理，向发射机提供应答触发脉冲，以实现对询问信号的应答。

发射机主要包括应答信号调制的波形发生器和射频放大器，应答信号经功率放大后，发送给机载询问器，完成地面信号的应答。

维修维护监控设备主要监视地面设备工作，给出设备运行的相关数据信息，出现故障时的故障警告及提醒，为设备维修维护工作提供支持。

3.2.1.3 机载 DME 系统

飞机上通常装备两套相同的 DME 系统。机载 DME 系统包括 DME（询问器）、天线、指示器和控制面板等（图 3 - 90）。DME 系统的控制面板与甚高频导航系统共用。

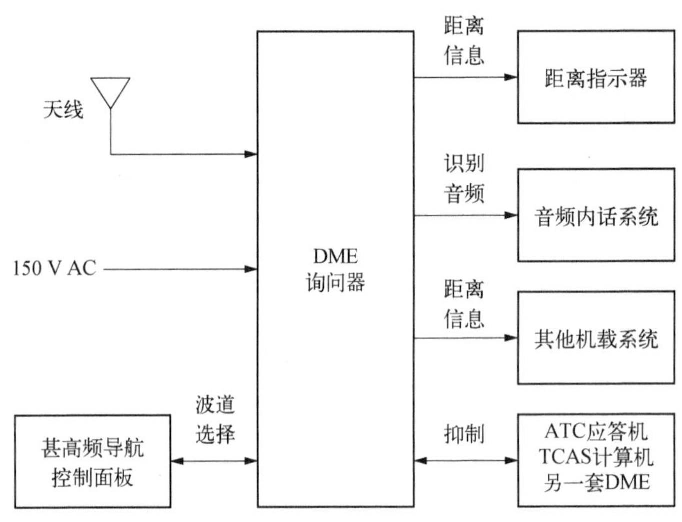

图 3 - 90 机载 DME 系统

1. 天线

由于 DME 询问（发射）和接收是交替进行的，所以 DME 发射电路和接收电路共用一部天线。

机载 DME 采用的是 L 波段的短刀形宽频道天线。天线型号和 ATC 应答机的是相同的，可以互换。DME 天线一般安装在机身的前下部，略向后倾斜（图 3 - 91）。

2. DME 询问器

如图 3 - 92 所示，DME 询问器使用 115 V、400 Hz 的交流电源，放置在电子设备舱中。有的 DME 询问器的前面板上有故障指示灯和测试按钮，可以方便地在电子舱中对系统进行测试。询问器中包含所有的发射、接收和距离计算电路，用以产生询问脉冲信号，接收

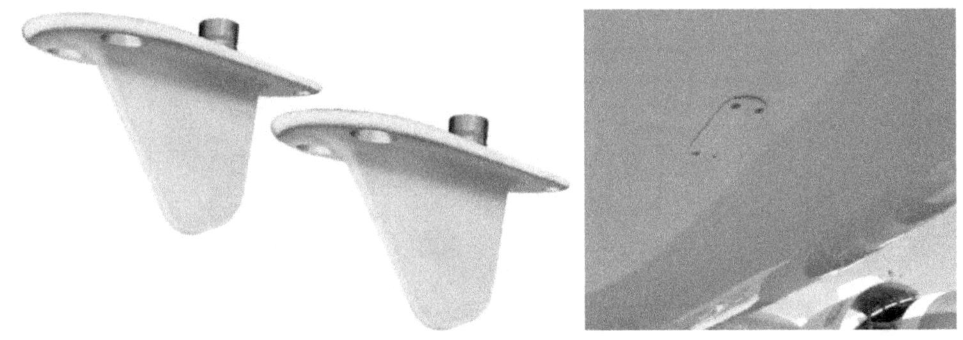

图 3－91　DME 天线

并处理地面信标台的应答信号，完成距离计算，最终产生距离信息并发送给相应的显示器。

DME 询问器通过同轴馈线与天线相连，通过电缆与控制面板相连接；DME 输出的音频识别信号发送给音频内话系统。

对数字式 DME 来说，由控制面板来的频率选择与方式控制信息，以及输出的距离信息，都是通过 ARINC 429 总线传输的。

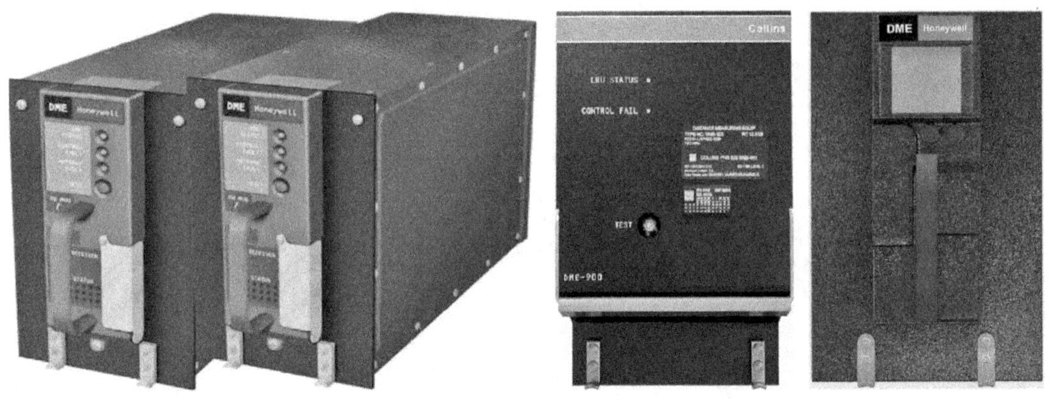

图 3－92　DME 询问器

3. DME 控制面板

DME 与甚高频导航共用控制板，主要用于 DME 系统的波道选择、调谐方式控制和系统自测试。

如果 DME 和 VOR 地面台是共址安装的，则 DME 的工作波道与 VOR 频率配对。利用频率选择旋钮设置了 VOR 频率后，同时也就确定了 DME 的工作频率(图 3－46)。在导航控制面板上所显示的是 VOR 频率，DME 的工作频率不显示。

不同机型的导航控制面板有一定的差异，图 3－46 所示的导航控制面板是较常用的控制面板，还有一种甚高频导航/DME 控制面板，如图 3－93 所示。

DME 的调谐方式有人工调谐、自动调谐和灵活调谐方式。按压控制面板上的 AUTO/MANUAL 按钮可以选择 DME 的人工调谐或自动调谐方式，选择人工调谐方式时，

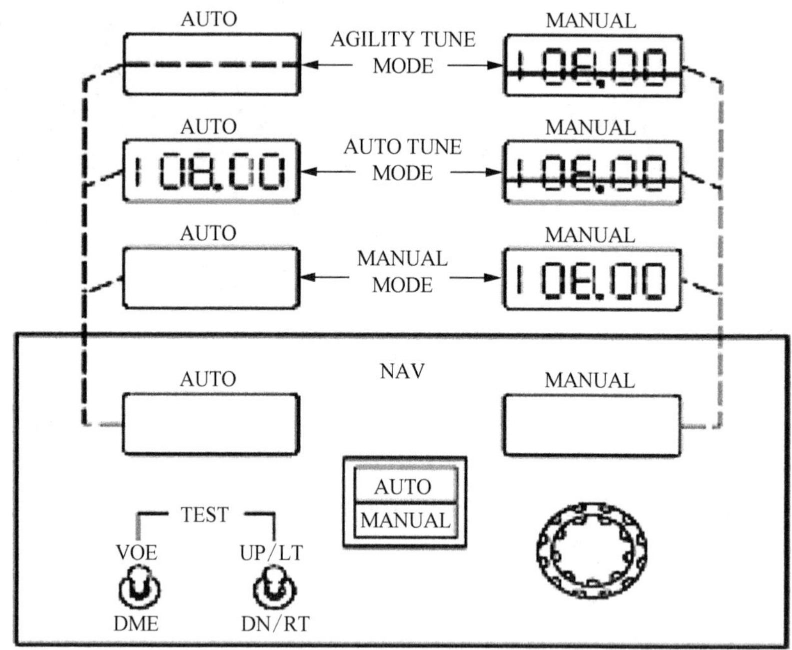

图 3-93　导航控制面板

MANUAL 灯点亮,自动调谐方式下,AUTO 灯亮。人工调谐方式时,可以利用频率设置旋钮设置调谐频率。

人工调谐时,人工设置的频率显示在控制面板的右显示窗(人工模式频率显示窗),左显示窗(自动调谐频率显示窗)显示空白;自动调谐时,左显示窗显示调谐的导航台的频率,右显示窗的频率被红色的杆遮挡,表示不使用人工调谐;当 FMC 选定多个 DME 台调谐时,即机载 DME 同时与多个 DME 信标台进行询问应答时,DME 处于灵活调谐方式,此时左显示窗显示白色的虚线,右显示窗的频率被红色的杆遮挡。

当有一部 DME 出现故障时,飞行管理计算机控制 DME 的调谐,自动地对两个 DME 台进行交叉调谐,以实现 FMC 的 ρ-ρ 定位,每隔 5 s 自动交叉调谐一次。

控制面板上的测试按钮可以对 DME 进行测试。将测试按钮扳到 DME 位置即可启动对测距机系统的测试。

4. DME 距离显示器

如图 3-94 所示,DME 的距离可以显示在 RDDMI、PFD 和 ND 上。RDDMI 上部安装两个距离显示器,左上角显示器显示左 DME 测得的距离信息,右上角显示器显示右 DME 的距离信息。RDDMI 显示器是十进制的四位数码显示器,显示单位为海里,显示的最大距离为 389.9 n mile,距离增量为 0.1 n mile。距离显示器通常是 7 段发光二极管或液晶显示器。DME 询问器通过 ARINC 429 总线向 RDDMI 输入串行 BCD 编码的距离信息,经显示器译码电路译码后,驱动相应的数码显示。

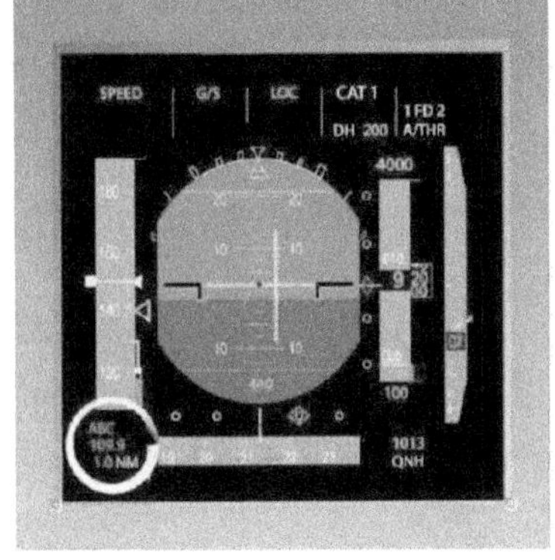

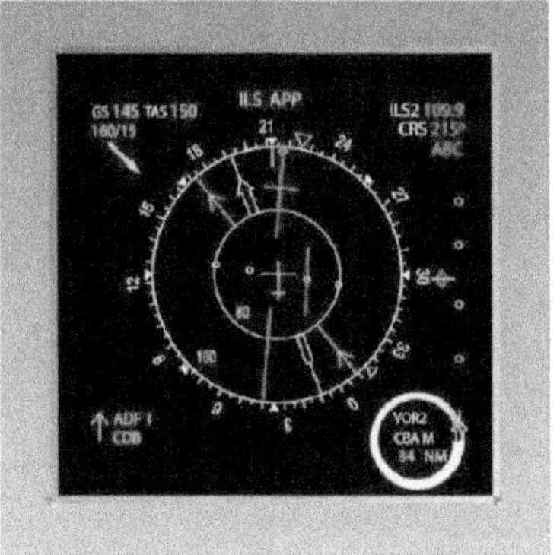

图 3-94　DME 距离显示

3.2.2　低高度无线电高度表系统

民航飞机所用的无线电高度表是一种自主式频率测距系统，测高范围通常为-20～2 500 ft（-6～762 m），属于测量低高度的无线高度表，故简称为低高度无线电高度表（LRRA），是飞机进近着陆过程中保证飞行安全的重要导航设备。

无线电高度表测量的是飞机相对于其正下方地面的高度，也称为飞机的真实高度或垂直高度。该高度被发送给高度指示器，为飞行员提供飞机相对地面的高度显示。同时为飞机上其他系统提供飞机高度信息，如近地警告系统（GPWS）、空中交通防撞系统（TCAS）、飞行控制计算机（FCC）及自动油门计算机（A/T COMPUTER）等，为这些系统的工作模式切换提供逻辑判断依据，或者配合这些系统引导飞机自动着陆。

3.2.2.1　高度表测高原理

LRRA 利用电波在空间传播的等速性和直达性来测量飞机与地面之间的距离。

如图 3-95 所示，LRRA 利用装载于飞机机腹的发射天线向地面发射无线电波信号，

图 3-95　LRRA 基本原理

当电波到达地面被反射后,再通过接收天线接收回波信号,利用信号处理电路测量电波往返传播的时间 Δt,由此确定飞机距离地面的真实高度。电波传播时间与飞机离地高度之间的关系为

$$H = \frac{1}{2}c\Delta t \tag{3-20}$$

其中,H 为飞机离地高度;c 为电波的传播速度(3×10^8 m/s)。LRRA 测高基于地面对无线电波的反射。电波的反射通常有两种类型:镜面反射和散射(漫反射)。由于地面通常比较粗糙,无线电高度表电波信号的反射多呈漫反射状态。这也使得当飞机有倾斜和俯仰时,也能接收到地面的反射信号。频率越高,地面反射越强。

根据式(3-20),无线电高度表只要测量出电波的传播时间 Δt,就可以计算出飞机的真实高度。但由于电波传播的速度很高,而高度表的测距范围较小,导致 Δt 很小,用一般方法很难测量出。各种型号的无线电高度表采用不同的时间测量方法。根据 Δt 测量方法的不同,现代飞机上使用的无线电高度表通常有三种类型:普通调频连续波(frequency modulated continuous wave, FMCW)高度表、等差频调频连续波高度表和脉冲式高度表。无线电高度表调制频率范围为 4 250~4 350 MHz。

1. 普通 FMCW 高度表测高原理

普通 FMCW 高度表是一种常规无线电高度表,它是较早使用的一种高度表。普通 FMCW 高度表发射的电波信号是调频连续波,可以用正弦波或三角波调频。下面以三角波调频为例来说明这种高度表的测高原理。

高度表收发机中的调制器产生一个对称的三角波线性调制电压,对发射信号进行调频,发射波是三角波线性调频的连续波。频移范围通常为 100~150 MHz。以 860F-4 型号高度表为例,其发射信号中心频率为 4 300 MHz,调制频率为 100 Hz,频移 ΔF 为 100 MHz,如图 3-96 所示。

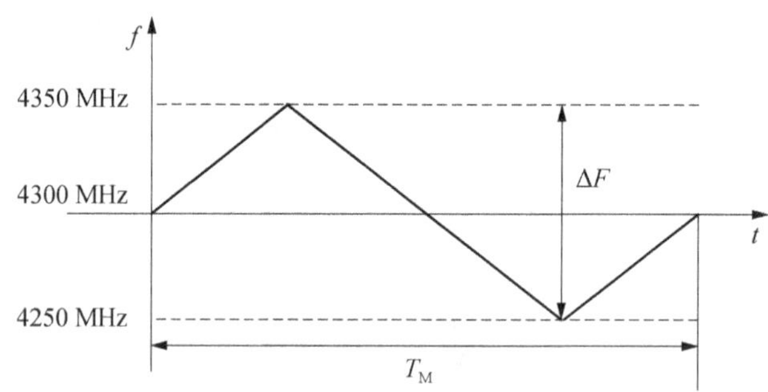

图 3-96 普通 FMCW 高度表发射信号的频率变化

发射机发射信号经方向性天线向地面发射,其中部分发射信号(直达信号)直接加到接收机的信号混频器,用于同接收到的回波信号进行混频。在已发射电波的发射及回波过程中,高度表调制器持续产生频率不断变化的新的发射信号,并发送给接收机的信号混频器。因此,接收到的地面回波信号的频率与该时刻发射信号的频率差的大小与电波传播的时间有关。图 3-97 为 FMCW 高度表原理框图。

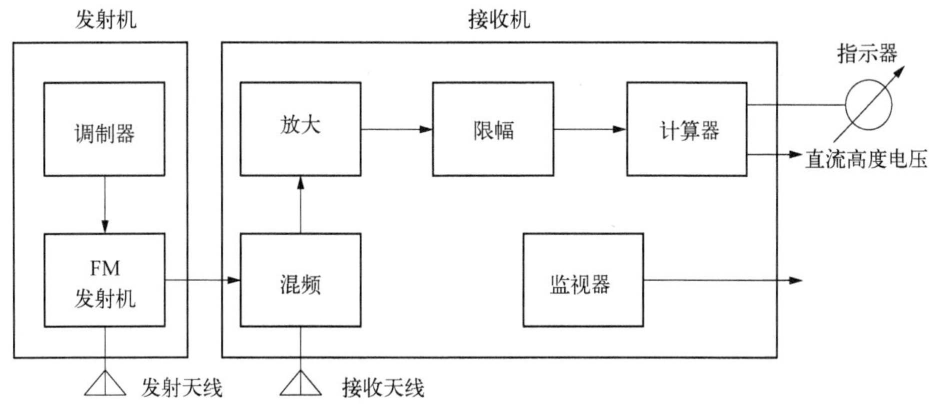

图 3-97 FMCW 高度表原理框图

假设高度表在 t_1 时刻发射电波信号,发射电波信号的频率为f_1,该电波信号传播到达地面被地面反射后,在 t_2 时刻被接收天线接收到,电波的传播时间 $\Delta t = t_2 - t_1$, 也就是电波从飞机到地面,再被地面反射到飞机的时间。

根据高度表发射电波信号的频率变化规律,假设在接收到回波信号的 t_2 时刻,发射信号的频率为f_2。也就是在 Δt 时间内,发射频率从f_1 变化到f_2,频率的变化值为 $\Delta f = f_2 - f_1$。Δf 与时间差 Δt 有确定的线性对应关系。因此,可以用频率差来测量时间差,从而计算飞机的真实高度(图 3-98)。

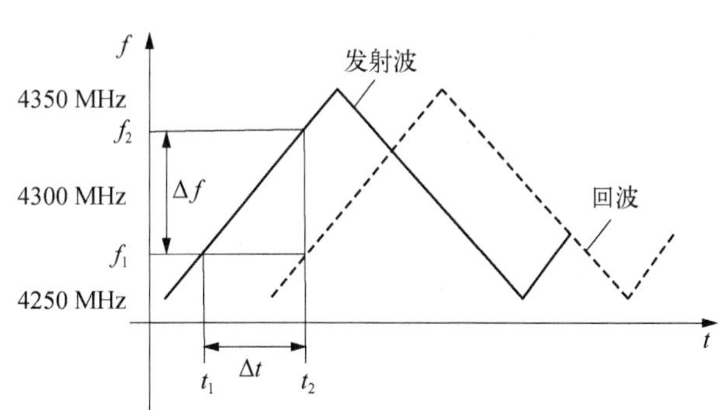

图 3-98 频率差与电波传播时间的关系

从上面的说明可以知道,若发射时电波的频率为f_1,则当该电波被地面反射返回到接收天线时,接收天线接收到的信号频率$f_r = f_1$。但这已经是 Δt 时间之后,发射端电波信号的频率为$f_t = f_1 + \frac{df}{dt}\Delta t$。其中 $\frac{df}{dt}$ 是调频发射信号的频率变化率,它决定着发射信号的频移 ΔF 和调制周期 T_M。对线性三角波调频的高度表来说:

$$\frac{df}{dt} = \frac{\frac{1}{2}\Delta F}{\frac{1}{4}T_M} = 2\Delta F F_M \tag{3-21}$$

发射信号(即直达信号)和接收信号加到混频器混频,经滤波后,得到二者的频率差 Δf:

$$\Delta f = f_t - f_r = f_1 + \frac{df}{dt}\Delta t - f_1 = \frac{4\Delta F F_M}{c}H \tag{3-22}$$

在调频发射信号中，ΔF、F_M 是常数，电波的传播速度也是常数。因此，收发信号的频率差 Δf 与飞机真实高度 H 呈正比。高度越高，频率差越大。

发射信号调制频率为 100 Hz，频移为 100 MHz 的高度表，其收发信号的频率差与飞机真实高度之间的关系为

$$\Delta f = \frac{4 \times 100 \times 10^6 \times 100}{3 \times 10^8} H \approx 133\,H\ (\mathrm{m})$$

即频率刻度为 133 Hz/m，高度每变化 1 m，频率差变化 133 Hz。由于 1 m = 3.28 ft，所以转换为英尺的频率刻度为 40.5 Hz/ft。在整个测高范围 0~2 500 ft，频率差的变化范围是 0~101 kHz。

由于三角波存在转折点(图 3－96)，当电波从发射信号到接收信号的 $t_1 \sim t_2$ 时间内，如果频率变化没有经过转折点，高度表的测高误差很小，这些误差主要是信号处理、检测及电波传播过程中引起的误差。但如果电波从发射信号到接收信号的 $t_1 \sim t_2$ 时间内，频率变化经过转折点，即高度表发射电波信号的时间是在转折点之前而接收到回波信号的时间是在转折点之后，则测得的频率差就不能真实地反映电波的传播时间，导致高度表测量出现大误差，且飞机的飞行高度越高，这种情况发生的可能性就越大。为确保高度测量精度，这种高度表只用于低高度测量(0~2 500 ft)。

此外，普通 FMCW 高度表的高度计算电路中，将频率差转换成直流电压，作为高度电压。频率差越大，高度电压就越大，指示器所指示的高度就越高。高度表的高度指示与频率有着密切的关系，测高精度受发射机频率稳定度的好坏影响很大，相对来说测高误差比较大。

2. *等差频 FMCW 高度表测高原理*

普通 FMCW 高度表的测高误差受三角波频率转折影响的情况可以通过等差频 FMCW 高度表来解决。等差频 FMCW 高度表和普通 FMCW 高度表的收发机工作原理相似，都是发射频率随时间而变化的 FMCW，在接收端的信号混频器中，检测接收信号与发射信号的频率差。只是等差频 FMCW 高度表中，保持收发信号的差频 F_b 不变，收发机随飞机高度的变化改变调制周期 T_M。

1）工作原理

等差频 FMCW 高度表向地面辐射锯齿波调频信号，而且保持收发信号的差频不变，因此被称作等差频 FMCW 高度表。

从频率差和高度的关系式中可知，当差频 ΔF 和频移是常数时，飞机离地高度 H 和调制周期呈正比关系。为保持频率差不变，当飞机高度增加时，由于电波的往返传播时间 Δt 增加，需要增大调频波的调制周期 T_M。反之，当飞机离地高度减小时，电波往返传播时间 Δt 减小，需要减小调频波的调制周期。等差频调频连续波高度表利用调制周期 T_M 的大小来测量高度。图 3－99 和图 3－100 为等差频 FMCW 高度表测高原理图。

发射机载频信号(如 4.3 GHz)被低频线性锯齿波信号调频后，通过发射天线向地面辐射。地面反射后的回波被接收天线接收，发送给接收机，在接收机中与发射机发送过来

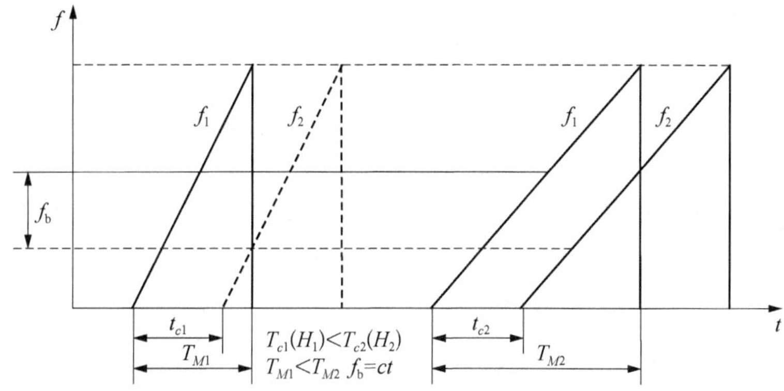

图 3－99　等差频 FMCW 高度表测高原理

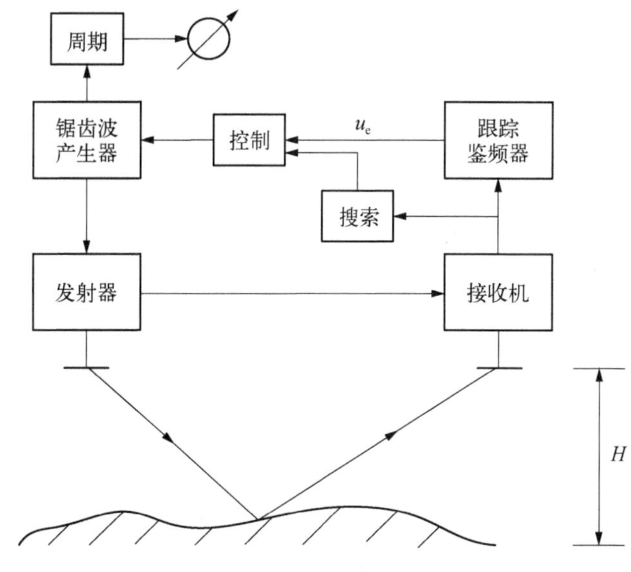

图 3－100　等差频 FMCW 高度表原理框图

的信号进行混频。接收机信号处理电路通过跟踪鉴频器输出信号控制锯齿波周期 T_M，使接收机混频器输出的差频信号为一固定值（如 $f_b = 25$ kHz），利用周期计数器测量 T_M，并将其变换成直流电压信号驱动高度指示器，指示飞机的离地高度值。

当飞机高度变化时，接收机混频器输出的频率差信号 f_b 必然要跟着增大（或减小），该信号施加到跟踪鉴频器，鉴频器输出误差电压信号 u_e（鉴频器的线性范围内，u_e 与 f_b 呈线性关系），控制电路增加（或减小）锯齿波的周期 T_M，最终使频率差 f_b 稳定在 25 kHz 的恒定值上。

接收机电路将调制周期转换成相应的高度指示电压，调制周期越长，相应的高度指示电压就越大，指示的高度就越高。反之，指示器指示的高度就越低。由于保持频率差不变，高度表受发射机频率稳定度的影响较小，其测高精度比普通 FMCW 高度表要高。

2）工作方式

由于需要调整锯齿波的周期，等差频调频连续波高度表的工作有搜索和跟踪两种工作方式。

如图 3－101 所示，当高度表刚开机或飞机高度突然改变时，高度表处于搜索状态。此时，接收机控制高度表锯齿波的周期由小到大逐渐变化，进行周期性搜索，相当于从低到高逐步搜索来确定飞机的真实高度。假设飞机的高度为 H_k，所对应的锯齿波周期为 T_{MK}，则当接收电路搜索到 T_{MK} 时，接收机混频器输出信号的频率差等于规定的差频固定值（$f_b=25$ kHz），高度表即进入跟踪状态。

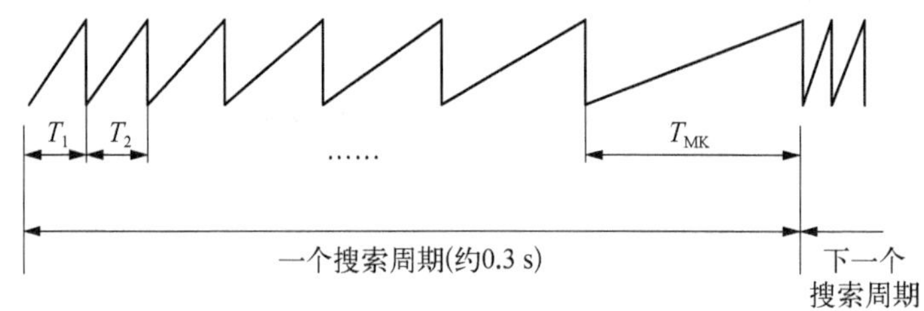

图 3－101　搜索阶段锯齿波周期的变化

跟踪状态下，接收机鉴频器输出误差电压控制信号随时调整锯齿波的周期，确保差频输出保持在 f_b。当飞机高度不变时，调制锯齿波的周期不变，接收机混频器输出信号的频率差为恒定值（$f_b=25$ kHz），指示高度不变。高度改变时，由于接收混频器输出信号的频率差改变，使鉴频器输出误差电压信号控制调制锯齿波的周期改变，最后使频率差重新达到 25 kHz。

在跟踪状态，飞机高度无论如何变化，都能使频率差保持恒定值，高度表输出及高度指示始终跟踪飞机高度的变化。

3. *脉冲式高度表*

脉冲式高度表利用脉冲信号的传播时间测定飞机的高度。假设高度表在 T_0 时刻向地面发射高频定时脉冲，则 T_0 时刻作为电波的发射时间。高频脉冲被地面反射后返回高度表接收机，接收到回波信号的时刻与 T_0 之间的时间差就是高频脉冲在飞机与地面之间的往返时间，该时间与飞机的高度呈对应关系。

1）工作原理

如图 3－102 所示，发射机以 8 kHz 的速率向地面发射脉宽为 60 μs 的高频脉冲，同时向斜升电压产生器发出时间基准脉冲——T_0 脉冲，使其开始产生 0～25 V 的线性斜升电压。高度表内距电压产生器输出一个内距电压 E_R，二者在比较器中进行比较，当二者相等时，比较器输出控制门脉冲产生器产生跟踪门脉冲。接收机对接收到的地面信号进行处理，得到视频返回脉冲，如果视频返回脉冲与跟踪门脉冲发生重叠且重叠量达到一定程度，则跟踪门输出一个脉冲信号，该脉冲与 T_0 脉冲之间的时间间隔即是电波传播的往返时间。

2）工作方式

图 3－103 为脉冲高度表测高原理。与等差频调频连续波高度表类似，脉冲高度表有

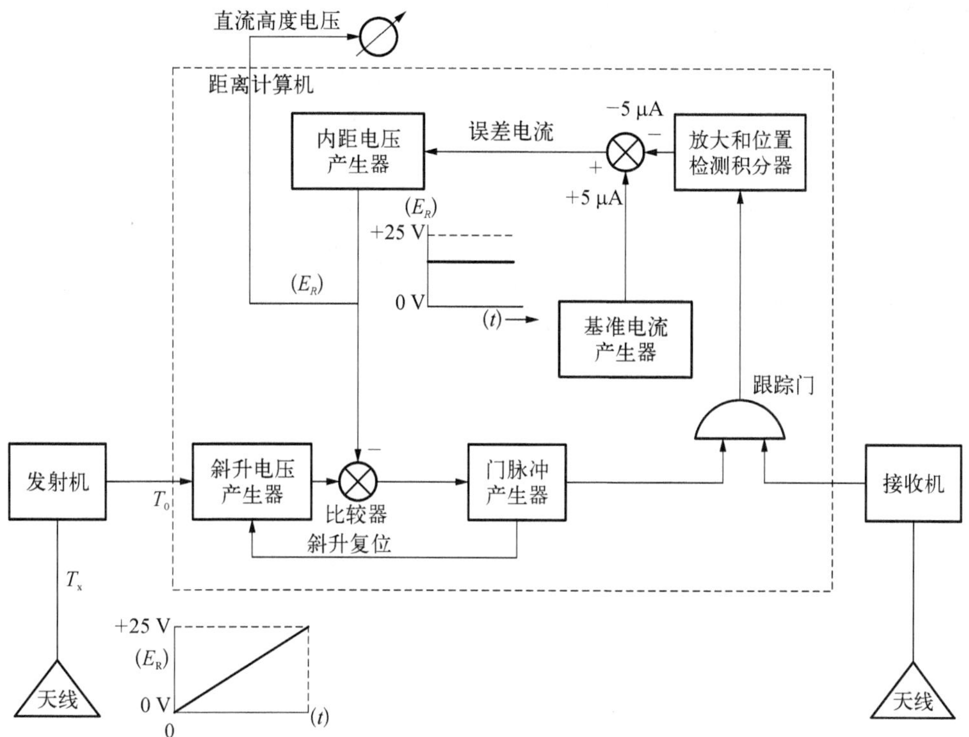

图 3-102 脉冲高度表原理框图

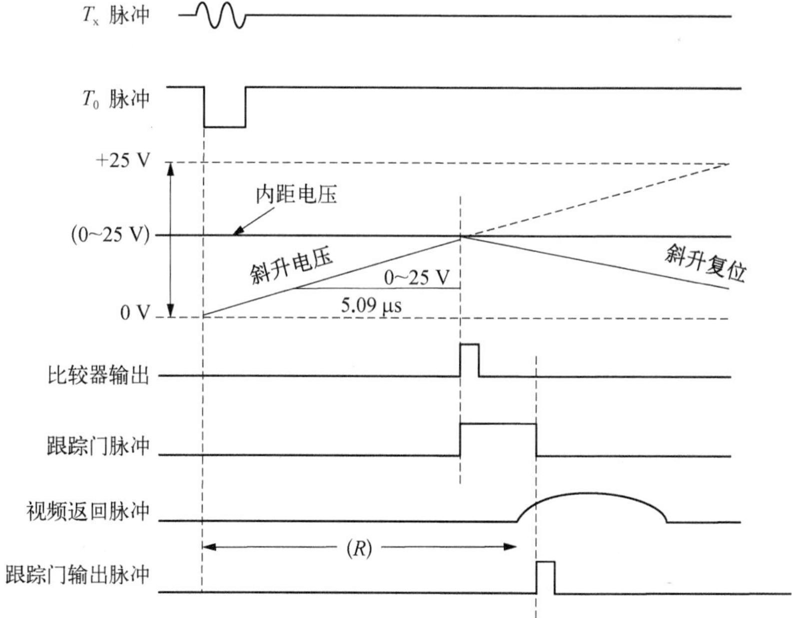

图 3-103 脉冲高度表测高原理

搜索和跟踪两种工作方式。高度表刚开机或飞机高度突然改变时,高度表进入搜索状态,此时,跟踪门脉冲与视频返回脉冲可能无重叠,在误差电流的作用下,内距电压产生器产生内距电压 E_R,并使 E_R 在0~25 V 由小到大逐渐变化。每改变一次,都需要将 E_R 与斜升电压相等时产生的跟踪门脉冲与视频返回脉冲进行重叠度比较,如果不重叠或重叠量不合适,则在误差电流的驱动下,改变 E_R 值,再次比较,直至二者的重叠量达到一定程度(跟踪门脉冲的后沿与视频返回脉冲的前沿中点重叠),搜索状态转为跟踪状态。

如图 3-104 所示,跟踪状态下,当飞机保持高度不变时,跟踪门脉冲的后沿与视频返回脉冲的前沿中点重叠(重叠合适),跟踪门使位置检测积分器输出的电流与基准电流产生器输出的电流基本相等,误差电流近似等于0,内距电压产生器输出的电压 E_R 不变,对应的高度值不变。

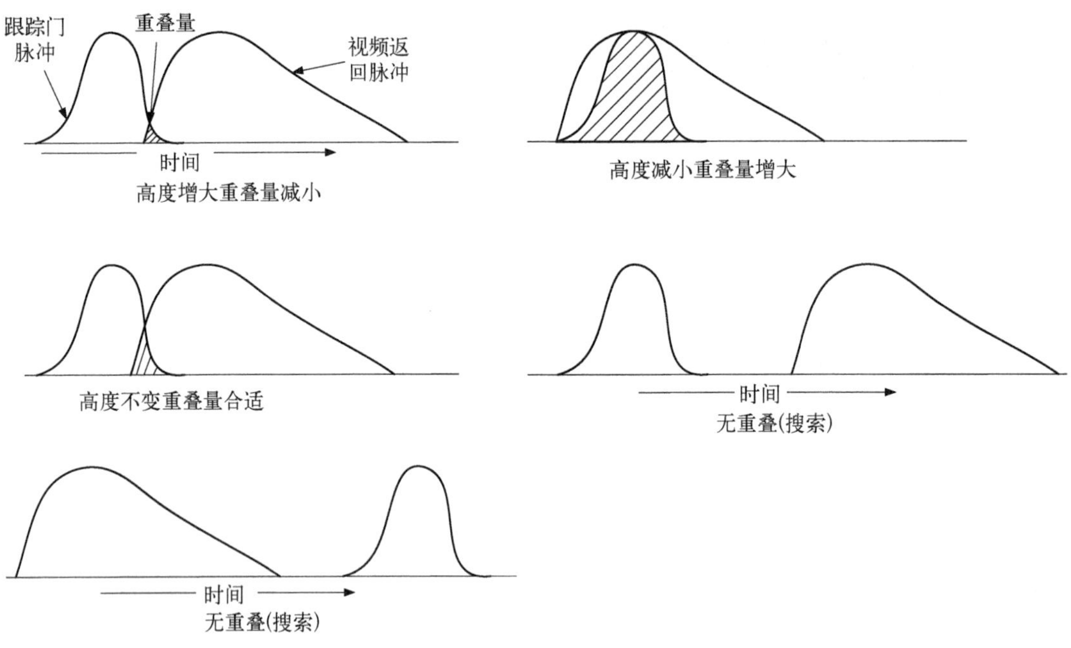

图 3-104　脉冲重叠情况

当飞机高度增加(减小)时,视频返回脉冲的位置后移(前移),与跟踪门脉冲的重叠量减少(增加),跟踪门的输出信号使位置检测积分器输出的电流减小(增大),与基准电流产生器输出的电流相比较,输出误差电流为正(为负),驱动内距电压 E_R 增大(减小),使跟踪门脉冲后移(前移),与视频返回脉冲的重叠量重新达到要求的程度,E_R 稳定在新的数值上,高度表输出并指示新的高度。

可见,如果飞机高度不变,内距电压产生器输出的电压 E_R 不变。高度变化时,E_R 随之变化。也即,内距电压 E_R 的大小反映了飞机的高度。

4. 无线电高度表的安装延迟

根据高度的概念,当飞机的机轮着地时,高度表的高度输出应该为零。但由于发射机发射信号输出点到发射天线之间利用同轴电缆进行信号传输,接收天线与接收机回波信号输入点同样存在信号传输的同轴电缆，电波信号在这些电缆中传输都需要时间，这些时间被计入高度表所测量的电波传播时间中。同时，当飞机机轮触地时，发射天线和接收天线距离地面都还有一定的距离，因此，高度表的输出不可能为零。

发射和接收电缆的长度及天线到地面的高度，这段路径的总长度称为高度表的飞机安装延迟，也称剩余高度（图 3－105）。高度表的发射机、接收机电路中设计有抵消安装延迟的电路。由于这个原因，在更换高度表的发射和接收电缆时，必须选用与原电缆相同型号、相同长度的电缆进行更换，否则会引起高度表的测量误差。

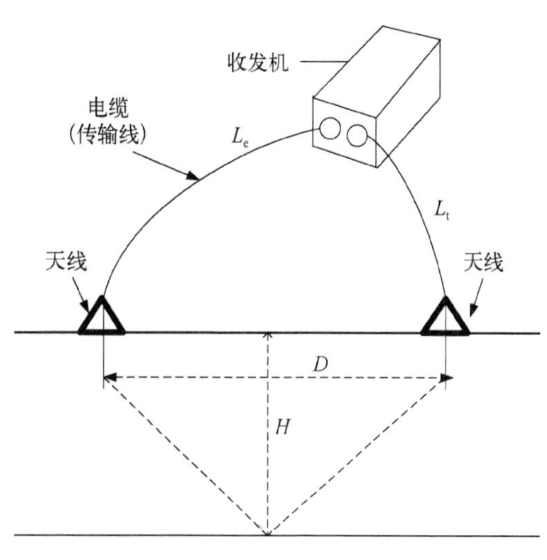

图 3－105　安装延迟

5. 高度表误差

机载高度表工作过程中会受到各种因素的影响，导致高度指示出现误差。高度表的误差主要体现在以下几个方面。

1）发射机对接收机信号泄漏的影响

由于高度表的发射天线和接收天线都位于飞机的机腹，且二者之间距离较近，发射天线发射的信号会直接被接收天线接收到，泄漏到接收机，该信号就成为干扰信号，影响接收机的工作（图 3－106）。发射功率越大，泄漏到接收天线的信号功率就越大。严重时会阻塞接收机的工作，还可能引起虚假高度读数。因此，高度表的发射功率不能太大，通常小于 0.5 W，接收机的灵敏度也不能太高，太高容易受到泄露信号的干扰。

发射信号功率和接收灵敏度限制了无线电高度表的测高范围。通常要求发射天线和接收天线分开一段距离安装，至少保证 75 dB 的空间衰减量。

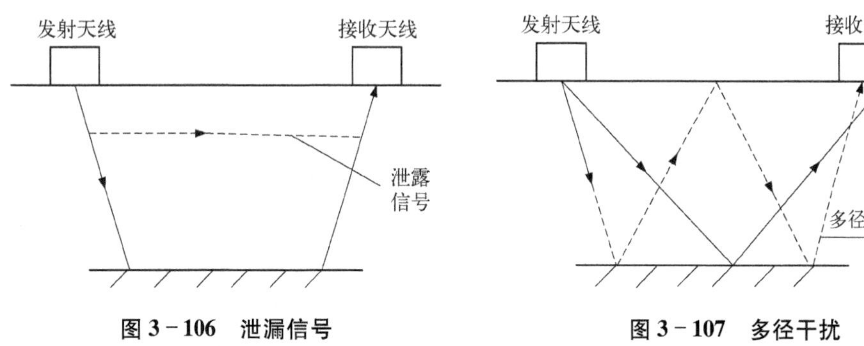

图 3－106　泄漏信号　　图 3－107　多径干扰

2）多径反射干扰

由于地形的复杂性，高度表接收天线除了接收飞机下方地面对发射信号的一次回波反射外，可能还会接收到地面多次反射引起的多径信号，特别是飞机在低高度飞行时，多径反射信号会更强，如图 3－107 所示。虽然多径反射信号的强度要比一次反射信号弱得多，但由于差频放大器采用了增益随高度增加而增大的工作电路，多径反射的弱信号也会被放大,从而产生高度测量误差。

为减小多径信号的干扰,在具有搜索和跟踪能力的无线电高度表中,如等差频 FMCW 高度表,搜索要从零高度开始向高高度搜索,确保跟踪到最先到达的一次反射信号,并锁定在这个正确的高度(最短距离)。

飞机着陆过程中,起落架放下。起落架及其附属物也可能反射高度表的发射信号,产生多径信号,但由于起落架离机腹的距离较短,反射信号距离短,高度表的跟踪环路可以使其跟踪的高度不变。

在普通 FMCW 高度表中,使用跟踪滤波器(频谱滤波器)跟踪最小差频,可滤除多径反射信号产生的差频。

3)散射干扰

高度表天线使用的是宽波束天线,波束宽度为 20°~45°,波束覆盖的地面面积较大。由于地面反射为散射(漫反射),使得高度表接收天线不仅接收到垂直方向的反射信号,还会接收到垂直方向以外的散射信号,导致反射信号和发射信号混频后所得到的差频不是单一的频率,而是具有一定宽度的频谱。

考虑到垂直反射信号电波的传播路径最短,其对应的差频频率最低。因此,减少散射干扰影响的办法和减少多径干扰的办法相同。等差频 FMCW 高度表的搜索方式是从低高度向高高度搜索,跟踪最先到达的发射信号。普通 FMCW 高度表使用跟踪滤波器跟踪最小差频,确保测高精度。

4)多设备安装的互干扰

为了提供可靠的高度信号,飞机上通常同时装 2 套或 3 套无线电高度表。当多套系统同时工作时,一部高度表可能会接收到另一部高度表的泄漏信号,也可能接收到另一部高度表的地面反射信号,这会对高度表的高度解算产生干扰。为避免这种情况的出现,飞机上高度表天线的安装位置通常有一定的间隔,相邻天线对地发射电波的电场方向互成 90°安装,使两部高度表的天线间的耦合达到最小。

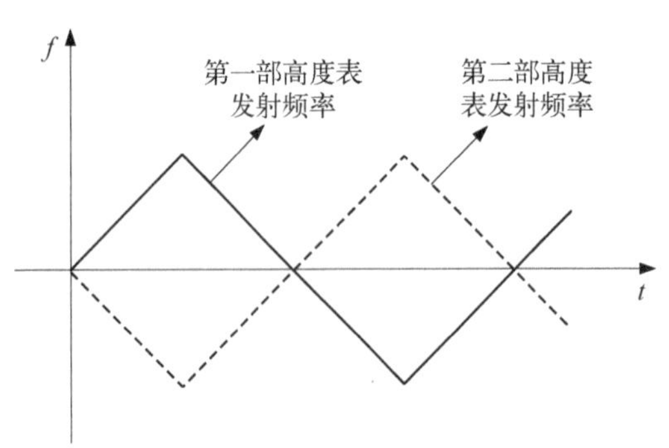

图 3-108　两部高度表的发射信号

在装有两部高度表的飞机上,控制两部高度表的频率调制信号相位相差 180°或 120°,即当一部高度表的发射频率增加时,另一部高度表的发射频率减小,如图 3-108 所示。这样,除在相交点外,第一部高度表发射的电波信号被地面反射后,如果被第二部高度表接收,第二部高度表的发射频率与第一部高度表的回波信号进行混频,得到的差频频率会超出差频放大器的带宽,使其不能输出。

飞机上装三部无线电高度表时,通产使用不同的调制频率来减小相互干扰。例如,左系统的调制频率为 145 Hz,右系统的调制频率为 150 Hz,中系统的调制频率为 155 Hz。这样,在一个调制周期之后,干扰差频频率会远远超出差频放大器的带宽而不能输出。因为两个调制频率相差 5 Hz,差频频率也以 5 Hz 的速率变化,最高差频频率可达 100 MHz。

5）飞机姿态对测高的影响

无线电高度表的天线是固定在飞机机身上的，当飞机平飞时，天线波束中心垂直发射电波到地面，此时反射信号最强。但当飞机有倾斜或俯仰时，无线电波波束的中心就不再垂直地面，这会引起测高误差，如图 3－109 所示。

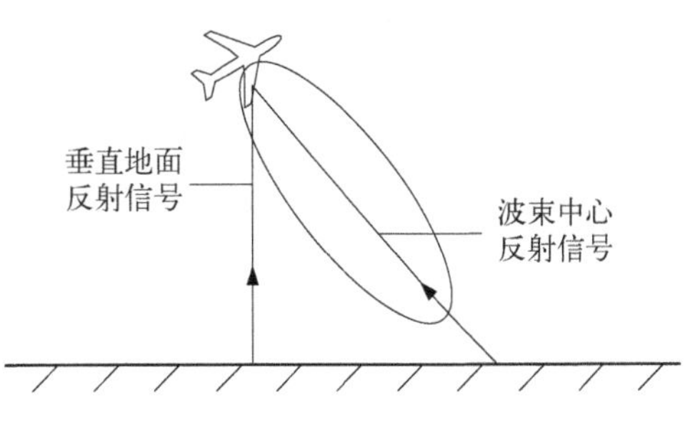

图 3－109　飞机抬头时对测高的影响

由于无线发射波束是宽波束，仍有一部分辐射功率会从垂直于地面的最短路径反射回来，也就是说仍能接收到垂直于地面的反射波。因为垂直于地面的反射波传播路径最短，所得到的差频频率最低，而从波束中心及其他处反射回来的电波信号的传播路径较长，所得到的差频频率就高。

等差频 FMCW 高度表采用从零高度向高高度搜索并跟踪最低差频的方式来确保高度测量的准确性。普通 FMCW 高度表电路中使用跟踪滤波器来选择最近点（非波束中心方向）反射回来的信号，给出正确的高度指示。

3.2.2.2　机载无线电高度表系统

机载无线电高度表系统包括发射天线、接收天线、收/发机组件和高度指示器。接收天线和发射天线是相同的，可以互换。高度表系统的组成及关联系统如图 3－110 所示。

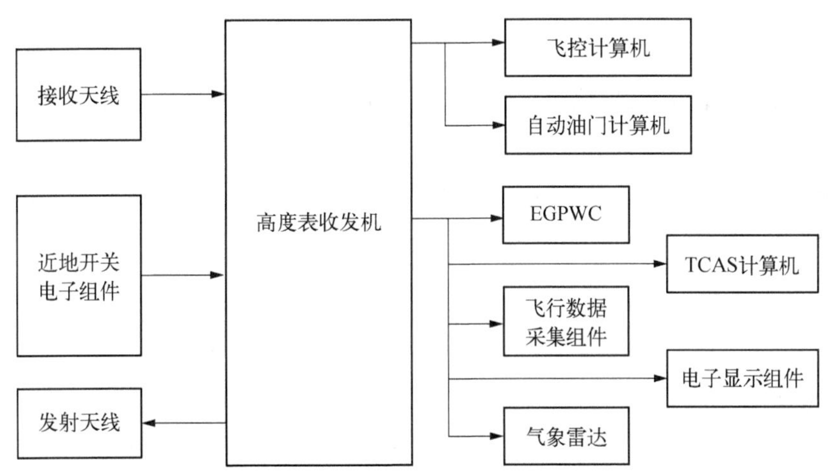

图 3－110　典型机载无线电高度表系统

无线电高度表为 FCC、自动油门计算机、显示电子组件（DEU）、气象雷达、增强型近地警告计算机（EGPWC）、飞行数据采集组件（FDAU）及 TCAS 提供无线电高度（RA）数据。

FCC 将无线电高度用于进近和低高度飞行计算；自动油门利用无线电高度进行起飞/复飞计算和自动油门点火计算；DEU 将无线电高度数据显示在驾驶舱综合显示器上，便于飞行员了解飞机的离地高度；气象雷达使用无线电高度来开启或关闭风切变预测功能，启动或禁止显示和警告功能;EGPWC 利用无线电高度进行近地提醒和警告逻辑的计算;FDAU 实时记录飞机的无线电高度值,用于事故调查;TCAS 计算机利用无线电高度设定敏感等级,用于确定入侵飞机是否在地面上;EFIS 控制面板给 DEU 提供决断高度,DEU 使用决断高度和无线电高度来确定综合显示器上显示的警告信息。

1. 天线

LRRA 系统使用四个天线来发射和接收无线电波信号。每个无线电高度收发机连接一个发射天线和一个接收天线。发射天线和接收天线是相同的,可互换。四个螺钉将天线安装到机体的底部。在同轴接头周围的凹槽内有一个"O"形密封圈。"O"形密封圈提供防潮保护。天线的发射面有红色的"FWD"和"DO NOT PAINT"标志(图 3-111)。天线的发射面或背面不能喷涂。涂层会阻碍天线发送或接收无线电波信号。

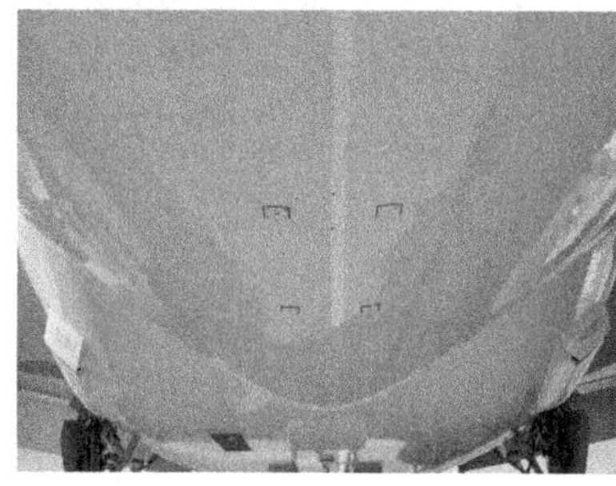
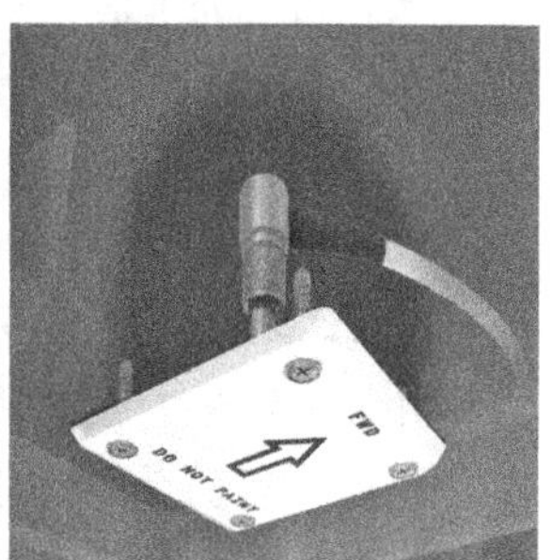

图 3-111　无线电高度系统天线

2. 收发机

收发机组件包括发射机,接收机和高度计算电路。发射机通过宽波束方向性天线向地面发射调制的高频信号,发射频率为 0.5~1 W。地面反射信号由接收天线接收送到高度计算电路。高度计算电路利用电波的传播时间计算飞机的真实高度。计算出的高度信号送到高度指示器显示,并发送给其他使用无线电高度信号的机载系统。

收发机放置在电子设备舱中,其前面板有测试按钮可以用于设备的测试。按压测试按钮就可以启动设备测试,测试结果显示在液晶显示屏上或通过红、绿颜色的指示灯来显示(图 3-112)。

3. 无线电高度的显示

无线电高度(RA)和决断高度(DH)显示在主飞行显示器 PFD(或 EADI)上(图 3-113)。可以通过 EFIS 控制板选择飞机的决断高度,该信号通过电子显示组件(DEU)发送到显示器。DH 的选择范围是-20~999 ft。显示范围是 0~999 ft。如果选择的 DH 是负值,则 PFD 上显示空白。RA 显示-20~2 500 ft,白色字,大于 2 500 ft 时显示空白。

当无线电高度 RA>DH 时,RA 显示白色,DH 显示在 RA 的上面,字是绿色的,DH 后面显示选定的决断高度。

当飞机下降到 DH 高度以下(RA<DH)时,RA 和 DH 字符显示变成黄色,在最初的 3 s,字母 DH 闪亮,有的飞机还出现音响提醒。

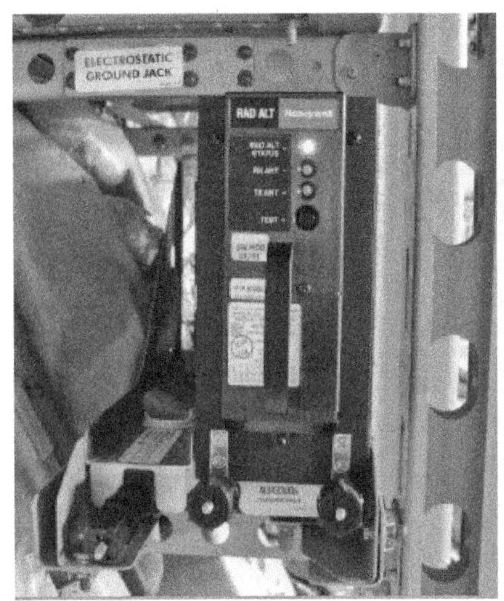

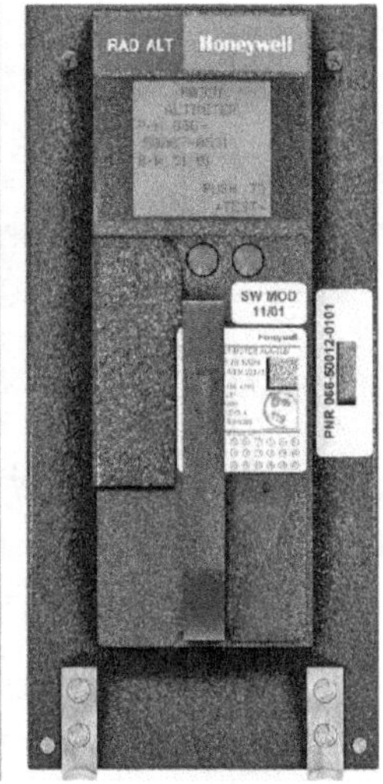

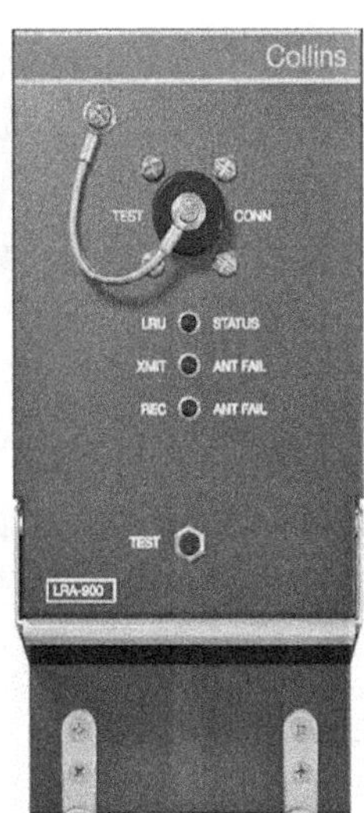

图 3－112　典型无线电高度收发机

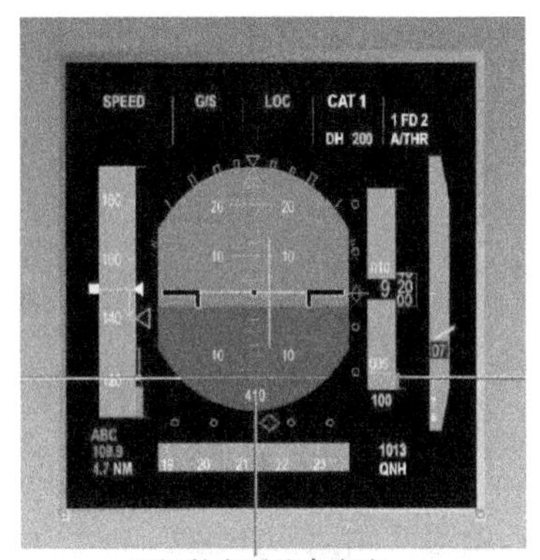

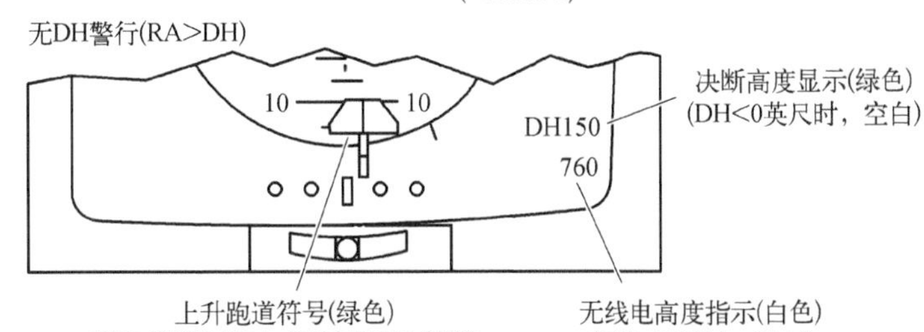

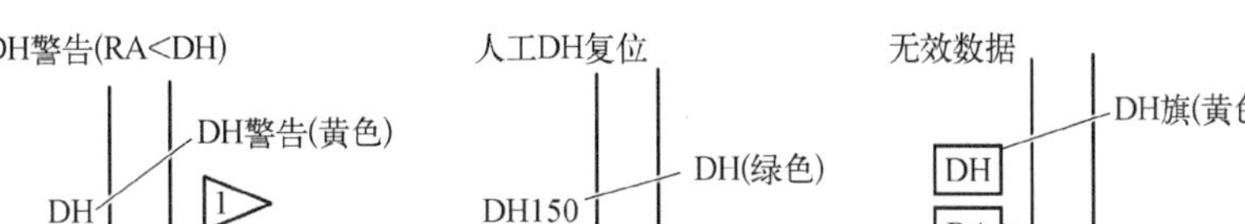

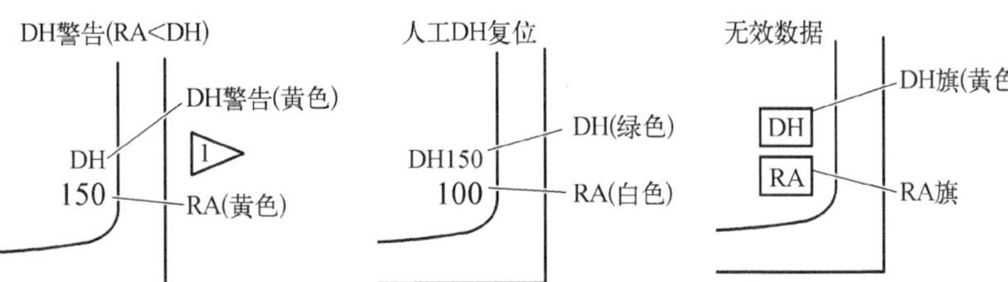

图 3－113　PFD(或 EADI)上高度显示

飞机高度低于决断高度提醒可以自动结束或人工复位。当飞机着陆或飞机爬升到比选定决断高度高 75 ft 的位置时,提醒自动结束。人工复位是通过按压 EFIS 控制板上的复位按钮实现的。复位后,RA 显示为白色,DH 显示为绿色。

当 RA 或 DH 数据无效时,分别出现黄色警告旗。

思 考 题

(1) 机载 ADF 为何需要环形天线和垂直天线两种天线?

(2) 固定式天线 ADF 的测角原理是什么?

(3) ADF 接收机的误差有哪些? 产生的原因是什么?

(4) 电台方位角、飞机方位角、相对方位角的定义是什么? 三者与飞机航向之间有什么关系?

(5) 请根据机载 VOR 接收机的原理图解释 VOR 如何测定电台方位角和飞机的向/背台指示。

(6) ILS 包括哪几个部分? 各组成部分的功能及工作原理是什么?

(7) DME 的基本工作原理是什么?

(8) 为什么 DME 询问器在连续发射 15 对询问脉冲后,收到 7 对应答脉冲信号就可以进入跟踪模式?

(9) DME 测距机如何从应答信号中确定对本机询问信号的应答?

(10) 频闪效应指的是什么? 它是如何实现的?

(11) 简单介绍机载 DME 询问器的工作过程。

(12) 机载 DME 测距机的抑制功能指的是什么? 它是如何实现的?

(13) 简单介绍普通调频连续波 LRRA 的工作原理。

(14) 简单介绍等差频调频连续波 LRRA 的工作原理。

第 4 章
区域导航及所需导航性能

4.1 区 域 导 航

由于地面导航台的设置受地形、环境及供电等因素的影响,基于传统导航技术的航路很难实现路径的优化。同时,受地面导航设备和机载导航系统精度、有效性等因素的影响,传统航路在安全间隔方面通常设置较大的安全裕度,这使得空域的利用率不高。20 世纪 80 年代初期,航空导航技术发展到了区域导航的阶段,区域导航的出现,在很大程度上解决了上述问题。

区域导航(RNAV)又称随机导航,这种导航方式允许飞机在任意两个航路点之间建立飞行路线。在 RNAV 管制区域内可以自行定义航路点,将这些航路点连接成为航路,允许飞机在这些已批准的自主建立的航路上飞行。也就是说,区域导航允许航空器在地面导航台信号覆盖范围内,或在机载自主导航设备的工作能力限度内,或在上述两种情况的配合下按希望的飞行路径运行。

区域导航技术使飞机不必严格地逐台飞行,大大降低了地面导航台的布局、地标及人为因素对飞行路径的影响,使飞行路线有很大的随机性。

如图 4-1 所示,区域导航摆脱了常规航路和常规飞行程序中航空器必须飞越导航设备上空的限制,使得空中航路结构不再受限于地面导航台的设置,大大改善了空域环境,ATC 管制模式也出现不同。因此,RNAV 不仅仅是飞机导航方法的改变,这项技术的应用更是带来了一种制式的改变,它涉及航路结构和空域环境的变化,对应着 ATC 管制体制的改变。RNAV 使航路设置更加灵活,可大大提高空域的使用效率,缩短航路,减少飞行时间,节省燃油,进而降低飞行成本。

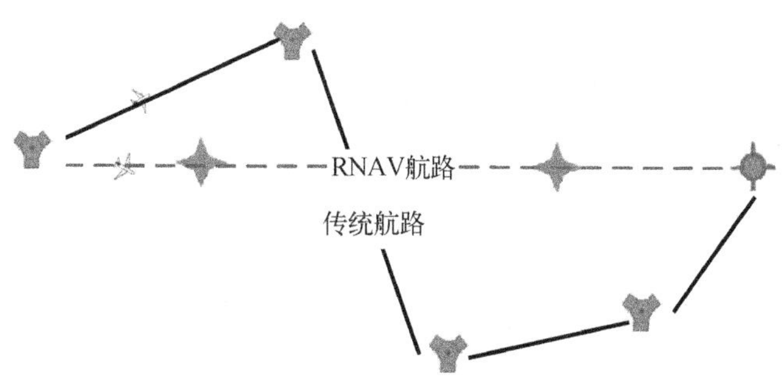

图 4-1 区域导航航路与传统导航航路

相比传统无线电导航利用地面台信号来确定飞机方位或距离进而引导飞机飞行的方式,RNAV 实现的是在两个航路点之间的任意航路上飞行。这种情况下,仅仅有对台的相对位置信息是远远不够的,必须利用一定的算法计算出飞机的绝对位置(地理坐标系下的位置),才能确保飞机在该空域范围内的任意飞行。RNAV 的技术核心就是确定飞机绝对位置的方法,包括确定飞机的水平位置(经度、纬度)和垂直位置(高度)。

RNAV 算法可以利用陆基导航设备(地面导航台)的信息,通过机载区域导航计算机(现代飞机的飞行管理计算机)来计算飞机的绝对位置信息,也可以利用惯性导航系统来推算飞机的位置,或利用卫星导航技术来实现。利用陆基导航设备定位的具体实现方法是利用多个、多种无线电导航系统所测量的方位信号或斜距信号来计算飞机位置,如 $\rho-\rho$ 定位、$\rho-\theta$ 定位及 $\theta-\theta$ 定位等。考虑到导航精度、信息的连续性、可靠性及飞行安全等因素,现代大型商用飞机通常装备大部分可以完成上述导航功能的设备,并通过飞行管理计算机对这些导航方式进行综合协调管理使用,即组合导航,以期达到最佳导航性能。

区域导航计算机利用各种机载导航系统的数据,通过组合导航的方式进行优势互补,信息融合,以达到最佳导航性能。各种机载导航设备作为区域导航计算机的信息源被统称为传感器,如 VOR 接收机、DME 询问器、GNSS 接收机、惯性基准组件(IRU)等,在机载设备中统称为机载导航传感器。因此,机载 RNAV 系统既有基于单一传感器的 RNAV 系统,如图 4-2 中的(a),也有包含多类型导航传感器的 RNAV 系统,如图 4-2 中的(b)。

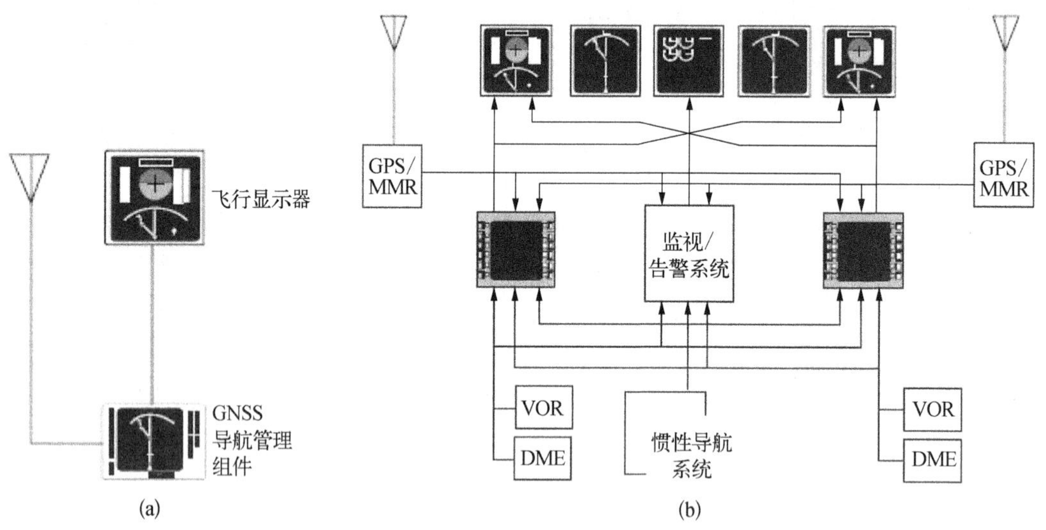

图 4-2 机载区域导航系统

RNAV 系统可以与航空器飞行管理及控制系统(如自动油门、自动驾驶仪/飞行指引仪等系统)相配合,实现高度自动化及更优化的飞行运行和性能管理。尽管不同类型及型号的飞机在机载导航系统的架构、功能及性能方面存在一定的差异,但其 RNAV 系统的基本功能是相同的,主要包括:导航数据库管理、飞行计划、导航计算、航路引导和速度管理。飞行计划、导航参数及告警信息显示到驾驶舱内显示器上(图 4-3)。

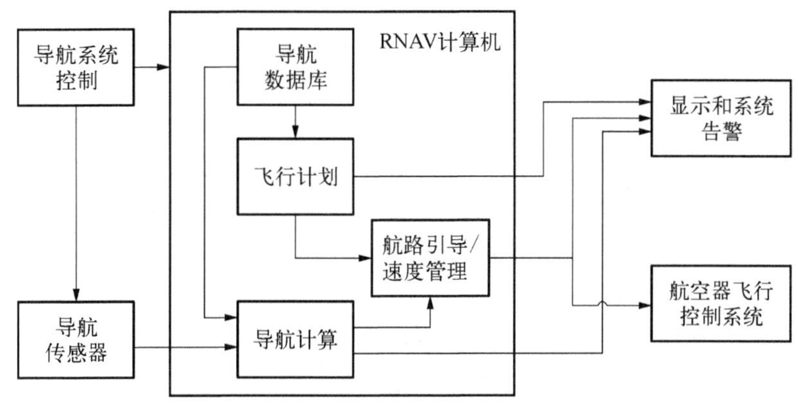

图 4－3　RNAV 系统功能

现代飞机的 RNAV 功能主要由机载飞行管理计算机（FMC）来实现，因此，本书后续内容中提到的 RNAV 计算机与飞行管理计算机可认为是一致的，不再进行区分。

飞行计划功能主要是飞行计划的制定及管理，建立飞机的水平和垂直飞行计划，预测飞行轨迹。RNAV 计算机根据飞行员输入的起飞和目的地机场、沿途航路中的航路点、终端和进近的飞行程序等信息，计算提供飞行的水平及垂直进程信息及预测轨迹，以便飞机按照飞行计划运行。

导航计算功能主要是计算飞机的位置、速度、航迹角、飞行路径角、偏流角等一系列导航参数及导航数据库的使用。导航计算过程中，RNAV 计算机需要判定导航传感器数据的有效性，对无效或故障传感器的信号进行隔离，并根据导航传感器的特点和精度，按照优先等级选用组合导航计算的导航传感器。

在多导航传感器系统中，RNAV 计算机不仅要确认每个导航传感器数据的有效性，还要在使用这些系统之前确认各类数据的一致性。例如，GNSS 的数据在被用于导航定位和速度计算之前，要经过严格的完好性和精度检查。RNAV 计算机（FMC）在使用 DME 和 VOR 数据进行无线电更新之前，要经过一系列的“合理性”检查。这些差异是由于导航传感器及设备本身的导航实现方法和性能造成的。

多导航传感器 RNAV 系统需要利用多传感器的信号进行组合导航计算，以获取最佳的连续导航信号。RNAV 计算机根据不同导航传感器的性能及特点（导航精度、导航的自主性等）来确定导航传感器的优先等级。例如，由于卫星导航设备的定位精度明显高于无线电导航系统，因此，在二者都有效的情况下，RNAV 计算机通常优选卫星导航设备作为组合导航计算的一部分。由于惯性导航系统是自主式导航系统，其导航计算不依赖外部电波信号，只需要利用自身的惯性传感器就可以确定载体的导航参数，这种自主导航的优势使其成为组合导航必不可少的组成单元。只要惯性导航系统能正常工作，它就会作为组合导航计算的参与传感器。如果由于卫星信号问题或 GNSS 接收机故障问题而导致 GNSS 接收机不能输出导航信息时，RNAV 系统会自动选择 DME/DME/IRS 或 DME/VOR/IRS 这类次优先等级的组合导航模式。如果这些无线电更新模式不能使用或已被取消，那么系统就会自动转为仅仅依赖惯性导航系统。这部分内容将在第 7 章中详细介绍。

RNAV 计算机内部有一个导航数据库,导航数据库内存储有地面导航台的频率和位置、航路点、ATS 航线和终端程序等相关信息。导航数据库为 RNAV 计算机的航路轨迹预测、导航计算、地面导航台的选择提供信息。飞机沿航迹飞行时,如果区域导航系统需要使用地面导航台,则 RNAV 计算机可以根据飞机的实时位置在导航数据库中搜寻进行 RNAV 计算的最佳位置的地面导航台,并自动调谐相应的地面导航台,以获取最优的导航精度。

对于单传感器 RNAV 导航系统来说,传感器故障会导致飞机无法进行 RNAV 导航。因此,该架构通常只会出现在小型通航飞机上。在 RNAV 系统出现故障时,这种飞机可以利用备用仪表进行目视飞行。

先进的 FMC 还包括复杂的性能管理功能,FMC 内部配备飞机的性能数据库。计算机基于空气动力学原理,根据飞机的气动模型及动力装置模型计算与航空器性能吻合并满足空中交通管制各种限制的垂直飞行剖面。

航路引导和速度管理功能主要提供飞机的水平制导和垂直制导参数,根据飞机的预测轨迹及实时位置之间的偏差控制飞机按照飞行计划飞行。

显示和系统告警为机组人员提供系统初始化、飞行计划的制定及修改、航路偏移的设置、飞行进程监视等多种人机接口界面,便于飞行员进行指令的输入和修改,查看飞机的位置、导航系统信息及飞机的飞行进程。

区域导航最开始主要用于越洋和偏远地区的航路飞行。近些年来,RNAV 越来越多地应用到航空器高活动密度的环境,如陆地航线(基本 RNAV)、终端区标准仪表离场程序、标准终端进场程序及非精密进近类型的仪表进近程序(instrument approach procedure, IAP)等。

4.2 基于陆基导航台的区域导航

第 3 章中,各类机载无线电导航系统接收和处理地面导航台发射的无线电波信号,根据电波传播特性,将测量的无线电信号的电参量(如振幅、频率、相位和延迟时间等)转换为导航接收机相对于导航台的导航参量,如方向、距离、距离差等信息。由此确定飞机相对于地面导航台的相对位置。

在二维或三维空间中,飞机相对于导航台的某一几何参量相同的点的轨迹应为一条曲线或一个曲面,该曲线或曲面称为接收机的位置线或位置面。例如,测距机测得收发脉冲对之间的时间延迟后,就可以计算出飞机距导航台的距离,从而确定飞机位于以导航台为圆心,以该距离为半径的圆线上。又如,利用 VOR 接收机测得飞机磁方位后,就可以知道飞机位于甚高频导航台相应的 VOR 航道径向线上。利用多条位置线的交点确定飞机的位置,这就是基于陆基导航台的 RNAV 定位。

4.2.1 位置线

从定位的观点来看,利用测定的电参量可以确定接收机(即飞机)所处的位置线或位置面,但不能确定飞机确切的位置点。

基于陆基导航台的区域导航主要用于二维空间中的导航。假设接收机与地面台位于同一平面(如地平面,或平行于水平面的飞机高度所在平面)内,则无线电导航系统可能提供的位置线有射线、圆、双曲线等。测向系统,如全向信标、自动定向机等的位置线是射线;测距系统的位置线是平面上的圆,测高系统的位置线也是一个圆,这个圆以地心为圆心,以地球半径与飞机离地高度之和为半径。测距差系统,如奥米伽导航系统、罗兰系统等,其位置线为双曲线。

当接收机与地面导航台不在同一平面内时,对应于某一导航参量值的接收机位置点的轨迹就不是平面中的位置线而是空中的位置面了。因此,只有当飞机与地面台之间的垂直距离可以忽略不计或二者之间的垂直距离不会影响到定位计算时,才能把位置面看成位置线。通常可以利用飞机高度表提供的高度信息对所测信息(主要是测距信息)进行修正,将其转化为水平面内的位置线后再用于 RNAV 位置计算。例如,利用式(3-18)计算飞机距离 DME 台的水平距离。

要确定飞机的位置,至少需要两条或三条位置线,通过相交定位原理来完成。按照定位所用的位置线的形状不同,可以把基于陆基导航系统来实现 RNAV 定位的方法分为 $\rho-\theta$ 定位、$\rho-\rho$ 或 $\rho-\rho-\rho$ 定位、$\theta-\theta$ 定位及双曲线定位,这里 ρ 表示距离,θ 表示角度。

RNAV 计算机主要是利用 DME 询问器所提供的距离信息及 VOR 接收机所提供的方位信息,由计算机按照一定的计算方法来确定飞机的位置。经常采用的位置线及其相交定位法如图 4-4 所示。

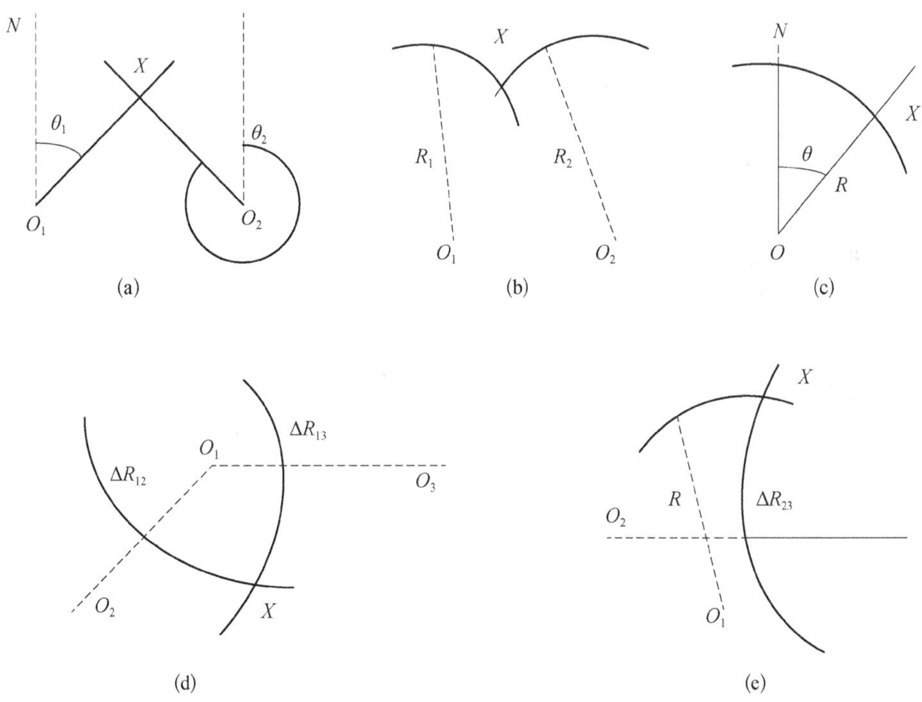

图 4-4　位置线相交定位

对应图 4-4,位置线相交定位法主要包括下列几种。

(a) 测向定位系统(射线位置线定位或 $\theta-\theta$ 定位),如 VOR/VOR。

(b) 测距定位系统(圆位置线定位或$\rho-\rho$定位),如 DME/DME。

(c) 测距测向定位系统(圆/射线位置线定位或$\rho-\theta$定位),如 DME/VOR,TACAN。

(d) 测距差定位系统(双曲位置线定位),如罗兰(LORAN)、奥米伽(Omega)。

(e) 测距测距差定位系统(圆/双曲线位置线定位)。

民航飞机常用的基于无线电导航的 RNAV 方法主要有 DME/DME、DME/VOR、VOR/VOR 定位方式,该功能在 FMC 中完成。DME/DME 定位利用 DME 询问器测定的飞机距离两个地面 DME 台的水平距离的圆位置线交点来完成;DME/VOR 定位的基础是同址安装的 VOR 台和 DME 台,机载 VOR 接收机测定的飞机磁方位角对应射线位置线,DME 询问器测定的 DME 距离对应圆位置线,利用射线位置线与圆位置线的交点来确定飞机的地理位置;VOR/VOR 定位利用机载 VOR 接收机测得的相对两个 VOR 台的飞机磁方位角对应的两条射线位置线的交点来确定飞机的地理位置。

需要注意的是,这种 RNAV 定位方法的前提是需要知道地面导航台的精确位置,导航台的位置由 RNAV 计算机中的导航数据库提供,该数据库通常包含全球导航台的数据信息,部分导航数据库可能只包含飞机飞行区域的导航台信息。

4.2.2 DME/DME 定位原理

在基于陆基导航台的 RNAV 导航计算中,DME/DME 定位的精度是最高的。因此,FMC 中组合导航的优先级排序中,DME/DME 导航比 DME/VOR 导航具有更高的优先级。

DME/DME 定位中,DME 询问器测定飞机距离地面导航台的斜距,利用机载大气数据系统提供的飞机气压高度信息和导航数据库中存储的地面 DME 台的标高,计算飞机和地面台之间的高度差,利用直角三角形直角边与斜边之间的关系确定飞机和地面台之间的水平距离[式(3-18)]。由此,飞机在以地面导航台为圆心,以二者之间的水平距离为半径的圆上。根据导航数据库中存储的地面导航台的地理位置信息,就可以确定飞机的位置。利用两个圆相交确定飞机的位置时,会有两个位置点满足要求,也就是位置计算出现双值模糊问题。FMC 通常借助惯性基准组件(IRU)提供的飞机惯导位置信息,选定与 IRU 提供的位置偏差较小的位置点作为飞机位置,从而摒除虚假位置点。

利用飞机位置$(\varphi_A, \lambda_A, H_A)$和地面导航台位置$(\varphi_i, \lambda_i, H_i)$可以列出导航台与飞机之间的斜距$\rho_i(i=1, 2)$的表达式,对于近程无线电导航计算,可以忽略地球的曲率,按以下公式计算飞机到信标台的距离:

$$\rho_i = \sqrt{R^2(\varphi_A - \varphi_i)^2 + R^2[(\lambda_A - \lambda_i)\cos\varphi]^2 + (H_A - H_i)^2} \tag{4-1}$$

如果已知两个信标台位置$(\varphi_i, \lambda_i, H_i)$、飞机气压高度$H_A$和飞机距两个信标台的斜距$\rho_i(i=1, 2)$,解以下二元二次方程组:

$$\begin{cases}\rho_1^2 = R^2(\varphi_A - \varphi_1)^2 + R^2[(\lambda_A - \lambda_1)\cos\varphi]^2 + (H_A - H_1)^2 \\ \rho_2^2 = R^2(\varphi_A - \varphi_2)^2 + R^2[(\lambda_A - \lambda_2)\cos\varphi]^2 + (H_A - H_2)^2\end{cases} \tag{4-2}$$

就可以计算出飞机的位置(φ_A, λ_A)。该方程存在两个解,需要与 IRS 计算的位置相比较以确定飞机的真实位置,解算出的与 IRS 位置偏差最小的位置点就是飞机的真实位置。

随着机载 DME 设备扫频功能的出现，在地面台数量足够的情况下，每台机载 DME 询问器可以同时与多达 5 个地面 DME 台进行询问应答，获得 5 个测距信息，这种情况下就可以增加一个方程，利用三个 DME 距离信号直接确定飞机的位置，如图 4－5 所示。$\rho-\rho-\rho$ 可以避免双值模糊问题。

在机载 DME 询问器测距误差不变的情况下，利用 $\rho-\rho$ 定位算法来确定飞机位置时，定位误差会因飞机与两个地面台的相对位置的不同而出现较大的差异，如图 4－6 所示。

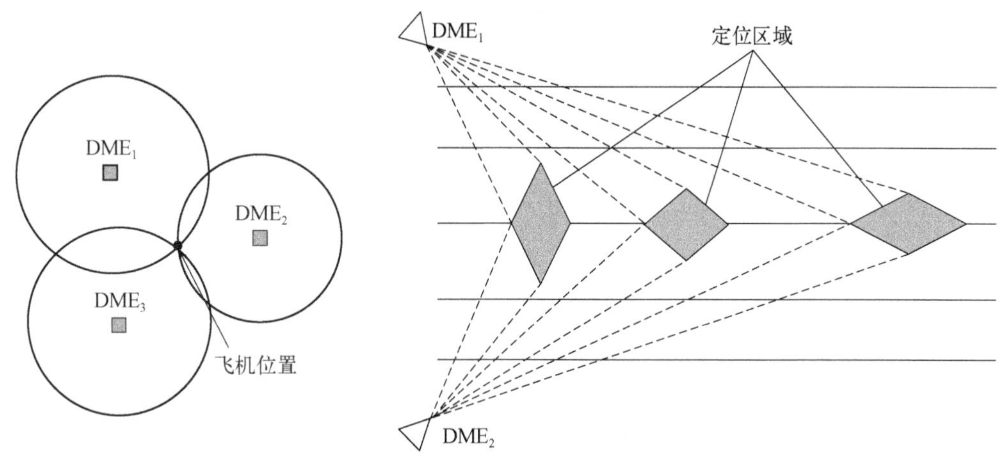

图 4－5　DME/DME 定位原理　　**图 4－6　DME/DME 定位误差变化规律**

图 4－6 中，假设 DME_1 和 DME_2 为两个 DME 地面台，飞机在地面的投影点与两个地面台连线之间的夹角称为交会角。可以看出，在测距误差相同的情况下，当交会角为 90° 时，考虑测距误差的飞机定位区域近似为正方形。即如果用这两个 DME 地面台进行 $\rho-\rho$ 定位，则计算出的飞机的位置应该在此方形区域内，定位误差的最大值小于正方形的对角线长度；而当交会角偏离 90°时，定位区域的形状会发生变化，逐渐变为菱形。交会角偏离 90°越远，形变越明显，菱形的一对对角点之间的距离越大，意味着最大定位误差越大；交会角接近 0°或 180°时，定位误差会接近无穷大。这个结论也可以通过 $\rho-\rho$ 定位的计算公式得出，计算公式中影响定位精度的参数称为精度因子（dilution of precision, DOP）。相同测距误差的情况下，DOP 值越小，定位误差越小。因此，$\rho-\rho$ 定位时，通常选择交会角最接近 90°的 DME 台对用于 RNAV 计算。

RNAV 运行时，飞行器能接收到信号的 DME 台越多，则越有可能找到交会角接近 90°的导航台对，定位精度就越高。但是，考虑布置地面台的成本，通常只需地面台的信号覆盖能保证满足最低导航性能要求即可。因此，航路 RNAV 功能与航路上 DME 导航台的分布及信号覆盖的有效区域有密切关系。

DME 导航台信号覆盖区域是以 DME 台为圆心，以台信号覆盖距离为半径的圆形区域。两个 DME 台信号覆盖区域的重叠部分即为 DME/DME 定位的有效区域。由于 DME 台信号的覆盖范围会受地面地形遮挡的影响，其实际覆盖范围不一定是圆，且随高度的变化而变化。另外需要注意的是，以 DME 导航台为中心，台站附近 1 n mile 范围有一个非更新区域，无法用于 $\rho-\rho$ 定位计算。

在使用 $\rho-\rho$ 定位时，RNAV 计算机首先要选择可用的 DME 导航台，根据影响定位误差的因素分析，要求选择的两个 DME 台的交会角在 30°~150°之间，如图 4-7 所示。图中画斜线部分为满足 $\rho-\rho$ 定位的信号覆盖区域。

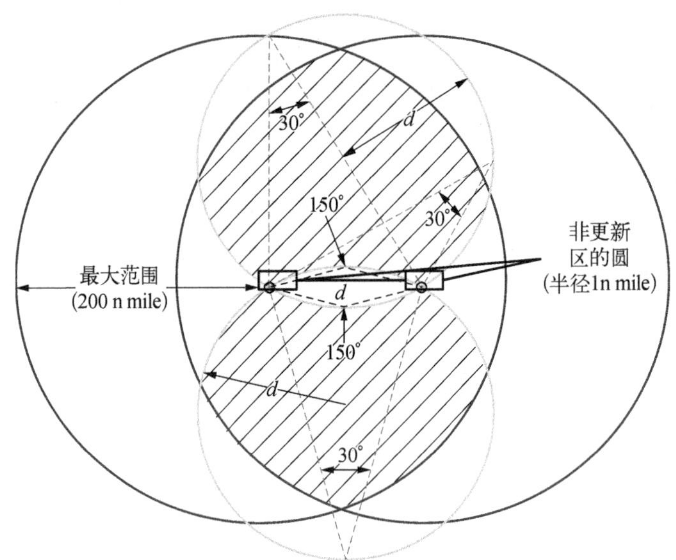

图 4-7　DME 台对交会角选择原则

由于 $\rho-\rho$ 导航定位计算至少需要两个 DME 台的位置及台站斜距信息，同时考虑到定位计算对交会角的要求，机载 DME 询问器通常需要同时调谐多个地面 DME 台才能满足导航定位计算的要求。因此，RNAV 运行所用的机载 DME 询问器通常选用带扫频功能的询问器，通过扫频功能同时测量与多个 DME 地面台之间的距离，确保 RNAV 定位功能的实现。DME/DME 导航作为飞机主要的导航数据提供系统时，为保证导航的精度及连续性，DME/DME RNAV 系统必须满足下列条件：

(1) 调谐 DME 导航台后，在限定时间内完成 $\rho-\rho$ 位置更新；

(2) 自动调谐多个 DME 台；

(3) 提供持续的 DME/DME 位置更新，当 RNAV 系统在 DME 台或台对之间切换时，不能出现定位中断的情况。

理论上，RNAV 系统可以使用任何可接收到信号的 DME 台，而不用考虑其位置，但 $\rho-\rho$ 定位时，根据导航精度要求，RNAV 系统必须使用有效的终端区（低高度）和/或航路（高高度）DME 台，且飞机与 DME 台之间应同时满足下列位置关系：

(1) 飞机距 DME 台的距离不小于 3 n mile；

(2) 从 DME 台位置看，飞机的仰角低于 40°，距离 160 n mile 以内；

(3) 有效的 DME 台应广播准确的 DME 台标识信号，满足最低场强要求，按照同频道、相近频道的要求，保护其不受其他 DME 台信号的干扰；

(4) 使用满足上述要求的两个 DME 台进行 $\rho-\rho$ 定位计算时，95%的概率下，定位误差应该优于：

$$2\sigma_{\mathrm{DME/DME}} \leqslant \frac{2\sqrt{(\sigma_{1,\mathrm{air}}^2 + \sigma_{1,\mathrm{sis}}^2) + (\sigma_{2,\mathrm{air}}^2 + \sigma_{2,\mathrm{sis}}^2)}}{\sin\alpha} \tag{4-3}$$

其中，σ_{sis} 为由于 DME 地面台位置误差、导航台应答机误差及信号传播误差等所对应的等效均方差，通常取 $\sigma_{\mathrm{sis}} = 0.05$ n mile；σ_{air} 为机载询问器的测距误差对应的等效均方差，$\sigma_{\mathrm{air}} = \max\{0.085\ \text{n mile},\ 0.00125R\}$，$R$ 为飞机与相应的 DME 台之间的斜距；α 为交会角。

为保证导航精度，$\rho-\rho$ 定位时，RNAV 系统必须使用国家航行资料汇编(aeronautical information publication, AIP)中规定的 DME 设施，不能使用 AIP 中规定的不适合相应 RNAV 规范的设施，或者与 ILS、MLS 相关的已调整距离的 DME 台；当 RNAV 航路或程序处于对定位解算有不利影响的 DME 台的信号覆盖范围内时，应从导航数据库中排除该 DME 台。飞机 RNAV 运行需要使用可以进行合理性检查的 RNAV 系统。

4.2.3　DME/VOR 导航原理

DME/VOR 定位的精度比 DME/DME 低一些，主要是由于即使在 VOR 方位角误差固定不变的情况下，随着飞机距离 VOR 地面台距离的增加，其对应的位置误差也会增大。因此，在 RNAV 计算机中，DME/VOR 定位方法的优先等级低于 DME/DME 定位。同样由于上述原因，民用飞机很少使用 VOR/VOR 定位方法，虽然理论上两套 VOR 系统也可以确定飞机的位置。另外，由于 VOR 地面台上空有一个以天线为顶点的倒圆锥形的 VOR 台顶空盲区，圆锥顶角一般为 60°~100°，这个区域无法使用 $\rho-\theta$ 定位。

DME/VOR 导航定位原理如图 4-8 所示，利用共址安装的地面 VOR 和 DME 台。VOR 接收机测得飞机相对于该导航台的方位角，DME 询问器测得飞机与地面台之间的斜距信号，利用飞机的气压高度信号以及 DME 台的标高，计算出飞机到 DME 台的水平距离 ρ，根据 RNAV 导航数据库中储存的地面台位置信息，可以确定飞机位于以导航台为圆心，以 ρ 为半径的圆和航向道为 θ 的径向射线的交点上。

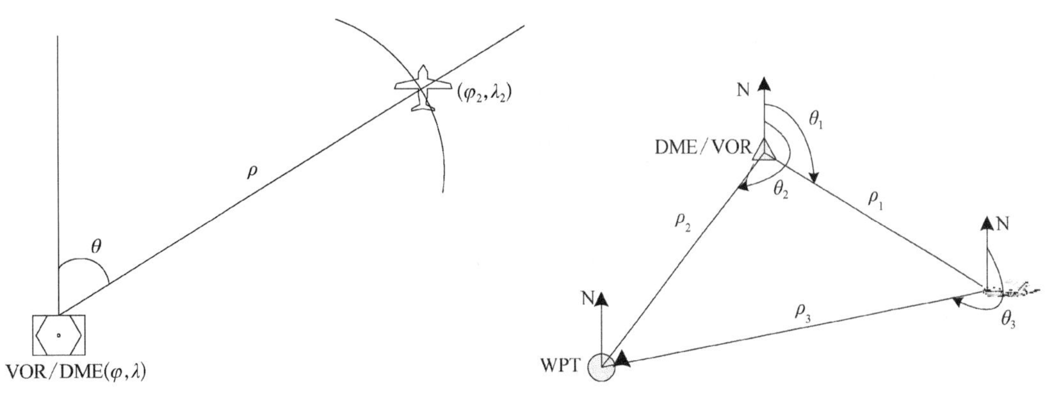

图 4-8　DME/VOR 导航原理　　　　**图 4-9　DME/VOR 导航计算**

如图 4-9 所示，DME/VOR 定位中，RNAV 计算机会利用导航设备测得的斜距和方位角、导航数据库中存储的导航台的标高、位置及下一个航路点(WPT)的位置，形成一个定位三角，利用三角形中边与角之间的关系，计算飞机的预期航迹角和待飞距离。

$$\rho_3 = \sqrt{\rho_1^2 + \rho_2^2 - 2\rho_1\rho_2\cos(\theta_2 - \theta_1)} \tag{4-4}$$

$$\theta_3 = \theta_2 + \arcsin\left[\frac{\rho_1}{\rho_3}\sin(\theta_2 - \theta_1)\right] \tag{4-5}$$

DME/VOR 导航定位的侧向偏航误差包括 VOR 测角误差和 DME 测距误差所引起的偏航误差，沿航迹误差同样包括 VOR 测角误差和 DME 测距误差所引起的沿航迹误差。图 4-10 为 DME/VOR 定位误差随距离变化情况。

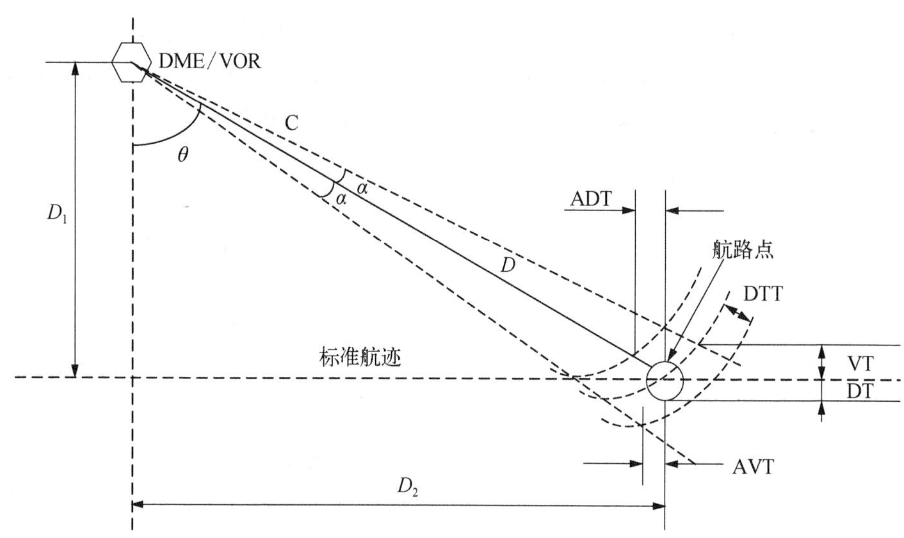

图 4-10　DME/VOR 定位误差随距离变化情况

VOR 测角误差引起的偏航误差（VT）为

$$\mathrm{VT} = D_1 - D \times \cos(\theta + \alpha) \tag{4-6}$$

其中，α 为 VOR 的测角误差；$\theta = \arctan(D_2/D_1)$。

DME 测距误差引起的偏航误差（DT）为

$$\mathrm{DT} = \mathrm{DTT} \times \cos\theta \tag{4-7}$$

VOR 测角误差引起的沿航迹误差（AVT）为

$$\mathrm{AVT} = D_2 - D \times \sin(\theta - \alpha) \tag{4-8}$$

DME 测距误差引起的沿航迹误差（ADT）为

$$\mathrm{ADT} = \mathrm{DTT} \times \sin\theta \tag{4-9}$$

上述 D 为地面导航台到航路点的距离，$D = \sqrt{D_1^2 + D_2^2}$，D_1 为目标点距离。目标点为导航台设备在标准航迹线上的投影。目标点距离为导航台设备到目标点的距离。D_2 为航迹点到目标点的距离。

当 RNAV 计算机可以接收到两个 DME 台的信号以及一个 DME/VOR 台的信号时，既可以进行 $\rho-\rho$ 定位，也可以进行 $\rho-\theta$ 定位的情况下，需要确定首选工作模式。系统工作模式选定的判别方法是：首先根据收到信号的两个 DME 导航台的位置（经度、纬度和海拔高度）计算交会角 θ，如果交会角在 90°附近，首先选择 $\rho-\rho$ 定位方法，如果交会角偏离 90°较远或者不满足 $\rho-\rho$ 定位的交会角要求，则查看 VOR 台的信号接收情况以及前一时刻系统的工作方式，综合各项因素来确定本时刻的工作模式，并选定相应的地面台。工作模式的选定过程因 RNAV 计算机设计的不同而不同，但工作模式的选择一般遵循下列原则：

（1）计算量尽量少；

（2）尽量选用正在使用的 DME 台或 VOR 台，即尽量减少换台次数；

（3）根据飞机附近的地面台配置情况综合考虑。

4.3　所需导航性能

20 世纪 80 年代，ICAO 成立了新航行系统委员会，专门研究未来航行系统的发展趋势，规划新技术的推广应用，重点关注通信（communication）、导航（navigation）、监视（surveillance）和空中交通管理（air traffic management，ATM）（CNS/ATM）四个方面。在此之前，民航运输业通常通过规定飞机必须配备的机载设备来确保其符合航路所需要的导航能力，但随着运输业的快速发展及导航手段的多样化，人们越来越感受到这种做法的局限性，地区之间地面导航设施的差异大大制约了现代机载设备的最佳利用。为克服这一问题，新航行系统（FANS）委员会定义了所需导航性能能力（RNPC）这一概念，用于说明特定的包容度水平下航空器相对预选航迹的侧向偏离或沿航迹偏离的程度。RNPC 概念得到 ICAO 理事会的批准，ICAO 理事会指定审查间隔总概念专家组（review of the general concept of separation panel，RGCSP）对其做进一步的审议。1990 年，RGCSP 注意到能力和性能这两个概念有明显的不同，且空域规划依赖于测定的性能，而非设计的能力，因此将 RNPC 概念修订为所需导航性能（RNP）。

RGCSP 随后进一步拓展了 RNP 概念，将其扩展成为对规定空域内运行所需导航性能的说明，并建议用特定的 RNP 类型来定义空域内所有用户应具备的导航性能，使之与空域所能提供的导航能力相匹配。利用不同导航性能要求去定义不同等级的 RNP 类型，确定空域规划时划分空域和/或航路的类型。

RNP 的基础是区域导航，在区域导航确定航空器位置的基础上，通过一系列的手段和算法确保输出的定位信息满足一定的性能要求，并能实时评估区域导航设备输出信息的性能。导航性能主要包括精度、完好性、连续性和有效性四个指标。RNP 是在一个特定空域或航路中运行时机载导航设备所应达到的性能指标。

RNP 类型是根据水平导航精度划分的，用一个以海里为单位的精度数据来表示（RNP－X）。RNP－X 表示在一个空域，或者一条航线，或者一个飞行程序（例如，RNP－1，RNP－4）中的最低导航系统要求。在 RNP－X 空域或航路上，要求该空域内或航路上的每架飞机的导航系统在总飞行小时 95%以上的时间内，飞机偏离预期航迹的距

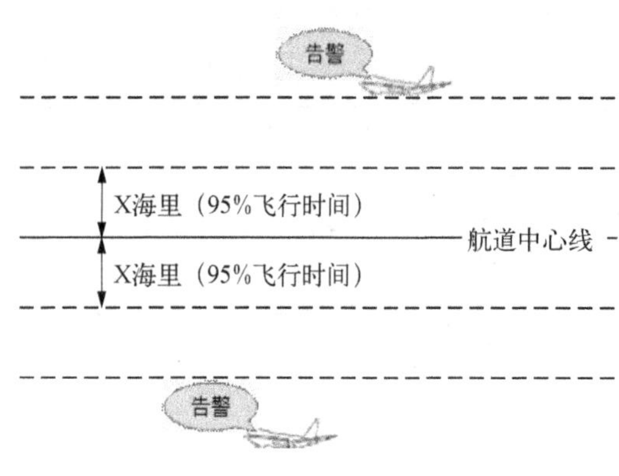

图 4－11　RNP－X 航路

离不得超过 X 海里(图 4－11)。

RNP 是关于导航性能的声明，它对于给定空域中的运行至关重要。RNP 是针对相应空域、航线或飞行程序建立的最低导航性能条件，飞机只有在机载导航系统的性能符合这些性能条件的情况下才能在这样的空域中飞行。图 4－12 所示为传统航路与 RNAV、RNP 航路的差异。

RNP 运行中，对应特定等级的空域和/或航路类型，性能参数有特定的要求，这些性能要求使得空域的使用更加灵活方便，也大大增加了空域的利用率。例如，通过规定导航系统的完好性指标，可以使空中航路之间的间距更小，从而大大提高空域的利用率。

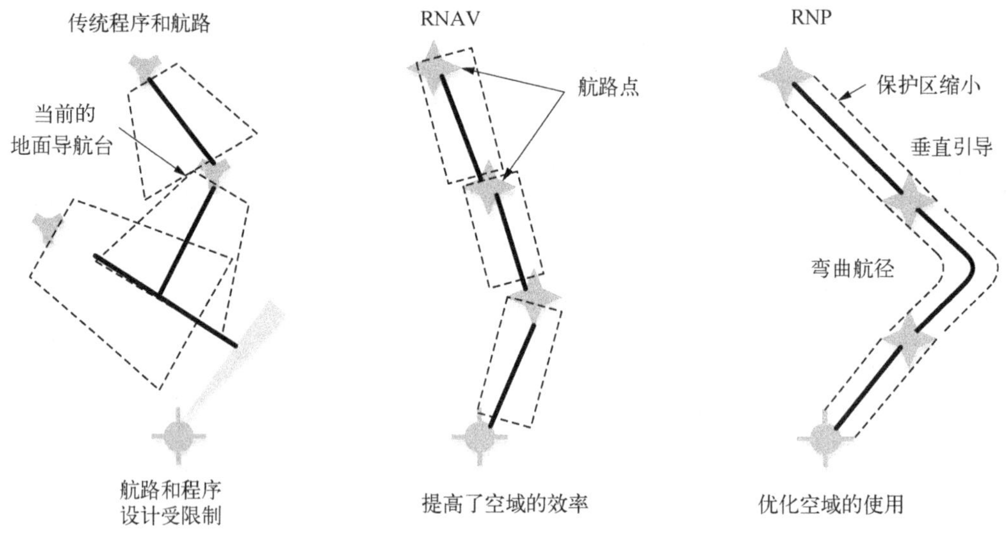

图 4－12　传统航路与 RNAV、RNP 航路的差异

4.3.1　RNP 性能指标

RNP 主要通过精度、完好性、连续性、有效性四个指标来规定相应空域的导航性能要求，RNP 运行还包括运行于相应空域的飞机的机载电子设备功能的要求，包括飞行计划的制定，固定半径转弯航路等。

4.3.1.1　精度

RNP 精度是指在规定的使用条件下，在规定的时间内，系统为航空器所提供的导航参数的误差不超过给定值的能力。RNP 精度通过给定的误差范围和误差落在该范围内的概率两个要素来限定，概率要求是 95%。即 RNP－X 规范下，在 RNP－X 空域中运行的飞机，在 95%的飞行时间内，其总系统误差不大于 X。

RNP 精度对应总系统误差(total system error, TSE)是飞机相对预期航路的侧向偏离(偏航误差)。它包含航路定义误差(path defination error, PDE)、导航系统误差(navigation system error, NSE)、飞行技术误差(flight technical error, FTE)和显示误差。现代机载导航参数的显示通常用电子显示器,显示误差可忽略不计。

如图 4－13 所示,预期航路是机组人员和空中交通管制员(ATC)所期望的飞机飞行航线,而定义的航路是飞行员制定飞行计划后,FMC 利用机载导航数据库中的公司航路或有关航路点的信息预测出来的航路。由于导航数据库中存储的航路点的位置与其真实位置之间会有一定的误差,从而导致 FMC 所定义的航路与预期航路之间有一定的偏差,这个偏差即为航路定义误差。通常来说,导航数据库的形成过程严格按照标准要求及流程进行(参见 7.3.1.1 小节),进入导航数据库的航路信息或航路点数据都是经过严密测量及审核的,精度都很高,所以 PDE 通常可以忽略不计,除非导航数据库的编码不准确或者出现故障。

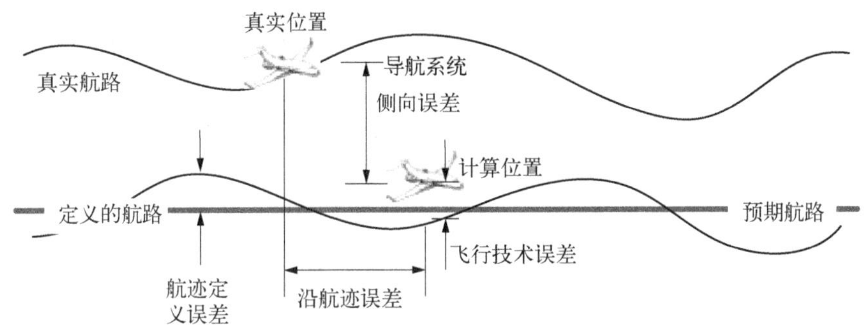

图 4－13　总的系统误差

计算位置指的是机载导航系统计算出的飞机的位置,它与飞机真实位置之间的偏差为导航系统误差(NSE),水平面内导航系统误差包括侧向误差和沿航迹误差。NSE 是一个时变参数,不同的导航系统,其 NSE 不同,即使同一个导航系统,其 NSE 也会随时间、空间信号性能、导航台布局的不同而不同。对于无线电导航系统来说,其 NSE 通常受空间信号误差、机载接收机误差及导航台的空间布局的影响;而惯导系统的 NSE 主要是随时间的增长而积累的累积误差。

飞行技术误差(FTE)是水平面内飞机的计算位置偏离定义的航路的垂直距离。它反映了飞行员控制飞机保持在预定航线上的能力,是飞行员的人工操纵误差或自动驾驶的控制误差。人工驾驶时,飞行技术误差包含飞行员的判读误差和操纵误差;自动驾驶时,飞行技术误差是自动飞行控制系统的全回路控制误差。FTE 通常选用固定数值,如飞行测试验证的数据或者按照规定操作流程操纵飞机时的保守数据。自动驾驶仪接通时的 FTE 小于人工驾驶的 FTE。

总系统误差(TSE)按下式计算:

$$\mathrm{TSE} = \sqrt{\sigma_{\mathrm{PDE}}^2 + \sigma_{\mathrm{NSE}}^2 + \sigma_{\mathrm{FTE}}^2}$$

4.3.1.2　完好性

完好性是机载导航系统在飞机总系统误差超限时及时提醒飞行员的能力。它规定在飞机出现总系统误差大于侧向告警门限的情况下，没有及时给出告警提醒的最大概率不允许超过一定的数值。不同的飞行阶段及 RNP 空域，概率值要求不同。对于机载导航设备，通常该值为 10^{-5}/h，即每飞行小时 P(TSE>告警门限且没有及时告警)<10^{-5}。

完好性指标涉及四个参数，分别为告警时限、完好性风险、保护限及告警门限。告警时限指的是导航系统从误差超限到给出告警的最长允许时间；完好性风险指的是导航系统误差超限但没有告警或没有在告警时限内给出告警的概率（如 10^{-5}），即漏警的概率；保护限是在规定的置信度（与漏警概率有关）下机载导航系统计算出的导航系统误差的估计值，如 vertical protection level（VPL）、horizotal protection level（HPL）；告警门限，如 vertical alert level（VPL）、horizotal alert level（HAL），为规定的导航参数的最大容许误差门限。导航系统计算出的保护限大于告警门限时，设备发出相应的告警。理论上，当系统误差大于告警门限时，就应该发出相应的告警。但由于导航系统的定位误差未可知，需要导航设备利用一定的算法估算其误差（保护限），然后根据估算误差与告警门限之间的大小关系给出告警，这就使得完好性的实现有一定的风险（漏警概率）。图 4－14 为完好性原理。

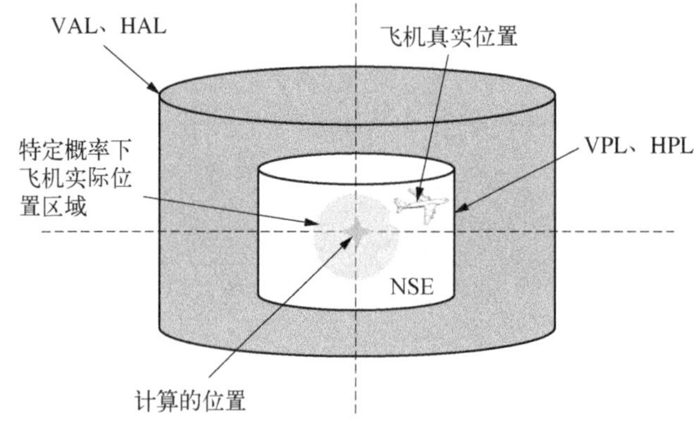

图 4－14　完好性原理

完好性参数计算过程中，导航系统实际定位误差大于保护限而小于告警限的情况称为误导信息（misleading information，MI）。如果定位误差同时大于保护限和告警限，但导航系统计算出的保护限小于告警限，则称为危险误导信息（hazardously misleading information，HMI）。保护限（PL）、定位误差（PE）及告警限（AL）之间的关系如图 4－15 所示。

以垂直方向为例，图 4－16 给出了实际运行过程中保护限、告警门限及导航系统定位误差之间可能出现的几种情况。图中虚线（VPL）为导航设备估算的一定概率下的保护限，实线（垂直 NSE）为导航系统的真实定位误差（该值无法获得），VAL 为垂直告警限。

在 A 点，出现了 VPL>VAL 的情况，根据完好性设计逻辑，此时导航系统会给出告警，但此时 A 点的导航系统的真实定位误差并没有超出告警限，所以这是一种虚警的情况；在 B 点，出现了 VPL<VAL 的情况，根据完好性设计逻辑，此时导航系统不会告警，但真实情况是导航系统的定位误差大于告警门限，因此 B 是一个漏警点；C 点的 VPL<VAL 时间点滞后于导航系统定位误差 NSE<VAL 的时间点，如果滞后时长小于告警时限，看作

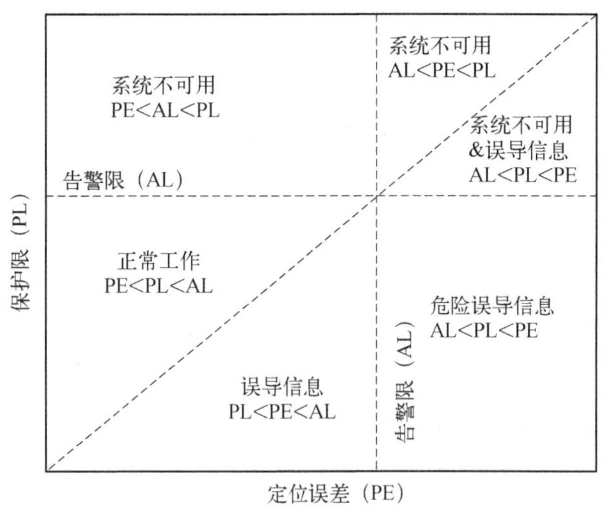

图 4－15　保护限、定位误差及告警限之间的关系

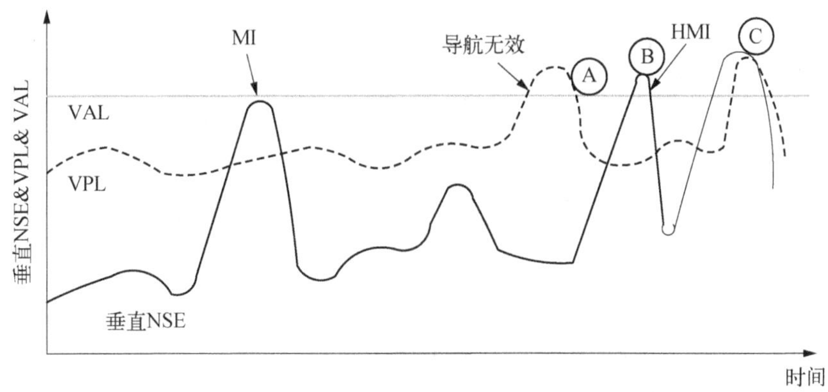

图 4－16　完好性判定的各种情况

是正常告警情况，如果滞后时长大于告警时限，则看作是漏警情况。RNP 完好性指标要求出现 B 点、C 点（告警滞后时长大于告警时限）所示情况的概率要小于完好性风险值（10^{-5}）。

RNP 完好性风险考虑的误差是总系统误差，即包括导航系统误差（导航台或 GPS 卫星星座引起的误差、机载导航传感器引起的误差、FMC 计算引起的误差）、航路定义误差和飞行技术误差。但由于航路定义误差可忽略不计，飞行技术误差对应不同的控制方式是固定的数值，因此，RNP 完好性的计算就主要是计算导航系统的完好性了。

4.3.1.3　连续性

连续性是指在特定的飞行阶段，导航系统能够提供连续而不发生中断的有效服务的概率。连续性表明了系统可连续提供导航服务的能力。连续性与特定的飞行阶段，导航系统提供规定精度、完好性导航信号输出的能力有关。

飞机运行期间，在没有非例行中断的情况下，其总系统性能应满足精度和完好性的要求。连续性指的是允许系统出现导航中断的最大概率，这个概率通常不能超过 10^{-4}。非例行中断指的是：

(1) 导航信号全部中断；

(2) 在失去 RNP RNAV 性能时，系统对其做出应有的告警(正常告警)；

(3) 在系统正常工作时，对失去 RNP RNAV 性能的错误告警(误警)。

连续性是对导航系统非例行中断服务的概率规定。由于系统出现告警时导航系统会终止 RNP 服务，连续性要求在整个飞行阶段系统终止 RNP 服务(正常告警与误警情况下)的概率小于 10^{-4}。如图 4－16 中所示，连续性指的是系统出现 A 点、C 点所示情况的概率要小于 10^{-4}。

4.3.1.4 有效性

有效性是指在某特定的飞行阶段，导航系统满足精度、完好性和连续性要求的概率。有效性包括导航信号的有效性和机载导航设备的有效性。

精度、完好性、连续性、有效性的概率关系如图 4－17 所示。其中 TSE 为总系统误差，C 为 RNP 值的 2 倍。

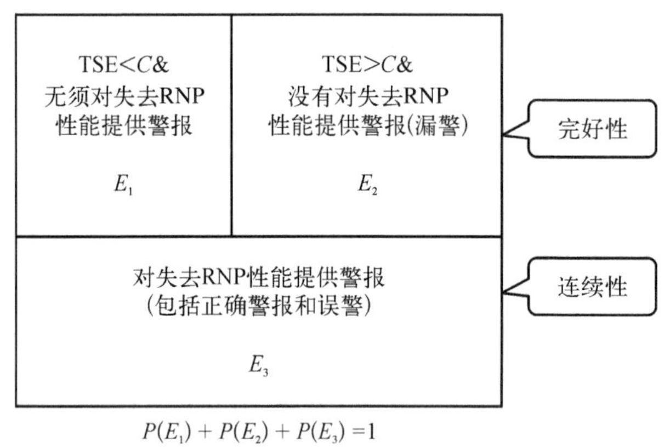

图 4－17　精度、完好性、连续性及有效性关系

4.3.2 不同航段的 RNP 要求

由于空中交通密度及飞行速度的不同，满足空中航行安全的指标需求也不同。因此，RNP 空域由各种不同等级的 RNP 航路组成。飞机的整个飞行过程会覆盖多个不同等级要求的 RNP 航路，不同飞行阶段的 RNP 要求也有所不同，如表 4－1 所示。

表 4－1　基于 GNSS 信号的不同飞行阶段的 RNP 指标要求

运行阶段	精度(95%)	完好性风险	告警限	告警时限	连续性风险	有 效 性
洋区	12.4 nm	1×10^{-7}/h	12.4 nm	2 min	1×10^{-5}/h	0.99～0.999 999
陆地航路	2.0 nm	1×10^{-7}/h	2.0 nm	1 min	1×10^{-5}/h	0.99～0.999 999
终端区	0.4 nm	1×10^{-7}/h	1.0 nm	30 s	1×10^{-5}/h	0.99～0.999 999

续　表

运行阶段	精度(95%)	完好性风险	告警限	告警时限	连续性风险	有效性
NPA	220 m	1×10^{-7}/h	0.3 nm	10 s	1×10^{-5}/h	0.99~0.999 999
APV Ⅰ	220 m(H) 20 m(V)	$1-2\times10^{-7}$/进近	0.3 nm(H) 50 m(V)	10 s	$1-8\times10^{-6}$/15 s	0.99~0.999 999
APV Ⅱ	16 m(H) 8 m(V)	$1-2\times10^{-7}$/进近	40 m(H) 20 m(V)	6 s	$1-8\times10^{-6}$/15 s	0.99~0.999 999
CAT Ⅰ	16 m(H) 4.0~6.0 m(V)	$1-2\times10^{-7}$/进近	40 m(H) 10~15 m(V)	6 s	$1-8\times10^{-6}$/15 s	0.99~0.999 999
CAT Ⅱ	6.9 m(H) 2.0 m(V)	1×10^{-9}/15 s	17.3 m(H) 5.3 m(V)	1 s	$1-4\times10^{-6}$/15 s	0.99~0.999 999
CAT Ⅲ	6.2 m(H) 2.0 m(V)	1×10^{-9}/15 s	15.5 m(H) 5.3 m(V)	1 s	$1-2\times10^{-6}$/30 s(H) $1-2\times10^{-6}$/15 s(V)	0.99~0.999 999

4.3.3　RNP 值的计算

RNP－X 中 X 的大小是针对航路的，是对在该航路上运行的飞机的总系统误差(TSE)的一个限定。X 值是一个统计值，这个值是根据飞机多次重复飞行和多次仿真情况下航路偏离的统计结果。RNP 的大小与飞机飞行过程中的误差有关，在某种程度上可以说 RNP 是飞机飞行期间误差的最大值，也可以说这个值是保证飞机安全飞行的最小值，在这个区域内，尽管有导航误差、飞行技术误差等的存在，只要导航系统没有告警，飞机就可以在该航路上任意安全飞行。

4.3.3.1　航路定义误差

为保持系统性能，减少航路定义误差，确保飞行的可靠性和可重复性，RNP 运行尝试采用某些特定的航段类型来保持飞行的可靠性、可重复性和可预测性。从这个角度讲，航路定义误差可忽略不计。另外，RNP 运行下，导航数据库中用于 RNP 运行的导航数据是通过标准化处理流程来确保数据库中数据的完好性、高精度，并拥有统一的大地参考坐标系和程序设计，使得在空域路径上保持最小的偏差影响。航路定义误差通常通过标准化、程序化的导航数据库数据采集与处理模式来使其误差降低到最小，在 RNP 计算中可以忽略不计。

4.3.3.2　飞行技术误差

飞行技术误差(FTE)指的是航空器的控制精度，是导航系统测定的飞机位置相对于定义航路的偏离，是飞行员或航空器按照所选择路径飞行的能力。飞行技术误差不包括人为判断失误或飞行员注意力不集中造成的明显偏离预定航迹的误差。飞机的控制有 3 种模式：人工模式、飞行指引仪模式和自动驾驶仪模式。在这 3 种工作模式下，飞行技术误差是不同的，人工模式是飞行员根据驾驶舱内的导航显示人工控制保持在预期的航路上，与飞行员的判断和飞行能力有很大的关联性，这种模式下的飞行技术误差最大，飞行指引仪模式是飞行员根据飞行指引仪给出的指引信息控制飞行，飞行员只需控制飞机跟踪指引杆的运动变化即可，属于半自动驾驶，飞行技术误差比人工模式小，自动驾驶模式下飞行技术误差最小。保守起见，在计算航路 RNP 值时，通常采用人工模式下的飞行技术误差。经过统计，不同飞行模式下的侧向 FTE 在 95% 概率下的精度统计值如表 4－2 所示。某些型号的运输机（如波音 737、747 飞机）飞行技术误差更小。

表 4－2　飞行技术误差

飞行区域	人工模式/n mile	飞行指引模式/n mile	自动驾驶模式/n mile
洋区	2.0	0.5	0.25
巡航	1.0	0.5	0.25
终端	1.0	0.5	0.25
进近	0.50	0.25	0.125

4.3.3.3　导航系统误差

导航系统误差（NSE）与飞机所使用的导航系统有关系。不同的导航系统误差特性各不相同。如惯性导航系统的误差与持续时间有关，无线电导航系统的误差与飞机和地面台之间的几何位置、地面台位置、空中信号性能、机载设备等有关。导航系统的误差是随时变化的，需要机载导航设备实时估计。计算航路 RNP 值时，按最差情况考虑。

1. DME/DME 定位 RNP 值的计算

当使用 DME/DME 进行区域导航时，总系统误差包括偏航误差（XTT）和沿航迹误差（ATT）。偏航误差（XTT）由导航系统误差（d）、RNAV 计算机的计算误差（ST）、显示误差及飞行技术误差（FTE）构成。沿航迹误差（ATT）由导航系统误差（d）、RNAV 计算机的计算误差（ST）及显示误差构成，RNAV 计算机的计算误差（ST）一般取 0.25 n mile。RNP 运行中，RNP 值指的是偏航误差。

导航系统误差取决于导航接收机的输出，包括地面台地理位置误差引起的发射误差和接收机误差；RNAV 计算机的计算误差主要来自 RNAV 设备的输出分辨率。$\rho-\rho$ 定位的偏航误差（XTT）的计算方法如下：

$$\mathrm{XTT} = \sqrt{d^2 + \mathrm{FTE}^2 + \mathrm{ST}^2}$$

其中，导航系统误差 $d = 1.23 \times \sqrt{\text{飞行高度}} \times 0.0125 + 0.25$。$d$ 等于 1.25% 的最大无线电的覆盖范围。$1.23 \times \sqrt{\text{飞行高度}}$ 是理论上的无线电覆盖范围。如果不能确定飞机所在位置是否有两个以上的 DME 台信号覆盖，则 d 需要乘一个因子 1.29。

$$d' = d \times 1.29 = (1.23 \times \sqrt{\text{飞行高度}} \times 0.0125 + 0.25) \times 1.29$$

1989 年 1 月 1 日后新启用的 DME 设备必须满足 ICAO 附件 10 的要求，其精度达到 0.2 n mile（即 d=0.2 n mile，其他参数不变）。

2. DME/VOR 定位 RNP 值的计算

DME/VOR 导航是能实施区域导航的最简单的设备。由飞行员选定一个 DME/VOR 台，计算到下一个航路点的方位和距离。$\rho-\theta$ 导航受所选导航台的覆盖范围及可接受的距离的限制。要使用这种 RNAV 方式，航路上必须有足够的 DME/VOR 台覆盖，机载设备能收到 50 n mile 以内的电台信号。

DME/VOR 区域导航的总系统误差（TSE）也包括偏航误差（XTT）和沿航迹误差（ATT）。基于 DME/VOR 的 RNAV 导航系统精度由陆基导航设备误差、机载接收设备误差、飞行技术误差、系统计算误差及设备与导航台之间的距离等因素决定。

地面 VOR 台的系统误差主要包括：±3.5°的地面系统容差（或由飞行测试确定）；±1°的监控容差；±2.7°的接收机容差，这三个数值的综合误差为±4.5°。地面 DME 台的精度为±0.46 km（0.25 n mile）+至天线距离的 1.25%。

DME/VOR RNAV 导航的偏航误差（XTT）计算方法如下：

$$XTT = \pm\sqrt{VT^2 + DT^2 + FTE^2 + ST^2}$$

其中，VOR 台的偏航容差（VT）、DME 台的偏航容差（DT）的计算参见 4.2.3 小节。RNAV 计算机的计算容差（ST）在侧向和沿航迹方向的计算误差都为 0.5 n mile。

4.4　基于性能的导航

随着 RNAV、RNP 概念的提出及运行实施，人们逐渐发现了一些问题。例如，针对 RNP 和 RNAV 概念，各个机构、各种设备制造商间出现了不同的理解，不同的航路要求。造成这种状况的因素很多，包括规定航空器导航系统的性能和功能标准、在可用空域的限定范围内工作及使用更为可靠的通信、监视和空中交通管理环境等。另外，随着导航系统 RNAV 能力的逐步提高，以及航空公司在安装机载设备时对经济效益的考虑，导致了具有相同导航精度的系统却可能分属不同的导航能力规范。随着垂直导航（3D）和四维导航（4D）的引入，这种情况越来越多，严重制约了技术的发展及运行环境的改善。

上述问题给负责实施 RNAV 运行的机构造成了极大的困惑与困难。在解决这些困难的过程中，各方对相关概念、术语和定义的理解也出现了混乱，导致 RNP 应用的不一致。

2003 年 6 月 3 日，ICAO 组织空中航行委员会针对 GNSS 专家组第四次会议的建议，指定 RNP 特别运行要求研究小组（RNP special operation requirements study group，RNPSORSG）负责解决澄清与 RNP 相关的若干问题。

RNPSORSG 重新审查了 ICAO 的 RNP 概念，分析了早期的应用经验、当前行业的发展趋势、利害攸关方的需求和现行的区域实施情况，就 RNP 与 RNAV 系统的功能和应用关系达成了共识，提出了基于性能的导航（PBN）概念，使其在全球范围内的统一实施成为可能。PBN 手册（Doc 9613）于 2007 年正式出版，2008 年发行了第三版。

PBN 概念明确了特定空域下拟实施的运行对航空器导航系统的精度、完好性、有效性、连续性和功能性等方面的性能要求。PBN 概念标志着由基于传感器的导航向基于性能的导航的转变。PBN 手册中给出了相关的导航规范，规范中明确了对导航系统的性能和功能要求，以及可选用的满足性能要求的导航传感器和设备。这些导航规范制定得非常详尽，便于为各国和运营人提供具体的实施指导，促进全球运行的统一。

PBN 运行中,导航要求依据运行要求来规定,运营人对能够满足这些要求的可选技术和导航服务进行评估,只要导航系统能够提供所需要的性能,运营人就可以选择最佳成本效益的导航系统配置方案,而不必受强制设备配置方案的约束。技术更新时不需要对运行重新审查,只需评估其是否能够满足导航规范的要求。而 ICAO 则只需研究、评估系统是否能够满足导航规范的要求,并在适当的时候将其纳入适用的导航规范。

与传统的根据导航传感器来制定空域和超障准则的方法相比,PBN 具有下述优点。

(1) 减少维护基于特定传感器的航路和程序的需要,降低成本。例如,传统运行模式下,移动一个 VOR 信标台可能会影响数十个飞行程序,因为该 VOR 信标可能用于航路、VOR 进近、复飞等程序。同样,增加新的导航传感器也会增加这类成本。导航系统和新技术的快速发展,将使基于特定传感器设定的航路和飞行程序的成本急剧增加。

(2) 无须为导航系统的每次改进而规定特定的传感器运行要求。随着卫星导航服务范围的扩大,预计航空器机载导航系统将继续保持多样化。而卫星导航增强系统如星基增强系统(satelite based augmentation system, SBAS)、GBAS 等的发展,使得 GNSS 设备不断改进,新的卫星导航系统的引入和现有卫星导航系统的现代化,将进一步改善 GNSS 的性能。GNSS/IRS 的使用也在扩大;PBN 运行可以大大降低成本。

(3) 便于更有效地利用空域(优化航路布局、提高燃油效率及减噪)。

(4) 明确了 RNAV 系统使用方式。

(5) 提供一定数量的全球通用的导航规范,简化运营人的运行审批程序。

在空域概念中,PBN 要求将受到通信、监视和空中交通管理环境、导航基础设施、为满足空中交通管理应用所需的功能和运行能力的影响。PBN 性能要求还取决于可以使用哪些可恢复的、非 RNAV 的导航方法,以及需要何种程度的冗余度以确保导航功能的连续性。

PBN 应用有两个核心输入要素:导航设施和导航规范。在空域概念下将上述两个要素应用于空中交通服务的航路和仪表飞行程序,便产生了第三个要素——导航应用(图 4-18)。

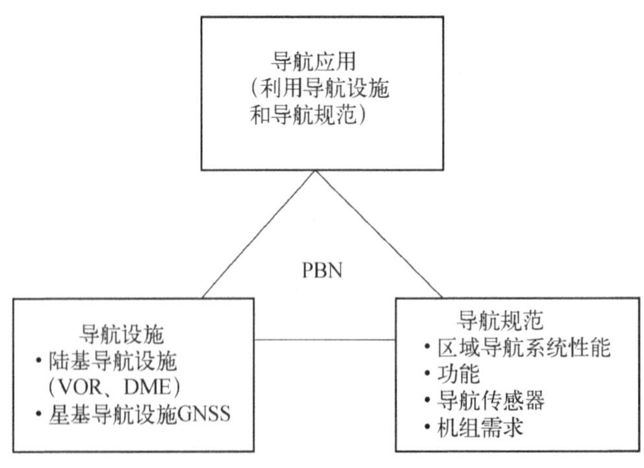

图 4-18 PBN 的三要素

4.4.1 导航设施

导航设施是提供导航信息的陆基或星基导航设施。陆基导航设施包括 DME 和 VOR。星基导航设施包括 ICAO 附件 10 中规定的 GNSS 的构成元素。

4.4.2 导航规范

导航规范是各国适航和运行审批的基础，PBN 中规定了两类导航规范：RNP 规范和 RNAV 规范。导航规范主要规定 RNAV 系统在精度、完好性、连续性和有效性方面的具体性能要求；RNAV 系统必须具备的导航功能；目前满足该规范的主要导航传感器；以及运行该规范对机组人员的要求。

PBN 规范中，除了精度、完好性、连续性和有效性要求之外，还规定了导航系统必须同时满足的功能性要求。如 RNP 规范要求具备机载自主性能监视和告警功能，而 RNAV 规范则不包含此要求。RNP 规范的功能要求除了包括能实现 RNAV 功能，具有机载的性能监视和告警功能外，同时还包括：能够实现飞行航迹的确定和建立；具有飞行管理系统功能；能可靠地、可重复地并能预测性跟踪预期飞行轨迹，包括转弯航路；垂直制导包含垂直剖面，使用特定的高度限制来定义预期的垂直路径等。

4.4.2.1 机载性能监视与告警

机载性能监视与告警功能是决定导航系统是否满足 RNP 应用所需要的安全等级的主要因素，与机载导航系统的侧向和纵向导航性能相关，机载性能监视与告警功能能够帮助机组人员发现导航系统没有达到或不能保障导航完好性要求的情况。

机载性能监视与告警功能可以满足两种需要：一是机载的需要；二是空域设计的需要。对 RNAV 运行而言，保证空中系统性能是不容置疑的。现行的适航标准仅要求 RNAV 系统达到预期的功能和性能，结果可能会出现尽管 RNAV 系统的性能极好，但不在不同的运行环境下，功能及相关飞行性能却各不相同的情况。RNP 运行提供了一种确保飞机运行的可靠性、可重复性和可预见性的手段。

“机载”二字明确要求性能监视与告警功能在航空器上完成，而不是使用类似于陆基航路跟踪监视或 ATC 监视的方法。机载性能监视与告警的监视要素与飞行技术误差和导航系统误差有关，航路定义误差忽略不计。

监视是指监视航空器跟踪预期航路的性能，包括确定航空器的定位误差和/或遵循预期航路的能力。如果航空器导航系统的性能不满足要求，则应该向机组人员发出告警。

根据机载设备的安装、结构和配置的不同，机载 RNP 系统能够提供不同形式的性能监视和告警能力，包括：显示并指示所需导航性能和实际导航性能；监视系统性能并在不满足 RNP 要求时报警；显示侧向航迹偏离，同时有导航完好性监视和告警功能。

上述要求条件公布在各种文件中，其中航空系统最低性能规范（minimum aviation system performance standards, MASPS）是对相关要求规定最全面的标准文件。区域导航 RNP MASPS 向航空器设计者、制造商及用户提供在 RNP 空域中运行时所需要的全球适用的条件和最低导航性能及功能。这些要求符合 ICAO RGCSP 对于 RNP 的定义，符合这些标准是确保系统在正常飞行条件下圆满完成其预期功能的方式之一。

满足监视与告警要求的系统包括：

(1) 具有导航系统误差监视与告警能力(如接收机自主完好性监视或故障检测与隔离算法)的机载导航系统，外加一个侧向导航显示(如偏航指示器)，使机组人员能够监视飞行技术误差。如果航路定义误差可以忽略不计，则监视与告警要求便可得到满足。导航系统误差和飞行技术误差得到监视，相当于总系统误差得到监视(如空客系列飞机所用的，图 4－19)。

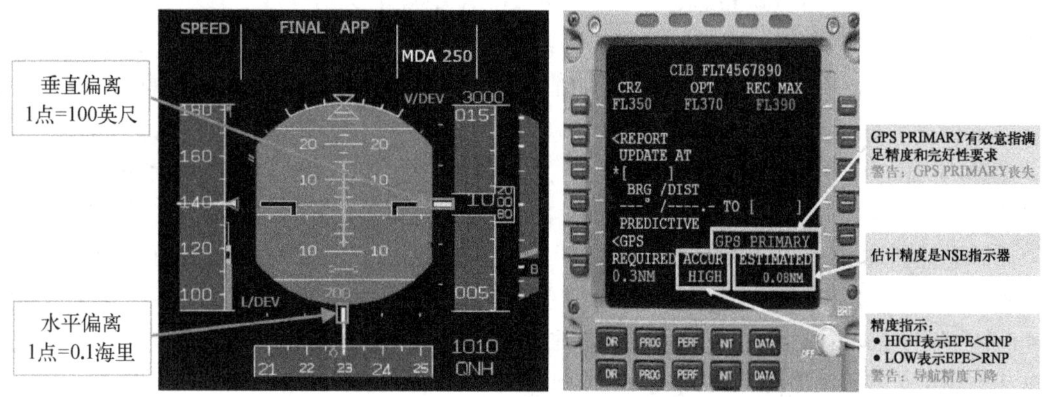

图 4－19　空客系列飞机的 RNP 性能监视及告警

(2) 具有总系统误差监视与告警能力的机载导航系统(如波音系列飞机所用的，图 4－20)。

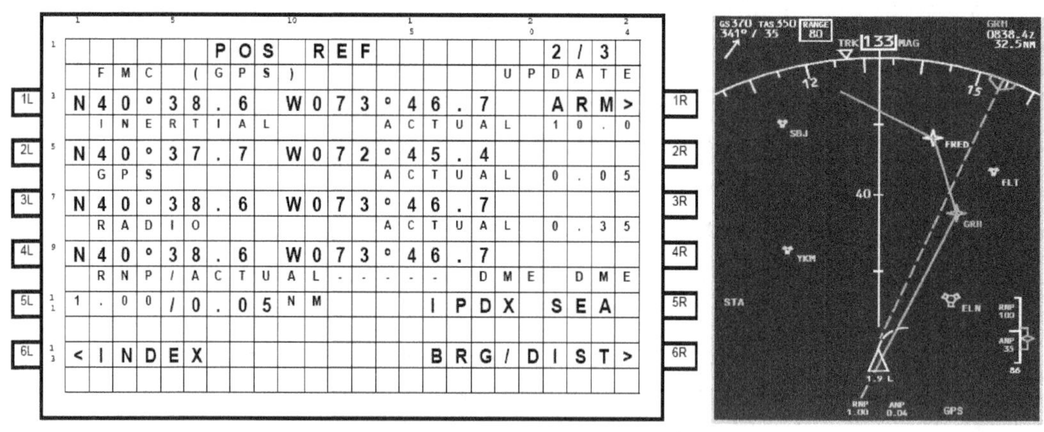

图 4－20　波音飞机的 RNP 显示

PBN 中使用机载性能监视与告警功能来代替原来 RNP 定义中所使用的术语“包容度”，避免了目前各类文件中使用这一术语所带来的语义混乱。包容度在航空无线电技术委员会(Radio Technical Commission for Aeronautics, RTCA)的 DO 236 标准、欧洲民航电子设备组织(European Organization for Civil Aviation Equipment, EUROCAE)的 ED 75 标准及《空中航行服务程序——航空器的运行》等文件中都有使用，且含义各不相同。表 4－3 为总系统误差要素在 RNAV、RNP 规范中的体现。

表 4-3　总系统误差要素在 RNAV、RNP 规范中的体现

	RNAV 规范	RNP 规范	
		不要求固定半径至定位点或固定半径过渡的 RNP 规范	要求固定半径至定位点或固定半径过渡的 RNP 规范
导航系统误差(监视与告警)	仅凭驾驶员交叉检查导航系统误差;无定位误差告警	定位精度和完好性告警	
飞行技术误差(监视)	由机载系统或机组程序管理	由机载系统和机组程序管理	
航路定义误差(监视)	一般可忽略,在旁切、飞越及条件转弯时没有定义预期航径		一般可忽略,定义固定半径至定位点或固定半径过渡航径
总系统误差的特点及其对飞行程序设计的影响	总系统误差分布没有限制。飞行程序设计中转弯性能变化很大,需要对转弯区域有额外的保护	总系统误差分布有限制。飞行程序设计中在转弯区需要对航路进行额外的保护	总系统误差分布有限制。如由定义固定半径至定位点或固定半径过渡定义转弯,飞行程序设计中不需要对航路进行额外的保护

4.4.2.2　导航功能要求

图 4-21 为导航规范。RNAV 和 RNP 规范中都包含对导航系统的功能要求,主要包括:在飞行员主视野内持续显示航空器的位置信息;显示飞机到下一航路点的距离和方位;显示到下一航路点的地速或时间;导航数据的存储功能;能够正确提示 RNAV 系统,包括导航传感器的故障。更为完备的导航规范还包括对导航数据库和运行数据库程序能力的要求。

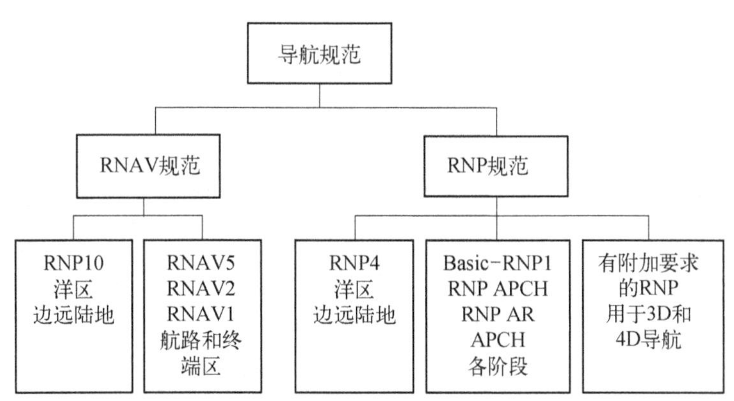

图 4-21　导航规范

4.4.2.3　RNP 和 RNAV 规范的标识

RNP 规范用 RNP*X* 表示,如 RNP4;RNAV 规范用 RNAV*X* 表示,如 RNAV1。如果两个导航规范共用一个 *X* 数值,可以使用前缀加以区分,如高级 RNP1(Advanced-RNP1)和基础 RNP1(Basic-RNP1)。

RNP 和 RNAV 规范的标识符"X"均表示在该空域、航路或飞行程序范围内运行的所有航空器,至少在 95%的飞行时间里,其侧向导航误差小于 X n mile。

需要注意的是,导航精度只是导航规范众多性能指标中的一个。每个导航规范都明确规定了具体的性能要求,各个导航规范之间不存在兼容性。即获得使用某一 RNP 规范适航审批的航空器,并不能自动获得所有 RNAV 规范的适航审批。同样,获得高精度 RNP 或 RNAV 规范(如 RNP 0.3)适航审批的航空器,也不能自动获得低精度要求的导航规范(如 RNP 4)的适航审批。

4.4.3 导航应用

导航应用是指按照空域概念,将导航规范和相关导航设施应用于空中交通服务的航路、仪表进近程序和/或规定空域。RNP 规范支持 RNP 应用,RNAV 规范支持 RNAV 应用。

空域概念和导航应用涉及众多人员的工作,包括:空域规划人员、程序设计人员、航空器制造商、飞行员和空中交通管制员。在 PBN 的实施过程中,他们分别在战略层面和战术层面承担不同的责任和义务。

在战略层面上,空域规划人员和飞行程序设计人员将 PBN 概念转化为航路间距,航空器最小间隔和飞行程序设计要求;适航部门和管理局负责确保航空器和机组满足适航和运行方面的要求。战术层面上,管制员和飞行员在实际运行中按照 PBN 要求指挥和操纵飞机。

4.5 PBN 的实施步骤

PBN 的实施分为三个步骤:首先确定需求,然后选择适用的 ICAO 导航规范,最后进行规划与实施。

想要 PBN 运行的国家或地区需要首先在空域概念的层面确定自身的 PBN 战略和运行要求,评估国家或地区的机队导航设备装备情况,相关通信、导航及监视/空中交通管理(communication navigation & surveillance/air traffic management, CNS/ATM)基础设施配备情况,并确定导航功能要求。将评估结果与 ICAO 的导航规范进行比较,确定机队装备、CNS/ATM 基础设施与 ICAO 某个导航规范的符合性或接近程度,审核是否能提供所需的导航功能。如果不能,则需要进行设备升级改造,以符合特定的导航规范。针对选定的导航规范,制定规划和 PBN 实施方案,并进行具体实施。

特殊情况下,如果审核结论是不可能使用 ICAO 现有的导航规范,也无法通过现有设施设备升级改造来满足某一个导航规范的要求,则需要考虑制定新的导航规范,并向 ICAO 申请将新的导航规范添加到 PBN 规范中。

4.5.1 确定需求

确定需求的目的是规划本国家或区域的空域概念,评估现有机队装备与 CNS/ATM 基础设施,确定满足空域概念所必需的导航功能要求。

确定需求的过程中需要所有相关人员的参与,包括空中交通管制员和空域规划人员、飞行员、飞行程序设计专家、航空电子专家、飞行标准和适航管理人员以及空域用户,通过组建多领域团队,共同制定空域概念。需求确定过程主要研究确定该地区的:空域结构与管理方案(航路布局、标准仪表离场/标准仪表进场程序、空中交通管制扇区结构);最小间隔与航路间距;仪表进近程序的选择;空中交通管制在该空域的工作方式;飞行机组人员 PBN 运行时所应具备的预期操作;PBN 运行所需的适航与运行审批等方面的具体要求及内容。

首先,需要评估现有机队的能力及可用的导航设施。规划人员必须掌握将在规划空域内运行的航空器的能力,据此确定可行的导航应用,确定支持该导航应用的导航设施。由于在役的航空器众多,机载导航设备的配备及导航能力各不相同,机队能力评估需要综合考虑各种不同的机载导航设备的配置情况,考虑接纳机载导航设备配备水平不尽相同的各种用户。导航设施评估需要综合考虑装备有 GNSS 设备的航空器运营人的比例,为未装备 GNSS 设备的用户保留陆基导航设备或将其作为 GNSS 的备份,评估现有导航设施的状况和使用寿命。

其次,相关人员需要评估现有空中交通服务的监视系统、通信设施和空中交通管理系统。空域系统的安全运行需要通信、导航及监视设施和空中交通管理系统的协同配合,PBN 仅仅是 CNS/ATM 的导航部分,不综合考虑通信和空中交通服务监视设施,PBN 就不可能安全、成功地实施。例如,RNAV1 航路在雷达和非雷达管制区有不同的航路间隔要求。航空器与空中交通服务提供者之间通信的可用性,将影响安全运行所需的空中交通干预能力。

最后根据分析确定必要的导航性能和功能要求。应该注意的是,选择使用 RNAV 规范还是 RNP 规范,不仅取决于航空器的性能,还取决于所需要的特定功能要求(如航段过渡/航径终止代码、平行偏置能力、等待模式、导航数据等)。

4.5.2　选择适用的 ICAO 导航规范

PBN 运行的第二步是根据航空器装备和导航设施的现状,尽可能从 ICAO 现有的导航规范中选择适用的导航规范。导航功能要求、机队装备能力和 CNS/ATM 能力的评估结果是规划人员选择 ICAO 特定导航规范的依据。

选择导航规范前,首先查阅 PBN 手册第二卷,对比 ICAO 现有导航规范,评估根据需求分析中现有机队能力和可用导航设施已能达到特定导航规范要求的情况,通信与监视设施以及空中交通管理系统支持实施特定导航规范的能力情况,如果规划人员确认现有机队装备、导航设施、通信及监视和空中交通管理能力能够满足特定导航规范的要求,就直接进入 PBN 的规划实施阶段。如果不能,则需要进一步考虑如何改进现有设施设备以满足特定的导航规范要求或根据情况自行建立新的导航规范。这个过程中,规划人员需要权衡空域概念与导航功能要求,在二者之间寻求平衡。

4.5.3　规划与实施

正式实施 PBN 前,首先要制定一个安全计划。通常这类计划要与空中航行服务提供者的安全委员会共同制定,以确保符合管理当局的要求。安全计划要详细描述如何对规划的 RNAV 或 RNP 运行进行安全评估。

其次要验证规划制定的空域概念的安全性,空域概念安全性的验证通常有四种方法:空域建模;快速仿真;实时仿真;空中交通管制实况演练。

在确认安全可行的情况下,进行 PBN 运行的飞行程序设计,要确保程序可以按照 ARINC424 格式进行编码。

设计好的飞行程序首先需要进行地面验证,RNAV 或 RNP 仪表飞行程序或 ATS 航路的制定要经过一系列的步骤,包括数据的获取、验证、程序的公布及后续编码供机载导航数据库使用。程序设计过程中的每一步都应有质量控制流程,以确保达到并保持必要的精度和完好性水平。

飞行程序验证的目的是确保其提供充分的超障裕度;核查将要公布并将在程序设计中使用的导航数据的正确性;核查所需的全部基础设施,如跑道标志、照明、通信和导航源是否都已安装到位并可使用;评估程序的可飞性以确定是否能够安全地按照程序飞行;评定标图、所需基础设施、能见度和其他运行因素。根据各类验证过程的结果确认飞行程序的可行性,在项目开始前做出是否继续实施的决定。

对于决定继续实施的规划进行飞行校验与验证。导航设施的校飞包括使用装备校飞设备的测试航空器测量导航设施的实际覆盖范围,这些导航设施是飞行程序和飞机进、离场航路中引导航空器飞行所必需的。飞行验证用于确认设计飞行程序所使用的地形和障碍物数据的有效性,确认程序所定义的航迹能够使航空器到达预定的目标点,以及前述所列的其他验证因素。

实施过程中要综合考虑空中交通管制系统,为确保管制员能够获得有关航空器能力的必要信息,新的空域概念可能要求改变空中交通管制系统的接口,显示必要的信息等。

PBN 运行需要对机组人员和管制员进行培训,准备相关的宣传和培训材料,并确定运行实施日期。

相关导航规范的正式实施并不意味着 PBN 运行工作的完成,实施过程中应对运行情况进行持续的审核和跟踪,持续改进运行中出现的各种问题,确保运行的安全性及顺畅性。

思考题

(1) 区域导航的概念是什么? RNAV 有什么优势?

(2) RNP 规定的导航性能主要包括哪几类? 含义是什么?

(3) 简单分析完好性的定义及完好性判定的基本思路。

(4) RNP 精度主要考虑哪些因素?

(5) PBN 的三要素是什么? 各要素的作用是什么?

(6) RNP 规范中规定机载 DME 询问器应为扫描式询问器,请具体分析原因。

(7) RNP 规范和 RNAV 规范有什么区别?

(8) 简要分析说明 PBN 的实施步骤。

第 5 章
惯性导航系统

惯性导航系统(IRS)是利用惯性敏感元件及载体初始位置等信息,在相应的基准坐标系中,利用一定的算法来确定运载体的姿态、航向、速度、位置等信息的自主式导航系统。惯性导航系统的导航计算不依赖任何外部设备,与外界不发生光、电的联系,仅利用机载设备自身的传感器和计算机就可以完成导航任务,输出导航参数。因此,惯性导航系统的隐蔽性好,不受外部环境条件的影响,广泛应用于航空、航天及航海等方面,尤其适合外部环境复杂的场合。

惯性导航系统的工作基础是牛顿力学定律。牛顿力学第一、第二定律分别定义了物体所受外力与加速度之间的关系及物体运动的规律。惯性导航系统利用加速度计测量载体的加速度,将加速度信息经过一次积分获取载体的运动速度,二次积分获得载体的位置,由此实现载体导航参数的计算。

5.1 惯性导航基本原理

本节以平面导航为例介绍惯性导航系统的实现原理。

如图 5-1 所示,假设载体(飞机)上放置有两个加速度计,分别测量载体沿 E 轴(东方向)和 N 轴(北方向)的加速度值,则测得的加速度信号经过一次积分后,就可得出载体沿东方向和北方向的速度分量。

$$\begin{cases} V_E = V_{E0} + \int_0^t a_E \mathrm{d}t \\ V_N = V_{N0} + \int_0^t a_N \mathrm{d}t \end{cases} \tag{5-1}$$

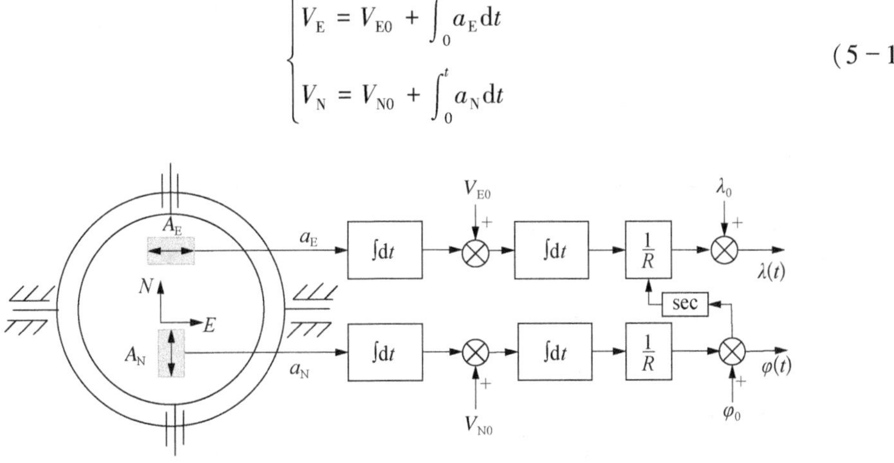

图 5-1　惯性导航解算原理

由于载体东方向的运动引起载体所在经度的变化，而北方向的运动引起载体所在纬度的变化。因此，可以用两个方向上的角速度积分来求得载体位置的变化，再加上载体前一时刻的位置，就可以得到载体任意时刻的位置。

$$
\begin{cases}
\varphi(t) = \varphi_0 + \dfrac{1}{R}\displaystyle\int_0^t V_{\mathrm{N}}\mathrm{d}t \\
\lambda(t) = \lambda_0 + \dfrac{1}{R}\displaystyle\int_0^t V_{\mathrm{E}}\sec\varphi\,\mathrm{d}t
\end{cases}
\tag{5-2}
$$

可见，如果能够得到载体在特定方向相对于地球的运动加速度，按照上述导航计算的思路，在工程上可以实现这样的导航参数推算系统。但考虑到地球相对于惯性空间的自转运动及飞机飞行过程中的姿态及航向变化，在导航解算之前，首先需要解决几个问题。

(1) 由于加速度计输出的加速度值是所有解算的基础，因此，必须有一组高精度的加速度计作为测量元件以确保导航推算的精度。加速度计的误差会造成速度和位置计算的累积误差。

(2) 加速度计的测量输出必须保持在一定的方向上（如图 5－1 中的 E 轴和 N 轴方向），不能受飞机姿态及运动的影响，因此，加速度计必须安装在一个模拟特定坐标系的平台（机电平台）上。机电平台可以隔离飞机的角运动，这个机电平台通常利用陀螺仪来实现。随着计算机的应用，其强大的计算能力可以将加速度计的输出通过坐标变换（数学平台）的形式转化为导航坐标系下的值，取代机电平台的功能。

(3) 由于加速度计是惯性元件，它所测量的是沿测量轴方向的所有加速度，而这些加速度并非全都是载体相对地球的运动加速度，还包含科氏加速度和重力加速度，这些加速度对导航计算来说是无效的，因此，导航解算之前，必须消除并补偿掉这部分加速度（有害加速度）。

(4) 必须建立全面细致的计算和补偿网络，采用的计算装置要有足够高的计算精度和运算速度。

(5) 由于积分计算需要初始值，因此，惯性导航系统工作前需要进行初始校准，包括调整平台的位置，输入载体的初始位置和速度信息。

可以看出，惯性导航系统的基本工作原理是利用一组加速度计连续地测量沿特定方向的加速度，从中提取载体相对导航坐标系（可以是人工建立的机电平台，也可以是计算机实现的“数学平台”）的加速度信息；通过一次积分运算便得到载体相对导航坐标系的即时速度信息，再通过一次积分运算即可得到载体的位移信息，与载体初始位置相加得到载体的即时位置。

陀螺和加速度计被称为惯导系统的测量元件，按照其在载体上的安装方式，惯性导航系统可分为平台式惯性导航系统和捷联式惯性导航系统。

平台式惯性导航系统是将惯性测量元件安装在物理平台（机电平台）的台体上。根据平台所模拟的坐标系不同，平台式惯导又分空间稳定惯导系统和当地水平面惯导系统。前者的平台台体模拟某一惯性坐标系，相对惯性空间稳定。后者的平台台体模拟某一当地水平坐标系,这样可以保证安装在平台上的两个水平加速度计的敏感轴线始终保持在当地水平面。

捷联式惯性导航系统将惯性测量元件直接安装在载体上,省去了机电平台,代之以计算机解算的“数学平台”。三个加速度计输出的沿载体坐标系轴向的加速度,经计算机利用数字平台转换成导航坐标系下的加速度。捷联式惯导取消了机电平台,设备部件减少了,设备重量和故障率降低,但计算量大幅增加,对计算机计算能力的要求大大提高。

5.2　惯导平台

惯导系统的机电平台利用陀螺仪来实现,因此也称为陀螺稳定平台。陀螺稳定平台是利用陀螺特性直接或间接地使某一物体相对地球或惯性空间保持稳定或按给定规律改变位置的一种陀螺装置,简称陀螺平台或惯导平台。它主要用于测量运动载体的姿态,为加速度计提供一个测量基准坐标系,或用于稳定载体上的某些设备。它是导弹、航天器、飞机和舰船等惯性制导系统的主要装置。

陀螺稳定平台利用陀螺仪作为检测、反馈元件,来隔离动基座对平台负载的角扰动,使负载稳定在相应坐标系下。当平台的支承轴无任何干扰力矩作用时,平台稳定控制系统将保证其相对惯性空间始终保持在原来的角位置上。当平台负载受干扰力矩影响偏离期望的方位时,陀螺敏感该变化,发送信号给稳定电机来抵消干扰力矩,保持平台稳定。当平台所模拟的坐标系发生变化时,计算机计算的控制指令发送给控制电机,通过电机产生力矩来控制平台沿轴向转动,使其跟踪所要模拟的坐标系。

陀螺稳定平台主要由平台台体、框架系统(内框架、外框架和基座)、稳定回路(由平台台体上的陀螺仪、伺服放大器和框架轴上的力矩电机等构成,又称伺服回路)和控制回路(由平台台体上的对准敏感元件、变换放大器和力矩电机等构成,又称坐标跟踪回路)等组成。按照平台的工作原理,陀螺稳定平台可分为直接式、动力式和间接式陀螺稳定平台,有外加干扰力矩作用到平台轴上时,这些平台的工作原理各有不同。

按平台所稳定的轴的个数,陀螺稳定平台又可分为单轴陀螺稳定平台,双轴陀螺稳定平台和三轴陀螺稳定平台。单轴、双轴和三轴陀螺稳定平台仅仅是所控制的轴数不同,其工作原理(轴的稳定与控制)仍属上文所列方式,只是双轴和三轴陀螺稳定平台需要同时控制多个轴,当任意两轴之间不垂直时,会出现轴间信号的耦合问题,需要进行解耦。

5.2.1　单轴陀螺稳定平台

根据平台抵消外部干扰力矩模式的不同,单轴陀螺稳定平台有直接陀螺稳定平台、动力陀螺稳定平台和间接陀螺稳定平台三种不同工作原理的平台。

5.2.1.1　直接陀螺稳定平台

由前文可知,陀螺稳定平台要模拟一定的坐标系(坐标轴),需要具备两个功能:一个是在受到外加干扰力矩的作用时能确保平台不受影响,即平台轴不会发生偏转;另一个是能够随时跟踪坐标系(坐标轴)的变化,即能够控制平台轴按照所预期的方向、速度或转角转动。这两个功能分别由平台的稳定回路和控制回路来实现。

1. 稳定回路

直接陀螺稳定平台实质上就是一个动量矩很大的三自由度陀螺,利用陀螺特性来工作。陀螺的外框轴或内框轴作为平台轴。

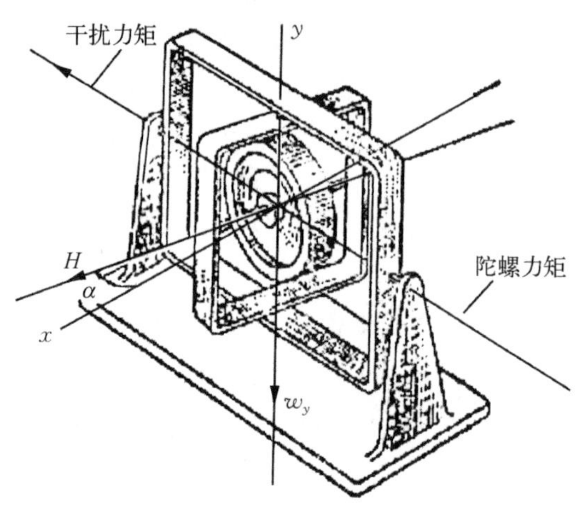

图 5-2 直接陀螺稳定平台

如图 5-2 所示,当沿平台轴(陀螺外框轴)有图示方向的干扰力矩时,根据三自由度陀螺的特性,该三自由度陀螺会产生图中所示方向的进动,进动发生在与外力矩相垂直的方向上(陀螺内框轴),并没有出现在平台轴方向。即,陀螺稳定平台在受到沿平台轴的干扰力矩的作用时,平台不会绕平台轴转动,而是保持稳定。当然,此时的陀螺会出现绕内框轴的转动。

2. 控制回路

当需要控制平台绕平台轴以一定的角速度沿特定方向转动时,根据三自由度陀螺的特性,只需要在陀螺的内框轴上施加一个方向和大小与所需转动关联的控制力矩,则平台就会绕平台轴沿预期的方向产生转动,转动角速度的大小和方向取决于外加控制力矩的大小和方向。如果需要平台稳定在新的位置,则只需要撤销该外加力矩,平台停止进动,平台轴稳定在新的位置。

利用上述直接陀螺稳定装置,就可以实现平台的稳定和控制。但是,由稳定回路的工作流程可以看出,虽然在外加干扰力矩的作用下,平台轴保持稳定,但如果干扰力矩长时间作用或断续地保持同一方向的持续干扰,则随着陀螺绕内框轴进动时间的增长,陀螺自转轴和外框轴之间的不垂直度越来越大,陀螺的稳定性会逐渐变差,甚至最终导致自转轴与平台轴(外框轴)重合,陀螺绕平台轴"飞转",平台功能失效。为避免这种情况的出现,在干扰力矩作用时间不可测的情况下,应尽量降低平台绕内框轴进动的角速度。根据式(2-42)可知,相同干扰力矩的情况下,加大三自由度陀螺的转动惯量(质量、半径)或转动角速度就可以降低进动的角速度,因此,直接陀螺稳定平台通常体积、重量庞大,转速较快。

另外,如果平台的内框轴受到干扰力矩的作用,则平台会在该干扰力矩的作用下绕平台轴转动,出现漂移误差。因此,应尽量避免平台内框轴受到外加干扰力矩的影响。

5.2.1.2 动力陀螺稳定平台

直接陀螺稳定平台中,干扰力矩使陀螺绕内框轴进动而导致的自转轴与平台轴之间的不垂直度不会随着干扰力矩的消失而消失。如果干扰力矩在同一方向持续出现的话,会导致平台的稳定性越来越差,最终失去稳定性。为解决这个问题,动力陀螺稳定平台利用稳定电机产生稳定力矩来有效抵消干扰力矩,并确保在干扰力矩消失后系统能重新回到原来的稳定状态。

图 5-3 所示为分别由二自由度陀螺和三自由度陀螺所组成的动力陀螺稳定平台,它们的工作原理是一致的,都是利用稳定电机的稳定力矩来抵消外加干扰力矩。

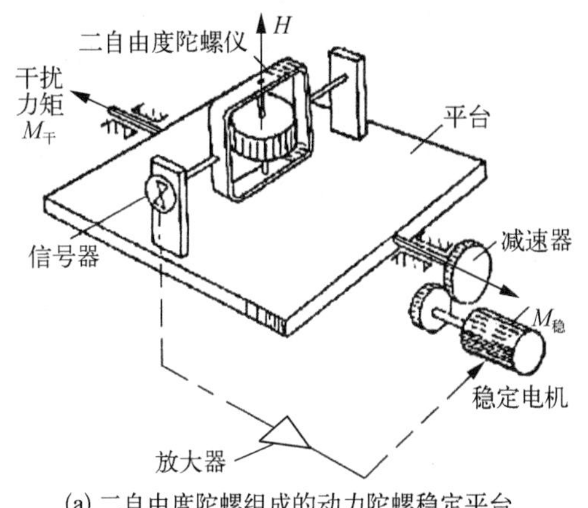

(a) 二自由度陀螺组成的动力陀螺稳定平台

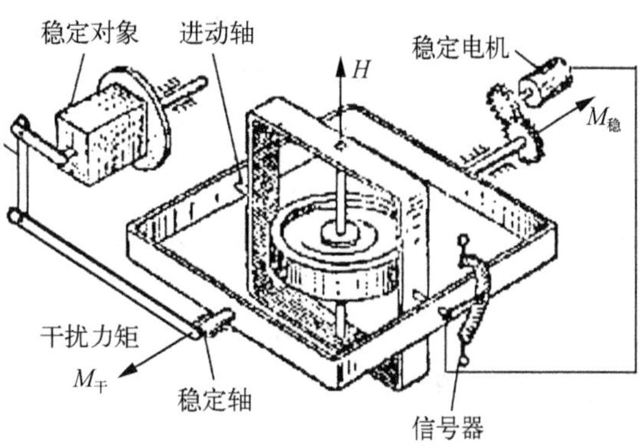

(b) 三自由度陀螺组成的动力陀螺稳定平台

图5－3　动力陀螺稳定平台

单轴动力陀螺稳定平台由陀螺、信号器、放大器、稳定电机、减速器及平台轴组成。利用二自由度陀螺实现的动力陀螺稳定平台的结构如图5－3(a)所示。其中,二自由度陀螺安装在平台台面上,其自转轴、内框轴与平台轴垂直安装,内框轴与平台之间安装有信号器,稳定电机固定在基座上,可以通过减速器给平台轴施加力矩。从结构上看,二自由度陀螺具有两个转动自由度,而平台相对于基座有一个转动自由度,且与二自由度陀螺的两个轴相垂直,由此可以将平台轴看作一个外框轴,从而将其与二自由度陀螺一起看作是一个三自由度陀螺,具有三自由度陀螺的特性。下面具体分析动力陀螺稳定平台的工作原理。

1. 稳定回路

动力陀螺稳定平台同样是利用陀螺特性来工作的。如图5－3所示,当沿平台轴有干扰力矩$M_干$作用时,根据三自由度陀螺的特性,陀螺会在与外力矩作用相垂直的方向上(陀螺内框轴)产生进动而在平台轴上保持稳定。信号器检测到陀螺绕其内框轴进动角(α)的方向和大小,输出相应的电信号,经放大器放大后送给稳定电机,稳定电机由此产生与干扰力矩方向相反,大小与α呈正比的稳定力矩$M_稳$($M_稳 = k\alpha$)来抵消干扰力矩。电机稳定力矩对干扰力矩的抵消是逐步实现的。刚开始时,进动角$\alpha = 0$,此时稳定电机没有力矩输出,陀螺进动角速度$\omega = M_干 / J\Omega$较大。随着进动角α逐渐增大,电机输出的稳定力矩也随之增加,此时,平台轴上所受到的合外力矩$M_和 = M_干 - M_稳$逐渐减小,陀螺的进动角速度逐渐变慢,但由于进动方向不变,进动角α还是逐渐增大,直到α达到一定的值,此时电机输出的稳定力矩$M_稳 = M_干$,二者大小相等,方向相反,平台轴所受的合外力矩为0,陀螺停止进动,进动角α保持不变,系统达到新的稳定状态。

当外加的干扰力矩消失时,平台轴向的力矩平衡被打破,陀螺在稳定电机稳定力矩的作用下,向与之前相反的方向进动,信号器检测的角α逐渐减小,电机输出的稳定力矩减小,陀螺进动角速度变慢,直到重新回到陀螺自转轴、内框轴与平台轴相垂直的位置,此时$\alpha = 0$,稳定电机输出的力矩为0,陀螺停止进动,回到初始稳定状态。动力陀螺稳定平台

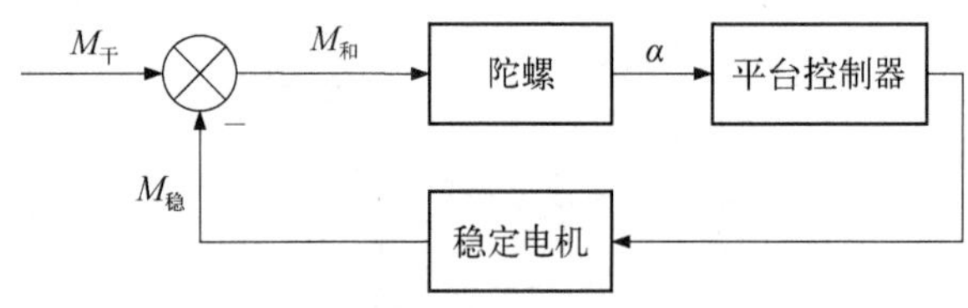

图 5-4　动力陀螺稳定平台稳定回路

的稳定回路如图 5-4 所示。

动力陀螺稳定平台在受到外加干扰力矩的作用时，利用稳定电机的稳定力矩来抵消干扰力矩，只要稳定回路的总放大倍数足够大，就可以使陀螺的进动角 α 保持在比较小的状态（如 5°以下），即系统保持在比较好的工作状态。与直接陀螺稳定平台相比，动力陀螺稳定平台能够承受更大的干扰力矩，且工作性能更好，精度更高，因此，应用更为广泛。

2. 控制回路

当需要控制平台绕平台轴以一定的角速度按照要求的方向转动时，与直接陀螺稳定平台相同，只需要在陀螺的内框轴上施加一个相应大小和方向的力矩，就会控制平台绕平台轴按预期的要求转动。平台绕轴转动的角速度的大小和方向取决于外加力矩的大小和方向。如果需要平台稳定在新的位置，则只需要在平台到达新的位置后撤销外加控制力矩即可。

利用动力陀螺稳定装置，可以很好地实现平台的稳定和控制功能。但是，如果平台内框轴受到干扰力矩的作用，该平台会在干扰力矩的作用下绕平台轴进动，出现漂移误差。因此，应尽量避免平台内框轴受到外加干扰力矩的作用。

5.2.1.3　间接陀螺稳定平台

间接陀螺稳定平台的组成与动力陀螺稳定平台的相似，但结构有所差别，工作原理也略有不同。间接陀螺稳定平台利用三自由度陀螺实现平台轴的间接控制，将三自由度陀螺作为传感器，利用陀螺检测到的信号来控制平台的稳定或运动。间接陀螺稳定平台由三自由度陀螺、信号器、放大器、稳定电机和减速器组成，如图 5-5 所示。

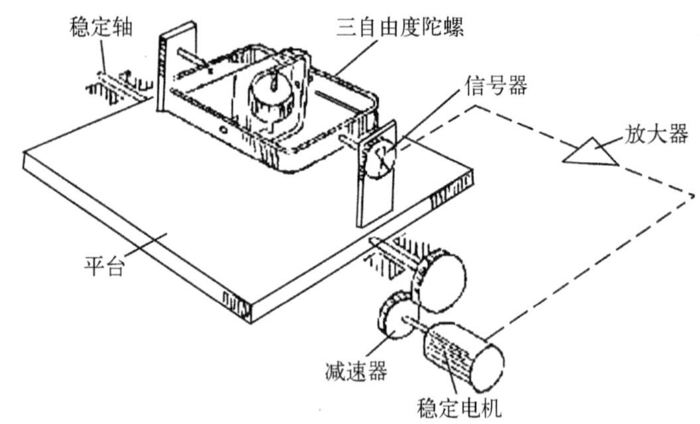

图 5-5　间接陀螺稳定平台

1. 稳定回路

间接陀螺稳定平台的平台轴与三自由度陀螺的外框轴（或内框轴）平行安装，信号器的静、转子分别安装在平台和陀螺外框轴上。当沿平台轴有外加干扰力矩时，在此力矩的作用下，平台会产生绕平台轴的转动。但根据三自由度陀螺的稳定特性，此时陀螺没有受到外加力矩的作用，会保持稳定不动。由此，信号器的静、转子之间产生相对转动，输出与平台转角大小、方向相对应的电信号，此信号经放大器放大送给稳定电机来产生与外加干扰力矩方向相反的稳定力矩，力矩大小为 $M_{稳} = K\alpha$。平台轴所受的合外力矩变为 $M_{合} = M_{干} - M_{稳}$，随着转角 α 的增加，合外力矩逐渐减小，直至电机产生的稳定力矩与外加干扰力矩大小相等，方向相反，合外力矩为零，平台停止转动。可以看出，平台转过的角度 α 为其稳态误差角，且 $\alpha = M_{干}/K$。

当外加干扰力矩消失时，电机的稳定力矩会带动平台轴向回转，转角 α 逐渐减小，电机稳定力矩也逐渐减小，直至重新回到初始稳态位置，转角 $\alpha = 0$，稳定电机输出力矩为零，平台回到初始位置且稳定不动。间接陀螺稳定平台的稳定回路如图 5－6 所示。

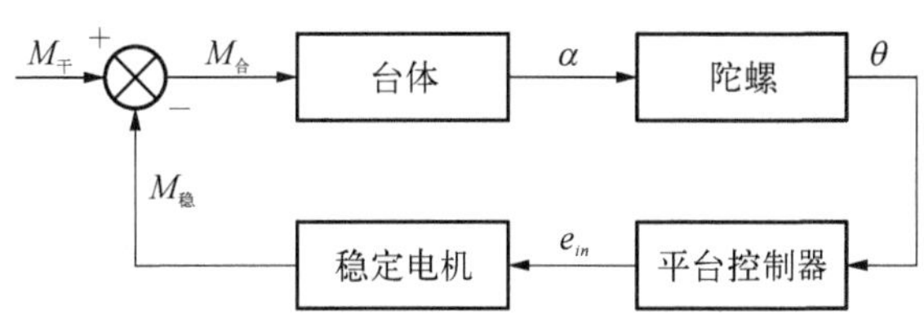

图 5－6　间接陀螺稳定平台稳定回路

2. 控制回路

当需要控制平台绕平台轴按预期方向以一定的角速度转动时，只需要在陀螺的内框轴上施加一个合适大小和方向的力矩。根据三自由度陀螺特性，陀螺会绕外框轴进动，信号器感受到陀螺外框轴相对平台的转动，将转角信号经放大器放大后发送给电机，电机产生力矩，带动平台轴跟随陀螺外框轴的转动。作为一个随动系统，平台轴始终跟随陀螺外框轴的转动。如果需要平台稳定在新的位置，则只需要撤销外加力矩，此时，陀螺停止绕外框轴的进动，平台轴稳定在新的位置。

由间接陀螺稳定平台稳定回路的工作可以看出，在外加干扰力矩的作用下，平台轴会出现误差角，且干扰力矩越大，误差角越大。要保持误差角在一个比较小的范围，必须增大伺服系统的增益。

另外，间接陀螺稳定平台是以三自由度陀螺的外框轴为基准的，本质上是一个位置随动系统，即陀螺外框轴的位置决定平台轴的位置，如果在陀螺的内框轴出现干扰力矩，即使是陀螺的不平衡力矩或轴间的摩擦力矩，都会导致平台在电机的带动下转动，出现漂移误差，因此，应尽量避免陀螺内框轴受到外加干扰力矩的作用。同时要求陀螺具有小的漂移速度，随动系统具有良好的动态和稳态性能。

导航计算中，通常需要为传感器提供一个基准平面或一个基准坐标系，也就是要稳定或控制一个平面或一个空间坐标，这分别通过双轴陀螺稳定平台和三轴陀螺稳定平台来实现。

5.2.2　双轴陀螺稳定平台

双轴陀螺稳定平台可以模拟一个基准平面，如当地水平面。模拟当地水平面的双轴陀螺稳定平台也称中心地垂陀螺仪，可以作为测量飞机姿态的基准，也可以用于航拍中稳定照相设施，或稳定雷达天线等，具有广泛的用途。本小节以中心地垂陀螺仪为例，介绍模拟当地水平面的双轴陀螺稳定平台的基本工作原理。

如图 5－7 所示，中心地垂陀螺仪由一个平台台体、支撑轴（平台轴）和相关的控制部分组成。台体是一个圆筒形平台，平台安装在由内、外支架组成的方向支架上，可以绕两个支撑轴相对基座转动，一个称为内支架轴（横向稳定轴），另一个称为外支架轴（纵向稳定轴）。内支架轴与平台台体固定在一起，通过轴承安装在平台的外支架环中。与外支架环固定在一起的外支架轴通过轴承支承在基座上。内、外支架轴互相垂直，分别作为平台的横向稳定轴和纵向稳定轴。通过这两个轴使平台台面相对地面保持水平。内支架轴可以作为飞机俯仰角的测量轴，在内支架轴与外支架环之间安装俯仰电位器就可以测量飞机的俯仰角；外支架轴作为飞机倾斜角的测量轴，在外支架轴与基座之间装上倾斜电位器就可以测量飞机的倾斜角。

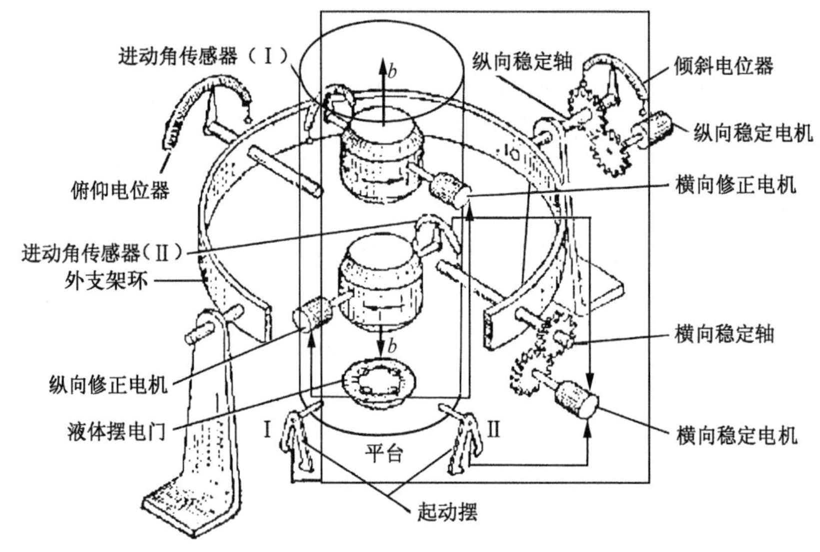

图 5－7　中心地垂陀螺仪

该平台是动力陀螺稳定平台，平台的稳定和控制利用两个二自由度陀螺、进动角传感器、稳定电机和修正电机来实现，为了使整个平台的结构紧凑以缩小体积，两个二自由度陀螺分别安装在平台台体的上部和下部。上陀螺的内框轴与平台的外支架轴垂直，下陀螺的内框轴与平台的内支架轴垂直。两个陀螺转子的动量矩大小相等、方向相反。上陀螺的动量矩矢量方向向上，下陀螺的动量矩矢量方向向下，通过平台台体的空间限制，确保两个陀螺绕内框轴转动的最大转角范围为±5°。

中心地垂陀螺仪利用其稳定回路和控制回路确保平台保持在水平面内。两套稳定系统用于确保平台轴在受到干扰力矩时能够保持稳定；两套水平修正系统用于控制平台的台面保持在当地水平面内；两套快速起动系统用于在系统刚开始工作时或飞机机动飞行后使平台台面快速跟踪当地水平面。

1. 稳定系统

中心地垂陀螺仪的两套稳定系统分别由二自由度陀螺、进动角传感器、减速器和稳定电机等组成。上陀螺、进动角传感器（Ⅰ）和纵向稳定电机组成平台外支架轴的稳定控制系统，在外支架轴受到干扰力矩时，通过纵向稳定电机产生稳定力矩，保持平台绕外支架轴的稳定。下陀螺、进动角传感器（Ⅱ）和横向稳定电机等组成平台内支架轴的稳定系统，在内支架轴受到干扰力矩时，通过横向稳定电机产生稳定力矩来抵消干扰力矩，保持平台绕内支架轴的稳定。

以平台外支架轴的稳定为例，当平台外支架轴受到矢量方向朝向前方的干扰力矩时，根据陀螺特性，上陀螺绕其内框轴进动，进动角速度矢量方向向左，进动角传感器（Ⅰ）检测到陀螺进动信号，输出电压给纵向稳定电机，使纵向稳定电机产生与干扰力矩方向相反的稳定力矩，大小与进动角传感器的输出呈正比，经减速器作用到平台外支架轴上，抵抗干扰力矩。随着上陀螺进动角的增大，稳定电机输出的稳定力矩也随之增大。只要稳定电机产生的稳定力矩小于干扰力矩，上陀螺就持续进动。当上陀螺的进动角度增大到一定值时，稳定电机输出的稳定力矩与干扰力矩大小相等，外支架轴上所受的合外力矩为0，上陀螺停止进动。此时，稳定电机产生的稳定力矩抵消干扰力矩，即 $M_{稳} = M_{干}$。

如果外支架轴的干扰力矩消失，则在稳定电机稳定力矩的作用下，上陀螺开始向相反的方向进动，随着进动角传感器输出的信号逐渐减小，稳定电机输出的稳定力矩也逐渐减小，直至上陀螺恢复到初始位置，进动角传感器（Ⅰ）输出信号为0，稳定电机输出的稳定力矩也降为0，平台各部件恢复到原来的稳态位置。

当平台的内支架轴受到干扰力矩的作用时，工作原理与上述一致，只是下陀螺进动角传感器（Ⅱ）输出信号发送给横向稳定电机，由横向稳定电机产生稳定力矩来抵消干扰力矩的影响。同样，当干扰力矩消失时，下陀螺会在横向稳定电机力矩的作用下恢复到原来的位置。

需要注意的是：由于双轴陀螺稳定平台需要同时稳定两个轴，所以内、外支架轴稳定系统在工作时会有交叉影响。例如，当干扰力矩作用到外支架轴的瞬间，平台将绕外支架轴转动一个极小的角度（章动角），根据陀螺特性，此时下陀螺保持稳定不动，这就会使下陀螺的进动角传感器（Ⅱ）输出一个极小的信号，从而使横向稳定电机产生一个微小的力矩。在此力矩作用的瞬间，平台会绕内支架轴转动一个微小角度。这样，平台台体就会出现一个绕外、内支架轴循环往复的微小章动运动。由于稳定系统的陀螺具有较大的动量矩，通常平台的这种章动可以忽略不计。同样，当有干扰力矩作用到内支架轴的瞬间，平台也会产生绕内、外支架轴循环往复的微小章动运动。

2. 水平修正系统

由于地球的自转和飞机的飞行，飞机所在处的水平面相对惯性空间会不断地发生变化。而中心地垂陀螺仪要求平台台体始终平行于飞机所在处的水平面。为此，需要两套水平修正系统来修正内、外支架轴相对水平面的偏离。

双轴陀螺稳定平台的水平修正系统有液体摆式的修正系统，也有积分式修正系统。本节以液体摆式修正系统为例来介绍平台台面的水平控制。

液体摆式修正系统由五极点液体摆和纵、横向两个修正电机组成，分别用于对外支架轴和内支架轴水平偏离的修正。五极点液体摆固定在平台的底部。纵向修正电机安装在下陀螺内框轴上，可以沿下陀螺内框轴产生控制力矩。横向修正电机安装在上陀螺内框轴上，可以沿上陀螺内框轴产生控制力矩。

当平台台体水平时，五极点液体摆的气泡处在电极的中央，修正回路中的电阻值处于平衡状态，修正电机不产生修正力矩，平台稳定不动。当平台偏离水平面时，五极点液体摆的气泡沿相应轴向偏离中央位置，导电液与两个对应电极的接触面积发生变化，使得相应的修正电机产生修正力矩，平台在修正力矩的作用下绕支架轴进动，逐步恢复到水平的位置。

需要注意的是，当水平修正系统工作时，稳定系统也会受影响而工作，原因是当平台由于某种原因偏离水平位置时，在稳定系统的作用下，上、下陀螺的转子轴会随平台偏离地垂线的位置。而当平台在修正系统的作用下由偏离状态向水平面方向恢复时，稳定系统会使上下陀螺也随平台回到地垂线位置。例如，当平台绕内支架轴向前偏离水平面时，下陀螺由于安装的原因，被平台直接带动而使自转轴偏离地垂线，上陀螺则由于陀螺稳定性而保持在原来的地垂方位。但由于平台向前倾斜，进动角传感器（Ⅰ）输出一个电压信号给外支架稳定电机，稳定电机产生矢量方向向前的力矩，使上陀螺向前进动（进动角速度矢量方向向左），进动角传感器输出的信号减小，稳定电机的输出力矩减小。当上陀螺的自转轴与平台台体轴向一致时，上陀螺进动角传感器（Ⅰ）输出信号为 0，稳定电机输出力矩为 0，上陀螺停止进动，平台台体包括其内部安装的二自由度陀螺都恢复到初始状态，保持在水平面内。

当飞机有纵向或横向加速度时，五极点液体摆受惯性力的作用，会产生错误的修正信号，导致平台产生纵向或横向修正误差。因此，平台的纵向修正电路有修正切断电门，在飞机加减速时切断液体摆的修正信号。飞机盘旋转弯时液体摆所引起的误差也不可忽视。因此，在中心地垂陀螺仪中，当飞机转弯角速度大于 0.1~0.3°/s 时，系统利用陀螺继电器将其横向修正回路切断，以减小系统盘旋误差。

3. 快速起动系统

在系统起动时，为了使平台能迅速地到达水平位置，中心地垂陀螺仪平台中安装有两套快速起动系统，以便在系统刚上电或飞机机动飞行结束后能控制平台快速到达地平面的位置。

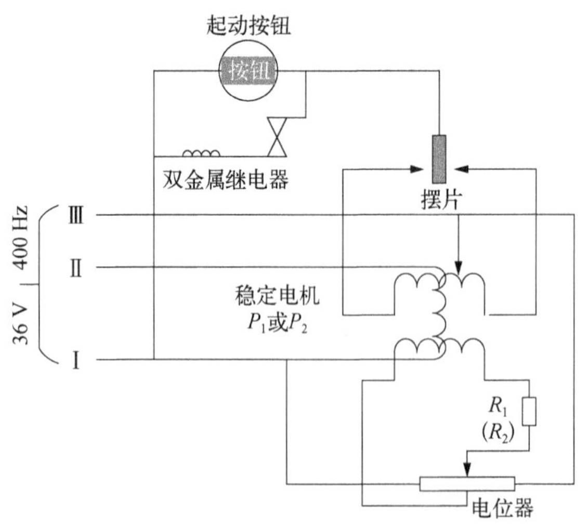

图 5-8 快速起动系统原理电路

快速起动系统由机械摆片和稳定电机组成。其工作原理如图 5-8 所示。两个机械摆片安装在平台上，摆Ⅰ感受平台台体绕外支架轴的偏离，摆Ⅱ感受平台台体绕内支架轴的偏离，当平台台体绕支架轴偏离水平面的角度大于 2°时，摆片接通相应的快速起动系统，稳定电机控制平台台体迅速到达水平面位置。

起动电路中，Ⅰ相交流电一方面经双金属继电器的触点加到起动摆片上，另一方面也可以通过按下的“起动按钮”加到摆片上，起动摆片的两个触点分别接到稳定电机的起动绕组两端，再从起动绕组的中间抽头与Ⅲ相交流电相连。当平台台体偏离水平面的角度小于 2°时，起动摆片无法接通起动电路，起动系统不工作。当平台台体某个方向偏离水平面的角度大于 2°时，则相应的起动摆片就接通稳定电机的起动绕组，产生很大的起动力矩。例如，平台绕外支架轴相对水平面向左偏离的角度大于 2°，则起动摆Ⅰ的摆片接通外支架轴稳定电机的起动绕组，外支架轴的纵向稳定电机产生矢量方向向前的起动力矩。开始时，起动力矩使上陀螺产生矢量向左的进动，上陀螺的进动通过进动角传感器（Ⅰ）又使纵向稳定电机产生与起动力矩方向相反的稳定力矩，但稳定电机产生稳定力矩的线圈通过电位器端的电压差获得电流，稳定力矩的大小远小于起动力矩。上陀螺继续保持矢量向左的进动。由于空间位置的限制，上陀螺只有 5°的进动范围，所以在起动力矩的作用下，上陀螺很快进动到极限位置而被迫停止进动。由于此时起动力矩仍远大于稳定力矩，上陀螺进动停止后，在稳定电机剩余力矩（起动力矩与稳定力矩之差）的作用下，上陀螺带动整个平台绕内支架轴向前运动，这相当于在内支架轴施加了一个企图带动平台绕内支架轴向前运动的干扰力矩，下陀螺感受到该力矩信号，产生稳定力矩抑制这种运动，在平台内支架轴上达到力矩平衡，因此，平台实际上并不绕内支架轴进动，而是像普通物体一样，在纵向稳定电机剩余力矩的作用下迅速绕外支架轴沿减小偏离角的方向转动。当平台的偏离角小于 2°时，起动摆片断开纵向起动电路，起动力矩消失。上陀螺在修正力矩的作用下返回水平位置。同时，随着五极点液体摆输出信号的逐渐减小，修正力矩逐渐减小，直至平台回到水平位置，修正力矩为零。

双金属继电器是为了在起动电路接通一段时间后（平台足以回到偏离角 2°以内）自动切断起动电路。双金属继电器由两片不同热膨胀系数的金属接触片和一个加温线圈组成。通电后，加温线圈发热，两金属片随着温度的升高而膨胀，由于膨胀系数不同，双金属接触片慢慢向下弯曲，直至断开起动电路。

5.2.3　三轴陀螺稳定平台

三轴陀螺稳定平台用于模拟空间坐标系，需要平台具有三个轴，并按照不同的要求保持稳定或变化，即平台不能受载体运动和干扰力矩的影响。

三轴陀螺稳定平台通常有三套稳定系统和三套指令控制系统。稳定系统能够在平台三个稳定轴上有干扰力矩的时候产生稳定力矩来抵消干扰力矩，确保平台在受到干扰力矩的作用时仍能相对惯性空间保持稳定；指令控制系统能够确保平台在指令角速率的控制下，按照要求的规律转动，从而跟踪某一参考坐标系。

如果平台的指令控制系统中有水平修正系统和方位修正系统，就可以使平台在跟踪水平面的同时跟踪当地子午线的变化，即模拟地理坐标系。这样，平台就可以测量飞机的俯仰角、倾斜角和航向角。高精度的三轴陀螺稳定平台可以隔离飞机的角运动，为加速度计提供一个精确的测量基准，三轴陀螺稳定平台是平台式惯性导航系统的主要基础部件。

如前述的单轴陀螺稳定平台和双轴陀螺稳定平台，三轴陀螺稳定平台可以利用二自由度陀螺或三自由度陀螺来实现。由于三轴陀螺稳定平台要控制三个平台轴，因此，如果用二自由度陀螺来实现三轴平台，需要三个二自由度陀螺（图 5－9），而如果用三自由度陀螺来实现，则只需要两个三自由度陀螺（图 5－10）。

下面以利用二自由度陀螺实现模拟地理坐标系的三轴陀螺稳定平台(图5-9)为例分析三轴稳定平台的工作原理。该平台包括三个二自由度陀螺,其中陀螺Ⅰ和陀螺Ⅱ的内框轴垂直于平台台面,内框平面分别与平台的纵向轴和横向轴垂直,两个自转轴互相垂直,陀螺Ⅲ的内框轴平行于台面(垂直于平台方位轴);三个信号器用于检测二自由度陀螺进动角的大小和方向;三个稳定电机用于产生沿平台轴的稳定力矩来抵消外部干扰力矩;三个控制电机与陀螺内框轴相连接收控制指令,用于产生沿二自由度陀螺内框轴的控制力矩。模拟地理坐标系的三轴陀螺稳定平台包含三个控制回路、两个水平修正回路和一个方位修正回路。

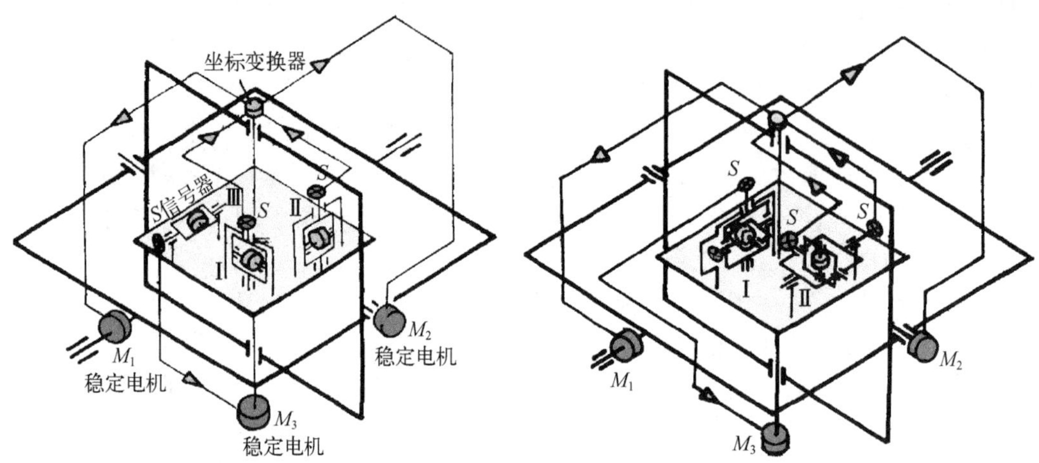

图5-9 基于二自由度陀螺的三轴稳定平台　　图5-10 基于三自由度陀螺的三轴稳定平台

1. 稳定回路

当平台受到沿方位轴方向的干扰力矩作用时,根据陀螺特性,陀螺Ⅲ进动,其信号器输出进动角信号,经放大器放大送到稳定电机 M_3,稳定电机 M_3 产生稳定力矩来平衡干扰力矩,使平台保持方位轴的稳定,其工作原理与单轴稳定平台的完全相同。

如图5-11所示,水平稳定回路中,当飞机航向为0°时,陀螺Ⅰ感受平台纵向稳定轴上的干扰力矩,输出信号给纵向稳定电机 M_1 产生稳定力矩;陀螺Ⅱ感受横向稳定轴上的干扰力矩,输出信号给横向稳定电机 M_2 来产生稳定力矩。此时稳定电机产生的稳定力矩与干扰力矩在同一个轴上,方向相反,稳定系统工作正常。但由于二自由度陀螺是装在平台台面上而稳定电机装在平台轴上,当飞机航向改变时,平台台面在控制指令的作用下保持原来的方位不变,陀螺Ⅰ、Ⅱ的测量轴方向不变,依然感受其自转轴与内框轴平面的垂直方向的干扰力矩并输出信号。但平台的纵向、横向稳定轴及其稳定电机在飞机的带动下绕平台的方位轴转过 ψ 角,稳定电机产生的稳定力矩方向随之改变。如果此时陀螺Ⅰ、Ⅱ进动角传感器的信号还是直接发送给纵向、横向稳定电机,会造成陀螺Ⅰ不感受纵向稳定轴上的干扰力矩,但却控制纵向稳定电机产生沿平台纵向轴的稳定力矩,陀螺Ⅱ不感受横向稳定轴上的干扰力矩,却控制横向稳定电机产生横向稳定力矩的情况,即传感器所在的坐标系与执行机构所在的坐标系不一致,出现信号的耦合问题。这种情况下,稳定力矩无法正确抵消干扰力矩。因此,需要一个坐标转换设备对二者进行解耦,实现这个功能的设备是坐标变换器(也称为稳定信号分配器)。

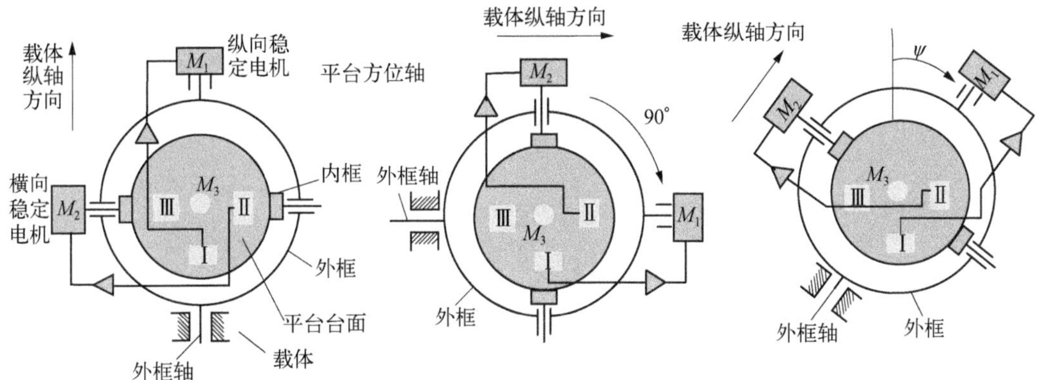

图 5-11　三轴稳定平台水平信号的耦合

稳定信号分配器实质上是一个旋转变压器，包括定子绕组和转子绕组。如图 5-12 所示，定子绕组Ⅲ、Ⅳ相互垂直固定在平台的内框架上，飞机航向变化时，定子绕组随飞机绕平台方位轴转动，其中绕组Ⅲ与纵向稳定电机相连，绕组Ⅳ与横向稳定电机相连。转子绕组Ⅰ、Ⅱ相互垂直，固定在平台方位轴上，绕组Ⅰ接收陀螺Ⅰ进动角传感器输出的信号，绕组Ⅱ接收陀螺Ⅱ进动角传感器输出的信号。

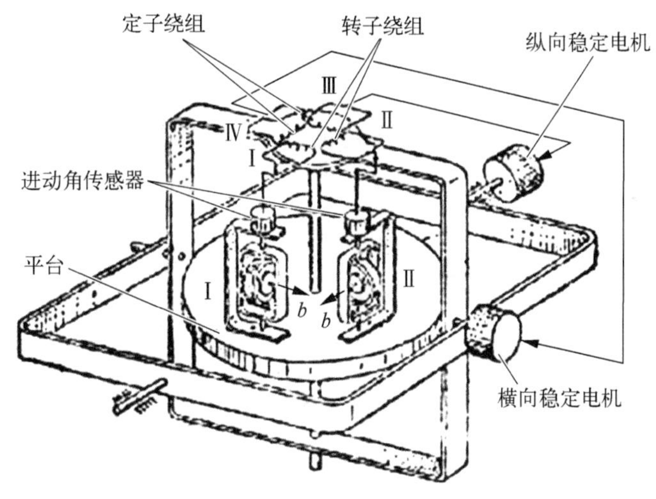

图 5-12　三轴稳定平台信号分配

加装稳定信号分配器的三轴陀螺稳定平台的工作原理如图 5-13 所示。当飞机航向角 ψ 不为零时，陀螺Ⅰ、Ⅱ感受的信号首先进入稳定信号分配器，稳定信号分配器通过电磁感应原理，将陀螺感应的信号进行分配变换，发送给正确的稳定电机，确保平台纵向稳定轴的干扰力矩仍旧由纵向稳定电机产生的稳定力矩来抵消，横向稳定轴所受到的干扰力矩由横向稳定电机产生的稳定力矩来抵消，由此实现水平稳定回路耦合的解耦问题。

当飞机航向为0°时，纵向干扰力矩完全被陀螺Ⅰ感受到，陀螺Ⅰ的进动角传感器将信号发送给转子绕组Ⅰ，转子绕组Ⅰ中的电流在定子绕组Ⅲ中产生感应电势，进动信号就通过稳定信号分配器发送给纵向稳定电机，纵向稳定电机产生稳定力矩来抵消干扰力矩。

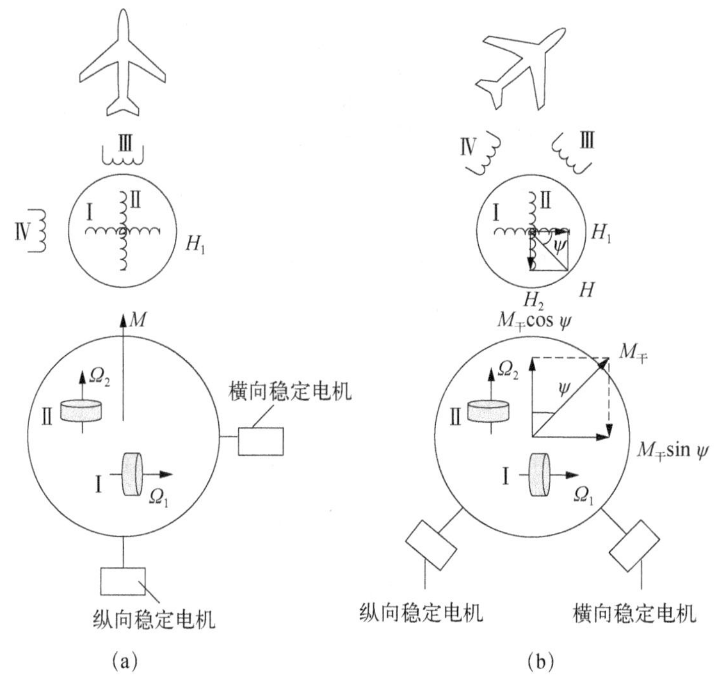

图 5－13　三轴稳定平台信号稳定分配

当飞机航向角不为零时，同样的纵向干扰力矩，Ⅰ、Ⅱ号陀螺可以分别感受到干扰力矩在其测量轴上的分量，两个陀螺同时进动，相应的进动角传感器分别输出信号到Ⅰ、Ⅱ号转子绕组，如图 5－13(b)中所示，稳定信号分配器转子绕组形成两个磁场信号，大小分别为

$$H_1 = KM_{干} \cdot \cos\psi$$

$$H_2 = KM_{干} \cdot \sin\psi$$

两个磁场信号合成磁场的大小为

$$H = \sqrt{H_1^2 + H_2^2} = \sqrt{(KM_{干} \cdot \cos\psi)^2 + (KM_{干} \cdot \sin\psi)^2} = KM_{干}$$

信号方向为

$$\operatorname{arctg}\frac{H_2}{H_1} = \operatorname{arctg}\frac{\sin\psi}{\cos\psi} = \operatorname{arctg}(\operatorname{tg}\psi) = \psi$$

可见，合成磁场信号方向与飞机航向完全一致，相当于该信号随飞机一起转过了 ψ 角。由于定子绕组Ⅲ和Ⅳ也随飞机转过了 ψ 角，合成磁场 H 方向与定子绕组Ⅲ平行，与定子绕组Ⅳ垂直，根据电磁感应原理，该合成磁场信号会在旋转变压器的Ⅲ号定子线圈中产生与干扰力矩呈正比的感应电势，而在Ⅳ线圈中没有感应电势产生。感应电势信号驱动与Ⅲ号定子线圈相连的纵向稳定电机，使其沿平台纵向稳定轴产生与干扰力矩方向相反的稳定力矩来抵消干扰力矩。而Ⅳ线圈对应的横向稳定电机不会产生任何稳定力矩。

可以看出，当干扰力矩作用于平台纵向轴时，旋转变压器转子绕组的合成磁场大小不变，方向随飞机航向的改变而改变，改变的角度与航向变化角相同，因而转子绕组的合成磁场与两个定子绕组的相对角位置不随飞机航向的变化而变化，保证在任何航向下都由纵向稳定电机产生稳定力矩来抵消纵向干扰力矩。

同理，当平台横向轴有干扰力矩作用时，旋转变压器也可以保证由横向稳定电机产生稳定力矩来抵消干扰力矩，而纵向稳定电机不会产生力矩，实现信号的解耦。

当平台两个水平轴同时受到干扰力矩时，陀螺Ⅰ、Ⅱ同时出现进动，两个进动角传感器输出信号到转子绕组Ⅰ和Ⅱ中，产生相应的磁场，经稳定信号分配器分配后，分别控制纵向稳定电机和横向稳定电机产生相应的稳定力矩来抵消干扰力矩。

2. 控制回路

三轴稳定平台的控制回路包含两个水平修正回路和一个方位修正回路。水平修正回路的基本原理与双轴陀螺稳定平台的水平修正回路相同，可以利用液体摆来感受平台台面的不水平，将偏离信号分别送给纵向和横向修正电机，产生作用到陀螺Ⅰ和Ⅱ内框轴上的修正力矩，使平台绕纵向轴或横向轴进动到水平的位置。但这种水平修正的精度较低，且为防止错误修正，在飞机盘旋转弯或加减速时水平修正会被切断，因此，在要求高精度坐标基准的惯性导航系统中，不能用这种方法进行水平修正，而必须根据舒勒原理，利用积分修正法来进行修正。

方位修正系统可由外部方位传感器、平台方位角传感器、陀螺Ⅲ及方位修正电机组成。当平台方位与外部方位不一致时，通过方位修正电机给陀螺Ⅲ内框轴施加指令信号，控制平台绕方位轴进动到相应的方位角。

由三自由度陀螺组成的三轴陀螺稳定平台的工作原理与由二自由度陀螺组成的稳定平台原理相似，此处不再赘述。

5.2.3.1　舒勒原理

为确保导航计算精度，通常要求惯导平台的水平精度保持在几角秒之内，利用液体摆实现平台水平修正的方法显然无法满足要求，必须采用新的水平修正方案。基于舒勒原理的积分修正法可以控制平台达到很高的水平精度。

舒勒原理是德国物理学家舒勒在 1923 年提出的，它假设有一个质量为 m，摆长为地球半径 R 的单摆，如果这个摆的初始状态稳定在地垂线方向，则不管它的悬挂点以什么样的加速度运动，摆线始终保持在当地地垂线方向上，即摆始终垂直于当地水平面。这个摆就是舒勒摆，其运动周期为 84.4 min。下面分析舒勒摆的原理。

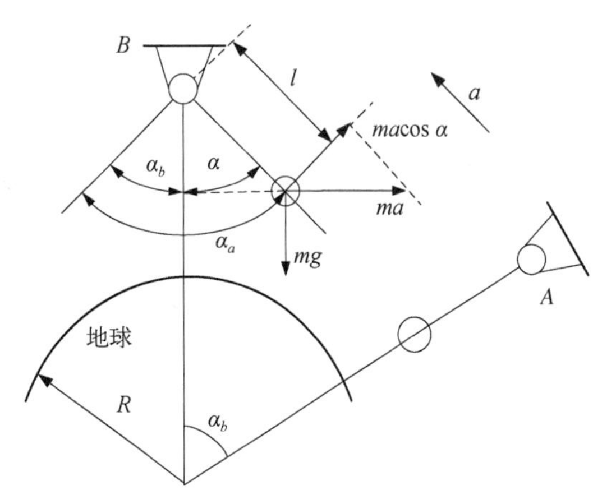

图 5－14　舒勒原理

假设飞机的起始位置在 A 点，以线加速度 a 运动到 B 点。在飞机上悬挂一个单摆，摆的质量为 m，摆长为 l，如图 5－14 所示。

通常情况下，静止的单摆能准确地指示出当地地垂线的方向，但悬挂点水平加速运动会导致摆线偏离地垂线,且加速度越大,偏离的角度越大。但摆长越长,偏离的角度通常越小。假设单摆由 A 点运动到 B 点时,地垂线变化的角度为 α_b,单摆在惯性力矩的作用下,相对初始位置偏离 α_a 角,α_a 和 α_b 之间的误差角为 α,α 为单摆由 A 点运动到 B 点时,相对于地垂线的偏离。则可得如下关系式:

$$\alpha_a = \alpha_b + \alpha \tag{5-3}$$

同时可得角加速度之间的关系为

$$\ddot{\alpha}_a = \ddot{\alpha}_b + \ddot{\alpha} \tag{5-4}$$

其中,地垂线的运动方程

$$\ddot{\alpha}_b = \frac{a}{R} \tag{5-5}$$

根据转动定律,该单摆的运动方程为

$$J\ddot{\alpha}_a = mal\cos\alpha - mgl\sin\alpha \tag{5-6}$$

当 α 很小时,可近似认为 $\cos\alpha \approx 1$, $\sin\alpha \approx \alpha$, 则式(5-6)可简化为

$$J(\ddot{\alpha}_b + \ddot{\alpha}) = mal - mgl\alpha \tag{5-7}$$

将式(5-5)代入式(5-7)可得

$$\ddot{\alpha} + \frac{mgl}{J}\alpha = \left(\frac{ml}{J} - \frac{1}{R}\right)a \tag{5-8}$$

若使单摆满足 $\frac{ml}{J} = \frac{1}{R}$,则误差角 α 与加速度 a 无关。由于单摆的转动惯量 $J = ml^2$,即 $l = R$,摆长等于地球半径时,单摆偏离地垂线的角度 α 与悬挂点的加速度无关。

$$\ddot{\alpha} + \frac{mgl}{J}\alpha = 0 \tag{5-9}$$

上述微分方程的解为

$$\alpha(t) = \alpha_0 \cdot \cos\omega_s t + \frac{\dot{\alpha}_0}{\omega_s} \cdot \sin\omega_s t \tag{5-10}$$

其中,$\omega_s = \sqrt{\frac{g}{R}}$,为单摆的角速率。若 $\alpha_0 = 0$, $\dot{\alpha}_0 = 0$,则 $\alpha(t) = 0$。说明如果摆线相对地垂线的初始偏离角和初始偏离角速度为零,则当单摆由 A 运动到 B 点时,不管悬挂点的加速度 a 为多大,摆线始终稳定在地垂线方向。如果有初始偏离角和初始偏离角速度,则摆线绕地垂线做等幅振荡。振荡周期为

$$T = 2\pi\sqrt{R/g} = 84.4\ \text{min}$$

物理上要实现一个摆长等于地球半径的单摆是不可能的,但舒勒原理的思想可以应用到平台的水平修正中,这就是平台的积分修正法。

5.2.3.2 积分修正法

惯导平台的水平修正通过控制平台的两个轴来实现。积分修正法利用舒勒原理来控制平台的轴,使其对应的轴向保持在水平面内。

以平台沿子午线北方向的水平控制为例(如图5-15所示),设有一个单轴平台被飞机带动沿子午线由A点运动到B点,单轴平台由二自由度陀螺、信号器、力矩器、修正电机、减速器、平台和平台轴组成。同时,平台上放置一个北向的线加速度计来测量飞机沿子午线方向的线加速度。

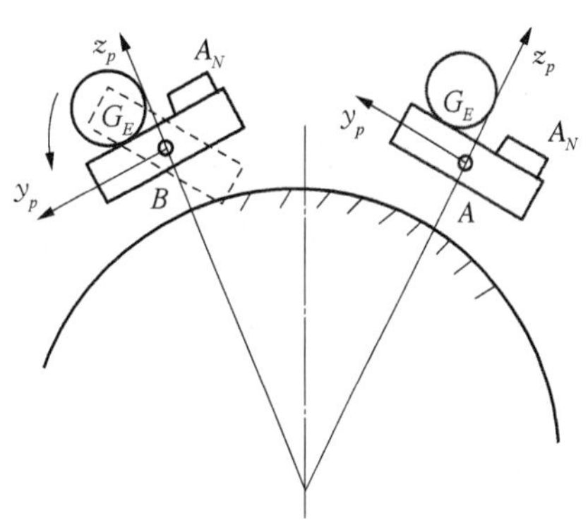

图5-15 惯导平台单轴调水平示例

假设在A点时,惯导平台已经调整到当地的水平面,则运动到B点后,为使平台仍保持在水平面内,平台需要做两种运动:一种是由A点到B点的平动,这种情况下,由平台的稳定系统保持平台与初始位置的方位一致;另一种是绕平台轴的转动,由平台的修正回路控制平台绕其轴转过一个地垂线变化角。给东向陀螺施加修正力矩,使平台绕东向轴转动,转动到B点的水平位置。

由舒勒原理可知,如果修正回路能控制平台转动的角加速度$\ddot{\alpha}_a$,并使其等于地垂线变化的角加速度$\ddot{\alpha}_b$,则最终能使平台转过的角度恰好等于飞机由A点运动到B点地垂线的变化角:

$$\ddot{\alpha}_a = \ddot{\alpha}_b = \frac{a}{R} \tag{5-11}$$

$\ddot{\alpha}_a$经二次积分可得到平台应该转过的角度:

$$\alpha_a = \iint \ddot{\alpha}_a \mathrm{d}t\mathrm{d}t = \iint \frac{a}{R}\mathrm{d}t\mathrm{d}t \tag{5-12}$$

如图5-16所示,积分修正法利用安装在平台上的北向线加速度计和东向陀螺组成的伺服回路实现。北向加速度计测量平台沿子午线方向的加速度,该加速度经过积分器的积分可得运动速度,速度除以地球半径(或地球半径加飞机高度)得到地垂线沿该方向变化的角速度,该角速度信号作为指令信号施加到东向陀螺内框轴上的修正电机,修正电机产生相应的力矩使平台绕平台轴产生进动,进动角速度的大小等于地垂线变化角速度,进动方向与地垂线变化方向一致,则平台转过的角α_b与地垂线变化角α_a相等,平台就可以精准地跟踪地垂线的变化。平台的修正指令利用加速度信号的积分获得,故称为积分修正法。

图5-17为单轴惯导平台修正的控制伺服回路,图中最上一个支路实现$\alpha_b = \iint \frac{a}{R}\mathrm{d}t\mathrm{d}t$,是平台由$A$点运动到$B$点的地垂线变化角。中间一条支路为平台的控制回路,$K_A$为北向加速度计的比例因子,$K_u$为第一积分器的比例因子,$1/R$为除法器,除法器输出的信号作为指令信号发送给东向陀螺的修正电机,电机的比例因子为K_m,在修正力矩的作用下控制平台绕平台轴进动,平台轴进动环节的传递函数为$1/HS$,其中H为陀螺的角

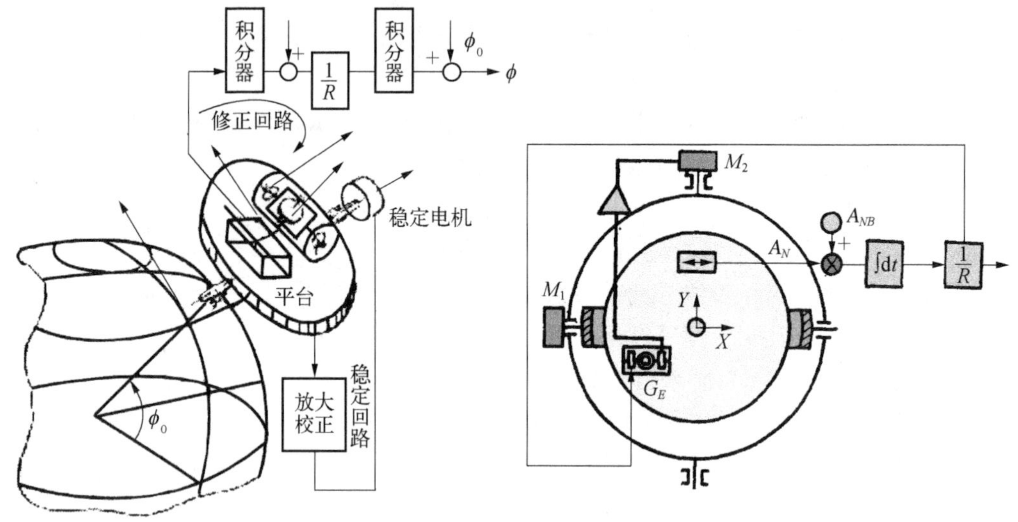

图 5－16 单轴惯导平台的控制

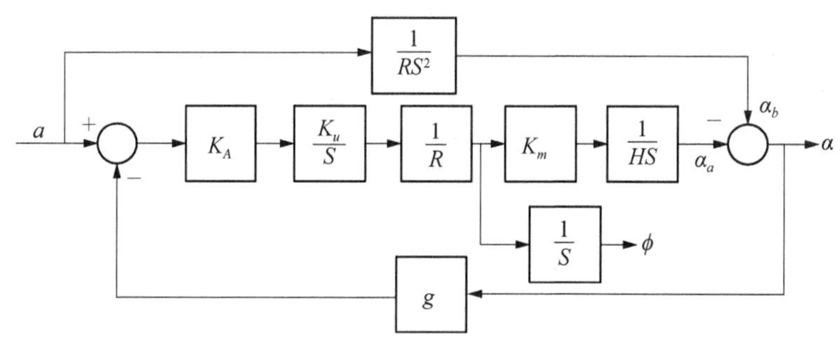

图 5－17 单轴惯导平台修正回路

动量,平台转过的角度为 α_a, 中间支路总的信号传递关系为

$$\alpha_a = K_A \cdot \frac{K_u}{S} \cdot \frac{1}{R} \cdot K_m \cdot \frac{1}{HS} \cdot a = \frac{K_A K_u K_m}{HRS^2} \cdot a$$

要实现 $\alpha_b = \alpha_a$, 则要求 $\frac{1}{R} = \frac{K_A K_u K_m}{HR}$, 即 $\frac{K_A K_u K_m}{H} = 1$。

反馈环节 g 是当平台不水平(有误差角)时,加速度计会同时感受到重力加速度在该方向的分量,作为平台闭环回路的负反馈信号。

可见,平台误差角不受加速度的影响,只要在系统设计时适当选取 K_A、K_u、K_m 及 H,即可实现平台的精确水平控制。如果有初始偏离角或初始偏离角速度,则平台绕水平面做舒勒振荡。满足上述条件的平台系统的振荡周期为 84.4 min。

要实现惯导平台对水平面的跟踪,需要控制两个轴向,另一个轴向的水平修正原理与上述相同,此处不再赘述。利用积分修正法实现的平台水平控制不受飞机加速度的影响,能使平台台面精确地保持在水平内。

5.3　惯导传感器

惯导系统使用陀螺和加速度计作为惯性传感器或惯性元件。作为惯导系统的基础元件，惯导系统对惯性传感器有下列要求。

(1) 精度高。陀螺仪的精度指标主要是漂移角速度。所谓漂移是指陀螺工作后，在不受其他外界干扰的情况下，自转轴偏离初始位置的速度。它主要是由于制造工艺和技术所引起的轴承摩擦力矩，陀螺重心与支点不重合所引起的不平衡力矩，引线和输电装置的摩擦和弹性力矩等干扰力矩导致陀螺进动所造成的。中等精度的惯导系统要求陀螺的漂移不大于 0.01°/h。

(2) 灵敏限小。灵敏限为传感器所能感受的最小值，陀螺的工作角度通常在角分、角秒的级别。

(3) 摩擦力矩小。机电结构传感器轴承间的摩擦力矩会直接影响到传感器的灵敏限。惯导用加速度计转轴上的摩擦力矩必须控制在 9.8×10^{-9} N · m 以内。

(4) 量程大。量程是指测量参数的最大值和最小值之间的范围，惯导传感器的测量范围要求很大。如捷联惯导要求陀螺的角速度测量范围为 0.001°/h～400°/s，飞机上的加速度计的测量范围为 $10^{-5}g\sim6g$，最大可达 $12g$ 甚至 $20g$。

另外，惯导级传感器的标度系数要有很高的线性度和稳定度，适应复杂的工作环境，抗振动和冲击的能力要强，可靠性要高。

为适应惯导级传感器的需求，出现了各种新型的陀螺和加速度计，如激光陀螺、光纤陀螺等。与传统的陀螺相比，它们的实现原理发生了根本性的变化。

5.3.1　加速度计

加速度计用来测量飞机的线加速度，输出与加速度呈比例的电信号供导航计算机使用。常用的加速度计包括挠性加速度计、摆式加速度计。

5.3.1.1　挠性加速度计

挠性加速度计是飞机惯导系统主用的加速度计，利用质量块来敏感飞机加速度，并通过反馈系统使质量块维持在零位附近，如图 5－18 所示。检测质量块上绕有力矩器线圈，两端固定两个永久磁铁，它们与力矩器线圈构成动圈式力矩器。用磁钢表面和检测质量块两端构成测量电容器。

当沿输入轴方向有加速度时，惯性力作用在质量块上使其偏离中心位置，此时，质量块两端测量电容的间隙发生变化，从而使两个电容器的电容值发生变化。电容的变化造成检测电桥不平衡，输出电压信号，电压的大小及相位反映了质量块偏离的大小及方向，该信号经放大、解调、校正和直流功率放大，最后送至力矩器线圈，产生电磁力矩来使质量块回中。力矩线圈电路中串联一个采样电阻，取其电压值就可获得加速度计的输出信号。由于回路的放大系数可设计得很大，因而质量块的实际偏离可以很小。

5.3.1.2　摆式加速度计

摆式加速度计利用力矩平衡原理来测量加速度，一般包括敏感元件（重锤）、平衡弹

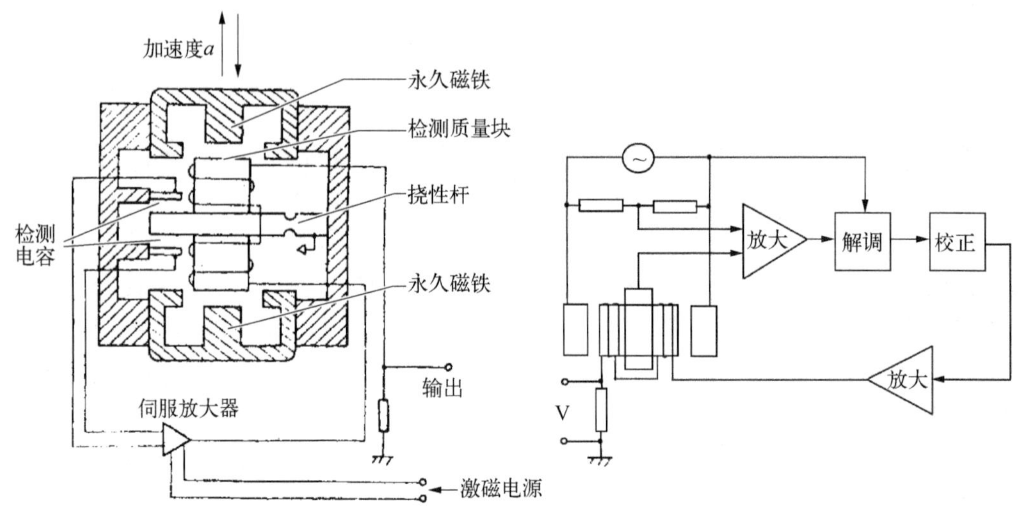

图 5-18　挠性加速度计原理图

簧、输出或显示装置，其工作原理如图 5-19 所示。质量为 m 的重锤用臂长为 l 的摆杆挂在转轴上，转轴两端用轴承支撑在加速度计壳体上。弹簧内端与转轴固联，外端与壳体固联，当转轴相对壳体转动时，可产生一个与转角 α 呈正比的扭转力矩，力矩的方向阻碍转轴的转动。

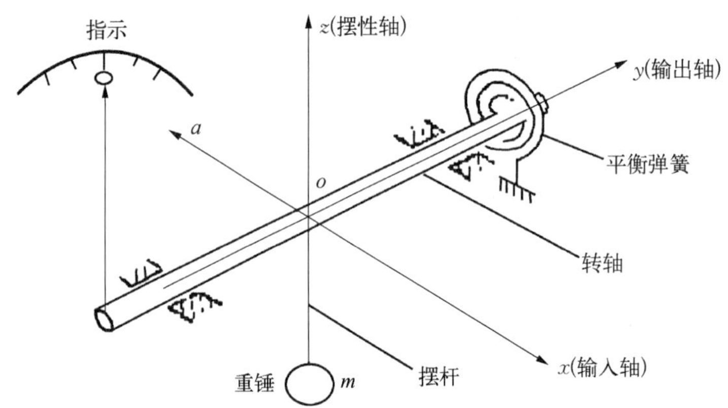

图 5-19　摆式加速度计原理

当飞机没有加速度时，摆锤仅受重力作用，摆杆沿重力方向，转轴转角为零，弹簧不产生力矩，加速度计处于初始位置。

当飞机沿转轴的垂直方向(x 轴方向)加速时，摆锤受到加速度引起的惯性力的作用，绕转轴转动，偏离初始位置。而弹簧的弹性力矩及摆锤的重力力矩则企图使摆锤回到初始状态，当力矩达到平衡状态时，摆锤停在一定的位置。假设加速度为 a，摆锤的转角为 α，则力矩平衡关系如下：

$$mal\cos\alpha = k\alpha + mgl\sin\alpha \tag{5-13}$$

当 α 很小时，$\cos\alpha \approx 1$，$\sin\alpha \approx \alpha$，式(5-13)可近似为

$$mal = k\alpha + mgl\alpha$$

$$\alpha = \frac{ml}{k + mgl}a \tag{5-14}$$

可见，只要测出摆锤的转角 α，就可以转换成被测加速度。需要注意的是，这种关系是在转角很小的情况下得到的。因此，为保证测量的准确性，摆式加速度计通常需要保证无论在多大的加速度下，转轴的转角 α 都应该足够小。

为实现转角足够小，摆式加速度计通常有两种结构：一种是用弹性扭杆产生弹性力矩的摆式加速度计，另一种是用力矩器产生平衡力矩的摆式加速度计。二者均为液浮摆式加速度计。

具有弹性扭杆的液浮摆式加速度计如图 5－20 所示，由重锤、浮筒、弹性扭杆、输出传感器、宝石轴承、密封壳体等组成。空心圆筒将重锤密封，称为浮筒，浮筒的一端用轴尖支撑在宝石轴承中，另一端用弹性扭杆与壳体相连，弹性扭杆可以产生恢复力矩。浮筒与壳体之间充满液体，产生的浮力将浮筒组件浮起，减小轴承间的摩擦力矩，提高了加速度计的测量精度。同时，液体可以对浮筒产生阻尼，提高加速度计的稳定性，减小动态误差。

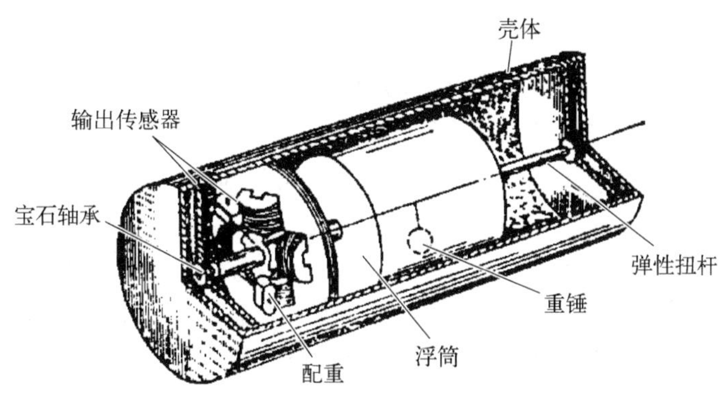

图 5－20　具有弹性扭杆的液浮摆式加速度计

输出传感器用来感受浮筒组件转过的角度，并将其变为电信号输出，通常采用微动同步器，其静转子之间没有直接的机械接触，只有电磁耦合，可以减少加速度计轴上的摩擦力矩。

具有平衡回路的液浮摆式加速度计与弹性扭杆式液浮摆式加速度计基本相同，只是用力矩器来取代弹性扭杆。力矩器类似微动同步器。当加速度计感受到加速度时，信号器输出电信号，经过放大器放大后发送给力矩器线圈，力矩器产生与之呈正比的力矩，该力矩用来平衡重锤产生的惯性力矩。

$$ma \cdot l \cdot \cos\alpha = k_m \cdot k_i \cdot k_s \cdot \alpha \tag{5-15}$$

当 α 很小时，$\cos\alpha \approx 1$，有

$$\alpha = \frac{ml}{k_m \cdot k_i \cdot k_s} \cdot a \tag{5-16}$$

由此可见，只要放大器的放大系数足够大，就可以满足 α 很小的需求。具有反馈系统的液浮摆式加速度计精度高，技术成熟，结构精细，应用比较广泛。

5.3.1.3　其他加速度计

静电加速度计(图 5-21)利用一个空心或实心的转子,将其悬浮在密闭真空壳体中来测加速度。静电加速度计包括支承电极、定中线圈、光电检测装置、抽真空系统及壳体等。支承电极系统由转子周围的三个互相垂直的高压电极组成,支承电极做成半球形,球形转子与球面电极之间的间隙很小,当电极加上高压后,球悬浮在中心位置。

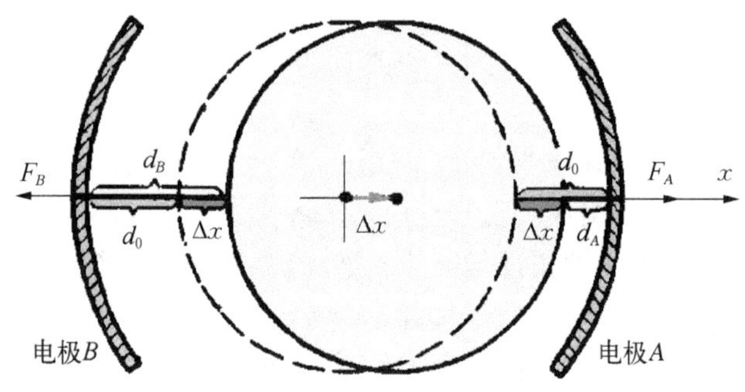

图 5-21　静电加速度计原理

当有加速度时,中心浮球由于惯性力的原因偏离中心位置,与支承电极之间的气隙发生变化,支承系统感受到这种变化,变换成电压信号,经放大器的放大,控制支承电源电压,改变支承力,使转子球"回中"。这时,支承电压与加速度呈对应关系,只要测得支承电压就可以推算出加速度的方向和大小。

5.3.1.4　加速度计的误差

由于各种复杂原因,加速度计的实际输入输出关系与数学推导的理想关系之间会出现偏离,这就是加速度计的误差。加速度计的误差主要有信号死区、比例因子不稳定、零点漂移三类。

(1) 信号死区。当被测加速度的绝对值小于传感器阈值时,加速度计没有输出信号,这种现象是由于加速度计存在信号死区或非灵敏区。摆式加速度计中,信号死区主要是由轴承之间的摩擦力矩造成的,而挠性加速度计中是由弹性力矩造成的。可以通过改善加速度计的轴承接触,使用无接触信号检测、力矩器反馈电路或利用液浮技术等来减小加速度计的摩擦力矩,从而减小信号死区。

(2) 比例因子不稳定。比例因子不稳定指的是传感器输入输出关系的非线性。理想情况下,加速度计的输出信号与所测加速度呈正比关系,但由于各种原因,会导致二者之间关系的非线性。如在输入输出关系推导中,利用转角较小进行了近似假设;弹簧或扭杆的弹性系数受温度影响会发生微小变化等。要保持比例因子的稳定,应尽可能将加速度计的转角控制在较小的范围内,或采用温度补偿等措施。

(3) 零点漂移。零点漂移是指没有加速度时,加速度计有输出信号。引起这种现象的原因有多种,如振动、轴承间的摩擦力矩等。消除零点漂移误差的办法包括利用阻尼液来形成阻尼,减小摩擦力矩等。

另外,加速度计装载到飞机上时,由于安装等原因,还可能会出现耦合误差。

5.3.2　惯导用陀螺仪

传统的机电式陀螺主要应用在平台式惯导中，用于控制平台跟踪相应的坐标系。捷联式惯导中取消了机电平台，陀螺主要用于测量绕机体坐标系各轴的转动角速度，所使用的陀螺也改用精度更高、抗冲击能力更强的新型陀螺。这些新型陀螺包括激光陀螺、光纤陀螺、挠性陀螺及静电陀螺等。新型陀螺仪通常没有传统陀螺仪的转子和机械框架，将陀螺的概念广义化，将能够测量转动的装置都称为陀螺。

5.3.2.1　干涉仪式激光陀螺

激光陀螺结构简单，没有活动的机械转子，不存在摩擦，不受重力加速度的影响。其角速度测量范围为 0.01°/h ~ 1 000°/s，测量精度可达 0.001°/h。另外，激光陀螺能直接提供数字式输出，与数字式计算机连接方便；启动很快，可以说是瞬间启动，而机电陀螺一般需要几分钟的启动时间；工作可靠，寿命长，总成本不高。这些优点使得激光陀螺被广泛应用到惯导设备中。

激光是一种受激发射的光，它的英文名称为“LASER”(light amplification by stimulate emission of radiation)，意为“受激发射的辐射光放大”。1917 年，爱因斯坦预言受激辐射的存在和光放大的可能，建立了激光的基本理论。1954 年，高登(Gordon)和汤斯(Townes)根据爱因斯坦的理论制成了受激辐射光放大器，1960 年，梅曼(Maiman)制成了世界上第一台激光器——红宝石激光器。与普通的光相比，激光具有良好的单色性、相干性及方向性，且亮度高。

激光具有接近单值的频率，具有很好的单色性。目前制造激光陀螺的激光波长为 0.632 8 μm 和 1.15 μm 两种，处于光波波长范围，属于光波的一种。

相干性指的是一个激光器发出的各部分激光(一束光分为两束光)或两个激光器发出的激光之间实现干涉而产生明暗相间的干涉条纹。相干性通常用相干长度来表示，相干长度越长，相干性越好，激光的相干长度可达数百米甚至数千米。

激光在发射方向的空间内光能量高度集中，其亮度比普通光高千万倍，甚至亿万倍。且由于激光可以控制，可以使光能量不仅在空间上高度集中，同时在时间上也高度集中。激光在传播中发散的角度极小，一束激光射到 3.8×10^5 km 外的月球上，光圈的直径只有 2 km 左右。

激光直线传播性好，方向性强，能量集中，所以亮度相当高。太阳表面的亮度比蜡烛高 30 万倍，比白炽灯高几百倍。一台普通的激光器的输出亮度，比太阳表面的亮度高 10 亿倍。

物质的发光，总的来说是原子内部能量转换的结果。处于高能级的原子向低能级跃迁时可以发射光子。光子的发射有自发发射和受激发射两种，同时还伴有受激吸收的过程。

处于高能级的原子即使没有外界激励也总会自发地跃迁到低能级上，并发射光子，这是自发发射。如果处于高能级的原子受到合适能量的外来光子的刺激而跃迁到低能级并发射一个与外来光子一样的光子，这样就出现了两个光子，这是受激发射。受激发射是产生激光的重要基础。

处于低能级的原子受到合适能量的光子的照射时，吸收这种光子而跃迁到高能级的过程为受激吸收。

当处于高能级的原子数大于处于低能级的原子数时(粒子数反转分布),受激发射占优势,光在这种介质中传播时,光子数增加,光能得到增益,就有可能产生激光。由于产生激光的激光器可能存在各种损耗,如果损耗过大,则不能产生激光,只有增益大于损耗时,激光才能产生。目前常用的激光器有气体激光器、固体激光器和半导体激光器。

气体激光器使用气体工作介质,采用放电的方法,这种激光器介质增益好,均匀,腔长大,单模发散角,可达衍射极限 $10^{-3}\sim10^{-6}$ rad 量级。

固体激光器使用固体工作介质,采用强光照射的方法,这种激光器介质均匀性差,腔长短,激励不均匀,一般达 10^{-2} rad 量级。

半导体激光器使用半导体工作介质,采用注入大量电流的方法,这种激光器方向性最差,一般为 $(5\sim10)\times10^{-2}$ rad,且两个方向发散角不一样。

激光陀螺可分为两大类。一类是干涉仪式激光陀螺,它通过测量正、反两束光之间的相位差来测量基座的转动角速度。这种原始测量方案的精度很低,直到敏感相位差的新技术和多匝光纤的采用才又赋予这种陀螺以新的生命。另一类是谐振腔式激光陀螺,它把光路设计成闭合的谐振腔,使正、反光束在谐振状态下工作,通过测量正反光束的频率差来测量基座的角速度。

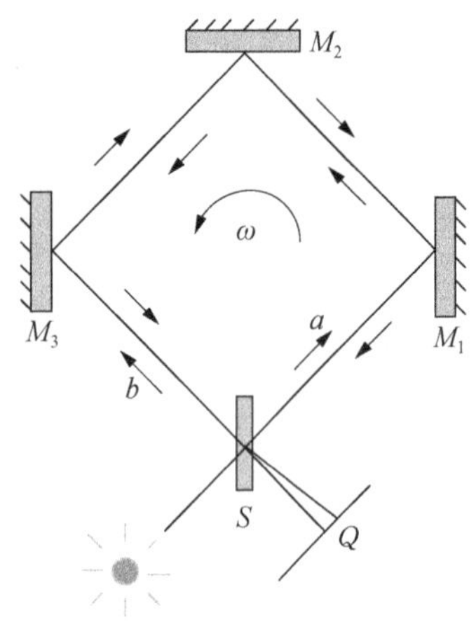

图 5-22　Sagnac 干涉仪工作原理图

激光陀螺的前身塞格纳克(Sagnac)环形干涉仪是由 Sagnac 于 1913 年提出的。如图 5-22 所示,它由三个反射镜、一个半透半反镜组成闭合光路,激光光源在环路外部。环路为正方形。光通过半透半反镜 S 入射,S 将光束分解成按顺时针与逆时针方向传播的两个光束 b 与 a,两束光经过光腔一周后在半透半反镜会合,在屏幕 Q 上形成干涉条纹。环形干涉仪的测量轴为干涉仪平面的垂直轴。

假如干涉仪相对惯性空间绕激光环路垂直轴没有转动,即转动角速度 $\omega=0$,则两个光束沿光腔传播的光程差为 $\Delta L=L_2-L_1=0$,这种情况下,干涉条纹稳定不动。

当干涉仪绕激光环路的垂直轴有转动时,即图中转动角速度 $\omega\neq0$,无论是顺时针转动还是逆时针转动,则两个光束沿光腔传播的光程差不为零,这种情况下,干涉条纹会产生移动。

以干涉仪沿逆时针方向以角速度 ω 转动为例,分析顺逆两束光的光程关系。

假设环路实际长度为 L,当干涉仪转动时,根据线速度与角速度之间的关系,可得分离点 S 的切向线速度为

$$v=\left(\frac{L}{4}\cos 45^\circ\right)\omega=\frac{L}{4\sqrt{2}}\omega \tag{5-17}$$

v 在分束点两侧光路的投影为

$$v_n=v\cos 45^\circ=\frac{L}{8}\omega \tag{5-18}$$

如图 5－22 所示，光束 a 逆时针传播，与干涉仪的转动方向相同，因此，当光束 a 回到分束点时，所用时间为 t_a，传播的光程为 L_a。

$$L_a = L + v_n t_a = L + \frac{L}{8}\omega \cdot t_a \tag{5-19}$$

$$t_a = L_a / c \tag{5-20}$$

将式（5－19）和式（5－20）联合求解方程组，可得

$$t_a = \frac{L}{c - L\omega/8} \tag{5-21}$$

$$L_a = \frac{L}{1 - L\omega/(8c)} \tag{5-22}$$

同样，由于光束 b 顺时针传播，与干涉仪转动方向相反，因此，当光束 b 回到分束点时，所用时间为 t_b，传播的光程为 L_b。

$$t_b = \frac{L}{c + L\omega/8} \tag{5-23}$$

$$L_b = \frac{L}{1 + L\omega/(8c)} \tag{5-24}$$

因此，两束光回到分束点时的光程差为

$$\Delta L = L_a - L_b = \frac{L^2\omega/(4c)}{1 - (L\omega)^2/(8c)^2} \tag{5-25}$$

考虑 c 远大于 $L\omega$，式（5－25）可近似为

$$\Delta L = \frac{L^2}{4c}\omega = \frac{4(L/4)^2}{c}\omega = \frac{4A}{c}\omega \tag{5-26}$$

可以看出，顺逆时针两束光的光程差与干涉仪转动的角速度呈正比，比例系数与光路的面积有关，该结论对其他形状的环路也同样成立。

根据上述原理，迈克耳孙做了一个测量地球自转角速度的实验。他利用一个矩形的干涉仪，面积 $A = 600 \times 300\ \text{m}^2$，光源的波长 $\lambda = 0.7\ \mu\text{m}$，根据地球自转角速度 $15°/\text{h} = 7.27 \times 10^{-5}\ \text{rad/s}$，可计算出光程差 $\Delta L = 0.175\ \mu\text{m}$，即 $\lambda/4$，干涉条纹只移动了 1/4 个条纹间距，根据惯导用陀螺测量 0.015°/h 角速度的需求，这种干涉仪的灵敏度太低，无法应用于惯导的角速度测量。因此，环形干涉仪很长时间内并未在惯导中得到应用。

由式（5－26）可知，如果 $4A/c$ 足够大，就可以利用干涉仪的原理测量转动角速度。20 世纪 80 年代，光纤技术的发展使得干涉仪又重新焕发了生机。光纤的出现使得干涉仪可以采用多匝光纤来组成环路，如匝数为 n，则相当于把光学环路的面积 A 增加了 n 倍，再结合精密相位测量技术，光纤陀螺问世了。光纤陀螺主要有两种：光纤干涉陀螺和光纤谐振陀螺。光纤干涉陀螺利用干涉仪原理工作，而光纤谐振陀螺利用谐振腔原理工作。

无源干涉仪式光纤陀螺如图 5－23 所示，由光导纤维构成环形光路，光束由外部光源

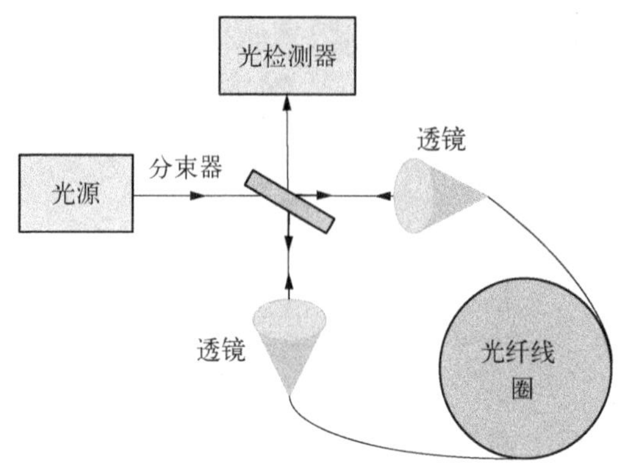

图 5-23 无源干涉仪式光纤陀螺

发出，通过分束器将光束分解成按顺时针和逆时针方向传播的两个光束。当基座沿光纤陀螺测量轴方向的转动角速度 $\omega_b=0$ 时，两个光束沿光纤传播的光程 L_1 和 L_2 是一样的，即光程差 $\Delta L=0$，这种情况下，干涉条纹不动。如果转动角速度 $\omega_b\neq 0$，则顺、逆时针光束的光程发生变化，一个增加，一个减少，出现光程差。干涉条纹发生变化，光检测器检测干涉条纹的变化，输出检测信号。

干涉条纹的相位差 $\Delta\varphi$ 为

$$\Delta\varphi=f_0\Delta t=\frac{4Af_0n}{c^2}\omega_b=K\omega_b$$

式中，$K=4Af_0n/c^2$ 为光纤陀螺的标度因数，或称灵敏度系数；f_0 为光的频率，对无源干涉仪式光纤陀螺来说，f_0 是不变的。

测量相位差 $\Delta\varphi$ 就可以得到基座转动角速度 ω_b。测量相位差 $\Delta\varphi$ 比测量光程差 ΔL 与时间差 Δt 要方便得多，也精确得多，但灵敏度比较低。

图 5-24 是开环干涉型光纤陀螺，激光器(LR)发出的激光被集成光器件(SL，包括分束波导、波导相位调制器和偏振器)分成两束光，分别从光纤线圈两端进入到光纤线圈，经过光路后从光纤线圈另一端导出，中间经过相位调制器(PM)调制，两束光经 SL 汇合，由检测器(D)接收，输出相应的电流，经相敏解调器(PSD)解调，得到正比于 $\Delta\varphi$ 的直流分量，即可测出转动角速度。

开环干涉型光纤陀螺存在明显的非线性，测量范围较小，且精度较低。

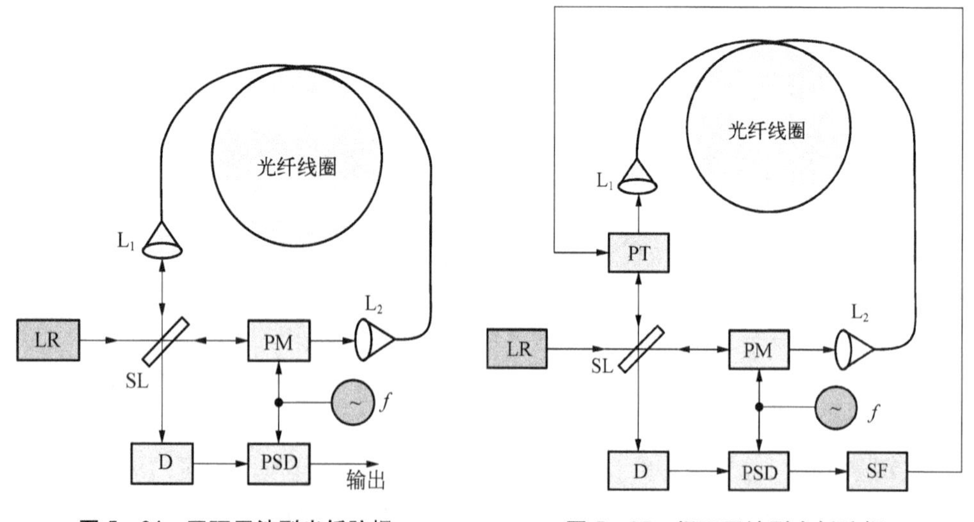

图 5-24 开环干涉型光纤陀螺　　图 5-25 闭环干涉型光纤陀螺

图 5-25 是闭环干涉型光纤陀螺，引入伺服放大器(SF)和相位变换器(PT)，构成闭

环系统。

检测器(D)的输出信号经 PSD 解调后,经 SF 放大,驱动相位变换器使其产生相移 $\Delta\theta$, $\Delta\theta$ 和 ω 产生的相移抵消 $\Delta\varphi$,使解调器的输出被控制在零位附近,PT 产生的相移 $\Delta\theta$ 作为光纤陀螺的输出。这样,闭环干涉型光纤陀螺的工作点就可以一直保持在线性度、灵敏度最高的位置。

5.3.2.2 谐振腔式激光陀螺

环形干涉仪的灵敏度不高,主要原因是环路不是谐振腔,光只能在这种环路中绕一圈。谐振腔的出现使得光可在腔内绕很多圈,产生谐振。谐振频率一定时,增益大于损耗。谐振腔中,激光光波的光程 L 是波长 λ 的整数倍 N,即 $\lambda = L/N$。因此,当谐振腔绕测量轴方向有转动角速度时,逆时针光束和顺时针光束的谐振频率出现差异,频率差与角速度有关,测量频率差就可以测得转动角速度。

相对干涉仪,激光陀螺从无源腔变为激光谐振腔,测量参数由光程差变为谐振频率差。激光陀螺的测量灵敏度比环形干涉仪大大提高。

谐振腔的结构包括激光管(光源)、反射镜以及光路。谐振腔内,介质受激从基态到高能态,形成粒子数反转分布,当光通过激活物质时获得增益,通过环形腔来获得足够大的增益。

1. 二频激光陀螺

如图 5-26 所示,二频激光陀螺主要由激光管及其供电电源、两个全反射镜、一个半透半反射镜及合光棱镜、光电检测器、频率计、可逆计数器和显示装置组成。

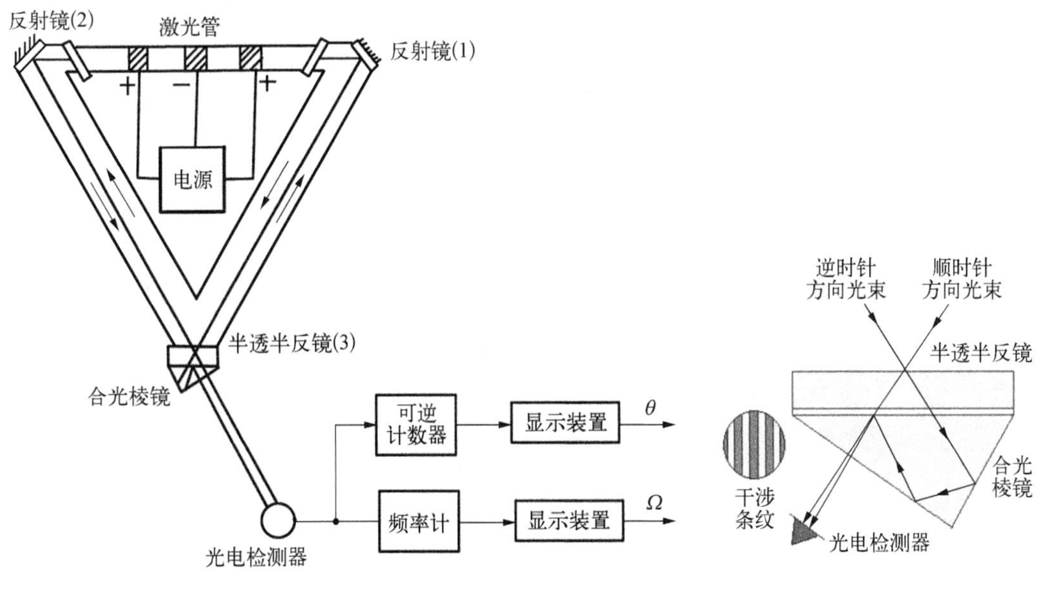

图 5-26 激光陀螺的基本组成

激光管用来产生激光,其内部主要是氦氖(He-Ne)的混合气体。当在激光管的阳极和阴极之间加上直流高压时,强电场激活管中的气体而产生激光。

激光陀螺管路中的反射镜是一种高反射率的多层介质平面膜片,它用真空镀膜法在石英晶片上交替镀上几十层金属膜,反射系数很高,对激光几乎全部反射。半透半反镜允许有少量的光透过,反射系数要求比全反射镜低一些。合光棱镜是使两束不同方向的光“合”到一起的光学元件。光电检测器采用光电二极管或光电三极管,把光信号变为电信号输出。频率计、计数器、显示装置用来记录、处理和显示光电元件输出的信号。

激光管上电后,发射顺、逆时针传播的激光,激光管右端发出的激光经反射镜(1)反射后,到达半透半反镜(3),被(3)反射到反射镜(2),从激光管左端返回激光管,形成顺时针传播的光环路。由激光管左端发出的激光经反射镜(2)、半透半反镜(3)、反射镜(1),回到激光管的右端,构成逆时针传播的光环路。顺、逆时针传播的光波被称为正、反向行波。当腔体相对惯性空间没有转动时,正、反向行波所传播的路程是相等的,两束光由半透半反镜(3)处透过少量激光,经合光棱镜后产生明暗相间的干涉条纹。此时的干涉条纹是静止不动的,光电元件不输出电信号。当腔体相对惯性空间转动时,设转动角速率为 ω,则顺腔体转动方向传播的行波转动一圈的路径大于逆腔体转动方向传播的行波转一圈的路径。也就是说,两束光产生了光程差,由于是谐振腔,这个光程差导致两束光的谐振频率出现频率差,此时可观察到合光棱镜合光后形成的干涉条纹是移动的。干涉条纹移动的速度反映了腔体转动的角速度。只要测量干涉条纹移动的速度,就可以确定腔体相对惯性空间转动角速度 ω 的大小。而干涉条纹移动的方向反映了 ω 的方向。

如图 5-27 所示,当激光腔体顺时针转动时,顺、逆时针光束的谐振频率因所走的光程不同而不同。依据谐振腔条件,顺、逆时针激光的光程和波长分别为:顺时针光束的光程为 $L+\Delta L=N\lambda_1$,对应的波长为 $\lambda_1=\frac{L+\Delta L}{N}$;逆时针光束的光程为 $L-\Delta L=N\lambda_2$,对应的波长为 $\lambda_2=\frac{L-\Delta L}{N}$。与此相对应的频率分别为

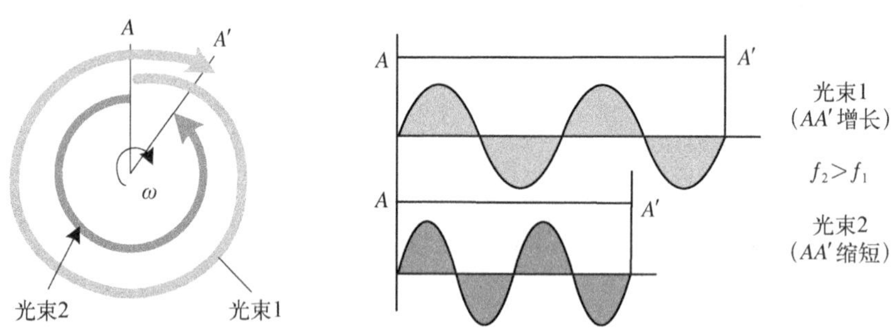

图 5-27　激光陀螺仪测量原理

$$f_1=\frac{c}{\lambda_1}=\frac{cN}{L+\Delta L} \tag{5-27}$$

$$f_2=\frac{c}{\lambda_2}=\frac{cN}{L-\Delta L} \tag{5-28}$$

由此可得顺、逆时针激光的频率差为

$$\Delta f = f_2 - f_1 \approx \frac{\Delta L \cdot Nc}{L^2} = \frac{4A\omega}{c} \cdot \frac{Nc}{L^2} = \frac{4AN}{L^2}\omega = \frac{4A}{L\lambda}\omega \tag{5-29}$$

激光陀螺把测量腔体旋转角速率的问题转化为测量顺、逆光束的谐振频率差 Δf。激光陀螺中，把顺、逆光束从半透半反镜中透过的一部分光利用合光棱镜汇聚在一起，形成移动的干涉条纹。用光电二极管(或三极管)把干涉条纹的移动变成电脉冲信号，记录这些脉冲信号的频率及数量，即可确定腔体转动的角速度及角度。利用逻辑电路判断两个光电检测器输出脉冲信号的先后顺序，即可确定 ω 的方向。

如果用一个三角形的谐振腔来测定地球自转角速度，假设三角形谐振腔的边长为 111.76 mm，激光的波长 $\lambda = 0.6328\ \mu\text{m}$，则可得顺、逆时针激光的频率差为

$$\Delta f = \frac{4A}{L\lambda}\omega = \frac{4 \times 0.11176^2 \times \sin 60°/2}{3 \times 0.11176 \times 0.6328 \times 10^{-6}} \times 7.29 \times 10^{-5} \approx 7.43\ \text{Hz}$$

可以看出，谐振腔的出现，使得激光陀螺可以在较小体积的情况下获得高精度的角速度测量。激光陀螺得以在惯导系统中广泛应用。

实际的激光陀螺中，将激光器、全反射镜、半透半反镜、合光棱镜等同组于一个低膨胀系数材料做成的腔体中构成激光陀螺的本体。腔体可做成不同形状，有三角形、四方形或“8”字形等形状，三角形激光陀螺如图 5-28 所示。

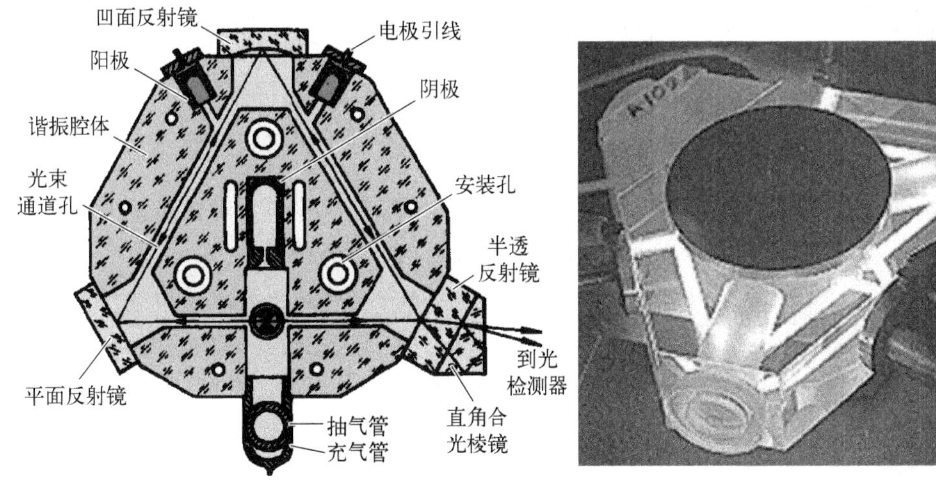

图 5-28　激光陀螺的结构

由于各种复杂的原因，陀螺的输入输出关系很难严格按式(5-29)实现，由此造成激光陀螺闭锁、比例因子不稳定、零点漂移等误差。

1) 闭锁

闭锁指的是当被测角速度绝对值小于陀螺阈值时，激光陀螺没有频差输出，好像 f_1 与 f_2 锁在一起一样，因此称为闭锁。闭锁现象主要是由于激光环路的非均匀性(如多层介质

膜上各点的非均匀损耗和散射)，工作气体、环路内其他气体中的灰尘及微粒等引起。减小闭锁的办法是提高激光陀螺光腔的加工精度，或利用机械抖动偏频法、磁镜法、差动法等减小或消除闭锁区间。

2）比例因子不稳定

激光陀螺的输入输出比例因子与激光器的几何形状和尺寸有关。理想情况下，比例因子应该固定不变，信号检测器输出的频率差与所测转动角速度呈正比。但由于各种原因，如温度变化导致激光管腔长变化等，比例因子会发生变化。要保持比例因子稳定，应采用低膨胀系数的材料做腔体，或采用温度补偿等措施。

3）零点漂移误差

零点漂移是指转动角速度为零时，激光陀螺有输出信号。引起这种现象的原因有多种：如流动介质引起的朗缪尔流（图 5－29）、磁场影响、出现多膜等。消除零点漂移的办法是采用完全对称的双阳极共阴极结构并使用稳定分流电路、加磁屏蔽等。

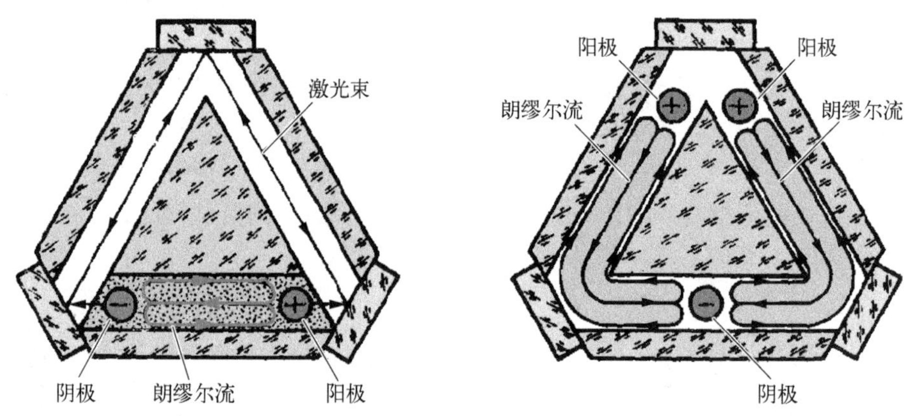

图 5－29　朗缪尔效应及消除

为尽量减小或消除上述误差，实际使用的激光陀螺增加了很多辅助设施和电路来提高其精度及灵敏度。图 5－30 为飞机上实际使用的激光陀螺的结构。

可以看出，该激光陀螺采用了双阳极共阴极的供电模式和稳定分流电路来克服朗缪尔效应引起的零漂；采用压电陶瓷控制电路来调节光腔的腔长，避免光腔的微小变化；利用压电抖动电机产生的高频振荡信号来使激光陀螺偏频，防止低转动角速度时的信号闭锁。

2. 四频差动激光陀螺

激光陀螺的闭锁误差除了可以用机械抖动法（压电抖动电机）、磁镜法消除外，还可以通过改变激光陀螺的结构来实现，这就是四频差动激光陀螺。

四频差动激光陀螺的原理图如图 5－31 所示。四频差动激光陀螺可以是正方形腔，也可以是“8”字形腔。激光光腔环路中增加了磁光元件和水晶片，其他光环路元件与二频激光陀螺的相同。

水晶片有旋光作用，线偏振光通过水晶片后会产生左旋和右旋圆偏振光。原来通过激光光腔的顺、逆时针两束激光经过水晶片之后就变成了顺时针的左旋圆偏振光、右旋圆

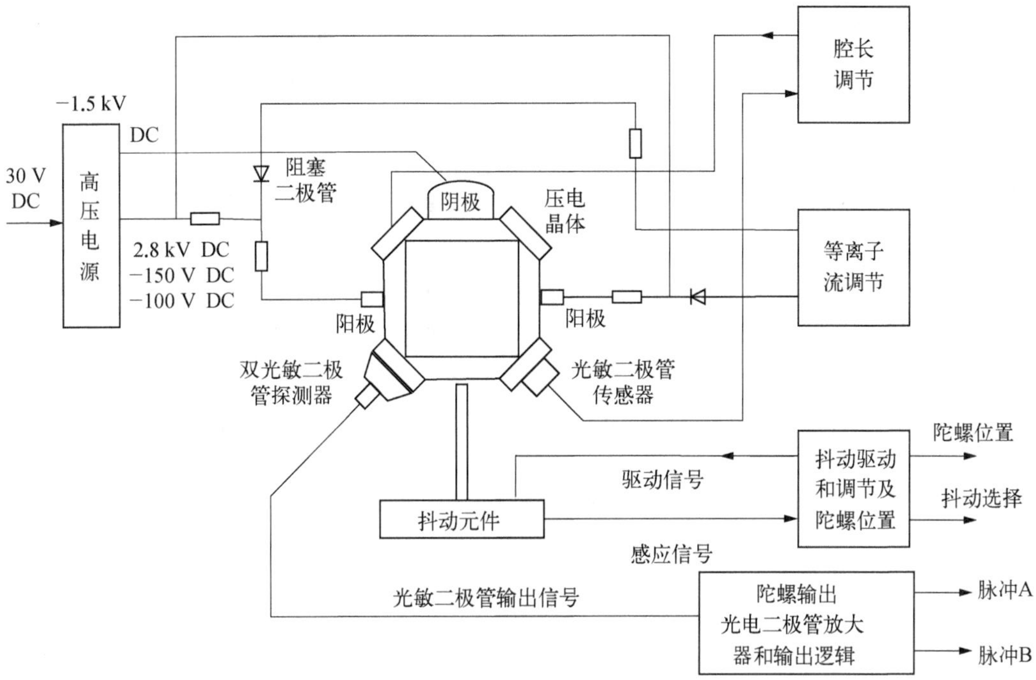

图 5 - 30　飞机上所用的激光陀螺结构图

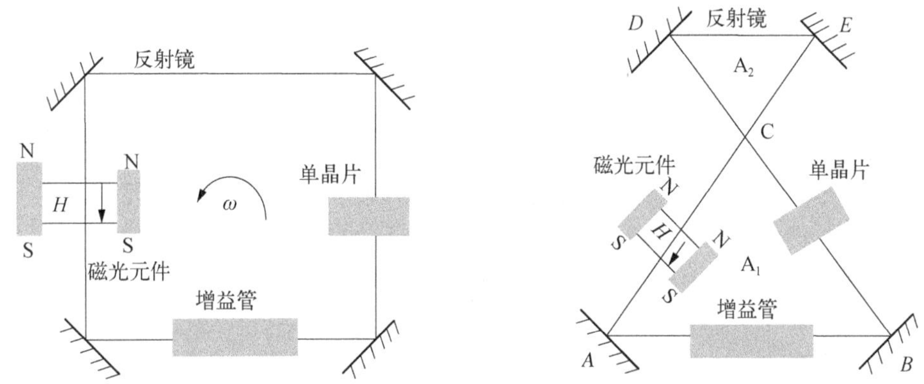

图 5 - 31　四频差动激光陀螺原理图

偏振光和逆时针的左旋圆偏振光、右旋圆偏振光四束光。其中顺时针和逆时针的左旋圆偏振光组成一个左旋双频陀螺,顺时针和逆时针的右旋圆偏振光组成一个右旋双频陀螺。差动激光陀螺通过测量左旋陀螺和右旋陀螺频率差的差值来测量转动角速度,因此,称为四频差动激光陀螺。

水晶片还可使左旋光和右旋光产生光程差,相当于将左旋陀螺和右旋陀螺的中心频率分开,$f_L - f_R = 300$ MHz。

磁光元件是给磁光晶体加上强磁场而形成的,激光通过磁光元件会产生附加相移,这种相移与圆偏振光的旋转方向和磁场的激励电流方向是否一致有关。光传播方向与磁场

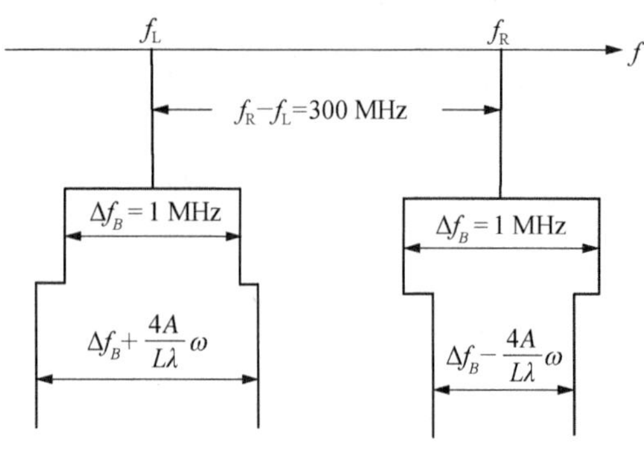

图 5-32　四频差动激光陀螺的偏频

方向一致时为正传光，相反时为反传光。正传光通过磁光元件时不产生附加相移，但反传光通过磁光元件时产生附加相移。因此，左旋陀螺和右旋陀螺在通过磁光元件后会分别产生一个固定的频率差 Δf_B，即在没有转动角速度的情况下，两个陀螺就有 Δf_B 产生，如图 5-32 所示。

当没有转动角速度时，左旋陀螺和右旋陀螺输出的偏频差相等，$\Delta f_L=\Delta f_R=\Delta f_B$，两个陀螺的差频输出 $\Delta f_L-\Delta f_R=0$。

当有转动角速度时，设为逆时针角速度 ω，则对左旋陀螺来说，其输出的频率差为

$$f_L=\Delta f_B+\frac{4A}{L\lambda}\cdot\omega \tag{5-30}$$

而右旋陀螺输出的频率差为

$$f_R=\Delta f_B-\frac{4A}{L\lambda}\cdot\omega \tag{5-31}$$

四频差动激光陀螺输出的频差为

$$\Delta f=f_L-f_R=2\cdot\frac{4A}{L\lambda}\cdot\omega \tag{5-32}$$

四频差动激光陀螺输出的频差与被测角速度呈正比，固定偏频 Δf_B 被抵消。偏频的引入较好地克服了闭锁问题，且四频差动激光陀螺的比例因子是二频激光陀螺的 2 倍。

由于光的入射角过大会使圆偏振光反射后增加椭圆成分，不利于陀螺的工作。为减小光的入射角，四频差动激光陀螺通常采用“8”字形结构，如图 5-33 所示。频差公式如式(5-33)所示，其中 S_1、S_2 分别为两个三角形的面积。

$$\Delta f=\frac{4(S_1-S_2)}{L\lambda}\cdot\omega \tag{5-33}$$

3. 光纤谐振陀螺

光纤谐振陀螺是在无源腔激光陀螺的基础上改进而成的，光纤谐振陀螺以光纤组成谐振腔和传播光路，以光耦合器代替透射镜和半反射镜实现光的输入输出及分光作用，频差公式与式(5-29)相同，面积 A 和腔长 L 分别为单圈光纤围成的面积和光程。

光纤谐振陀螺通常使用的光纤匝数为数百到数千匝，但巨大的匝数对比例因子没有任何提高，为什么还要用光纤谐振陀螺？主要是因为匝数较大时，使频带宽度和平均到各匝的接头损耗和耦合器损耗减小，频带越窄越有利于提高频率跟踪精度，降低光电接收的散粒噪声，从而提高极限灵敏度。理论上，光纤的匝数有一个最佳值，并非越大越好。

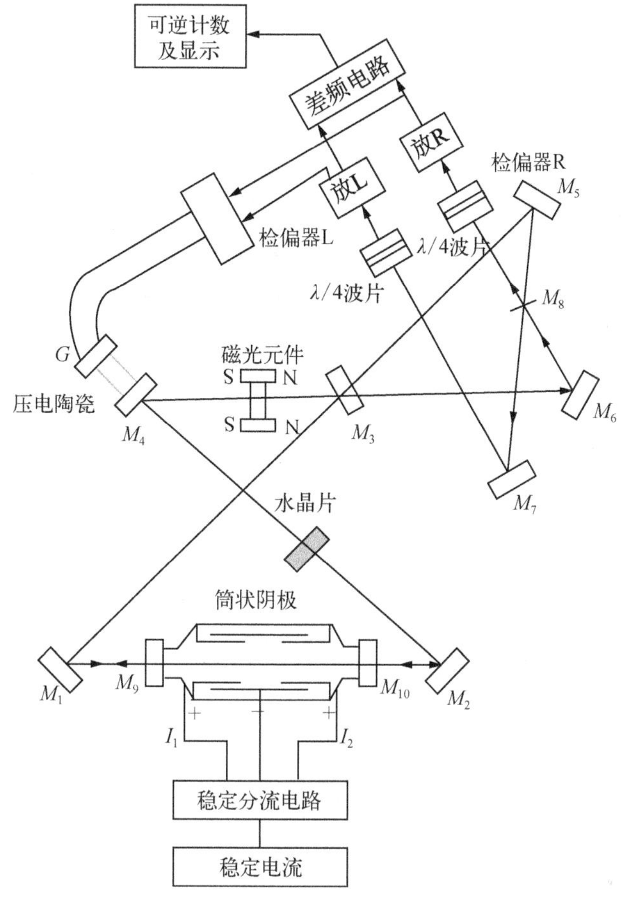

图 5－33　“8”字形四频差动激光陀螺

图 5－34 为光纤谐振陀螺的基本结构图，来自激光光源（LR）的激光经分束器（SL）分离，从两端进入光纤线圈（谐振器），当光纤陀螺测量轴有旋转角速度时，两束光的谐振频率改变，频差由两组光检测器和相敏解调器测量出，利用式（5－29）计算出转动角速度。

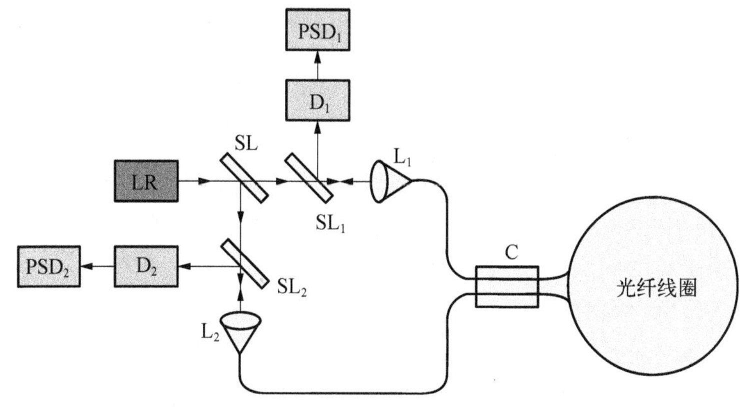

图 5－34　光纤谐振陀螺的基本结构

5.3.2.3 其他陀螺

1. 挠性陀螺

挠性陀螺是一种具有弹性支承的三自由度陀螺，主要由陀螺转子、挠性接头、驱动轴、磁滞马达、信号传感器和力矩器等组成（图 5－35）。

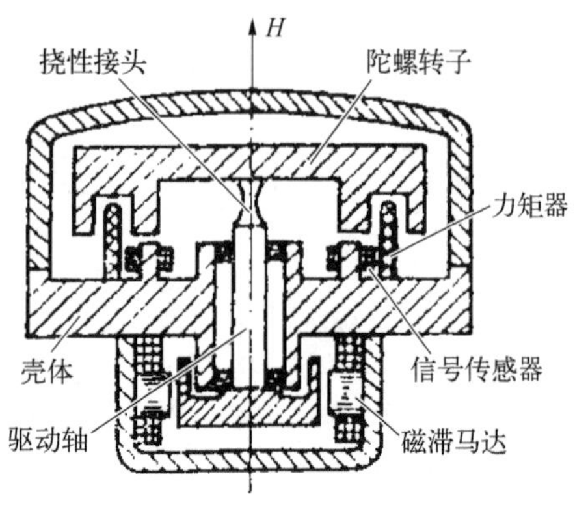

图 5－35 挠性陀螺示意图

磁滞马达通过驱动轴和挠性接头带动挠性陀螺转子高速旋转。挠性接头与转子之间是刚性固联，沿轴向不能拉伸和压缩，但可以前后、左右及径向扭转，因而高速旋转的转子可以相对惯性空间稳定，而不管基座如何转动。当壳体前后、左右倾斜时，由于挠性接头可以扭曲，所以不妨碍转子的转动和稳定方位。

挠性陀螺没有常规陀螺的内框和外框，不需要框架和轴承连接，也就没有轴承间的摩擦力矩，但挠性接头被扭曲时会产生弹性力矩，相当于作用在陀螺上的干扰力矩，会导致陀螺进动而偏离原来的方向。弹性力矩可以通过磁力和机械惯性来补偿。

2. 静电陀螺

静电陀螺采用较彻底的支承革新，将球形转子放在电极球腔内，利用静电悬浮技术使其保持在中间位置，利用超高真空来减小摩擦力矩。

图 5－36 是静电陀螺的基本结构图，包括球形转子、陶瓷球腔、凹形球面电极、定中线圈、钛离子泵、光电传感器及壳体。球形转子与壳体之间没有导线连接，也没有轴连接，通过起动和定中技术使转子旋转中心线保持在中心位置。

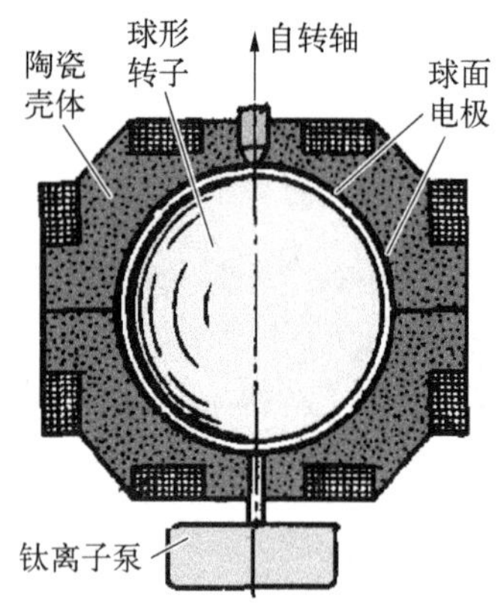

图 5－36 静电陀螺的基本结构

静电陀螺壳体上相隔 90°空间的地方装有两组起动线圈，起动线圈中通以交流电，两组线圈交流电的相位相差 90°，这样在转子球周围产生一个旋转磁场，转子球靠近旋转磁场的区域产生涡电流，从而产生涡流磁场。旋转磁场和涡流磁场相互作用，使转子球跟随旋转磁场转动起来，转速可达每分钟十万转以上。

静电陀螺中与起动线圈所在平面相垂直的方向设有一组定中线圈，在陀螺球起动的同时通入交流电，产生与几何中心轴线方向一致的直流磁场，将转子球旋转中心轴拉到几何中心轴线方向，这是静电陀螺的定中。

陀螺球高速旋转的同时，由钛离子泵将转子与壳体之间的空气抽掉（抽真空系统），形成近乎真空的环境，使陀螺可以几乎不消耗能量而维持长时间的运转。

陀螺球的支承系统由球形转子周围的对称轴线方向设置的高压电极组成。因为转子是球形，所以支承系统内壁也制成球面电极，通过研磨、电镀（铜、铬）、切割成正六面体或正八面体。图 5－37 为静电陀螺支承原理。

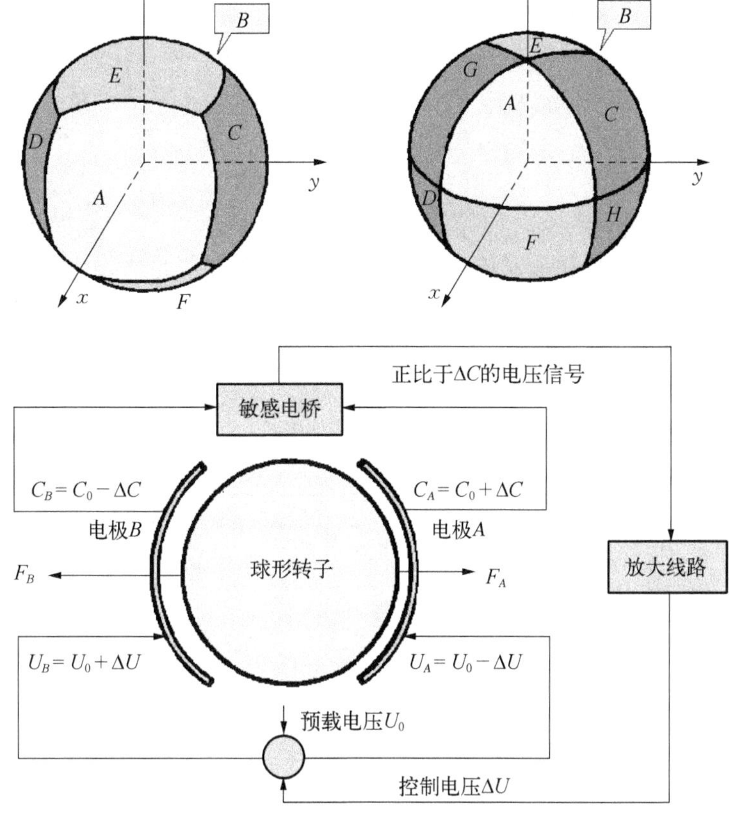

图 5－37　静电陀螺支承原理

球形转子与电极间的电场均匀，间隙很小，当电极间加上高压（1 000 V 以上），而球形转子上不加电压（电位为零）时，球形转子与球面电极相对区域感应带电，只要设计得当，就可以使转子球保持在中间位置，且不与二电极接触，球就悬浮在壳体中心了。

静电陀螺的信号拾取装置是在陀螺球的适当位置刻上一定的图像，在外壳上安装 1～2 个光电检测装置。根据极轴传感器输出信号的波动幅值检测光轴偏离角度，根据极轴传感器和倾斜传感器输出信号的相位差来检测光轴偏离方向。

静电陀螺精度高，球形转子是真正的自由转子陀螺，且结构简单，可靠性高，能全姿态测角，缺点是工艺要求高，角度读取复杂。

5.4　平台式惯导系统

平台式惯导系统通常具有 1～2 个三轴陀螺稳定平台，加速度计和陀螺安置在平台上。根据导航解算的复杂程度，平台式惯导可分为三类：几何式惯导系统、解析式惯导系统和半解析式惯导系统。

几何式惯导系统有两个平台：一个平台相对惯性空间稳定，方位轴平行于地球自转轴，其上装有陀螺；另一个平台在地理坐标系内，其上装有加速度计。两个平台的转轴以地球自转角速度旋转，两个平台之间的几何关系可以用来确定载体的经纬度位置信息。这种惯导系统主要用于船舶和潜艇的导航，导航精度高，计算量小，但平台结构复杂。

解析式惯导系统有一个相对惯性空间稳定的平台，其上装有陀螺和加速度计。加速度计的测量值中包含重力加速度，要进行导航计算，必须计算并消除重力加速度的影响，还需要对所测加速度进行坐标转换，转换为相对地球坐标的参数。这种惯导系统的平台结构简单，但导航计算量大。

半解析式惯导系统有一个台面始终平行于当地水平面，方位指地理北或指其他方位的稳定平台，其上装有陀螺和加速度计，加速度计的测量值需要消除由于地球自转、飞机飞行速度等引起的有害加速度后才能计算载体的速度和位置。这种系统主要用于飞机和飞航式导弹。飞机和飞航式导弹的垂直加速度通常较小，因此，通常忽略垂直通道的加速度信息，有害加速度的计算也可以简化，从而简化整个系统的计算量。半解析式惯导系统基本结构如图 5－38 所示。

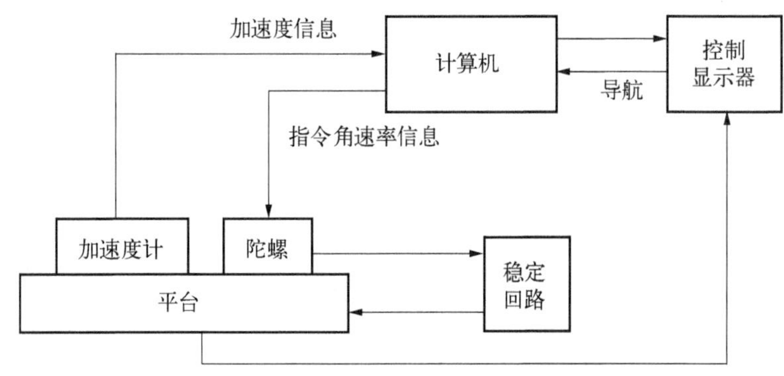

图 5－38　平台式惯导系统的组成示意图

惯导平台主要用于在飞机上建立一个理想的坐标系，将加速度计放置到平台上，为其创造一个良好的工作环境及测量基准。同时，惯导平台也用于隔离飞机的角运动，使加速度计的测量不受飞机姿态及航向的影响。半解析式惯导系统主要有指北方位惯导系统、自由方位惯导系统和游动方位惯导系统。这些系统均有一个水平平台，只是方位指向不同，平台式惯导主要用于水平导航，故又称为水平惯导系统。本节主要介绍这三种平台式惯导系统。

5.4.1　指北方位惯导系统

指北方位惯导系统中惯导平台模拟的理想坐标系与地理坐标系完全重合，即在飞机上建立一个模拟地理坐标系的水平指北平台，沿坐标系的三个轴方向安装三个加速度计，确保无论飞机沿哪个方向加速运动，三个加速度计都可以测量飞机沿东向、北向及地垂线方向（天向）的加速度分量，通过力学分析和计算，就可得到所需要的导航参数。

要实现这样的惯导平台，必须在系统工作前将平台调整到飞机所在处的地理坐标系上。并在随后的时间里，随时对平台的两个水平轴进行舒勒调谐和积分修正控制，使其保持在水平面内，对平台方位轴则需施加方位控制信号使其指向地理北方向。平台的控制指令需要根据地理坐标系在惯性空间中的运动规律来确定。

5.4.1.1　地理坐标系相对惯性空间的运动规律

地理坐标系相对惯性空间的运动包括两部分：地球相对惯性空间的自转及飞机相对地球的飞行。要控制惯导平台模拟地理坐标系，需要综合考虑二者的影响。随着地球的自转，地球上任一点的地理坐标系也在以相同的角速度相对于惯性空间不停地旋转。同样，随着飞机的飞行，飞机所在点的地理坐标系也在不断变化。

要在飞机上控制平台模拟当地地理坐标系，必须完成两个步骤：第一步，起始时把平台坐标系调整到起始点地理坐标系的位置；第二步，根据地理坐标系在惯性空间的运动规律，控制平台随该变化规律一起改变，控制平台按规律变化的控制信号是角速率信号，称为平台的指令角速率。

惯导系统中通常分别计算平台三个轴的指令角速率。考虑到惯性导航系统中涉及的参数较多，且各参数可能会处于不同的坐标系下，反映不同坐标系之间的相对运动关系，为描述方便，对惯性导航系统公式中所涉及的参数的标注形式进行统一的说明。参数主体表示该参数是什么参数。参数的上标表示该参数所在的坐标系。参数的下标表明该参数是哪两个坐标系之间的运动关系，该运动关系是在哪一个轴上的分量。此外，惯性导航系统中，用 i 表示惯性坐标系（inertial frame），e 表示地球坐标系（earth center earth fixed frame），g 表示地理坐标系（geodetic frame），α 表示游动坐标系（wander azimuth frame），k 表示自由坐标系，b 表示机体坐标系（body frame）。以指北方位惯导平台的指令角速率为例加以说明。

指北方位惯导平台的指令角速率分别用 ω_{igx}^{g}、ω_{igy}^{g} 和 ω_{igz}^{g} 来表示。其中 ω 表示角速率，上标 g 表示参数是在地理坐标系中。下标中的 i 表示惯性坐标系，g 表示地理坐标系（即此处的平台坐标系），x、y、z 分别表示平台的三个轴。ω_{igx}^{g} 表示地理坐标系（g 系）相对于惯性坐标系（i 系）的转动角速度（ω）在地理坐标系（上标 g）中沿 x 轴向的分量，同理，ω_{igy}^{g} 和 ω_{igz}^{g} 分别表示其在 y 轴和 z 轴的分量。本章中出现的符号上下标的含义与本部分的描述一致。

1. 地球自转所引起的地理坐标系在惯性空间的变化规律

如图 5－39 所示，假设地球上纬度为 φ 的任意点 A，随着地球的自转，该点的地理坐标系绕地轴旋转，转动角速度为 ω_{ie}，将该转动角速度分解到地理坐标系的三个轴向，可得如下各轴向的分量。

东向分量（ox 轴方向）：$\omega_{iex}^{g} = 0$。

北向分量（oy 轴方向）：$\omega_{iey}^{g} = \omega_{ie}\cos\varphi$。

垂直分量（oz 轴方向）：$\omega_{iez}^{g} = \omega_{ie}\sin\varphi$。

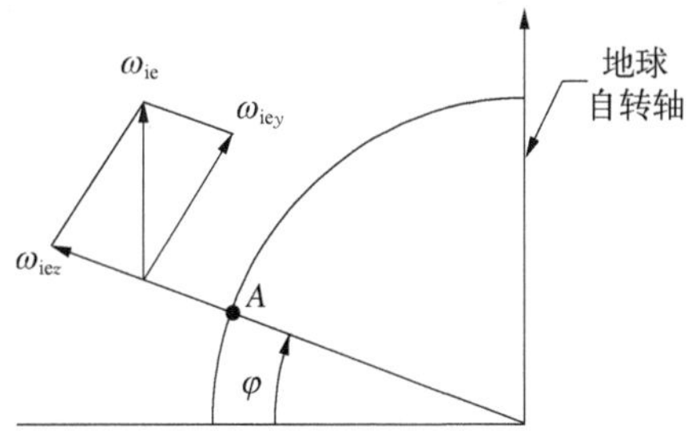

图 5－39　地球自转引起的地理坐标系的变化规律

2. 飞机飞行所引起的地理坐标系在惯性空间的变化规律

如图 5－40 所示，假设飞机由地球上 A 点起飞，到 B 点降落。如果平台坐标系（$OX_pY_pZ_p$）保持不变，则即使惯导平台在 A 点时已经在地理坐标系下，飞到 B 点时，平台坐标也将偏离地理坐标系，如图 5－40（a）所示。因此，必须对平台进行实时的修正，以确保其飞到 B 点时依然保持在地理坐标系下，如图 5－40（b）所示。这个功能由惯导平台来实现，利用计算机提供的指令角速率来修正飞机飞行速度所引起的坐标变化。

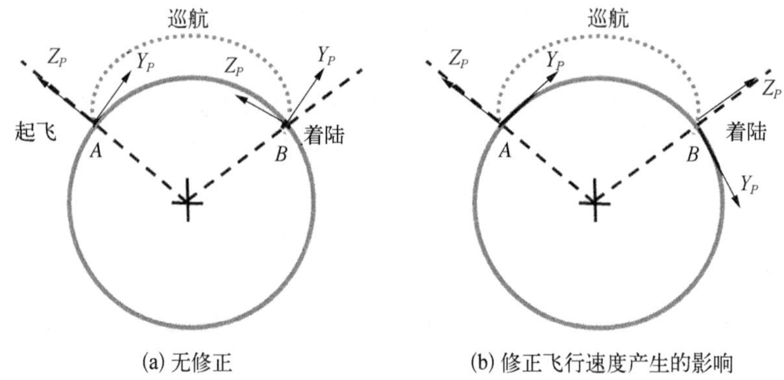

(a) 无修正　　(b) 修正飞行速度产生的影响

图 5-40　飞机飞行引起的坐标偏离及修正

设飞机地速为 V,航向角为 ψ, 飞行高度为 h,所在点的地球参考椭球体子午面与卯酉面的曲率半径分别为 R_N 和 R_E,则飞机飞行速度在东向（V_{egx}^{g}）的分量为 $V_{egx}^{g}=V\sin\psi$, 在北向（V_{egy}^{g}）的分量为 $V_{egy}^{g}=V\cos\psi$。

根据圆周运动中线速度与角速度的关系,飞机的北向速度将引起飞机所在纬度的变化,而东向速度将引起飞机所在经度的变化,即

$$\dot{\varphi}=\frac{V_{egy}^{g}}{R_N+h}=\frac{V\cos\psi}{R_N+h} \tag{5-34}$$

$$\dot{\lambda}=\frac{V_{egx}^{g}}{(R_E+h)\cos\varphi}=\frac{V\sin\psi}{(R_E+h)\cos\varphi} \tag{5-35}$$

将上述角速度分解到地理坐标系的三个轴方向,可得沿各轴的分量分别为

沿东向轴的分量:　$\omega_{egx}^{g}=-\dot{\varphi}=-\frac{V_{egy}^{g}}{R_N+h}=-\frac{V\cos\psi}{R_N+h}$

沿北向轴的分量:　$\omega_{egy}^{g}=\dot{\lambda}\cos\varphi=\frac{V\sin\psi}{R_E+h}$

沿垂直轴向的分量:　$\omega_{egz}^{g}=\dot{\lambda}\sin\varphi=\frac{V\sin\psi}{R_E+h}\mathrm{tg}\,\varphi$

3. 地理坐标系相对于惯性空间运动的规律

综合考虑地球的自转和飞机的飞行,飞机所在点的地理坐标系在惯性空间的变化规律如下:

$$\begin{aligned}\omega_{igx}^{g}&=-\frac{V}{R_N+h}\cos\psi\\ \omega_{igy}^{g}&=\omega_{ie}\cos\varphi+\frac{V}{R_E+h}\sin\psi\\ \omega_{igz}^{g}&=\omega_{ie}\sin\varphi+\frac{V\sin\psi}{R_E+h}\mathrm{tg}\,\varphi\end{aligned} \tag{5-36}$$

用平台来模拟地理坐标系，起始时，首先将平台调整到地理坐标系下，这是平台的初始对准；随后控制平台的三个轴按照上述角速度运动，就可以使平台坐标系始终保持在飞机所在点的地理坐标系下。

5.4.1.2 指北方位平台的伺服控制及修正

根据三轴陀螺稳定平台的工作原理，指北方位惯导平台可以由两个三自由度陀螺或三个二自由度陀螺组成。常用的指北方位惯导平台是由两个三自由度陀螺组成的四环式三轴陀螺稳定平台，如图5-41所示。

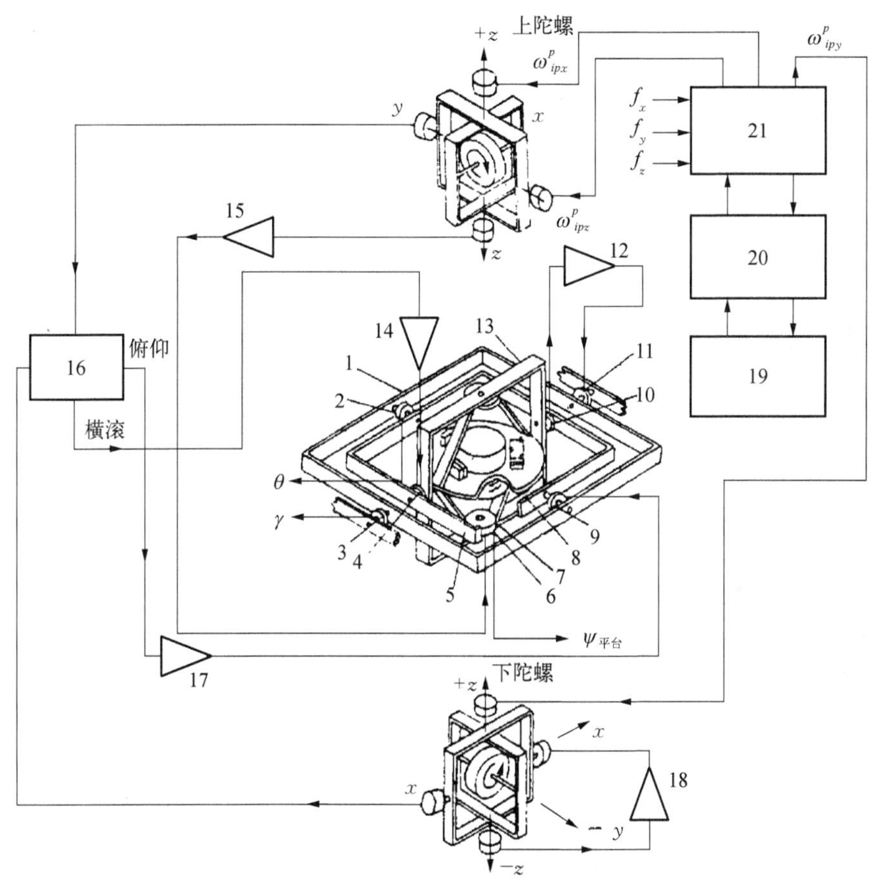

图5-41 指北方位惯导平台组成示意图

1-外横滚环；2-俯仰同步器；3-倾斜同步器；4-内横滚环稳定电机；5-俯仰环；6-航向同步器；7-方位环稳定电机；8-方位环；9-俯仰稳定电机；10-内横滚环同步器；11-外横滚环稳定电机；12-外横滚伺服放大器；13-内横滚环；14-内横滚伺服放大器；15-方位环伺服放大器；16-稳定信号分配器；17-俯仰伺服放大器；18-锁定放大器；19-方式选择器；20-控制显示组件；21-计算机

四环式三轴陀螺稳定平台的四个环从里到外分别是方位环、内横滚环、俯仰环和外横滚环。这种结构允许飞机在360°范围内做俯仰、倾斜和偏航运动。每个环上都装有相应的信号传感器、稳定电机及减速器，方位环上还装有稳定信号分配器、航向同步器等。上述四个环设有相应的稳定系统以抗衡各轴上的干扰力矩，隔离飞机的角运动，使平台相对惯性空间稳定。

平台台面安装在方位环上，两个自转轴相互垂直且平行于平台台面的三自由度陀螺安装在平台上,一个称上陀螺,另一个称下陀螺。指北方位惯导的四环式三轴陀螺稳定平台是间接陀螺稳定平台。上陀螺外框轴与平台东向轴平行并感受平台绕东向轴的角偏移,下陀螺的外框轴与平台北向轴平行并感受平台绕北向轴的角偏移。上陀螺内框轴垂直于平台台面,并感受平台绕方位轴的角偏移。平台上放置三个加速度计,分别测量东向、北向和地垂线方向的加速度值,用于导航解算。

指北方位惯导平台的工作原理与前述的三轴陀螺稳定平台(5.2.3 小节)的工作原理相同,也包括稳定系统和修正系统,其中稳定系统用来抵消外界干扰力矩,而修正系统用来控制平台始终保持在当地地理坐标系下。

1. 稳定系统工作

四环式三轴平台的稳定系统包括方位轴稳定系统、内横滚环稳定系统、俯仰环稳定系统及外横滚环稳定系统,此外,还有一个保证两个三自由度陀螺自转轴互相垂直的锁定电路。

方位轴稳定系统用于抵消方位轴上的干扰力矩。当方位轴有外加干扰力矩时,方位轴相对惯性空间转动,上陀螺内框轴与外框之间的角传感器感受到转角信号,经方位环伺服放大器放大后发送给方位稳定电机,产生方位稳定力矩来抵消干扰力矩,随着合外力矩的减小,平台方位环逐渐稳定。外加干扰力矩消失后,方位环在稳定电机的带动下向回转,直至到达原来位置,传感器输出信号为零,电机停转,系统稳定在原来位置。

内横滚环稳定系统用于抵消内横滚环轴上的干扰力矩。当内横滚环轴向有外加干扰力矩时,平台绕内横滚轴转动,下陀螺外框轴(x 轴)上的角传感器感受到转角信号,经稳定信号分配器分解,送给内横滚伺服放大器放大后发送给内横滚轴稳定电机,稳定电机产生稳定力矩抵消干扰力矩,随着合外力矩的减小,平台内横滚环逐渐稳定。外加力矩消失后,稳定电机的稳定力矩带动内横滚环及平台绕内横滚轴向回转,直至到达原来的位置,角传感器输出信号为零,电机停转,系统稳定在原来位置。

俯仰环稳定系统抵消俯仰轴上的干扰力矩。当俯仰轴有外加干扰力矩时,平台绕俯仰轴转动,上陀螺外框轴(y 轴)上的角传感器感受到转角信号,经稳定信号分配器分解,送给俯仰伺服放大器放大后发送给俯仰轴稳定电机,俯仰稳定电机产生稳定力矩抵消干扰力矩,随着合外力矩的减小,平台俯仰环逐渐稳定。外加力矩消失后,稳定电机带动俯仰环及平台绕俯仰轴向回转,直至到达原来位置,传感器输出信号为零,电机停转,系统稳定。

外横滚环稳定系统抵消外横滚环轴上的干扰力矩。当外横滚环轴有外加干扰力矩时,平台绕外横轴转动,装在内横滚环与俯仰环之间的角传感器感受到转角信号,经外横滚环伺服放大器放大后发送给外横滚轴稳定电机,带动外横滚环及俯仰环绕外横滚轴回转,直至到达原来位置,传感器输出信号为零,电机停转,系统稳定。

上、下陀螺自转轴垂直锁定电路确保上下陀螺自转轴互相垂直,实现上下陀螺协调工作。由于方位环稳定电路确保了平台与上陀螺的跟踪关系,当下陀螺转子轴相对平台方位有偏离时,下陀螺内框轴上的信号器感受到该信号,经锁定放大器加到下陀螺外框轴上的力矩电机,在该力矩的作用下,下陀螺绕内框轴进动,直至自转轴与上陀螺自转轴垂直,信号消失,进动停止。

2. 水平和方位修正

假如经过初始校准,平台已经修正到飞机当前位置的地理坐标系上,平台的初始校准方法将在 5.4.4 小节中介绍。校准后的平台只要按照地理坐标系在惯性空间的运动规律来运动就可以始终保持在当地地理坐标系下，即控制平台绕其三个轴分别按照式（5-36）中的三个角速率来运动。三个角速率由导航计算机计算，修正回路只负责平台轴的转动控制。

ω_{igx}^{g} 作为平台东向轴的指令角速率信号，发送给上陀螺内框轴的控制电机，上陀螺在电机力矩的作用下绕外框轴进动，上陀螺外框轴上的信号传感器将陀螺进动信号发送给稳定信号分配器进行分解，经俯仰伺服放大器放大，加到俯仰稳定电机上，电机带动平台绕俯仰轴转动。

ω_{igy}^{g} 作为平台北向轴的指令角速率信号，发送给下陀螺内框轴控制电机，下陀螺在电机力矩的作用下绕外框轴进动，下陀螺外框轴上的信号传感器将陀螺进动信号发送给稳定信号分配器进行分解，经内横滚伺服放大器放大，加到内横滚稳定电机上，电机带动平台绕内横滚轴转动。

ω_{igz}^{g} 作为平台方位轴的指令角速率信号，发送给上陀螺外框轴控制电机，上陀螺在电机力矩的作用下绕内框轴进动，上陀螺内框轴上的信号传感器将陀螺进动信号发送给方位伺服放大器放大，加到方位稳定电机上，电机带动平台绕方位轴转动。

通过三个指令角速率的控制修正，平台的三个轴始终稳定在东、北、天三个方向。装在平台上的三个加速度计就测量东、北、天三个方向的加速度值。

5.4.1.3　飞机相对地球的运动加速度

加速度计输出的是相对惯性空间的加速度值，而飞机导航计算则需要知道飞机相对地球的运动加速度。因此，必须从加速度计的测量值中获取运动加速度，这个过程也称为消除有害加速度的过程。

飞机相对地心惯性坐标系的运动称为绝对运动。这种运动可以分解为飞机相对地球的运动和地球相对惯性空间的运动。这些运动有转动，也有线运动。与飞机重心相重合的平台支点也具有相同的运动。要得到平台支点相对地球的加速度，必须从加速度计输出的信号中去除有害加速度。有害加速度包括重力加速度和由于地球自转和飞机飞行引起的科氏加速度。

根据式（1-2），平台支点的绝对加速度是飞机相对于地球的运动加速度、科氏加速度和牵连加速度的矢量和：

$$\boldsymbol{a}_{ip}^{p}=\dot{\boldsymbol{V}}_{ep}^{p}+\boldsymbol{a}_{k}^{p}+\boldsymbol{a}_{e}^{p}=\dot{\boldsymbol{V}}_{ep}^{p}+(2\boldsymbol{\omega}_{ie}^{p}+\boldsymbol{\omega}_{ep}^{p})\times\boldsymbol{V}_{ep}^{p}+\boldsymbol{\omega}_{ie}^{p}\times(\boldsymbol{\omega}_{ie}^{p}\times\boldsymbol{R}^{p}) \tag{5-37}$$

其中，$\dot{\boldsymbol{V}}_{ep}^{p}$ 为平台相对于地球坐标系的运动加速度；$\boldsymbol{\omega}_{ep}^{p}$ 为平台相对于地球坐标系的角速度；$\boldsymbol{\omega}_{ie}^{p}$ 为地球自转角速度；$\boldsymbol{R}^{p}$ 为平台到地心的矢量。

由加速度计的测量原理可知，加速度计测量的是载体相对惯性空间的绝对加速度和引力加速度之差，称作“比力”（$\boldsymbol{f}$）。

$$\boldsymbol{a}_{ip}^{p}=\boldsymbol{f}^{p}+\boldsymbol{g}_{m}^{p}$$

$\boldsymbol{f}^{p}$ 是加速度计的输出值（比力），$\boldsymbol{g}_{m}^{p}$ 为引力加速度。由此可得

$$\boldsymbol{f}^{p}+\boldsymbol{g}_{m}^{p}=\dot{\boldsymbol{V}}_{ep}^{p}+(2\boldsymbol{\omega}_{ie}^{p}+\boldsymbol{\omega}_{ep}^{p})\times\boldsymbol{V}_{ep}^{p}+\boldsymbol{\omega}_{ie}^{p}\times(\boldsymbol{\omega}_{ie}^{p}\times\boldsymbol{R}^{p}) \tag{5-38}$$

$\boldsymbol{g}^{p}=\boldsymbol{g}_{m}^{p}-\boldsymbol{\omega}_{ie}^{p}\times(\boldsymbol{\omega}_{ie}^{p}\times\boldsymbol{R}^{p})$ 为平台所在点的重力加速度。可得平台相对于地球的运动加速度矢量为

$$\dot{\boldsymbol{V}}_{ep}^{p}=\boldsymbol{f}^{p}-(2\boldsymbol{\omega}_{ie}^{p}+\boldsymbol{\omega}_{ep}^{p})\times\boldsymbol{V}_{ep}^{p}+\boldsymbol{g}^{p} \tag{5-39}$$

在指北方位惯导系统中，选定的导航坐标系为地理坐标系，根据矢量叉乘的计算方法，将运动加速度的矢量方程转化为地理坐标系三个轴方向的标量表达式。

$$\begin{bmatrix}\dot{V}_{egx}^{g}\\ \dot{V}_{egy}^{g}\\ \dot{V}_{egz}^{g}\end{bmatrix}=\begin{bmatrix}f_{x}^{g}\\ f_{y}^{g}\\ f_{z}^{g}\end{bmatrix}-\begin{bmatrix}0 & -(2\omega_{iez}^{g}+\omega_{egz}^{g}) & 2\omega_{iey}^{g}+\omega_{egy}^{g}\\ 2\omega_{iez}^{g}+\omega_{egz}^{g} & 0 & -(2\omega_{iex}^{g}+\omega_{egx}^{g})\\ -(2\omega_{iey}^{g}+\omega_{egy}^{g}) & 2\omega_{iex}^{g}+\omega_{egx}^{g} & 0\end{bmatrix}\begin{bmatrix}V_{egx}^{g}\\ V_{egy}^{g}\\ V_{egz}^{g}\end{bmatrix}+\begin{bmatrix}0\\ 0\\ -g\end{bmatrix} \tag{5-40}$$

根据角速率与线速度之间的关系，为简化计算，假设地球为球形，则指北方位惯导系统相对地球的运动加速度矢量分解到地理坐标系三个轴方向的值分别为

$$\begin{aligned}\dot{V}_{egx}^{g}&=f_{x}^{g}+2\omega_{ie}^{e}\sin\varphi\cdot V_{egy}^{g}+\frac{V_{egx}^{g}\cdot V_{egy}^{g}}{R+h}\mathrm{tg}\,\varphi-2\omega_{ie}^{e}\cos\varphi\cdot V_{egz}^{g}-\frac{V_{egx}^{g}\cdot V_{egz}^{g}}{R+h}\\ \dot{V}_{egy}^{g}&=f_{y}^{g}-2\omega_{ie}^{e}\sin\varphi\cdot V_{egx}^{g}-\frac{(V_{egx}^{g})^{2}}{R+h}\mathrm{tg}\,\varphi-\frac{V_{egy}^{g}\cdot V_{egz}^{g}}{R+h}\\ \dot{V}_{egz}^{g}&=f_{z}^{g}+2\omega_{ie}^{e}\cos\varphi\cdot V_{egx}^{g}+\frac{(V_{egx}^{g})^{2}+(V_{egy}^{g})^{2}}{R+h}-g\end{aligned} \tag{5-41}$$

其中，$\dot{V}_{egx}^{g}$、$\dot{V}_{egy}^{g}$ 和 $\dot{V}_{egz}^{g}$ 分别为平台相对于地球沿东向、北向和地垂线方向的运动加速度；V_{egx}^{g}、V_{egy}^{g} 和 V_{egz}^{g} 为平台相对于地球沿东向、北向和地垂线方向的运动速度；f_{x}^{g}、f_{y}^{g} 和 f_{z}^{g} 为东向、北向和地垂线方向加速度计输出的比力值。由于平台式惯导系统的垂直通道解算具有不稳定性，且高度计算误差随积分计算快速积累，超出误差容限。因此，在垂直方向速度不大的情况下，平台式惯导系统通常不进行高度通道的解算，消除有害加速度的计算方程简化为：

$$\begin{aligned}\dot{V}_{egx}^{g}&=f_{x}^{g}+2\omega_{ie}^{e}\sin\varphi\cdot V_{egy}^{g}+\frac{V_{egx}^{g}\cdot V_{egy}^{g}}{R+h}\mathrm{tg}\,\varphi\\ \dot{V}_{egy}^{g}&=f_{y}^{g}-2\omega_{ie}^{e}\sin\varphi\cdot V_{egx}^{g}-\frac{(V_{egx}^{g})^{2}}{R+h}\mathrm{tg}\,\varphi\end{aligned} \tag{5-42}$$

5.4.1.4 导航参数解算

1. 地速

加速度计输出的比力值消除有害加速度后，经过积分即可得到飞机的东向、北向和地垂线方向的速度：

$$\begin{aligned}V_{egx}^{g}&=\int_{0}^{t}\dot{V}_{egx}^{g}\mathrm{d}t+V_{egx0}^{g}\\ V_{egy}^{g}&=\int_{0}^{t}\dot{V}_{egy}^{g}\mathrm{d}t+V_{egy0}^{g}\end{aligned} \tag{5-43}$$

式中，V_{egx0}^{g} 和 V_{egy0}^{g} 为东向和北向的初始速度。由此可得飞机地速的大小为

$$V=\sqrt{(V_{egx}^{g})^{2}+(V_{egy}^{g})^{2}} \tag{5-44}$$

2. 位置

根据圆周运动与线运动的关系，飞机位置的计算公式如下：

$$\begin{aligned} \varphi &= \int_0^t \frac{V_{egy}^{g}}{R+h}\mathrm{d}t + \varphi_0 \\ \lambda &= \int_0^t \frac{V_{egx}^{g}}{R+h}\sec\varphi\,\mathrm{d}t + \lambda_0 \end{aligned} \tag{5-45}$$

式中，φ_0、λ_0 为飞机初始纬度和经度，需要在惯导系统的校准过程中提供给惯性导航系统。

由于重力加速度随飞机高度的增加而逐渐减小，因而高度通道重力加速度值用固定值计算会引起通道的不稳定。同时，如果利用垂直方向加速度的积分来计算飞机的升降速度和高度，则其加速度误差按照积分的形式快速积累，导致高度信息在较短的时间内就可能产生很大的误差，因此，平台式惯导系统通常不进行垂直通道的导航解算。水平方向位置（φ，λ）的计算利用速度除以运动半径后的值进行积分计算，加速度误差的影响大大降低，因而可以在一段时间内保持较好的精度。

机载捷联式惯导系统中，通常引入大气数据系统的气压高度来修正垂直通道的高度计算，从而提供惯性高度信息。

3. 姿态、航向

由于指北方位惯导平台模拟的是地理坐标系，即平台台面水平，且其中一轴指向地理北方向，因此，飞机的姿态角和航向角不需要计算，只需要利用平台上的俯仰、倾斜及航向同步器(图 5-41)即可测量出飞机的姿态角和真航向角。真航向角经过磁差修正，就可得到飞机的磁航向角。

4. 其他导航参数

根据计算的地速的东向分量和北向分量，可以计算出飞机地速矢量与真北之间的夹角，这个角即为飞机的航迹角。根据地速的大小和方向，再利用大气数据系统测量的真空速，便可计算出风速、风向。利用航迹角和航向角的偏差即可计算出偏流角的大小和方向。

5.4.1.5　指北方位惯导系统的综合计算

对于指北方位惯导系统来说，只要开始工作前将平台对准到地理坐标系，并为系统提供初始时刻的位置信息（φ_0，λ_0）和速度信息（V_{egx0}^{g}、V_{egy0}^{g}），如果惯导初始对准为静基座对准，则默认初始速度为零，就可以利用加速度计输出的比力信号推算出任意时刻飞机的速度和位置信息。利用指令角速率实现对平台的修正控制，整个计算过程如图 5-42 所示。将前一时刻计算所得的速度、位置信息作为下一时刻导航计算的初始值，即可进行下一时刻的导航参数的计算。

由于指北方位惯导系统加速度计测量的是沿地理坐标系各轴向的比力值，导航计算相对简单，对计算机的要求不高。但当飞机在高纬度地区飞行时，如果沿东方向的速度分量比较大，则会引起飞机所在处的北方向快速变化。此时，要控制平台跟踪地理坐标系，需要在平台方位轴向施加很大的力矩，给控制电机的设计和平台稳定回路的设计都带来较大的困难。计算机在计算方位指令角速率时，由于公式中有 $\mathrm{tg}\,\varphi$ 项，高纬度区域的 φ 接近 90°，$\mathrm{tg}\,\varphi$ 趋近于无穷大，计算机的计算会出现溢出的问题。此外，在极区进行起始对准也很困难。上述原因限制了指北方位惯导系统在高纬度地区的使用。

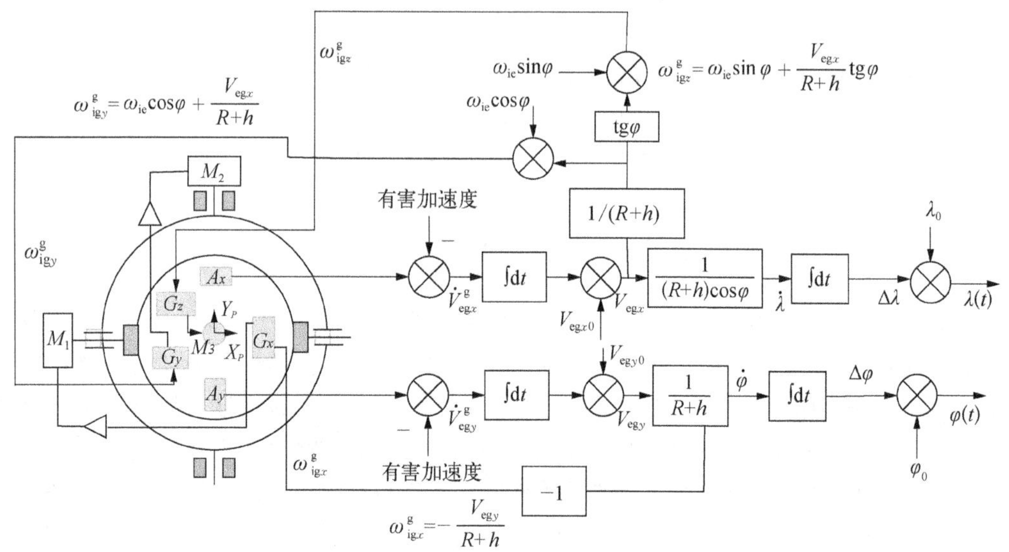

图 5－42　指北方位惯导计算框图

为解决这个问题，可以对平台的方位控制进行适当的调整，以避免上述情况的发生。自由方位惯导系统和游动方位惯导系统就是为解决该问题而提出的改进的惯性导航方式。

5.4.2　自由方位惯导系统

自由方位惯导系统避开了平台的方位控制，它只控制平台水平，不控制平台的方位，即并不控制平台绕方位轴转动，这就避免了平台方位控制的施矩问题。方位轴控制的缺失导致平台坐标系与地理坐标系之间有一个自由角偏差。

自由方位惯导系统平台的方位轴通常并不指向北方向，而是指向惯性空间的某一个方向。由于地球自转和飞机的运动，使平台方位相对地理子午线（当地地理北方向）可能有任意的角度，故称其为自由方位惯导系统，平台称为自由方位平台。

5.4.2.1　自由方位平台指令角速率

由于自由方位惯导系统的平台（模拟自由系 k）台面也是保持在水平面内，只是 y 轴并不指向北方向，因此可以假设自由方位惯导系统平台与地理坐标系在方位上相差一个 K 角，如图 5－43 所示。K 角是变化的，具体变化规律与地球自转和飞机飞行有关。可见，自由方位平台的控制指令只有 x 轴和 y 轴方向的控制指令，并可以根据该平台坐标系与地理坐标系之间的关系来确定自由方位惯导系统 x 轴和 y 轴方向的控制指令。

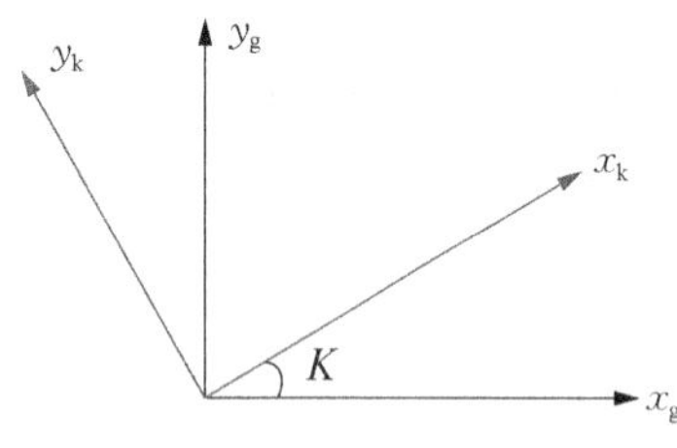

图 5－43　自由系与地理系之间的关系

$$\begin{bmatrix}\omega_{ikx}^{k}\\ \omega_{iky}^{k}\\ \omega_{ikz}^{k}\end{bmatrix}=\begin{bmatrix}\cos K & \sin K & 0\\ -\sin K & \cos K & 0\\ 0 & 0 & 1\end{bmatrix}\begin{bmatrix}\omega_{igx}^{g}\\ \omega_{igy}^{g}\\ \omega_{igz}^{g}\end{bmatrix}+\begin{bmatrix}0\\ 0\\ \dot{K}(t)\end{bmatrix} \tag{5-46}$$

由于自由方位惯导系统平台的方位轴指令为 0,即平台的 y 轴指向惯性空间的某一方向,其与飞机所在点北方向之间的夹角是随时间变化的,假设该夹角在惯导初始校准时为 $K(0)$,则该角的变化规律为

$$\dot{K}(t)=-\left(\omega_{\mathrm{ie}}^{\mathrm{e}}\sin\varphi+\frac{V_{\mathrm{eg}x}^{\mathrm{g}}}{R+h}\mathrm{tg}\,\varphi\right)$$

$$K(t)=K(0)-\int_{0}^{t}\left(\omega_{\mathrm{ie}}^{\mathrm{e}}\sin\varphi+\frac{V_{\mathrm{eg}x}^{\mathrm{g}}}{R+h}\mathrm{tg}\,\varphi\right)\mathrm{d}t \tag{5-47}$$

5.4.2.2　飞机相对地球的运动加速度

加速度计是安装在平台台面上,测量沿自由方位平台三个轴向的加速度值,而自由系与地理系之间只是在水平面内差一个自由角 K,因此,在相对地球运动加速度的确定方面,可以先将自由系下加速度计测量的加速度值转换到飞机所在点的地理系下,再利用指北方位惯导系统比力值消除有害加速度的变换关系来计算东方向和北方向的加速度。

$$\begin{bmatrix}f_{x}^{\mathrm{g}}\\ f_{y}^{\mathrm{g}}\end{bmatrix}=\begin{bmatrix}\cos K & \sin K\\ -\sin K & \cos K\end{bmatrix}\begin{bmatrix}f_{x}^{\mathrm{k}}\\ f_{y}^{\mathrm{k}}\end{bmatrix} \tag{5-48}$$

由此可以得到在地理坐标系下,飞机相对于地球的运动加速度值。

$$\begin{aligned}\dot{V}_{\mathrm{eg}x}^{\mathrm{g}}&=f_{x}^{\mathrm{k}}\cos K+f_{y}^{\mathrm{k}}\sin K+2\omega_{\mathrm{ie}}^{\mathrm{e}}\sin\varphi\cdot V_{\mathrm{eg}y}^{\mathrm{g}}+\frac{V_{\mathrm{eg}x}^{\mathrm{g}}\cdot V_{\mathrm{eg}y}^{\mathrm{g}}}{R+h}\mathrm{tg}\,\varphi\\ \dot{V}_{\mathrm{eg}y}^{\mathrm{g}}&=-f_{x}^{\mathrm{k}}\sin K+f_{y}^{k}\cos K-2\omega_{\mathrm{ie}}^{\mathrm{e}}\sin\varphi\cdot V_{\mathrm{eg}x}^{\mathrm{g}}-\frac{(V_{\mathrm{eg}x}^{\mathrm{g}})^{2}}{R+h}\mathrm{tg}\,\varphi\end{aligned} \tag{5-49}$$

5.4.2.3　导航参数解算

1. 地速

式(5-49)是消除有害加速度后的飞机相对于地球的运动加速度在东向和北向的分量,将二者经过积分后即可得飞机在东向和北向的速度:

$$\begin{aligned}V_{\mathrm{eg}x}^{\mathrm{g}}&=\int_{0}^{t}\dot{V}_{\mathrm{eg}x}^{\mathrm{g}}\mathrm{d}t+V_{\mathrm{eg}x0}^{\mathrm{g}}\\ V_{\mathrm{eg}y}^{\mathrm{g}}&=\int_{0}^{t}\dot{V}_{\mathrm{eg}y}^{\mathrm{g}}\mathrm{d}t+V_{\mathrm{eg}y0}^{\mathrm{g}}\end{aligned} \tag{5-50}$$

式中, $V_{\mathrm{eg}x0}^{\mathrm{g}}$、$V_{\mathrm{eg}y0}^{\mathrm{g}}$ 为东向和北向的初始速度。可得飞机地速的大小为

$$V=\sqrt{(V_{\mathrm{eg}x}^{\mathrm{g}})^{2}+(V_{\mathrm{eg}y}^{\mathrm{g}})^{2}} \tag{5-51}$$

2. 位置

根据前面介绍的地理坐标系运动规律,可知飞机的位置为

$$\begin{aligned}\varphi&=\int_{0}^{t}\frac{V_{\mathrm{eg}y}^{\mathrm{g}}}{R+h}\mathrm{d}t+\varphi_{0}\\ \lambda&=\int_{0}^{t}\frac{V_{\mathrm{eg}x}^{\mathrm{g}}}{R+h}\sec\varphi\,\mathrm{d}t+\lambda_{0}\end{aligned} \tag{5-52}$$

式中，φ_0、λ_0 为飞机的初始纬度和经度。

3. 姿态、航向

由于自由方位惯导的平台模拟的坐标系是水平坐标系，即平台台面水平，因此，飞机的姿态角不需要计算，只需要利用平台上的俯仰、倾斜同步器即可测量出飞机的姿态角。

但由于自由坐标系并不指向北方向，而是与北方向之间有一个 K 角偏差。因此，航向角的解算需要先利用式(5-47)计算 K 值，同时利用航向同步器测量飞机纵轴相对平台方位轴转过的角度，二者矢量相加即为飞机的真航向角。

4. 其他导航参数

与指北方位惯导系统相同，根据计算的地速东向分量和北向分量即可计算出飞机地速与真北之间的夹角，这个角即为飞机的航迹角。根据地速的大小和方向，再利用大气数据系统测得的真空速，便可算出风速、风向角及偏流角。

真航向角经过磁差修正，可得出飞机的磁航向角。

5.4.2.4　自由方位惯导系统综合计算

自由方位惯导系统是在指北方位惯导系统的基础上，经过一定的坐标变换来实现导航参数和平台控制指令的计算，具体实现原理过程如图 5-44 所示。

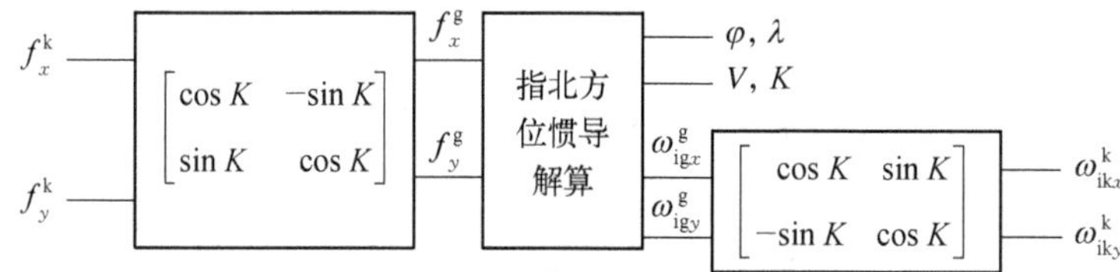

图 5-44　自由方位惯导系统计算原理

自由方位惯导系统的平台不进行方位轴的控制，避免了高纬度平台施矩太大的问题，但在 K 角的计算上，仍然存在高纬度的计算溢出问题。

5.4.3　游动方位惯导系统

从指北方位惯导系统方位指令角速率公式可以看出，引起高纬度平台施矩困难的主要因素是其第二部分，即由飞机飞行速度所引起的部分，地球自转角速度所引起的方位变化并不会发生急剧的变化，也不会引起计算溢出问题。因此，在游动方位惯导系统中，采取介于指北方位惯导系统和自由方位惯导系统之间的方位轴控制模式，即通过指令角速率控制平台方位轴仅跟踪地球自转所引起的变化(第一部分)，而忽略飞机飞行所引起的变化(第二部分)。这样，游动方位惯导系统可以克服指北方位惯导系统方位回路设计、方位指令计算的困难，进而实现全球导航，基本上不受极区的影响。但这也导致游动系与地理系在水平面内相差一个随飞机的飞行而变化的游动角 α。

如果按照自由方位惯导系统的思路，将加速度计的输出转换到地理坐标系下进行导航解算，则无法避开求解 $\mathrm{tg}\,\varphi$ 的问题，高纬度计算溢出的问题无法解决。为避免指北方位惯导系统和自由方位惯导系统的高纬度计算溢出问题，游动方位惯导系统在导航参数计算方面采取了与二者不同的方式。

5.4.3.1　飞机相对地球的运动加速度

游动方位惯导平台（游动系 α）与指北方位惯导平台（地理系）在水平面内相差一个游动角 α。根据式（5－39），可得游动坐标系下飞机相对于地球的运动加速度：

$$\dot{\boldsymbol{V}}_{e\alpha}^{\alpha} = \boldsymbol{f}^{\alpha} - (2\boldsymbol{\omega}_{ie}^{\alpha} + \boldsymbol{\omega}_{e\alpha}^{\alpha}) \times \boldsymbol{V}_{e\alpha}^{\alpha} + \boldsymbol{g}^{\alpha} \tag{5-53}$$

其中，$\boldsymbol{\omega}_{ie}^{\alpha} = C_e^{\alpha}\boldsymbol{\omega}_{ie}^{e}$，$C_e^{\alpha}$ 为地球坐标系与游动坐标系之间的变换矩阵，$C_e^{\alpha} = (C_{\alpha}^{e})^{-1}$。假设 $\boldsymbol{C}_e^{\alpha} = \begin{bmatrix} c_{11} & c_{12} & c_{13} \\ c_{21} & c_{22} & c_{23} \\ c_{31} & c_{32} & c_{33} \end{bmatrix}$，则地球自转角速度在游动坐标系下各轴向的分量为 $\begin{bmatrix} \omega_{iex}^{\alpha} \\ \omega_{iey}^{\alpha} \\ \omega_{iez}^{\alpha} \end{bmatrix} = \begin{bmatrix} c_{11} & c_{12} & c_{13} \\ c_{21} & c_{22} & c_{23} \\ c_{31} & c_{32} & c_{33} \end{bmatrix}\begin{bmatrix} 0 \\ 0 \\ \omega_{ie}^{e} \end{bmatrix}$。由于游动坐标系 $\omega_{e\alpha z}^{\alpha} = 0$，由式（5－53）获得飞机沿平台三个轴向的运动加速度：

$$\begin{aligned} \dot{V}_{e\alpha x}^{\alpha} &= f_x^{\alpha} - (2\omega_{ie}^{e}c_{23} + \omega_{e\alpha y}^{\alpha})V_{e\alpha z}^{\alpha} + \omega_{ie}^{e}c_{33}V_{e\alpha y}^{\alpha} \\ \dot{V}_{e\alpha y}^{\alpha} &= f_y^{\alpha} + (2\omega_{ie}^{e}c_{13} + \omega_{e\alpha x}^{\alpha})V_{e\alpha z}^{\alpha} - \omega_{ie}^{e}c_{33}V_{e\alpha x}^{\alpha} \\ \dot{V}_{e\alpha z}^{\alpha} &= f_z^{\alpha} + (2\omega_{ie}^{e}c_{23} + \omega_{e\alpha y}^{\alpha})V_{e\alpha x}^{\alpha} - (2\omega_{ie}^{e}c_{13} + \omega_{e\alpha x}^{\alpha})V_{e\alpha y}^{\alpha} - g \end{aligned} \tag{5-54}$$

考虑到垂直通道的不稳定性，在载体垂直速度不大的情况下，只考虑水平导航，式（5－54）可以简化为

$$\begin{aligned} \dot{V}_{e\alpha x}^{\alpha} &= f_x^{\alpha} + \omega_{ie}^{e}c_{33} \cdot V_{e\alpha y}^{\alpha} \\ \dot{V}_{e\alpha y}^{\alpha} &= f_y^{\alpha} - \omega_{ie}^{e}c_{33} \cdot V_{e\alpha x}^{\alpha} \end{aligned} \tag{5-55}$$

5.4.3.2　导航参数解算

1. 地速

式（5－55）给出消除有害加速度后飞机相对于地球的运动加速度，将二者积分后可得飞机沿平台水平轴向的速度：

$$\begin{aligned} V_{e\alpha x}^{\alpha} &= \int_0^t \dot{V}_{e\alpha x}^{\alpha}\mathrm{d}t + V_{e\alpha x0}^{\alpha} \\ V_{e\alpha y}^{\alpha} &= \int_0^t \dot{V}_{e\alpha y}^{\alpha}\mathrm{d}t + V_{e\alpha y0}^{\alpha} \end{aligned} \tag{5-56}$$

式中，$V_{e\alpha x0}^{\alpha}$、$V_{e\alpha y0}^{\alpha}$ 为飞机沿平台水平轴向的初始速度。飞机地速的大小为

$$V = \sqrt{(V_{e\alpha x}^{\alpha})^2 + (V_{e\alpha y}^{\alpha})^2} \tag{5-57}$$

2. 位置

为避免计算机计算溢出问题，游动方位惯导系统的位置计算首先计算方向余弦矩阵 C_e^{α}，再利用方向余弦矩阵求取飞机的位置及游动角 α。

根据地理坐标系与地球坐标系的定义，如果将地球坐标系 $ox_ey_ez_e$ 绕 oz_e 轴先转过 λ

角，得 $ox'_e y'_e z'_e$；再将 $ox'_e y'_e z'_e$ 绕 oy'_e 轴转过 $(90-\varphi)$ 角，得 $ox''_e y''_e z''_e$；再将 $ox''_e y''_e z''_e$ 绕 oz''_e 轴转过 90°角，得 $ox'''_e y'''_e z'''_e$，则 $ox'''_e y'''_e z'''_e$ 坐标系三个轴的指向与地理坐标系 $ox_g y_g z_g$ 三个轴的指向重合。根据本书第 1 章中坐标系变换关系介绍，地理坐标系与地球坐标系之间的转换矩阵为

$$\begin{bmatrix} x_g \\ y_g \\ z_g \end{bmatrix} = \boldsymbol{R}_3(90)\boldsymbol{R}_2(90-\varphi)\boldsymbol{R}_3(\lambda)\begin{bmatrix} x_e \\ y_e \\ z_e \end{bmatrix} = \boldsymbol{C}_e^g \begin{bmatrix} x_e \\ y_e \\ z_e \end{bmatrix} \tag{5-58}$$

$$\boldsymbol{C}_e^g = \begin{bmatrix} 0 & 1 & 0 \\ -1 & 0 & 0 \\ 0 & 0 & 1 \end{bmatrix} \begin{bmatrix} \sin\varphi & 0 & -\cos\varphi \\ 0 & 1 & 0 \\ \cos\varphi & 0 & \sin\varphi \end{bmatrix} \begin{bmatrix} \cos\lambda & \sin\lambda & 0 \\ -\sin\lambda & \cos\lambda & 0 \\ 0 & 0 & 1 \end{bmatrix}$$

$$= \begin{bmatrix} -\sin\lambda & \cos\lambda & 0 \\ -\sin\varphi\cos\lambda & -\sin\varphi\sin\lambda & \cos\varphi \\ \cos\varphi\cos\lambda & \cos\varphi\sin\lambda & \sin\varphi \end{bmatrix}$$

可以看出，矩阵 $\boldsymbol{C}_e^g$ 仅与飞机的位置 (φ,λ) 有关，因此也称位置矩阵。又由于地理坐标系与游动系之间相差一个游动角 α，因此游动坐标系与地球坐标系之间的转换关系如下：

$$\begin{bmatrix} x_\alpha \\ y_\alpha \\ z_\alpha \end{bmatrix} = \boldsymbol{R}_3(\alpha)\boldsymbol{C}_e^g \begin{bmatrix} x_e \\ y_e \\ z_e \end{bmatrix} = \boldsymbol{C}_e^\alpha \begin{bmatrix} x_e \\ y_e \\ z_e \end{bmatrix} \tag{5-59}$$

其中，

$$\boldsymbol{C}_e^\alpha = \begin{bmatrix} c_{11} & c_{12} & c_{13} \\ c_{21} & c_{22} & c_{23} \\ c_{31} & c_{32} & c_{33} \end{bmatrix}$$

$$= \begin{bmatrix} -\sin\alpha\sin\varphi\cos\lambda - \cos\alpha\sin\lambda & -\sin\alpha\sin\varphi\sin\lambda + \cos\lambda\cos\alpha & \sin\alpha\cos\varphi \\ -\cos\alpha\sin\varphi\cos\lambda + \sin\alpha\sin\lambda & \cos\alpha\sin\varphi\sin\lambda - \sin\alpha\cos\lambda & \cos\alpha\cos\varphi \\ \cos\varphi\cos\lambda & \cos\varphi\sin\lambda & \sin\varphi \end{bmatrix}$$

利用 $\boldsymbol{C}_e^\alpha$ 矩阵即可求得飞机的位置 (φ,λ) 及游动角 α：

$$\varphi = \sin^{-1}c_{33} \text{ 或 } \varphi = \mathrm{tg}^{-1}\frac{c_{33}}{\sqrt{c_{13}^2 + c_{23}^2}} \tag{5-60}$$

$$\lambda = \mathrm{tg}^{-1}\frac{c_{32}}{c_{31}} \tag{5-61}$$

$$\alpha = \mathrm{tg}^{-1}\frac{c_{13}}{c_{23}} \tag{5-62}$$

由于纬度的定义域为(−90°，+90°)，因此，φ 的主值即真值。而经度 λ 的定义域为

(−180°, +180°), α 的定义域为(0°, 360°),因此,这些参数的求取过程中存在象限判定问题。判定方法如表 5−1、表 5−2 所示。

表 5−1　λ 的计算

c_{31} 符号	$\lambda_{主}$ 符号	λ 真值	λ 所在象限
+	+	$\lambda_{主}$	0, 90°
−	−	$\lambda_{主}+180°$	90°, 180°
−	+	$\lambda_{主}-180°$	−180°, −90°
+	−	$\lambda_{主}$	−90°, 0°

表 5−2　α 的计算

c_{23} 符号	$\alpha_{主}$ 符号	α 真值	λ 所在象限
+	+	$\alpha_{主}$	0, 90°
−	−	$\alpha_{主}+180°$	90°, 180°
−	+	$\alpha_{主}+180°$	180°, 270°
+	−	$\alpha_{主}$	270°, 360°

转换矩阵 $\boldsymbol{C}_{e}^{\alpha}$ 反映了游动坐标系与地球系之间的关系,随着飞机位置及游动角的变化, $\boldsymbol{C}_{e}^{\alpha}$ 也随之变化。$\boldsymbol{C}_{e}^{\alpha}$ 可用式(5−63)计算求取:

$$\boldsymbol{C}_{e}^{\alpha}(t)=\boldsymbol{C}_{e}^{\alpha}(0)+\dot{\boldsymbol{C}}_{e}^{\alpha}(t)\cdot t \tag{5-63}$$

其中, $\dot{\boldsymbol{C}}_{e}^{\alpha}(t)=-\boldsymbol{\Omega}_{e\alpha}^{\alpha}\cdot\boldsymbol{C}_{e}^{\alpha}$, $\boldsymbol{\Omega}_{e\alpha}^{\alpha}=\begin{bmatrix}0 & \omega_{e\alpha z}^{\alpha} & -\omega_{e\alpha y}^{\alpha}\\ -\omega_{e\alpha z}^{\alpha} & 0 & \omega_{e\alpha x}^{\alpha}\\ \omega_{e\alpha y}^{\alpha} & -\omega_{e\alpha x}^{\alpha} & 0\end{bmatrix}$,由于游动方位惯导中, $\omega_{e\alpha z}^{\alpha}=0$,因此, $\boldsymbol{\Omega}_{e\alpha}^{\alpha}=\begin{bmatrix}0 & 0 & -\omega_{e\alpha y}^{\alpha}\\ 0 & 0 & \omega_{e\alpha x}^{\alpha}\\ \omega_{e\alpha y}^{\alpha} & -\omega_{e\alpha x}^{\alpha} & 0\end{bmatrix}$。

只要计算得到 $\omega_{e\alpha x}^{\alpha}$ 和 $\omega_{e\alpha y}^{\alpha}$,就可求得矩阵 $\boldsymbol{C}_{e}^{\alpha}$。由于地球是一个椭球体,游动坐标轴向的曲率半径求取复杂,直接利用角速度与线速度之间的关系来求取 $\omega_{e\alpha x}^{\alpha}$ 和 $\omega_{e\alpha y}^{\alpha}$ 比较困难。因此, $\omega_{e\alpha x}^{\alpha}$ 和 $\omega_{e\alpha y}^{\alpha}$ 的计算通常是首先将平台的运动速度 $V_{e\alpha x}^{\alpha}$ 和 $V_{e\alpha y}^{\alpha}$ 转换为地理坐标系下的 V_{egx}^{g} 和 V_{egy}^{g},利用 V_{egx}^{g} 和 V_{egy}^{g} 求得地理坐标系下的角速度信号 ω_{egx}^{g} 和 ω_{egy}^{g},再将其转换为游动平台系下的角速度 $\omega_{e\alpha x}^{\alpha}$ 和 $\omega_{e\alpha y}^{\alpha}$。

根据地理系与游动系之间的关系,将游动系下计算的飞机速度转化到地理系下:

$$\begin{aligned}V_{egx}^{g}&=V_{e\alpha x}^{\alpha}\cos\alpha-V_{e\alpha y}^{\alpha}\sin\alpha\\ V_{egy}^{g}&=V_{e\alpha x}^{\alpha}\sin\alpha+V_{e\alpha y}^{\alpha}\cos\alpha\end{aligned} \tag{5-64}$$

利用线速度求得坐标地理系下的角速度信号：

$$\begin{aligned}\omega_{egx}^{g} &= -\frac{V_{egy}^{g}}{R_N} \\ \omega_{egy}^{g} &= \frac{V_{egx}^{g}}{R_E}\end{aligned} \tag{5-65}$$

其中，R_N 和 R_E 分别是地球参考椭球子午面和卯酉面的主曲率半径[参见式(1-1)、(1-2)]，将式(5-64)代入式(5-65)，可得地理系下的角速率方程：

$$\begin{aligned}\omega_{egx}^{g} &= -\frac{V_{e\alpha x}^{\alpha}\sin\alpha + V_{e\alpha y}^{\alpha}\cos\alpha}{R_N} \\ \omega_{egy}^{g} &= \frac{V_{e\alpha x}^{\alpha}\cos\alpha - V_{e\alpha y}^{\alpha}\sin\alpha}{R_E}\end{aligned} \tag{5-66}$$

转化为游动坐标系下的角速度与速度之间的关系

$$\begin{aligned}\begin{bmatrix}\omega_{e\alpha x}^{\alpha} \\ \omega_{e\alpha y}^{\alpha}\end{bmatrix} &= \begin{bmatrix}\cos\alpha & \sin\alpha \\ -\sin\alpha & \cos\alpha\end{bmatrix}\begin{bmatrix}\omega_{egx}^{g} \\ \omega_{egy}^{g}\end{bmatrix} \\ &= \begin{bmatrix} -\left(\dfrac{1}{R_N}-\dfrac{1}{R_E}\right)\sin\alpha\cos\alpha & -\left(\dfrac{\cos^2\alpha}{R_N}+\dfrac{\sin^2\alpha}{R_E}\right) \\ \dfrac{\cos^2\alpha}{R_E}+\dfrac{\sin^2\alpha}{R_N} & \left(\dfrac{1}{R_N}-\dfrac{1}{R_E}\right)\sin\alpha\cos\alpha \end{bmatrix}\begin{bmatrix}V_{e\alpha x}^{\alpha} \\ V_{e\alpha y}^{\alpha}\end{bmatrix}\end{aligned} \tag{5-67}$$

3. 姿态、航向

由于游动方位惯导的平台模拟的坐标系是水平坐标系，即平台台面水平，因此，飞机姿态角不需要计算，只需要利用平台上的俯仰、倾斜同步器即可测量出飞机姿态角。

但由于坐标系并不指北，而是与北方向之间有一个 α 角偏差。因此，航向角需要利用式(5-62)确定 α 角，同时测量飞机纵轴相对平台方位轴的转角，二者矢量相加即为飞机的真航向角：

$$\psi_{真} = \pm\psi_{cp} \pm \alpha \tag{5-68}$$

4. 其他导航参数

与指北方位惯导相似，游动方位惯导可算出飞机的航迹角、风速、风向角及偏流角，经过磁差修正，可得出飞机的磁航向角。

5.4.3.3 游动方位平台指令角速率

由于游动方位平台只跟踪地球自转所引起的方位变化，因此，游动方位惯导平台的指令控制角速率计算公式如下：

$$\begin{bmatrix}\omega_{i\alpha x}^{\alpha} \\ \omega_{i\alpha y}^{\alpha} \\ \omega_{i\alpha z}^{\alpha}\end{bmatrix} = \boldsymbol{C}_{e}^{\alpha}\begin{bmatrix}0 \\ 0 \\ \omega_{ie}^{e}\end{bmatrix} + \begin{bmatrix}\omega_{e\alpha x}^{\alpha} \\ \omega_{e\alpha y}^{\alpha} \\ \omega_{e\alpha z}^{\alpha}\end{bmatrix} = \begin{bmatrix}\omega_{ie}^{e}\cos\varphi\sin\alpha + \omega_{e\alpha x}^{\alpha} \\ \omega_{ie}^{e}\cos\varphi\cos\alpha + \omega_{e\alpha y}^{\alpha} \\ \omega_{ie}^{e}\sin\varphi\end{bmatrix} \tag{5-69}$$

可以用游动坐标系的方向余弦矩阵参量来表示为

$$
\begin{aligned}
\omega_{i\alpha x}^{\alpha} &= \omega_{ie}^{e} \cdot c_{13} + \omega_{e\alpha x}^{\alpha} \\
\omega_{i\alpha y}^{\alpha} &= \omega_{ie}^{e} \cdot c_{23} + \omega_{e\alpha y}^{\alpha} \\
\omega_{i\alpha z}^{\alpha} &= \omega_{ie}^{e} \cdot c_{33}
\end{aligned} \tag{5-70}
$$

5.4.3.4　游动方位惯导系统计算综合

在不考虑垂直通道的情况下，游动方位惯导系统导航算法实现的完整过程如图 5-45 所示。

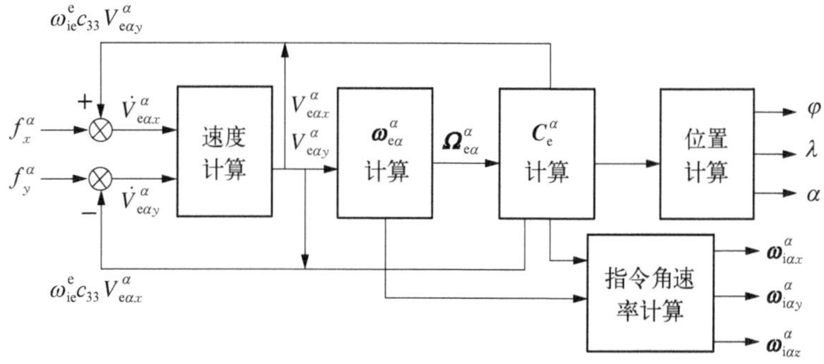

图 5-45　游动方位惯导系统计算原理

游动方位惯导系统克服了指北方位惯导系统平台控制回路和方位指令计算实施困难的问题，可进行全球导航，基本不受极区影响。

5.4.4　平台式惯导系统的初始校准

惯导系统中飞机的速度和位置是利用测得的加速度经过积分计算得到的，而积分计算需要知道初始条件，如初始速度和位置。惯导系统正常工作前首先需要进行校准。平台式惯性导航系统的校准包括：给定系统的初始速度和初始位置；惯导平台的初始对准；陀螺仪的测漂和定标。初始速度和位置的引入比较容易，在静基座（载体停在地面不动）的情况下，默认初始速度为零，初始位置为当地的经度、纬度。在动基座情况下，初始条件一般由外界（如 GPS 接收机）提供。静基座下，初始速度和位置的给定通常通过人机接口输入导航计算机。陀螺仪的测漂和定标在陀螺性能比较稳定的情况下，不一定每次启动都要进行。惯导平台的初始对准则是每次系统启动进入导航工作状态前都要进行。平台是加速度计的测量基准，平台误差会引起加速度测量误差，从而影响导航精度。平台在指令角速率控制下跟踪导航坐标系的前提是平台的初始位置必须在起始点导航坐标系下。因此，要求平台的初始对准要有足够的精度。

平台的初始对准就是调整平台的三个轴，使平台坐标系与导航坐标系对准，对准过程是一个物理过程。对准的方法主要有两类：自主对准与非自主对准。非自主对准是将外部参考基准通过光学或机电的办法引入平台，根据外部参考基准进行对准，这一过程要有地面设施的支持，费时、费力，缺乏有效的机动和灵活性；自主对准是利用惯导系统本身的加速度计和陀螺仪测量重力加速度 g 和地球自转角速度 ω_{ie} 的分量，利用这些参数调整控制平台，实现平台的自主式对准。自主对准加强了惯导系统的自主性、隐蔽性。从惯导系统功能的完善性和使用的方便性出发，也要求其在定位的同时具有自主对准的功能。机载惯导系统都具备自主对准的能力。

平台的初始对准按对准内容可分为水平对准和方位对准；按对准的精度可分为粗对准和精对准。惯导平台首先进行粗对准，在这一步骤中，对准精度没有严格要求，但要求对准速度快，尽快将平台对准在一定的精度范围内，为精对准提供良好的基础。精对准中，主要以对准精度为目标。

平台式惯导系统的自主对准原理基本相似，本节以指北方位惯导系统的初始对准为例，介绍平台式惯导系统的对准方法与过程。指北方位惯导系统的初始对准，就是通过实施对准程序使平台坐标系与地理系重合。这个对准过程主要完成两方面的内容：水平对准和方位罗经对准。水平对准负责将平台自动调整到水平面内，方位罗经对准负责将平台方位轴对准到北方向。

5.4.4.1　指北方位惯导平台的粗对准

水平粗对准利用加速度计测量重力加速度在平台两个水平轴向的分量，由此确定平台台面偏离水平面的误差角，该误差信号经过积分放大后发送给陀螺的控制电机，使陀螺绕相应的轴进动，信号器检测到陀螺轴与平台轴间的相对转动，发送信号给平台轴驱动电机，利用电机带动平台绕相应的轴向水平面方向转动。

如图 5－46 所示，以平台 y 轴方向的调水平为例，如果平台沿 y 轴方向不水平，偏离角为 θ，则该轴向的加速度计会感受到重力加速度在其轴向的分量 $g\sin\theta$，加速度信号经过积分器的积分计算，得到该方向的速度信号，速度信号除以曲率半径得到角速度信号，角速度信号使上陀螺外框轴的控制电机产生相应大小和方向的力矩，使上陀螺绕其内框轴进动，陀螺的进动信号使俯仰稳定电机产生沿 x 轴的力矩信号，平台在该力矩的作用下绕 x 轴转动，直至 y 轴转动到基本水平的位置。同理，平台 x 轴方向的调水平是由 x 轴方向的加速度计和 y 轴方向的陀螺控制回路配合完成的。

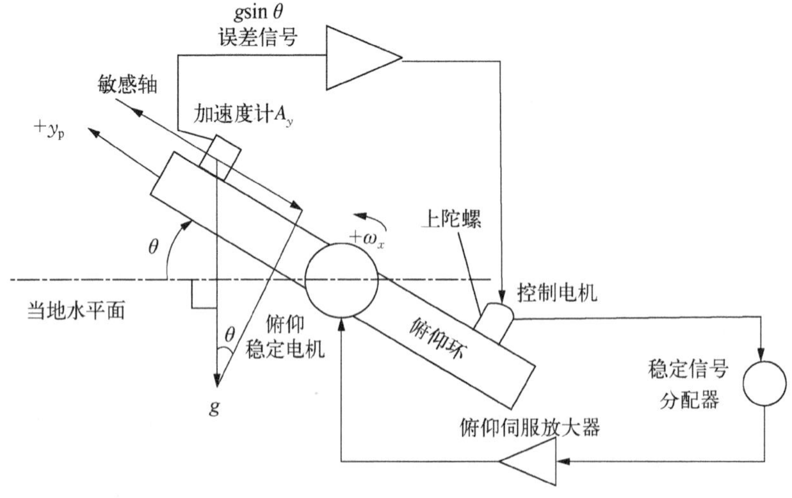

图 5－46　指北方位惯导平台的水平粗对准

如图5-47所示，平台的水平粗对准完成后进行方位粗对准。方位粗对准利用东向陀螺来感受地球自转角速度的北向分量在其测量轴向的分量来实现。根据5.4.1.1小节中的分析可知，地球自转角速度在水平面内东方向的分量为0。因此，如果水平粗对准后的东向陀螺可以感受到角速度信号，则说明平台坐标系与地理坐标系之间存在方位偏差，将陀螺信号器检测到的信号发送给方位控制电机，使其控制平台绕方位轴转动，直至东向陀螺感受到的地球自转角速度分量为0。此时，平台的水平轴就基本对准到北方向和东方向。

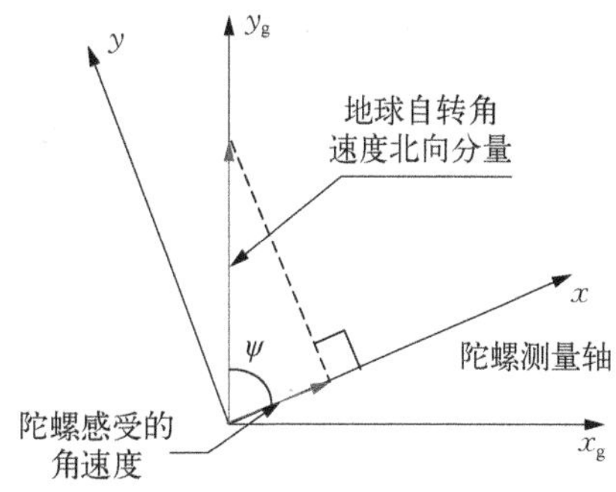

图5-47　指北方位惯导平台的方位粗对准

5.4.4.2　指北方位惯性导航精对准

由于加速度计和陀螺都存在死区、零点漂移、比例因子不稳定等误差，这使得惯导平台在粗对准后不可能精确地对准到地理坐标系上，需要进一步精对准。

根据平台对准的控制回路，由陀螺和加速度计误差导致的平台误差角传播路径如图5-48所示。以图5-48(a)为例，如果北向加速度计有测量误差，则其信号经积分器积分后会产生北向的速度误差，该速度误差产生的修正信号误差与东向陀螺的误差，以及平台方位误差被一并发送给陀螺控制电机来控制平台的转动，导致平台北向轴出现水平偏差。图5-48(b)为东向加速度计和北向陀螺误差导致的平台东向轴水平偏差。

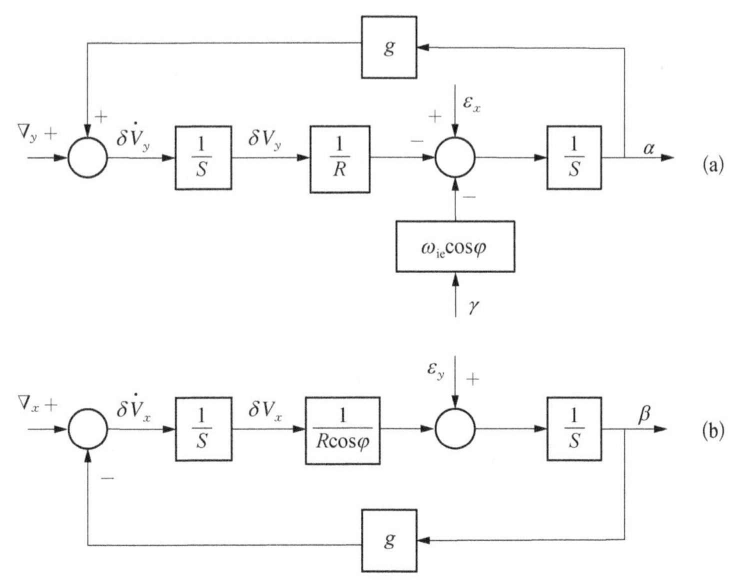

图5-48　指北方位惯导平台水平误差回路

可以看出，水平对准回路是一个二阶无阻尼振荡回路。平台的水平误差角是一个周期为84.4 min的无阻尼等幅振荡误差角，如图5-49所示。

要减小该误差，需要降低其振幅，缩短振荡周期，并消除其静态误差。平台的精对准

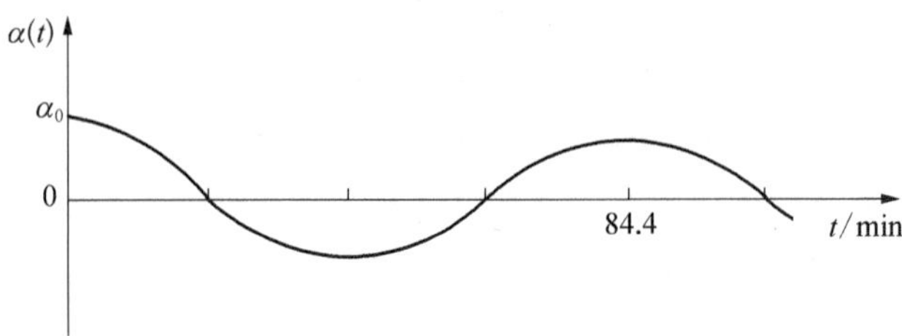

图 5-49　指北方位惯导平台水平方向误差特性

过程首先将该无阻尼振荡回路变为有阻尼振荡回路,降低误差的振幅。在积分器两端增加一个传递系数为 k_1 的比例环节,将加速度计积分环节的输出信号经 k_1 反馈到加速度计的输入端,使积分环节变为惯性环节 $1/(s+k_1)$,系统变为有阻尼的衰减系统,如图 5-50 所示。平台误差角的振幅不断衰减,趋于平衡位置。这称为指北方位惯导系统水平精对准的一阶精对准。此时平台误差角逐渐衰减,但振荡周期仍为 84.4 min,即对准速度缓慢,如果平台初始误差角较大,则需要较长时间才能平衡,无法满足对准快速性的需求。

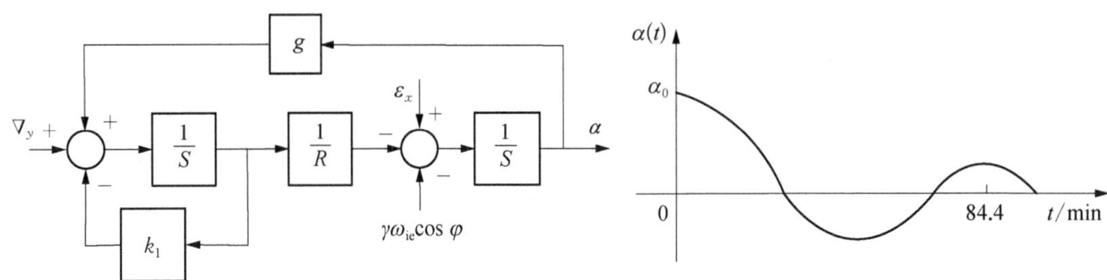

图 5-50　一阶精对准回路及误差角变化

控制回路中比例环节 $1/R$ 的值影响振荡周期的大小。为加快对准速度,缩短振荡周期,在 $1/R$ 环节上并联一个 k_2/R 环节,则原来的 $1/R$ 环节变为 $(1+k_2)/R$。调整 k_2 即可使振荡角频率加快,缩短误差角振荡周期。这称为指北方位惯导系统的二阶精对准,如图 5-51 所示。

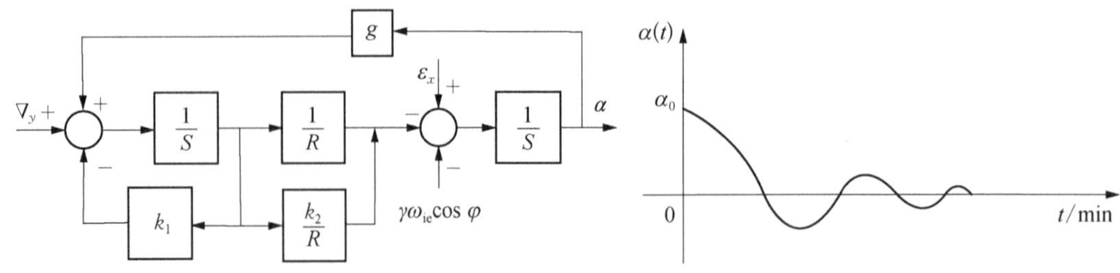

图 5-51　二阶精对准回路及误差角变化

三阶水平精对准是在二阶水平精对准的基础上,增加一个积分环节 k_3/s(图 5-52)。三阶水平精对准可以减小系统稳态误差。选择合适的 k_1、k_2 和 k_3 来使三阶水平精对准回路满足惯导系统对准精度和对准时间的要求。

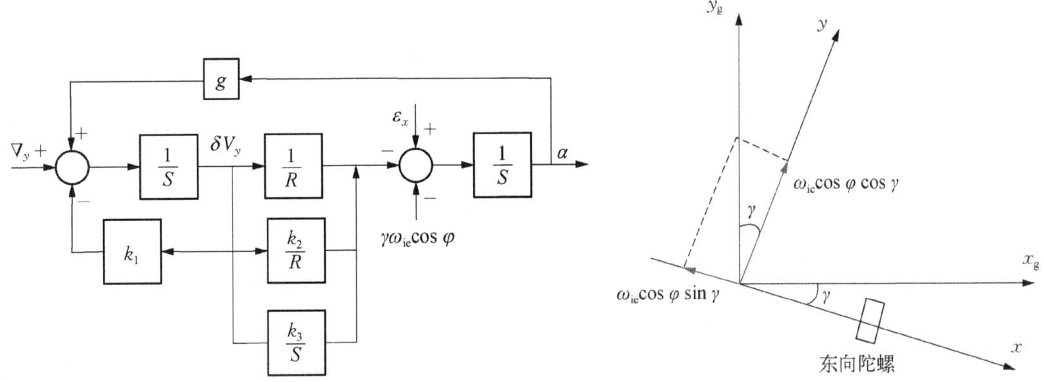

图 5-52　三阶精对准回路　　**图 5-53　指北方位惯导系统的交叉耦合**

北向水平对准回路中存在交叉耦合项。如图 5-53 所示,交叉耦合项是由于平台的方位轴没有对准真北方向而出现的方位角误差 γ 产生的。所谓交叉耦合,是指东向陀螺本来只感受东向轴的角速度,但由于 γ 的存在,导致地球自转角速度北向分量耦合到东向轴上。东向陀螺感受到此耦合项后,会去控制平台绕横向稳定轴转动,导致产生水平误差角。

平台方位角误差通过交叉耦合项与平台水平误差角紧密相连,方位误差角越大,则水平误差角也越大,将交叉耦合项对惯导平台调水平的影响称为罗经效应。利用罗经效应可以控制方位轴自动找北。图 5-54 为利用罗经效应实现方位精对准。

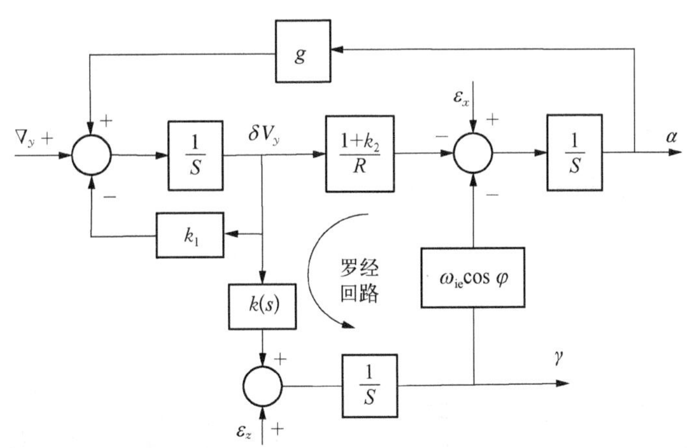

图 5-54　利用罗经效应实现方位精对准

当平台的 y 轴与地理系的 y_g 轴之间存在方位角误差时,通过罗经效应,使平台绕 x 轴转动,产生水平误差角(φ_x),导致北向加速度计输出误差($g\sin\varphi_x \approx g\varphi_x$),经积分器积分产生速度误差。可见,速度误差是平台方位误差角的一种表现。

方位罗经对准利用速度误差作为控制信号,设计一个控制环节去控制方位陀螺,使方位误差角不断减小,直至到达误差允许的范围。方位罗经对准的实现是基于平台水平误差角和方位误差角之间的关联关系,这种关联在二阶精对准回路中实现。此时的水平误差经过一、二阶精对准后已经大大减小。因此,平台的精对准过程是在水平一阶、二阶精对准完成后进行方位罗经对准,三阶精对准在最后实施。

5.5 捷联式惯导系统

随着计算机和微电子技术的迅猛发展,利用计算机的强大解算功能来代替机电平台系统成为可能。20 世纪 60 年代初,捷联式惯导系统(strap down inertial navigation system, SINS)发展起来。1969 年,捷联惯导系统作为阿波罗 13 号登月飞船的应急备份装置,在其服务舱发生爆炸时将飞船成功地引导到返回地球轨道的过程中起到了决定性作用,成为捷联式惯导系统发展的一个里程碑。

捷联式惯性导航是将惯性测量元件(陀螺仪和加速度计)直接装在飞行器、舰艇、导弹等需要诸如姿态、速度、航向等导航信息的载体上,通过计算机强大的计算能力将测量信号变换为导航参数的一种导航技术。

惯性传感器直接安装到载体上,工作环境变差,设备对传感器特别是陀螺仪的性能要求大大提高。一般的陀螺仪无法满足捷联式惯导系统的技术要求,需要采用精度更高的陀螺仪,如动力调谐挠性陀螺、激光陀螺或光纤陀螺。

20 世纪 90 年代,激光陀螺捷联惯导系统就已广泛应用于波音公司、空客公司的系列民机和各种战斗机中,精度达到 1.85 km/h 的量级。激光陀螺惯导系统平均故障间隔时间的延长使得其寿命期费用只有普通惯导系统的 15%~20%。而光纤陀螺由于其检测灵敏度和分辨率高(10^{-7} rad/s)、启动时间短(瞬间启动)、动态范围宽、结构简单、零部件少、体积小、造价低、可靠性高等优点,被越来越广泛地应用到捷联惯导系统中,新型飞机大部分采用了基于光纤陀螺的捷联惯导系统,其平均故障间隔时间可高达 20 000 h。

5.5.1 捷联式惯导系统基本原理

捷联式惯导系统是在平台式惯导系统的基础上发展而来的,由角速率陀螺仪、线加速度计和微型计算机组成(图 5-55)。

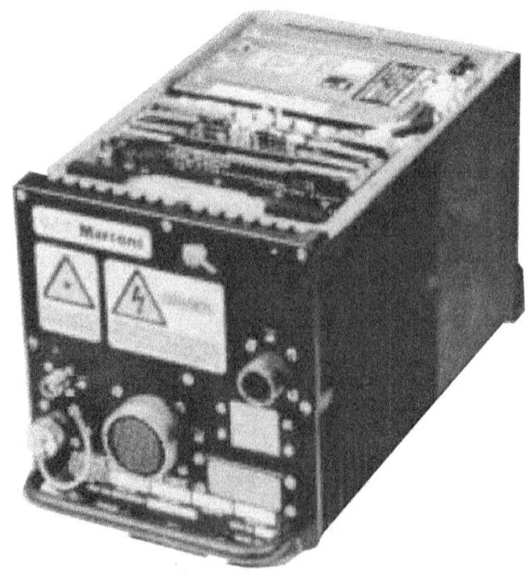

图 5-55 捷联式惯性基准组件

平台式惯导系统有实体的物理平台，飞机姿态角可以直接通过平台环架间的相对转动来读取。而捷联式惯导系统的陀螺和加速度计直接固连在载体上，在计算机内建立一个数学平台来取代机电平台的功能，飞行器的姿态数据通过计算机计算得到，该计算过程被称为“数学平台”，这是捷联式惯导系统与平台式惯导系统的根本区别。

数学平台具有电气机械平台的功能，但没有复杂的机械结构，使得捷联式惯导系统的质量大大减轻，故障率下降，维护工作也比平台式惯导简单得多。数学平台代替机电平台，加大了计算机的工作量，但计算机的快速发展使捷联惯导系统的功能及其可靠性都能达到满意的结果。

捷联式惯导系统的工作原理如图 5－56 所示。图中内虚线框部分就是捷联式惯导系统的“数学平台”。方向余弦矩阵(姿态矩阵)起到平台式惯导系统中机电平台的作用，将加速度计测量的沿机体坐标系的加速度值转换到平台坐标系上。导航解算部分为姿态矩阵的计算提供所需要的信息，类似陀螺稳定平台中的指令角速率，利用该数据及相应的计算方法就可以实时得到方向余弦矩阵。此外，数学平台中的姿态计算模块可以计算出飞机的姿态角和航向角。

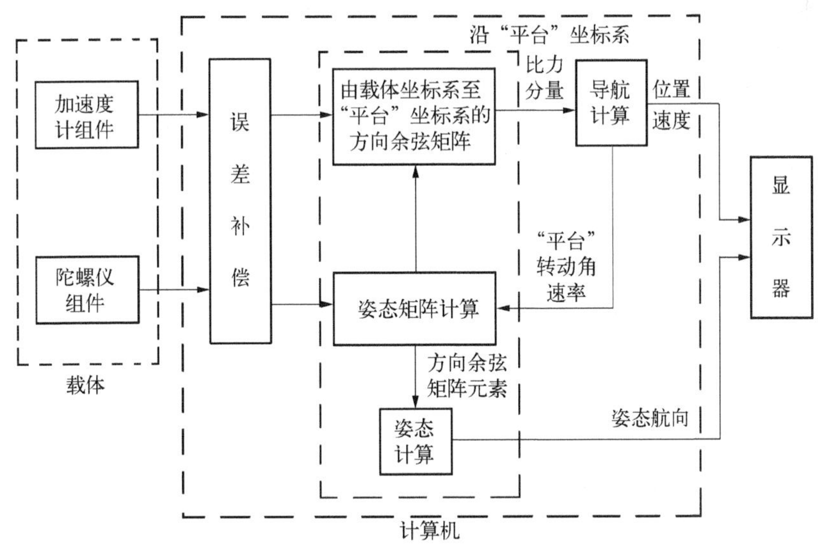

图 5－56　捷联式惯导系统原理图

捷联式惯导系统中，将导航计算所选定的平台坐标系称为导航坐标系，导航坐标系可以是地理坐标系或游动坐标系。本节以导航坐标系为地理系为例介绍捷联式惯导系统的工作原理。

加速度计测得的机体坐标系下的加速度值经数学平台转换为导航坐标系下的加速度分量。利用转换后的加速度值，导航计算机可按照平台式惯导系统中导航参数的计算方法来计算飞机的速度、位置等信息。

5.5.1.1　姿态矩阵

由于陀螺和加速度计都是直接安装到载体上，所测得的参数都是机体坐标系下的值。加速度计测量的是机体坐标系相对于惯性空间的加速度在机体坐标系下的比力值 f_{ib}^{b}，陀螺测量的是机体坐标系相对于惯性空间的转动角速度在机体坐标系下的角速度值 ω_{ib}^{b}。陀螺仪组件和加速度计组件测量的信号经误差补偿后进入到数学平台中进行方向余弦矩阵及飞机姿态角的计算。

对捷联式惯导系统来说，导航计算机首先要将机体系下的比力值 $\boldsymbol{f}_{ib}^{b}$ 转换为导航坐标系(n 系)下的运动加速度值 $\boldsymbol{a}_{ib}^{n}$，即实现参数由机体坐标系到导航坐标系的变换。这一转换由方向余弦矩阵 $\boldsymbol{C}_{b}^{n}$ 完成，而 $\boldsymbol{C}_{b}^{n}$ 需要利用陀螺仪的输出 $\boldsymbol{\omega}_{ib}^{b}$ 计算得到。

当导航坐标系选定为地理坐标系时，方向余弦矩阵所描述的就是机体坐标系与地理坐标系之间的关系，即机体系与地理系之间的转换矩阵 $\boldsymbol{C}_{b}^{g}$，该矩阵仅与飞机的姿态角、航向角有关系，此时的方向余弦矩阵又可称之为姿态矩阵。当导航坐标系选定为游动系或自由系时，则方向余弦矩阵不仅与飞机的姿态角、航向角有关，还与游动角 α、自由角 K 有关。

可以看出，只要能够计算出方向余弦矩阵，捷联式惯性导航系统就可以实现导航计算。因此，捷联式惯导系统原理中主要介绍姿态矩阵的计算。如果导航坐标系选定为自由系或游动系，则可以根据地理系与自由系或游动系之间的转换关系，将姿态矩阵进一步转换为方向余弦矩阵。

姿态矩阵实际上就是机体坐标系与地理坐标系之间的变换关系。将机体坐标系绕其 OZ_b 轴转过航向角 ψ，即可得到坐标 $OX_b'Y_b'Z_b'$，将 $OX_b'Y_b'Z_b'$ 坐标系绕 OX_b' 轴转过倾斜角 γ，得到坐标 $OX''_bY''_bZ''_b$，将 $OX''_bY''_bZ''_b$ 坐标系绕 OY''_b 轴转过俯仰角 θ，得到 $OX'''_bY'''_bZ'''_b$，$OX'''_bY'''_bZ'''_b$ 坐标与地理坐标系重合。由此可得机体坐标系与地理坐标系之间的矩阵变换关系。

$$
\begin{aligned}
\begin{bmatrix} X_g \\ Y_g \\ Z_g \end{bmatrix} &= \boldsymbol{R}_2(\theta)\boldsymbol{R}_1(\gamma)\boldsymbol{R}_3(\psi)\begin{bmatrix} X_b \\ Y_b \\ Z_b \end{bmatrix} \\
&= \begin{bmatrix} \cos\theta & 0 & -\sin\theta \\ 0 & 1 & 0 \\ \sin\theta & 0 & \cos\theta \end{bmatrix}\begin{bmatrix} 1 & 0 & 0 \\ 0 & \cos\gamma & \sin\gamma \\ 0 & -\sin\gamma & \cos\gamma \end{bmatrix}\begin{bmatrix} \cos\psi & -\sin\psi & 0 \\ \sin\psi & \cos\psi & 0 \\ 0 & 0 & 1 \end{bmatrix}\begin{bmatrix} X_b \\ Y_b \\ Z_b \end{bmatrix} \\
&= \begin{bmatrix} \cos\psi\cos\theta + \sin\psi\sin\theta\sin\gamma & \cos\psi\sin\theta\sin\gamma - \sin\psi\cos\theta & -\cos\gamma\sin\theta \\ \sin\psi\cos\gamma & \cos\gamma\cos\psi & -\sin\gamma \\ \cos\psi\sin\theta - \sin\psi\sin\gamma\cos\theta & -\sin\psi\sin\theta - \cos\psi\sin\gamma\cos\theta & \cos\theta\cos\gamma \end{bmatrix}\begin{bmatrix} X_b \\ Y_b \\ Z_b \end{bmatrix} \\
&= \boldsymbol{C}_b^g\begin{bmatrix} X_b \\ Y_b \\ Z_b \end{bmatrix}
\end{aligned}
\tag{5-71}
$$

$\boldsymbol{C}_b^g$ 为机体系到地理系的变换矩阵，该矩阵为正交矩阵，$(\boldsymbol{C}_b^g)^{-1} = (\boldsymbol{C}_b^g)^{\mathrm{T}} = \boldsymbol{C}_g^b$，$\boldsymbol{C}_b^g$ 的元素是飞机姿态角及航向角的函数，利用该矩阵可以计算：

$$\psi = \operatorname{arctg}\frac{c_{21}}{c_{22}}$$

$$\theta = -\operatorname{arctg}\frac{c_{13}}{c_{33}}$$

$$\gamma = -\arcsin c_{23}$$

5.5.1.2　姿态矩阵实时修正算法

为实现导航参数的计算,捷联式惯导系统需要实时计算、修正姿态矩阵。描述两个坐标系之间方位关系的方法有多种,如三参数法、四参数法、九参数法、三角函数法及等效转动矢量法等。姿态矩阵可以利用上述方法进行计算。

1. 三参数法

三参数法也称欧拉角法,由欧拉在 1776 年提出。飞机(机体系)相对参考坐标系(地理系)的角度关系可以由机体坐标系依次绕三个不同的轴转动三个角(俯仰角、倾斜角、航向角)来确定。这样机体坐标系相对地理坐标系的转动角速度的矢量 $\boldsymbol{\omega}_{\mathrm{gb}}^{\mathrm{b}}$ 可以表示为

$$\boldsymbol{\omega}_{\mathrm{gb}}^{\mathrm{b}} = \dot{\boldsymbol{\psi}} + \dot{\boldsymbol{\theta}} + \dot{\boldsymbol{\gamma}} \tag{5-72}$$

将角速度 $\boldsymbol{\omega}_{\mathrm{gb}}^{\mathrm{b}}$ 变为沿机体坐标系的投影形式:

$$\begin{bmatrix}\omega_{\mathrm{gb}x}^{\mathrm{b}}\\ \omega_{\mathrm{gb}y}^{\mathrm{b}}\\ \omega_{\mathrm{gb}z}^{\mathrm{b}}\end{bmatrix} = \begin{bmatrix}\cos\theta\sin\gamma & \cos\gamma & 0\\ -\sin\theta & 0 & 1\\ -\cos\theta\cos\gamma & \sin\gamma & 0\end{bmatrix}\begin{bmatrix}\dot{\psi}\\ \dot{\theta}\\ \dot{\gamma}\end{bmatrix} \tag{5-73}$$

对上式中矩阵求逆便可得到

$$\begin{aligned}\begin{bmatrix}\dot{\psi}\\ \dot{\theta}\\ \dot{\gamma}\end{bmatrix} &= \begin{bmatrix}\cos\theta\sin\gamma & \cos\gamma & 0\\ -\sin\theta & 0 & 1\\ -\cos\theta\cos\gamma & \sin\gamma & 0\end{bmatrix}^{-1}\begin{bmatrix}\omega_{\mathrm{gb}x}^{\mathrm{b}}\\ \omega_{\mathrm{gb}y}^{\mathrm{b}}\\ \omega_{\mathrm{gb}z}^{\mathrm{b}}\end{bmatrix}\\ &= \frac{1}{\cos\theta}\begin{bmatrix}\sin\gamma & 0 & -\cos\gamma\\ \cos\theta\cos\gamma & 0 & \cos\theta\sin\gamma\\ \cos\theta\sin\gamma & \cos\theta & -\cos\gamma\cos\theta\end{bmatrix}\begin{bmatrix}\omega_{\mathrm{gb}x}^{\mathrm{b}}\\ \omega_{\mathrm{gb}y}^{\mathrm{b}}\\ \omega_{\mathrm{gb}z}^{\mathrm{b}}\end{bmatrix}\end{aligned} \tag{5-74}$$

式(5-74)便是欧拉角方程,利用该方程积分后便可求得飞机姿态角及航向角,代入式(5-71)便可求得姿态矩阵 $\boldsymbol{C}_{\mathrm{b}}^{\mathrm{g}}$。

与其他算法相比,三参数法需要求解的方程个数少,求得的姿态矩是正交矩阵,不需要进行正交化处理。但在进行数值积分时,计算的工作量大。此外,俯仰角 $\theta = \pm 90°$ 时,该算法会出现"奇点",不适合全姿态计算。同时该算法的漂移误差较大,在捷联式惯导姿态矩阵计算中使用的较少。

2. 四参数法

由理论力学的知识可知,绕定点转动的刚体的角位置可以通过依次转过三个欧拉角的三次转动而获得,也可以通过绕某一瞬时轴转过某个角度的一次转动而获得,如图

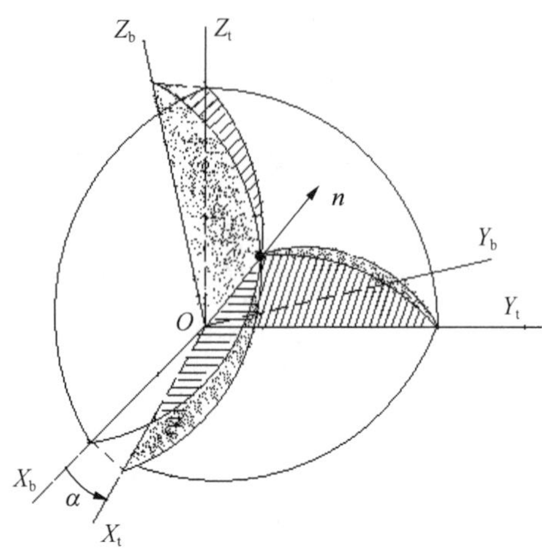

图 5-57　刚体转动问题

5-57 所示。对于后一种方式,可以采用四参数法来解决刚体定位问题。

四参数法也就是使用最广泛的四元数法。四元数理论由哈密尔顿于 1943 年首次提出,其思想类似平面问题使用复数来解决。先求解姿态四元数微分方程,再由姿态四元数确定航向角和姿态角。

虽然四元数法需要四个微分方程,较欧拉角微分方程多一个方程,但数值计算只需进行加减乘除运算,计算量比欧拉角法少很多,且仅需要进行简单的四元数规范化处理便可以保证姿态矩阵的正交性,因而四元数法成为捷联式惯导系统普遍采用的一种姿态矩阵计算方法。

四元数是一个带实系数的一阶四元数组,是一个四维空间中的矢量,四元数 $\boldsymbol{Q}$ 可以写成 $\boldsymbol{Q}=q_0+q_1\boldsymbol{i}+q_2\boldsymbol{j}+q_3\boldsymbol{k}$ 的形式。q_0、q_1、q_2、q_3 为四个实数,$\boldsymbol{i}$、$\boldsymbol{j}$、$\boldsymbol{k}$ 为四元数的三个虚数单位的基,是一个正交的基。也可以写成矢量形式:$\boldsymbol{Q}=[q_0 \quad q_1 \quad q_2 \quad q_3]^{\mathrm{T}}$。

若有两个四元数($\boldsymbol{Q}=[q_0 \quad q_1 \quad q_2 \quad q_3]^{\mathrm{T}}$ 和 $\boldsymbol{P}=[p_0 \quad p_1 \quad p_2 \quad p_3]^{\mathrm{T}}$)相乘,则可以得到第三个四元数($\boldsymbol{N}=[n_0 \quad n_1 \quad n_2 \quad n_3]^{\mathrm{T}}$),用矩阵形式表示为

$$\begin{bmatrix} n_0 \\ n_1 \\ n_2 \\ n_3 \end{bmatrix}=\begin{bmatrix} q_0 & -q_1 & -q_2 & -q_3 \\ q_1 & q_0 & -q_3 & q_2 \\ q_2 & q_3 & q_0 & -q_1 \\ q_3 & -q_2 & q_1 & q_0 \end{bmatrix}\begin{bmatrix} p_0 \\ p_1 \\ p_2 \\ p_3 \end{bmatrix}$$

如果空间矢量某一瞬时绕欧拉轴 on 转动一个角度 α(图 5-57),用 $\boldsymbol{n}$ 表示欧拉轴向的单位矢量,则转动四元数 $\boldsymbol{Q}$ 可以用 $\boldsymbol{n}$ 和 α 两个参数来描述:

$$\boldsymbol{Q}=\cos\frac{\alpha}{2}+\boldsymbol{n}\sin\frac{\alpha}{2}$$

惯性导航中,假设在 t 时刻机体坐标系 $OX_bY_bZ_b$ 以角速度 $\boldsymbol{\omega}_t$ 相对地理坐标系 $OX_gY_gZ_g$ 转动,则机体系(动坐标系)和地理系(参考坐标系)之间的变换四元数是时间的函数。用 $\boldsymbol{Q}(t)$ 表示 t 时刻的四元数,$\boldsymbol{Q}(t+\Delta t)$ 表示 $t+\Delta t$ 时刻的四元数,则 $\boldsymbol{Q}(t+\Delta t)$ 与 $\boldsymbol{Q}(t)$ 有如下关系:

$$\boldsymbol{Q}(t+\Delta t)=\left(1+\frac{1}{2}\omega_t\Delta t\right)\cdot\boldsymbol{Q}(t)$$

$$\dot{\boldsymbol{Q}}(t)=\lim\frac{\boldsymbol{Q}(t+\Delta t)-\boldsymbol{Q}(t)}{\Delta t}=\frac{1}{2}\omega_t\boldsymbol{Q}(t)$$

由此,

$$\begin{bmatrix}\dot{q}_0\\\dot{q}_1\\\dot{q}_2\\\dot{q}_3\end{bmatrix}=\frac{1}{2}\begin{bmatrix}0 & -\omega_{gbx}^{b} & -\omega_{gby}^{b} & -\omega_{gbz}^{b}\\\omega_{gbx}^{b} & 0 & \omega_{gbz}^{b} & -\omega_{gby}^{b}\\\omega_{gby}^{b} & -\omega_{gbz}^{b} & 0 & \omega_{gbx}^{b}\\\omega_{gbz}^{b} & \omega_{gby}^{b} & -\omega_{gbx}^{b} & 0\end{bmatrix}\begin{bmatrix}q_0\\q_1\\q_2\\q_3\end{bmatrix}$$

利用四元数的矩阵链乘法可写出姿态四元数更新的递推式：

$$q_{b}^{g}(m)=q_{b}^{g}(m-1)q_{gb(m)}^{gb(m-1)} \tag{5-75}$$

其中，$q_{b}^{g}(m)$ 是 t_m 时刻的姿态四元数；$q_{b}^{g}(m-1)$ 是 t_{m-1} 时刻的姿态四元数；$q_{gb(m)}^{gb(m-1)}$ 是以地理系 g 系为参考坐标系时，机体系 b 系从 t_{m-1} 时刻到 t_m 时刻的变换四元数，它的计算和 $\omega_{gb}^{b}(t)$ 有关。

$q_{gb(m)}^{gb(m-1)}$ 的计算利用到载体坐标系相对于导航坐标系的转动角速度 $\omega_{gb}^{b}(t)$，记 $\boldsymbol{\eta}$ 是从 t_{m-1} 时刻到 t_m 时刻载体坐标系 b 相对于地理坐标系 g 的等效旋转矢量，则

$$\boldsymbol{\eta}_m=\int_{m-1}^{m}\omega_{gb}^{b}(t)\,\mathrm{d}t=\int_{m-1}^{m}[\omega_{ib}^{b}(t)-C_{g}^{b}(t)\omega_{ig}^{g}(t)]\,\mathrm{d}t$$

由于 $\omega_{m}^{g}(t)$ 相对于 ω_{ib}^{b} 来说变化很小，若认为 $C_{g}^{b}(t)$ 和 $\omega_{ig}^{g}(t)$ 在 $t_{m-1}\leqslant t\leqslant t_m$ 时间内基本不变，并取为 t_{m-1} 时刻的值，则有

$$\boldsymbol{\eta}_m\approx\int_{m-1}^{m}\omega_{ib}^{b}(t)\,\mathrm{d}t-C_{g}^{b}(m-1)\omega_{ig}^{g}(m-1)T_m$$

其中，$C_{g}^{b}(m-1)$ 是 t_{m-1} 时刻的姿态矩阵逆矩阵；$\omega_{ig}^{g}(m-1)$ 是 t_{m-1} 时刻导航坐标系相对于惯性空间的转动角速度，T_m 是计算周期，都是已知量，并且记

$$\boldsymbol{\varphi}_m=\int_{m-1}^{m}\omega_{ib}^{b}(t)\,\mathrm{d}t$$

$\boldsymbol{\varphi}_m$ 的计算可用不同子样数角增量算法，得到 $\boldsymbol{\eta}_m$。利用变换四元数和等效旋转矢量之间的转换关系式即可求得 $q_{gb(m)}^{gb(m-1)}$，完成姿态的更新。

3. 九参数法

九参数法又称方向余弦法。方向余弦法是用矢量的方向余弦来表示姿态矩阵的方法。方向余弦矩阵是随时间变化的，其变换规律用微分方程来描述，即时值可以通过求解该微分方程得到。

转换矩阵 $\boldsymbol{C}_{b}^{g}$ 反映了机体系与地理系之间的关系，方向余弦法随着飞机姿态角的变化，通过累加的方式计算求取 C_{b}^{g}：

$$\boldsymbol{C}_{b}^{g}(t)=\boldsymbol{C}_{b}^{g}(0)+\dot{\boldsymbol{C}}_{b}^{g}(t)\cdot\Delta t$$

其中，$\dot{\boldsymbol{C}}_{b}^{g}(t)=\boldsymbol{\Omega}_{gb}^{gK}\cdot\boldsymbol{C}_{b}^{g}$，$\boldsymbol{\Omega}_{gb}^{gK}$ 为反对称矩阵；$\boldsymbol{\Omega}_{gb}^{gK}=-\boldsymbol{\Omega}_{bg}^{gK}$。且 $\boldsymbol{\Omega}_{gb}^{gK}=\begin{bmatrix}0 & \omega_{gbz}^{g} & -\omega_{gby}^{g}\\-\omega_{gbz}^{g} & 0 & \omega_{gbx}^{g}\\\omega_{gby}^{g} & -\omega_{gbx}^{g} & 0\end{bmatrix}$。通常用一阶线性化的方程来求解转换矩阵，$\boldsymbol{C}_{b}^{g}(t)=(\boldsymbol{I}-$

$\boldsymbol{\Omega}_{\mathrm{bg}}^{\mathrm{g}K}\Delta t)\boldsymbol{C}_{\mathrm{b}}^{\mathrm{g}}(0)$。

方向余弦法求解姿态矩阵避免了欧拉角法的方程退化，可以全姿态工作。但方向余弦矩阵具有九个元素，所以解算矩阵微分方程时，实际是解算九个联合微分方程，计算工作量比较大。

5.5.2 捷联式惯导系统初始校准

与平台式惯导系统相同，捷联式惯导系统在进入导航计算之前也要进行对准。捷联式惯性导航系统初始对准的关键问题是要在较短的时间内计算出满足精度要求的方向余弦矩阵 $\boldsymbol{C}_{\mathrm{b}}^{\mathrm{g}}(0)$。捷联式惯性导航系统利用加速度计和激光陀螺来测量地球重力加速度矢量 $\boldsymbol{g}$ 和地球自转速率 $\boldsymbol{\omega}_{\mathrm{ie}}$ 矢量在各测量轴向的分量，计算飞机的俯仰角、倾斜角和真航向角，代入方向余弦矩阵表达式，计算 $\boldsymbol{C}_{\mathrm{b}}^{\mathrm{g}}(0)$，实现系统的自主式对准。

初始对准的要求包括精度和快速两个方面。为满足精度要求，惯性传感器应具有尽可能高的精度和稳定性，系统能对外界干扰不敏感，即整个系统的鲁棒性好。为提高捷联式惯导系统的精度，系统的初始对准应能对陀螺漂移、加速度计零位误差及它们的标度系数进行测定和补偿。要使系统具有较好的抗干扰能力，还经常采用频谱技术和滤波技术，从时域和频率域上将有用信息和干扰信息进行分离。上述措施的实现，都需要容量大、速度快的计算机提供保证。精度和快速性需求是一对矛盾体，为尽可能兼顾两方面的要求，捷联惯导一般的设计原则是在保证初始对准精度的前提下设法缩短对准时间。

与平台式惯导系统初始对准类似，捷联式惯导系统的初始对准也有粗对准和精对准两个阶段。粗对准阶段利用加速度计测量的重力加速度分量和陀螺测得的地球自转角速度分量估算飞机的姿态角及航向角，由此计算方向余弦矩阵，大约需要一分钟。粗对准的精度为：方位角在几度以内，两个水平角在 1 度以内。精对准是在粗对准的基础上，根据惯性传感器误差特性及输出信息，利用一定的算法（如卡尔曼滤波等）精确计算姿态角及航向角误差，从而建立准确的初始变换矩阵 $\boldsymbol{C}_{\mathrm{b}}^{n}(0)$，为导航计算提供精确的初始条件。

5.5.2.1 捷联式惯导系统粗对准

捷联式惯导系统的粗对准是利用加速度计和陀螺来快速确定飞机的俯仰角、倾斜角及航向角。校准期间，飞机需要停在地面上不能移动，即沿飞机机体的三个轴没有运动加速度和角速率。此时不考虑加速度计和陀螺的误差，也不考虑对准时飞机的动态干扰，如风、振动等因素。因此，粗对准所建立的姿态矩阵的精度不高，主要是解决对准的快速性。

静基座情况下，当机体相对于水平面有俯仰角和倾斜角时，飞机纵轴与横轴方向的加速度计将分别感受到重力加速度矢量 g 在其测量轴上的分量。

$$a_x = g\sin\theta$$

$$a_y = g\sin\gamma$$

由此可以计算出飞机的俯仰角和倾斜角。

$$\theta = \arcsin\frac{a_x}{g} \tag{5-76}$$

$$\gamma = \arcsin \frac{a_y}{g} \tag{5-77}$$

粗对准利用陀螺测量的角速度值计算飞机航向角。假设飞机航向为 ψ 角,则地球自转角速率在飞机纵轴水平方向的分量为 $\omega_{ie}\cos\varphi\cos\psi$,在飞机横轴水平方向的分量为 $\omega_{ie}\cos\varphi\sin\psi$。将飞机纵轴及横轴方向的陀螺仪测量的角速度值分解到水平面内,即可求得飞机航向角。

$$\frac{\omega_y\cos\gamma}{\omega_x\cos\theta} = \frac{\omega_{ie}\cos\varphi\sin\psi}{\omega_{ie}\cos\varphi\cos\psi}$$

由此可得飞机的航向角为

$$\psi = \text{arctg}\frac{\omega_y\cos\gamma}{\omega_x\cos\theta} \tag{5-78}$$

其中,ω_x、ω_y 分别为飞机横轴与纵轴方向的陀螺仪测得的角速度。

同时还可以求得飞机所在处的纬度:

$$\varphi = \arccos\frac{\omega_y\cos\gamma}{\omega_{ie}\sin\psi} \tag{5-79}$$

可见,捷联惯导系统的初始对准不仅可以确定飞机的初始姿态角和航向角,还可以计算飞机所在的纬度。机载惯性基准系统通常利用该纬度值与初始校准期间外部输入的纬度值相比较来判定输入数据的正误或惯性基准组件的好坏。

5.5.2.2　捷联式惯导系统精对准

在粗对准的基础上,进一步估测加速度计和陀螺的误差,对系统误差进行补偿以提高姿态角和航向角的计算精度,这就是精对准。利用现代控制论和卡尔曼滤波技术对陀螺和加速度计及全系统进行误差补偿是一种成功的方法。精对准的目的是使估算出的水平精度(俯仰、倾斜)和航向精度达到设计指标要求。

捷联式惯导系统计算的姿态矩阵 $\hat{\boldsymbol{C}}_b^g$ 与真实姿态矩阵 $\boldsymbol{C}_b^g$ 的误差,可以直接用数学平台的误差角来表示。当误差角较小时,可以通过小量角矩阵来修正 $\hat{\boldsymbol{C}}_b^g$ 与 $\boldsymbol{C}_b^g$ 之间的误差。根据式(1-7)可得修正后的姿态矩阵为

$$\boldsymbol{C}_b^g = \begin{bmatrix} 1 & \gamma & -\beta \\ -\gamma & 1 & \alpha \\ \beta & -\alpha & 1 \end{bmatrix} \hat{\boldsymbol{C}}_b^g$$

其中,α、β、γ 分别为数学平台计算的姿态角误差。捷联惯导系统初始精对准的基本思路是:利用卡尔曼滤波方法,通过加速度计和陀螺仪的量测值,进行姿态角误差估计,对姿态矩阵进行更新补偿。

5.6　大气数据惯性基准系统

现代大型商用飞机通常利用惯导系统进行飞机姿态、航向、速度及位置的测量,为飞

行控制系统控制飞机的姿态及轨迹提供参考基准及依据,因此,商用飞机上的惯导系统通常也被称为惯性基准系统(IRS)。

由于算法的原因,惯导系统垂直通道的导航误差随时间的增长而增大,且误差增长速度较快,因此,单独的惯导系统的垂直导航功能一般不使用。而大气数据系统利用气压参数可以较好地确定飞机高度,且误差不随时间的变化而变化。因此,民航飞机通常将大气数据系统与惯性基准系统集成到一个设备中,通过组合导航算法,利用气压高度对惯性高度进行修正,确保其输出高度的精度,这就是大气数据惯性基准组件(ADIRU),它与相关的传感器、显示控制面板及方式选择组件共同组成大气数据惯性基准系统(ADIRS)。使用激光陀螺的惯性基准系统的可靠性比较高,根据200万飞行小时的统计,平均无故障时间(MTBF)超过7 500小时。

5.6.1 大气数据惯性基准系统的组成

大气数据惯性基准系统主要由大气数据惯性基准组件(ADIRU)、方式选择组件(MSU)、惯导系统显示组件(ISDU)、IRU主告诫组件、大气传感器等组成(图5-58)。不同飞机装备设备的台套数会有一定的差别,如有的飞机装备两套ADIRS,有的飞机则装备三套。

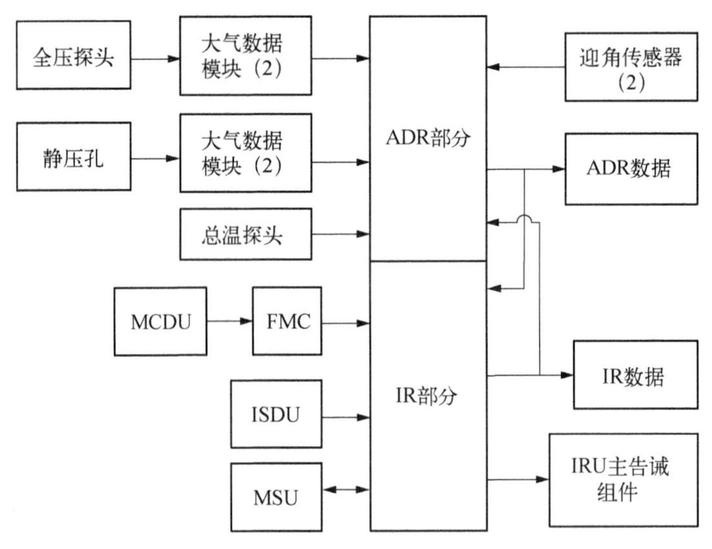

图5-58 ADIRS基本组成

全压探头和静压孔的ADM为ADIRU提供全压和静压信息,用于计算飞机的空速、马赫数、气压高度、升降速度等;迎角传感器提供迎角信息来修正全压和静压误差;TAT探头提供总温信号。当使用防冰加热组件时,加热组件向ADIRU发送离散信号,用于ADIRU修正迎角传感器、全压探头、总温探头的测量误差。ISDU提供惯导校准所需要的初始位置和航向数据,并显示有关参数。MSU选择ADIRU的工作模式,并显示其工作状态。

每个ADIRU使用三个加速度计和三个激光陀螺来计算IR数据。送往ADIRU的初始位置信息来自 ISDU 或 FMC。ADIRU 计算并利用 ARINC 429 数据总线为相关的系统传送大气数据和惯性基准信息。惯导系统主告诫组件向驾驶舱主告诫系统发送故障离散信号。

1. 大气数据惯性基准组件(ADIRU)

图5-59为大气数据惯性基准组件。ADIRU 包含 ADR 和 IR 两部分。ADR 主要计算各种空速和气压高度。IR 主要计算飞机姿态、当前位置、地速、航向等数据。利用二者的数据,ADIRU 还可以提供风向、风速、航迹、待飞时间、待飞距离等参数。

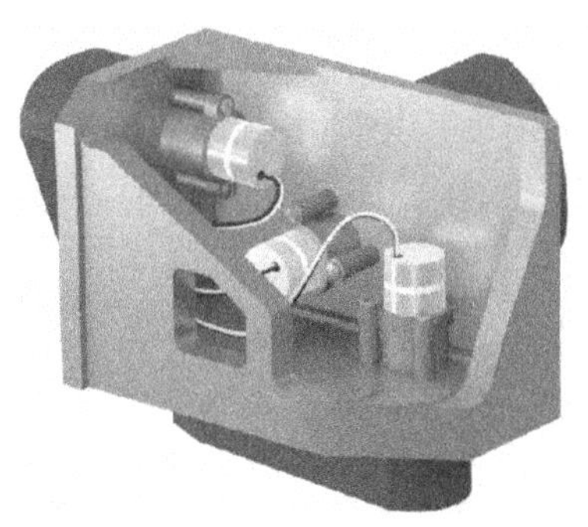

图5-59 大气数据惯性基准组件

ADIRU 设备前面板通常有测试按钮,利用它可对设备进行测试。测试可在地面维护、也可在校准方式时进行,但在姿态方式和地速大于 20 kn 的导航方式时不能进行测试。

陀螺和加速度计在惯性基准组件内沿机体三个轴向安装。IR 部分对陀螺和加速度计的输出信号进行误差补偿,建立姿态矩阵并实时修正,计算姿态参数。加速度的信号经过坐标变换,进行水平和垂直导航参数解算。

2. 方式选择组件(MSU)

MSU 用于选择 IR 的工作方式,向 ADIRU 发送模式选择指令,并接收 ADIRU 或 IRS 主告诫组件的信息,显示其工作状态或故障指示。

每套 ADIRS 在 MSU 上都有对应的方式选择旋钮和状态指示灯,有几套 ADIRS,就有几套方式选择旋钮和状态指示灯。如图5-60所示,方式选择旋钮一般有四个位置,分别对应关断(OFF)、校准(ALIGN)、导航(NAV)和姿态(ATT)四种工作模式。有的飞机上方式选择旋钮只有三个位置:关断(OFF)、导航(NAV)和姿态(ATT),没有校准(ALIGN)位置,这种情况下,当旋钮从关断(OFF)位转到导航(NAV)位时,系统首先进入校准模式进行初始校准,校准完成后,自

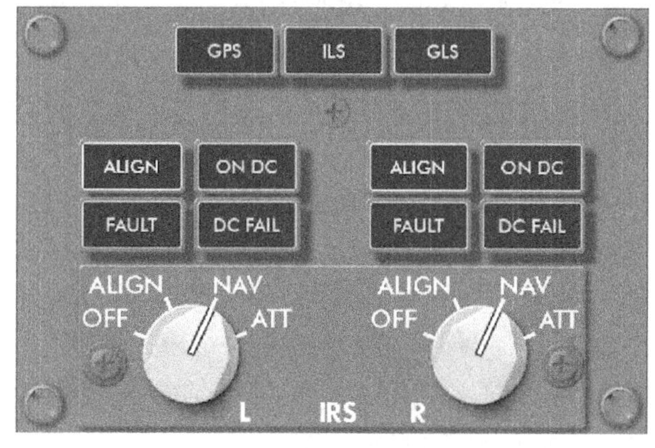

图5-60 B737方式选择组件(MSU)面板

动进入导航模式。

每套ADIRS有四个通告牌，用来显示IR的工作或故障状态。对准(ALIGN)通告牌在对准过程约需要亮十几分钟，这期间对准通告牌一直亮，如果对准工作程序失效，则对准通告牌闪亮。如果IR故障，则系统故障(FAULT)灯亮，该灯的颜色为琥珀色。

当飞机的115 V、400 Hz交流电源失效，ADIRU使用备用电瓶供电时，直流供电(ON DC)通告牌亮，提醒机组人员IR由备用电瓶供电，备用电瓶通常只能为惯导系统供电15~20 min。当备用电瓶供电电压下降到18 V时，电瓶故障(DC FAIL)通告牌亮，表示电瓶已不能保持惯性基准系统正常工作。

MSU上部有GPS、ILS、GLS三个故障提醒灯，分别为GPS、ILS和GLS接收机的故障灯。这些系统接收机出现故障时，通过IRU主告诫组件点亮相应的琥珀色故障灯。

3. 惯导系统显示组件(ISDU)

ISDU主要用于数据输入、系统状态通告和导航信息选择显示。包括两个选择旋钮、两个显示窗和一套键盘，如图5-61所示。

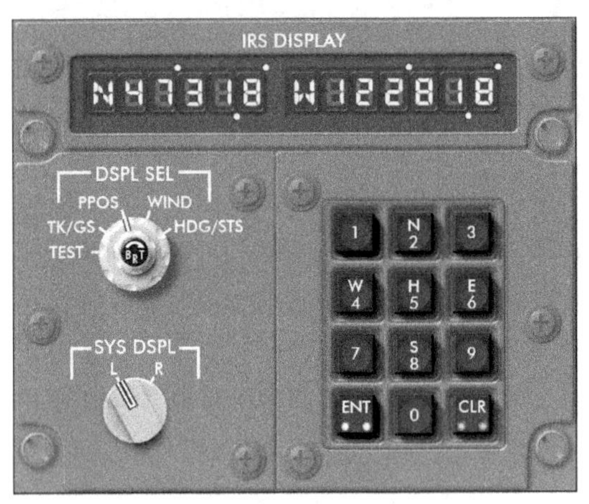

图5-61 B737惯导系统显示组件面板

系统选择(SYS DSPL)旋钮用来选择为显示窗提供显示信息的惯性基准系统。显示选择旋钮(DSPL SEL)用来选择显示在左右显示窗的导航参数，该旋钮上有一同轴的亮度调节旋钮，可用来调节显示窗的亮度。显示选择旋钮共有五个档位：选择TEST档位且飞机在地面时，可以进行系统测试；选择TK/GS档位时，左右显示窗分别显示航迹角和地速信息；选择PPOS档位时，左右显示窗分别显示飞机当前的经度和纬度；选择WIND档位时，左右显示窗分别显示风向和风速；选择HDG/STS档位时，左显示窗显示飞机航向角，右显示窗显示状态信息，如果IR处于校准过程中，右显示窗显示校准的剩余时间或校准故障的状态号，如果ADIRS部件出现故障，则右显示窗显示故障代码。

故障代码对应ADIRS部件和信号的状态。当有两个或更多的代码出现时，ISDU的CLR键灯点亮。此时，按压CLR键可按顺序显示这些代码。

ADIRS故障代码来自ADIRU，SYS DSPL旋钮在L位时，显示左ADIRU的代码。在R位时，显示右ADIRU的代码。相关故障代码的含义如表5-3所示。

字母数字键盘用于IR初始校准时输入飞机的经纬度，或在姿态模式下输入磁航向信息。飞机初始位置的输入也可以通过飞行管理计算机的MCDU来完成。

表5-3 ADIRS 故障代码

故障代码	故障原因	故障代码	故障原因
01	ISDU FAIL	24	NO AOA REF SIGNAL
02	IR FAILURE	26	NO BARO 3 REF SIGNAL
03	EXCESSIVE MOTION	27	NO PITOT ADM DATA
04	ALIGN FAULT	28	NO STATIC ADM DATA
07	ADR DATA INVLD	29	NO BARO 1 DATA
08	ENTER PPOS	30	NO BARO 2 DATA
09	ENTER HEADING	31	NO IR DATA
10	ISDU POWER LOSS	32	PITOT ADM DATA INVLD
18	NO ADR DATA	33	STATIC ADM DATA INVLD
19	IR PROG PIN INVLD	34	BARO 1 DATA INVLD
20	ADR FAIL	35	BARO 2 DATA INVLD
21	ADR PROG PIN INVLD	36	BARO 3 DATA INVLD
22	TAT PROBE SIGNAL FAIL	37	IR DATA INVLD
23	AOA SIGNAL FAIL	38	AIR/GND LOGIC INVLD

4. IRU 主告诫组件

IRU 主告诫组件监控来自 ADIRU 的 ON DC、IR FAULT 和 DC FAIL 逻辑，监控来自 GPS 接收机的故障逻辑，当这些系统出现故障时，IRU 主告诫组件将相应的逻辑信号发送到 MSU，点亮 MSU 上相应的故障灯。

5. IRS 转换开关

仪表转换组件上有 IRS 的转换开关，用来选择提供惯性基准（IR）数据的 ADIRU，以便在其中一个 ADIRU 故障时能通过转换开关切换到另一套 ADIRU 的 IR，为相关系统提供 IR 数据。IRS 转换开关的切换不影响大气数据基准（ADR）的信号。

IRS 转换开关是一个三位置电门，分别是正常位（NORMAL）、全部用左（BOTH ON L）、全部用右（BOTH ON R）（图5-62）。开关在正常（NORMAL）位时会发送离散信号给使用 IR 数据的相关部件，告诉它们使用正常的 IR 数据来源，即本侧 IR 数据；如果开关转换到 BOTH ON L 或 BOTH ON R 位置，则告诉部件使用左侧 IR 数据或使用右侧 IR 数据。IRS 转换开关在“BOTH ON L”或“BOTH ON R”时，显示电子组件（DEU）在显示器上显示“INSTR SWITCH（仪表电门）”信息。

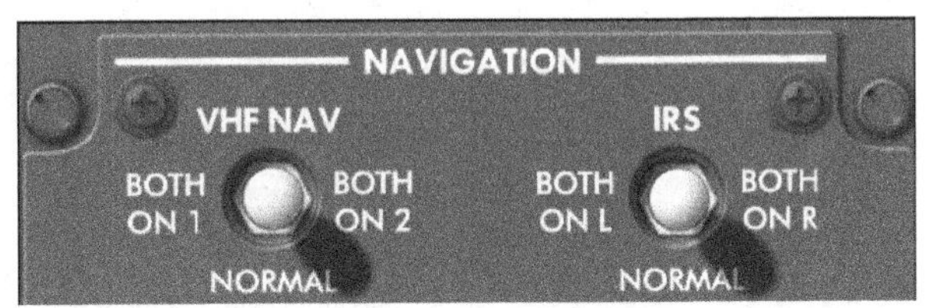

图5-62 IRS 转换电门

6. 飞机个性化模块（airplane personality module, APM）

当惯性基准组件不是安装在飞机重心位置时，飞机姿态及航向变化时的杆臂效应会导致加速度计的测量值出现误差。不同机型中，ADIRU 的安装位置偏离飞机重心位置不同，杆臂效应所引起的误差也不同。为进一步提高惯性基准系统的导航精度，减小由于安装位置的不同而造成的误差，B787 飞机为每一个 IRU 及航姿基准组件（attitude heading reference unit, AHRU）都配备了一个 APM，用于存储安装误差和相关的配置数据。

5.6.2 惯性基准的工作方式

惯性基准系统主要有校准、导航、姿态和断开四种工作方式。MSU 的方式选择旋钮在校准（ALIGN）位时，IR 进入校准模式；在导航（NAV）位时，IR 进入导航模式，可以提供导航参数；在姿态（ATT）位时，IR 进入姿态模式，只提供姿态和航向信号。飞行中，若 IR 的导航功能计算出现故障，可选用这种方式，某些飞行计划也可选用这种方式。

5.6.2.1 校准模式

校准模式下，IR 部分各轴向的加速度计和陀螺根据测量的重力加速度和地球自转角速度的分量，计算确定当地的地垂线和真北方向，并估算出当地的纬度。

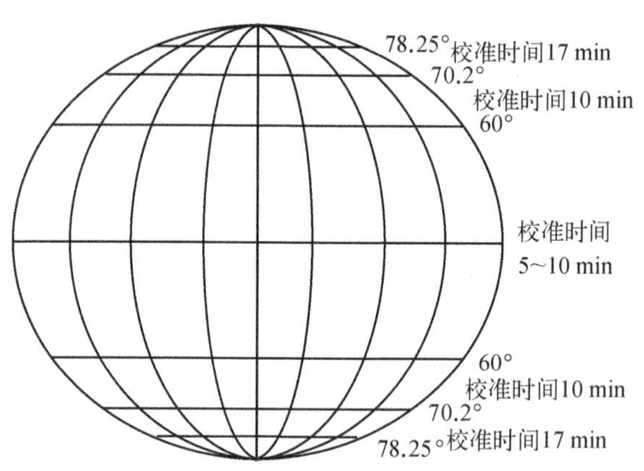

图 5-63 ADIRS 校准时间

IR 校准所需要的时间与飞机所在纬度有关。在赤道附近最短，约为 5 min；在南北纬 78.25°附近最大，约为 17 min；在南北纬 60°之间的校准时间不超过 10 min；纬度 60°～70.2°的校准时间为 10 min 左右；纬度在 70.2°～78.25°的校准时间为 17 min。纬度超过南北纬 78.25°时，IR 将无法校准（图 5-63）。

IR 的校准有正常校准和快速校准两种模式。

1. 正常校准

如图 5-64 所示，将 MSU 的方式选择旋钮从 OFF 位转到 ALIGN 位或 NAV 位，IR 进入正常校准模式。最开始，此时，直流供电（ON DC）指示灯亮 5 s，IR 运行电瓶测试程序，检查直流备用电瓶的电压。如果电压正常，5 s 后，ON DC 指示灯熄灭，ALIGN 指示灯亮，IR 进入校准模式。如果电瓶电压过低，则 DC FAIL 灯亮。

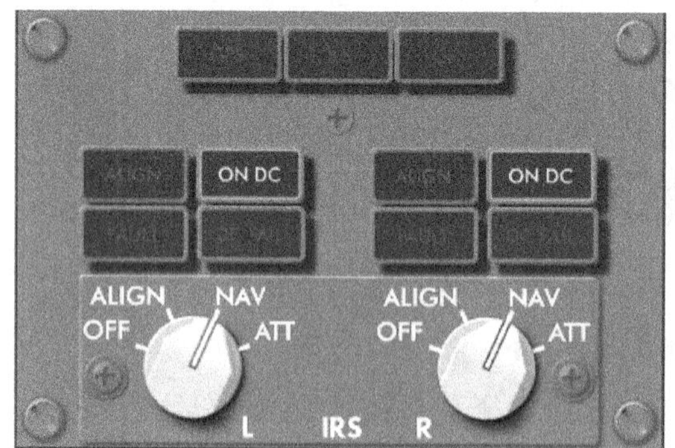

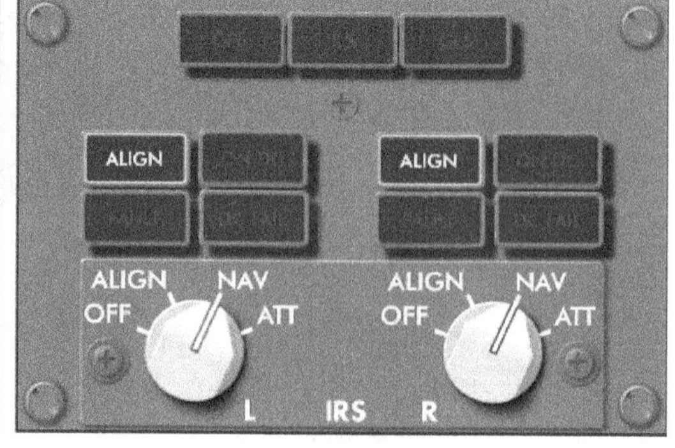

图 5-64 校准过程

IR 校准过程中可以计算其所处位置的纬度，但不能计算经度，需要维护人员或飞行人员输入飞机所在处的纬度和经度。位置数据可以使用 ISDU 上的数字字母键输入，也可以通过飞行管理计算机的控制显示组件（MCDU）输入。随着 GPS 接收机的应用，部分机型在 GPS 接收机能提供位置信息的情况下，利用 GPS 接收机自动为 IR 提供初始位置信息，此时可以不需要人工输入飞机当前位置信息。

IR 会将输入的纬度与校准计算的纬度相比较，以此作为判断数据输入正确性或设备正常性的一个判断依据。如果两个 IR 都处于校准模式，只需要输入一次数据，该数据会发送给两个 IR。如果位置数据输入错误，可再次输入，IR 使用最后一次输入的数据。

1）利用 MCDU 输入当前位置

IR 的当前位置可利用 MCDU 的位置起始（POS INIT）页面输入（图 5－65）。

POS INIT 页面 4R 行选键对应的空白方框就是 IR 校准输入初始位置的地方。在 POS INIT 页面上可以用五种不同的方式输入当前位置：分别是复制 LAST POS（最后位置）行的位置数据；复制 REF AIRPORT（起飞机场）或 GATE（登机门）的位置数据；使用 MCDU 键盘直接输入位置数据；也可以从 MCDU 的 POS REF（位置基准）页复制 GPS 数据作为当前位置。

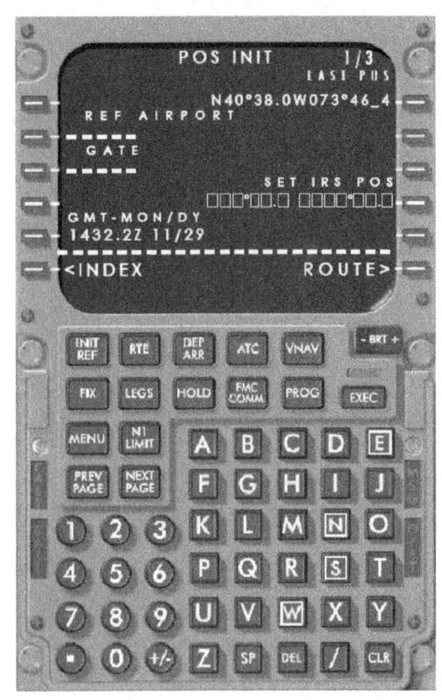

图 5－65　FMC MCDU 的 POS INIT 页

IR 在飞机最后断电时会存储其位置信息，当重新上电开机时会在 POS INIT 页的 1R 处显示该信息（但如果设备被拆除维修后再重新装机，则不会显示）。如图 5－66 所示，利用最后存储的位置输入校准位置时，首先按压行选键 1R 将该行中的位置数据复制到便笺行中，再按压行选键 4R，则该位置数据从便笺行移到 4R 处对应的 SET IRS POS 框中，完成初始校准位置的输入。

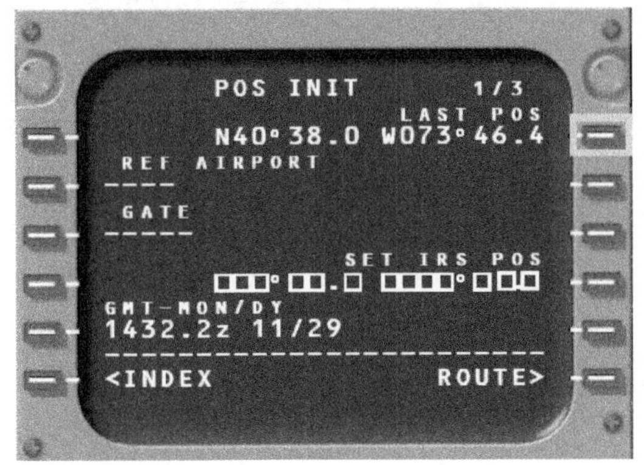

图 5－66　校准位置输入——复制最后位置信息

FMC 的导航数据库中存储有机场的位置信息。利用起飞机场的位置作为惯导校准的输入数据时，首先使用 MCDU 的键盘输入机场代码(如 KJFK)，然后按压行选键 2L 将机场代码输入到 REF AIRPORT 栏内，此时，其右侧将显示机场的位置数据；然后使用与复制最后位置相同的操作流程，将该位置数据从便笺行复制到 SET IRS POS 框中(图 5－67)。

图 5－67　起飞机场当前位置输入

某些起飞机场的登机门位置也存储在 FMC 的导航数据库中，利用与起飞机场位置校准相同的方法，在行选键 3L 位置处输入登机门号码，再将行选键 3R 处显示的登机门的位置复制到 SET IRS POS 框中即可。

惯导初始位置的输入也可以利用 MCDU 上的字母数字键直接将飞机当前位置输入便笺行，按压行选键 4R，即可将位置数据从便笺行移到 SET IRS POS 框中，完成初始位置的输入。图 5－68 为 GPS 当前位置输入。

图 5－68　GPS 当前位置输入

如果 IR 校准时，机载 GPS 接收机已经工作，则可以利用 GPS 计算的位置作为惯导初始校准的位置。GPS 位置显示在 POS INIT 页的第二页 POS REF(位置基准)页，按压 MCDU 的下页键(NEXT PAGE)，POS INIT 页转到 POS REF(位置基准)页。按压行选键 4L 或 5L，将左 GPS 或右 GPS 接收机的位置数据复制到便笺行中，再按压 MCDU 的前页

(PREV PAGE)键,返回 POS INIT 页,此时 GPS 位置数据保留在便笺行内。再按压行选键 4R 将 GPS 位置数据复制到 SET IRS POS 框内即可。

2) 利用 ISDU 输入当前位置

利用 ISDU 键盘为 IR 输入当前位置数据时,显示选择旋钮(DSPL SEL)不能放置在测试(TEST)位,位置输入首先输入纬度或首先输入经度都可以。

按压 N2 或 S8 键输入纬度,此时,字母 N 或 S 显示在左显示屏,ENT 键点亮,继续按压键盘输入纬度数据。每按压一个键,先前输入的数据左移一位,新输入的数字显示在左显示屏的右端。按压 ENT 键即可将数据发送给 IR,ENT 键上的灯熄灭。如果输入数据有错误,可以按压清除键(CLR)删除。用同样的方法可以输入经度,经度数据显示在右显示屏。位置输入完成后,如果显示选择开关未处于 PPOS(当前位置)位置,则显示屏重新显示位置输入前的显示信息。

如果输入的纬度超过 90°,经度超过 180°,或角分数大于 59.9 角分时,系统认定为无效位置输入,按压 ENT 键时 CLR 指示灯亮,按压 CLR 键可消除无效位置输入。

校准过程中,如果 DSPL SEL 旋钮放置在 HDG/STS 位,则 ISDU 的右显示窗中可显示校准剩余时间(min)。校准剩余时间大于 15 min 时,右显示窗一直显示 15(不同的 IR 会有差别),小于 15 min 后,显示数字开始倒计时,直到校准完成,显示为零(图 5-69)。

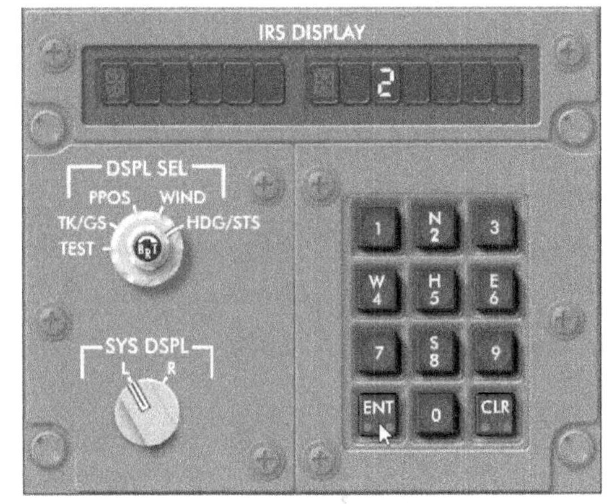

图 5-69　校准剩余时间

校准过程中,如果出现飞机移动、输入位置不正确或其他导致校准不能完成的情况,则 MSU 上的 ALIGN 灯闪亮;如果 ISDU 上的 DSPL SEL 旋钮在 HDG/STS 位,其右显示窗会显示故障代码;同时 MCDU 的便笺行会出现提醒信息。

导致校准故障的原因有多种。如果处于校准模式的 IR 探测到飞机有运动,则校准模式停止,ALIGN 灯闪亮,如图 5-70 所示,ISDU 右显示窗显示状态码 03,MCDU 便笺行内显示 IRS MOTION。30 s 后,IR 会重新检测飞机是否运动,如果运动停止,则 IR 重新开始校准,各种提醒信息消失。

如果校准过程中输入的纬度或经度数据与计算机存储的纬度或经度数据(POS INIT 页面的 LAST POS 数据)相差 1°以上,则 ALIGN 灯闪亮,ISDU 右显示窗显示状态码 04,MCDU 便笺行显示“ENTER IRS POSITION”。此时,如果再次输入相同的数据,则各种提醒信息消失。

校准过程结束时,如果 IR 计算的纬度与飞行员输入的纬度相差超过 1°,则 ALIGN 灯闪亮;MCDU 便笺行内显示“SET IRS POSITION”。如果再次输入相同的纬度,则 ADIRU 认为 ADIRU 故障,MSU 上的 FAULT(故障)灯点亮;MCDU 便笺行内的“SET IRS POSITION”消失;ISDU 显示窗内显示状态码 02。

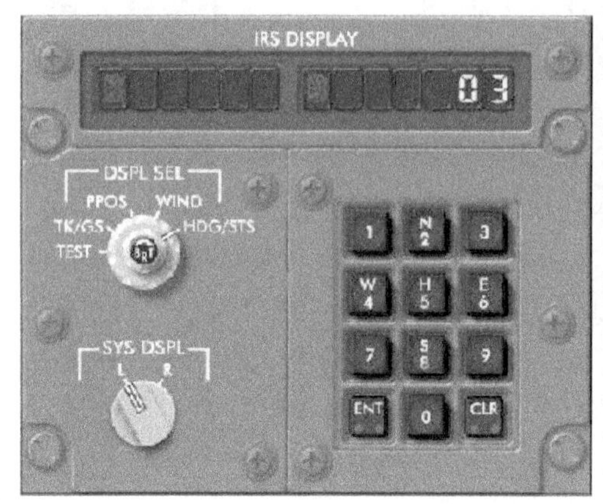

图 5-70 校准期间 IR 运动

造成这种情况的可能原因有两种：IR 计算的纬度错误或纬度输入错误。如果是 IR 计算错误，这种情况通常只发生在一个 IR 内。所以，如果纬度误差出现在一个 IR 内，则 IR 重新开始校准，如果新的校准仍有纬度误差，则说明相应的 IR 故障。如果是纬度输入错误，则通常是两个 IR 都接收到错误的纬度输入，因此，如果纬度误差在左右 IR 同时出现，则通常是数据输入错误，只要重新输入正确的位置数据就可以消除提醒信息。由于 IR 校准过程中无法计算经度，因此 IR 不进行计算经度与输入经度之间的比较。

如果校准过程结束但未输入当前位置，则 ALIGN 灯闪亮；ISDU 右显示窗显示状态码 08；MCDU 便笺行内显示"ENTER IRS POSITION"。使用 MCDU 或 ISDU 输入当前位置，则 ALIGN 灯熄灭；状态码 08 消失；"ENTER IRS POSITION"消失。

如果校准期间方式选择旋钮置于 ALIGN 位，则校准完成后 ALIGN 灯继续亮，只有将方式选择旋钮由 ALIGN 位转到 NAV 位时，ALIGN 灯才熄灭（如果校准正常通过），系统进入导航方式。如果方式选择旋钮直接从 OFF 位置于 NAV 位，则校准结束后，ALIGN 灯熄灭，系统自动进入导航状态。

2. 快速校准

IR 完成校准进入导航方式后，就开始导航参数的计算。如果飞机由于某种原因导致起飞延误或滑行时间延误，地面停留时间过长，此时虽然飞机没有运动，但由于加速度计及陀螺的测量误差，经过长时间的积累，会导致 IR 输出速度值，飞机的位置也会出现误差。为消除速度误差（将速度调为零）及位置误差，可以对 IR 进行快速校准。此外，飞机长途飞行，中间不断电经停其他机场时，在经停机场也可以对 IR 进行快速校准。

IR 进行快速校准的前提是 IR 已经工作在 NAV 方式且飞机的地速小于 20 kn。快速校准时，首先将方式选择旋钮从 NAV 位转回到 ALIGN 位，然后再从 ALIGN 位转回到 NAV 位，中间的持续时间大于 30 s 即可。快速校准期间，ALIGN 灯亮，系统重新进行水平和航向调整，将速度归零，旋钮转回到 NAV 位时，ALIGN 灯熄灭。快速校准过程中可以重新输入飞机位置，也可以不输。

进入 NAV 模式后，如果飞机长时间没有运动，有的 IR 系统会自动启动重新校准。IR 校准的一般流程如图 5-71 所示。

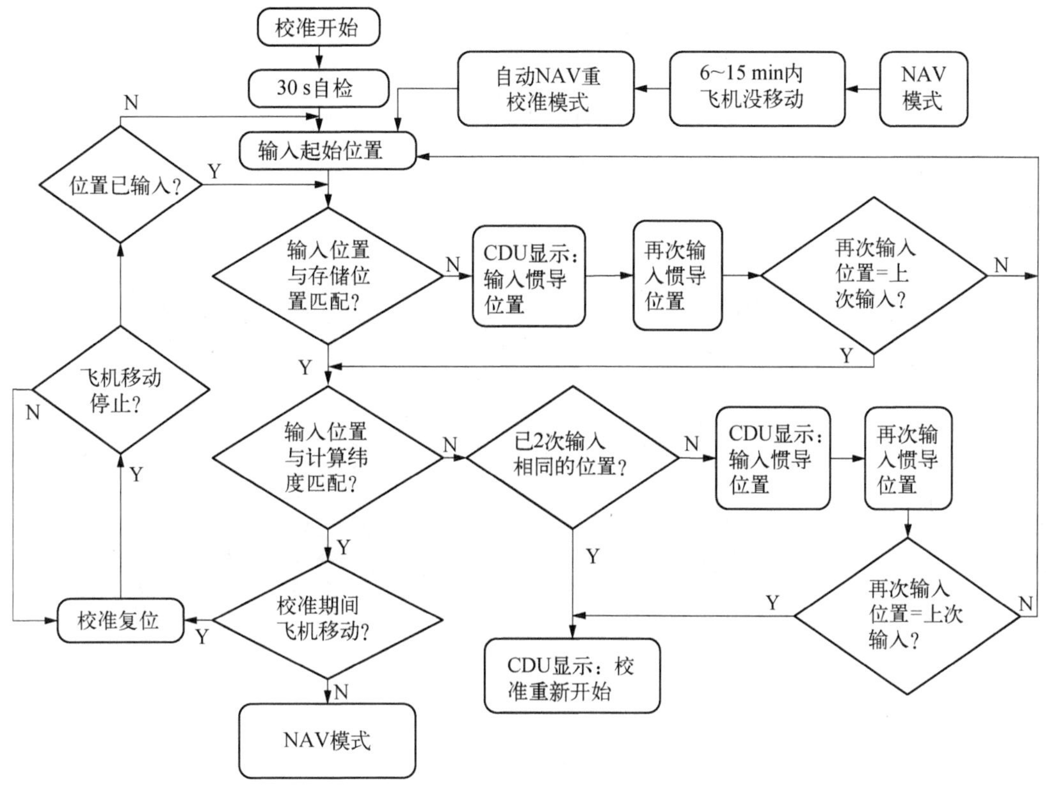

图 5-71　IR 校准的一般流程

5.6.2.2　导航模式

IR 完成校准后即可进入导航模式。在导航模式下，系统进行加速度和角速度的测量、加速度值的坐标变换、姿态矩阵的修正、姿态参数的解算、导航参数的解算、惯性高度和垂直速度的组合计算等；监控系统的工作；输出导航参数。利用 ISDU 上的系统选择旋钮及显示选择旋钮，可在显示窗中显示任意 IR 输出的导航参数。导航模式下 IR 输出的导航数据显示在 PFD 和 ND 上。

5.6.2.3　姿态模式

姿态模式（ATT）是 IR 的备用工作方式。通常只有在特殊情况下才会选择使用。ATT 方式下，IR 只提供飞机的俯仰角、倾斜角和航向角。只有对 IR 进行磁航向校准时，IR 才可提供磁航向，如果没有进行磁航向校准，则 IR 只提供接通 ATT 方式后的航向变化。ATT 方式并不影响 ADR 的工作，ADIRU 依然可提供飞机的气压高度、空速、升降速度、加速度和角速率等，但不能提供飞机的地速、位置、真航向和其他导航参数。

需要注意的是，如果 IR 选择了 ATT 模式，就只能工作在 ATT 模式，即使将旋钮转回到 NAV 位，IR 也无法再带电重回导航模式。如果想要回到 ALIGN 或 NAV 模式，只能断开 IR 的电源，并且使飞机静止不动（即在地面），重新校准后才能回到导航模式。

为避免飞行员无意中选定 ATT 模式，方式选择旋钮转到 ATT 位置后，需经过 2 s 的延迟，IR 才会进入姿态模式。另外，为防止飞行员转动旋钮时误操作离开 NAV 位进入 ATT 位而造成导航能力的丢失，从 NAV 位到 ATT 位的旋转加了一个锁定装置，只有将旋钮拔出后才能转到 ATT 位。

选择姿态模式时，ALIGN 灯点亮 30 s。在这段时间内，IR 将俯仰和横滚角校正到 0°。如果飞机在空中，则飞行员必须使飞机保持水平，并且在 ALIGN 灯熄灭前不能加速。ATT 模式需要输入飞机磁航向，ISDU 右显示窗会显示状态码 09。飞机磁航向的输入可以使用 ISDU 或 MCDU（图 5－72）。

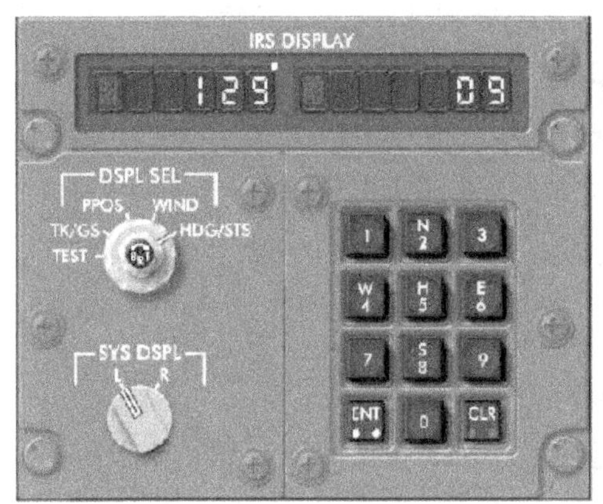

图 5－72　姿态模式

5.6.2.4　断开方式

方式选择旋钮置于 OFF 位（断开位）时，除了保持断开逻辑电路的电源外，IR 的全部供电电源均被断开，IR 不能工作。

IR 各模式之间的切换逻辑如表 5－4 中所示。

表 5－4　IR 各种模式之间的转换逻辑

方式选择旋钮转动顺序	转换结果
OFF 到 ALIGN（飞机不动）	IR 进入校准模式，校准灯亮
NAV 到 ALIGN 到 NAV（飞机不动）	IR 进入快速校准模式，速度归零，调水平，校准灯亮 30 s，校准完成后自动进入 NAV 模式
OFF、ALIGN、NAV 到 ATT	2 s 后 IR 进入姿态模式，校准灯亮 30 s，可输入航向
ATT 到 NAV 或 ALIGN	IR 保持姿态模式直到开关到 OFF 位
ATT 到 OFF	校准灯亮 30 s，此后，IR 关断
NAV 或 ALIGN 到 OFF	校准灯亮 30 s，故障及位置信息存储到存储器中，IR 关断

5.6.3　ADIRS 的输入输出

每个 ADIRU 都有独立的交流和直流电源。正常工作时，使用 115 V 的交流电，交流电源不可用时,则使用备用的 28 V 直流电源。使用备用电源时,左侧 ADIRU 可以一直使用直流备用电源,直至电源电压低于 18 V 不足以为 ADIRU 供电为止。而右侧 ADIRU 直流电的使用受时间延迟器控制,时间延迟器在右侧 ADIRU 使用直流电源 5 min 后断开继电器,停止向右侧 ADIRU 供电,以使电瓶尽可能为左 ADIRU 供电。

飞机在地面时,ADIRU 不允许使用直流电。如果 IR 探测到飞机在地面,且由直流电源为其供电,则发送一个"ON DC"离散信号,经过 20 s 延时后接通继电器,通过地面维护人员呼叫喇叭发出声音提醒。ADIRU 的冷却气流出现故障时,也会通过地面维护人员呼叫喇叭提醒维护人员。

5.6.3.1 ADIRS 的输入

ADIRS 接收来自显示电子组件(DEU)、FMC、多模式接收机(MMR)等多个部件的信息。显示电子组件为 ADIRU 提供气压修正基准值,用于气压高度的计算。FMC 为 ADIRU 提供当前位置、BITE 指令等信息。当前位置用于 ADIRU 的初始校准;BITE 指令启动 ADIRU 的 BITE 检测。

MMR 通过数据总线为 ADIRU 提供 GPS 位置数据,同时也接收 ADIRU 的高度数据用于高度支助模式。

5.6.3.2 ADIRS 的输出

ADIRU 内部的 IR 与 ADR 之间的数据总线用于将 ADR 的空速、气压高度、升降速度等信息发送给 IR,进行高度阻尼回路的计算,同时计算风向、风速、偏流角等参数。ADIRU 通过 ARINC 429 总线为众多系统和部件提供数据。

与左侧 ADIRU 相连接收 IR 数据的部件和系统包括 DEU、RMI、MMR、失速管理偏航阻尼器(SMYD)、飞控计算机(FCC)、近地警告计算机(GPWC)、气象雷达收发机(WXR)、TCAS、防滞/自动刹车控制组件(anti-skid autobrake control unit, AACU)、自动油门计算机(A/T)、FMC 等。

DEU 在相应显示组件上显示 IR 提供的姿态、位置、地速、航向、航迹、风向、风速等信息;RMI 利用 IR 的磁航向数据驱动罗盘卡的转动;MMR 利用 IR 的当前位置和惯性高度辅助 GPS 接收机的卫星信号搜索及定位计算;SMYD 利用 IR 的姿态角、姿态角速度、线性加速度等数据计算失速管理和偏航阻尼值;FCC 利用 IR 的速度、加速度、航向、姿态等信息计算自动飞行控制指令;GPWS 利用 IR 的位置、速度、高度等信息判定飞机的近地非安全状况;WXR 利用地速、姿态角计算气象条件并调节 WXR 天线的扫描方向;TCAS 利用 IR 的姿态、航向信息进行避撞计算;AACU 利用 IR 提供的地速、纵向加速度及俯仰角进行自动刹车计算;FMC 利用 IR 的数据进行飞机的性能及导航计算。

接收左侧 ADR 数据的部件和系统有 A/T、DEU、FCC、FDAU、空中交通管制应答机(ATC)、空中交通防撞系统(TCAS)、襟翼/缝翼电子组件(flap slat electronics unit, FSEU)、飞行数据采集组件(FDAU)、GPWC、SMYD、座舱压力控制器(cabine pressure controller, CPC)、WXR、FMC。

A/T 计算机接收 ADR 的高度、温度、迎角、空速及各种极限空速数据计算油门指令;DEU 接收并显示空速、高度、温度等 ADR 数据,并将其传送到其他相关系统如电子发动机控制器(electronic engine control, EEC);FCC 利用 ADR 的空速、高度、静压等数据计算确定自动飞行操纵模式;FDAU 选择并格式化 ADR 数据,然后将其发送到数字飞行数据记录器(digital flight data recorder, DFDR)加以记录;ATC 应答机使用气压高度进行高度报告;TCAS 利用气压高度进行避撞计算;FSEU 接收 ADR 的计算空速信息,用于襟翼卸载计算并作为非指令运动探测逻辑的一部分;GPWC 利用空速和高度信息探测不安全的飞行条件;SMYD 利用空速和动压进行失速管理和偏航阻尼计算;CPC 利用高度和静压计算客舱增压数值;WXR 利用高度和空速进行气象决策;FMC 利用空速、高度、温度等信息进行性能计算。

5.6.4 ADIRS 数据的显示

现代飞机装备的电子飞行仪表系统作为机载导航及制导系统的人机交互界面,为飞行员提供导航计算结果、飞机当前状态、自动飞行控制系统的方式通告等信息,使飞行员能实时地对飞机状态进行全过程监控。电子飞行仪表系统的显示设备主要包括 PFD 和 ND 显示器。

PFD 主要显示与飞机操纵密切相关的参数,属于短周期参数。这些数据变化快,是飞行员操纵飞机非常重要的依据。PFD 显示的数据主要来自 ADIRU,包括飞机姿态、速度、高度、航向等。

PFD 显示器(图 2－44)最上方显示自动飞行控制系统的飞行方式,从左到右分别是自动油门工作方式、自动驾驶飞行指引系统(autopilot flight director system, AFDS)滚转方式和 AFDS 俯仰方式;左侧的速度带显示来自 ADIRU 的空速信息和其他与空速有关的信息,如目标空速、单发停车速度、最小收襟翼速度、最大机动速度、最大允许速度等;中间的姿态球及相关指针、数据显示 ADIRU 提供的姿态信息、俯仰限制及相关警告等信息;右侧的高度带指示 ADIRU 提供的各种高度信息,高度带的下方显示气压基准,该区域还显示目标高度等信息;最右侧的升降速度带指示飞机的垂直速度,在有 TCAS 警告信息时,会显示垂直速度限制。

速度带上显示的速度限制主要与飞机当前的构型有关,高度带下方显示与高度有关的信息,如高度基准等。各种速度限制、高度参数的具体显示如表 5－5 所示。

表 5－5　各种速度限制参数的显示

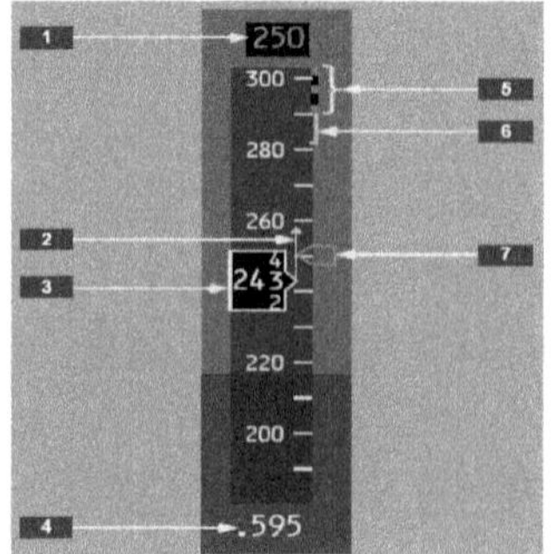

1－目标速度
2－速度趋势箭头
3－当前空速
4－当前马赫数
5－最大速度
6－最大机动速度
7－目标速度标号

续　表

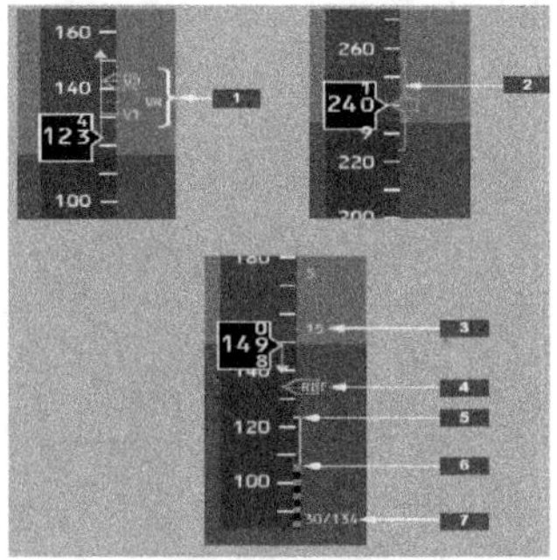	1 -起飞参考速度 V_1、V_2、V_R 2 -垂直导航速度带 3 -襟翼机动速度 4 -着陆参考速度 5 -最小机动速度 6 -最小速度 7 -着陆襟翼位置和着陆基准速度
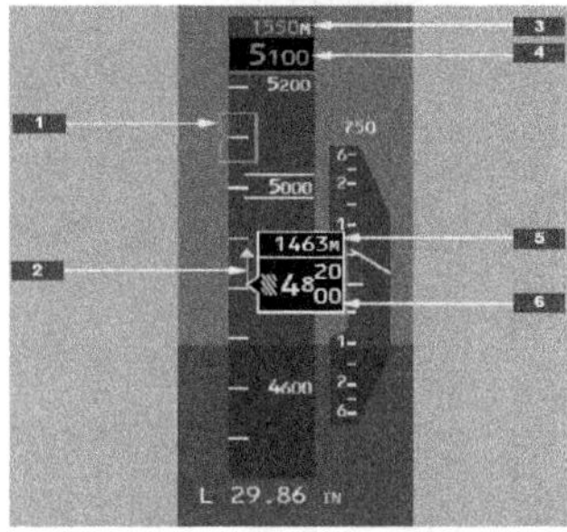	1 -目标高度标志 2 -高度趋势箭头 3 -目标高度(单位：m) 4 -目标高度(单位：ft) 5 -当前高度(单位：m) 6 -当前高度(单位：ft)
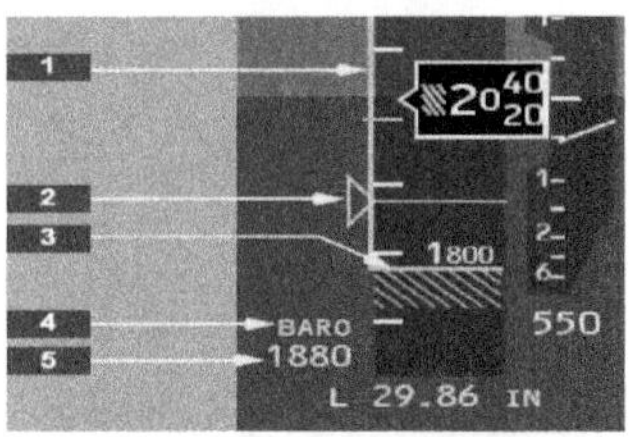	1 -着陆高度参考杆 2 -最小气压指针 3 -着陆高度指示 4 -最小基准高度 5 -最小高度
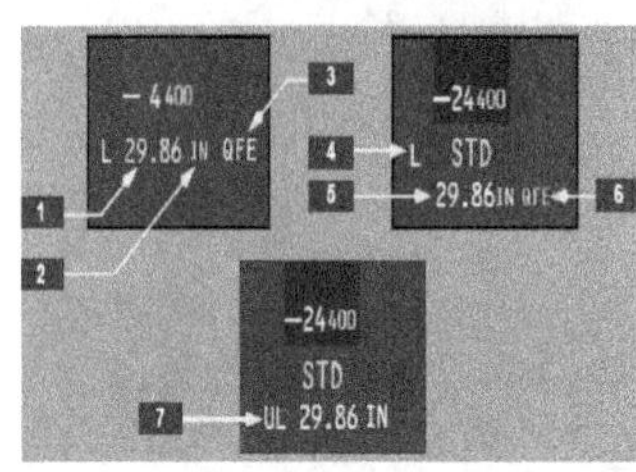	1 -设置的高度气压基准 2 -气压基准单位 3 - QFE 高度(高度类型) 4 -自动驾驶/飞行指引气压源 5 -预选的气压设置 6 - QFE 7 -气压设置

ND 主要显示飞机飞行计划及飞行轨迹相关的信息，属于慢变、长周期信息，用于飞行员对飞机位置及飞行计划执行情况的判断，以及对周边导航台的了解。根据不同的需要，ND 通常有多种显示方式，可以通过 EFIS 控制面板的方式选择旋钮进行选择。ADIRU 主要为 ND 提供航向、航迹、地速等信息。

ADIRS 工作在不同的状态下，PFD 和 ND 的显示有所不同。IR 处于校准模式时，姿态、航向和航迹、垂直速度显示为无计算数据(NCD)状态。气压高度和空速数据不受 IR 工作模式的影响，在速度带和高度带上显示空速和高度相关信息。

IR 进入导航模式后，PFD 和 ND 上显示有关导航数据，如图 5 - 73 所示。PFD 上显示水平线和空/地阴影、俯仰刻度、倾斜指针、航迹线、垂直速度。ND 上显示磁/真航向或航

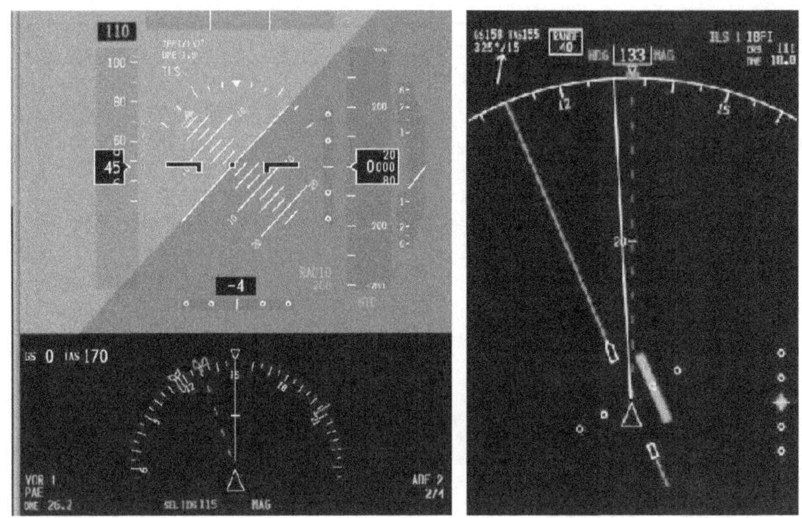

图 5-73　IRU 校准完成后 PFD 和 ND 指示

迹、预选航向、地速、航迹线等。

ND 显示器显示的航迹和地速信息来自 FMC 和 ADIRU。FMC 正常工作时,ADIRU 计算的航迹、地速信息经 FMC 发送给 ND,如果 FMC 失效,则显示系统直接接收 ADIRU 的航迹和地速信息。真空速大于 100 kn 时才会在 ND 上显示,否则,显示三道虚线。真空速超过 100 kn 时,才会显示风速和风向,否则,风速和风向显示空白。

在 EFIS 控制面板上选择 FPV 时[图 2-45(b)],飞行航迹向量(flight path vector, FPV)会显示在 PFD 上。飞行航迹向量显示飞机相对于水平线和飞机航向的运动。PFV 相对于水平线的垂直偏移是飞行航径角,相对于水平线的平移是偏流角。飞机在地面时,飞行航迹向量在水平线的中心。

ADIRU 故障时,PFD 和 ND 上显示故障指示旗(图 5-74)。IR 姿态数据无效时,PFD

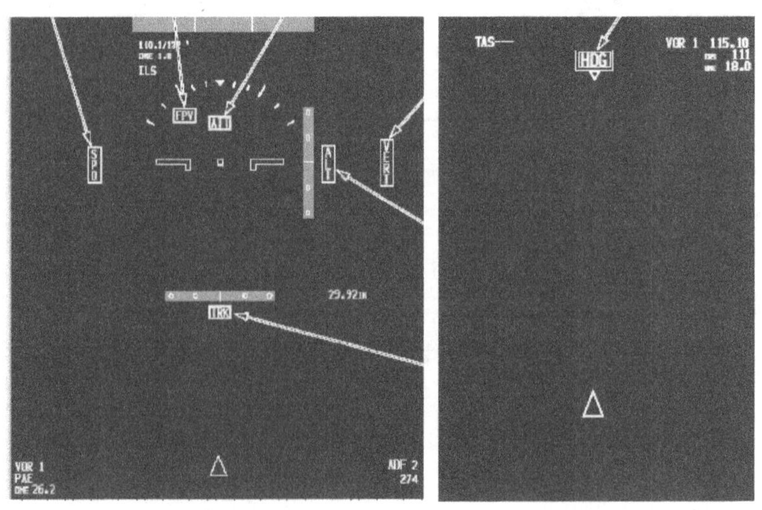

图 5-74　ADIRS 数据无效时的 PFD、ND 显示

不再显示水平线、空/地阴影、指针、侧滑指示器和俯仰刻度，而在相应的位置显示 ATT 故障旗；选择 FPV 显示时，显示 FPV 故障旗，不再显示飞行航迹向量。ADR 高度数据无效时，PFD 显示 ALT 故障旗，不再显示高度带。航向数据无效时，PFD 显示 HDG 故障旗，ND 显示 HDG 故障旗（VOR 和 APP 模式）或 TRK 故障旗（MAP 模式或 PLAN 模式），不再显示航向和航迹数据。空速数据无效时，PFD 显示 SPD 故障旗，速度带消失。垂直速度数据无效时，PFD 显示 VERT 故障旗，垂直速度刻度和指针消失。

5.6.5　ADIRS 的维护测试

如图 5－75 所示，ADIRS 的维护测试可以通过 MCDU 进行。在 MCDU 的 MAINT BITE INDEX 页面选择 ADIRS 所对应的行选键，进入 ADIRS BITE 页。在 ADIRS BITE 页面可以选择对 ADIRS L 或 ADIRS R 进行测试，选择后将显示左 ADIRU 或右 ADIRU 的 ADIRS BITE 主菜单。

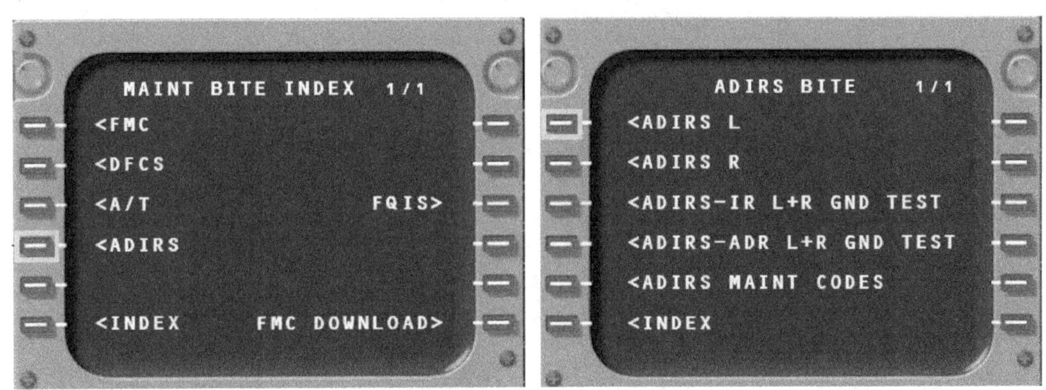

图 5－75　ADIRS BITE 主菜单

1. ADIRS L（或 R） BITE 主菜单

ADIRS L（或 R） BITE 主菜单可选择当前状态（CURRENT STATUS）、飞行中故障（INFLIGHT FAULTS）、地面检测（GROUND TEST）及识别/构型（IDENT/ CONFIG）四个维护程序（图 5－76）。

图 5－76　当前状态页

1）当前状态页

在 ADIRS L(或 R) BITE 主菜单中选择 CURRENT STATUS 项,就可显示 ADIRU 检测到的当前故障。如果没有检测到故障,显示 NO CURRENT FAULTS。如果检测到故障,则显示故障信息。每个页面可显示三个故障信息。如果故障有多页,可翻页显示。

故障按 ADIRU 检测到的顺序显示。显示的信息包含维护信息码及故障描述。维护信息码可用来在故障隔离手册(FIM)中找到故障隔离程序以排除故障,故障描述是对故障的简短描述。

2）飞行中的故障页

INFLIGHT FAULTS 显示飞行中的故障信息(图 5－77)。ADIRU 最多存储 9 个航段的故障,每个航段最多存储 26 个故障。所有信息在飞行中故障菜单页和航段 XX(LEG XX)故障页上显示。飞机从起飞到着陆就是一个完整的航段,航段的编码按照从后向前的方式,即最近的飞行航段为航段 01。如果故障发生在地面,则 ADIRU 将其作为当前故障储存。

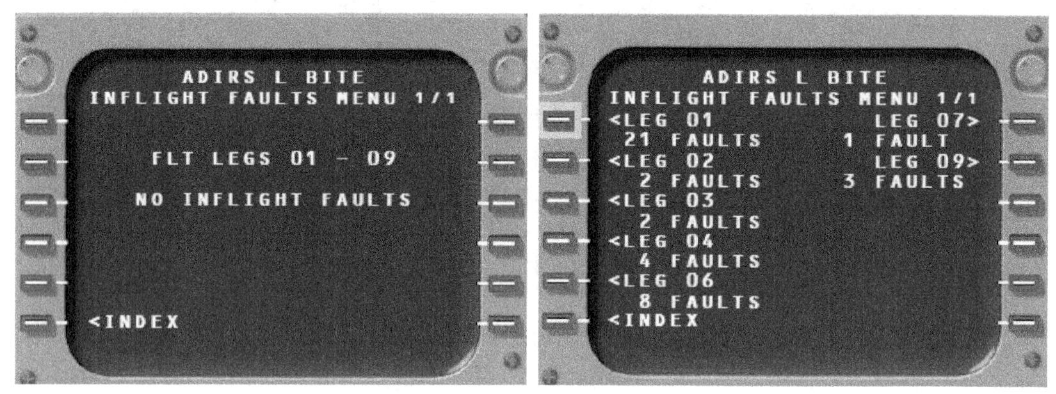

图 5－77　飞行中的故障页

飞行中故障页中列出 ADIRU 有故障的航段,故障数量显示在相应航段的下方。选择相应的航段,即可显示该航段中发生的故障。每个航段 XX 故障页最多显示三个故障,超过三个则分页显示,通过翻页键即可查看,页码数量显示在页面右上端。显示的故障信息包含维护信息号码及故障描述。

3）地面检测页

选择 GROUND TEST 项,可进入地面检测页。地面检测包括 IR 地面检测和 ADR 地面检测(图 5－78)。

以 IR 的地面测试为例,IR GROUND TEST 页面不显示检测数据,仅显示检测过程中需要核实的检测值。IR GROUND TEST 共有三个页面。页面 1 对检测进行描述。页面 2 和页面 3 显示 IR 地面检测的检测值,并应与驾驶舱仪表上显示的值进行比较。地速大于 20 kn 或 IR 处于姿态模式时,不能进行地面检测。这种情况下,IR 地面检测页上出现 TEST INOP。

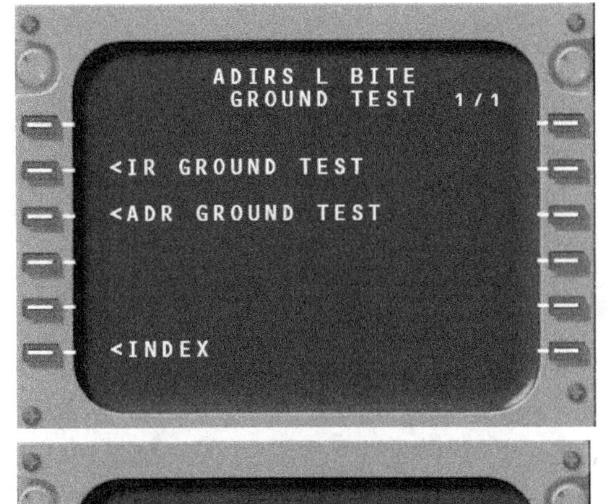

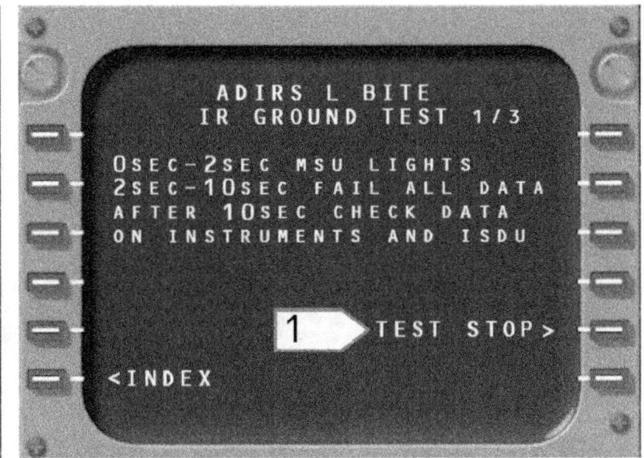

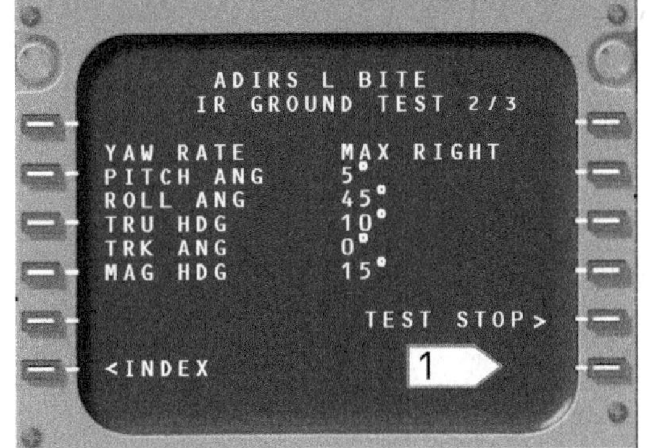

图 5－78　ADIRS BITE 地面测试页及 IR 地面测试

按压 IR GROUND TEST 页面中的 START TEST 对应的行选键即可启动测试。地面检测开始后，TEST START 选项消失，TEST STOP 选项显示。在选择 TEST STOP 或 INDEX 项之前，IR 地面检测会连续进行。TEST STOP 和 INDEX 会显示在所有页面上。按压其对应的行选键可停止检测并返回 GROUND TEST 菜单。

检测开始的 0～2 s，所有在 MSU 和 ISDU 上的指示灯点亮；在 2～10 s，所有 IR 数据失效，使用 IR 数据的部件和显示器显示故障旗和故障状态；10 s 后，ADIRU 通过数据总线发送检测数值，并显示在 IR GROUND TEST 的第 2 页和第 3 页上，此时，可查看驾驶舱内显示仪表的显示来验证检测值。但 YAW MAX RIGHT 不能验证，它在驾驶舱内不显示。

利用 MCDU 进行 IR 地面检测时，ND 上的地速和航迹数据来自 FMC，使用 ISDU 上显示的值可验证 IR 地面检测。

ADR 的地面检测思路与 IR 的类似。计算空速高于 30 kn 时无法进行 ADR 地面检测。

4）识别/构型页

IDENT/CONFIG 页中显示 ADIRU 硬件的部件件号、序列号。

2. ADIRS 维护代码

在 ADIRS BITE 页面选择 ADIRS MAINT CODES，就可以显示 ADIRS 维护代码页面，

共有 40 个代码,但并不是所有的代码都在使用,只有在使用的代码显示在 MCDU 上(图 5－79)。

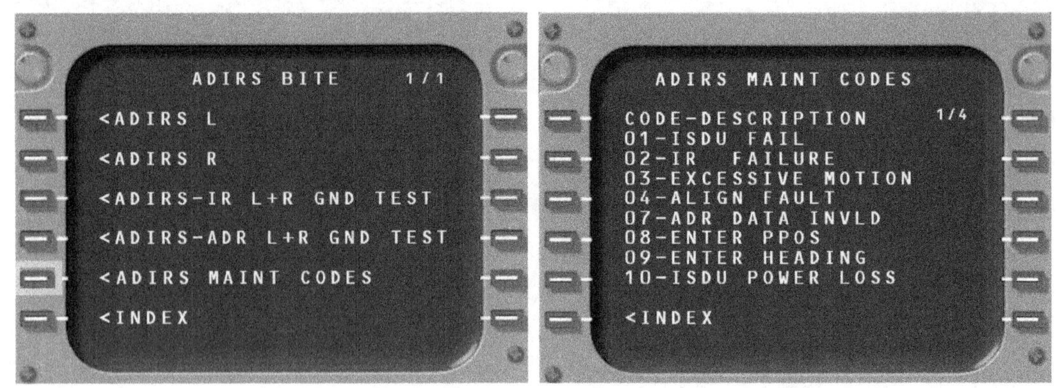

图 5－79　ADIRS 维护代码

5.7　惯性导航系统的精度估计

惯导系统的误差主要与传感器和导航计算有关,主要有: 惯性仪表的安装误差和标度因子误差;陀螺的漂移和加速度计的零位误差;初始条件误差,包括导航参数和姿态、航向的初始误差;姿态、航向的计算误差,即数学平台的计算误差;载体角运动所引起的动态误差等。这些误差基本可以分为四类。

(1) 数学模型的近似性所引起的误差。当捷联惯导系统的数学模型建立得不够精确时,会引起系统误差。数学模型的精度应达到误差近似可忽略的程度,否则应选取更精确的模型。

(2) 惯性传感器误差。惯性传感器(陀螺及加速度计)由于工作原理、加工与装配工艺不完善等原因造成的仪表测量误差,会导致系统误差,且这部分误差在系统误差中影响较大。

(3) 算法误差。捷联式惯导系统在加速度计与陀螺测量出比力和角速度值之后,其余工作均由计算机承担,而计算机所选用的算法不同,计算结果的误差也不同。

(4) 初始对准误差。系统初始对准时由于传感器误差及对准算法等所造成的误差。

惯性导航系统所提供的导航参数的精度与系统的工作时间密切相关。随着飞行时间的增长,惯导系统的误差将不断地积累,这极大地限制了独立惯导系统在区域导航中所能使用的时间。考虑到惯导系统每次工作前都需要进行初始校准,在短距离飞行中,惯导系统的精度可以很好地满足要求。

现代飞机一般配备三套惯性导航系统,并与多个导航传感器的数据进行组合导航计算,随着卡尔曼滤波技术的改进,惯导系统也能得到很高的精度。但单个惯导系统的误差还是比较大。现代民航飞机所配备的惯导系统的误差在飞机起飞的头 30 min 内,误差率大约为 8 n mile/h,在 3～10 h,误差率大致为 2 n mile/h。惯导系统的误差变化见图 5－80。

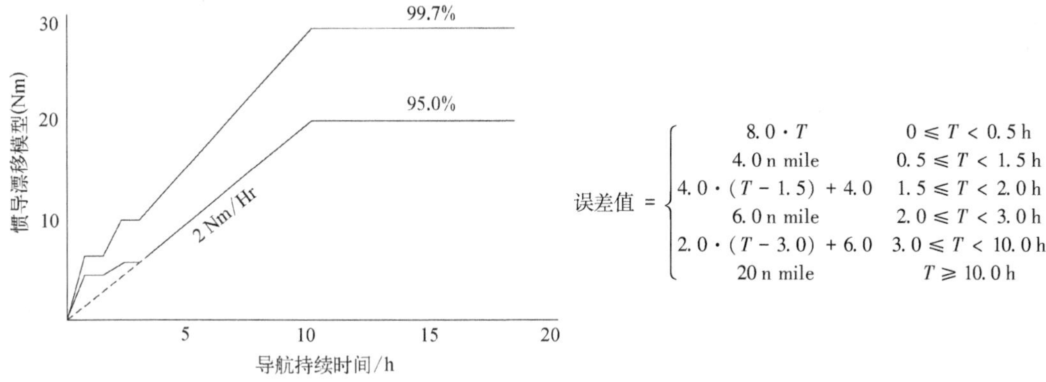

图 5-80　典型机载惯导系统误差变化规律

思 考 题

(1) 简单介绍挠性加速度计的工作原理。

(2) 简单介绍环形干涉仪的工作原理。

(3) 二频激光陀螺仪如何测量飞机转动角速度?

(4) 单轴动力陀螺稳定平台如何实现稳定? 如何控制平台沿平台轴以要求的方向和角速度转动?

(5) 简单介绍双轴陀螺稳定平台调水平的工作原理。

(6) 积分修正法的作用是什么? 是如何实现的?

(7) 请分析地理坐标系在惯性空间的转动规律,并据此分析指北方位惯导如何实现对平台的控制。

(8) 平台式惯导系统的基本工作原理是什么?

(9) 捷联式惯导数学平台的功能及实现原理是什么?

(10) 指北方位惯导系统如何利用加速度计的输出计算飞机的速度及位置?

(11) 简单介绍自由方位惯导系统的实现原理。它有什么优点?

(12) 惯导系统为何要进行初始校准?

(13) 与指北方位惯导系统相比,游动方位惯导有哪些改进? 具有什么优点?

(14) 三轴陀螺稳定平台为什么需要稳定信号分配器? 当航向为60°时,分析稳定信号分配器的工作原理。

(15) 简单介绍舒勒摆原理,并分析如何将其用于惯导平台的控制。

(16) MSU 上的方式选择旋钮从“OFF”位转到“NAV”位,有什么现象产生? 这个过程中,惯导系统会做哪些工作?

(17) 四频差动激光陀螺如何消除闭锁效应?

(18) 平台式惯导系统的校准过程中如何实现平台的调水平?

(19) 机载惯性基准系统的快速校准指的是什么意思? 如何实现? 有什么优点?

(20) 机载 IRS 校准期间,如果“ALIGN”灯闪亮,可能发生了什么问题?

第 6 章
卫星导航系统

卫星导航系统是基于人造地球卫星和无线电技术的现代无线电导航系统,不仅可以提供广泛的导航参数,还可用于精确授时。

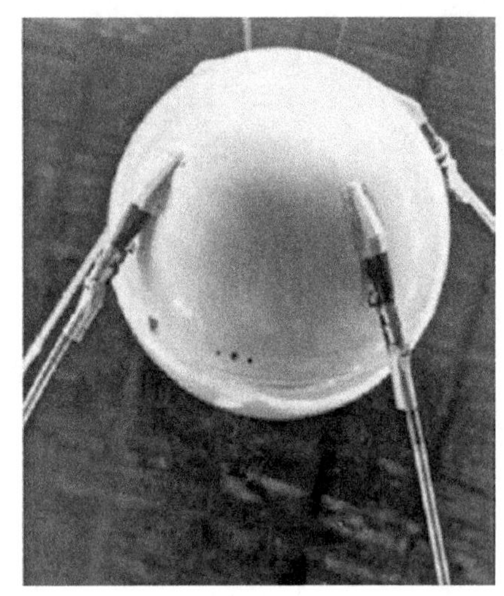

图 6-1 第一颗人造地球卫星 "Sputnik"

(https://baijiahao.baidu.com)

1957 年 10 月 4 日,苏联发射了人类历史上第一颗人造地球卫星"Sputnik"(图 6-1),引起了全球各界众多的关注。美国约翰·霍普金斯大学应用物理实验室的研究人员在对这颗卫星的电波信号跟踪观察后,发现所测得的电波信号的多普勒频移曲线与卫星运动之间存在着对应关系。这意味着,置于地面已知位置的接收站,只要能够测得卫星通过其视野期间的多普勒频移曲线,就可以确定卫星运行的轨道。反之,如果卫星的位置已知,则根据接收站测得的多普勒频移曲线,就能确定接收站的地理位置。这便是世界上第一个投入运行的美国海军导航卫星系统(Navy Navigation Satellite System, NNSS,亦称子午仪卫星导航系统)的理论基础。

子午仪卫星导航系统于 1958 年开始建设,1964 年建成投入使用,1967 年对全球民用用户开放。但是,由于该系统采用单星、低轨、低频多点测量多普勒频移的测速体制,导致每次定位时间较长(几分钟至十几分钟),另外,其定位精度也不尽如人意,子午仪系统的应用受到了极大的限制。

为实现全天候、全球范围的高精度、连续、实时的导航与定位,1967~1969 年,在美国国防部的统一领导下,美国陆、海、空三军开始论证联合研发全球定位系统(Global Positioning System, GPS)。与此同时,苏联开始研制"格洛纳斯"全球定位系统(GLObal Navigation Satellite System, GLONASS)。这两个系统分别于 1995 年和 1996 年达到全运行能力并开始推广应用。特别是 GPS,随着美国 GPS 政策的改变和 GPS 信号现代化的发展,GPS 在全世界范围内得到了广泛应用。

GPS 强大的导航、授时能力使得其应用渗透到我们生活的方方面面,甚至达到只有我们想不到,没有卫星导航做不到的状态,卫星导航极大地改变了我们的生活。但 GPS、GLONASS 分别是由美国和俄罗斯的军事部门控制,民用用户的导航服务难以保障连续性和可靠性。为满足民用和各自国家的军事需要,欧洲多年来一直在争取发展欧洲的卫星导航系统。2002 年 3 月 24 日,欧盟首脑会议批准了欧洲的伽利略(GALILEO)卫星导航系统的建设计划。图 6-2 为 GALILEO 地面监测站。

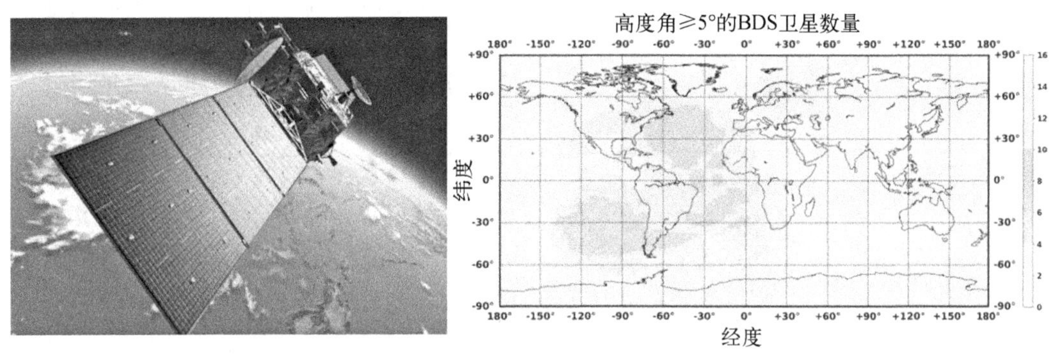

图 6-2　GALILEO 地面监测站

(https://www.gsc-europa.eu/)

从 20 世纪 80 年代开始,中国开始探索适合中国国情的卫星导航系统发展道路,形成了"三步走"的发展战略:2000 年年底,建成北斗一号系统,向中国区域提供服务;2012 年年底,建成北斗二号系统,向亚太地区提供服务;2020 年,建成北斗三号系统,提供全球卫星导航服务。2035 年前,中国将以北斗系统为核心,建设完善更加泛在、融合、智能的国家综合定位导航授时体系。

2000 年 10 月 31 日和 12 月 21 日,中国成功发射两颗地球同步卫星,基于有源定位的北斗一代卫星导航系统投入运行和使用,此时的北斗定位常被称为双星定位。2004 年,中国启动北斗二代卫星导航系统的有关工作,2007 年 4 月 14 日,第一颗北斗二代卫星顺利升空,到 2012 年年底,北斗二代卫星导航系统成功实现亚太地区的覆盖。北斗二代卫星导航系统由 14 颗卫星(5 颗地球静止轨道卫星、5 颗倾斜地球同步轨道卫星和 4 颗中高度地球轨道卫星)组网,增加无源定位体制。2018 年 12 月 27 日,完成 19 颗卫星发射组网,完成北斗三代基本系统建设,提供全球服务。2020 年 7 月 31 日,北斗三号全球卫星导航系统正式开通。北斗三号系统继承北斗有源服务和无源服务两种技术体制,面向全球范围,提供定位、导航、授时、全球短报文通信和国际搜救服务;在中国及周边地区,提供星基增强、地基增强、精密单点定位和区域短报文通信服务。

如图 6-3 所示,北斗三号卫星导航系统标称空间星座由 3 颗地球静止轨道卫星(GEO)、3 颗倾斜地球同步轨道卫星(IGSO)和 24 颗中高度地球轨道卫星(MEO)组成。GEO 卫星轨道高度 35 786 km,分别位于东经 80°、110.5°和 140°;IGSO 卫星轨道高度 35 786 km,轨道倾角 55°;MEO 卫星轨道高度 21 528 km,轨道倾角 55°。

截至目前,北斗卫星导航系统可提供全球服务,在轨工作卫星共 42 颗,包含 15 颗北斗二号卫星和 27 颗北斗三号卫星。其基本导航服务性能定位精度为水平 10 m、高程 10 m(95%),测速精度 0.2 m/s(95%),授时精度 20 ns(95%),服务可用性优于 95%。其中,在

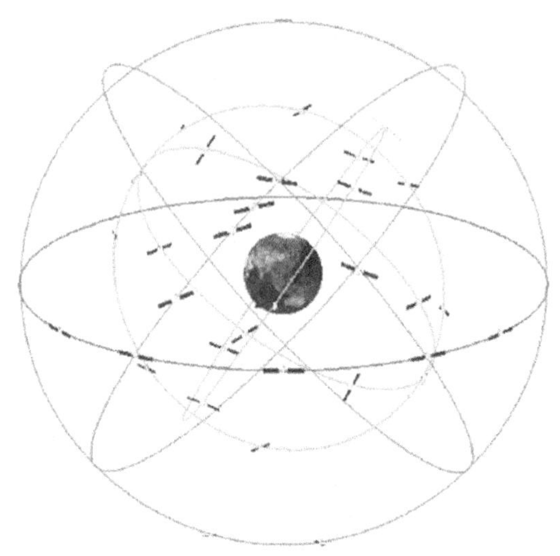

图 6-3 北斗卫星导航系统星座

（www.beidou.gov.cn）

亚太地区定位精度水平 5 m、高程 5 m（95%）。

与其他卫星导航系统相比，北斗卫星导航系统空间段采用三种轨道卫星组成的混合星座，高轨卫星更多，抗遮挡能力强，尤其低纬度地区性能特点更为明显。北斗卫星导航系统提供多个频点的导航信号，能够通过多频信号组合使用等方式提高服务精度。北斗卫星导航系统融合了导航与通信能力，具有实时导航、快速定位、精确授时、位置报告和短报文通信服务五大功能。

考虑到卫星导航系统的基本原理相同，只是在卫星布局、信号频率与调制及多址方式等方面有部分差异，本书后续内容将以 GPS 为例介绍卫星导航系统的工作原理。

6.1 GPS 导航定位原理

根据 4.2 节区域导航 $\rho-\rho$ 定位的原理可知，平面导航中，飞机的位置可以利用空间位置线交汇的方法来确定。卫星导航的定位原理与之类似，也是利用空间已知位置的卫星及卫星与待测点之间的距离交汇确定待测点的位置。只是卫星导航实现的是三维的空间导航，通过位置面交汇，不仅可以确定飞机的水平位置（经度、纬度），还可以确定飞机的高度（图 6-4）。

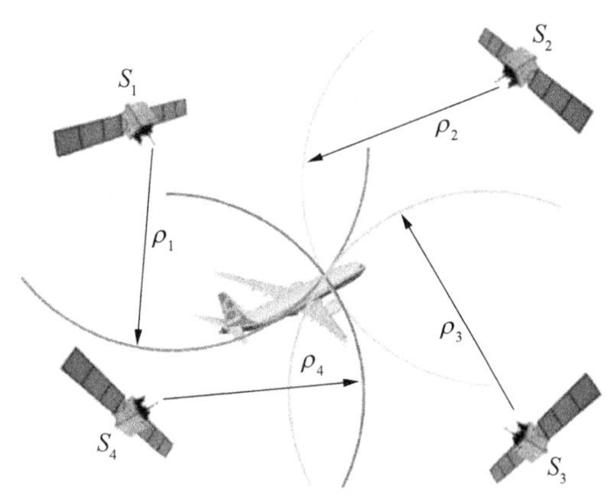

图 6-4 卫星导航定位原理

设想在某一时刻，用户在待测位置点放置一台 GPS 接收机，该接收机可以同时接收 4 颗 GPS 卫星发射的信号，获取四颗 GPS 卫星 S_1、S_2、S_3、S_4 在空间的位置及测站点至四颗卫星的距离 ρ_1、ρ_2、ρ_3、ρ_4，则用户必定位于以这 4 颗卫星为球心，以相应距离为半径的 4 个球面的交点上。接收机只要利用一定的算法确定出该点的位置，即可实现定位功能。卫星导航的基本思想就是利用接收机接收卫星的信号，获取卫星的位置信息及接收机与卫星之间的距离信息，利用距离交汇法解算出测站的位置。

根据空间两点之间距离的数学表达式，可以用公式来描述卫星导航的基本原理。设 t_i 时刻，在测站 P 点用 GPS 接收机同时测得 P 点至 4 颗 GPS 卫星 S_1、S_2、S_3、S_4 的距离 ρ_1、ρ_2、ρ_3、ρ_4，假设四颗卫星的三维坐标为 (x^i, y^i, z^i)，$i=1, 2, 3, 4$，用户位置的三维

坐标为 (x, y, z)，则卫星位置与用户位置之间的关系如下：

$$\begin{cases}\rho_1 = \sqrt{(x-x^1)^2+(y-y^1)^2+(z-z^1)^2} \\ \rho_2 = \sqrt{(x-x^2)^2+(y-y^2)^2+(z-z^2)^2} \\ \rho_3 = \sqrt{(x-x^3)^2+(y-y^3)^2+(z-z^3)^2} \\ \rho_4 = \sqrt{(x-x^4)^2+(y-y^4)^2+(z-z^4)^2}\end{cases} \tag{6-1}$$

GPS 接收机通过测量电波在卫星和用户之间的传播时间，再乘以电波的传播速度来获取卫星与用户之间的距离。由于 GPS 接收机存在时钟误差，导致测量的距离 ρ_i 并非卫星到用户的真实距离，而是有一定的误差，通常称其为伪距。为保证用户位置计算的准确性，通常将接收机的时钟误差作为一个未知数放到方程中求解。因此，方程（6-1）通常写为

$$\begin{cases}\rho_1 = \sqrt{(x-x^1)^2+(y-y^1)^2+(z-z^1)^2} + c\Delta t_i \\ \rho_2 = \sqrt{(x-x^2)^2+(y-y^2)^2+(z-z^2)^2} + c\Delta t_i \\ \rho_3 = \sqrt{(x-x^3)^2+(y-y^3)^2+(z-z^3)^2} + c\Delta t_i \\ \rho_4 = \sqrt{(x-x^4)^2+(y-y^4)^2+(z-z^4)^2} + c\Delta t_i\end{cases} \tag{6-2}$$

其中，Δt_i 为用户接收机钟差。求解上述方程，即可得到用户位置。可见，卫星导航系统的实现需要解决两个问题：精确描述卫星的空间位置；精确测量卫星与用户接收机之间的距离。

卫星导航系统中，围绕地球运转的人造卫星连续向地球表面发射经过编码调制的无线电信号，信号中包含卫星发射信号的时间，以及卫星的空间位置参数，卫星导航接收机接收卫星的信号，获取卫星位置，测量信号的传播时间以计算卫星和用户之间的距离；用导航算法（最小二乘法或滤波估计方法）解算出用户的位置。

6.1.1 GPS 组成

GPS 由空中卫星群、地面支持网和用户设备三个子系统组成（图 6-5）。空中卫星群用于向用户发送导航信息；地面支持网实现对空中卫星的控制并为卫星提供信号发射所需要的信息；用户设备接收卫星信号，实现用户的导航定位或授时功能。

6.1.1.1 空中卫星群

GPS 原计划卫星星座为分布在 3 条轨道倾角为 63°的圆轨道上的 24 颗卫星，在经费缩减的情况下曾将计划改变为 6 条轨道的 18 颗卫星，但由于不能提供满意的覆盖，1986 年改为 21 颗卫星的优化星座组合，最后在 1993 年采用了 6 条倾角为 55°的椭圆轨道上的 24 颗卫星组成的星座，也就是今天 GPS 的基本星座布局结构，如图 6-6 所示。

1993 年 7 月，GPS 形成 24 颗卫星（Block I/II/IIA）的空间星座，1993 年 12 月 8 日，美国国防部正式宣布 GPS 具备初始运行能力（initial operational capability, IOC）。1995 年 4 月 27 日，24 颗卫星（Block II/IIA）在指定的轨道正常运行且经过实践验证后，美国国防

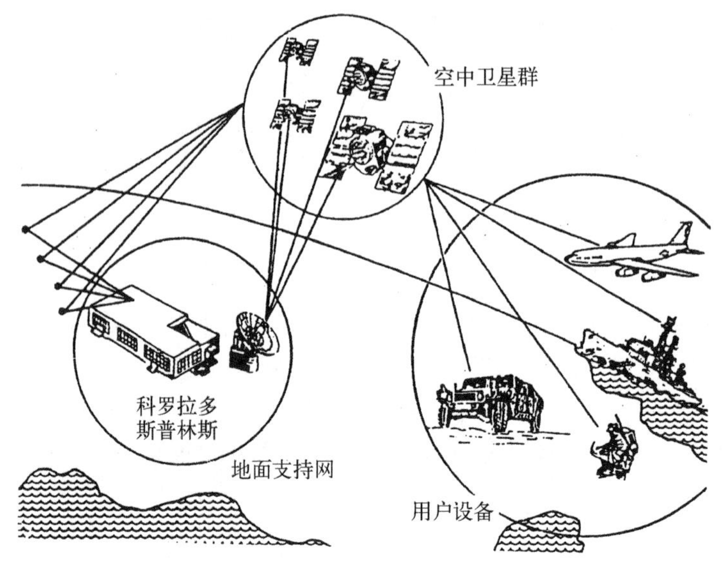

图 6-5 GPS 组成

部宣布 GPS 达到完全运行能力(full operation capability, FOC)。建成后的 GPS 能为陆地、海洋、航空和航天用户提供精密的位置、速度、时间和姿态信息,实现全球、全天候、连续、实时的导航、定位和授时功能。

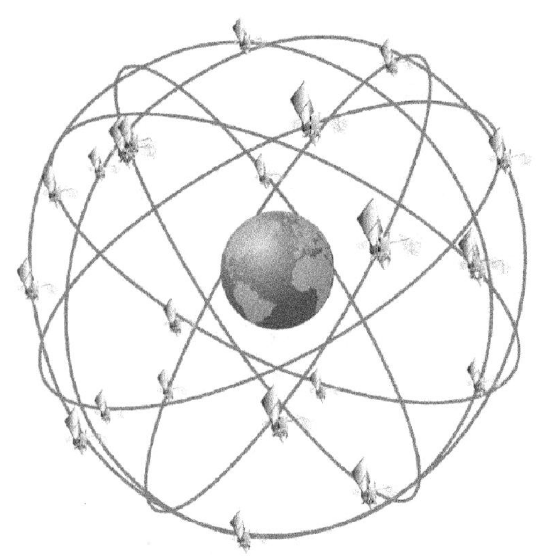

图 6-6 GPS 空中卫星群

(https://www.gps.gov/)

如图 6-7 所示,GPS 的 24 颗导航卫星中有 21 颗工作卫星和 3 颗备用卫星,卫星分布在 6 个轨道上,平均每个轨道 4 颗卫星。这些卫星距地球表面的平均高度约为 20 200 km,绕地球一周的时间是 11 小时 58 分钟。每颗卫星每天绕地球运行大约两圈,每一恒星日有 1~2 次通过地球同一地点的上空。这种星座布局可以确保地球上任一地方任一时刻可看到至少 4 颗仰角 5°以上的卫星。

GPS 卫星分为 Block I、Block II 和 GPS III 卫星。包括各种型号: Block I、Block II、Block IIA、Block IIR、Block IIF、GPS III/IIIF。Block I 是试验卫星,1978 年 2 月 22 日,第 1 颗 GPS 试验卫星发射成功。1973~1985 年,美国共发射了 11 颗 Block I 试验卫星,设计寿命 4.5 年,平均使用寿命 7.5 年。Block II 及 Block II * 卫星为 GPS 的工作卫星。1989~1990 年,共发射 9 颗 Block II 卫星,设计寿命 7.5 年,星上存储数据及自主工作能力为两星期。1990~1994 年,共发射 15 颗 Block IIA 卫星,星载导航电文数据存储能力达到 180 天,即卫星可连续工作 6 个月而不需地面支持。目前 Block II 及 Block IIA 卫星已全部退役。

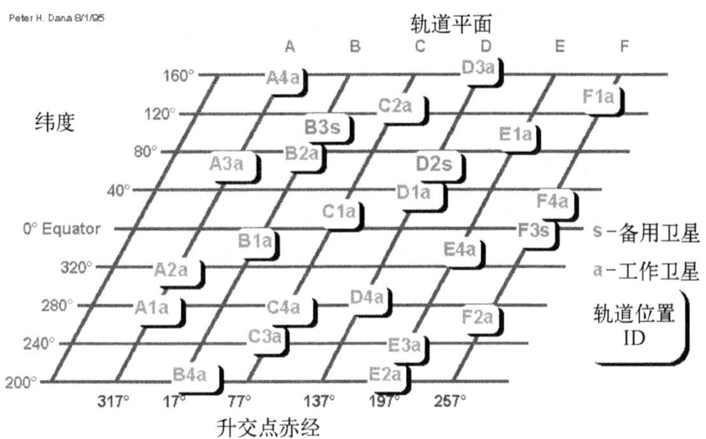

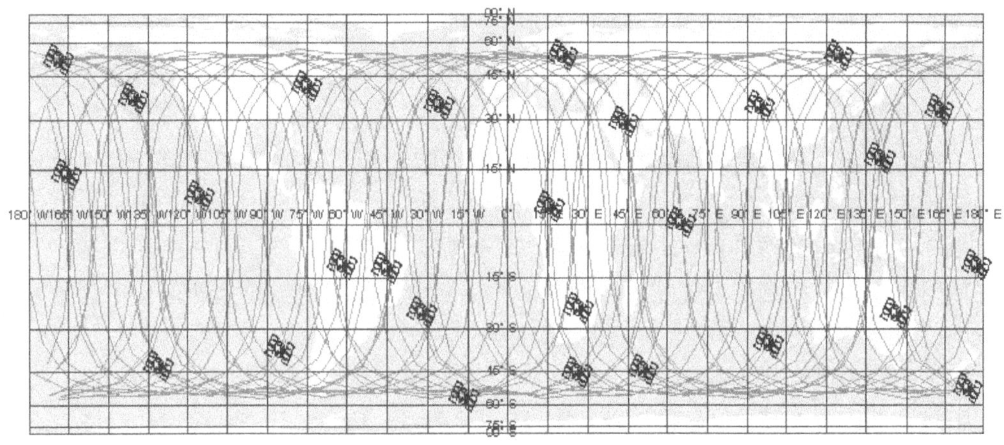

图 6-7　GPS 卫星星座布局及地迹线

（https://www.gps.gov/）

1997~2009 年发射的 Block IIR 和 Block IIR-M 卫星（图 6-8）设计寿命 7.5 年，具有 180 天自主导航能力，卫星可通过测量与其视界内其他卫星的距离来维持其星历和时钟数据，提高了星间数据链通信能力，采用了先进的星上原子钟（氢钟），军事上提高了抗核辐射和抗激光辐射能力，并采用新的抗干扰能力强的天线。Block IIR-M 卫星在 L_2 频率上增加了民用信号（L2C），增加了新的军用码 M 码信号以增强抗干扰能力。目前空中运行的 Block IIR 和 Block IIR-M 卫星共计 15 颗。

2010~2016 年发射的 Block IIF 卫星（图 6-8），设计寿命为 12 年，配备先进的原子钟，改进了对所有卫星进行指挥的交叉数据链能力，以便更新状态和健康状况。卫星增加了星上惯性基准设备，并在 L_5 频率上增发第三民用频率，以利于电离层延迟误差的估计。目前空中运行 12 颗。

2018 年开始发射的 GPS III/IIIF 卫星（图 6-8），设计寿命 15 年，涵盖了所有 Block IIF 卫星的信号，L_1 频率上增加第四民用信号（L1C），不再有 SA，增强了信号的可靠性、精度及完好性，装有激光反射器，增加了搜救/救援配载，目前空中运行 4 颗。

(a) Block IIR卫星

(b) Block IIR-M卫星

(c) Block IIF卫星

(d) GPS III/IIIF卫星

图 6-8　GPS 卫星

(https://www.gps.gov/)

截至 2022 年 4 月 12 日,GPS 空中工作卫星 30 颗,不包括备用卫星。

每颗 GPS 卫星上都装有 2 个高精度的原子钟,通常为铷原子钟和铯原子钟,为卫星提供高精度、高稳定度的时间信息。导航卫星上同时还装备有发射机、接收机、天线和电源系统等。发射机通过天线向地面持续发射信号,为各种用户接收机提供导航信号;接收机用于接收地面支持网的控制指令和导航电文,使卫星保持正确的运行轨道并提供精确的导航数据。

GPS 卫星发射的信号主要有两种频率: L_1 = 1 575. 42 MHz, L_2 = 1 227. 6 MHz。双频发射使用户设备可以利用电离层的色散效应来消除电离层对电波传播所产生的误差。现代化之后 GPS 卫星还发射 L_5 = 1 176. 45 MHz 的信号。

GPS 信号中调制有伪随机序列码(伪码),主要用于测量卫星和用户之间的距离,也称测距码。伪码有 P 码、C/A 码、Y 码三种。

P 码也称为军用码或精密码,使用 P 码定位的精度高,保密性好,仅供美军和特许用户使用,实时定位精度优于 16 m,测速精度优于 0. 1 m/s,授时精度优于 0. 1 μs。用双频 P 码信号,GPS 能提供最高水平的动态定位精度,称为精密定位服务(precise positioning service, PPS)。

C/A 码信号供民用用户使用,也称粗码、民用码或捕获码。C/A 码单频信号提供的动态定位精度,称为标准定位服务(standard positioning service, SPS)。GPS 应用初期,美国政府通过实施选择有效性(selective availability, SA)技术,在卫星导航电文及卫星时钟中人为加入误差信号,使 C/A 码的定位精度变差为百米(2σ)以上。但在 2000 年,美国政府声明今后不再使用 SA 技术。根据 2020 年发布的 GPS SPS 性能报告,SPS 的全球平均定位精度为: 水平精度≤8 m(95%),垂直精度≤13 m(95%),授时误差≤40 ns(95%)。最差站点水平精度≤17 m(95%),垂直精度≤37 m(95%)。

P 码的精度高,编码方程式已公开。但美国在必要时会实施防电子欺骗(anti-spoofing, AS)政策,即将 P 码与保密码 W 码模二相加,编译成 Y 码发射。Y 码的编制方程式严格保密。Y 码主要用于有潜在威胁的军事环境中,如敌方播发虚假的 P 码信号,企图欺骗 GPS 用户设备使用该欺骗信号时,装有 Y 码处理功能接收机就不会接收这种虚假信号,有效防止电子欺骗。

6.1.1.2　地面支持网

GPS 的地面支持网是卫星导航系统的地面技术支持和保障系统，是卫星导航系统实现精确导航的根本保障。地面支持网的主要任务是监测和控制卫星的轨道运行，向卫星提供电文数据和精确的时间基准等。GPS 的地面支持网十分复杂、昂贵。

GPS 系统的地面支持网主要由监测站、主控站和注入站组成，如图 6－9 所示。监测站收集卫星及测站周围的气象资料发送给主控站，主控站根据这些资料计算 GPS 时间及卫星轨道参数等信息，然后由注入站上传给卫星，更新卫星资料。地面支持网台站设置如表 6－1 所示。

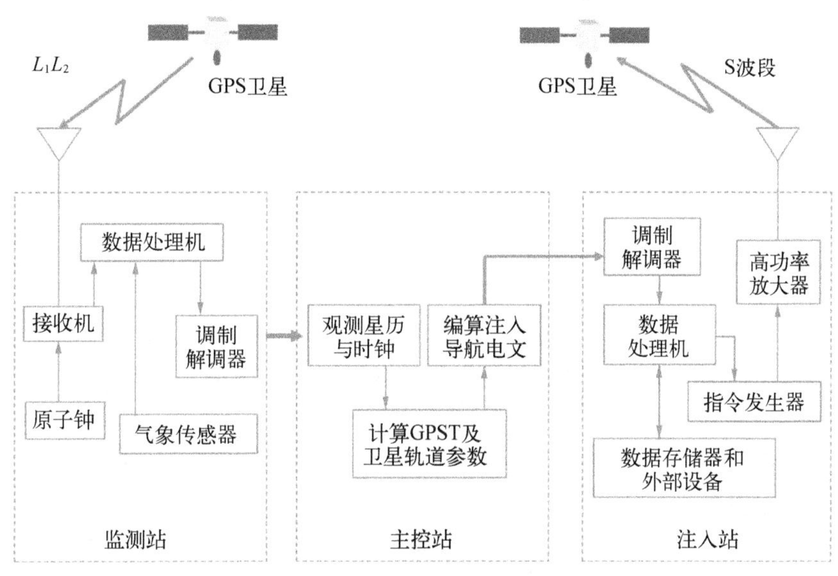

图 6－9　GPS 地面支持网络

表 6－1　地面支持网台站设置

台站类型	所在地
主控站	科罗拉多
备用主控站	范登堡基地
地面注入站	卡纳维拉尔角、阿森松岛、迪戈加西亚岛、夸贾林岛
空军监测站	科罗拉多、夏威夷、卡纳维拉尔角、阿森松岛、迪戈加西亚岛、夸贾林岛
远端跟踪站	格陵兰岛、范登堡基地、夏威夷、华盛顿海军天文台、英国、迪戈加西亚岛、关岛
监测站	阿拉斯加、华盛顿海军天文台、厄瓜多尔、乌拉圭、英国、巴林、南非、韩国、澳大利亚、新西兰

GPS 监测站（monitoring station，MS）设置有用户接收机，气象传感器，原子钟和计算机信息处理机。GPS 监测站跟踪经过其上空的卫星，对所有可见卫星每 1.5 s 测量一次，采集卫星导航电文信号和伪距/载波相位信息；收集当地气象数据（气象数据用于对流层校正）。监测站的计算机收集、存储所有的数据，并发送给主控站。监测站每 6 s

将其所测得的卫星信息和气象数据发送给主控站。目前 GPS 共有 16 个监测站，其中 6 个设在空军基地，分别设在太平洋的夏威夷群岛、科罗拉多州的科罗拉多斯普林斯、佛罗里达州的卡纳维拉尔角、马绍尔群岛的夸贾林岛、印度洋的迪戈加西亚岛、南大西洋的阿森松岛。另外 10 个监测站是由美国国家地理空间情报局拥有和运营的 GPS 监测站。

主控站设在科罗拉多斯普林斯的联合空间工作中心。它负责对系统的运转实行全面的控制，每 15 min 进行一次数据处理，具体任务包括：提供 GPS 的时间基准，监控各监测站和 GPS 卫星的原子钟与主控站原子钟的同步情况，计算出它们的钟差，将钟差信息编入导航电文；处理由各监测站送来的数据，对监测站数据中的偏差（如电离层延时、对流层折射等）进行修正，确定卫星精确位置，编制卫星的星历、卫星钟差和大气修正参数，将这些数据编排成导航电文，送到注入站由注入站转发给卫星；控制空中卫星布局，调整偏离轨道的卫星使其沿预定轨道运行，启用备用卫星代替失效工作卫星；监视卫星广播及系统完好性。

注入站的主要设备为 1 台直径 3.6 m 的天线、1 台 c 波段发射机和 1 台计算机，主要任务是将主控站编制的导航电文、卫星控制指令及软件通过 1 754 ~ 1 854 MHz 的频率注入相应卫星的存储系统。

GPS 有 4 个专门的 GPS 注入站，分别位于美国的科德角、南大西洋的阿森松岛、印度洋的迪戈加西亚岛和太平洋马绍尔群岛的夸贾林岛。此外，还有 7 个美国的空军卫星控制网络的远端跟踪站。

主控站对卫星信号的注入过程进行检验，收集各监测站发送来的遥测检验数据，以核实导航数据注入卫星的过程。

整个 GPS 系统的地面监控部分，除主控站外均无人值守。各站间用现代化通信网络联系，在原子钟和计算机的驱动和控制下，实现高度的自动化、标准化。

6.1.1.3 用户设备

GPS 用户必须通过专用信号接收设备才能实现导航定位目的。用户设备主要就是 GPS 接收机，是一种特制的无线电接收机，接收导航卫星发出的信号，对卫星信号进行处理后确定接收机所在地理位置。

GPS 接收机通常包括天线、信号处理部分、微处理器、控制显示单元及电源等。根据不同用户的需求，功能有所差异，性能、形状尺寸和价格也差异很大。有航海和航空用的导航型接收机、测绘用的测地型接收机、授时型接收机等。不同类型接收机的信号接收及处理部分大致相同，但由于功能、性能需求的不同，参数计算及数据处理方法各不相同。

6.1.2 GPS 的时空基准

GPS 接收机的导航定位计算公式需要用户与卫星处于同一坐标系下，而卫星与用户之间距离的测定则需要二者有统一的时间基准。这就涉及 GPS 的时空基准。

6.1.2.1 空间坐标基准

1987 年 1 月 10 日开始，GPS 系统采用改进的大地坐标系统 WGS - 84 坐标系。

WGS－84坐标系为地球坐标系（参见1.4.2.1小节），原点为地球质心，OZ 轴指向BIH1984.0定义的协议地极；OX 轴指向BIH1984.0定义的零度子午线与相应的赤道的交点；OY 轴垂直于 OXZ 平面，且与 OZ、OX 轴构成右手坐标系。

WGS－84坐标系采用的地球椭球，称为WGS－84椭球，其常数为国际大地测量学与地球物理学联合会第17届大会的推荐值，主要参数如下。

长半轴：$a = 6\,378\,137 \pm 2$ m。

地球引力常数：$GM = (39\,686\,005 \times 10^8 \pm 0.6 \times 10^8)\,\mathrm{m^3/s^2}$。

地球自转角速度：$\omega_{ie} = (7\,292\,115 \times 10^{-11} \pm 0.150\,0 \times 10^{-11})$ rad/s。

WGS－84椭球的扁率：$f = 1/298.257\,223\,563$。

6.1.2.2 时间基准

在空间科学中，时间系统是精确描述天体和人造卫星运行位置及其相互关系的重要基准，也是卫星导航系统的重要基准。

GPS卫星的位置是不断变化的，要描述卫星的具体位置，必须给出对应的时刻。另外，由于电波的传播速度约为 3×10^8 m/s，GPS要准确地测定用户至卫星的距离，必须精确测定信号的传播时间，否则会引起较大的误差。

时间基准包括时间的单位（尺度）和原点（起始历元）两个方面。本书主要介绍恒星时、世界时、原子时和GPS时（GPS time, GPST）。

1. 恒星时

恒星时是以地球自转为基础，并与地球自转角度相对应的时间系统，它以春分点为参考点，根据春分点周日的视运动确定。春分点连续两次经过本地子午圈的时间间隔为一个恒星日，一个恒星日含24个恒星小时。因此，恒星时在数值上对应春分点相对于本地子午圈的时角。恒星时以春分点通过本地子午圈的时刻为原点计算，同一瞬间不同测站的恒星时不同，即恒星时具有地方性，有时也称为地方恒星时。

由于地球自转的非均匀性，自转轴指向存在岁差和章动，真春分点的位置并不固定，同一历元有真春分点和平春分点之分。相应的恒星时也有真恒星时与平恒星时之分。

时角将位置与时间联系起来。与恒星时对应的角有地方时角和格林威治时角，接收机所处的地方子午面与春分点所在子午面之间的夹角为地方时角，0°子午面与春分点所在子午面之间的夹角为格林威治时角。相对于真春分点的时角分别为真春分点地方时角（local apparent sidereal time, LAST）和真春分点格林威治时角（Greenwich apparent sidereal time, GAST），相对于平春分点的时角分别为平春分点地方时角（local mean sidereal time, LMST）和平春分点格林威治时角（Greenwich mean sidereal time, GMST）。图6－10为四个

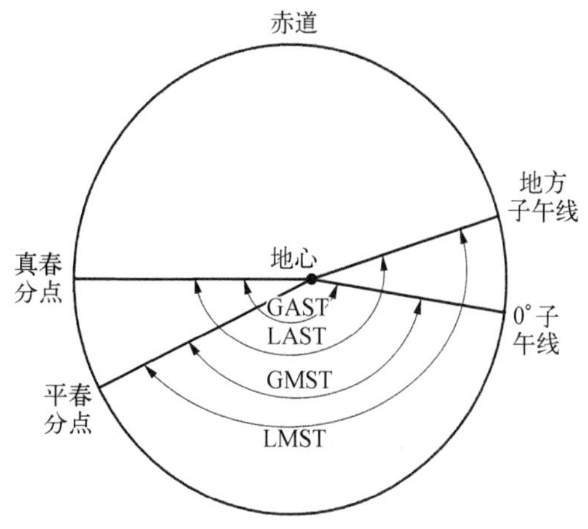

图6－10 地方时角与格林威治时角

时角之间的关系。

$$\begin{aligned} LAST - LMST &= GAST - GMST = \Delta\psi\cos\varepsilon \\ LMST - GMST &= LAST - GAST = \lambda \end{aligned} \tag{6-3}$$

其中 $\Delta\psi$ 为黄经章动,ε 为黄赤交角,λ 为本地经度。

2. 世界时

以太阳的视运动确定的时间基准为太阳时。由于地球的公转轨道为椭圆,其运动速度是不均匀的。如果以真太阳作为观察地球自转运动的参考点,将不符合建立时间系统的基本要求。为此,假设一个参考的运动速度,等于真太阳周年运动的平均速度。这个假设的参考点称为平太阳。平太阳连续两次经过本地子午圈的时间间隔为一个平太阳日,一个平太阳日包含有 24 个平太阳小时。

以平子夜为零时起算的格林威治平太阳时称为世界时(universal time, UT)。世界时系统以地球的自转为基础,但由于地球自转角速度长期变慢的趋势,近 20 年来,世界时每年比原子时约慢 1 s,两者之差逐年积累。为避免播发的原子时与世界时之间产生过大的偏差,从 1972 年开始采用了一种以原子时秒长为基础,在时刻上尽量接近世界时的折衷时间系统,这种时间系统称为协调世界时(universal time coordinated, UTC),简称协调时。

协调世界时的秒长严格等于原子时的秒长,采用闰秒(或跳秒)的办法,使协调时与世界时的时刻相接近,当协调时与世界时的时刻差超过±0.9 s 时,便在协调时中引入一闰秒(正或负),闰秒一般在 12 月 31 日或 6 月 30 日末加入。因此,UTC 时间具有非连续性。

3. 原子时

随着空间科学技术的发展和应用,以地球自转为基础的世界时系统已难以满足人们对时间精准度和稳定度的要求。20 世纪 50 年代,建立了以物质内部原子运动特征为基础的原子时(atomic time, AT)系统。

原子时秒长的定义为:位于海平面上的 Cs^{133} 原子基态有两个超精细能级,在零磁场中跃迁辐射振荡 9 192 631 770 周所持续的时间,为一原子时秒。该原子时秒作为国际制秒的时间单位。国际上大约有 100 座原子钟,通过相互对比,并经数据处理,推算出统一的原子时系统,称为国际原子时(international atomic time, IAT)。

原子时是通过原子钟来守时和授时的,因此,原子钟振荡器频率的准确度和稳定度,决定了原子时的精度。

4. GPS 时

GPS 建立了专用的时间系统,简称 GPS 时(GPST)。计时单位包括 GPS 周和 GPS 秒,由 GPS 主控站控制。GPST 属原子时系统,其秒长与原子时相同,但与国际原子时具有不同的原点,所以,GPST 与 IAT 在任一瞬间均有一常量偏差。

GPST 的起始时刻为 UTC 时间的 1980 年 1 月 6 日 0 时,由于 UTC 时间存在跳秒,随着时间的积累,GPST 与 UTC 之间存在整倍秒的差异。

6.2　卫星运动规律及轨道参数

卫星在空间运行的轨迹称为卫星轨道,描述卫星位置及状态的参数称为卫星轨道参数,轨道参数取决于卫星某瞬时所受到的各种力的共同作用结果。

人造地球卫星在空间运行时,除了受地球重力场的引力作用外,还受到太阳、月亮及其他天体引力的影响,同时还受到大气的阻力、太阳光压力及地球潮汐作用力等因素的影响。因此,卫星的实际运动轨道非常复杂,难以用简单的数学模型来描述。

为了研究卫星运动的基本规律,通常将卫星所受的作用力分为两类。一类是地球质心引力,即将地球、卫星看作密度、形状均匀的圆球,地球对卫星的引力可等效为空间质量集中于球心的质点对另一个质点所产生的引力,称为中心引力。此时,卫星与地球构成二体系统,即天体力学中的二体问题,它决定着卫星运动的基本规律和特征,由此所决定的卫星轨道,可视为理想的轨道,一般称为无摄轨道,它是研究卫星实际轨道的基础。另一类是摄动力,也称非中心引力,它包括地球非球形对称的作用力、日月引力、大气阻力、光辐射压力及地球潮汐作用力。摄动力与中心引力相比,仅为其 10^{-5} 的量级。在摄动力的作用下,卫星轨迹会产生一些微小的附加变化,偏离理想轨道,这种偏离量的大小随时间也不断发生变化。在摄动力的作用下,卫星的运动称为受摄运动,相应的卫星运动轨道称为受摄轨道。

考虑到摄动力的影响较小,因此对卫星轨道的研究一般分为两步:首先,忽略所有的摄动力,仅考虑无摄轨道;其次,根据各种摄动力对卫星运动的影响,对无摄轨道加以修正,从而确定卫星真实运动轨道的瞬时特征。

6.2.1　开普勒运动定律

开普勒在对前人获得的天体观测数据分析的基础上,总结出了行星运动的规律,统称为开普勒三大定律。卫星在地球中心力作用下的运动称为无摄运动,也称开普勒运动,其规律符合开普勒定律的描述。

6.2.1.1　开普勒第一定律

行星绕太阳运行的轨道是一个椭圆,太阳位于该椭圆的一个焦点上。这个椭圆称为开普勒椭圆。在中心引力的作用下,卫星绕地球运转的无摄轨道与行星轨道类似,也是一个椭圆。地球质心位于该椭圆的一个焦点上,椭圆长轴两端离地球质心远的端点称为远地点(apogee),近的端点称为近地点(perigee)。

开普勒第一定律阐明了卫星运行轨道的基本形态及其与地心的关系。根据开普勒第一定律,卫星在空间运行的轨道为一椭圆,该椭圆的一个焦点与地球质心重合,如图6-11所示。设 r 为卫星距离地球的矢径(向径),a 为开普勒椭圆的长半轴,b 为开普勒椭圆的短半轴,e 为开普勒椭圆的偏心率。

根据轨道的基本形态及其与地心的关系,由万有引力定律可得卫星绕地球质心运动的轨道方程:

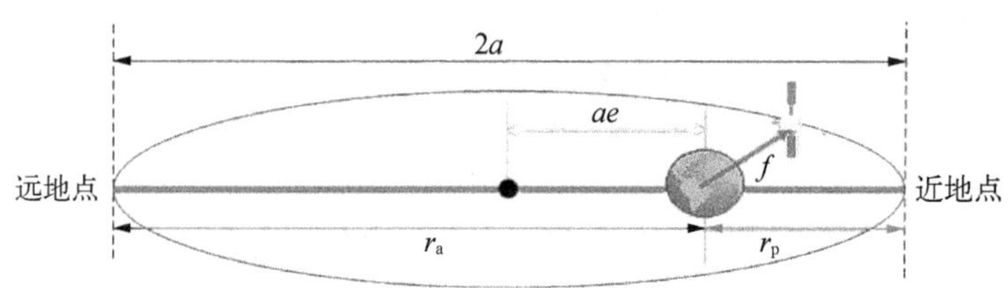

图 6-11 椭圆轨道参数

$$r = \frac{a(1 - e^2)}{1 + e\cos f} \tag{6-4}$$

其中，f 为轨道平面内卫星与地心的连线与近地点与地心连线之间的夹角，称为卫星的真近点角，它描述了任意时刻卫星在轨道上相对于近地点的位置，是时间的函数；偏心率描述了椭圆焦点距离椭圆中心的程度，即椭圆的扁平程度，$0 \leqslant e < 1$。$e = 0$ 时，轨道为圆轨道，椭圆焦点与中心重合，随着 e 由零逐渐增大接近 1，椭圆焦点距离中心越来越远，椭圆越来越扁。近地点和远地点距离地心的距离分别为

$$r_p = a(1 - e) \quad r_a = a(1 + e)$$

6.2.1.2 开普勒第二定律

开普勒第二定律也称面积定律（图 6-12）。行星围绕太阳运行时，行星与太阳的连线（向径）在相同的时间内扫过相同的面积。和行星一样，在轨道上运行的卫星同时具有势能和动能，其中势能的大小取决于卫星在地球引力场中的位置，动能是卫星运动速度的函数。根据能量守恒定理，在远地点时，卫星势能达到最大，动能最小，速度也最小。而在近地点时情况则正好相反。

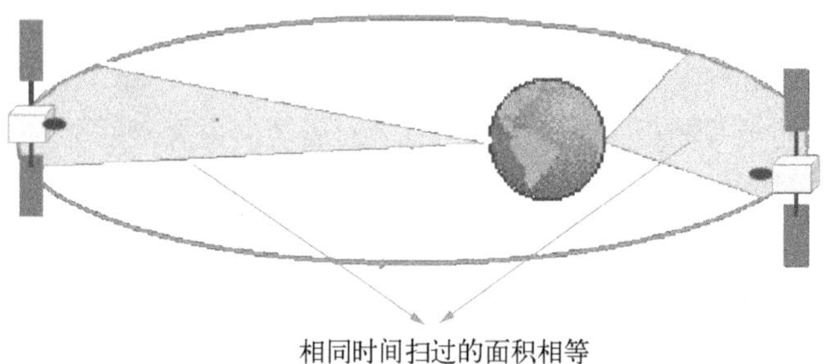

图 6-12 开普勒第二定律

开普勒第二定律说明，卫星的在轨运行速度并非常数，而是不断变化的。在近地点时的速度最快，远地点的速度则最慢。

6.2.1.3 开普勒第三定律

行星绕太阳运行周期的平方，与其轨道长半径的立方呈正比。假设 T_1、T_2 分别为两颗行星的公转周期，a_1、a_2 分别为它们的轨道长半径，则开普勒第三定律可以描述为

$$\frac{T_1^2}{T_2^2}=\frac{a_1^3}{a_2^3}$$

实际上,根据牛顿力学原理,行星绕太阳运行周期的平方,与其轨道长半径的立方之比等于一个常数,这个常数与行星质量有关。

$$\frac{T^2}{a^3}=\frac{4\pi^2}{G(M+m)}$$

其中,T 为行星运行周期;M 和 m 分别为太阳和行星(GPS 中为地球和卫星)的质量,由于 m 相对于 M 几乎可以忽略不计,因此,上式可近似表示为

$$\frac{T^2}{a^3}=\frac{4\pi^2}{GM}$$

假设卫星的平均运动角速度为 n,则

$$n=\frac{2\pi}{T}=\sqrt{\frac{GM}{a^3}} \tag{6-5}$$

可见,同一轨道上的行星的平均角速度近似为常数。

6.2.2　卫星的无摄轨道参数

根据开普勒定律,GPS 卫星的轨道是一个以地心为焦点的椭圆。要描述卫星的位置,首先需要确定卫星轨道相对惯性空间所在的平面,其次需要确定椭圆轨道在平面上的位置及椭圆形状,最后确定卫星的在轨位置。据此就可以确定卫星在空间的位置。

描述卫星轨道平面的位置需要两个参数:轨道倾角(i)和升交点赤经(Ω)。轨道倾角是卫星轨道平面与地球赤道平面之间的夹角,而升交点赤经是地球赤道平面内升交点与春分点之间的地心夹角。这两个参数唯一地确定了卫星轨道平面在惯性空间的位置。

描述椭圆轨道在轨道平面上的位置及椭圆形状需要三个参数:近地点角距(ω)、长半轴(a)和偏心率(e)。近地点角距是轨道平面内升交点与近地点之间的地心夹角,它描述了开普勒椭圆在轨道平面上的方向。长半轴和偏心率则限定了椭圆的大小和形状。

用真近点角(f)描述任意时刻卫星在轨道上的瞬时位置。真近点角是轨道平面内卫星与近地点之间的地心夹角,该参数为时间的函数。

可见,卫星的无摄运动,可通过 6 个轨道参数或称开普勒轨道根数来描述。6 个轨道参数一经确定,卫星相对地球的空间位置及其速度便可唯一确定。图 6-13 为卫星轨道参数。

卫星无摄运动轨道的 6 个开普勒轨道参数中,只有真近点角是随时间变化的参数,其余参数均近似为常数。所以,计算卫星瞬时位置的关键在于真近点角。而由前述 GPS 地面支持网的介绍可知,卫星轨道参数是由地面监测站接收卫星信号,主控站计算,再通过注入站发送给卫星的,卫星本身并不进行轨道参数的计算,只是转发地面发送给它的导航

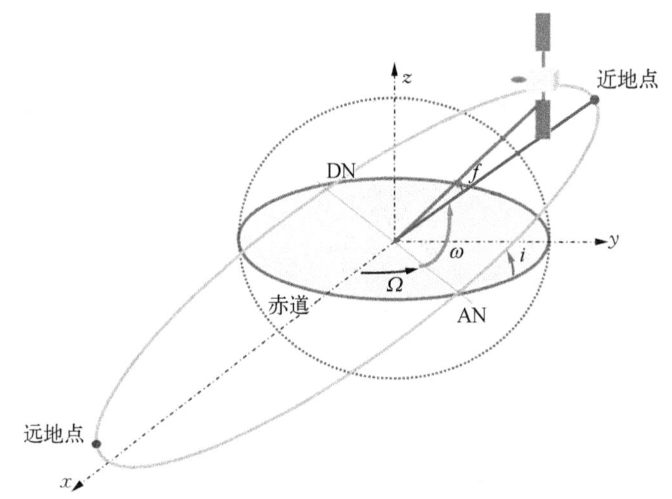

图 6-13　卫星轨道参数

电文信息,而地面站对卫星导航电文数据的更新时间间隔通常要几个小时或更长的时间,显然无法直接用描述卫星瞬时位置的真近点角来向用户接收机发送卫星位置,而必须将真近点角描述为时间的函数。这就需要引进与真近点角有关的两个辅助参数——偏近点角(E)和平近点角(M)。

6.2.2.1　偏近点角与真近点角的关系

考虑到卫星轨道运行的非匀速性,首先将卫星的椭圆轨道等效成圆形轨道,这样就可以大大简化卫星在轨位置的研究。如图 6-14 所示,以 GPS 椭圆轨道中心为圆心,长半轴为半径作椭圆的外切圆。过卫星位置点作椭圆长半轴的垂线,与外切圆交于点 Q。椭圆中心 O 与近地点 P 的连线 OP 和椭圆中心 O 与 Q 点的连线 OQ 之间的夹角即为偏近点角(E)。利用偏近点角与真近点角之间的几何关系就可以将卫星的椭圆轨道位置映射到圆形轨道。

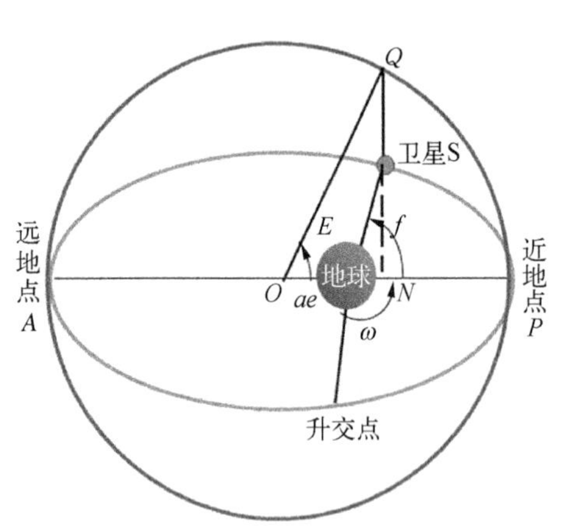

图 6-14　真近点角与偏近点角关系

根据图 6-14,偏近点角与真近点角之间的关系为

$$r\cos f = a\cos E - ae \tag{6-6}$$

由此得

$$\cos f = \frac{a}{r}(\cos E - e) \tag{6-7}$$

将式(6-7)代入开普勒第一定律中的式(6-4),得

$$r = a(1 - e\cos E) \tag{6-8}$$

根据式(6-7)和式(6-8),可得真近点角与偏近点角之间的关系为

$$\begin{cases} \cos f = \dfrac{\cos E - e}{1 - e\cos E} \\ \sin f = \dfrac{\sqrt{1 - e^2}\sin E}{1 - e\cos E} \end{cases} \tag{6-9}$$

偏近点角与真近点角之间的常用关系为式(6-10),利用该公式可由卫星的偏近点角计算相应的真近点角。

$$\tan\frac{f}{2} = \frac{\sin f}{1 + \cos f} = \frac{\sqrt{1 + e}}{\sqrt{1 - e}}\tan\frac{E}{2} \tag{6-10}$$

6.2.2.2　平近点角与偏近点角的关系

平近点角是一个假设的量,假设卫星在轨道上运动的平均速度为 n,表示为

$$M(t) = M_0 + n \cdot (t - t_0) \tag{6-11}$$

式中,t_0 为卫星过近地点的时刻;t 为观测时刻;M_0 为 t_0 时刻对应的平近点角。平近点角是卫星平均速度与时间的线性函数。根据开普勒第三定律,任意具有确定轨道的卫星,其平均速度都是一个常数。根据宇宙运动理论,平近点角 M 与偏近点角 E 之间有以下重要关系:

$$E = M + e \cdot \sin E \tag{6-12}$$

该式称为开普勒方程,在卫星轨道计算中具有重要意义。开普勒方程使得根据平近点角计算偏近点角成为可能。由于式(6-12)是奇异方程,通常需要用迭代法计算偏近点角。迭代法的初始值可近似取 $E_0 = M$, 进而依次计算 $E_n = M + e \cdot \sin E_{n-1}$, 然后用 E_n 替代 E_{n-1} 重复计算,直至 $\delta E = E_n - E_{n-1}$ 小于某一预定微小量为止。为加快收敛速度,有时也可采用微分迭代法。

由此,通过椭圆轨道的外切圆将卫星的椭圆运动投影到等速运动的圆形轨道上,利用圆形轨道参数计算随时间变化的平近点角,再将平近点角转化为真近点角,就实现了卫星在轨运动的函数表达。卫星真近点角的计算过程如下:利用初始平近点角 M_0 和初始时间 t_0,针对观测时间 t,利用式(6-11)首先计算 t 时刻的平近点角,然后利用式(6-12)计算该时刻的偏近点角,再利用式(6-10)计算该时刻的真近点角。

6.2.3　卫星摄动轨道及修正参数

如图6-15所示,卫星的实际运动轨道受到多种非地球质心引力的影响而偏离开普勒轨道。在摄动力加速度的影响下,卫星运行的开普勒轨道参数,不再保持常数而变为随时间变化的函数。根据分析,在数小时和数日内,GPS卫星运行的轨道,因各种摄动

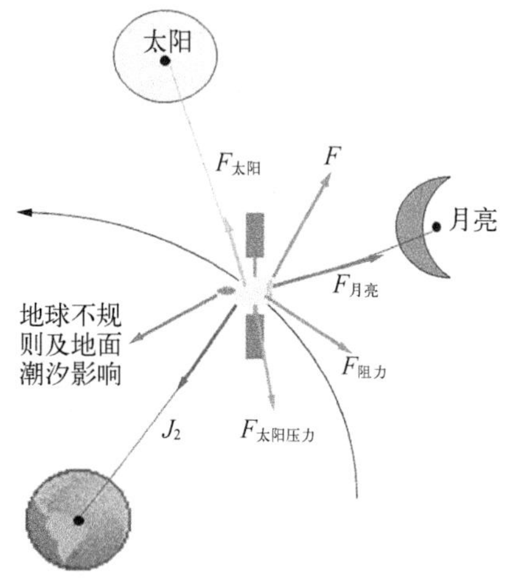

图6-15　摄动力

力加速度影响而产生的偏差对任何用途的导航定位工作均是不能忽视的。因此，研究各种摄动力模型，以此对卫星的摄动轨道加以修正，满足精密导航、定位的要求具有重要意义。

对于 GPS 卫星来说，仅地球的非球性影响，在 3 小时的轨道弧段上，就可能使卫星的位置偏差达 2 km，这种偏差对于导航定位来说显然不容忽视。因此，必须建立各种摄动模型。卫星在运行中，引起轨道摄动的摄动力主要包括以下几种。

6.2.3.1 地球的非中心引力

根据前述可知，地球内部质量分布不均匀，形状也不规则，地球的实际形状在北极大地水准面高出椭球面约 19 m，在南极大地水准面凹下椭球面约 26 m，而在赤道附近两者之差最大值约 108 m。地球体的这种不均匀和不规则性，引起地球引力场的摄动。地球引力场摄动对卫星轨道的影响表现在如下方面。

(1) 引起升交点沿赤道缓慢西移。这种摄动作用的影响使轨道平面产生旋转，升交点赤经 Ω 产生周期性变化。同时，升交点还受到其他摄动力的影响，导致升交点赤经的变率实际上并不是一个常数。

(2) 近地点在轨道面内旋转。近地点位置的变化，意味着开普勒椭圆在轨道面内定向的改变，这种摄动作用引起近地点角距 ω 的缓慢变化。

(3) 平近点角的变化。摄动力导致卫星平均角速度发生变化，产生平均角速度偏差 Δn，大约为 $-0.01°/\mathrm{d}$。

在地球引力场摄动力的作用下，卫星的实际运动轨道并不是在同一个平面内，而是近似一条空间螺旋线。

6.2.3.2 太阳引力和月球引力

日、月引力的影响主要是由于太阳和月球对卫星的引力作用引起的。日、月引力的影响主要是周期性摄动，它具有许多不同的周期，其中最大的周期约 14 天。与地球引力场的摄动类似，日、月引力的摄动也能产生升交点沿赤道缓慢进动、近地点角距的变化等轨道摄动现象，只是摄动的方向与地球引力场的摄动不同，摄动量级更小而已。日、月引力是除了地球引力场之外最大的摄动源。

6.2.3.3 太阳光的直接与间接辐射压力

太阳光照射到卫星上，会使卫星受到一个推力，通常称为太阳光压，也称太阳辐射压。太阳光压有两种：一种是直接太阳光压；另一种是地球反射光压。后者由于对 GPS 卫星影响较小，通常可以忽略不计。太阳光辐射压对卫星产生的摄动加速度不仅与卫星、太阳、地球三者之间的相对位置有关，还与卫星表面的反射特性、卫星接收阳光照射的有效截面积与卫星质量之比有关。需要指出的是，当卫星进入地球阴影区域时，它不受太阳光压的影响，因此在解算时需要考虑扣除阴影部分的影响。根据计算，太阳光压引起的 GPS 卫星的摄动加速度、约为 $10^{-7}\ \mathrm{m/s^2}$，在 3 小时的轨道弧段上可能产生 5～10 m 的偏差。这一摄动力的影响对于精密 GPS 定位是不能忽略的。

6.2.3.4 大气阻力

随着高度的增加，大气密度降低，大气阻力摄动对低轨道卫星特别敏感，其影响大小主要取决于大气密度、卫星截面积与质量之比及卫星运行速度。GPS 卫星的运行高度在

20 000 km 以上,大气密度极小,一般可以忽略其对轨道的影响。

6.2.3.5　地球潮汐的作用力

地球潮汐的作用力包括海洋潮汐和地球固体潮所引起的作用力。固体潮和海洋潮汐也将改变地球重力位,进而对 GPS 卫星产生摄动加速度,其量级约为 10^{-9} m/s^2。目前情况下,对于多数 GPS 用户来说,此项影响可以忽略不计。

上述摄动力的影响及其修正值在地面主控站中进行计算,确定相关修正参数,编排到导航电文中,与卫星的无摄轨道参数一起通过注入站发送给卫星,再通过卫星发送给用户接收机,用户接收机利用导航电文中的轨道参数及修正参数计算出卫星发送信号时刻的瞬时精确位置。

导航电文中包含的轨道参数及修正参数为参考历元瞬间的 6 个开普勒参数及反映摄动力影响的 9 个修正参数,同时发送参考时刻和星历数据龄期,共计 17 个星历参数。9 个修正参数如表 6－2 所示。利用轨道参数及修正参数就可以计算卫星的实时位置。

表 6－2　摄动轨道修正参数

参数符号	参数含义
Δn	平均角速度的改正值
$\dot{\Omega}$	升交点赤经的变化率
$\dot{i}$	轨道倾角的变化率
C_{uc}	升交点角距的余弦调和改正项的振幅
C_{us}	升交点角距的正弦调和改正项的振幅
C_{rc}	卫星矢径的余弦调和改正项的振幅
C_{rs}	卫星矢径的正弦调和改正项的振幅
C_{ic}	轨道倾角的余弦调和改正项的振幅
C_{is}	轨道倾角的正弦调和改正项的振幅

6.2.4　卫星位置计算

根据前面的论述,利用卫星的轨道参数及摄动修正参数,就可以确定观测时刻卫星在协议地球坐标系下的坐标位置。

首先计算卫星运行的平均角速度:

$$n_0 = \sqrt{\frac{GM}{a^3}} = \sqrt{\frac{\mu}{a^3}} \tag{6-13}$$

其中,μ 为地球引力常数,在 WGS－84 坐标系下为 $3.986\,005 \times 10^{14}$ m^3/s^2。

对卫星平均角速度进行修正:

$$n = n_0 + \Delta n \tag{6-14}$$

利用 n 计算 t 时刻卫星的平近点角:

$$M(t) = M_0 + n \cdot (t - t_{oe}) \tag{6-15}$$

其中，t_{oe} 为星历参考时刻，可以从导航电文中获取。

利用 M 计算偏近点角：

$$E(t) = M(t) + e \cdot \sin E(t) \tag{6-16}$$

进一步计算真近点角：

$$f(t) = \operatorname{arctg}\left[\frac{\sqrt{1 - e^2}\sin E(t)}{\cos E(t) - e}\right] \tag{6-17}$$

计算未经改正的升交距角：

$$u'(t) = \omega + f(t) \tag{6-18}$$

计算卫星矢径：

$$r'(t) = a[1 - e \cdot \cos E(t)] \tag{6-19}$$

计算各参数的摄动改正项：

$$\begin{aligned} \delta u(t) &= C_{uc} \cdot \cos(2u'(t)) + C_{us} \cdot \sin(2u'(t)) \\ \delta r(t) &= C_{rc} \cdot \cos(2u'(t)) + C_{rs} \cdot \sin(2u'(t)) \\ \delta i(t) &= C_{ic} \cdot \cos(2u'(t)) + C_{is} \cdot \sin(2u'(t)) \end{aligned} \tag{6-20}$$

进行摄动改正：

$$\begin{aligned} u(t) &= u'(t) + \delta u(t) \\ r(t) &= r'(t) + \delta r(t) \\ i(t) &= i_0 + \dot{i} \cdot (t - t_{oe}) + \delta i(t) \end{aligned} \tag{6-21}$$

以地心为原点，地心与升交点连线为极轴定义极坐标系，该坐标系下，卫星的位置为 $(r(t), u(t))$。

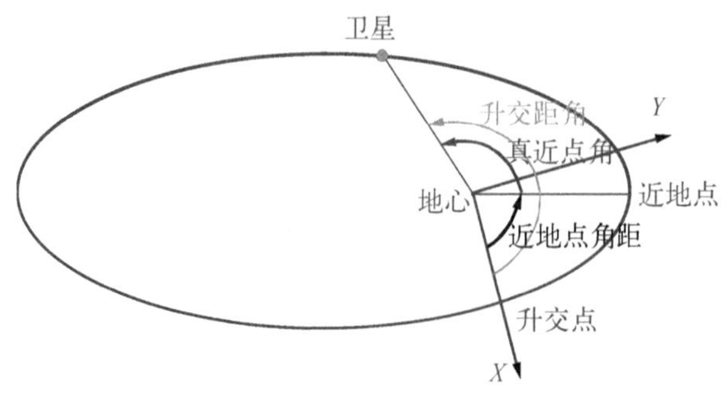

图 6-16　轨道直角坐标系

为计算卫星在 WGS-84 坐标系下的位置，首先定义轨道直角坐标系（图 6-16）。轨道直角坐标系以地心作为原点，轨道平面作为 OXY 平面，其中 OX 轴指向升交点，OY 轴沿逆时针方向与 OX 轴成 90°夹角，OZ 轴垂直轨道平面，与 OX、OY 轴满足右手坐标原则。根据极坐标系与轨道直角坐标系的关系，将极坐标系下的卫星位置转换到轨道直角坐标系下，转换方程如下。

$$\begin{bmatrix} x(t) \\ y(t) \\ z(t) \end{bmatrix} = r(t) \begin{bmatrix} \cos u(t) \\ \sin u(t) \\ 0 \end{bmatrix} \tag{6-22}$$

如图 6-17 所示,轨道直角坐标系的位置要转换到 WGS-84 坐标系下。需要首先将轨道直角坐标绕 OX 轴转过轨道倾角$-i$角,然后再绕 OZ'轴转过升交点经度$-\lambda$角。

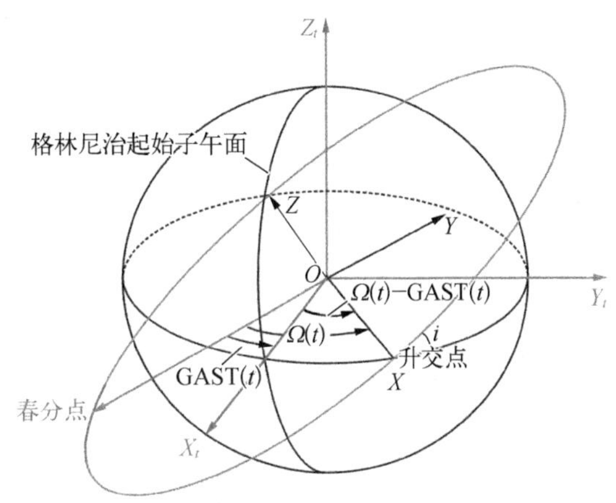

图 6-17 轨道直角坐标系与地球坐标系的关系

观测历元 t 时刻的升交点经度是卫星升交点的地方时角与格林威治时角之差。根据式(6-3),$\lambda = \Omega - \mathrm{GAST}$。$t$ 时刻的 Ω 和 GAST 分别为

$$\Omega = \Omega_{oe} + \dot{\Omega} \cdot (t - t_{oe}) = \Omega_{oe} + \dot{\Omega}\Delta t$$

$$\mathrm{GAST} = \mathrm{GAST}_{\omega} + \omega_{ie} t$$

其中,ω_{ie} 为地球自转角速度。Ω_{oe} 为导航电文更新时刻的升交点赤经,t_{oe} 为导航电文更新时刻,$\dot{\Omega}$ 为升交点变化率,GAST_{ω} 为本 GPS 周开始时的格林威治时角。由此可得 $\lambda = \Omega_{oe} + \dot{\Omega}\Delta t - \mathrm{GAST}_{\omega} - \omega_{ie} t$。由于导航电文中提供的升交点赤经为基准时刻的 Ω_0,而 $\Omega_0 = \Omega_{oe} - \mathrm{GAST}_{\omega}$,由此求得升交点的经度为:$\lambda = \Omega_o + (\dot{\Omega} - \omega_{ie})\Delta t - \omega_{ie} t_{oe}$。

如图 6-17 所示,卫星在瞬时地球坐标系下的坐标如下:

$$\begin{bmatrix} x_t \\ y_t \\ z_t \end{bmatrix} = R_3(-\lambda) R_1(-i) \begin{bmatrix} x(t) \\ y(t) \\ z(t) \end{bmatrix}$$

其中,$R_3(-\lambda)R_1(-i) = \begin{bmatrix} \cos\lambda & -\sin\lambda\cos i & \sin\lambda\sin i \\ \sin\lambda & \cos\lambda\cos i & -\cos\lambda\sin i \\ 0 & \sin i & \cos i \end{bmatrix}$

由于导航计算中所用的卫星位置为协议地球坐标系(WGS-84)下的位置值,因此,需要将瞬时地球坐标系中的位置转换到协议地球坐标系下。二者之间存在由于岁差和章动所引起的微小差别。

$$\begin{bmatrix} x \\ y \\ z \end{bmatrix}_{\text{WGS-84}} = R_2(-x_p) R_1(-y_p) \begin{bmatrix} x_t \\ y_t \\ z_t \end{bmatrix}$$

其中,$R_2(-x_p)R_1(-y_p) = \begin{bmatrix} 1 & 0 & x_p \\ 0 & 1 & -y_p \\ -x_p & y_p & 1 \end{bmatrix}$,$x_p$ 和 y_p 分别为岁差角和章动角,

$$\begin{bmatrix} x \\ y \\ z \end{bmatrix}_{WGS-84}$$ 为协议地球坐标系下卫星的位置值。

6.3 GPS 卫星信号组成

利用 GPS 导航或实时定位时，接收机需要至少同时接收 4 颗的卫星信号。因此，卫星发射的信号中不仅应包含描述卫星位置的导航电文，还应能区分不同的卫星。

由于卫星距离地面约 20 200 km，信号穿过电离层时会受到电离层的折射影响，因此，GPS 卫星发射两种频率的电波信号，以便利用双频观测技术进行电离层误差的修正，提高定位的精度。

此外，GPS 作为美国国防部为军事需要而建立的现代化导航系统，需要具有保密、抗干扰、防欺骗、可选择有效等功能。

这些性能及功能要求决定了 GPS 信号所应具有的信号结构、信号特点及频率选择。GPS 卫星信号中包含 3 种信号分量：用于进行信息传输、电离层效应改正的双频载波信号；用于进行保密、扩频抗干扰及确定卫星和用户之间距离的测距码信号；用于传递卫星位置信息的数据码信号（导航电文）。

如图 6－18 所示，早期的 GPS 载波主要采用 L_1、L_2 两个频率，L_1 载波的频率 f_1 = 1 575.42 MHz，波长 A_1 = 19.03 cm，其上调制有 C/A 码、P 码及导航电文；L_2 载波的频率 f_2 = 1 227.6 MHz，波长 A_2 = 24.42 cm，其上仅调制 P 码与导航电文。GPS 的测距码信号包括用于民用的 C/A 码和军用的 P 码。C/A 码码率为 1.023 Mbit/s。P 码码率为 10.23 Mbit/s。数据码（也称 D 码、导航电文）主要包含星座轨道参数等信息，其码率为 50 bit/s。

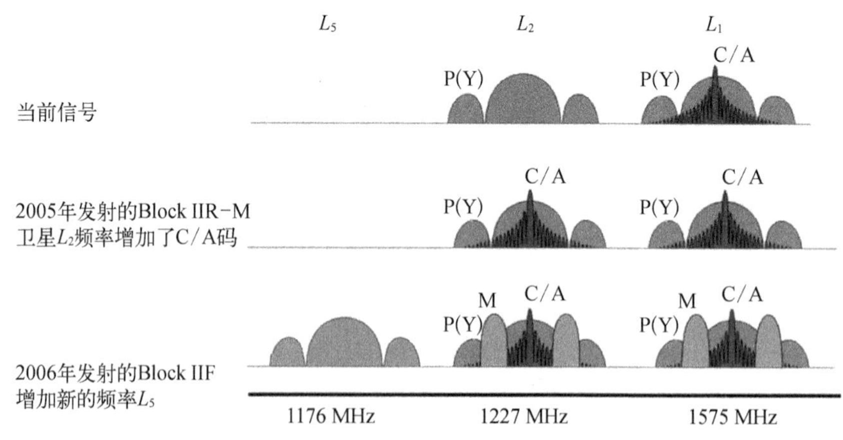

图 6－18　GPS 信号结构示意图

（https://www.gps.gov/）

现代化后的 GPS 卫星信号发生了变化。包括在 L_2 载波上增加新的民用信号(L2C)信号,增加 L_5 载波,频率为 f_5 = 1 176.45 MHz,波长 25.48 cm。另外,在 L_1、L_2 频率上增加了新的军用码(M 码)。

卫星发射信号的公共频率基准为原子钟的基准频率。原子钟的基准频率 f_0 = 10.23 MHz,P 码采用该基准频率,C/A 码取基准频率的 1/10,L_1 载波的频率为基准频率的 154 倍,L_2 载波的频率为基准频率的 120 倍。图 6－19 描述了 GPS 卫星信号的构成。

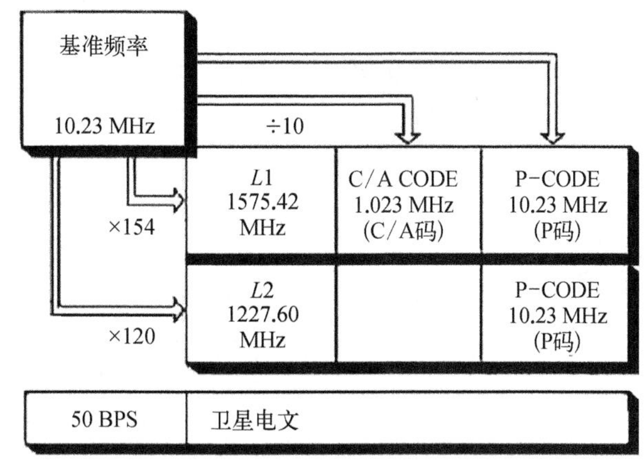

图 6－19　GPS 信号结构示意图

6.3.1　卫星导航电文

GPS 卫星导航电文为用户提供卫星的轨道参数、卫星钟差及卫星健康状况等信息,主要包括卫星星历、电离层修正参数、卫星钟差校正参数、卫星工作状态信息及由 C/A 码转换到捕获 P 码的信息等。

6.3.1.1　导航电文结构

导航电文是一组不归零二进制编码脉冲,信号码宽位 20 ms,码率 50 Hz。导航电文的基本单位为帧。每一帧导航电文内包含 5 个子帧,每个子帧包含 10 个字,每个字有 30 个数字位,故每一子帧由 300 位二进制数组成,一帧电文长 1 500 位,一个子帧的电文持续时长为 6 s,播发一帧电文需要 30 s,每 25 个帧形成一个主帧,播发一个主帧需要 12.5 min(图 6－20)。

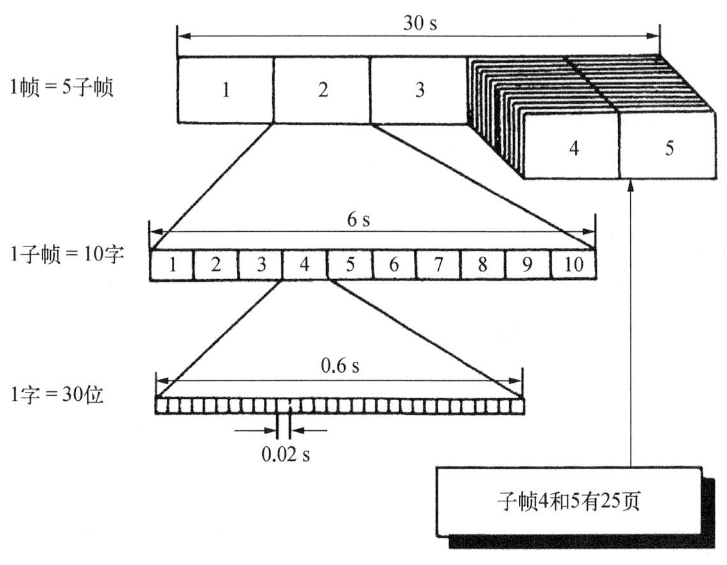

图 6－20　导航电文结构示意图

6.3.1.2 导航电文内容

导航电文内容如图 6－21 所示，每个子帧的前 2 个字分别是遥测字（TEL）和转换字（HOW），由星载设备产生，后 8 个字为导航信息或专用电文，由地面支持网注入给卫星。

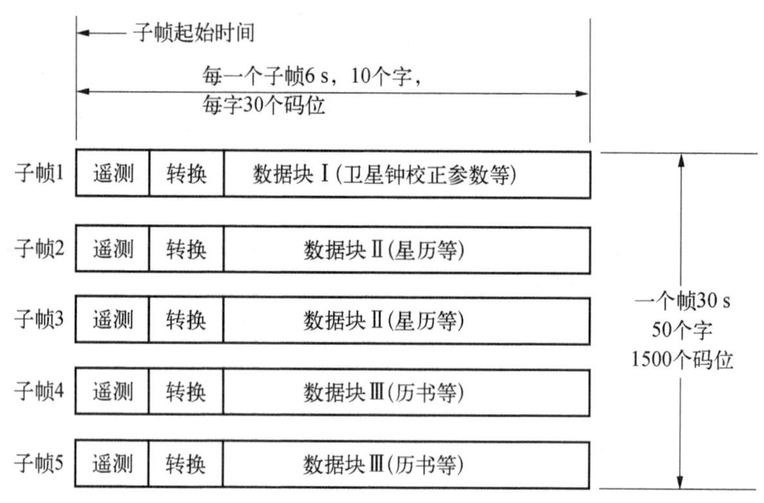

图 6－21　导航电文内容

1. 遥测字

遥测字位于各子帧的开头，表明卫星注入数据的状态。遥测字的前 8 位是同步码（10001001），为各子帧编码脉冲提供一个同步起点，接收机将从该起点开始顺序解译电文。第 9～22 位为遥测电文，包括地面支持网注入数据时的状态信息、诊断信息及其他信息。第 23 和第 24 位是连接码，第 25～30 位为奇偶校验码，用于发现和纠正数据传输错误。

2. 转换字

每个子帧的第二个字为转换字。转换字提供帮助用户从捕获的 C/A 码转换到捕获 P 码的 Z 计数（参见 6.3.2.2 小节）。Z 计数位于转换字的第 1～17 位，是从每周日零时起算的 1.5 s 的个数。根据 Z 计数可以获知观测时刻在 P 码周期中所处的准确位置，帮助接收机迅速捕获 P 码。

转换字的第 18 位表明卫星注入电文后是否发生滚动动量矩缺载现象；第 19 位指示数据帧的时间是否与子码 X1 的钟信号同步；第 20～22 位为子帧识别标志；第 23、24 位为连接码；第 25～30 位为奇偶校验码。

3. 数据块Ⅰ

每个子帧的后 8 个字组成导航电文的数据块。数据块Ⅰ指的是第 1 子帧的第 3～10 个字，主要内容包括：时延差改正、数据龄期、GPS 周序号、卫星时钟改正系数及卫星测距精度等。

（1）时延差改正（T_{GD}）是载波 L_1、L_2 的电离层延迟误差修正值。使用单频接收机时，为减小电离层效应影响，提高定位精度，要用时延差改正来修正观测结果；双频接收机可

通过 L_1、L_2 两频率测量的时延差来消除电离层效应的影响,不需要此项改正。

(2) 数据龄期(AODC)是时钟改正数的外推时间间隔,指明卫星时钟改正数的置信度。$AODC = t_{oc} - t_L$。其中,t_{oc} 为第一数据块的参考时刻;t_L 是计算时钟改正参数所用数据的最后观测时间。

(3) GPS 周序号(WN)表示从最近一次 GPS 周翻转开始到发射信号时刻的 GPS 周数,即 GPS 星期数。GPS 周从 1980 年 1 月 6 日子夜零点(UTC)开始起算,数据位为 10 位,计满 1 024 个 GPS 周后重新翻转开始,第一次 GPS 周翻转发生在 1999 年 8 月 22 日,最近一次翻转发生在 2019 年 4 月 7 日。

(4) 卫星时钟改正系数用于对该颗卫星的原子钟进行时钟修正,以消除卫星钟差。

$$\Delta t_{SV} = a_0 + a_1(t - t_{oc}) + a_2(t - t_{oc})^2 \tag{6-23}$$

式中,a_0 为 t_{oc} 时刻的卫星钟差(s);a_1 为该时刻卫星钟速(s/s);a_2 为卫星钟漂(s/s^2)。

(5) 卫星测距精度(URA)为非特许用户提供该卫星的测距精度,取值范围为 0~15。URA=0 时,测距精度在 0~2.4 m;URA=10 时,测距精度在 192.0~384.0 m。该精度指标不包含信号传播误差及用户设备误差。

(6) 卫星健康状态,表示卫星导航数据正确与否,可取值 0 或 1,0 表示导航数据正确;1 表示某些或者全部导航数据错误。

(7) 卫星钟参考历元(t_{oc})表示数据块Ⅰ的参考时刻,卫星钟差基准时刻。

4. 数据块Ⅱ

数据块Ⅱ包含第 2 子帧和第 3 子帧的后 8 个字,共 16 个字。数据块Ⅱ为发射信号的 GPS 卫星的星历数据,是 GPS 卫星为导航、定位播发的主要电文,大部分参数描述卫星的运行及其轨道的参数,用来计算卫星的在轨位置。其数据主要包括三类:开普勒轨道参数(M_0, e, $\sqrt{a}$, Ω_0, i_0, ω);轨道摄动参数(Δn, $\dot{\Omega}$, $\dot{i}$, C_{uc}, C_{us}, C_{rc}, C_{rs}, C_{ic}, C_{is})和时间参数(t_{oe}、IODE、AODE)。

开普勒轨道参数及轨道摄动参数具体含义参见 6.2 节,这里仅介绍时间参数。

卫星星历参考历元(t_{oe})是卫星星历参数的参考时间。从每周日零时起算。取值范围为 0~604 800。星历参数发布(IODE)用于用户发现卫星星历参数的更新情况。星历数据龄期(AODE)表示最后一次更新数据的时间到参考历元 t_{oe} 之间的时长,便于用户确认导航电文改正参数的时效。其取值范围 0~31,每个刻度值等于 900 s,AODE 的实际值为 0~27 900 s。

5. 数据块Ⅲ

数据块Ⅲ包含第 4 和第 5 子帧后 8 个字,连续 25 页的内容,是关于其他卫星的历书数据。历书类似星历,也可用于卫星定轨和钟差改正,只是它所含的参数较少,定轨精度较星历低,更新速度也较迟缓。

第 2~10 页的第 4 子帧提供第 25~32 颗卫星的历书;第 17 页提供专用电文,第 18 页给出电离层改正模型参数及 UTC 跳秒数据;第 25 页提供所有卫星的型号和第 25~32 颗卫星的健康状况。第 1、6、11、12、16、19~24 页作为备用,第 13~15 页为空闲页。第 1~24 页的第 5 子帧给出第 1~24 颗卫星的历书;第 25 页给出第 1~24 颗卫星的健康状况和星期编号。

需要指出的是,随着 GPS 技术的发展,导航电文的格式和内容未来有可能会发生某些变化。新型 GPS 卫星的研制、新的民用信号的启用都可能催生这种变化。

6.3.2 伪随机序列码

由于 GPS 卫星在高空沿轨道高速运行,且需要同时为大量地面接收机提供信息,无法采用与 DME、LRRA 类似的双向主动测距方式。因此,GPS 采用了单向被动测距方式,即用户接收设备只需要接收卫星信号,就可以测定信号传播的时间或相位延迟,进而确定观测站与 GPS 卫星之间的距离(图 6-22)。这种单向被动测距方式有利于简化地面接收设备,且可以使所有地面接收设备同时接收卫星信号而不会相互干扰。单向被动测距利用接收信号时刻(接收机本地时钟)与发送信号时刻(卫星本地时钟)之间的时间差来确定电波传播时间,理论上,需要接收机与卫星的时钟保持严格同步。

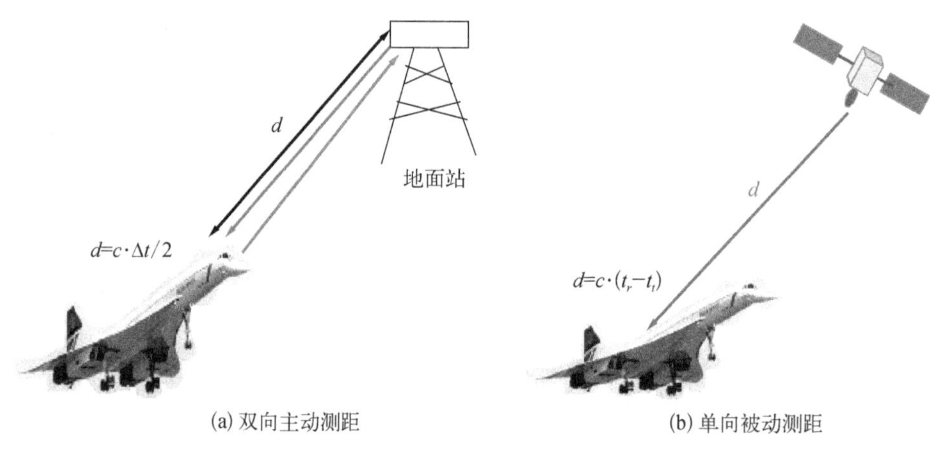

图 6-22　双向测距与单向测距

GPS 所用的测距码 P 码和 C/A 码是一种伪随机序列码,这种码具有发射功率小、抗干扰能力强、能消除或减小邻道和多径信号干扰、保密性好等优点。能够帮助接收机捕获微弱的卫星信号,并对不同卫星信号进行区分,提高测距精度。

C/A 码(粗码/捕获码)的码率为 1.023 MHz,周期为 1 ms,1 周期内含有 1 023 个码元,码元宽度为 293.05 m;P(Y)码(精码)码率为 10.23 MHz,周期为 7 天,1 周期内含有约 6.187×10^{12} 个码元,码元宽度为 29.30 m。采用周期较长的伪随机码可消除测距中的整周模糊测量问题,从而实现精确无模糊测距。

6.3.2.1 伪随机序列码特点

随机序列码是一组二进制数组合的数字序列,可以表示为一组取值为 0 或 1 的时间序列。假设一组码序列在任何时刻码元为 0 或 1 是完全随机的,也即 0 或 1 出现的概率相等,$P(0)=P(1)=1/2$,这种完全无规律的码序列称为随机噪声码。随机噪声码具有不可复制性、非周期性及良好的自相关性。

伪随机序列码是指所产生的码序列结构可以预先确定,且能重复地产生和控制,但其码结构又具有随机噪声序列的统计特性，即在每个码序列周期内，码元“1”的个数与码元“0”的个数几乎相等，二者出现的概率为 1/2。与随机噪声码类似，伪随机序列码具有良好的自相关性。

伪随机序列码可以用具有特殊反馈电路的移位寄存器产生，其所产生的伪随机序列码也称为 m 序列。下面以一个 4 级 m 序列发生器为例介绍伪随机序列码的产生及特点。

如图 6－23 所示，利用 4 个 D 触发器构成一个伪随机序列码发生器，假设 4 个 D 触发器的初始状态分别为“0100”，每个时钟脉冲到来时，其输出信号就会出现翻转。将 D_1 和 D_4 的输出信号模二相加作为码输出信号。图 6－24 为伪随机序列码的结构。

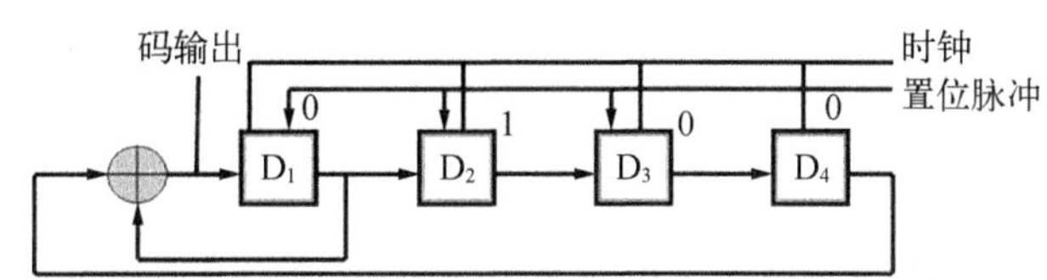

图 6－23　伪随机序列码发生器

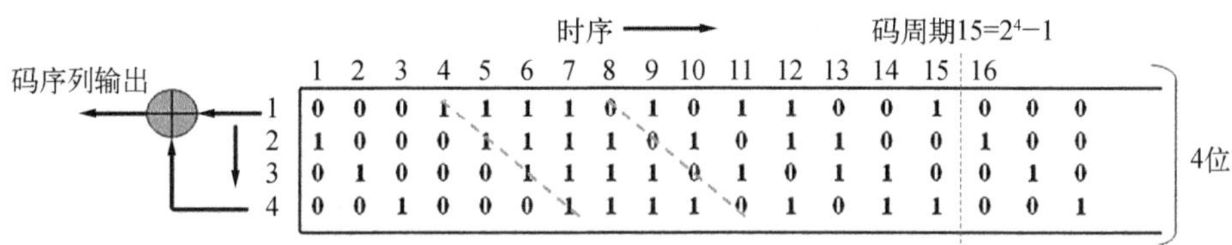

图 6－24　伪随机序列码的结构

类似地，用多级反馈移位寄存器可以产生码长为 2^r-1 的伪随机序列码，其中 r 为移位寄存器中 D 触发器的个数。移位寄存器产生的伪随机序列码的码元长度为奇数，0 的个数比 1 的个数少一个，$P(0)\approx P(1)=1/2$。r 越大，码元长度越长，二者的概率越接近。

此外，各级 D 触发器输出的码结构相同，只是相互之间平移了一个或多个码元，这称为等价平移系列。对于 r 级移位寄存器，如果采用不同的反馈连接方式，将产生不同结构的 m 序列，反馈连接方式用电路特征多项式表示为：$F(x)=\sum\limits_{i=0}^{r}C_i x^i$。

将两个平移 m 序列模二相加（对应码位异或），将得到另一个等价平移 m 序列，如图 6－25 所示。

两个伪随机序列码模二相加得到的新序列中的“0”和“1”的个数表明了两个序列的相似程度。如果用 A 表示新序列中“0”的个数，D 表示新序列中“1”的个数，则两个码序列的相关函数为

$$R(\tau)=\frac{A-D}{A+D}\tag{6-24}$$

显然，$-1\leqslant R(\tau)\leqslant 1$，$R(\tau)$ 越大说明两个码的相关性越大，当 $R(\tau)=1$ 时，说明两

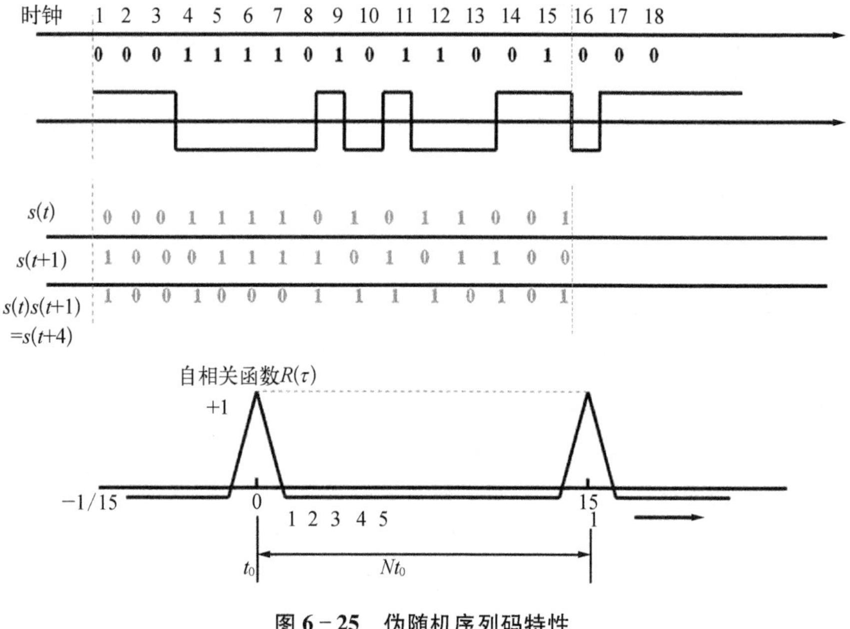

图 6－25　伪随机序列码特性

个码完全相同。

将伪随机序列码与平移时间 τ 后的新序列码进行模二相加，根据伪随机序列码的特点，如果 $\tau=0$ 或码序列周期的整数倍(nNt_0，N 为一个周期内的码元个数，t_0 为一个码元长度)，模二相加后得到的新序列的码元全部为"0"。根据相关函数的定义，此时 $R(\tau)=1$。如果 $\tau\neq 0$ 或 nNt_0，即两个序列码相差整数个码元，但相差码元个数不是码序列周期的整数倍，则二者模二相加后得到序列是一个新的平移序列。新的序列中，"0"的个数比"1"的个数少一个，即 $R(\tau)=-\dfrac{1}{2^r-1}$。由此可得伪随机序列码的自相关函数。

$$R(\tau)=\begin{cases}1 & \tau=nNt_0(n\text{ 为整数})\\ -\dfrac{1}{2^r-1} & \tau=nt_0(n\text{ 为整数,但不为 0 或 }N\text{ 的整数倍})\\ -\dfrac{1}{2^r-1}<R(\tau)<1 & -t_0+nNt_0<\tau<t_0+nNt_0\end{cases} \tag{6-25}$$

在 r 级反馈移位寄存器产生的 m 序列中，截取其中一部分组成一个新的周期序列，称为 m 序列的截短序列。例如，将图 6－23 中 15 位码长的序列截短为 14 位码长，只需要在移位寄存器中加一个状态监测器，监测 4 个 D 触发器是否到达 0011 状态，当状态监测器检测到 4 个 D 触发器的状态为 0011 时，输出一个置位脉冲，使 4 个 D 触发器重新跳转到初始状态 0100 即可。此时，移位寄存器截除了 1001 状态，新的截短序列的码长变为 14 位。

将多个周期较短的 m 序列按预定规则构成一个周期较长的序列，称为复合序列或复合码,可以通过将多个不同长度的伪随机序列码模二相加获得。以两个子码的模二相加为例:子码 1{x} = 1110100 和子码 2{y} = 110 的复合,将两个子码的移位寄存器的输出模二相加,即可得到长度为 7×3 = 21 个码位的复合码。

$$
\begin{array}{r}
1\ 1\ 1\ 0\ 1\ 0\ 0|1\ 1\ 1\ 0\ 1\ 0\ 0|1\ 1\ 1\ 0\ 1\ 0\ 0 \\
\oplus 1\ 1\ 0|1\ 1\ 0|1\ 1\ 0|1\ 1\ 0|1\ 1\ 0|1\ 1\ 0|1\ 1\ 0 \\
\hline
0\ 0\ 1\ 1\ 0\ 0\ 1\ 0\ 1\ 0\ 1\ 1\ 1\ 1\ 1\ 0\ 0\ 0\ 0\ 1\ 0
\end{array}
$$

由 n 个周期分别为 P_1、P_2、P_3, …, P_n 的子码构成的复合码的周期为

$$P = P_1 \times P_2 \times \cdots \times P_n = \prod_{i=1}^{n} P_i$$

其中, P 为各 P_i 的最小公倍数。

利用码的截短及复合技术,可以产生预期码长的伪随机序列码。

6.3.2.2　GPS 卫星伪随机序列码(PRN)发生器

1. C/A 码发生器

GPS 卫星所用的 C/A 码由两个 10 位反馈移位寄存器组合产生,如图 6-26 所示。

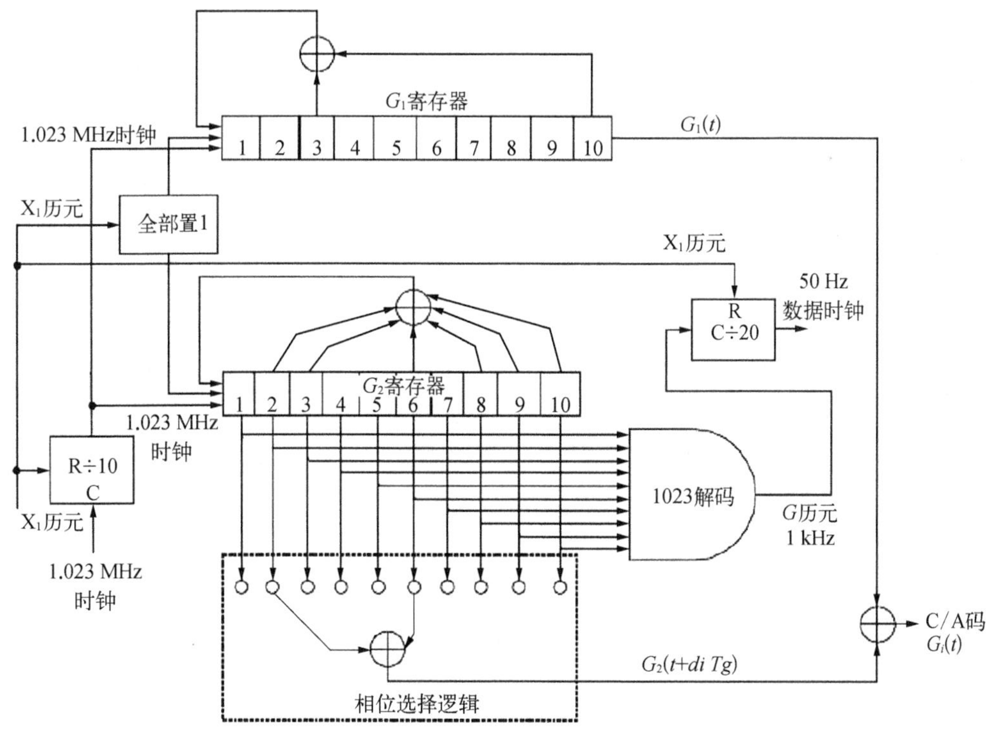

图 6-26　C/A 码发生器

每星期日子夜零时,两个移位寄存器在置"1"脉冲作用下全处于 1 状态。在时钟脉冲驱动下,两个移位寄存器分别产生码长为 $2^{10}-1=1\,023$, 周期为 1 ms 的 m 序列 G_1 和 G_2。

选择两个触发器的输出模二相加后作为 G_2 序列的输出，经过特定时延（G_2 的平移等价序列）与 G_1 模二相加，即可产生 C/A 码。由于 G_2 有 1 023 种平移序列，分别与 G_1 相加，会产生 1 023 种不同结构的 C/A 码。这些 C/A 码的码长、周期相同。G/A 码的不同仅在于 D 解发器的初始值、码相位选择及延迟码元数的不同，具体参见表 6－3。

表 6－3　C/A 码相位分配

卫星 ID 号	GPS PRN 码号	码相位选择	码延迟码元数	C/A 码前 10 个码元的八进制
1	1	2⊕6	5	1 440
2	2	3⊕7	6	1 620
3	3	4⊕8	7	1 710
4	4	5⊕9	8	1 744
5	5	1⊕9	17	1 133
6	6	2⊕10	18	1 455
7	7	1⊕8	139	1 131
8	8	2⊕9	140	1 454
9	9	3⊕10	141	1 626
10	10	2⊕3	251	1 504
11	11	3⊕4	252	1 642
12	12	5⊕6	254	1 750
13	13	6⊕7	255	1 764
14	14	7⊕8	256	1 772
15	15	8⊕9	257	1 775
16	16	9⊕10	258	1 776
17	17	1⊕4	469	1 156
18	18	2⊕5	470	1 467
19	19	3⊕6	471	1 633
20	20	4⊕7	472	1 715
21	21	5⊕8	473	1 746
22	22	6⊕9	474	1 763
23	23	1⊕3	509	1 063
24	24	4⊕6	512	1 706
25	25	5⊕7	513	1 743
26	26	6⊕8	514	1 761
27	27	7⊕9	515	1 770
28	28	8⊕10	516	1 774
29	29	1⊕6	859	1 127
30	30	2⊕7	860	1 453
31	31	3⊕8	861	1 625
32	32	4⊕9	862	1 712
**	33	5⊕10	863	1 745
**	34*	4⊕10	950	1 713

续　表

卫星 ID 号	GPS PRN 码号	码相位选择	码延迟码元数	C/A 码前 10 个码元的八进制
**	35	1⊕7	947	1 134
**	36	2⊕8	948	1 456
**	37*	4⊕10	950	1 713

* 34 和 37 C/A 码相同；** 保留码，GPS 卫星未用。

C/A 码码长短，易于捕获。假设 GPS 接收机以 50 码元/秒的速度对 C/A 码进行搜索处理，只需要约 20.5 s 便可锁定卫星信号，利用其所提供的信息可以快速地捕获到 P 码，所以，通常也称 C/A 码为捕获码。

由于 C/A 码的码元宽度较宽（约 1 μs）。即使两个序列的码元对齐误差为码元宽度的 1%，相应的测距误差也可达 2.9 m。因此测距精度较低，C/A 码又被称为粗码。

2. P 码发生器

P 码是精密测距码，利用码的复合和截短技术来产生。

如图 6－27 所示，利用两个 12 级反馈移位寄存器产生的 P 码的码长 $M\approx 2.35\times 10^{14}$ 位，码元宽为 0.097 752 μs（对应的距离为 29.3 m），周期约为 267 天；码率为 10.23 Mbit/s。周期为 267 天的 P 码被划分为 38 段，每段周期为 7 天，其中 32 段分配给不同的卫星使用，5 段给地面监控使用。因此，所有卫星的 P 码本质上是同一个伪随机序列码，只是使用了其不同的部分。

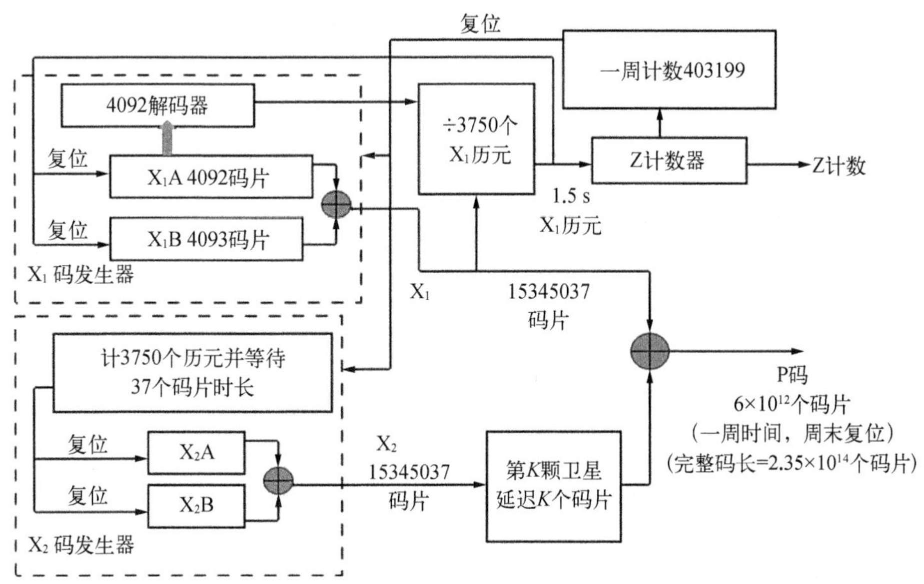

图 6－27　P 码发生器

每周日的子夜开始，P 码发生器在置位脉冲的作用下开始新的周期，X_1 移位寄存器每经过 3 750 个循环（1.5 s）就使 Z 计数器自动加 1，Z 计数值就是自本周日子夜 12 点开始的 1.5 s 的个数，作为接收机捕获 P 码的重要信息存储在导航电文的转换字中。P 码发生器通过控制 X_2 寄存器的时延截取产生不同卫星的 P 码。

P 码的码元宽度为 C/A 码码元宽度的 1/10，同样取码元的对齐误差为码元宽度的 1%，相应的测距误差约为 0.29 m，为 C/A 码的 1/10，所以 P 码通常也称为精码。

3. 直接序列 PRN 码的产生

任意一颗卫星的 C/A 码和 P 码发生器的结构如图 6-28 所示，对于任意一颗 GPS 卫星，其 C/A 码发生器的 G_2 发生器输出的码序列在与 G_1 发生器输出码序列模二相加之前，相对于 G_1 有一个延时，每颗卫星的延时不同，可以通过表 6-3 获得每个 PRN 对应的延时。P 码的 X_2 发生器输出的码序列在与 X_1 发生器输出码序列模二相加之前，相对于 X_1 有一个延时，延时的码元数与其 PRN 号相同。

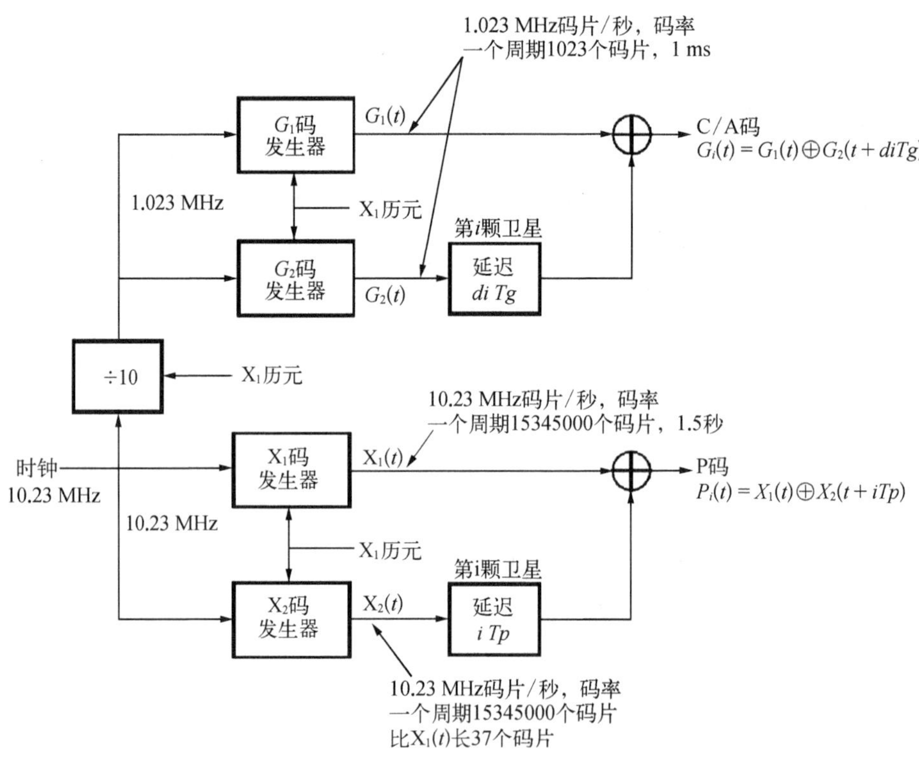

图 6-28 任意 GPS 卫星的码发生器

6.3.2.3 现代化后的 L2C 码和 M 码

现代化之后的 GPS 卫星在 L_2 频率上新增加一个民用 L2C 信号，在 L_1、L_2 频率上新增加军用码 M 码。

L2C 信号与 C/A 码有很多不同。每颗卫星的 L2C 使用两种不同的 PRN 码，第一种 PRN 码称为民用中码（CM 码），其使用中等长度的每 10 230 个码元重复一次的伪随机码序列，第二种 PRN 码为民用长码（CL 码），长度为 767 250 个码元。每个 CL 码周期中，CM

码重复 75 次。CM 码的周期为 20 ms(一个 D 码数据位宽度),CL 码的周期是 1.5 s(一个 X_1 历元或 Z 计数),这两种码以 511.5 Kbit/s 的速率产生。CM 码和 CL 码都用 27 级线性反馈移位寄存器产生,不同卫星的 CM 码和 CL 码寄存器的初始状态不同。L2C 的产生过程如图 6-29 所示。

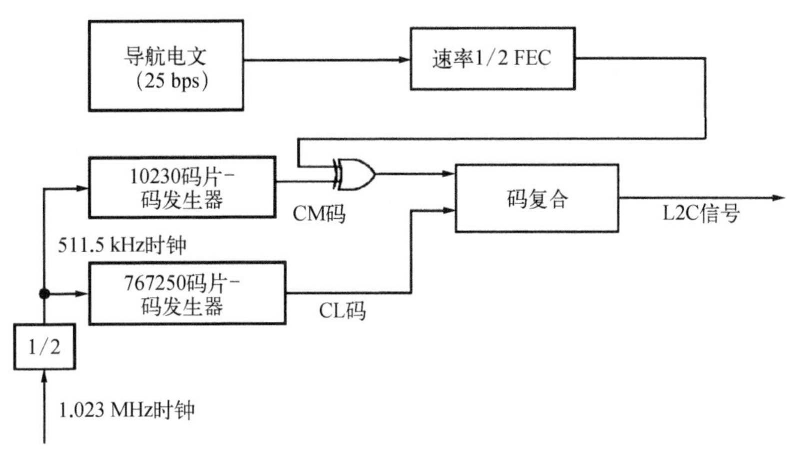

图 6-29　L2C 码信号发生器

L2C 信号总的码元速率为 1.023 Mbit/s,其功率谱与 C/A 码相似,但由于 CM 码和 CL 码都比 C/A 码长得多,更低的功率谱谱线使得窄带干扰下的鲁棒性大大提高。

M 码专为军用设计,最终将取代 P(Y)码。在现代化卫星取代传统卫星的过渡阶段,军用接收机将组合使用 P(Y)码、M 码、C/A 码来工作。

军用 M 码提高了安全性,与民用信号频谱分离以允许支持抗干扰的非干扰高功率 M 码模式。此外,M 码使信号的跟踪和数据解调性能增强,捕获稳健,并与 P(Y)码、C/A 码兼容。

M 码采用 BOC 调制,Block IIR-M 卫星及其后续卫星覆盖地球的 L1M 码的最低功率为-158 dBW,GPSIII 卫星广播功率更高的 M 码信号,最低功率为-138 dBW。

6.3.2.4　伪码测距原理

GPS 接收机 C/A 码或 P 码测距主要是利用伪随机序列码良好的自相关性能,如图 6-30 所示。假设 GPS 接收机与 GPS 卫星同步产生一组结构完全相同的伪随机序列码,某时刻卫星发射伪随机序列码 $s(\tau_0)$,经过传播时间 τ 之后,接收机接收收到卫星信号 $s(\tau_0)$。此时,$s(\tau_0)$与接收机自身产生的伪随机序列码 $s(\tau_0+\tau)$ 之间相当于产生了平移,相差 $m(m=\tau/t_0)$ 个码元。

利用相关器控制回路控制接收机本地伪码 $s(\tau_0+\tau)$ 移动,每次移动一个码位或几分之一个码位(移动得越小,测距精度越高),使之与 $s(\tau_0)$进行相关计算,如果相关值接近于零,则再次移动,直至相关值达到峰值点 1。根据码位平移量计算出两个序列相差的码元个数,乘以码元时长即可得到信号的传播时间,乘以电波传播速度,得到 GPS 卫星到接收机的距离。这种未经修正的距离称为伪距。

由于 C/A 码的周期为 1 ms,卫星和接收机之间会有多个周期的 C/A 码,存在测量模

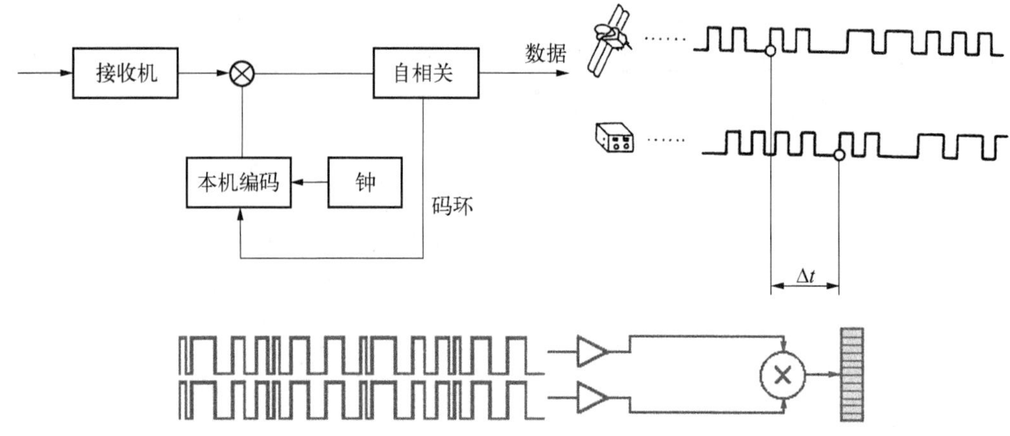

图 6-30　伪码测距原理

糊度问题。为消除测量模糊度，利用卫星时钟发射信号的时间与接收机时钟接收信号的时间差来确定电波传播时间。

GPS 接收机信号捕获完成后，利用接收到的卫星导航电文信息及 C/A 码平移信息的组合确定信号的发射时间，如图 6-31 所示。图中，卫星发射信号的时间为其导航电文的第 863 个子帧的第 246 位数的第 3 个 C/A 码循环周期的第 232 个码元的 42°相位处，利用子帧及数据位的时长即可计算出相对于本周日子夜的发送信号的时间。

$$862 \times 6 \times 10^{6} + 245 \times 0.02 \times 10^{6} + 2 \times 1 \times 10^{3} + (231 + 42/360) \times 0.9775\,2$$
$$= 5\,176\,902\,225.921(\mu s)$$

接收信号的时间为 GPS 接收机的第 4312 个 1 Hz 脉冲，对应本 GPS 周的第 5 176 965 256 μs，由此可得电波传播时间 Δt = 5 176 965 256 − 5 176 902 225.921 = 63 030.079 μs。

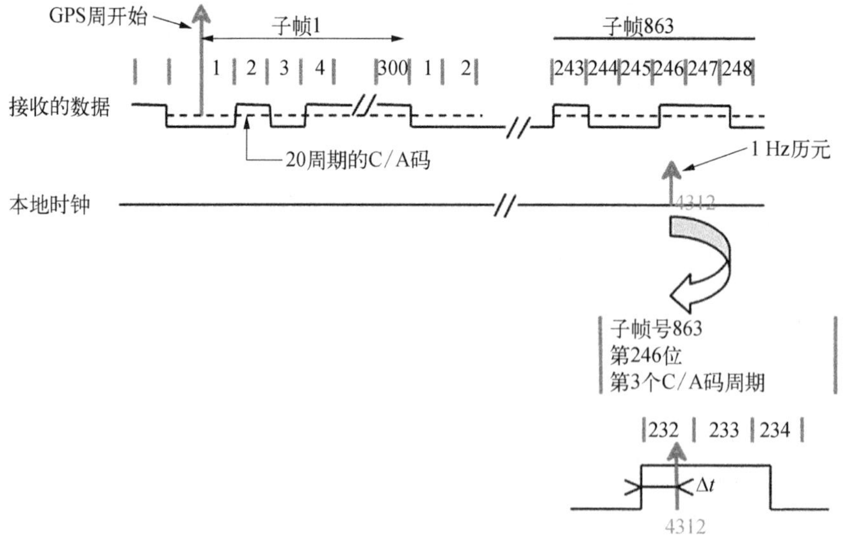

图 6-31　C/A 码测距方法

P码的码长可以确保其不存在测距模糊问题，但如果直接使用P码相关来确定电波传播时间，同样按照每秒50个码元的速度逐个码元依次进行搜索，则信号搜索的时长最长需要1.4×10^6天才能确定传播时间，显然无法满足导航系统的要求。因此，GPS接收机通常不会直接使用P码捕获信号，而是先捕获C/A码，获取导航电文，然后根据导航电文中Z计数的信息来确定卫星信号的发播时间，从而快速捕获P码信息。如图6－32所示，根据接收到的P码可知，信号发射时间为P码第656个码元的62°相位处，即发送信号的时间是本GPS周的第$(655+62/360)\times0.097\,752=64\,044.4$ ns，接收信号的时间为GPS接收机的第312个1 Hz脉冲时，对应为本GPS周的第72 275 256 ns，由此可得电波传播时间为：$\Delta t=72\,275\,256-64\,044.4=72\,211\,211.6$ ns。

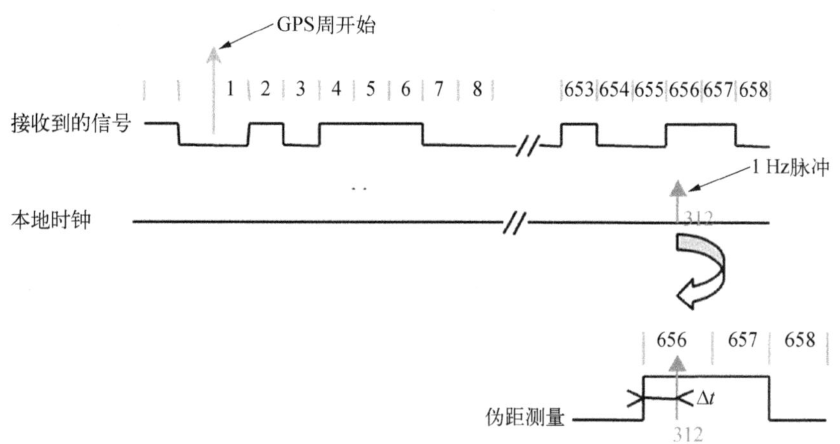

图6－32　P码测距方法

6.3.3　GPS信号调制

GPS信号以10.23 MHz时钟为基准信号，产生P码、C/A码、导航电文及载波。导航电文与C/A码及P码分别模二相加，实现导航电文的扩频，如图6－33所示。

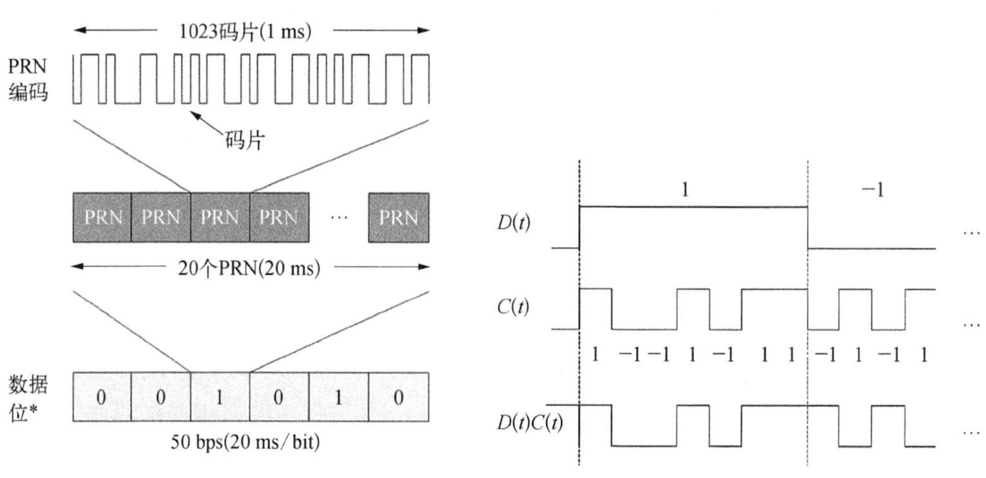

图6－33　C/A码与导航电文关系及模二相加(扩频)

GPS 卫星利用 P 码、C/A 码对导航电文进行扩频,如图 6-34 所示。扩频技术可改善接收电路输出端的信噪比,在接收过程中,扩频信号通过解扩可以恢复为原来的基带信号,而噪声信号被扩展到 Δf= 10. 23 MHz, 经带宽为 ΔF 的滤波器滤波,噪声在输出端的能量仅为输入端的 $\Delta F/\Delta f$, 可大大提高信号的抗干扰能力。

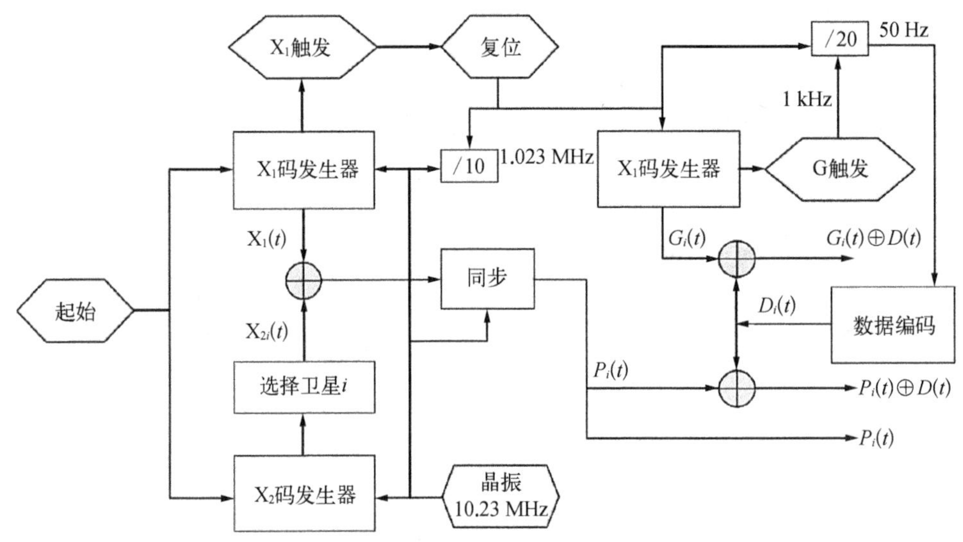

图 6-34　P 码、C/A 码、导航电文的扩频电路

扩频后的信号采用 BPSK 调制技术,调制码的幅值只取 0 或 1。当码值取 0 时,对应的码状态为+1,码值取 1 时,对应的码状态为-1。载波和相应的码状态相乘,实现载波的调制,即码信号被加到载波上。

当载波与码状态+1 相乘时,其相位不变,而与码状态-1 相乘时,其相位改变 180°。当码值从 0 变为 1,或从 1 变为 0 时,都将使载波相位改变 180,图 6-35 所示为调制前后载波相位的变化情况。

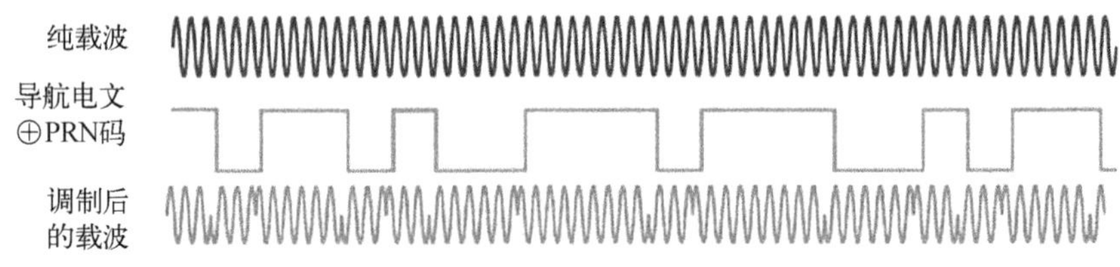

图 6-35　GPS 信号调制前后载波的相位变化

P 码和 C/A 码分别与导航电文模二相加产生 $P_j(t)D_j(t)$ 和 $C_j(t)D_j(t)$, 分别调制到 L_1 载波上。$P_j(t)D_j(t)$ 和 $C_j(t)D_j(t)$ 相位正交,二者的调制载波相差一个 90°的相移,如图 6-36 所示。调制后的 $P_j(t)D_j(t)$ 信号衰减后与 $C_j(t)D_j(t)$ 调制信号相叠加,通过卫星发射机发射。基准频率使用 10. 229 999 995 43 MHz 主要是为了抵消相对论效应引起的基准时钟误差。

L_2 载波有 3 种不同的调制波,导航电文第 1 子帧第 3 个字第 11 和 12 位的状态和第

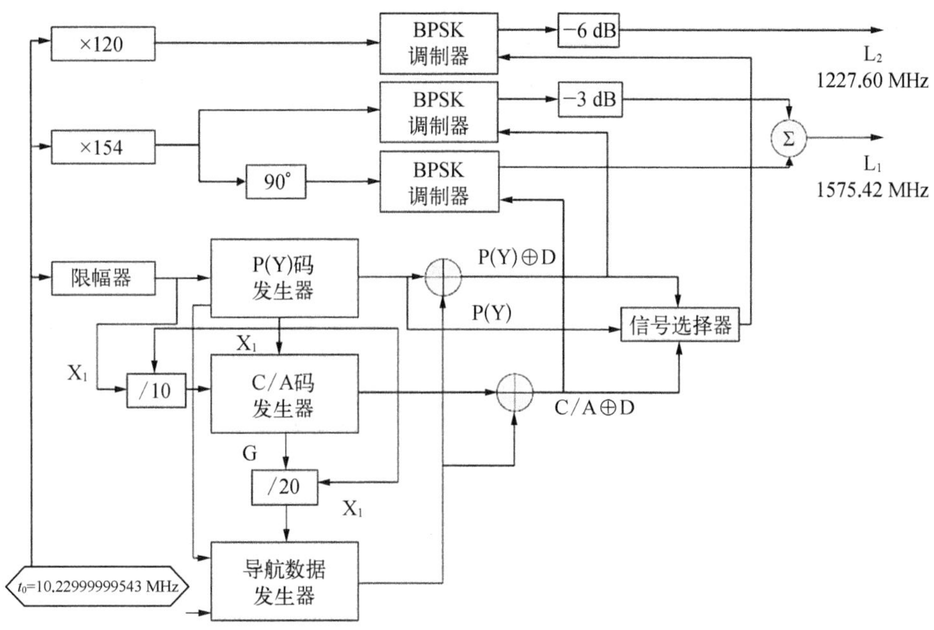

图 6-36　GPS 信号形成

1 子帧第 4 个字第 1 位的状态中注明了信号使用的是哪种调制波。第 1 子帧第 3 个字第 11 和 12 位的状态为“01”时，L_2 调制波为 $P_j(t)D_j(t)$；状态为“10”时，L_2 调制波为 $C_j(t)D_j(t)$；第 1 子帧第 4 个字第 1 位的状态为“1”时，L_2 调制波仅为 $P_j(t)$，不发送$D_j(t)$。载波的调制由信号选择器控制。

调制完成后的 L_1、L_2 频率输出信号如下：

$$S_{L1}(t) = A_P P_i(t) D_i(t) \cos(\omega_{L_1} t + \varphi_{L_1}) + A_C C_i(t) D_i(t) \sin(\omega_{L_1} t + \varphi_{L_1}) \quad (6-26)$$

$$S_{L2}(t) = B_P P_i(t) D_i(t) \cos(\omega_{L_2} t + \varphi_{L_2}) \quad (6-27)$$

6.4　GPS 接收机原理

GPS 用户设备包括 GPS 接收机和天线，部分接收机有控制显示设备。接收机和天线接收卫星信号并进行处理、导航定位计算和数据输出，是用户设备的核心部分。

根据不同的用途，GPS 接收机可分为导航型、测地型和授时型接收机。导航型接收机主要用来确定运动载体的实时位置和速度，根据实时性要求，导航型接收机又可分为低动态型、中动态型和高动态型。测地型接收机主要用于大地测量和工程控制测量，由于定位精度要求可能在厘米级甚至更高，一般采用载波相位观测量进行相对定位。授时型接收机主要用于天文台、地面监测站、互联网、电网接入等众多需要精密时间或时间同步的场合。根据接收机接收的载波频率可分为单频接收机和双频接收机。

GPS 接收机信号处理的基本流程如图 6-37 所示。天线接收到的卫星信号经过前置放大器放大，由下变频电路将射频信号转换为中频信号，经 A/D 变换后在信号处理通道进行处理,获取卫星导航电文、电波传播时间、载波相位及多普勒频移等观测信息。微处理器利用观测信息软件计算得到用户接收机的位置、速度信息,并显示或输出给其他用户设备。

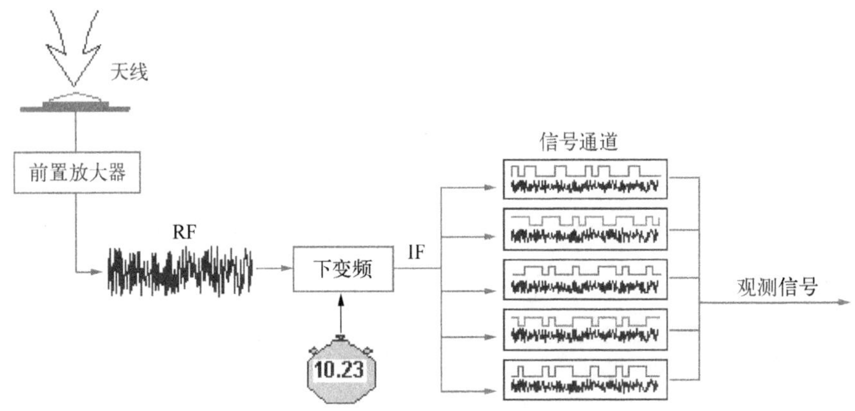

图 6-37　GPS 接收机信号流图

处理卫星信号以获得所需导航信息的电路称为接收机的信号处理通道。GPS 卫星接收机可同时接收多颗卫星信号,通过信号处理通道分离不同卫星的信号,实现对卫星信号的跟踪、处理和测量。

根据信号处理通道的不同,GPS 接收机可分为码相关型接收机、平方型接收机及混合型接收机。码相关型接收机的信号处理通道采用码相关技术获得伪距观测量,这类接收机需要知道测距码的结构。根据所用的测距码类型又分为 C/A 码接收机和 P 码接收机。C/A 码接收机供一般用户使用,P 码接收机专供特许用户使用。平方型接收机利用载波信号的平方技术去掉调制信号以获取载波信号,利用接收机内部产生的载波信号与卫星载波信号间的相位差测定伪距。这类接收机无需知道测距码的结构,所以又称为无码接收机。混合型接收机则是综合以上两类接收机的优点,既可获取码相位伪距观测量,又可测定载波相位观测量。

按接收机通道数目的不同可分为并行通道接收机、序贯通道接收机和多路复用通道接收机(图 6-38)。并行通道接收机具有多个信号通道,每个信号通道只连续跟踪一颗

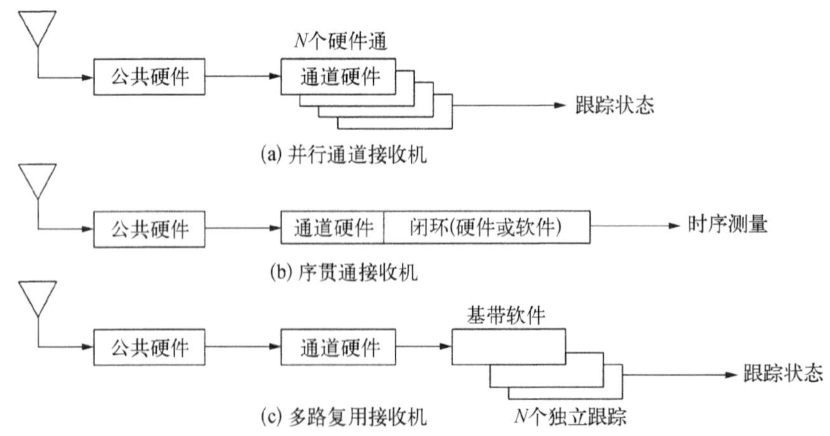

图 6-38　GPS 接收机通道类型

卫星的信号。不同卫星的信号用不同的信号处理通道进行测量处理。导航型接收机通常呈并行通道接收机。序贯通道接收机只有一个接收处理通道,需按时序顺次对各颗卫星的信号进行跟踪和测量。由于是按顺序对各颗卫星的信号进行处理,要完成定位计算所需时间较长(数秒钟)。这类接收机对卫星信号的跟踪是不连续的,并且也不能获得完整的导航电文。为了获得导航电文,往往需要再设一个通道。多路复用通道接收机通常只设两个通道,在软件控制下按顺序处理卫星信号,但它测量一个循环所需的时间要短得多,通常不超过 20 ms,因此可保持对 GPS 卫星信号的连续跟踪,并可同时获得多颗卫星的完整导航电文。

6.4.1 天线

GPS 天线部分通常包括天线和前置放大器。天线将 GPS 卫星信号电磁波能转化为相应的电流,前置放大器对该电流进行放大。由于卫星信号从高空发射,加上传输过程中的损耗,到达接收机天线时已经非常微弱,GPS 接收机天线与前置放大器集成一体,可以将接收到的信号先进行能量放大,降低信号从天线到接收模块传输过程中的噪声干扰影响。

为保证测量的准确性,GPS 天线应保持天线相位中心高度稳定,并使其与天线几何中心尽量一致。常用的 GPS 信号接收天线有单极或偶极天线、四线螺旋形结构天线、微带天线、圆锥螺旋天线等。这些天线各有特点,需结合接收机的需求选用。

微带天线因其体积小、质量轻、性能优良而成为 GPS 信号接收天线的主要类型。微带天线通常是由一块厚度远小于工作波长的介质基片和两面各覆盖一块用微波集成技术制作的辐射金属片(钢或金片)构成。单极天线有单频或双频(双极结构),通常需要较大的底板,相位中心稳定,结构简单。四线螺旋天线是单频天线,难以调整相位和极化方式,非方位对称,但增益特性好,不需要底板。空间螺旋天线是双频天线,增益特性好,侧视角高,非方位对称。

6.4.2 信号接收处理单元

GPS 接收机的信号接收处理单元主要包括射频到中频的下变频电路、信号处理通道、计算和显示控制单元等。

下变频电路的频率合成器利用接收机本振信号产生 1 280 MHz、320 MHz 和 20 MHz 的信号,通过分级降频,将 GPS 卫星 1 575. 42 MHz 的信号变换成 25 MHz 的中频信号,通过 A/D 变换,将模拟信号转换为数字信号,送给信号处理通道进行信号的解调和解扩(图 6 - 39)。

6.4.2.1 信号处理通道

如图 6 - 40 所示,信号处理通道是 GPS 接收机的核心部分,是软硬件结合的数字信号处理电路,实现对卫星信号的解调、解扩处理,获得导航电文、伪距、载波相位及多普勒频移等,用于导航定位计算。

对导航用户而言,接收机通常需要同时处理多颗卫星的信号,即多个通道并存,并行处理多颗卫星的信号,下面以其中一个通道为例介绍 GPS 接收机通道是如何进行信号处理的。

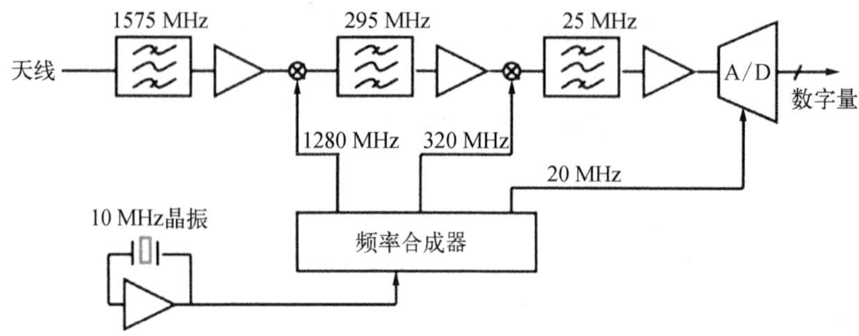

图 6-39　GPS 射频到中频的转换

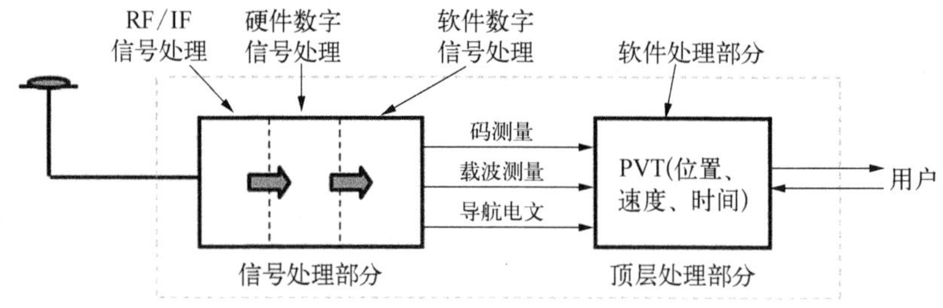

图 6-40　GPS 接收机原理框图

如图 6-41 所示,接收机信号处理通道包括锁相环回路(phase locked loop, PLL)和延时锁定回路(delay locked loop, DLL)。锁相环回路的目标是使接收机复制的载波信号与卫星载波同频同相,同相(I)和正交相(Q)信号用于检测和校正载波信号的频率、相位偏差。

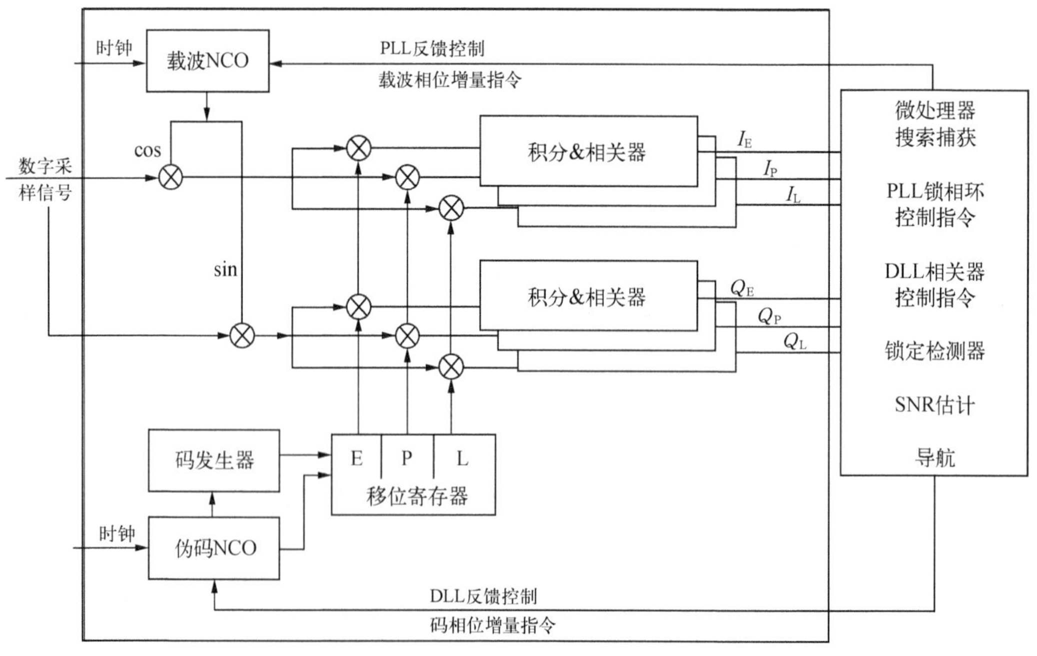

图 6-41　GPS 信号处理通道

延时锁定回路(DLL 回路)控制接收机的码跟踪,使接收机复制的伪码与卫星伪码一致且同步。接收机的码发生器(移位寄存器)产生三个具有超前、滞后相位关系的伪码,即超前(E)、即时(P)和滞后(L)码。超前(E)码比即时(P)码超前一定的码宽相位(如1/2、1/4 码宽),滞后(L)码比即时(P)码滞后相同的码宽相位,如图 6-42 所示。超前(E)码和滞后(L)码分别与卫星信号进行相关计算,利用二者的差值检测和校正 DLL 回路中即时(P)码的码相位与卫星码相位的一致性,实现对卫星信号的搜索与跟踪。

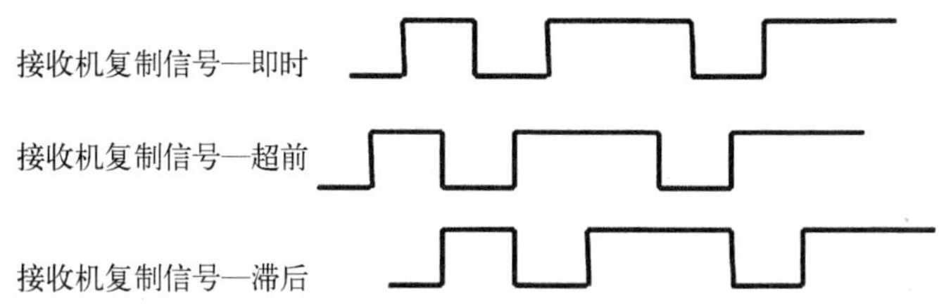

图 6-42　复制码信号(超前、滞后 1/2 码元)

GPS 接收机的信号处理包括两个阶段:捕获阶段和跟踪阶段。下面分别介绍两个阶段的工作过程。

1. 信号捕获过程

根据 GPS 信号形成原理及电波传播过程的影响,考虑到民用接收机通常只使用 C/A 码信号,假设 GPS 接收机只接收 L_1 频率的信号,接收到的卫星信号可简化为

$$A_C C_i(t) D_i(t) \sin(\omega_{L1} t + \varphi_{L10}) + \sum_{j=1,\, j\neq i}^{n} A_{Cj} C_j(t) D_j(t) \sin(\omega_{jL1} t + \varphi_{jL1}) + n(t)$$

其中,$A_C C_i(t) D_i(t) \sin(\omega_{L1} t + \varphi_{L10})$ 为信号处理通道要处理的卫星含 C/A 码的信号;$\sum_{j=1,j\neq i}^{n} A_{Cj} C_j(t) D_j(t) \sin(\omega_{jL1} t + \varphi_{jL1})$ 为其他卫星的含 C/A 码信号;$n(t)$ 为噪声信号。

假设地面接收机产生的 C/A 码和载波信号分别为 $C_i(t+\tau)$ 和 $\sin[(\omega_{L1}+d\omega)t+\varphi_0]$。其中:$\tau$ 为接收到的卫星信号与接收机本地产生信号之间的时间差;$d\omega$ 为接收到的载波与接收机本地载波之间的频率差(由于卫星和用户接收机之间的相对运动存在多普勒频移);φ_0 为接收机本地载波的相位。则可得信号处理后的同相信号(I)和正交相信号(Q)分别为

$$\begin{aligned} I = & \Big[A_C C_i(t) D_i(t) \sin(\omega_{L1} t + \varphi_{L10}) + \sum_{j=1,\, j\neq i}^{n} A_{Cj} C_j(t) D_j(t) \\ & \sin(\omega_{jL1} t + \varphi_{jL10}) + n(t) \Big] C_i(t+\tau) \sin[(\omega_{L1}+d\omega)t+\varphi_0] \\ = & \frac{1}{2} A_C D_i(t) [C_i(t) C_i(t+\tau)] \cos(d\omega t + \varphi_{L10} - \varphi_0) + n_1(t) + \text{高频项} \end{aligned}$$

$$\begin{aligned} Q = & \Big[A_C C_i(t) D_i(t) \sin(\omega_{L1} t + \varphi_{L10}) + \sum_{j=1,\, j\neq i}^{n} A_{Cj} C_j(t) D_j(t) \\ & \sin(\omega_{jL1} t + \varphi_{jL10}) + n(t) \Big] C_i(t+\tau) \cos[(\omega_{L1}+d\omega)t+\varphi_0] \end{aligned}$$

$$= \frac{1}{2} A_C D_i(t) [C_i(t) C_i(t+\tau)] \sin(d\omega t + \varphi_{L10} - \varphi_0) + n_2(t) + \text{高频项}$$

处理后的信号经过低通滤波器后，高频项被滤掉。接收机信号处理过程中，DLL 回路和 PLL 回路是关联实现的，为介绍方便，本书分别介绍码锁定和相位锁定过程。

C/A 码的捕获过程如图 6－43 所示。如果接收机码发生器产生的 C/A 码与接收到信号的 C/A 码不同，或虽然相同但 $\tau \neq nt(n=0, 1, \cdots)$ 时，根据伪随机序列码的特点，$C_i(t)C_i(t+\tau) \approx 0$，则此时 $I^2 + Q^2 \approx n_1^2(t) + n_2^2(t)$，基本为噪声信号。

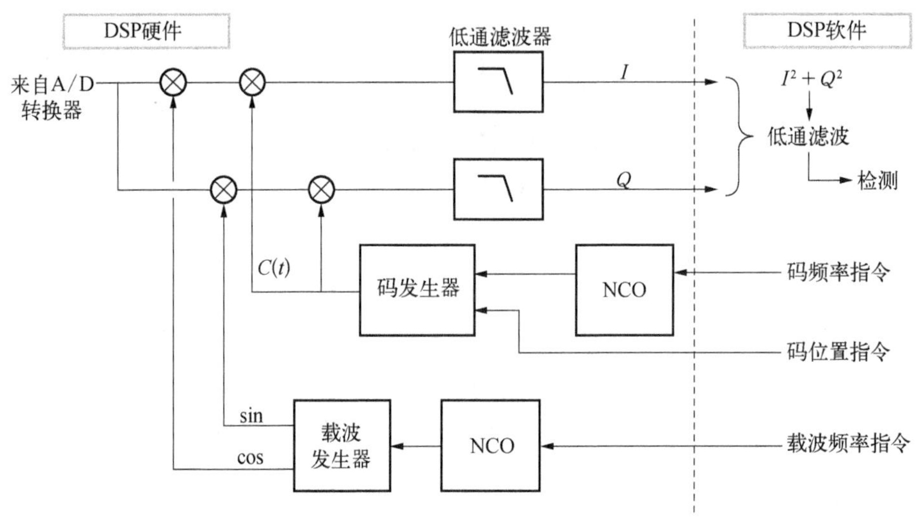

图 6－43　C/A 码捕获过程

而当接收机码发生器产生的 C/A 码与接收到信号的 C/A 码相同，且 $\tau=0$ 时，即接收机码发生器产生的 C/A 码信号与卫星的 C/A 码相同且同步时，$C_i(t)C_i(t+\tau)=1$。此时，

$$I = \frac{1}{2} A_C D_i(t) \cos(d\omega t + \varphi_{L10} - \varphi_0) + n_1(t)$$

$$Q = \frac{1}{2} A_C D_i(t) \sin(d\omega t + \varphi_{L10} - \varphi_0) + n_2(t)$$

$I^2 + Q^2 \approx A^2 + n_1^2(t) + n_2^2(t)$，$I^2 + Q^2$ 包含信号幅值，远大于码发生器产生的码与接收到的 C/A 码不同或二者虽相同但不同步时的值。因此，根据 $I^2 + Q^2$ 的值即可确定码发生器产生的码与接收码是否相同且同步。

DLL 回路利用 $I^2 + Q^2$ 的值控制接收机码发生器中 C/A 码的产生。以即时（P）码通道为例，当 $I^2 + Q^2$ 较小时，DLL 回路控制接收机码发生器中产生的 C/A 码单向移动，循环往复，直至得到较大的 $I^2 + Q^2$ 值，DLL 回路锁定，接收机码发生器产生的 C/A 码与接收到的 C/A 码相同且同步。

载波相位的捕获原理如图 6－44 所示，还是利用 I 和 Q 信号，此时用二者的比值。

DLL 回路锁定后,可得 Q/I 的反正切为

$$d\omega t + \varphi_{L10} - \varphi_0 = \mathrm{arctg}\,\frac{Q}{I}$$

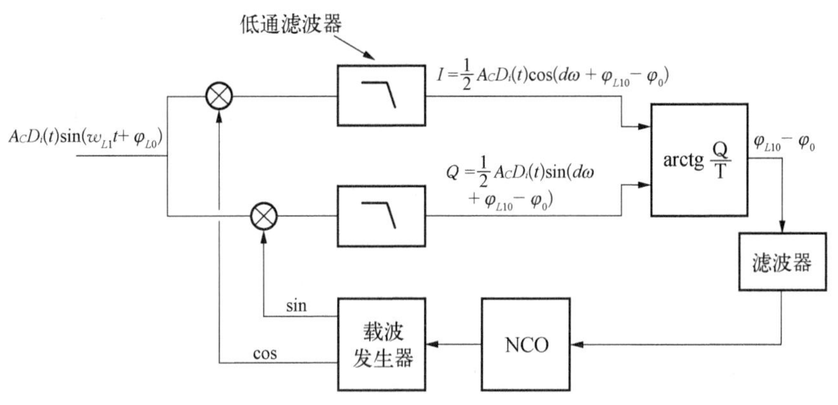

图 6-44　载波相位测定回路

当 $d\omega = 0$, 且 $\varphi_{L10} = \varphi_0$ 时, $\mathrm{arctg}\,\frac{Q}{I} = 0$, 此时,$I$ 信号最大,Q 信号最小,锁相环回路锁定。

当延时锁定回路和锁相环回路都锁定时, $I = \frac{1}{2}A_C \cdot D_i(t)$, 由于 A_C 为载波幅值,为正常数,因此,I 的符号即为导航电文 $D_i(t)$ 的值,可以得到导航电文信息。

假设 GPS 接收机的开机为冷启动。所谓冷启动,指的是 GPS 接收机第一次开机,对接收机的初始位置及空中卫星分布情况一无所知,这种情况下,GPS 接收机既不知道接收到的卫星信号可能是哪些卫星的信号,也不确定接收到的信号的多普勒频移的大致范围,一切需要从头开始,这是接收机的冷启动。

由于卫星和用户接收机之间存在相对运动,接收机所接收到的卫星信号的载波频率通常不会是 1 575.42 MHz,而是有一定的多普勒频移(图 6-45)。假设最极端的情况,卫星在空间沿轨道运行,其与接收机的最大相对运动速度大约为±1 000 m/s,对应的多普勒频移约为±5 300 Hz。地面接收机的 10 MHz 基准晶振的误差约为±5 ppm,对应的频率误差约为±7 900 Hz。因此,接收机码控振荡器(NCO)产生的载波与接收到的卫星信号载波之间的多普勒频移最大差为±13.2 kHz。

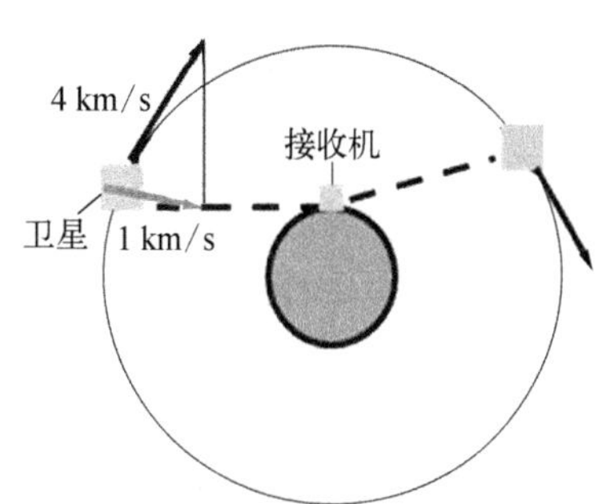

图 6-45　GPS 卫星与接收机相对运动造成的多普勒频移

对于接收机的伪码发生器,由于接收机刚开机时并不知道接收到的卫星信号可能是哪些卫星的信号,因此,其对 C/A 码的复制通常也只能按 PRN 码顺序开始。

根据信号捕获中 C/A 码搜索和载波相位搜索的原理,要实现对卫星信号的捕获,需要锁相环回路和延时锁定回路都锁定,也即接收机产生的本地载波和 C/A 码

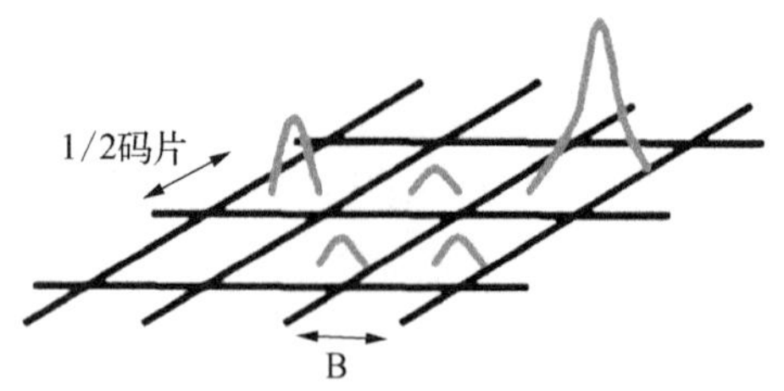

图 6-46 GPS 信号搜索过程

信号与卫星信号的载波和 C/A 码保持相同且同步。因此,信号的搜索捕获过程是在载波频率和 C/A 码码元所组成的二维区间内逐步搜索完成的,如图 6-46 所示。

GPS 接收机将 13.2 kHz 的多普勒频移以 1 575.42 MHz 为中心双向展开(1 575.42MHz-13.2 kHz~1 575.42 MHz+13.2 kHz),按照一定的频率宽度 B 划分出多个搜索单元,如图 6-46 中的横轴所示。例如,如果选择 B=1 000 Hz,则横轴有 13.2×2=27 个搜索单元,如果选择 B=50 Hz,则横轴有 540 个搜索单元;将 C/A 码的搜索按照不大于 1 个码元宽度(纵轴,图中为 1/2 码元宽度)来划分搜索单元。例如,如果以 1 个码元宽度为搜索单元,则纵轴有 1 023 个搜索单元,如果以 1/2 个码元为搜索单元,则纵轴有 2 046 个搜索单元。搜索单元划分得越小,信号检测精度越高,但搜索耗时也会越长,因此,要根据接收机精度及处理时间要求综合确定搜索单元的划分。

接收机的信号搜索过程从二维搜索空间的最左下角开始,GPS 接收机载波 NCO 产生最低频率的载波并暂时保持不变,码发生器从 C/A 码的第一个码开始产生 C/A 码序列,两个本地产生的信号在接收机电路中进行 I 和 Q 的计算,并进行信号锁定检测,如果 I^2+Q^2 没有达到最大值,则控制 DLL 回路的码发生器将 C/A 码移动一个搜索单元形成新的 C/A 码,再重复上述过程并计算,直至 C/A 码移动的码相位值达到最后一个搜索单元;如果依然没有搜索到 I^2+Q^2 的最大值,则利用 PLL 回路中的载波 NCO 将本地产生的载波频率增加一个 B 值(移动到下一搜索单元)并暂时保持不变,再重复上述 C/A 码的移动搜索过程,如此反复,直至搜索到 I^2+Q^2 最大值,此时接收机产生的 C/A 码和载波就与接收到的 C/A 码和载波同步了。整个搜索过程的最长时间为

$$T = \text{横轴搜索单元个数} \times \text{纵轴搜索单元个数} \times \text{通道信号处理时间} \times \text{空中卫星个数}$$

一般冷启动需要经过数分钟才能完成。GPS 接收机冷启动完成后,经过 12.5 min,就可以接收到一个完整的历书,根据历书就可以确定空中所有卫星的大致位置以及卫星与接收机之间的大致距离和相对运动速度,搜索过程就可以在已知 C/A 码和多普勒频移附近展开,搜索速度将大大加快,可以满足导航实时性的要求。

实际信号处理电路中,由于噪声信号的存在,I^2+Q^2 的最大值并非稳定的数值,很难精确实现 PLL 回路和 DLL 回路的锁定。因此,GPS 接收机中通常设计 3 个 DLL 回路,产生超前、滞后和即时三个 C/A 码,通过检测超前和滞后 C/A 码对应的两个 DLL 回路的相关值差值(过零检测)来控制本地码发生器,如图 6-47 所示。三个 DLL 信号处理回路可实现信号的双向搜索,大大缩短搜索时间,且通过过零检测可实现对 C/A 码信号的精确搜索。

以超前、滞后 1/2 码元宽度的三个信号为例,如果三个 C/A 码信号与接收到的卫星信号进行相关计算,会得到三个相关值,其峰值点在时间轴上分别相差 1/2 个码元宽度(图 6-48)。

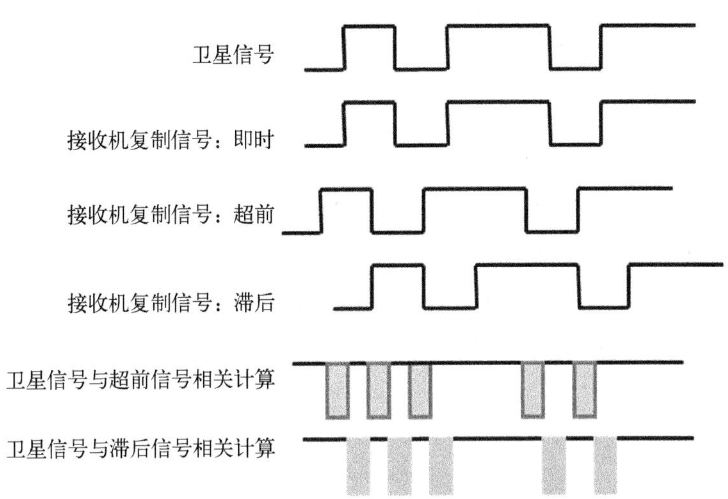

图6-47 三个C/A码的相关搜索

搜索过程中，

$$
\begin{aligned}
I^2+Q^2 &= \left[\frac{1}{2}A_C R(\tau) D_i(t)\cos(d\omega t+\varphi_{L10}-\varphi_0)+n_1(t)\right]^2 \\
&\quad+\left[\frac{1}{2}A_C R(\tau) D_i(t)\sin(d\omega t+\varphi_{L10}-\varphi_0)+n_1(t)\right]^2 \\
&= AR^2(\tau)+n^2(t)
\end{aligned}
$$

由于是与同一个卫星信号进行相关计算，所以噪声信号的影响基本相同，载波幅值及导航电文的D值（高、低电平状态）经过平方后为一个常数，I^2+Q^2 的大小主要由相关值的平方决定。如图6-48所示，将超前和滞后1/2码元的 I^2+Q^2 相减，用其差值电压控制

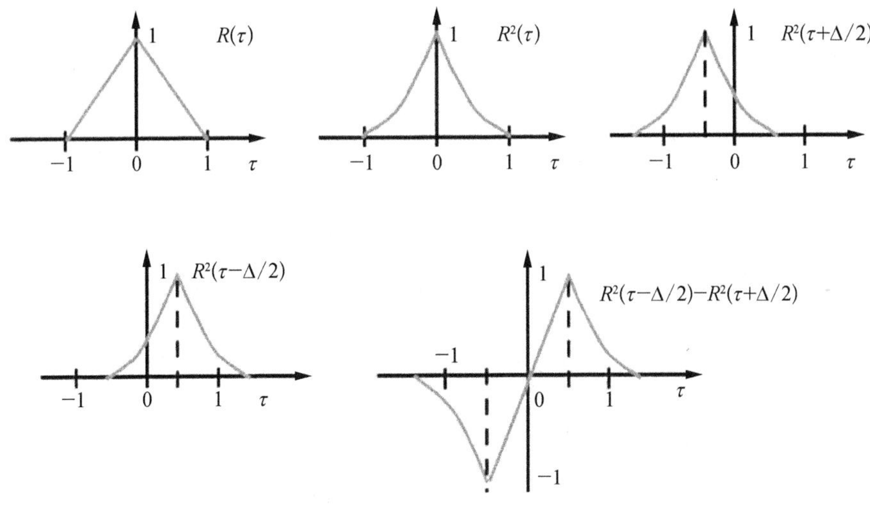

图6-48 超前和滞后C/A码相关值差值

接收机码发生器,大于零时使码发生器产生的 C/A 码前移;小于零时码发生器产生的 C/A 码后移;差值为零时表明即时 C/A 码与卫星 C/A 码同步。

超前码和滞后码超前或滞后即时码的码宽决定了测距精度,超前、滞后的码宽越窄,测距精度越高。

2. 信号跟踪过程

信号捕获完成后,接收机进入跟踪阶段。跟踪阶段主要获取导航电文和电波传播时间,由此确定卫星位置和伪距值,用于导航计算。

导航电文的获取如图 6-49 所示。DLL 回路和 PLL 回路锁定后,I 的符号即表明了导航电文数字位的 0、1 状态,由于导航电文的位宽度为 20 ms,因此,利用 20 ms 的积分和清零检测滤波器就可获得该位的值。

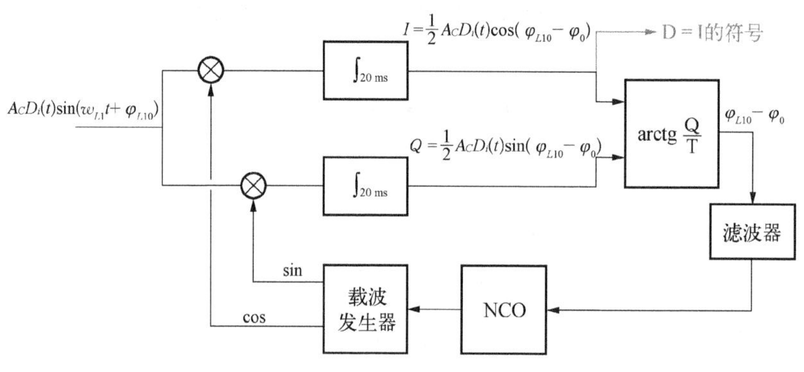

图 6-49　GPS 信号位解调

导航电文位解调后,根据子帧同步字的检测,就可以确定出这些数据位所对应的电文数据信息。

电波传播时间的确定参见图 6-31,子帧号和子帧的位由导航电文获得,而 C/A 码的周期数、所在码元以及码元相位数则通过 DLL 回路码发生器的计数器来获取,如图 6-50 所示。

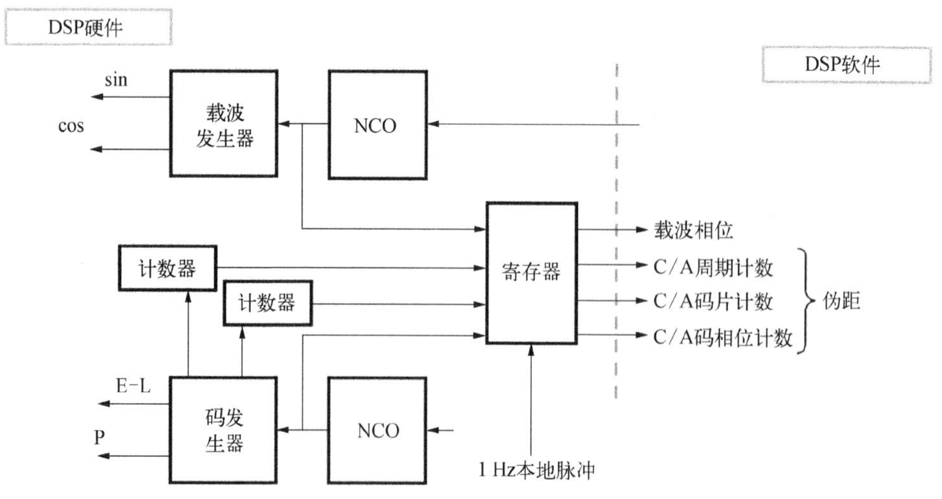

图 6-50　GPS 载波相位及 C/A 码码位计数

6.4.2.2　信号处理通道的辅助

GPS接收机稳定跟踪卫星信号后，就可利用导航电文和伪距信号来计算接收机的位置，并获得星座历书和卫星健康情况数据。历书数据可以辅助接收机快速捕获卫星。

如图6－51所示，根据接收机的位置信息、星座历书和卫星健康情况数据，可以对GPS卫星的可见性进行预测，确定下一时刻可能接收到信号的GPS卫星或可能会消失的卫星，从而提前对接收机通道的使用进行重新分配。另外，根据历书、接收机位置及卫星运动情况，可以估计出可见星与接收机之间的距离及多普勒频移，为接收机通道的信号捕获提供辅助信息，使针对新的可见星产生的本地C/A码的码位和载波的相位和频率尽可能接近卫星信号的相应参数，从而大大缩短搜索时间，实现接收机的实时导航定位。

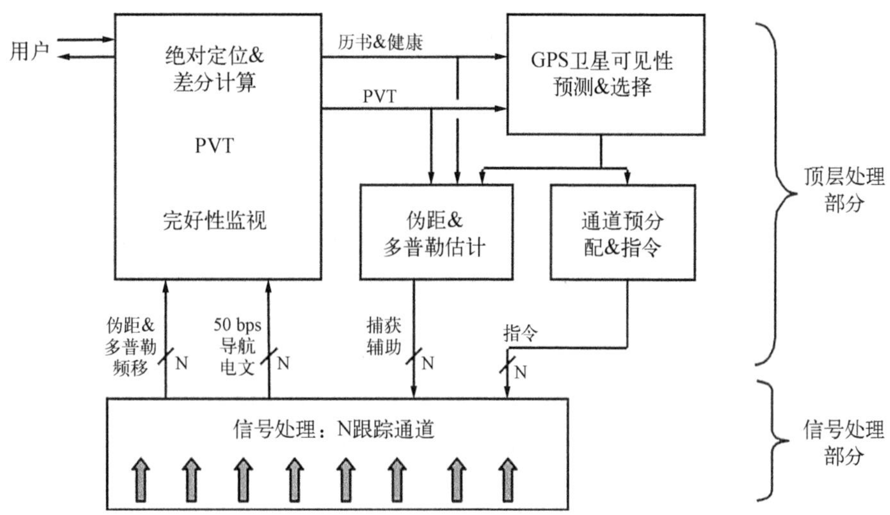

图6－51　GPS信号处理通道的辅助处理

6.4.3　导航解算原理

GPS定位的方法很多，按用户接收机在作业中的运动状态不同，定位方法可分为静态定位和动态定位；按测距原理不同，可分为伪码测距定位、载波相位测距定位等。

无论采用什么方法，GPS接收机都必须通过接收卫星发射的信号并加以处理，获得卫星至用户接收机的距离以及卫星的位置，才能确定用户接收机的位置。GPS卫星信号中含有多种可用于定位的信息，利用不同的方法，接收机可获得不同的观测量，如伪码测距观测量（码相位观测量）、载波相位伪距观测量（载波相位观测量）、多普勒频移积分计数伪距差、干涉法测量时间延迟等。其中，码相位观测量和载波相位观测量使用较为广泛。

6.4.3.1　伪码测距导航解算

伪码测距观测量通过测量GPS卫星发射的测距码的空间传播时间来计算接收机至卫星的距离，即

$$\rho = c\Delta t \tag{6-28}$$

式中，Δt 为电波传播时间；c 为光速。

1. 伪码测距观测方程

伪码测距中，由于卫星时钟、接收机时钟的误差及电波信号经过电离层和对流层时的延迟误差，导致实际测出的星站距离（伪距）ρ 与卫星到接收机的几何距离 R 有一定的偏差。图 6－52 为伪码测距方程原理。

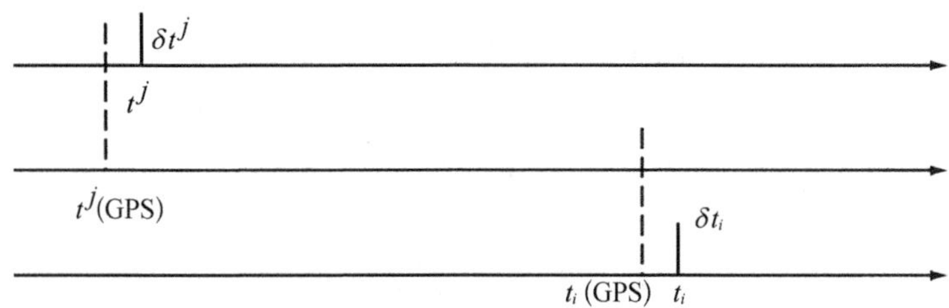

图 6－52　伪码测距方程原理

伪距与几何距离的关系可用下式描述：

$$\rho_i^j(t) = R_i^j(t) + c\delta t_i(t) - c\delta t^j(t) + \Delta_{i,I}^j(t) + \Delta_{i,T}^j(t) \tag{6-29}$$

式中，$\rho_i^j(t)$ 为观测历元 t 时刻测得的接收机 i 与卫星 j 之间的伪距；$R_i^j(t)$ 为观测历元 t 时刻的站星几何距离；$\delta t_i(t)$ 为观测历元 t 时刻接收机时钟时间相对于标准 GPST 的钟差，$t_i = t_i(\text{GPS}) + \delta t_i$；$\delta t^j(t)$ 为观测历元 t 时刻卫星时钟时间相对于标准 GPST 的钟差，$t^j = t^j(\text{GPS}) + \delta t^j$；$\Delta_{i,I}^j(t)$ 为观测历元 t 时刻的电离层延迟；$\Delta_{i,T}^j(t)$ 为观测历元 t 时刻的对流层延迟。

GPS 卫星时钟的精度很高，其与 GPST 之间的偏差可从导航电文数据块 I 中获得，经钟差改正后的卫星时钟误差可保持在 20 ns 以内，由此导致的测距误差可忽略不计。只考虑接收机钟差的伪距方程如下：

$$\rho_i^j(t) = R_i^j(t) + c\delta t_i(t) + \Delta_{i,I}^j(t) + \Delta_{i,T}^j(t) \tag{6-30}$$

其中，GPS 接收机 T_i 的位置隐含在站星几何距离 $R_i^j(t)$ 中。

$$R_i^j(t) = \{[x^j(t) - x_i(t)]^2 + [y^j(t) - y_i(t)]^2 + [z^j(t) - z_i(t)]^2\}^{\frac{1}{2}} \tag{6-31}$$

其中，x_i、y_i、z_i 和 x^j、y^j、z^j 分别为接收机 T_i 和卫星 S^j 在协议地球坐标系中的坐标。显然，观测方程是非线性的，需要将其化为便于计算机解算的形式，即对其进行线性化。

假设接收机 T_i 的坐标初始位置为 $[x_{i0}, y_{i0}, z_{i0}]$，其误差改正数为 $[\delta x_i, \delta y_i, \delta z_i]$。

利用泰勒展开对 $R_i^j(t)$ 线性化，并舍弃高阶项，只取前两阶，可得

$$R_i^j(t) = R_{i0}^j(t) - \frac{\partial \rho_i^j(t)}{\partial x_i}\delta x_i - \frac{\partial \rho_i^j(t)}{\partial y_i}\delta y_i - \frac{\partial \rho_i^j(t)}{\partial z_i}\delta z_i$$

其中，一阶项各项的系数为

$$\left.\begin{aligned}\frac{\partial\rho_i^j(t)}{\partial x_i}&=\frac{1}{R_{i0}^j(t)}[x^j(t)-x_{i0}]=l_i^j(t)\\\frac{\partial\rho_i^j(t)}{\partial y_i}&=\frac{1}{R_{i0}^j(t)}[y^j(t)-y_{i0}]=m_i^j(t)\\\frac{\partial\rho_i^j(t)}{\partial z_i}&=\frac{1}{R_{i0}^j(t)}[z^j(t)-z_{i0}]=n_i^j(t)\end{aligned}\right\}\tag{6-32}$$

式中，$R_{i0}^j(t)=\{[x^j(t)-x_{i0}(t)]^2+[y^j(t)-y_{i0}(t)]^2+[z^j(t)-z_{i0}(t)]^2\}^{\frac{1}{2}}$为卫星与接收机初始位置之间的距离。可得几何距离的线性化表达式如下：

$$R_i^j(t)=R_{i0}^j(t)+[-l_i^j(t)\quad -m_i^j(t)\quad -n_i^j(t)][\delta x_i\quad \delta y_i\quad \delta z_i]^{\mathrm{T}}\tag{6-33}$$

由此可得伪距方程的线性化形式为

$$\rho_i^j(t)=R_{i0}^j(t)+[-l_i^j(t)\quad -m_i^j(t)\quad -n_i^j(t)]\begin{bmatrix}\delta x_i\\\delta y_i\\\delta z_i\end{bmatrix}+c\delta t_i(t)+\Delta_{i,I}^j(t)+\Delta_{i,T}^j(t)\tag{6-34}$$

2. 伪码测距导航解算

导航解算之前，先利用误差模型或双频接收机将对流层误差和电离层误差消除，后边的导航解算中不再考虑二者的影响。为了描述方便，取

$$R_i'^j(t)=\rho_i^j(t)-\Delta_{i,I}^j(t)-\Delta_{i,T}^j(t)\tag{6-35}$$

由此，伪距观测方程可描述为

$$R_i'^j(t)=R_{i0}^j(t)+[-l_i^j(t)\quad -m_i^j(t)\quad -n_i^j(t)]\begin{bmatrix}\delta x_i\\\delta y_i\\\delta z_i\end{bmatrix}+c\delta t_i(t)\tag{6-36}$$

式中，卫星S^j在地球协议坐标系中的位置可通过卫星星历获取。接收机T_i在协议地球坐标系中的坐标向量$(x_i,\ y_i,\ z_i)^{\mathrm{T}}$和接收机钟钟差$\delta t_i(t)$是未知参数，需要求解。为此，需要建立至少4个类似的方程，即用户需要同步观测4颗或4颗以上的卫星以获得4个以上的伪距观测方程。

设GPS接收机T_i在历元t同步观测到4颗以上的卫星$(j=1,\ 2,\ 3,\ 4,\ \cdots,\ n^j)$，由此可得如下方程组：

$$\begin{bmatrix}R_i'^1(t)\\R_i'^2(t)\\\vdots\\R_i'^{n^j}(t)\end{bmatrix}=\begin{bmatrix}R_{i0}^1(t)\\R_{i0}^2(t)\\\vdots\\R_{i0}^{n^j}(t)\end{bmatrix}-\begin{bmatrix}l_i^1(t)&m_i^1(t)&n_i^1(t)&-1\\l_i^2(t)&m_i^2(t)&n_i^2(t)&-1\\\vdots&\vdots&\vdots&\vdots\\l_i^{n^j}(t)&m_i^{n^j}(t)&n_i^{n^j}(t)&-1\end{bmatrix}\begin{bmatrix}\delta x_i\\\delta y_i\\\delta z_i\\c\delta t_i\end{bmatrix}\tag{6-37}$$

GPS 接收机可采用最小二乘法进行定位求解,将上式写成误差方程的形式:

$$\begin{bmatrix} v_i^1(t) \\ v_i^2(t) \\ \vdots \\ v_i^{n^j}(t) \end{bmatrix} = \begin{bmatrix} l_i^1(t) & m_i^1(t) & n_i^1(t) & -1 \\ l_i^2(t) & m_i^2(t) & n_i^2(t) & -1 \\ \vdots & \vdots & \vdots & \vdots \\ l_i^{n^j}(t) & m_i^{n^j}(t) & n_i^{n^j}(t) & -1 \end{bmatrix} \begin{bmatrix} \delta x_i \\ \delta y_i \\ \delta z_i \\ c\delta t_i \end{bmatrix} + \begin{bmatrix} R_i'^1(t) - R_{i0}^1(t) \\ R_i'^2(t) - R_{i0}^2(t) \\ \vdots \\ R_i'^{n^j}(t) - R_{i0}^{n^j}(t) \end{bmatrix} \tag{6-38}$$

或者写为

$$\boldsymbol{v}_i(t) = \boldsymbol{a}_i(t)\delta\boldsymbol{P}_i + \boldsymbol{w}_i(t) \tag{6-39}$$

按照最小二乘法求解可得

$$\delta\boldsymbol{P}_i = -\left[\boldsymbol{a}_i^{\mathrm{T}}(t)\boldsymbol{a}_i(t)\right]^{-1}\left[\boldsymbol{a}_i^{\mathrm{T}}(t)\boldsymbol{w}_i(t)\right] \tag{6-40}$$

上述误差方程是针对 GPS 接收机在历元 t 观测 n^j 颗卫星的情况。如果为静态绝对定位,由于接收机位置不变,可利用多个历元的观测量来求解,通过平差提高定位精度。

例如,以 n^j 表示观测卫星的个数, n_t 表示观测的历元数,在忽略测站接收机钟差随时间变化的情况下, n_t 个历元所对应的误差方程组为

$$\begin{bmatrix} \boldsymbol{v}_i(t_1) \\ \boldsymbol{v}_i(t_2) \\ \vdots \\ \boldsymbol{v}_i(t_{n_t}) \end{bmatrix} = \begin{bmatrix} \boldsymbol{a}_i(t_1) \\ \boldsymbol{a}_i(t_2) \\ \vdots \\ \boldsymbol{a}_i(t_{n_t}) \end{bmatrix} \delta\boldsymbol{P}_i + \begin{bmatrix} \boldsymbol{w}_i(t_1) \\ \boldsymbol{w}_i(t_2) \\ \vdots \\ \boldsymbol{w}_i(t_{n_t}) \end{bmatrix} \tag{6-41}$$

或者写为

$$\boldsymbol{V}_i = \boldsymbol{A}_i\delta\boldsymbol{P}_i + \boldsymbol{W}_i$$

按照最小二乘法求解可得

$$\delta\boldsymbol{P}_i = -(\boldsymbol{A}_i^{\mathrm{T}}\boldsymbol{A}_i)^{-1}(\boldsymbol{A}_i^{\mathrm{T}}\boldsymbol{W}_i) \tag{6-42}$$

接收机定位解的精度为

$$m_{\mathrm{T}} = \sigma_0\sqrt{q_{ii}} \tag{6-43}$$

式中, σ_0 为用户等效测距误差; q_{ii} 为权系数阵 Q_Z 主对角线的相应元素, $Q_Z = (A_i^{\mathrm{T}}A_i)^{-1}$。

需要指出的是,由于不同历元所观测到的卫星数量可能不同,定位解算中矩阵的大小会发生变化。高精度定位解算中,GPS 接收机的钟差往往不可忽略。此时,可根据具体情况,将钟差表示为多项式的形式,并将系数作为未知数,在平差中一并求解;或者针对不同观测历元,引入不同的独立的钟差参数,将每个历元的接收机钟差作为单独的未知数进行求解。

3. 定位精度分析

由定位公式可以看出,接收机定位精度除了与用户等效测距误差 (σ_0) 有关,还与观

测矢量的方向余弦所构成的权系数阵 $\boldsymbol{Q}_Z$ 有关，即定位精度与所观测卫星的空间几何分布有关，如图 6－53 所示。接收机定位计算时，应根据空间几何关系有目标地选择用于定位计算的卫星，以确保所选卫星空间几何关系引起的定位误差最小。

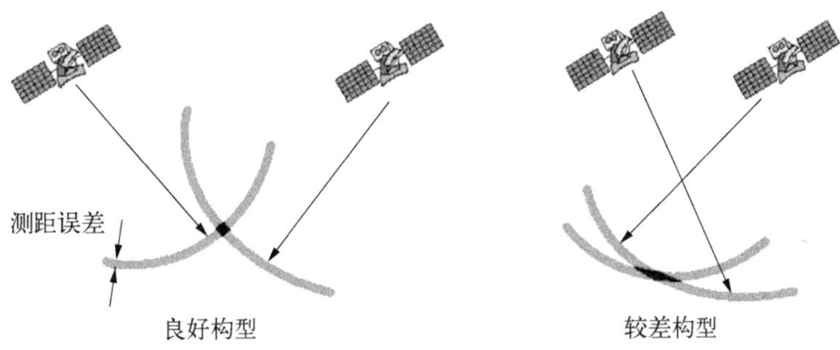

图 6－53　空间几何关系对定位精度的影响

绝对定位的权系数阵 $\boldsymbol{Q}_Z = (\boldsymbol{A}_i^{\mathrm{T}}\boldsymbol{A}_i)^{-1}$，其在协议地球坐标系中的一般形式为

$$\boldsymbol{Q}_Z = \begin{bmatrix} q_{11} & q_{12} & q_{13} & q_{14} \\ q_{21} & q_{22} & q_{23} & q_{24} \\ q_{31} & q_{32} & q_{33} & q_{34} \\ q_{41} & q_{42} & q_{43} & q_{44} \end{bmatrix} \tag{6-44}$$

实际应用中，为了估算接收机的水平定位精度和垂直定位精度，通常将其转化为地理坐标系中的表达形式。假设地理坐标系中接收机位置坐标的权系数阵为

$$\boldsymbol{Q}_B = \begin{bmatrix} g_{11} & g_{12} & g_{13} \\ g_{21} & g_{22} & g_{23} \\ g_{31} & g_{32} & g_{33} \end{bmatrix} \tag{6-45}$$

根据方差与协方差传播定律可得

$$\boldsymbol{Q}_B = \boldsymbol{H}\boldsymbol{Q}_X\boldsymbol{H}^{\mathrm{T}} \tag{6-46}$$

式中，$\boldsymbol{H} = \begin{bmatrix} -\sin B\cos L & -\sin B\sin L & \cos B \\ -\sin L & \cos L & 0 \\ \cos B\cos L & \cos B\sin L & \sin B \end{bmatrix}$，为由协议地球坐标系到地理坐标系的转换矩阵；$B$ 和 L 分别为卫星的高度角和方位角；$\boldsymbol{Q}_X = \begin{bmatrix} q_{11} & q_{12} & q_{13} \\ q_{21} & q_{22} & q_{23} \\ q_{31} & q_{32} & q_{33} \end{bmatrix}$，为协议地球坐标系下的位置坐标的权系数阵。

在导航中，一般采用精度衰减因子 DOP 来评价定位精度。定位精度 m_x 为

$$m_x = \sigma_0 \cdot \mathrm{DOP} \tag{6-47}$$

其中，σ_0 为用户等效测距误差。

GPS 接收机通常采用不同的几何精度评价模型和相应的精度衰减因子来描述接收机的各种定位误差。

（1）水平精度因子（HDOP）。

$$\mathrm{HDOP} = \sqrt{(g_{11} + g_{22})}$$

代表相应的水平定位精度为

$$m_{\mathrm{H}} = \sigma_0 \cdot \mathrm{HDOP} \tag{6-48}$$

（2）垂直精度因子（VDOP）。

$$\mathrm{VDOP} = \sqrt{g_{33}}$$

代表相应的高度定位精度为

$$m_{\mathrm{V}} = \sigma_0 \cdot \mathrm{VDOP} \tag{6-49}$$

（3）位置精度因子（PDOP）。

$$\mathrm{PDOP} = \sqrt{(q_{11} + q_{22} + q_{33})} = \sqrt{(g_{11} + g_{22} + g_{33})}$$

代表相应的空间定位精度为

$$m_{\mathrm{P}} = \sigma_0 \cdot \mathrm{PDOP} \tag{6-50}$$

（4）接收机钟差精度因子（TDOP）。

$$\mathrm{TDOP} = \sqrt{q_{44}}$$

代表相应的钟差精度为

$$m_{\mathrm{T}} = \sigma_0 \cdot \mathrm{TDOP} \tag{6-51}$$

（5）几何精度因子（GDOP）。代表描述空间位置误差和时间误差综合影响的精度因子。

$$\mathrm{GDOP} = \sqrt{(q_{11} + q_{22} + q_{33} + q_{44})} = \sqrt{(\mathrm{PDOP})^2 + (\mathrm{TDOP})^2}$$

相应的误差为

$$m_{\mathrm{G}} = \sigma_0 \cdot \mathrm{GDOP} \tag{6-52}$$

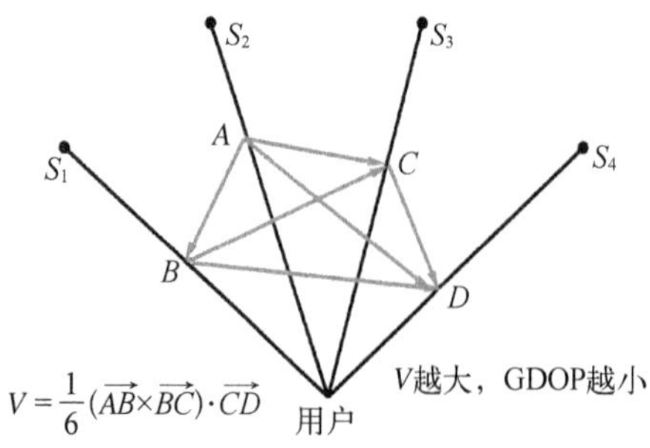

图 6-54　空间四面体体积与 GDOP 的关系

DOP 是权系数阵 Q_Z 的主对角线元素的函数，其数值与所测卫星的几何分布有关。用接收机到四颗观测卫星的径向线上的四个点组成的空间单位四面体的体积可以较好地反映卫星的几何分布。如图 6-54 所示，以用户接收机为原点，沿接收机到观测卫星的径向线，以单位长度确定空间 ABCD 四个点，将四个点两两连接，就构成一个空间单位四面体。

假设单位四面体的体积为 V，分析表明，几何精度因子（GDOP）与该四面体的体积 V 的呈反比。四面体的体积越大，所测卫星的空间分布范围就越大，GDOP 值就越小；反之，四面体的体积越小，所测卫星的分布范围就越小，则 GDOP 值就越大。因此，实际导航计算时，应尽可能使所测卫星与测站所构成的单位四面体的体积接近最大。

最佳 GDOP 的选择需要接收机对所有能接收到信号的卫星进行任意四颗卫星组合，计算 GDOP，选择最小 GDOP 值的四颗卫星进行定位计算，这在接收到较多数量卫星信号时会大大增加接收机的计算量。为降低计算量，接收机一般首先选择一颗头顶的卫星，然后在与其夹角接近 90°左右的东（西）方向和北（南）方向各选一颗卫星，将此三颗卫星作为基础卫星，再与剩下的卫星分别组合来计算 GDOP，选择最小 GDOP 值的四颗卫星用于定位计算。

6.4.3.2　载波相位测距

对于有些定位应用（尤其是测绘），伪码测距的精度相对较低，无法满足定位精度要求。因此，部分接收机通过测量 GPS 信号的载波（$\lambda_{L_1}=19\ \text{cm}$，$\lambda_{L_2}=24\ \text{cm}$）来测量站星距离。这种情况下，同样测量精度为 1%，载波 L_1 的测距误差约为 1.9 mm，载波 L_2 测距误差约为 2.4 mm，相比伪码测距，载波相位测距精度可以大大提高。

载波相位测距通过测量载波在 GPS 卫星和接收机之间的相位变化来确定传播距离，又称测相伪距测量。

载波相位测量首先要进行载波重建，即设法将调制在载波上的测距码和导航电文解调，重新获取载波。载波重建通常采用码相关法或平方法。采用码相关法时，用户可同时获取测距信号和导航电文，前提是用户必须知道测距码结构；采用平方法时，用户可以不必掌握测距码结构，但这种方法只能获得载波信号，还必须用其他方法获得卫星的导航电文信号。

假设卫星在 t^j 时刻发射载波信号 $\varphi_\varphi^j(t^j)$，假设此时 GPS 接收机内产生一个与发射信号初相及频率完全相同的参考载波 $\varphi_{\varphi i}(t^j)$［即 $\varphi_{\varphi i}(t^j)=\varphi_\varphi^j(t^j)$］，接收机在时刻 t_i 接收到卫星的载波信号，该信号与 t^j 时刻接收机的参考载波信号 $\varphi_{\varphi i}(t^j)$ 的相位差，即为载波信号从卫星传播到接收机的相位延迟（载波相位观测量），如图 6－55 所示。

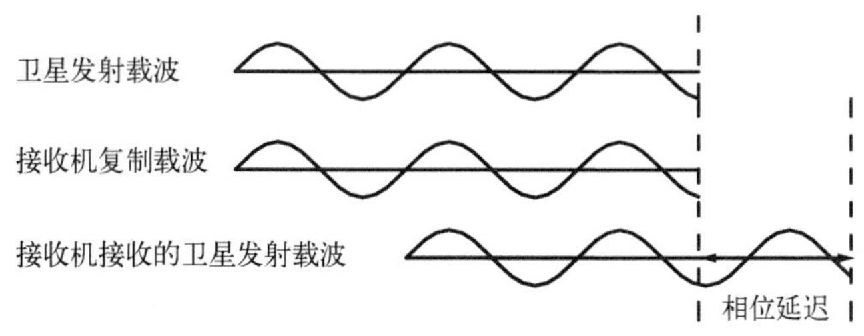

图 6－55　载波相位测量

接收机 T_i 在 t_i 时刻观测到的卫星 S^j 的相位观测量可写为

$$\Phi_i^j(t_i)=\varphi_{\varphi i}(t_i)-\varphi_\varphi^j(t^j)=\varphi_{\varphi i}(t_i)-\varphi_{\varphi i}(t^j) \tag{6-53}$$

如果将式(6－53)左右同除以 2π，则载波相位观测量 $\Phi_i^j(t_i)$ 变为载波的个数，它由整周部分 $N_i^j(t_i)$ 和不足一周的小数部分 $\delta\varphi_i^j(t_i)$ 两部分组成：

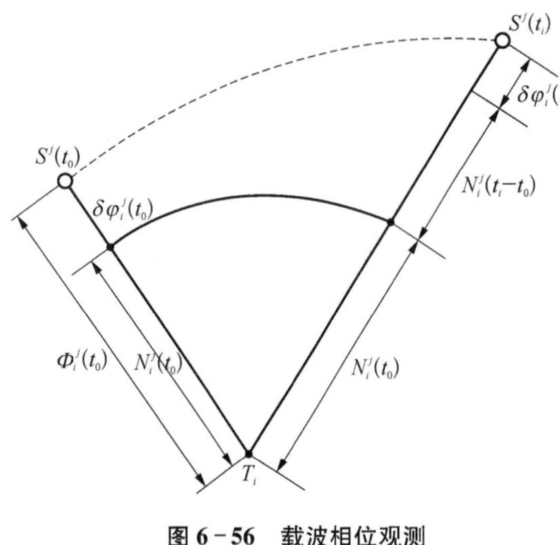

图 6-56 载波相位观测

$$\Phi_i^j(t_i) = N_i^j(t_i) + \delta\varphi_i^j(t_i) \tag{6-54}$$

根据 6.4.2.1 小节接收机信号跟踪电路，接收机可以测定小数部分 $\delta\varphi_i^j(t_i)$，但无法确定 $N_i^j(t_i)$。$N_i^j(t_i)$ 也称为整周模糊度（或整周模糊数），通常将其作为未知数在导航定位解算中求解。

如图 6-56 所示，假设 GPS 接收机在初始观测历元 t_0 时刻锁定卫星信号，则有

$$\Phi_i^j(t_0) = N_i^j(t_0) + \delta\varphi_i^j(t_0) \tag{6-55}$$

此后，接收机可自动计数载波相位变化的整周数。则其后任一历元的相位变化为

$$\Phi_i^j(t_i) = N_i^j(t_0) + N_i^j(t_i - t_0) + \delta\varphi_i^j(t_i) \tag{6-56}$$

式中，$N_i^j(t_0)$ 为初始历元的整周模糊度，为未知数；$N_i^j(t_i - t_0)$ 为从初始历元 t_0 到后续观测历元 t_i 之间载波相位变化的整周数，由接收机根据多普勒频移积分计算，是已知量，也称整周计数；$\delta\varphi_i^j(t_i)$ 为后续观测历元 t_i 时刻不足一周的小数部分相位，是观测量，可测定。

假设 $\varphi_i^j(t_i)$ 为载波相位的观测量，即 GPS 接收机的相位观测输出值。

$$\varphi_i^j(t_i) = N_i^j(t_i - t_0) + \delta\varphi_i^j(t_i) \tag{6-57}$$

则式（6-56）可写为

$$\Phi_i^j(t_i) = N_i^j(t_0) + \varphi_i^j(t_i) \tag{6-58}$$

根据载波信号的波长 λ，卫星到测站的距离为

$$R_i^j(t_i) = \lambda\Phi_i^j(t_i) \tag{6-59}$$

1. 载波相位观测方程

假设卫星 S^j 在 t^j(GPS) 时刻发射载波信号 $\varphi_\varphi^j[t^j(\text{GPS})]$，在 t_i(GPS) 时刻被接收机 T_i 接收到，此时的接收机的参考载波信号为 $\varphi_{\varphi i}[t_i(\text{GPS})]$，则相位差为

$$\Phi_i^j[t_i(\text{GPS})] = \varphi_{\varphi i}[t_i(\text{GPS})] - \varphi_\varphi^j[t^j(\text{GPS})] \tag{6-60}$$

对于频率非常稳定的振荡器来说，相位与频率之间的关系为

$$\varphi(t + \Delta t) = \varphi(t) + f\Delta t \tag{6-61}$$

假设 GPS 接收机采用高稳定晶体振荡器，忽略频率误差所引起的相位误差，卫星的载波信号频率 f^j 和接收机振荡器的频率 f_i 相等，均为 f，则有

$$\varphi_{\varphi i}[t_i(\mathrm{GPS})] = \varphi_{\varphi}^{j}[t^j(\mathrm{GPS})] + f[t_i(\mathrm{GPS}) - t^j(\mathrm{GPS})] \tag{6-62}$$

将式(6－62)代入式(6－60)得

$$\Phi_i^j[t_i(\mathrm{GPS})] = f[t_i(\mathrm{GPS}) - t^j(\mathrm{GPS})] = f\Delta\tau_i^j \tag{6-63}$$

$\Delta\tau_i^j = t_i(\mathrm{GPS}) - t^j(\mathrm{GPS})$，为卫星信号的传播时间。由于卫星和用户接收机之间的距离不断变化，故传播时间也是变化的。在忽略大气影响的情况下，传播时间为

$$\Delta\tau_i^j = R_i^j[t_i(\mathrm{GPS}),\ t^j(\mathrm{GPS})]/c \tag{6-64}$$

将式(6－64)在 $t_i(\mathrm{GPS})$ 处泰勒展开，可得

$$\Delta\tau_i^j = \frac{1}{c}R_i^j[t_i(\mathrm{GPS})] - \frac{1}{c}\dot{R}_i^j[t_i(\mathrm{GPS})]\Delta\tau_i^j + \frac{1}{2c}\ddot{R}_i^j[t_i(\mathrm{GPS})]\cdot(\Delta\tau_i^j)^2 - \cdots \tag{6-65}$$

忽略二次项以上高阶项，根据接收机钟差公式，则式(6－65)可表述为

$$\Delta\tau_i^j = \frac{1}{c}R_i^j(t_i) - \frac{1}{c}\dot{R}_i^j(t_i)\delta t_i(t_i) - \frac{1}{c}\dot{R}_i^j(t_i)\Delta\tau_i^j \tag{6-66}$$

由于 $\Delta\tau_i^j = R_i^j(t_i)/c$，可得

$$\Delta\tau_i^j = \frac{1}{c}R_i^j(t_i)\left[1 - \frac{1}{c}\dot{R}_i^j(t_i)\right] - \frac{1}{c}\dot{R}_i^j(t_i)\delta t_i(t_i) \tag{6-67}$$

考虑到观测历元 t_i 的电离层和对流层延迟误差 $\Delta_{i,I}^j(t_i)$ 和 $\Delta_{i,T}^j(t_i)$，则电波信号实际传播时间为

$$\Delta\tau_i^j = \frac{1}{c}R_i^j(t_i)\left[1 - \frac{1}{c}\dot{R}_i^j(t_i)\right] - \frac{1}{c}\dot{R}_i^j(t_i)\delta t_i(t_i) + \frac{1}{c}[\Delta_{i,I}^j(t_i) + \Delta_{i,T}^j(t_i)] \tag{6-68}$$

若考虑卫星钟差 $\delta t^j(t_i)$ 和接收机钟差 $\delta t_i(t_i)$，则载波信号在传播路径上的相位变化 $\Phi_i^j(t_i)$ 为

$$\Phi_i^j(t_i) = \Phi_i^j[t_i(\mathrm{GPS})] + f[\delta t_i(t_i) - \delta t^j(t_i)] \tag{6-69}$$

将式(6－63)代入式(6－69)，则有

$$\Phi_i^j(t_i) = f\Delta\tau_i^j + f[\delta t_i(t_i) - \delta t^j(t_i)] \tag{6-70}$$

将式(6－68)代入式(6－70)，略去观测历元的下标 i 即可得到任意观测历元 t 的载波相位表达式：

$$\Phi_i^j(t) = \frac{f}{c}R_i^j(t)\left[1 - \frac{\dot{R}_i^j(t)}{c}\right] + f\left[1 - \frac{\dot{R}_i^j(t)}{c}\right]\delta t_i(t) - f\delta t^j(t) + \frac{f}{c}[\Delta_{i,I}^j(t) + \Delta_{i,T}^j(t)] \tag{6-71}$$

根据式(6－58)，可以将上式用载波相位观测量 $\varphi_i^j(t)$ 表示：

$$\varphi_i^j(t)=\frac{f}{c}R_i^j(t)\left[1-\frac{\dot{R}_i^j(t)}{c}\right]+f\left[1-\frac{\dot{R}_i^j(t)}{c}\right]\delta t_i(t)-f\delta t^j(t)-N_i^j(t_0)$$
$$+\frac{f}{c}[\Delta_{i,I}^j(t)+\Delta_{i,T}^j(t)] \tag{6-72}$$

式(6－72)即为载波相位的观测方程。由于 $\lambda=c/f$，载波相位观测方程可表示为

$$\lambda\varphi_i^j(t)=R_i^j(t)\left[1-\frac{\dot{R}_i^j(t)}{c}\right]+c\left[1-\frac{\dot{R}_i^j(t)}{c}\right]\delta t_i(t)-c\delta t^j(t)$$
$$-\lambda N_i^j(t_0)+\Delta_{i,I}^j(t)+\Delta_{i,T}^j(t) \tag{6-73}$$

忽略 $\frac{1}{c}\dot{R}_i^j(t)$ 项，则式(6－72)和式(6－73)可分别简化为

$$\varphi_i^j(t)=\frac{f}{c}R_i^j(t)+f[\delta t_i(t)-\delta t^j(t)]-N_i^j(t_0)+\frac{f}{c}[\Delta_{i,I}^j(t)+\Delta_{i,T}^j(t)] \tag{6-74}$$

$$\lambda\varphi_i^j(t)=R_i^j(t)+c[\delta t_i(t)-\delta t^j(t)]-\lambda N_i^j(t_0)+\Delta_{i,I}^j(t)+\Delta_{i,T}^j(t) \tag{6-75}$$

将式(6－33)的 $R_i^j(t)$ 泰勒展开代入式(6－75)，即可得线性化后的载波相位观测方程：

$$\lambda\varphi_i^j(t)=R_{i0}^j(t)+\begin{bmatrix}-l_i^j(t) & -m_i^j(t) & -n_i^j(t)\end{bmatrix}\begin{bmatrix}\delta x_i\\ \delta y_i\\ \delta z_i\end{bmatrix}-\lambda N_i^j(t_0)$$
$$+c[\delta t_i(t)-\delta t^j(t)]+\Delta_{i,I}^j(t)+\Delta_{i,T}^j(t) \tag{6-76}$$

2. 载波相位方程定位解算

定位计算之前，首先根据电离层和对流层的误差模型，消除电离层和对流层所引起的测距误差。另设：

$$R_i'^j(t)=\lambda\varphi_i^j(t)-\Delta_{i,I}^j(t)-\Delta_{i,T}^j(t)$$

利用导航电文数据修正卫星钟差 $\delta t^j(t)$ 后，观测方程可简化为

$$R_i'^j(t)=R_{i0}^j(t)+\begin{bmatrix}-l_i^j(t) & -m_i^j(t) & -n_i^j(t)\end{bmatrix}\begin{bmatrix}\delta x_i\\ \delta y_i\\ \delta z_i\end{bmatrix}-\lambda N_i^j(t_0)+c\delta t_i(t) \tag{6-77}$$

与伪码测距观测方程相比，载波相位观测方程增加了一个整周未知数 $N_i^j(t_0)$。

$$R_{i0}^j(t)-R_i'^j(t)=\begin{bmatrix}l_i^j(t) & m_i^j(t) & n_i^j(t)\end{bmatrix}\begin{bmatrix}\delta x_i\\ \delta y_i\\ \delta z_i\end{bmatrix}+\lambda N_i^j(t_0)-c\delta t_i(t) \tag{6-78}$$

如果卫星 S^j 在起始历元 t_0 被锁定，且在整个观测期间没有发生失锁现象，则卫星 S^j

在测站 T_i 的整周未知数 $N_i^j(t_0)$ 是一个只与该起始历元 t_0 有关的常数。

若在历元 t，测站 T_i 同步观测了 n^j 颗卫星，则按式(6－77)可得最小二乘方程组：

$$\begin{bmatrix} v_i^1(t) \\ v_i^2(t) \\ \vdots \\ v_i^{n^j}(t) \end{bmatrix} = \begin{bmatrix} l_i^1(t) & m_i^1(t) & n_i^1(t) & -1 \\ l_i^2(t) & m_i^2(t) & n_i^2(t) & -1 \\ \vdots & \vdots & \vdots & \vdots \\ l_i^{n^j}(t) & m_i^{n^j}(t) & n_i^{n^j}(t) & -1 \end{bmatrix} \begin{bmatrix} \delta x_i \\ \delta y_i \\ \delta z_i \\ c\delta t_i \end{bmatrix}$$

$$+ \begin{bmatrix} 1 & & 0 \\ & 1 & \\ & & \ddots & \\ 0 & & & 1 \end{bmatrix} \begin{bmatrix} \lambda N_i^1(t_0) \\ \lambda N_i^2(t_0) \\ \vdots \\ \lambda N_i^{n^j}(t_0) \end{bmatrix} + \begin{bmatrix} R_i'^1(t) - R_{i0}^1(t) \\ R_i'^2(t) - R_{i0}^2(t) \\ \vdots \\ R_i'^{n^j}(t) - R_{i0}^{n^j}(t) \end{bmatrix} \tag{6-79}$$

也可表示为

$$\boldsymbol{v}_i(t) = \boldsymbol{a}_i(t)\delta\boldsymbol{P}_i + \boldsymbol{e}_i(t)\boldsymbol{N}_i + \boldsymbol{w}_i(t) \tag{6-80}$$

如果接收机静止不动，其在一段时间内对该组卫星观测 n_t 个历元，则其多历元多卫星的最小二乘方程为

$$\begin{bmatrix} \boldsymbol{v}_i(t_1) \\ \boldsymbol{v}_i(t_2) \\ \vdots \\ \boldsymbol{v}_i(t_{n_t}) \end{bmatrix} = \begin{bmatrix} \boldsymbol{a}_i(t_1) \\ \boldsymbol{a}_i(t_2) \\ \vdots \\ \boldsymbol{a}_i(t_{n_t}) \end{bmatrix} \delta\boldsymbol{P}_i + \begin{bmatrix} \boldsymbol{e}_i(t_1) \\ \boldsymbol{e}_i(t_2) \\ \vdots \\ \boldsymbol{e}_i(t_{n_t}) \end{bmatrix} \boldsymbol{N}_i + \begin{bmatrix} \boldsymbol{w}_i(t_1) \\ \boldsymbol{w}_i(t_2) \\ \vdots \\ \boldsymbol{w}_i(t_{n_t}) \end{bmatrix} \tag{6-81}$$

或

$$\boldsymbol{V}_i = \boldsymbol{A}_i\delta\boldsymbol{P}_i + \boldsymbol{E}_i\boldsymbol{N}_i + \boldsymbol{W}_i \tag{6-82}$$

式(6－82)可改写为

$$\boldsymbol{V}_i = [\boldsymbol{A}_i \quad \boldsymbol{E}_i] \begin{bmatrix} \delta\boldsymbol{P}_i \\ \boldsymbol{N}_i \end{bmatrix} + \boldsymbol{W}_i = \boldsymbol{G}_i \begin{bmatrix} \delta\boldsymbol{P}_i \\ \boldsymbol{N}_i \end{bmatrix} + \boldsymbol{W}_i \tag{6-83}$$

利用最小二乘法求解，可得

$$[\delta\boldsymbol{P}_i \quad \boldsymbol{N}_i]^{\mathrm{T}} = -(\boldsymbol{G}_i^{\mathrm{T}}\boldsymbol{G}_i)^{-1}(\boldsymbol{G}_i^{\mathrm{T}}\boldsymbol{W}_i) \tag{6-84}$$

如果静态观测时间较长，则不同历元观测的卫星数量可能有所不同。由于整周未知数 $N_i^j(t_0)$ 与所观测的卫星数量有关，故不同的历元未知数会不同，导致数据处理复杂，且有可能会降低定位精度。因此，在一个观测站的观测过程中，不同的历元尽可能观测同一组卫星。

另外，如果观测 n^j 颗卫星，观测 n_t 个历元，可得到 $n^j \times n_t$ 个观测方程。其中未知参数包括：测站的三个位置坐标参量，n_t 个接收机钟差，n^j 个整周未知数，总的未知数为 3 +

$n_t + n^j$ 个。要求解出所有未知数,观测方程的数量不能小于未知数的数量,即要求 $n^j \times n_t \geqslant 3 + n_t + n^j$, 或 $n_t \geqslant \frac{3 + n^j}{n^j - 1}$。

定位精度要求不高,且观测时间较短的情况下,可将接收机钟差视为常数。由此要求解接收机位置,只需满足:

$$n_t \geqslant \frac{4 + n^j}{n^j} \tag{6-85}$$

虽然载波相位观测量精度很高,但由式(6-76)可以看出,影响测距精度的因素不仅仅是测量方法,还与卫星钟差和大气传播延迟误差有关,只有当卫星轨道参数的精度足够高,同时又能有效消除电离层和对流层误差时,才能真正发挥载波相位观测定位精度高的优势。

6.4.4 接收机自主完好性监视

导航系统的完好性直接影响飞机的飞行安全。无线电导航系统保证完好性的方式是监测导航台发射的电波信号,如果检测到信号超出了规定要求,就会及时提醒用户避免使用该导航台的信息。卫星导航系统作为一个免费提供导航信息的全球导航系统,其完好性情况更加复杂。

GPS 系统的完好性保证方法是随着 GPS 系统的民用推广而发展的。目前主要有两种方法:一种是接收机利用接收到的冗余卫星信号实现的接收机自主完好性监测(receiver autonomous integrity monitoring, RAIM),另一种是利用地面监测的方法,称为 GPS 完好性通道(GPS integrity channel, GIC)。

根据民航 RNP 的要求,机载 GPS 接收机必须具备 RAIM 功能,以便在其无法满足导航精度要求时能及时向机组发出告警。本部分主要介绍 RAIM 方法的基本实现原理。

根据卫星导航解算方法可以看出,卫星的空间几何布局及用户等效测距误差都会影响到 GPS 接收机的水平定位误差。即,GPS 接收机需要根据卫星的空间几何布局及用户等效测距误差估计其在水平面内及垂直方向的定位误差,并根据飞机所处的飞行阶段,判断该误差是否超出航路允许的侧向误差,如果超出允许误差,则必须给出相应的告警。

接收机估计的水平定位误差和垂直定位误差分别称为水平保护限和垂直保护限,航路允许的侧向误差称为告警限。保护限大于航路要求的告警限的时候,接收机必须及时发出告警,且漏警的概率不能大于航路 RNP 要求。不同航段的告警限、完好性风险(漏警率)及告警时限在 RNP 中有具体的要求,参见表 4-1。

RAIM 的实现方式有多种,但所有方案都是基于测量值之间的自主一致性检测,这就需要测量信息满足一定的冗余度,即接收机必须至少锁定 5 颗的卫星。一般来说,接收到的卫星数量越多越有利于 RAIM 功能,而临界冗余度的稀疏卫星配置就会使得 RAIM 功能的实现受限。

故障卫星信号如果未被及时发现,则其存在将会导致 GPS 接收机定位精度急剧恶化。因此,GPS 接收机 RAIM 功能的一个重要任务是利用机载 GPS 接收机内部的冗余测量来实现 GPS 故障卫星的检测和隔离，它由 GPS 接收机内部的算法软件完成，无须增加额外的硬件，这是 RAIM 的优点之一。在可见卫星数量满足冗余度要求的情况下，RAIM 技术能及时检测并隔离故障卫星，从而极大改进接收机导航的完好性，满足飞机航路到非精密进近(RNP 0.3)飞行阶段对完好性的要求。

RAIM 概念最早由 Kalafus 于 1987 年提出，包括故障检测(fault detection, FD)和故障隔离(fault exclusion, FE)两个功能。当 GPS 接收机观测到 5 颗卫星时，可以实现故障检测功能；当观测到 6 颗及以上卫星时，可以同时实现故障的检测及隔离功能。如果 GPS 接收机作为辅助导航设备，可以只需要第一个功能，一旦检测到故障，可以启用其他导航手段；如果作为单一导航设备，则必须具备第二个功能，以便在卫星发生故障时隔离故障卫星，确保导航精度及可靠性。

有关 RAIM 的算法很多。较早出现的有卡尔曼滤波法和定位解最大间隔法。卡尔曼滤波法可以利用过去的观测量来改善算法效果，但必须给出卫星误差的先验特性，而实际误差特性很难准确预测，如果预测不佳，反而会降低效果。定位解最大间隔法的数学分析过程较复杂，故障检测的判决门限不易确定。较好的 RAIM 算法是仅利用当前伪距观测量的“快照”(Snapshot)方法，包括伪距比较法、最小二乘残差法和奇偶矢量法。这三种方法对于存在一个故障偏差的情况都有较好效果，并且是等效的。奇偶矢量法最早由 Sturza 引入，后被霍尼韦尔公司应用于其制造的航空用 GPS/IRS 组合传感器，并取得较好的飞行测试结果。相对而言，奇偶矢量法计算较简单，因而被普遍采用，并被 RTCA SC-159 推荐为基本算法。

6.4.4.1　基于伪距比较法的 RAIM 算法

基于伪距比较法的 RAIM 算法是理解 RAIM 算法的基础。GPS 接收机利用伪码测距定位时，至少需要利用观测视界内 4 颗卫星的信号来解算接收机的位置。此时的接收机可以计算出一个用户位置(x, y, z)，但定位的正确性和精度无法确定。

如果接收机同时观测到 5 颗卫星，则利用其中任意 4 颗卫星组合来计算用户位置，可得到 5 个位置解：$(x, y, z)_1$、$(x, y, z)_2$、$(x, y, z)_3$、$(x, y, z)_4$、$(x, y, z)_5$。将这 5 个位置解进行两两比较，如果不存在故障卫星，那么这 5 个位置之间的偏差是很小的；如果这 5 颗卫星中有 1 颗卫星有故障，则位置之间的偏差将很大，由此可以判定 5 颗卫星中是否有故障卫星。根据冗余观测对所有观测值进行比较，按照一定的判断准则判断是否有故障卫星，这是用伪距比较法解决发现和识别故障卫星的基本原理。

故障卫星的发现识别与观测量的关系为

$$C_k^m = \frac{k!}{m!\ (k-m)!} \qquad (k=m+r)$$

式中，k 为可见卫星数；m 为定位解算所需的卫星数$(m=4)$；r 为冗余卫星数。

若要在定位过程中能够发现被观测的卫星中有故障卫星，则需要在定位解算所需要的卫星数目(4 颗)上至少再增加一个多余观测量。解算后进行位置比较，如果位置偏差在规定范围内，则可认为卫星状态良好，如果偏差超过规定范围，则接收机认为观测到的 5 颗卫星中有一颗出现故障，卫星信号不可用。

如果要求接收机在定位过程中能够发现并识别出故障卫星，则至少需增加两个冗余观测量（≥6 颗卫星）。同时对 15 组伪距方程的解进行比较，发现并识别出故障卫星。相应的算法被称为故障检测和隔离，简称 FDE 算法。

6.4.4.2 基于最小二乘残差的 RAIM 算法

基于最小二乘残差的 RAIM 算法由帕金森和阿克塞尔拉德在 1988 年提出。最小二乘残差算法的基本思想是：当接收机接收到 5 颗或 5 颗以上具有良好几何分布的卫星信息时，可以实现 4 个未知数的 5 个以上方程的线性最小二乘解。如果测量值是一致的（即没有故障卫星），最小二乘拟合的效果会比较好，所得的残差也小；如果有一颗卫星故障，导致测量值的不一致，则最小二乘拟合将变差，残差变大。所以，用残差的平方和形成检测统计量。如果检测统计量超过设定的阈值，就给出故障提醒；如果检测统计量小于阈值，则判定为无故障。

GPS 接收机首先选择具有可接受几何分布的 5 颗以上的卫星，可接受的几何分布取决于 HDOP 值，所有可见卫星中任意 4 颗卫星子集的 HDOP 都必须小于一个预定值，该预定值取决于告警门限和检测概率。如果接收机无法找到 5 颗以上具备可接受几何分布的卫星，则无法进行 RAIM 计算。

RAIM 计算中，通过取平均的方式降低高频噪声的影响，但平均计算的时长需要根据告警时限的长短进行限制，确保不会出现由于采样平均而导致的告警时间超限。例如，非精密进近的情况下，告警时限为 10 s。数据的采样间隔可限定为 5 s，在 5 s 的间隔期间，每颗卫星采集最少 4 个样本，这些数据合并形成一个检验统计，在每个 5 s 周期结束时，输出一个表明故障测试通过或失败的信号。这种情况下，如果在 5 s 周期的后半部分出现故障卫星，取平均可能会掩盖住该故障。这种类型的故障可能会在第一个 5 s 周期中被错过，但会在下一个 5 s 周期内被检测到，依然满足 10 s 的告警时限。

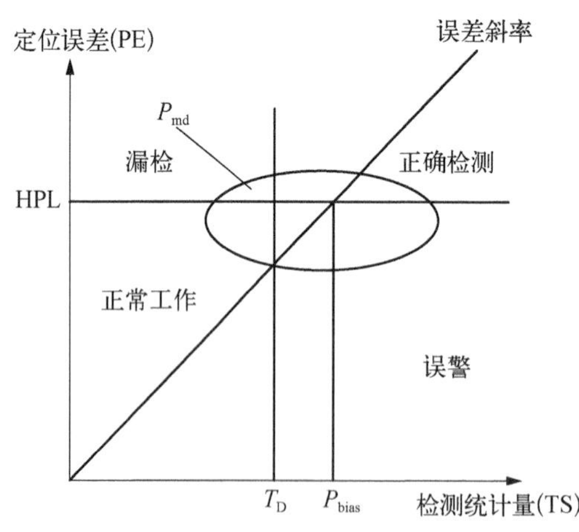

图 6－57 检验统计量与定位误差的关系

基于最小二乘残差的故障检测是一种传统算法，对用户位置的最小二乘解的残差检验来进行系统级的故障检测。根据伪距残差构建检验统计量 WSSE。当伪距测量不存在偏差时，检验统计量满足自由度为 $n-4$ 的χ^2 分布，n 为所用卫星数量。检测门限 T_D 与卫星数量和要求的虚警率有关。图 6－57 为检验统计量与定位误差的关系。

$$P(\mathrm{WSSE}/\sigma_0^2 < T_D^2) = \int_0^{T_D^2} f_{\chi^2(n-6)}(x)\,\mathrm{d}x = 1 - P_{fa} \tag{6-86}$$

除了故障检测与隔离，完好性计算还需要计算接收机的保护限（protection level, PL），包括水平保护限（horizontal protection level, HPL）和垂直保护限（vertical protection level, VPL),也计算其在水平面内和垂直方向的定位误差包络限。因此,接收机利用最小二乘法进行定位计算时,应在水平坐标系下进行计算。根据卫星导航定位计算方法,此时的投影矩阵为

$$\boldsymbol{S} = \begin{bmatrix} S_{x,1} & S_{x,2} & \cdots & S_{x,N} \\ S_{y,1} & S_{y,2} & \cdots & S_{y,N} \\ S_{z,1} & S_{z,2} & \cdots & S_{z,N} \\ S_{t,1} & S_{t,2} & \cdots & S_{t,N} \end{bmatrix} = (\boldsymbol{G}^{\mathrm{T}}\boldsymbol{W}\boldsymbol{G})^{-1}\boldsymbol{G}^{\mathrm{T}}\boldsymbol{W} \tag{6-87}$$

其中, $\boldsymbol{G}_i = [-\cos El_i \cos Az_i \quad -\cos El_i \sin Az_i \quad -\sin El_i \quad 1]$

$$\boldsymbol{W}^{-1} = \begin{bmatrix} w_1 & 0 & \cdots & 0 \\ 0 & w_2 & \cdots & 0 \\ \vdots & \vdots & \ddots & \vdots \\ 0 & 0 & \cdots & w_i \end{bmatrix}$$

其中, El_i 为第 i 个测距源的高度角; Az_i 为第 i 个测距源的方位角; $\boldsymbol{W}$ 为加权矩阵,如果选用加权最小二乘定位算法,则 w_i 是相应卫星的残差 σ_i^2,在不同导航源下(单 GPS、SBAS、GBAS),残差的计算方式不同。如果不用加权最小二乘算法,则 $w_i = 1$。

GPS 误差包括故障引起的偏差及噪声误差,HPL 和 VPL 的计算可以用下式计算:

$$\mathrm{HPL} = \mathrm{bias_H} + k_{\mathrm{H}}\sqrt{[(\boldsymbol{G}^{\mathrm{T}}\boldsymbol{W}\boldsymbol{G})^{-1}]_{1,1} + [(\boldsymbol{G}^{\mathrm{T}}\boldsymbol{W}\boldsymbol{G})^{-1}]_{2,2}}$$

$$\mathrm{VPL} = \mathrm{bias_V} + k_{\mathrm{V}}\sqrt{[(\boldsymbol{G}^{\mathrm{T}}\boldsymbol{W}\boldsymbol{G})^{-1}]_{3,3}}$$

式中,右侧第一项为偏差保护项;右侧第二项为噪声保护项; k_{H} 和 k_{V} 是与漏检率有关的系数。

6.4.4.3 RAIM 技术的使用与限制

RAIM 技术目前已较成熟,并应用于机载 GPS 接收机。FAA 已批准,具备 RAIM 功能的 GPS 接收机用作越洋和偏远地区航路阶段的主用导航系统,用作陆地航路到非精密进近的辅助导航系统。FAA 已将具有 RAIM 功能作为机载 GPS 接收机适航批准的必要条件之一。

必须说明的是,由于要有效使用 RAIM 技术必须满足两个条件:一是 GPS 接收机接收到的卫星数量;二是这些卫星必须具有良好的几何构型。两个条件同时具备的要求是比较苛刻的,导致 RAIM 的可用性不高(大约为 93%),有些地区由于不能满足上述两个条件,使 RAIM 技术无法使用。因此,严格来说,加装了 RAIM 的 GPS 接收机在所有的飞行阶段只能作为辅助导航系统使用。

6.5 卫星导航系统的误差

相对于其他导航系统,卫星导航系统具有较高的导航定位精度,但依然不可避免地受到各种误差的影响。影响卫星导航系统定位精度的误差主要有三类:与卫星有关的误

差;与传播路径有关的误差;与接收设备有关的误差。

6.5.1 与卫星有关的误差

与卫星有关的误差主要包括卫星钟差和星历误差。

6.5.1.1 卫星钟差

在 GPS 定位中,无论是伪码测距还是载波相位测距,都要求卫星时钟与接收机时钟保持严格的同步。如果二者之间的时间不同步误差为 1 ms,则由此引起的等效距离误差约为 300 km。

GPS 卫星上虽然装载了 2 台高精度的原子钟,但它们仍不可避免地会存在着误差。这种误差既包含系统误差(由钟差、钟速、钟漂等产生的误差),也包含随机误差。系统误差远比随机误差大,但前者可以通过模型加以改正,因而随机误差就成为衡量原子钟优劣的重要标志。卫星钟差主要取决于原子钟的质量。

对于卫星钟差,一般由地面主控站通过对卫星钟运行状态的连续监测来测定,并通过导航电文提供给用户,具体参见公式(6-23)。

经钟差模型改正后的卫星钟差可保持在 20 ns 以内,由此引起的等效距离偏差不超过 6 m。另外,卫星钟差或经改正后的残差,在相对定位中,可以通过观测量求差的方法消除。

6.5.1.2 星历误差

GPS 卫星播发的广播星历是典型的预报星历。这种星历对实时定位用户有着极其重要的作用。由于卫星的各种摄动因素的变化,预报星历会产生较大的误差。根据广播星历提供的参数计算出的卫星位置的精度为 20~40 m,有时可达 80 m 左右。另外,由于卫星的位置是根据卫星发送信号的时间推算出来的,卫星钟的精度也会影响卫星位置计算的精度。

GPS 正式投入工作后,广播星历的精度提高到 5~10 m。但是只有特定的用户才能使用不经人工干预的原始广播星历,标准定位服务的星历精度被人为降低。

星历误差的大小主要取决于卫星地面跟踪系统的质量,如跟踪站的数量及空间分布,观测值的数量及精度,轨道计算时所用的轨道模型及定轨软件的完善程度等。此外星历误差和星历的预报间隔(实测星历的预报间隔可视为零)也有直接关系。

部分导航定位精度要求不高的接收机可以忽略卫星星历误差。实测星历(精密星历)可以用于修正星历误差,实测星历是根据地面基站的实测数据通过事后处理而得到的,精度较高,对于提高静态精密定位精度,减少观测时间和作业费用等有重要作用,还可以使数据处理简便。但由于这种星历要在观测后一段时间(例如 1~2 个星期)才能得到,所以不能应用于导航和实时定位。

目前,许多国家和组织都在建立自己的 GPS 卫星跟踪网,开展独立的定轨工作。如由国际大地测量协会第八委员会领导的国际 GPS 协作网(CIGNET)。

6.5.1.3 相对论效应误差

根据爱因斯坦的相对论效应,卫星时钟的频率与其运动速度有关,同时也与其所处的重力位有关。

若卫星在地心惯性坐标系中的运动速度为 V_s，则在地球表面频率为 f 的时钟安置到高空中的卫星上时，其频率将变为 f_s。

$$f_s = f\left[1 - \left(\frac{V_s}{c}\right)^2\right]^{1/2} \approx f\left(1 - \frac{V_s^2}{2c^2}\right)$$

两者的频率差为：

$$\Delta f^{s} = f_s - f = -\frac{V_s^2}{2c^2} \cdot f$$

GPS 卫星的平均速度为 V_s = 3 874 m/s，真空中的光速 c = 299 792 458 m/s，则

$$\Delta f^{s} = -0.835 \times 10^{-10} \cdot f$$

可见，受卫星运动速度的影响，卫星上的原子钟频率变小。

另外，如果卫星所在处的重力位为 W_s，地面站处的重力位为 W_T，则同一时钟放在卫星上与放在地面上频率的差异 Δf^{ss} 为

$$\Delta f^{ss} = \frac{W_s - W_T}{c^2} \cdot f = \frac{\mu}{c^2} \cdot f \cdot \left(\frac{1}{R} - \frac{1}{r}\right)$$

其中，地球引力常数 $\mu = 3.986\,005 \times 10^{14}\ \mathrm{m^3/s^2}$。若地面站的地心距 R = 6 378 km，卫星的地心距近似为 26 560 km，则

$$\Delta f^{ss} = 5.284 \times 10^{-10} \cdot f$$

在相对论效应的作用下，卫星上的时钟频率相对于其在地球表面上的变化量 Δf 为

$$\Delta f = \Delta f^{s} + \Delta f^{ss} = 4.449 \times 10^{-10} \cdot f$$

也就是说，装载到卫星上的时钟将比其在地面上变快。因此，通常在地面上将卫星时钟基准频率调低为：$10.23\ \mathrm{MHz} \times (1 - 4.449 \times 10^{-10}) = 10.229\,999\,995\,45\ \mathrm{MHz}$。这样，当卫星进入其轨道后，其基准频率将变为 10.23 MHz。

由于卫星轨道是椭圆轨道，不同的时刻其运行速度及地心距都会有变化，因此，高精度导航定位接收机还需要对这个时钟误差予以修正。

6.5.1.4　人为误差

GPS 可以人为引入误差，这就是选择有效性（SA）。SA 是通过在卫星信号中人为地引入卫星时钟误差和星历误差，故意降低提供给民用用户的导航参数的精度，是为限制非授权用户得到高精度导航参数而采用的方法。SA 利用 ε 和 δ 两种技术实现。

ε 技术通过在星历数据中人为加入慢变信号，使卫星位置参数产生慢变偏移，借此降低用户的定位精度。该误差是一个非固定偏差。

δ 技术是在卫星的基准信号（10.23 MHz）中人为地引入一个高频随机抖动信号，从而使所有基准信号的派生信号（载波、伪码、数据码）都出现高频抖动。

6.5.2 与传播路径有关的误差

与卫星信号传播路径有关的误差主要包括电离层误差、对流层误差和多路径效应误差。考虑到大气特性对电波传播的影响,将大气层主要分为电离层和对流层。电离层中含有大量游离离子,对电波传播速度产生影响。对流层中的尘埃及水汽对电波产生折射,导致传播路径增长。

6.5.2.1 电离层误差

电离层是指地球上空距地面高度为 50~1 000 km 的大气层。电离层中的气体分子由于受到太阳等天体的各种射线辐射,产生强烈的电离,形成大量的自由电子和正离子。

当 GPS 卫星信号通过电离层时,信号的传播路径会发生弯曲(但对测距的影响很微小,一般可忽略),电波传播速度会发生变化(其中自由电子起主要作用),所以用信号的传播时间乘以光速得到的距离会偏离二者之间的几何距离,这种偏差称为电离层误差。

对于 GPS 信号,这种偏差在天顶方向最大可达 50 m(太阳黑子活动高峰年 11 月份的白天),在接近地平方向时(高度角为 20°时)则可达 150 m。

由于受辐射程度及空气密度的不同,电离层中不同高度的离子浓度不同,对 GPS 信号的影响也不同。在离地 50~90 km 范围(D 区),离子浓度较小,对 GPS 信号不产生时延影响;在离地 90~140 km 范围(E 区),对 GPS 信号有较小时延影响;在离地 140~210 km 范围(F1 层),对 GPS 信号有较小时延影响;在离地 210~1 000 km 范围(F2 层),对 GPS 信号产生最大的时延影响。离地 1 000 km 以上的区域,由于空气稀薄,离子浓度低,对 GPS 信号传播影响较小。

影响 GPS 信号传播速度的主要是信号传播区域的电离层中电子数量的多少,通常用总电子含量(total electron content, TEC)来描述。总电子含量是指沿信号传播路径贯穿整个电离层的底面积为单位面积($1\ m^2$)的柱体内所含的电子总数(图 6-58)。影响总电子含量的因素主要有:大气层的高度、地方时、太阳的活动、季节及地理位置。太阳的活动周期约为 11 年,太阳黑子剧烈活动引起的地磁风暴会导致电离层扰动剧烈,出现电离层暴。

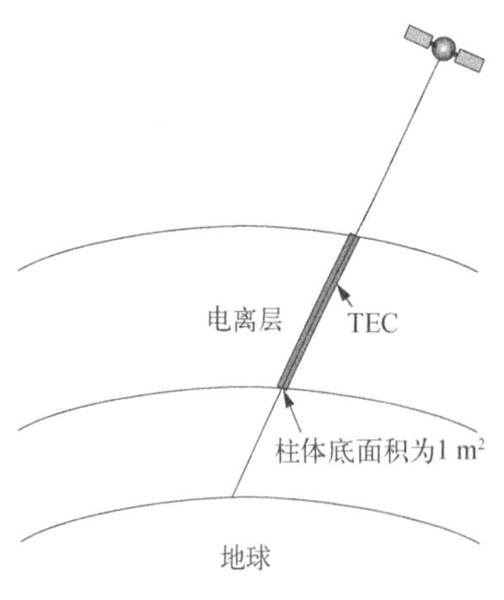

图 6-58 总电子含量

GPS 信号载波在电离层中折射系数的弥散公式为

$$n = \left(1 - \frac{N_e e^2}{4\pi^2 \varepsilon_0 m f^2}\right)^{1/2} \tag{6-88}$$

将式(6-88)线性化,忽略高阶后得

$$n = 1 - 40.28 \times \frac{N_e}{f^2} \tag{6-89}$$

其中,N_e 为电子密度。可见,电离层的折射系数与大气电子密度呈正比,与信号频率平方呈反比。由此可得电离层折射对电波信号所造成的测距延迟 Δ_{gr}^{iono} 为

$$\Delta_{\text{gr}}^{\text{iono}}=\int n_{\text{gr}}\text{d}s-\int\text{d}s_0=\int\left(1-\frac{c_2}{f^2}\right)\text{d}s-\int\text{d}s_0=-\int\frac{c_2}{f^2}\text{d}s=\frac{40.3}{f^2}\int N_{\text{e}}\text{d}s \tag{6-90}$$

总电子含量 TEC $=\int N_{\text{e}}\text{d}s$，由此可得

$$\Delta_{\text{gr}}^{\text{iono}}=\frac{40.3}{f^2}\cdot\text{TEC} \tag{6-91}$$

如果令 $A=-40.3\cdot\text{TEC}$，则有电离层延迟为 $\Delta_{\text{gr}}^{\text{iono}}=-\frac{A}{f^2}$，或电离层延迟改正 $V_{\text{gr}}^{\text{iono}}=-\Delta_{\text{gr}}^{\text{iono}}=\frac{A}{f^2}$。设采用 L_1 测定的站星距离为 ρ_1，采用 L_2 测定的站星距离为 ρ_2，则实际的站星距离 S 为

$$S=\rho_1-\frac{A}{f_1^2}=\rho_2-\frac{A}{f_2^2} \tag{6-92}$$

采用 L_1 和 L_2 双频测距的距离差 $\Delta\rho$ 为

$$\Delta\rho=\rho_1-\rho_2=\frac{A}{f_2^2}-\frac{A}{f_1^2}=A\cdot\frac{f_1^2-f_2^2}{f_1^2\cdot f_2^2}=\frac{A}{f_1^2}\cdot\frac{f_1^2-f_2^2}{f_2^2}=\frac{A}{f_2^2}\cdot\frac{f_1^2-f_2^2}{f_1^2} \tag{6-93}$$

即

$$\Delta\rho=V_{\text{gr1}}^{\text{iono}}\cdot\frac{f_1^2-f_2^2}{f_2^2}=V_{\text{gr2}}^{\text{iono}}\cdot\frac{f_1^2-f_2^2}{f_1^2}=0.6469\cdot V_{\text{gr1}}^{\text{iono}}=0.3928\cdot V_{\text{gr2}}^{\text{iono}} \tag{6-94}$$

由此可以得到 L_1 频率和 L_2 频率信号的电离层延迟改正值为

$$\begin{aligned}V_{\text{gr1}}^{\text{iono}}&=1.54583\cdot\Delta\rho\\V_{\text{gr2}}^{\text{iono}}&=2.54583\cdot\Delta\rho\end{aligned} \tag{6-95}$$

可见，如果用双频 GPS 接收机接收 L_1、L_2 两个频率的信号，用二者的测距差就可以分别求得其电离层延迟改正值，进行电离层误差修正。

除了用双频接收机可以有效消除电离层误差之外，还可以用电离层误差模型（如 Klobuchar 模型、Bent 模型）来消除该误差。只是由于影响电离层误差的因素太多，且关系复杂，用电离层误差模型消除电离层误差的效果并不十分理想，改正效果大约为 60%。

另外，还可以用电离层延迟的实测模型来修正电离层误差。在地面建立电离层延迟测量基准站，利用基准站的双频接收机计算电离层延迟，然后利用所得到的电离层延迟量建立局部或全球的 TEC 实测模型。在进行大范围和全球范围的电离层延迟改正时，通常使用格网化的电离层延迟改正模型。

6.5.2.2　对流层误差

对流层是从地球表面到高度为 40 km 大气底层的大气范围，对流层的大气密度比电离层的大，大气状况也更复杂。对流层与地面接触并从地面得到辐射热能，其温度随高度

的上升而降低，GPS 信号通过对流层时，传播路径发生弯曲，从而使测量距离产生偏差，这种现象称为对流层折射。

对流层折射对观测值的影响，可分为干分量与湿分量两部分，干分量主要与大气的温度和压力有关，湿分量主要与信号传播路径上的大气湿度和高度有关。

当卫星处于天顶方向时，对流层干分量对距离观测值的影响约占对流层影响的 90%，且这种影响可以根据地面大气参数估算。若地面平均大气压为 1 013 mbar*，则在天顶方向，干分量对测距的影响约为 2.3 m，当高度角为 10°时，其影响约为 20m。湿分量对测距的影响数值不大，但由于难以确定信号传播路径上的大气参数，所以湿分量尚无法准确地测定。目前虽可用水汽辐射计比较精确地测定大气中的水汽含量，但由于设备过于庞大和昂贵，不能普遍采用。

对于对流层折射的影响，如果定位精度要求不高，通常可以直接忽略。如果导航精度要求需要考虑对流层误差的影响，则可以采用对流层误差模型加以改正。目前对流折射改正公式较多，使用较广泛的是霍普菲尔德(Hopfield)公式。霍普菲尔德对流层改正模型如下：

$$\Delta s = \Delta s_d + \Delta s_w = \frac{K_d}{\sin(E^2 + 6.25)^{1/2}} + \frac{K_w}{\sin(E^2 + 2.25)^{1/2}} \tag{6-96}$$

式中，$K_d = 155.2 \times 10^{-7} \times \frac{P_s}{T_s} \times (h_d - h_s)$；$K_w = 155.2 \times 10^{-7} \times \frac{4\,810}{T_s^2} \times e_s \times (h_w - h_s)$。其中，$h_d = 40\,136 + 148.72 \times (T_s - 273.16)$；$h_w = 11\,000$；$e_s$ 为水汽压；P_s 为测站的大气压力；T_s 为测站的大气绝对温度；h_s 为测站高度。

另外，也可以将对流层误差作为未知数，在数据处理过程中通过未知数求解来消除其影响。

当两观测站相距不太远时，由于卫星信号通过对流层到达两观测站的路径邻近，对流层的物理特性相似，所以，利用两个测站对同一卫星的同步观测值进行求差，也可以明显地减弱对流层折射的影响。不过，随着同步观测站之间距离的增大，地区大气状况的相关性很快减弱，这一方法的有效性也将随之降低。

6.5.2.3 多径效应误差

多径效应通常也称多路径误差(图 6－59)。当 GPS 接收机处于建筑物或水域周围时，GPS 接收机天线将不仅接收到卫星直接发射的信号，还可能收到经地物一次或多次反射的卫星信号。两种信号叠加到接收机的信号处理通道，会使观测量产生误差，从而引起定位误差。多径误差随天线周围反射面的位置及性质而异，难以控制。

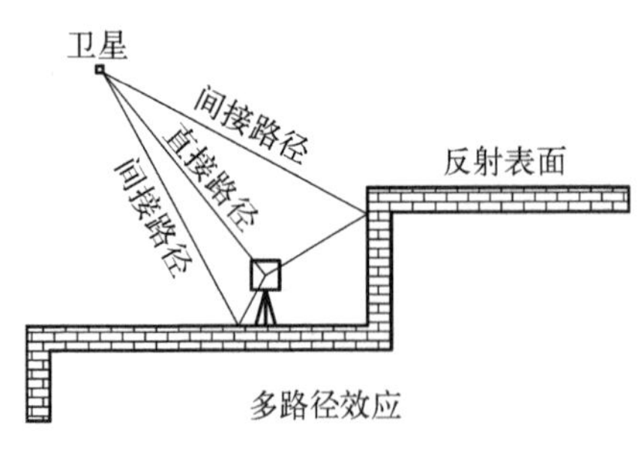

图 6－59 多径误差

实验资料表明，在一般反射环境下，多路径效应对伪码测距的影响可达米级，对测相伪距的影响可达厘米级；而在高反射环境下，其影响将显著增大，

* 1 mbar = 100 Pa。

常导致接收的卫星信号失锁及载波信号相位观测量的周跳。因此,在精密 GPS 导航和测量中,多径效应的影响是不可忽略的。

为减弱多径效应的影响,在可能的情况下,应尽量使测站远离大面积的平静水面。灌木丛、草和其他地面植被能较好地吸收微波信号的能量,是较为理想的设站地址;翻耕后的土地和其他粗糙不平的地面的反射能力也较差,也可设站。测站不宜选择在山坡、山谷和盆地中,以避免反射信号进入天线,产生多径误差。

为减弱多径误差,接收机天线应配置抑径板或抑径圈。极化天线对于极化特性不同的反射信号有较强的抑制作用。

窄脉冲相关接收机通过缩小超前、滞后码的超前、滞后码宽(图 6-42),利用伪随机序列码良好的自相关性能也可以有效地抑制多径信号。

6.5.3　与接收设备有关的误差

与用户接收设备有关的误差主要包括接收机钟差、天线相位中心的位置偏差及信号处理的通道间的不平衡和噪声误差。

6.5.3.1　接收机钟差

GPS 接收机一般有高精度的石英晶振,信号稳定,误差较小,但由于电波的传播速度很快,即使微小的时间误差也会导致较大的测距误差。

接收机钟差的消除办法一般是直接将其作为未知数,在数据处理中与观测站的位置参数一并求解,这一方法广泛地应用于实时动态绝对定位。在静态绝对定位中,也可将接收机钟差表示为多项式的形式,并在观测量的平差计算中,求解多项式的系数。

在接收机定位精度要求较高时,也可以采用高精度的外接频标(即时间基准),如铷原子钟或铯原子钟,以提高接收机时间的精度。在精密相对定位中,还可以利用观测值求差的方法,减弱接收机钟差的影响。

6.5.3.2　天线相位中心的位置偏差

在 GPS 定位中,无论是测码伪距还是测相伪距,接收机计算出的位置都是接收机天线相位中心的位置。天线的相位中心随着电波信号输入的强度和方向的不同而变化,即观测时相位中心的瞬时位置(一般称视相位中心)与天线几何中心不一致,导致接收机实际观测点与预期观测点的偏离。天线相位中心的位置偏差对定位结果的影响,根据天线性能的好坏,可达数毫米至数厘米。

此外,接收机信号处理通道间的不平衡会导致不同卫星的信号传播时间测量误差不同,接收机钟差不能同步覆盖所有通道的处理时延。此外,导航算法的软件实现方法也会影响接收机的定位精度。

6.6　差分 GPS

对于卫星导航系统的误差,除了 6.5 节所介绍的针对每种误差的不同特点所采取的相应的误差消除办法外,还有一种对大多数误差消除普遍适用的办法,这就是差分 GPS (differentical GPS, DGPS)。DGPS 的实现原理主要是基于误差的相关性。

如图6-60所示，如果两个GPS接收机距离很近，则当它们接收同一颗卫星信号的时候，与卫星有关的误差（星钟误差、星历误差）对两个接收机的影响基本一致。由于二者距离很近，卫星信号到达两个接收机所经过的传播路径很相近，与传播路径有关的电离层、对流层误差也很接近。即两个接收机的与卫星有关和与传播路径有关的误差是相关的。

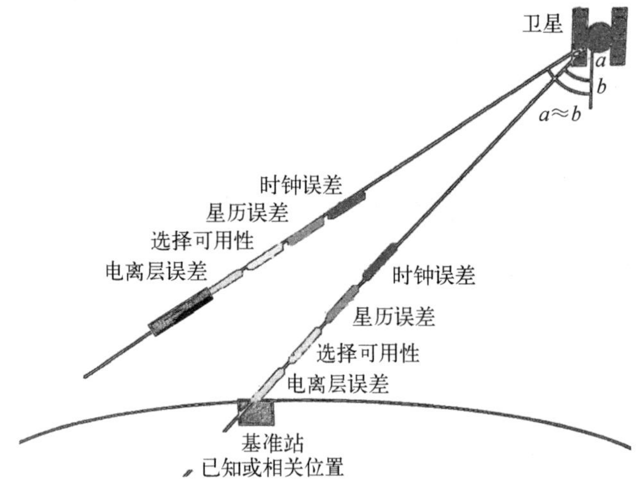

图6-60　GPS误差的相关性

一般情况下，由于两个接收机所处的环境不同，二者的多径误差没有相关性。另外，与接收机有关的误差（用户钟差、天线相位中心偏离、通道间的不平衡等）也由于分属不同的接收机而没有相关性。

如果将一个高精度的GPS接收机（与接收机有关的误差很小，也称为基站接收机）放置在一个无多径信号的环境下来接收卫星信号，则接收机的误差就主要是与卫星有关和与传播路径有关的误差，如果将该误差发送给附近的其他接收机（用户接收机），就可以帮助用户接收机消除与卫星和传播路径有关的误差，从而大大提高导航精度，这就是DGPS的基本思想。通常定义基站和用户站之间的距离为基线，基线长度会影响差分效果。基线越短，差分效果越好。

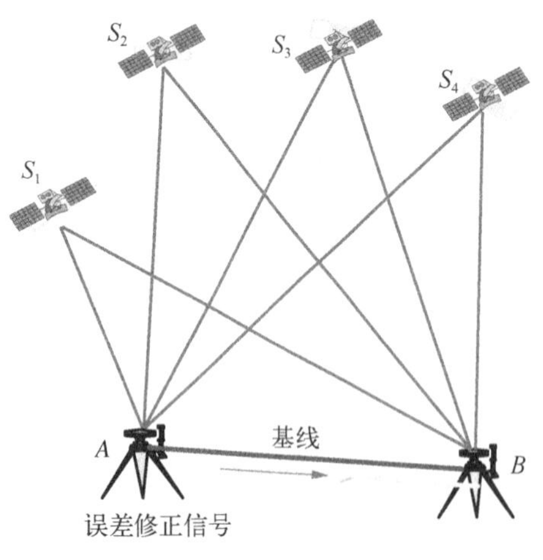

图6-61　DGPS原理

如图6-61所示，将一台接收机放置在一个位置坐标已知的固定观测站（基准站A），这台接收机被称为基站接收机。利用基站接收机计算并通过数据链向外发送误差修正数据，周围的用户接收机（B）在接收GPS卫星信号的同时也接收基站的误差修正数据，在接收机内部利用误差修正数据对其测量值或定位值进行误差修正，以获得更高精度的定位信息。这种数据处理本质上是求差处理（差分），通过消除或减少相关误差来提高定位精度，因此称为DGPS。

DGPS中，根据基站GPS信号处理实时性的不同,可分为实时差分和后处理差分。实时差分是基站接收机接收 GPS 信号的同时,计算差分修正信号,并实时发送给用户接收机。用户接收机接收差分修正信号,实时修正计算接收机当前所处的位置、速度及时间等信息。后处理差分 GPS 通常是把基站接收机和用户接收机的信号存储在一定的介质上,在随后的时间里统一进行数据处理,没有实时性的要求。

按照提供差分修正数据的基准站的数量不同,DGPS 可分为单基准站差分和多基准站差分;按照覆盖范围的不同可分为局域差分和广域差分。

6.6.1 DGPS 实现方法

根据基准站所发送的差分修正数据类型的不同,即差分修正方法的不同,DGPS 可分为位置差分、伪距差分和载波相位差分等类型。

6.6.1.1 位置差分

位置差分的基本原理是使用位置改正数修正用户站的位置计算值,以求得比较精确的用户站位置。图 6-62 为差分修正延迟。

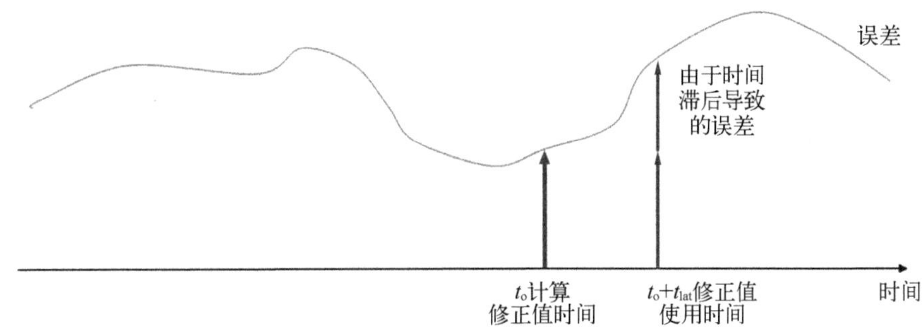

图 6-62 差分修正延迟

位置差分中,假设基站为 T_0,基站坐标预先已精密测定,设为 (X_0, Y_0, Z_0)。基站接收机利用所接收的 GPS 卫星信息,基于卫星广播数据及信号传播时间计算出基准站坐标 (X, Y, Z),由此计算位置改正数为

$$\left.\begin{aligned}\Delta X &= X - X_0\\ \Delta Y &= Y - Y_0\\ \Delta Z &= Z - Z_0\end{aligned}\right\} \tag{6-97}$$

基站利用数据链将这些改正数发送出去,用户接收机接收到这些改正数后,就可以对自己的定位数据进行修正。假设用户站 T_i 的接收机利用自身观测数据计算的位置坐标为 (X_i', Y_i', Z_i'),则利用位置改正数修正后的用户站 T_i 的精确坐标 (X_i, Y_i, Z_i) 为

$$\left.\begin{aligned}X_i &= X_i' - \Delta X\\ Y_i &= Y_i' - \Delta Y\\ Z_i &= Z_i' - \Delta Z\end{aligned}\right\} \tag{6-98}$$

差分修正值由基站计算后发送给用户,即用户接收机接收的差分修正值有一定的延迟滞后,为更好地消除误差,需要综合考虑修正值的延迟补偿。因此,位置差分的改正数通常除

位置误差改正数外，还有位置误差变化率改正数 $\left(\frac{\mathrm{d}(\Delta X)}{\mathrm{d}t}, \frac{\mathrm{d}(\Delta Y)}{\mathrm{d}t}, \frac{\mathrm{d}(\Delta Z)}{\mathrm{d}t}\right)$。用户接收机的差分修正计算为

$$\left.\begin{aligned} X_i &= X_i' - \Delta X - \frac{\mathrm{d}(\Delta X)}{\mathrm{d}t}(t - t_0) \\ Y_i &= Y_i' - \Delta Y - \frac{\mathrm{d}(\Delta Y)}{\mathrm{d}t}(t - t_0) \\ Z_i &= Z_i' - \Delta Z - \frac{\mathrm{d}(\Delta Z)}{\mathrm{d}t}(t - t_0) \end{aligned}\right\} \tag{6-99}$$

式中，t_0 为差分修正值计算的时刻，t 为差分修正时刻。

位置差分方法简单，对 GPS 接收机的要求不高，适用于各种型号的接收机。但是，位置差分要求用户接收机和基站接收机使用同一组卫星进行位置解算，灵活性较差。为确保差分效果，位置差分一般要求基线较短，通常不大于 100 km。

6.6.1.2 伪距差分

为打破位置差分中基站和用户接收机必须同时使用同一组卫星的局限性，实现更灵活的 DGPS 算法，出现了伪距差分。伪距差分的基本思想是利用基准站的数据计算伪距改正数，将其传送给用户站来修正用户接收机的伪距观测量，从而消除或减弱相关误差，求得比较精确的用户站位置坐标。

设基准站 T_0 的已知坐标为 (X_0, Y_0, Z_0)。基站接收机利用导航电文中的星历参数计算其所观测到的全部 GPS 卫星的坐标值 (X^j, Y^j, Z^j)，从而计算出基站至这些 GPS 卫星的真实距离 R_0^j。

$$R_0^j = \left[(X^j - X_0)^2 + (Y^j - Y_0)^2 + (Z^j - Z_0)^2\right]^{\frac{1}{2}} \tag{6-100}$$

基站接收机利用伪码测距法测量星站之间的伪距 ρ_0^j。观测伪距和计算的真实距离相减就可以计算出伪距改正数。

$$\Delta\rho_0^j = \rho_0^j - R_0^j \tag{6-101}$$

考虑到差分改正数的延迟性，伪距差分同时还计算伪距改正数的变化率。

$$\Delta\dot{\rho}_0^j = \frac{\Delta\rho_0^j(t+1) - \Delta\rho_0^j(t)}{\Delta t} \tag{6-102}$$

通过基站数据链将 $\Delta\rho_0^j$ 和 $\Delta\dot{\rho}_0^j$ 发送给用户接收机，用户接收机利用接收到的差分改正数修正测量的站星间的伪距 ρ_i^j。

$$R_i^j(t) = \rho_i^j(t) - \Delta\rho_0^j(t) - \Delta\dot{\rho}_0^j(t - t_0) \tag{6-103}$$

利用修正后的站星距离计算用户接收机的位置。伪距差分时，基准站只需提供所有可见卫星的伪距改正数及伪距改正数的变化率即可，用户接收机可以根据 GDOP 选择使用任意 4 颗卫星的观测数据及其差分改正数，就可以完成高精度定位。与位置差分相比，

伪距差分对卫星的选择更加灵活。但随着基线的增加，修正效果将变差，因此伪距差分的基线长度也不宜过长。

6.6.1.3　载波相位差分

位置差分和伪距差分能达到米级定位精度，已经广泛应用于导航领域。但要提供更高的导航精度时，通常需要用到载波相位差分。载波相位差分，又称 RTK 技术，通过处理两测站的载波相位观测值来实现差分，可以提供厘米级定位精度。

载波相位差分法的基本思想是：基准站 T_0 不再计算测相伪距修正数 $\Delta\rho_0^j$，而是将其观测的载波相位观测值由数据链实时发送给用户站接收机，然后由用户接收机进行载波相位求差，解算出用户的位置。

如图 6-63 所示，假设在基准站 T_0 和用户站 T_1 的 GPS 接收机同时于历元 t_1 和 t_2 观测卫星 S^j 和 S^k，则可获得独立的载波相位观测量：$\varphi_0^j(t_1)$、$\varphi_0^j(t_2)$、$\varphi_0^k(t_1)$、$\varphi_0^k(t_2)$、$\varphi_1^j(t_1)$、$\varphi_1^j(t_2)$、$\varphi_1^k(t_1)$、$\varphi_1^k(t_2)$。

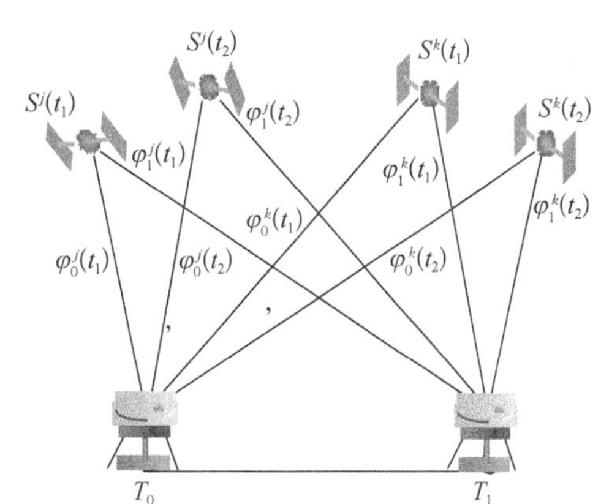

图 6-63　载波相位观测量

基准站 T_0 对两颗卫星的载波相位观测量由数据链实时发送给用户站 T_1，用户站可获得 8 个载波相位观测量方程。

$$\varphi_0^j(t_1)=\frac{f}{c}R_0^j(t_1)+f[\delta t_0(t_1)-\delta t^j(t_1)]-N_0^j(t_0)+\frac{f}{c}[\Delta_{0,I}^j(t_1)+\Delta_{0,T}^j(t_1)]$$

$$\varphi_1^j(t_1)=\frac{f}{c}R_1^j(t_1)+f[\delta t_1(t_1)-\delta t^j(t_1)]-N_1^j(t_0)+\frac{f}{c}[\Delta_{1,I}^j(t_1)+\Delta_{1,T}^j(t_1)]$$

$$\varphi_0^k(t_1)=\frac{f}{c}R_0^k(t_1)+f[\delta t_0(t_1)-\delta t^k(t_1)]-N_0^k(t_0)+\frac{f}{c}[\Delta_{0,I}^k(t_1)+\Delta_{0,T}^k(t_1)]$$

$$\varphi_1^k(t_1)=\frac{f}{c}R_1^k(t_1)+f[\delta t_1(t_1)-\delta t^k(t_1)]-N_1^k(t_0)+\frac{f}{c}[\Delta_{1,I}^k(t_1)+\Delta_{1,T}^k(t_1)]$$

$$\varphi_0^j(t_2)=\frac{f}{c}R_0^j(t_2)+f[\delta t_0(t_2)-\delta t^j(t_2)]-N_0^j(t_0)+\frac{f}{c}[\Delta_{0,I}^j(t_2)+\Delta_{0,T}^j(t_2)]$$

$$\varphi_1^j(t_2)=\frac{f}{c}R_1^j(t_2)+f[\delta t_1(t_2)-\delta t^j(t_2)]-N_1^j(t_0)+\frac{f}{c}[\Delta_{1,I}^j(t_2)+\Delta_{1,T}^j(t_2)]$$

$$\varphi_0^k(t_2)=\frac{f}{c}R_0^k(t_2)+f[\delta t_0(t_2)-\delta t^k(t_2)]-N_0^k(t_0)+\frac{f}{c}[\Delta_{0,I}^k(t_2)+\Delta_{0,T}^k(t_2)]$$

$$\varphi_1^k(t_2)=\frac{f}{c}R_1^k(t_2)+f[\delta t_1(t_2)-\delta t^k(t_2)]-N_1^k(t_0)+\frac{f}{c}[\Delta_{1,I}^k(t_2)+\Delta_{1,T}^k(t_2)]$$

1. 单差

所谓单差观测方程，通常是用不同观测站同步观测同一颗卫星所得观测量相减（站际

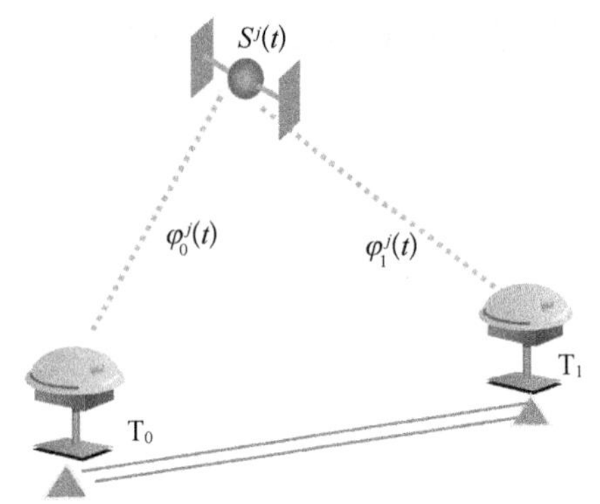

图 6-64 单差原理图

单差)所得到的方程。当然也可以用同一个测站同时接收的两颗不同的卫星观测量相减(星际单差),或同一个测站不同时刻接收同一颗卫星的观测量相减(历元单差)。这里以站际单差为例介绍其原理。

如图 6-64,如果将两接收机同一历元观测同一颗卫星的载波相位观测量相减,即

$$\Delta\varphi^j = \varphi_1^j(t) - \varphi_0^j(t) \tag{6-104}$$

不考虑电波传播的电离层误差和对流层误差的情况下,可得到单差方程。

$$\Delta\varphi^j(t) = \frac{1}{\lambda}[R_1^j(t) - R_0^j(t)] + f[\delta t_1(t) - \delta t_0(t)] - [N_1^j(t_0) - N_0^j(t_0)] \tag{6-105}$$

若考虑电波传播的电离层误差和对流层误差,则

$$\begin{aligned}\Delta\varphi^j(t) = &\frac{1}{\lambda}[R_1^j(t) - R_0^j(t)] + f[\delta t_1(t) - \delta t_0(t)] - [N_1^j(t_0) - N_0^j(t_0)] \\ &+ \frac{1}{\lambda}[\Delta_{1,I}^j(t) + \Delta_{1,T}^j(t)] - \frac{1}{\lambda}[\Delta_{0,I}^j(t) + \Delta_{0,T}^j(t)]\end{aligned}$$

由于观测的是同一颗卫星,卫星的钟差影响可以消除,星历误差也可以大大减小。同时由于基线较短(<100 km),同一卫星到两个测站的传播路径相近,与传播路径有关的电离层、对流层延迟误差有较大相关性,可明显减弱大气延迟的影响。

如果令 $\Delta t(t) = \delta t_1(t) - \delta t_0(t)$, $\Delta N^j(t_0) = N_1^j(t_0) - N_0^j(t_0)$, $\Delta\Delta_I^j(t) = \Delta_{1,I}^j(t) - \Delta_{0,I}^j(t)$, $\Delta\Delta_T^j(t) = \Delta_{1,T}^j(t) - \Delta_{0,T}^j(t)$,则单差观测方程可写为

$$\Delta\varphi^j(t) = \frac{1}{\lambda}[R_1^j(t) - R_0^j(t)] + f\Delta t(t) - \Delta N^j(t_0) + \frac{1}{\lambda}[\Delta\Delta_I^j(t) + \Delta\Delta_T^j(t)] \tag{6-106}$$

大气延迟误差的残差 $\Delta\Delta_I^j(t) + \Delta\Delta_T^j(t)$ 很小,可忽略不计。考虑基站的坐标已知,将载波相位单差观测方程线性化,可得

$$\Delta\varphi^j(t) = \frac{1}{\lambda}[R_{10}^j(t) - R_0^j(t)] - \frac{1}{\lambda}\begin{bmatrix} l_1^j(t) & m_1^j(t) & n_1^j(t) \end{bmatrix}\begin{bmatrix}\delta x_1 \\ \delta y_1 \\ \delta z_1\end{bmatrix} + f\Delta t(t) - \Delta N^j(t_0) \tag{6-107}$$

令 $\Delta w^j(t) = \Delta\varphi^j(t) - \frac{1}{\lambda}[R_{10}^j(t) - R_0^j(t)]$,则相应的残差方程可写成如下形式:

$$\Delta v^{j}(t)=\frac{1}{\lambda}\begin{bmatrix} l_{1}^{j}(t) & m_{1}^{j}(t) & n_{1}^{j}(t)\end{bmatrix}\begin{bmatrix}\delta x_{1}\\ \delta y_{1}\\ \delta z_{1}\end{bmatrix}-f\Delta t(t)+\Delta N^{j}(t_{0})+\Delta w^{j}(t) \tag{6-108}$$

根据式(6－105),将基站和用户站在历元 t_1 和 t_2 观测卫星 S^j 和 S^k 的观测方程分别进行单差相减,可得 4 个单差方程:

$$\Delta\varphi^{j}(t_{1})=\frac{1}{\lambda}[R_{1}^{j}(t_{1})-R_{0}^{j}(t_{1})]+f\Delta t(t_{1})-\Delta N^{j}(t_{0})$$

$$\Delta\varphi^{k}(t_{1})=\frac{1}{\lambda}[R_{1}^{k}(t_{1})-R_{0}^{k}(t_{1})]+f\Delta t(t_{1})-\Delta N^{k}(t_{0})$$

$$\Delta\varphi^{j}(t_{2})=\frac{1}{\lambda}[R_{1}^{j}(t_{2})-R_{0}^{j}(t_{2})]+f\Delta t(t_{2})-\Delta N^{j}(t_{0})$$

$$\Delta\varphi^{k}(t_{2})=\frac{1}{\lambda}[R_{1}^{k}(t_{2})-R_{0}^{k}(t_{2})]+f\Delta t(t_{2})-\Delta N^{k}(t_{0})$$

上述情况是两观测站同时观测两颗卫星的情况,将其推广到两观测站于历元 t_1 时刻同时观测 n^j 颗卫星的情况,并根据式(6－108)的残差方程,相应的方程组为

$$\begin{bmatrix}\Delta v^{1}(t_{1})\\ \Delta v^{2}(t_{1})\\ \vdots\\ \Delta v^{n^{j}}(t_{1})\end{bmatrix}=\frac{1}{\lambda}\begin{bmatrix} l_{1}^{1}(t_{1}) & m_{1}^{1}(t_{1}) & n_{1}^{1}(t_{1})\\ l_{1}^{2}(t_{1}) & m_{1}^{2}(t_{1}) & n_{1}^{2}(t_{1})\\ \vdots & \vdots & \vdots\\ l_{1}^{n^{j}}(t_{1}) & m_{1}^{n^{j}}(t_{1}) & n_{1}^{n^{j}}(t_{1})\end{bmatrix}\begin{bmatrix}\delta x_{1}\\ \delta y_{1}\\ \delta z_{1}\end{bmatrix}+\begin{bmatrix}\Delta N^{1}(t_{0})\\ \Delta N^{2}(t_{0})\\ \vdots\\ \Delta N^{n^{j}}(t_{0})\end{bmatrix}-f\begin{bmatrix}1\\ 1\\ \vdots\\ 1\end{bmatrix}\Delta t(t_{1})+\begin{bmatrix}\Delta w^{1}(t_{1})\\ \Delta w^{2}(t_{1})\\ \vdots\\ \Delta w^{n^{j}}(t_{1})\end{bmatrix} \tag{6-109}$$

方程组可以简写为

$$\Delta\boldsymbol{v}(t_{1})=\boldsymbol{a}(t_{1})\delta\boldsymbol{P}_{1}+\Delta\boldsymbol{N}(t_{0})-f\Delta\boldsymbol{t}(t_{1})+\Delta\boldsymbol{w}(t_{1}) \tag{6-110}$$

若进一步考虑到观测的历元次数为 n_t,则相应的误差方程表示为

$$\begin{bmatrix}\Delta\boldsymbol{v}(t_{1})\\ \Delta\boldsymbol{v}(t_{2})\\ \vdots\\ \Delta\boldsymbol{v}(t_{n_{t}})\end{bmatrix}=\begin{bmatrix}\boldsymbol{a}(t_{1})\\ \boldsymbol{a}(t_{2})\\ \vdots\\ \boldsymbol{a}(t_{n_{t}})\end{bmatrix}\delta\boldsymbol{P}_{1}+\begin{bmatrix} I & 0 & \cdots & 0\\ 0 & I & \cdots & 0\\ \vdots & \vdots & \ddots & \vdots\\ 0 & 0 & \cdots & I\end{bmatrix}\begin{bmatrix}\Delta N^{1}(t_{0})\\ \Delta N^{2}(t_{0})\\ \vdots\\ \Delta N^{n^{j}}(t_{0})\end{bmatrix}$$

$$+\begin{bmatrix}-f & 0 & \cdots & 0\\0 & -f & \cdots & 0\\\vdots & \vdots & \ddots & \vdots\\0 & 0 & \cdots & -f\end{bmatrix}\begin{bmatrix}\Delta t(t_1)\\\Delta t(t_2)\\\vdots\\\Delta t(t_{n_t})\end{bmatrix}+\begin{bmatrix}\Delta \boldsymbol{w}(t_1)\\\Delta \boldsymbol{w}(t_2)\\\vdots\\\Delta \boldsymbol{w}(t_{n_t})\end{bmatrix} \tag{6-111}$$

将上式简写为

$$\boldsymbol{V}=\boldsymbol{A}\delta\boldsymbol{P}_1+\boldsymbol{B}\Delta\boldsymbol{N}+\boldsymbol{F}\Delta\boldsymbol{T}+\boldsymbol{W} \tag{6-112}$$

用最小二乘法求解：

$$\begin{bmatrix}\delta\boldsymbol{P}_1\\\Delta\boldsymbol{N}\\\Delta\boldsymbol{T}\end{bmatrix}=-([\boldsymbol{A}\quad\boldsymbol{B}\quad\boldsymbol{F}]^{\mathrm{T}}\boldsymbol{P}[\boldsymbol{A}\quad\boldsymbol{B}\quad\boldsymbol{F}])^{-1}([\boldsymbol{A}\quad\boldsymbol{B}\quad\boldsymbol{F}]^{\mathrm{T}}\boldsymbol{P}\boldsymbol{W}) \tag{6-113}$$

其中，$\boldsymbol{P}$ 为单差观测量的权矩阵。需要注意的是，当不同历元同步观测的卫星数不同时，系数矩阵 $\boldsymbol{A}$、$\boldsymbol{B}$、$\boldsymbol{F}$ 的维数会发生变化。

2. 双差

双差观测方程是用不同观测站同步观测两组卫星所得的观测量单差之间的差值，即站际单差的星际差。也可以用站际单差的历元差或星际单差的历元差来实现双差。

$$\begin{aligned}\nabla\Delta\varphi^{kj}(t)&=\Delta\varphi^{k}(t)-\Delta\varphi^{j}(t)\\&=[\varphi_1^k(t)-\varphi_0^k(t)]\\&\quad-[\varphi_1^j(t)-\varphi_0^j(t)]\end{aligned} \tag{6-114}$$

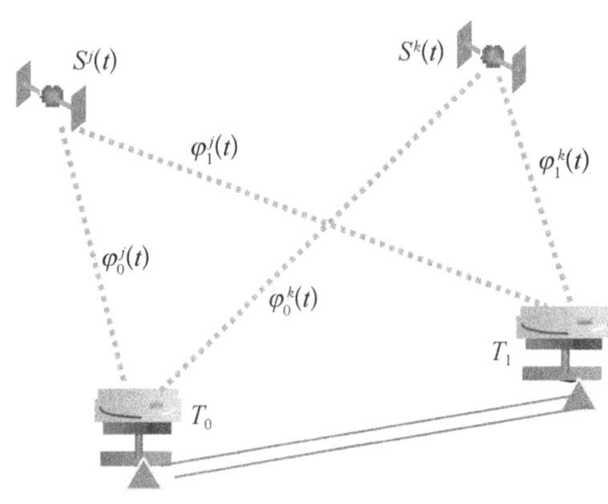

图 6-65　双差原理图

如图 6-65 所示，如果两台 GPS 接收机在测站对卫星 S^j 的单差和对卫星 S^k 的单差相减，则可得双差观测方程：

$$\begin{aligned}\nabla\Delta\varphi^{kj}(t)&=\frac{f}{c}\{[R_1^k(t)-R_0^k(t)]-[R_1^j(t)-R_0^j(t)]\}-[\Delta N^k(t_0)-\Delta N^j(t_0)]\\&=\frac{f}{c}\{[R_1^k(t)-R_0^k(t)]-[R_1^j(t)-R_0^j(t)]\}-\nabla\Delta N^{kj}(t_0)\end{aligned} \tag{6-115}$$

其中，$\nabla\Delta N^{kj}(t_0)=\Delta N^k(t_0)-\Delta N^j(t_0)$。

可见，接收机的钟差影响完全消除，大气传播残差也可以忽略不计。由于基站坐标已知，将双差观测方程线性化为

$$\nabla\Delta\varphi^{kj}(t)=-\frac{1}{\lambda}[\nabla l_1^{kj}(t)\quad\nabla m_1^{kj}(t)\quad\nabla n_1^{kj}(t)]\begin{bmatrix}\delta x_1\\\delta y_1\\\delta z_1\end{bmatrix}-\nabla\Delta N^{kj}(t_0)$$

$$+\frac{1}{\lambda}\{[R_{10}^{k}(t)-R_{0}^{k}(t)]-[R_{10}^{j}(t)-R_{0}^{j}(t)]\}\tag{6-116}$$

式中，$\begin{bmatrix}\nabla l_1^{kj}(t)\\ \nabla m_1^{kj}(t)\\ \nabla n_1^{kj}(t)\end{bmatrix}=\begin{bmatrix}l_1^{k}(t)-l_1^{j}(t)\\ m_1^{k}(t)-m_1^{j}(t)\\ n_1^{k}(t)-n_1^{j}(t)\end{bmatrix}$。

相应的残差方程可以写为

$$\nabla\Delta v^{kj}(t)=\frac{1}{\lambda}\begin{bmatrix}\nabla l_1^{kj}(t) & \nabla m_1^{kj}(t) & \nabla n_1^{kj}(t)\end{bmatrix}\begin{bmatrix}\delta x_1\\ \delta y_1\\ \delta z_1\end{bmatrix}+\nabla\Delta N^{kj}(t_0)+\nabla\Delta w^{kj}(t)\tag{6-117}$$

其中，$\nabla\Delta w^{kj}(t)=\nabla\Delta\varphi^{kj}(t)-\frac{1}{\lambda}\{[R_{10}^{k}(t)-R_{0}^{k}(t)]-[R_{10}^{j}(t)-R_{0}^{j}(t)]\}$。

将两接收机在历元 t_1 和 t_2 观测两颗卫星 S^j、S^k 的载波相位观测量进行站星际相减，可得 2 个双差方程：

$$\begin{aligned}\nabla\Delta\varphi^{kj}(t_1)&=\frac{f}{c}\{[R_1^{k}(t_1)-R_0^{k}(t_1)]-[R_1^{j}(t_1)-R_0^{j}(t_1)]\}-\nabla\Delta N^{kj}(t_0)\\ \nabla\Delta\varphi^{kj}(t_2)&=\frac{f}{c}\{[R_1^{k}(t_2)-R_0^{k}(t_2)]-[R_1^{j}(t_2)-R_0^{j}(t_2)]\}-\nabla\Delta N^{kj}(t_0)\end{aligned}\tag{6-118}$$

当两个观测站于某一历元 t 同时观测 n^j 颗卫星时，可得任意时刻的双差方程组为

$$\begin{bmatrix}\nabla\Delta v^{1,2}(t)\\ \nabla\Delta v^{1,3}(t)\\ \vdots\\ \nabla\Delta v^{n^j-1,n^j}(t)\end{bmatrix}=\frac{1}{\lambda}\begin{bmatrix}\nabla l_1^{1,2}(t) & \nabla m_1^{1,2}(t) & \nabla n_1^{1,2}(t)\\ \nabla l_1^{1,3}(t) & \nabla m_1^{1,3}(t) & \nabla n_1^{1,3}(t)\\ \vdots & \vdots & \vdots\\ \nabla l_1^{n^j-1,n^j}(t) & \nabla m_1^{n^j-1,n^j}(t) & \nabla n_1^{n^j-1,n^j}(t)\end{bmatrix}\begin{bmatrix}\delta x_1\\ \delta y_1\\ \delta z_1\end{bmatrix}+\begin{bmatrix}\nabla\Delta N^{1,2}(t_0)\\ \nabla\Delta N^{1,3}(t_0)\\ \vdots\\ \nabla\Delta N^{n^j-1,n^j}(t_0)\end{bmatrix}+\begin{bmatrix}\nabla\Delta w^{1,2}(t)\\ \nabla\Delta w^{1,3}(t)\\ \vdots\\ \nabla\Delta w^{n^j-1,n^j}(t)\end{bmatrix}\tag{6-119}$$

上式可改写为

$$\nabla\Delta\boldsymbol{v}(t)=\boldsymbol{a}(t)\delta\boldsymbol{P}_1+\nabla\Delta N(t_0)+\nabla\Delta\boldsymbol{w}(t)\tag{6-120}$$

同理，当观测历元数为 n_t 时，上述方程可以推广为如下形式：

$$\begin{bmatrix} \nabla\Delta \boldsymbol{v}(t_1) \\ \nabla\Delta \boldsymbol{v}(t_2) \\ \vdots \\ \nabla\Delta \boldsymbol{v}(t_{n_t}) \end{bmatrix} = \begin{bmatrix} \boldsymbol{a}(t_1) \\ \boldsymbol{a}(t_2) \\ \vdots \\ \boldsymbol{a}(t_{n_t}) \end{bmatrix} \delta \boldsymbol{P}_1 + \begin{bmatrix} \nabla\Delta \boldsymbol{N}(t_{10}) \\ \nabla\Delta \boldsymbol{N}(t_{20}) \\ \vdots \\ \nabla\Delta \boldsymbol{N}(t_{n_t0}) \end{bmatrix} + \begin{bmatrix} \nabla\Delta \boldsymbol{w}(t_1) \\ \nabla\Delta \boldsymbol{w}(t_2) \\ \vdots \\ \nabla\Delta \boldsymbol{w}(t_{n_t}) \end{bmatrix} \tag{6-121}$$

利用最小二乘法求解：

$$\begin{bmatrix} \delta \boldsymbol{P}_1 \\ \nabla\Delta \boldsymbol{N} \end{bmatrix} = -\left([\boldsymbol{A} \quad \boldsymbol{I}]^{\mathrm{T}} \boldsymbol{P} [\boldsymbol{A} \quad \boldsymbol{I}]\right)^{-1} \left([\boldsymbol{A} \quad \boldsymbol{I}]^{\mathrm{T}} \boldsymbol{P} \boldsymbol{W}\right) \tag{6-122}$$

其中，$\boldsymbol{P}$ 为双差观测量的权矩阵。

3. *三差*

三差是利用不同历元同步观测两组卫星所得的观测量双差相减得到的方程。将 t_1 和 t_2 两个观测历元的双差观测方程相减，即可得三差观测方程。

$$\begin{aligned} \delta \nabla\Delta \varphi^{kj}(t) &= \nabla\Delta \varphi^{kj}(t_2) - \nabla\Delta \varphi^{kj}(t_1) \\ &= [\Delta\varphi^k(t_2) - \Delta\varphi^j(t_2)] - [\Delta\varphi^k(t_1) - \Delta\varphi^j(t_1)] \\ &= \{[\varphi_1^k(t_2) - \varphi_0^k(t_2)] - [\varphi_1^j(t_2) - \varphi_0^j(t_2)]\} \\ &\quad - \{[\varphi_1^k(t_1) - \varphi_0^k(t_1)] - [\varphi_1^j(t_1) - \varphi_0^j(t_1)]\} \\ &= \frac{1}{\lambda}\{[R_1^k(t_2) - R_0^k(t_2)] - [R_1^j(t_2) - R_0^j(t_2)]\} \\ &\quad - \frac{1}{\lambda}\{[R_1^k(t_1) - R_0^k(t_1)] - [R_1^j(t_1) - R_0^j(t_1)]\} \end{aligned} \tag{6-123}$$

从三差观测方程中可见，三差模型消除了整周模糊度的影响。

由此，将基站和用户接收机在 t_1 和 t_2 两个历元观测 S^j、S^k 两颗卫星的载波相位观测量经三次相减，8 个方程变为 1 个三差方程。由于基站的坐标已知，可得三差观测方程的线性化方程为

$$\begin{aligned} \delta \nabla\Delta \varphi^{kj}(t) = &-\frac{1}{\lambda}[\delta \nabla l_1^{kj}(t) \quad \delta \nabla m_1^{kj}(t) \quad \delta \nabla n_1^{kj}(t)] \begin{bmatrix} \delta x_1 \\ \delta y_1 \\ \delta z_1 \end{bmatrix} \\ &+ \frac{1}{\lambda}[\delta R_{10}^k(t) - \delta R_0^k(t) - \delta R_{10}^j(t) + \delta R_0^j(t)] \end{aligned} \tag{6-124}$$

其中，$[\delta \nabla l_1^{kj}(t) \quad \delta \nabla m_1^{kj}(t) \quad \delta \nabla n_1^{kj}(t)] = [\nabla l_1^{kj}(t_2) - \nabla l_1^{kj}(t_1) \quad \nabla m_1^{kj}(t_2) - \nabla m_1^{kj}(t_1) \quad \nabla n_1^{kj}(t_2) - \nabla n_1^{kj}(t_1)]$；$\delta R_{10}^k(t) = R_{10}^k(t_2) - R_{10}^k(t_1)$；$\delta R_0^k(t) = R_0^k(t_2) - R_0^k(t_1)$；$\delta R_{10}^j(t) = R_{10}^j(t_2) - R_{10}^j(t_1)$；$\delta R_0^j(t) = R_0^j(t_2) - R_0^j(t_1)$。

由上式可得相应的残差方程：

$$\delta v^{kj}(t) = \frac{1}{\lambda}[\delta \nabla l_1^{kj}(t) \quad \delta \nabla m_1^{kj}(t) \quad \delta \nabla n_1^{kj}(t)] \begin{bmatrix} \delta x_1 \\ \delta y_1 \\ \delta z_1 \end{bmatrix} + \delta \nabla\Delta w^{kj}(t) \tag{6-125}$$

其中，$\delta\nabla\Delta w^{kj}(t)=\delta\nabla\Delta\varphi^{kj}(t)-\dfrac{1}{\lambda}[\delta R_{10}^{k}(t)-\delta R_{0}^{k}(t)-\delta R_{10}^{j}(t)+\delta R_{0}^{j}(t)]$。

当两个历元观测 n^j 颗卫星时，相应的误差方程为

$$\begin{bmatrix}\delta v^{1,2}(t)\\ \delta v^{1,3}(t)\\ \vdots\\ \delta v^{n^j-1,n^j}(t)\end{bmatrix}=\frac{1}{\lambda}\begin{bmatrix}\delta\nabla l_1^{1,2}(t) & \delta\nabla m_1^{1,2}(t) & \delta\nabla n_1^{1,2}(t)\\ \delta\nabla l_1^{1,3}(t) & \delta\nabla m_1^{1,3}(t) & \delta\nabla n_1^{1,3}(t)\\ \vdots & \vdots & \vdots\\ \delta\nabla l_1^{n^j-1,n^j}(t) & \delta\nabla m_1^{n^j-1,n^j}(t) & \delta\nabla n_1^{n^j-1,n^j}(t)\end{bmatrix}\begin{bmatrix}\delta x_1\\ \delta y_1\\ \delta z_1\end{bmatrix}+\begin{bmatrix}\delta\nabla\Delta w^{1,2}(t)\\ \delta\nabla\Delta w^{1,3}(t)\\ \vdots\\ \delta\nabla\Delta w^{n^j-1,n^j}(t)\end{bmatrix}\tag{6-126}$$

上式可写为

$$\delta\boldsymbol{v}(t)=\boldsymbol{a}(t)\delta\boldsymbol{P}_1+\delta\boldsymbol{w}(t)\tag{6-127}$$

如果基站与用户站对 n^j 颗卫星观测了 n_t 个历元，则误差方程组可写成

$$\begin{bmatrix}\delta\boldsymbol{v}(t_1)\\ \delta\boldsymbol{v}(t_2)\\ \vdots\\ \delta\boldsymbol{v}(t_{n_t-1})\end{bmatrix}=\begin{bmatrix}\boldsymbol{a}(t_1)\\ \boldsymbol{a}(t_2)\\ \vdots\\ \boldsymbol{a}(t_{n_t-1})\end{bmatrix}\delta\boldsymbol{P}_1+\begin{bmatrix}\delta\boldsymbol{w}(t_1)\\ \delta\boldsymbol{w}(t_2)\\ \vdots\\ \delta\boldsymbol{w}(t_{n_t-1})\end{bmatrix}\tag{6-128}$$

由此可得相应的解：

$$\delta\boldsymbol{P}_1=-(\boldsymbol{A}^{\mathrm{T}}\boldsymbol{P}\boldsymbol{A})^{-1}(\boldsymbol{A}^{\mathrm{T}}\boldsymbol{P}\delta\boldsymbol{W})\tag{6-129}$$

式中，$\boldsymbol{P}$ 为三差观测量的权矩阵。

6.6.2　多基准站差分

为了在一定的范围内实现差分，可以在地面设置多个基准站，形成一个差分 GPS 网，通常还包含一个或数个差分修正广播站。位于该区域中的用户，接收多个基准站所提供的差分修正信息，采用加权平均法或最小方差法计算求得优化的差分修正数，进而实现差分修正，获得更高精度的定位结果。多基站差分有局域差分（LADGPS）和广域差分（WADGPS）两种。

LADGPS 包括多个基准站，每个基准站都可以播发差分修正数据，也可以利用单个播发站综合播发差分修正数据。用户站与基准站之间的距离一般在 500 km 以内才能获得较好的精度。

广域差分是在一个更大的范围内进行差分，此时基站和用户站之间的误差的相关性随二者之间基线长度的变化而变化。为确保差分效果，广域差分区分误差源，单独确定误差源的误差修正数值，通过数据链播发给用户。为确保差分效果，WADGPS 估算并广播的误差修正信息主要包括星历误差、星钟误差和电离层延迟误差。

WADGPS 在已知坐标的若干监测站上跟踪观测 GPS 卫星的伪距、相位等信息，监测站将这些信息发送给中心站；中心站计算星历误差、星钟误差和电离层延迟误差的改正模

型，并将这些误差改正模型通过数据链发送给用户站；用户站利用这些误差改正模型信息来修正自己观测到的伪距、相位、星历等，从而计算得到高精度 GPS 定位数据。WADGPS 一般包括一个中心站、几个监测站及其相应的数据通信网络。

WADGPS 将中心站、基准站与用户站之间的距离从 100 km 增加到 2 000 km，且定位精度无明显下降；相对而言，大区域内的 WADGPS 网，需要建立的监测站较少，具有较大的经济效益；WADGPS 系统的定位精度分布均匀，定位精度较高；其覆盖区域可以扩展到远洋、沙漠等 LADGPS 难以覆盖的区域；但 WADGPS 使用的硬件设备及通信工具昂贵，软件技术复杂，运行维持费用较高，可靠性和安全性不如 LADGPS。

6.7 机载 GPS 接收机系统

飞机上通常装有两套 GPS 接收机系统，多数机型的 GPS 接收机与其他导航接收机组合成一个多模接收机（MMR）。MMR 的 GPS 接收单元在接收到导航卫星信号后，计算飞机位置、HDOP、VDOP、水平品质因子（horizontal figure of merit, HFOM）、垂直品质因子（vertical figure of merit, VFOM）、速度及时间信息，更新 GPS 时钟，并将计算的导航参数发送给 FMCS、EGPWS、飞机状态监控系统（aircraft condition monitoring system, ACMS）和数据管理组件（data management unit, DMU）等。其中，HDOP、VDOP、HFOM、VFOM 等信息用于判定 GPS 接收机的定位精度，便于 FMC 计算实际导航性能（actual navigation performance, ANP）。

如图 6－66 所示，机载 GPS 接收机与 ADIRU 相连，进行数据传输及功能辅助。初始通电时，如果 IR 已经进入导航状态，IR 位置数据会发送给 GPS 接收机，辅助接收机快速捕获卫星信号。导航过程中，如果出现可见卫星数目不足时（少于 4 颗），可以利用 IR 数据的支持继续导航定位计算，同时 IR 位置信息用于辅助 GPS 接收机快速捕获重新进入接收机视界的卫星。惯导初始校准期间，可以利用 GPS 的数据来实现惯导的初始校准。

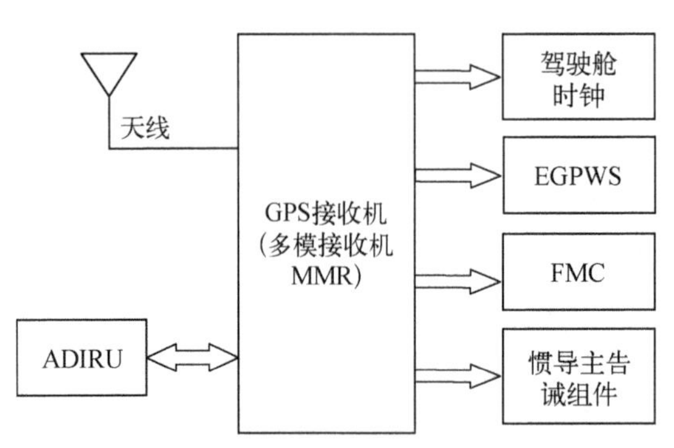

图 6－66 机载 GPS 接收机与其他系统的关系

机载 GPS 接收机除了发送飞机位置、速度、HDOP、VDOP、HFOM、VFOM 等信息外，还将卫星位置、伪距、伪距偏差等信息发送给 FMC。FMC 的导航功能将这些数据和其他导航传感器（ADIRU）的数据进行组合，利用加权平均、最小二乘、卡尔曼滤波等方法，重新计算飞机的位置，并将其作为飞机制导的传感信息，送给飞行控制计算机来控制飞机的飞行轨迹。同时，FMC 组合导航计算的飞机位置在 MCDU 及 ND 上显示。

6.7.1 天线

GPS 天线装在飞机机身顶部，顶舱应急门后边。天线有有源天线和无源天线两种。

如图6－67所示，如霍尼韦尔公司的全球卫星导航传感组件（global navigation satellite sensor unit, GNSSU）的接收天线就是无源微带天线，要求传输线电缆损耗不能超过1.5 dB，大约可支持30 ft的电缆长度。有的飞机使用有源天线，天线内部集成一个前置放大器，前置放大器使用来自GPS接收机的12V直流电源，用于提高接收机输入信号的功率。

图6－67　B737MAX和B787飞机的GPS天线

6.7.2　GPS接收机

随着GPS在飞机上的广泛应用及系统集成技术的完善，越来越多飞机的机载GPS接收机与VOR、MB、ILS等无线电导航接收机被集成到MMR或集成无线电导航接收机（图6－68）中。无论接收机如何集成，GPS接收部分的功能实现没有太大差异。下面以GPS接收机的信号接收处理组件（GPSSU）为例介绍其功能。

GPSSU信号输出的频率为1 Hz，主要输出位置、速度、时间等导航信号及用于组合导航的卫星位置、伪距、伪距率等测量信号。GPSSU包括射频处理部分、A/D转换器、信号处理部分、ARINC429接收器和发送器。

图6－68　B787机载集成无线电导航接收机

射频部分主要对卫星信号进行滤波、放大、降频，送给A/D转换器，A/D转换器将模拟信号转换为数字信号，以便进行高速的数字信号处理。信号处理部分控制卫星信号的捕获跟踪、数据解码、测量信号的传播时间等，并确定信号的有效性，进行导航定位计算。处理器有12个通道，可同时处理12颗卫星的信号。其中某几个通道用于处理已跟踪卫星的数据，剩余通道用于搜索捕获新出现的卫星。

处理器的导航定位计算采用12状态的卡尔曼滤波器，这12个状态为三组位置、三组速度、三组加速度、高度误差、用户时钟频率误差及用户时钟相位误差数据。处理器根据所接收到的卫星的数量，确定自身的工作方式。工作在导航方式时，将本次测得的卫星信号数据与上次滤波器更新估算的数据进行比较，用其差值进行更新。

GPSSU 的接收机自主完好性监测（RAIM）功能利用信号冗余对卫星信号进行故障检测和隔离。如果 GPSSU 接收到信号的卫星的数量为 5 颗，可以实现故障卫星的检测，如果接收到的卫星数量不少于 6 颗，则可以进行故障的检测与隔离，从导航解算中排除故障卫星。RAIM 算法利用卡尔曼滤波器的观测残差，测定伪距和估值之间的差值确定故障卫星。

接收机 RAIM 算法计算的完好性指标为水平完好性极限（horizontal integrity limit, HIL），HIL 是 GPS 能够在 99.9%置信度下达到的水平精度估计，这是一个动态数据，从前次位置数据更新后的一段时间内进行的统计。FMC 根据 HIL 值确定是否选用该 GPSSU 的数据对飞机进行导航定位计算，利用水平品质因数 HFOM 等来计算实际导航性能。

利用卡尔曼滤波器的导航位置计算和更新确定用户的实时位置。利用导航解算的接收机钟差，对 GPS 时间进行更新，为飞机时钟提供时间信息。

GPSSU 的工作流程如图 6-69 所示。通电后，GPSSU 自动进入自测试方式，由软件程序对各个电路及功能进行测试，如果测试全部通过，接收机自动进入初始方式。如果自测试失败，则自动进入故障方式。自测试用时大约 5 s，飞机在空中时不允许 GPSSU 进入自测试方式。

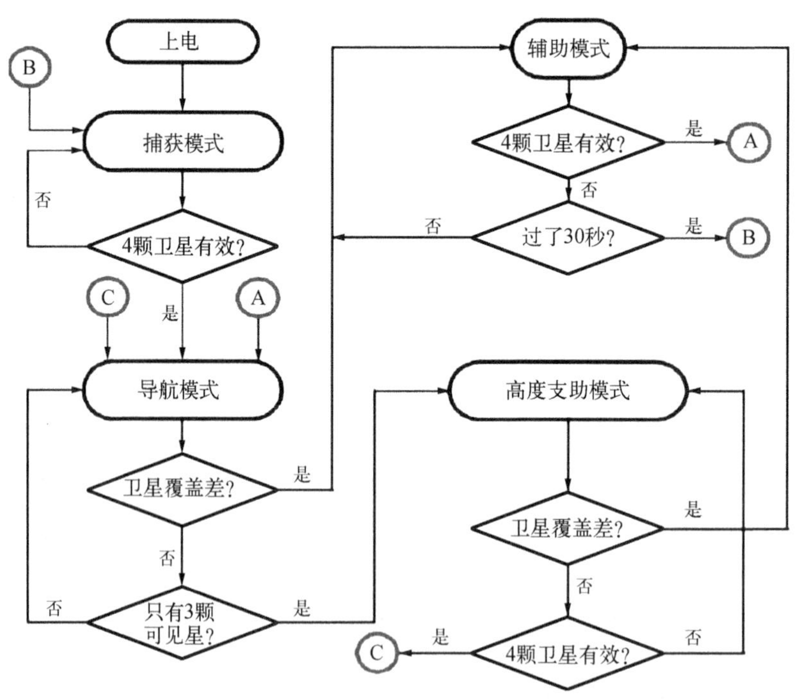

图 6-69　GPS 接收机工作模式

如果接收机软硬件正常，GPSSU 进入初始方式，其信号处理部分接收来自 ADIRU 或 FMC 的位置（纬度、经度和高度）和时间数据，此时无导航或测量数据输出。只要系统硬件完成初始化，GPSSU 就可以进入捕获方式。这段时间非常短，小于 1 s，GPSSU 的 ARINC 输出数据中甚至可能没有该模式输出而直接进入捕获模式。

捕获模式中，GPSSU 需要寻找并跟踪锁定至少 4 颗卫星的信号才能进行导航计算。如果 GPSSU 通电前 ADIRU 已经进入到导航方式，或 FMC 已经工作，即 ADIRU/FMC 可以为 GPSSU 提供飞机的位置和时间信息，则 GPSSU 利用 ADIRU/FMC 提供的位置、时间信息，以及存储在 GPSSU 内的 GPS 历书数据推算出当前的可见卫星，并快速捕获这些卫星，大约 75 s(95%)就可以捕获到卫星。如果没有时钟和惯性位置可用(ADIRU/FMC 未提供信息)，则捕获时间会增加，约需 3.5 min(95%)，最长可能会需要 10 min 才能捕获并跟踪到 4 颗以上卫星。

在跟踪锁定了至少 4 颗卫星以后，GPSSU 进入导航模式，计算飞机的位置、速度和时间等信息，通过 ARINC429 发送器输出给其他设备。导航模式中，GPSSU 除计算并发送上述数据信息外，还计算并存储 GPSSU 高度与 ADIRU 高度之间的偏差，用于高度支助模式。

当 GPSSU 跟踪锁定的卫星只有 3 颗时，如果此时 3 颗卫星的空间几何布局较好，且 GPSSU 存储了 GPSSU 高度与惯性高度之间的偏差，则 GPSSU 进入高度支助模式。高度支助模式中，GPSSU 将地心(0, 0, 0)作为一颗伪卫星，利用 ADIRU 输出的惯性高度加上地球半径作为飞机到地心之间的距离，并利用存贮的 GPS、ADIRU 高度偏差值进行补偿，形成地心方程。利用 GPSSU 所跟踪的 3 颗卫星，加上地心方程，就可以计算出飞机的位置信息和其他数据。当接收机重新跟踪到 4 颗卫星后，立即恢复导航方式。

GPSSU 在进入导航模式 30 s 内开始输出完好性数据。GPSSU 进入导航模式后，如果卫星信号覆盖差，将转入辅助模式。辅助模式中，GPSSU 根据有效卫星个数及状态持续时间转为导航模式或信号捕获模式。接收机的 RAIM 算法综合考虑卫星的空间几何布局、接收机信噪比、信号处理导致的损失、选择有效性、大气传播延迟残差等的影响，假如有一颗卫星故障时的最糟糕情况大于 99.9%圆概率水平误差，则故障卫星检测及隔离的时间小于 2 s。

故障卫星检测的过程中，GPSSU 针对每一颗卫星计算水平检测限(99.9%的水平误差)，故障卫星检测隔离完成后，计算水平误差限(99.9%的水平误差)。

水平完好性极限(HIL)是基于 99.9%概率的误差圆半径。指的是假设有一颗卫星故障，飞机真实位置与 GPSSU 计算出的位置的水平偏差大于 HIL 值的概率为 0.001 的情况下，水平定位误差的包络限。由 GPSSU 根据水平检测限和水平误差限，考虑影响最大的卫星的最差情况，按 99.9%的概率计算出。HIL 时间延迟(HIL time delay, HILTD)是从当前时刻到水平误差超出 HIL 的概率大于 0.001 时刻的最大容许时间，HILTD 不大于 5 s。

垂直完好性极限(vertical integrity limit, VIL)是假设有一颗卫星故障，飞机真实高度与 GPSSU 计算出的高度的偏差大于 VIL 值的概率为 0.001 的情况下的垂直定位误差包络限。VIL 时间延迟(VIL time delay, VILTD)是从当前时刻到垂直误差超出 VIL 的概率大于 0.001 时刻的最大容许时间，VILTD 不大于 5 s。

GPSSU 提供水平和垂直品质因数(FOM)来描述定位精度，FOM 是考虑导航解算所用的所有卫星的主要测距误差，95%置信度的定位精度。主要测距误差包括选择有效性(SA)、电离层对流层误差、星历误差及热噪声等的用户等效测距误差。考虑用户测距精度(user range accuracy, URA)指数对 FOM 的影响。URA≤7 时，1σ 误差假设为 33.3 m，

URA>7 的卫星不能用于导航和 RAIM 计算。

HIL≥16 n mile 时,GPSSU 认为 RAIM 功能失效。RAIM 功能失效时,GPSSU 监视伪距测量的阶跃变化或由于错误定位而导致的预测伪距的阶跃变化,阶跃变化大于 555 m 的卫星被认为是故障卫星,不再用于导航计算。

当跟踪的卫星数量少于 3 颗时,GPSSU 进入推算模式。此时,GPSSU 利用 ADIRU/FMC 发送的高度、航迹角、地速、真空速、垂直速度、航迹角、真航向数据进行导航推算。推算模式只能维持 30 s 时间,30 s 后如果仍然不能跟踪到 4 颗卫星,则 GPSSU 返回捕获模式。推算模式时,GPSSU 计算的数据仅用于卫星的重新捕获,其 ARINC429 总线输出的信息为无计算数据。

GPSSU 的内部自检功能在 GPSSU 工作期间连续地对 GPSSU 处理器、卫星数据、A/D 转换器和射频信号完好性进行监测,当检测到重要故障时,GPSSU 进入故障方式,此时其输出数据无效。检测到的故障会被记录到 GPSSU 的非易失性存储器(non-volatile memory, NVM)中,用于车间维修使用。NVM 记录满后,自动用新的故障记录取代最早的故障记录。

GPSSU 处理器利用 ARINC429 接收器接收 ADIRU/FMC 的导航数据和数据装载机装载的软件。GPS 位置、速度和时钟信息的更新频率为 1 Hz,通过 ARINC429 发送器发送给 FMC、EGPWS、DMU 等。

6.7.3 GPS 导航信号显示

GPSSU 计算的 UTC 日期与时间信息发送给显示处理计算机,用于机长和副驾驶的日期和时间显示,定位信息显示在 ND 和 MCDU 上,如图 6-70 和图 6-71 所示。ND 上显示飞机位置的来源(所用导航传感器)。

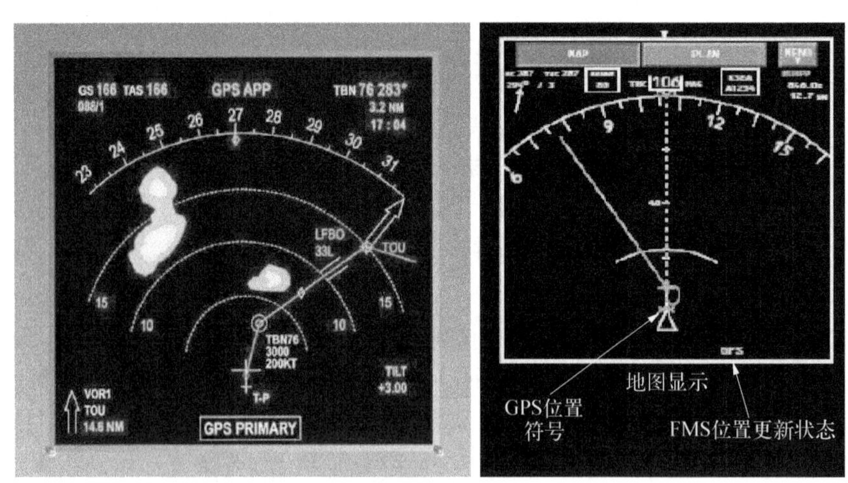

图 6-70 A320 和 B787 飞机的 GPS 信息在 ND 上的显示

FMC 的 MCDU 位置起始页、位置基准页和位置偏离页几个页面会显示与 GPSSU 位置有关的信息。当飞机通电,IRS 初始化完成,GPSSU 自检完成进入导航方式后,位置基准(POS REF)第 2/3 页的 4L 和 5L 行显示两套 GPSSU 计算的当前位置。如果数据

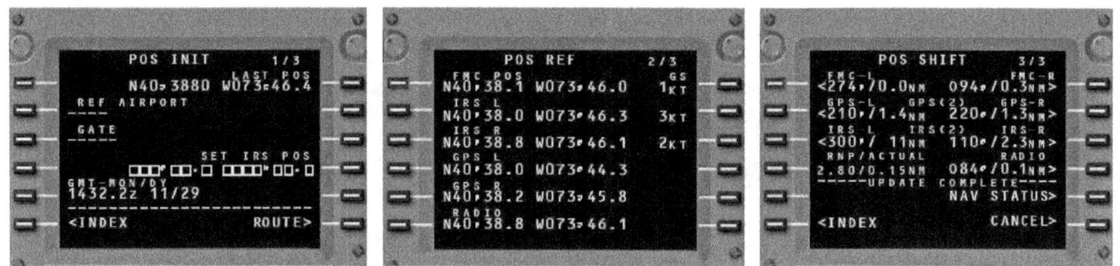

图 6-71　MCDU 显示 GPSSU 信息的页面

无效，则显示空白。位置起始(POS INIT)页上 5L 行显示国际协调时，根据数据的有效性，该行显示时间信息的优先次序为左 GPS、右 GPS、左时钟、右时钟。位置偏离(POS SHIFT)页面的 4L 行显示 RNP/实际导航性能 ANP，这些数据来自 FMC。2L、2R 显示 GPS 计算位置与左 FMC 计算位置的偏离。

两台机载 GPS 接收机的故障信息提供给 IRS 主告诫组件，如果 GPSSU 故障，则 MSU 上的 GPS 故障灯会亮，如图 6-72 所示。

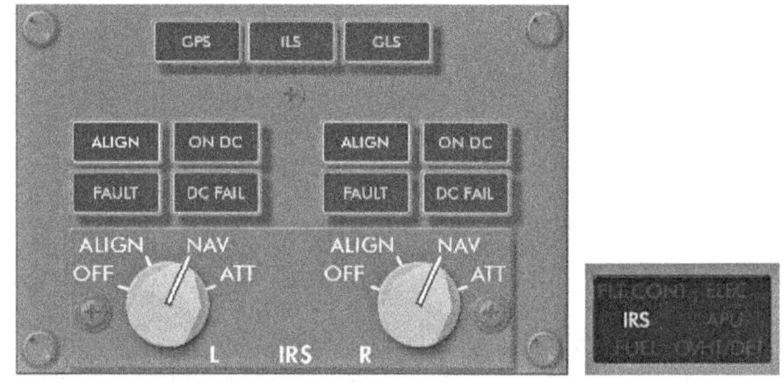

图 6-72　GPS 故障灯及主告诫通告牌

如果一个 GPSSU 故障，驾驶舱内没有显示。此时，如果飞行员压下左或右主告诫通告牌(重现)，则 MSU 上的 GPS 灯亮，左侧主告诫通告牌上的 IRS 灯亮，同时左、右主告诫灯也点亮。松开主告诫通告牌，所有告诫灯仍然亮，直至压下左或右主告诫灯(复位)时，相关灯光提醒才会熄灭。

当两个 GPS 接收机都故障时，MSU 上的 GPS 故障灯亮，左侧主告诫通告牌上的 IRS 灯亮，同时左右主告诫灯也点亮。此时，如果按压左或右任意一个主告诫灯，则主告诫通告牌上的 IRS 灯和主告诫灯熄灭，但 MSU 上的 GPS 灯仍保持点亮。

6.8　GPS 接收机的精度

GPS 接收机的定位误差与卫星几何布局和用户等效测距误差(user equivalent range error, UERE)有关。假设测距误差呈零均值的高斯分布，且卫星的测距误差之间相互独立，系统总 UERE 包含与卫星有关的、与传播路径有关的及与接收机有关的总的误差，这些误差分量的平方和的平方根即为 UERE。95%的定位精度为 2σ 对应的误差。

$$95\%\text{水平定位精度} = 2 \times \mathrm{HDOP} \times \sigma_{\mathrm{UERE}}$$

另一种常用的水平误差度量为圆概率误差(circular error probable, CEP)。以接收机位置为圆心,包含50%定位值的圆,其半径即为圆概率误差 CEP 的大小。对应不同概率的水平圆概率误差的近似计算公式如表 6－4 所示。

表 6－4　水平误差大小的近似计算

近似计算公式	概率范围
$CEP_{50}=0.75\times HDOP\times\sigma_{UERE}$	0.43~0.54
$CEP_{80}=1.28\times HDOP\times\sigma_{UERE}$	0.80~0.81
$CEP_{90}=1.6\times HDOP\times\sigma_{UERE}$	0.89~0.92
$CEP_{95}=2.0\times HDOP\times\sigma_{UERE}$	0.95~0.98

6.9　全球导航卫星系统

全球导航卫星系统(GNSS)是 ICAO 新航行系统的核心,由 FANS 委员会提出,并在 1991 年 9 月被 ICAO 采纳。ICAO 对 GNSS 的定位为: GNSS 包括一个或多个现有卫星导航星座、机载接收机和系统完好性监视,并提供必要的增强,从而支持 RNP 运行。

根据 ICAO GNSS 定义,GNSS 涵盖三方面的内容和信息: 卫星导航系统、增强系统及相应的机载系统。目前投入运行的卫星导航系统有美国的 GPS、俄罗斯的 GLONASS 和中国的北斗卫星导航系统,在建的有欧洲的 GALILEO 系统。ICAO 定义的增强系统有三类: 陆基增强系统(GBAS)、星基增强系统(SBAS)和机载增强系统(aircraft based augmentation system, ABAS)。GBAS 包括欧洲的陆基增强系统(GBAS)、美国的局域增强系统(local area augmentation system, LAAS);SBAS 包括欧洲的欧洲地球同步导航重叠服务(European geostationary navigation overlay service, EGNOS)系统、美国的广域增强系统(wide area augmentation system, WAAS)、日本的 MTSAT 星基增强系统(multi-function transport satellite based augmentation system, MSAS);机载增强系统(ABAS)主要包括接收机自主完好性监视(RAIM)、惯性导航系统(INS)及气压高度系统与 GPS 接收机的组合增强等。

鉴于 GNSS 系统实现的复杂性,欧洲建议将 GNSS 分为两步走: GNSS－1 和 GNSS－2。GNSS－1 主要在现有的卫星导航系统的基础上通过增强手段实现,包括现有的两个卫星导航系统(GPS、GLONASS)、陆基增强系统、星基增强系统及机载增强系统; GNSS－2 则是在未来高精度、民用卫星导航系统的基础上实现,即 GALILEO 系统、北斗卫星导航系统及 GPS III 建成投入运营,GNSS－2 符合 ICAO 对 GNSS 的预期。GNSS 组成如图 6－73 所示。

GNSS 的实现,将使民航用户高精度、高完好性地完成航路、非精密进近、精密进近及着陆阶段的导航定位。借助国际合作与协调,GNSS 将成为民用航空的“唯一导航”方式,它可提供全球、无缝隙的覆盖,以及可靠、一致的导航性能。

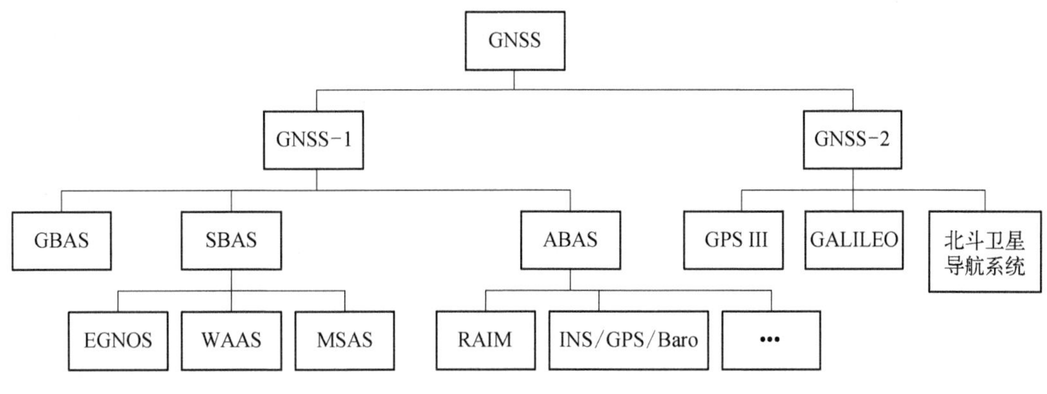

图 6-73　GNSS 的组成

6.9.1　星基增强系统

6.9.1.1　SBAS 概述

SBAS 利用地面支持系统在一个广阔的地域范围内提供针对现有卫星导航系统的差分修正信息及完好性信息，并通过通信卫星播发这些信息。SBAS 覆盖范围内的卫星导航接收机在接收导航卫星信息的同时，还可以接收 SBAS 的差分修正及完好性信息，通过增强算法获得更高的导航精度，确保更佳的完好性，为飞机提供从航路到非精密进近各飞行阶段的导航服务。

现有的 SBAS 中，WAAS 的服务区为美洲大陆（包括阿拉斯加）、夏威夷及波多黎各；EGNOS 的服务区主要是欧洲，包括欧洲大部分国家（共 33 个）、土耳其、北海及大西洋的东部；MSAS 的服务区是与日本有关的飞行情报区。在这三个星基增强系统中，WAAS 与 EGNOS 的工作原理相似，其数据及数据格式一样；MSAS 的导航部分的工作原理与 WAAS、EGNOS 的一样，但 MSAS 还具有用于自动相关监视的双工话音和数据通信的功能。图 6-74 是各 SBAS 的服务区域覆盖情况。

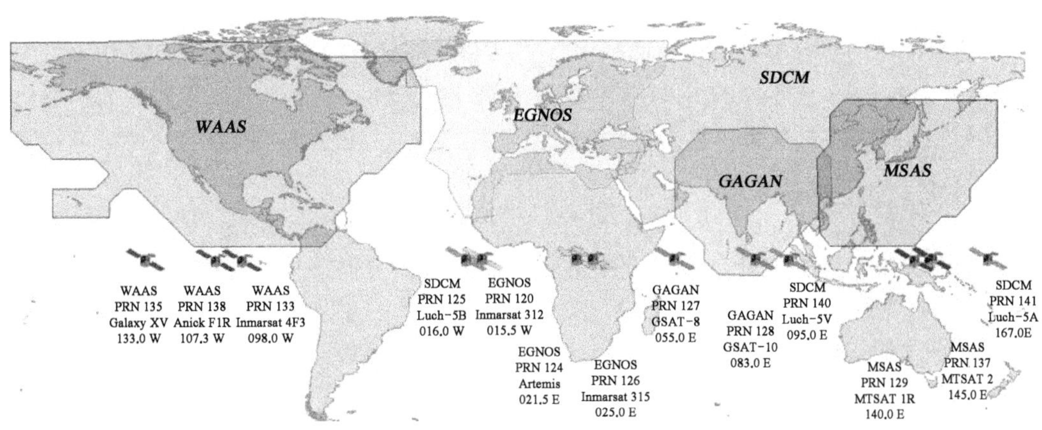

图 6-74　SBAS 服务区域（https://www.faa.gov/）

WAAS 是由美国联邦航空局(Federal Aviation Administration, FAA)运营的星基增强系统,为飞行器提供从航路到非精密进近各个飞行阶段的导航辅助。今天,WAAS 已经被广泛地应用到其他领域。WAAS 的信号结构类似 GPS 信号,信号频率与 GPS 的 L_1 频率相同,只需在 GPS 接收机内部附加部分信号处理电路,增加软件处理功能就可以实现高精度导航,不需要额外增加硬件设备。

EGNOS 系统是欧盟、欧洲空间局和欧洲航行安全局联合规划的项目。欧洲民航大会于 1994 年提出筹建该系统,1998 年 11 月实施,2002 年 5 月进入研发和验证阶段,目前该系统已正式用于精密导航。

MSAS 是由日本气象局和日本交通部组织的基于 2 颗多功能卫星(MTSAT)的 GPS 星基增强系统,主要目的是为日本飞行区的飞机提供全程通信和导航服务,也可为亚太地区的机动用户播发气象数据信息。该系统从 1996 年开始实施,2007 年 9 月完成了地面系统与 2 颗 MTSAT 卫星的集成、卫星覆盖区测试及 MTSAT 卫星位置的安全评估和操作评估测试。

另外,其他地区和国家也正在进行 SBAS 的研发与建设,其中包括印度的 GPS 辅助 GEO 增强导航(GPS aided GEO augmented navigation, GAGAN)和俄罗斯的差分修正与监视系统(system of differentical correction and monitoring, SDCM)。中国的北斗三代卫星导航系统具备 SBAS 功能。

当前运行的 SBAS 都以 GPS 为核心星座,部分 SBAS 使用 GPS 和 GLONASS 双星座作为核心星座,如 EGNOS。因此,SBAS 定位所用的空间基准坐标系与 GPS 的相同,为 WGS－84 坐标系。

SBAS 覆盖范围广,单个 SBAS 可覆盖整个欧洲或北美洲,所提供的导航定位精度较高,通常可达到米级;SBAS 地面系统可以提供较完善的完好性监视功能,这大大降低了机载接收机的完好性负担。借助 SBAS,GNSS 接收机可以为飞机提供高品质的导航性能。

6.9.1.2 SBAS 组成

SBAS 由空间部分、地面支持系统和用户接收机三部分组成,在 GPS/GLONASS 系统的基础上,实现测距、差分修正及完好性监视三种增强功能(图 6－75)。

1. 空间部分

SBAS 的空间部分为装载在地球同步轨道(GEO)卫星上的导航转发器。GEO 卫星发射的信号类似 GPS 信号,其频率与 GPS 的 L_1 频率相同,信号中含有可用于测距的伪随机序列码及 GEO 卫星的位置信息,使得 GEO 卫星在发播差分修正信号的同时,还可以作为导航卫星使用。

GEO 卫星主要用来发播核心星座卫星的差分修正信息及完好性信息,通过完好性增强来改善接收机的完好性功能。SBAS 的完好性通过 GEO 卫星播发 GIC 信息实现。

2. 地面支持系统

SBAS 地面支持系统包括地面基准站、主控站及信息上传站,地面网络将各部分联系起来,实现各部分之间的信息传输。

由于覆盖范围广,地面基准站配置间隔大,用户接收机与基准站之间的基线长度通常较长,误差的空间相关性较差。因此,SBAS 的差分修正不采用修正结果受误差相关性影

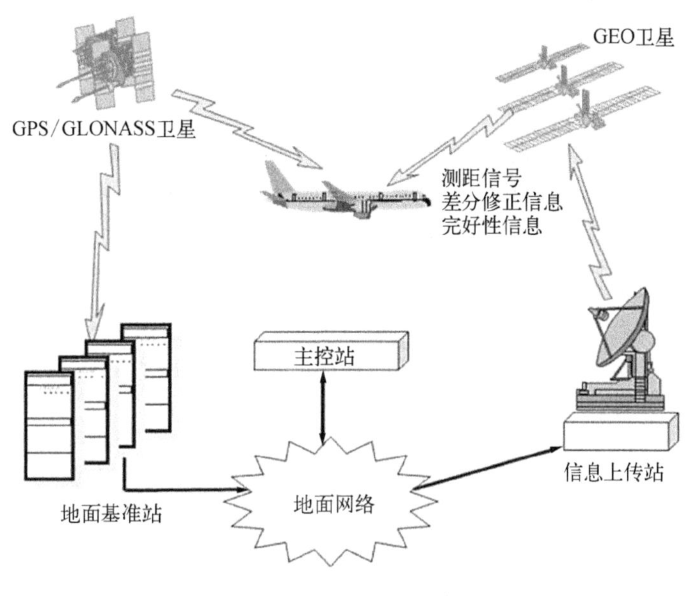

图6-75　SBAS组成

响明显的伪距差分，而是将各种误差来源区别对待，分别计算并广播各个不同的误差，包括星历误差、星钟误差及电离层延迟误差，然后由接收机根据情况进行差分修正，以期达到最佳修正效果。

由于对流层误差与接收机所在处的大气气压、温度等参数关系密切，长基线无法实现对流层误差的精确估计，因此，SBAS不估算对流层延迟误差，GEO卫星的广播电文中不包含对流层校正值，对流层延迟补偿模型设置在用户接收机内，模型完善的用户接收机一般可消除90%以上的对流层延迟误差。

SBAS的地面基准站设置在位置精确已知的地点，利用高精度的双频接收机接收空中GPS、GLONASS及GEO卫星的信号，利用气象传感器检测基准站周围的气象信息，并将这些信息打包，通过地面广域网络发送给地面主控站。

地面主控站利用基准站接收到的信号计算空中卫星的精确位置和钟差，以此确定GPS、GLONASS卫星的星历误差和星钟误差。利用双频接收机的信号计算SBAS服务范围内电离层网格点上的电离层延迟误差。计算卫星的完好性信息，计算GEO卫星的位置信息，并将这些信息按照帧结构的形式进行编排，发送给地面信息上传站。

地面信息上传站负责将主控站送过来信息上传给GEO卫星。

3. 用户接收机

用户接收机为具有接收处理SBAS信号功能的GNSS接收机或多模式接收机。这种接收机既可以接收处理GPS、GLONASS卫星的信息，也可以接收处理GEO卫星的信息，通过差分修正计算及完好性监视算法获得更高性能的导航信息。

SBAS用户接收机主要包括三部分：用来接收卫星信号的天线；用于获取导航信息及差分修正信息的信号处理通道；实现导航定位计算、完好性监视等功能的软件。

6.9.1.3　SBAS增强服务的实现

SBAS系统提供测距、广域差分修正及完好性监视三类增强服务。下面分别介绍

SBAS 的这三类增强服务的实现过程。

1. 测距

如图 6－76 所示，SBAS 地面基准站接收 GEO 卫星的信号发送给主控站，主控站接收到至少 4 个基准站的信息之后，根据基准站的位置及相应的星站距离，确定 GEO 卫星的位置，并将其按照给定的格式编排，发送给上传站，上传站进行信号同步，并将这些信息发送给 GEO 卫星。

GEO 卫星发射的信号“类 GPS”信号，信号中包含有用于测距的伪随机序列码及 GEO 卫星位置信息，所有处于 GEO 覆盖区内的用户均可利用该信号进行测距，并将 GEO 卫星用于导航定位计算，由此增加了 SBAS 接收机的可视卫星数量，从而改善 GDOP 值，提高导航定位精度，改善导航的连续性和有效性。

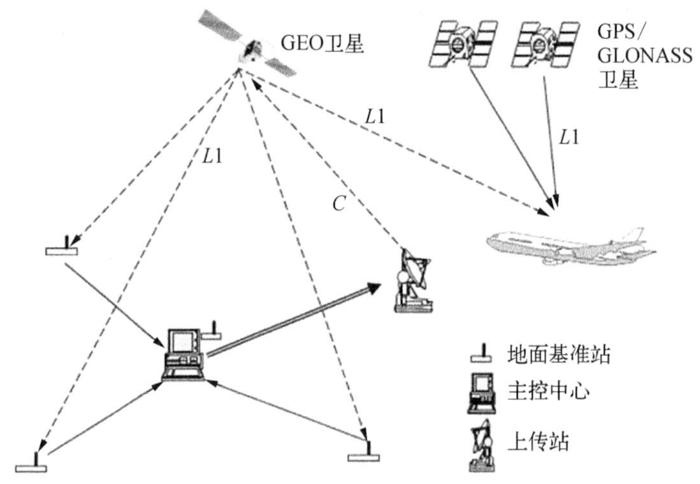

图 6－76　SBAS 的测距功能

GEO 卫星发送的导航电文信号中包含 GEO 卫星的位置信息，包括卫星位置(X_G, Y_G, Z_G)、速度($\dot{X}_G$, $\dot{Y}_G$, $\dot{Z}_G$)、加速度($\ddot{X}_G$, $\ddot{Y}_G$, $\ddot{Z}_G$)和电文更新时间 $t_{0,\ GEO}$ 等信息。由此可以计算出，任意时刻 GEO 卫星的位置。

$$\begin{bmatrix} \hat{X}_G \\ \hat{Y}_G \\ \hat{Z}_G \end{bmatrix} = \begin{bmatrix} X_G \\ Y_G \\ Z_G \end{bmatrix} + \begin{bmatrix} \dot{X}_G \\ \dot{Y}_G \\ \dot{Z}_G \end{bmatrix} (t - t_{0,\ GEO}) + \frac{1}{2} \begin{bmatrix} \ddot{X}_G \\ \ddot{Y}_G \\ \ddot{Z}_G \end{bmatrix} (t - t_{0,\ GEO})^2$$

GEO 卫星的时钟存在误差，进行定位计算时，需要首先消除该钟差。GEO 卫星根据下式进行钟差修正。

$$t = t_G - \Delta t_G$$

其中，t 为 SBAS 的网络时间；t_G 为 GEO 发送消息(MT)时的码相位时间；Δt_G 为 GEO 卫星的码相位偏移。任意时刻，码相位偏移 Δt_G 为

$$\Delta t_G = a_{Gf0} + a_{Gf1}(t - t_{0,\ GEO})$$

其中，$t - t_{0,\text{GEO}}$ 表示钟差修正从每天开始时进行修正。

2. 广域差分修正

SBAS 地面基站接收卫星信号，并将卫星轨道参数发送给主控站，由主控站计算误差修正值及完好性数据，通过 GEO 卫星发送给用户。一定范围内，基准站的数量越多，计算所得的星历误差、星钟误差及电离层误差的差分修正信息越准确。图 6－77 为 SBAS 的差分及完好性功能。

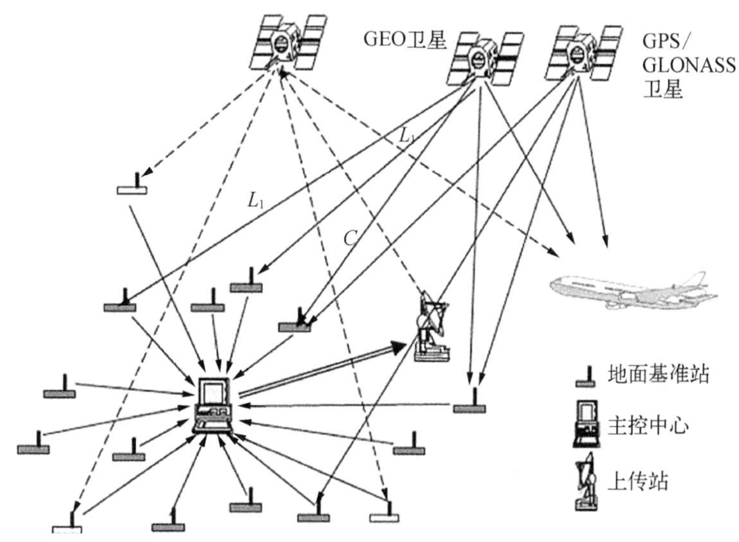

图 6－77　SBAS 的差分及完好性功能

SBAS 的差分修正信号分为快慢两类修正信号。快修正信号针对快变误差，主要涉及 GPS 卫星的即时位置及时钟误差，这些误差与用户位置无关，SBAS 服务范围内的用户接收机都可以直接使用。慢修正包括星历及星钟误差的长期估计值，以及电离层延迟信息。下面分别介绍各种差分修正信号的计算及使用方法。

1）星历误差、星钟误差改正数

由于用户与基准站星历误差的相关性随基线长度的增大而减弱，基线越长，伪距差分修正后的星历误差残差越大。SBAS 作为广域差分系统，其用户接收机与基准站之间的距离通常会比较远，为实现较好的差分效果，SBAS 选择矢量修正的方法来消除星历误差，而非局域差分中采用的标量修正。

星历误差、星钟误差的矢量修正计算方法与卫星导航系统中接收机的定位计算类似。如图 6－78 所示，假设卫星 S_i、地面基准站 1 和地面基准站 2 的坐标分别为 (x_i, y_i, z_i)、(x_{m1}, y_{m1}, z_{m1})、(x_{m2}, y_{m2}, z_{m2})。根据 SBAS 的工作原理，所有地面基准站的位置是精确已知的，如果将卫星 S_i 的真实位置作为待求量进行计算，然后将其与卫星广播星历所对应的广播位置相比较，就可以得到星历误差矢量。

根据空间两点之间的距离公式，可得地面基准站 1 和地面基准站 2 到卫星 S_i 的几何距离 R_{m1}^i、R_{m2}^i 分别为

$$R_{m1}^i = \sqrt{(x_i - x_{m1})^2 + (y_i - y_{m1})^2 + (z_i - z_{m1})^2}$$

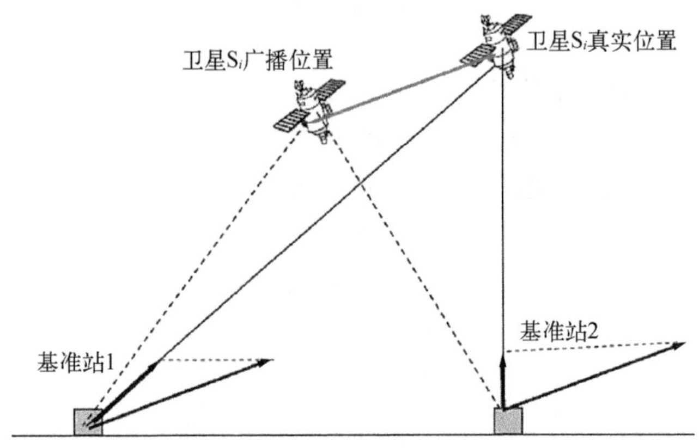

图 6-78　星历误差等效分析

$$R_{m2}^{i}=\sqrt{(x_i-x_{m2})^2+(y_i-y_{m2})^2+(z_i-z_{m2})^2}$$

利用基准站的双频接收机，可以测得基准站与卫星之间的精准距离。地面基准站1和地面基准站2测得的卫星 S_i 的站星间伪距 ρ_{m1}^{i}、ρ_{m2}^{i} 分别为

$$\rho_{m1}^{i}=R_{m1}^{i}+c\delta^{i}+c\delta_{m1}$$

$$\rho_{m2}^{i}=R_{m2}^{i}+c\delta^{i}+c\delta_{m2}$$

式中，c 为光速；δ^{i} 为卫星 S_i 的钟差；δ_{m1}、δ_{m2} 分别为地面基准站1和地面基准站2的钟差；由于使用的是双频接收机，电离层误差可利用双频延迟差很好地消除，对流层延迟误差也可以利用气象传感器测得的大气信息建立精确的对流层误差模型消除。经过电离层、对流层误差修正的伪距中就只包含有星历误差、星钟误差和接收机钟差。

首先利用接收机的测量值经过站际的单差计算消除卫星钟差，再利用星际的双差消除接收机钟差，具体实现方法如下。

首先进行站际间的伪距差 ρ_{m12}^{i}（单差）计算：

$$\rho_{m12}^{i}=\rho_{m1}^{i}-\rho_{m2}^{i}=R_{m1}^{i}-R_{m2}^{i}+c\delta_{m1}-c\delta_{m2}$$

利用两个基准站相对于同一颗卫星的伪距相减，由此消除卫星钟差。对于第2颗卫星 S_j，同样可以计算获得一个伪距单差 ρ_{m12}^{j}：

$$\rho_{m12}^{j}=\rho_{m1}^{j}-\rho_{m2}^{j}=R_{m1}^{j}-R_{m2}^{j}+c\delta_{m1}-c\delta_{m2}$$

式中，j 为卫星 S_j 的标号；R_{m1}^{j}、R_{m2}^{j} 分别为地面基准站1和地面基准站2到卫星 S_j 的几何距离；ρ_{m1}^{j}、ρ_{m2}^{j} 分别为地面基准站1和地面基准站2测得的卫星 S_j 到基准站的伪距。

对 ρ_{m12}^{i} 与 ρ_{m12}^{j} 二次求差，可消除两个地面基准站的钟差并进一步消除对流层残差，得到双差公式 ρ_{m12}^{ij}：

$$\rho_{m12}^{ij}=\rho_{m12}^{i}-\rho_{m12}^{j}=R_{m1}^{i}-R_{m2}^{i}+R_{m2}^{j}-R_{m1}^{j}$$

上式包含卫星 S_i 与 S_j 的位置坐标 (x_i, y_i, z_i)、(x_j, y_j, z_j) 6个未知数。要求得这6个未

知数,需要增加方程的数量。为确保不引入新的未知量,针对 S_i 与 S_j 两颗卫星,利用其他的基准站的信息,经过两次求差,获得另外 5 个方程。将这些方程线性化后求解,就可以获得卫星 S_i 与 S_j 的精确位置坐标。

假设利用 S_i 卫星导航电文信息计算获得卫星 S_i 的广播位置为 $(x_{ri},\ y_{ri},\ z_{ri})$,则卫星 S_i 的星历误差修正值为 $\delta x = x_i - x_{ri}$、$\delta y = y_i - y_{ri}$ 及 $\delta z = z_i - z_{ri}$,SBAS 向用户发布该星历误差修正矢量。其他卫星的星历误差修正矢量同理获得。

考虑到误差修正值的滞后效应,SBAS 通常不仅提供误差修正值,还提供修正值的变化率,以此来提高误差修正效果。

对于星历误差的修正,SBAS 的主控站除计算并广播 δx、δy、δz 外,还计算并播发星历误差修正值变化率 $\delta\dot{x}$、$\delta\dot{y}$、$\delta\dot{z}$。

用户接收机接收到 SBAS 的星历误差差分修正信号后,通过下式对卫星位置进行修正。在时刻 t,第 i 颗卫星修正后的位置为

$$\begin{bmatrix} x_i \\ y_i \\ z_i \end{bmatrix}_{\text{corrected}} = \begin{bmatrix} x_{ri} \\ y_{ri} \\ z_{ri} \end{bmatrix} + \begin{bmatrix} \delta x_i \\ \delta y_i \\ \delta z_i \end{bmatrix} + \begin{bmatrix} \delta\dot{x}_i \\ \delta\dot{y}_i \\ \delta\dot{z}_i \end{bmatrix} (t - t_{i,\ \text{LT}})$$

式中,$[x_i \quad y_i \quad z_i]^{\text{T}}_{\text{corrected}}$ 为修正后的卫星位置;$[x_{ri} \quad y_{ri} \quad z_{ri}]^{\text{T}}$ 为卫星广播位置,利用导航电文计算获得;$[\delta x_i \quad \delta y_i \quad \delta z_i]^{\text{T}}$ 为卫星星历误差修正矢量;$[\delta\dot{x}_i \quad \delta\dot{y}_i \quad \delta\dot{z}_i]^{\text{T}}$ 为卫星星历误差修正值变化率。

计算获得卫星精确星历后,利用测站的星际单差方程,即可计算获得卫星钟差的修正参数,并将其发布给用户。

为提高误差改正数的计算精度,SBAS 基准站都配备高精度的气象传感器和原子钟,以尽量减弱对流层误差和基准站钟差对计算结果的影响。

2）电离层延迟改正数

GPS 的选择有效性(SA)关闭之后,电离层延迟实际上就成了 GPS 测距的最大误差源。由于 SBAS 覆盖区域大,而电离层延迟又随时间和地点而变化,为确保电离层误差修正的准确性,SBAS 采用电离层网格校正技术,将电离层分割成许多网格,为各个网格区域分别提供近乎实时的电离层误差模型,使用户有效校正电离层延迟误差。

SBAS 地面支持系统计算网格点上的电离层误差值,并通过 GEO 卫星对外广播,用户接收机利用 SBAS 广播的相应网格点上的电离层延迟改正数,通过插值计算的方法确定用户所在区域的电离层延迟误差修正值。卫星与接收机之间的连线(电波传播路线)与电离层薄壳相交的点称为电波的电离层穿透点(ionospheric pierce point, IPP),如图 6－79 所示。

a. 电离层网格的划分

SBAS 规定的电离层网格点以地球上方 350 km 处的球面壳层作为电离层薄壳,壳层上相应的经线和纬线构成经纬交织的网格,网格相交点定义为电离层网格点(ionospheric grid point, IGP)。

电离层网格以一定的经纬度间隔进行划分。网格的分布原则为:55°N~55°S,以经纬度各差 5°划分网格,即网格大小为 5°×5°,在 55°N~85°N 及 55°S~85°S,网格大小为 10°×

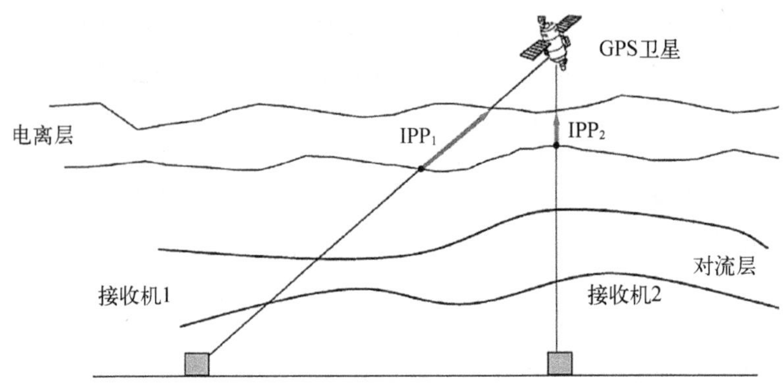

图 6-79　电离层误差影响

10°,85°N~90°N 和 85°S~90°S,经度每间隔 90°作为一个网格,南、北纬地区的经度错开 40°。SBAS 系统广播每一个电离层网格点(IGP)上的垂直电离层延迟改正数。

SBAS 发播信号时,按照网格带、网格点的命名形式,由 GEO 卫星按顺序对相关改正数进行广播,部分 IGP 的位置及所属网格带号码如表 6-5 所示,完整的代码标注参见 ICAO 附件 10 APPENDIX B 表 B-30。

表 6-5　IGP 位置及网格带编码

	IGP 位置	带内顺序
#0 网格带		
180W	75S, 65S, 55S, 50S, 45S, …, 45N, 50N, 55N, 65N, 75N, 85N	1~28
175W	55S, 50S, 45S, …, 45N, 50N, 55N	29~51
170W	75S, 65S, 55S, 50S, 45S, …, 45N, 50N, 55N, 65N, 75N	52~78
165W	55S, 50S, 45S, …, 45N, 50N, 55N	79~101
160W	75S, 65S, 55S, 50S, 45S, …, 45N, 50N, 55N, 65N, 75N	102~128
155W	55S, 50S, 45S, …, 45N, 50N, 55N	129~151
150W	75S, 65S, 55S, 50S, 45S, …, 45N, 50N, 55N, 65N, 75N	152~178
145W	55S, 50S, 45S, …, 45N, 50N, 55N	179~201
#1 网格带		
140W	85S, 75S, 65S, 55S, 50S, 45S, …, 45N, 50N, 55N, 65N, 75N	1~28
135W	55S, 50S, 45S, …, 45N, 50N, 55N	29~51
130W	75S, 65S, 55S, 50S, 45S, …, 45N, 50N, 55N, 65N, 75N	52~78
125W	55S, 50S, 45S, …, 45N, 50N, 55N	79~101
120W	75S, 65S, 55S, 50S, 45S, …, 45N, 50N, 55N, 65N, 75N	102~128
115W	55S, 50S, 45S, …, 45N, 50N, 55N	129~151
110W	75S, 65S, 55S, 50S, 45S, …, 45N, 50N, 55N, 65N, 75N	152~178
105W	55S, 50S, 45S, …, 45N, 50N, 55N	179~201
依次类推……		
#10 网格带		
60 S	180W, 175W, 170W, …, 165E, 170E, 175E	1~72

续　表

IGP 位置		带内顺序
65 S	180W, 170W, 160W, …, 150E, 160E, 170E	73~108
70 S	180W, 170W, 160W, …, 150E, 160E, 170E	109~144
75 S	180W, 170W, 160W, …, 150E, 160E, 170E	145~180
85 S	170W, 140W, 110W, …, 100E, 130E, 160E	181~192

b. 网格点电离层延迟的计算

首先利用配备了双频接收机的地面基准站测量空中可见星(仰角大于5°)L_1频率的电离层延迟$\delta^i_{m,\ \mathrm{RIMS}}$，该延迟为

$$\delta^i_{m,\ \mathrm{RIMS}} = (\rho_1 - \rho_2)\left(\frac{f_2^2}{f_1^2 - f_2^2}\right)$$

式中，ρ_1、ρ_2分别表示第m个地面基准站观测到的到第i颗卫星的基于L_1和L_2频率的伪距；f_1、f_2分别为GPS的L_1、L_2载波频率。

根据卫星高度角，将沿电波传播方向的$\delta^i_{m,\ \mathrm{RIMS}}$转换为相应电离层穿透点(IPP)的垂直电离层延迟$\tau^i_{\mathrm{v}m,\ \mathrm{RIMS}}$。主控站用相应的插值算法计算电离层网格点(IGP)处的垂直电离层延迟$\tau^i_{\mathrm{v}k}$。

考虑电离层延迟的空间相关性，网格点垂直电离层延迟插值计算时，SBAS选择与IGP在一定距离范围内(1 000 km)的IPP点的垂直电离层延迟来计算IGP点上的电离层延迟改正数。例如，对于第k个IGP，主控站在计算$\tau^i_{\mathrm{v}k}$时，首先以第k个IGP为圆心、以1 000 km为半径划定范围，主控站只使用处于圆内的$\tau^i_{\mathrm{v}m,\ \mathrm{RIMS}}$来计算$\tau^i_{\mathrm{v}k}$，以确保电离层延迟计算的准确性。

选取了网格点k电离层延迟计算所需的数据后，主控站采用距离倒数加权法计算第k个IGP的垂直电离层延迟，如下式所示：

$$\begin{cases} \tau^i_{\mathrm{v}k} = \tau_{\mathrm{nominal},\ k} \dfrac{\displaystyle\sum_{m=1}^{n}\left(\dfrac{\tau^i_{\mathrm{v}m,\ \mathrm{RIMS}}}{d_{mk}} \times \dfrac{1}{\tau_{\mathrm{nominal},\ m}}\right)}{\displaystyle\sum_{m=1}^{n}\dfrac{1}{d_{mk}}}, & d_{mk} \neq 0 \\ \tau^i_{\mathrm{v}k} = \tau^i_{\mathrm{v}m,\ \mathrm{RIMS}}, & d_{mk} = 0 \end{cases}$$

式中，i为第i颗卫星；$\tau^i_{\mathrm{v}k}$为某一网格第$k(k=1,\ 2,\ 3,\ 4)$个IGP处的垂直电离层延迟；$\tau_{\mathrm{nominal},\ k}$为第$k$个IGP处由Klobchar电离层延迟模型估算的垂直电离层延迟；m表示基准站或穿透点的序号；n为参与计算的穿透点的个数；d_{mk}为穿透点m与IGP点k的距离；$\tau^i_{\mathrm{v}m,\ \mathrm{RIMS}}$为第$m$个穿透点处的垂直电离层延迟；$\tau_{\mathrm{nominal},\ m}$为第$m$个穿透点处由Klobchar电离层延迟模型估算的垂直电离层延迟。

主控站计算的这些电离层延迟改正数经地面上传站注入 GEO 卫星，由 GEO 卫星将数据播发给服务区内的用户。

c. 用户接收机电离层插值点的选择

要利用 SBAS 广播的电离层延迟改正数修正电离层误差，用户接收机首先要确定接收机在电离层薄壳上的 IPP，然后利用 IPP 所在网格周围 4 个 IGP 的电离层延迟改正数，通过插值的方法计算 IPP 处的垂直电离层延迟，最后利用投影原理计算出沿电波传播路径的电离层延迟改正数，如图 6－80 所示。

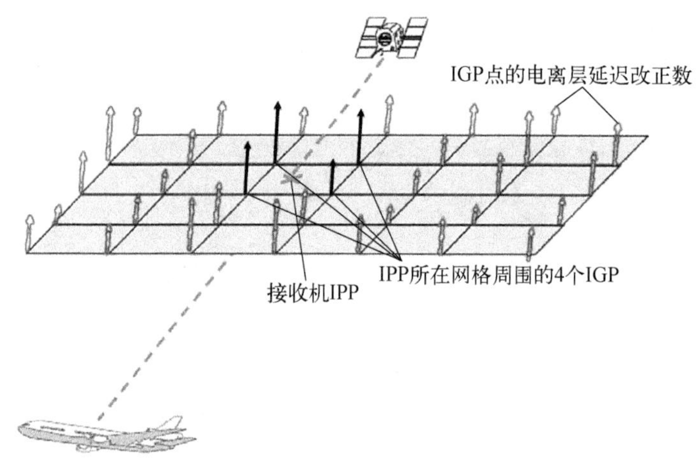

图 6－80　用户电离层延迟与电离层网格延迟改正数的关系

用户接收到 GNSS 信号后，先根据校正前的测量值计算出自己的概略地理位置，纬度 φ_u 和经度 λ_u，根据 φ_u、λ_u 和卫星位置信息计算出 IPP 的纬度 φ_{pp} 和经度 λ_{pp}。

如图 6－81 所示，用户接收机与卫星之间的地心角 Ψ_{pp} 为

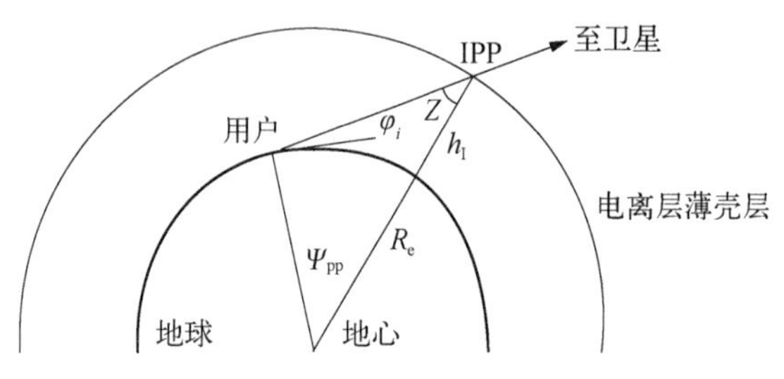

图 6－81　用户电离层延迟计算

$$\psi_{pp} = \frac{\pi}{2} - \varphi_i - \sin^{-1}\left(\frac{R_e}{R_e + h_1}\cos\varphi_i\right)$$

式中，φ_i 为卫星 i 的仰角；R_e 为地球半径，$R_e = 6\,378.136\,3$ km；h_1 为电离层薄壳层距地面的高度，$h_1 = 350$ km。

假设用户的方位角为 θ，则 IPP 的纬度 φ_{pp} 和经度 λ_{pp} 分别为

$$\begin{cases}\varphi_{pp} = \sin^{-1}(\sin\varphi_u\cos\psi_{pp} + \cos\varphi_u\sin\psi_{pp}\cos\theta) \\ \lambda_{pp} = \lambda_u + \sin^{-1}\left(\dfrac{\sin\psi_{pp}\sin\theta}{\cos\varphi_{pp}}\right)\end{cases}$$

当 IPP 在 N60°～S60°时，如果 IPP 周围的四个经纬度间隔 5°的 IGP 在 SBAS 信息中的覆盖标识为“1”，表示 SBAS 广播这四个网格点上的电离层延迟改正数，则用户接收机

使用这四个网格点的电离层延迟改正数进行插值计算，求得 IPP 处的垂直电离层延迟改正数。如果这四个点中有三个点的覆盖标识为“1”，则使用这三个点的电离层延迟改正数进行插值计算。如果间隔 5°的网格点覆盖标识为“1”的网格点数少于三个，则选择经纬度间隔都为 10°的网格，如果该网格的四个网格点的覆盖标识都为“1”，则使用这四个点的数据进行插值计算，如果只有三个覆盖标识为“1”，则使用三个点的数进行插值计算。如果覆盖标识为“1”的网格点个数少于三个，则无法进行 IPP 电离层延迟改正数的计算。

当 IPP 在 N60°～N75°或 S60°～S75°时，如果 IPP 周围的纬度间隔 5°、经度间隔 10°的四个网格点在 SBAS 信息中覆盖标识为“1”，则使用这四个网格点的数值进行插值计算。如果这四个点中有三个点的覆盖标识为“1”，则使用三点插值的方法。如果上述间隔的网格点覆盖标识为“1”的网格点数少于三个，则选择经纬度间隔都为 10°的网格，如果该网格的四个网格点覆盖标识都为“1”，使用四点插值法，如果只有三个网格点的覆盖标识为“1”，使用三点插值的方法。否则，该点的电离层延迟改正无效。

当 IPP 点在 N75°～N85°或 S75°～S85°时，如果 SBAS 信息中纬度 75°上离 IPP 最近的两个 IGP 和 85°上离 IPP 最近的两个 IGP（如果使用#9 或#10 电离层网格带，经度间隔 30°；否则间隔 90°）覆盖标识为“1”，在纬度 85°的 IGP 之间通过线性内插建立一个 10°×10°的网格，以获取与纬度 75°上 IGP 的经度相同经度的虚拟 IGP。其他情况电离层延迟改正不可用。

对于大于 N85°的 IPP，如果（W180°、N85°）、（W90°、N85°）、（0°、N85°）和（E90°、N85°）四个网格点的覆盖标识为“1”，就用这四个点的电离层延迟改正数进行插值计算，否则计算无效。

对于大于 S85°的 IPP，如果（W140°、S85°）、（W50°、S85°）、（E40°、S85°）和（E130°、S85°）四个网格点的覆盖标识为“1”，就用这四个点的电离层延迟改正数进行插值计算，否则计算无效。

由于插值点选择的依据是覆盖标识为“1”，如果任意所选择的覆盖标识为“1”的 IGP 的信息显示为“Do Not Use”，则电离层延迟改正无效；如果所选的四个 IGP 中有一个标识为“Not Monitored”，则使用剩余的三个点上的数值进行插值计算。

d. 用户电离层延迟改正数的插值计算

用户接收机根据 IPP 的经纬度确定穿透点所在的网格后，利用网格的四个（或三个）网格点上的垂直电离层延迟改正数，通过加权插值计算的方法即可获得 IPP 处的垂直电离层延迟改正数，如图 6－82 所示。

要计算穿透点处的电离层延迟改正数，首先需要确定四个（或三个）网格点上电离层延迟改正数的权重系数，该系数与 IPP 和 IGP 之间的距离有关。用户接收机根据两点之间距离进行归一化计算。

当穿透点 IPP 在 N85°～S85°时，利用下式进行距离归一化处理：

$$X_{pp} = \frac{\lambda_{pp} - \lambda_1}{\lambda_2 - \lambda_1}$$

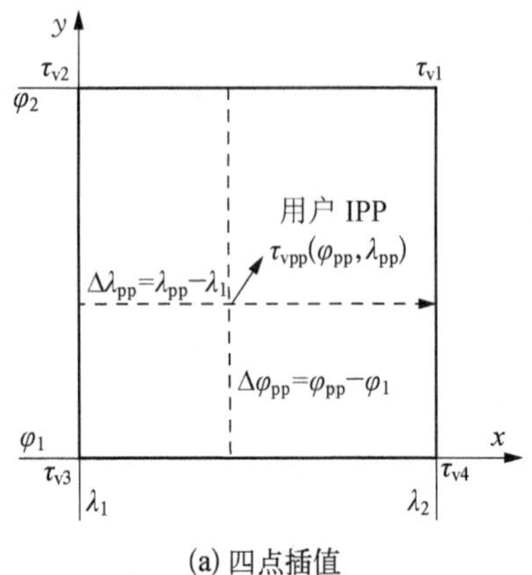

(a) 四点插值

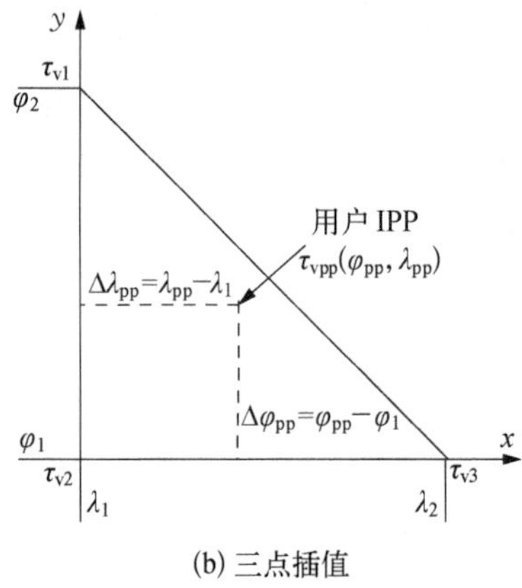

(b) 三点插值

图 6－82　IGP 插值计算

$$Y_{pp} = \frac{\varphi_{pp} - \varphi_1}{\varphi_2 - \varphi_1}$$

其中，λ_1、λ_2 分别为 IPP 所在电离层网格的西、东端所在的经度（电离层网格点的西、东经度）；φ_1、φ_2 分别为 IPP 所在电离层网格的南、北端所在的纬度（电离层网格点的南、北纬度）。

当穿透点 IPP 在 N85°～N90°或 S85°～S90°时，利用下式进行距离归一化处理：

$$Y_{pp} = \frac{|\varphi_{pp}| - 85°}{10°}$$

$$X_{pp} = \frac{\lambda_{pp} - \lambda_3}{90°} \times (1 - 2Y_{pp}) + Y_{pp}$$

此时，图 6－82 中的 λ_1 为第二个 IGP 向东到 IPP 的经度；λ_2 为第二个 IGP 向西到 IPP 的经度；λ_3 为最近的 IGP 向西到 IPP 的经度；λ_4 为最近的 IGP 向东到 IPP 的经度。

当 SBAS 发布网格的四个网格点的垂直电离层延迟改正数 τ_{vk}^i 均可用时，采用四点差值的方法来确定 IPP 处的垂直电离层延迟改正数 τ_{vpp}^i。

$$\tau_{vpp}^i = \sum_{k=1}^{4} W_k \tau_{vk}^i$$

式中，W_k 为加权函数，与 IPP 的经纬度及参与插值的四个网格点的经纬度有关；τ_{vk}^i 是 SBAS 广播的 IGP 网格的第 i 个角的垂直电离层延迟改正数。加权函数的计算如下：

$$W_1 = X_{pp} Y_{pp}$$

$$W_2 = (1 - X_{pp}) Y_{pp}$$

$$W_3 = (1 - X_{pp})(1 - Y_{pp})$$

$$W_4 = X_{pp}(1 - Y_{pp})$$

如果只有三个网格点的垂直电离层延迟改正数 τ_{vk}^{i} 可用,则用三点差值法进行电离层延迟改正数的计算[图 6-82(b)]。IPP 在 N75°~S75°时,垂直电离层延迟改正数为

$$\tau_{vpp}^{i} = \sum_{k=1}^{3} W_k \tau_{vk}^{i}$$

式中,W_k 为加权函数,与 IPP 的经纬度及参与插值的三个网格点的经纬度有关;τ_{vk}^{i} 是 SBAS 广播的 IGP 网格的第 i 个角的垂直电离层延迟改正数。

$$W_1 = Y_{pp}$$

$$W_2 = 1 - X_{pp} - Y_{pp}$$

$$W_3 = X_{pp}$$

其中,X_{pp} 和 Y_{pp} 的计算方法与四点插值计算的方法一致,只是 λ_1 和 φ_1 为 IGP2 的经度、纬度,λ_2 和 φ_2 是另外的经度、纬度;IGP2 是三个网格点形成的直角三角形的直角所在点,IGP1 与 IGP2 同经度,IGP3 与 IGP2 同纬度。

当 IPP 位于 N75°~S75°之外时,不能使用三点差值的方法进行电离层延迟改正数的计算。

由图 6-81 可知,计算出 IPP 处的垂直电离层延迟后,利用投影原理计算卫星 i 的电波传播路径上的电离层延迟改正数 IC_i。

$$IC_i = -\tau_{vpp}^{i}\sec(z) = -F_{pp} \times \tau_{vpp}^{i}$$

其中,$F_{PP} = 1\Big/\sqrt{1 - \left(\dfrac{R_e \cos\varphi_i}{R_e + h_I}\right)^2}$。

3) 伪距的修正

对 GPS 卫星来说,任意卫星(i)的时钟校正都可利用下式实现:

$$t = t_{SV,\,i} - [(\Delta t_{SV,\,i})_{L1} + \delta\Delta t_{SV,\,i}]$$

其中,t 为 SBAS 网络时间;$t_{SV,\,i}$ 为发送消息类型(message type, MT)时的 GPS 卫星时间;$(\Delta t_{SV,\,i})_{L1}$ 为卫星的 PRN 码相位偏移;$\delta\Delta t_{SV,\,i}$ 为码相位偏移修正值。

GPS 及 SBAS 的任意卫星(i)在任意时刻 t_k 的码相位偏移修正 $\delta\Delta t_{SV,\,i}$ 为

$$\delta\Delta t_{SV,\,i} = \delta a_{i,\,f0} + \delta a_{i,\,f1}(t_k - t_{i,\,LT})$$

而对于 GLONASS 卫星,其任意卫星(i)的时钟校正可以用下式实现:

$$t = t_{SV,\,i} + \tau_n(t_b) - \gamma_n(t_b)(t_{SV,\,i} - t_b) - \delta\Delta t_{SV,\,i}$$

其中,t 为 SBAS 网络时间;$t_{SV,\,i}$ 为发送 MT 时的 GLONASS 卫星时间;t_b、$\tau_n(t_b)$、$\gamma_n(t_b)$ 为 GLONASS 卫星的时钟参数;$\delta\Delta t_{SV,\,i}$ 为码相位偏移修正值。

第 i 颗 GLONASS 卫星的码相位偏移修正值 $\delta\Delta t_{SV,\,i}$ 为

$$\delta\Delta t_{SV,\,i} = \delta a_{i,\,f0} + \delta a_{i,\,f1}(t_k - t_{i,\,LT}) + \delta a_{i,\,GLONASS}$$

其中，$t_k - t_{i,\,\mathrm{LT}}$ 表示在每天的起始点进行修正。

在任意时刻 t，第 i 颗卫星的伪距校正为

$$\mathrm{PR}_{i,\,\mathrm{corrected}} = \mathrm{PR}_i + \mathrm{FC}_i + \mathrm{RRC}_i(t - t_{i,\,\mathrm{of}}) + \mathrm{IC}_i + \mathrm{TC}_i$$

式中，$\mathrm{PR}_{i,\,\mathrm{corrected}}$ 为校正后的伪距；PR_i 为经过钟差校正的伪距值；FC_i 为快修正；IC_i 为电离层延迟改正；TC_i 为对流层延迟改正（负值代表对流层延迟）；RRC_i 为伪距率改正；$t_{i,\,\mathrm{of}}$ 为最新的快修正可用的时间，也就是 SBAS 卫星发送包含该信息的信息块第一个符号时的 SBAS 网络时间。

第 i 颗卫星的伪距率改正是当前时刻和前一时刻伪距修正值之差与两者时间间隔的比值。

$$\mathrm{RRC}_i = \frac{\mathrm{FC}_{i,\,\mathrm{current}} - \mathrm{FC}_{i,\,\mathrm{previous}}}{t_{i,\,\mathrm{of}} - t_{i,\,\mathrm{of\_previous}}}$$

其中，$\mathrm{FC}_{i,\,\mathrm{current}}$ 和 $\mathrm{FC}_{i,\,\mathrm{previous}}$ 分别为最近一次和前一次的快修正值；$t_{i,\,\mathrm{of}}$ 和 $t_{i,\,\mathrm{of\_previous}}$ 分别为提供两次修正值的时间。

经过星历误差及伪距误差修正后的用户接收机可获得更高精度的导航参数。

3. 完好性监视

SBAS 接收机的完好性计算是 SBAS 的一个重要功能，完好性概念决定了完好性计算的复杂性。完好性监视需要计算水平保护限和垂直保护限（即满足一定概率要求的残差估计），SBAS 的完好性计算由两部分组成：一部分是差分修正后的残差估计，这部分由 SBAS 地面支持网计算并通过 GEO 发送给用户接收机；另一部分与 SBAS 接收机有关，需要接收机根据自身性能及多径环境计算。

SBAS 的完好性通道是指由 SBAS 地面支持网计算，随广域差分改正数一起向用户广播的完好性参数，包括反映星历和星钟误差修正效果的用户差分测距误差（user differential range error, UDRE）σ^2_{UDRE}，反映电离层延迟改正效果的网格点垂直延迟误差（grid ionospheric vertical error, GIVE）σ^2_{GIVE}。

卫星的星历误差及星钟误差经过快慢修正后，SBAS 地面支持网估算修正后的残差不确定度，并将其用一个零均值正态分布的残差模型描述，该参数就是 UDRE。UDRE 描述了残差的范围。

σ^2_{UDRE} 实际上是 99.9%概率下星历和星钟改正数的精度估计值，它涵盖以下伪距残差：慢修正残差，快修正残差，由于 σ^2_{UDRE} 接收时间滞后而造成的误差，由于 σ^2_{UDRE} 存在有效时间而造成的误差，以及由于用户没有更新 σ^2_{UDRE} 而造成的误差。

σ^2_{UDRE} 在 SBAS 的 MT2（MT2）中广播。如果 σ^2_{UDRE} 大于 2 078.695 m^2，SBAS 将标注相应的卫星“不可用”（Do Not Use）；若 σ^2_{UDRE} 无法确定，则 SBAS 将相应的卫星标注为“未监测”（Not Monitored）。

GIVE 表明电离层延迟改正的精度，SBAS 主控站按下式估算第 k 个 IGP 的 σ^2_{GIVE}：

$$\sigma^2_{\mathrm{GIVE}} = \frac{1}{\displaystyle\sum_{m=1}^{n} \frac{1}{(\sigma_m / \gamma_{mk})^2}}$$

式中，m 表示穿透点的序号；n 为参与计算的穿透点的个数；σ_m^2 为穿透点 m 的垂直电离层延迟残差；γ_{mk} 为穿透点 m 与 IGP 点 k 的空间相关因子。

σ_{GIVE}^2 在 SBAS 的 MT26 中广播。若 σ_{GIVE}^2 的编码为 111111111，说明 SBAS 对应的 IGP 垂直电离层延迟"不可用"（Do Not Use）；若 σ_{GIVE}^2 无法确定，则 SBAS 将相应的 IGP 垂直电离层延迟标注为"未监测"（Not Monitored）。

SBAS 用户接收机最终在用户端完成完好性监视功能。用户接收机首先根据 SBAS 发布的完好性参数 σ_{UDRE}^2 与 σ_{GIVE}^2，分别剔除"不可用"卫星及"不可用"IGP 垂直电离层延迟，然后综合考虑 σ_{UDRE}^2、σ_{GIVE}^2 及用户端对流层误差校正后的残差、多径误差、接收机观测噪声，并根据接收机当前观测卫星的几何分布，来计算水平保护限（HPL）和垂直保护限（VPL）。

HPL、VPL 分别与水平告警限（HAL）、垂直告警限（VAL）相比较，只要有一项超出门限，则说明系统不能保证所需要的完好性要求，告警便随之产生。保护限的计算公式如下：

$$\begin{cases}\mathrm{HPL}_{\mathrm{SBAS}} = K_{\mathrm{h}}\sqrt{(G^{\mathrm{T}}WG)_{11}^{-1} + (G^{\mathrm{T}}WG)_{22}^{-1}} \\ \mathrm{VPL}_{\mathrm{SBAS}} = K_{\mathrm{v}}\sqrt{(G^{\mathrm{T}}WG)_{33}^{-1}}\end{cases}$$

式中，G 为最小二乘算法的观测矩阵[式(6－87)]；W 为其加权矩阵；K_{h}、K_{v} 为 SBAS 保护限计算系数，与完好性的概率要求有关。不同飞行阶段该系数不同，从航路到非精密进近（NPA）阶段，$K_{\mathrm{h}} = 6.18$，对于精密进近（PA）阶段，$K_{\mathrm{h}} = 6.0$，而垂直保护限的系数 $K_{\mathrm{v}} = 5.33$。加权矩阵中的权重系数 w_i 是相应卫星的残差 σ_i^2。

$$\sigma_i^2 = \sigma_{i,\,\mathrm{flt}}^2 + \sigma_{i,\,\mathrm{UIRE}}^2 + \sigma_{i,\,\mathrm{air}}^2 + \sigma_{i,\,\mathrm{tropo}}^2$$

1）快、慢修正的残差模型

考虑退化参数时，如果使用了快修正及慢修正/GEO 测距参数，则修正后的残差为

$$\sigma_{i,\,\mathrm{flt}}^2 = \begin{cases}(\sigma_{i,\,\mathrm{UDRE}}\delta_{\mathrm{UDRE}} + \varepsilon_{\mathrm{fc}} + \varepsilon_{\mathrm{rrc}} + \varepsilon_{\mathrm{ltc}} + \varepsilon_{\mathrm{er}})^2 & \mathrm{RSS}_{\mathrm{UDRE}} = 0(\mathrm{MT10}) \\ (\sigma_{i,\,\mathrm{UDRE}}\delta_{\mathrm{UDRE}})^2 + \varepsilon_{\mathrm{fc}}^2 + \varepsilon_{\mathrm{rrc}}^2 + \varepsilon_{\mathrm{itc}}^2 + \varepsilon_{\mathrm{er}}^2 & \mathrm{RSS}_{\mathrm{UDRE}} = 1(\mathrm{MT10})\end{cases}$$

如果使用 MT27 的数据，则 δ_{UDRE} 是与区域相关的参数；如果使用 MT28 的数据，则 δ_{UDRE} 是与卫星相关的参数；如果不使用有关 MT 的数据，则 $\delta_{\mathrm{UDRE}} = 1$。

不考虑退化参数时，如果使用了快修正及慢修正/GEO 测距参数，则修正后的残差为

$$\sigma_{i,\,\mathrm{flt}}^2 = (\sigma_{i,\,\mathrm{UDRE}}\delta_{\mathrm{UDRE}} + 8m)^2$$

快修正退化参数利用下式计算：

$$\varepsilon_{\mathrm{fc}} = \frac{a(t - t_{\mathrm{u}} + t_{\mathrm{lat}})^2}{2}$$

其中，t 为当前时刻；t_{u} 为用户差分测距误差指标（UDRE indicator, UDREI）UDREI_i 的参考时间；t_{lat} 为延迟时间。

如果伪距率改正数 RRC = 0，则 $\varepsilon_{\mathrm{rrc}}=0$；如果 RRC $\neq 0$，且快修正数据发布(issue of data-fast correction，IODF) IODF $\neq 3$，则快修正的退化参数为

$$\varepsilon_{\mathrm{rrc}}=\begin{cases}0, & (\mathrm{IODF}_{\mathrm{current}}-\mathrm{IODF}_{\mathrm{previous}})MOD3\neq 1\\ \left(\dfrac{aI_{\mathrm{fc}}}{4}+\dfrac{B_{\mathrm{rrc}}}{\Delta t}\right)(t-t_{\mathrm{of}}), & (\mathrm{IODF}_{\mathrm{current}}-\mathrm{IODF}_{\mathrm{previous}})MOD3\neq 1\end{cases}$$

如果伪距率改正数 RRC $\neq 0$，且 IODF = 3，则快修正的退化参数为

$$\varepsilon_{\mathrm{rrc}}=\begin{cases}0, & \left|\Delta t-\dfrac{I_{\mathrm{fc}}}{2}\right|=0\\ \left(\dfrac{a\left|\Delta t-\dfrac{I_{\mathrm{fc}}}{2}\right|I_{\mathrm{fc}}}{2}+\dfrac{B_{\mathrm{rrc}}}{\Delta t}\right)(t-t_{\mathrm{of}}), & \left|\Delta t-\dfrac{I_{\mathrm{fc}}}{2}\right|\neq 0\end{cases}$$

其中，t 为当前时刻；$\mathrm{IODF}_{\mathrm{current}}$ 为与最新的快修正有关的 IODF；$\mathrm{IODF}_{\mathrm{previous}}$ 为与前一刻快修正有关的 IODF；$\Delta t=t_{i,\mathrm{of}}-t_{i,\mathrm{of\_previous}}$；$I_{\mathrm{fc}}$ 为用户暂停快修正的时间间隔。

对于核心星座，如果速度码=1，则卫星 i 的慢修正退化参数为

$$\varepsilon_{\mathrm{itc}}=\begin{cases}0, & t_{i,\mathrm{LT}}<t<t_{i,\mathrm{LT}}+I_{\mathrm{ltc\_v1}}\\ C_{\mathrm{ltc-lsb}}+C_{\mathrm{ltc-v1}}\max(0,\ t_{i,\mathrm{LT}}-t,\ t-t_{i,\mathrm{LT}}-I_{\mathrm{ltc\_v1}}), & t\leqslant t_{i,\mathrm{LT}}\text{ 或 }t\geqslant t_{i,\mathrm{LT}}+I_{\mathrm{ltc\_v1}}\end{cases}$$

如果速度码=0，则卫星 i 的慢修正退化参数为

$$\varepsilon_{\mathrm{itc}}=C_{\mathrm{ltc-v0}}\left[\frac{t-t_{\mathrm{ltc}}}{I_{\mathrm{ltc-v0}}}\right]\quad\left(\left[\frac{t-t_{\mathrm{ltc}}}{I_{\mathrm{ltc-v0}}}\right]\text{为取整函数}\right)$$

其中，t 为当前时刻；t_{ltc} 为 GEO 发送慢修正的第一位数的时间。

对于 GEO 卫星，慢修正的退化参数为

$$\varepsilon_{\mathrm{itc}}=\begin{cases}0, & t_{0,\mathrm{GEO}}<t<t_{0,\mathrm{GEO}}+I_{\mathrm{GEO}}\\ C_{\mathrm{GEO-lsb}}+C_{\mathrm{GEO-v}}\max(0,\ t_{0,\mathrm{GEO}}-t,\ t-t_{0,\mathrm{GEO}}-I_{\mathrm{GEO}}), & t\leqslant t_{0,\mathrm{GEO}}\text{ 或 }t\geqslant t_{0,\mathrm{GEO}}+I_{\mathrm{GEO}}\end{cases}$$

当 GEO 卫星使用慢修正时，使用慢修正退化参数，但不使用 GEO 导航信息退化参数。

在精密进近或具有垂直引导的进近时，航路到非精密进近的退化参数 $\varepsilon_{\mathrm{er}}$ 与快修正及慢修正是否暂停有关：

$$\varepsilon_{\mathrm{er}}=\begin{cases}0, & \text{无暂停}\\ C_{\mathrm{er}}, & \text{暂停}\end{cases}$$

利用 MT28 中的 UDRE 退化因子数据可以计算得到 δ_{UDRE}。

$$\delta_{\mathrm{UDRE}}=\sqrt{I^{\mathrm{T}}\cdot C\cdot I}+\varepsilon_{\mathrm{c}}$$

其中，$I=[i_x\quad i_y\quad i_z\quad 1]^{\mathrm{T}}$，$[i_x\quad i_y\quad i_z]^{\mathrm{T}}$ 为 WGS－84 坐标系下的用户到卫星的单位矢

量；$C = R^{\mathrm{T}}R$；$\varepsilon_{\mathrm{c}} = C_{\mathrm{covariance}} \cdot \mathrm{SF}$，$\mathrm{SF} = 2^{\text{标度指数}-5}$；

$$R = \begin{bmatrix} E_{1,1} & E_{1,2} & E_{1,3} & E_{1,4} \\ 0 & E_{2,2} & E_{2,3} & E_{2,4} \\ 0 & 0 & E_{3,3} & E_{3,4} \\ 0 & 0 & 0 & E_{4,4} \end{bmatrix} \cdot \mathrm{SF}$$

其中 $E_{i,j}(i = 1 \sim 4, j \sim 4)$ 为 MT28 时钟/星历协方差矩阵中的参数。

2）电离层修正残差模型

如果使用了基于 SBAS 的电离层延迟修正，则

$$\sigma_{\mathrm{UIRE}}^2 = F_{\mathrm{pp}}^2 \times \sigma_{\mathrm{UIVE}}^2$$

其中，$\sigma_{\mathrm{UIVE}}^2 = \sum_{n=1}^{4} W_n \sigma_{n,\,\mathrm{ionogrid}}^2$ 或 $\sigma_{\mathrm{UIVE}}^2 = \sum_{n=1}^{3} W_n \sigma_{n,\,\mathrm{ionogrid}}^2$。

$$\sigma_{n,\,\mathrm{ionogrid}}^2 = \begin{cases} (\sigma_{\mathrm{GIVE}} + \varepsilon_{\mathrm{iono}})^2 & \mathrm{RSS}_{\mathrm{iono}} = 0(\mathrm{MT10}) \\ \sigma_{\mathrm{GIVE}}^2 + \varepsilon_{\mathrm{iono}}^2 & \mathrm{RSS}_{\mathrm{iono}} = 1(\mathrm{MT10}) \end{cases}$$

$$\varepsilon_{\mathrm{iono}} = C_{\mathrm{iono\_step}} \left[\frac{t - t_{\mathrm{iono}}}{I_{\mathrm{iono}}} \right] + C_{\mathrm{iono\_ramp}}(t - t_{\mathrm{iono}}) \quad \left(\left[\frac{t - t_{\mathrm{iono}}}{I_{\mathrm{iono}}} \right] \text{为取整函数} \right)$$

t_{iono} 为 GEO 卫星发送电离层延迟改正数第一位的时间。以上算法是针对 GPS 卫星的，对于 GLONASS 卫星，σ_{GIVE} 和 σ_{IONO} 都需要乘以系数 $(f_{\mathrm{GLONASS}}/f_{\mathrm{GPS}})^2$。

如果没有使用基于 SBAS 的电离层延迟修正，则

$$\sigma_{\mathrm{UIRE}}^2 = \mathrm{MAX}\left\{ \left(\frac{T_{\mathrm{iono}}}{5} \right)^2,\ (F_{\mathrm{pp}} \times \tau_{\mathrm{vert}})^2 \right\}$$

其中，T_{iono} 为所选修正模型的电离层延迟估计；$\tau_{\mathrm{vert}} = \begin{cases} 9m, & 0 \leqslant |\varphi_{\mathrm{pp}}| \leqslant 20 \\ 4.5m, & 20 \leqslant |\varphi_{\mathrm{pp}}| \leqslant 55 \\ 6m, & 55 < |\varphi_{\mathrm{pp}}| \end{cases}$，$\varphi_{\mathrm{pp}}$ 为电离层穿透点所在的纬度。

对于 GLONASS 卫星，存在时钟退化参数：

$$\varepsilon_{\mathrm{GLONASS\_CLOCK}} = 0.008\,33\ \mathrm{cm/s} \times [t - t_{\mathrm{GLONASS\_CLOCK}}]$$

其中，$[t - t_{\mathrm{GLONASS\_CLOCK}}]$ 为取整函数，$t_{\mathrm{GLONASS\_CLOCK}}$ 为 GEO 发送 MT12 第一位的时间。

对于非 GLONASS 卫星，$\varepsilon_{\mathrm{GLONASS\_CLOCK}} = 0$。

3）对流层残差

由于 SBAS 并不提供对流层误差的差分修正值，且现有的对流层误差模型通常会较好地消除该误差。因此，SBAS 接收机通常在接收机端利用对流层误差模型来自行消除该误差，在保护限计算中，$\sigma_{i,\,\mathrm{tropo}}$ 通常用下式计算：

$$\sigma_{i,\text{ tropo}} = \frac{1}{\sqrt{0.002 + \sin^2\theta_i}} \times 0.12m$$

其中，θ_i 为第 i 颗卫星的高度角。

4）接收机残差

对于机载接收机来说，其残差包含两部分：一部分是与接收机有关的残差，通常认为是接收机在接收到符合 ICAO 附件 10 要求的空间信号的性能的情况下，接收机残差的包络值；另一部分是多径误差，由于机身反射所造成的多径误差的残差包络，不包括其他物体造成的多径残差。因此，

$$\sigma_{\text{air}}^2 = \sigma_{\text{receiver}}^2 + \sigma_{\text{multipath}}^2$$

当机载接收机伪距误差残差分布满足下列条件时，可以认为 σ_{air} 是零均值正态分布，标准偏差等于 σ_{air}。

$$\int_y^{\infty} f_n(x)\,\mathrm{d}x \leqslant Q\left(\frac{y}{\sigma}\right) \qquad \frac{y}{\sigma} \geqslant 0$$

$$\int_{-\infty}^{-y} f_n(x)\,\mathrm{d}x \leqslant Q\left(\frac{y}{\sigma}\right) \qquad \frac{y}{\sigma} \leqslant 0$$

$$Q\left(\frac{y}{\sigma}\right) = \frac{1}{\sqrt{2\pi}}\int_{\frac{y}{\sigma}}^{\infty} \mathrm{e}^{-\frac{t^2}{2}}\,\mathrm{d}t$$

其中，$f_n(x)$ 为机载接收机伪距残差的概率密度函数。

6.9.1.4 SBAS 信号结构

SBAS 信号设计为"类 GPS"信号，主要由三部分组成：用于信息传输的载波（1 575.42 MHz），用于测距的伪随机序列码（PRN）和传输差分和修正信息的导航电文数据块。SBAS 的 GEO 卫星发射的信号为

$$s(t) = A_m D(t) X(t) \sin(2\pi f_{L1} t + \theta_0)$$

其中，A_m 为信号的幅值；$D(t)$ 为导航电文；$X(t)$ 为伪随机序列（PRN）码；f_{L1} 为 GPS 的 L_1 载波频率（1 575.42 MHz）；θ_0 为 L_1 载波的初相。

1）测距码

PRN 码 $X(t)$ 为戈尔德（Gold）码，数码率为 1.023 Mb/s，码长 1 023 位，周期为 1 ms，码元宽度 0.977 52 μs，与 GPS 的 C/A 码一致。戈尔德码由 2 个十位移位寄存器的输出（G_1 和 G_{2i}）模二相加获得。两个移位寄存器的初始状态都为 1111111111，G_1 移位寄存器的第 10 位输出与 G_2 的第 10 位输出经过整数个码元的移相后模二相加。移位寄存器的输入分别为

（1）G_1：第 3 和第 10 位码的模二相加；

（2）G_2：第 2、3、6、8、9、10 位的模二相加。

部分 SBAS 伪随机序列码的编码信息如表 6－6 所示。SBAS 接收机接收到信号后，通过伪码相关的方式可以测得星站之间的伪距，并获得导航电文信息。

表 6－6　SBAS PRN 码

PRN 码	G_2 延迟的码元个数	SBAS 码前 10 位(最左端位为最先输出位)
120	145	0110111001
121	175	0101011110
122	52	1101001000
123	21	1101100101
124	237	0001110000
125	235	0111000001
126	886	0000001011
127	657	1000110000
128	634	0010100101
129	762	0101010111
130	355	1100011110
131	1 012	1010010110
132	176	1010101111
133	603	0000100110
134	130	1000111001
135	359	0101110001
136	595	1000011111
137	68	0111111000
138	386	1011010111

2）SBAS 导航电文

SBAS 的导航电文 $D(t)$ 中包括 GEO 卫星的星历、历书及时间系统，广域差分修正参数及完好性信息。SBAS 导航电文的发播速率为 GPS 导航电文的 5 倍，即 250 bit/s。

完好性告警信息用于告知 SBAS 用户所有卫星(包括 GEO 卫星)是否可用。GEO 卫星可单独播发完好性告警信息或同时播发完好性告警信息与差分修正参数，最多可同时播发 51 颗卫星的完好性信息。

差分修正参数分 3 种类型，可根据需要播发。第一种是快变参数，如卫星钟差快变量；第二种是慢变参数，如卫星钟长期漂移量和卫星轨道参数；第三种是对所有用户广播的慢变参数，如电离层延迟改正数。SBAS 数据采用(2，1，7)卷积编码，信息速率为 250 bps，编码后符号速率为 500 bps。数据采用数据块结构方式，数据播发周期为 1 s，数据块长度为 250 位，前 8 位为数据块标识，接着是 6 位的数据信息类型标识，然后是 212 位的数据，最后是 24 位的 CRC 校验码。SBAS 信息结构如图 6－83 所示，消息类型及内容如表 6－7 所示。

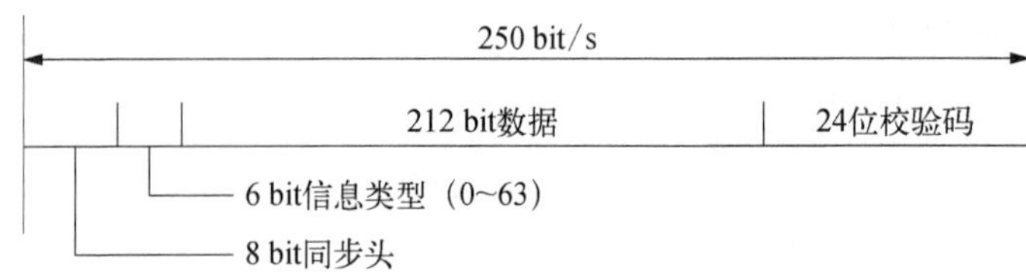

图 6-83　SBAS 系统 MT 结构

表 6-7　SBAS 消息类型及内容

消息类型(MT)	内　　容	消息类型(MT)	内　　容
0	GEO 不能用	17	GEO 历书信息
1	卫星 PRN 分配	18	电离层网格(IGP)覆盖信息
2~5	快修正参数	19~23	闲置
6	完好性信息	24	快/慢卫星误差修正信息
7	快修正退化因子	25	卫星慢修正信息
8	闲置	26	电离层延迟改正数
9	测距功能信息	27	SBAS 服务信息
10	退化参数	28	时钟/星历协方差矩阵
11	闲置	29~62	闲置
12	SBAS 网络时间/UTC	63	空信息
13~16	闲置		

a. GEO 卫星的导航信息

SBAS 信息中包含 GEO 卫星的位置信息和测距信息。这些信息分别包含在 MT9 和 MT17 中。

MT9 中包含 GEO 测距功能相关的参数，包括 GEO 卫星的位置、速度及加速度信息，具体如表 6-8 中所示。

用户测距精度 URA 是根据特定卫星的历史数据预测的卫星时钟和星历精度对测距精度的影响的一个统计指示值，不包括单频接收机电离层延迟误差模型的不精确所导致的估计误差。URA 值与测距精度之间的对应关系如表 6-9 所示。

表 6-8　GEO 测距功能参数

参　数	含　　义
$t_{0,\ \mathrm{GEO}}$	GEO 测距功能数据的参考时间，当天午夜开始计时
$[X_G \quad Y_G \quad Z_G]$	$t_{0,\ \mathrm{GEO}}$ 时的 GEO 位置
$[\dot{X}_G \quad \dot{Y}_G \quad \dot{Z}_G]$	$t_{0,\ \mathrm{GEO}}$ 时的 GEO 速度
$[\ddot{X}_G \quad \ddot{Y}_G \quad \ddot{Z}_G]$	$t_{0,\ \mathrm{GEO}}$ 时的 GEO 加速度
a_{Gf0}	$t_{0,\ \mathrm{GEO}}$ 时的 GEO 时钟与 SBAS 网络时间的钟差
a_{Gf1}	GEO 时钟与 SBAS 网络时间的频差(时钟漂移率)
URA	用户测距精度，测距误差的均方根值，不包括大气效应

表 6-9　URA 值所对应的测距精度

URA 值	测距精度(RMS)	URA 值	测距精度(RMS)	URA 值	测距精度(RMS)
0	2 m	6	16 m	12	1 024 m
1	2.8 m	7	32 m	13	2 048 m
2	4 m	8	64 m	14	4 096 m
3	5.7 m	9	128 m	15	禁止使用
4	8 m	10	256 m		
5	11.3 m	11	512 m		

SBAS 广播的卫星历书数据与卫星真实位置之间的误差小于 150 km，MT17 中包含 GEO 卫星的历书参数，主要信息如表 6-10 所示。

表 6-10　GEO 卫星历书参数

参　数	含　　义
$t_{almanac}$	GEO 历书数据的参考时间，当天午夜开始计时
$[X_{G,A}\quad Y_{G,A}\quad Z_{G,A}]$	$t_{almanac}$ 时的 GEO 位置
$[\dot{X}_{G,A}\quad \dot{Y}_{G,A}\quad \dot{Z}_{G,A}]$	$t_{almanac}$ 时的 GEO 速度
健康及状态	SBAS 功能标识 0 位 (LSB) 测距　开通(0)，关断(1) 1 位 精确修正　开通(0)，关断(1) 2 位 卫星状态及基础修正　开通(0)，关断(1) 3 位 闲置 4~7 位 SBAS 服务商标识　0(WAAS)、1(EGNOS)、2(MASA)、3(GAGAN)、4(SDCM)、5~13(闲置)、14、15(保留)

b. 卫星修正广播参数

GEO 广播的误差修正参数包括慢修正参数和快速修正参数，这些参数包含在 MT2~5 及 MT24、MT25 中。慢修正参数及其含义在表 6-11 中，快修正参数及完好性参数见表 6-12。

表 6-11　慢修正参数

参　数	含　　义
IOD_i (数据发布)	第 i 颗卫星广播星历的慢修正数的标识 对于 GPS_i 卫星，IOD_i 与 IODE 和 IONC 的低 8 位相匹配 对于 $GLONASS_i$ 卫星，IOD_i 表明第 i 颗 GLONASS 卫星数据用于 SBAS 一段时间
IODP	PRN 数据发播，标识 PRN 掩码数据的改变
$\delta x_i\quad \delta y_i\quad \delta z_i$	第 i 颗卫星，分别在 x、y、z 三个轴方向的星历位置修正值
$\delta a_{i,f0}$	第 i 颗卫星的星历时间修正
$\delta\dot{x}_i\quad \delta\dot{y}_i\quad \delta\dot{z}_i$	第 i 颗卫星，分别在 x、y、z 三个轴方向的星历速度修正值

续　表

参　数	含　　义
$\delta a_{i,\,\mathrm{f1}}$	第 i 颗卫星的星历时间修正变化率
$t_{i,\,\mathrm{LT}}$	δx_i　δy_i　δz_i、$\delta a_{i,\,\mathrm{f0}}$、$\delta \dot{x}_i$　$\delta \dot{y}_i$　$\delta \dot{z}_i$、$\delta a_{i,\,\mathrm{f1}}$ 的可用时间，当天午夜开始计时(秒)
速度码	标识 MT25 广播的消息内容 0：不广播 $\delta \dot{x}_i$　$\delta \dot{y}_i$　$\delta \dot{z}_i$、$\delta a_{i,\,\mathrm{f1}}$；1：广播 $\delta \dot{x}_i$　$\delta \dot{y}_i$　$\delta \dot{z}_i$、$\delta a_{i,\,\mathrm{f1}}$

表 6－12　快修正参数及完好性参数

参　　数	含　　义
FC_i	第 i 颗卫星快变误差的伪距修正，不包括对流层和电离层误差
快修正类型识别	MT24 是否包含相关快修正数和完好性数的标识
IODF_j（快修正数据发布）	快修正相关 UDREI_i 标识，j(2~5)表示 IODF_j 应用的 MT 类型
UDREI_i	第 i 颗卫星的 $\sigma^2_{i,\,\mathrm{UDRE}}$ 标识

UDREI 为用户差分测距误差指标，用于描述特定卫星 UDRE 的大小，UDREI 与 UDRE 的数值对应关系如表 6－13 所示。

表 6－13　UDREI_i 对应的 $\sigma^2_{i,\,\mathrm{UDRE}}$ 数值

UDREI_i	$\sigma^2_{i,\,\mathrm{UDRE}}/\mathrm{m}^2$	UDREI_i	$\sigma^2_{i,\,\mathrm{UDRE}}/\mathrm{m}^2$	UDREI_i	$\sigma^2_{i,\,\mathrm{UDRE}}/\mathrm{m}^2$
0	0.052 0	6	1.299 2	12	230.966 1
1	0.092 4	7	1.870 9	13	2 078.695
2	0.144 4	8	2.546 5	14	未监测
3	0.283 0	9	3.326 0	15	禁止使用
4	0.467 8	10	5.196 8		
5	0.831 5	11	20.787 0		

c．电离层延迟改正数

电离层延迟改正数描述电离层网格点(IGP)覆盖范围及电离层延迟改正数的相关信息。这些信息主要包含在 MT18、MT26 中，具体如表 6－14 所示。

表 6－14　电离层网格修正相关参数

参　　数	含　　义
IGP 掩码	11 个 IGP 带掩码，参见表 6－5
IGP 带掩码	IGP 带内的一系列对应所有 IGP 位置的 IGP 掩码值
IGP 掩码值	相关的网格点数据是否播报(0：未播报，1：播报)
IGP 带数量	SBAS 所广播的网格带数量

续 表

参 数	含 义
IGP 带标识	标识表 6-5 中的电离层网格带的数码
IGP 块标识	IGP 网格带中,对于 IGP 网格值为 1 的,按发送顺序(表 6-5)每 15 个 IGP 一组分块,开头为 0
有效间隔(V)	GLONASS 星历可用的时间间隔
延迟时间(L)	地面站最后接收 GLONASS 星历的时间与发播慢修正的第一位的 GEO(t_{ltc})时之间的时间差
$IODI_k$	第 k 个 IGP 带改变的标识
IGP 垂直延迟估值	IGP 的 1 575.42 MHz 频率的垂直电离层延迟误差估计值,“111111111”表示不能使用
$GIVEI_i$	$\sigma^2_{i,\ GIVE}$ 的标识值

$GIVEI_i$ 值所对应的 $\sigma^2_{i,\ GIVE}$ 值如表 6-15 所示。

表 6-15 $GIVEI_i$ 对应的 $\sigma^2_{i,\ GIVE}$ 值

$GIVEI_i$	$\sigma^2_{i,\ GIVE}/m^2$	$GIVEI_i$	$\sigma^2_{i,\ GIVE}/m^2$	$GIVEI_i$	$\sigma^2_{i,\ GIVE}/m^2$
0	0.008 4	6	0.407 5	12	3.326 0
1	0.033 3	7	0.532 2	13	20.787
2	0.074 9	8	0.673 5	14	187.082 6
3	0.133 1	9	0.831 5	15	未监测
4	0.207 9	10	1.197 4		
5	0.299 4	11	1.870 9		

d. 完好性计算参数

差分修正后,SBAS 接收机需要根据改正后的残差进行误差包络的估计,以确保导航的完好性。SBAS 接收机的完好性计算中,一部分完好性数值的计算利用 SBAS 广播的完好性信息、退化参数及协方差参数,这些消息包含在 MT6、MT7、MT10 及 MT28 等消息块中。完好性参数见表 6-12。

e. 退化参数

退化参数并非必需的参数,主要用于完好性计算,有关参数如表 6-16 所示。

表 6-16 退化参数

参 数	含 义
快修正数退化因子标识(a_{ii})	第 i 颗卫星的快修正数退化因子
系统延迟时间(t_{lat})	快修正数退化开始时间与 UDREI 参考时间之间的时间差
B_{rrc}	计算伪距率改正退化时所用的误差包络及舍入误差
C_{ltc_lsb}	轨道和时钟消息分辨率所引起的最大舍入误差

续 表

参　数	含　义
C_{ltc_v1}	由于轨道和时钟速度差别导致消息丢失的最大伪距率改正的速度误差包络
I_{ltc_v1}	速度码=1时,慢修正的更新间隔
C_{ltc_v0}	速度码=0的卫星的两个连续的慢修正数的插值包络
I_{ltc_v0}	速度码=0时,慢修正的最小更新间隔
C_{GEO_lsb}	轨道和时钟参数分辨率导致的最大舍入误差
C_{GEO_v}	由于轨道和时钟速度差别导致的消息丢失的最大伪距率差分的速度误差包络
I_{GEO}	GEO测距功能消息的更新间隔
C_{er}	暂停使用精密进近/垂直引导进近数据的残差包络
C_{iono_step}	连续的电离层网格延迟改正数之间的插值包络
I_{iono}	电离层改正消息的最小更新间隔
$C_{iono\ ramp}$	电离层改正数的变化率
RSS_{UDRE}	快、慢修正残差的方根标识旗,0=改正残差线性相加,1=改正残差为方根值
RSS_{iono}	电离层残差方根标识旗,0=改正残差线性相加,1=改正残差为方根值
$C_{covariance}$	使用MT28时,用于补偿量化效应

f. 时钟/星历协方差矩阵参数

时钟/星历协方差矩阵有关参数用于计算UDRE退化因子,进行SBAS接收机的保护限计算,具体参数通过MT28广播,见表6-17。

表6-17　时钟/星历协方差矩阵参数

参　数	含　义
PRN掩码	PRN掩码(PRN码分配)
标度指数	用于计算Cholesky分解元素的比例因子的术语
Cholesky分解元素($E_{i,j}$)	时钟/星历信息协方差矩阵的上三角矩阵的元素,用来作为用户位置函数,计算UDRE退化因子δ_{UDRE}

g. 时间参数

时间参数并非必需的参数,但当有多个星座系统使用时会需要,有关参数在MT7和MT12中,如表6-18中所示。

表6-18　时间参数

参　数	含　义
UTC标准标识符	UTC基准来源标识符号
GPS秒	从本GPS周开始的GPS秒,分辨率为1秒

续 表

参 数	含 义
GPS 周	GPS 周最近一次翻转到当前时刻的星期数
GLONASS 标识旗	GLONASS 时间提供标识,0: 不提供,1: 提供
GLONASS 时间偏差	$\delta_{ai,\ GLONASS}$, GLONASS 时间与 SBAS 网络时间之间的稳定偏差,如果 SBAS 不使用 GLONASS 信号,则不提供
UTC 参数	SBAS 的 SNT 相对于 UTC 的 A_{1SNT}、A_{0SNT}、t_{0t}、WN_t、Δt_{LS}、WN_{LSF}、DN 和 Δt_{LSF}

h. 服务区域参数

服务区域参数描述 SBAS 的服务范围及提供的消息,如表 6-19 所示。表 6-20 为 δ_{UDRE} 标识所对应的 δ_{UDRE} 值。

表 6-19 服务区参数

参 数	含 义
数据、服务发布(IODS)	该区域的服务改变的指示
服务 MT 数量	广播 SBAS 不同的 MT27 服务消息的数量
服务 MT 号	区别当前正广播的 MT27 的序列号
区域号	消息中广播的坐标的服务区域数量
优先码	表示定义了重叠区域的两个消息的优先等级。优先级代码的值较高的消息优先。如果优先级代码相等,则具有较低 δ_{UDRE} 的消息优先
δ_{UDRE} 内部标识	表示区域 UDRE 退化因子可用于消息所定义的区域范围之内
δ_{UDRE} 外部标识	表示区域 UDRE 退化因子可用于消息所定义的区域范围之外
坐标纬度	区域一角的纬度
坐标经度	区域一角的经度
区域形状	表明区域为三角形还是四边形,0=三角形,1=四边形

表 6-20 δ_{UDRE} 标识的对应值

δ_{UDRE} 标识	δ_{UDRE}	δ_{UDRE} 标识	δ_{UDRE}	δ_{UDRE} 标识	δ_{UDRE}
0	1	6	4	12	30
1	1.1	7	5	13	40
2	1.25	8	6	14	50
3	1.5	9	8	15	100
4	2	10	10		
5	3	11	20		

6.9.1.5 现有的 SBAS

1. 广域增强系统(WAAS)

WAAS 是 FAA 和美国交通部联合规划的项目,它是建设比较早的星基增强系统。

WAAS 的基本结构、工作原理符合 ICAO 的 SBAS 标准，因此，本部分只介绍 WAAS 的基本组成及特点。

WAAS 的主要服务区域基本覆盖美国的国家空域系统（National Airspace System, NAS），包括美国大陆（包括阿拉斯加州）、夏威夷群岛和波多黎各自治邦，见图 6－84。理论上，只要在 WAAS 的 GEO 信号覆盖区内建立相应的基准站，便可将 WAAS 的服务扩展到相应的区域。

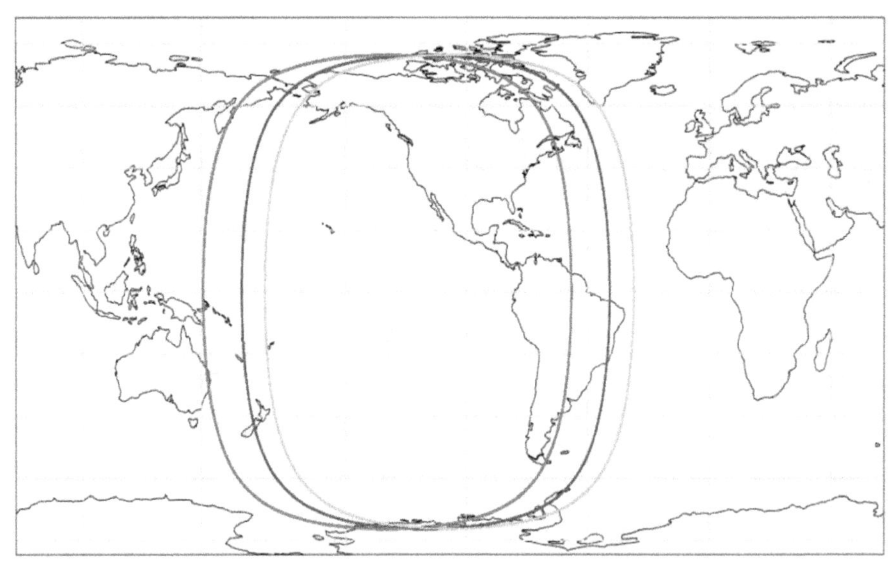

图 6－84　WAAS 服务区域

（https://www.faa.gov/）

WAAS 的整个建设过程经历了初始运行能力（IOC）和完全运行能力（FOC）两个阶段。2000 年 8 月开始，WAAS 可以为用户提供连续的工作，2003 年 7 月进入 IOC 阶段，实现 WAAS 信号对 95%的美国领土的覆盖，动态水平定位精度 3~5 m，垂直精度 3~7 m，为航空用户提供导航服务。2007 年进入 FOC 阶段，实现 WAAS 系统对航空进场着陆能力的改善，通过 WAAS 实现飞机的有垂直引导的航向信标进近（localizer performance with vertical guidance, LPV）和 LPV－200 能力，可以使飞机在未装备仪表着陆系统的机场仍可实现高安全性着陆。

利用 WAAS，美国 NAS 具备了为所有飞行用户在所有机场提供水平和垂直进近运行服务的能力。截至 2022 年 5 月 19 日，WAAS 已经为覆盖范围内的 1 982 个机场（其中 1 217 个机场没有 ILS）提供 4 085 个 LPV 进近程序，为美国的 530 个机场提供 724 个 LPV 进近程序。

WAAS 属于现有的比较成熟的 SBAS 运行系统，为美国的航空导航提供了有力的保障。根据计划，未来 WAAS 将增加 L5 频段信号，并实现 L1 和 L5 的双频跟踪能力。

作为典型的 SBAS，WAAS 的核心星座为 GPS，由地面部分（包括地面站及网络）、空间部分及用户部分三部分组成。图 6－85 为 WAAS 系统组成。

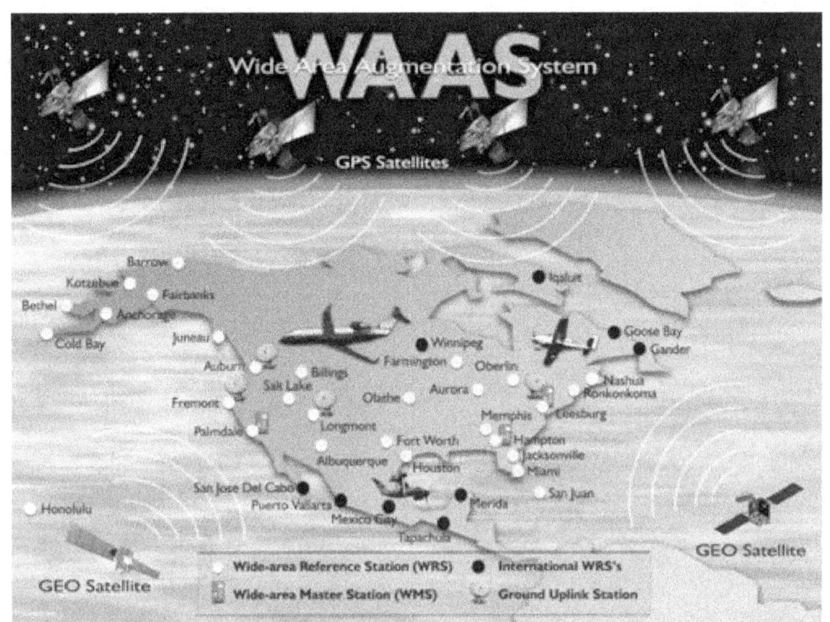

图 6－85　WAAS 系统组成

(https://www.faa.gov/)

1) WAAS 空间部分

WAAS 的空间部分为加装在 3 颗 GEO 卫星上的导航转发器，这 3 颗 GEO 卫星分别是 Satmex 9、Anik F1R 和 SES15，它们分别位于 117°W、107.3°W 和 129°W，如图 6－86 所示。

图 6－86　WAAS 空间部分

(https://www.faa.gov/)

三颗 WAAS GEO 卫星负责广域差分修正信号及完好性参数的广播，并为 SBAS 用户提供额外的测距定位信息，提高接收机的导航精度、完好性和连续性。

2) WAAS 地面部分

WAAS 地面部分完成空中卫星信息的采集、差分修正信息和完好性信息的计算及有关信息的上传。它包括 3 个广域主控站(wide area master stations, WMS)、38 个广域地面基准站(wide area reference stations, WRS)、6 个地面注入站(GEO uplink subsystem, GUS)及 WAAS 广域网络四个组成部分。WMS、WRS 及 GUS 通过 WAAS 广域网连接。

WAAS 的 WRS 遍布美国各个州的管制中心，美国领土之外，加拿大有 4 个、墨西哥有

5个、波多黎各有1个。WRS本质上是数据采集点，每个WRS有三个GPS天线，这些位置精确已知的WRS监视并采集GPS信号，同时监控WAAS同步卫星的信号。WRS同时装备有高精度的原子钟和气象传感器，气象传感器检测WRS周围的气象信息，以确保差分修正值计算的准确性。WRS收集的数据以规定的格式每秒一次送给WMS。WRS站址（三维地心坐标）的点位精度不低于0.2 m，站址周围360°视野内至少能有高度角5°以上的开阔天空。图6－87为WAAS地面基准站（WRS）。

图6－87　WAAS地面基准站（WRS）

WRS将其原始伪距观测数据、气象数据和当地电离层延迟改正数等各类数据实时或准实时地传输至WMS站，其中伪距观测数据主要用来计算卫星钟差，一般要求1 s采样一次，并向WMS传输该组观测数据。为确保WMS正确算出各类差分修正参数，至少需要3个WRS。但为了确保计算结果的精度和完好性监测，一般WRS站的个数不低于4~6个。

WRS的主要设备是WAAS接收机、数据综合处理与发射设备、气象设备、供配电设备和防雷电设备等。每个WRS设有3台独立工作的WAAS接收机，由3台独立工作的原子钟提供稳定的频率标准，形成3套高精度接收处理设备，其中1套用于在线热备份，其他2套在线工作并用于数据的独立性校验。

WRS通过WAAS接收机接收卫星信号，收集视野内所有卫星的原始导航电文数据，观测其伪距和载波相位，实现对电离层误差的预处理等。WRS同时收集气象数据，将所有观测数据及WRS精确站址综合处理后，利用地面广域差分通信网络送给WMS站。

WAAS接收机有多通道处理板（MEDLL），有2个独立工作的L_1/L_2双频处理板。第Ⅰ块双频处理板（L_1/L_2 Ⅰ）可跟踪12颗卫星的L_1信号，利用C/A码进行窄相关处理，并可跟踪12个P码信号，进行无码接收。第Ⅰ块双频处理板的输出消息用于计算电离层改正数。第Ⅱ块双频处理板（L_1/L_2 Ⅱ）有14个通道用于跟踪L_1的C/A码信号，进行宽相关处理，3个通道用于超过12颗卫星时的同时跟踪，2个通道用于跟踪GEO卫星。宽相关C/A码信号用于配合MEDLL和L_1/L_2 Ⅰ窄相关进行完好性检测，对GEO卫星的处理用于GEO卫星信号的电离层修正。

WMS 位于美国的太平洋海岸和大西洋海岸，它们是系统的数据处理中心，完成对 WRS 站数据的收集，利用 WRS 的数据，WMS 计算快慢修正值，包括电离层误差修正模型、卫星钟差改正模型、卫星星历修正模型，进行完好性综合处理，编制导航电文信息，监测与控制 WRS 的工作状态等。

WMS 将处理后的数据通过地面网络传输给地面注入站（GUS），GUS 的上行注入设备以 C 波段向 WAAS 的 GEO 卫星发送差分及完好性信息，GEO 卫星再将信息以 L 频段导航信号播发给用户。3 个 GUS 站，每个 GUS 对应一颗 GEO 卫星，第 3 个 GUS 站处于热备份状态。图 6－88 为 WAAS GUS 图。

图 6－88　WAAS GUS

3）WAAS 用户部分

SBAS 用户接收机是系统的应用终端，除具有一般 GPS 接收机的功能外，SBAS 接收机还具有差分 MT 接收处理功能。WAAS 用户部分是具有接收 WAAS 信号功能的 GPS 接收机或多模式接收机，通过接收 WAAS 的信号，用户将获得更高性能的导航信息。

2. 欧洲地球同步导航重叠服务（EGNOS）

EGNOS 是欧洲自主研发建设的星基导航增强系统，它通过增强 GPS 和 GLONASS 卫星导航系统的定位精度，来满足高安全性用户的需求。EGNOS 是欧洲空间局、欧盟和欧洲航行安全局（Eurocontrol）联合规划的项目，欧洲空间局负责 EGNOS 系统的技术设计和工程建设，欧盟负责国际合作，并且确保将各类用户对系统的需求融入 EGNOS 系统的设计和实施中。Eurocontrol 提供民用航空需求，并在系统测试中扮演主要角色。

EGNOS 的进程分为系统总体设计和实验、实现“高级运行能力”（advanced operational capability，AOC）、实现“最终运行能力”（FOC）三个阶段。AOC 阶段完成之后，EGNOS 具有测距、GIC 和 WAD 功能，为航路、非精密进近和 CAT Ⅰ精密进近提供主用导航系统；FOC 阶段完成之后，EGNOS 持续提高系统导航的有效性和连续性，为航路、非精密进近和 CAT Ⅰ精密进近提供导航服务。

EGNOS 于 2009 年正式运行使用，目前可提供三种服务：免费的公开服务，定位精度

1 m,2009 年 10 月开始提供;生命安全服务,定位精度 1 m,2011 年 3 月开始提供;EGNOS 数据访问服务,定位精度小于 1 m,2012 年 7 月开始提供。

EGNOS 的主要覆盖范围是欧洲民航会议(ECAC)空域,即 30°W~45°E 及 25°N~75°N 所围成的区域,参见图 6-89。

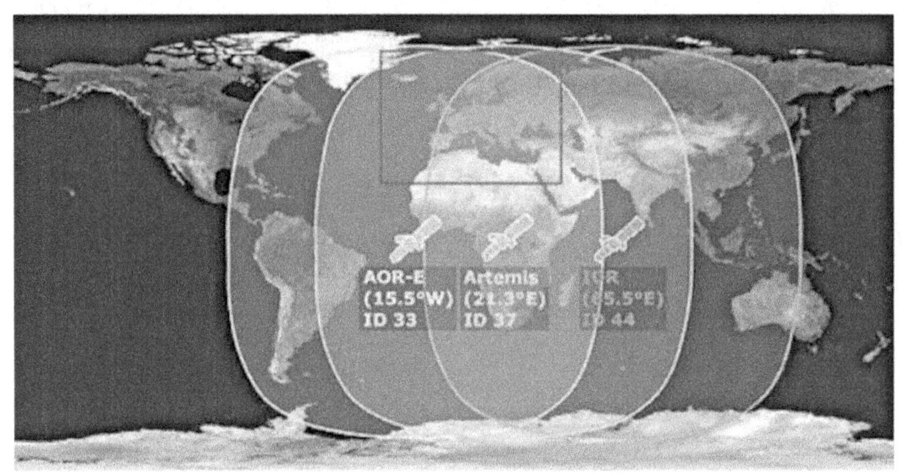

图 6-89 EGNOS 服务范围

(https://www.gsc-europa.eu/)

目前,EGNOS 支持航空器的航路、终端区及进近运行,2015 年获得 LPV-200 能力批准,并于 2016 年开始实施。目前,欧洲具备 EGNOS 支持的机场已超过 50 个,以法国和德国为主,公布了 153 个机场的 300 多个 EGNOS 支持的 LPV 进近程序。而未来计划配备 EGNOS 能力的机场持续增加,欧洲将至少有 100 个机场具备 EGNOS 支持的 LPV 能力。

1) EGNOS 空间部分

EGNOS 的空间部分为 4 颗搭载导航增强转发器的 GEO 卫星,这 4 颗卫星通过发射 1 575.42 MHz 的"类 GPS"信号,广播差分修正信息及完好性信息,提高导航精度、有效性和连续性,同时增强完好性。GEO 卫星的具体信息参见表 6-21。

表 6-21 EGNOS GEO 卫星

GEO 名称	PRN	位置(经度)
ASTRA-5B	PRN 123	31.5°E
ASTRA SES-5	PRN 136	5°E
INMARSAT 4F2 EMEA	PRN 126	64°E
INMARSAT 3F2 AOR-E	PRN 120	15.5°W

ASTRA SES-5(PRN 136)和 INMARSAT 3F2 AOR-E(PRN 120)两颗卫星作为 EGNOS 正常运行系统的运行平台向 EGNOS 用户发送正常运行的空间信号,ASTRA-5B (PRN 123)和 INMARSAT 4F2 EMEA(PRN 126)作为 EGNOS 测试平台的一部分,用于广

播 TEST 空间信号(signal in space, SIS)。

EGNOS 的空间部分提供了充分的冗余,确保整个系统的正常运行。即使在一颗 GEO 卫星链接失败的情况下,仍可以保证整个服务区的信号覆盖,EGNOS 的服务交接确保任意时刻 EGNOS 服务区内的任意一点至少有两颗 GEO 卫星发播信号。

2) EGNOS 地面部分

EGNOS 地面部分包括主控制中心(master control center, MCC)、测距与完好性监测站(ranging and integrity monitoring station, RIMS)、导航地球站(navigation land earth station, NLES)及 EGNOS 地面广域网络(EGNOS wide area network, EWAN),此外,还包括 EGNOS 运行支持和服务提供的性能评估测试设施和专用认证设施。其中 MCC 2 个、RIMS 40 个、NLES 6 个,RIMS、MCC 及 NLES 通过 EWAN 连接。图 6-90 为这些地面站的分布情况。

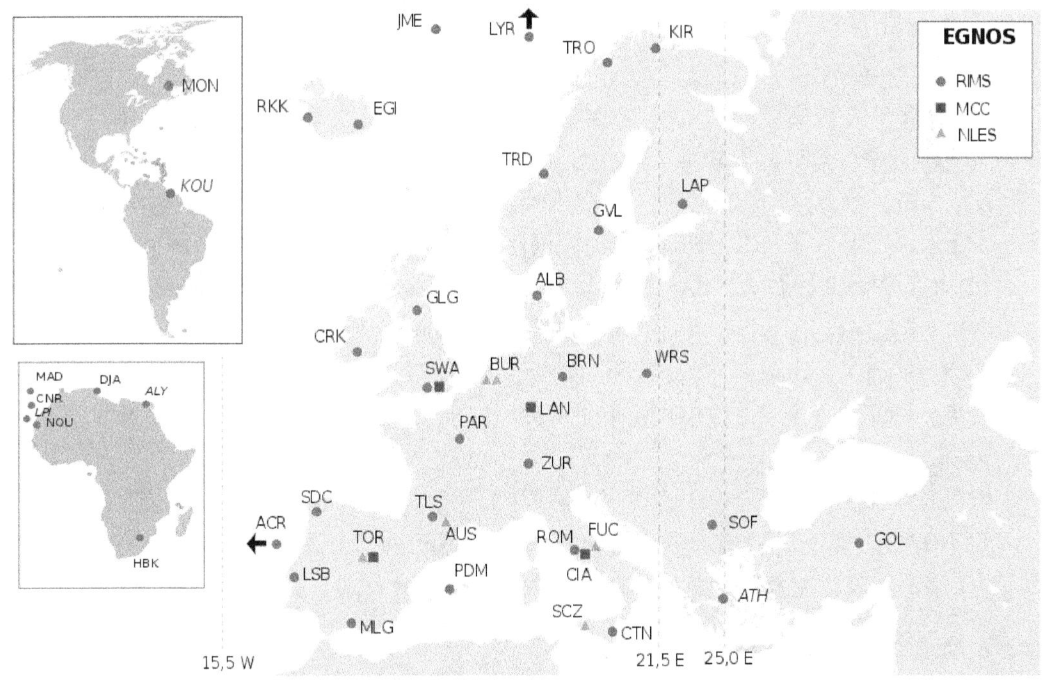

图 6-90　EGNOS 地面站设置

(https://www.gsc-europa.eu/)

39 个 RIMS 大部分分布在 ECAC 区域,少数位于北非、南非、北美及东南亚地区。

如图 6-91 所示,RIMS 是远端的基准站,装备了 GNSS 接收机、原子钟及气象传感器,它们采集 GPS、GLONASS 和 GEO 卫星的信号,以及当地的气象信息。收集的数据以规定的格式每秒一次送往所有的 MCC。

MCC 主要计算、分配、校验和传送 GEO 测距功能、GIC 及广域差分(wide area differential, WAD)数据。RIMS 所采集的数据用来计算 WAD 改正数。所有的数据被用于计算 GPS、GLONASS、GEO 卫星的星历误差和星钟误差修正值,以及 ECAC 区域内的电离层延迟改正数。MCC 同样产生用于测距功能的数据,包括 GEO 卫星的位置、历书及时间

图 6-91　EGNOS RIMS

信息，所有这些信息编成格式一定的 MT，然后传送至 NLES，再发射至 GEO 卫星，通过 GEO 卫星广播给 EGNOS 用户。

6 个 NLES 中，两个 NLES 对应一个 GEO，其中一个 NLES 工作，另一个处于热备份状态。NLES 的作用是将 MCC 处理得到的数据注入 GEO 卫星。

EGNOS 最初设计符合 SBAS 标准与建议措施（standards and recommended practices, SARPs）以满足民航用户的要求，但其所用坐标系（EGNOS ETRF）是国际协议地球坐标系（ITRF2000），而不是民航所用的 WGS-84 坐标系，EGNOS 定期计算这两个坐标系之间的变换关系。这两个坐标系偏差很小，近乎等效（平行，偏差小于 2 cm），部分应用可以忽略这种差异。

3）EGNOS 用户部分

EGNOS 用户部分为具有接收 EGNOS 信号的 GNSS 接收机或 MMR，通过接收 EGNOS 的信号，用户将获得更高性能的导航信息。

6.9.2　陆基增强系统

目前民航使用的主流精密进近着陆引导系统为仪表着陆系统（ILS）。但由于 ILS 的频道数较少，发达国家和地区的 ILS 频道资源紧张。同时，ILS 的工作原理决定了其对场地要求很高，地物（包括跑道附近移动的飞机和车辆）对其影响较大，限制了其在地形起伏不平和山区机场的应用。另外，ILS 只能提供单一的下滑道，不适合短距和垂直起降飞机的高仰角进场，对于繁忙机场的飞机进场容量也无法提供良好的解决方案，急需一种新的、高精度及灵活的着陆系统来取代 ILS。这种情况下，基于卫星导航技术的陆基增强系统（GBAS）应运而生，GBAS 以其高精度、可曲线进场等特点解决了 ILS 的瓶颈问题，成为取代 ILS 的最佳着陆引导系统。

6.9.2.1　GBAS 概述

GBAS 由局域 DGPS 演化而来。1993 年 8 月，RTCA 颁布了第一个 DGPS 标准，这就是 RTCA DO 217，它的服务对象是民用飞机，为其提供特殊 Ⅰ 类（special CAT Ⅰ, SCAT

Ⅰ)进近着陆服务。1994 年 7 月和 1996 年 11 月,RTCA 分别颁布了 DO 217 的两个修订版本。1998 年 9 月,RTCA 颁布了局域增强系统(LAAS)最小航空系统性能规范(MASPS)标准,LAAS 可以提供 CAT Ⅰ精密进近和着陆服务。欧洲于 1996 年成立了 Eurocae 第二小组,专门研究制定 GBAS 的 MASPS 与最小运行性能标准(minimum operational performance standards, MOPS),并于 1998 年 8 月颁布了 GBAS MASPS。

美国的 LAAS 与欧洲的 GBAS 几乎完全相同,二者相互兼容,同属于 ICAO 的 GBAS 类别。为协调 GBAS 在全球的发展,并为 GBAS 制定一个国际性标准,1994 年 11 月,ICAO 成立了 GNSSP D 小组(GBAS 组),并于 1997 年 2 月推出了 GBAS 的标准与建议措施(SARPs)。目前,GBAS 已成为 GNSS 的一个重要组成部分。从近期来看,GBAS 将作为 CAT Ⅰ类的主用导航系统,从长期来看,它将作为 CAT Ⅰ~CAT Ⅲ精密进近着陆引导的唯一导航系统。在 ICAO 定义的三类增强系统中,只有 GBAS 可以提供 CAT Ⅲ类服务。

GBAS 甚高频数据链广播(VHF datalink broadcast, VDB)使用 VHF 频段,可用的频段数量多,近期可使用的频道数有 80 个,远期则可达 1 600 多个,足以满足目前和将来民用航空的需求。GBAS 可以提供包括直线在内的任意进场航道,一个机场只需配置一个 GBAS 基准站,就可覆盖机场内的所有跑道。如果两个机场距离比较近,GBAS 还具有为相邻机场提供服务的潜力。图 6-92 为 GBAS 平行跑道进场。

图 6-92　GBAS 平行跑道进场

http://aerospace.honeywell.com/

FAA 已将 GBAS 作为飞机进近引导的核心支撑系统之一,是 PBN 运行路线图的组成部分,并于 2011 年在孟菲斯和纽瓦克开展了 CAT Ⅰ LAAS 地面系统的运行认证。

目前的 GBAS 在精度方面完全能够满足Ⅰ类精密进近着陆的要求,如泰雷兹集团(THALES)研制的 GBAS 系统,其水平精度和垂直精度已分别达到 1.0 m(95%)和 2.0 m(95%),而 CAT Ⅰ类着陆对导航系统水平精度和垂直精度的要求分别为 16.0 m(95%)和 4.0 m~6.0 m(95%)。

霍尼韦尔公司的 SLS-3000 型号 GBAS 地面站于 2007 年初在西班牙马拉加机场安装。霍尼韦尔公司在 2008 年 12 月 1~5 日进行了 SLS-4000 型系统的试验,并于

2009 年 4 月开始安装工作。马拉加机场同时安装了泰雷兹集团的 GMS 670 GBAS 监测站来收集数据、实时监视 GBAS 的运行性能，并监测干扰情况。2009 年 11 月，柏林航空成为世界首家获批运行 GBAS 着陆引导程序的航空公司，其波音 737NG 机队可在视距仅为 550 m 的情况下使用 GBAS。

2012 年，柏林航空在不来梅机场成功完成主用 GLS 引导飞机至 CAT Ⅰ决断高度的 GBAS 着陆验证，GBAS 成为合格的主降落引导系统。GBAS 进近服务类型（GBAS approach service type，GAST）主要定义了 GAST A、GAST B、GAST C、GAST D 四种类型。对于 CAT Ⅲ着陆标准，2013~2014 年，FAA 分别对罗克威尔・柯林斯公司的机载 GBAS 设备 MMR GNLU－930（批准 GAST－C 运行）和霍尼韦尔公司的机载集成导航接收机（integrated navigation receiver，INR）（GAST－D 样机）进行了飞行测试，效果良好。

GBAS 主要利用伪距差分来提高机载接收机的定位精度，同时利用信号完好性算法来辅助机载接收机的完好性检测，并通过地面系统来改善导航的连续性和有效性，为机场及其附近区域提供高精度的导航服务，引导飞机实现精密进近和着陆。

6.9.2.2 GBAS 组成

GBAS 主要由导航卫星子系统、地面子系统和机载子系统组成（图 6－93）。

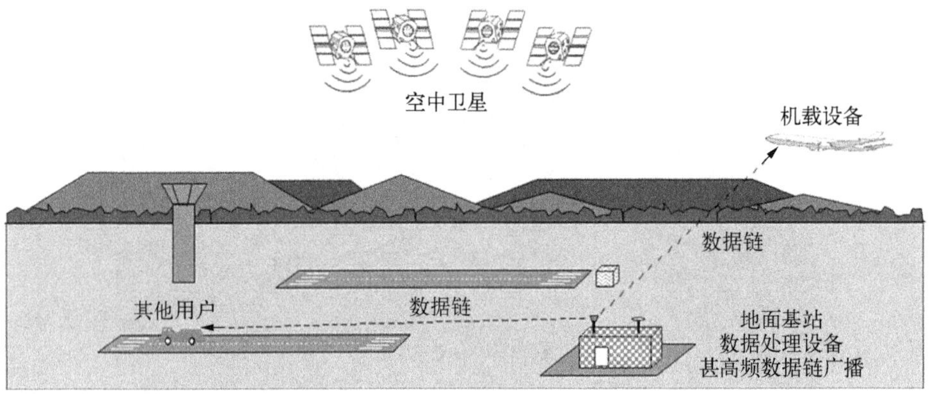

图 6－93　GBAS 组成

导航卫星子系统主要是指 GPS 和 GLONASS，为改善 GBAS 的导航性能，有的 GBAS 同时使用 SBAS 的 GEO 卫星信号。GBAS 利用导航卫星子系统的信息来计算差分修正信息及完好性信息。

地面子系统指安装在地面上已知精确位置的 GPS 天线、基准接收机（通常 2~4 个）、地面数据处理设备及甚高频数据链广播（VDB）设备。如图 6－94 所示，地面接收机跟踪视线范围内的卫星，在地面数据处理设备中计算每颗卫星的伪距修正值、伪距修正变化率等信息；评估每颗卫星的信号，产生完好性信息；将上述信息以及描述进近航空器空中几何路径的最后进近航段信息按照一定的数据格式封装成广播数据信息，将其通过 VDB 发送给机载子系统。

GBAS 地面系统广播的信息包括三类：最终进场航道及跑道的相关参数；差分信息；完好性参数。VDB 提供的数据和数据格式符合 RTCA DO 246D 标准。

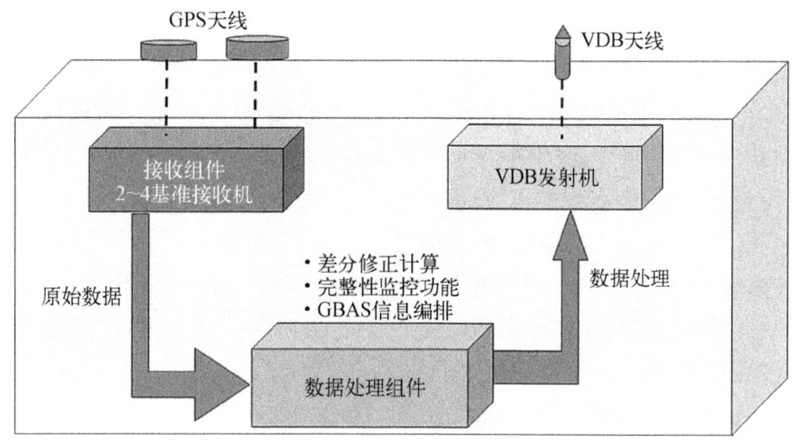

图 6-94　GBAS 地面子系统

机载子系统指飞机上的 GBAS 接收机，通常为多模接收机，可以同时接收和处理 GPS 和 GBAS 信号。机载子系统接收卫星信号和 VDB 信号，计算差分修正后的飞机位置估计值，计算其相对于最后进近航段的偏离，并在驾驶舱仪表板给出线性偏差指示。GBAS 偏差显示与 ILS 接收设备提供的偏差显示是兼容的，可支持新的运行模式，如平行跑道运行。机载子系统可提供系统性能的适时通告（如告警），输出具有完好性信息的位置、速度、时间（PVT）。GBAS 各子系统之间的关联关系如图 6-95 所示。

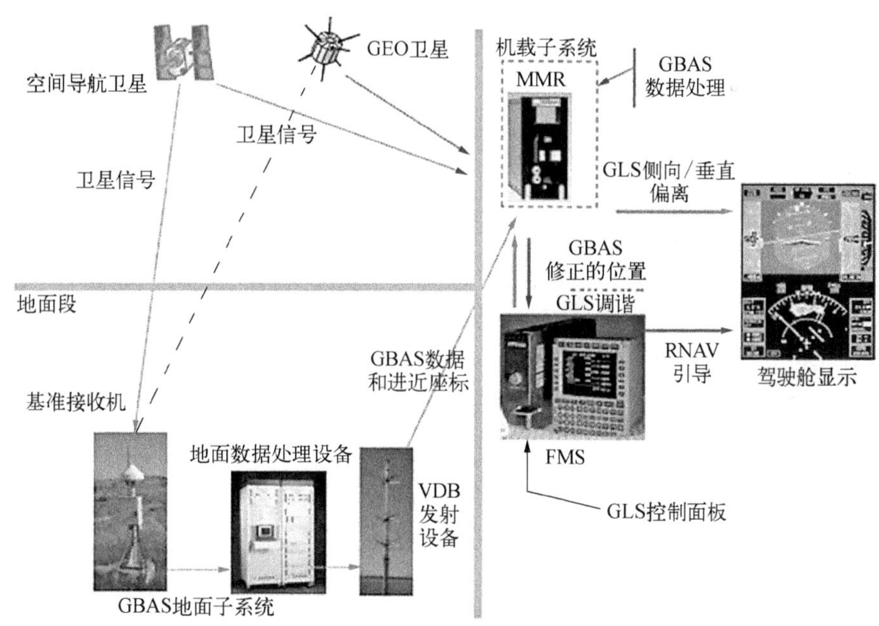

图 6-95　GBAS 子系统关联关系

6.9.2.3　GBAS 增强服务的实现

GBAS 通过地面多基站接收空中卫星信号，计算伪距差分修正值，利用完好性检测方法、多基站一致性检验确保导航完好性，并将这些信号通过 VDB 广播给空中用户。空中用户利用载波相位平滑技术修正伪距误差，进而得到高精度导航参数。

1. GBAS 定位计算

GBAS 作用范围较小，误差的相关性强，选用伪距差分可以很好地消除星历误差、卫星钟差、电离层延迟、对流层延迟等绝大部分误差，提高机载接收机的定位精度。考虑到进近着陆阶段对导航精度的要求高，而载波相位值的测量精度通常比码相位测量值的测量精度会高出 2 个数量级，虽然载波的整周数比较难获得，但载波多普勒频率计数较容易得到，且载波多普勒计数反映了载波相位变化的信息（对应伪距变化率）。即，利用载波相位来辅助伪距的测量，可以获得比伪码测距更高的精度。考虑上述因素，GBAS 机载接收机采用载波相位平滑的伪距测量技术。

1）GBAS 地面站伪距修正值计算

GBAS 地面站伪距修正值的计算与 6.6.1.2 小节中伪距修正值的计算方法相同，每个地面基准接收机计算每颗可见星的伪距误差及伪距误差变化率的修正值。GBAS 地面站利用多个基准接收机计算的同一颗卫星的伪距修正值的均值作为该颗卫星的伪距差分修正值（pseudo-range correction, PRC_C）发送给用户接收机。

$$PRC_C = (PRC_{RX1} + \cdots + PRC_{RXN})/N \tag{6-130}$$

其中，$PRC_{RXi} = \rho_i - R_i$，ρ_i 是第 i 个基准接收机测量的伪距值，R_i 是第 i 个基准接收机到这颗卫星的几何距离，$PRC_{RXi}(i = 1, 2, \cdots, N)$ 是第 i 个基准接收机计算的伪距差分修正量；N 为基准接收机个数。

伪距修正率（range rate correction, RRC）是 PRC_C 关于时间的一阶微分量，用于减弱差分修正的延迟影响。

$$RRC = \Delta PRC_C/\Delta t \tag{6-131}$$

ΔPRC_C 为相邻时刻 PRC_C 的差值，Δt 为两个 PRC_C 之间的时间间隔。

GBAS 用户通过机载接收机天线接收 GPS 信号，得到对应卫星的伪距信息，并利用甚高频天线接收 GBAS 地面站广播的伪距修正值和伪距修正率，对测量伪距信息进行差分修正，由此消除与卫星和传播路径有关的误差，获得精确的定位信息。

2）GBAS 用户接收机位置计算

GBAS 接收机利用载波相位平滑的方式提高伪距测量精度。载波相位平滑伪距的计算方法如下。

根据载波相位测量方程，取 t_1、t_2 时刻的载波相位观测方程求差，可得

$$\delta\rho^j(t_1, t_2) = \lambda[\varphi^j(t_2) - \varphi^j(t_1)] = R^j(t_2) - R^j(t_1) + C[\delta\tau(t_2) - \delta\tau(t_1)] + \upsilon \tag{6-132}$$

由此消除整周模糊度，获得基于载波相位的 t_1、t_2 时刻的伪距差值。

根据 t_2 时刻的伪距观测量：

$$\rho^j(t_2) = R^j(t_2) + C\cdot\delta\tau(t_2) + \upsilon \tag{6-133}$$

将式（6-132）代入式（6-133）得

$$\rho^j(t_2) = R^j(t_1) + C \cdot \delta\tau(t_1) + \delta\rho^j(t_1, t_2) + \upsilon \tag{6-134}$$

考虑到伪距观测量的噪声属高斯白噪声，平均值为零，则由式（6－134）的 t_2 时刻伪距观测量经相位变化量回推出 t_1 时刻的伪距观测量为

$$\rho^j(t_1) = \rho^j(t_2) - \delta\rho^j(t_1, t_2) \tag{6-135}$$

由式（6－135）可以看出，可以由不同时段的相位差回推求出 t_1 时刻的伪距值。假定有 k 个历元的观测值 $\rho^j(t_1)$，$\rho^j(t_2)$，…，$\rho^j(t_k)$，利用相位观测量可求出从 t_1 到 t_k 时刻的相位差值 $\delta\rho^j(t_1, t_2)$，$\delta\rho^j(t_1, t_3)$，…，$\delta\rho^j(t_1, t_k)$。利用式（6－135），可求出 t_1 时刻的 k 个伪距观测值：

$$\begin{aligned} &\rho^j(t_1) = \rho^j(t_1) \\ &\rho^j(t_1) = \rho^j(t_2) - \delta\rho^j(t_1, t_2) \\ &\cdots \\ &\rho^j(t_1) = \rho^j(t_k) - \delta\rho^j(t_1, t_k) \end{aligned} \tag{6-136}$$

对同一时刻 t_1 的伪距值进行平均，便可得到该时刻的伪距平滑值：

$$\overline{\rho^j(t_1)} = \frac{1}{k}\sum \rho^j(t_1) \tag{6-137}$$

式中，$k = \dfrac{\tau_s}{T_s}$，τ_s 为滤波时间常数，GBAS 中有 30 s 和 100 s 两种，T_s 为采样间隔，通常为 0.5 s。

载波相位平滑的伪距观测量大大减小了噪声误差。平滑后的伪距误差方差为

$$\sigma^2(\bar{\rho}) = \frac{1}{k}\sigma^2(\rho) \tag{6-138}$$

上述载波相位平滑算法需要采样多个时刻的值集中处理，仅适用于数据的后处理。为满足实时载波相位平滑的需求，采用类似于滤波的平滑方法，将任意 t_k 时刻的平滑伪距值计算公式修改为

$$\rho^j(t_k) = \frac{1}{k}\rho(t_k) + \frac{k-1}{k}[\rho^j(t_{k-1}) + \delta\rho^j(t_{k-1}, t_k)] \tag{6-139}$$

$\rho(t_k)$ 为 t_k 时刻未经平滑的原始测量伪距；$\rho^j(t_{k-1})$ 为前一时刻的平滑伪距值；$\delta\rho^j(t_{k-1}, t_k)$ 为前后两个时刻的载波相位差的距离差，$\delta\rho^j(t_{k-1}, t_k) = \dfrac{\lambda}{2\pi}(\varphi_k - \varphi_{k-1})$。式（6－139）可理解为，载波相位平滑的伪距值是前一刻的平滑伪距观测量与推算量的加权平均。

平滑后的伪距值再利用 GBAS 播发的伪距修正值及伪距修正率进一步修正，补偿对流层延迟残差，即可得到差分修正后的伪距值。

$$\rho^{j}_{\text{corrected}} = \rho^{j}(t_k) + \text{PRC} + \text{RRC} \times (t - t_{z-\text{count}}) + \text{TC} + c \times (\Delta t_{\text{sv}})_{L1}$$

式中，$\rho^j(t_k)$ 为 t_k 时刻的平滑伪距值；PRC 和 RRC 为地面站播发的伪距修正值及伪距修正率，可分别在 MT1 或 101、MT11 中获得；TC 为对流层修正值，表示为

$$\text{TC} = N_r h_0 \frac{10^{-6}}{\sqrt{0.002 + \sin^2(\text{El}_i)}}(1 - \text{e}^{-\Delta h/h_0}) \tag{6-140}$$

式中，N_r 为折射率系数，可在 MT2 中获得；Δh 为飞机超过 GBAS 基站的高度；h_0 为 GBAS 基站标高，可在 MT2 中获得；El_i 为卫星的高度角。

利用差分修正后的伪距值即可求解用户接收机的位置坐标。为获得更佳的 GDOP 值，部分 GBAS 基站使用机场伪卫星。

2. 接收机完好性计算

GBAS 的完好性通过多个环节协同保障实现。GBAS 服务提供者负责空间信号的完好性，GBAS 地面站确保 VDB 信号、卫星及基准接收机的完好性。机载接收机根据地面完好性数据估算机载接收机的完好性。图 6－96 为 GBAS 完好性监视的实现过程。

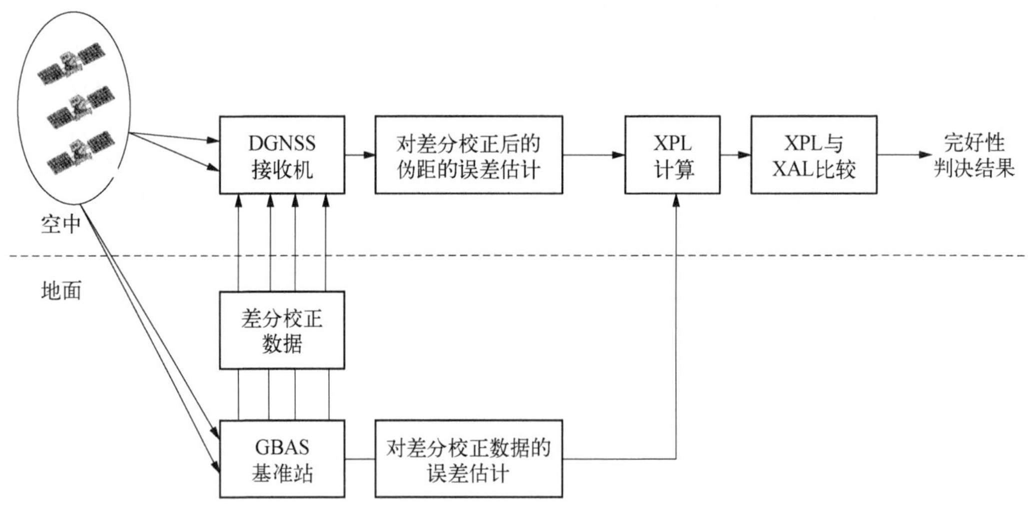

图 6－96　GBAS 完好性监视的实现过程

GBAS 地面站除了发布差分修正数据 PRC 外，还发布 PRC 的误差估计。机载接收机据此估计修正后的伪距残差，计算位置误差的水平保护限(HPL)和垂直保护限(VPL)。HPL、VPL 分别与给定的水平告警门限(HAL)、垂直告警门限(VAL)相比较，如果某一保护限(XPL)大于相应的告警门限(XAL)，则产生告警。

1) GBAS 地面站的完好性监视

GBAS 地面站计算、评估 GPS 测距源和基准接收机的完好性信息，给出完好性参数 B 参数和 $\sigma_{\text{pr-gnd}}$。

B 参数包括 $B_i(i = 1 \sim 4)$，B_i 对应第 i 个地面基准接收机。对应第 i 个地面基准接收机的第 j 颗卫星的 B 参数用 $B_{j,i}$ 表示。$B_{j,i}$ 是播报的伪距修正值与不包含第 i 个基准接

收机计算的第j颗卫星的伪距修正平均值的差值，它表明第i个基准站计算的第j颗卫星的伪距修正值的准确度，该值超出预设门限时，其相应的伪距修正值（$\text{PRC}_{j,\,\text{RX}i}$）无效，不会用于计算播发的$\text{PRC}_{c,\,j}$。根据$B$参数的定义：

$$B_{j,\,i} = \text{PRC}_{c,\,j} - \frac{1}{M-1}\sum_{n=1,\,n\neq i}^{M}\text{PRC}_{j,\,\text{RX}n} \tag{6-141}$$

式中，$\text{PRC}_{c,\,j}$为发布的第j颗卫星的伪距修正值；M是基准接收机的数量；$\text{PRC}_{j,\,\text{RX}n}$为第$n$个基准接收机计算的第$j$颗卫星的伪距修正值。

造成$\text{PRC}_{j,\,\text{RX}i}$无效（出错）的原因主要有几个方面：第$j$颗卫星故障；第$i$个基准接收机故障；第$i$个基准接收机的残差超限。

GBAS地面台播发的另一完好性参数是$\sigma_{\text{pr-gnd}}$，表示伪距残差的均方差。当地面台无故障而$\sigma_{\text{pr-gnd}}$大于预设的告警门限时，则意味着卫星故障。

$\sigma_{\text{pr-gnd}}$超限值通过MT1发布给用户。如果某颗卫星的$\sigma_{\text{pr-gnd}}$编码为11111111，则用户将其作为故障卫星从导航解算中剔除。

2）GBAS机载接收机的完好性监视

机载接收机的完好性监视主要体现在两方面：根据$\sigma_{\text{pr-gnd}}$值剔除故障卫星；计算水平保护限（HPL）和垂直保护限（VPL）。

a. 标准差计算

机载GBAS接收机差分定位误差主要包括两部分：一部分来源于GBAS地面站，包括多径效应、基准接收机的通道噪声和信号干扰等；另一部分来源于机载接收机，包括由飞机机体引起的多径效应、干扰信号、用户接收机噪声和大气延迟残差等。GBAS差分修正后的伪距测量误差的方差如下：

$$\sigma_j^2 = \sigma_{\text{pr-gnd},\,j}^2 + \sigma_{\text{pr-air},\,j}^2 + \sigma_{\text{tropo},\,j}^2 + \sigma_{\text{iono},\,j}^2 \tag{6-142}$$

式中，$\sigma_{\text{pr-gnd},\,j}$为GBAS地面站播报的第$j$个测距源的伪距修正误差的标准差；$\sigma_{\text{pr-air},\,j}$为机载用户差分残差的标准差；$\sigma_{\text{tropo},\,j}$为对流层延迟残差的标准差；$\sigma_{\text{iono},\,j}$为电离层延迟残差的标准差。

$\sigma_{\text{pr-gnd},\,j}$由接收机带宽噪声、空间信号的残差和多径效应噪声等组成。

$$\sigma_{\text{pr-gnd},\,j}(\text{El}_j) \leqslant \sqrt{\frac{(a_0 + a_1 \text{e}^{-\text{El}_j/\text{El}_0})^2}{M} + a_2^2 + \left[\frac{a_3}{\sin(\text{El}_j)}\right]} \tag{6-143}$$

式中，El_j为接收机到第j个测距源的仰角；a_0、a_1、a_2及El_0各参数值与接收机型号相关。

$$\sigma_{\text{pr-air},\,j}(\text{El}_j) \leqslant a_0 + a_1 \text{e}^{-\text{El}_j/\text{El}_c} \tag{6-144}$$

式（6-144）中各参数值根据机载接收机精确性指标的不同性能水平确定。

由于机载接收机和地面基准接收机之间有高度差，差分后的对流层延迟残差为

$$\sigma_{\text{tropo},\,j}(\text{El}_j) = \sigma_N h_0 \frac{10^{-6}}{\sqrt{0.002 + \sin^2(\text{El}_j)}}(1 - \text{e}^{-\Delta h/h_0}) \tag{6-145}$$

式中，σ_N 为对流层折射率不确定度，在 GBAS MT2 中播报。

由于电离层延迟效应具有时空不相关性，所以 GBAS 差分修正后的电离层残差的标准差为

$$\sigma_{\text{iono},j}(\text{El}_j) = F_{\text{pp}}\sigma_{\text{vert-iono-gradient}}(x_{\text{air}} + 2\tau v_{\text{air}}) \tag{6-146}$$

其中，$F_{\text{pp}} = \left[1 - \dfrac{R_{\text{e}}\cos(\text{El}_j)^2}{R_{\text{e}} + h_1}\right]^{\frac{1}{2}}$ 为倾斜因子，R_{e} 为地球半径；h_1 为电离层高度（350 km）；$\sigma_{\text{vert-iono-gradient}}$ 为电离层残差的标准差（2 mm/km）；x_{air} 为飞机与基准接收机之间的距离；τ 为平滑滤波的时间常数；v_{air} 为飞机水平飞行速度。

b. GBAS 接收机保护限计算

GBAS 基准接收机的工作状态会影响用户接收机的定位误差。计算保护限（XPL）时，需要考虑无故障假设（H_0）和有故障假设（H_1）两种情况，$\text{XPL} = \text{MAX}\{\text{XPL}_{H0}, \text{XPL}_{H1}\}$。

H_0 假设为正常情况，即所有的基准接收机和卫星都无故障。此时：

$$\text{VPL}_{H0} = K_{\text{ffmd}}\sigma_{\text{vert}} + D_{\text{v}} \tag{6-147}$$

$$\text{HPL}_{H0} = K_{\text{ffmd}}\sigma_{\text{lat}} + D_{\text{l}} \tag{6-148}$$

式中，K_{ffmd} 为已知系数；$\sigma_{\text{vert}} = \sqrt{\sum_{j=1}^{N} s_{\text{vert}j}^2 \times \sigma_j^2}$；$\sigma_{\text{lat}} = \sqrt{\sum_{j=1}^{N} s_{\text{lat}j}^2 \times \sigma_j^2}$。$s_{\text{vert}j} = s_{v,j} + s_{x,j} \times \tan(\text{GPA})$；$s_{\text{lat}j} = s_{y,j}$；$s_{x,j}$、$s_{y,j}$、$s_{v,j}$ 分别为加权最小二乘投影矩阵 S[式(6－87)]中对应第 j 个测距源的在 x 方向、y 方向以及地垂方向的分量；GPA 为最后进近航段的下滑角；N 为用于定位的卫星的数量。加权矩阵中的权重系数 $\sigma_{\text{w},j}^2 = \sigma_{\text{pr-gnd},j}^2 + \sigma_{\text{pr-air},j}^2 + \sigma_{\text{tropo},j}^2 + \sigma_{\text{iono},j}^2$。$D_{\text{v}}$ 和 D_{l} 的取值取决于所用的进近类型（GAST），由机载设备决定。

H_1 为有故障情况，此时的 XPL 为：$\text{XPL}_{H1} = \text{MAX}\{\text{XPL}_i\}$，$i = 1 \sim 4$。

$$\text{VPL}_i = |B_{\text{vert}i}| + K_{\text{md}} \times \sigma_{\text{vert},H1} + D_{\text{v}} \tag{6-149}$$

$$\text{HPL}_i = |B_{\text{lat}i}| + K_{\text{md}} \times \sigma_{\text{lat},H1} + D_{\text{l}} \tag{6-150}$$

式中，$B_{\text{vert}i} = \sum_{j=1}^{N}(s_{\text{vert}j} \times B_{j,i})$；$B_{\text{lat}i} = \sum_{j=1}^{N}(s_{\text{lat}j} \times B_{j,i})$；$D_{\text{v}}$ 和 D_{l} 的取值取决于所用的进近类型（GAST），由机载设备决定。$B_{j,i}$ 的正常范围是 $-0.5 \sim +0.5$，K_{md} 为已知系数。

$$\sigma_{\text{vert},H1}^2 = \sum_{j=1}^{N}(s_{\text{vert}j}^2 \times \sigma_{j,H1}^2),\quad \sigma_{\text{lat},H1}^2 = \sum_{j=1}^{N}(s_{\text{lat}j}^2 \times \sigma_{j,H1}^2),$$

$$\sigma_{j,H1}^2 = \frac{M_j}{U_j}\sigma_{\text{pr-gnd},j}^2 + \sigma_{\text{pr-air},j}^2 + \sigma_{\text{tropo},j}^2 + \sigma_{\text{iono},j}^2$$

其中，M_j 为用第 j 颗卫星计算伪距修正的基准接收机的数量；U_j 为除第 i 个接收机外，计算第 j 颗卫星伪距修正的基准接收机的数量。

GBAS 定位计算中，空中信号（SIS）保护限是水平定位误差的上置信限。GBAS 定位

服务的水平保护限定义为

$$\mathrm{HPL} = \mathrm{MAX}\{\mathrm{HPL}_{H0},\ \mathrm{HPL}_{H1},\ \mathrm{HEB}\} \tag{6-151}$$

HEB 为水平星历误差。H_0 为正常情况，即所有的基准接收机和测距源都无故障，得

$$\mathrm{HPL}_{H0} = K_{\mathrm{ffmd,\ POS}} d_{\mathrm{major}} \tag{6-152}$$

式中，$K_{\mathrm{ffmd,\ POS}}$ 为基于漏检概率计算的系数。

$$d_{\mathrm{major}} = \sqrt{\frac{d_x^2 + d_y^2}{2} + \sqrt{\left(\frac{d_x^2 - d_y^2}{2}\right)^2 + d_{xy}^2}}$$

$$d_x^2 = \sum_{j=1}^{N} s_{x,j}^2 \sigma_j^2,\ d_y^2 = \sum_{j=1}^{N} s_{y,j}^2 \sigma_j^2,\ d_{xy}^2 = \sum_{j=1}^{N} s_{x,j} s_{y,j} \sigma_j^2$$

H_1 为故障情况，当广播的信息没有参数 B 时，HPL_{H1} 定义为0；否则假设 HPL_{H1} 存在，且仅存在一个潜在的基准站故障的情况，得

$$\mathrm{HPL}_{H1} = \mathrm{MAX}\{\mathrm{HPL}_i\} \quad i = 1 \sim 4 \tag{6-153}$$

$$\mathrm{HPL}_i = |B_{\mathrm{horizi}}| + K_{\mathrm{md\_POS}} d_{\mathrm{major},\ H1} \tag{6-154}$$

式中，$K_{\mathrm{md\_POS}}$ 为已知系数；$B_{\mathrm{horizi}} = \sqrt{\sum_{j=1}^{N} s_{x,j} B_{j,i}^2 + \sum_{j=1}^{N} s_{y,j} B_{j,i}^2}$

$$d_{\mathrm{major},\ H1} = \sqrt{\frac{d_{x,H1}^2 + d_{y,H1}^2}{2} + \sqrt{\frac{d_{x,H1}^2 - d_{y,H1}^2}{2}} + d_{xy,H1}^2}$$

其中，$d_{x,H1}^2 = \sum_{j=1}^{N} s_{x,j}^2 \sigma_{j,H1}^2$；$d_{y,H1}^2 = \sum_{j=1}^{N} s_{y,j}^2 \sigma_{j,H1}^2$；$d_{xy,H1} = \sum_{j=1}^{N} s_{x,j} s_{y,j} \sigma_{j,H1}^2$

将所得的 HPL、VPL 分别与给定的 HAL、VAL 进行比较，只要某一 XPL 大于相应的 XAL，则给出告警，系统停止服务。

3. GBAS 信号结构

GBAS 基站所产生的引导飞机进近着陆的最后进近航段（final approach segment，FAS）数据、差分数据及完好性参数等信息，均通过 GBAS 的 VDB 系统发布给飞机。VDB 数据链是 GBAS 基站与其机载系统之间的数据通信链路。

VDB 的工作频段为 108.00～117.95 MHz，频道间隔为 25 kHz。广播数据的调制方式为差分八相移键控（D8PSK），比特率为 31.5 kbps。辐射场为水平极化，采用时分多址复用方式。GBAS 系统水平与垂直方向的最大服务距离分别为 22 n mile 和 10 000 ft。GBAS 系统的覆盖区内，最小与最大场强分别为 215 μV/m 和 0.350 V/m。

GBAS 地面站向用户广播的增强信息及其他数据以消息的形式播发，如图 6－97 所示。消息的基本组成包括字头、消息块及校验码。主要提供的消息包括：相关区域的伪距修正值；GBAS 有关数据；最后进近航段数据；测距源（卫星）的可用性及 GNSS 卫星的完好性信息等。

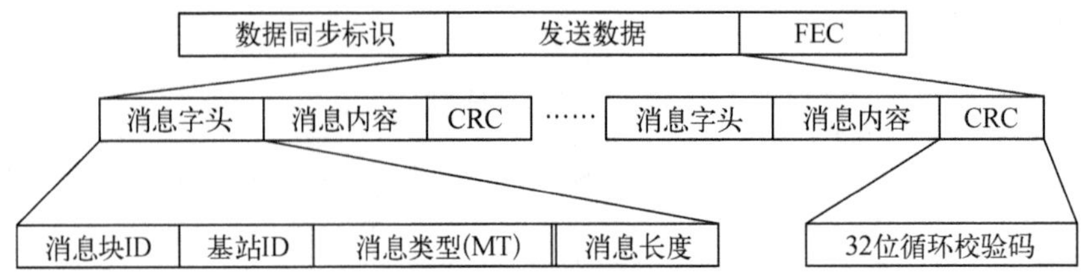

图 6－97　GBAS 数据链结构

GBAS 可定义的消息类型(MT)多达 256 种,目前只定义了几种,具体参见表 6－22。

表 6－22　GBAS 的 MT

MT 号	MT 名称
0	备用
1	伪距修正(100 s 载波相位平滑)
2	GBAS 的相关数据
3	陆基测距源备用
4	FAS 数据
5	预期的测距源的可用性
6	备用
7	国内使用备用
8	测试备用
11	伪距修正(30 s 载波相位平滑)
9~255	备用

支持 GBAS CAT Ⅰ服务的有关参数主要通过 MT1, MT2 和 MT4 广播。

(1) MT1:GNSS 伪距修正。

图 6－98 是 MT1 的数据结构,MT1 主要提供伪距差分修正数据和完好性参数,其消息内容及相关指标如表 6－23 所示。

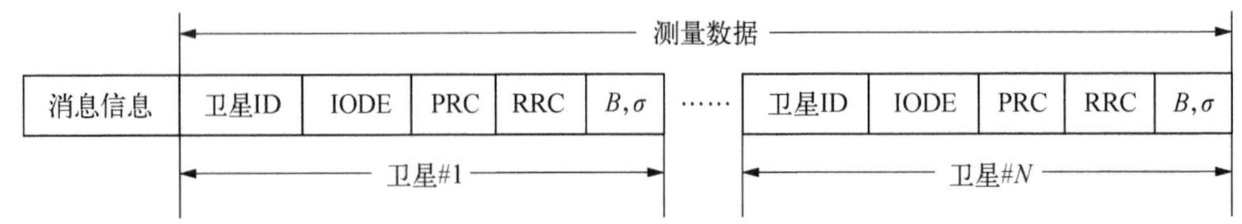

图 6－98　MT1 数据结构

表 6－23　MT1 的内容

数据内容	使用的比特数	取值范围	分辨率
修正的 Z 计数	14	0~1 199.9 s	0.1 s
MT 标志位	2	0~3	1

续　表

数据内容	使用的比特数	取值范围	分辨率
测量数(N)	5	0~18	1
测量类型	3	0~7	1
备用	8	—	—
星历 CRC	16	—	—
测距源可用性时间	8	0~2 540 s	10 s
	对于第 N 次测量		
测距源 ID	8	1~255	1
数据发布(IOD)	8	0~255	1
伪距修正(PRC)	16	±327.67 m	0.01 m
伪距修正率(RRC)	16	±32.767 m/s	0.001 m/s
σ_{pr-gnd}	8	0~5.08 m	0.02 m
B_1	8	±6.35 m	0.05 m
B_2	8	±6.35 m	0.05 m
B_3	8	±6.35 m	0.05 m
B_4	8	±6.35 m	0.05 m

修正的 Z 计数是 GBAS 差分站获得数据的基准时间，表明 MT 中所有参数的适用时间。

伪距修正值(PRC)是 GBAS 站求得的综合伪距修正值(用 PRC_C 表示)，是多个地面基准接收机所得修正值的平均值。伪距修正率(RRC)表示 PRC_C 的变化率。

GBAS 地面站广播的完好性参数包括 B 参数(B_1、B_2、B_3 和 B_4)和 σ_{pr-gnd}。

(2) MT2：GBAS 的相关数据。

MT2 的内容主要是 GBAS 地面站所涉及的有关参数，如表 6-24 所示。

表 6-24　MT2 的内容

数据内容	使用的比特数	取值范围	分辨率
GBAS 基准接收机数量	2	2~4	1
GBAS 精度因子	2	—	—
备用	1	—	—
GBAS 连续性/完好性因子	3	0~7	1
当地磁差	11	±180°	0.25
备用	5	—	—
$\sigma_{vert-iono-gradient}$	8	0~25.5 mm/km	0.1 mm/km
折射率系数(N_r)	8	16~781	3
标高	8	0~25 500 m	100 m
折射率不确定度(σ_N)	8	0~255	1
经度	32	±90.0°	0.000 5 arcsec

续 表

数据内容	使用的比特数	取值范围	分辨率
纬度	32	±180.0°	0.000 5 arcsec
高度(在 WGS-84 坐标系中)	24	±83 886.07 m	0.01 m

(3) MT4：最后进近航段数据。

MT4 包含一组或多组 FAS 数据，每一组数据定义一条精密进近航道。MT4 的数据参见表 6-25。其中 FAS 数据中包含机场 ID、跑道号、跑道入口点(landing threshold point, LTP)/虚拟入口点(fictitious threshold point, FTP)信息、航道对准点(flight path alignment point, FPAP)、跑道入口高度(threshold crossing height, TCH)以及下滑角(glide path angle, GPA)等着陆引导信息。

表 6-25 MT4 的内容

数据内容	使用的比特数	取值范围	分辨率
	对于第 N 套数据		
数据长度	8	2~212	1 byte
FAS 数据块	304	—	—
FAS 垂直告警门限/进近状态	8	0~25.4 m	0.1 m
FAS 水平告警门限/进近状态	8	0~50.8 m	0.2 m

6.9.2.4 GBAS 地面设备与机载设备

1. GBAS 地面设备

GBAS 地面设备主要安装在机场便于维修维护且具备相应通信设施、电力设施的区域。但由于 GBAS 本身的特点，要求其必须安装在能够很好评估空中卫星误差并能确保数据链信号充分覆盖机场区域的位置。因此，GBAS 地面设备安装前，需要首先进行选址，对初步所选场地进行评估，需要选择在 360°范围高度角 5°以上无障碍区域，确保周围没有建筑物、水域等多径效应源，调查周围的干扰源(近 GPS 波段发射机)情况，确保天线上空无障碍物。由于机场周围空域比较繁忙，飞机的飞行可能会对信号形成意想不到的遮挡或多径反射，因此，GBAS 地面基站通常并不一定建在跑道旁。如图 6-99 所示，GBAS 基站离开跑道区域，避免众多的起降飞机对卫星信号形成遮挡或反射。初选后的场地需要进行实地测试，主要测试卫星信号接收的情况、差分修正值的误差消除效果、VDB 发射信号的覆盖范围及传输效果等。

另外，为提高差分修正效果，减少多径误差影响，GBAS 基站的天线通常选用抑多径天线，同时天线距离地面有一定的高度，避免接收地面反射信号。图 6-100 为典型的 GBAS 地面站设备配置。

2. 机载 GBAS 着陆系统

机载 GBAS 着陆功能通常集成在多模接收机中，如柯林斯公司的 GPS 着陆组件

图6-99　GBAS 地面基站

图6-100　GBAS 地面基站设备

(GLU)、霍尼韦尔公司的集成多模接收机(IMMR)和集成导航接收机(INR)、泰雷兹集团的多模接收机,都具有 GBAS 着陆引导功能模块,相关的功能大同小异。

1) GLS 工作过程

以 B737MAX 的 GLS 和柯林斯公司具备 GLS 功能的 GLU-925 为例,简单介绍机载 GLS 的工作过程及导航处理功能。图6-101 为 GLS 系统组成。

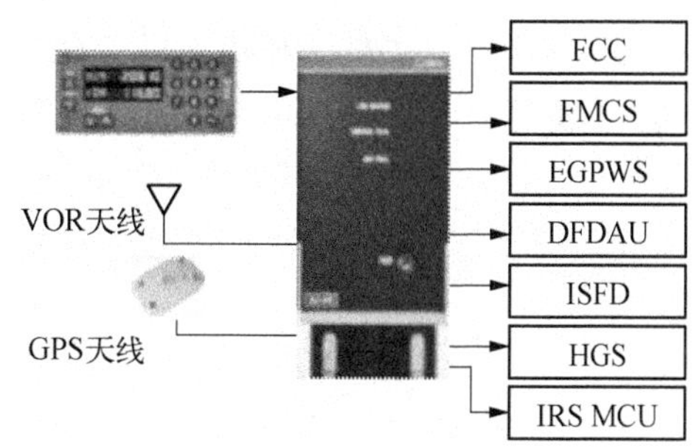

图6-101　GLS 系统组成

GLS 利用 GPS 天线接收导航卫星信号,利用 VOR 天线接收地面 VDB 的差分修正信号及完好性信息,在 MMR 中,经过差分修正及完好性计算,确定飞机位置信息及航道偏离和下滑偏离信号,以类似 ILS 的形式显示在 PFD 和 ND 上。MMR(GLU)将 GBAS 通道/识别码和偏离信号发送给 FCC、显示电子组件(DEU)、FMC、

EGPWS、ISFD、DFDA、HGS 及 IRS 的主告诫组件(master caution unit, MCU)。

GBAS 地面站可提供多个进近程序,用一个 5 位的通道号表示,并有一组与其对应的 FAS 信息。一个通道号就是一个进近程序,飞行员可以通过导航控制面板选择所要使用的进近路径。

由于 GPS 定位计算的是天线相位中心的位置,为准确计算 GLS 偏离,需要设置一个虚拟制导控制点(GCP)。GLS 根据 GPS 位置数据、本侧 ADIRU 提供的惯导数据及飞机模型数据,利用软件来计算 GCP。即,制导指令是相对于飞机上的基准点的。利用 GCP 和 FAS 数据[入口 LTP、下滑道切入点(glide path intercept point, GPIP)、FPAP、TCH 及 GPA],GLS 利用差分修正后的位置信息及 FAS 数据计算飞机的航道偏离和下滑偏离,航道偏离的计算使用 GLS 方位基准点,下滑偏离计算使用 GPA。偏离信号发送给飞控系统来引导飞机着陆。图 6－102 为 GLS 着陆。

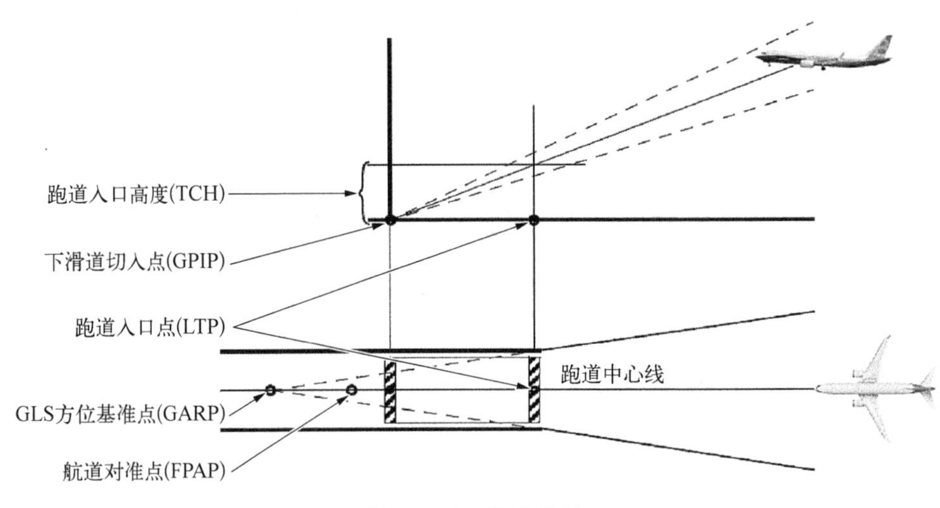

图 6－102　GLS 着陆

飞机沿设置的 GPA 下滑,按设置高度 TCH 飞过 LTP 上空。在 GPIP 处接地,GPIP 位于跑道中心(跑道中心是 LTP 和 FPAP 之间的直线。)

MCP 上的航道选择按钮可以用于选择进近跑道的航向。

2) 机载 GLS 部件

机载 GNSS 着陆系统(GLS)通常由导航控制面板(navigation control panel, NCP)、包含 GBAS 着陆功能的多模接收机、VOR/LOC 天线、GPS 天线及显示设备组成。驾驶舱内 GBAS 相关部件如图 6－103 所示。

GLS 使用 GPS 微带天线和 VOR 天线分别接收 GPS 卫星信号及地面 VDB 信号。VOR 天线接收的信号通过功率分配器分别发送给 VOR 和 GLU 接收机。GLS 进近时,ILS 天线断电。

图 6－104 为导航控制面板示意图。NCP 用于调谐、控制和测试 GBAS、ILS、VOR 和 DME 功能处理模块。NCP 上显示窗显示工作模式及所选用的频率/通道,下显示窗显示备用的频率/通道。按压 ACT/STBY 按钮,就可以将备用频率/通道转换为工作频率/通

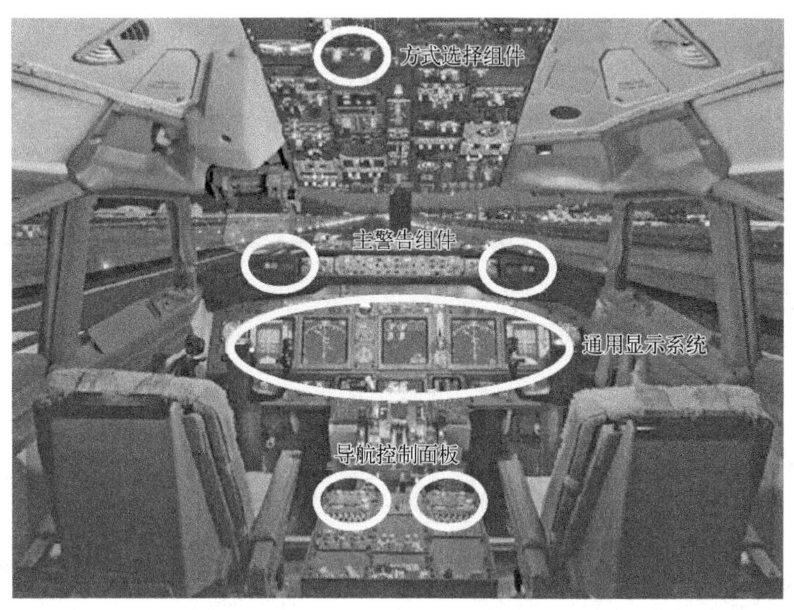

图 6－103　驾驶舱内 GLS 相关部件

道。模式选择开关用于人工选择 ILS、VOR 或 GLS 模式，数字按钮用于人工输入频率/通道，GLS 的通道范围为 20 000～39 999。

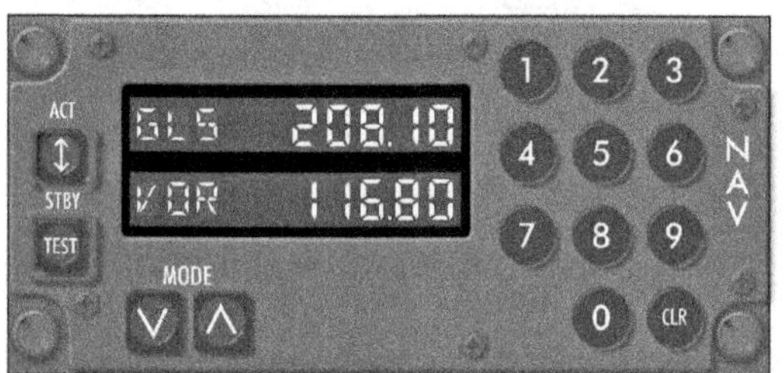

图 6－104　导航控制面板

NCP 上电后显示的是上次断电时的频率，当 NCP 故障时，上下显示窗内会显示“PNL FAIL”。测试按钮用于测试相关的接收机，MMR 根据调谐窗口中的频率启动内部相应功能模块的测试。例如，如果调谐窗口中是 ILS 频率，则测试 ILS 接收机功能；如果是 GLS 通道，则 MMR 测试 GLS 接收机功能；如果是 DME/VOR 或 ILS/DME 对频率，则 DME 询问器同时启动测试，但 GLS 通道激活时，DME 询问器不能测试。

GLS 接收机如图 6－105 所示。接收机前面板有测试按钮和状态指示灯，按压测试按钮可以对组件进行测试，测试结果通过状态指示灯显示出来。霍尼韦尔公司的 IMMR 前面板还有一个存储卡插槽，可以通过该插槽上传软件，也可以利用该插槽存储 IMMR 的运行数据。

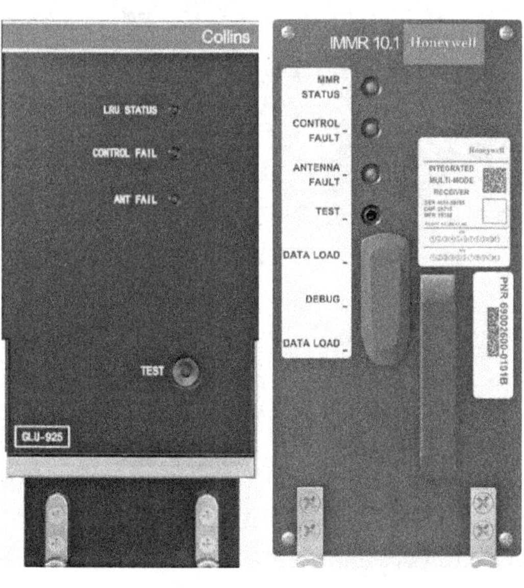

图 6－105　机载 GLS 接收机

GLS 接收机主要进行 GPS 位置、速度、时间(PVT)计算,差分修正 PVT 数据,定义 GCP,计算着陆偏离信息。GPS 卫星信号直接由 GLU 部件内部的 GNSS 接收机模块处理,VDB 信号由 VOR 天线发送给 ILS 接收机模块的 VDB 子模块,根据 NCP 所选的通道号进行信号处理,处理后的信息通过系统处理器发送给 GNSS 接收机模块用于差分修正。GLU 导航接收机模块通过故障检测与隔离功能(FDE)来实现接收机的完好性功能,FDE 算法通过计算残差并与故障检测门限相比较来判定卫星是否有故障,并在可能的情况下,对故障卫星进行隔离。

GLS 进近的相关数据在 MCDU 上显示,可以通过行选键在 MCDU 上选择 GLS 进近模式(图 6-106)。

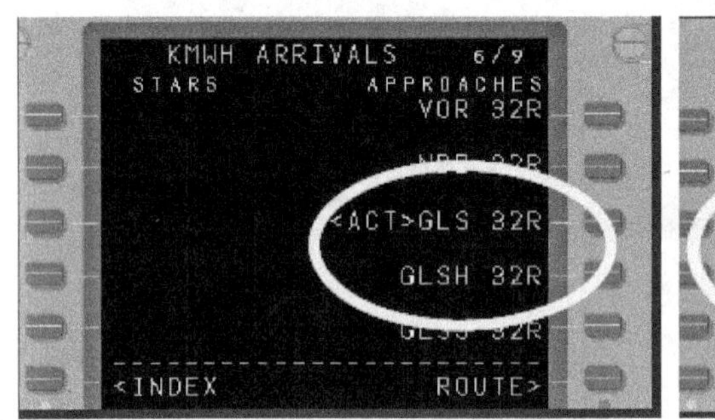

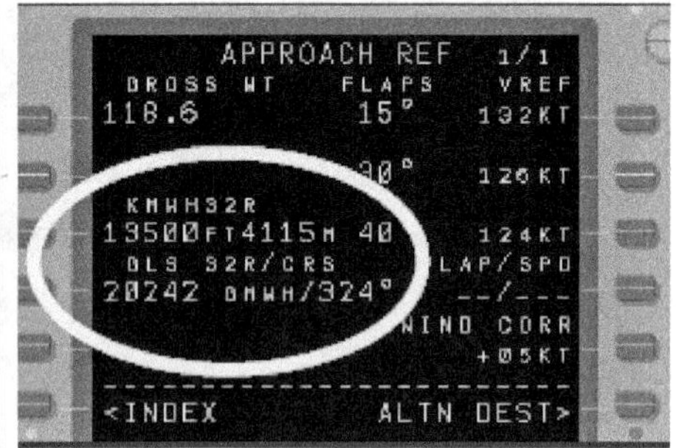

图 6-106　MCDU 的进近页面

GBAS 显示与 ILS 显示基本类似,如图 6-107 所示,符合飞行员的操作习惯。

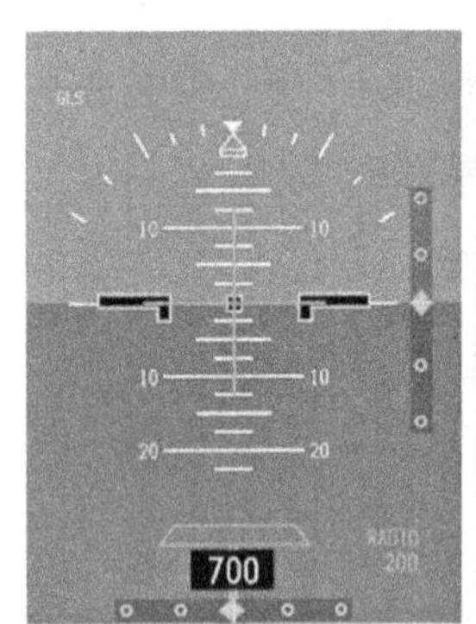

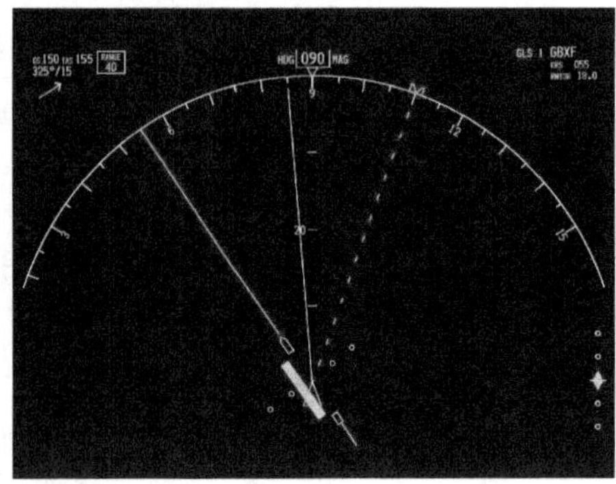
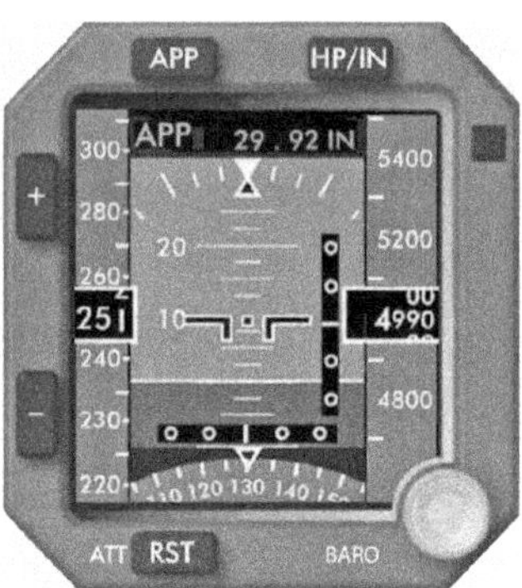

图 6-107　GLS 进近在 PFD、ND 上的显示

6.9.3　机载增强系统

ICAO 对机载增强系统(ABAS)的定义是：机载增强系统是利用飞机上的可用信息来组合增强/或从其他 GNSS 获取完好性信息的一种增强系统。机载增强手段有两种：接收机自主完好性监视(RAIM)和飞机自主完好性监视(AAIM)。RAIM 的实现方法参见 6.4.4 小节,本节主要介绍 AAIM。

飞机自主完好性增强的本质就是利用组合导航手段,借助各种导航系统的优点及信息冗余，来确保飞机导航的精度、完好性等指标，确保在卫星故障或机载设备故障的情况下，仍旧能够引导飞机安全飞行。这里所介绍的组合导航主要是惯导系统与其他导航系统的组合，原因是惯性导航系统自主性强，可以不依赖任何外界系统的支援而单独进行导航，且惯导系统对准后的短时定位精度较高。此外，惯性导航系统输出的导航参数多，尤其是载体的姿态参数。而卫星导航和无线电导航的优点是定位误差不随时间变化，共同的缺点是工作受外界因素（如气候、地形、外部干扰等）的影响，且导航需要地面设备或空中卫星提供信号。

组合导航系统把惯导系统与卫星导航、无线电导航系统有机地结合起来，利用卫星导航和无线电导航定位误差不随时间积累的优点，来弥补惯导系统定位精度随时间增长而下降的缺点。两者的组合提高了飞机导航系统的定位精度，尤其是长期定位精度。卫星导航与惯性导航的组合更有利于卫星导航系统性能的提高和改善，同时也可保证在 GPS 遭受破坏或故障时，仍能为用户提供可靠导航服务。现阶段机载组合导航的实现主要在飞行管理计算机中进行。

如图 6－108 所示，利用 GPS/IRS 组合，IRS 发送给 GPS 接收机的信号可以改善 GPS 接收机重新捕获卫星信号的能力；在卫星覆盖不好的时，IRS 可以帮助 GPS 提高精度；GPS/IRS 组合可以提高系统抗干扰能力，当信噪比低到使 GPS 接收机无法跟踪卫星，或当 GPS 接收机出现故障时，IRS 可以独立用于导航。当 GPS 信号跟踪时，可以使 IRS 获得 GPS 的位置数据进行更新，有利于提高 IRS 系统的精度，消除 IRS 的漂移误差。此外，GPS 也能为 IRS 提供初始位置、速度和加速度等信号，以供 IRS 的初始对准。

GPS/IRS 组合降低了对惯导系统的性能要求。惯导系统在这种组合中的主要作用是在 GPS 接收机故障时作为备用导航系统，并且为 GPS 提供速度信息解决动态跟踪问题。由于有高精度的 GPS 信号对惯导系统的定时校正，因此，对惯导系统的精度要求可低一些，也就是可以采用精度等级低的陀螺，允许漂移速率大一些。

GPS/IRS 组合的方法很多，最简单的方法是在惯导系统中将 GPS 的位置和速度信号作为惯导系统的更新数据，惯导软件根据 GPS 数据定期直接更新 IRS 的输出数据。有的机型由飞行管理计算机利用多模接收机和 ADIRU 的输出按照加权平均的方式组合计算位置信息，权重值随飞机飞行时间的变化而变化。

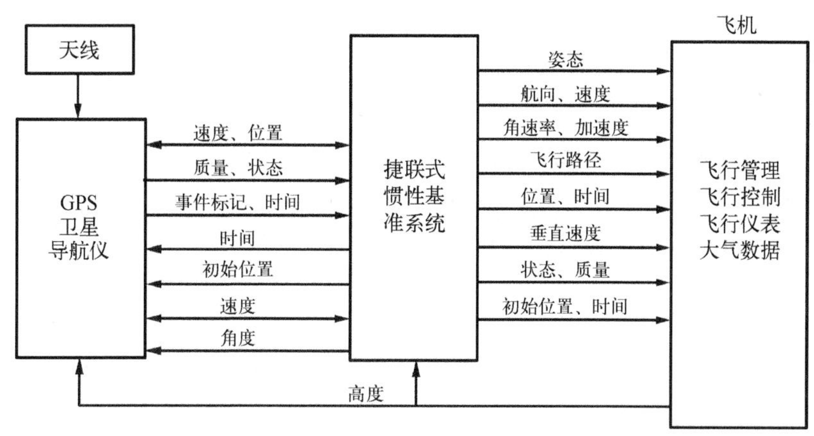

图 6－108　GPS 与捷联惯性基准系统的组合

随着计算机技术的发展及数据处理能力的提高，现代飞机上 GPS/IRS 组合导航通常利用卡尔曼滤波等组合优化算法，对 GPS、IRS 的误差进行估计，实现对参数误差的补偿。常用的基于卡尔曼滤波的 GPS/IRS 组合方式有松组合和紧组合两种方式。

GPS/IRS 松组合将 GPS 和 IRS 的输出信号进行组合，GPS 和 IRS 作为独立的导航系统存在。松组合方式以其组合效果好，单个系统故障不会影响其他系统的优势在现代飞机中得到广泛应用。

随着 GPS/IRS 紧组合技术的日益成熟，通过算法级深度组合提高导航精度且确保导航完好性的 GPS/IRS 紧组合产品也开始应用到飞机上（图 6－109）。此外，飞机上三套 ADIRS 和两套 MMR 的配置模式也为机载导航系统实现 AAIM 功能提供了更多的可选冗余信息。

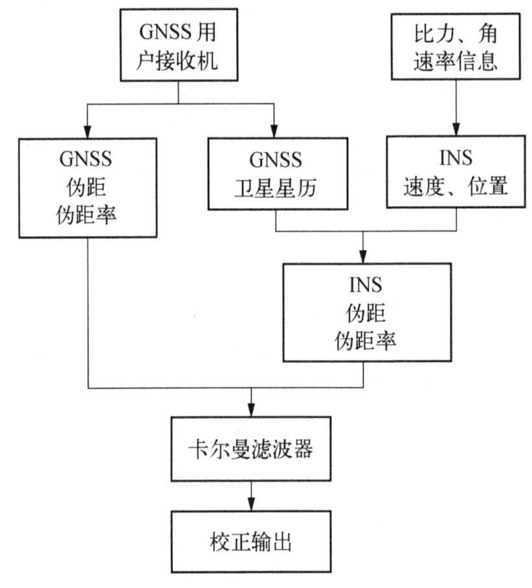

图 6－109　GPS/IRS 紧组合

思　考　题

（1）简单介绍卫星导航系统的基本组成和各部分的功能。

（2）简单介绍伪随机序列码的基本特点。

（3）简单介绍 P 码、C/A 码的产生原理。

（4）卫星轨道参数是如何定义的？如何利用轨道参数来获得卫星在协议地球坐标系中的位置？

（5）简单介绍导航电文结构、组成及数据块特点。

（6）GPS 接收机信号处理通道包含哪两个回路？各回路如何实现其功能？

（7）影响 GPS 接收机定位精度的因素主要有哪些？

（8）卫星导航的误差有哪些？如何消除？

(9) 简述 GPS 接收机的基本组成和各部分的功能。

(10) 简要论述伪距差分的基本原理及其优缺点。

(11) 简单介绍 GBAS 的基本原理。

(12) SBAS 中电离层误差消除的方法是什么?

(13) 根据所学过的卫星导航的知识,分析中国的北斗三代导航卫星系统用于民航领域,需要考虑哪些指标?这些指标又可以通过什么手段来保证?

第 7 章 飞行管理计算机系统

飞行管理系统(flight management system, FMS)是飞机上非常重要的一个智能化系统,它组织、协调和综合飞机上众多电子和机电子系统,制定飞行计划,并在整个飞行进程中全程保证飞行计划的优化实施,实现飞行任务的自动执行。随着技术的发展,FMS 越来越复杂,融合的功能也越来越多,自动化、智能化及性能优化的程度也越来越高。与此同时,飞行员对飞机的操纵却日益简单、方便,从而使飞行员能够从复杂的飞行控制任务中解脱出来,获得更多的时间来从容管理飞机的整个飞行。

现代飞机的 FMS 集导航、制导、控制、显示、性能优化与管理功能于一体,实现飞机在整个飞行过程中的自动管理与控制。装备了 FMS 的飞机,不仅可以大大节省燃油,精确定位、优化航迹,保证飞机的飞行安全和飞行品质,而且可以大大提高驾驶舱的综合化、自动化程度,减轻飞行员的工作负担,其与空中交通管理系统的综合化协同运行,更是可以优化空域管理,缩小航路间隔,提高空域利用率,带来巨大的经济效益。

目前,一个典型的飞行管理系统不仅能够根据飞机和发动机的性能、起飞着陆机场和航路设施的能力、航路气象条件及其载重情况,生成具体的全剖面飞行计划,而且能够实现多种其他功能,包括:通过主飞行显示系统显示和指示有关飞行信息;通过无线电通信与导航系统获得通信、空中交通和无线电导航信息;通过飞行操纵系统控制飞机的姿态;通过自动油门系统调节发动机功率;通过中央数据采集系统收集、记录和综合处理维护数据;通过空地数据链系统收发航行数据;通过机上告警系统提供系统监控和告警功能等。

7.1 FMS 系统简介

FMS 以飞行管理计算机系统(FMCS)为核心,融合众多传感器、导航系统、计算机、显示仪表、电子警告组件以及控制执行机构,形成一个智能、复杂的飞行管理系统。其具体组成如图 7-1 所示。

导航传感器为 FMS 的轨迹优化及控制提供基准数据,主要包括大气数据惯性基准系统(ADIRS)、卫星导航及各种无线电导航系统,它们为 FMCS 提供飞机的位置、速度、姿态、航向等相关导航数据,导航系统提供的导航数据具体可参见本书前述章节。

自动飞行控制系统(automatic flight control system, AFCS)AFCS 是 FMS 的执行系统,具有自动驾驶、飞行指引仪、安定面配平、马赫配平等功能,实现对飞机的姿态控制与轨迹制导。AFCS 的核心部件包括飞行控制计算机(FCC)、方式控制板(MCP)及舵面控制执

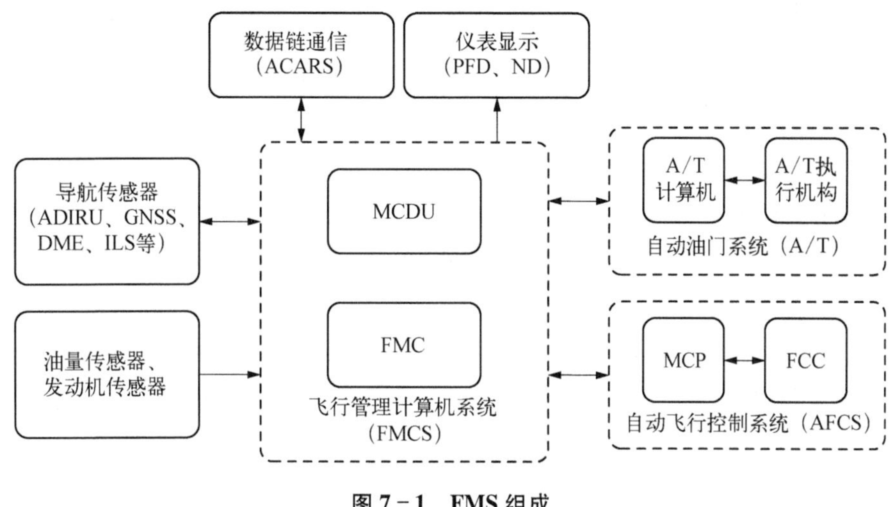

图 7-1　FMS 组成

行机构。FCC 接收来自 FMCS 或控制面板的指令信号,配合导航传感器的信号、舵面位置传感器信号等,根据选定的工作模式进行飞机姿态控制率的计算,产生舵面控制指令去操纵副翼、升降舵、方向舵、水平安定面等,改变飞机的姿态、航向,从而改变飞机的轨迹,使其按照 FMCS 的指令要求飞行。

自动油门系统接收来自各传感器、FMC 和 MCP 发送过来的工作方式选择和性能数据,进行推力优化计算,输出控制指令给油门执行机构。油门执行机构主要由伺服电动机和油门杆组成,执行油门操纵指令,将油门杆置于恰当的位置。部分飞机(如波音 747-400)没有自动油门计算机,这部分工作由 FMC 完成,FMC 增加推力管理功能。

FMCS 由 FMC 和 MCDU 组成。FMC 安装在电子设备舱的设备架上,新型飞机 FMC 已经被航电集成平台的一个功能模块(运行软件)所取代,称为飞行管理计算功能(flight management computing function, FMCF)。MCDU 是飞行管理计算机系统的人机接口界面,用于飞行员输入飞行计划及运行指令等信息,同时显示有关参数。为便于操作使用,MCDU 安装在驾驶舱内靠近正、副驾驶员的中央操纵台的前方。

FMS 的这几个主要组成系统相互连接又相对独立,可独立工作,分别执行各自的功能。这样就可以保证系统中任一分系统的故障都不会引起 FMS 的整体失效。

使用未安装 FMCS 的飞机飞行时,飞行员必须参考飞机性能手册、航图及各种图表,以此获得导航和性能的信息数据。现在这些数据都存储在 FMC 的数据库内,FMC 通过调用各种信息数据,利用 FMC 软件,就可以实现对飞机飞行轨迹和性能的优化,并实现对导航台的调谐。

装载 FMCS 的飞机可实现全自动飞行管理,能提供从飞机起飞直到进近着陆的最优水平飞行轨迹和垂直飞行剖面。飞机在 FMC 的控制下,以最佳飞行路径、最省燃油的方式从起飞机场飞到目的地机场。

飞行员只需要通过 MCDU 向飞行管理计算机输入飞机的起飞机场、目的地机场并规定飞行航路,即在起飞和目的地机场之间最少规定一个航路点,FMCS 就能根据导航系统给出的飞机瞬时位置,计算飞行制导指令,并发送给 AFCS 的自动驾驶仪或飞行指引系统,引导飞机从起飞机场到达目的地机场。同样,飞行员只要通过 MCDU 输入飞机的起飞全重及性能要求,FMCS 就能计算从起飞机场到目的地机场飞行的最经济速度和巡航高度,也能连续计算推力限制值,送出指令到自动油门系统,实现经济飞行。

FMCS 根据飞机实时位置、飞机性能参数、目的地机场的经纬度和可用跑道、各航路点、无线电引导航线及等待航线、进近程序等信号或数据进行综合分析运算,确定飞机的航向、速度、爬升及下降角度、升降速度、分段爬升和下降等指令,计划飞机飞行的水平和垂直剖面。区域导航的使用,使得 FMCS 可以引导飞机直飞大圆航路,在远距离航行中获得比惯常航路更短的直接航路。飞机起飞前飞行员在 MCDU 上可以选择最适应飞行要求的性能数据,FMC 根据要求的性能数据和其他参数,可计算最佳经济效益航路。特殊情况下,如预定航路上出现恶劣气象环境,飞行员也可以通过 MCDU 来修改原定航路。

整个飞行过程中,FMCS 根据飞机所处的飞行阶段及飞行员所选择的工作模式选择不同的优化目标,具体见图 7-2。

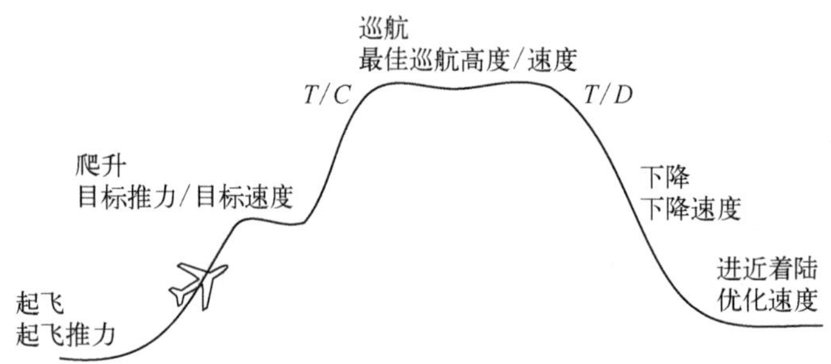

图 7-2　FMCS 全飞行阶段的性能优化管理

起飞阶段,FMC 根据飞机全重(或无燃油重量)和外界温度,提供最佳起飞目标推力。起飞目标推力使飞机在规定的时间内达到起飞速度,同时又不损伤飞机发动机,保证起飞安全。

爬升阶段,根据飞行员的选择和 FMC 确定的目标推力和目标速度,FMCS 提供最佳爬升剖面,使飞机在规定的爬升速度和规定的发动机推力下,以最佳爬升坡度到达规定的高度。FMC 还根据情况向飞行员提供分段(阶梯)爬升和爬升顶点(top of climb, T/C)高度的建议,供飞行员选用。这些建议的实施可大大节省燃油。

巡航阶段,FMCS 根据航线长短、航路情况等选定最佳巡航高度和巡航速度。如果对航路没有特别规定,FMC 在两个航路点之间采用大圆航线飞行,根据导航信息计算最优巡航航路飞行。

下降阶段,FMCS 根据航路信息确定飞机的下降顶点(top of descent, T/D)、下降速度,以最大限度地利用飞机的势能,节省燃油。

进近阶段,在下降结束点,在既定高度、确定航距上,FMCS 以优化的速度引导飞机降落到跑道上的着陆点。

从起飞到着陆的整个过程,FMCS 以最佳飞行路径引导飞机,保障飞行安全、可靠,且节省燃油,缩短飞行时间,降低飞行成本。

7.2　FMCS 功能与实现

FMCS 由 FMC 和 MCDU 组成，B777、B787 飞机使用集成模块化电子组件（IMA）上的飞行管理计算功能（FMCF）软件。无论是 FMC 还是 FMCF，其飞行管理、导航、制导及性能优化的功能及实现原理是一致的。

FMCS 管理飞机的水平导航（LNAV）和垂直导航（VNAV）。输出的信息包括航迹、空速、高度及推力指令等，这些信息发送给自动飞行控制系统和自动油门系统来引导飞机的飞行或提供显示信息给飞行员以帮助其实现更加有效的飞行。不同飞机配备的与 FMC 相连的电子系统各不相同，它们所提供的信息、执行 FMC 指令的方式也各不相同，所以 FMCS 的水平也各不相同，既有最简单的只有点到点的水平导航功能的简单 FMC，也有非常复杂的基于多传感器导航的、具有优化的四维飞行计划、制导、性能管理功能的先进 FMCF 系统。

随着功能的逐步完善，现代先进的 FMCF 实际上已经是飞机 CNS/ATM 运行环境非常重要的一环。CNS/ATM 运行环境通过 RNP、数据链传输、ADS－B 等手段，实现基于飞机轨迹的飞行管理，用于流量控制的 4D 导航，低能见度进近制导。

7.2.1　飞行计划的制定与修改

飞行剖面指的是飞机从起飞机场到目的地机场的整个飞行航路，包括水平航路和垂直航路。FMC 的飞行计划功能主要是借助 MCDU，通过选定航路点，实现飞行计划的设定、修改及激活。

FMC 内部有两个数据库：导航数据库和性能数据库，主要用于存储飞行管理计算所需要的航路、导航台等与导航有关的信息，以及与性能管理功能有关的飞机、发动机的性能参数。制定飞行计划所需要的航路数据从 FMC 的导航数据库中提取，包含起飞机场和跑道、标准仪表离场程序（standard instrument departure, SID）、航路点、跑道、标准仪表进场程序（standard instrument arrival, STAR）、目的地机场特定跑道的进近程序及公司航路等。一般情况下，只有当和目的地机场的终端区管制取得联系之后才能确定进近转换及进近进程。一旦机组人员确定了航路以及航路限制和性能选择，飞行计划就存储到一个预先确定的缓存器里，用于 FMC 计算飞机从起飞机场到目的地机场的水平和垂直剖面。

飞行计划由机组人员通过 MCDU 设定，或由航空公司运营中心通过数据链发送至飞机上。飞机起飞前，设置好的飞行计划可以在 ND 上显示，便于机组人员检查飞行计划。机组人员可以随时修改飞行计划。飞行计划的修改有三种方式：机组人员修改；航空公司运营部门利用数据链发送给机组人员；空中交通管制的要求。修改后的飞行计划需要根据修改情况进行航迹预测，以便机组人员评估修改所带来的影响，当修改满足机组的要求时，由机组人员将修改后的飞行计划激活。

飞行计划中包含描述飞机在飞行中所必须要遵循的航路以及各种航路限制要素，包括水平和垂直两个方面。

水平飞行计划包含飞机在水平面内由一个航路点飞到另一个航路点的轨迹要求，如直飞、转弯、水平偏离等。水平航路的要素主要包括：起飞机场和跑道；包含 RWY－SID 转换，SID－航路转换的离场程序；航线及航路点；包含航路过渡、STAR、STAR－进近过渡及进近和复飞程序的进场程序。

在某些航路点可能会有速度、高度、时间的限制，以形成飞机在垂直平面内的轨迹要求，如爬升、下降、巡航等。通常 FMC 有一个针对不同飞行阶段的最佳速度表，可以为机组提供几种与飞机性能有关的选择，这形成飞机的垂直飞行计划。垂直航路的要素包括：起飞高度（减推力和加速高度）及复飞高度；航路点的高度、速度限制；机组人员可选的时间限制；爬升和下降阶段的速度限制；巡航高度和可能的分段爬升/下降高度；成本指数等。

所有这些水平和垂直航路要素都在建立飞行计划时定义，它们可能包含在导航数据库中，也可能包含在公司航路中，在 MCDU 的起始页（INIT）输入公司航路后就可以进行初始化。

7.2.2 飞行轨迹预测

设定了飞行计划，FMC 就会根据航路的类型及限制条件、飞机性能限制、输入的外部大气环境数据及机组选定的飞机操纵模式来进行四维飞行轨迹（水平、垂直及时间）的预测计算。FMC 水平飞行计划的预测和执行通过其 LNAV 模式进行，垂直轨迹的预测和执行通过其 VNAV 模式进行。飞行员可以在 MCP 选择 LNAV、VNAV 工作模式。

FMC 预测的飞机航迹、预计剩余燃油、待飞时间及待飞距离、目标速度等信息是 FMC 根据飞行计划中的每一个特殊点（如航路点、速度改变点、改平、爬升顶点 T/C、下降顶点 T/D 点等）来分段计算的。飞行过程中，FMC 会根据各种不可预计状况（如由于天气、目的地变化等原因造成飞行计划的改变等）、飞机当前位置及飞行计划的偏离等信息对飞行轨迹预测剖面进行不断的修正。

为讨论方便，将飞行轨迹预测分为水平航迹预测和垂直轨迹预测。二者相互独立，但可以通过地速将二者耦合到一起。飞行过程中，爬升和下降阶段通常保持 CAS/马赫数基本不变，为保持恒定的 CAS，TAS 随高度增加，为保持马赫数恒定，TAS 随高度稍微减小，其关系为

$$Ma = \sqrt{\left(\frac{1}{\delta\{[1+0.2(\mathrm{CAS}/661.5)^2]^{3.5}\}-1}+1\right)^{0.286}-1}$$

$$\mathrm{TAS} = 661.5 \times Ma \times \sqrt{\theta}$$

其中，CAS 为校正空速；TAS 为真空速；δ 为大气气压率（实际气压/标准海平面气压）；θ 为大气温度率（实际温度/标准海平面温度）。

在飞机爬升或下降期间，高度变化后空速会有明显变化。由于计算垂直剖面所用的能量守恒公式中使用 TAS，因此，这些速度转换公式也用于将预选的速度保持模式中的空速转化为真空速。

7.2.2.1 水平航迹类型

飞机的飞行计划主要划分为三个阶段：离场、航路、到达。每一阶段的飞行计划中都包含确定飞机在该阶段轨迹的一些基本数据要素。通常，离场阶段涉及的数据要素主要包括起始定位点、起飞机场或起飞跑道、跑道－SID 过渡、SID 及 SID 到航路的过渡。航路

阶段涉及的数据要素主要包括起始定位点(如果没有离场段)、航线及航路类型。到达阶段涉及的数据要素主要包括航路-STAR 过渡、STAR、进近过渡、进近及复飞。FMC 需要在每一个航段的最后一个航路点根据当前信息确定后续航段的匹配点。

水平航迹指的是飞机在水平面内的飞行轨迹线,是连接多个航路点的一条连续的轨迹线,两个航路点之间为一个航段,航段的起始、结束点是一些地理位置固定的点或浮点(如高度固定,位置不固定)。航段与航段之间的过渡轨迹由飞行程序所定义的航段类型、过渡类型决定。航段类型包括各种直飞航段和转弯航段,航段之间的过渡类型有飞越转弯、旁切转弯等。飞机的水平轨迹是飞行计划所定义的航段(包括进程段、航路点、航路保持方式等)连接线。

导航数据库中的航段通常用航段代码表示,航段代码由两个字母组成,其中第一个字母代表航段类型,表示如何到达目的地(航向、航迹等),第二个字母是航段结束代码,代表航段连接方式或条件(表 7-1)。该代码包含了航段的飞行要求及航段结束或与下一航段连接的方式。航段代码可以在不增加航路点个数的情况下,实现对终端区程序(SID、STAR 和进近程序)的编码。每一种航段代码代表一种特定的飞行航段以及相应的航段终结类型。航段结束代码可用于所有 SID、STAR 和进近程序中的航段。

表 7-1　航段代码定义原则

第一个字母	航 段 含 义	第二个字母	航段结束代码含义
I	起始	A	高度
C	沿航道或航迹至	D	DME 距离
F	从定位点开始的航道	I	切入(下一航段)
H	等待	R	径向线
D	直飞	F	至定位点/在定位点
P	程序转弯	M	人工终止
T	沿航迹至	C	离定位点距离
A	沿弧飞行		
R	沿固定半径转弯至		
V	保持航向至		

根据 RTCA 的 DO 236B 标准(最低航空系统性能标准: 区域导航所需导航性能),导航数据库中定义的航段类型分别用于航路及终端区进近,其中用于航路的航段类型主要是 TF 航段,容许用于 RNP RNAV 航路的导航数据库程序(SID、STAR、进近包括复飞,不包括航线)的航段类型主要有: 切入特定航段(TF)、固定半径到特定航段(RF)、初始定位点(IF)、等待航段(HM、HA 及 HF)、到特定高度的航段(FA)、直飞航段(DF)、等角航线到定位点航段(CF)等。其中,IF、TF 及 RF 航段是 RNP RNAV 程序经常用到的航段。

ARINC 424 标准(导航数据库)中定义的当前可用航段共有 23 种,其中 14 种用于 RNAV 航路,用于 RNP 航路的有 9 种。有关航段具体定义可查看 DO 236B 标准文件。部分航段代码及其含义的示例如表 7-2 所示。

表 7-2 航段类型举例

航段名称	航段图示	航段含义	备注
CA	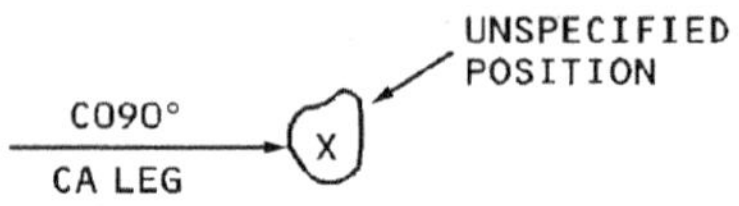 UNSPECIFIED POSITION; C090°; CA LEG; X	飞机沿指定磁航道到达预期高度，到达该高度的位置不确定。经常用于SID的初始航路	适用RNAV
RF	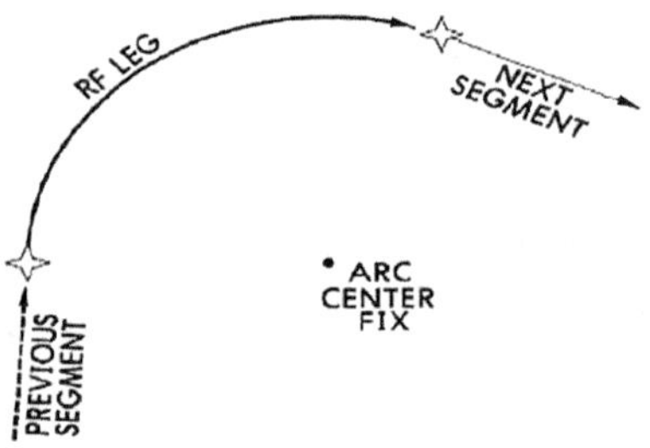 RF LEG; NEXT SEGMENT; ARC CENTER FIX; PREVIOUS SEGMENT	固定半径圆弧航路，终止于定位点，导航数据库提供航段转弯方向、中心点及终止点。FMC计算转弯中心点到终止点之间的距离作为转弯半径。航段的起始点为圆弧上的上一航段终止点。RF航段可能会有高度、速度及垂直轨迹角限制	适用RNAV、RNP
TF	 TF LEG	TF航段为直飞航段，中间和最后进近段永远是TF航段，该航段有可能会有高度和速度限制	适用RNAV、RNP
VI	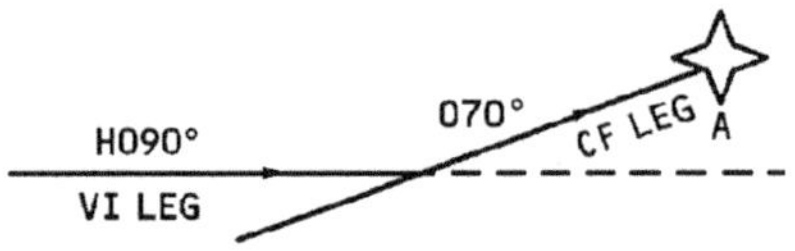 H090°; VI LEG; 070°; CF LEG; A	飞机沿指定航向飞行至与另一航段CF的交叉点后，再沿CF到达定位点A	适用RNAV

如果航路全部或部分是由机组人员人工输入，定位点、导航数据库中的航路点或用户定义的航路点组成，由机组人员逐点输入，则人工输入的定位点和其前、后续航路点之间的航段用TF航段。如果是在已有航路上沿航路输入航路点，则这些航路点的插入不改变原航路，这种情况下，只能在CF、DF、RF或TF航段插入航路点。

随着导航技术的发展，RNAV、RNP航路越来越多，FMC在RNAV、RNP航路中发挥的作用也越来越大。

7.2.2.2 航段过渡

飞行员选定的航路通常由多个航段组成，FMC需要将上一个航段的退出段与下一个航段的进入点平滑连接（过渡航段），连接点通常位于两个航段之间夹角的平分线上。过渡航段需要与前、后续航段相切，实现航路的平滑过渡，确保飞机从当前航段经过过渡转弯顺畅融入下一航段。飞机通过转弯点的方式有两种：飞越转弯和旁切转弯（图7-3）。飞越转弯要求飞机首先到达转弯点，然后切入下一航段。旁切转弯要求FMC在到达转弯点之前就计算好转弯路线，提前转弯，控制飞机切入下一航段。航段过渡通常有5种情况，称之为5种过渡类型。

1）类型Ⅰ

类型Ⅰ过渡航段是发生在两个固定航段（F*或*F）之间的航段过渡，前一航段的终止点是后一航段的起始点，如图7-4所示。它通过一个固定半径的旁切转弯来实现，此时，FMC需要根据飞机的地速来确定转弯时的倾斜角以使得转弯半径固定。

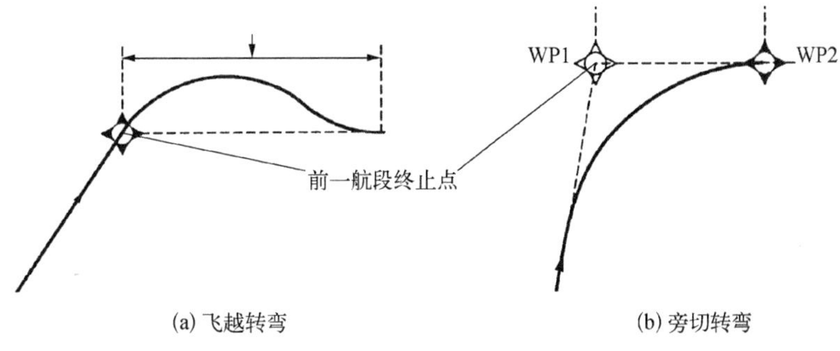

图 7-3 航段过渡方式

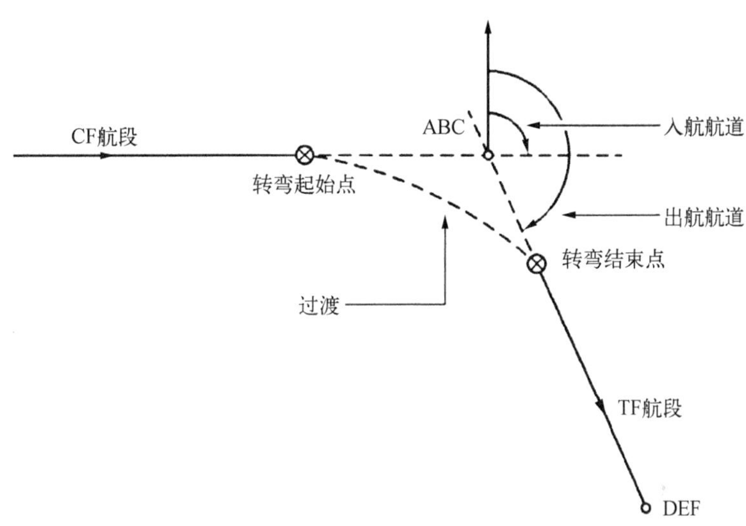

图 7-4 类型 I 过渡航段

2）类型Ⅱ

在两个以定位点为基准的航段(无连接)之间的过渡航段,或者从一个航向/航道类航段(V*或C*段)过渡到一个以定位点为基准的航段(图7-5)。

下列情况下通常采用类型Ⅱ过渡航段:

(1) 当前航段要求飞越转弯;

(2) 后续航段有要求的转弯方向,且引起的航道改变大于180°(P*、AF、H*除外);

(3) 当前航段和后续航段之间的航道改变不大于3°或者不小于175°;

(4) 当前航段的终点和后续航段之间的距离大于1 n mile。

类型Ⅱ航段过渡使用固定航迹控制律来截获后续航段,通常用于截获平行偏置航路,当平行偏置取消时,需要用该类型航段过渡方法再重新截获原来的航路。

3）类型Ⅲ

类型Ⅲ过渡航段是进入到航向航段(V*段)的过渡,即切入预选航向(图7-6)。

4）类型Ⅳ

类型Ⅳ航段过渡是向直飞航段(DF)的过渡,通过转弯航段切入DF航段。这种过渡类型也用于从VI或者CI航段切入一个定位点基准航段(图7-7)。

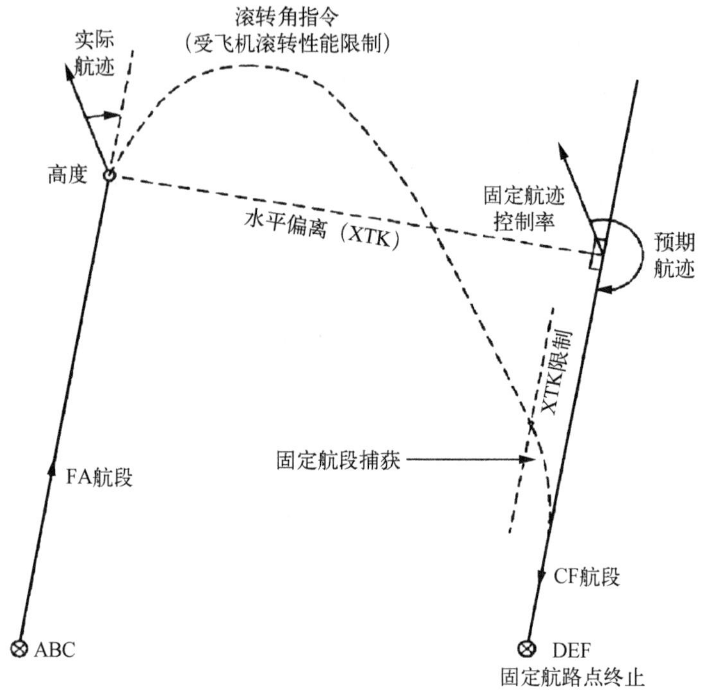

图 7－5　类型Ⅱ过渡航段

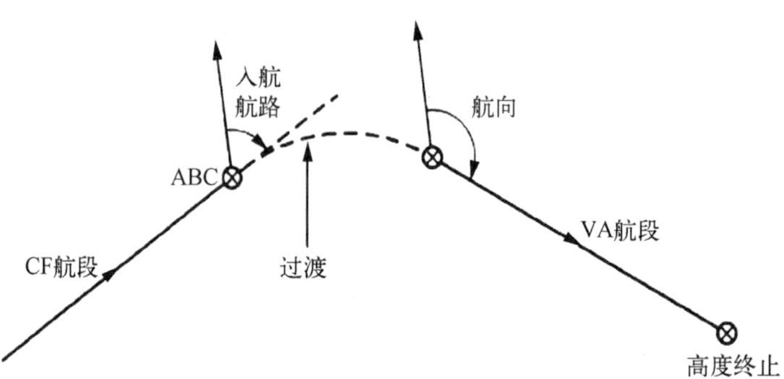

图 7－6　类型Ⅲ过渡航段

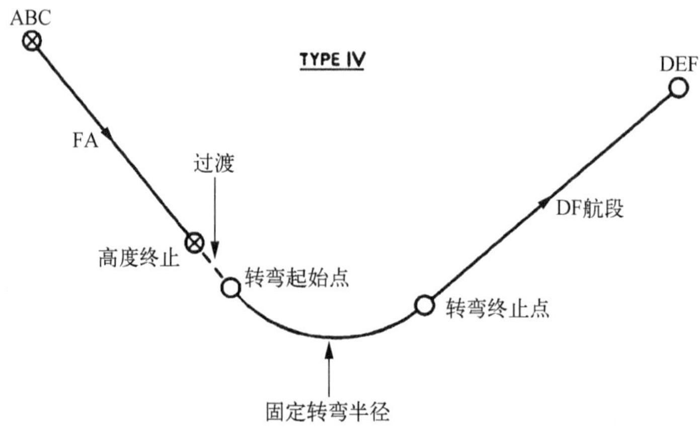

图 7－7　类型Ⅳ过渡航段

5）类型Ⅴ

类型Ⅴ是过渡到非定位点基准航段（CA、CD、CR 段）的航段过渡类型（图 7－8）。

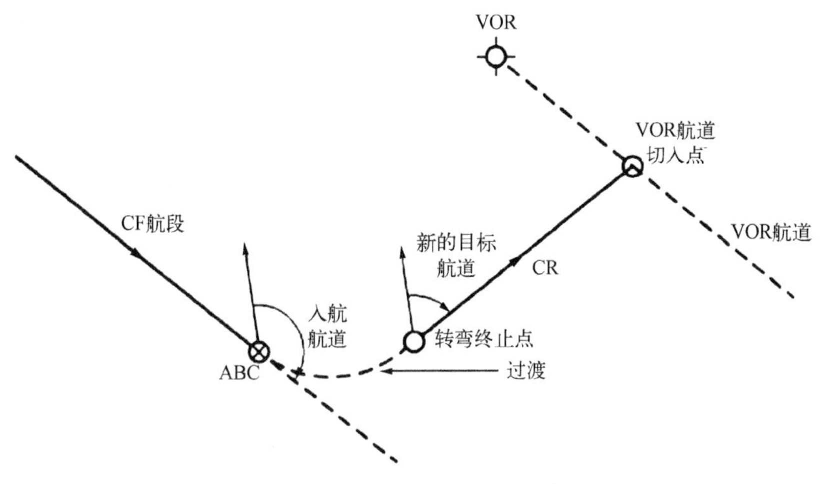

图 7－8　类型Ⅴ过渡航段

不同航段之间适用不同类型的过渡，有的航段之间无法实现过渡（无法成为前后续航段），不同航段之间适用的过渡航段类型如表 7－3 所示。

表 7－3　航段过渡类型表

		后续航段																					
		AF	CA	CD	CF	CI	CR	DF	FA	FM	HA	HF	HM	IF	PF	TF	VA	VD	VI	VM	VR	DISC	PPOS
当前航段	AF	Ⅱ	Ⅴ	Ⅴ	Ⅰ	Ⅴ	Ⅴ	Ⅳ	Ⅰ	Ⅰ	Ⅱ	Ⅱ	Ⅱ			Ⅰ	Ⅲ	Ⅲ	Ⅲ	Ⅲ	Ⅲ	B	
	CA		Ⅴ	Ⅴ	Ⅱ	Ⅴ	Ⅴ	Ⅳ	Ⅱ	Ⅱ							Ⅲ	Ⅲ	Ⅲ	Ⅲ	Ⅲ	B	
	CD	Ⅱ	Ⅴ	Ⅴ	Ⅱ	Ⅴ	Ⅴ	Ⅳ	Ⅱ	Ⅱ							Ⅲ	Ⅲ	Ⅲ	Ⅲ	Ⅲ	B	
	CF	Ⅰ	Ⅴ	Ⅴ	Ⅰ	Ⅴ	Ⅴ	Ⅳ	Ⅰ	Ⅰ	Ⅱ	Ⅱ	Ⅱ		Ⅰ	Ⅰ	Ⅲ	Ⅲ	Ⅲ	Ⅲ	Ⅲ	B	
	CI	Ⅳ			Ⅳ				Ⅳ	Ⅳ													
	CR		Ⅴ	Ⅴ	Ⅱ	Ⅴ	Ⅴ	Ⅳ	Ⅱ	Ⅱ							Ⅲ	Ⅲ	Ⅲ	Ⅲ	Ⅲ	B	
	DF	Ⅰ	Ⅴ	Ⅴ	Ⅰ	Ⅴ	Ⅴ	Ⅳ	Ⅰ	Ⅰ	Ⅱ	Ⅱ	Ⅱ		Ⅰ	Ⅰ	Ⅲ	Ⅲ	Ⅲ	Ⅲ	Ⅲ	B	
	FA		Ⅴ	Ⅴ	Ⅱ	Ⅴ	Ⅴ	Ⅳ	Ⅱ	Ⅱ							Ⅲ	Ⅲ	Ⅲ	Ⅲ	Ⅲ	B	
	FM																						
	HA	Ⅱ	Ⅴ	Ⅴ	Ⅱ	Ⅴ	Ⅴ	Ⅳ	Ⅱ	Ⅱ					Ⅱ	Ⅱ	Ⅲ	Ⅲ	Ⅲ	Ⅲ	Ⅲ	B	
	HF	Ⅱ	Ⅴ	Ⅴ	Ⅱ	Ⅴ	Ⅴ	Ⅳ	Ⅱ	Ⅱ					Ⅱ	Ⅱ	Ⅲ	Ⅲ	Ⅲ	Ⅲ	Ⅲ	B	
	HM	Ⅱ	Ⅴ	Ⅴ	Ⅱ	Ⅴ	Ⅴ	Ⅳ	Ⅱ	Ⅱ	Ⅱ	Ⅱ			Ⅱ	Ⅱ	Ⅲ	Ⅲ	Ⅲ	Ⅲ	Ⅲ	B	
	IF	A	A	A	A	A	A	A	A	A	A	A	A		A	A	A	A	A	A	A	A, B	

续 表

		后续航段																					
		AF	CA	CD	CF	CI	CR	DF	FA	FM	HA	HF	HM	IF	PF	TF	VA	VD	VI	VM	VR	DISC	PPOS
当前航段	PF	Ⅰ	Ⅴ	Ⅴ	Ⅰ	Ⅴ	Ⅴ	Ⅳ	Ⅰ	Ⅰ	Ⅱ	Ⅱ	Ⅱ				Ⅲ	Ⅲ	Ⅲ	Ⅲ	Ⅲ	B	
	TF	Ⅰ	Ⅴ	Ⅴ	Ⅰ	Ⅴ	Ⅴ	Ⅳ	Ⅰ	Ⅰ	Ⅱ	Ⅱ	Ⅱ		Ⅰ	Ⅰ	Ⅲ	Ⅲ	Ⅲ	Ⅲ	Ⅲ	B	
	VA		Ⅴ	Ⅴ	Ⅱ	Ⅴ	Ⅴ	Ⅳ	Ⅱ	Ⅱ							Ⅲ	Ⅲ	Ⅲ	Ⅲ	Ⅲ	B	
	VD	Ⅱ	Ⅴ	Ⅴ	Ⅱ	Ⅴ	Ⅴ	Ⅳ	Ⅱ	Ⅱ							Ⅲ	Ⅲ	Ⅲ	Ⅲ	Ⅲ	B	
	Ⅵ	Ⅳ			Ⅳ				Ⅳ	Ⅳ													
	VM																						
	VR		Ⅴ	Ⅴ	Ⅱ	Ⅴ	Ⅴ	Ⅳ	Ⅱ	Ⅱ							Ⅲ	Ⅲ	Ⅲ	Ⅲ	Ⅲ	B	
	DISC													B									
	PPOS																					B	

注：空白表示后续航段不能作为当前航段的后续航段，A 表示 IF 是下一航段的一部分，没有过渡航段，B 表示航路不连续时，NAV 断开（不衔接），没有过渡航段。

过渡航段通常选择最短航段以提高飞机运营的经济性，影响过渡航段距离的参数主要有过渡航段类型（飞越 F/O 或旁切 F/B）、飞机倾斜角及指示空速（IAS）等。FMC 根据飞机地速及航迹角改变计算过渡航段转弯半径。地速越大，改变的角度越大，越要求提前转弯。FMC 根据测得的实时航迹误差角和航迹偏离连续修正过渡转弯期间飞机的倾斜指令。

（1）旁切到旁切航路点。

如图 7－9 所示，两个旁切航路点之间的最短距离可用下列公式计算：

$$\text{TrackDist} = \text{Legdist} - (Y_a + Y_b) + \frac{r_a \pi \alpha_a + r_b \pi \alpha_b}{360}$$

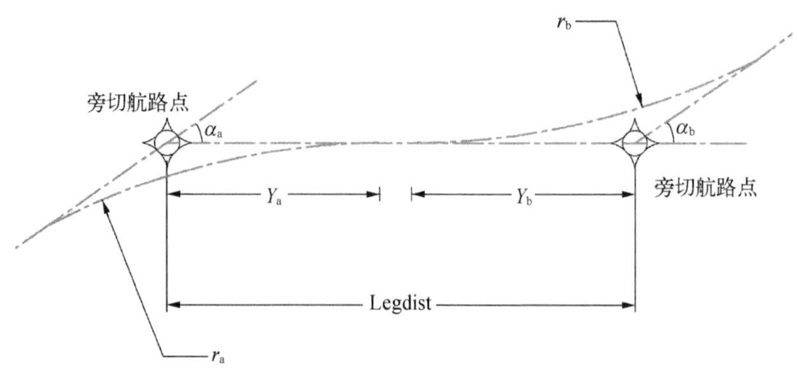

图 7－9　从 F/B WP 到 F/B 航迹距离

其中，Legdist 是两个航路点之间的几何距离；Y_a 和 Y_b 分别是两个航路点最大允许速度下的转弯初始距离；r_a 和 r_b 分别是两个航路点对应最大允许速度的转弯半径；α_a 和 α_b 分别是两个航路点的航迹角改变（度），V 是最大允许速度。其中，转弯初始距离为 $Y = r \times \tan(0.5\alpha)$；转弯半径 $r = \dfrac{V}{20\pi R}$。

（2）旁切到飞越/固定半径航路点。

如图 7－10 所示，从旁切航路点到飞越/固定半径的最短航迹距离计算如下：

$$\text{TrackDist} = \text{Legdist} - Y_a + \frac{r_a \pi \alpha_a}{360}$$

式中，各参数的含义与旁切到旁切航路点最短航迹距离中的描述一致。

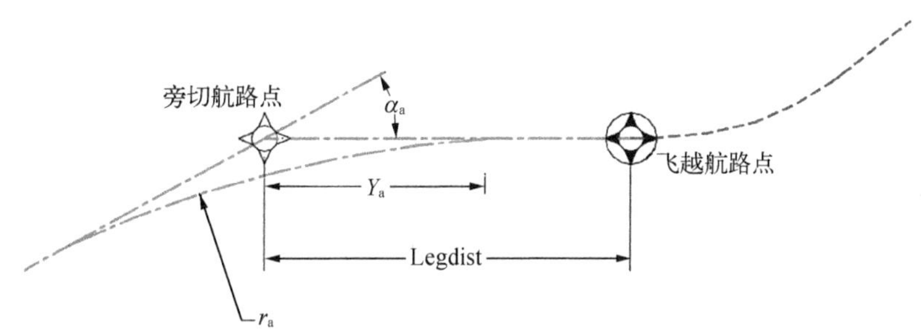

图 7－10　旁切到飞越/固定半径航路距离

（3）飞越到飞越/固定半径航路点。

如图 7－11 所示，飞越航路点和飞越/初始固定半径航路点之间最短航迹距离的计算如下：

$$\text{TrackDist} = \frac{r_{a1} \pi \alpha_a}{360} + \sqrt{[r_{a1}(1 - \cos \alpha_a)]^2 + (\text{Legdist} - r_{a1}\sin \alpha_a)^2}$$

其中，r_{a1} 是航路点 a 的最大允许速度的初始转弯半径，其他参数含义与前述相同。

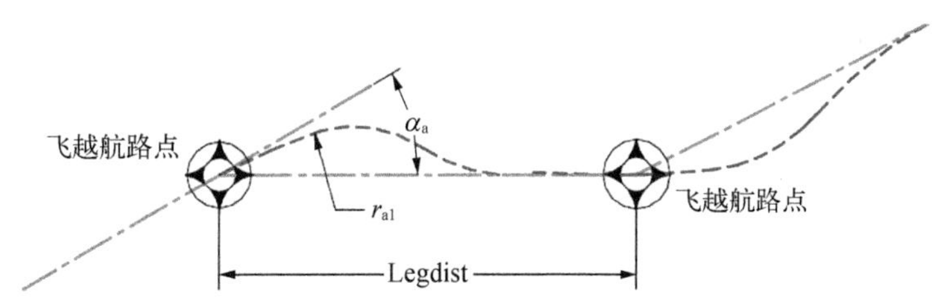

图 7－11　飞越到飞越航路点之间的距离

（4）飞越到旁切航路点。

如图 7－12 所示，从飞越航路点到旁切航路点的最短航迹距离计算如下：

$$\text{TrackDist} = \frac{r_{a1}\pi\alpha_a}{360} - Y_b + \sqrt{[r_{a1}(1-\cos\alpha_a)]^2 + (\text{Legdist} - Y_b - r_{a1}\sin\alpha_a)^2} + \frac{r_{b1}\pi\alpha_b}{360}$$

公式中各参数的含义与前述一致。

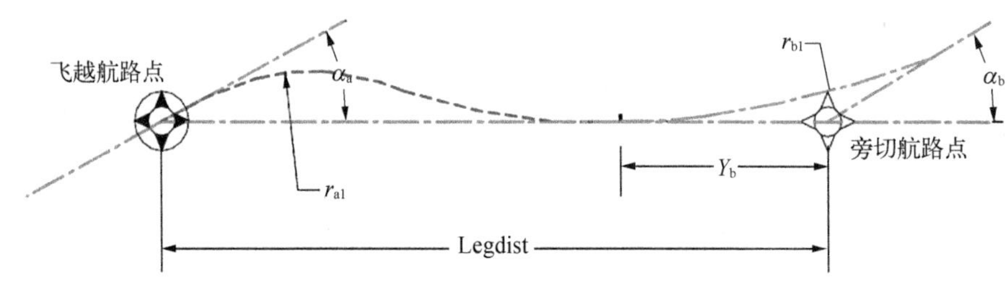

图 7－12　飞越到旁切航路距离

(5) 固定半径到旁切航路点的距离。

如图 7－13 所示，从一个最终固定半径航路点到一个旁切航路点的最短航迹距离的计算如下：

$$\text{TrackDist} = \text{Legdist} - Y_b + \frac{r_b\pi\alpha_b}{360}$$

公式中各参数的含义与前述一致。

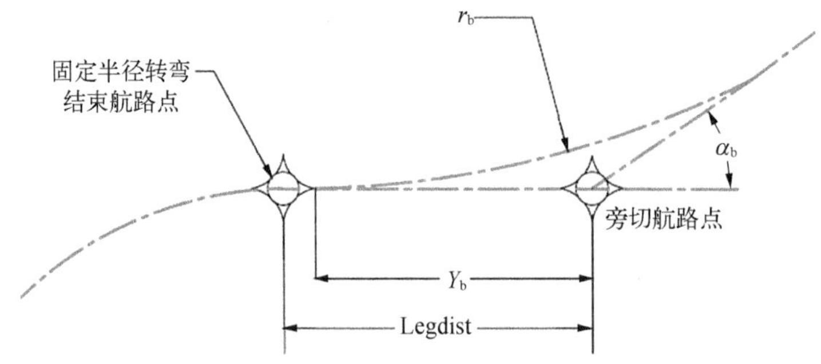

图 7－13　固定半径到旁切航路点航迹距离

对于固定半径过渡，转弯本身就代表了两个航路点之间的航段，而且对于所有的飞行速度都相同。航段长度计算如下：

$$\text{TrackDist} = \frac{r\pi\alpha}{360}$$

7.2.2.3　水平航路

飞机的水平轨迹包括离场、航路、进近、进场等几个不同的组成部分，各个部分通过航路点、航段连接起来。FMC 的 LNAV 工作方式就是根据航路要求，计算飞机的航道偏离，发送给自动飞行控制系统实现飞机水平轨迹的控制。

离场入航是飞机开始起飞加入航线的过程，是飞机从起飞至第一个航路点的阶段。

飞机入航前需要截获后续航段,所谓截获指的是飞机当前位置与激活航段的航道偏离小于 2.5 n mile,与激活航段之间的航迹角偏差小于 110°。如果飞机当前位置与激活航段的航迹偏离大于 2.5 n mile,但航迹角偏差小于 110°,且飞机在截获航向上飞行,则飞机按照航向保持模式飞行,直到航迹偏离小于 2.5 n mile,进入航路截获方式。此时,如果之前 LNAV 已经预位(MCP 上的 LNAV 按钮按下),则 FMC 的 LNAV 模式衔接,从无计算数据状态转到有计算数据状态,滚转指令有效。如果 LNAV 没有衔接(预位状态),FMC 仍输出操纵指令数据,但数据为飞机的实际倾斜姿态,数据状态表现为无计算数据状态。一旦 LNAV 衔接,即使飞机已经超越了后续航路,或飞机没有在截获范围内,则 LNAV 仍旧是衔接的,只是进入航向保持或倾斜保持模式。

FCC 接收到 FMC 的 LNAV 衔接信号后,先进行同步,然后正式衔接。当衔接了飞行指引功能,或自动驾驶仪衔接了指令方式,但其输出与飞行指引系统的误差大于 2°时,用瞬时断开 FMC 的方法完成同步,然后再衔接,一旦衔接成功,则原来的滚转方式失效,LNAV 的 EFIS 显示由白色变为绿色。

SID 是适应多种航空器类型的一种离场程序,如果程序要求特定的航空器类别,则在导航数据库中会注明 SID 的适用范围。SID 的终点为离场程序后续航路的第一个航路点或导航台。SID 有直线离场和转弯离场两种基本形式。直线离场航线应在距跑道的离场末端 20 km(10.8 n mile)以内获得航迹引导;转弯离场则要求在完成转弯后 10 km(5.4 n mile)以内获得航迹引导。航迹引导通常由 NDB、VOR 导航台提供或利用 RNAV 实现。

图 7-14 为一个 SID 程序的示例。飞机先以固定航向 74°(CF 航段)飞行,到达定位点 MOJVL,再按 TF 航路 71°飞 BVL;或飞机先以 CF 航路 119°飞行,到达定位点 LAJZI,再以 TF 航路 62°飞 BVL;或飞机先以 CF 航路沿 254°飞行,到达定位点 IXAQI,再以 TF 航路按 164°飞到航路点 JUJWI,然后飞机以 TF 航路按 74°达到 KOQUB,再以 TF 航路 19°飞 BVL。

离场入航使得飞机从离场转入航路飞行。预选航段被激活后,FMC 将预选航向作为目标航向。如果前一个航段结束,后续航段为按预选航向飞行的航段时,则在前一个航段结束时进入航向选择模式。如果飞机飞到当前航段终点,或无法截获后续航路,则实施航向保持模式。

某些情况下,飞机会偏离原来的预选航路,这时候 FMC 就需要采用航道截获方式重新飞回到预选航路。例如:飞行过程中,如果飞行员根据飞行指引信息人工操纵飞机,但又没有很好地遵循飞行指引指令,导致飞机出现偏航;前序航段与后续航段没有连接,前一航段需要截获下一个航段;或预选航段遇上雷雨、风切变等恶劣气候,飞行员选择与原航段偏置一定距离的平行边道航线飞行,飞越恶劣气候区后,边道航线被人工或自动取消。这些情况下,飞机都需要截获原来的航道。

航道截获时,FMC 需要计算转弯方向和转弯角度,航道转弯角度应为 3°~135°。FMC 根据飞机航向与方位误差、偏航距离和航迹角误差来计算横滚指令。如果是旁切转弯,则按最大倾斜角 17°、最大横滚速率 2°/s 来计算截获点,不同性能的飞机该参数会有不同。当计算的航道转弯角小于 3°或大于 135°时,需要选择飞越转弯,飞机越过预选航线后,再以较大倾斜角切入预选航线,执行正常截获。

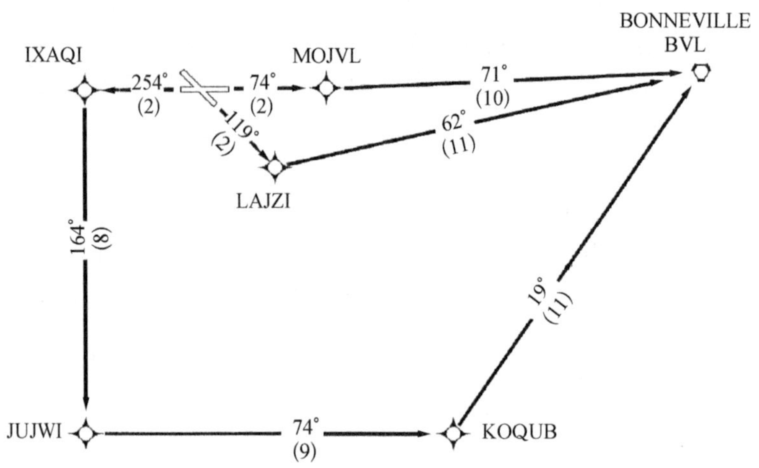

SID 标识	航路类型	过渡标识	顺序	航　路　点		航路点描述码	航路终点
ENV1	1	RW08	010	MOJVL	K2 EA	E---	CF
ENV1	1	RW08	020	BVL	K2 D	VE--	TF
ENV1	1	RW12	010	LAJZI	K2 EA	E---	CF
ENV1	1	RW12	020	BVL	K2 D	VE--	TF
ENV1	1	RW26	010	IXAQI	K2 EA	E---	CF
ENV1	1	RW26	020	JUJWI	K2 EA	E---	TF
ENV1	1	RW26	030	KOQUB	K2 EA	E---	TF
ENV1	1	RW26	040	BVL	K2 D	VE--	TF

航路类型 1 = SID 与跑道之间的过渡

图 7－14　SID 程序示例

LNAV 模式中，FMC 预测计算每一个航路转弯点进入和退出横滚的距离。只有当飞机到达预定的转弯点，FMC 具备进入和退出横滚的逻辑时，才会产生横滚指令。LNAV 期间，FMC 持续计算飞机与预选航迹之间的水平偏离，并在 ND 上显示。飞机通过转弯点进入后续航段的起点后，按已知风或实测风计算飞机的应飞航向及预计到达时间。

仪表进近是利用 ILS 提供的航道和下滑偏离信息引导飞机着陆的一种进近程序。它由进场航段、起始进近航段、中间进近航段、最后精密进近航段和复飞航段组成。在仪表进近过程中，往往要做一些机动飞行，如等待、基线转弯或程序转弯、复飞转弯及目视盘旋等。飞机性能上的差别，将直接影响实施机动飞行所必需的空域和能见度。

进场航段是飞机从航路飞行阶段下降到起始进近定位点的航段，主要是为了提高机场运行效率，保证航班进场流畅。一般在空中交通流量较大的机场设置进场航段，制定标准仪表进场程序，有的机场在这一航段中还设有等待程序。

起始进近航段从起始进近定位点(initial approach fix, IAF)开始，到中间进近定位点

(intermediate approach fix, IF)或者最后进近定位点(final approach fix, FAF)/最后进近点(final approach point, FAP)为止。该航段主要用于飞机下降高度,并通过机动飞行对准中间或最后进近航线。仪表进近程序中,起始进近航段具有很大的机动性,一个仪表进近程序可以建立多个起始进近,但其数据应按空中交通流向或其他航行要求加以限制。

中间进近航段是中间定位点到最后进近定位点/最后进近点之间的航段。它是起始进近到最后进近的过渡航段,主要用于调整飞机的构型、速度和位置,并稳定在航线上,对准最后进近航线,进入最后进近。中间进近航段飞机通常是平飞,一般不下降,如果确实需要下降高度,也应平缓慢降,尽量减少高度降低。

最后精密进近航段完成航道对正和下降着陆。这一航段是整个进近过程最关键的阶段,包括仪表飞行和目视着陆两部分。仪表飞行部分从FAF/FAP(ILS进近从FAP)开始,到复飞点或下降到决断高度为止。

复飞航段从复飞点或决断高度中断进近开始,到航空器爬升到可以作另一次进近或回到指定等待航线或重新开始航线飞行的高度为止。复飞程序是保证飞行安全的必备条件,在复飞起始阶段不允许转弯,飞机直线爬升到复飞程序公布的转弯高度或转弯点上空时,方可转向指定的航向或位置。

等待程序是飞机为等待进一步放行而保持在一个规定空域内的预定的机动飞行。等待程序一般设置在进场程序末端或进场航线上的某一点。如果飞机装有RNAV系统,并获批相应的RNAV运行,则可使用DME/VOR RNAV等待。RNAV等待程序可使用一个或两个航路点,也可提供区域等待。

仪表进场和等待程序虽然不属于进近航段,但它们是许多仪表进近程序的组成部分,是航路与进近之间的过渡,一个进近程序可能有几条进场航线,飞行员通常选择使用最接近飞机所在航路终点的那一条。

图7-15为一个STAR程序的示例。飞机首先完成STAR与航路之间的过渡,这段过渡有两条途径:以DVANY为起始基准点(IF航路),到达该点后,沿53°航迹按TF航段飞行到达航路点GRAYM;或以MOGUL为起始基准点(IF航路),到达该点后,沿11°航道按TF航段飞行到达航路点BLATT,转为新导航台的11°航道按TF航段飞行到达航路点GRAYM。STAR进场部分以GRAYM为起始基准航路点,包括两端TF航段,一段是从GRAYM到GASSE,航道53°,一段是从GASSE到DREEM,完成标准仪表进场程序。

飞机如果装备区域导航系统,且具有相应的RNAV运行能力,经批准就可以使用区域导航进近。

7.2.2.4　水平轨迹预测

FMC的水平轨迹预测功能是指FMC计算飞机如何飞过所有航段、过渡转弯及航段终点。由于航段之间的过渡转弯距离及特定航段的终点与飞机的速度、风速风向、高度有关,因此这些航段的计算比较困难。例如,为确保平稳过渡,同一个航路点的转弯过渡半径及转弯距离可能由于飞机速度的不同而不同。飞机在一个航路点上可以达到的高度(对应飞机速度)与爬升或下降的水平距离有关。

水平转弯的有关参数取决于航道改变角度的大小以及飞机转弯时的地速,如果转弯时飞机最大地速已知,则转弯半径 $R = V^2/(g\mathrm{tg}\,\theta)$, 其中,$V$ 为飞机转弯时的最大地速, θ

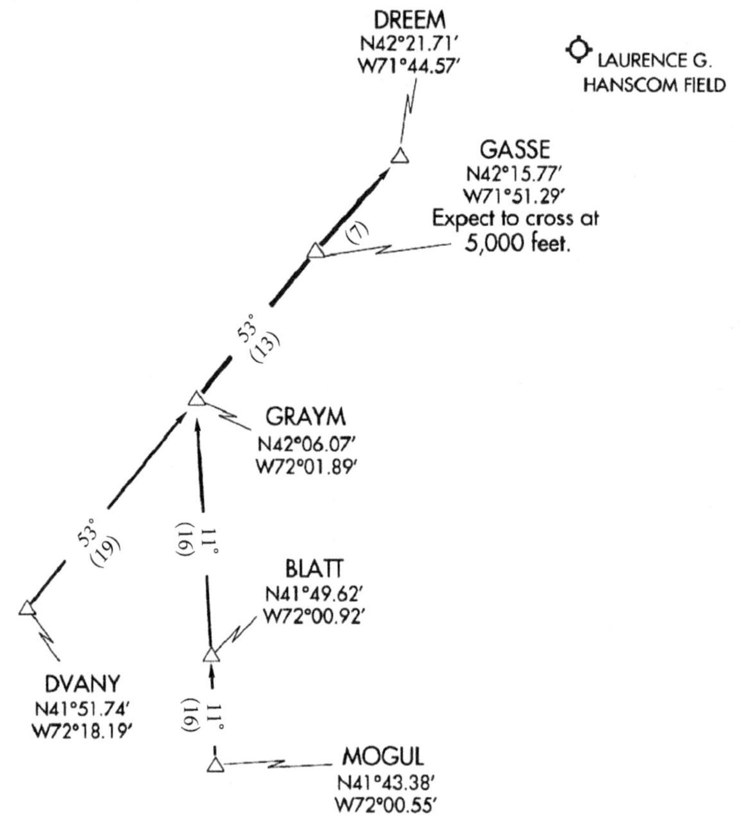

STAR 标识	航路类型	过渡标识	顺序	航　路　点	航路点描述码	航路终点
GRAYM2	1	DVANY	010	DVANY　　K6 EA	E---	IF
GRAYM2	1	DVANY	020	GRAYM　　K6 EA	EE--	TF
GRAYM2	1	MOGUL	010	MOGUL　　K6 EA	E---	IF
GRAYM2	1	MOGUL	020	BLATT　　K6 EA	E---	TF
GRAYM2	1	MOGUL	030	GRAYM　　K6 EA	EE--	TF
GRAYM2	2	ALL	010	GRAYM　　K6 EA	E---	IF
GRAYM2	2	ALL	020	GASSE　　K6 EA	E---	TF
GRAYM2	2	ALL	030	DREEM　　K6 EA	EE--	TF

航路类型 1=STAR 与航路间的过渡
航路类型 2=STAR 或 STAR 通用航路

图 7-15　STAR 程序示例

为用于转弯计算的飞机标称倾斜角。转弯弧长为航道变化角度与转弯半径的乘积。如果要求绕固定定位点以恒定半径转弯，则转弯时的标称倾斜角为 $\theta = \mathrm{arctg}(V^2/gR)$。

为确定飞机转弯时的最大地速，FMC 必须首先计算转弯开始时的高度，然后再根据飞机的速度保持程序及该高度风的信息计算飞机的计划速度。飞机转弯时的倾斜角需要根据旅客舒适度及航路水平机动的空域要求预先确定。

总之，FMC 的水平轨迹预测并非简单的几个固定航路点之间用直线连接起来，而是在 FMC 的控制下，对飞机要飞的实际水平飞行轨迹的预测，FMC 的水平航迹预测是其制导计算的基础。

7.2.2.5　垂直轨迹预测

FMC 对飞机垂直轨迹的预测主要依据飞机能量平衡公式，包括变化的重量、速度及高度。在自由爬升/下降、固定坡度爬升/下降、速度改变、平飞中所使用的能量平衡公式是不同的。垂直轨迹预测实现过程受飞行计划中的高度、速度限制及飞机性能（速度、抖振限制、最大高度、推力等）的限制。能量平衡公式的数据来自与飞机机体/发动机密切相关的推力、燃油流量、阻力及存储在性能数据库里的飞机及发动机参数模型。

垂直轨迹的预测基于剖面积分，积分步长越小计算的轨迹越准确。FMC 根据飞机目标速度、风、阻力及进行相应机动飞行所需的发动机推力计算飞机的垂直速度、水平速度、飞行距离、所用时间、高度改变及燃油消耗等，计算出的垂直状态参数，同时作为下一次计算的初始值。当遇到高度或速度限制，飞行阶段改变或特殊航段，需要使用新的机动类型（如转弯过渡）时，需要用更小的积分步长。垂直轨迹预测与飞行阶段有关，如图 7－16 所示。

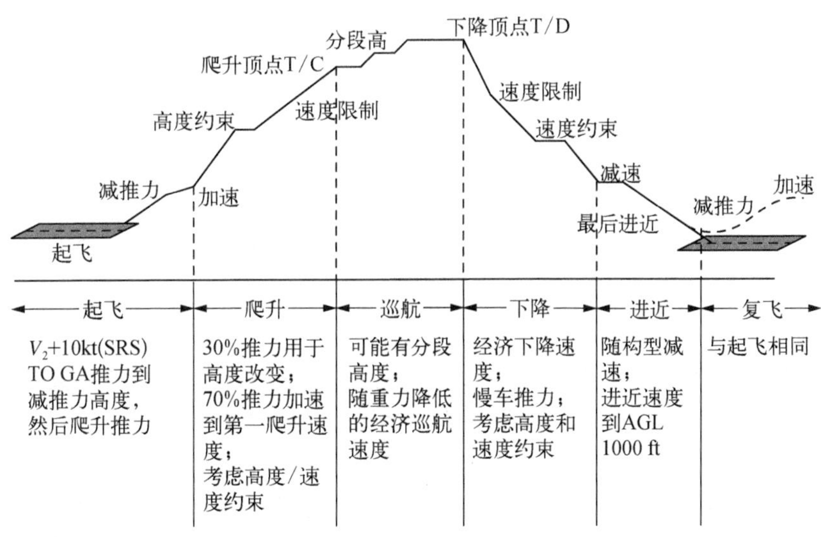

图 7－16　轨迹预测剖面

垂直剖面包含几种机动类型：自由爬升下降阶段，限制爬升下降阶段，平飞阶段，速度改变阶段。对于一个特定航段的垂直剖面，根据机动类型的不同有不同的能量平衡公式。

1．自由爬升/下降航段

自由爬升/下降航段主要计算固定高度增量（dh 为积分步长）时的平均升降速度，该类型航段使用固定高度增量，可以以确定的步数到达高度限制。爬升航段，推力通常假定为起飞、复飞或爬升推力限制；下降阶段，推力通常假定为位于或稍大于慢车飞行推力。

$$V_{V/S} = \frac{\dfrac{(T - D)V_{\text{ave}}}{\text{GW}}}{\dfrac{T_{\text{act}}}{T_{\text{std}}} + \dfrac{V_{\text{ave}}}{g}\dfrac{\text{d}V_{\text{true}}}{\text{d}h}}$$

其中,T 为平均推力(lb);D 为飞机平均阻力(lb);GW 为飞机毛重(wt lb);T_{act} 为大气静温(K);T_{std} 为标准日温度(K);V_{ave} 为平均真空速(ft/s);g 为重力加速度,等于 32.174 ft/s^2;$\text{d}V_{\text{true}}$ 为真空速增量(ft/s);dh 为高度步长(ft)。

飞机目标空速来自飞行员选定的速度保持程序及机场或航路点的速度限制,阻力利用飞机构型、速度以及倾斜角计算。燃油流量及由此引起的重力改变是发动机推力的函数,一旦升降速度($V_{V/S}$)计算出来,其他预估参数就可以计算出来。如积分时间 $\text{d}t = \text{d}h/V_{V/S}$,水平运动距离 $\text{d}s = \text{d}t(V_{\text{true}}$ + 该航段沿航迹的风速平均值),以及重量变化 $\text{d}w = \text{d}t \times$ 燃油流量(T)。

2. 限制爬升/下降航段

限制爬升/下降航段主要计算固定高度步长(dh 及升降速度 $V_{V/S}$ 已设定)的平均推力。利用固定高度步长可以确定到高度限制点的计算步数。平均 $V_{V/S}$ 是规定的或根据固定航迹角计算出来。

$$V_{V/S\ \text{ave}} = V_{\text{ture ave}} \text{tg FPA}$$

其中,$V_{\text{ture ave}}$ 为该航段的平均真空速(ft/s);FPA 为飞机航径角。固定 FPA 反过来可以利用高度限制点的垂直航迹计算出来。利用 $V_{\text{V/S}}$ 或 FPA 就可以计算该航段飞行的推力需求:

$$T = \frac{GW \times V_{V/S\ \text{ave}}}{V_{\text{ave}}} - \left(1 + \frac{V_{\text{ave}}}{g} \cdot \frac{\text{d}V_{\text{true}}}{\text{d}h}\right) + D$$

公式中各参数的含义与前述相同,其他参数的计算方法与自由爬升/下降阶段的算法一致。

3. 平飞阶段

固定速度平飞阶段是特殊情况。$\text{d}V_{\text{true}}$ 及 $V_{V/S\ \text{ave}}$ 在平飞阶段为 0,即 $T = D$。平飞阶段通常利用固定时间或距离步长进行积分,水平运动距离及重量变化计算如前述。

4. 速度改变航段

速度改变航段对固定 $\text{d}V_{\text{true}}$ 计算平均时间。根据爬升、下降、平飞及飞控系统的工作特性,或根据所需 FPA 计算的垂直轨迹计算 $V_{V/S\ \text{ave}}$。下降阶段推力假定为慢车;爬升阶段推力为起飞或爬升推力;平飞阶段推力为巡航推力限制。

$$\text{d}t = \text{d}V_{\text{true}} \Big/ \left\{ g\left[\frac{T - D}{\text{GW}} - \left(\frac{T_{\text{act}}}{T_{\text{std}}}\frac{V_{V/S\ \text{ave}}}{V_{\text{ave}}}\right)\right]\right\}$$

$$\text{d}h = V_{V/S\ \text{ave}} \times \text{d}t$$

对于所有的机动类型,如果该机动飞行发生在转弯过渡阶段,则升降速度、速度改变或推力必须根据倾斜角效应进行修正。

7.2.3　导航管理与计算

FMC 接收各种机载导航系统的导航信息，在 FMC 内根据优先等级进行组合导航的计算，以获取更高精度的导航参数，并进行机载完好性监视的评估。此外，FMC 还可以根据飞机当前位置以及导航数据库存储的信息，实现对无线电导航接收机的调谐管理；飞机整体导航性能（实际导航性能 ANP 或位置估算误差 EPE）的计算评估；实现对导航数据库的管理等。

7.2.3.1　导航接收机管理与自动调谐

GPS 接收机自主计算飞机的位置、速度及时间信息，并将这些信息输送给 FMC，不需要 FMC 的指令或处理。通常，FMC 会为 GNSS 接收机提供初始位置以减少其搜星时间，有的 FMC 会发送最后进近航路点的预计到达时间以支持 GNSS 接收机的预测接收机自主完好性监视功能。

传统的无线电导航系统都是通过飞行员人工查看航图，寻找周围的导航台，在控制面板上输入导航台的频率，从而接收地面导航台的信息。装载 FMC 的飞机，由于导航数据库中存贮有导航台的信息，FMC 根据飞机所在位置自动选择想要调谐的导航台，并将选定的导航台频率发送给导航接收机，实现导航接收机的自动调谐。FMC 选择导航台的基本原则如下：

（1）当进程有效时，在所选定的飞行计划进程里的导航台；

（2）在信号范围内（通常 200 n mile）离飞机当前位置最近的高等级 DME 导航台；

（3）在适当的范围内（通常 25 n mile）共址安装的 DME/VOR 台；

（4）如果飞行计划中选定 ILS 或 LOC 进近并且已经实施，则选定 ILS 设备。

用于 $\rho-\rho$ 定位的 DME 导航台对的选择依据是最佳几何布局（最佳 DOP），利用这些导航台的信息计算飞机的位置时，由导航台布局所引起的误差最小。FMC 进行 $\rho-\rho$ 定位计算时，根据导航台的标高，首先将 DME 斜距转化为飞机与地面台之间的水平距离，然后再进行导航定位计算。导航台的位置、标高、频率、等级等参数存储在导航数据库里，用于 FMC 搜索合适的导航台。不同 DME 接收机的调谐能力也不同，有的接收机只能调谐一个地面台，灵活型接收机可以同时调谐 2 个地面台，扫频式接收机可以同时调谐 5 个地面台，VOR 接收机一次只能调谐一个台。

VOR、DME、ILS、NDB 等地面导航台主要有三种调谐方式，按照优先顺序分别为：人工 RMP 调谐；人工 MCDU 调谐；FMC 自动调谐。

1. 人工 RMP 调谐

当 FMC 接收到的 RMP（1 或 2）NAV CONTROL 离散量为 OPEN 状态时，FMC 认为该接收机为 RMP 调谐，此时，执行 RMP 选定的调谐频率。接收机人工调谐的具体调谐方法参见前述章节。RMP 调谐时，ND 显示人工 RMP 调谐符号，如图 7－17 所示。

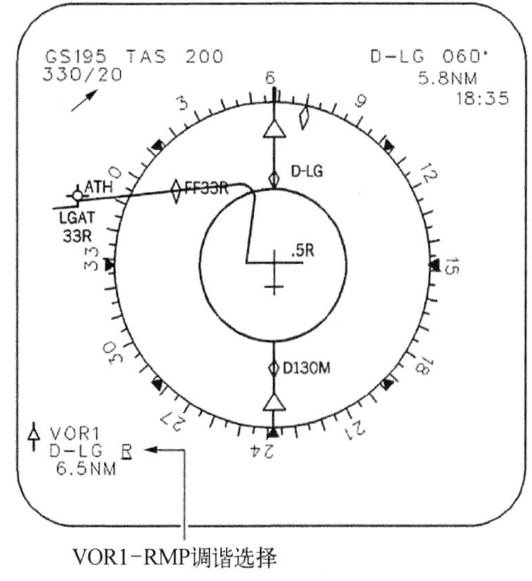

图 7－17　RMP 调谐选择在 ND 上的显示

2. 人工 MCDU 调谐

当没有 RMP 调谐时,机组可以通过任意一侧 MCDU 的 PROG 或 RAD NAV 页面来调谐无线电导航台。利用 MCDU 的选择和翻页功能,飞行员可以选定并调谐相应的地面台。人工 MCDU 调谐完成后,地面台的标识和频率会显示在 RAD NAV 页面。ND 上会显示人工 MCDU 调谐标志,如图 7－18 所示。

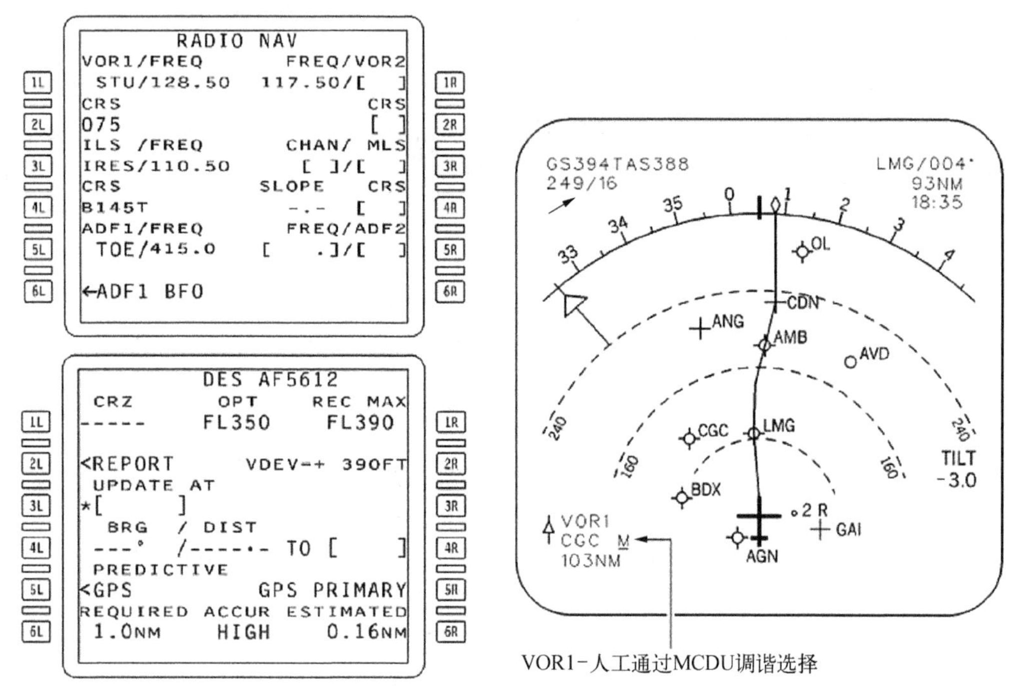

图 7－18 通过 MCDU 的人工调谐及 ND 显示

3. FMC 自动调谐

如果飞行员没有通过 RMP 或 MCDU 人工调谐地面导航台,则 FMC 软件会执行自动调谐功能。不同的无线电导航台的自动调谐过程稍有不同。

对于 VOR 调谐,如果 FMC 选择 VOR 航道飞行,则 FMC 将 VOR 调谐到该航段选择的 VOR 台,如果选择了 VOR 航道,但是没有接收到 VOR 台信号,则显示"VOR NOT AVAILABLE"。没有选择 VOR 航道或 VOR 信号有效时,该显示自动消失。如果选择了 RNAV,VOR 或者 DME/VOR 进近且该进近的一个定位点是 TO(向台飞行)航路点时,则自动调谐该导航台。

ILS 调谐的优先顺序遵循 3 条规则:机组人工调谐 ILS、LOC ONLY、IGS 或 SDF;如果现行飞行阶段是起飞前或起飞过程中,且如果起飞跑道只有 ILS 或 LOC ONLY,则调谐该 ILS;如果飞行阶段是爬升、巡航、进近、下降或复飞,且如果飞行计划进近类型为 ILS、LOC ONLY、IGS、LDA 或 SDF,则调谐进近 ILS。

DME 调谐可以向每台 DME 询问器发送四个频率(f_1、f_2、f_3、f_4)。f_1 是显示的频率(也称f_d),f_2、f_3 是用于位置计算的 DME 频率,f_4 是 ILS/DME 或 MLS/DME 频率。f_d 通过

VOR 调谐逻辑进行调谐,如果利用该逻辑没有选择相应的 DME 台,则不分配f_d。f_4 通过 ILS 调谐逻辑调谐,如果利用该逻辑没有选择相应的 DME 台,则不分配f_4。f_2、f_3 用于 DME/DME 定位计算,地面台的选择根据系统要求来确定。

7.2.3.2　FMC 导航计算

FMC 的组合导航计算功能是指 FMC 利用多个导航系统(GNSS、ADIRS、无线电导航系统等)传送过来的数据进行组合导航的计算,最后得到较准确的飞机位置和速度信息。例如,惯性导航一般用于对精度要求不是很高的航路,如洋区或边远地区的飞行。更多时候,通过惯性导航与 GPS 的组合,取长补短,获得高于独立系统的导航精度和完好性。利用 GPS 的位置数据连续或有选择性地修正惯导系统,可大大提高惯导系统的精度。利用 GPS 和惯性导航的差值对惯性元件进行标定,可看作惯导系统的空中对准。GPS 和 IRS 组合导航避免了卫星失效造成的无数据计算问题,可提高 GPS 的动态性能,加快卫星搜索速度,减少了外部设备,减轻重量并降低了造价。

FMC 导航功能首先根据多传感器导航系统组合的优先选择顺序确定用于组合的系统,然后在选定的组合导航行模式下通过组合导航算法计算飞机的位置信息,该信息作为 FMC POSITION,可在 MCDU 上看到,飞机的轨迹控制通常选用主 FMC 计算的位置信息作为飞机的位置信息来实现飞机制导功能。FMC 导航功能使用的数据包含：ADIRS 的惯性速度和位置、GPS 位置、DME 斜距、VOR 方位角、ILS/MMR 的航道更新等。

FMC 导航功能输出的数据通常包括：三维位置(经度、纬度、高度)、速度矢量、升降速度、航迹角、飞机航向、偏流角、风速、风向、导航误差估计(空客飞机为 EPE;波音飞机为 ANP)等。

1. 组合导航的优先级选择逻辑

多个导航传感器同时向 FMC 提供信息时,FMC 根据飞机所处飞行阶段及导航系统的性能情况,选择最优的组合导航方式来进行导航计算,以取得最佳导航效果。FMC 组合导航的优先等级大致顺序为：GNSS/IRS、DME/DME/IRS、DME/VOR/IRS。FMC 对组合导航源的选择逻辑如图 7－19 所示。

当 GPS 或无线电位置有效时,FMC 导航功能利用 IRU 和 GNSS 或无线电位置进行组合导航计算,获得组合后的位置信息。根据 GNSS、无线电定位及 IRU 导航定位的误差特性可知,该位置信息接近于 GNSS 或无线电导航(DME/DME 或 DME/VOR)计算的位置。同时,IRS 的位置偏差也可以计算出来。飞机的位置信息是组合导航自动更新的或根据机组人员的指令进行更新。

如果来自 GNSS 或无线电导航系统的更新数据出现短时中断,导航系统的精度也应该基本保持要求的精度,以确保无间隙导航。该功能对 RNAV 进近运行非常重要,因为一旦实施 RNAV 进近,即使出现主要位置更新导航源(如 GNSS)失效的情况,FMC 的导航功能也应该能够引导飞机完成进近。因此,FMC 通常将最后一次计算的 IRS 偏差存储起来,在 GNSS 或无线电定位失效时,用于后续的 FMC 位置计算。

FMC 的导航功能根据各导航系统的误差模型来修正 IRS 计算出的位置和速度信息,误差模型与 IRU 的传感器特性及参与导航计算的参数有关,误差模型的准确程度会影响组合导航输出的精度。组合导航定位计算方法通常用加权平均或卡尔曼滤波的方法来实

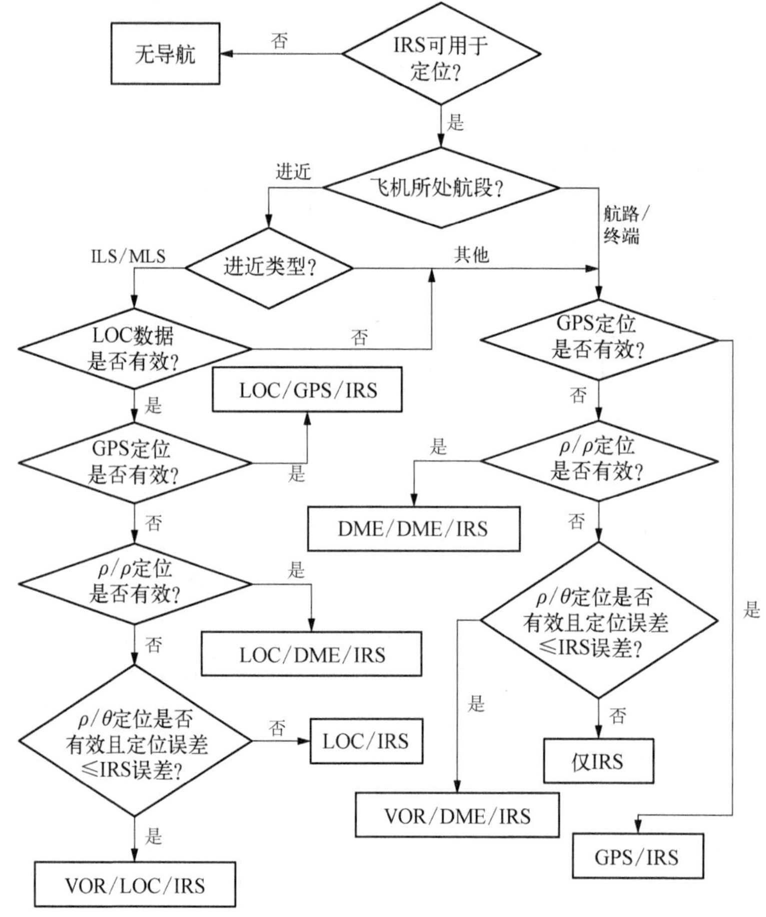

图 7-19　FMC 组合导航源选择逻辑

现。按其复杂程度可分为低复杂技术和高复杂技术。

(1) 低复杂技术,如数据更新或平均及加权平均。这些技术的优点是一个系统的故障不会影响到其他系统。例如,早期的 FMC 根据接收到的地面无线电导航台的信息,定期对 IRS 输出的位置信息进行初始化,也就是通常所说的位置更新。这种更新的缺点是位置数据更新的频率依赖于地面导航台的布局,即受接收到的地面导航信号的频度的影响,通常精度不高。

(2) 高复杂技术,如极大似然估计、最小二乘估计、均方误差最小化和卡尔曼滤波技术。这些技术的使用,可以确保组合导航的最优性和适应性。方法不同,组合导航计算的复杂程度有所不同,系统间的故障关联关系也不同。对于线性高斯问题,卡尔曼滤波依然是组合导航的最佳工具。它提供了最佳导航系统误差估计并最大限度地减小误差。

组合导航系统有利用一个或两个卡尔曼滤波器组成的简单结构,也有利用一组卡尔曼滤波器(联邦卡尔曼滤波)的复杂结构。每个滤波器都利用 GPS 或无线电导航的数据和 IRS 的计算值进行组合计算,也可以利用分级卡尔曼滤波,这种方式有利于提高故障检测/隔离能力和组合导航系统的重构能力。如果系统误差不是线性高斯的,则需要考虑采用非线性滤波的替代解决方案。

机载导航系统的完好性监视依赖于导航传感器的数量，通常信息的冗余度越高，AAIM 的效果越好。如果飞机装备 3 套惯导系统，则导航计算时，FMC 首先将 IRS 送过来的位置数据进行加权平均，如果其中一套 IRS 的经度或纬度数据与平均值之间的偏差大于 30 n mile，或东西速度（或南北速度）与平均值的偏差超出 20 kn，则在后续的飞行中，FMC 不再使用该 IRS 的数据。

FMC 接收的 GPS 接收机信号中包含水平品质因数（HFOM）和水平完好性极限（HIL）。当没有故障卫星时，水平品质因数（HFOM）可提供接收机 95%的精度值。根据 GPS 接收机 RAIM 功能，水平完好性极限（HIL）可提供 99.9%的包容极限值。一般卫星故障概率为 10^{-4}/小时，水平完好性极限（HIL）对应 10^{-7}/小时漏警率的告警门限值。

对于无线电导航系统，在卡尔曼滤波过程中，如果新测量的值与估计值之间的偏差超过一定的值，则认为无线电导航系统故障，不能用于惯导的位置更新。因此，在使用 DME 和 VOR 量测方程和数据更新之前，状态矢量、卡尔曼滤波算法新算出的增益，以及 ρ、θ 信息数据需要先进行合理性检验，要求 ρ、θ 的误差满足下列要求：

$$\text{测距(DME)}: (\rho_M - \rho_{EST})^2_{i+1} < 5.9(HP^- H^T + \sigma_M^2)_{i+1}$$

$$\text{测方位(VOR)}: (\theta_M - \theta_{EST})^2_{i+1} < 5.9(HP^- H^T + \sigma_M^2)_{i+1}$$

其中，下标 M 指观测值；EST 指最佳估计值；σ_M 是观测噪声的标准差。如果上式其中任意一个不能满足，则禁止卡尔曼滤波器使用该观测值进行量测更新。

2. GNSS/IRS 组合导航

由图 7－19 可以看出，如果可以进行 GNSS/IRS 组合导航模式，则选择 GNSS/IRS 组合。只要 GNSS/IRS 模式激活，就不允许进行 DME/DME 或 DME/VOR 无线电更新，但是 LOC 更新可以用于 GNSS/IRS 位置更新。

如果 GNSS 定位功能有效且可以提供很好的精度（相对其他导航方式有较小的定位误差），则选择 GNSS/IRS 模式。是否实施 GNSS/IRS 组合的主要依据是 GNSS 输出数据的品质因数，而确定 GNSS 定位数据合理性的主要依据是接收机 RAIM 功能。如果 RAIM 无效，则对 IRS 数据进行相应的合理性测试。由于 GNSS 定位精度通常比较高，2 个 GNSS 接收机送出的定位数据信号几乎相同，因此只用一个 GNSS 接收机的数据与 IRS 的数据进行组合导航计算。FMC 选择用于 GNSS/IRS 组合导航计算的接收机优先顺序为：本侧、对侧、无 GNSS 位置，即如果 FMC 本侧的 GNSS 接收机有效，则选用本侧 GNSS/IRS 组合导航计算。该导航模式显示在 FMC MCDU 的 POSITION MONITOR 页面，显示信息为"N IRS/GNSS"，其中，N 为用于组合导航计算的 IRS 的个数。FMC 只用一个 GNSS/IRS 组合导航来计算飞机位置。此时，FMC 的位置即是 GNSS/IRS 组合导航计算的位置，所用的 IRS 在 MCDU 的位置监视页（POSITION MONITOR）上显示。

选定的 GNSS/IRS 组合导航定位信息显示在位置监视页。单独 IRS 计算的飞机位置信息和 IRS 偏差也显示在位置监视页。如果机组人员在 MCDU 的导航台选择页面（SELECTED NAVAIDS）上选择禁止使用 GNSS，则 FMC 无法进入 GNSS/IRS 组合导航模式。

3. DME/DME/IRS 组合导航

当 GNSS 无效时,如果无线电导航定位计算可用,则选择 DME/DME/IRS 模式。该组合导航模式是否有效取决于两个 DME 询问器,如果一个 DME 询问器不工作,则 FMC 使用其对侧的 DME 询问器的信息。

根据 DOP 特性,FMC 选取夹角最接近于 90°的两个 DME 台的信号进行定位计算。利用飞机到两个 DME 导航台的斜距作为 DME 的量测值,进行 DME/DME 导航计算。DME 定位计算时,利用两个导航台的位置和飞机到导航台水平距离,两个圆的交点公式确定飞机的位置。

现代新型 DME 接收机通常为扫频式接收机,可以同时处理 5 个导航台的信息,因此,现代 FMC 可以使用多个 DME 信号进行导航定位计算。霍尼韦尔公司应顾客要求,在其 FMC 中利用多个 DME 信息通过一定的算法进行组合计算。这种方法将更多的 DME 测量信息用于导航算法,单个 DME 的误差可以得到平均,由此获得更加精确的飞机位置。DME/DME/IRS 组合导航通常可以使用卡尔曼滤波的方法实现,这是一个经过证实的行之有效的方式,但考虑到计算成本,有的设备选用最小二乘的方法。

DME 测距机的斜距误差通常包括三种:在一段时间内保持恒定的偏差;时间相关的高斯噪声;高斯白噪声。利用卡尔曼滤波进行 DME/DME/IRS 组合导航时,通常设 DME 系统的测距误差(包括地面台误差和机载询问器误差)由白噪声 $v_{\delta D}$ 和常值偏差 δD_b 组成。设两部分均值为零,常值偏差的方差稍大于白噪声方差:

$$E\{v_{\delta D}^2\} = (0.12\ \text{n mile})^2$$

$$E\{\delta D_b{}^2\} = (0.16\ \text{n mile})^2$$

由于地球是一个椭球体,有的 FMC 在双 DME ($\rho-\rho$) 定位计算时,利用水平面内飞机与导航台之间的距离计算一个斜距修正系数,该修正系数与飞机所在纬度(估算的)、相对于 DME 台的方位、已测得的斜距及飞机的高度有关。

4. DME/VOR/IRS 组合导航

如果 GNSS/IRS 和 DME/DME/IRS 两种组合导航方式都无效,则 FMC 需要确定 DME/VOR/IRS 组合的有效性,查看 DME 询问器和 VOR 接收机的有效性。如果本侧的 DME 询问器或 VOR 接收机不工作,则 FMC 使用对侧的 DME 和 VOR 信息。

只要 DME/VOR 定位的位置估计误差(EPE)的增长率不大于 IRS ONLY 模式的 EPE 值,即使飞机在飞离 DME/VOR 台的过程中,仍旧可以选择 DME/VOR/IRS 模式。如果在飞离过程中 EPE 增加较快,则导航模式改为 IRS ONLY。当 DME/VOR 导航台是进近程序指定的导航台时,则上述规则不适用。这种情况下,只有当飞机离开进近区域时,导航模式才会改变为 IRS ONLY。

地面 DME、VOR 台的标识信号用于识别 DME、VOR 台,并避免在位置计算中出现地面台选择错误。

不同飞行阶段下,导航台的选择原则为:当飞机在航路和终端区时,如果选定的 ρ/θ 台的估计误差小于 IRS ONLY 模式的估计误差,并且没有选择 DME/DME/IRS 模式,则导航模式会是 DME/VOR/IRS;否则,选择 IRS ONLY 模式。进近区域终端时,导航台选择的优先等级根据进近类型按下列顺序选择。

(1) ILS/MLS、LOC 及背航道进近。如果 DME/VOR/IRS 的估计误差小于 IRS ONLY 模式的估计误差，并且没有选择 DME/DME/IRS 导航模式，则使用 DME/VOR/IRS 导航；系统对地面台的调谐是优先选择机场周围 5 n mile 之内的或离飞机最近的 DME/VOR 台。

(2) RNAV、DME/VOR 及 VOR 进近。如果不能选择 DME/DME/IRS 模式，系统优先选择特定的 DME/VOR 地面台，如果该台有效，选择 DME/VOR/IRS 模式。否则，系统按照优先选择机场 5 n mile 范围之内的或离飞机最近的 DME/VOR 台的原则寻找 DME/VOR 地面台。此时，如果利用该地面台的组合导航估计误差小于 IRS ONLY 的误差，选择 DME/VOR/IRS 模式。否则，选择 IRS ONLY 模式。

(3) NDB 或机组人员建立的进近。这种情况下的进近与 VOR 进近相同，只是没有特定的 VOR 台。

如果选择 ILS、MLS(如果安装的话)、LOC 或背航道进近且 LOC 或 MLS 信号有效时，则系统利用 LOC 或 MLS 信息对 GPS/IRS、或 DME/DME/IRS、或 DME/VOR/IRS、或 IRS ONLY 模式的当前水平位置进行更新，LOC 或 MLS 更新不改变无线电位置计算。表 7－4 为 ILS、MLS、LOC 或背航道进近模式的变换及相关信息显示。

表 7－4　ILS、MLS、LOC 或背航道进近模式变换

当前模式	变更模式	位置监视页的导航模式显示
GPS/IRS	GPS/IRS/LOC 或 GPS/IRS/MLS	N IRS/GPS/LOC 或 N IRS/GPS/MLS
IRS/DME/DME	IRS/DME/LOC 或 IRS/DME/MLS	N IRS/DME/LOC 或 N IRS/DME/MLS
IRS/DME/VOR	IRS/VOR/LOC 或 IRS/DME/MLS	N IRS/VOR/LOC 或 N IRS/VOR/MLS
IRS ONLY	IRS/LOC 或 IRS/MLS	N IRS/LOC 或 N IRS/DME/MLS

5. IRS ONLY

当 FMC 没有选择 DME/VOR/IRS、DME/DME/IRS、GPS/IRS 导航模式且至少一套 IRS 有效时，选择 IRS ONLY 导航模式。选择后，显示在位置监视页的导航模式是 N IRS，N 是用于确定惯性位置的 IRS 的个数。当飞机在航路区域且导航模式为 IRS ONLY，飞机过渡到下降或进近阶段，或导航模式为 IRS ONLY 超过 10 min 且最后一次转换到 IRS ONLY 模式后 IRS ONLY NAVIGATION 信息没有显示时，将显示 IRS ONLY NAVIGATION 信息。当位置更新模式不再是 IRS ONLY 模式时，该信息自动清除。

FMS 计算的地速包括地速大小和(磁或真)航迹，利用飞机地速和航迹及飞机空速(ADR 提供)的三角关系计算风向和风速，并显示在 ND 上。

7.2.3.3　导航性能估计

对于满足 DO 236 标准的 RNP 空域，FMC 导航功能必须能计算飞机的位置不确定误差(EPE，空客飞机)或实际导航性能(ANP，波音飞机)，EPE 为 FMC 估算的 95%概率下的导航系统的定位精度，即 95%的圆概率误差，如图 7－20 所示。

飞机可以根据其当前的位置及飞行阶段从导航数据库里获取航路 RNP 默认值，也可以根据地面 ATC 所要求的该空域的使用等级由机组人员输入航路 RNP 值。如果 EPE 大

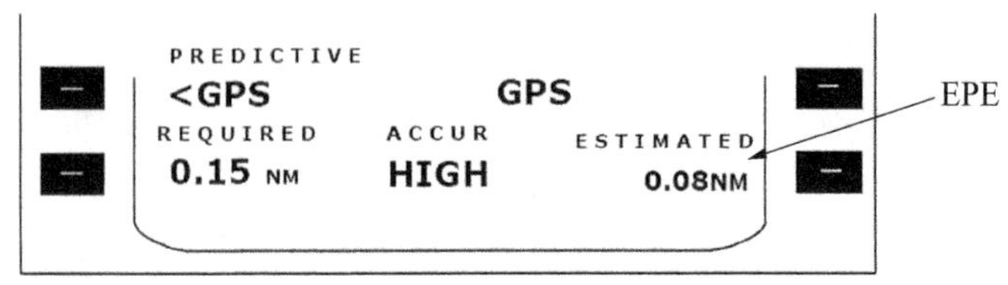

图 7－20　空客飞机 EPE 及 RNP 显示

于 RNP 值，则机载设备将向机组人员发出警告，表明导航系统精度无法满足 RNP 运行要求。无线电导航系统的 EPE 值不仅与导航系统的误差特性有关，还与接收机与导航台所形成的空间几何布局有关，惯导系统的误差与时间有关。

当 GPS 接收机作为主用(GPS PRIMARY)导航模式时，EPE 用下式计算：

$$EPE = \sqrt{HFOM^2 + {\delta_{\text{Schuler Bleed thru error}}}^2 + (\Delta_{\text{latency}} \times GS)^2}$$

其中，水平品质因数(HFOM)由 GPS 接收机输出，是 2σ(95%)的位置误差；Δ_{latency} 是 FMC 的处理延迟，取 0.74 s；GS 是飞机地速；$\delta_{\text{Schuler Bleed thru error}} = 15.511$ m 或 0.008 37 n mile。

波音飞机的 FMC 计算 ANP 主要考虑的因素包括：所用的导航台、GPS 的可用性和精度、DME 距离精度、VOR 方位精度及 ADIRU 的漂移。RNP 运行中，MCDU 显示 RNP 和 ANP 值，并在便笺行显示相关的信息。所显示的 RNP 可以是人工输入的或根据飞行阶段从导航数据库中获取的。

当 ANP 超过 RNP 时，发动机及机组警告系统(engine indication and crew alerting system, EICAS)的上显示器显示“NAV UNABLE RNP”信息。如果飞机不是处于进近阶段，则“NAV UNABLE RNP”显示为琥珀色。如果飞机处于进近阶段，则除了在上 EICAS 显示器上显示琥珀色的“NAV UNABLE RNP”信息外，还会点亮主告诫灯，同时伴有音频警告，此时 ND 上显示“UNABLE REQD NAV PERF－RNP”。

软件操作程序配置(OPC)中规定了区分洋区及边远地区、陆地航路、终端、进近和起飞阶段的初始值，这是选择默认 RNP 值，以及发出“NAV UNABLE RNP”提醒信息的分界点。OPC 软件与飞机型号有关，RNP 初始值是根据空域的现有运行要求确定的。当 RNP 默认值发生改变时，可以通过 OPC 软件进行更新。

图 7－21 中，R_{acc} 是飞机真实位置落在该区间的概率为 95% 的距离范围。ANP 由 FMC 计算完成。FMC 内存储有 ANP 算法，经过不断计算修正，得到 ANP 的估计值。

FMC 计算 ANP 时不考虑 FMC 或导航传感器的软件及硬件故障、飞行技术误差、位置报告时的时间误差(驾驶舱时钟 UTC 时间与 GPS UTC 时间之间的偏差)、导航数据库中的数据误差或由于人工输入错误而导致的误差(飞行计划误差)，以及导航系统所用坐标系与 WGS－84 不同而导致的误差等因素。

FMC 或导航传感器的软件及硬件故障在 FMCS 的安全故障分析中考虑，功能性危害评估确定水平导航误导为主危害信息。FMCS 软件开发按照 DO 178 标准中的 C 级来考虑该危害。对于单 FMC 系统，要求硬件故障的概率为不太可能(10^{-5})，安装双 FMC 系统的硬件故障概率为几乎不可能(10^{-7})。

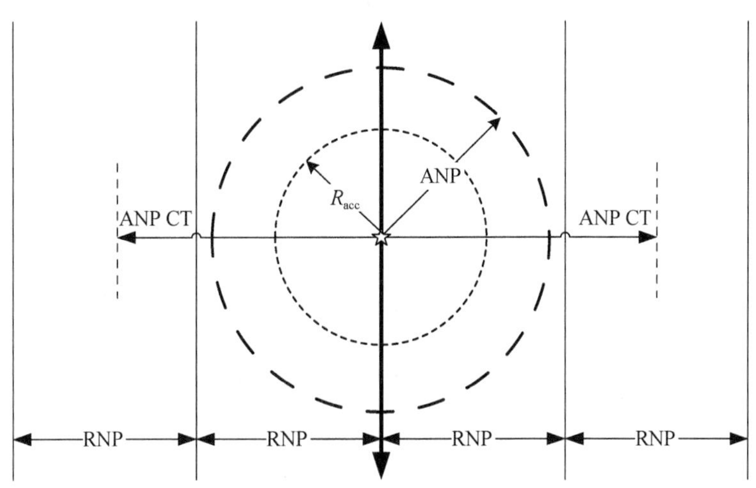

图 7-21　实际导航性能

飞行技术误差反映了制导系统在各种情况下跟踪航迹的能力，或飞行员根据 LNAV 飞行指引或电子地图人工操纵飞机的能力。B737 飞机中，FMCS 根据影响 FTE 的相关因素的工作状态为飞行员提供 FTE 信息。如电子地图显示的信息；LNAV 的衔接或切断状态；自动驾驶/飞行指引的衔接或切断状态；以及故障状态的显示。此外，部分航空公司选装的 EFIS 设备可以直接在 PFD 上显示水平和垂直 FTE。

ANP 在 MCDU 上以“ACTUAL”的形式显示(图 4-20)。在特定的 RNP 航路上，如果 ANP 远小于 RNP 值，则意味着飞行员可操作的空间比较大，即允许 FTE 有较大的值，可以减轻飞行员的操作压力。例如：如果 RNP 是 4 n mile，ANP 是 0.05 n mile，则飞行员拥有 3.95 n mile 的 FTE 操作空间；而如果 ANP 值很大，或接近 RNP，则飞行员的操作空间就变得很小。尤其是在进近期间，如果此时 RNP 要求是 0.10 n mile，而 ANP 是 0.08 n mile，留给飞行员的飞行技术误差的空间就只有 0.02 n mile(37 m)，对飞行员是极大的挑战。

使用 GPS 导航时，如果出现短时间接收不到 GPS 卫星信号的情况，或接收到的 GPS 卫星数量达不到预期的数量，会导致 ANP 值急速升高，甚至出现 ACTUAL 大于当前 RNP 的情况，此时系统会告警，ND 上显示“UNABLE RNP”。采用无线电导航辅助 IRU 时，若出现导航台不可以用，或所要用的导航台有完好性错误时，也会出现上述情况。

1. GPS 更新后的 ANP

GPS 数据更新后，FMC 计算的飞机位置精度受卫星 GDOP、导航传感器的解算误差及 FMC 的解算误差的影响。图 7-22 为 GPS 接收机输出的 HFOM 和 HIL。

FMC 使用多模接收机输出的 HFOM 和 HIL 计算 ANP。仿真结果表明，在 GPS 卫星覆盖范围内，当 HIL 不小于 0.15 n mile 时，HFOM $\leqslant$ 0.36HIL。

对特殊授权的 RNP 来说，GPS 接收机提供的 HIL 值，在 99.9%的概率下均不大于 RNP；在没有卫星故障的情况下，可以认为 HFOM 和 R_{acc} 相等。因此 $R_{acc} \leqslant 0.36\text{HIL}$。

显示的 ANP 是 R_{acc} 的 1.25 倍，即 ANP 的计算公式为：显示 ANP = $1.25 \times R_{acc}$。

GPS 更新后的 ANP 易受到较大的卫星钟漂、导航电文数据的不正确上载及卫星故障

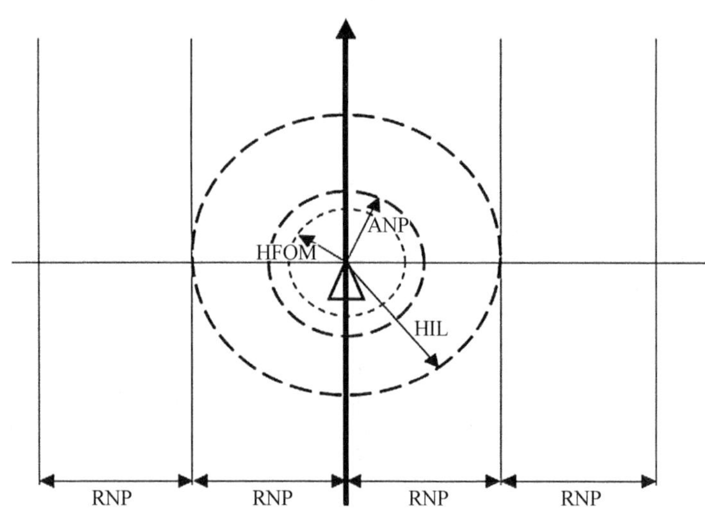

图 7－22　GPS 接收机输出的 HFOM 和 HIL

的影响，其值大概范围为 0.05～0.12 n mile。在卫星信号覆盖范围内，该值很小。

2. 无线电更新后的 ANP

在无 GPS 信号或 GPS 接收机故障的情况下，需要使用无线电导航对 IRU 的输出进行位置更新，或仅使用惯性导航系统。采用无线电导航或惯导模式时，FMC 计算飞机位置需要考虑的因素包括：由导航台引起的位置误差；机载导航传感器的解算误差；FMC 的解算误差。

正常操作时，要计算 ANP，需要确定无线电更新时飞机相对于导航台的位置及前后两次无线电更新的时间间隔。考虑到飞行数据的可靠性，R_{acc} 与显示的 ANP 的比值在航路上是 0.86，在进近时是 0.89。

FMC 利用无线电导航系统信息计算飞机位置时，需要确定所有的传感器输入的数据是有效的、最新的；使用导航数据前，需要先检查 VOR、DME 及 ILS 数据的稳定性和合理性；检查最终用于 DME/DME 和 DME/VOR 定位计算的无线电台的位置；如果两台 FMC 计算出来的位置不一致，要给出告警。

对于没有 GPS、IRU 信号输入，仅采用 DME/DME 定位的飞机，只有进入到有足够 DME 信号覆盖的区域时，飞行员才可使用 RNAV 系统。基于 DME/DME 更新的 ANP 值易受到方位、距离、海拔高度及系统数据滤波的影响，进近时其大概范围为 0.28～0.51 n mile，航路上为 0.40～1.0 n mile。DME 完好性检查用于防止因同频道干扰、多径干扰及信号遮蔽而导致的定位错误。FMC 应避免使用视距内的同频道导航台、仰角过高的导航台和构型较差的导航台。

当 VOR 导航台距离飞机 40 n mile 以内，且不具备 DME/DME 定位的条件时，FMC 考虑 DME/VOR 导航。基于 DME/VOR 更新的 ANP 也易受到方位、距离、海拔高度及系统数据滤波的影响。进近时其大概为 0.36～2.46 n mile，航路为 0.52～2.46 n mile。

7.2.4　性能管理与优化

如图 7－23 所示，FMC 的垂直导航（VNAV）功能主要计算 VNAV 指令。指令计算所用的数据包括来自性能数据库的飞机和发动机性能数据，来自 ADIRU 的惯性数据、空/地数据、LNAV 数据，来自发动机控制器的发动机数据，来自燃油量系统的燃油数据，以及机组在 MCDU 性能起始页面和起飞基准页面输入的数据，输出飞机的高度、垂直偏离、水平偏离、所用燃油、推力限制、毛重、起飞速度、进近速度等信息，这些数据发送给数字式自动飞行控制系统（AFDS）和推力管理计算功能（thrust management computing function, TMCF），实现飞机推力或速度的控制。

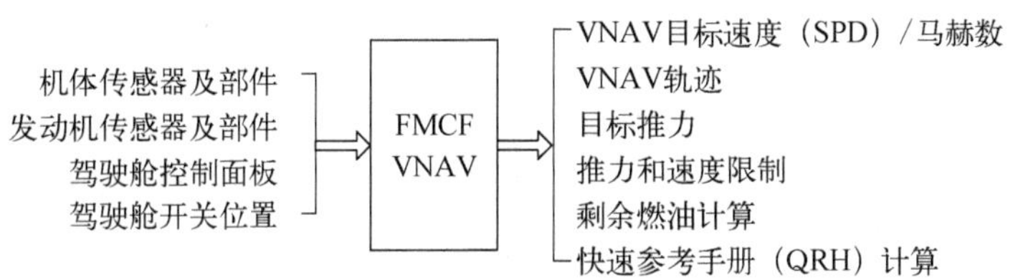

图 7－23　VNAV 功能

在飞机爬升、巡航、下降阶段，FMCF VNAV 子功能利用飞机的空气动力模型、发动机模型通过特定的优化算法提供一个垂直的航迹剖面。VNAV 计算的基本框图如图 7－24 所示。

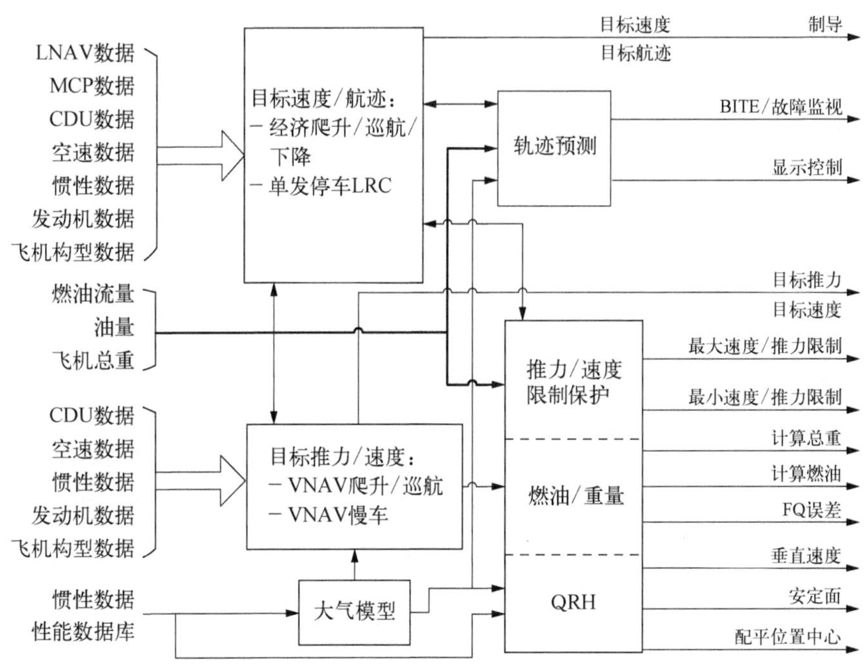

图 7－24　垂直导航（VNAV）计算框图

目标速度和马赫数通过 FMCF 的制导子功能为 AFDS 提供操纵指令。爬升过程中，利用目标速度和马赫数来计算、控制飞机的升降舵；巡航和下降过程中，根据目标高度计算飞机的俯仰轴的控制指令，控制升降舵。

TMCF 利用目标速度或目标推力来控制油门杆，从而控制飞机推力。在爬升和下降阶段主要依据目标推力，在巡航阶段主要依据目标速度或马赫数。

VNAV 的目标推力子功能计算爬升、巡航、下降不同飞行阶段的最大和最小推力和速度限制。自动飞行控制方式下,当 VNAV 激活时,AFDS 的速度输出不会超过 VNAV 子功能计算的速度限制值,自动油门的速度或推力输出不会超过 VNAV 计算的速度和推力限制。

燃油/重量计算部分计算燃油消耗、剩余燃油及飞机毛重,当燃油测量系统和燃油计算的误差超过 4 082 kg(9 000 磅)时,将发送油量警告信息。

7.2.5 制导与控制

FMC 的制导功能主要利用外部传感器、部件及其他 FMC 的输入,计算操纵和推力指令,发送给自动飞行控制系统及自动油门系统来控制飞机的姿态及速度(或推力)。在飞机的爬升、巡航和下降阶段,水平剖面内,制导子功能比较飞机实际位置与飞行计划(预测轨迹)的水平偏离,计算飞机的滚转和偏航操纵指令并发送给 AFDS;垂直剖面内,比较 VNAV 子功能的目标值(俯仰、推力)和飞机实际俯仰和推力值,向 AFDS 发送 VNAV 工作指令控制飞机的俯仰,为 TMCF 提供推力指令、速度指令、推力限制模式及自动油门模式。

MCDU 和 MCP 是飞行前及飞行中 LNAV、VNAV 飞行计划改变的主要人机接口,LNAV、VNAV 的模式可以在地面预位,在空中激活。

飞机的速度可以由 AFDS 或推力管理计算系统(thrust management computing system, TMCS)控制,但同时只能由一个系统控制。如果 AFDS 控制飞机的速度,则 TMCS 控制推力,如果 AFDS 不控制飞机速度,则 TMCS 控制飞机速度。二者对飞机速度的控制与飞行阶段有关,由 FMCF 发送控制指令给 AFDS 和 TMCS。通常情况下,爬升和分段下降阶段,AFDS 控制飞机速度,TMCS 控制发动机推力;巡航和下降阶段,AFDS 控制飞机姿态和航向,TMCS 控制飞机速度。

爬升阶段,主 FMCF 向 AFDS 发送速度指令以控制飞机到达目标速度;巡航阶段,FMCF 发送速度指令给 TMCS 来控制飞机的速度。TMCS 比较 VNAV 子功能计算的目标推力(或目标速度)与飞机的实际推力(或速度),二者的差值就是油门控制指令。

LNAV 和 VNAV 的衔接逻辑判定电路接收各种信息,在确认满足工作条件的情况下衔接 LNAV 及 VNAV 工作模式(图 7-25),制导子功能根据衔接逻辑确定发送给 AFDS 及 TMCS 的操纵指令。工作模式的激活、操作逻辑同时发送给显示控制子功能,以便在 PFD 上显示 AFDS 和 TMCS 的工作模式及状态(预位、激活)。

7.2.6 数据链和打印功能

7.2.6.1 ACARS 数据链传输

利用 ACARS 数据链,飞行管理计算机能够向地面传送信息或请求,并可以从地面接收信息或请求。ACARS 上传信息包括飞行计划、起飞和风数据的最初设定、地面站要求下传报告的请求等。下传信息主要发送飞行报告或者请求地面站数据用于初始化。

机组人员可以通过 ACARS 数据链向地面发送包含航班号和/或公司航路号的飞行计划数据上传请求,地面接收到请求信号后会自动上传飞行计划和相关性能数据。机组人

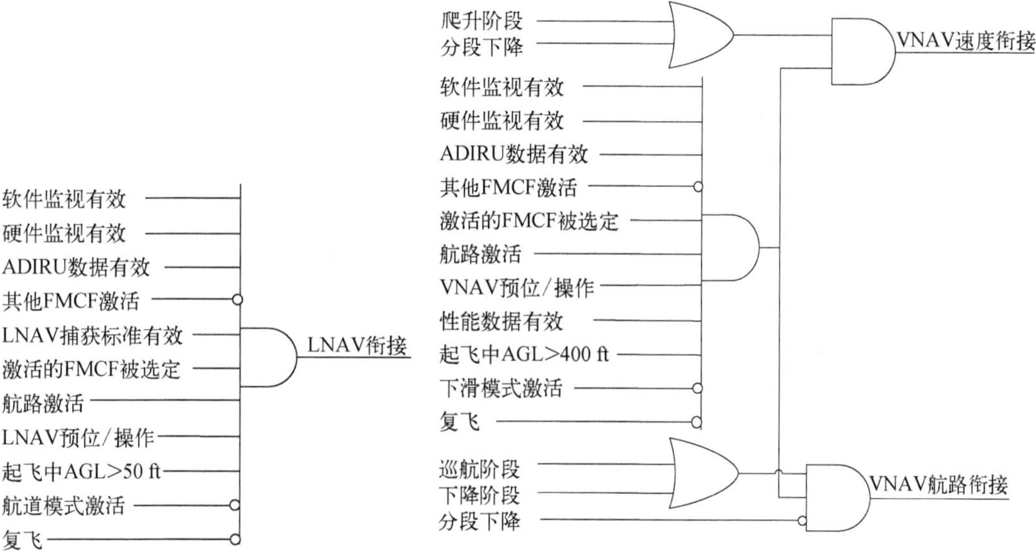

图7－25　LNAV VNAV 衔接逻辑

员可以请求地面发送起飞数据，上传相关跑道的起飞状态（构型，风等）。地面可以自动上传最多4条相关跑道的起飞速度，以及对应的起飞条件。飞行过程中，ACARS 自动地或通过人工下传信息，主要包括位置或进程报告，并可能根据地面请求或者预选触发条件人工或自动发送故障报。部分 ACARS 信息可以利用机载打印机打印。

ACARS 功能通过两个离散信号激活：一个是 ACARS 选项已安装信号；另一个是导航数据库航空公司政策文档中的数据链激活选项。只有当这两个离散信号都处于激活状态时，才有 ACARS 功能。任意一个信号为失效状态，则将抑制所有 ACARS 功能，MCDU 不显示专门的 ACARS 提示符，也不能进入 ACARS 页面。

新型 FMCS 允许航空公司通过航空公司可更改信息（AMI）功能来个性化设定一些特定参数的默认值，数值的修改利用地面软件工具（GBST）来实现。这些特定参数包括：性能、制导及起飞数据；备用功能参数；机组警告监视；请求上传数据链内嵌信息识别（IMI）表格；数据链选择代码；数据链下传触发参数。

7.2.6.2　自动相关监视功能

B777 飞机的 FMCF 还具有自动相关监视功能（ADSF）（图7－26）。ATC 向飞机发送自动相关监视的需求，机载 ADSF 将飞机数据发送给地面，ATC 就可以利用该数据管理空中交通。ADSF 的信息发送是自动的，不需要机组人员的参与。

ADSF 空地数据链的传输通过 ACARS 的数据通信管理功能（data communication management function，DCMF）功能实现。ADSF 从 ADIRU、FMCF、驾驶舱通信功能（flight deck communication function，FDCF）、DCMF、PFD 接收输入信息，管理和格式化 ADS 报告，将报告发送给 DCMF，DCMF 向地面传输有关数据，用于 ATC 监视空中飞机。传送的数据包括：飞机位置、飞行计划航路点、真航向、真航迹、地速、风速、风向、位置不确定度、飞机尾号、未修正的气压高度、马赫数、大气总温、升降速度等。

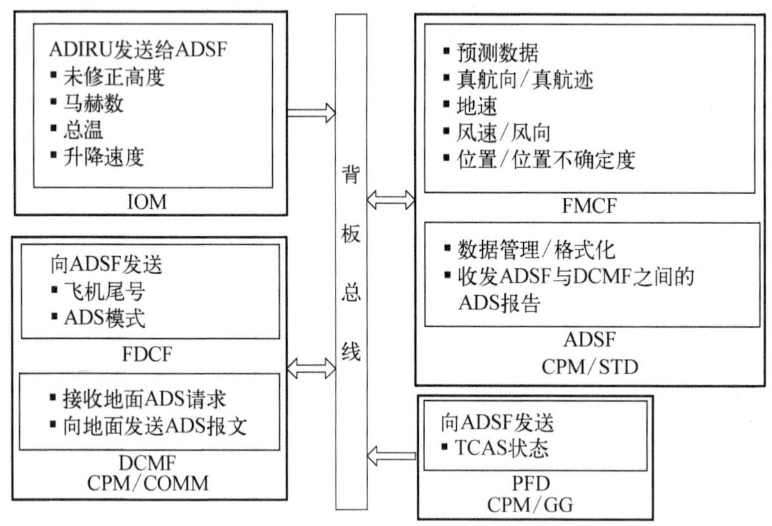

图 7-26　自动相关监视功能(B777)

7.2.7　BITE/故障监视

FMC 使用过程中,会自动测试其软硬件的好坏,并将故障信息存储在非易失性存储器里,用于地面测试台进行维修排故。机内 BITE 测试主要包括四个方面: 上电测试、连续测试、导航数据库装载期间测试及故障记录。

BITE/故障监视子功能包含硬件监视、软件监视及故障检测电路,可以存储最后十个航段的 BITE 和故障检测信息和状态,并在 BITE 历史存储中记录信号源状态。飞机在地面时,BITE/故障监视子功能能够响应中央维护计算功能(central maintenance computing function, CMCF)的测试请求。

1. 上电测试

FMCF 在上电及正常工作中,会进行相容性检测及比较检测。上电检测在设备上电及 BITE 重新开始时进行,比较检测主要集中在下列几个方面。

操作程序配置(operational program configuration, OPC)检测,FMCF 比较 OPC 及 FMCF 的操作软件,如果二者不相符,则认定 FMCF 故障并在 MAT 上显示维护信息。

性能数据库(performance data base, PDB)检测,FMCF 监视机体/发动机识别程序插钉的输入与操作程序软件,如果它们不相符,则认定 FMCF 故障并在 MAT 上显示维护信息。

PDB/发动机电子控制器(EEC)比较,FMCF 比较来自 PDB 和 EEC 的发动机类型及额定推力,如果二者不相符,FMCF 将 EEC 数据存储在非易失性存储器后重新启动。

航空公司可修改信息(airline modifiable information, AMI)比较,FMCF 将 AMI 文件和操作程序软件、OPC 相比较,如果不相符,FMCF 使用 AMI 默认值。

比较主用 FMCF 与备用 FMCF 的 OPS、PDB 和导航数据库(navigation data base, NDB),如果不一致,则认定备用 FMCF 故障,维护信息送 CMCF 用于显示存储。

三种情况下 FMC 启动上电测试: 计算机通电或按压 FMCF 的自测按钮;FMCF 断电

小于 10 s 重新工作时；计算机不能正确执行飞行操作程序，导致内部自检程序工作，并且内部自检电路重启计算机。如果在飞行中出现软件重启，则计算机保持原有信息，如果要重新衔接 LNAV/VNAV，则需要机组人员输入信息响应"SELECT ACTIVE WAYPOINT/LEG"；如果在 1 min 内两次软件重启，机组必须像 FMC 刚上电一样重新输入所有信息；如果 1 min 内软件三次重启，则认定 FMC 故障。

2. 连续测试

连续测试是飞行操作程序的组成部分，用来检测计算机故障以及飞行操作程序故障。连续测试分为三个部分：FMC 故障检测；MCDU 故障检测；传感器输入故障检测。

FMC 故障检测主要检测计算机电路故障及飞行操作程序故障，包括软件故障和硬件故障。初始程序故障会导致计算机及软件重启，多次重启不成功则认定计算机故障。故障中断代码存储在非易失性存储器里，维修时可以获取。

3. 导航数据库装载期间的测试

当数据装载机与 FMC 相连要装载导航数据库时，FMC 启动测试。在连续测试中，除了 CRC 测试，FMC 不测试导航数据库(NDB)存储器。因此，在装载数据之前，需要对导航数据库进行写入读出检查，该检查只进行存储导航数据库所需要大小的存储器检查。如果 NDB 检查成功，则开始装载数据并在装载数据的同时进行 CRC 检查以防装载错误。

NDB 检查首先写入测试数据(AAAA16)，然后读出，存储，再写入数据(555516)，读出，存储，将二者异或并加一，与 000016 相比较。每一个 NDB 存储器重复上述测试，如果有一个不同，则设置 FMC 故障旗，MCDU 数据装载页面显示"NDB MEMORY FAIL"。

7.2.8　显示控制功能

FMC 显示控制子功能利用来自 LNAV、VNAV 等按钮的按压信号及制导、BITE/故障监视等驾驶舱数据来更新、格式化 MCDU 页面；向 PFD 发送背景数据和动态数据；向 ND 发送航迹和导航台信息；向 MCDU、PFD 发送警告和告诫信息，用于驾驶舱提醒；在 FMCF 正常工作期间及 CMCF 测试期间，显示控制子功能向 CMCF 发送故障及显示数据。

显示控制子功能利用输入信息，计算相关数据，为相应的显示部件提供显示数据：地图及航迹数据、MCDU 的页面显示数据及信息数据、CMCF 的故障、数据装载、测试显示数据。

ND 上显示的信息大多来自 FMC，通过不同的颜色和格式来显示不同的信息：未激活的航路显示为青色的虚线；已激活但未执行的航路显示为青白相间的虚线；正在执行的航路显示为洋红色；修改一个执行的航路显示为白色的虚线；修改的航路点显示为白色；执行过的航路显示为洋红色虚线。

ND 上显示的符号通常用不同的颜色来代表其状态。当前状态、量程刻度用白色，动态信息用绿色，命令信息、指示杆、符号用洋红色，背景用灰色，告诫信息、警告旗信息用琥珀色，警告信息用红色。

FMC 显示控制子功能接收来自 EFIS 控制面板、MCDU 的按钮和方式控制面板的数据，格式化并更新 ND 显示的动态数据及背景数据，动态数据主要是标志符号或时变的字母数字输出,如飞机位置、速度及运动趋势信息,数据刷新率为每秒钟 1~20 次。背景数据为 ND 上的静态点及字母数字文本数据,背景数据的刷新率为 5~10 s 一次。ND 显示方式改变时,需要在 1~2 s 之内更换新的背景数据。LNAV 和 VNAV 子功能有效时,FMC 的显示控制子功能向 PFD 发送飞行模式数据并显示。

显示控制子功能从 MCDU 接收行选键、方式键、功能键、字母数字键信息来更新、改变相应的显示数据及格式;监控 MCDU 的输入数据是否有效并在 MCDU 的便笺行显示相应的提醒信息;监视其他功能并在便笺行显示相应的提醒或警告信息;接收 BITE 和故障监视子功能的故障信息并在 EICAS 上显示。

7.3 飞行管理计算机系统部件

飞行管理计算机系统从最初的导航计算机、性能计算机发展成为现在的飞行管理计算机,经历数十年,随着功能的不断扩展,设备从原来的 LRU 演变成为现代集成模块化航电概念下的 LRM。现有 FMCS 的主要部件包括人机接口组件 MCDU 和主功能计算机 FMC。

7.3.1 飞行管理计算机

老式飞行管理计算机是一个多微机系统,由三台微处理机和电池组件组成。三台微处理机分别是导航、性能、输入/输出处理机。它们使用相同的并行地址、数据总线。三个处理机结构上互相独立,各自执行自己的功能,一个部件丧失功能不会影响到其他部件的工作。各计算部件之间的通信通过公共存储器和内部中断进行(图 7-27)。

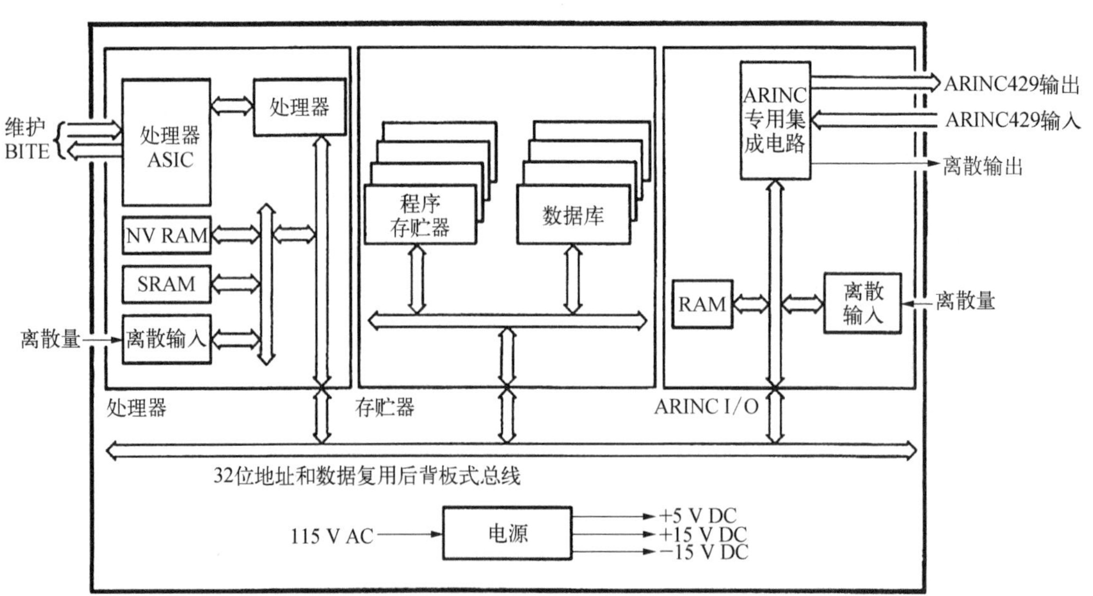

图 7-27 FMC 基本结构

导航处理机由导航微处理器及其存储器组成,执行与导航计算、水平和垂直制导指令计算以及 MCDU 管理等有关的功能。

导航微处理器控制和协调所有导航部分器件的工作,在系统各部分之间有序传输导航信息。导航程序固化在只读存储器中。导航处理器由两块电路板组成,包括一个 16 位的运算器和逻辑部件,一个 24 位的复合组件,包括输出接口,数据输入输出接口,一个串行输入输出接口,16 级优先中断以及有关的定时和控制电路。

导航处理机共有 4 种存储器。导航程序存储器是 192 K 字节的 16 位电可编程序只读存储器;易失性读写存储器作为导航处理机的便笺,是 16 位字长的容量为 16K 字节的高速随机存取存储器;导航数据库存储在字长 16 位、容量 48K 字节的写入保护非易失性随机存储器中;保护便笺存储器为 48K 字节的非易失性随机存储器。

性能处理机包括性能处理器和存储器,基本构造与导航处理机相同,只是其存储器的容量较小。

输入输出处理机除有处理器、各种存储器外,还有混合输入输出装置,ARINC 控制器,ARINC 接口,离散信号接口等组件。输入输出处理机在 FMC 和飞机各设备之间传输信息。

现代飞机实现飞行管理计算功能的不再是独立的计算机,而是一个操作平台下的软件功能模块 FMCF。FMCF 与操作平台下的其他模块共享电源、输入/输出信号等外围接口,实现与 FMC 相同的功能。图 7－28 为 B787 飞机的 FMCF 模块和 B737MAX 的 FMC。

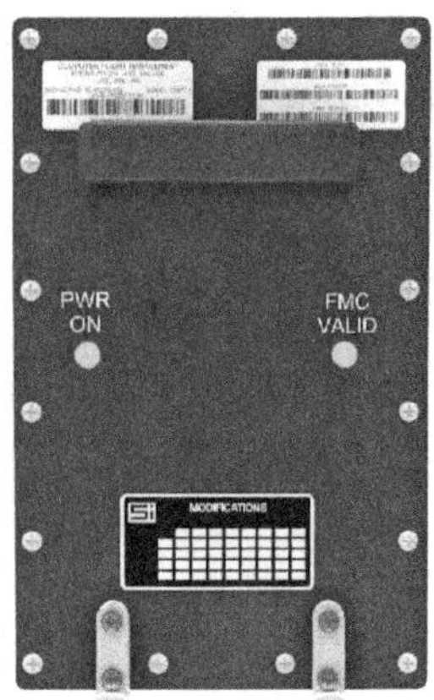

图 7－28　飞行管理功能和 FMC

FMC 的存储器内除存储有各种操作程序外,还包含有许多数据,这些数据是实现 FMC 功能所必不可少的。操作者通过 MCDU 制定飞行计划,选择航路结构时,需要使用这些数据;FMC 进行各种计算时,也需要这些数据。FMC 将这些数据进行分类,与飞机、发动机性能有关的各种参数集中存储在一起,称为性能数据库。与飞机航路规划与导航有关的数据集中存储在一起,称为导航数据库。性能数据库的数据基本是固定不变的,不需要定期更改,除非飞机大修后可能会做部分修改,不同机型的性能数据库不同。导航数据库需要定期更新，每28天更换一次。航空公司一般都与美国杰普逊(Jeppeson)航图发行公司(或其他数据库制作公司)签订合同，由杰普逊公司定期提供最新版数据库，航空公司可以根据本公司的情况选定所需数据。

7.3.1.1　导航数据库

机载导航数据库是伴随着20世纪70年代第一代飞行管理计算机系统的出现而产生的。ARINC于1975年5月发布了第一版导航数据库的标准文件(ARINC 424)，并于同年7月被采纳为行业标准。由于新的导航程序、能力、标准和技术不断涌现，ARINC 424标准处于持续的完善和调整中。目前已修订22次，最新版本是2018年7月颁布的ARINC 424－22。随着区域导航的应用，多导航传感器为FMC提供数据，现代飞机FMCS被强制要求使用复杂机载导航数据库。

ARINC 424是一种数据标准，用于在航空数据供应商和数据用户(FMC制造商、飞机模拟机运营人和飞行计划供应商)之间进行航空数据的交换。不同的系统和平台可以使用同一导航数据。

导航数据库内的数据描述飞机飞行区域的机场、航路点、导航台的地理位置、频率及航路组成结构等。这些数据可以分为两大类：一类是对各航空公司都适用的标准数据，它们由世界范围内的机场、导航台等有关数据组成；另一类是特定数据，仅与航空公司飞行航线的航路结构有关(公司航路)。这两类数据由导航数据库制作中心汇集后，首先按ARINC 424格式进行编码，然后经过特定计算机处理后，分发到航空公司，航空公司每隔28天用数据装载机将数据库装载到FMC，完成机载导航数据库的更新。导航数据库的处理流程如图7－29所示。

不同厂商的导航系统使用导航数据库的方式并不相同。同时，由于多数航电设备的

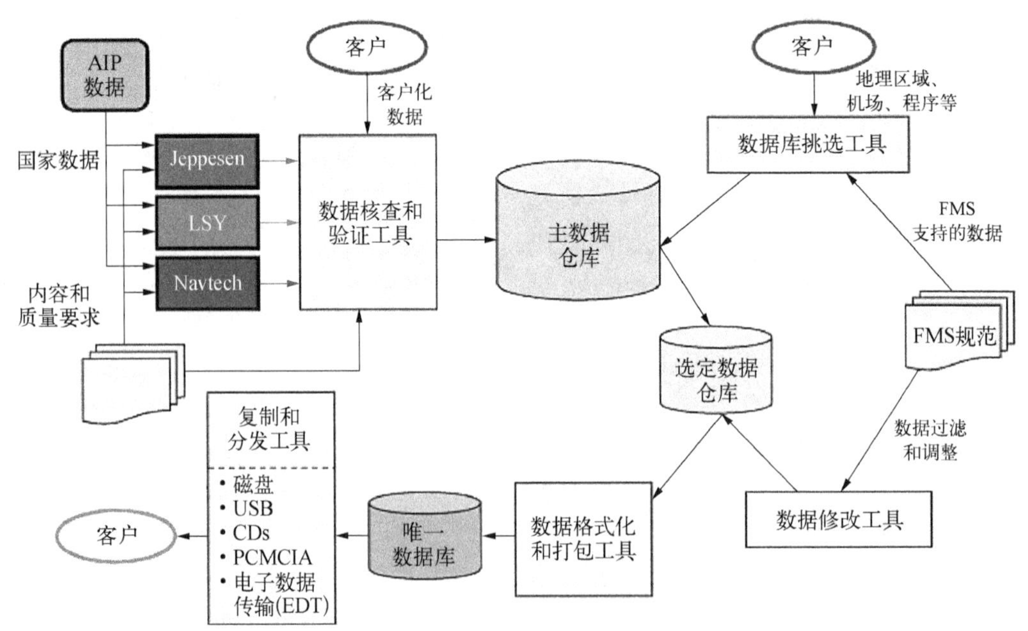

图7－29　导航数据库产生和处理过程

寿命周期为 15~20 年,不同飞机的 FMC 的可用存储空间不同,会妨碍程序和数据库的装载。因此,同一导航数据供应商提供的数据在不同的平台上可能并不完全相同。

ARINC 424 文件按字母/数字顺序分类,包括标准(S)数据和客户化(T)数据。标准数据按照区域代码排序,客户化数据按照航空公司代码排序。导航数据库存储的内容包括以下 6 个方面的数据信息。

1. 导航设备

导航设备主要包括导航设备的类别及信息,如 DME 台、VOR 台、VOR 和 DME 合装的 DME/VOR 台等。数据库中包含所有导航台的位置(经纬度)、工作频率、海拔高度、导航台级别等。各导航台以 3 个英文字母作为其识别标志。

2. 机场

机场信息主要包括机场 ICAO 代码、ATA/IATA 代码、最长跑道长度、磁差、机场标高、ARP 坐标、速度限制、过渡高度层/过渡高度、机场名称等。例如: 归航位置(飞机归航机场的经纬度);机场候机楼各登机门的经纬度;跑道长度和方位,每条跑道有从两端进出的方位数值,如跑道一头的方位为 35°,则另一头方位为 215°;机场的海拔高度;机场所配备的仪表着陆系统(1LS)设备,设备运行等级。

3. 航路

航路分为高空、低空航路和机场附近的终端航路等。航路数据包括航路类型、高度、航向、航段距离、航路点说明等。数据库中的航路代码包含了航路的类型,如航路或终端区、区域导航(RNAV)、IAF/IF/FACF/FAF/MAPt、圆弧中心(仅用于终端区)、离场/进场/进近/混合类型等。

4. 公司航路

公司航路是航空公司负责飞行的固定航线数据,由航空公司规定。

5. 终端区域程序

终端区域程序包含标准仪表离场和标准仪表进场程序,过渡和进近程序,各程序的飞机航向、距离、高度等。

6. ILS 进近

ILS 进近包含 ILS 设备的频率和识标、穿越高度、复飞程序及距离等数据。

导航数据库内的数据除导航台和机场所在地的标高不大可能改变以外,其他数据都有可能在经过一段时间以后有所变化,如导航台频率更改、更新或增添新的导航台、机场跑道延伸、候机楼改建、扩大后增加登机门等。尤其公司航路有可能有较频繁的变动,因而导航数据库要定期进行更新。

机载导航数据库的更新需要专门的数据装载机,利用装载机将光盘(磁盘)上的新数据库装载到 FMC 内。装有两台 FMC 的飞机,另一台 FMC 的导航数据装载可通过驾驶舱内的数据装载机再装一次,也可以通过两个 MCDU 直接交叉装载。

通常,飞机上有一台机载数据装载机和一个便携式数据装载机接头。数据装载机可以向 FMC 装载飞行操作程序、导航数据库、性能默认数据库、飞机机型/发动机性能数据库、软件选项数据库等。正常的数据装载功能是通过机载数据装载机实现。当连接便携式数据装载机时,数据转换组件插座内的继电器将数据装载功能切换到便携式数据装载机。通过数据装载机控制面板选定要进行数据装载的设备。机载数据装载机可以向所选设备装载数据或从所选设备下载数据。

数据装载机通电后,首先进行内部自检。自检期间,所有前面板上的状态指示灯闪亮。自检完成后,指示灯熄灭。如果设备有故障,显示器上显示 HRDW;自检通过则显示 RDY。其他的指示灯随着数据装载机的装载或数据传输过程有规律点亮。

导航数据传输过程中,如果 MCDU 的显示屏幕上显示 FMC,表示现在 FMC 不能工作。也有一些飞机的数据装载过程中 MCDU 上不显示 FMC,而是数据情况。MCDU 屏幕中央显示"传输正在进行"或"传输完成",若传输过程出现故障,则显示故障信息,以及处理提醒信息等。

为保证 FMC 数据库更新的顺利进行,FMC 内通常存储 2 个不同有效期的数据库,一个是现用的数据库,另一个是前 28 天有效的或下一个 28 天有效的数据库。现用数据库有效日期到期的当天,必须把下一个有效周期的数据库转变为现用的数据库。MCDU 的 IDENT 页显示导航数据库的编号及有效日期。

7.3.1.2 性能数据库

性能数据库包含性能计算所需的有关数据,与飞机和发动机型号有关。性能数据库包含两方面的数据:飞机的空气动力模型及飞机装备的发动机的性能数据模型。

飞机空气动力模型包括飞机的偏航阻力,批准的飞机操作极限值(最大角度爬高、最大速率爬高、最大速度、最大马赫数等);限制包络线及基于飞机和发动机型号的固定参数,如远航程马赫数、单发停车飞行巡航马赫数、进近速度、机翼面积、翼展、经济爬高速度、经济巡航马赫数、襟翼放下时的规定速度等。

发动机数据模型包含有飞机爬高和巡航中单发停车连续飞行时的额定推力值,不同高度和不同速度(马赫数)下的额定推力值的修正,EPR 或 N1 转速限制值,推力和燃油流量关系参数,发动机在客舱、驾驶舱空调系统工作及各防冰系统工作时的引气量等。这些数据用于发动机燃油流量的计算和调节、推力计算和调节,发动机推力 EPR 或 N1 转速限制和 N1 目标值(或 EPR 目标值)的计算,也用于空调和防冰引气时对发动机推力进行修正。

性能数据在飞机机身和发动机设计完成后就已确定,基本是固定不变的,所以性能数据库不需要定期更新。但随着时间的增长,有些参数(如飞机阻力系数、发动机燃油流量系数等)会发生微小变化。飞机飞行中的阻力与飞机的新旧程度有关,新飞机阻力较小,经过长时间飞行后,由于受力、摩擦等原因,飞机表面变得粗糙,机身也会出现变形,流线形变差,飞机阻力变大。发动机较新时,效率较高,产生一定推力所需的燃油量相对旧发动机所需的燃油量要少。虽然飞机阻力系数和发动机燃油流量系数的微小变化对性能数据的计算不会产生太大影响,但为了使计算更精确,维护人员可以通过 MCDU 输入新的飞机阻力系数和发动机燃油流量系数。

7.3.2 控制显示组件

控制显示组件(MCDU)是 FMCS 重要的人机接口部件,它是电子计算机键盘和终端显示器的集合体。MCDU 前面板上除有一般键盘所具有的字母数字键、符号键、清除、删除等键外,还有方式键、功能键及行选键,可以执行许多特殊功能,简化飞行员的操作(图 7 - 30)。

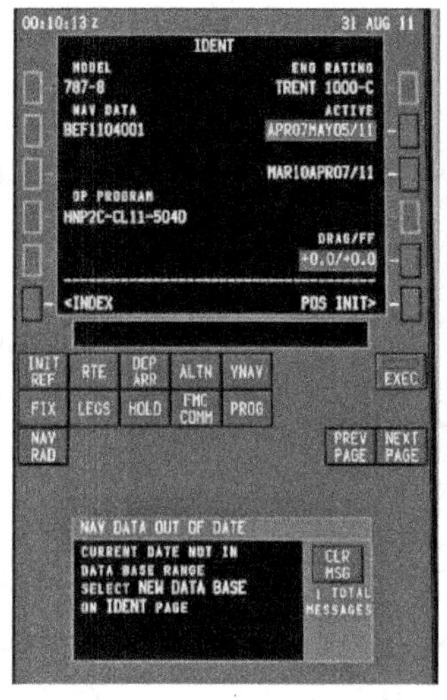

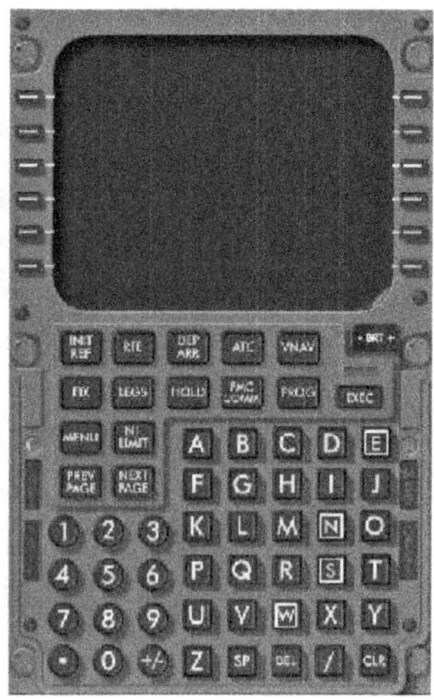

图 7 - 30　MCDU

MCDU 安装在驾驶舱中央操纵台的前电子设备板上。飞机上通常装载两台或三台 MCDU,各 MCDU 独立工作,共同控制 FMC 的运行。任意一个 MCDU 都可以用来向系统输入数据,在一台 MCDU 上输入的数据也会出现在另一台 MCDU 的相应页面上。

7.3.2.1　MCDU 的键盘及显示

MCDU 前面板的按键有 4 类,分别是功能键、方式键、行选键和字母数字键。功能键主要用于确认和翻页,包括执行(EXEC)键、下页(NEXT)键和前页(PREV)键。方式键主要用于快速进入相应的页面或功能,包括航路(RTE)键、航段(LEGS)键、离场/进场(DEP/ARR)键、直飞/切入(DIR/INTC)键、等待(HOLD)键、起始/基准(INIT REF)键、进程(PROG)键、爬高(CLB)键、巡航(CRZ)键、下降(DES)键、定位点(FIX)键、N1 限制(N1 LIMIT)键。行选键主要用于复制、删除、输入所对应行的数据,对数据进行操作。字母数字键用于飞行员进行信息输入。

方式键代表了 FMCS 的工作能力,它们是飞行中使用得最多的一类键,其功能包括:制定或修改飞行计划;再现各飞行阶段的飞行方式;选择飞行参数。其中,爬高(CLB)、巡航(CRZ)、下降(DES)三个键是飞行阶段键,按压相应的方式键后,显示当前或可供选择的各阶段的性能方式,供飞行员审视、评估,也可在这些页面显示时输入爬高顶点或下降底部的高度、高度限制或速度限制值等,并可通过行选键重新选择其他的飞行方式。起始/基准(INIT REF)键用来调用 FMCS 的起始数据页面。在不同的情况下,按压起始/基准键时,FMCS 控制 MCDU 显示相应的页面。直接/切入(DIR/INTC)键提供飞行计划更改页面,飞行员可选择直飞航路点或在任意选定的点上切入一个计划好的航道。N1 限制(N1 LIMIT)键允许人工给出发动机 Nl 转速的限制值,并任意选择减推 N1 限制值。航路(RTE)键可调出航路页面,用于选定飞行航线以及选择航路数据。飞行计划制定完成后,通过航段(LEGS)键可以详细显示与每个飞行航段有关的数据,如水平和垂直剖面的航向、距离、高度和速度等，也接受操作者输入数据。定位点(FIX)键允许飞行员在飞行中选定一个固定参考点，FMC通过该页显示飞机当前位置到定位点的距离和方位。飞行员在其他页面确定起飞和着陆机场后，可以通过离场/进场(DEP/ARR)键选择起飞或目的地机场的跑道和离场、进场程序。等待(HOLD)键用于在指定点实施等待航线。飞行中通过进程(PROG)键显示当时飞行状态信息，使飞行员了解飞机的飞行过程。

行选键共有12个，显示屏左右两侧各6个，通常按从上到下的顺序把左边六个行选键称为1L，2L，…，6L，右边六个行选键称为1R，2R，…，6R。行选键分别与数据显示区的第3、5、7、9、11、13行(数据显示区)对齐，第2、4、6、8、10、12行是各数据行的标题。行选键可以对其所对应行的数据进行快速操作，如输入、复制、删除等。如果行选键对应行的文本头或文本末有“<”或“>”符号，则按压该行选键可进入下一级页面。

字母数字键主要包括26个字母键、10个数字键及空格键、删除(DEL)键、清除(CLR)键、撇号(/)键、小数点(.)键和正负号(+/-)键等，用于MCDU字母、数字的输入。

除按键外，MCDU前面板两侧各有两个灯光信号器。左侧的是琥珀色的FMC失效灯，右侧是白色的信息灯。当MCDU便笺行有信息显示时，白色的信息灯亮以提醒飞行员察看信息。

老式MCDU采用阴极射线管(CRT)式显示器，现代MCDU多为液晶显示器。屏幕上的数据显示大部分以黑底白或绿字的形式出现，其亮度可根据周围环境亮度进行自动调剂，也可以人工而调节。

MCDU显示屏数据区域共14行，每行24个字符。第一行为标题行，显示该页的标题。标题行的前5个字符位显示数据状态，只有少数与飞行计划有关的页面上才有显示，且只显示实施(ACT)或修改(MOD)两种方式，表明当前飞行计划是正在实施的，还是对实施飞行计划的修改。若该区域空白，则说明正在显示的信息还没有实施或与飞行计划无关。接下来的14个字符位是标题，用以表明所显示的内容。标题可能是单一显示类型，也可能是复合型显示。最后5个字符位显示标题所对应内容的页码和页数，如2/4表明该标题所对应内容共有4页，当前显示的是第2页。

显示屏数据区最后一行(第14行)为便笺行或暂记行。操作者用键盘输入数据时，或用行选键选择数据行中的信息时，输入或选定的数据首先显示在便笺行，供操作者审核。故障信息、操作警告及提醒信息也在该行上显示。

数据区中间的12行是数据显示区域，显示飞机的工作数据，飞行动态、可供选择的数据信息清单、自检信息等。

操作者可以通过MCDU向FMC输入信息，选择所需要的飞行控制方式或数据显示等。操作MCDU键盘就可以建立飞行计划、修改航路、调用显示页面、选定系统进行测试等。

7.3.2.2 MCDU的功能

左右MCDU的工作相互独立，可以提供不同的数据页面。MCDU作为FMCF的人机接口，同时承担一些FMCF的备用功能。

MCDU的主要功能包括：系统进入；备用控制面板功能；备用LNAV功能；备用LNAV

制导;备用 LNAV 衔接与断开衔接逻辑;备用无线电调谐功能;BITE 及故障监视;显示及控制;液晶显示(图 7-31)。

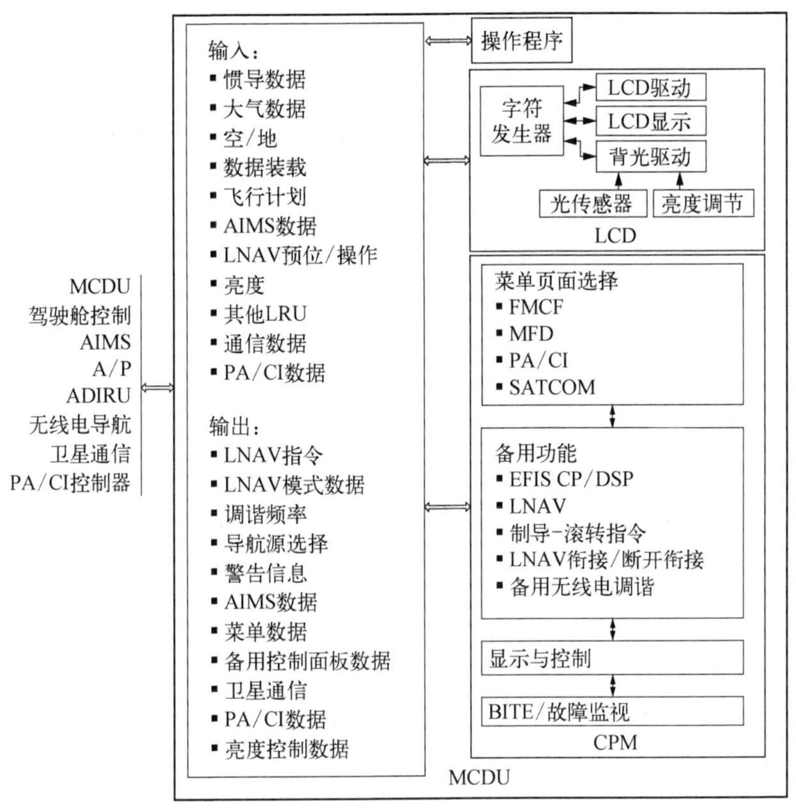

图 7-31　MCDU 的功能

1) 系统进入

按压 MCDU 菜单(MENU)键进入菜单页面,通过菜单页面可以选择 FMC 或其他系统。机组人员利用 MCDU、MCP 来启动 FMCF 的工作,利用 MCDU 在飞行中改变飞机的水平和垂直剖面。

飞行及维护人员还可以利用 MCDU 与卫星数据单元(SDU)进行话音和数据通信;通过菜单,利用旅客广播/客舱内话控制器(passenger address/cabin interphone, PA/CI)与客舱通信;通过多功能显示(multi-function display, MFD)进入飞机维护菜单;用于驾驶舱通信功能的文本输入。

2) 备用控制面板功能

左右 MCDU 可以作为本侧 EFIS 控制面板的备用面板,中央 MCDU 作为左右 MCDU 故障后的备用面板。MCDU 作为备用面板使用时,EFIS 控制面板失效。

3) 备用 LNAV 功能

每一个 MCDU 都可以作为备用导航计算机。主 FMCF 为 MCDU 提供地图及飞行计划数据,左右 MCDU 可以以 2 种形式显示主 FMCF 的地图和飞行计划数据: 当导航源旋钮选择 MCDU 时,左右 MCDU 能将激活的地图数据发送给本侧的 ND,此时 MCDU 可以显示 FMCF 页面;如果 FMCF 故障,即使导航源旋钮在正常位置,左右 MCDU 都可以重新格式化并发送地图和飞行计划数据给本侧的 ND,此时 FMCF 页面无效。

当主 FMCF 或 2 个 FMCF 故障时,所有 MCDU 都可以显示 ALTN LEGS、ALTN NAV PROGRESS 及 ALTN NAV RADIO 页面,机组人员可以利用行选键和键盘按键来查看、修改飞行计划。

MCDU 可以提供大圆航线计算及其他数据,也可以利用 ADIRU 信息来输出高度、地速、经纬度、磁航向、倾斜角、真航向等,但不能计算无线电位置,也不能接收 GPS 数据来辅助导航计算,不能计算性能数据。

4) 备用水平制导

MCDU 从主 FMCF 接收飞行计划数据并利用 ADIRU 位置数据计算水平操纵指令。当备用导航模式激活,有激活的飞行计划且 MCP 上选择了 LNAV 模式时,MCDU 为 AFDS 提供水平操纵指令,同时发送地图数据给机长侧 ND。AFDS 利用 MCDU 的水平制导指令控制飞机的滚转。对于保持方式及水平航路偏离,MCDU 不提供制导指令,MCDU 也不提供跑道或机场的显示。

5) 备用 LNAV 衔接、切断逻辑

主 FMCF 无效但 AFDS 有 LNAV 模式请求时,如果 ADIRU 提供的滚转数据及位置数据有效,FMCF 有飞行计划或人工输入飞行计划,且飞机位置满足 LNAV 捕获要求,则 MCDU 的 LNAV 逻辑可以衔接。AFDS 输入无效或断开时,LNAV 逻辑切断。

6) 备用无线电调谐

左右 MCDU 可以作为调谐无线电导航系统的备份。主 FMCF 故障时,左右 MCDU 向本侧无线电导航系统发送调谐信号及频率,其中左 MCDU 的信号同时发送给中无线电导航系统。

ALTN NAV RADIO 页面允许飞行员人工调谐本侧的无线电导航系统,调谐频率通过 ARINC 429 总线发送给无线电导航系统。

7) BITE 和故障监视

MCDU 的 BITE 和故障监视包括软硬件比较、输入监视、故障记录。BITE 和故障监视电路的子功能包括输入监视、上电和正常工作情况下的自检、地面维护人员人工测试,并将故障数据发送给 CMCF 用于显示和故障记录。

8) 显示控制功能

显示控制功能接收 MCDU 行选键及键盘的输入、驾驶舱控制面板输入、飞行管理功能输入、BITE/故障监视请求、CMCF 请求的数据等,为 MCDU 提供页面显示数据、便笺行信息等。

7.3.2.3 MCDU 显示页面

MCDU 提供大量的信息显示页面,为飞行员提供输入信息提醒,显示有关参数以及指令执行情况等。不同的机型显示页面之间有一定的差异,本节以 B787 飞机的 MCDU 页面为例简单介绍。

MCDU 页面可以分为索引和识别页、飞行阶段页、维修维护页三大类。在页面信息显示的过程中,可能会有信息显示在相应页面的便笺行。

1. 索引和识别页

索引页是 MCDU 的目录页，主要提供可以使用 MCDU 的系统的选择菜单及进入 MCDU 其他页面的途径。

MCDU 上电或按压 INIT REF 键即可进入起始基准索引页面。通过起始基准索引页可以进入其他相应的页面。索引页的所有文字显示都是白色的，按压行选键就可进入该行选键对应行上所显示的页面，进行下一级的操作(图 7－32)。

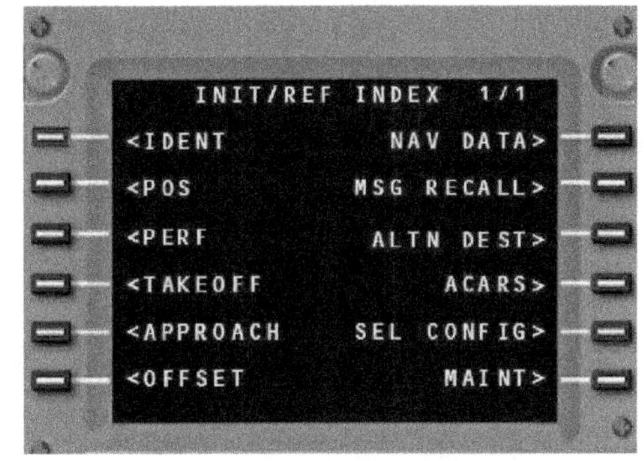

图 7－32　INIT/REF 索引页

识别页面主要显示飞机机型、发动机额定推力、导航数据库及其有效时间、操作程序件号等信息，用于飞行员对相关信息进行确认(图 7－33)。在该页面上，飞行员可以选择导航数据库，检查并修改阻力系数和燃油流量因子。

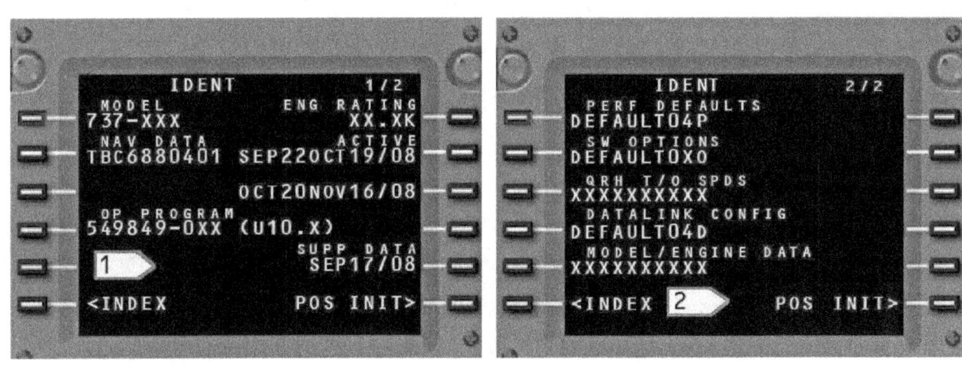

图 7－33　识别页

2. 飞行阶段页

针对不同飞行阶段的人机交互需求，MCDU 设计有各种不同的页面，以辅助飞行员输入 FMC 飞行管理计算所必需的信息或查看有关数据，一般包含起飞前的准备页面及不同飞行阶段中所使用的相关页面。

1) 起飞前的准备页面

飞行员在飞机起飞前需要输入飞行计划等数据，以便 FMC 进行航路规划及优化计算。起飞前数据输入可以人工输入也可以通过 ACARS 数据链上传。人工输入一般由飞行员完成，数据链传输由航空公司地面站上传。

起飞前的准备页面主要用于飞行计划的制定、离场程序的选择、惯导的初始校准及性能参数的输入等，包括位置起始页、航路页、离场页、导航台页、性能起始页、EFB 性能起飞应用页、推力限制页、起飞基准页等。

位置起始页有多页(图 5－67、图 5－68)，主要用于显示 IRU、GPS 及无线电导航对应的位置信息、时间信息等，并可以在此页面上进行 IRU 的初始对准。

航路页用于输入并显示飞行计划。航路页一般由多个页面组成,第一页显示起飞机场和目的地机场,后面的页面显示部分航路点或固定点之间的航段信息。有的机型设计有 RTE1、RTE2 两条航路,允许在激活航路没有修改的情况下同时管理备用航路。

离场/进场(DEP/ARR)索引页用于选择每个航路的起飞机场和目的地机场的离场、进场页,还可以提供导航数据库里其他机场的离场进场参考数据。起飞机场的离场进场提示符都有效,目的地机场只有进场提示符。离场页用于选择离场跑道、SID 等,允许机组人员从出发机场中选择一个离场程序。

导航台页显示 VOR 及 ILS/GLS 的状态并允许人工控制这些导航台,输入相应的数据可以调谐选定的导航台。

性能起始页面允许输入飞机及航路数据用于性能计算。推力限制页允许选择、显示起飞基准推力,通过假定外部温度进行减推力起飞也是在该页面完成。起飞基准页允许机组在此页进行起飞性能管理,起飞襟翼设置及各种速度 $V(V_1, V_2, \cdots, V_r)$ 的输入和审核。飞行员可以审核、更改推力限制、起飞位置和起飞毛重。

2) 起飞和爬升

在地面按压 TO/GA 按钮,飞机开始起飞。当 FMC 发出爬升推力指令后,起飞阶段转变为爬升阶段,爬升到爬升顶点后,转变为巡航阶段。

起飞和爬升阶段的页面主要包括:起飞基准页面、离场页、爬升页、航路段页、进程页、推力限制页、离场进场索引页等。当离场跑道、SID 改变时,起飞基准页和离场页必须修改以保持一致。

爬升页用于评价、监视和修改爬升路径。爬升页面的数据来自起飞前的航路页和性能页面输入的信息及航空公司的政策文件。爬升页面通常有经济爬升、恒定速度爬升和发动机失效爬升三种。飞行中,利用爬升推力限制代替起飞推力限制,选定的限制值显示在推力限制页面和 EICAS 显示器。FMC 转换到巡航方式时,爬升页面空白。

3) 巡航页面

巡航阶段开始于爬升顶点。在巡航阶段,MCDU 的页面主要有:用于修改航路的航路段(RTE X LEGS)页面、显示 VNAV 数据的巡航(CRZ)页面和显示飞机进程数据的进程(PROGRESS)页面。

另外,巡航阶段还可能用到一些特定页面。例如:用于确认 FMC 位置的位置基准(POS REF)页;显示每个航路点的进程数据的航路数据(RTE DATA)页;用于输入预报的风和温度(WINDS)页;用于显示关于航路点、导航设施、机场或跑道和可能被禁用的导航设备数据的基准导航数据(REF NAV DATA)页;显示关于航路点的数据,用于建立新的航路点和固定航路点的固定航路点信息(FIX INFO)页;用于选择备用航路的航路(RTE X)页;选择期望航路点的页面(SELECT DESIRED WAYPOINT);位置报告(POS REPORT)页等。

巡航阶段,可以利用 MCDU 添加或删除航路点、移除不连续点、改变航路点顺序、中断一段进程等。

巡航阶段 VNAV 可以计算两种类型的爬升:巡航爬升和分段爬升。在 MCP 高度窗口设置一个高于当前巡航高度的值,按压高度选择按钮,就可以设置新的巡航高度。

基准导航数据页显示航路点、导航台、机场、跑道的信息，利用该页面可以禁止FMC利用某些无线电导航进行位置更新。

固定航路点信息页用于建立航路定位点，可以复制航路点到航路中，选择ERASE FIX提示符或使用DEL键可以清除该页面。

FMC利用风的数据来优化飞行性能的预测。风的数据包括高度、风向、风速。FMC将输入的第一个风的信息用于飞行计划中的所有的航路点，后输入的风的信息用于后续的所有航路点，在输入第二个航路点之前风的信息不变。因此，应该首先输入离飞机最近的航路点的风的信息，然后逐步输入后续的航路点的信息。

4）下降页面

下降页面用于监视和修改飞机的下降路径。下降速度有经济速度和固定速度两种模式，默认的VNAV下降模式为ECON模式。页面标题中可以看出FMC选择了哪种模式。

5）进近页面

进近页面包括到达页面、进近参考页面、等待页面。

3. 维修维护页

飞机在地面时，可以利用MCDU对各个机载系统进行维护和测试。以FMC为例，通过MCDU可以进行的FMC维护测试工作包括：INFLT FAULTS、MCDU TEST、SENSORS、DISCRETES、FMCS－FIXED OUTPUTS、MODEL/ENG、SW OPTIONS、PERF FACTOR、LCD MCDU等。表7－5为各维护页面的列表。

表7－5　FMCS维护页面列表

维护类型	维　护　内　容	内　容　说　明
故障隔离	传感器(SENSORS)	FMC输入传感器(ADIRU、DFCS、DME等)的当前状态
	飞行中故障(INFLT FAULTS)	飞行中故障的选择；地面故障、9个航段的故障
测试及监视	传感器(SENSORS)	FMC输入传感器(ADIRU、DFCS、DME等)的当前状态
	MCDU测试(MCDU TEST)	键盘测试；显示测试
	离散量(DISCRETES)	FMC模拟输入离散量的当前状态
	固定输出(FIXED OUTPUTS)	驾驶舱仪表数据
	IRS监视	ADIRU漂移率
	性能因数(PERF FACTOR)	阻力因数和燃油流量因数
	软件选择(SW OPTIONS)	软件选择数据库
	机型/发动机配置(MODEL/ENG)	机型及发动机配置
	LCD MCDU数据及测试(LCD MCDU)	LCD CDU数据及测试
	硬件配置	硬件配置数据

7.3.2.4 MCDU 信息

当系统有提醒或警告信息时，MCDU 便笺行会以白色字符显示这些信息，键盘侧面的"MSG"灯亮，同时 EICAS 上显示"FMC MESSAGE"。

MCDU 显示的提醒或警告信息存储在堆栈中，每个堆栈最多存储 10 个信息，新的信息出现时，首先存储到堆栈的最顶端，如果堆栈满了，则堆栈最底端的信息退出堆栈。便笺行每次只能显示一个信息，信息显示按优先级顺序进行，最高优先级的是输入错误提醒信息，其次是警告信息和建议信息。

按压 MCDU 上的 CLR 键可以删除便笺行上显示的信息，每按压一次清除一条信息。具有相同优先级或更高优先级的信息出现时，原来显示的信息被替换。当 MCDU 作为备用导航源使用时，MCDU 会显示信息提醒。

输入错误提醒信息与机组在 MCDU 上的输入有关，MCDU 仅对从本侧键盘输入的错误信息做出反应。输入错误提醒信息包括：NOT IN DATABASE、INVALID ENTRY、STANDBY ONE、BUSY 等。便笺行显示输入错误提醒信息时，所有 MCDU 的 MSG 灯都亮。FMCF 故障时，MCDU 仍可以提供输入错误提醒信息。

警告信息用于提醒机组人员飞行阶段或飞行模式受限。出现警告信息时，MCDU 向 EICAS 提供信号使其显示"FMC MESSAGE"提醒，同时，所有 MCDU 的 MSG 灯都亮且所有便笺行都显示警告信息。便笺行显示优先级不能超控 EICAS 上的警告信息显示以及 MCDU 上的 MSG 指示灯。警告信息包括：END OF ROUTE、NO ACTIVE ROUTE、UNABLE NEXT ALTITUDE、INSUFFICIENT FUEL 等。

当激活航路已经选定到达跑道时，在进近阶段及飞机离地高度小于 500 ft 时禁止显示警告信息。这个阶段发生的警告信息在飞行完成之后或飞机爬升到飞机离地高度 1 000 ft 以上时再显示。

建议信息用于告诉机组人员为保证飞行安全所应该采取的措施。如：NOT ON INTERCEPT HEADING、RWY/ILS COURSE ERROR 等。所有 MCDU 便笺行都显示建议信息，所有 MSG 灯都亮。当 FMCF 故障时，MCDU 仍可以提供建议信息。

7.3.3 FMCF 备份原则及信号关系

飞机上通常装备多套 FMC，如 B787 飞机装备了三套 FMCF，通过三套系统的冗余备份，完成航路优化及管理功能。

7.3.3.1 FMCF 备份原则

FMCS 的电源接通后，三套 FMCF 按照主 FMCF、备用 FMCF 和辅助 FMCF 进行分工，主 FMCF 的选定取决于 FMCF 选择旋钮的位置以及 FMCF 的健康状况。所有的飞行管理计算任务都由主 FMCF 完成。

上电或正常工作中，FMCF 之间会实施同步监视。主 FMCF 向备用 FMCF 发送飞行计划数据，当主 FMCF 故障时，备用 FMCF 可以代替它的工作。在长时间上电、BITE 引起 FMCF 重启或者飞行计划输入和性能数据改变的情况下，主 FMCF 向备用 FMCF 发送飞行计划数据。当主 FMCF 故障时，主 FMCF 会重新同步备用 FMCF，重新同步大约需要 1 s 的时间，主要用于飞行计划的更新。

1. 单套 FMCF 故障

如果主 FMCF 失效,则备用 FMCF 自动激活并完成所有的飞行管理计算任务,辅助 FMCF 自动承担备用 FMCF 的角色。这种切换是自动完成的,不会通知机组人员,也不需要机组人员操作。这种情况下,LNAV 和 VNAV 模态仍然可以正常工作,机组人员输入的所有飞行计划和性能数据仍然可以保留下来。

2. 双 FMCF 故障

如果两台 FMCF 失效,则由剩余的 FMCF 完成所有计算任务,整个飞行管理系统呈现单 FMCF 构型。此时,EICAS 上会显示“SINGLE FMC”。这种情况下,飞行计划和性能数据保留,ND 正常显示,但 LNAV 和 VNAV 模态会自动断开(如果选择了该模态的话)。如果机组人员希望重新起用 LNAV 和 VNAV 模态,则必须首先激活并执行所做的飞行计划。

单 FMCF 工作期间会启动一个软件复位程序,这是防止 FMCF 永久性数据丢失的自我保护模式。在软件复位过程中,相应的 MCDU 会显示帮助提示信息。软件复位使激活航路无效,清除性能数据,自动断开 LNAV 和 VNAV 模态。如果要恢复 FMCF 的功能,则需要激活并执行所做的飞行计划,输入必要的性能数据,并重新衔接 LNAV 和 VNAV 模态。

3. 三套 FMCF 故障

如果三套 FMCF 都失效(这种情况出现的概率极小),则 EICAS 上显示“FMC”,ND 上航图显示消失,MCDU 显示页面消失,取消针对 LVAN 和 VNAV 模态的自动驾驶或飞行指引功能。这种情况下,调谐控制面板(TCP)能够提供输入一个(仅一个)航路点位置(经度/纬度)的机会,然后 TCP 提供待飞航迹、待飞距离、地速等信息。

左侧 TCP 调谐左侧仪表着陆系统,ILS 信息显示在 ISFD 上。此时,自动推力(自动油门)系统依然有效,并且可以与自动驾驶所有剩余有效的滚转/俯仰模态配合工作。

7.3.3.2　FMS 信号关系

FMC 接收来自多个传感器和飞行管理系统里的其他系统的数字和离散信号,完成飞机轨迹、导航和性能功能所要求的计算、逻辑判定和输入/输出处理(图 7-34)。

1. 数字输入

FMCF 接收来自各种传感器、控制面板等的信息用于导航和性能计算。其中,ADIRU 为 FMCF 提供飞机当前位置、航向、姿态、速度、地速、升降速度、高度、空速、马赫数和温度信息;MCP 提供 LNAV 和 VNAV 衔接方式逻辑、目标高度、目标速度等信息;燃油加法组件提供燃油量信息;DME 询问器提供距离信息;VOR 导航接收机提供航道偏离和方位信息。

2. 离散信号输入

FMCF 接收的离散信号来自机翼防冰,发动机防冰和发动机引气系统,这些系统工作时会引起发动机推力下降,FMCF 利用这些离散信号对性能计算值进行相应的调整。

3. 数字输出

FMCF 为飞行管理的执行和显示部件提供航路及性能信息。其功能包括:将有关飞行计划、航路信息等数据发送给 MCDU;为 EICAS 的 N1 指示器提供 N1 限制信息;自动调谐 VOR、DME、ADF 等系统,将频率信息等发送给相关接收机;为 ADIRU 提供飞机当前位

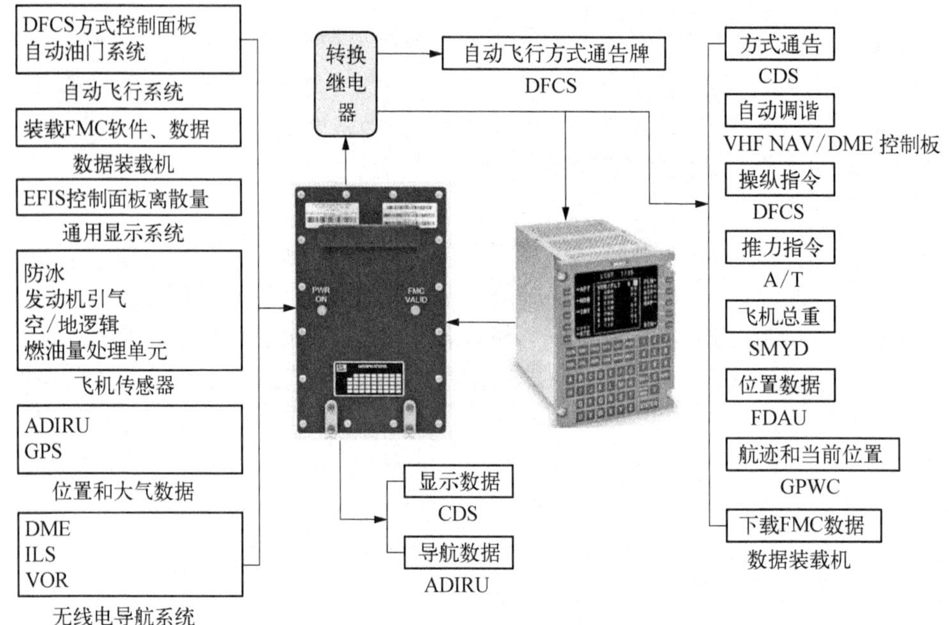

图 7－34　FMC 接口关系

置用于 IR 校准，还可以为 IR 姿态方式提供航向基准；为数字式失速警告计算机提供飞机总重信息；为飞行控制计算机和推力管理计算机提供目标空速和马赫数、目标高度、目标升降速度和俯仰、倾斜指令等；为显示电子组件提供导航、制导的相关信息及导航背景数据以便在 ND（或 EHSI）和 PFD（或 EADI）上显示。

4. 离散信号输出

当 MCDU 上出现 FMCF 警告信息或 FMCF 失效时，FMCF 发送离散信号点亮自动飞行状态通告牌上的琥珀色警告灯。

思　考　题

(1) 简单介绍飞行管理系统的基本组成及功能。
(2) 航段过渡的类型有哪些？
(3) FMC 自动调谐的选台基本原则是什么？
(4) FMC 组合导航的优先等级是什么？
(5) 导航数据库包含哪些信息？主要用于 FMC 的哪些方面？
(6) FMCF 备份的基本原则是什么？

参考文献

黄智刚,2006. 无线电导航原理与系统[M]. 北京：北京航空航天大学出版社.

刘基余,2010. GPS 卫星导航定位原理[M]. 北京：科学出版社.

罗云林,赵淑荣,2004. 大气数据系统[M]. 北京：兵器工业出版社.

倪育德,卢丹,王颖,等,2015. 导航原理与系统[M]. 北京：清华大学出版社.

钦庆生,1991. 飞行管理计算机系统[M]. 北京：国防工业出版社.

孙淑光,孙俊卿,2003. 航空器电子附件修理[M]. 北京：中国科学文化出版社.

伊恩·莫伊尔,阿伦·西布里奇,2009. 民用航空电子系统[M]. 范秋丽,等译. 北京：航空工业出版社.

袁信,俞济祥,陈哲,1993. 导航系统[M]. 北京：航空工业出版社.

张良云,1998. 航空陀螺仪表与惯性导航系统[M]. 天津：天津科技翻译出版公司.

张鹏,2017. 涡轮发动机飞机结构与系统(上)[M]. 第 2 版. 北京：清华大学出版社.

FAA, 2008. Global positioning system wide area augmentation system (WAAS) performance standard [S]. Washington: Federal Aviation Administration.

FAA William J. Hughes Technical Center, 2021. Wide area augmentation system performance analysis report [R]. FAA William J. Hughes Technical Center.

Groves P D,2008. Principles of GNSS, inertial, and multisensor integrated navigation systems[M]. London: Artech House.

ICAO, 2018. Aeronautical telecommunications (annex 10) [S]. Montreal: International Civil Aviation Organization.

ICAO, 2020. Aircraft operations — volume 2 construction of visual and instrument flight procedures (DOC 8168)[S]. Montreal: International Civil Aviation Organization.

ICAO, 2008. Performance-based navigation (PBN) manual (DOC 9613)[S]. Montreal: International Civil Aviation Organization.

Parkinson B W, Spilker J J, 1996. Global positioning system: theory and applications (Volume I, Volume II)[M]. Virginia: The American Institute of Aeronautics and Astronautics.

RTCA, 2012. Guidance for installation of automatic flight guidance and control systems (AFGCS) for part 23 airplanes(DO335)[S]. Washington: RTCA.

RTCA, 2003. Minimum aviation system performance standards: required navigation performance for area navigation(DO236)[S]. Washington: RTCA.

RTCA, 2004. Minimum aviation system performance standards for local area augmentation system (LAAS) (DO245A)[S]. Washington: RTCA.

RTCA, 2012. Minimum operational performance standards (MOPS) for strapdown attitude and heading reference systems (AHRS)(DO334)[S]. Washington: RTCA.

RTCA, 1985. Minimum operational performance standards for airborne distance measuring equipment

(DME) operating within the radio frequency range of 960 – 1215 MHz(DO189)[S]. Washington: RTCA.

RTCA, 2009. Minimum operational performance standards for global positioning system/aircraft base augmentation system(DO316)[S]. Washington: RTCA.

RTCA, 2016. Minimum operational performance standards for global positioning system/satellite-based augmentation system airborne equipment(DO229E)[S]. Washington: RTCA.

RTCA, 2017. Minimum operational performance standards for GPS/GLONASS (FDMA + antenna) L1 – only airborne equipment(DO368)[S]. Washington: RTCA.

RTCA, 2017. Minimum operational performance standards for GPS local area augmentation system airborne equipment(DO253D)[S]. Washington: RTCA.

SPITZER C R, 2006. The avionics handbook[M]. Washington: CRC Press.

The Airbus Company, 2006. Airbus 340 maintenance manual, Airbus company[Z]. Toulouse: The Airbus Company.

The Boeing Company, 2007. B787 flight crew operations manual[Z]. Seattle: The Boeing Company.

The Boeing Company, 2008. Boeing 777 maintenance manual, Boeing company[Z]. Seattle: The Boeing Company.

Titterton D H, Weston J L, 2004. Strapdown inertial navigation technology[M]. 2nd Ed. London: The Institution of Electrical Engineers.